2026 대비 최신 출제기준 및
개정법령 반영!

1위
해커스

JN413122

해커스
산업안전
산업기사
실기
필답형+작업형
한권합격

이성찬

이론

핵심노트
수록

해커스자격증 | pass.Hackers.com

 · 본 교재 인강(할인쿠폰 및 3일 수강권 수록)   · 산업안전산업기사 무료 특강

자격증 교육 1위*

해커스자격증의 합격 플랜

해커스 **산업안전산업기사 합격생**
평균 4개월** 내 **최종 합격!**

필기

기본		심화		마무리
합격 꿀팁 특강 + 기출문제 3~4회독으로 **이론 정복**	❯	CBT 모의고사 + 해설 강의로 **취약 파트 완벽 보완**	❯	핵심노트, 필수 암기 공식노트로 **최종 핵심 정리**

실기

기본		심화		마무리
필기 이론 복습 및 실기 이론 학습	❯	필답형&작업형 실전 모의고사로 **유형별 풀이 연습**	❯	실기 적중 220제, 벼락치기 특강으로 **시험 전 실력 점검**

* [자격증 교육 1위 해커스] 주간동아 선정 2022 올해의 교육브랜드 파워 온·오프라인 자격증 부문 1위 해커스
** [4개월 합격] 해커스 산업안전기사 합격후기 중 학습기간 기재한 합격생 평균 합격기간(23.06.21. 기준)

해커스 자격증

해커스
산업안전
산업기사
실기
필답형+작업형
한권합격 이론

해커스

이성찬

약력

인하대학교 대학원 기계공학과 졸업
현 | 해커스자격증 산업안전기사 강의
현 | 해커스자격증 산업안전산업기사 강의
현 | 산업안전기사, 건설안전기사, 기계기사, 가스기사,
　　기계안전기술사, 건설기계기술사, 국제기술사,
　　산업안전지도사
현 | 한국안전교육강사협회 전문위원
전 | 숭실사이버대학교 산업안전공학과 교수
전 | 한국산업안전보건공단 근무
전 | 중앙공과기술학원 산업안전기사 강의

저서

• 해커스 산업안전기사 실기 한권합격 이론 + 최신기출 + 핵심노트
• 해커스 산업안전산업기사 실기 한권합격 이론 + 최신기출 + 핵심노트
• 해커스 산업안전기사 필기 한권완성 이론 + 최신기출 + 핵심노트
• 해커스 산업안전산업기사 필기 한권완성 이론 + 최신기출 + 핵심노트

서문

산업안전산업기사 실기 시험은 학습해야 할 분량이 방대하지만 준비할 수 있는 기간이 짧아 많은 수험생들이 학습의 방향을 설정하는 데 어려움을 겪곤 합니다. 수험생 여러분들의 이러한 어려움을 덜어드리고 합격으로 가는 지름길이 되고자 『해커스 산업안전산업기사 실기 한권합격 이론+최신기출+핵심노트』 교재를 출간하였습니다.

『해커스 산업안전산업기사 실기 한권합격 이론+최신기출+핵심노트』는 다음과 같은 특징으로 구성되어 있습니다.

첫째, 시험에 출제되는 내용을 체계적으로 구성하였습니다.
『해커스 산업안전산업기사 실기 한권합격 이론+최신기출+핵심노트』 [이론]편은 시험에 출제되는 내용을 엄선하여 수록한 이론과 적중문제로 구성하였습니다. 이를 통해 방대한 양의 이론을 더욱 효과적으로 학습할 수 있으며, 필답형 시험은 물론 작업형 시험까지도 대비할 수 있습니다.
또한 [최신기출]편은 15개년 필답형 기출문제 및 작업형 기출문제만을 별도로 모아 기출문제 위주의 학습을 할 수 있도록 구성하였으며, 이를 통해 보다 빠르고 효율적인 학습을 할 수 있습니다.

둘째, 교재 전체에 최신의 내용을 반영하였습니다.
한국산업인력공단의 최신 출제기준 및 최신 개정법령과 세부 기준을 빠짐없이 반영하였습니다.
이를 통해 가장 최신의 내용을 정확하게 학습할 수 있습니다.

더불어 자격증 시험 전문 사이트 해커스자격증(pass.Hackers.com)에서 교재 학습 중 궁금한 점을 나누고 다양한 무료 학습자료를 함께 이용하여 학습 효과를 극대화할 수 있습니다.

산업안전산업기사 시험에 도전하시는 모든 분들의 최종 합격을 진심으로 기원합니다.

이성찬

목차

이론

최신기출

책의 구성 및 특징

이론

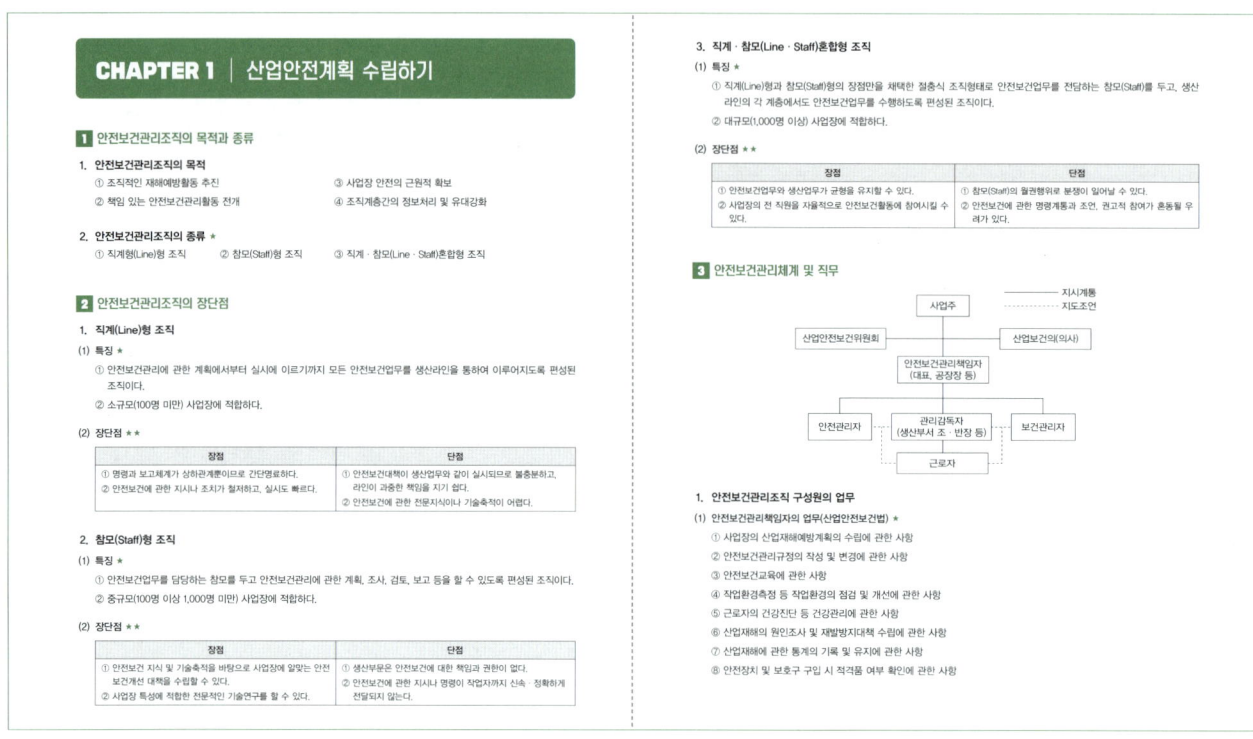

CHAPTER 1 | 산업안전계획 수립하기

1 안전보건관리조직의 목적과 종류

1. 안전보건관리조직의 목적
   ① 조직적인 재해예방활동 추진
   ② 책임 있는 안전보건관리활동 전개
   ③ 사업장 안전의 근원적 확보
   ④ 조직계층간의 정보처리 및 유대강화

2. 안전보건관리조직의 종류 ★
   ① 직계형(Line)형 조직
   ② 참모(Staff)형 조직
   ③ 직계·참모(Line·Staff)혼합형 조직

2 안전보건관리조직의 장단점

1. 직계(Line)형 조직
   (1) 특징 ★
      ① 안전보건관리에 관한 계획에서부터 실시에 이르기까지 모든 안전보건업무를 생산라인을 통하여 이루어지도록 편성된 조직이다.
      ② 소규모(100명 미만) 사업장에 적합하다.
   (2) 장단점 ★★

장점	단점
① 명령과 보고체계가 상하관계뿐이므로 간단명료하다. ② 안전보건에 관한 지시나 조치가 철저하고, 실시도 빠르다.	① 안전보건대책이 생산업무와 같이 실시되므로 불충분하고, 라인이 과중한 책임을 지기 쉽다. ② 안전보건에 관한 전문지식이나 기술축적이 어렵다.

2. 참모(Staff)형 조직
   (1) 특징 ★
      ① 안전보건업무를 담당하는 참모를 두고 안전보건관리에 관한 계획, 조사, 검토, 보고 등을 할 수 있도록 편성된 조직이다.
      ② 중규모(100명 이상 1,000명 미만) 사업장에 적합하다.
   (2) 장단점 ★★

장점	단점
① 안전보건 지식 및 기술축적을 바탕으로 사업장에 알맞는 안전보건개선 대책을 수립할 수 있다. ② 사업장 특성에 적합한 전문적인 기술연구를 할 수 있다.	① 생산부문은 안전보건에 대한 책임과 권한이 없다. ② 안전보건에 관한 지시나 명령이 작업자까지 신속·정확하게 전달되지 않는다.

3. 직계·참모(Line·Staff)혼합형 조직
   (1) 특징
      ① 직계(Line)형과 참모(Staff)형의 장점만을 채택한 절충식 조직형태로 안전보건업무를 전담하는 참모(Staff)를 두고, 생산라인의 각 계층에서도 안전보건업무를 수행하도록 편성된 조직이다.
      ② 대규모(1,000명 이상) 사업장에 적합하다.
   (2) 장단점 ★★

장점	단점
① 안전보건업무와 생산업무가 균형을 유지할 수 있다. ② 사업장의 전 직원을 자율적으로 안전보건활동에 참여시킬 수 있다.	① 참모(Staff)의 월권행위로 분쟁이 일어날 수 있다. ② 안전보건에 관한 명령계통과 조언, 권고적 참여가 혼동될 우려가 있다.

3 안전보건관리체계 및 직무

```
                        사업주 ──────────── 지시계통
                          │         ┄┄┄┄┄┄┄ 지도조언
   산업안전보건위원회      │      산업보건의(의사)
                          │
                  안전보건관리책임자
                   (대표, 공장장 등)
                          │
        ┌─────────────────┼─────────────────┐
      안전관리자      관리감독자          보건관리자
                  (생산부서 조·반장 등)
                          │
                        근로자
```

1. 안전보건관리조직 구성원의 업무
   (1) 안전보건관리책임자의 업무(산업안전보건법) ★
      ① 사업장의 산업재해예방계획의 수립에 관한 사항
      ② 안전보건관리규정의 작성 및 변경에 관한 사항
      ③ 안전보건교육에 관한 사항
      ④ 작업환경측정 등 작업환경의 점검 및 개선에 관한 사항
      ⑤ 근로자의 건강진단 등 건강관리에 관한 사항
      ⑥ 산업재해의 원인조사 및 재발방지대책 수립에 관한 사항
      ⑦ 산업재해에 관한 통계의 기록 및 유지에 관한 사항
      ⑧ 안전장치 및 보호구 구입 시 적격품 여부 확인에 관한 사항

▣ 시험만을 위한 이론 학습하기

1. 실전에 필요한 이론만을 효과적으로 학습할 수 있으며, 필답형 시험은 물론 학습 내용이 유사한 작업형 시험도 함께 대비할 수 있습니다.

2. 한국산업인력공단(Q-net)에 공시된 최신 출제기준을 교재 내 전체적으로 반영하여 정확한 내용을 효과적으로 학습할 수 있습니다.

3. 산업안전 관련 법령(법률·시행령·시행규칙)을 최신 개정된 내용까지 모두 반영·수록하였으므로 학습 과정에서 최신의 내용을 학습할 수 있습니다.

▣ 다양한 학습장치를 활용하여 이론 완성하기

1. **중요도 표시**: 철저한 기출분석으로 도출한 출제빈도에 따라 내용의 중요도를 ★로 표시하였습니다. 이를 통해 학습의 강약을 조절하고 반복학습을 위한 우선순위를 설정할 수 있습니다.

2. **참고**: 본문 내용 중 더 알아두면 학습에 도움이 되는 내용을 '참고'에 담아 수록하였습니다. 이를 통해 이론 학습을 보충하고 심화 내용까지 학습할 수 있습니다.

적중문제

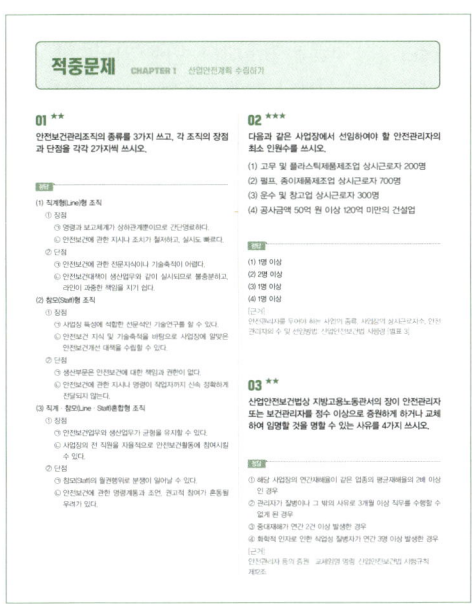

1. 기출문제 분석을 통해 자주 출제되었거나 다시 출제될 가능성이 높은 내용 및 주요 기출문제를 재구성하여 '적중문제'로 수록하였습니다.

2. 적중문제 풀이를 통해 주요 포인트를 파악하고 학습한 이론이 어떻게 문제화되는지 확인하며, 부족한 부분을 정리할 수 있으며, 필답형 시험은 물론 작업형 시험도 함께 대비할 수 있습니다.

3. 기출문제 분석으로 도출한 출제빈도에 따른 중요도를 ★로 표시하여 자주 출제되는 유형의 문제를 효과적으로 반복할 수 있습니다.

기출문제 필답형(15개년)

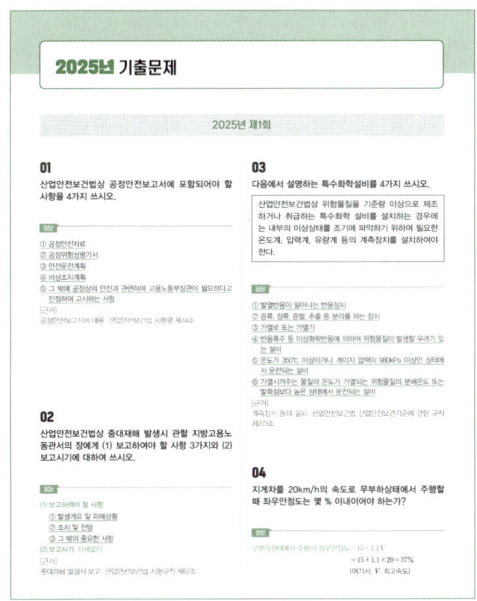

1. 2025 ~ 2011년의 15개년 기출문제를 수록하였습니다.

2. 모든 문제에 계산과정 및 단위가 포함된 상세한 정답을 수록하였고, 법령에 대한 문제의 정답은 개정된 산업안전보건법령 및 세부규정을 반영하여 정확한 내용을 학습할 수 있습니다.

3. 문제를 이해하는 데 도움이 되는 배경 또는 문제와 관련이 깊은 심화 이론을 '관련이론'으로 수록하였습니다.

기출문제 작업형

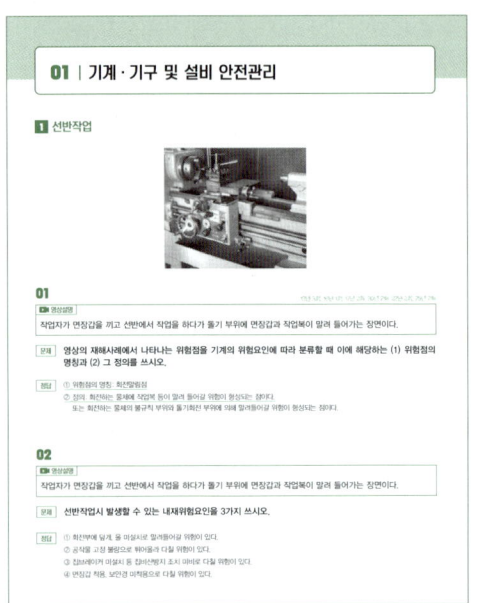

01 | 기계·기구 및 설비 안전관리

1 선반작업

01

▶ 영상설명
작업자가 면장갑을 끼고 선반에서 작업을 하다가 돌기 부위에 면장갑과 작업복이 말려 들어가는 장면이다.

문제 영상의 재해사례에서 나타나는 위험점을 기계의 위험요인에 따라 분류할 때 이에 해당하는 (1) 위험점의 명칭과 (2) 그 정의를 쓰시오.

정답 ① 위험점의 명칭: 회전말림점
② 정의: 회전하는 물체에 작업복 등이 말려 들어가 위험이 형성되는 점이다.
또는 회전하는 물체의 불규칙 부위와 돌기회전 부위에 의해 말려들어갈 위험이 형성되는 점이다.

02

▶ 영상설명
작업자가 면장갑을 끼고 선반에서 작업을 하다가 돌기 부위에 면장갑과 작업복이 말려 들어가는 장면이다.

문제 선반작업시 발생할 수 있는 내재위험요인을 3가지 쓰시오.

정답 ① 회전부에 날개 등 미설치로 말려들어갈 위험이 있다.
② 공작물 고정 불량으로 떨어질 다칠 위험이 있다.
③ 칩브러쉬가 아닐시 등 칩제거행위 조치 미비로 다칠 위험이 있다.
④ 면장갑 착용, 보안경 미착용으로 다칠 위험이 있다.

1. 2025 ~ 2011년의 15개년 기출문제를 분석하여 도출한 빈출 키워드에 따라 기출문제를 분류·정리하여 수록하였습니다. 빈출 키워드에 따라 정리된 작업형 기출문제를 통해 실제 시험에 나오는 모든 유형의 문제를 중복됨이 없이 효율적으로 학습할 수 있습니다.

2. 2025년, 2024년 기출문제를 최대한 원문 그대로 수록하여, 최신 출제경향을 한눈에 파악하고 실전에 대비할 수 있습니다.

3. 모든 문제에 계산과정 및 단위가 포함된 상세한 정답을 수록하였고, 법령에 대한 문제의 정답은 개정된 산업안전보건법령 및 세부규정을 반영하여 정확한 내용을 학습할 수 있습니다.

실전모의고사

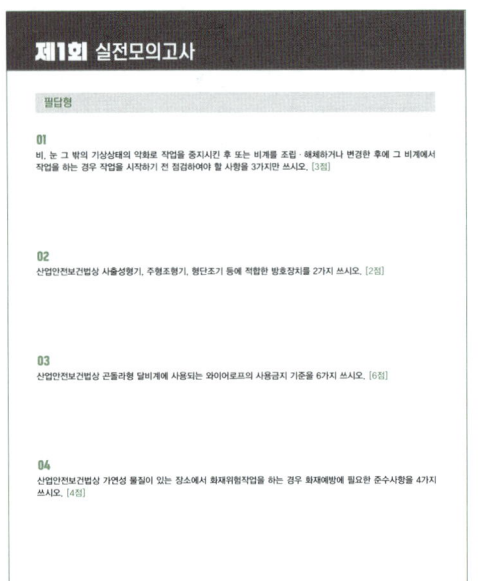

제1회 실전모의고사

필답형

01
비, 눈 그 밖의 기상상태의 악화로 작업을 중지시킨 후 또는 비계를 조립·해체하거나 변경한 후에 그 비계에서 작업을 하는 경우 작업을 시작하기 전 점검하여야 할 사항을 3가지만 쓰시오. [3점]

02
산업안전보건법상 사출성형기, 주형조형기, 형단조기 등에 적합한 방호장치를 2가지 쓰시오. [2점]

03
산업안전보건법상 곤돌라형 달비계에 사용되는 와이어로프의 사용금지 기준을 6가지 쓰시오. [6점]

04
산업안전보건법상 가연성 물질이 있는 장소에서 화재위험작업을 하는 경우 화재예방에 필요한 준수사항을 4가지 쓰시오. [4점]

1. 실제 시험과 비슷한 난이도로 구성한 실전모의고사 5회분을 수록하였습니다.

2. 실전모의고사를 통해 실전감각을 키우고, 각자의 실력을 점검할 수 있으며, 효과적인 학습 마무리를 할 수 있습니다.

이 책의 활용방법

해커스 **산업안전산업기사 실기** 한권합격 이론 + 최신기출 + 핵심노트

* 자격증 시험은 모든 내용을 이해하는 학습을 하는 것이 합격을 위한 가장 좋은 방법입니다. 그러나 이러한 학습을 위해서는 많은 시간과 노력이 필요하기 때문에 보다 효율적이고 빠른 학습을 위해 교재의 활용방법을 제시하였습니다.

체계적인 🧪 학습을 하고 싶어요!

교재 활용법

이론	→	15개년 기출

이론	→	적중문제	→	기출문제	→	실전모의고사

> 이론과 적중문제로 이론 완성하기

이론을 꼼꼼히 학습하여, 산업안전산업기사 실기 시험에 대비한 이론의 기초를 다지고, 반복하여 암기합니다. 더불어 각 CHAPTER마다 수록된 적중문제를 풀어보며, 주요 포인트를 파악하고 부족한 이론 내용을 복습합니다.

> 기출문제를 풀어보며 문제해결능력 키우기

전체적인 이론이 학습되었다면 이를 바탕으로 기출문제를 풀어보며, 문제 해결능력을 키우고 실전에 대비합니다. 기출문제를 통해 취약한 부분이 발견되면 이론을 복습하여 부족한 부분을 채우는 학습을 함께 합니다. 특히, 자주 출제되거나 계속 틀리는 문제는 반복하여 학습함으로써 완전히 자기의 것으로 만드는 것이 좋습니다.

> 실전모의고사로 실력 점검하기

시험 전 실제 시험과 동일한 난이도로 구성된 실전모의고사를 풀어보며, 각자의 실력을 최종 점검합니다.

단기간에 빠른 🚀 학습을 하고 싶어요!

학습 순서

15개년 기출

기출문제	→	해설학습	→	반복학습	→	실전모의고사

> 문제와 정답을 읽어보며 기출문제 파악하기(1회독 시 교재 활용방법)

교재에 수록된 15개년 기출문제를 정답과 함께 읽어보며, 문제가 어떠한 방식으로 출제되고, 정답은 어떻게 작성하는지 파악합니다. 또한 틀렸거나 혼동이 되는 문제는 반복학습을 위해 따로 표시해두는 것이 좋습니다.

> 전체 기출문제를 풀어보며 문제해결능력 키우기(2회독 시 교재 활용방법)

전체 기출문제를 1회 학습했다면 전체 문제를 처음부터 다시 풀어봅니다. 1회독 시에 정답과 함께 읽어보는 수준으로 학습했다면 2회독부터는 해설을 보지 않고 문제를 직접 풀어보며, 실전 감각을 키울 수 있도록 합니다.

> 반복학습과 실전모의고사로 실전에 대비하기(3회독 이후 교재 활용방법)

3회독 시에는 틀린 문제를 위주로 다시 풀어보고 본인의 취약 부분을 정답과 함께 집중적으로 학습합니다. 더불어 본인이 정확히 알고 있는 부분은 잊혀지지 않도록 꾸준히 암기하는 것이 좋습니다. 또한 시험 전 실제 시험과 동일한 난이도로 구성된 실전모의고사를 풀어보며, 각자의 실력을 최종 점검합니다.

산업안전산업기사 시험정보

■ 시험과목, 검정방법과 합격기준은 어떻게 되나요?

산업안전산업기사 시험은 산업안전산업기사가 되기 위한 기술이론 지식과 업무수행능력을 검정합니다.

구분	세부 내용
시험과목	[필기] • 산업재해예방 및 안전보건교육 • 인간공학 및 위험성 평가 · 관리 • 기계 · 기구 및 설비 안전관리 • 전기 및 화학설비 안전관리 • 건설공사 안전관리 [실기] 산업안전실무
검정방법	• 필기: 객관식 4지 택일형으로 과목당 20문제가 출제되며, CBT 방식으로 시행됩니다. • 실기: 복합형(필답형 + 작업형)으로 출제됩니다.
합격기준	• 필기: 과목당 40점 이상, 전과목 평균 60점 이상을 받으면 합격입니다(100점 만점 기준). • 실기: 60점 이상을 받으면 합격입니다(100점 만점 기준).

■ 최근 5년간 응시자 수와 합격률은 어떻게 되나요?

구분		2020	2021	2022	2023	2024
필기	응시자	33,732	41,704	54,500	80,253	86,032
	합격자	19,655	20,205	26,032	41,014	36,853
	합격률	58.3%	48.4%	47.8%	51.1%	42.8%
실기	응시자	26,012	29,571	32,473	42,776	35,243
	합격자	14,824	15,310	15,681	28,636	17,267
	합격률	57.0%	51.8%	48.3%	54.3%	49.0%

* 2025년 3회 실기 시험 미포함

빠른 합격을 위한 TIP!

▣ 시험 준비는 필답형 내용부터!

필답형의 학습 내용은 대부분 작업형에도 포함되는 내용이므로 필답형 대비 학습 시 이론을 충분히 학습했다면 작업형 대부분의 문제는 어렵지 않게 해결할 수 있습니다.
또한 작업형의 경우 대개 문제와 영상에서 어떠한 답을 요구하는지 쉽게 파악할 수 있고, 전체적인 시험 난도가 높지 않은 편이기 때문에 작업형 시험 학습은 필답형 시험 이후 단기간에 집중적으로 진행하는 것이 좋습니다.

▣ 모든 학습은 키워드 중심으로!

실기 시험에 출제되는 내용은 그 분량이 매우 방대하고, 복잡합니다. 따라서 모든 내용을 암기할 수 없으므로 키워드를 중심으로 암기하고, 여기에 내용을 채워 넣는 방식으로 학습하는 것이 좋습니다. 또한 실기 시험에는 부분점수가 있기 때문에 알고 있는 내용을 최대한 작성하는 것이 좋으므로 키워드를 중심으로 학습하는 것이 실제 시험장에서 큰 도움이 될 수 있습니다.

🟩 자격증 시험 접수부터 취득까지의 절차가 어떻게 되나요?

원서접수부터 자격증이 취득까지는 다음 과정에 따라 진행되며, 필기 합격부터 실기 시험까지는 약 4 ～ 6주 정도의 기간이 있습니다.

필기원서 접수 및 필기시험
- Q-net(www.q-net.or.kr)을 통해 인터넷으로 원서접수를 합니다.
- 필기접수 기간 내 수험원서를 제출해야 합니다.
- 접수 시 사진을 첨부하고, 수수료를 결제합니다.
- 시험장소는 본인이 직접 선택합니다(선착순).
- 시험 시 수험표, 신분증, 필기구, 공학용계산기를 지참하도록 합니다.

필기 합격자 발표
- Q-net을 통해 합격을 확인합니다(마이페이지 등).
- 응시자격 제한종목은 공지된 시행계획의 서류제출 기간 내에 반드시 졸업증명서, 경력증명서 등 응시자격 서류를 제출해야 합니다.

실기원서 접수 및 실기시험
- 실기접수 기간 내 수험원서를 인터넷을 통해 제출합니다.
- 접수 시 사진을 첨부하고, 수수료를 결제합니다.
- 시험 일시와 장소는 본인이 직접 선택합니다(선착순).
- 시험 시 수험표, 신분증, 필기구, 공학용계산기를 지참하도록 합니다.

최종 합격자 발표
- Q-net을 통해 합격을 확인합니다(마이페이지 등).

자격증 발급
- 인터넷 발급: 공인인증 등을 통한 발급 또는 택배로 발급이 가능합니다.
- 방문수령: 사진 및 신분확인서류를 지참하여 방문합니다.

빠른 합격을 위한 TIP!

◾ **세부적인 사항은 꼼꼼하게!**
실기 시험은 필기와 달리 주관식이므로, 정확한 답을 쓰지 않으면 감점이 발생할 수 있습니다. 특히, 각종 단위 및 수치 표기(이상, 이하 등)를 놓쳐 감점을 당하는 경우가 많으므로, 이 부분을 빠뜨리지 않고 정확하게 답안을 작성할 수 있도록 정확한 내용을 꼼꼼하게 학습하여야 합니다.

◾ **문제가 묻는 내용 파악은 정확하게!**
필답형 시험의 경우 한번에 두 가지 이상의 내용을 묻는 경우가 많으며, 이때 문제의 내용을 정확히 파악하지 못한다면 내용이 부실하게 되고, 점수를 제대로 받지 못할 수 있습니다. 따라서 문제가 묻는 내용을 정확하게 파악하여야 합니다.
또한 작업형 시험의 경우 화면에서 나오는 내용과 문제를 정확하게 파악하는 연습이 필요합니다. 동영상 화면에 나오는 장면이 문제를 해결하는 데에 방해 요소로 작용할 수 있고, 화면에 집중하다 보면 문제에서 묻는 내용과 동떨어진 답을 쓸 수도 있으므로, 반드시 문제와 동영상 화면 내용을 모두 정확하게 파악하는 것이 좋습니다.

출제기준

* 한국산업인력공단에 공시된 출제기준으로, 교재 전체 내용은 모두 출제기준을 바탕으로 합니다.

실기 과목명	주요항목	세부항목
산업안전실무	1. 산업안전관리 계획수립	(1) 산업안전계획 수립하기 (2) 산업재해예방계획 수립하기 (3) 안전보건관리규정 작성하기 (4) 산업안전관리 매뉴얼 개발하기
	2. 산업안전 보호장비관리	(1) 보호구 관리하기 (2) 안전장구 관리하기
	3. 사업장 산업보건교육	(1) 산업보건교육 요구 사정하기 (2) 산업보건교육 계획하기 (3) 산업보건교육 수행하기 (4) 산업보건교육 평가하기
	4. 산업안전교육	(1) 산업안전교육 사전 준비하기 (2) 산업안전교육 제공하기 (3) 산업안전교육 평가하기 (4) 산업안전교육 사후관리하기
	5. 기계안전시설 관리	(1) 안전시설 관리 계획하기 (2) 안전시설 설치하기 (3) 안전시설 관리하기
	6. 사업장 안전점검	(1) 산업안전 점검계획 수립하기 (2) 산업안전 점검표 작성하기 (3) 산업안전 점검 실행하기 (4) 산업안전 점검 평가하기
	7. 기계안전점검	(1) 기계 위험요인 파악하기 (2) 안전점검계획 수립하기 (3) 안전점검표 작성하기 (4) 안전점검 실행하기 (5) 안전점검 평가하기

실기 과목명	주요항목	세부항목
산업안전실무	8. 전기작업 안전관리	(1) 전기작업 위험성 파악하기 (2) 정전작업 지원하기 (3) 활선작업 지원하기 (4) 충전전로 근접작업 안전지원하기
	9. 전기화재 위험관리	(1) 전기 화재 사고 예방 계획 수립하기 (2) 전기 화재 사고 위험요소 파악하기 (3) 전기 화재 사고 예방하기
	10. 화재 · 폭발 · 누출사고 예방	(1) 화재 · 폭발 · 누출요소 파악하기 (2) 화재 · 폭발 · 누출 예방 계획수립하기 (3) 화재 · 폭발 · 누출 사고 예방활동하기
	11. 화학물질 안전관리 실행	(1) 유해 · 위험성 확인하기 (2) MSDS 활용하기
	12. 화공안전점검	(1) 안전점검계획 수립하기 (2) 안전점검표 작성하기 (3) 안전점검 실행하기 (4) 안전점검 평가하기
	13. 건설현장 안전시설 관리	(1) 안전시설 관리 계획하기 (2) 안전시설 설치하기 (3) 안전시설 관리하기 (4) 안전시설 적용하기
	14. 건설현장 안전점검	(1) 안전점검계획 수립하기 (2) 안전점검표 작성하기 (3) 안전점검 실행하기 (4) 안전점검 평가하기
	15. 건설현장 유해 · 위험요인관리	(1) 건설현장 위험요인 예측하기 (2) 건설현장 위험요인 확인하기 (3) 건설현장 위험요인 개선하기

PART 1
산업재해예방 및 안전보건교육

CHAPTER 1 | 산업안전계획 수립하기

1 안전보건관리조직의 목적과 종류

1. 안전보건관리조직의 목적
① 조직적인 재해예방활동 추진
② 책임 있는 안전보건관리활동 전개
③ 사업장 안전의 근원적 확보
④ 조직계층간의 정보처리 및 유대강화

2. 안전보건관리조직의 종류 ★
① 직계(Line)형 조직
② 참모(Staff)형 조직
③ 직계 · 참모(Line · Staff)혼합형 조직

2 안전보건관리조직의 장단점

1. 직계(Line)형 조직

(1) 특징 ★
① 안전보건관리에 관한 계획에서부터 실시에 이르기까지 모든 안전보건업무를 생산라인을 통하여 이루어지도록 편성된 조직이다.
② 소규모(100명 미만) 사업장에 적합하다.

(2) 장단점 ★★

장점	단점
① 명령과 보고체계가 상하관계뿐이므로 간단명료하다. ② 안전보건에 관한 지시나 조치가 철저하고, 실시도 빠르다.	① 안전보건대책이 생산업무와 같이 실시되므로 불충분하고, 라인이 과중한 책임을 지기 쉽다. ② 안전보건에 관한 전문지식이나 기술축적이 어렵다.

2. 참모(Staff)형 조직

(1) 특징 ★
① 안전보건업무를 담당하는 참모를 두고 안전보건관리에 관한 계획, 조사, 검토, 보고 등을 할 수 있도록 편성된 조직이다.
② 중규모(100명 이상 1,000명 미만) 사업장에 적합하다.

(2) 장단점 ★★

장점	단점
① 안전보건 지식 및 기술축적을 바탕으로 사업장에 알맞는 안전보건개선 대책을 수립할 수 있다. ② 사업장 특성에 적합한 전문적인 기술연구를 할 수 있다.	① 생산부문은 안전보건에 대한 책임과 권한이 없다. ② 안전보건에 관한 지시나 명령이 작업자까지 신속 · 정확하게 전달되지 않는다.

3. 직계 · 참모(Line · Staff)혼합형 조직

(1) 특징 ★

① 직계(Line)형과 참모(Staff)형의 장점만을 채택한 절충식 조직형태로 안전보건업무를 전담하는 참모(Staff)를 두고, 생산 라인의 각 계층에서도 안전보건업무를 수행하도록 편성된 조직이다.

② 대규모(1,000명 이상) 사업장에 적합하다.

(2) 장단점 ★★

장점	단점
① 안전보건업무와 생산업무가 균형을 유지할 수 있다.	① 참모(Staff)의 월권행위로 분쟁이 일어날 수 있다.
② 사업장의 전 직원을 자율적으로 안전보건활동에 참여시킬 수 있다.	② 안전보건에 관한 명령계통과 조언, 권고적 참여가 혼동될 우려가 있다.

3 안전보건관리체계 및 직무

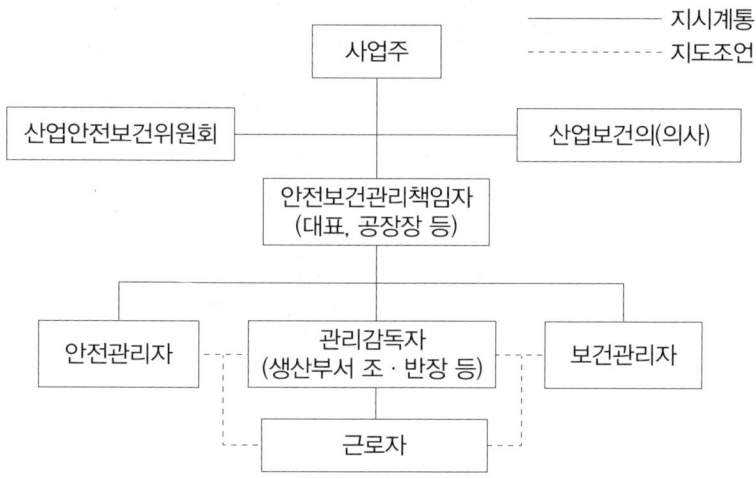

1. 안전보건관리조직 구성원의 업무

(1) 안전보건관리책임자의 업무(산업안전보건법) ★★

① 사업장의 산업재해예방계획의 수립에 관한 사항

② 안전보건관리규정의 작성 및 변경에 관한 사항

③ 안전보건교육에 관한 사항

④ 작업환경측정 등 작업환경의 점검 및 개선에 관한 사항

⑤ 근로자의 건강진단 등 건강관리에 관한 사항

⑥ 산업재해의 원인조사 및 재발방지대책 수립에 관한 사항

⑦ 산업재해에 관한 통계의 기록 및 유지에 관한 사항

⑧ 안전장치 및 보호구 구입 시 적격품 여부 확인에 관한 사항

⑨ 그 밖에 근로자의 유해위험방지조치에 관한 사항으로서 고용노동부령으로 정하는 사항(위험성 평가의 실시에 관한 사항과 안전보건규칙에서 정하는 근로자의 위험 또는 건강장해의 방지에 관한 사항)

참고 안전관리자 등의 증원·교체임명 명령(산업안전보건법 시행규칙) ★★★

지방고용노동관서의 장은 다음의 어느 하나에 해당하는 사유가 발생한 경우에는 사업주에게 안전관리자, 보건관리자 또는 안전보건관리담당자를 정수 이상으로 증원하게 하거나 교체하여 임명할 것을 명할 수 있다.

① 해당 사업장의 연간재해율이 같은 업종의 평균재해율의 2배 이상인 경우
② 중대재해가 연간 2건 이상 발생한 경우
③ 관리자가 질병이나 그 밖의 사유로 3개월 이상 직무를 수행할 수 없게 된 경우
④ 화학적 인자로 인한 직업성 질병자가 연간 3명 이상 발생한 경우

(2) 안전관리자의 업무(산업안전보건법 시행령) ★★

① 산업안전보건위원회 또는 안전 및 보건에 관한 노사협의체에서 심의·의결한 업무와 해당 사업장의 안전보건관리규정 및 취업규칙에서 정한 업무

② 안전인증 대상 기계 등과 자율안전확인 대상 기계 등 구입 시 적격품의 선정에 관한 보좌 및 지도·조언

③ 해당 사업장 안전교육계획의 수립 및 안전교육 실시에 관한 보좌 및 지도·조언

④ 사업장 순회점검, 지도 및 조치 건의

⑤ 산업재해발생의 원인조사·분석 및 재발방지를 위한 기술적 보좌 및 지도·조언

⑥ 산업재해에 관한 통계의 유지, 관리, 분석을 위한 보좌 및 지도·조언

⑦ 법 또는 법에 따른 명령으로 정한 안전에 관한 사항의 이행에 관한 보좌 및 지도·조언

⑧ 업무수행 내용의 기록·유지

⑨ 위험성 평가에 관한 보좌 및 지도·조언

⑩ 그 밖에 안전에 관한 사항으로서 고용노동부장관이 정하는 사항

(3) 안전관리자의 선임(산업안전보건법 시행령) ★

전담안전관리자를 두어야 할 사업의 종류·규모는 다음과 같다.

① 상시근로자 300명 이상을 사용하는 사업장
② 건설업의 경우에는 공사금액이 120억 원(토목공사업의 경우에는 150억 원) 이상인 사업장

(4) 관리감독자의 업무(산업안전보건법 시행령) ★★

① 사업장 내 관리감독자가 지휘·감독하는 작업과 관련된 기계기구 또는 설비의 안전보건점검 및 이상 유무확인

② 관리감독자에게 소속된 근로자의 작업복, 보호구 및 방호장치의 점검과 그 착용·사용에 관한 교육·지도

③ 해당 작업에서 발생한 산업재해에 관한 보고 및 이에 대한 응급조치

④ 해당 작업의 작업장 정리정돈 및 통로확보에 대한 확인·감독

⑤ 사업장의 산업보건의, 안전관리자, 보건관리자, 안전보건관리담당자의 지도·조언에 대한 협조

⑥ 위험성 평가에 관한 다음의 업무

  ㉠ 유해위험요인의 파악에 대한 참여

  ㉡ 개선조치의 시행에 대한 참여

⑦ 그 밖에 해당 작업의 안전 및 보건에 관한 사항으로서 고용노동부령으로 정하는 사항

(5) 안전보건관리담당자(산업안전보건법)

사업주는 사업장에 안전 및 보건에 관하여 사업주를 보좌하고 관리감독자에게 지도·조언하는 안전보건관리담당자를 두어야 한다.

(6) 안전보건관리담당자의 선임(산업안전보건법 시행령) ★★

다음의 어느 하나에 해당하는 사업의 사업주는 상시근로자 20명 이상 50명 미만인 사업장에 안전보건관리담당자를 1명 이상 선임해야 한다.

① 제조업

② 임업

③ 하수, 폐수 및 분뇨처리업

④ 폐기물 수집, 운반, 처리 및 원료재생업

⑤ 환경정화 및 복원업

(7) 안전보건관리담당자의 업무(산업안전보건법 시행령) ★★

① 안전보건교육 실시에 관한 보좌 및 지도·조언

② 위험성 평가에 관한 보좌 및 지도·조언

③ 작업환경측정 및 개선에 관한 보좌 및 지도·조언

④ 건강진단에 관한 보좌 및 지도·조언

⑤ 산업재해발생의 원인 조사, 산업재해통계의 기록 및 유지를 위한 보좌 및 지도·조언

⑥ 산업안전보건과 관련된 안전장치 및 보호구 구입 시 적격품 선정에 관한 보좌 및 지도·조언

(8) 안전보건총괄책임자(산업안전보건법)

① 안전보건총괄책임자 지정 대상 사업(산업안전보건법 시행령) ★★

㉠ 관계수급인에게 고용된 근로자를 포함한 상시근로자가 100명(선박 및 보트건조업, 1차금속제조업 및 토사석광업의 경우에는 50명) 이상인 사업

㉡ 관계수급인의 공사금액을 포함한 해당 공사의 총 공사금액이 20억 원 이상인 건설업

② 안전보건총괄책임자의 업무(산업안전보건법 시행령) ★★

㉠ 산업재해가 발생할 급박한 위험이 있을 때 또는 중대재해가 발생하였을 때 작업의 중지

㉡ 도급시 산업재해예방조치

㉢ 산업안전보건관리비의 관계수급인간의 사용에 관한 협의·조정 및 그 집행의 감독

㉣ 안전인증 대상 기계 등과 자율안전확인 대상 기계 등의 사용 여부 확인

㉤ 위험성 평가의 실시에 관한 사항

2. 도급사업시 안전보건

(1) 도급에 따른 산업재해예방조치(산업안전보건법) ★★

① 도급인과 수급인을 구성원으로 하는 안전 및 보건에 관한 협의체의 구성 및 운영

② 작업장 순회점검

③ 관계수급인이 근로자에게 하는 안전보건교육을 위한 장소 및 자료의 제공 등 지원

④ 관계수급인이 근로자에게 하는 안전보건교육의 실시 확인

⑤ 다음의 어느 하나의 경우에 대비한 경보체계 운영과 대피방법 등 훈련

    ㉠ 작업장소에서 발파작업을 하는 경우

    ㉡ 작업장소에서 화재 · 폭발, 토사 · 구축물 등의 붕괴 또는 지진 등이 발생한 경우

⑥ 위생시설 등 고용노동부령으로 정하는 시설의 설치 등을 위하여 필요한 장소의 제공 또는 도급인이 설치한 위생시설 이용의 협조

(2) 협의체의 구성 및 운영(산업안전보건법 시행규칙)

① 협의체의 구성: 도급인 및 그의 수급인 전원으로 구성

② 협의체의 협의해야 할 사항 ★

    ㉠ 작업의 시작시간

    ㉡ 작업 또는 작업장 간의 연락방법

    ㉢ 재해발생 위험이 있는 경우 대피방법

    ㉣ 작업장에서의 위험성 평가의 실시에 관한 사항

    ㉤ 사업주와 수급인 또는 수급인 상호간의 연락방법 및 작업공정의 조정

③ 협의체의 회의개최 주기: 매월 1회 이상

(3) 작업장의 순회점검(산업안전보건법 시행규칙)

① 다음의 사업: 2일에 1회 이상

㉠ 건설업	㉣ 서적, 잡지 및 기타 인쇄물출판업
㉡ 제조업	㉤ 음악 및 기타 오디오물출판업
㉢ 토사석광업	㉥ 금속 및 비금속원료재생업

② ①의 사업을 제외한 사업: 1주일에 1회 이상

(4) 도급사업의 합동안전보건점검 ★★

① 점검반 구성

㉠ 도급인	㉡ 관계수급인
㉢ 도급인 및 관계수급인의 근로자 각 1명	

② 정기안전보건점검의 실시 횟수

    ㉠ 건설업, 선박 및 보트건조업: 2개월에 1회 이상

    ㉡ ㉠의 사업을 제외한 사업: 분기에 1회 이상

3. 안전 및 보건에 관한 협의체(노사협의체)

(1) 노사협의체의 설치 대상(산업안전보건법 시행령) ★★

공사금액이 120억 원(토목공사업은 150억 원) 이상인 건설공사

※ 노사협의체를 구성 · 운영하는 경우에는 산업안전보건위원회 및 안전 및 보건에 관한 협의체를 각각 구성 · 운영하는 것으로 본다.

(2) **노사협의체의 구성(산업안전보건법 시행령)** ★★

　① 근로자 위원

　　㉠ 도급 또는 하도급사업을 포함한 전체 사업의 근로자대표

　　㉡ 근로자대표가 지명하는 명예산업안전감독관 1명

　　㉢ 공사금액이 20억 원 이상인 공사의 관계수급인의 각 근로자대표

　② 사용자 위원

　　㉠ 도급 또는 하도급사업을 포함한 전체 사업의 대표자

　　㉡ 안전관리자 1명

　　㉢ 보건관리자 1명

　　㉣ 공사금액이 20억 원 이상인 공사의 관계수급인의 각 대표자

(3) **노사협의체의 운영** ★★

　① 정기회의: 2개월마다 노사협의체의 위원장이 소집

　② 임시회의: 위원장이 필요하다고 인정할 때 소집

(4) **노사협의체의 협의사항** ★

　① 작업의 시작시간, 작업 및 작업장 간의 연락방법

　② 산업재해예방방법 및 산업재해가 발생한 경우의 대피방법

　③ 그 밖의 산업재해예방과 관련된 사항

4 산업안전보건위원회의 구성과 역할(산업안전보건법)

(1) **산업안전보건위원회 구성 대상(산업안전보건법 시행령)** ★

　① 상시근로자 100명 이상 사업

　② 공사금액 120억 원(토목공사업의 경우에는 150억 원) 이상인 건설업

③ 상시근로자 50명 이상 사업 ★	④ 상시근로자 300명 이상 사업
㉮ 토사석광업	㉮ 농업
㉯ 목재 및 나무제품제조업(가구는 제외)	㉯ 어업
㉰ 화학물질 및 화학제품제조업(의약품은 제외)	㉰ 정보서비스업
㉱ 비금속광물제품제조업	㉱ 금융 및 보험업
㉲ 1차금속제조업	㉲ 임대업(부동산 제외)
㉳ 금속가공품제조업(기계 및 기구는 제외)	㉳ 사업지원서비스업
㉴ 자동차 및 트레일러제조업	㉴ 사회복지서비스업
㉵ 기타 기계 및 장비제조업(사무용기계 및 장비제조업은 제외)	㉵ 전문, 과학 및 기술서비스업(연구개발업은 제외)
㉶ 기타 운송장비제조업(전투용차량제조업은 제외)	㉶ 소프트웨어 개발 및 공급업
	㉷ 컴퓨터프로그래밍, 시스템 통합 및 관리업

(2) 산업안전보건위원회의 구성(산업안전보건법 시행령) ★★★

　　① 근로자 위원

　　　　㉠ 근로자대표

　　　　㉡ 명예산업안전감독관이 위촉되어 있는 사업장의 경우 근로자대표가 지명하는 1명 이상의 명예산업안전감독관

　　　　㉢ 근로자대표가 지명하는 9명(근로자인 명예산업안전감독관 위원이 있는 경우에는 9명에서 그 위원의 수를 제외한 수를 말한다) 이내의 해당 사업장의 근로자

　　② 사용자 위원

　　　　㉠ 해당 사업의 대표자

　　　　㉡ 안전관리자(안전관리자의 업무를 안전관리전문기관에 위탁한 사업장의 경우에는 그 안전관리전문기관의 해당 사업장 담당자) 1명

　　　　㉢ 보건관리자(보건관리자의 업무를 보건관리전문기관에 위탁한 경우에는 그 보건관리전문기관의 해당 사업장 담당자) 1명

　　　　㉣ 산업보건의(해당 사업장에 선임되어 있는 경우로 한정한다)

　　　　㉤ 해당 사업의 대표자가 지명하는 9명 이내의 해당 사업장 부서의 장(다만, ㉤호의 경우 상시근로자 50명 이상 100명 미만을 사용하는 사업장에서는 제외하고 구성할 수 있다)

(3) 산업안전보건위원회 심의 · 의결사항(산업안전보건법) ★★

　　① 안전보건관리규정의 작성 및 변경에 관한 사항

　　② 사업장의 산업재해예방계획의 수립에 관한 사항

　　③ 안전보건교육에 관한 사항

　　④ 근로자의 건강진단 등 건강관리에 관한 사항

　　⑤ 작업환경측정 등 작업환경의 점검 및 개선에 관한 사항

　　⑥ 산업재해의 원인조사 및 재발방지대책수립에 관한 사항 중 중대재해에 관한 사항

　　⑦ 산업재해에 관한 통계의 기록 및 유지에 관한 사항

　　⑧ 유해하거나 위험한 기계 · 기구 · 설비를 도입한 경우 안전 및 보건 관련 조치에 관한 사항

　　⑨ 그 밖에 해당 사업장 근로자의 안전 및 보건을 유지 · 증진시키기 위하여 필요한 사항

(4) 산업안전보건위원회 회의(산업안전보건법 시행령) ★★

　　① 회의개최 주기

　　　　㉠ 정기회의: 분기마다 산업안전보건위원회의 위원장이 소집

　　　　㉡ 임시회의: 위원장이 필요하다고 인정할 때에 소집

　　② 회의록에 기록하여야 할 사항

　　　　㉠ 개최일시 및 장소

　　　　㉡ 출석위원

　　　　㉢ 심의내용 및 의결 · 결정사항

　　　　㉣ 그 밖의 토의사항

적중문제 CHAPTER 1 산업안전계획 수립하기

01 ★

안전보건관리조직의 종류를 3가지 쓰고, 각 조직의 장점과 단점을 각각 2가지씩 쓰시오.

정답

(1) 직계(Line)형 조직
① 장점
㉠ 명령과 보고체계가 상하관계뿐이므로 간단명료하다.
㉡ 안전보건에 관한 지시나 조치가 철저하고, 실시도 빠르다.
② 단점
㉠ 안전보건에 관한 전문지식이나 기술축적이 어렵다.
㉡ 안전보건대책이 생산업무와 같이 실시되므로 불충분하고, 라인이 과중한 책임을 지기 쉽다.

(2) 참모(Staff)형 조직
① 장점
㉠ 사업장 특성에 적합한 전문적인 기술연구를 할 수 있다.
㉡ 안전보건 지식 및 기술축적을 바탕으로 사업장에 알맞은 안전보건개선 대책을 수립할 수 있다.
② 단점
㉠ 생산부문은 안전보건에 대한 책임과 권한이 없다.
㉡ 안전보건에 관한 지시나 명령이 작업자까지 신속 정확하게 전달되지 않는다.

(3) 직계 · 참모(Line · Staff)혼합형 조직
① 장점
㉠ 안전보건업무와 생산업무가 균형을 유지할 수 있다.
㉡ 사업장의 전 직원을 자율적으로 안전보건활동에 참여시킬 수 있다.
② 단점
㉠ 참모(Staff)의 월권행위로 분쟁이 일어날 수 있다.
㉡ 안전보건에 관한 명령계통과 조언, 권고적 참여가 혼동될 우려가 있다.

02 ★★★

다음과 같은 사업장에서 선임하여야 할 안전관리자의 최소 인원수를 쓰시오.

(1) 고무 및 플라스틱제품제조업 상시근로자 200명

(2) 펄프, 종이제품제조업 상시근로자 700명

(3) 운수 및 창고업 상시근로자 300명

(4) 공사금액 50억 원 이상 120억 미만의 건설업

정답

(1) 1명 이상
(2) 2명 이상
(3) 1명 이상
(4) 1명 이상
[근거]
안전관리자를 두어야 하는 사업의 종류, 사업장의 상시근로자수, 안전관리자의 수 및 선임방법: 산업안전보건법 시행령 [별표 3]

03 ★★★

산업안전보건법상 지방고용노동관서의 장이 안전관리자 또는 보건관리자를 정수 이상으로 증원하게 하거나 교체하여 임명할 것을 명할 수 있는 사유를 4가지 쓰시오.

정답

① 해당 사업장의 연간재해율이 같은 업종의 평균재해율의 2배 이상인 경우
② 관리자가 질병이나 그 밖의 사유로 3개월 이상 직무를 수행할 수 없게 된 경우
③ 중대재해가 연간 2건 이상 발생한 경우
④ 화학적 인자로 인한 직업성 질병자가 연간 3명 이상 발생한 경우
[근거]
안전관리자 등의 증원 · 교체임명 명령: 산업안전보건법 시행규칙 제12조

04 ★★

산업안전보건법상 안전보건관리책임자의 업무를 4가지 쓰시오.

정답

① 사업장의 산업재해예방계획의 수립에 관한 사항
② 안전보건관리규정의 작성 및 변경에 관한 사항
③ 안전보건교육에 관한 사항
④ 작업환경측정 등 작업환경의 점검 및 개선에 관한 사항
⑤ 근로자의 건강진단 등 건강관리에 관한 사항
⑥ 산업재해의 원인조사 및 재발방지대책 수립에 관한 사항
⑦ 산업재해에 관한 통계의 기록 및 유지에 관한 사항
⑧ 안전장치 및 보호구 구입 시 적격품 여부 확인에 관한 사항
⑨ 그 밖에 근로자의 유해위험방지조치에 관한 사항으로서 고용노동
부령으로 정하는 사항(위험성 평가의 실시에 관한 사항과 안전보
건규칙에서 정하는 근로자의 위험 또는 건강장해의 방지에 관한
사항)

[근거]
안전보건관리책임자: 산업안전보건법 제15조

05 ★

산업안전보건법상 전담안전관리자를 두어야 할 사업을 2가지 쓰시오.

정답

① 상시근로자 300명 이상을 사용하는 사업장
② 건설업의 경우에는 공사금액이 120억 원(토목공사업의 경우에는
150억 원) 이상인 사업장

[근거]
안전관리자의 선임 등: 산업안전보건법 시행령 제16조

06 ★★

산업안전보건법상 안전관리자의 업무를 5가지 쓰시오.

정답

① 산업안전보건위원회 또는 안전 및 보건에 관한 노사협의체에서
심의·의결한 업무와 해당 사업장의 안전보건관리규정 및 취업규
칙에서 정한 업무
② 위험성 평가에 관한 보좌 및 지도·조언
③ 안전인증 대상 기계 등과 자율안전확인 대상 기계 등 구입시 적
격품의 선정에 관한 보좌 및 지도·조언
④ 해당 사업장 안전교육계획의 수립 및 안전교육 실시에 관한 보좌
및 지도·조언
⑤ 사업장 순회점검, 지도 및 조치 건의
⑥ 산업재해발생의 원인조사·분석 및 재발방지를 위한 기술적 보좌
및 지도·조언
⑦ 산업재해에 관한 통계의 유지, 관리, 분석을 위한 보좌 및 지도·
조언
⑧ 법 또는 법에 따른 명령으로 정한 안전에 관한 사항의 이행에 관
한 보좌 및 지도·조언
⑨ 업무수행 내용의 기록·유지
⑩ 그 밖에 안전에 관한 사항으로서 고용노동부장관이 정하는 사항

[근거]
안전관리자의 업무 등: 산업안전보건법 시행령 제18조

07 ★★

산업안전보건법상 관리감독자의 업무를 4가지 쓰시오.

정답

① 사업장 내 관리감독자가 지휘·감독하는 작업과 관련된 기계·기구 또는 설비의 안전보건점검 및 이상 유무의 확인

② 관리감독자에게 소속된 근로자의 작업복·보호구 및 방호장치의 점검과 그 착용·사용에 관한 교육·지도

③ 해당 작업의 작업장 정리정돈 및 통로확보에 대한 확인·감독

④ 해당 작업에서 발생한 산업재해에 관한 보고 및 이에 대한 응급조치

⑤ 위험성 평가에 관한 다음의 업무

  ㉠ 유해·위험요인의 파악에 대한 참여

  ㉡ 개선조치의 시행에 대한 참여

⑥ 사업장의 다음의 어느 하나에 해당하는 사람의 지도·조언에 대한 협조

  ㉠ 안전관리자 또는 안전관리자의 업무를 안전관리전문기관에 위탁한 사업장의 경우에는 그 안전관리전문기관의 해당 사업장 담당자

  ㉡ 보건관리자 또는 보건관리자의 업무를 보건관리전문기관에 위탁한 사업장의 경우에는 그 보건관리전문기관의 해당 사업장 담당자

  ㉢ 안전보건관리담당자 또는 안전보건관리담당자의 업무를 안전관리전문기관 또는 보건관리전문기관에 위탁한 사업장의 경우에는 그 안전관리전문기관 또는 보건관리전문기관의 해당 사업장 담당자

  ㉣ 산업보건의

⑦ 그 밖에 해당 작업의 안전 및 보건에 관한 사항으로서 고용노동부령으로 정하는 사항

[근거]
관리감독자의 업무 등: 산업안전보건법 시행령 제15조

08 ★★

산업안전보건법상 상시근로자 20명 이상 50명 미만인 사업장에 안전보건관리담당자를 1명 이상 선임해야 하는 대상 사업을 4가지 쓰시오.

정답

① 제조업

② 임업

③ 하수, 폐수 및 분뇨처리업

④ 폐기물 수집, 운반, 처리 및 원료재생업

⑤ 환경정화 및 복원업

[근거]
안전보건관리담당자의 선임: 산업안전보건법 시행령 제24조

09 ★★

산업안전보건법상 안전보건관리담당자의 업무를 4가지 쓰시오.

정답

① 안전보건교육 실시에 관한 보좌 및 지도·조언

② 위험성 평가에 관한 보좌 및 지도·조언

③ 작업환경측정 및 개선에 관한 보좌 및 지도·조언

④ 건강진단에 관한 보좌 및 지도·조언

⑤ 산업재해발생의 원인조사, 산업재해통계의 기록 및 유지를 위한 보좌 및 지도·조언

⑥ 산업안전보건과 관련된 안전장치 및 보호구 구입 시 적격품 선정에 관한 보좌 및 지도·조언

[근거]
안전보건관리담당자의 업무: 산업안전보건법 시행령 제25조

10 ★★

산업안전보건법상 안전보건총괄책임자를 지정해야 하는 사업의 종류를 4가지 쓰시오.

정답

① 관계수급인에게 고용된 근로자를 포함한 상시근로자가 100명 이상인 사업
② 관계수급인에게 고용된 근로자를 포함한 상시근로자가 50명 이상인 선박 및 보트건조업
③ 관계수급인에게 고용된 근로자를 포함한 상시근로자가 50명 이상인 1차금속제조업
④ 관계수급인에게 고용된 근로자를 포함한 상시근로자가 50명 이상인 토사석광업
⑤ 관계수급인의 공사금액을 포함한 해당 공사의 총공사금액이 20억원 이상인 건설업

[근거]
안전보건총괄책임자 지정 대상 사업: 산업안전보건법 시행령 제52조

11 ★★

산업안전보건법상 안전보건총괄책임자의 직무를 4가지 쓰시오.

정답

① 위험성 평가의 실시에 관한 사항
② 산업재해가 발생할 급박한 위험이 있을 때 또는 중대재해가 발생하였을 때 작업의 중지
③ 도급시 산업재해예방조치
④ 산업안전보건관리비의 관계수급인간의 사용에 관한 협의 · 조정 및 그 집행의 감독
⑤ 안전인증 대상 기계 등과 자율안전확인 대상 기계 등의 사용 여부 확인

[근거]
안전보건총괄책임자의 직무 등: 산업안전보건법 시행령 제53조

12 ★★

관계수급인 근로자가 도급인의 사업장에서 작업을 하는 경우 도급인의 도급에 따른 산업재해예방조치 사항을 4가지 쓰시오.

정답

① 도급인과 수급인을 구성원으로 하는 안전보건에 관한 협의체의 구성 및 운영
② 작업장 순회점검
③ 관계수급인이 근로자에게 하는 안전보건교육을 위한 장소 및 자료의 제공 등 지원
④ 관계수급인이 근로자에게 하는 안전보건교육의 실시 확인
⑤ 다음의 어느 하나의 경우에 대비한 경보체계 운영과 대피방법 등 훈련
　ⓐ 작업장소에서 발파작업을 하는 경우
　ⓑ 작업장소에서 화재 · 폭발, 토사 · 구축물 등의 붕괴 또는 지진 등이 발생한 경우
⑥ 위생시설 등 고용노동부령으로 정하는 시설의 설치 등을 위하여 필요한 장소의 제공 또는 도급인이 설치한 위생시설 이용의 협조

[근거]
도급에 따른 산업재해예방조치: 산업안전보건법 제64조

13 ★

도급인 및 수급인 전원으로 구성된 안전 및 보건에 관한 협의체를 구성할 경우 협의체가 협의해야 할 사항을 4가지 쓰시오.

정답

① 작업의 시작시간
② 작업 또는 작업장 간의 연락방법
③ 재해발생 위험이 있는 경우 대피방법
④ 작업장에서의 위험성 평가의 실시에 관한 사항
⑤ 사업주와 수급인 또는 수급인 상호간의 연락방법 및 작업공정의 조정

[근거]
협의체의 구성 및 운영: 산업안전보건법 시행규칙 제79조

14 ★★

산업안전보건법상 도급사업의 합동 안전보건점검에 관한 다음 물음에 각각 답하시오.

(1) 합동안전보건점검반을 구성할 때 해당하는 사람을 3가지 쓰시오.

(2) 다음 각각에 대하여 정기안전보건점검 실시 횟수를 쓰시오.

　① 건설업

　② 선박 및 보트건조업

　③ ①, ②의 사업을 제외한 사업

정답

(1) 합동안전보건점검반 구성할 때 해당되는 사람

　① 도급인

　② 관계수급인

　③ 도급인 및 관계수급인의 근로자 각 1명

(2) 정기안전보건점검의 실시 횟수

　① 건설업: 2개월에 1회 이상

　② 선박 및 보트건조업: 2개월에 1회 이상

　③ ①, ②의 사업을 제외한 사업: 분기에 1회 이상

[근거]

도급사업의 합동 안전보건점검: 산업안전보건법 시행규칙 제82조

15 ★★

산업안전보건법상 노사협의체에 관한 다음 사항에 대하여 쓰시오.

(1) 노사협의체의 설치 대상

(2) 노사협의체의 운영

　① 정기회의 개최시기

　② 임시회의 개최시기

정답

(1) 노사협의체의 설치 대상

　공사금액이 120억 원(토목공사업은 150억 원) 이상인 건설공사

(2) 노사협의체의 운영

　① 정기회의 개최시기: 2개월마다

　② 임시회의 개최시기: 위원장이 필요하다고 인정할 때

[근거]

(1) 노사협의체의 설치 대상: 산업안전보건법 시행령 제63조

(2) 노사협의체의 운영 등: 산업안전보건법 시행령 제64조

16 ★★

산업안전보건법상 노사협의체의 근로자 위원과 사용자 위원을 각각 3가지씩 쓰시오.

정답

(1) 근로자 위원

　① 도급 또는 하도급사업을 포함한 전체 사업의 근로자대표

　② 근로자대표가 지명하는 명예산업안전감독관 1명

　③ 공사금액이 20억 원 이상인 공사의 관계수급인의 각 근로자대표

(2) 사용자 위원

　① 도급 또는 하도급사업을 포함한 전체 사업의 대표자

　② 안전관리자 1명

　③ 보건관리자 1명

　④ 공사금액이 20억 원 이상인 공사의 관계수급인의 각 대표자

[근거]

노사협의체의 구성: 산업안전보건법 시행령 제64조

17 ★

산업안전보건법상 상시근로자가 50명 이상일 경우 산업안전보건위원회를 구성해야 할 사업의 종류를 5가지 쓰시오.

정답

① 토사석광업
② 목재 및 나무제품제조업(가구는 제외)
③ 화학물질 및 화학제품제조업(의약품은 제외)
④ 비금속광물제품제조업
⑤ 1차금속제조업
⑥ 금속가공품제조업(기계 및 기구는 제외)
⑦ 자동차 및 트레일러제조업
⑧ 기타 기계 및 장비제조업(사무용기계 및 장비제조업은 제외)
⑨ 기타 운송장비제조업(전투용차량제조업은 제외)
[근거]
산업안전보건위원회를 구성해야 할 사업의 종류 및 사업장의 상시근로자수: 산업안전보건법 시행령 [별표 9]

18 ★★★

산업안전보건법상 산업안전보건위원회의 구성에 따른 근로자 위원과 사용자 위원의 기준을 각각 3가지씩 쓰시오.

정답

(1) 근로자 위원
　① 근로자대표
　② 근로자대표가 지명하는 9명 이내의 해당 사업장의 근로자
　③ 근로자대표가 지명하는 1명 이상의 명예산업안전감독관
(2) 사용자 위원
　① 해당 사업의 대표자
　② 안전관리자 1명
　③ 보건관리자 1명
　④ 해당 사업의 대표자가 지명하는 9명 이내의 해당 사업장 부서의 장
　⑤ 산업보건의(선임되어 있는 경우로 한정)
[근거]
산업안전보건위원회의 구성: 산업안전보건법 시행령 제35조

19 ★★

산업안전보건법상 산업안전보건위원회의 심의·의결을 거쳐야 하는 사항을 5가지 쓰시오.

정답

① 사업장의 산업재해예방계획의 수립에 관한 사항
② 안전보건관리규정의 작성 및 변경에 관한 사항
③ 안전보건교육에 관한 사항
④ 작업환경측정 등 작업환경의 점검 및 개선에 관한 사항
⑤ 근로자의 건강진단 등 건강관리에 관한 사항
⑥ 산업재해의 원인조사 및 재발방지대책수립에 관한 사항 중 중대재해에 관한 사항
⑦ 산업재해에 관한 통계의 기록 및 유지에 관한 사항
⑧ 유해하거나 위험한 기계·기구·설비를 도입한 경우 안전 및 보건 관련 조치에 관한 사항
⑨ 그 밖에 해당 사업장 근로자의 안전 및 보건을 유지·증진시키기 위하여 필요한 사항
[근거]
산업안전보건위원회: 산업안전보건법 제24조

20 ★★

산업안전보건법상 산업안전보건위원회에 관하여 다음 사항에 대하여 답하시오.

(1) 산업안전보건위원회의 회의록 작성사항
(2) 산업안전보건위원회의 회의 개최시기
　① 정기회의 개최시기
　② 임시회의 개최시기

정답

(1) 산업안전보건위원회의 회의록 작성사항
　① 개최일시 및 장소
　② 출석위원
　③ 심의내용 및 의결·결정사항
　④ 그 밖의 토의사항
(2) 산업안전보건위원회의 회의 개최시기
　① 정기회의 개최시기: 분기마다
　② 임시회의 개최시기: 위원장이 필요하다고 인정할 때
[근거]
산업안전보건위원회의 회의 등: 산업안전보건법 시행령 제37조

CHAPTER 2 | 안전보건관리규정 작성하기

1 안전보건관리규정 및 안전보건관리계획

1. 안전보건관리규정

(1) 안전보건관리규정 작성 시 포함되어야 할 사항(산업안전보건법) ★★★

① 안전 및 보건에 관한 관리조직과 그 직무에 관한 사항

② 작업장 안전 및 보건관리에 관한 사항

③ 안전보건교육에 관한 사항

④ 사고조사 및 대책수립에 관한 사항

⑤ 그 밖에 안전 및 보건에 관한 사항

> **참고** **안전보건관리규정 작성 시 유의하여야 할 사항**
> ① 관리자층의 직무와 권한, 근로자에게 강제하거나 요청할 부분을 명확히 할 것
> ② 작성 또는 변경 시에는 현장의 의견을 충분히 반영할 것
> ③ 규정된 기준은 법정기준을 상회하도록 할 것
> ④ 관계법령의 제정·개정에 따라 개정할 수 있도록 라인활용에 쉬운 규정이어야 할 것
> ⑤ 규정의 내용은 정상시는 물론 이상시, 사고시 및 재해발생시의 조치에 관해서도 규정할 것

(2) 안전보건관리규정의 작성·변경절차(산업안전보건법)

사업주는 안전보건관리규정을 작성하거나 변경할 때에는 산업안전보건위원회의 심의·의결을 거쳐야 한다.

(3) 안전보건관리규정의 작성·변경시기(산업안전보건법 시행규칙) ★★

사유가 발생한 날부터 30일 이내에 작성·변경하여야 한다.

(4) 안전보건관리규정을 작성하여야 할 사업의 종류 및 규모(산업안전보건법 시행규칙)

사업의 종류	상시근로자수
① 농업 ② 어업 ③ 소프트웨어 개발 및 공급업 ④ 컴퓨터프로그래밍, 시스템 통합 및 관리업 ⑤ 정보서비스업 ⑥ 금융 및 보험업 ⑦ 임대업(부동산 제외) ⑧ 전문, 과학 및 기술서비스업(연구개발업은 제외) ⑨ 사업지원서비스업 ⑩ 사회복지서비스업	상시근로자 300명 이상
⑪ ①부터 ⑩까지의 사업을 제외한 사업	상시근로자 100명 이상

2. 안전보건관리계획

(1) 안전보건관리계획 수립시 유의하여야 할 사항

① 직장단위로 구체적인 계획을 작성한다.

② 사업장의 실정에 맞도록 독자적으로 수립하되 실현 가능성이 있도록 한다.

③ 계획상의 재해감소 목표는 점진적으로 수준을 높이도록 한다.

④ 근본적인 안전보건대책을 강구한다.

⑤ 계획에서부터 실시까지의 잘못된 점, 미비점을 피드백 할 수 있는 조정기능을 갖추어야 한다.

⑥ 복수계획안을 수립하여 그 중에서 선택한다.

⑦ 타 관리계획과 균형이 되어야 한다.

⑧ 안전보건의 저해요인을 확실히 파악해야 한다.

⑨ 경영층의 기본방침을 명확하게 나타내어야 한다.

(2) 안전보건관리계획의 주요 평가척도

① 주요 평가척도 ★

- 절대척도: 재해건수 등 수치
- 상대척도: 도수율, 강도율 등
- 도수척도: %로 나타내는 것
- 평정척도: 양적으로 나타내는 것으로 양호, 보통, 불량 등 단계로 평정

② 안전보건관리의 사이클(Cycle)

- P(Plan): 계획을 수립한다.
- D(Do): 계획대로 실시한다.
- C(Check): 결과를 검토한다.
- A(Action): 검토 결과에 따라 조치를 취한다.

2 안전보건개선계획

1. 안전보건개선계획 수립 대상 사업장(산업안전보건법) ★★

① 사업주가 필요한 안전조치 또는 보건조치를 이행하지 아니하여 중대재해가 발생한 사업장

② 산업재해율이 같은 업종의 규모별 평균 산업재해율보다 높은 사업장

③ 유해인자의 노출기준을 초과한 사업장

④ 대통령령으로 정하는 수(직업성 질병자가 연간 2명 이상 발생한 사업장) 이상의 직업성 질병자가 발생한 사업장

2. 안전보건개선계획서 작성 시기(산업안전보건법 시행규칙) ★★

안전보건개선계획의 수립ㆍ시행명령을 받은 사업주는 그 명령을 받은 날부터 60일 이내에 작성하여 관할 지방고용노동관서의 장에게 제출해야 한다.

3. 안전보건개선계획서에 포함되어야 할 사항(산업안전보건법) ★★★

   ① 시설

   ② 안전보건관리체제

   ③ 안전보건교육

   ④ 산업재해예방 및 작업환경의 개선을 위하여 필요한 사항

4. 고용노동부장관이 안전보건진단을 받아 안전보건개선계획을 수립하여 시행할 것을 명할 수 있는 사업장 ★★

   ① 산업재해율이 같은 업종 평균 산업재해율의 2배 이상인 사업장

   ② 사업주가 필요한 안전조치 또는 보건조치를 이행하지 아니하여 중대재해가 발생한 사업장

   ③ 직업성 질병자가 연간 2명 이상(상시근로자 1,000명 이상 사업장의 경우 3명 이상) 발생한 사업장

   ④ 그 밖에 작업환경 불량, 화재·폭발 또는 누출사고 등으로 사업장 주변까지 피해가 확산된 사업장으로서 고용노동부령
     으로 정하는 사업장

적중문제 CHAPTER 2 안전보건관리규정 작성하기

01 ★

안전보건관리계획의 주요 평가척도를 4가지 쓰고, 각각에 대하여 간단히 설명하시오.

정답

① 절대척도: 재해건수 등을 수치로 나타내는 것이다.

② 상대척도: 도수율, 강도율 등으로 계산하여 나타낸 것이다.

③ 도수척도: %로 달성정도를 나타낸 것이다.

④ 평정척도: 양적(양호, 보통, 불량 등)으로 나타낸 것이다.

02 ★★

산업안전보건법상 고용노동부장관이 안전보건개선계획을 수립하여 시행할 것을 명할 수 있는 사업장을 4가지 쓰시오.

정답

① 산업재해율이 같은 업종의 평균 산업재해율보다 높은 사업장

② 사업주가 필요한 안전조치 또는 보건조치를 이행하지 아니하여 중대재해가 발생한 사업장

③ 대통령령으로 정하는 수(직업성 질병자가 연간 2명 이상 발생한 사업장) 이상의 직업성 질병자가 발생한 사업장

④ 유해인자의 노출기준을 초과한 사업장

[근거]

안전보건개선계획의 수립·시행명령: 산업안전보건법 제49조

03 ★★★

산업안전보건법상 (1) 안전보건관리규정을 작성할 때 포함되어야 할 사항 4가지와 (2) 안전보건관리규정을 작성해야 할 사유가 발생한 날로부터 며칠 이내에 작성해야 하는지 각각 쓰시오.

정답

(1) 안전보건관리규정을 작성할 때 포함되어야 할 사항
　　① 안전 및 보건에 관한 관리조직과 그 직무에 관한 사항
　　② 안전보건교육에 관한 사항
　　③ 작업장의 안전 및 보건관리에 관한 사항
　　④ 사고조사 및 대책수립에 관한 사항
　　⑤ 그 밖에 안전 및 보건에 관한 사항
(2) 안전보건관리규정을 작성해야 할 시기
　　30일 이내
[근거]
안전보건관리규정의 작성: 산업안전보건법 제25조

04 ★★★

산업안전보건법상 (1) 안전보건개선계획서에 포함되어야 할 사항과 (2) 사업주는 안전보건개선계획서 수립·시행명령을 받은 날부터 며칠 이내에 관할 지방고용노동관서의 장에게 제출해야 하는지 쓰시오.

정답

(1) 안전보건개선계획서에 포함되어야 할 사항
　　① 시설
　　② 안전보건관리체제
　　③ 안전보건교육
　　④ 산업재해예방 및 작업환경의 개선을 위하여 필요한 사항
(2) 안전보건개선계획서 제출 시기
　　60일 이내
[근거]
안전보건개선계획서의 제출: 산업안전보건법 시행규칙 제61조

05 ★★

산업안전보건법상 고용노동부장관이 안전보건진단을 받아 안전보건개선계획을 수립하여 시행할 것을 명할 수 있는 사업장을 4가지 쓰시오.

정답

① 산업재해율이 같은 업종 평균 산업재해율의 2배 이상인 사업장
② 사업주가 필요한 안전조치 또는 보건조치를 이행하지 아니하여 중대재해가 발생한 사업장
③ 직업성 질병자가 연간 2명 이상(상시근로자 1,000명 이상 사업장의 경우 3명 이상) 발생한 사업장
④ 그 밖에 작업환경 불량, 화재·폭발 또는 누출사고 등으로 사업장 주변까지 피해가 확산된 사업장으로서 고용노동부령으로 정하는 사업장
[근거]
안전보건진단을 받아 안전보건개선계획을 수립할 대상: 산업안전보건법 시행령 제49조

CHAPTER 3 │ 산업재해 대응

1 재해조사의 목적

1. 재해조사의 목적 ★

① 재해발생원인 및 결함 규명

② 재해예방대책자료의 수집

③ 동종재해 및 유사재해의 재발방지

2. 재해조사시 유의사항 ★

① 조사는 신속하게 행하고, 긴급 조치하여 2차재해의 방지를 도모한다.

② 피해자에 대한 구급조치를 우선한다.

③ 객관적인 입장에서 공정하게 조사하고, 조사는 2명 이상이 한다.

④ 사실을 수집한다. 그 이유는 뒤에 확인하도록 한다.

⑤ 2차재해의 예방과 위험성에 대비하여 보호구를 착용한다.

⑥ 사람, 기계설비 양면의 재해요인을 모두 도출한다.

⑦ 책임 추궁보다는 재발방지를 우선으로 하는 태도를 갖는다.

⑧ 목격자 등이 증언하는 사실 이외의 추측의 말은 참고만 한다.

3. 인간과오의 배후요인(재해발생의 배후요인) 4M ★

① 인간(Man): 인적요인(동료, 상사, 본인 이외의 사람)

② 기계설비(Machine): 물적요인(기계설비의 고장, 결함)

③ 매체(Media): 인간과 기계를 잇는 매체(작업정보, 작업환경, 작업방법)

④ 관리(Management): 관리(법규준수방법, 관리)

2 재해발생시 조치사항 및 재해발생의 메커니즘

1. 재해발생시 조치사항 ★★

(1) 긴급처리

① 피재기계의 정지 및 피해확산 방지

② 피재자의 구조 및 응급처치

③ 관계자에게 통보

④ 2차재해 방지

⑤ 현장 보존

(2) **재해조사**: 6하원칙(5W1H)에 의하여 객관적인 재해조사 실시

(3) **원인강구**

　① 직접원인: 사람, 물체

　② 간접원인: 관리

(4) **대책수립**

　① 동종재해의 재발방지

　② 유사재해의 재발방지

(5) **대책실시 계획**

(6) **실시**

(7) **평가**

2. 재해발생의 메커니즘(재해발생의 형태) ★

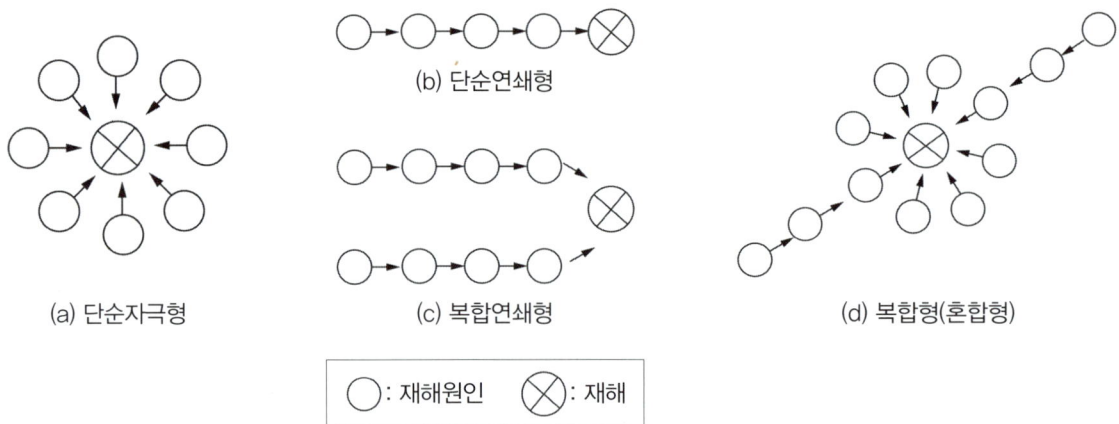

(a) 단순자극형　　(b) 단순연쇄형　　(c) 복합연쇄형　　(d) 복합형(혼합형)

○ : 재해원인　　⊗ : 재해

3 산업재해 발생

1. 사고(Accident)

(1) **사고의 정의**

　① 사고는 변형된 사상, 비효율적인 사상이다.

　② 사고(事故)는 원하지 않는 사상(事象: Undesired Event)이다.

(2) **아차사고** ★★

물적, 인적피해가 전혀 없이 발생한 사고를 말하며, 흔히 무상해사고라고도 한다.

2. 재해(Calamity)

(1) **재해**: 사고의 결과로 인하여 발생한 인적, 물적 피해이다.

(2) **산업재해**: 노무를 제공하는 사람이 업무에 관계되는 건설물, 설비, 원재료, 가스, 증기, 분진 등에 의하거나 작업 또는 그 밖의 업무로 인하여 사망 또는 부상당하거나 질병에 걸리는 것을 말한다.

3. 산업안전보건법상 재해 관련 사항

(1) 산업재해 발생보고 및 기록 · 보존 ★★

① 산업재해 발생보고(산업안전보건법 시행규칙)

　㉠ 보고대상: 산업재해로 사망자가 발생하거나 3일 이상의 휴업이 필요한 부상을 입거나 질병에 걸린 사람이 발생한 경우

　㉡ 보고시기: 해당 산업재해가 발생한 날부터 1개월 이내에 산업재해조사표를 작성하여 관할 지방고용노동관서의 장에게 제출

② 산업재해 발생 시 기록 · 보존해야 될 사항(산업안전보건법 시행규칙) ★★

　㉠ 사업장의 개요 및 근로자의 인적사항　　　㉢ 재해발생의 원인 및 과정

　㉡ 재해발생의 일시 및 장소　　　㉣ 재해재발방지계획

③ 산업재해기록의 보존기간: 3년

(2) 중대재해(산업안전보건법 시행규칙) ★★★

① 사망자가 1명 이상 발생한 재해

② 3개월 이상의 요양이 필요한 부상자가 동시에 2명 이상 발생한 재해

③ 부상자 또는 직업성 질병자가 동시에 10명 이상 발생한 재해

(3) 사업주가 중대재해 발생 시 지체없이 관할 지방고용노동관서의 장에게 보고할 사항 ★★

① 발생개요 및 피해상황　　　② 조치 및 전망

③ 그 밖의 중요한 사항

(4) 고용노동부장관의 산업재해발생건수 공표 대상 사업장(산업안전보건법 시행령) ★★

① 산업재해로 인한 사망자가 연간 2명 이상 발생한 사업장

② 사망만인율이 규모별 같은 업종의 평균 사망만인율 이상인 사업장

③ 산업재해 발생 사실을 은폐한 사업장

④ 산업재해의 발생에 관한 보고를 최근 3년 이내 2회 이상 하지 않은 사업장

⑤ 중대산업사고가 발생한 사업장

4. 재해의 분류

(1) 상해정도별 분류(국제노동기구(ILO) 기준) ★

① 사망: 사고로 죽거나 사고시 입은 부상의 결과로 생명을 잃는 것

② 영구전노동불능상해: 부상의 결과로 근로기능을 완전히 영구적으로 잃게 되는 상해(신체장해등급 1 ~ 3급)

③ 영구일부노동불능상해: 부상의 결과로 신체의 일부가 영구적으로 근로기능을 상실한 상해(신체장해등급 4 ~ 14급)

④ 일시전노동불능상해: 의사의 진단으로 일정기간 정규노동에 종사할 수 없는 상해(근로손실일수 = 휴업일수 $\times \frac{300}{365}$)

⑤ 일시일부노동불능상해: 의사의 진단으로 일정기간 정규노동에는 종사할 수 없으나 휴무상태가 아닌 일시 가벼운 노동에 종사할 수 있는 상해

⑥ 응급조치(구급조치)상해: 응급처치 또는 의료조치를 받아 부상한 다음 날 정상작업에 임할 수 있는 상해

(2) 재해발생형태별 분류 ★

분류 항목	세부 항목
전도(넘어짐)	사람이 평면상으로 넘어진 경우(과속, 미끄러짐 포함)
협착(끼임, 말림)	물건에 끼워진 상태, 말려든 상태
추락(떨어짐)	사람이 건축물 · 비계 · 기계 · 사다리 · 계단 · 경사면 · 나무 등에서 떨어지는 것
낙하 · 비래(맞음 · 날아옴)	물건이 주체가 되어 사람이 맞은 경우
충돌(부딪힘)	사람이 정지물에 부딪친 경우
붕괴, 도괴(무너짐)	적재물, 비계, 건축물이 무너진 경우
감전	전기접촉이나 방전에 의해 사람이 충격을 받은 경우
기타	폭발, 화재, 파열, 유해물접촉, 이상온도접촉, 무리한동작

(3) 상해종류별 분류 ★

분류 항목	세부 항목
절단	신체부위가 절단된 상해
골절	뼈가 부러진 상해
자상(찔림)	칼날 등 날카로운 물건에 찔린 상해
창상(베임)	창, 칼 등에 베인 상해
좌상(타박상)	피부표면 보다는 피하조직 또는 근육부를 다친 상해
찰과상	스치거나 문질러서 벗겨진 상해
부종	국부의 혈액순환 이상으로 몸이 퉁퉁 부어오르는 상해
기타	동상, 중독 · 질식, 익사, 화상, 뇌진탕, 시력장해, 청력장해, 피부병

5. 복합적 현상에 의한 재해발생형태 분류기준 ★★★

① 떨어짐과 넘어짐의 분류

  ㉠ 사고 당시 바닥면과 신체가 떨어진 상태로 더 낮은 위치로 떨어진 경우에는 떨어짐으로, 바닥면과 신체가 접해 있는 상태에서 더 낮은 위치로 떨어진 경우에는 넘어짐으로 분류한다.

  ㉡ 신체가 바닥면에 접해 있었는지 여부를 알 수 없는 경우에는 작업발판 등 구조물 높이가 보폭(약 60cm) 이상인 경우는 신체가 구조물과 바닥면에서 떨어진 것으로 판단하여 떨어짐으로 분류하고, 그 보폭 미만인 경우는 넘어짐으로 분류한다.

② 폭발과 화재의 분류: 폭발과 화재, 두 현상이 복합적으로 발생된 경우에는 발생형태를 폭발로 분류한다.

③ 재해자가 넘어짐으로 인하여 기계의 동력전달부위 등에 끼이는 사고가 발생하여 신체부위가 절단된 경우에는 끼임으로 분류한다.

④ 재해자가 구조물 상부에서 넘어짐으로 인하여 사람이 떨어져 두개골 골절이 발생한 경우에는 떨어짐으로 분류한다.

⑤ 재해자가 넘어짐 또는 떨어짐으로 물에 빠져 익사한 경우에는 빠짐 · 익사로 분류한다.

⑥ 기계의 구동축 · 회전체 등 주요 부위의 파단, 파열 등으로 사고가 발생한 경우에는 상해를 입힌 물체의 운동형태에 따라 맞음 재해로 분류한다.

⑦ 물체 또는 물질이 떨어지거나 날아와 타박상 등의 상해를 입었을 경우에는 맞음으로 분류한다.

⑧ 고 · 저온 물체 또는 물질이 떨어지거나 날아와 화상을 입었을 경우에는 이상온도 접촉으로 분류한다.

⑨ 떨어지거나 날아온 물체 또는 물질의 특성에 의하여 상해를 입은 경우에는 화학물질 누출 · 접촉으로 분류한다.

※ 산업재해기록 · 분류에 관한 기술지원규정: KOSHA(한국산업안전보건공단) GUIDE A-G-8-2025 ➜ 2025.3.26 개정

6. 산업재해조사표 ★★

Ⅰ. 사업장 정보	① 산재관리번호 (사업개시번호)			사업자등록번호	
	② 사업장명			③ 근로자수	
	④ 업종			소재지	(-)
	⑤ 재해자가 사내수급 인 소속인 경우(건 설업 제외)	원도급인 사업장명		⑥ 재해자가 파견근로자인 경우	파견사업주 사업장명
		사업장 산재관리번호 (사업개시번호)			사업장 산재관리번호 (사업개시번호)
	건설업만 작성	발주자		[ ] 민간 [ ] 국가 · 지방자치단체 [ ] 공공기관	
		⑦ 원수급 사업장명		공사현장명	
		⑧ 원수급 사업장 산제관리 번호(사업개시번호)			
		⑨ 공사종류		공정률 % 공사금액 백만 원	

※ 아래 항목은 재해자별로 각각 작성하되, 같은 재해로 재해자가 여러 명이 발생한 경우에는 별도 서식에 추가로 적습니다.

Ⅱ. 재해 정보	성명		주민등록번호 (외국인등록번호)	성별	[ ]남 [ ]여
	국적	[ ] 내국인 [ ] 외국인 [국적: ⑩ 체류자격:]		⑪ 직업	
	입사일	년 월 일	⑫ 같은 종류업무 근속기간	년 월	
	⑬ 고용형태	[ ] 상용 [ ] 임시 [ ] 일용 [ ] 무급가족종사자 [ ] 자영업자 [ ] 그 밖의 사항 [ ]			
	⑭ 근무형태	[ ] 정상 [ ] 2교대 [ ] 3교대 [ ] 4교대 [ ] 시간제 [ ] 그 밖의 사항 [ ]			
	⑮ 상해종류 (질병명)		⑯ 상해부위 (질병부위)	⑰ 휴업예상일수 휴업 [ ]일	
				사망 여부 [ ] 사망	

Ⅲ. 재해발생 개요 및 원인	⑱ 재해 발생 개요	발생일시	[ ]년 [ ]월 [ ]일 [ ]요일 [ ]시 [ ]분
		발생장소	
		재해관련 작업유형	
		재해발생 당시 상황	
	⑲ 재해발생원인		

Ⅳ. ⑳ 재발 방지 계획	

※ 위 재발방지계획 이행을 위한 안전보건교육 및 기술지도 등을 한국산업안전보건공단에서 무료로 제공하고 있으니 즉시 기술지원 서비스를 받고자 하는 경우 오른쪽에 √ 표시를 하시기 바랍니다.	즉시 기술지원 서비스 요청 [ ]

작성자 성명
작성자 전화번호　　　　　　　　　　　　　작성일　　　　　년　　　월　　　일
　　　　　　　　　　　　　　　　　　　　　사업주　　　　　　　　　　　　　(서명 또는 인)
　　　　　　　　　　　　　　　　근로자대표(재해자)　　　　　　　　　　(서명 또는 인)

(　　　　　　　) **지방고용노동청장(지청장)** 귀하

재해 분류자 기입란 (사업장에서는 작성하지 않습니다)	발생형태 □□□	기인물 □□□□□
	작업지역 · 공정 □□□	작업내용 □□□

4 재해발생 원인

1. 재해의 직접원인 ★★

불안전한 행동(인적원인)	불안전한 상태(물적원인)
① 기계기구의 잘못 사용 ② 복장, 보호구의 잘못 사용 ③ 안전장치의 기능 제거 ④ 운전 중인 기계장치의 손질 ⑤ 위험장소 접근 ⑥ 불안전한 자세동작 ⑦ 불안전한 상태방치 ⑧ 불안전한 속도조작 ⑨ 위험물 취급 부주의 ⑩ 감독 및 연락불충분	① 물 자체의 결함 ② 복장, 보호구의 결함 ③ 안전방호장치의 결함 ④ 물의 배치 및 작업장소의 결함 ⑤ 생산공정의 결함 ⑥ 작업환경의 결함 ⑦ 경계표시, 설비의 결함

> **참고**
>
> **안전보건관리를 추진하는 입장에서 구분하는 불안전행동의 원인** ★
> ① 기능의 미숙   ② 지식의 부족
> ③ 태도의 불량   ④ 인간실수(인간에러)

2. 재해의 간접원인 ★

기술적 원인(2차원인)	교육적 원인(2차원인)	관리적 원인(1차원인)
① 건물 · 기계장치 설계불량 ② 생산공정의 부적당 ③ 구조 · 재료의 부적합 ④ 점검 및 보전불량	① 안전수칙의 오해 ② 안전지식의 부족 ③ 작업방법의 교육불충분 ④ 유해위험작업의 교육불충분 ⑤ 경험훈련의 미숙	① 인원배치 부적당 ② 안전관리조직 결함 ③ 작업지시 부적당 ④ 작업준비 불충분 ⑤ 안전수칙 미제정

3. 재해분석 ★★★

(1) 기인물과 가해물

① 기인물: 재해를 가져오게 한 근원이 된 기계, 장치 기타 물(物) 또는 환경을 말한다.

② 가해물: 직접 사람에게 접촉해서 피해를 가한 것을 말한다.

(2) 재해분석

① 운전 중인 롤러기를 청소하던 중 걸레를 쥔 손이 롤러에 말려 들어가 손에 부상을 당하였다.

ㄱ 사고유형(재해발생형태): 협착(말림)

ㄴ 기인물: 롤러기

ㄷ 가해물: 롤러

ㄹ 불안전한 행동: 운전 중 청소

ㅁ 불안전한 상태: 방호장치의 결함

② 바닥에 미끄러운 기름이 흩어져 있는 통로를 작업자가 지나가다 넘어져 머리를 다쳤다.

   ㉠ 사고유형(재해발생형태): 전도(넘어짐)

   ㉡ 기인물: 기름

   ㉢ 가해물: 바닥

   ㉣ 불안전한 상태: 바닥에 기름이 있었음(통로의 청소불량)

③ 작업자가 벽돌을 들고 비계 위를 걷다가 벽돌을 떨어뜨려 발가락을 다쳤다.

   ㉠ 사고유형(재해발생형태): 낙하(맞음)

   ㉡ 기인물: 벽돌

   ㉢ 가해물: 벽돌

④ 2m 이상 높은 곳에서 작업 중이던 작업자가 안전대를 착용하였으나 안전대의 끈이 너무 길어 떨어지면서 바닥에 머리를 부딪쳐 크게 다쳤다.

   ㉠ 사고유형(재해발생형태): 추락(떨어짐)

   ㉡ 기인물: 안전대의 끈

   ㉢ 가해물: 바닥(지면)

⑤ 작업자가 작업장 통로를 청소하다가 연삭기 아래에 기름이 묻어있는 것을 보고 제거하기 위하여 기계의 아랫부분으로 손을 움직이던 중 치차(기어)에 손가락이 절단되었다.

   ㉠ 사고유형(재해발생형태): 협착(끼임)

   ㉡ 기인물: 공작기계(연삭기)

   ㉢ 가해물: 치차(기어)

   ㉣ 불안전한 행동: 운전 중 기계장치 손질

   ㉤ 불안전한 상태: 방호장치(인터록장치) 미설치

⑥ 신입직원이 관리감독자의 허가도 없이 선반 변속부분의 덮개를 열고 회전상태에서 기어에 주유를 하다 손가락이 절단되었다.

   ㉠ 사고유형(재해발생형태): 협착(말림)

   ㉡ 기인물: 선반

   ㉢ 가해물: 기어

   ㉣ 불안전한 행동: 회전상태에서 기어에 주유

   ㉤ 불안전한 상태: 덮개부분의 방호장치(인터록장치) 불량

   ㉥ 관리적 원인: 관리감독자의 관리소홀

4. 재해의 원인분석

(1) 개별적 원인분석 방법

① 개개의 재해를 하나하나 분석하는 것으로 상세하게 그 원인을 규명하는 것이다.

② 특수재해나 중대재해 및 재해건수가 적은 사업장 또는 개별재해 특유의 조사항목을 사용할 필요성이 있을 때 사용한다.

(2) 통계적 재해원인분석[거시적(Macro)]방법 ★★

① 파레토도(Pareto Diagram)

- 사고의 유형, 기인물 등 분류항목을 큰 순서대로 도표화한다.
- 문제나 목표의 이해에 편리하다.

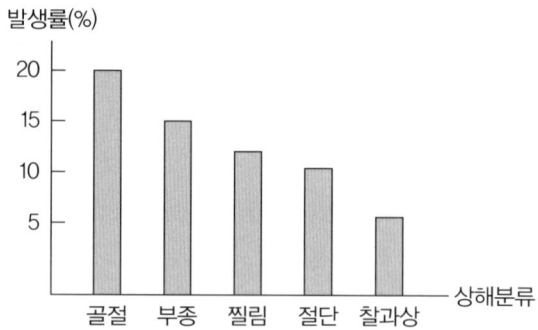

② 특성요인도: 특성과 요인관계를 도표로 하여 재해발생의 유형을 어골상(魚骨狀)으로 세분화한다.

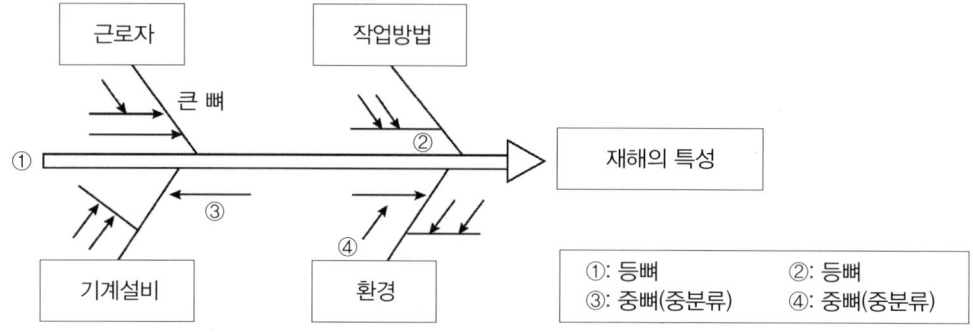

③ 크로스(Cross)도: 데이터(Data)를 집계하고 표로 표시하여 요인별 결과내역을 교차한 크로스 그림을 작성하여 2개 이상의 문제관계를 분석한다.

④ 관리도: 재해발생건수 등의 추이를 파악하여 목표관리를 행하는데 필요한 월별 재해발생 건수를 그래프(Graph)화하고 관리선을 설정·관리하는 방법이다.

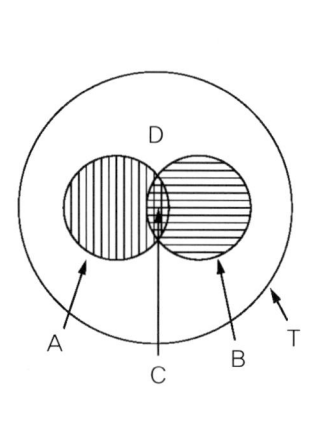

▲ 크로스도

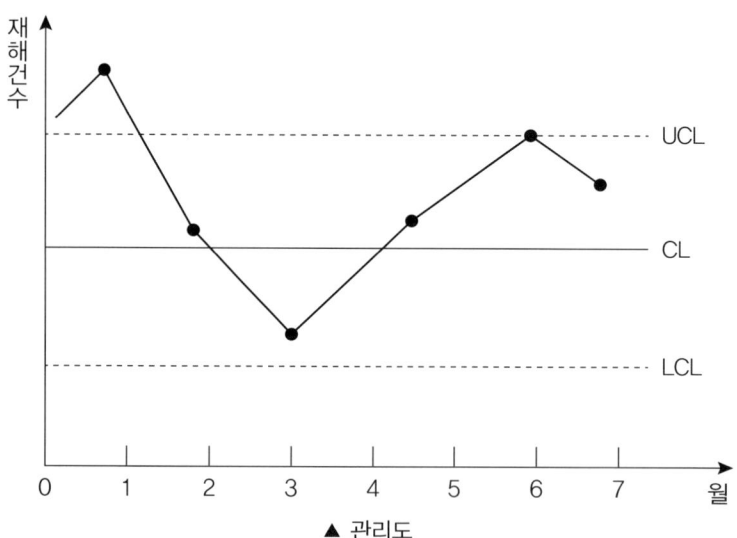

▲ 관리도

5. 재해구성 비율

(1) 하인리히의 재해구성 비율(1 : 29 : 300의 법칙) ★★

(2) 버드의 재해구성 비율(1 : 10 : 30 : 600의 법칙) ★

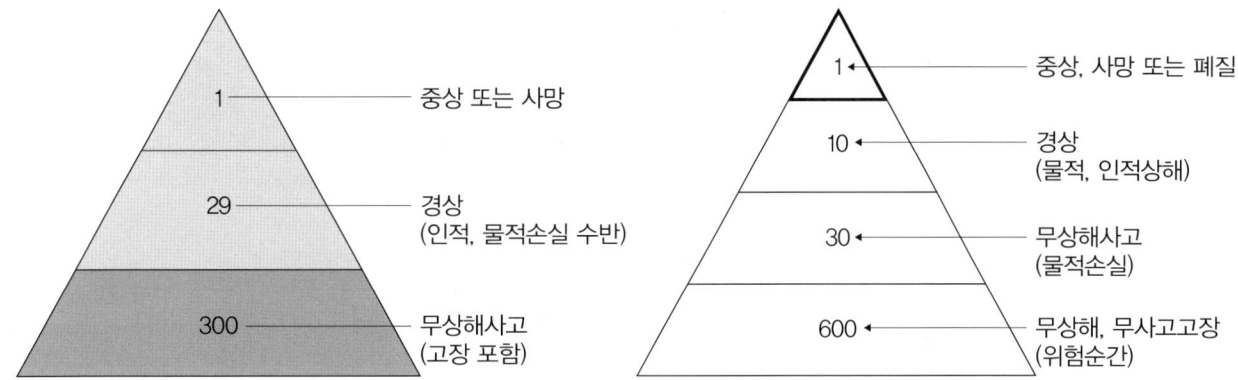

6. 재해예방의 4원칙 ★★★

(1) 원인계기(연계)의 원칙

사고에는 반드시 원인이 있고, 원인은 대부분 복합적 연계 원인이다.

(2) 예방가능의 원칙

사고는 원인만 제거하면 원칙적으로 예방이 가능하다.

(3) 손실우연의 원칙

사고의 결과, 손실의 유무 또는 대소는 사고당시의 조건에 따라 우연적으로 발생한다.

(4) 대책선정의 원칙

사고의 원인이 발견되면 반드시 대책은 선정, 실시되어야 하며 대책선정은 가능하다.

7. 사고예방대책의 기본원리 5단계(하인리히) ★★

(1) 제1단계(조직)

안전관리조직을 구성한다.

(2) 제2단계(사실의 발견)

사업장의 특성에 적합한 조직을 통해 불안전 요소를 발견한다.

(3) 제3단계(분석)

불안전 요소의 분석을 통하여 사고의 직접원인과 간접원인을 찾아낸다.

(4) 제4단계(시정방법의 선정)

효과적인 개선방법을 선정한다.

(5) 제5단계(시정책의 적용): 시정책을 적용하여 사고를 예방한다.

하베이(Harvey)의 3E	3S
• 교육(Education) • 기술(Engineering) • 관리(독려)(Enforcement)	• 표준화(Standardization) • 단순화(Simplification) • 전문화(Specialization)

5 재해발생의 연쇄이론

1. 하인리히, 버드의 사고연쇄성(도미노) 5단계 ★★★

하인리히(Heinrich)의 사고연쇄성 5단계	버드(Frank Bird)의 사고연쇄성 5단계
① 제1단계: 사회적 환경과 유전적 요소	① 제1단계: 통제의 부족(관리)
② 제2단계: 개인적 결함	② 제2단계: 기본적인 원인(기원)
③ 제3단계: 불안전한 행동과 불안전한 상태	③ 제3단계: 직접적인 원인(징후)
④ 제4단계: 사고	④ 제4단계: 사고(접촉)
⑤ 제5단계: 상해(재해)	⑤ 제5단계: 상해(손실, 손해)

> **참고** **하인리히(Heinrich)의 사고연쇄성 5단계 및 재해발생 이론**
>
> (1) 하인리히의 사고연쇄성 5단계: 사고연쇄성 5단계에서 상해(재해)까지 이르지 않기 위해서는 제3단계인 불안전한 행동과 불안전한 상태를 제거하는 것이 가장 효과적이라고 주장하였다.
> (2) 하인리히의 재해발생 이론
>
> > 재해의 발생 = 설비적 결함 + 관리적 결함 + α(잠재된 위험의 상태)

2. 아담스, 자베타키스의 사고연쇄성 5단계 ★★

아담스(Edward Adams)의 사고연쇄성 5단계	자베타키스(Michael Zabetakis)의 사고연쇄성 5단계
① 제1단계: 관리구조	① 제1단계: 개인적 요인 및 환경적 요인
② 제2단계: 작전적 에러(경영자, 관리자, 감독자의 잘못)	② 제2단계: 불안전한 행동 및 상태
③ 제3단계: 전술적 에러(불안전한 행동 및 상태)	③ 제3단계: 에너지 및 위험물의 예기치 못한 폭주(물질에너지 기준 이탈)
④ 제4단계: 사고	④ 제4단계: 사고
⑤ 제5단계: 상해, 손해	⑤ 제5단계: 구호(구조)

3. 웨버(D.A. Weaver)의 사고연쇄성 5단계

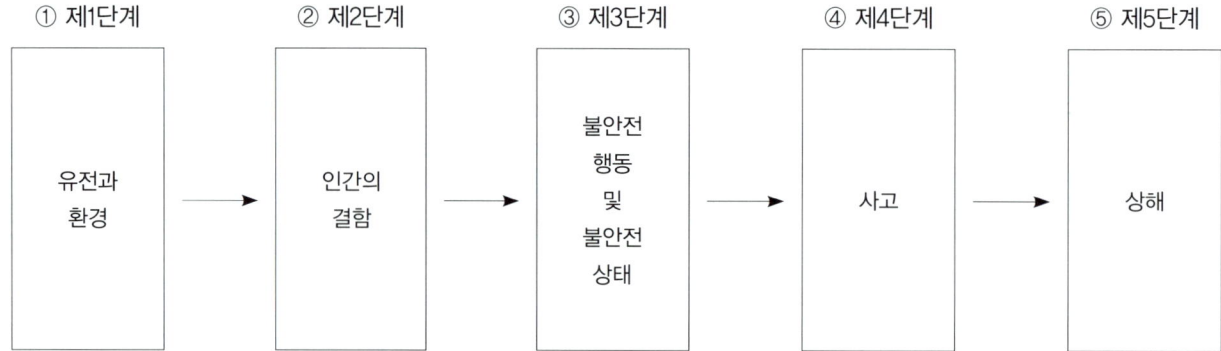

6 재해관련 통계의 정의, 종류 및 계산

1. 연천인율 ★★

(1) 근로자 1,000명당 1년간 발생하는 사상자수(재해자수)를 나타내는 것이다.

$$연천인율 = \frac{사상자(재해자)수}{연평균근로자수} \times 1,000$$

(2) 연천인율 = 도수율(빈도율)×2.4

2. 도수율(빈도율, FR: Frequency Rate of Injury) ★★★

(1) 연근로시간 100만시간당 재해발생건수를 나타내는 것이다.

$$도수율 = \frac{재해발생건수}{연근로시간수} \times 1,000,000$$

(2) 연근로시간 = 실근로자수 × 근로자 1인당 연근로시간수

(1년: 300일, 2,400시간, 1월: 25일, 200시간, 1일: 8시간)

※ 연근로시간수의 정확한 산출이 곤란할 때는 2,400시간(1일 8시간, 1월 25일, 1년 300일)을 기준으로 한다.

3. 강도율(SR: Severity Rate of Injury) ★★★

(1) 연근로시간 1,000시간당 재해로 인하여 발생한 근로손실일수를 나타내는 것이다.

$$강도율 = \frac{근로손실일수}{연근로시간수} \times 1,000$$

(2) 근로손실일수의 산정 기준(ILO, 국제노동기구 기준)

① 사망 및 영구전노동불능(신체장해등급 1 ~ 3급): 7,500일

② 영구일부노동불능(신체장해등급 4 ~ 14등급)

신체장해등급	4	5	6	7	8	9	10	11	12	13	14
근로손실일수	5,500	4,000	3,000	2,200	1,500	1,000	600	400	200	100	50

③ 일시적노동불능(의사의 진단에 따라 노동에 일정기간 종사할 수 없는 상해)

$$근로손실일수 = 휴업일수 \times \frac{300}{365}$$

4. 평균강도율 ★

재해 1건당 평균근로손실일수를 나타낸다.

$$평균강도율 = \frac{강도율}{도수율} \times 1,000$$

5. 환산도수율과 환산강도율 ★★

(1) 환산도수율: 평생근로시간 10만시간당 발생할 수 있는 재해건수를 나타낸다.

$$환산도수율 = \frac{도수율}{10}$$

(2) 환산강도율: 평생근로시간 10만시간당 잃을 수 있는 근로손실일수를 나타낸다.

$$환산강도율 = 강도율 \times 100$$

6. 종합재해지수(도수강도치, FSI: Frequency Severity Indicator) ★★★

① 재해의 빈도와 재해의 강도를 종합한 것이다.

② 종합재해지수(FSI) $= \sqrt{도수율(FR) \times 강도율(SR)}$

7. 세이프 티 스코어(Safe. T. Score) ★

(1) 사업장의 과거와 현재의 안전성적을 비교, 평가하는 방법이다. 산정결과, (+)이면 나쁜 기록으로 (−)이면 과거에 비해 현재의 안전성적이 좋은 기록으로 평가한다.

$$Safe.\ T.\ Score = \dfrac{도수율(현재) - 도수율(과거)}{\sqrt{\dfrac{도수율(과거)}{총근로시간(현재)} \times 1,000,000}}$$

(2) 평가방법

① +2 이상인 경우: 안전성적이 과거보다 심각하게 나쁘다.

② +2 ～ −2 미만인 경우: 안전성적이 과거에 비해 심각한 차이가 없다.

③ −2 이하인 경우: 안전성적이 과거보다 좋다.

> **참고** **안전활동률과 사망만인률**
>
> (1) 안전활동률 ★
>
> 안전활동률 $= \dfrac{안전활동건수}{총근로시간수} \times 1,000,000$
>
> (2) 사망만인률 ★★
>
> 사망만인률 $= \dfrac{사망자수}{총근로자수} \times 10,000$

7 재해손실비(Cost)의 종류 및 계산

1. 하인리히(Heinrich) 방식 ★★

총재해코스트 = 직접비 + 간접비

(1) **직접비와 간접비의 비율 → 직접비 : 간접비 = 1 : 4**

(2) **직접비**: 법령으로 정한 피해자에게 지급되는 산재보상보험비

① 휴업보상비   ④ 요양보상비   ⑦ 유족특별보상비

② 장해보상비   ⑤ 장의비   ⑧ 직업재활보상비

③ 유족보상비   ⑥ 장해특별보상비   ⑨ 상병보상연금

(3) **간접비**: 생산중단, 재산손실 등으로 기업이 입은 손실비용

① 물적손실(시설복구비용, 동력·연료류의 손실비용, 설비손실비용)

② 인적손실(신규인력채용비용, 교육훈련비용)

③ 특수손실(작업대기로 인한 손실시간비용)

④ 생산손실(매출손실비용, 생산손실비용)

⑤ 기타 손실(입원중의 잡비, 소송관계비용 등)

2. 시몬즈(Simonds) 방식 ★★

> - 총재해 코스트 = 산재보험코스트 + 비보험코스트
> - 비보험 코스트 = (휴업상해건수 × A) + (통원상해건수 × B) + (구급조치건수 × C) + (무상해사고건수 × D)

(1) A, B, C, D: 장해정도별 비보험코스트의 평균치

(2) 비보험코스트의 분류

① 휴업상해: 영구일부노동불능상해, 일시전노동불능상해

② 통원상해: 일시일부노동불능상해

③ 구급(응급)조치상해: 응급조치 또는 8시간 미만의 휴업 의료조치상해

④ 무상해사고: 의료조치를 필요로 하지 않는 정도의 극미한 상해사고나 무상해사고

※ 사망, 영구전노동불능상해가 코스트 산정 범주에서 제외되는 이유는 자주 발생하는 것이 아니어서 필요에 따라 산정하기 때문이다.

8 재해사례연구(Accident Analysis and Control Method)

1. 재해사례연구

① 재해방지의 원칙을 습득해서 이것을 일상 안전보건활동에 실천한다.

② 재해요인을 체계적으로 규명해서 대책을 세운다.

③ 참가자의 안전보건활동에 관한 견해나 생각을 깊게 하고 태도를 바꾸게 하기도 한다.

2. 재해사례연구순서 ★★

(1) **전제조건(재해상황의 파악)**: 재해상황의 주된 항목에 관해서 파악한다.

① 재해발생의 일시 및 장소   ④ 기인물   ⑥ 물적피해상황

② 사고의 형태   ⑤ 가해물   ⑦ 사업의 업종 및 규모

③ 상해의 정도

(2) **제1단계(사실의 확인)**: 사례의 해결에 필요한 정보를 정확히 파악한다.

① 사람

② 물건

③ 관리

④ 경과

(3) **제2단계(문제점의 발견)**: 사실로 판단하고 기준에서 차이의 문제점을 발견한다.

(4) **제3단계(근본적 문제점의 결정)**: 문제점 가운데 재해의 중심이 된 근본적 문제점을 찾고 재해원인을 결정한다.

(5) **제4단계(대책수립)**: 사례를 해결하기 위해 대책을 세운다.

적중문제 **CHAPTER 3** 산업재해 대응

01 ★
재해조사의 목적을 3가지 쓰시오.

① 재해발생원인 및 결함 규명
② 동종재해 및 유사재해의 재발방지
③ 재해예방대책자료의 수집

02 ★
재해조사를 할 경우 안전관리자가 유의하여야 할 사항을 4가지 쓰시오.

① 조사는 신속하게 행하고, 긴급조치하여 2차재해의 방지를 도모한다.
② 피해자에 대한 구급조치를 우선한다.
③ 사실을 수집한다.
④ 객관적인 입장에서 공정하게 조사하고, 조사는 2명 이상이 한다.
⑤ 2차재해의 예방과 위험성에 대비하여 보호구를 착용한다.
⑥ 사람, 기계설비 양면의 재해요인을 모두 도출한다.
⑦ 목격자 등이 증언하는 사실 이외의 추측의 말은 참고만 한다.
⑧ 책임 추궁보다는 재발방지를 우선으로 하는 태도를 갖는다.

03 ★
다음은 인간과오의 배후요인인 4M과 안전대책 3E와의 관계도이다. (   ) 안에 적합한 내용을 쓰시오.

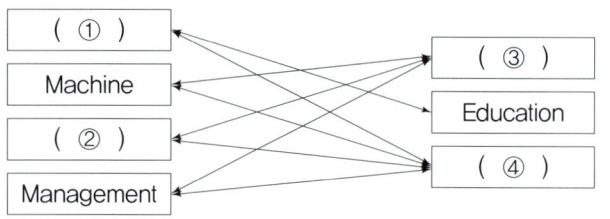

04 ★★
다음은 재해발생시 조치순서이다. (   ) 안에 적합한 내용을 쓰시오.

재해발생 → (①) → (②) → (③) → (④)
→ 대책실시계획 → 실시 → (⑤)

① 긴급처리   ② 재해조사   ③ 원인강구
④ 대책수립   ⑤ 평가

05 ★
다음 그림이 의미하는 재해발생의 형태를 각각 쓰시오.

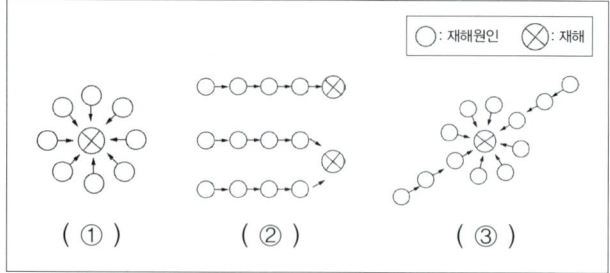

① 단순자극형(집중형)
② 연쇄형
③ 복합형(혼합형)

① Man(인간)   ③ Engineering(기술적 대책)
② Media(매체)   ④ Enforcement(관리적 대책)

06 ★

Near Accident(아차사고)가 의미하는 바를 간단히 기술하시오.

물적, 인적피해가 전혀 없이 발생한 사고로 무상해사고라고도 한다.

07 ★★

사업주가 산업재해 발생 시 기록·보존해야 할 사항을 3가지 쓰시오.

① 사업장의 개요 및 근로자의 인적사항
② 재해발생의 일시 및 장소
③ 재해발생의 원인 및 과정
④ 재해재발방지계획
[근거]
산업재해 기록 등: 산업안전보건법 시행규칙 제72조

08 ★★★

산업안전보건법상 중대재해의 범위를 3가지 쓰시오.

① 사망자가 1명 이상 발생한 재해
② 3개월 이상의 요양이 필요한 부상자가 동시에 2명 이상 발생한 재해
③ 부상자 또는 직업성 질병자가 동시에 10명 이상 발생한 재해
[근거]
중대재해의 범위: 산업안전보건법 시행규칙 제3조

09 ★★

산업안전보건법상 중대재해 발생시 관할 지방고용노동관서의 장에게 (1) 보고하여야 할 사항 3가지와 (2) 보고시기에 대하여 쓰시오.

(1) 보고하여야 할 사항
    ① 발생개요 및 피해상황
    ② 조치 및 전망
    ③ 그 밖의 중요한 사항
(2) 보고시기: 지체없이
[근거]
중대재해 발생시 보고: 산업안전보건법 시행규칙 제67조

10 ★★

산업안전보건법상 고용노동부장관이 산업재해를 예방하기 위하여 사업장의 산업재해 발생건수, 재해율 또는 그 순위 등을 공표할 수 있는 대상 사업장을 4가지 쓰시오.

① 산업재해로 인한 사망자가 연간 2명 이상 발생한 사업장
② 사망만인율이 규모별 같은 업종의 평균 사망만인율 이상인 사업장
③ 중대산업사고가 발생한 사업장
④ 산업재해 발생 사실을 은폐한 사업장
⑤ 산업재해의 발생에 관한 보고를 최근 3년 이내 2회 이상 하지 않은 사업장
[근거]
공표 대상 사업장: 산업안전보건법 시행령 제10조

11 ★

국제노동기구(ILO) 구분에 의한 상해정도별 분류에서 다음에 해당하는 상해에 대하여 간단히 설명하시오.

(1) 영구전노동불능상해

(2) 일시전노동불능상해

(3) 영구일부노동불능상해

(4) 일시일부노동불능상해

(1) 영구전노동불능상해: 부상의 결과로 근로기능을 완전히 영구적으로 잃게 되는 상해(신체장해등급 1~3급)

(2) 일시전노동불능상해: 의사의 진단으로 일정기간 정규노동에 종사할 수 없는 상해(근로손실일수 = 휴업일수 $\times \frac{300}{365}$)

(3) 영구일부노동불능상해: 부상의 결과로 신체의 일부가 영구적으로 근로기능을 상실한 상해(신체장해등급 4~14급)

(4) 일시일부노동불능상해: 의사의 진단으로 일정기간 정규노동에는 종사할 수 없으나 휴무상태가 아닌 일시 가벼운 노동에 종사할 수 있는 상해

12 ★

다음 내용 중에서 재해와 상해를 구분하여 번호로 나타내시오.

① 추락	⑥ 이상온도 접촉
② 부종	⑦ 익사
③ 골절	⑧ 협착
④ 낙하 · 비래	⑨ 폭발
⑤ 중독 · 질식	⑩ 전도

(1) 재해: ①, ④, ⑥, ⑧, ⑨, ⑩

(2) 상해: ②, ③, ⑤, ⑦

13 ★★★

다음과 같은 재해가 발생하였을 때 분류되는 재해발생형태를 쓰시오.

(1) 사고 당시 바닥면과 신체가 접해 있는 상태에서 더 낮은 위치로 떨어진 경우

(2) 폭발과 화재, 두 현상이 복합적으로 발생된 경우

(3) 재해자가 넘어짐으로 인하여 기계의 동력전달부위 등에 끼이는 사고가 발생하여 신체부위가 절단된 경우

(4) 사고 당시 바닥면과 신체가 떨어진 상태로 더 낮은 위치로 떨어진 경우

(1) 넘어짐   (3) 끼임

(2) 폭발   (4) 떨어짐

[근거]

산업재해기록 · 분류에 관한 기술지원규정: KOSAH(한국산업안전보건공단) GUIDE A-G-8-2025 ➔ 2025.3.26 개정

14 ★★

산업안전보건법상 사업장에서 산업재해조사표를 작성하고자 할 때 산업재해조사표의 주요 작성항목이 아닌 것을 모두 골라 번호를 쓰시오.

① 재해발생 일시	⑦ 재해발생원인
② 상해종류	⑧ 가해물
③ 기인물	⑨ 응급조치 내역
④ 목격자 인적사항	⑩ 급여수준
⑤ 고용형태	⑪ 재해자의 국적
⑥ 재발방지계획	⑫ 재해자 복직예정일

③ 기인물

④ 목격자 인적사항

⑧ 가해물

⑨ 응급조치 내역

⑩ 급여수준

⑫ 재해자 복직예정일

[근거]

산업재해조사표: 산업안전보건법 시행규칙 별지 제30호

15 ★

산업안전보건법상 산업재해조사표에 작성해야 할 상해의 종류(질병명)를 4가지 쓰시오.

정답

① 골절
② 절단
③ 타박상
④ 찰과상
⑤ 중독·질식
⑥ 화상
⑦ 감전
⑧ 뇌진탕
⑨ 고혈압
⑩ 뇌졸중
⑪ 피부염
⑫ 진폐
⑬ 수근관증후군

[근거]
산업재해조사표: 산업안전보건법 시행규칙 별지 제30호

16 ★

재해발생의 직접원인 중 불안전한 행동(인적원인)에 해당하는 것을 4가지 쓰시오.

정답

① 기계기구의 잘못 사용
② 복장, 보호구의 잘못 사용
③ 안전장치의 기능 제거
④ 운전 중인 기계장치의 손질
⑤ 위험장소 접근
⑥ 불안전한 자세동작
⑦ 불안전한 상태방치
⑧ 불안전한 속도조작
⑨ 위험물 취급 부주의
⑩ 감독 및 연락불충분

17 ★★★

운전 중인 롤러기를 청소하던 중 롤러에 작업자의 걸레를 쥔 손이 말려 들어가는 부상을 당하였다. 다음 항목을 참고하여 재해를 분석하여 쓰시오.

(1) 사고유형
(2) 기인물
(3) 가해물
(4) 불안전한 행동
(5) 불안전한 상태

정답

(1) 사고유형: 협착(말림)
(2) 기인물: 롤러기
(3) 가해물: 롤러
(4) 불안전한 행동: 운전 중 청소
(5) 불안전한 상태: 방호장치의 결함

18 ★★

재해를 분석하는 방법으로는 개별분석방법과 통계에 의한 분석방법이 있다. 이 중 통계에 의한 분석방법을 3가지 쓰고 간단히 설명하시오.

정답

① 파레토도: 사고의 유형, 기인물 등 분류항목을 큰 순서대로 도표화한다.
② 특성요인도: 특성과 요인관계를 도표로 하여 어골상으로 세분화한다.
③ 크로스(Cross) 분석: 데이터를 집계하고 표로 표시하여 요인별 결과내역을 교차한 크로스 그림을 작성, 2개 이상의 문제관계를 분석한다.
④ 관리도: 재해발생 건수 등의 추이를 파악하여 목표관리를 행하는 데 필요한 월별 재해발생건수를 그래프화하고 관리선을 설정·관리한다.

19 ★★

하인리히(Heinrich)의 재해구성비율 1 : 29 : 300의 법칙을 간단하게 설명하시오.

재해발생 330건을 분석해 보면 1건의 중상 또는 사망이 발생하기까지에는 29건의 경상, 300건의 무상해사고가 발생한다는 것이다.

20 ★★★

재해예방의 4원칙을 쓰고, 간단히 설명하시오.

① 원인계기(연계)의 원칙: 사고에는 반드시 원인이 있고, 원인은 대부분 복합적 연계 원인이다.
② 예방가능의 원칙: 사고는 원인만 제거하면 원칙적으로 예방이 가능하다.
③ 손실우연의 원칙: 사고의 결과, 손실의 유무 또는 대소는 사고 당시의 조건에 따라 우연적으로 발생한다.
④ 대책선정의 원칙: 사고의 원인이 발견되면 반드시 대책은 선정, 실시되어야 하며 대책선정은 가능하다.

21 ★★

하인리히(Heinrich)의 사고예방대책의 기본원리 5단계를 순서대로 쓰시오.

① 제1단계: 조직
② 제2단계: 사실의 발견
③ 제3단계: 분석
④ 제4단계: 시정방법의 선정
⑤ 제5단계: 시정책의 적용

22 ★★★

하인리히(Heinrich), 버드(Frank Bird), 아담스(Edward Adams)의 사고연쇄성(도미노) 5단계를 각각 순서대로 쓰시오.

(1) 하인리히(Heinrich)의 사고연쇄성 5단계
  ① 제1단계: 사회적 환경과 유전적 요소
  ② 제2단계: 개인적 결함
  ③ 제3단계: 불안전한 행동과 불안전한 상태
  ④ 제4단계: 사고
  ⑤ 제5단계: 상해(재해)
(2) 버드(Frank Bird)의 사고연쇄성 5단계
  ① 제1단계: 통제의 부족(관리)
  ② 제2단계: 기본적인 원인(기원)
  ③ 제3단계: 직접적인 원인(징후)
  ④ 제4단계: 사고(접촉)
  ⑤ 제5단계: 상해(손실, 손해)
(3) 아담스(Edward Adams)의 사고연쇄성 5단계
  ① 제1단계: 관리구조
  ② 제2단계: 작전적 에러(경영자, 관리자, 감독자의 잘못)
  ③ 제3단계: 전술적 에러(불안전한 행동 및 상태)
  ④ 제4단계: 사고
  ⑤ 제5단계: 상해, 손해

23 ★★

(1)연천인율 (2) 환산도수율 (3) 평균강도율 (4) 안전활동율의 계산식을 각각 쓰시오.

(1) 연천인율 $= \dfrac{\text{사상자(재해자)수}}{\text{연평균근로자수}} \times 1,000$

(2) 환산도수율 $=$ 도수율 $\div 10$

(3) 평균강도율 $= \dfrac{\text{강도율}}{\text{도수율}} \times 1,000$

(4) 안전활동율 $= \dfrac{\text{안전활동건수}}{\text{총근로시간수}} \times 1,000,000$

24 ★

재해율 계산식 중 연천인율과 강도율에 대한 의미를 설명하고, 공식을 쓰시오.

정답

(1) 연천인율: 근로자 1,000명당 1년간 발생하는 사상자수(재해자수)

$$연천인율 = \frac{사상자(재해자)수}{연평균근로자수} \times 1,000$$

(2) 강도율: 연근로시간 1,000시간당 재해로 인하여 발생한 근로손실일수

$$강도율 = \frac{근로손실일수}{연근로시간수} \times 1,000$$

25 ★★★

연평균근로자 100명이 근무하는 어느 사업장에서 연간 4건의 재해가 발생하여 사망 1명, 14급 장해 2명, 휴업일수가 47일일 때 강도율을 구하시오.

정답

$$강도율 = \frac{근로손실일수}{연근로시간수} \times 1,000$$

$$= \frac{7,500 + (50 \times 2) + \left(47 \times \frac{300}{365}\right)}{100 \times 8 \times 300} \times 1,000$$

$$= 31.827 ≒ 31.83$$

※ 근로손실일수 산정기준(ILO)
 ① 사망 및 영구전노동불능(신체장해등급 1~3급): 7,500일
 ② 영구일부노동불능(신체장해등급 4~14급)

신체장해등급	4	5	6	7	8	9
근로손실일수	5,500	4,000	3,000	2,200	1,500	1,000
신체장해등급	10	11	12	13	14	—
근로손실일수	600	400	200	100	50	—

 ③ 일시전노동불능

$$근로손실일수 = 휴업일수 \times \frac{300}{365}$$

26 ★★

어느 사업장에서 연평균근로자수는 1,500명이고, 연간 50건의 재해가 발생하여 근로손실일수가 1,200일, 사망 2건일 경우에 연천인율을 계산하시오.

정답

① 도수율 $= \dfrac{재해발생건수}{연근로시간수} \times 1,000,000$

$$= \frac{50}{1,500 \times 2,400} \times 1,000,000$$

$$= 13.888 ≒ 13.89$$

※ 연근로시간수의 정확한 산출이 곤란할 때에는 2,400시간(8시간 × 300일)을 기준으로 한다.

② 연천인율 = 도수율 × 2.4

$$= 13.89 \times 2.4$$

$$= 33.336 ≒ 33.34$$

27 ★★★

어느 사업장의 근로자수가 500명이고, 5건의 재해로 8명이 재해를 당하여 휴업일수는 235일이 발생하였다. (단, 1일 9시간, 250일 근무하였다.) 이 사업장의 연천인율과 강도율을 구하시오.

정답

① 연천인율 $= \dfrac{재해자수}{연평균근로자수} \times 1,000$

$$= \frac{8}{500} \times 1,000 = 16$$

② 강도율 $= \dfrac{근로손실일수}{연근로시간수} \times 1,000$

$$= \frac{235 \times \frac{250}{365}}{500 \times 9 \times 250} \times 1,000$$

$$= 0.1430 ≒ 0.14$$

28 ★★★

상시근로자 50명이 일하고 있는 어느 사업장에서 연간 재해가 10건이 발생하여 재해자수는 12명이고, 휴업일수는 319일이었다. 이 사업장의 (1) 도수율과 (2) 강도율을 계산하시오. (단, 1일 9시간, 연간 290일 근무하였다.)

정답

(1) 도수율 $= \dfrac{\text{재해발생건수}}{\text{연근로시간수}} \times 1,000,000$

$= \dfrac{10}{50 \times 9 \times 290} \times 1,000,000$

$= 76.6283 \fallingdotseq 76.63$

(2) 강도율 $= \dfrac{\text{근로손실일수}}{\text{연근로시간수}} \times 1,000$

$= \dfrac{319 \times \dfrac{290}{365}}{50 \times 9 \times 290} \times 1,000$

$= 1.9421 \fallingdotseq 1.94$

29 ★★★

근로자 500명이 일하고 있는 어느 사업장에서 연간 80건의 재해가 발생하였고, 재해자는 100명이 발생하여 근로손실일수는 800일이었다. (단, 1일 8시간, 연간 280일 근무하였다.) 이 사업장의 종합재해지수를 산정하시오.

정답

① 도수율 $= \dfrac{\text{재해발생건수}}{\text{연근로시간수}} \times 1,000,000$

$= \dfrac{80}{500 \times 8 \times 280} \times 1,000,000 = 71.4285 \fallingdotseq 71.43$

② 강도율 $= \dfrac{\text{근로손실일수}}{\text{연근로시간수}} \times 1,000$

$= \dfrac{800}{500 \times 8 \times 280} \times 1,000 = 0.7142 \fallingdotseq 0.71$

③ 종합재해지수 $= \sqrt{\text{도수율} \times \text{강도율}}$

$= \sqrt{71.43 \times 0.71}$

$= 7.1214 \fallingdotseq 7.12$

30 ★★★

어느 사업장에서 평균근로자수 550명이 일하고 있는데 연간 10건의 재해 발생으로 12명의 재해자가 발생하여 근로손실일수는 5,500일이었다. 다음에 해당되는 사항을 계산하시오. (단, 근무시간은 1일 9시간, 연간 280일 근무하였다.)

(1) 연천인율   (2) 도수율

(3) 강도율   (4) 종합재해지수

정답

(1) 연천인율 $= \dfrac{\text{재해자수}}{\text{연평균근로자수}} \times 1,000$

$= \dfrac{12}{550} \times 1,000 = 21.8181 \fallingdotseq 21.82$

(2) 도수율 $= \dfrac{\text{재해발생건수}}{\text{연근로시간수}} \times 1,000,000$

$= \dfrac{10}{550 \times 9 \times 280} \times 1,000,000 = 7.2150 \fallingdotseq 7.22$

(3) 강도율 $= \dfrac{\text{근로손실일수}}{\text{연근로시간수}} \times 1,000$

$= \dfrac{5,500}{550 \times 9 \times 280} \times 1,000 = 3.9682 \fallingdotseq 3.97$

(4) 종합재해지수 $= \sqrt{\text{도수율} \times \text{강도율}}$

$= \sqrt{7.22 \times 3.97}$

$= 5.3538 \fallingdotseq 5.35$

31 ★★

도수율이 16.75인 어느 사업장에서 근로자가 평생 작업을 한다면 1명의 근로자에게 평생동안 몇 건의 재해가 발생하겠는가? (단, 1일 8시간, 월 25일 근무, 평생 근로연수는 30년, 연간 잔업시간은 300시간이다.)

정답

환산도수율 $= \text{도수율} \times \dfrac{\text{총근로시간수}}{1,000,000}$

$= 16.75 \times \dfrac{(8 \times 25 \times 12 + 300) \times 30}{1,000,000}$

$= 1.3567 \fallingdotseq 1.36$건

32 ★★

어느 사업장에서 연천인율이 48이고, 연간근로시간은 120,000시간, 근로손실일수가 269일 발생하였다. 다음에 해당되는 사항을 계산하시오.

(1) 도수율

(2) 강도율

(3) 이 사업장에서 어느 근로자가 평생 근무하였을 때 당하게 되는 재해 건수

(4) 이 사업장에서 어느 근로자가 평생 근무하였을 때 발생하는 근로손실일수

정답

(1) 도수율 = $\dfrac{연천인율}{2.4} = \dfrac{48}{2.4} = 20$

(2) 강도율 = $\dfrac{근로손실일수}{연근로시간수} \times 1,000$

$= \dfrac{269}{120,000} \times 1,000$

$= 2.2416 ≒ 2.24$

(3) 환산도수율 = $\dfrac{도수율}{10} = \dfrac{20}{10} = 2$건

(4) 환산강도율 = 강도율 × 100

$= 2.24 \times 100 = 224$일

34 ★★

어느 사업장에서 연간 8명의 사상자가 발생하여 신체장해등급 12급인 작업자 2명과 645일의 휴업일수가 발생하였다. 도수율은 8.5일 때 이 사업장의 연천인율을 계산하시오.

정답

연천인율 = 도수율 × 2.4

$= 8.5 \times 2.4 = 20.4$

35 ★

연간근로자수가 500명인 어느 사업장의 강도율이 3.58이고, 종합재해지수가 2.25일 때 이 사업장의 연천인율을 계산하시오.

정답

(1) 종합재해지수 = $\sqrt{도수율 \times 강도율}$

(2) (종합재해지수)^2 = 도수율 × 강도율

(3) 도수율 = $\dfrac{(종합재해지수)^2}{강도율}$

$= \dfrac{(2.25)^2}{3.58} = 1.4141 ≒ 1.41$

(4) 연천인율 = 도수율 × 2.4

$= 1.41 \times 2.4 = 3.384 ≒ 3.38$

33 ★★★

근로자수 1,000명인 어느 사업장에서 1주일에 50시간, 연 50주를 근무하는 동안 80건의 재해가 발생하였다. 이 사업장의 도수율을 계산하시오. (단, 결근율은 6%이다.)

정답

① 출근율 = $1 - \dfrac{6}{100} = 0.94$

② 도수율 = $\dfrac{재해발생건수}{연근로시간수} \times 1,000,000$

$= \dfrac{80}{1,000 \times 50 \times 50 \times 0.94} \times 1,000,000$

$= 34.0425 ≒ 34.04$

36 ★

근로자 200명이 작업하는 어느 사업장에서 강도율이 5.5일 때 근로손실일수를 계산하시오.

정답

강도율 = $\dfrac{근로손실일수}{연근로시간수} \times 1,000$

근로손실일수 = $\dfrac{강도율 \times 연근로시간수}{1,000}$

$= \dfrac{5.5 \times (200 \times 8 \times 300)}{1,000} = 2,640$일

37 ★

다음과 같은 내용을 기준으로 이 사업장의 2019년도와 2020년도의 세이프티스코어(Safe-T-Score)를 구하고, 안전성적을 평가하시오.

구분	2019년	2020년
인원	100	120
재해발생건수	10	14
총근로시간	1,000,000	1,200,000

① 2019년 도수율 $= \dfrac{\text{재해발생건수}}{\text{연근로시간수}} \times 1,000,000$

$= \dfrac{10}{1,000,000} \times 1,000,000 = 10$

② 2020년 도수율 $= \dfrac{\text{재해발생건수}}{\text{연근로시간수}} \times 1,000,000$

$= \dfrac{14}{1,200,000} \times 1,000,000 = 11.6666 \fallingdotseq 11.67$

③ 세이프티스코어(Safe-T-Score)

$= \dfrac{\text{도수율(현재)} - \text{도수율(과거)}}{\sqrt{\dfrac{\text{도수율(과거)}}{\text{총근로시간(현재)}} \times 1,000,000}}$

$= \dfrac{11.67 - 10}{\sqrt{\dfrac{10}{1,200,000} \times 1,000,000}} = 0.5778 \fallingdotseq 0.58$

④ 세이프티스코어(Safe-T-Score)가 0.58일 경우: 안전성적이 과거에 비해 심각한 차이가 없다(+2 ~ -2 미만인 경우 안전성적이 과거에 비해 심각한 차이가 없다).

38 ★

500명이 근무하는 어느 사업장에서 안전관리부서 주관으로 6개월 동안 안전활동을 전개하여 안전회의 5건, 안전홍보 10건, 불안전행동조치 20건, 안전제안 7건을 하였을 때 안전활동율을 구하시오. (단, 1일 8시간, 월 25일 근무하였다.)

안전활동율 $= \dfrac{\text{안전활동건수}}{\text{총근로시간수}} \times 1,000,000$

$= \dfrac{5 + 10 + 20 + 7}{500 \times 8 \times 25 \times 6} \times 1,000,000 = 70$

39 ★

다음은 어느 사업장에서 발생한 산업재해손실비용에 대한 사항이다. 직접비, 간접비, 총재해비용을 계산하시오.

- 휴업보상비: 900만 원
- 작업개선비: 600만 원
- 설비개선비: 500만 원
- 교육훈련비: 400만 원
- 생산손실비: 1,200만 원
- 의료비: 300만 원

(1) 직접비 = 의료비 + 휴업보상비 = 300 + 900 = 1,200만 원
(2) 간접비 = 설비개선비 + 생산손실비 + 작업개선비 + 교육훈련비
       = 500 + 1,200 + 600 + 400 = 2,700만 원
(3) 총재해비용 = 직접비 + 간접비 = 1,200 + 2,700 = 3,900만 원

40 ★★

어느 사업장에서 산업재해로 인하여 직접비(산재보상보험비)가 2억 원이 발생하였다. 이 사업장의 총재해손실비를 구하시오. (단, 하인리히(Heinrich) 방식을 적용한다.)

① 총재해손실비 = 직접비 + 간접비
② 직접비 : 간접비 = 1 : 4
③ 2억 원 + (2억 원 × 4) = 10억 원

41 ★★

시몬즈(Simonds)의 재해코스트(Cost) 산출방식 중 비보험코스트의 산정기준이 되는 재해, 사고의 종류를 4가지 쓰시오.

> **정답**

① 휴업상해   ③ 구급(응급)조치상해
② 통원상해   ④ 무상해사고

42 ★★

어느 사업장에서 지난해에 납부한 산재보험료는 15,300,000원이었고, 산재보상보험금은 13,500,000원을 받았다. 이 사업장의 총재해 50건 중 휴업상해(A)건수는 8건, 통원상해 (B)건수는 10건, 응급조치 (C)건수는 12건, 무상해사고 (D)건수는 20건 발생하였을 때 (1) 하인리히(Heinrich)방식과 (2) 시몬즈(Simonds)방식에 의한 재해손실비용을 각각 계산하시오. (단, 시몬즈 방식의 비보험 코스트의 평균치는 A: 850,000원, B: 510,000원, C: 315,000원, D: 185,000원이다.)

> **정답**

(1) 하인리히(Heinrich) 방식
   재해손실비용＝직접비＋간접비 [※ 직접비(1) : 간접비(4)]
              ＝13,500,000＋(13,500,000×4)
              ＝67,500,000원
   ※ 여기서. 직접비는 산재보상보험금이다.
(2) 시몬즈(Simonds) 방식
   재해손실비용
   ＝산재보험료＋(휴업상해건수×A)＋(통원상해건수×B)＋
      (응급조치건수×C)＋(무상해사고건수×D)
   ＝15,300,000＋(850,000×8)＋(510,000×10)＋
      (315,000×12)＋(185,000×20)
   ＝34,680,000원

43 ★★★

재해사례연구 순서를 단계별로 쓰시오. (단, 전제조건은 제외한다.)

> **정답**

① 제1단계: 사실의 확인
② 제2단계: 문제점의 발견
③ 제3단계: 근본적 문제점의 결정
④ 제4단계: 대책의 수립

44 ★

재해사례연구 순서에 있어서 제1단계 사실의 확인단계에서 파악해야 할 사항을 4가지 쓰시오.

> **정답**

① 사람
② 물건
③ 관리
④ 경과

45 ★

인간의 불안전행동에는 많은 형태가 있지만 안전보건관리를 추진하는 입장에서 구분하는 불안전행동의 원인을 4가지 쓰시오.

> **정답**

① 기능의 미숙
② 지식의 부족
③ 태도의 불량
④ 인간실수(인간에러)

CHAPTER 4 │ 사업장 안전점검

1 안전점검

1. 안전점검의 정의 및 목적

(1) 안전점검의 정의

인간의 불안전한 행동이나 기계설비의 불안전한 상태에서 발생하는 결함을 발견하여 안전대책의 상태를 확인하는 행위나 수단을 말한다.

(2) 안전점검의 목적 ★

① 설비의 안전상태 유지
② 인적인 안전행동상태 유지
③ 설비의 안전확보
④ 합리적인 생산관리

2. 안전점검의 종류(점검시기에 의한 구분) ★★

(1) 일상점검(수시점검): 현장의 관리감독자 등이 기계, 설비, 공구 등에 대해 매일 수시로 작업 전, 중, 후에 실시하는 점검이다.

(2) 정기점검: 매주 또는 매월 1회 주기로 해당 분야의 작업책임자가 기계설비의 안전상 주요 부분의 마모, 피로, 부식, 손상 등 장치의 변화유무 등에 대해 실시하는 점검으로 계획점검이라고도 한다.

(3) 특별점검: 기계기구 또는 설비를 신설, 변경하거나 고장 · 수리 등을 할 때 실시하는 부정기점검을 말하며, 천재지변의 발생 직후에 실시하는 점검, 산업안전보건강조주간에 실시하는 점검, 동절기 · 해빙기에 실시하는 점검도 이에 해당된다.

(4) 임시점검: 기계설비의 갑작스런 이상발견시 임시로 실시하는 점검이다.

3. 안전점검표의 작성

(1) 안전점검표(체크리스트: Check List)에 포함되어야 할 주요 사항 ★

① 점검대상
② 점검주기
③ 점검방법
④ 점검항목
⑤ 점검부분
⑥ 판정기준 및 조치사항

(2) 안전점검표(체크리스트) 작성시 유의하여야 할 사항 ★

① 사업장에 적합한 독자적인 내용으로 할 것
② 중점도가 높은 것부터 순서대로 작성할 것
③ 점검표의 내용은 이해하기 쉽도록 표현하고 구체적일 것
④ 일정양식을 정하여 점검대상을 정할 것
⑤ 정기적으로 검토하여 재해방지에 실효성 있게 개조된 내용일 것

2 안전검사

1. 안전검사(산업안전보건법)

(1) 사업주는 유해하거나 위험한 기계 · 기구 · 설비로서 안전에 관한 성능이 고용노동부장관이 정하여 고시하는 검사기준에 맞는지에 대하여 고용노동부장관이 실시하는 검사(안전검사)를 받아야 한다.

(2) 안전검사 대상 기계(산업안전보건법 시행령 → 2024.6.25 개정) ★★★

① 프레스
② 전단기
③ 리프트
④ 압력용기
⑤ 곤돌라
⑥ 국소배기장치(이동식은 제외)
⑦ 원심기(산업용만 해당)
⑧ 롤러기(밀폐형구조는 제외)
⑨ 사출성형기(형 체결력 294kN 미만은 제외)
⑩ 크레인(정격하중 2t 미만인 것은 제외)
⑪ 고소작업대(화물자동차 또는 특수자동차에 탑재한 고소작업대로 한정)
⑫ 컨베이어
⑬ 산업용 로봇
⑭ 혼합기
⑮ 파쇄기 또는 분쇄기

2. 안전검사의 주기(산업안전보건법 시행규칙 → 2024.6.28 개정) ★★★

(1) 크레인, 리프트 및 곤돌라

사업장에 설치가 끝난 날부터 3년 이내에 최초 안전검사를 실시하되, 그 이후부터 2년마다(건설현장에서 사용하는 것은 최초로 설치한 날 부터 6개월마다)

(2) 이동식 크레인, 이삿짐운반용 리프트 및 고소작업대

자동차관리법에 따른 신규등록 이후 3년 이내에 최초 안전검사를 실시하되, 그 이후부터 2년마다

(3) 프레스, 전단기, 압력용기, 국소배기장치, 원심기, 롤러기, 사출성형기, 컨베이어, 산업용 로봇, 혼합기, 파쇄기 또는 분쇄기

사업장에 설치가 끝난 날부터 3년 이내에 최초 안전검사를 실시하되, 그 이후부터 2년마다(공정안전보고서를 제출하여 확인을 받은 압력용기는 4년마다)

3. 자율검사프로그램

(1) 자율검사프로그램의 인정(산업안전보건법 시행규칙) ★

① 검사원을 고용하고 있을 것
② 고용노동부장관이 정하여 고시하는 바에 따라 검사를 할 수 있는 장비를 갖추고 이를 유지 · 관리할 수 있을 것
③ 안전검사주기의 2분의 1에 해당하는 주기(크레인 중 건설현장 외에서 사용하는 크레인의 경우에는 6개월)마다 검사를 할 것
④ 자율검사프로그램의 검사기준이 고용노동부장관이 정하여 고시하는 안전검사기준을 충족할 것

(2) 고용노동부장관이 자율검사프로그램의 인정을 취소하거나 인정받은 자율검사프로그램의 내용에 따라 검사를 하도록 하는 등 시정을 명할 수 있는 경우(산업안전보건법) ★★

① 거짓이나 그 밖의 부정한 방법으로 자율검사프로그램을 인정받은 경우

② 자율검사프로그램을 인정받고도 검사를 아니한 경우

③ 인정받은 자율검사프로그램의 내용에 따라 검사를 하지 아니한 경우

④ 고용노동부령으로 정하는 검사원의 자격을 가진 사람 또는 자율안전검사기관이 검사를 하지 아니한 경우

(3) 자율검사프로그램에 따른 안전검사 검사원의 자격(산업안전보건법 시행규칙) ★

① 기계·전기·전자·화공 또는 산업안전 분야에서 기사 이상의 자격을 취득한 후 해당 분야의 실무경력이 3년 이상인 사람

② 기계·전기·전자·화공 또는 산업안전 분야에서 산업기사 이상의 자격을 취득한 후 해당 분야의 실무경력이 5년 이상인 사람

③ 기계·전기·전자·화공 또는 산업안전 분야에서 기능사 이상의 자격을 취득한 후 해당 분야의 실무경력이 7년 이상인 사람

④ 학교 중 수업연한이 4년인 학교에서 기계·전기·전자·화공 또는 산업안전 분야의 관련 학과를 졸업한 후 해당 분야의 실무경력이 3년 이상인 사람

⑤ 학교 중 ④에 따른 학교 외의 학교에서 기계·전기·전자·화공 또는 산업안전 분야의 관련 학과를 졸업한 후 해당 분야의 실무경력이 5년 이상인 사람

⑥ 고등학교·고등기술학교에서 기계·전기 또는 전자·화공 관련 학과를 졸업한 후 해당 분야의 실무경력이 7년 이상인 사람

⑦ 자율검사프로그램에 따라 안전에 관한 성능검사교육을 이수한 후 해당 분야의 실무경력이 1년 이상인 사람

4. 안전검사의 신청(산업안전보건법 시행규칙)

안전검사 신청서를 검사주기 만료일 30일 전에 안전검사기관에 제출하여야 한다.

5. 안전검사 합격표시에 포함되어야 할 사항(산업안전보건법 시행규칙)

① 안전검사 대상 기계명   ④ 합격번호

② 신청인   ⑤ 검사유효기간

③ 형식번(기)호(설치장소)   ⑥ 검사기관(실시기관)

3 안전인증

1. 안전인증

고용노동부장관은 유해하거나 위험한 기계, 기구, 설비 및 방호장치, 보호구의 안전성을 평가하기 위하여 그 안전에 관한 성능과 제조자의 기술능력 및 생산체계 등에 관한 안전인증기준을 정하여 고시하여야 한다. 이 경우 안전인증기준은 안전인증 대상 유해·위험기계 등의 종류별, 규격 및 형식별로 정할 수 있다(산업안전보건법).

2. 안전인증 대상 기계 등(산업안전보건법 시행령)

(1) 안전인증 대상 기계 또는 설비 ★★★

① 프레스   ④ 리프트   ⑦ 사출성형기

② 전단기 및 절곡기   ⑤ 압력용기   ⑧ 고소작업대

③ 크레인   ⑥ 롤러기   ⑨ 곤돌라

(2) 안전인증 대상 방호장치 ★★★

① 프레스 및 전단기 방호장치

② 양중기용 과부하방지장치

③ 보일러 압력방출용 안전밸브

④ 압력용기 압력방출용 안전밸브

⑤ 압력용기 압력방출용 파열판

⑥ 절연용 방호구 및 활선작업용 기구

⑦ 방폭구조 전기기계 · 기구 및 부품

⑧ 추락, 낙하 및 붕괴 등의 위험방지 및 보호에 필요한 가설기자재로서 고용노동부장관이 정하여 고시하는 것

⑨ 충돌, 협착 등의 위험방지에 필요한 산업용 로봇 방호장치로서 고용노동부장관이 정하여 고시하는 것

(3) 안전인증 대상 보호구 ★★★

① 추락 및 감전위험방지용 안전모	⑦ 전동식 호흡보호구
② 안전화	⑧ 보호복
③ 안전장갑	⑨ 안전대
④ 방진마스크	⑩ 차광 및 비산물위험방지용 보안경
⑤ 방독마스크	⑪ 용접용 보안면
⑥ 송기마스크	⑫ 방음용 귀마개 또는 귀덮개

(4) 안전인증의 표시(보호구 안전인증 고용노동부고시) ★★

① 형식 또는 모델명	④ 제조번호 및 제조연월
② 규격 또는 등급 등	⑤ 안전인증번호
③ 제조자명	

3. 안전인증 심사의 종류 및 심사기간(산업안전보건법 시행규칙) ★★★

(1) 예비심사: 7일

(2) 서면심사: 15일(외국에서 제조한 경우 30일)

(3) 기술능력 및 생산체계심사: 30일(외국에서 제조한 경우 45일)

(4) 제품심사

① 개별 제품심사: 15일

② 형식별 제품심사: 30일

4. 안전인증을 받아야 하는 기계 및 설비(산업안전보건법 시행규칙)

(1) 설치 · 이전하는 경우 안전인증을 받아야 하는 기계 ★★

① 크레인

② 리프트

③ 곤돌라

(2) 주요 구조부분을 변경하는 경우 안전인증을 받아야 하는 기계 및 설비 ★★

① 프레스   ⑥ 롤러기
② 전단기 및 절곡기(切曲機)   ⑦ 사출성형기(射出成形機)
③ 크레인   ⑧ 고소(高所)작업대
④ 리프트   ⑨ 곤돌라
⑤ 압력용기

5. 안전인증을 일부 또는 전부 면제할 수 있는 경우

(1) 고용노동부장관이 고용노동부령으로 정하는 바에 따라 안전인증의 전부 또는 일부를 면제할 수 있는 경우(산업안전보건법) ★★

① 연구 · 개발을 목적으로 제조 · 수입하거나 수출을 목적으로 제조하는 경우

② 고용노동부장관이 정하여 고시하는 외국의 안전인증기관에서 인증을 받은 경우

③ 다른 법령에 따라 안전성에 관한 검사나 인증을 받은 경우로서 고용노동부령으로 정하는 경우

(2) 안전인증 대상 기계 등에 대하여 안전인증을 전부 면제할 수 있는 경우(산업안전보건법 시행규칙 → 2024.6.28 개정) ★

① 연구 · 개발을 목적으로 제조 · 수입하거나 수출을 목적으로 제조하는 경우

②「건설기계관리법」에 따른 검사를 받은 경우 또는 같은 법에 따른 형식승인을 받거나 같은 조에 따른 형식신고를 한 경우

③「고압가스안전관리법」따른 검사를 받은 경우

④「광산안전법」에 따른 검사 중 광업시설의 설치공사 또는 변경공사가 완료되었을 때에 받는 검사를 받은 경우

⑤「방위사업법」에 따른 품질보증을 받은 경우

⑥「선박안전법」에 따른 검사를 받은 경우

⑦「에너지이용합리화법」에 따른 검사를 받은 경우

⑧「원자력안전법」에 따른 검사를 받은 경우

⑨「위험물안전관리법」에 따른 검사를 받은 경우

⑩「전기사업법」 또는 「전기안전관리법」에 따른 검사를 받은 경우

⑪「항만법」에 따른 검사를 받은 경우

⑫「소방시설 설치 및 관리에 관한 법률」에 따른 형식승인을 받은 경우

> **참고** 안전인증을 면제할 수 있는 경우
>
> 다음의 경우 안전인증 대상 기계 등에 대하여 해당 인증 또는 시험이나 그 일부 항목에 한정하여 안전인증을 면제할 수 있다(산업안전보건법 시행규칙). ★
> ① 고용노동부장관이 정하여 고시하는 외국의 안전인증기관에서 인증을 받은 경우
> ② 국제전기기술위원회(IEC)의 국제방폭전기 기계 · 기구 상호인정제도(IECEx Scheme)에 따라 인증을 받은 경우
> ③「국가표준기준법」에 따른 시험 · 검사기관에서 실시하는 시험을 받은 경우
> ④「산업표준화법」에 따른 인증을 받은 경우
> ⑤「전기용품 및 생활용품안전관리법」에 따른 인증을 받은 경우

6. 안전인증 대상 방호장치 중 안전인증 표시 외에 추가로 표시하여야 할 사항(방호장치 안전인증 고용노동부고시)

(1) 절연용 방호구 및 활선작업용기구

① 사용전압등급(절연봉은 제외)

② 등급별 색상

③ 보호성능 표시

④ 부가성능 분류기호

⑤ 충전부와 직접 접촉되지 않는 덮개 전용의 문구

(2) 산업용 로봇 안전매트 ★★

① 작동하중

② 감응시간

③ 복귀신호의 자동 또는 수동 여부

④ 대소인 공용 여부

7. 자율안전확인 대상 기계기구 등(산업안전보건법 시행령)

(1) 자율안전확인 대상 기계 또는 설비 ★★

① 연삭기 또는 연마기

② 산업용 로봇

③ 혼합기

④ 파쇄기 또는 분쇄기

⑤ 식품가공용기계(파쇄, 절단, 혼합, 제면기만 해당)

⑥ 컨베이어

⑦ 자동차정비용 리프트

⑧ 공작기계(선반, 드릴기, 평삭ㆍ형삭기, 밀링만 해당)

⑨ 고정형 목재가공용기계(둥근톱, 대패, 루타기, 띠톱, 모떼기 기계만 해당)

⑩ 인쇄기

(2) 자율안전확인 대상 방호장치 ★★

① 아세틸렌 용접장치용 또는 가스집합 용접장치용 안전기

② 교류아크 용접기용 자동전격방지기

③ 롤러기 급정지장치

④ 연삭기 덮개

⑤ 목재가공용 둥근톱 반발예방장치와 날접촉예방장치

⑥ 동력식 수동대패용 칼날접촉방지장치

⑦ 추락, 낙하 및 붕괴 등의 위험방지 및 보호에 필요한 가설기자재로서 고용노동부장관이 정하여 고시하는 것

(3) 자율안전확인 대상 보호구 ★★

① 안전모(추락 및 감전위험방지용 제외)

② 보안경(차광 및 비산물위험방지용 제외)

③ 보안면(용접용 제외)

(4) 자율안전확인의 표시(보호구 자율안전확인 고용노동부고시) ★★

① 형식 또는 모델명

② 규격 또는 등급 등

③ 제조자명

④ 제조번호 및 제조연월

⑤ 자율안전확인번호

(5) 자율안전확인 대상 방호장치 중 자율안전확인 표시 외에 추가로 표시하여야 할 사항(방호장치 자율안전확인 고용노동부고시) ★★

① 연삭기 덮개

㉠ 숫돌사용 주속도

㉡ 숫돌회전방향

② 목재가공용 둥근톱 덮개와 분할날

㉠ 덮개의 종류

㉡ 둥근톱의 사용가능 치수

4 안전보건진단

1. 안전보건진단 명령(산업안전보건법)

고용노동부장관은 추락 · 붕괴, 화재 · 폭발, 유해하거나 위험한 물질의 누출 등 산업재해발생의 위험이 현저히 높은 사업장의 사업주에게 안전보건진단기관이 실시하는 안전보건진단을 받을 것을 명할 수 있다.

2. 안전보건진단의 종류(산업안전보건법 시행령)

① 종합진단

② 안전진단

③ 보건진단

적중문제 **CHAPTER 4** | 사업장 안전점검

01 ★

점검시기에 의한 구분에 따른 안전점검의 종류를 4가지 쓰고, 각각에 대하여 간단히 설명하시오.

정답

① 정기점검: 매주 또는 매월 1회 주기로 해당 분야의 작업책임자가 기계설비의 마모 등 장치의 변화유무 등에 대해 실시하는 점검
② 일상(수시)점검: 현장의 관리감독자 등이 기계설비 등에 대해 매일 수시로 작업 전, 중, 후에 실시하는 점검
③ 임시점검: 기계설비의 갑작스런 이상발견시 임시로 실시하는 점검
④ 특별점검: 기계설비의 신설, 변경, 고장·수리 등을 할 때 실시하는 부정기 점검

02 ★

안전점검표(체크리스트: Check List) 작성 시 유의하여야 할 사항을 4가지 쓰시오.

정답

① 사업장에 적합한 독자적인 내용으로 할 것
② 중점도가 높은 것부터 순서대로 작성할 것
③ 점검표의 내용은 이해하기 쉽도록 표현하고 구체적일 것
④ 일정양식을 정하여 점검대상을 선정할 것
⑤ 정기적으로 검토하여 재해방지에 실효성 있게 개조된 내용일 것

03 ★

안전점검표(체크리스트: Check List)에 포함되어야 할 주요 사항을 4가지 쓰시오.

정답

① 점검대상   ④ 점검항목
② 점검주기   ⑤ 점검부분
③ 점검방법   ⑥ 판정기준 및 조치사항

04 ★★★

산업안전보건법상 안전검사 대상 기계 등을 6가지 쓰시오.

정답

① 프레스
② 전단기
③ 리프트
④ 압력용기
⑤ 곤돌라
⑥ 국소배기장치(이동식은 제외)
⑦ 원심기(산업용만 해당)
⑧ 롤러기(밀폐형구조는 제외)
⑨ 사출성형기(형 체결력 294kN 미만은 제외)
⑩ 크레인(정격하중 2t 미만인 것은 제외)
⑪ 고소작업대(화물자동차 또는 특수자동차에 탑재한 고소작업대로 한정)
⑫ 컨베이어
⑬ 산업용 로봇
⑭ 혼합기
⑮ 파쇄기 또는 분쇄기
[근거]
안전검사 대상 기계 등: 산업안전보건법 시행령 제78조
→ 2024.6.28 개정

05 ★★

산업안전보건법상 안전검사의 주기에 대하여 (   ) 안에 적합한 내용을 쓰시오.

---

(1) 크레인, 리프트 및 곤돌라

사업장에 설치가 끝난 날부터 (①) 이내에 최초 안전검사를 실시하되, 그 이후부터 2년마다(건설현장에서 사용하는 것은 최초로 설치한 날부터 (②)마다)

(2) 이동식 크레인, 이삿짐운반용 리프트 및 고소작업대

「자동차관리법」에 따른 신규등록 이후 3년 이내에 최초 안전검사를 실시하되, 그 이후부터 (③)마다

(3) 프레스, 전단기, 압력용기, 국소배기장치, 원심기, 롤러기, 사출성형기, 컨베이어, 산업용 로봇, 혼합기, 파쇄기 또는 분쇄기

사업장에 설치가 끝난 날부터 (④) 이내에 최초 안전검사를 실시하되, 그 이후부터 2년마다(공정안전보고서를 제출하여 확인을 받은 압력용기는 (⑤)마다)

[정답] 정답

① 3년   ② 6개월   ③ 2년   ④ 3년   ⑤ 4년
[근거]
안전검사의 주기와 합격표시 및 표시방법: 산업안전보건법 시행규칙 제126조 → 2024.6.28 개정

06 ★

산업안전보건법상 사업주가 자율검사프로그램을 인정받기 위해 충족시켜야 하는 요건을 3가지 쓰시오.

[정답] 정답

① 검사원을 고용하고 있을 것
② 고용노동부장관이 정하여 고시하는 바에 따라 검사를 할 수 있는 장비를 갖추고 이를 유지·관리할 수 있을 것
③ 안전검사주기의 2분의 1에 해당하는 주기(크레인 중 건설현장 외에서 사용하는 크레인의 경우에는 6개월)마다 검사를 할 것
④ 자율검사프로그램의 검사기준이 고용노동부장관이 정하여 고시하는 안전검사기준을 충족할 것
[근거]
자율검사프로그램의 인정 등: 산업안전보건법 시행규칙 제132조

07 ★★

산업안전보건법상 고용노동부장관이 자율검사프로그램의 인정을 취소하거나 인정받은 자율검사프로그램의 내용에 따라 검사를 하도록 하는 등 시정을 명할 수 있는 경우를 3가지 쓰시오.

[정답] 정답

① 거짓이나 그 밖의 부정한 방법으로 자율검사프로그램을 인정받은 경우
② 자율검사프로그램을 인정받고도 검사를 하지 아니한 경우
③ 인정받은 자율검사프로그램의 내용에 따라 검사를 하지 아니한 경우
④ 고용노동부령으로 정하는 검사원의 자격을 가진 사람 또는 자율안전검사기관이 검사를 하지 아니한 경우
[근거]
자율검사프로그램의 인정의 취소 등: 산업안전보건법 제99조

08 ★★★

산업안전보건법상 안전인증 대상 기계 또는 설비를 5가지 쓰시오.

[정답] 정답

① 프레스
② 전단기 및 절곡기
③ 크레인
④ 리프트
⑤ 압력용기
⑥ 롤러기
⑦ 사출성형기
⑧ 고소작업대
⑨ 곤돌라
[근거]
안전인증 대상 기계 등: 산업안전보건법 시행령 제74조

09 ★★★

산업안전보건법상 안전인증 대상 방호장치를 5가지 쓰시오.

정답

① 프레스 및 전단기 방호장치
② 양중기용 과부하방지장치
③ 보일러 압력방출용 안전밸브
④ 압력용기 압력방출용 안전밸브
⑤ 압력용기 압력방출용 파열판
⑥ 절연용 방호구 및 활선작업용 기구
⑦ 방폭구조 전기기계기구 및 부품
⑧ 추락, 낙하 및 붕괴 등의 위험방지 및 보호에 필요한 가설기자재로서 고용노동부장관이 정하여 고시하는 것
⑨ 충돌, 협착 등의 위험방지에 필요한 산업용 로봇 방호장치로서 고용노동부장관이 정하여 고시하는 것

[근거]
안전인증 대상 기계 등: 산업안전보건법 시행령 제74조

10 ★★★

산업안전보건법상 안전인증 대상 보호구를 5가지 쓰시오.

정답

① 추락 및 감전위험방지용 안전모
② 안전화
③ 안전장갑
④ 방진마스크
⑤ 방독마스크
⑥ 송기마스크
⑦ 전동식 호흡보호구
⑧ 보호복
⑨ 안전대
⑩ 차광 및 비산물위험방지용 보안경
⑪ 용접용 보안면
⑫ 방음용 귀마개 또는 귀덮개

[근거]
안전인증 대상 기계 등: 산업안전보건법 시행령 제74조

11 ★★

안전인증 제품의 산업안전보건법에 따른 표시 외에 표시하여야 할 사항을 4가지 쓰시오.

정답

① 형식 또는 모델명
② 규격 또는 등급 등
③ 제조자명
④ 제조번호 및 제조연월
⑤ 안전인증번호

[근거]
안전인증 제품 표시의 붙임: 보호구 안전인증 고용노동부고시

12 ★★★

산업안전보건법상 안전인증 심사의 종류를 4가지 쓰고, 각각에 대한 심사기간을 쓰시오.

정답

① 예비심사: 7일
② 서면심사: 15일(외국에서 제조한 경우 30일)
③ 기술능력 및 생산체계심사: 30일(외국에서 제조한 경우 45일)
④ 제품심사
　ⓐ 개별 제품심사: 15일
　ⓑ 형식별 제품심사: 30일

[근거]
안전인증 심사의 종류 및 방법: 산업안전보건법 시행규칙 제10조

13 ★★

산업안전보건법상 설치·이전하는 경우 안전인증을 받아야 하는 기계를 3가지 쓰시오.

정답

① 크레인
② 리프트
③ 곤돌라
[근거]
안전인증 대상 기계 등: 산업안전보건법 시행규칙 제107조

14 ★★

산업안전보건법상 안전인증 대상 기계 등에 대하여 안전인증을 전부 면제할 수 있는 경우를 4가지 쓰시오.

정답

① 연구·개발을 목적으로 제조·수입하거나 수출을 목적으로 제조하는 경우
② 「건설기계관리법」에 따른 검사를 받은 경우 또는 같은 법에 따른 형식승인을 받거나 같은 조에 따른 형식신고를 한 경우
③ 「고압가스안전관리법」따른 검사를 받은 경우
④ 「광산안전법」에 따른 검사 중 광업시설의 설치공사 또는 변경공사가 완료되었을 때에 받는 검사를 받은 경우
⑤ 「방위사업법」에 따른 품질보증을 받은 경우
⑥ 「선박안전법」에 따른 검사를 받은 경우
⑦ 「에너지이용합리화법」에 따른 검사를 받은 경우
⑧ 「원자력안전법」에 따른 검사를 받은 경우
⑨ 「위험물안전관리법」에 따른 검사를 받은 경우
⑩ 「전기사업법」 또는 「전기안전관리법」에 따른 검사를 받은 경우
⑪ 「항만법」에 따른 검사를 받은 경우
⑫ 「소방시설 설치 및 관리에 관한 법률」에 따른 형식승인을 받은 경우
[근거]
안전인증의 면제: 산업안전보건법 시행규칙 제109조
→ 2024.6.28 개정

15 ★★

고용노동부장관이 고용노동부령으로 정하는 바에 따라 안전인증의 전부 또는 일부를 면제할 수 있는 경우를 3가지 쓰시오.

정답

① 연구·개발을 목적으로 제조·수입하거나 수출을 목적으로 제조하는 경우
② 고용노동부장관이 정하여 고시하는 외국의 안전인증기관에서 인증을 받은 경우
③ 다른 법령에 따라 안전성에 관한 검사나 인증을 받은 경우로서 고용노동부령으로 정하는 경우
[근거]
안전인증: 산업안전보건법 제84조

16 ★★

산업안전보건법상 자율안전확인 대상 기계 또는 설비를 5가지 쓰시오.

정답

① 연삭기 또는 연마기(휴대형은 제외)
② 산업용 로봇
③ 혼합기
④ 파쇄기 또는 분쇄기
⑤ 식품가공용기계(파쇄, 절단, 혼합, 제면기만 해당)
⑥ 컨베이어
⑦ 자동차정비용 리프트
⑧ 공작기계(선반, 드릴기, 평삭·형삭기, 밀링기만 해당)
⑨ 고정형 목재가공용기계(둥근톱, 대패, 루타기, 띠톱, 모떼기기계만 해당)
⑩ 인쇄기
[근거]
자율안전확인 대상 기계 등: 산업안전보건법 시행령 제77조

17 ★★

산업안전보건법상 자율안전확인 대상 방호장치를 4가지
쓰시오.

정답

① 아세틸렌 용접장치용 또는 가스집합 용접장치용 안전기
② 교류아크 용접기용 자동전격방지기
③ 롤러기 급정지장치
④ 연삭기 덮개
⑤ 목재가공용 둥근톱 반발예방장치와 날접촉예방장치
⑥ 동력식 수동대패용 칼날접촉방지장치
⑦ 추락, 낙하 및 붕괴 등의 위험방지 및 보호에 필요한 가설기자재
　로서 고용노동부장관이 정하여 고시하는 것
[근거]
자율안전확인 대상 기계 등: 산업안전보건법 시행령 제77조

18 ★★

아세틸렌 용접장치에 설치하는 안전기(역화방지기) 성
능시험 항목을 4가지 쓰시오.

정답

① 기밀시험
② 내압시험
③ 역화방지시험
④ 역류방지시험
⑤ 방출장치동작시험
⑥ 가스압력손실시험
[근거]
안전기의 성능시험: 방호장치 자율안전확인 고용노동부고시

19 ★★

안전인증 대상 방호장치 중 파열판에 안전인증 표시 외
에 추가로 표시하여야 할 사항을 4가지 쓰시오.

정답

① 호칭지름
② 용도(요구성능)
③ 설정파열압력(MPa) 및 설정온도(℃)
④ 분출용량(kg/h) 또는 공칭분출계수
⑤ 파열판의 재질
⑥ 유체의 흐름방향 지시
[근거]
파열판의 성능기준: 방호장치 안전인증 고용노동부고시

20 ★★

자율안전확인 대상 연삭기 덮개에 자율안전확인 표시
외에 추가로 표시하여야 할 사항을 2가지 쓰시오.

정답

① 숫돌사용 주속도
② 숫돌회전방향
[근거]
연삭기 덮개의 성능기준: 방호장치 자율안전확인 고용노동부고시

CHAPTER 5 | 안전보건교육

1 안전보건교육 개요

1. 교육의 3요소
- (1) **주체**(Subject): 강사(교육자)
- (2) **객체**(Object): 수강자(학생)
- (3) **매개체**(Materials): 교재

2. 안전교육지도

(1) **안전교육지도의 원칙** ★
- ① 동기부여(학습의욕 고취)
- ② 쉬운 것에서부터 어려운 것으로
- ③ 한 번에 한 가지씩 교육
- ④ 피교육자 위주의 교육
- ⑤ 반복하여
- ⑥ 인상의 강화
- ⑦ 기능적인 이해
- ⑧ 오관(五官)의 활용
- ⑨ 과거에서부터 현재, 미래로

(2) **교육지도의 5단계**
- ① 원리의 제시
- ② 관련된 개념의 분석
- ③ 가설의 설정
- ④ 교육자료 평가
- ⑤ 결론

(3) **학습지도의 원리** ★
- ① 개별화의 원리
- ② 직관의 원리
- ③ 자발성의 원리(자기활동의 원리)
- ④ 사회화의 원리
- ⑤ 통합의 원리

3. 안전교육의 기본방향
- (1) 안전의식 향상을 위한 교육
- (2) 사고사례 중심의 교육
- (3) 안전작업을 위한 교육

4. 안전보건교육의 단계

(1) 안전보건교육의 3단계

제1단계(지식교육)	→	제2단계(기능교육)	→	제3단계(태도교육)

지식교육의 4단계 ★
- ① 제1단계: 도입
- ② 제2단계: 제시
- ③ 제3단계: 적용
- ④ 제4단계: 확인

기능교육의 3원칙 ★
- ① 준비(Readiness)
- ② 위험작업의 규제
- ③ 안전작업의 표준화

태도교육의 기본과정 ★
- ① 청취한다.
- ② 이해, 납득시킨다.
- ③ 모범을 보인다.
- ④ 권장한다.
- ⑤ 칭찬한다.
- ⑥ 벌을 준다.

(2) 기술(기능)교육의 진행방법 – 하버드학파의 5단계 교수법 ★★

① 준비시킨다(Preparation).

② 교시한다(Presentation).

③ 연합한다(Association).

④ 총괄시킨다(Generalization).

⑤ 응용시킨다(Application).

5. 안전보건교육계획

(1) 안전보건교육계획 수립시 고려할 사항

① 필요한 정보를 수집할 것

② 현장의 의견을 충분히 반영할 것

③ 법규정에 의한 교육에만 그치지 않을 것

④ 안전보건교육 시행체계와의 관련을 고려할 것

(2) 안전보건교육계획에 포함하여야 할 사항 ★

① 교육목표

② 교육대상

③ 교육의 종류

④ 교육의 과목 및 교육내용

⑤ 교육기간 및 시간

⑥ 교육장소

⑦ 교육방법

⑧ 교육담당자 및 강사

2 OJT와 Off JT

1. OJT(On the Job Training): 직장 내 교육 ★

(1) 방법

관리감독자 등 직속상사가 부하직원에 대해서 일상 업무를 통하여 지식, 기능, 문제해결 능력 및 태도 등을 교육훈련하는 방법으로 개별교육 및 추가지도에 적합하다.

(2) 장점

① 개개인에게 적절한 지도훈련이 가능하다.

② 직장의 실정에 맞게 실제적 훈련이 가능하다.

③ 훈련에 필요한 업무의 계속성이 끊어지지 않는다.

④ 효과가 곧 업무에 나타나며, 훈련의 좋고 나쁨에 따라 개선이 쉽다.

⑤ 즉시 업무에 연결되는 지도훈련이 가능하다.

⑥ 훈련효과를 보고 상호신뢰, 이해도가 높아지는 것이 가능하다.

(3) 단점

① 통일된 내용과 동일수준의 훈련이 될 수 없다.

② 일과 훈련의 양쪽이 반반이 될 가능성이 있다.

③ 다수의 종업원을 한번에 훈련할 수 없다.

④ 전문적인 고도의 지식, 기능을 가르칠 수 없다.

2. Off JT(Off the Job Training): 직장외 교육

(1) 방법

공통된 교육목적을 가진 근로자를 일정한 장소에 집합시켜 외부강사를 초빙하여 실시하는 방법으로 집합교육에 적합하다.

(2) 장점

① 다수의 근로자에게 조직적 훈련을 행하는 것이 가능하다.

② 전문가를 강사로 초청하는 것이 가능하다.

③ 각 직장의 근로자가 많은 지식이나 경험을 교류할 수 있다.

④ 훈련에만 전념하게 된다.

⑤ 특별설비기구를 이용하는 것이 가능하다.

(3) 단점

① 훈련의 결과를 현장에 바로 활용하기가 곤란하다.

② 훈련에 참가하지 않은 근로자들의 업무부담이 늘어난다.

③ 실시하는데 비용이 많이 든다.

3 학습목표와 학습이론

1. 학습목표의 3요소 ★

(1) 목표(Goal): 학습을 통하여 달성하는 지표이며 학습목적의 핵심이다.

(2) 주제(Subject): 목표달성을 위한 주된 내용이다.

(3) 학습정도(Level of Learning): 학습내용과 범위의 정도이다.

① 인지: ~을 인지하여야 한다.

② 지각: ~을 알아야 한다.

③ 이해: ~을 이해하여야 한다.

④ 적용: ~을 적용하여야 한다.

2. 학습이론

(1) S-R이론(행동심리학파이론): 학습을 자극(Stimulus)에 의한 반응(Response)으로 보는 이론(행동심리학파이론)

① 조건반사설(파블로브: Pavlov) ★★

- 시간의 원리
- 일관성의 원리
- 강도의 원리
- 계속성의 원리

② 시행착오설(손다이크: Thorndike)

- 효과의 법칙
- 준비성의 법칙
- 연습 또는 반복의 법칙

③ 조작적(도구적)조건화설(스키너: Skinner)

④ 접근적 조건화설(거스리: Guthrie)

⑤ 강화설(헐: Hull)

(2) **인지이론**: 학습을 요소로 분해하여 파악하는 것이 아니라 전체로서 파악하여야 한다는 이론

　① 장(場)설(Field Theory): 레빈(Lewin)

　② 통찰(洞察)설(Insight Theory): 퀼러(Köhler)

　③ 기호형태설(Sign-Gestalt Theory): 톨만(Tolman)

4 적응기제(機制)와 파지 및 망각

1. 적응기제(Adjustment Mechanism)의 정의
갈등이나 욕구불만을 합리적으로 해결할 수 없을 때 욕구충족을 위하여 비합리적인 방법을 취하는 것이다.

2. 적응기제의 분류

(1) 방어적 기제(Defence Mechanism) ★★

자신의 무능력, 열등감, 약점을 위장하여 유리하게 보호함으로써 안정감을 찾으려는 것이다.

　① 보상(Compensation): 자신의 무능과 결함에 의하여 생긴 긴장이나 열등감을 해소시키기 위하여 장점 같은 것으로 그 결함을 보충하려는 행동이다.

　② 승화(Sublimation): 억압당한 욕구를 가치 있는 다른 목적으로 실현할 수 있도록 노력하여 욕구를 충족하는 행동으로 정신적인 역량의 전환을 의미하는 것이다.

　③ 합리화(Rationalization): 자신의 약점이나 실패를 그럴듯한 이유를 들어 남의 비난을 받지 않도록 하는 것이다.

　　㉠ 신포도형　　　　　　　　　㉢ 투사형

　　㉡ 달콤한 레몬형　　　　　　 ㉣ 망상형

　④ 치환(전위, Displacement): 어떤 대상이나 사람에 대한 충돌이나 감정을 덜 위협적인 대상이나 사람에게 돌려서 표현하는 것이다.

　⑤ 동일화(Identification): 자기의 것이 사실은 아님에도 불구하고 자기의 것이나 된 듯이 행동을 하여 승인을 얻고자 하는 것이다.

　⑥ 투사(Projection): 자신조차도 승인할 수 없는 욕구를 타인이나 사물로 전환시켜 바람직한 욕구로부터 자신을 지키려는 것이다(자신의 불안감이나 불만을 해소시키기 위하여 타인에게 뒤집어씌우는 행동이다).

　⑦ 반동형성: 억압된 욕구나 감정이 나타나지 않도록 그것과 정반대의 행동을 하는 것이다.

(2) 도피적 기제(Escape Mechanism) ★★

욕구불만에 의한 압박이나 긴장으로부터 벗어나기 위해서 비합리적인 방법으로 공상에 도피하고 현실세계에서 벗어나 마음의 안정을 얻으려는 것이다.

　① 고립(Isolation): 자신이 없을 때 현실을 피하여 곤란한 접촉이나 상황에서 벗어나 자기내부로 도피하려는 행동이다.

　② 백일몽(Day-Dream): 현실적으로 도저히 만족시킬 수 없는 소원이나 욕구를 공상의 세계에서 취하려는 도피의 한 행동이다.

　③ 억압(Repression): 욕구불만이나 불쾌감 등의 갈등으로 생긴 욕구를 의식 밖으로 배제함으로써 얻는 행동이다.

　④ 퇴행(Regression): 발달단계를 역행(어린 시절로 돌아가려는 행동 등)함으로써 욕구를 충족하려는 행동이다.

　⑤ 부정: 특정한 일이나 생각, 느낌을 있는 그대로 받아들이는 것이 고통스럽기 때문에 인정하지 않으려는 행동이다.

(3) 공격적 기제(Aggressive Mechanism)

능동적이며 적극적인 입장에서 어떤 욕구불만에 대한 반항으로 자신을 괴롭히는 대상에 대하여 적대시하는 태도나 감정을 취하는 것이다.

① 직접적 공격기제: 싸움, 폭행, 기물파손 등

② 간접적 공격기제: 비난, 조소, 중상모략, 욕설, 폭언 등

3. 파지와 망각

(1) **파지(Retention):** 과거의 학습경험이 어떠한 형태로 현재와 미래의 행동에 영향을 주는 작용이다.

(2) **망각:** 파지의 행동이 지속되지 않는 것이다.

(3) **기억의 과정** ★

기명(Memorizing)	→	파지(Retention)	→	재생(Recall)	→	재인(Recognition)
새로운 사상(Event)이 중추신경계에 기록되는 것		기록이 계속 간직되는 것		간직된 기록이 다시 의식 속으로 떠오르는 것		과거에 경험하였던 것과 비슷한 상태에 부딪혔을 때 떠오르는 것(재생을 실현할 수 있는 것)

5 교육법과 교육훈련 평가

1. 교육법

(1) **교육법의 4단계** ★

① 제1단계 – 도입(준비)

② 제2단계 – 제시(설명)

③ 제3단계 – 적용(응용)

④ 제4단계 – 확인(종합)

(2) **교육방법에 따른 교육시간의 배분**

구분	강의식	토의식
도입	5분	5분
제시	40분	10분
적용	10분	40분
확인	5분	5분

2. 교육훈련 평가

(1) **교육훈련 평가의 4단계**

① 제1단계: 반응단계

② 제2단계: 학습단계

③ 제3단계: 행동단계

④ 제4단계: 결과단계

(2) **학습평가 도구의 기준**

① 신뢰도

② 타당도

③ 객관도

④ 실용도

6 교육실시방법

1. 강의법의 장점 및 단점 ★

(1) 장점

① 여러 가지 수업매체를 동시에 다양하게 활용할 수 있다.

② 학생의 다소에 제한을 받지 않는다.

③ 학습자의 태도, 정서 등의 감화를 위한 학습에 효과적이다.

④ 교사가 임의로 시간을 조절할 수 있고, 강조할 점을 수시로 강조할 수 있다.

⑤ 사실이나 사상을 시간, 장소의 제한 없이 어디서나 제시할 수 있다.

(2) 단점

① 한정된 학습과제에 대한 제한이 있다.

② 개인의 학습속도에 맞추어 수업이 불가능하다.

③ 학습자의 참여와 흥미를 지속시키기 위한 기회가 전혀 없다.

④ 대부분이 일방통행적인 지식의 배합형식이다.

2. 토의법(Discussion Method)의 종류 ★

(1) **심포지엄(Symposium):** 몇 사람의 전문가에 의해 과제에 대한 견해를 발표하고 참가자로 하여금 의견이나 질문을 하게 하는 토의 방식

(2) **포럼(Forum):** 새로운 자료나 교재를 제시하고, 문제점을 피교육자로 하여금 제기하게 하여서 의견을 여러 가지 방법으로 발표하게 하여 다시 깊이 파고들어 토의하는 방법

(3) **패널 디스커션(Panel Discussion):** 전문가 4 ~ 5명이 피교육자 앞에서 자유로이 토의를 한 후 피교육자 전원이 참가하여 사회자의 사회에 따라서 토의하는 방법

(4) **버즈세션(Buzz Session):** 6.6회의라고도 하며, 6명씩 소집단으로 구분하고, 집단별로 각각의 사회자를 선별하여 6분간씩 자유토의를 행하여 의견을 종합하는 방법

(5) **사례연구(Case Study):** 실제의 사례 또는 그것을 기초로 한 이야기를 소재로 하여 주로 집단토의를 통해서 여러 가지 문제를 터득하고 이해를 깊게 하는 방법

3. 구안법(Project Method)

(1) **구안법:** 안전교육방법 중 자신의 목표를 외부에 구체적으로 실현하고 형상화하기 위하여 스스로가 계획을 세워서 수행하는 학습활동이다.

(2) **구안법(Project Method)의 4단계**

① 목표결정

② 계획

③ 실행

④ 평가

(3) 구안법의 장점 ★★

① 동기부여가 충분하다.

② 현실적인 학습방법이다.

③ 작업에 대하여 창조력이 생긴다.

④ 지도성, 협동성, 희생정신을 기를 수 있다.

⑤ 자발적이고 능동적인 학습활동을 추구할 수 있다.

4. 관리감독자 교육훈련(TWI: Training Within Industry)

(1) 관리감독자 교육훈련은 직장, 계장 및 주임 등과 같은 감독자의 직위에 있는 사람을 대상으로 한 훈련이다.

(2) 관리감독자 교육훈련(TWI)의 내용 ★★

① Job Safety Training(작업안전훈련: JST)   ③ Job Instruction Training(작업지도훈련: JIT)

② Job Method Training(작업방법훈련: JMT)   ④ Job Relation Training[(작업에서의)인간관계훈련: JRT]

> **참고** **기업 내 정형교육형태의 종류** ★
> ① TWI(Training Within Industry)
> ② ATT(American Telephone & Telegram Co.)
> ③ MTP(Management Training Program)
> ④ CCS(Civil Communication Section) = ATP(Administration Training Program)

7 산업안전보건법상 교육의 종류와 교육시간 및 교육내용

1. 근로자 안전보건교육의 종류 및 시간(산업안전보건법 시행규칙 → 2023.9.27 개정) ★★★

교육과정	교육대상		교육시간
정기교육	사무직 종사 근로자		매반기 6시간 이상
	사무직 종사 근로자 외의 근로자	판매업무에 직접 종사하는 근로자	매반기 6시간 이상
		판매업무에 직접 종사하는 근로자 외의 근로자	매반기 12시간 이상
채용시 교육	일용근로자 및 근로계약기간이 1주일 이하인 기간제근로자		1시간 이상
	근로계약기간이 1주일 초과 1개월 이하인 기간제근로자		4시간 이상
	그밖의 근로자		8시간 이상
작업내용변경시 교육	일용근로자 및 근로계약기간이 1주일 이하인 기간제근로자		1시간 이상
	그밖의 근로자		2시간 이상
특별안전보건교육	특별교육 대상 작업별 교육의 어느 하나에 해당하는 작업에 종사하는 일용근로자 및 근로계약기간이 1주일 이하인 기간제근로자		2시간 이상
	타워크레인 신호작업에 종사하는 일용근로자 및 근로계약기간이 1주일 이하인 기간제근로자		8시간 이상
	특별교육 대상 작업별 교육의 어느 하나에 해당하는 작업에 종사하는 일용근로자 및 근로계약기간이 1주일 이하인 기간제근로자를 제외한 근로자		• 16시간 이상(최초 작업에 종사하기 전 4시간 이상 실시하고, 12시간은 3개월 이내에서 분할하여 실시가능) • 단기간 작업 또는 간헐적 작업인 경우에는 2시간 이상

건설업 기초안전보건교육	건설 일용근로자	4시간 이상
특수형태근로자에 대한 안전보건교육	최초 노무제공시 교육	2시간 이상(단기간 작업 또는 간헐적 작업에 노무를 제공하는 경우에는 1시간 이상)
	특별교육	일용근로자를 제외한 근로자의 특별 안전보건교육시간과 동일

2. 관리감독자 안전보건교육 ★★

교육과정	교육시간
정기교육	연간 16시간 이상
채용시 교육	8시간 이상
작업내용변경시 교육	2시간 이상
특별교육	16시간 이상(최초 작업에 종사하기 전 4시간 이상 실시하고, 12시간은 3개월 이내에서 분할하여 실시 가능)
	단기간 작업 또는 간헐적 작업인 경우에는 2시간 이상

3. 안전보건관리책임자 등에 대한 교육 ★★

교육대상	교육시간	
	신규교육	보수교육
안전보건관리책임자	6시간 이상	6시간 이상
안전관리자, 안전관리전문기관의 종사자	34시간 이상	24시간 이상
보건관리자, 보건관리전문기관의 종사자	34시간 이상	24시간 이상
건설재해예방전문지도기관, 석면조사기관, 안전검사기관의 종사자	34시간 이상	24시간 이상
안전보건관리담당자	−	8시간 이상

4. 검사원 성능검사교육

교육과정	교육대상	교육시간
성능검사교육	−	28시간 이상

5. 안전보건교육 교육대상별 교육내용 ★★

(1) 근로자 안전보건교육(산업안전보건법 시행규칙 → 2025.5.30 개정)

① 근로자 정기안전보건교육

㉠ 산업안전 및 산업재해예방에 관한 사항(화재·폭발사고 발생시 대피에 관한 사항 포함)

㉡ 산업보건 및 건강장해예방에 관한 사항(폭염·한파작업으로 인한 건강장해 발생시 응급조치에 관한 사항 포함)

㉢ 건강증진 및 질병예방에 관한 사항

ⓔ 유해위험작업환경관리에 관한 사항

ⓜ 산업안전보건법령 및 산업재해보상보험제도에 관한 사항

ⓑ 직장 내 괴롭힘, 고객의 폭언 등으로 인한 건강장해예방 및 관리에 관한 사항

ⓢ 직무스트레스예방 및 관리에 관한 사항

ⓞ 위험성 평가에 관한 사항

② 채용시 교육 및 작업내용변경시 교육

　　ⓠ 기계기구의 위험성과 작업의 순서 및 동선에 관한 사항

　　ⓛ 작업개시 전 점검에 관한 사항

　　ⓒ 정리정돈 및 청소에 관한 사항

　　ⓔ 사고발생시 긴급조치에 관한 사항

　　ⓜ 산업보건 및 건강장해예방에 관한 사항(폭염 · 한파작업으로 인한 건강장해 발생시 응급조치에 관한 사항 포함)

　　ⓑ 물질안전보건자료에 관한 사항

　　ⓢ 산업안전보건법령 및 산업재해보상보험제도에 관한 사항

　　ⓞ 직무스트레스예방 및 관리에 관한 사항

　　ⓩ 산업안전 및 산업재해예방에 관한 사항(화재 · 폭발사고 발생시 대피에 관한 사항 포함)

　　ⓧ 직장 내 괴롭힘, 고객의 폭언 등으로 인한 건강장해예방 및 관리에 관한 사항

　　ⓚ 위험성 평가에 관한 사항

③ 관리감독자 정기안전보건교육

　㉮ 정기교육

　　ⓠ 작업공정의 유해위험과 재해예방대책에 관한 사항

　　ⓛ 표준안전작업방법 결정 및 지도 · 감독요령에 관한 사항

　　ⓒ 비상시 또는 재해발생시 긴급조치에 관한 사항

　　ⓔ 산업보건 및 건강장해예방에 관한 사항(폭염 · 한파작업으로 인한 건강장해 발생시 응급조치에 관한 사항 포함)

　　ⓜ 유해위험작업환경관리에 관한 사항

　　ⓑ 산업안전보건법령 및 산업재해보상보험제도에 관한 사항

　　ⓢ 산업안전 및 산업재해예방에 관한 사항(화재 · 폭발사고 발생시 대피에 관한 사항 포함)

　　ⓞ 직무스트레스예방 및 관리에 관한 사항

　　ⓩ 안전보건교육능력 배양에 관한 사항(현장근로자와의 의사소통능력 및 강의능력 등)

　　ⓧ 직장 내 괴롭힘, 고객의 폭언 등으로 인한 건강장해예방 및 관리에 관한 사항

　　ⓚ 사업장내 안전보건관리체제 및 안전보건조치 현황에 관한 사항

　　ⓣ 위험성 평가에 관한 사항

　　ⓟ 그밖의 관리감독자의 직무에 관한 사항

　㉯ 채용시 교육 및 작업내용변경시 교육

　　ⓠ 산업안전 및 산업재해예방에 관한 사항(화재 · 폭발사고 발생시 대피에 관한 사항 포함)

　　ⓛ 산업보건 및 건강장해예방에 관한 사항(폭염 · 한파작업으로 인한 건강장해 발생시 응급조치에 관한 사항 포함)

　　ⓒ 위험성 평가에 관한 사항

　　ⓔ 산업안전보건법령 및 산업재해보상보험제도에 관한 사항

　　ⓜ 직무스트레스예방 및 관리에 관한 사항

　　ⓗ 직장 내 괴롭힘, 고객의 폭언 등으로 인한 건강장해예방 및 관리에 관한 사항

　　ⓢ 기계기구의 위험성과 작업의 순서 및 동선에 관한 사항

　　ⓞ 작업개시 전 점검에 관한 사항

　　ⓩ 물질안전보건자료에 관한 사항

　　ⓐ 사업장내 안전보건관리체제 및 안전보건조치 현황에 관한 사항

　　ⓚ 표준안전작업방법 결정 및 지도 · 감독요령에 관한 사항

　　ⓔ 비상시 또는 재해발생시 긴급조치에 관한 사항

　　ⓟ 그밖의 관리감독자의 직무에 관한 사항

　ⓓ 특별교육 대상 작업별 교육

작업명	교육내용
공통내용	채용시교육 및 작업내용변경시교육과 같은 내용
개별내용	특별교육 대상 작업별 교육에 따른 개별 교육내용

④ 특별안전보건교육 대상 작업별 교육내용

작업명	교육내용
〈공통내용〉 특별안전보건교육 대상 작업	채용시 교육 및 작업내용변경시 교육내용과 같은 내용
아세틸렌 용접장치 또는 가스집합용접장치를 사용하는 금속의 용접 · 용단 또는 가열작업(발생기, 도관 등에 의하여 구성되는 용접장치만 해당한다.) ★★	• 용접흄, 분진, 유해광선 등의 유해성에 관한 사항 • 가스용접기, 압력조정기, 호스 및 취관두 등의 기기점검에 관한 사항 • 작업방법, 순서 및 응급처치에 관한 사항 • 안전기 및 보호구 취급에 관한 사항 • 화재예방 및 초기대응에 관한 사항 • 그 밖에 안전보건관리에 필요한 사항
밀폐된 장소(탱크내 또는 환기가 극히 불량한 좁은 장소를 말한다.)에서 하는 용접작업 또는 습한 장소에서 하는 전기용접작업 ★	• 작업순서, 안전작업방법 및 수칙에 관한 사항 • 환기설비에 관한 사항 • 전격방지 및 보호구 착용에 관한 사항 • 질식시 응급조치에 관한 사항 • 작업환경점검에 관한 사항 • 그 밖에 안전보건관리에 필요한 사항
액화석유가스 · 수소가스 등 인화성 가스 또는 폭발성 물질 중 가스의 발생장치 취급작업 ★	• 취급가스의 상태 및 성질에 관한 사항 • 발생장치 등의 위험방지에 관한 사항 • 고압가스 저장설비 및 안전취급방법에 관한 사항 • 설비 및 기구의 점검 요령 • 그 밖에 안전보건관리에 필요한 사항

화학설비의 탱크내 작업 ★	• 차단장치 · 정지장치 및 밸브 개폐장치의 점검에 관한 사항 • 탱크내의 산소농도 측정 및 작업환경에 관한 사항 • 안전보호구 및 이상발생시 응급조치에 관한 사항 • 작업절차 · 방법 및 유해 · 위험에 관한 사항 • 그 밖에 안전보건관리에 필요한 사항
동력에 의하여 작동되는 프레스 기계를 5대 이상 보유한 사업장에서 해당 기계로 하는 작업	• 프레스의 특성과 위험성에 관한 사항 • 방호장치 종류와 취급에 관한 사항 • 안전작업방법에 관한 사항 • 프레스 안전기준에 관한 사항 • 그 밖에 안전보건관리에 필요한 사항
건설용 리프트 · 곤돌라를 이용한 작업 ★★	• 방호장치의 기능 및 사용에 관한 사항 • 기계, 기구, 달기체인 및 와이어 등의 점검에 관한 사항 • 화물의 권상 · 권하작업방법 및 안전작업지도에 관한 사항 • 기계 · 기구의 특성 및 동작원리에 관한 사항 • 신호방법 및 공동작업에 관한 사항 • 그 밖에 안전보건관리에 필요한 사항
전압이 75볼트 이상인 정전 및 활선작업	• 전기의 위험성 및 전격방지에 관한 사항 • 해당 설비의 보수 및 점검에 관한 사항 • 정전작업 · 활선작업시의 안전작업방법 및 순서에 관한 사항 • 절연용 보호구, 절연용 방호구 및 활선작업용 기구 등의 사용에 관한 사항 • 그 밖에 안전보건관리에 필요한 사항
비계의 조립 · 해체 또는 변경작업	• 비계의 조립순서 및 방법에 관한 사항 • 비계작업의 재료 취급 및 설치에 관한 사항 • 추락재해방지에 관한 사항 • 보호구 착용에 관한 사항 • 비계상부 작업시 최대적재하중에 관한 사항 • 그 밖에 안전보건관리에 필요한 사항
타워크레인을 설치(상승작업을 포함한다) · 해체 하는 작업 ★★	• 붕괴 · 추락 및 재해방지에 관한 사항 • 설치 · 해체순서 및 안전작업방법에 관한 사항 • 부재의 구조 · 재질 및 특성에 관한 사항 • 신호방법 및 요령에 관한 사항 • 이상발생시 응급조치에 관한 사항 • 그 밖에 안전보건관리에 필요한 사항
보일러(소형보일러는 제외한다)의 설치 및 취급 작업 ★	• 기계 및 기기 점화장치 계측기의 점검에 관한 사항 • 열관리 및 방호장치에 관한 사항 • 작업순서 및 방법에 관한 사항 • 그 밖에 안전보건관리에 필요한 사항
방사선 업무에 관계되는 작업(의료 및 실험용은 제외한다) ★★	• 방사선의 유해 · 위험 및 인체에 미치는 영향 • 방사선의 측정기기 기능의 점검에 관한 사항 • 방호거리 · 방호벽 및 방사선물질의 취급요령에 관한 사항 • 응급처치 및 보호구 착용에 관한 사항 • 그 밖에 안전보건관리에 필요한 사항

밀폐공간에서의 작업 ★★ ※ 산업안전보건법 시행규칙 → 2021. 11. 19. 개정	• 산소농도 측정 및 작업환경에 관한 사항 • 사고시의 응급처치 및 비상시 구출에 관한 사항 • 보호구 착용 및 보호장비 사용에 관한 사항 • 작업내용, 작업방법 및 절차에 관한 사항 • 장비 · 설비 및 시설 등의 안전점검에 관한 사항 • 그 밖에 안전보건관리에 필요한 사항
허가 또는 관리대상 유해물질의 제조 또는 취급작업 ★	• 취급물질의 성질 및 상태에 관한 사항 • 유해물질이 인체에 미치는 영향 • 국소배기장치 및 안전설비에 관한 사항 • 안전작업방법 및 보호구 사용에 관한 사항 • 그 밖에 안전보건관리에 필요한 사항
로봇작업 ★★	• 로봇의 기본원리 · 구조 및 작업방법에 관한 사항 • 이상발생시 응급조치에 관한 사항 • 안전시설 및 안전기준에 관한 사항 • 조작방법 및 작업순서에 관한 사항
가연물이 있는 장소에서 하는 화재위험작업	• 작업준비 및 작업절차에 관한 사항 • 작업장내 위험물, 가연물의 사용 · 보관 · 설치현황에 관한 사항 • 화재위험작업에 따른 인근 인화성 액체에 대한 방호조치에 관한 사항 • 화재위험작업으로 인한 불꽃, 불티 등의 흩날림 방지조치에 관한 사항 • 인화성 액체의 증기가 남아 있지 않도록 환기 등의 조치에 관한 사항 • 화재감시자의 직무 및 피난교육 등 비상조치에 관한 사항 • 그 밖에 안전보건관리에 필요한 사항

(2) 건설업 기초안전보건교육에 대한 내용 ★

교육내용	시간
건설공사의 종류(건축, 토목 등) 및 시공절차	1시간
산업재해유형별 위험요인 및 안전보건 조치	2시간
안전보건관리체제 현황 및 산업안전보건 관련 근로자 권리 · 의무	1시간

※ 산업안전보건법 시행규칙 → 2022. 8. 18 개정

(3) 물질안전보건자료(MSDS)에 관한 교육내용 ★★★

① 대상화학물질의 명칭(또는 제품명)

② 물리적 위험성 및 건강유해성

③ 취급상의 주의사항

④ 적절한 보호구

⑤ 응급조치요령 및 사고시 대처방법

⑥ 물질안전보건자료 및 경고표지를 이해하는 방법

(4) 특수형태근로종사자에 대한 안전보건교육의 교육내용

    ① 최초노무제공시교육의 교육내용 ★

        ㉠ 기계기구의 위험성과 작업의 순서 및 동선에 관한 사항

        ㉡ 작업개시 전 점검에 관한 사항

        ㉢ 정리정돈 및 청소에 관한 사항

        ㉣ 사고발생시 긴급조치에 관한 사항

        ㉤ 산업보건 및 건강장해예방에 관한 사항(폭염·한파작업으로 인한 건강장해 발생시 응급조치에 관한 사항 포함)

        ㉥ 건강증진 및 질병예방에 관한 사항

        ㉦ 물질안전보건자료에 관한 사항

        ㉧ 직무스트레스예방 및 관리에 관한 사항

        ㉨ 산업안전보건법령 및 산업재해보상보험제도에 관한 사항

        ㉩ 산업안전 및 산업재해예방에 관한 사항(화재·폭발사고 발생시 대피에 관한 사항 포함)

        ㉪ 유해위험작업환경관리에 관한 사항

        ㉫ 보호구 착용에 대한 사항

        ㉬ 교통안전 및 운전안전에 관한 사항

        ㉭ 직장 내 괴롭힘, 고객의 폭언 등으로 인한 건강장해예방 및 관리에 관한 사항

    ② 특별교육 대상 작업별교육의 교육내용: 근로자 안전보건교육 중 특별교육 대상 작업별 교육내용과 같은 내용

적중문제 **CHAPTER 5** 안전보건교육

01 ★
학습지도의 원리를 5가지 쓰시오.

정답

① 개별화의 원리
② 직관의 원리
③ 자발성의 원리(자기활동의 원리)
④ 사회화의 원리
⑤ 통합의 원리

02 ★
안전보건교육의 3단계를 순서대로 쓰시오.

정답

① 제1단계: 지식교육
② 제2단계: 기능교육
③ 제3단계: 태도교육

03 ★
지식교육(교육법)의 4단계를 순서대로 쓰시오.

정답

① 제1단계: 도입(준비)
② 제2단계: 제시(설명)
③ 제3단계: 적용(응용)
④ 제3단계: 확인(종합)

04 ★
안전보건교육의 3단계에서 기능교육의 3원칙을 쓰시오.

정답

① 준비
② 위험작업의 규제
③ 안전작업의 표준화

05 ★
안전보건교육의 3단계에서 태도교육의 기본과정 순서를 기술하시오.

정답

① 청취한다.
② 이해, 납득시킨다.
③ 모범을 보인다.
④ 권장한다.
⑤ 칭찬한다.
⑥ 벌을 준다.

06 ★★

기술(기능)교육의 진행방법에 있어 하버드학파의 5단계 교수법을 순서대로 쓰시오.

> **정답**
>
> ① 준비시킨다.
> ② 교시한다.
> ③ 연합한다.
> ④ 총괄시킨다.
> ⑤ 응용시킨다.

07 ★

안전보건교육계획을 수립할 경우 포함하여야 할 사항을 5가지 쓰시오.

> **정답**
>
> ① 교육목표
> ② 교육대상
> ③ 교육의 종류
> ④ 교육과목 및 교육내용
> ⑤ 교육기간 및 시간
> ⑥ 교육장소
> ⑦ 교육방법
> ⑧ 교육담당자 및 강사

08 ★

OJT(On the Job Training)를 간단히 설명하고, 장점과 단점을 각각 3가지씩 쓰시오.

> **정답**
>
> (1) OJT(On the Job Training): 직장 내 교육
>   관리감독자 등 직속상사가 부하직원에 대해서 일상 업무를 통하여 지식, 기능, 문제해결 능력 및 태도 등을 교육훈련하는 방법으로 개별교육 및 추가 지도에 적합하다.
> (2) 장점
>   ① 개인 개인에게 적절한 지도훈련이 가능하다.
>   ② 직장의 실정에 맞게 실제적 훈련이 가능하다.
>   ③ 훈련에 필요한 업무의 계속성이 끊어지지 않는다.
>   ④ 효과가 곧 업무에 나타나며, 훈련의 좋고 나쁨에 따라 개선이 쉽다.
>   ⑤ 즉시 업무에 연결되는 지도훈련이 가능하다.
>   ⑥ 훈련효과를 보고 상호신뢰, 이해도가 높아지는 것이 가능하다.
> (3) 단점
>   ① 통일된 내용과 동일수준의 훈련이 될 수 없다.
>   ② 일과 훈련의 양쪽이 반반이 될 가능성이 있다.
>   ③ 다수의 종업원을 한번에 훈련할 수 없다.
>   ④ 전문적인 고도의 지식, 기능을 가르칠 수 없다.

09 ★

학습목적의 3요소 중 학습정도는 학습시킬 주제의 범위와 내용의 정도를 말한다. 이 학습정도를 이루기 위한 4단계를 쓰시오.

> **정답**
>
> ① 인지: ～을 인지하여야 한다.
> ② 지각: ～을 알아야 한다.
> ③ 이해: ～을 이해하여야 한다.
> ④ 적용: ～을 적용하여야 한다.

10 ★★

파블로브(Pavlov)의 조건반사설에서 학습이론의 원리를 4가지 쓰시오.

> **정답**
>
> ① 시간의 원리
> ② 강도의 원리
> ③ 일관성의 원리
> ④ 계속성의 원리

11 ★★

적응기제(Adjustment Mechanism)에 있어 방어적 기제에 해당하는 것을 4가지 쓰고, 간단히 설명하시오.

> **정답**
>
> ① 보상(Compensation): 자신의 무능과 결함에 의하여 생긴 긴장이나 열등감을 해소시키기 위하여 장점 같은 것으로 그 결함을 보충하려는 행동이다.
> ② 승화(Sublimation): 억압당한 욕구를 가치 있는 다른 목적으로 실현할 수 있도록 노력하여 욕구를 충족하는 행동으로 정신적인 역량의 전환을 의미하는 것이다.
> ③ 합리화(Rationalization): 자신의 약점이나 실패를 그럴듯한 이유를 들어 남의 비난을 받지 않도록 하는 것이다.
> ④ 치환(전위: Displacement): 어떤 대상이나 사람에 대한 충돌이나 감정을 덜 위협적인 대상이나 사람에게 돌려서 표현하는 것이다.
> ⑤ 동일화(Identification): 자기의 것이 사실은 아님에도 불구하고 자기의 것이나 된 듯이 행동을 하여 승인을 얻고자 하는 것이다.
> ⑥ 투사(Projection): 자신조차도 승인할 수 없는 욕구를 타인이나 사물로 전환시켜 바람직한 욕구로부터 자신을 지키려는 것이다.(자신의 불안감이나 불만을 해소시키기 위하여 타인에게 뒤집어씌우는 행동이다.)
> ⑦ 반동형성: 억압된 욕구나 감정이 나타나지 않도록 그것과 정반대의 행동을 하는 것이다.

12 ★

기억의 과정을 단계별로 쓰고, 간단히 설명하시오.

> **정답**
>
> ① 기명: 새로운 사상(Event)이 중추신경계에 기록되는 것
> ② 파지: 기록이 계속 간직되는 것
> ③ 재생: 간직된 기록이 다시 의식 속으로 떠오르는 것
> ④ 재인: 과거에 경험하였던 것과 비슷한 상태에 부딪혔을 때 떠오르는 것

13 ★

강의법의 장점과 단점을 각각 3가지씩 쓰시오.

> **정답**
>
> (1) 장점
> ① 여러 가지 수업매체를 동시에 다양하게 활용할 수 있다.
> ② 학생의 다소에 제한을 받지 않는다.
> ③ 학습자의 태도, 정서 등의 감화를 위한 학습에 효과적이다.
> ④ 교사가 임의로 시간을 조절할 수 있고, 강조할 점을 수시로 강조할 수 있다.
> ⑤ 사실이나 사상을 시간, 장소의 제한 없이 어디서나 제시할 수 있다.
> (2) 단점
> ① 한정된 학습과제에 대한 제한이 있다.
> ② 개인의 학습속도에 맞추어 수업이 불가능하다.
> ③ 학습자의 참여와 흥미를 지속시키기 위한 기회가 전혀 없다.
> ④ 대부분이 일방통행적인 지식의 배합형식이다.

14 ★

토의법(Discussion Method)의 종류를 3가지 쓰고, 간단히 설명하시오.

① 심포지엄(Symposium): 몇 사람의 전문가에 의해 과제에 대한 견해를 발표하고 참가자로 하여금 의견이나 질문을 하게 하는 토의방식
② 포럼(Forum): 새로운 자료나 교재를 제시하여 거기서의 문제점을 피교육자로 하여금 제기하게 하고, 의견을 여러 가지 방법으로 발표하게 하여 다시 깊이 파고들어 토의하는 방법
③ 패널 디스커션(Panel Discussion): 전문가 4 ～ 5명이 피교육자 앞에서 자유로이 토의를 한 후 피교육자 전원이 참가하여 사회자의 사회에 따라서 토의하는 방법
④ 버즈세션(Buzz Session): 6-6회의라고도 하며, 6명씩 소집단으로 구분하고, 집단별로 각각의 사회자를 선별하여 6분간씩 자유토의를 행하여 의견을 종합하는 방법
⑤ 사례연구(Case Study): 실제의 사례 또는 그것을 기초로 한 이야기를 소재로 하여 주로 집단토의를 통해서 여러 가지 문제를 터득하고 이해를 깊게 하는 방법

15 ★★

구안법(Project Method)의 장점을 4가지 쓰시오.

① 동기부여가 충분하다.
② 현실적인 학습방법이다.
③ 작업에 대하여 창조력이 생긴다.
④ 지도성, 협동성, 희생정신을 기를 수 있다.
⑤ 자발적이고 능동적인 학습활동을 추구할 수 있다.

16 ★★★

기업 내 정형교육인 관리감독자 교육훈련(TWI)의 내용을 4가지 쓰시오.

① Job Safety Training(작업안전훈련: JST)
② Job Method Training(작업방법훈련: JMT)
③ Job Instruction Training(작업지도훈련: JIT)
④ Job Relation Training[(작업에서의) 인간관계훈련: JRT]

17 ★

기업 내 정형교육형태의 종류를 3가지 쓰시오.

① TWI(Training Within Industry)
② MTP(Management Training Program)
③ ATT(American Telephone & Telegram Co.)
④ CCS(Civil Communication Section) = ATP(Administration Training Program)

18 ★★★

산업안전보건법상 사업주가 근로자에게 실시하여야 할 근로자 안전보건교육의 종류를 4가지 쓰시오.

① 정기교육
② 채용시 교육
③ 작업내용변경시 교육
④ 특별교육
⑤ 건설업 기초안전보건교육
[근거]
안전보건교육 교육과정별 교육시간: 산업안전보건법 시행규칙 [별표 4]

19 ★★★

산업안전보건법상 근로자 안전보건교육 관련 교육시간에 대하여 각각의 교육에 적합한 시간을 쓰시오.

(1) 관리감독자의 지위에 있는 사람의 정기교육시간
(2) 사무직 종사근로자의 정기교육시간
(3) 그 밖의 근로자의 채용 시 교육시간
(4) 일용근로자 및 근로계약기간이 1주일 이하인 기간제근로자의 작업내용변경시 교육시간
(5) 타워크레인 신호작업에 종사하는 일용근로자 및 근로계약기간이 1주일 이하인 기간제근로자의 특별교육시간
(6) 건설일용근로자의 건설업 기초안전보건교육시간

① 연간 16시간 이상
② 매반기 6시간 이상
③ 8시간 이상
④ 1시간 이상
⑤ 8시가 이상
⑥ 4시간 이상
[근거]
안전보건교육 교육과정별 교육시간: 산업안전보건법 시행규칙 [별표 4]
→ 2023.9.27 개정

20 ★★

안전보건관리책임자 등에 대한 교육시간과 관련하여 ( ) 안에 적합한 내용을 쓰시오.

교육대상	교육시간	
	신규교육	보수교육
안전보건관리책임자	6시간 이상	(①)시간 이상
안전관리자, 안전관리 전문기관의 종사자	(②)시간 이상	24시간 이상
보건관리자, 보건관리 전문기관의 종사자	34시간 이상	(③)시간 이상
건설재해예방전문지도 기관의 종사자	34시간 이상	(④)시간 이상
석면조사기관의 종사자	(⑤)시간 이상	24시간 이상
안전보건관리담당자	-	(⑥)시간 이상
안전검사기관, 자율안전검사기관의 종사자	34시간 이상	(⑦)시간 이상

① 6
② 34
③ 24
④ 24
⑤ 34
⑥ 8
⑦ 24
[근거]
안전보건교육 교육과정별 교육시간: 산업안전보건법 시행규칙 [별표 4]

21 ★★★

산업안전보건법상 관리감독자 정기교육의 교육내용을 5가지 쓰시오.

① 산업안전 및 산업재해예방에 관한 사항(화재 · 폭발사고 발생시 대피에 관한 사항 포함)
② 산업보건 및 건강장해예방에 관한 사항(폭염 · 한파작업으로 인한 건강장해 발생시 응급조치에 관한 사항 포함)
③ 유해위험작업환경관리에 관한 사항
④ 직무스트레스예방 및 관리에 관한 사항
⑤ 표준안전작업방법 결정 및 지도 · 감독요령에 관한 사항
⑥ 작업공정의 유해위험과 재해예방대책에 관한 사항
⑦ 산업안전보건법령 및 산업재해보상보험제도에 관한 사항
⑧ 직장 내 괴롭힘, 고객의 폭언 등으로 인한 건강장해예방 및 관리에 관한 사항
⑨ 안전보건교육능력 배양에 관한 사항(현장근로자와의 의사소통능력 및 강의능력 향상 등)
⑩ 비상시 또는 재해발생시 긴급조치에 관한 사항
⑪ 사업장 내 안전보건관리체제 및 안전보건조치 현황에 관한 사항
⑫ 그밖의 관리감독자의 직무에 관한 사항
⑬ 위험성 평가에 관한 사항
[근거]
안전보건교육 교육대상별 교육내용: 산업안전보건법 시행규칙 [별표 4]
→ 2025.5.30 개정

22 ★★

산업안전보건법상 안전보건관리책임자 등에 대한 교육 중 신규 · 보수교육 대상자를 4가지 쓰시오.

① 안전보건관리책임자
② 안전관리자, 안전관리전문기관의 종사자
③ 보건관리자, 보건관리전문기관의 종사자
④ 건설재해예방전문지도기관의 종사자
⑤ 석면조사기관의 종사자
⑥ 안전검사기관, 자율안전검사기관의 종사자
[근거]
안전보건교육 교육과정별 교육시간: 산업안전보건법 시행규칙 [별표 4]

23 ★

산업안전보건법상 근로자 안전보건교육에 있어 채용시 및 작업내용변경시 교육의 교육내용을 5가지 쓰시오.

① 산업안전 및 산업재해예방에 관한 사항(화재 · 폭발사고 발생시 대피에 관한 사항 포함)
② 물질안전보건자료에 관한 사항
③ 작업개시 전 점검에 관한 사항
④ 사고발생시 긴급조치에 관한 사항
⑤ 산업보건 및 건강장해예방에 관한 사항(폭염 · 한파작업으로 인한 건강장해 발생시 응급조치에 관한 사항 포함)
⑥ 직무스트레스예방 및 관리에 관한 사항
⑦ 정리정돈 및 청소에 관한 사항
⑧ 기계 · 기구의 위험성과 작업의 순서 및 동선에 관한 사항
⑨ 산업안전보건법령 및 산업재해보상보험제도에 관한 사항
⑩ 직장 내 괴롭힘, 고객의 폭언 등으로 인한 건강장해예방 및 관리에 관한 사항
⑪ 위험성 평가에 관한 사항
[근거]
안전보건교육 교육과정별 교육시간: 산업안전보건법 시행규칙 [별표 5]
→ 2025.5.30 개정

24 ★

밀폐된 장소(탱크내 또는 환기가 극히 불량한 좁은 장소를 말한다)에서 하는 용접작업 또는 습한 장소에서 하는 전기용접작업시 실시하여야 할 특별안전보건교육의 교육내용을 4가지 쓰시오.

① 작업순서, 안전작업방법 및 수칙에 관한 사항
② 환기설비에 관한 사항
③ 전격방지 및 보호구 착용에 관한 사항
④ 질식시 응급조치에 관한 사항
⑤ 작업환경점검에 관한 사항
⑥ 그 밖에 안전보건관리에 필요한 사항
[근거]
안전보건교육 교육대상별 교육내용: 산업안전보건법 시행규칙 [별표 5]

25 ★★

산업안전보건법상 방사선 업무에 관계되는 작업(의료 및 실험용은 제외한다)에 종사하는 근로자에게 실시하여 야 할 특별안전보건교육의 내용을 4가지 쓰시오.

정답

① 방사선의 유해 · 위험 및 인체에 미치는 영향
② 방사선 측정기기의 기능 점검에 관한 사항
③ 방호거리 · 방호벽 및 방사선물질의 취급요령에 관한 사항
④ 응급처치 및 보호구 착용에 관한 사항
⑤ 그 밖에 안전보건관리에 필요한 사항
[근거]
안전보건교육 교육대상별 교육내용: 산업안전보건법 시행규칙 [별표 5]

26 ★★

산업안전보건법상 로봇작업에 종사하는 근로자에게 실 시하여야 할 특별안전보건교육의 교육내용을 4가지 쓰 시오.

정답

① 로봇의 기본원리 · 구조 및 작업방법에 관한 사항
② 이상발생시 응급조치에 관한 사항
③ 안전시설 및 안전기준에 관한 사항
④ 조작방법 및 작업순서에 관한 사항
[근거]
안전보건교육 교육대상별 교육내용: 산업안전보건법 시행규칙 [별표 5]

27 ★★

산업안전보건법상 건설용 리프트 · 곤돌라를 이용한 작 업시 특별안전보건교육의 교육내용을 4가지 쓰시오.

정답

① 방호장치의 기능 및 사용에 관한 사항
② 기계, 기구, 달기체인 및 와이어 등의 점검에 관한사항
③ 화물의 권상 · 권하작업방법 및 안전작업지도에 관한 사항
④ 기계 · 기구의 특성 및 동작원리에 관한 사항
⑤ 신호방법 및 공동작업에 관한 사항
⑥ 그 밖에 안전보건관리에 필요한 사항
[근거]
안전보건교육 교육대상별 교육내용: 산업안전보건법 시행규칙 [별표 5]

28 ★★

산업안전보건법상 타워크레인을 설치(상승작업을 포함 한다) · 해체하는 작업시 특별안전보건교육의 교육내용 을 4가지 쓰시오.

정답

① 붕괴 · 추락 및 재해방지에 관한 사항
② 설치 · 해체순서 및 안전작업방법에 관한 사항
③ 부재의 구조 · 재질 및 특성에 관한 사항
④ 신호방법 및 요령에 관한 사항
⑤ 이상발생시 응급조치에 관한 사항
[근거]
안전보건교육 교육대상별 교육내용: 산업안전보건법 시행규칙 [별표 5]

29 ★★

산업안전보건법상 밀폐공간에서 작업을 할 때 특별안전보건교육의 교육내용을 4가지 쓰시오.

정답

① 산소농도 측정 및 작업환경에 관한 사항
② 사고시의 응급처치 및 비상시 구출에 관한 사항
③ 보호구 착용 및 보호장비 사용에 관한 사항
④ 작업내용, 안전작업방법 및 절차에 관한 사항
⑤ 장비, 설비 및 시설 등의 안전점검에 관한 사항
⑥ 그 밖에 안전보건관리에 필요한 사항
[근거]
안전보건교육 교육대상별 교육내용: 산업안전보건법 시행규칙 [별표 5]
→ 2021. 11. 29. 개정

30 ★

산업안전보건법상 화학설비의 탱크내작업시 특별안전보건교육의 교육내용을 4가지 쓰시오.

정답

① 차단장치 · 정지장치 및 밸브 개폐장치의 점검에 관한 사항
② 탱크내의 산소농도 측정 및 작업환경에 관한 사항
③ 안전보호구 및 이상발생시 응급조치에 관한 사항
④ 작업절차 · 방법 및 유해 · 위험에 관한 사항
⑤ 그 밖에 안전보건관리에 필요한 사항
[근거]
안전보건교육 교육대상별 교육내용: 산업안전보건법 시행규칙 [별표 5]

31 ★

산업안전보건법상 허가 및 관리대상 유해물질의 제조 또는 취급작업을 할 때 특별안전보건교육의 교육내용을 4가지 쓰시오.

정답

① 취급물질의 성질 및 상태에 관한 사항
② 유해물질이 인체에 미치는 영향
③ 국소배기장치 및 안전설비에 관한 사항
④ 안전작업방법 및 보호구 사용에 관한 사항
[근거]
안전보건교육 교육대상별 교육내용: 산업안전보건법 시행규칙 [별표 5]

32 ★

산업안전보건법상 건설업 기초안전보건교육에 대한 교육내용을 3가지 쓰시오.

정답

① 건설공사의 종류(건축, 토목 등) 및 시공절차
② 산업재해유형별 위험요인 및 안전보건 조치
③ 안전보건관리체제 현황 및 산업안전보건 관련 근로자 권리 · 의무
[근거]
안전보건교육 교육대상별 교육내용: 산업안전보건법 시행규칙 [별표 5]
→ 2022. 8. 18 개정

33 ★

산업안전보건법상 특수형태근로종사자에 대한 안전보건교육 중 최초노무제공시 교육의 교육내용을 5가지 쓰시오.

정답

① 교통안전 및 운전안전에 관한 사항
② 보호구 착용에 대한 사항
③ 산업안전 및 산업재해예방에 관한 사항(화재·폭발사고 발생시 대피에 관한 사항 포함)
④ 산업보건 및 건강장해예방에 관한 사항(폭염·한파작업으로 인한 건강장해 발생시 응급조치에 관한 사항 포함)
⑤ 건강증진 및 질병예방에 관한 사항
⑥ 유해위험작업환경관리에 관한 사항
⑦ 기계기구의 위험성과 작업의 순서 및 동선에 관한 사항
⑧ 작업개시 전 점검에 관한 사항
⑨ 정리정돈 및 청소에 관한 사항
⑩ 사고발생시 긴급조치에 관한 사항
⑪ 물질안전보건자료에 관한 사항
⑫ 직무스트레스예방 및 관리에 관한 사항
⑬ 산업안전보건법 및 산업재해보상보험제도에 관한 사항
⑭ 직장 내 괴롭힘, 고객의 폭언 등으로 인한 건강장해예방 및 관리에 관한 사항

[근거]
안전보건교육 교육대상별 교육내용: 산업안전보건법 시행규칙 [별표 5]
→ 2025.5.30 개정

34 ★

안전관리자가 보안경착용에 관하여 안전조회를 실시하고자 한다. 다음의 안전교육 내용을 도입, 전개, 결론의 순서로 구분하여 번호를 쓰시오.

> ① 오늘은 연삭작업시 보안경 착용에 관하여 안전교육을 실시한다.
> ② 연삭작업시에는 아무리 귀찮아도 반드시 보안경을 착용하자.
> ③ 연삭작업은 비록 짧은 시간(20 ~ 30분)이라 할지라도 예측할 수 없이 튀어 나오는 칩으로부터 눈을 보호하기 위하여 보안경을 착용한다.

정답

(1) 도입: ①　　(2) 전개: ③　　(3) 결론: ②

35 ★★★

산업안전보건법상 물질안전보건자료에 관한 교육의 교육내용을 4가지 쓰시오.

정답

① 대상화학물질의 명칭(또는 제품명)
② 물리적 위험성 및 건강유해성
③ 취급상의 주의사항
④ 적절한 보호구
⑤ 응급조치요령 및 사고시 대처방법
⑥ 물질안전보건자료 및 경고표지를 이해하는 방법

[근거]
안전보건교육 교육대상별 교육내용: 산업안전보건법 시행규칙 [별표 5]

36 ★★

산업안전보건법상 근로자 정기교육의 교육내용을 5가지 쓰시오.

정답

① 산업안전 및 산업재해예방에 관한 사항(화재·폭발사고 발생시 대피에 관한 사항 포함)
② 산업보건 및 건강장해예방에 관한 사항(폭염·한파작업으로 인한 건강장해 발생시 응급조치에 관한 사항 포함)
③ 건강증진 및 질병예방에 관한 사항
④ 유해위험작업환경관리에 관한 사항
⑤ 산업안전보건법령 및 산업재해보상보험제도에 관한 사항
⑥ 직무스트레스예방 및 관리에 관한 사항
⑦ 직장 내 괴롭힘, 고객의 폭언 등으로 인한 건강장해예방 및 관리에 관한 사항
⑧ 위험성 평가에 관한 사항

[근거]
안전보건교육 교육대상별 교육내용: 산업안전보건법 시행규칙 [별표 5]
→ 2025.5.30 개정

PART 2
기계 · 기구 및 설비안전관리

CHAPTER 1 | 안전시설관리 계획하기

1 기계의 위험 및 안전조건

1. 기계의 위험점 ★★★

① 끼임점(Shear Point): 기계의 고정부와 회전운동 또는 직선운동 부분이 함께 형성하는 위험점이다.

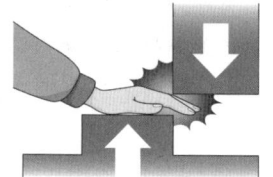 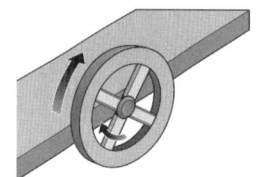

② 협착점(Squeeze Point): 왕복운동을 하는 운동부와 고정부 사이에 형성되는 위험점이다.

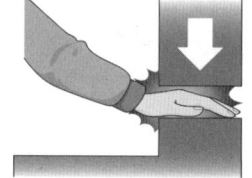 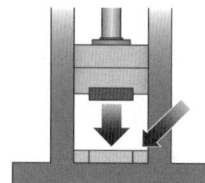

③ 절단점(Cutting Point): 운동하는 기계 자체와 회전하는 운동부분 자체와의 위험이 형성되는 점이다.

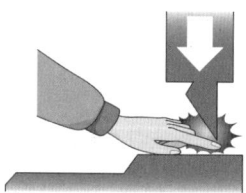 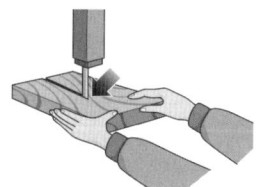

④ 물림점(Nip Point): 서로 반대방향으로 맞물려 회전하는 두 개의 회전체에 물려 들어갈 위험이 형성되는 점이다.

⑤ 접선물림점(Tangential Nip Point): 회전하는 부분의 접선방향으로 물려 들어갈 위험이 형성되는 점이다.

 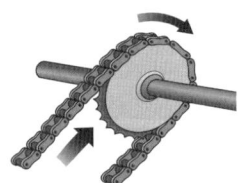

⑥ 회전말림점(Trapping Point): 회전하는 물체의 불규칙 부위와 돌기회전 부위에 의해 말려 들어갈 위험이 형성되는 점이다.

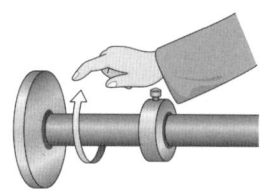 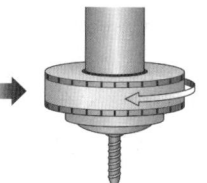

참고 사고요인을 분석하기 위한 위험분류 체크(Check)요인(압출가공시 발생하는 위험요인) ★
① 충격(Impact)
② 함정(Trap)
③ 접촉(Contact)
④ 얽힘 또는 말림(Entanglement)
⑤ 튀어나옴(Ejection)

2. 기계설비의 작업능률과 안전을 위한 배치(Layout)의 3단계 ★

(1) 지역배치

(2) 건물배치

(3) 기계배치

3. 기계의 안전조건 ★

(1) **외형의 안전화**

　　① 가드(Guard) 설치

　　② 별실 또는 구획된 장소에 격리

　　③ 안전색채 조절

(2) **작업의 안전화**

　　① 불필요한 동작을 피하도록 작업의 표준화

　　② 조작장치의 적당한 위치 고려

　　③ 안전한 기동장치의 설치

(3) **작업점의 안전화**

　　① 방호장치의 설치

　　② 자동제어 및 원격제어장치의 설치

(4) **구조의 안전화**

　　① 설계의 안전화(충분한 강도계산)

$$안전율 = \frac{파단하중}{안전하중} = \frac{극한강도}{최대설계응력} = \frac{파괴하중}{최대사용하중}$$

> **참고**　**안전율**
>
> (1) 재료 자체의 필연성 중에 잠재되어 있는 우연성을 감안하여 계산한 것이다.
> (2) 안전율 결정시 고려해야 할 사항
>
> | ① 하중의 종류 | ③ 재료의 품질 | ⑤ 공작방법 및 정밀도 |
> |---|---|---|
> | ② 하중과 응력의 정확성 | ④ 부품의 모양 | ⑥ 사용 장소 |
>
> (3) Cardullo의 안전율 계산식 ★
>
> $$F = a \times b \times c \times d$$
>
> - F: 안전율
> - a: 탄성비(사용재료의 극한강도 / 사용재료의 탄성강도)
> - b: 하중의 종류
> - c: 하중속도
> - d: 재료의 조건

　　② 가공상의 안전화

　　③ 재료선택시의 안전화(적합한 재질)

(5) **기능의 안전화**

　　① 소극적 대책: 방호장치의 작동, 이상시 기계의 급정지로 안전화 도모

　　② 적극적 대책: 페일세이프(Fail Safe), 별도의 안전한 회로에 의해 정상기능 회복, 전기회로의 개선으로 오작동 방지

(6) 보전작업의 안전화

    ① 정기점검 실시

    ② 구성부품의 신뢰도 향상

    ③ 분해 · 교환의 철저

    ④ 급유방법의 개선

    ⑤ 보전용 통로나 작업장 확보

4. 페일세이프(Fail Safe) ★★★

(1) 페일세이프(Fail Safe)의 정의

    ① 인간이나 기계 등에 과오나 동작상의 실수가 있더라도 사고를 발생시키지 않도록 철저하게 2중, 3중으로 통제를 가하는 것이다.

    ② 기계 등에 고장이 발생하였을 경우 그대로 사고나 재해로 연결되지 아니하고 안전을 확보하는 기능을 말한다.

(2) 페일세이프구조의 기능면에서의 분류

    ① Fail Passive: 일반적인 산업기계방식의 구조이며 부품의 고장시 기계장치는 정지상태로 옮겨간다.

    ② Fail Active: 부품의 고장시 기계장치는 경보를 나타내며 단시간에 역전이 된다(잠시 계속운전이 가능하다.).

    ③ Fail Operational: 병렬여분계의 부품을 구성한 경우이며 부품 고장이 있어도 추후 보수까지는 운전이 가능하다.

(3) 페일세이프의 구분

    ① 회로적 페일세이프

        ㉠ 개폐기의 용장회로

        ㉡ 철도신호

    ② 구조적 페일세이프(압력용기의 안전밸브, 항공기의 엔진, 엘리베이터의 정전시 브레이크기구, 내진소화기구를 적용한 석유난로 등)

        ㉠ 다경로하중구조

        ㉡ 저균열속도구조

        ㉢ 조합구조

        ㉣ 하중해방구조

        ㉤ 이중구조

5. 풀 프루프(Fool Proof) ★★

(1) 풀 프루프(Fool Proof)의 정의

근로자(미숙련자)가 기계 등의 취급을 잘못해도 그것이 바로 사고나 재해와 연결되는 일이 없도록 하는 확고한 안전기구를 말한다.

    예 기계의 안전장치(가드, 안전블록 등), 카메라의 이중촬영방지기구, 리프트의 과부하방지장치, 크레인의 권과방지장치 등

(2) 풀 프루프(Fool Proof)의 기구 종류

① 가드

② 트립(Trip)기구

③ 록(Lock)기구

④ 밀어내기기구

⑤ 오버런(Over-run)기구

⑥ 기동방지기구

(3) 풀 프루프(Fool Proof) 중 인터록가드와 고정가드의 차이

① <u>인터록가드(Interlock Guard): 공압 등의 방법으로 연동시켜 놓은 것으로 가드가 열리면 기계가 정지되는 구조로 된 가드를 말한다.</u>

② <u>고정가드(Fixed Guard): 기계의 구동부에 고정되어 설치된 것으로 가드가 열려도 기계가 정지되지 않는 구조로 된 가드를 말한다.</u>

6. 인터록장치(Interlock System) ★

(1) 인터록장치의 정의

① 일종의 연동(連動)기구로 어떤 목적을 달성하기 위하여 한 동작 또는 여러 가지 동작을 행하는 경우도 있다.

② 동작종료시에는 자동적으로 안전상태를 확보하는 장치로 기계적, 전기적 구조 등으로 되어 있다.

(2) 인터록장치의 종류

① 직접수동스위치 인터록(Direct Manual Switch Interlock)

② 캡티브 키 인터록(Captive Key Interlock)

③ 캠구동제한스위치 인터록(Cam Operated Limit Switch Interlock)

④ 시간지연장치(Time Delay Arrangement)

⑤ 열쇠교환시스템(Key Exchange System)

⑥ 기계적인 인터록(Mechanical Interlock)

7. 기계설비의 본질적 안전화를 추구하기 위한 사항 ★

① 풀 프루프(Fool Proof)의 기능을 가질 것

② 페일세이프(Fail Safe)의 기능을 가질 것

③ 인터록(Interlock)의 기능을 가질 것

④ 안전기능이 기계설비에 내장되어 있을 것

⑤ 가능한 조작상 위험이 없도록 설계할 것

2 기계의 방호

1. 안전장치(방호장치)의 설치목적 등

(1) 안전장치의 설치목적

① 작업자의 보호

② 기계위험부위의 접촉방지(협착, 낙하, 추락 등에 의한 위험방지)

③ 인적 · 물적 손실 방지

(2) 안전장치(방호장치)의 구비조건

    ① 기계기구 특성에 적합할 것

    ② 확실한 방호성능을 갖출 것

    ③ 작업에 방해되지 않을 것

    ④ 견고할 것

(3) 기계설비에 있어서 방호의 기본원리 ★★

    ① 위험의 제거

    ② 위험의 차단

    ③ 덮어씌움

    ④ 위험에의 적응

2. 가드

(1) 가드(Guard)의 종류

    ① 고정형 가드(Fixed Guard)

    ② 자동형 가드(Auto Guard)

    ③ 조정형 가드(Adjustable Guard)

    ④ 인터록 가드(Interlock Guard)

(2) 가드(Guard)의 설치조건 ★

    ① 위험점 방호가 확실할 것

    ② 충분한 강도를 유지할 것

    ③ 구조가 단순하고 조정이 용이할 것

    ④ 개구부 등 간격(틈새)이 적정할 것

    ⑤ 작업, 점검, 주유시 장애가 없을 것

3. 방호장치의 분류

(1) 방호장치의 위험장소와 위험원에 따른 분류 ★

    ① 위험장소에 따른 방호장치: 격리형, 위치제한형, 접근반응형, 접근거부형

    ② 위험원에 따른 방호장치: 포집형, 감지형

(2) 방호장치의 종류 ★★

    ① 격리형 방호장치: 안전방책(방호망), 완전차단형 방호장치, 덮개형 방호장치

    ② 위치제한형 방호장치: 프레스의 양수조작식 안전장치

    ③ 접근반응형 방호장치: 프레스의 광전자식(감응식) 안전장치

    ④ 접근거부형 방호장치: 프레스의 손쳐내기식 안전장치, 프레스의 수인식 안전장치

    ⑤ 포집형 방호장치: 목재가공용 둥근톱의 반발예방장치, 연삭기의 덮개

    ⑥ 감지형 방호장치: 크레인, 리프트의 과부하방지장치

4. 기계 · 기구의 방호조치에 대한 준수사항(산업안전보건법 시행규칙) ★★★

(1) 근로자의 준수사항

    ① 방호조치를 해체하려는 경우: 사업주의 허가를 받아 해체할 것

    ② 방호조치 해체사유가 소멸된 경우: 지체없이 원상으로 회복시킬 것

    ③ 방호조치의 기능이 상실된 것을 발견한 경우: 지체없이 사업주에게 신고할 것

(2) 사업주의 준수사항

방호조치의 기능상실에 따른 신고가 있으면 즉시 수리, 보수 및 작업금지 등 적절한 조치를 할 것

5. 기타 기계안전 관련 주요사항

(1) 원동기, 회전축, 기어, 풀리, 플라이휠, 벨트, 체인 등 근로자가 위험에 처할 우려가 있는 부위에 설치하여야 하는 장치 ★★★

   ① 덮개   ③ 건널다리

   ② 울   ④ 슬리브

(2) **동력기계의 동력차단장치** ★

   ① 스위치   ② 클러치   ③ 벨트이동장치

(3) 사출성형기, 주형조형기, 형단조기 등에 적합한 방호장치: 게이트가드 또는 양수조작식 ★★

(4) **기계 중 덮개 또는 울 등을 설치해야 되는 경우** ★

   ① 연삭기 또는 평삭기의 테이블, 형삭기 램 등의 행정끝 부위

   ② 선반 등으로부터 돌출하여 회전하고 있는 가공물 부근

   ③ 띠톱기계의 위험한 톱날 부위

   ④ 종이, 천, 비닐 및 와이어로프 등의 감김통

   ⑤ 압력용기 및 공기압축기 등에 부속하는 원동기, 축이음, 벨트, 풀리의 회전 부위

   ⑥ 분쇄기, 파쇄기, 마쇄기, 미분기, 혼합기 및 혼화기 등을 가동하거나 원료가 흩날리거나 하여 근로자가 위험해질 우려가 있는 부위

(5) 회전축, 기어, 풀리 및 플라이휠 등에 부속되는 키·핀 등의 기계요소: 묻힘형으로 하거나 덮개 설치 ★★

(6) **벨트의 이음 부분**: 돌출된 고정구를 사용해서는 안 된다.

(7) **리밋 스위치(Limit Switch)** ★

   ① 기계설비의 안전장치에서 과도하게 한계를 벗어나 계속적으로 감아올리거나 하는 일 등이 없도록 제한하는 장치이다.

   ② 과부하방지장치, 권과방지장치, 압력제한장치, 과전류차단장치, 이동식 덮개, 게이트가드 등이 있다.

3 설비진단

1. 비파괴검사의 종류 ★★

   ① 육안검사   ③ 초음파탐상검사   ⑤ 방사선투과검사

   ② 침투탐상검사   ④ 자기탐상검사(자분탐상검사)   ⑥ 음향검사

2. 파괴검사의 종류

   ① 정적시험: 인장시험, 굽힘시험, 압축시험, 경도시험, 비틀림시험, 크리프시험

   ② 동적시험: 피로시험, 충격시험

01 ★★★

기계설비에 형성되는 위험점의 종류를 5가지 쓰시오.

정답

① 끼임점   ④ 회전말림점
② 협착점   ⑤ 물림점
③ 절단점   ⑥ 접선물림점

02 ★★

다음 각각에 해당하는 기계설비의 위험점을 쓰시오.

① 기계의 고정부분과 회전하는 운동부분 또는 직선운동부분이 함께 만드는 위험점이다.
② 왕복운동을 하는 운동부분과 움직임이 없는 고정부분 사이에 형성되는 위험점이다.
③ 회전하는 부분의 접선방향으로 물려 들어갈 위험이 형성되는 점이다.
④ 서로 반대방향으로 맞물려 회전하는 두 개의 회전체에 물려 들어갈 위험이 형성되는 점이다.
⑤ 운동하는 기계 자체와 회전하는 운동부분 자체와의 위험이 형성되는 점이다.
⑥ 회전하는 물체의 불규칙 부위와 돌기회전 부위에 의해 말려 들어갈 위험이 형성되는 점이다.

정답

① 끼임점   ④ 물림점
② 협착점   ⑤ 절단점
③ 접선물림점   ⑥ 회전말림점

03 ★★

그림을 보고 각 기계설비에 형성되는 위험점의 명칭을 쓰시오.

(1) 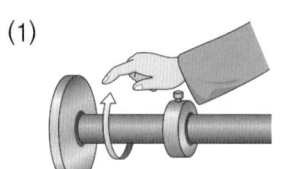   (2)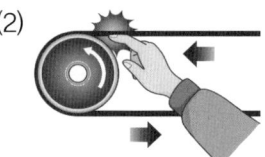

(3)    (4)

(5) 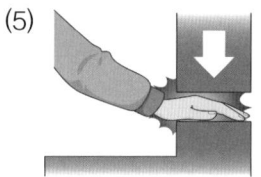   (6)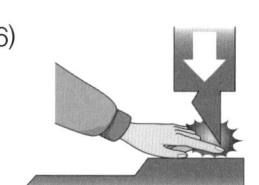

정답

(1) 회전말림점
(2) 접선물림점
(3) 물림점
(4) 끼임점
(5) 협착점
(6) 절단점

04 ★

다음 그림에서 공통적으로 형성되는 위험점의 종류를 쓰고, 형성되는 위험점에 대하여 간단히 설명하시오.

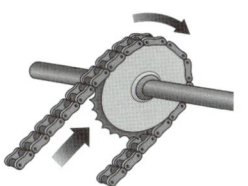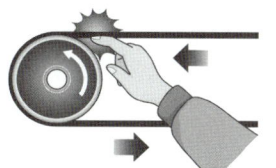

정답

(1) 위험점: 접선물림점
(2) 접선물림점: 회전하는 부분의 접선방향으로 물려 들어갈 위험이 형성되는 점이다.

05 ★

압출가공을 할 때 발생하는 위험요인을 4가지 쓰시오.

정답

① 충격
② 함정
③ 접촉
④ 튀어나옴
⑤ 얽힘 또는 말림

06 ★

기계설비의 근원적 안전을 확보하기 위한 안전화 방법(안전화 조건)을 4가지 쓰시오.

정답

① 외형(외관상)의 안전화
② 작업의 안전화
③ 작업점의 안전화
④ 구조의 안전화
⑤ 기능의 안전화
⑥ 보전작업의 안전화

07 ★

공장의 기계설비 배치(Layout)의 3단계를 순서대로 쓰시오.

정답

① 지역배치
② 건물배치
③ 기계배치

08 ★

기계설비의 안전조건 중 보전작업의 안전화에 있어서 추진하여야 할 사항을 4가지 쓰시오.

정답

① 정기점검 실시
② 구성부품의 신뢰도 향상
③ 분해 · 교환의 철저
④ 급유방법의 개선
⑤ 보전용 통로나 작업장 확보

09 ★

Cardullo의 안전율 계산식을 쓰시오.

정답

$F = a \times b \times c \times d$
여기서, F: 안전율
　　　　a: 탄성비(사용재료의 극한강도 / 사용재료의 탄성강도)
　　　　b: 하중의 종류, c: 하중속도, d: 재료의 조건

10 ★

기계설비의 본질적 안전화를 추구하기 위한 사항을 3가지 쓰시오.

① 풀 프루프(Fool Proof)의 기능을 가질 것
② 페일세이프(Fail Safe)의 기능을 가질 것
③ 안전기능이 기계설비에 내장되어 있을 것
④ 인터록(Interlock)의 기능을 가질 것
⑤ 가능한 조작상 위험이 없도록 설계할 것

11 ★★★

기계설비의 본질적 안전화에 있어 (1) 페일세이프(Fail Safe)와 (2) 풀 프루프(Fool Proof)를 간단히 설명하시오.

(1) 페일세이프(Fail Safe)
    인간이나 기계 등에 과오나 동작상의 실수가 있더라도 사고 · 재해를 발생시키지 않도록 철저하게 2중, 3중으로 통제를 가하는 것이다.
(2) 풀 프루프(Fool Proof)
    근로자가 기계 등의 취급을 잘못해도 그것이 바로 사고나 재해와 연결되는 일이 없도록 하는 확고한 안전기구를 말한다.

12 ★★★

Fail Safe의 기능적인 면에서의 분류 3가지를 쓰고, 간단히 설명하시오.

① Fail Passive: 부품의 고장시 기계장치는 정지상태로 옮겨 간다.
② Fail Active: 부품의 고장시 기계장치는 경보를 나타내며 단시간에 역전된다(잠시 계속운전이 가능하다).
③ Fail Operational: 부품의 고장이 있어도 추후 보수까지는 운전이 가능하다.

13 ★★

풀 프루프(Fool Proof)의 대표적인 기구를 5가지 쓰시오.

① 가드
② 트립(Trip)기구
③ 록(Lock)기구
④ 밀어내기기구
⑤ 기동방지기구
⑥ 오버런(Over-run)기구

14 ★★

풀 프루프(Fool Proof) 중 (1) 고정가드와 (2) 인터록가드에 대하여 간단히 쓰시오.

(1) 고정가드
    기계의 구동부에 고정되어 설치된 것으로 가드가 열려도 기계가 정지되지 않는 구조로 된 가드
(2) 인터록가드
    공압 등의 방법으로 연동시켜 놓은 것으로 가드가 열리면 기계가 정지되는 구조로 된 가드

15 ★

페일세이프(Fail Safe) 구조에 따른 종류를 5가지 쓰시오.

① 다경로하중구조
② 저균열속도구조
③ 하중해방구조
④ 조합구조
⑤ 이중구조

16 ★

기계설비의 작업점에 설치하는 가드(Guard)의 설치조건을 3가지 쓰시오.

정답

① 위험점 방호가 확실할 것
② 충분한 강도를 유지할 것
③ 구조가 단순하고 조정이 용이할 것
④ 개구부 등 간격(틈새)이 적정할 것
⑤ 작업, 점검, 주유시 장애가 없을 것

17 ★

기계설비에 부착하는 (1) 인터록장치(Interlock System)와 (2) 리밋스위치(Limit Switch)에 대하여 간단히 설명하시오.

정답

(1) 인터록장치(Interlock System)

일종의 연동기구로, 어떤 목적을 달성하기 위하여 한 동작 또는 여러 가지 동작을 행하고, 동작종료시에는 자동적으로 안전상태를 확보하는 장치

(2) 리밋스위치(Limit Switch)

기계설비의 안전장치에서 과도하게 한계를 벗어나 계속적으로 감아올리거나 하는 일 등이 없도록 제한하는 장치(과부하방지장치, 권과방지장치, 압력제한장치 등)

18 ★★

기계설비에 있어 방호의 기본원리를 4가지 쓰시오.

정답

① 위험의 제기
② 위험의 차단
③ 덮어씌움
④ 위험에의 적응

19 ★

방호장치의 분류 중 위험장소에 따른 방호장치를 4가지 쓰시오.

정답

① 격리형 방호장치
② 위치제한형 방호장치
③ 접근반응형 방호장치
④ 접근거부형 방호장치

20 ★

방호장치의 분류 중 위험원에 따른 방호장치를 2가지 쓰시오.

정답

① 감지형 방호장치
② 포집형 방호장치

21 ★★

다음 방호장치에 해당하는 예를 각각 1가지 이상 쓰시오.

(1) 위치제한형 방호장치
(2) 접근반응형 방호장치
(3) 접근거부형 방호장치
(4) 포집형 방호장치
(5) 감지형 방호장치

정답

(1) 프레스의 양수조작식 안전장치
(2) 프레스의 광전자식(감응식) 안전장치
(3) 프레스의 손쳐내기식 안전장치, 수인식 안전장치
(4) 연삭기의 덮개, 목재가공용 둥근톱의 반발예방장치
(5) 크레인, 리프트의 과부하방지장치

22 ★★

기계설비의 방호장치 중 격리형 방호장치에 해당하는 방호장치를 3가지 쓰시오.

① 덮개형 방호장치
② 안전방책(방호망)
③ 완전차단형 방호장치

24 ★★

다음 ( ) 안에 적합한 내용을 쓰시오.

사업주는 (①)·(②)·(③) 및 (④) 등에 부속되는 키·핀 등의 기계요소는 (⑤)으로 하거나 해당 부위에 (⑥)를 설치하여야 한다.

① 회전축
② 기어
③ 풀리
④ 플라이휠
⑤ 묻힘형
⑥ 덮개
[근거]
원동기·회전축 등의 위험방지: 산업안전보건법 산업안전보건기준에 관한 규칙 제87조

23 ★★★

산업안전보건법상 유해하거나 위험한 기계·기구의 방호조치에 대한 (1) 근로자의 준수사항 3가지와 (2) 사업주의 조치사항을 쓰시오.

(1) 근로자의 준수사항
　① 방호조치를 해체하려는 경우: 사업주의 허가를 받아 해체할 것
　② 방호조치 해체사유가 소멸된 경우: 지체없이 원상으로 회복시킬 것
　③ 방호조치의 기능이 상실된 것을 발견한 경우: 지체없이 사업주에게 신고할 것
(2) 사업주의 조치사항
　방호조치의 기능상실에 따른 신고가 있으면 즉시 수리, 보수 및 작업 중지 등 적절한 조치를 할 것
[근거]
방호조치 해체 등에 필요한 조치: 산업안전보건법 시행규칙 제99조

25 ★★★

산업안전보건법상 기계의 원동기·회전축·기어·풀리·플라이휠·벨트 및 체인 등 근로자가 위험에 처할 우려가 있는 부위에 설치하여야 하는 장치를 4가지 쓰시오.

① 덮개
② 슬리브
③ 울
④ 건널다리
[근거]
원동기·회전축 등의 위험방지: 산업안전보건법 산업안전보건기준에 관한 규칙 제87조

26 ★

산업안전보건법상 동력으로 작동되는 기계의 동력차단 장치를 3가지 쓰시오.

> **정답**

① 스위치
② 클러치
③ 벨트이동장치

[근거]
기계의 동력차단장치: 산업안전보건법 산업안전보건기준에 관한 규칙 제88조

27 ★★

산업안전보건법상 사출성형기, 주형조형기, 형단조기 등에 적합한 방호장치를 2가지 쓰시오.

> **정답**

① 게이트가드
② 양수조작식

[근거]
사출성형기 등의 방호장치: 산업안전보건법 산업안전보건기준에 관한 규칙 제121조

28 ★

산업안전보건법상 압력용기 및 공기압축기 등에 부속 되는 원동기 · 축이음 · 벨트 · 풀리의 회전부위 등 근로 자가 처할 우려가 있는 부위에 설치하여야 하는 것을 쓰시오.

> **정답**

덮개 또는 울

[근거]
원동기 · 회전축 등의 위험방지: 산업안전보건법 산업안전보건기준에 관한 규칙 제87조

29 ★

분쇄기, 파쇄기, 마쇄기, 미분기, 혼합기 및 혼화기 등을 가동하거나 원료가 흩날리거나 하여 근로자가 위험해 질 우려가 있는 경우 해당 부위에 필요한 조치는 무엇 인지 쓰시오.

> **정답**

덮개의 설치

[근거]
원동기 · 회전축 등의 위험방지: 산업안전보건법 산업안전보건기준에 관한 규칙 제87조

30 ★★

저장탱크에 대하여 실시하는 비파괴검사 방법을 4가지 쓰시오.

> **정답**

① 초음파탐상검사
② 침투탐상검사
③ 자기(자분)탐상검사
④ 방사선투과검사

CHAPTER 2 | 안전시설 설치·관리하기(Ⅰ)

1 선반 등 공작기계

1. 선반(Lathe)

(1) 선반(Lathe)의 안전장치 ★

① 칩브레이커(Chip Breaker)

② 브레이크(Brake)

③ 칩비산방지투명판(Shield: 쉴드)

④ 척의 인터록 덮개(척커버)

(2) 선반의 크기 표시

① 최대가공물의 크기

② 왕복대 위의 스윙(Swing)

③ 주축과 심압축 센터 사이의 최대거리

④ 베드 위의 스윙

2. 밀링(Milling)

(1) 밀링작업 후 커터 취급방법

① 커터에 남은 칩을 솔(브러시)로 제거한다.

② 기름을 칠해 둔다.

③ 목재 상자에 넣어 보관한다.

(2) 밀링커터의 절삭방향 ★

① 하향절삭(Down Cutting): 밀링커터의 회전방향과 공작물의 이송방향이 같을 때의 절삭

② 상향절삭(Up Cutting): 밀링커터의 회전방향과 공작물의 이송방향이 서로 반대인 때의 절삭

3. 플레이너(Planer)와 세이퍼(Shaper)

(1) 공작기계 중 가공물 고정시 바이스(Vice)를 사용하는 기계

① 플레이너(Planer)　② 세이퍼(Shaper)　③ 슬로터(Slotter)　④ 드릴(Drill)

(2) 세이퍼(Shaper)의 안전장치 ★

① 칸막이　② 칩받이　③ 방책(방호울)

(3) 선반, 세이퍼(Shaper) 등 공작기계에 칩(Chip) 비산방지를 위하여 설치하여야 할 방호장치 ★

① 칩비산방지투명판　② 칩브레이커　③ 칩받이　④ 칸막이

4. 드릴링 머신(Drilling Machine)

(1) 드릴작업시 일감의 고정방법 ★

① 일감이 크고 복잡할 때: 볼트와 고정구(클램프) 사용

② 일감이 작을 때: 바이스로 고정

③ 대량생산과 정밀도를 요구할 때: 지그(Jig) 사용

(2) 드릴이 부러지는 원인

① 공작물의 고정불량

② 여유각이 작을 때

③ 드릴의 날 끝이 예리하지 못할 때

5. 연삭기(Grinder)

(1) 연삭기 숫돌의 파괴원인 ★★

① 숫돌의 회전속도가 적정속도를 초과할 때

$$V = \pi DN[mm/min] = \frac{\pi DN}{1,000}[m/min]$$

- V: 회전속도[mm/min, m/min]
- D: 숫돌의 지름[mm]
- N: 회전수[rpm]

② 숫돌에 과대한 충격을 가할 때

③ 작업에 부적당한 숫돌을 사용할 때

④ 숫돌의 치수가 부적당할 때

⑤ 숫돌 자체에 균열이 있을 때

⑥ 숫돌반경방향의 온도변화가 심할 때

⑦ 숫돌의 측면을 사용하여 작업할 때

⑧ 숫돌의 불균형이나 베어링 마모에 의한 진동이 있을 때

⑨ 플랜지(Flange)가 현저히 작을 때

참고 플랜지(Flange) ★

① 연삭숫돌은 보통 플랜지에 의해서 연삭기에 고정된다.

② 숫돌축에 고정되는 측을 고정측 플랜지, 그 반대편을 이동측 플랜지라고 한다.

③ 플랜지의 직경은 숫돌 직경의 1/3 이상인 것이 적당하며, 고정측과 이동측의 직경은 같아야 한다.

---

(2) 연삭기 구조면에 있어서의 안전대책 ★

① 구조규격(치수, 재료, 두께)에 적당한 덮개를 설치할 것

▶ 연삭숫돌의 직경이 5cm 이상인 경우 덮개를 설치하여야 한다.

② 치수나 형상이 구조규격에 적합한 숫돌을 사용할 것

▶ 숫돌결합시 축과는 0.05 ~ 0.15mm 정도의 틈새를 두어야 한다.

③ 플랜지는 수평을 잡아서 바르게 설치할 것

④ 탁상용 연삭기는 작업받침대(Workrest)와 조정편을 설치할 것

⑤ 칩비산방지투명판(Shield), 국소배기장치를 설치할 것

(3) 연삭기 덮개의 설치각도(방호장치 자율안전기준 고용노동부고시) ★★★

① 탁상용 연삭기의 덮개

㉠ 숫돌의 상부를 사용하는 것을 목적으로 하는 경우: 60° 이내

㉡ 일반 연삭작업 등에 사용하는 것을 목적으로 하는 경우: 125° 이내

㉢ ㉠ 및 ㉡ 이외의 탁상용 연삭기 그 밖에 이와 유사한 연삭기의 경우: 80° 이내

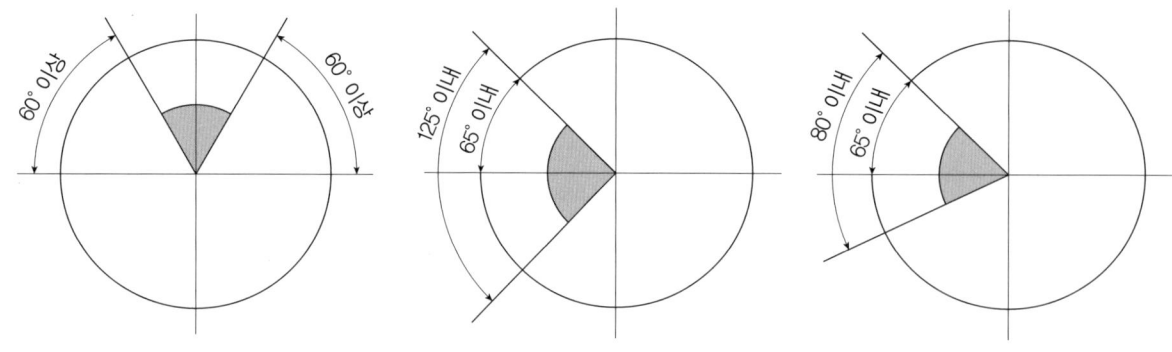

▲ 탁상용 연삭기의 덮개 노출각도

② 휴대용 연삭기, 스윙연삭기, 스라브연삭기, 그 밖에 이와 비슷한 연삭기의 덮개: 180° 이내

③ 원통연삭기, 센터리스연삭기, 공구연삭기, 만능연삭기, 그 밖에 이와 비슷한 연삭기의 덮개: 180° 이내

④ 평면연삭기, 절단연삭기, 그 밖에 이와 비슷한 연삭기의 덮개: 150° 이내

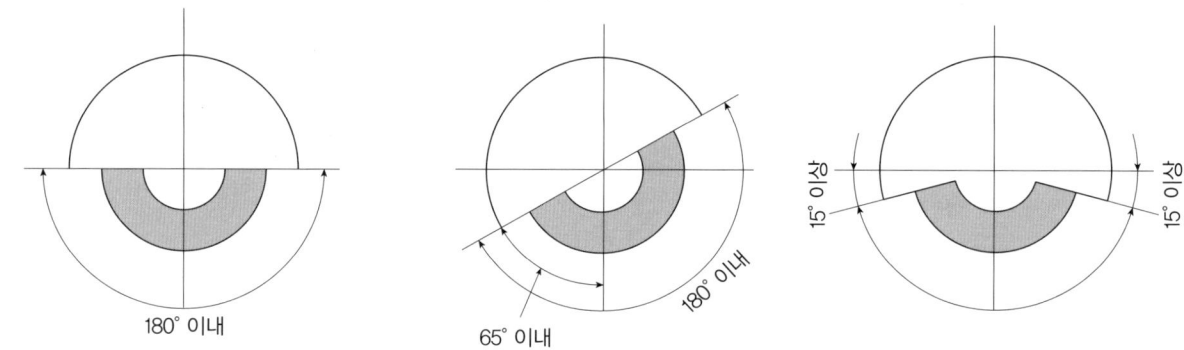

▲ 연삭기 종류에 따른 덮개의 노출각도

(4) 연삭기 작업면에 있어서의 안전대책 ★★

　　① 작업시작 전에 1분 이상 시운전을 하고, 숫돌교체시는 3분 이상 시운전을 할 것

　　② 연삭숫돌의 최고사용원주속도를 초과하여 사용하지 말 것

　　③ 연삭숫돌에 충격을 주지 않도록 할 것

　　④ 측면을 사용하는 것을 목적으로 하는 연삭숫돌 이외에는 측면을 사용하지 말 것

　　⑤ 공기연삭기는 공기압력관리를 적정하게 하고 사용할 것

(5) 연삭기 덮개의 성능기준(방호장치 자율안전기준 고용노동부고시) ★★

　　① 탁상용 연삭기의 덮개에는 워크레스트(Workrest: 작업받침대) 및 조정편을 구비하여야 한다.

　　② 워크레스트는 연삭숫돌과의 간격을 3mm 이하로 조정할 수 있는 구조이어야 한다.

(6) 연삭기 덮개의 시험방법 중 연삭기 작동시험의 확인사항(방호장치 자율안전기준 고용노동부고시) ★★

　　① 연삭숫돌과 덮개의 접촉 여부

　　② 탁상용 연삭기는 덮개, 워크레스트 및 조정편 부착상태의 적합성 여부

(7) 연삭기 덮개에 자율안전확인에 따른 표시 외에 추가로 표시하여야 할 사항 ★★

　　① 숫돌사용 주속도　　　　　　　　　　　　② 숫돌회전방향

2 프레스 및 전단기

1. 동력프레스기에 대한 안전대책 – 동력프레스기 안전조치

Hand in Die 방식 ★	No Hand in Die 방식 ★
작업자의 손이 금형 사이로 들어가야만 하는 방식	작업자의 손을 금형 사이로 집어넣을 필요가 없도록 하는 방식
① 프레스기의 종류, 압력능력, 매분 행정수, 행정의 길이 및 작업방법에 상응하는 방호장치 　㉠ 손쳐내기식 방호장치 　㉡ 수인식 방호장치 　㉢ 가드식 방호장치 ② 프레스기의 정지성능에 상응하는 방호장치 　㉠ 광전자식(감응식) 방호장치 　㉡ 양수조작식 방호장치	① 전용프레스의 도입 ② 자동프레스의 도입 ③ 안전울을 부착한 프레스 ④ 안전금형을 부착한 프레스

2. 자동배출장치 및 자동송급장치

(1) 자동배출장치 ★

① 이젝터(Ejector)

② 공기분사장치

③ 키커(Kicker)

(2) 자동송급장치(No Hand in Die 방식에 따른 장치)

① 1차가공용: 롤 피더

② 2차가공용: 푸셔 피더, 다이얼 피더, 슈트, 트랜스퍼 피더

3. 프레스 및 전단기의 방호장치

(1) 프레스 · 전단기 방호장치의 종류(방호장치 안전인증 고용노동부고시) ★★

종류	분류	용도
광전자식	A-1	프레스 또는 전단기에서 일반적으로 많이 활용하고 있는 형태로서 투광부, 수광부, 컨트롤 부분으로 구성되며, 신체의 일부가 광선을 차단하면 기계를 급정지시키는 방호장치
	A-2	급정지기능이 없는 프레스의 클러치 개조를 통해 광선차단시 급정지시킬 수 있도록 한 방호장치
양수조작식	B-1	1행정1정지식 프레스(유 · 공압밸브식)
	B-2	1행정1정지식 프레스(전기버튼식)
가드식	C	가드가 열려 있는 상태에서는 기계의 위험부분이 동작되지 않고, 기계가 위험한 상태일 때는 가드를 열 수 없도록 한 방호장치
손쳐내기식	D	슬라이드의 작동에 연동시켜 위험상태로 되기 전에 손을 위험영역에서 밀어내거나 쳐내는 방호장치로서 확동식클러치형 프레스에 한해서 사용되는 방호장치
수인식	E	슬라이드와 작업자의 손을 끈으로 연결하여 슬라이드 하강시 작업자 손을 당겨 위험영역에서 빼낼 수 있도록 한 방호장치로서 확동식클러치형 프레스에 한해서 사용되는 방호장치

(2) 프레스기계 및 행정길이에 따른 방호장치의 선택

구분	방호장치
1행정1정지식 프레스	양수조작식, 게이트가드식(위치제한형)
행정길이(Stroke)가 40mm 이상, 100spm 이하	손쳐내기식(접근거부형)
행정길이(Stroke)가 50mm 이상, 100spm 이하	수인식(접근거부형)
슬라이드 작동 중 정지 가능한 구조(마찰프레스)	광전자식(접근반응형)

※ 프레스 방호장치의 선정·설치 및 사용 기술지침: 한국산업안전보건공단

(3) 급정지기구에 따른 유효한 방호장치 ★★

① 급정지기구가 부착되어 있지 않아도 유효한 방호장치(확동식클러치 부착 프레스)

- 게이트가드식 방호장치 · 손쳐내기식 방호장치
- 수인식 방호장치 · 양수기동식 방호장치

② 급정지기구가 부착되어 있어야만 유효한 방호장치(마찰식클러치 부착 프레스)

- 광전자식 방호장치
- 양수조작식 방호장치

4. 프레스 및 전단기의 방호장치 설치기준 및 설치방법

(1) 양수조작식 방호장치

① 작동개요: 누름단추를 양손으로 동시에 조작하지 않으면 슬라이드가 작동하지 않으며, 또한 슬라이드의 작동 중에 누름단추 등에서 손이 떨어진 때는 즉시 복귀하고 1행정마다 슬라이드의 작동이 정지되는 구조의 방호장치이다.

② 방호장치의 일반구조 ★★

ㄱ 누름버튼을 양손으로 동시에 조작하지 않으면 작동시킬 수 없는 구조이어야 한다.

ㄴ 양쪽버튼의 작동시간 차이는 최대 0.5초 이내일 때 프레스가 동작되도록 해야 한다.

ㄷ 누름버튼의 상호간 내측거리는 300mm 이상으로 하고, 매립형의 구조로 하여야 한다.

ㄹ 1행정1정지기구에 사용할 수 있어야 한다.

ㅁ 방호장치는 릴레이, 리밋 스위치 등의 전기부품의 고장, 전원전압의 변동 및 정전에 의해 슬라이드가 불시에 동작하지 않아야 하며, 사용 전원전압의 ±(100분의 20)의 변동에 대하여 정상으로 작동되어야 한다.

ㅂ 버튼 및 레버는 작업점에서 위험한계를 벗어나게 설치해야 한다.

ㅅ 램의 하행정 중 버튼에서 손을 뗄 때는 정지하는 구조이어야 한다.

ㅇ 푸트스위치를 병행하여 사용할 수 없는 구조이어야 한다.

ㅈ 정상동작표시등은 녹색, 위험표시등은 붉은 색으로 하며, 쉽게 근로자가 볼 수 있는 곳에 설치하여야 한다.

ㅊ 슬라이드 하강 중 정전 또는 방호장치의 이상시에 정지할 수 있는 구조이어야 한다.

ㅋ 1행정마다 누름버튼에서 양손을 떼지 않으면 다음 작업의 동작을 할 수 없는 구조이어야 한다.

③ 안전거리 ★★

프레스기 작동 직후 손이 위험구역에 들어가지 못하도록 위험구역(슬라이드 작동부)으로부터 다음에 정하는 거리(안전거리) 이상에 설치해야 한다.

㉠ 안전거리[cm] = 160 × 프레스 작동 후 작업점까지의 도달시간[s]

㉡ $D = 1.6(Tc + Ts)$

- D: 안전거리[mm]
- Tc(방호장치의 작동시간): 누름버튼으로부터 한 손이 떨어졌을 때부터(손이 광선을 차단했을 때부터) 급정지기구가 작동을 개시할 때까지의 시간[ms]
- Ts(급정지시간): 급정지기구가 작동을 개시했을 때부터 슬라이드가 정지할 때까지의 시간[ms]

※ ㉠과 ㉡의 계산식은 광전자식 방호장치에도 같이 적용된다.

④ 양수기동식 방호장치

㉠ 급정지기구가 부착되어 있지 않은 크랭크(확동식클러치)프레스기에 적합한 전자식 또는 스프링식 당김형 방호장치이다.

㉡ 2개의 누름단추를 누르고 있으면 클러치가 작동하여 슬라이드가 하강하지만 레버와 복귀용 와이어로프의 작용에 의해 강제적으로 조작기구는 원래의 상태로 복귀되는 것이다.

㉢ 양수기동식 방호장치의 안전거리 ★★

$$D_m = 1.6 \, T_m$$

- D_m: 안전거리[mm]
- T_m: 양손으로 누름단추를 누르기 시작할 때부터 슬라이드가 하사점에 도달하기까지 소요시간[ms]

$$T_m = \left(\frac{1}{\text{클러치 물림(봉합)개소수}} + \frac{1}{2} \right) \times \frac{60,000}{\text{매분 행정수}}$$

(2) 가드(Guard)식 방호장치

① 작동 개요

㉠ 가드식 방호장치는 슬라이드의 작동 중에 열 수 없는 구조의 것이어야 하며, 가드를 닫지 않으면 슬라이드를 작동시킬 수 없는 구조의 것이어야 한다.

㉡ 게이트가드식 방호장치는 작동방식에 따라 상승식, 하강식, 도립식, 횡슬라이드식 등이 있다.

② 방호장치의 일반구조

㉠ 가드의 닫힘으로 슬라이드의 기동신호를 알리는 구조의 것은 닫힘을 표시하는 표시램프를 설치하여야 한다.

㉡ 게이트가드 방호장치는 가드가 열린 상태에서 슬라이드를 동작시킬 수 없고 또한 슬라이드 작동 중에는 게이트가드를 열 수 없어야 한다.

㉢ 게이트가드 방호장치에 설치된 슬라이드 동작용 리밋 스위치는 신체의 일부나 재료 등의 접촉을 방지할 수 있는 구조이어야 한다.

㉣ 가드는 금형의 탈착이 용이하도록 설치하여야 한다.

㉤ 가드에 인체가 접촉하여 손상될 우려가 있는 곳은 부드러운 고무 등을 부착해야 한다.

㉥ 가드의 용접부위는 완전히 용착되고 면이 깨끗해야 한다.

㉦ 수동으로 가드를 닫는 구조의 것은 가드의 닫힘상태를 유지하는 기계적 잠금장치를 작동한 후가 아니면 슬라이드 기동이 불가능한 구조이어야 한다.

(3) 손쳐내기식(제수형) 방호장치(Sweep Guard)

① 작동개요

㉠ 슬라이드와 연결된 손쳐내기봉이 슬라이드 하강에 의해 위험구역에 있는 작업자의 손을 우에서 좌로 또는 좌에서 우로 쳐내어 방호하는 것이다.

㉡ 손쳐내는 기구(제수봉)가 슬라이드와 직결되어 있기 때문에 연속낙하에도 상해의 우려가 없다.

② 방호장치의 일반구조 ★★

㉠ 방호판의 폭은 금형 폭의 1/2 이상으로 하여야 한다. 단, 행정길이가 300mm 이상의 프레스에는 방호판의 폭을 300mm로 하여야 한다.

㉡ 손쳐내기봉의 행정길이를 금형의 높이에 따라 조정할 수 있고, 진동 폭은 금형 폭 이상이어야 한다.

㉢ 슬라이드 하행정거리의 3/4 위치에서 손을 완전히 밀어 내어야 한다.

㉣ 손쳐내기봉은 손접촉시 충격을 완화할 수 있는 완충재를 부착하여야 한다.

㉤ 부착볼트 등의 고정금속부분은 예리하게 돌출되지 않아야 한다.

㉥ 방호판과 손쳐내기봉은 경량이면서 충분한 강도를 가져야 한다.

(4) 수인식 방호장치(Pull Out)

① 작동개요

㉠ 프레스기의 위험한 작동에 따라 작업자의 손을 위험구역 밖으로 끌어내는 작용을 함으로써 방호를 하는 것이다.

㉡ 작업자의 손과 수인기구가 슬라이드와 직결되어 있기 때문에 연속낙하로 인한 재해를 막을 수 있다.

② 방호장치의 일반구조 ★★

㉠ 수인끈의 재료는 합성섬유로 직경이 4mm 이상이어야 한다.

㉡ 수인끈은 작업자와 작업공정에 따라 그 길이를 조정할 수 있어야 한다.

㉢ 수인끈의 안내통은 끈의 마모와 손상을 방지할 수 있는 조치를 하여야 한다.

㉣ 손목밴드(Wrist Band)의 재료는 유연한 내유성 피혁 또는 이와 동등한 재료를 사용해야 한다.

㉤ 손목밴드는 착용감이 좋으며 쉽게 착용할 수 있는 구조이어야 한다.

(5) 광전자식 방호장치

① 작동개요

㉠ 검출기구(센서)에 의해서 작업자의 손이나 신체의 존재를 검출하여 제어회로를 통해서 안전하게 작동하는 것이다.

㉡ 투광기에서 광선을 항상 투사하고, 수광기에서 받는 구조로 작업자의 손이나 신체 일부 또는 물체가 광선을 차단하게 되면 릴레이(Relay)가 작동하여 프레스기의 급정지기구에 신호를 보내어 슬라이드를 급정지시켜 방호하는 것이다.

㉢ 슬라이드가 작동 중 정지가 가능한 구조의 마찰프레스(급정지기구가 있는 프레스)에 적합하다.

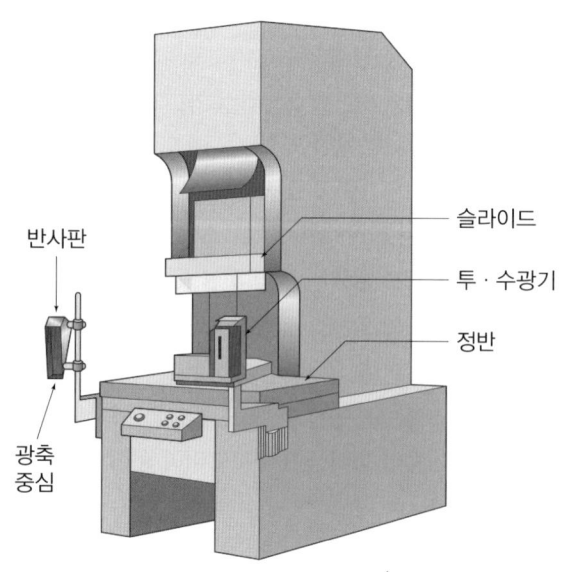

반사판

광축 중심

슬라이드

투·수광기

정반

② 방호장치의 일반구조 ★★

⑤ 정상동작표시램프는 녹색, 위험표시램프는 붉은 색으로 하며, 쉽게 근로자가 볼 수 있는 곳에 설치해야 한다.

© 슬라이드 하강 중 정전 또는 방호장치의 이상시에 정지할 수 있는 구조이어야 한다.

© 방호장치는 릴레이, 리밋스위치 등의 전기부품의 고장, 전원전압의 변동 및 정전에 의해 슬라이드가 불시에 동작하지 않아야 하며, 사용전원전압의 ±(100분의 20)의 변동에 대하여 정상으로 작동되어야 한다.

② 방호장치의 정상작동 중에 감지가 이루어지거나 공급전원이 중단되는 경우 적어도 2개 이상의 독립된 출력신호 개폐장치가 꺼진 상태로 되어야 한다.

⑩ 방호장치의 감지기능은 규정한 검출영역 전체에 걸쳐 유효하여야 한다(다만, 블랭킹 기능이 있는 경우에는 그러하지 아니하다).

⑭ 방호장치에 제어기(Controller)가 포함되는 경우에는 이를 연결한 상태에서 모든 시험을 한다.

⑭ 방호장치를 무효화하는 기능이 있어서는 안 된다.

③ 광전자식 방호장치의 형식구분 ★★

광전자식 방호장치는 구조와 성능이 같은 것을 동일 형식으로 하며, 광축 수에 따라 그 형식을 구분한다.

형식 구분	광축의 범위
Ⓐ	12광축 이하
Ⓑ	13 ~ 56광축 미만
Ⓒ	56광축 이상

5. 기타 프레스 및 전단기 관련 주요사항

(1) 프레스 등의 금형의 부착, 해체 또는 조정작업을 하는 때 슬라이드가 불시에 하강하는 것을 방지하는 조치: 안전블록 설치 ★★

(2) 프레스기 페달에 U자형 덮개를 씌우는 이유: 페달의 불시작동으로 인한 사고예방(안전작업 실시) ★

(3) 제품 및 스크랩(Scrap)을 자동적으로 배출하거나 위험한계 밖으로 배출하기 위한 기구(프레스금형작업의 안전에 관한 기술지침: 한국산업안전보건공단) ★

① 공기분사장치　　　　② 키커(Kicker)　　　　③ 이젝터(Ejecter)

(4) 동력프레스기의 위험방지기구

① 1행정1정지기구　　　　③ 비상정지장치　　　　⑤ 전환스위치

② 급정지기구　　　　④ 안전블록　　　　⑥ 덮개

(5) 제품 및 스크랩(Scrap)이 금형에 부착되는 것을 방지하기 위한 기구(프레스금형작업의 안전에 관한 기술지침: 한국산업안전보건공단) ★

① 스프링 플런저(Spring Plunger)　　② 볼 플런저(Ball Plunger)　　③ 키커 핀(Kicker Pin)

(6) 프레스 · 전단기 작업시작 전 점검사항(산업안전보건법 안전보건기준) ★★★

① 클러치 및 브레이크의 기능

② 크랭크축, 플라이휠, 슬라이드, 연결봉 및 연결나사의 풀림 여부

③ 1행정 1정지기구, 급정지장치 및 비상정지장치의 기능

④ 슬라이드 또는 칼날에 의한 위험방지기구의 기능

⑤ 프레스의 금형 및 고정볼트 상태

⑥ 방호장치의 기능

⑦ 전단기의 칼날 및 테이블의 상태

(7) **프레스 또는 전단기 방호장치의 공통일반구조(방호장치 안전인증 고용노동부고시)** ★

① 방호장치의 표면은 벗겨짐 현상이 없어야 하며, 날카로운 모서리 등이 없어야 한다.

② 위험기계 · 기구 등에 장착이 용이하고 견고하게 고정될 수 있어야 한다.

③ 외부충격으로부터 방호장치의 성능이 유지될 수 있도록 보호덮개가 설치되어야 한다.

④ 각종 스위치, 표시램프는 매립형으로 쉽게 근로자가 볼 수 있는 곳에 설치해야 한다.

(8) **프레스 · 전단기의 제작 및 안전기준에 따라 프레스의 이름판에 나타내어야 하는 항목(위험기계기구 안전인증 고용노동부고시)** ★

① 압력능력(전단기는 전단능력) ⑤ 안전인증의 표시

② 사용전기설비의 정격 ⑥ 제조번호

③ 제조자명 ⑦ 형식 또는 모델번호

④ 제조년월

3 롤러기 및 원심기

1. 롤러(Roller)기

(1) **롤러기 가드의 개구부 간격** ★★★

① 롤러기의 맞물리는 점에는 작업자의 손이 끼이는 등 매우 위험하기 때문에 가드(Guard)를 설치하여야 한다.

② ILO(국제노동기구)에서 정한 프레스 및 전단기의 작업점이나 롤러기의 맞물림점에 설치하는 가드의 개구부 간격을 구하는 식은 다음과 같다.

$$Y = 6 + 0.15X$$

- Y : 개구부의 간격(안전간격)[mm]
- X : 개구부에서 위험점까지의 거리(안전거리)[mm]

(2) **롤러기의 방호장치 설치방법 및 성능조건**

① 급정지장치의 일반요구사항(방호장치 자율안전기준 고용노동부고시) ★

- 작동이 원활하여야 한다.

- 견고하게 설치되어야 한다.

- 조작부는 긴급시에 근로자가 조작부를 쉽게 알아볼 수 있게 하기 위해 안전에 관한 색상으로 표시하여야 한다.

- 조작스위치 및 기동스위치는 분진 및 그 밖의 불순물이 침투하지 못하도록 밀폐형으로 제조되어야 한다.

- 조작부는 그 조작에 지장이나 변형이 생기지 않고 강성이 유지되도록 설치하여야 한다.

- 조작부에 로프를 사용할 경우는 직경 4mm 이상의 와이어로프 또는 직경 6mm 이상이고, 절단하중이 2.94kN 이상의 합성섬유의 로프를 사용하여야 한다.

② 롤러기의 급정지장치(방호장치 자율안전기준 고용노동부고시) ★★★

- 롤러기에는 조작부의 이상 움직임으로 인한 브레이크 계통의 작동으로 롤러가 급정지되도록 하는 급정지장치를 설치하여야 한다.
- 급정지장치 조작부의 종류와 설치위치는 다음 표와 같다.

급정지장치 조작부의 종류	설치위치	비고
손조작식	밑면에서 1.8m 이내	설치위치는 급정지장치의 조작부의 중심점을 기준으로 한다.
복부조작식	밑면에서 0.8m 이상 1.1m 이내	
무릎조작식	밑면에서 0.6m 이내(또는 0.4m 이상 0.6m 이내)	

(3) 무부하동작에서의 급정지거리(방호장치 자율안전기준 고용노동부고시) ★★

① 무부하동작에서의 급정지거리는 다음 표와 같다.

앞면 롤러의 표면속도(m/min)	급정지거리
30 미만	앞면 롤러 원주의 1/3 이내
30 이상	앞면 롤러 원주의 1/2.5 이내

② 롤러기 표면속도의 산출 공식

$$V = \frac{\pi DN}{1,000}$$

- V: 표면속도[m/min]　　· D: 롤러 원통의 직경[mm]　　· N: 회전수[rpm]

(4) 롤러기 급정지장치의 시험방법(방호장치 자율안전기준 고용노동부고시) ★

① 내전압시험　　　　　　② 절연저항시험　　　　　　③ 무부하동작시험

2. 원심기 ★★

(1) 원심기의 방호장치: 원심기에는 회전체접촉예방장치(덮개)를 설치하여야 한다.

(2) 원심기의 안전수칙

① 원심기의 최고사용회전수를 초과하여 사용하여서는 안 된다.

② 원심기로부터 내용물을 꺼내거나 원심기의 정비, 청소, 수리, 검사 그 밖에 이와 유사한 작업을 하는 때에는 그 기계의 운전을 정지하여야 한다.

4 아세틸렌 용접장치 및 가스집합 용접장치

1. 아세틸렌 용접장치의 구조(산업안전보건법 안전보건기준)

(1) 아세틸렌 발생기실의 설치장소 ★★

① 아세틸렌 용접장치의 발생기를 설치하는 경우에는 전용의 발생기실에 설치할 것

② 발생기실을 옥외에 설치한 경우에는 그 개구부를 다른 건축물로부터 1.5m 이상 떨어지도록 할 것

③ 발생기실은 건물의 최상층에 위치하여야 하며, 화기를 사용하는 설비로부터 3m를 초과하는 장소에 설치할 것

(2) **아세틸렌 발생기실의 구조** ★★

① 지붕과 천장에는 얇은 철판이나 가벼운 불연성 재료를 사용할 것

② 벽은 불연성 재료로 하고 철근콘크리트 또는 그 밖에 이와 같은 수준이거나 그 이상의 강도를 가진 구조로 할 것

③ 출입구의 문은 불연성 재료로 하고 두께 1.5mm 이상의 철판이나 그 밖에 그 이상의 강도를 가진 구조로 할 것

④ 바닥면적의 1/16 이상의 단면적을 가진 배기통을 옥상으로 돌출시키고, 그 개구부를 창이나 출입구로부터 1.5m 이상 떨어지도록 할 것

⑤ 벽과 발생기 사이에는 발생기의 조정 또는 카바이드 공급 등의 작업을 방해하지 않도록 간격을 확보할 것

2. 가스집합 용접장치의 구조(산업안전보건법 안전보건기준)

(1) **가스장치실의 구조** ★★

① 벽에는 불연성 재료를 사용할 것

② 지붕 및 천장에는 가벼운 불연성 재료를 사용할 것

③ 가스가 누출된 경우에는 그 가스가 정체되지 않도록 할 것

(2) **가스집합 용접장치의 위험방지**

① 가스집합장치를 설치하는 경우에는 전용의 방(가스장치실)에 설치할 것

② 가스집합장치에 대해서는 화기를 사용하는 설비로부터 5m 이상 떨어진 장소에 설치할 것

③ 가스장치실에서 가스집합장치의 가스용기를 교환하는 작업을 할 때 가스장치실의 부속설비 또는 다른 가스용기에 충격을 줄 우려가 있는 경우에는 고무판 등을 설치하는 등 충격방지조치를 할 것

3. 아세틸렌 용접장치 및 가스집합 용접장치의 방호장치 설치방법 및 성능조건

(1) **개요:** 아세틸렌 용접장치 및 가스집합 용접장치에는 역화를 방지할 수 있는 안전기(역화방지기)를 설치해야 하는데 건식 안전기와 수봉식 안전기가 있으며, 사용압력에 따라 저압용과 중압용이 있다.

(2) **안전기의 설치** ★★★

① 아세틸렌 용접장치의 취관마다 안전기를 설치하여야 한다. 다만, 주관 및 취관에 가장 가까운 분기관마다 안전기를 부착한 경우에는 그러하지 아니하다.

② 가스용기가 발생기와 분리되어 있는 아세틸렌 용접장치에 대하여 발생기와 가스용기 사이에 안전기를 설치하여야 한다.

③ 가스집합 용접장치는 주관 및 분기관에 안전기를 설치하여야 한다. 이 경우 하나의 취관에 2개 이상의 안전기를 설치하여야 한다.

(3) **안전기(역화방지기)의 일반구조(역화방지기의 성능기준: 방호장치 자율안전기준 고용노동부고시)**

① 역화방지기는 그 다듬질면이 매끈하고 사용상 지장이 있는 부식, 흠, 균열 등이 없어야 한다.

② 역화방지기의 구조는 소염소자, 역화방지장치 및 방출장치 등으로 구성되어야 한다. 다만, 토치입구에 사용하는 것은 방출장치를 생략할 수 있다.

③ 소염소자는 금망, 소결금속, 스틸 울(Steel Wool), 다공성 금속물 또는 이와 동등 이상의 소염성능을 갖는 것이어야 한다.

④ 가스의 흐름방향은 지워지지 않도록 돌출 또는 각인하여 표시하여야 한다.

⑤ 역화방지기는 역화를 방지한 후 복원이 되어 계속 사용할 수 있는 구조이어야 한다.

(4) 역화방지기의 성능시험방법(역화방지기의 성능기준: 방호장치 자율안전기준 고용노동부고시) ★★★

① 내압시험   ③ 역류방지시험   ⑤ 가스압력손실시험

② 기밀시험   ④ 역화방지시험   ⑥ 방출장치동작시험

(5) 자율안전확인 역화방지기의 추가 표시사항(역화방지기의 성능기준: 방호장치 자율안전기준 고용노동부고시) ★★

자율안전확인 역화방지기에는 자율안전확인의 표시에 따른 표시 외에 다음의 사항을 추가로 표시하여야 한다.

① 가스의 흐름 방향   ② 가스의 종류

4. 가스용접작업의 안전

(1) 아세틸렌 용접장치의 관리(산업안전보건법 안전보건기준) ★★

아세틸렌 용접장치를 사용하여 금속의 용접, 용단 및 가열작업을 하는 경우에는 다음의 사항을 준수하여야 한다.

① 발생기의 종류, 형식, 제작업체명, 매시 평균가스발생량 및 1회 카바이드 공급량을 발생기실 내의 보기 쉬운 장소에 게시할 것

② 발생기실에는 관계근로자가 아닌 사람이 출입하는 것을 금지할 것

③ 발생기에서 5m 이내 또는 발생기실에서 3m 이내의 장소에서는 흡연, 화기의 사용 또는 불꽃이 발생할 위험한 행위를 금지시킬 것

④ 도관에는 산소용과 아세틸렌용과의 혼동을 방지하기 위한 조치를 할 것

⑤ 아세틸렌 용접장치의 설치장소에는 적당한 소화설비를 갖출 것

⑥ 이동식 아세틸렌 용접장치의 발생기는 고온의 장소, 통풍이나 환기가 불충분한 장소 또는 진동이 많은 장소 등에 설치하지 않도록 할 것

(2) 압력의 제한(산업안전보건법 안전보건기준) ★★

아세틸렌 용접장치를 사용하여 금속의 용접, 용단 또는 가열작업을 하는 경우에는 게이지압력이 127kPa를 초과하는 압력의 아세틸렌을 발생시켜 사용해서는 아니 된다.

(3) 가스집합 용접장치의 관리(산업안전보건법 안전보건기준)

가스집합 용접장치를 사용하여 금속의 용접, 용단 및 가열작업을 하는 경우에는 다음의 사항을 준수하여야 한다.

① 사용하는 가스의 명칭 및 최대가스저장량을 가스장치실의 보기 쉬운 장소에 게시할 것

② 가스용기를 교환하는 경우에는 관리감독자가 참여한 가운데 할 것

③ 밸브, 콕 등의 조작 및 점검요령을 가스장치실의 보기 쉬운 장소에 게시할 것

④ 가스장치실에는 관계근로자가 아닌 사람의 출입을 금지할 것

⑤ 가스집합장치로부터 5m 이내 장소에서는 흡연, 화기의 사용 또는 불꽃을 발생할 우려가 있는 행위를 금지할 것

⑥ 도관에는 산소용과의 혼동을 방지하기 위한 조치를 할 것

⑦ 가스집합장치의 설치장소에는 적당한 소화설비를 설치할 것

⑧ 이동식 가스집합 용접장치의 가스집합장치는 고온의 장소, 통풍이나 환기가 불충분한 장소 또는 진동이 많은 장소에 설치하지 않도록 할 것

⑨ 해당 작업을 행하는 근로자에게 보안경과 안전장갑을 착용시킬 것

(4) 아세틸렌 용접장치의 역화원인 ★★

① 산소공급이 과다할 때

② 압력조정기가 고장났을 때

③ 토치가 과열되었을 때

④ 토치 팁에 이물질이 묻었을 때

⑤ 토치의 성능이 좋지 않을 때

⑥ 토치(취관)가 작업소재에 너무 가까이 있을 때

(5) 아세틸렌 용접장치의 역화시 조치사항: 산소밸브를 먼저 잠그고 아세틸렌밸브를 나중에 잠근다.

(6) 아세틸렌 용접장치 도관의 점검항목 ★★

① 가스누출의 유무

② 밸브의 작동상태

③ 역화방지기 접속부 및 밸브코크의 작동상태 이상 유무

5. 기타 가스용접작업 관련 주요사항

(1) 구리(Cu)의 사용제한 ★

용해아세틸렌의 가스집합용접장치의 배관 및 부속기구는 구리나 구리 함유량이 70% 이상인 합금을 사용해서는 아니 된다.

(2) 아세틸렌이 구리와 접촉시 생성되는 폭발성 물질: 아세틸라이드(Cu_2C_2)

(3) 가스 등의 용기(산업안전보건법 안전보건기준) ★★

금속의 용접·용단 또는 가열에 사용되는 가스 등의 용기를 취급하는 경우에 다음의 사항을 준수하여야 한다.

① 다음 어느 하나에 해당하는 장소에서 사용하거나 해당 장소에 설치·저장 또는 방치하지 않도록 할 것

• 통풍이나 환기가 불충분한 장소

• 화기를 사용하는 장소 및 그 부근

• 위험물 또는 인화성 액체를 취급하는 장소 및 그 부근

② 용기의 온도를 섭씨 40도 이하로 유지할 것

③ 전도의 위험이 없도록 할 것

④ 충격을 가하지 않도록 할 것

⑤ 운반하는 경우에는 캡을 씌울 것

⑥ 사용하는 경우에는 용기의 마개에 부착되어 있는 유류 및 먼지를 제거할 것 ★

⑦ 밸브의 개폐는 서서히 할 것

⑧ 사용 전 또는 사용 중인 용기와 그 밖의 용기를 명확히 구별하여 보관할 것

⑨ 용해아세틸렌의 용기는 세워 둘 것

⑩ 용기의 부식, 마모 또는 변형상태를 점검한 후 사용할 것

(4) 가스용접용 산소용기에 각인된 기호의 의미 ★★

① TP50: 내압시험압력 50Mpa

② FP10: 최고충전압력 10Mpa

5 보일러

1. 보일러 취급시 이상현상

(1) 역화(Back Fire)

① 보일러를 점화할 때 노 내에 남아있는 미연소가스에 불이 붙어 급격한 연소를 일으키며 불꽃이 노 밖으로 분출되는 현상이다.

② 역화의 발생원인

- 연료밸브를 과대하게 급히 열었을 경우
- 댐퍼(Damper)를 지나치게 조인 경우
- 연도 내에 미연가스가 다량 남아 있는 경우
- 흡입통풍이 부족한 경우
- 압입통풍이 지나치게 강할 경우
- 연소 중 갑자기 소화된 후 노 내 여열로 점화했을 경우
- 점화할 때 착화가 늦어졌을 경우

(2) 캐리오버(Carryover: 기수공발) ★★

보일러수 중에 용해되어 부유하고 있는 고형물이나 물방울이 증기에 혼입되어서 보일러 외부로 운반되는 현상이다.

① 포밍(Foaming: 거품의 발생): 보일러 관수 중의 유지분, 용존고형물에 의하여 수면 위에 거품이 발생하고 심하면 보일러 밖으로 흘러넘치는 현상이다.

② 프라이밍(Priming: 비수현상): 보일러의 급격한 압력강하, 급격한 부하, 고수위 등에 의해 물방울 또는 물거품이 수면위로 튀어 올라 관 밖으로 운반되는 현상이다.

③ 포밍 및 프라이밍 발생원인

- 증기부하가 과대한 경우
- 주증기 밸브를 급격히 개방한 경우
- 증기부가 작고 수부가 큰 경우
- 보일러수가 농축된 경우
- 고수위인 경우
- 부유물, 유지분이 많이 함유되었을 경우
- 기수분리장치가 불완전한 경우

(3) 워터해머(Water Hammer: 수격작용)

① 보일러 배관 내 액체속도가 급격히 변화하여 관내의 액(응축수)에 심한 압력변화가 생겨 관 벽을 치는 현상이다.

② 워터해머의 발생원인

- 관내의 심한 유동
- 밸브의 급격한 개폐
- 압력변화에 의한 압력파 발생

2. 보일러의 안전장치 ★★

(1) 압력방출장치

① 압력방출장치의 작동개요: 보일러 내부의 증기압력이 최고사용압력에 달하면 자동적으로 밸브가 열려서 증기를 외부로 분출시켜 증기압력의 상승을 방지하는 것이다.

② 압력방출장치의 설치기준(산업안전보건법 안전보건기준) ★★★

㉠ 보일러의 안전한 가동을 위하여 보일러 규격에 맞는 압력방출장치를 1개 또는 2개 이상 설치하고, 최고사용압력(설계압력 또는 최고허용압력) 이하에서 작동되도록 하여야 한다.

㉡ 압력방출장치가 2개 이상 설치된 경우에는 최고사용압력 이하에서 1개가 작동되고, 다른 압력방출장치는 최고사용압력 1.05배 이하에서 작동되도록 부착하여야 한다.

㉢ 압력방출장치는 매년 1회 이상 국가교정기관에서 교정을 받은 압력계를 이용하여 설정압력에서 적정하게 작동하는지를 검사한 후 납으로 봉인하여 사용하여야 한다.

ⓔ 공정안전보고서 제출 대상으로서 고용노동부장관이 실시하는 공정안전보고서 이행상태 평가 결과가 우수한 사업장은 압력방출장치에 대하여 4년마다 1회 이상 설정압력에서 적정하게 작동하는지를 검사할 수 있다.

(2) 압력제한스위치

① 보일러의 과열을 방지하기 위하여 최고사용압력과 상용압력 사이에서 보일러의 버너 연소를 차단하여 정상압력으로 유도하는 안전장치이다.

② 압력제한스위치는 보일러의 압력계가 설치된 배관상에 설치해야 한다.

(3) 고저수위 조절장치

보일러 내의 수위가 고저수위점에 도달하였을 때, 자동적으로 경보를 발하는 동시에 자동으로 급수되거나 단수되는 등 수위를 조절하는 안전장치이다.

(4) 기타

그 밖의 보일러의 안전장치로는 화염검출기 등이 있다.

6 압력용기

1. 압력용기의 종류 및 방호장치

(1) 압력용기의 종류

① 저장용기

② 공기저장탱크

③ 열교환기류(가열기, 증발기, 냉각기, 응축기 등)

④ 탑류(증류탑, 흡수탑, 추출탑, 감압탑 등)

⑤ 반응기 및 혼합탱크

(2) 압력용기의 방호장치

① 안전밸브 등의 작동요건 ★★

㉠ 고압에 따른 폭발을 방지하기 위해 설치한 안전밸브 등을 통하여 보호하려는 설비의 최고사용압력 이하에서 작동되도록 하여야 한다.

㉡ 안전밸브 등이 2개 이상 설치된 경우에 1개는 최고사용압력의 1.05배(외부화재를 대비한 경우에는 1.1배)이하에서 작동되도록 설치할 수 있다.

② 안전밸브 등에 대하여 배출용량은 그 작동원인에 따라 각각의 소요분출량을 계산하여 가장 큰 수치를 해당 안전밸브 등의 배출용량으로 하여야 한다.

(3) 최고사용압력의 표시(산업안전보건법 안전보건기준) ★★

압력용기 등을 식별할 수 있도록 하기 위하여 최고사용압력, 제조연월일, 제조회사명 등이 지워지지 아니하도록 각인(刻印)표시된 것을 사용하여야 한다.

(4) 공기압축기의 작업시작 전 점검사항(산업안전보건법 안전보건기준) ★★★

① 압력방출장치의 기능

② 언로드밸브의 기능

③ 드레인밸브의 조작 및 배수

④ 공기저장 압력용기의 외관상태

⑤ 회전부의 덮개 또는 울

⑥ 윤활유의 상태

⑦ 그 밖의 연결부위의 이상 유무

2. 서징(Surging: 맥동현상)

(1) 송출압력과 송출유량이 주기적으로 변동하며, 압축기 입구 및 출구에 설치된 진공계, 압력계의 지침이 흔들리는 현상

(2) 공기압축기의 서징(Surging)방지대책 ★★

① 풍량을 감소시킨다.

② 배관의 경사를 완만하게 한다.

③ 교축밸브를 기계에 가깝게 설치한다.

④ 방출밸브를 이용하여 배관 내의 잔류공기를 제거한다.

⑤ 회전수를 변경시킨다.

3. 안전밸브의 형식 표시 및 형식 구분 ★★

(1) 안전밸브(Safety Valve)의 형식 표시(안전밸브의 성능기준: 방호장치 안전인증 고용노동부고시)

SFⅡ1-B

① S: 요구성능(증기의 분출압력을 요구)
  G: 가스의 분출압력을 요구

② F: 유량제한기구(전량식)
  L: 유량제한기구(양정식)

③ Ⅱ: 호칭입구크기 구분(25mm 초과 50mm 이하)
  Ⅰ: 호칭입구크기 구분(25mm 이하)
  Ⅲ: 호칭입구크기 구분(50mm 초과 80mm 이하)

④ 1: 호칭압력 구분(1Mpa 이하)
  3: 호칭압력 구분(1Mpa 초과 3Mpa 이하)
  5: 호칭압력 구분(3Mpa 초과 5Mpa 이하)

⑤ B: 안전밸브의 형식(평형형)
  C: 안전밸브의 형식(비평형형)

(2) 안전밸브 형식 구분(안전밸브의 성능기준: 방호장치 안전인증 고용노동부고시)

안전밸브의 형식은 비평형과 평형형으로 대별하고 요구성능, 유량제한기구, 크기 및 호칭압력에 따라 다음과 같이 한다.

① 안전밸브의 요구성능

요구성능의 기호	요구성능	용도
S	증기의 분출압력을 요구	증기(Steam)
G	가스의 분출압력을 요구	가스

② 안전밸브의 유량제한기구

형식기호	유량제한기구
L	양정식
F	전량식

③ 안전밸브의 크기(호칭입구 크기부분 = 호칭지름의 구분)

호칭지름의 구분	Ⅰ	Ⅱ	Ⅲ	Ⅳ	Ⅴ
범위(mm)	25 이하	25 초과 50 이하	50 초과 80 이하	80 초과 100 이하	100 초과

④ 안진밸브의 호칭압력

호칭압력의 구분	1	3	5	10	21	22
설정압력의 범위(MPa)	1 이하	1 초과 3 이하	3 초과 5 이하	5 초과 10 이하	10 초과 21 이하	21 초과

⑤ 안전밸브의 형식

　㉠ 평형형 안전밸브(B, Balanced Safety Valve): 밸브의 작동 특성에 대한 배압의 영향이 최소화되도록 설계 및 제작된 밸브

　㉡ 비평형형 안전밸브(C, Conventional Safety Valve): 밸브의 작동 특성이 출구쪽 배압에 의하여 직접적인 영향을 받는 밸브

(3) 안전인증 안전밸브 추가 표시(방호장치 안전인증 고용노동부고시) ★★

안전인증 안전밸브에는 안전인증의 표시에 따른 표시 외에 다음의 내용을 추가로 표시해야 한다.

① 호칭지름

② 용도(증기: 포화/가열, 가스명)

③ 설정압력(MPa, 냉각차설정압력 포함)

④ 분출차(%)

⑤ 공칭분출량(kg/h)

⑥ 정격양정

4. 파열판(Rupture Disk)의 형식 표시(파열판의 성능기준: 방호장치 안전인증 고용노동부고시)

RSⅡ-3	① RS: 파열판의 구조(역돔형 파열판, 전단작동형) ② Ⅱ: 파열판의 지름(25mm 초과 50mm 이하) ③ 3: 파열판의 호칭압력(1Mpa 초과 3Mpa 이하)

5. 안전인증 파열판 추가 표시(파열판의 성능기준: 방호장치 안전인증 고용노동부고시) ★★

안전인증 파열판에는 안전인증의 표시에 따른 표시 외에 다음의 내용을 추가로 표시해야 한다.

① 호칭지름

② 용도(요구성능)

③ 설정파열압력(Mpa) 및 설정온도(℃)

④ 분출용량(kg/h) 또는 공칭분출계수

⑤ 파열판의 재질

⑥ 유체의 흐름방향 지시

7 산업용 로봇

1. 산업용 로봇작업 안전수칙(산업안전보건법 안전보건기준)

(1) 다음 사항에 관한 지침을 정하고 그 지침에 따라 작업을 시킬 것 ★★★

① 로봇의 조작방법 및 순서

② 작업 중의 매니퓰레이터의 속도

③ 2명 이상의 근로자에게 작업을 시킬 경우의 신호방법

④ 이상을 발견한 경우의 조치

⑤ 이상을 발견하여 로봇의 운전을 정지시킨 후 이를 재가동시킬 경우의 조치

⑥ 그 밖에 로봇의 예기치 못한 작동 또는 오조작에 의한 위험을 방지하기 위하여 필요한 조치

(2) 작업에 종사하고 있는 근로자 또는 그 근로자를 감시하는 사람은 이상을 발견하면 즉시 로봇의 운전을 정지시키기 위한 조치를 할 것

(3) 작업을 하고 있는 동안 로봇의 기동스위치 등에 작업 중이라는 표시를 하는 등 작업에 종사하고 있는 근로자가 아닌 사람이 그 스위치 등을 조작할 수 없도록 필요한 조치를 할 것

(4) 운전 중의 위험방지 ★★

① 로봇의 운전으로 인하여 근로자에게 발생할 수 있는 부상 등의 위험을 방지하기 위하여 안전매트 및 높이 1.8m 이상의 울타리를 설치하는 등 필요한 조치를 하여야 한다.

② 컨베이어 시스템의 설치 등으로 울타리를 설치할 수 없는 일부 구간에 대해서는 안전매트, 광전자식 방호장치 등 감응형 방호장치를 설치하여야 한다.

(5) 수리 등 작업시의 조치

로봇의 운전을 정지함과 동시에 작업을 하고 있는 동안 로봇의 기동스위치를 열쇠로 잠근 후 열쇠를 별도 관리하거나 해당 로봇의 기동스위치에 작업 중이라는 표지판을 부착하는 등 해당 작업에 종사하고 있는 근로자가 아닌 사람이 해당 기동스위치 등을 조작할 수 없도록 필요한 조치를 하여야 한다.

2. 로봇의 작동범위에서 그 로봇에 관하여 교시 등의 작업을 할 때 작업시작 전 점검사항(산업안전보건법 안전보건 기준) ★★

(1) 외부전선의 피복 또는 외장의 손상 유무

(2) 매니퓰레이터(Manipulator)작동의 이상 유무

(3) 제동장치 및 비상정지장치의 기능

> **참고** 안전매트
>
> (1) 안전매트의 종류: 안전매트의 종류는 연결사용 가능 여부에 따라 다음 표와 같이 분류한다. ★
>
> | 종류 | 형태 | 용도 |
> |------|------|------|
> | 단일감지기 | A | 감지기를 단독으로 사용 |
> | 복합감지기 | B | 여러 개의 감지기를 연결하여 사용 |
>
> (2) 안전매트의 일반구조 ★
> ① 단선경보장치가 부착되어 있어야 한다.
> ② 감응시간을 조절하는 장치는 부착되어 있지 않아야 한다.
> ③ 감응도조절장치가 있는 경우 봉인되어 있어야 한다.
>
> (3) 안전매트의 추가 표시: 자율안전확인 안전매트에는 자율안전확인의 표시에 따른 표시 외에 다음의 사항을 추가로 표시하여야 한다. ★★
> | | |
> |---|---|
> | ① 직동하중 | ③ 복귀신호의 자동 또는 수동 어부 |
> | ② 감응시간 | ④ 대소인 공용 여부 |

8 목재가공용기계

1. 목재가공용기계의 종류

(1) 목재가공용 둥근톱

(2) 동력식 수동대패기계

(3) 띠톱기계

(4) 모떼기기계

2. 목재가공용 둥근톱

(1) 방호장치 ★★★

① 목재가공용 둥근톱은 날접촉예방장치와 반발예방장치를 설치해야 된다.

② 날접촉예방장치는 보호덮개를 말한다.

③ 반발예방장치로는 반발방지기구(Finger), 분할날, 반발방지롤러가 있다.

(2) 방호장치의 설치방법 ★★

① 반발방지기구(Finger)는 목재송급쪽에 설치하되 목재의 반발을 충분히 방지할 수 있도록 설치되어야 한다.

② 분할날은 톱날로부터 12mm 이상 떨어지지 않게 설치해야 하며, 그 두께는 톱날두께의 1.1배 이상 되어야 한다.

③ 날접촉예방장치는 분할날에 대면하고 있는 부분과 가공재를 절단하는 부분 이외의 톱날은 전부 덮을 수 있는 구조이어야 한다.

(3) 반발예방장치의 종류 ★★★

① 반발방지기구(Finger)

ㄱ 목재송급쪽에 설치하는 것으로 가공재가 톱날후면에서 조금 들뜨고 역행하려고 할 때, 기구가 가공재에 깊이 먹혀 들어가 반발을 방지하는 것이다.

ㄴ 보통 날접촉예방장치의 본체에 부착되기 때문에 강도를 고려하여 일반구조용 압연강재 2종 이상의 것을 사용해야 하며, 반발방지발톱이라고도 한다.

② 분할날 ★★★

ㄱ 분할날의 종류: 현수식 분할날, 겸형식 분할날

ㄴ 분할날의 두께는 둥근톱 두께의 1.1배 이상이고, 톱날의 치진 폭 보다 작을 것

ㄷ 분할날은 표준 테이블면(승강반에 있어서는 테이블을 최하로 내린 때의 면)상의 톱 뒷날의 2/3 이상을 덮도록 하고, 톱날 원주면과의 거리는 12mm 이내가 되도록 설치할 것

※ 톱 뒷날은 톱날 길이의 1/4 정도이다.

ㄹ 분할날 조임볼트는 2개 이상일 것

ㅁ 재료는 STC5(탄소공구강) 또는 이와 동등 이상의 재료를 사용할 것

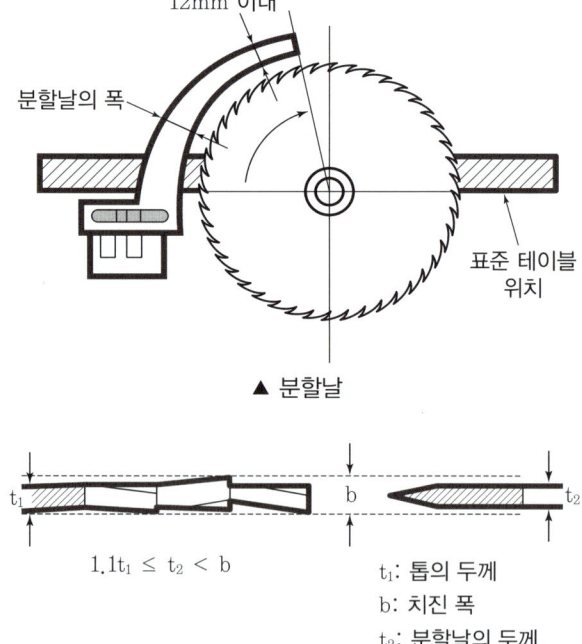

▲ 분할날

$$1.1t_1 \leq t_2 < b$$

t_1: 톱의 두께

b: 치진 폭

t_2: 분할날의 두께

▲ 톱두께 및 치진 폭과 분할날 두께의 관계

③ 반발방지롤러

      ⊙ 보통 날접촉예방장치의 본체에 설치되므로 가공재를 충분히 누르는 강도를 가질 필요가 있다.

      ⊙ 가공재가 톱의 후면날쪽에서 떠오르는 것을 방지하므로 가공재의 상면을 항상 일정한 힘으로 누르고 있어야 한다.

(4) 날접촉예방장치의 종류 ★★

    ① 고정식 날접촉예방장치

    ② 가동식 날접촉예방장치

(5) 휴대용 둥근톱 가공덮개에 대한 구조조건(목재가공용 덮개 및 분할날 성능기준: 방호장치 자율안전기준 고용노동부고시) ★★

    ① 절단작업이 완료되었을 때 자동적으로 원위치에 되돌아오는 구조일 것

    ② 이동범위를 임의의 위치로 고정할 수 없을 것

    ③ 휴대용 둥근톱 덮개의 지지부는 덮개를 지지하기 위한 충분한 강도를 가질 것

    ④ 휴대용 둥근톱 덮개의 지지부의 볼트 및 이동덮개가 자동적으로 되돌아오는 기계의 스프링 고정볼트는 이완방지장치가 설치되어 있는 것일 것

    ⑤ 휴대용 둥근톱 가공덮개와 톱날 노출각이 45° 이내이어야 한다.

(6) 자율안전확인 덮개와 분할날에 자율안전확인 표시 외에 추가로 표시하여야 할 사항(목재가공용 덮개 및 분할날 성능기준: 방호장치 자율안전기준 고용노동부고시) ★★

    ① 덮개의 종류

    ② 둥근톱의 사용가능 치수

3. 동력식 수동대패기

(1) 방호장치 ★★

    ① 동력식 수동대패기는 칼날접촉방지장치를 설치하여야 한다.

    ② 칼날접촉방지장치인 덮개와 송급테이블면과의 간격이 8mm 이내이어야 한다.

(2) 방호장치의 설치방법

    ① 칼날접촉방지장치를 고정시키는 볼트나 핀 등은 견고하게 부착되어 있어야 한다.

    ② 칼날접촉방지장치의 덮개는 가공재를 절삭하고 있는 부분 이외의 날 부분을 완전히 덮을 수 있는 구조이어야 한다.

    ③ 다수의 가공재를 절삭 폭이 일정하게 절삭하는 경우 이외에 사용하는 것은 가동식 칼날접촉방지장치이어야 한다.

(3) 칼날접촉방지장치의 종류

    ① 고정식 칼날접촉방지장치(고정식 덮개)

    ② 가동식 칼날접촉방지장치(가동식 덮개)

(4) 기타 목재가공용기계 관련 주요사항

    ① 목재가공용 띠톱기계의 방호장치: 울, 덮개

    ② 모떼기기계의 방호장치: 날접촉예방장치

9 고속회전체 및 사출성형기 등

1. 고속회전체

(1) 회전시험 중의 위험방지(산업안전보건법 안전보건기준) ★

고속회전체(터빈로터, 원심분리기의 버켓 등의 회전체로서 원주속도(圓周速度)가 25m/s를 초과하는 것으로 한정한다)의 회전시험을 하는 경우, 고속회전체의 파괴로 인한 위험을 방지하기 위하여 전용의 견고한 시설물의 내부 또는 견고한 장벽 등으로 격리된 장소에서 하여야 한다.

(2) 비파괴검사의 실시(산업안전보건법 안전보건기준) ★★

고속회전체(회전축의 중량이 1t을 초과하고 원주속도가 120m/s 이상인 것으로 한정한다)의 회전시험을 하는 경우, 미리 회전축의 재질 및 형상 등에 상응하는 종류의 비파괴검사를 해서 결함 유무를 확인하여야 한다.

2. 사출성형기 – 사출성형기 등의 방호장치(산업안전보건법 안전보건기준) ★★

① 사출성형기(射出成形機), 주형조형기(鑄型造形機) 및 형단조기(프레스 등은 제외한다) 등에 근로자의 신체 일부가 말려 들어갈 우려가 있는 경우 게이트가드(Gate Guard) 또는 양수조작식 등에 의한 방호장치 그 밖에 필요한 방호조치를 하여야 한다.

② 게이트가드는 닫지 아니하면 기계가 작동되지 아니하는 연동구조(連動構造)이어야 한다.

③ 기계의 히터 등의 가열부위 또는 감전 우려가 있는 부위에는 방호덮개를 설치하는 등 필요한 안전조치를 하여야 한다.

3. 유해하거나 위험한 기계 · 기구

(1) 누구든지 동력으로 작동하는 기계 · 기구로서 다음의 어느 하나에 해당하는 것은 고용노동부령으로 정하는 방호조치를 하지 아니하고는 양도, 대여, 설치 또는 사용에 제공하거나 양도 · 대여의 목적으로 진열해서는 아니 된다. ★

① 작동부분에 돌기부분이 있는 것

② 동력전달부분 또는 속도조절부분이 있는 것

③ 회전기계에 물체 등이 말려 들어갈 부분이 있는 것

(2) 산업안전보건법상 방호조치를 하여야 할 유해하거나 위험한 기계 · 기구(양도, 대여, 설치 또는 사용에 제공하거나 양도 · 대여의 목적으로 진열하는 것이 제한되는 유해하거나 위험한 기계 · 기구) ★★★

유해하거나 위험한 기계 · 기구	방호장치
예초기	날접촉예방장치
원심기	회전체접촉예방장치
공기압축기	압력방출장치
금속절단기	날접촉예방장치
지게차	헤드가드, 백레스트, 전조등, 후미등, 안전벨트
포장기계(진공포장기, 래핑기로 한정)	구동부방호연동장치

적중문제 **CHAPTER 2** 안전시설 설치 · 관리하기(Ⅰ)

01 ★

선반, 세이퍼 등 공작기계에 칩(Chip) 비산방지를 위하여 설치하여야 할 방호장치를 3가지 쓰시오.

정답

① 칩비산방지투명판
② 칩브레이커
③ 칩받이
④ 칸막이

02 ★

밀링(Milling)가공의 하향절삭과 상향절삭에 대하여 간단히 설명하시오.

정답

① 하향절삭(Down Cutting): 밀링커터의 회전방향과 공작물의 이송방향이 같을 때의 절삭을 말한다.
② 상향절삭(Up Cutting): 밀링커터의 회전방향과 공작물의 이송방향이 서로 반대인 때의 절삭을 말한다.

03 ★

세이퍼(Shaper)의 안전장치를 3가지 쓰시오.

정답

① 칸막이
② 칩받이
③ 방책(방호울)

04

드릴(Drill) 작업 시 다음 각각에 대하여 일감의 고정방법을 쓰시오.

(1) 일감이 작을 때
(2) 일감이 크고 복잡할 때
(3) 대량생산과 정밀도를 요구할 때

정답

(1) 바이스(Vice)로 고정
(2) 볼트와 고정구(클램프) 사용
(3) 지그(Jig) 사용

05 ★★

연삭기 숫돌의 파괴원인을 4가지 쓰시오.

정답

① 숫돌의 회전속도가 적정속도를 초과할 때
② 숫돌에 과대한 충격을 가할 때
③ 작업에 부적당한 숫돌을 사용할 때
④ 숫돌의 치수가 부적당할 때
⑤ 숫돌 자체에 균열이 있을 때
⑥ 숫돌반경방향의 온도변화가 심할 때
⑦ 숫돌의 측면을 사용하여 작업할 때
⑧ 숫돌의 불균형이나 베어링 마모에 의한 진동이 있을 때
⑨ 플랜지(Flange)가 현저히 작을 때

06 ★★

숫돌의 원주속도가 2,000m/min이고, 숫돌의 표기가 150×35×17.77일 때 회전수(rpm)를 계산하시오.

① 숫돌의 표기가 150×35×17.77일 때 숫돌의 지름, 두께, 구멍지름은 각각 다음과 같다.
- 숫돌의 지름(바깥지름)(D): 150mm
- 숫돌의 두께: 35mm
- 숫돌의 구멍지름: 17.77mm

② 회전속도$(V) = \dfrac{\pi \mathrm{DN}}{1,000}$이므로

$$회전수(N) = \dfrac{1,000\mathrm{V}}{\pi \mathrm{D}} = \dfrac{1,000 \times 2,000}{3.14 \times 150}$$
$$= 4,246.2845 ≒ 4,246.28\text{rpm}$$

07 ★★★

다음 연삭기의 덮개에 해당하는 각도를 쓰시오.

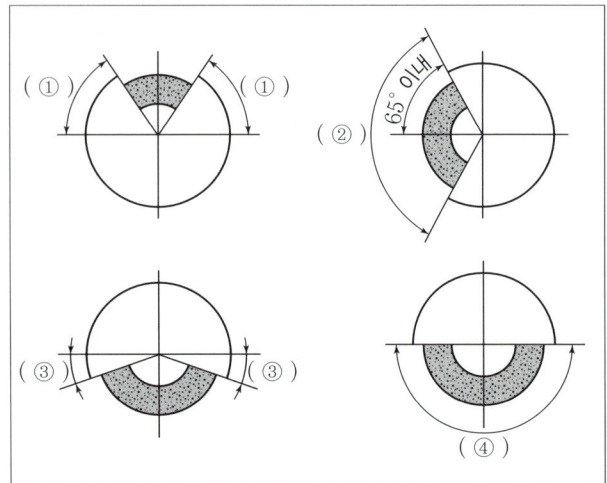

① 60° 이상
② 125° 이내
③ 15° 이상
④ 180° 이내
[근거]
연삭기 덮개의 성능기준: 방호장치 자율안전기준 고용노동부고시

08 ★★

다음은 연삭숫돌에 대한 사항이다. ( ) 안에 적합한 내용을 쓰시오.

> 연삭숫돌을 사용하는 작업의 경우 작업을 시작하기 전에는 (①)분 이상, 연삭숫돌을 교체한 후에는 (②) 분 이상 시험운전을 하고 해당 기계에 이상이 있는지를 확인하여야 한다.

① 1
② 3
[근거]
연삭숫돌의 덮개 등: 산업안전보건법 산업안전보건기준에 관한 규칙 제122조

09 ★★

다음은 연삭기 덮개에 대한 사항이다. ( ) 안에 적합한 내용을 쓰시오.

> (1) 탁상용 연삭기의 덮개에는 (①) 및 조정편을 구비하여야 하며, (①)는 연삭숫돌과의 간격을 (②) mm 이하로 조정할 수 있는 구조이어야 한다.
> (2) 연삭기 덮개는 자율안전확인에 따른 표시 외에 추가로 표시하여야 할 사항은 숫돌사용 주속도와 (③)이다.

① 워크레스트(Workrest)
② 3
③ 숫돌회전방향
[근거]
연삭기 덮개의 성능기준: 방호장치 자율안전기준 고용노동부고시

10 ★★

연삭기 덮개의 시험방법 중 연삭기 작동시험의 확인사항에 관한 것이다. (   ) 안에 적합한 내용을 쓰시오.

> (1) 탁상용 연삭기는 덮개, (①) 및 (②) 부착상태의 적합성 여부
> (2) 연삭(③)과 덮개의 접촉 여부

정답

① 워크레스트
② 조정편
③ 숫돌
[근거]
연삭기 덮개의 시험방법: 방호장치 자율안전기준 고용노동부고시

11 ★★★

프레스기 및 전단기에 설치하는 방호장치를 4가지 쓰시오.

정답

① 양수조작식
② 광전자식(감응식)
③ 수인식
④ 손쳐내기식
⑤ 가드식

12 ★

동력프레스기의 no – hand in die방식에 있어서 근원적 안전화 조치사항을 4가지 쓰시오.

정답

① 자동프레스의 도입
② 전용프레스의 도입
③ 안전금형을 부착한 프레스
④ 안전울을 부착한 프레스

13 ★

동력프레스기의 hand in die 방식에 있어서 다음에 해당하는 방호장치를 각각 2가지씩 쓰시오.

(1) 프레스의 종류, 압력능력, 매분 행정수, 행정의 길이 및 작업방법에 상응하는 방호장치
(2) 프레스기의 정지성능에 상응하는 방호장치

정답

(1) 프레스기의 종류, 압력능력, 매분 행정수, 행정의 길이 및 작업방법에 상응하는 방호장치
  ① 손쳐내기식 방호장치
  ② 수인식 방호장치
  ③ 가드식 방호장치
(2) 프레스기의 정지성능에 상응하는 방호장치
  ① 광전자식(감응식) 방호장치
  ② 양수조작식 방호장치

14 ★

프레스기에서 재료를 가공한 후 제품 및 스크랩(Scrap)을 자동적으로 배출하거나 위험한계 밖으로 배출하기 위한 기구를 3가지 쓰시오.

정답

① 이젝터(ejector)
② 공기분사장치
③ 키커(Kicker)

15 ★★

프레스 또는 전단기 방호장치의 종류 및 분류에 있어서 ( ) 안에 적합한 기호를 쓰시오.

종류	분류	용도
광전자식	(①)	프레스 또는 전단기에서 일반적으로 많이 활용하고 있는 형태로서 투광부, 수광부, 컨트롤 부분으로 구성된 것으로서 신체의 일부가 광선을 차단하면 기계를 급정지시키는 방호장치
	(②)	급정지기능이 없는 프레스의 클러치 개조를 통해 광선차단시 급정지시킬 수 있도록 한 방호장치
양수조작식	(③)	1행정1정지식 프레스(전기버튼식)
	(④)	1행정1정지식 프레스(유·공압밸브식)
가드식	C	가드가 열려 있는 상태에서는 기계의 위험부분이 동작되지 않고, 기계가 위험한 상태일 때는 가드를 열 수 없도록 한 방호장치
수인식	(⑤)	슬라이드와 작업자의 손을 끈으로 연결하여 슬라이드 하강시 작업자 손을 당겨 위험영역에서 빼낼 수 있도록 한 방호장치로서 확동식클러치형 프레스에 한해서 사용되는 방호장치
손쳐내기식	(⑥)	슬라이드의 작동에 연동시켜 위험상태로 되기 전에 손을 위험영역에서 밀어내거나 쳐내는 방호장치로서 확동식클러치형 프레스에 한해서 사용되는 방호장치

정답

① A–1   ④ B–1
② A–2   ⑤ E
③ B–2   ⑥ D

[근거]
프레스 또는 전단기 방호장치의 성능기준: 방호장치 안전인증 고용노동부고시

16 ★

프레스 또는 전단기 방호장치의 공통일반구조를 3가지 쓰시오.

정답

① 방호장치의 표면은 벗겨짐 현상이 없어야 하며, 날카로운 모서리 등이 없어야 한다.
② 위험기계·기구 등에 장착이 용이하고 견고하게 고정될 수 있어야 한다.
③ 외부충격으로부터 방호장치의 성능이 유지될 수 있도록 보호덮개가 설치되어야 한다.
④ 각종 스위치, 표시램프는 매립형으로 쉽게 근로자가 볼 수 있는 곳에 설치해야 한다.
[근거]
프레스 또는 전단기 방호장치의 성능기준: 방호장치 안전인증 고용노동부고시

17 ★★

급정지기구가 부착되어 있지 않아도 유효한 프레스기의 방호장치(확동식클러치)를 3가지 쓰시오.

정답

① 게이트가드식 방호장치
② 수인식 방호장치
③ 손쳐내기식 방호장치
④ 양수기동식 방호장치

18 ★

프레스기의 페달에 U자형 덮개를 설치하는 이유를 간단하게 설명하시오.

정답

프레스 작업 중 물체가 떨어지거나 근로자가 불시에 페달을 밟아도 작동되지 않도록 하기 위한 안전조치이다.

19 ★★

다음 (1)~(2)에 해당되는 프레스 및 전단기의 방호장치의 명칭을 각각 쓰시오.

(1) 슬라이드와 작업자의 손을 끈으로 연결하여 슬라이드 하강시 작업자 손을 당겨 위험영역에서 빼낼 수 있도록 한 방호장치
(2) 1행정1정지식 프레스에 사용되는 것으로서 양손으로 동시에 조작하지 않으면 기계가 동작하지 않으며, 한 손이라도 떼어내면 기계를 정지시키는 방호장치

정답

(1) 수인식 방호장치
(2) 양수조작식 방호장치

20 ★★★

다음은 프레스기의 방호장치에 관한 설명이다. (   ) 안에 적합한 내용을 쓰시오.

(1) 양수조작식 방호장치의 일반구조에 있어 누름버튼 간의 상호 내측거리는 (①)mm 이상이어야 한다.
(2) 광전자식 방호장치의 일반구조에 있어 정상작동표시램프는 (②), 위험표시 램프는 (③)으로 하여 근로자가 쉽게 볼 수 있는 곳에 설치하여야 한다.
(3) 손쳐내기식 방호장치의 일반구조에 있어 슬라이드 하행정거리의 (④) 위치 내에 손을 완전히 밀어내야 한다.
(4) 손쳐내기식 방호장치의 일반구조에 있어 방호판의 폭은 금형폭의 (⑤) 이상이어야 하고, 행정길이가 300mm 이상의 프레스에는 방호판의 폭을 (⑥)mm로 하여야 한다.
(5) 수인식 방호장치의 일반구조에 있어 수인끈의 재료는 합성섬유로 직경이 (⑦) mm 이상이어야 한다.

정답

| ① 300 | ② 녹색 | ③ 적색 | ④ 3/4 |
| ⑤ 1/2 | ⑥ 300 | ⑦ 4 | |

[근거]
프레스 또는 전단기의 방호장치: 방호장치 안전인증 고용노동부고시

21 ★★

프레스기의 광전자식 방호장치프레스에 대한 사항이다. (   ) 안에 적합한 내용을 쓰시오.

(1) 프레스 또는 전단기에서 일반적으로 많이 활용하고 있는 형태로서 투광부, 수광부, 컨트롤부분으로 구성된 것으로서 신체의 일부가 광선을 차단하면 기계를 급정지시키는 방호장치는 (①) 분류에 해당한다.
(2) 방호장치는 릴레이, 리밋 스위치 등 전기부분의 전원·전압의 변동 및 정전에 의해 슬라이드가 불시에 동작하지 않아야 하며, 사용전원·전압의 (②)의 변동에 대하여 정상적으로 작동되어야 한다.

정답

① A-1
② ±100분의 20

[근거]
프레스 또는 전단기 방호장치의 성능기준: 방호장치 안전인증 고용노동부고시

22 ★★

클러치맞물림개소수가 5개, 200SPM인 프레스기 양수기동식 방호장치의 안전거리(mm)를 계산하시오.

정답

안전거리 $D_m = 1.6 T_m$

T_m : 양손으로 누름단추를 누르기 시작할 때부터 슬라이드가 하사점에 도달하기까지 소요시간

$$T_m = \left(\frac{1}{\text{클러치 맞물림(봉합)개소수}} + \frac{1}{2} \right) \times \frac{60,000}{\text{매분 행정수}}$$

$$D_m = 1.6 \left(\frac{1}{5} + \frac{1}{2} \right) \times \frac{60,000}{200} = 336\text{mm}$$

23 ★★

프레스기의 양수조작식 방호장치의 일반구조를 4가지
쓰시오.

정답

① 누름버튼을 양손으로 동시에 조작하지 않으면 작동시킬 수 없는
구조이어야 한다.
② 양쪽버튼의 작동시간 차이는 최대 0.5초 이내일 때 프레스가 동
작되도록 해야 한다.
③ 누름버튼의 상호간 내측거리는 300mm 이상으로 하고, 매립형의
구조로 하여야 한다.
④ 1행정1정지기구에 사용할 수 있어야 한다.
⑤ 릴레이, 리밋 스위치 등의 전기부품의 고장, 전원전압의 변동 및 정
전에 의해 슬라이드가 불시에 동작하지 않아야 하며, 사용 전원전
압의 ±(100분의 20)의 변동에 대하여 정상으로 작동되어야 한다.
⑥ 버튼 및 레버는 작업점에서 위험한계를 벗어나게 설치해야 한다.
⑦ 램의 하행정 중 버튼에서 손을 뗄 때는 정지하는 구조이어야 한다.
⑧ 푸트스위치를 병행하여 사용할 수 없는 구조이어야 한다.
⑨ 정상동작표시등은 녹색, 위험표시등은 붉은 색으로 하며, 쉽게 근
로자가 볼 수 있는 곳에 설치하여야 한다.
⑩ 슬라이드 하강 중 정전 또는 방호장치의 이상시에 정지할 수 있
는 구조이어야 한다.
⑪ 1행정마다 누름버튼에서 양손을 떼지 않으면 다음 작업의 동작을
할 수 없는 구조이어야 한다.

[근거]
프레스 또는 전단기의 방호장치의 성능기준: 방호장치 안전인증 고용
노동부고시

24 ★★

수인식 방호장치의 손목밴드, 수인끈, 수인끈의 안내통
의 일반구조에 관하여 각각 쓰시오.

정답

① 손목밴드는 착용감이 좋으며 쉽게 착용할 수 있는 구조이어야 한다.
② 수인끈은 작업자와 작업공정에 따라 그 길이를 조정할 수 있어야
한다.
③ 수인끈의 안내통은 끈의 마모와 손상을 방지할 수 있는 조치를
하여야 한다.

[근거]
프레스 또는 전단기의 방호장치의 성능기준: 방호장치 안전인증 고용
노동부고시

25 ★★★

프레스기의 광전자식 방호장치 급정지시간이 150ms일
때 광축의 설치거리를 계산하시오.

정답

$D = 1.6(T_c + T_s)$

• D: 안전거리(광축의 설치거리)[mm]
• T_c: 손이 광선을 차단했을 때부터 급정지기구가 작동을 개시하기
까지의 시간[ms]
• T_s: 급정지기구가 작동을 개시했을 때부터 슬라이드가 정지할 때
까지의 시간[ms]

∴ $D = 1.6(T_c + T_s) = 1.6 \times 150 = 240mm$

26 ★★

프레스의 광전자식 방호장치의 일반구조에 대하여 4가
지 쓰시오.

정답

① 정상동작표시램프는 녹색, 위험표시램프는 붉은 색으로 하며, 쉽
게 근로자가 볼 수 있는 곳에 설치해야 한다.
② 슬라이드 하강 중 정전 또는 방호장치의 이상시에 정지할 수 있는
구조이어야 한다.
③ 방호장치는 릴레이, 리밋 스위치 등의 전기부품의 고장, 전원전압의
변동 및 정전에 의해 슬라이드가 불시에 동작하지 않아야 하며,
사용 전원전압의 ±(100분의 20)의 변동에 대하여 정상으로 작동
되어야 한다.
④ 방호장치의 정상작동 중에 감지가 이루어지거나 공급전원이 중단
되는 경우 적어도 두 개 이상의 독립된 출력신호 개폐장치가 꺼
진 상태로 되어야 한다.
⑤ 방호장치의 감지기능은 규정한 검출영역 전체에 걸쳐 유효하여야
한다(다만, 블랭킹 기능이 있는 경우에는 그러하지 아니하다).
⑥ 방호장치에 제어기(Controller)가 포함되는 경우에는 이를 연결한
상태에서 모든 시험을 한다.
⑦ 방호장치를 무효화하는 기능이 있어서는 안 된다.

[근거]
프레스 또는 전단기의 방호장치의 성능기준: 방호장치 안전인증 고용
노동부고시

27 ★★

프레스기에 설치하는 광전자식 방호장치의 형식구분에 따른 광축의 범위를 (   ) 안에 쓰시오.

형식 구분	광축의 범위
Ⓐ	(①)광축 이하
Ⓑ	(②)～(③)광축 미만
Ⓒ	(④)광축 이상

① 12

② 13

③ 56

④ 56

[근거]

프레스 또는 전단기의 방호장치의 성능기준: 방호장치 안전인증 고용노동부고시

28 ★★★

프레스기 손쳐내기식 방호장치에 대한 사항이다. (   ) 안에 적합한 내용을 쓰시오.

(1) 슬라이드 하행정거리의 (①) 위치에서 손을 완전히 밀어내야 한다.
(2) 방호판의 폭은 금형폭의 (②) 이상이어야 하고, 행정길이가 300mm 이상의 프레스기계에는 방호판 폭을 최대 (③)mm로 해야 한다.
(3) 손쳐내기봉의 행정길이를 금형의 높이에 따라 조정할 수 있고 진동 폭은 (④) 이상이어야 한다.

① 3/4

② 1/2

③ 300

④ 금형 폭

[근거]

프레스 또는 전단기의 방호장치의 성능기준: 방호장치 안전인증 고용노동부고시

29 ★★

프레스기에 금형을 부착, 해체 또는 조정작업을 하는 때 슬라이드 불시 하강을 방지하기 위한 안전조치를 쓰시오.

안전블록(Safety Block) 설치

[근거]

금형조정작업의 위험방지: 산업안전보건법 산업안전보건기준에 관한 규칙 제104조

30 ★★★

프레스 등을 사용하여 작업을 할 때 작업시작 전 점검사항을 4가지 쓰시오.

① 클러치 및 브레이크의 기능

② 크랭크축, 플라이휠, 슬라이드, 연결봉 및 연결나사의 풀림 여부

③ 1행정1정지기구, 급정지장치 및 비상정지장치의 기능

④ 슬라이드 또는 칼날에 의한 위험방지기구의 기능

⑤ 프레스의 금형 및 고정볼트 상태

⑥ 방호장치의 기능

⑦ 전단기의 칼날 및 테이블의 상태

[근거]

작업시작 전 점검사항: 산업안전보건법 산업안전보건기준에 관한 규칙 [별표 3]

31 ★

프레스의 제작 및 안전기준에 따라 프레스의 이름판에 표시하여야 할 사항을 5가지 쓰시오.

① 압력능력(전단기는 전단능력)

② 사용전기설비의 정격

③ 제조자명

④ 제조연월

⑤ 안전인증의 표시

⑥ 제조번호

⑦ 형식 또는 모델번호

[근거]

프레스 등 제작 및 안전기준: 위험기계기구 안전인증 고용노동부고시

32 ★

롤러기 급정지장치의 일반요구사항에 관한 것이다. ( ) 안에 적합한 내용을 쓰시오.

> 조작부에 로프를 사용할 경우는 직경 (①) 이상의 와이어로프 또는 직경 (②) 이상이고, 절단하중이 (③) 이상인 합성섬유의 로프를 사용하여야 한다.

① 4mm

② 6mm

③ 2.94kN

[근거]

롤러기 급정지장치의 성능기준: 방호장치 자율안전기준 고용노동부고시

33 ★★★

롤러기의 맞물림점 전방에 개구부에서 위험점까지의 거리가 10mm인 가드를 설치할 때, 롤러기 가드의 개구부의 간격을 계산하시오. (단, ILO기준을 적용한다.)

$Y = 6 + 0.15X$

여기서, Y: 개구부의 간격(안전간격)[mm]

X: 개구부에서 위험점까지의 거리(안전거리)[mm]

$= 6 + (0.15 \times 10) = 7.5mm$

34 ★★★

롤러기에 사용하는 방호장치를 쓰고, ( ) 안에 적합한 내용을 쓰시오.

조작부	설치위치	비고
손조작식	밑면에서 (①) 이내	위치는 급정지장치 조작부의 중심점을 기준으로 한다.
복부조작식	밑면에서 0.8m 이상 (②) 이내	
무릎조작식	밑면에서 (③) 이내	

(1) 롤러기에 사용하는 방호장치: 급정지장치

(2) 조작부의 종류에 따른 설치위치

① 1.8m

② 1.1m

③ 0.6m(또는 0.4m 이상 0.6m 이내: 위험기계기구 안전인증 고용노동부고시)

[근거]

롤러기 급정지장치의 성능기준: 방호장치 자율안전기준 고용노동부고시

35 ★★

앞면 롤러의 표면속도에 따른 롤러기 급정지장치의 급정지거리(안전거리)를 (　　) 안에 쓰시오.

> (1) 30m/min 미만: 앞면 롤러 원주의 (①) 이내
> (2) 30m/min 이상: 앞면 롤러 원주의 (②) 이내

정답

① $\dfrac{1}{3}$

② $\dfrac{1}{2.5}$

[근거]
롤러기 급정지장치의 성능기준: 방호장치 자율안전기준 고용노동부 고시

36 ★★

100rpm으로 회전하는 롤러기의 앞면 롤러의 지름이 40cm인 경우 (1) 앞면 롤러의 표면속도를 구하고, (2) 급정지거리는 몇 cm 이내이어야 하는지 쓰시오.

정답

(1) 앞면 롤러의 표면속도

$$V = \frac{\pi D N}{1,000} = \frac{3.14 \times 400 \times 100}{1,000} = 125.6\text{m/min}$$

여기서, D: 롤러 원통의 직경[mm]
$\quad\quad\quad N$: 회전 수[rpm]

(2) 급정지거리
- 급정지거리 기준: 표면속도가 30m/min 이상일 경우, 앞면 롤러 원주의 $\dfrac{1}{2.5}$ 이내
- 원주길이 $= \pi D = 3.14 \times 400 = 1,256\text{mm} = 125.6\text{cm}$

∴ 급정지거리 $= 125.6 \times \dfrac{1}{2.5} = 50.24\text{cm}$ 이내

37 ★

롤러기 급정지장치의 시험방법을 3가지 쓰시오.

정답

① 절연저항시험
② 내전압시험
③ 무부하동작시험

[근거]
롤러기 급정지장치의 시험방법: 방호장치 자율안전기준 고용노동부 고시

38 ★★

다음 기계에 설치하여야 방호장치를 각각 1가지씩 쓰시오.

(1) 연삭기
(2) 롤러기

정답

(1) 덮개
(2) 급정지장치

39 ★★

산업안전보건법상 원심기에 설치하여야 하는 방호장치를 1가지 쓰시오.

정답

회전체접촉예방장치

40 ★★

다음은 산업안전보건법상 아세틸렌 발생기실 및 가스집합 용접장치의 설치장소에 대한 사항이다. ( ) 안에 적합한 내용을 쓰시오.

(1) 발생기실은 옥외에 설치한 경우에는 그 개구부를 다른 건축물로부터 (①) 이상 떨어지도록 할 것
(2) 발생기실은 건물의 (②)에 위치하여야 하며, 화기를 사용하는 설비로부터 (③)를 초과하는 장소에 설치할 것
(3) 가스집합 용접장치에 대해서는 화기를 사용하는 설비로부터 (④) 이상 떨어진 장소에 설치할 것

정답

① 1.5m   ② 최상층   ③ 3m   ④ 5m
[근거]
발생기실의 설치장소 등, 가스집합장치의 위험방지: 산업안전보건법 산업안전보건기준에 관한 규칙 제286조, 제291조

41 ★★

다음은 산업안전보건법상 아세틸렌 발생기실 구조에 대한 사항이다. ( ) 안에 적합한 내용을 쓰시오.

(1) 지붕과 천장에는 얇은 철판이나 가벼운 (①)를 사용할 것
(2) 벽은 (②)로 하고 철근콘크리트 또는 그 밖에 이와 같은 수준이거나 그 이상의 강도를 가진 구조로 할 것
(3) 출입구의 문은 불연성 재료로 하고 두께 (③) 이상의 철판이나 그 밖에 그 이상의 강도를 가진 구조로 할 것
(4) 바닥면적의 (④) 이상의 단면적을 가진 배기통을 옥상으로 돌출시키고, 그 개구부를 창이나 출입구로부터 (⑤) 이상 떨어지도록 할 것

정답

① 불연성 재료   ② 불연성 재료   ③ 1.5mm
④ 1/16   ⑤ 1.5m
[근거]
발생기실의 구조 등: 산업안전보건법 산업안전보건기준에 관한 규칙 제287조

42 ★★

산업안전보건법상 가스집합 용접장치에서 사업주가 가스장치실을 설치하는 경우 구조에 대하여 3가지 쓰시오.

정답

① 지붕과 천장에는 가벼운 불연성 재료를 사용할 것
② 벽에는 불연성 재료를 사용할 것
③ 가스가 누출된 경우에는 그 가스가 정체되지 않도록 할 것
[근거]
가스장치실의 구조 등: 산업안전보건법 산업안전보건기준에 관한 규칙 제292조

43 ★★★

다음은 산업안전보건법상 아세틸렌 용접장치의 안전기 설치에 대한 사항이다. ( ) 안에 적합한 내용을 쓰시오.

(1) 사업주는 아세틸렌 용접장치의 (①)마다 안전기를 설치하여야 한다. 다만, (②) 및 취관에 가장 가까운 (③)마다 안전기를 부착한 경우에는 그러하지 아니하다.
(2) 사업주는 가스용기가 발생기와 분리되어 있는 아세틸렌 용접장치에 대하여 (④)와 (⑤) 사이에 안전기를 설치하여야 한다.
(3) 가스집합용접장치는 주관 및 분기관에 안전기를 설치하여야 한다. 이 경우 하나의 취관에 (⑥) 이상의 안전기를 설치하여야 한다.

정답

① 취관
② 주관
③ 분기관
④ 발생기
⑤ 가스용기
⑥ 2개
[근거]
안전기의 설치, 가스집합장치의 배관: 산업안전보건법 산업안전보건기준에 관한 규칙 제289조, 제293조

44 ★★★

아세틸렌 또는 가스집합용접장치의 방호장치인 역화방지기 성능시험의 종류를 4가지 쓰시오.

① 내압시험
② 기밀시험
③ 역류방지시험
④ 역화방지시험
⑤ 가스압력손실시험
⑥ 방출장치동작시험
[근거]
역화방지기의 시험방법: 방호장치 자율안전기준 고용노동부고시

45 ★

산업안전보건법상 아세틸렌 용접장치를 사용하여 금속의 용접, 용단 및 가열작업을 하는 경우 준수사항을 4가지 쓰시오.

① 발생기의 종류, 형식, 제작업체명, 매시 평균가스발생량 및 1회 카바이드 공급량을 발생기실 내의 보기 쉬운 장소에 게시할 것
② 발생기실에는 관계근로자가 아닌 사람이 출입하는 것을 금지할 것
③ 발생기에서 5m 이내 또는 발생기실에서 3m 이내의 장소에서는 흡연, 화기의 사용 또는 불꽃이 발생할 위험한 행위를 금지시킬 것
④ 도관에는 산소용과 아세틸렌용과의 혼동을 방지하기 위한 조치를 할 것
⑤ 아세틸렌 용접장치의 설치장소에는 적당한 소화설비를 갖출 것
⑥ 이동식 아세틸렌 용접장치의 발생기는 고온의 장소, 통풍이나 환기가 불충분한 장소 또는 진동이 많은 장소 등에 설치하지 않도록 할 것
[근거]
아세틸렌 용접장치의 관리 등: 산업안전보건법 산업안전보건기준에 관한 규칙 제290조

46 ★★

아세틸렌 용접장치의 역화원인을 4가지 쓰시오.

① 산소공급이 과다할 때
② 토치 팁에 이물질이 묻었을 때
③ 토치의 성능이 좋지 않을 때
④ 압력조정기가 고장났을 때
⑤ 토치가 과열되었을 때

47 ★★

아세틸렌 용접장치 도관에 대한 점검항목을 3가지 쓰시오.

① 가스누출의 유무
② 밸브의 작동상태
③ 역화방지기 접속부 및 밸브코크의 작동상태 이상 유무

48 ★★

금속의 용접 · 용단 또는 가열에 사용되는 가스 등의 용기를 취급하는 경우 준수사항을 5가지 쓰시오.

① 다음 어느 하나에 해당하는 장소에서 사용하거나 해당 장소에 설치 · 저장 또는 방치하지 않도록 할 것
  ㉠ 통풍이나 환기가 불충분한 장소
  ㉡ 화기를 사용하는 장소 및 그 부근
  ㉢ 위험물 또는 인화성 액체를 취급하는 장소 및 그 부근
② 용기의 온도를 섭씨 40도 이하로 유지할 것
③ 전도의 위험이 없도록 할 것
④ 충격을 가하지 않도록 할 것
⑤ 운반하는 경우에는 캡을 씌울 것
⑥ 사용하는 경우에는 용기의 마개에 부착되어 있는 유류 및 먼지를 제거할 것
⑦ 밸브의 개폐는 서서히 할 것
⑧ 사용 전 또는 사용 중인 용기와 그 밖의 용기를 명확히 구별하여 보관할 것
⑨ 용해아세틸렌의 용기는 세워 둘 것
⑩ 용기의 부식, 마모 또는 변형상태를 점검한 후 사용할 것
[근거]
가스 등의 용기: 산업안전보건법 산업안전보건기준에 관한 규칙 제234조

49 ★★

아세틸렌가스의 용기에 표시되어 있는 다음 내용에 대하여 간단히 설명하시오.

(1) FP15
(2) TP 25

(1) FP15: 아세틸렌가스용기의 최고충전압력이 15MPa
(2) TP25: 아세틸렌가스용기의 내압시험압력이 25MPa
[근거]
가스용기 등의 표시: 고압가스안전관리법 시행규칙 [별표 24]

50 ★★★

보일러의 폭발사고를 예방하기 위하여 기능이 정상적으로 작동될 수 있도록 설치하여야 하는 방호장치를 3가지 쓰시오.

① 압력방출장치
② 압력제한스위치
③ 화염검출기
④ 고저수위조절장치
[근거]
폭발의 위험방지: 산업안전보건법 산업안전보건기준에 관한 규칙 제119조

51 ★★

다음 보일러에서 발생하는 이상현상에 대한 사항에 적합한 내용을 쓰시오.

(1) 부유물이나 유지분 등에 의하여 보일러수의 비등과 함께 수면부에 거품이 발생하는 현상
(2) 보일러의 급격한 압력강하, 급격한 부하, 고수위 등에 의해 물방울 또는 물거품이 수면 위로 튀어 올라 관 밖으로 운반되는 현상

(1) 포밍(Foaming)
(2) 프라이밍(Priming)

52 ★★

보일러의 운전 중 프라이밍(Priming)의 발생원인을 3가지 쓰시오.

정답

① 고수위인 경우
② 증기부하가 과대한 경우
③ 보일러수가 농축된 경우
④ 주증기 밸브를 급격히 개방한 경우
⑤ 기수분리장치가 불완전한 경우
⑥ 부유물, 유지물이 많이 함유되었을 경우
⑦ 증기부가 작고 수부가 큰 경우

53 ★★

보일러에서 발생하는 캐리오버(Carryover: 기수공발)의 발생원인을 3가지 쓰시오.

정답

① 증기부하가 과대할 때
② 보일러 수면이 너무 높을 때
③ 기수분리장치가 불완전할 때
④ 주증기 밸브를 급히 열었을 때
⑤ 부유물, 유지물이 많이 함유되었을 때

54 ★★★

다음 (   ) 안에 각각 적합한 내용을 쓰시오.

(1) 사업주는 보일러의 안전한 가동을 위하여 보일러 규격에 맞는 압력방출장치를 1개 또는 2개 이상 설치하고 최고사용압력 이하에서 작동되도록 하여야 한다. 다만, 압력방출장치가 2개 이상 설치된 경우에는 최고사용 압력 이하에서 1개가 작동되고, 다른 압력방출장치는 최고사용압력 (①)배 이하에서 작동되도록 부착하여야 한다.
(2) 압력방출장치는 매년 (②) 이상 「국가표준기본법」에 따라 산업통상자원부장관의 지정을 받은 국가교정업무 전담기관에서 교정을 받은 압력계를 이용하여 설정압력에서 압력방출장치가 적정하게 작동하는지를 검사한 후 (③)(으)로 봉인하여 사용하여야 한다.
(3) 다만, 공정안전보고서 제출 대상으로서 고용노동부장관이 실시하는 공정안전보고서 이행상태 평가 결과가 우수한 사업장은 압력방출장치에 대하여 (④)마다 1회 이상 설정압력에서 압력방출장치가 적정하게 작동하는지를 검사할 수 있다.

정답

① 1.05
② 1회
③ 납
④ 4년
[근거]
압력방출장치: 산업안전보건법 산업안전보건기준에 관한 규칙 제116조

55 ★★

다음은 산업안전보건법상 압력용기 등에 설치하는 안전밸브 등의 작동요건에 대한 사항이다. (   ) 안에 적합한 내용을 쓰시오.

(1) 고압에 따른 폭발을 방지하기 위해 설치한 안전밸브 등을 통하여 보호하려는 설비의 (①)에서 작동되도록 하여야 한다.
(2) 다만, 안전밸브 등이 2개 이상 설치된 경우에 1개는 최고사용압력의 (②)(외부화재를 대비한 경우에는 (③) 이하에서 작동되도록 설치할 수 있다.

정답

① 최고사용압력 이하
② 1.05배
③ 1.1배
[근거]
안전밸브 등의 작동요건: 산업안전보건법 산업안전보건기준에 관한 규칙 제264조

56 ★★

산업안전보건법상 압력용기 등을 식별할 수 있도록 하기 위하여 각인·표시하여야 할 사항을 3가지 쓰시오.

정답

① 최고사용압력
② 제조연월일
③ 제조회사명
[근거]
최고사용압력의 표시 등: 산업안전보건법 산업안전보건기준에 관한 규칙 제120조

57 ★★★

공기압축기를 가동할 때 작업시작 전 점검하여야 할 사항을 4가지 쓰시오.

정답

① 압력방출장치의 기능
② 언로드밸브의 기능
③ 공기저장 압력용기의 외관상태
④ 드레인밸브의 조작 및 배수
⑤ 회전부의 덮개 또는 울
⑥ 윤활유의 상태
[근거]
작업시작 전 점검사항: 산업안전보건법 산업안전보건기준에 관한 규칙 [별표 3]

58 ★★

다음에 있는 안전밸브 형식 표시사항에 대하여 순서대로 자세히 설명하여 쓰시오.

SF Ⅱ 1 − B

정답

① S: 요구성능(증기의 분출압력을 요구)
② F: 유량제한기구(전량식)
③ Ⅱ: 호칭입구 크기 구분(25mm 초과 50mm 이하)
④ 1: 호칭압력 구분(1MPa 이하)
⑤ B: 평형형
[근거]
안전밸브의 성능기준: 방호장치 안전인증 고용노동부고시

59 ★★

안전인증 안전밸브에 안전인증의 표시에 따른 표시 외에 추가로 표시해야 하는 사항을 4가지 쓰시오.

① 호칭지름
② 용도(증기: 포화/가열, 가스명)
③ 설정압력(MPa, 냉각차설정압력 포함)
④ 분출차(%)
⑤ 공칭분출량(kg/h)
⑥ 정격양정
[근거]
안전밸브의 성능기준: 방호장치 안전인증 고용노동부고시

60 ★★

공기압축기에서 발생할 수 있는 서징(Surging)방지대책에 대하여 3가지 쓰시오.

① 풍량을 감소시킨다.
② 배관의 경사를 완만하게 한다.
③ 교축밸브를 기계에 가깝게 설치한다.
④ 방출밸브를 이용하여 배관 내의 잔류공기를 제거한다.
⑤ 회전수를 변경시킨다.

61 ★★★

산업안전보건법상 다음 위험기계·기구에 설치하여야 하는 방호장치를 쓰시오.
(1) 압력용기
(2) 산업용로봇
(3) 교류아크용접기
(4) 아세틸렌 용접장치
(5) 동력식 수동대패기계

(1) 압력방출장치
(2) 안전매트
(3) 자동전격방지기
(4) 안전기
(5) 칼날접촉방지장치

62 ★★★

산업안전보건법상 산업용 로봇의 작동범위에서 로봇에 대하여 교시 등의 작업을 하는 경우에는 해당 로봇의 예기치 못한 작동 또는 오조작에 의한 위험을 방지하기 위하여 작업지침을 정하여 그 지침에 따라 작업을 하도록 하여야 한다. 이때 작업지침에 포함되어야 할 사항을 4가지 쓰시오.

① 로봇의 조작방법 및 순서
② 작업 중의 매니퓰레이터의 속도
③ 2명 이상의 근로자에게 작업을 시킬 경우의 신호방법
④ 이상을 발견한 경우의 조치
⑤ 이상을 발견하여 로봇의 운전을 정지시킨 후 이를 재가동시킬 경우의 조치
⑥ 그 밖에 로봇의 예기치 못한 작동 또는 오조작에 의한 위험을 방지하기 위하여 필요한 조치
[근거]
교시 등: 산업안전보건법 산업안전보건기준에 관한 규칙 제222조

63 ★★

로봇의 운전으로 인하여 근로자에게 발생할 수 있는 부상 등의 위험을 방지하기 위하여 필요한 조치사항을 2가지 쓰시오.

정답

① 높이 1.8m 이상의 울타리 설치
② 컨베이어 시스템의 설치 등으로 울타리를 설치할 수 없는 일부 구간은 안전매트 또는 광전자식 방호장치 등 감응형 방호장치 설치
[근거]
운전 중 위험방지: 산업안전보건법 산업안전보건기준에 관한 규칙 제223조

64 ★★

산업안전보건법상 로봇의 작동범위에서 그 로봇에 관하여 교시 등의 작업을 할 때 작업시작 전 점검사항을 3가지 쓰시오.

정답

① 외부전선의 피복 또는 외장의 손상 유무
② 매니퓰레이터(Manipulator)작동의 이상 유무
③ 제동장치 및 비상정지장치의 기능
[근거]
작업시작 전 점검사항: 산업안전보건법 산업안전보건기준에 관한 규칙 [별표 3]

65 ★

산업용 로봇에 설치하는 안전매트의 일반구조에 대하여 3가지를 쓰시오.

정답

① 단선경보장치가 부착되어 있어야 한다.
② 감응시간을 조절하는 장치는 부착되어 있지 않아야 한다.
③ 감응도조절장치가 있는 경우 봉인되어 있어야 한다.
[근거]
안전매트의 성능기준 및 시험방법: 방호장치 자율안전기준 고용노동부고시

66 ★★★

목재가공용 둥근톱에 설치하여야 하는 방호장치를 2가지 쓰고, 2가지 방호장치에 대한 종류를 각각 쓰시오.

정답

(1) 방호장치
　① 반발예방장치
　② 날접촉예방장치
(2) 2가지 방호장치에 대한 종류
　① 반발예방장치
　　㉠ 반발방지기구(Finger)
　　㉡ 분할날
　　㉢ 반발방지롤러
　② 날접촉예방장치
　　㉠ 고정식 날접촉예방장치
　　㉡ 가동식 날접촉예방장치

67 ★★★

다음은 목재가공용 둥근톱의 방호장지 중 분할날에 대한 사항이다. (　) 안에 적합한 내용을 쓰시오.

(1) 분할날의 두께는 둥근톱 두께의 (　①　)배 이상일 것
(2) 견고히 고정할 수 있으며 분할날과 톱날 원주면과의 거리는 (　②　)mm 이내로 조정, 유지할 수 있어야 하고, 표준테이블면상의 톱 뒷날의 (　③　) 이상을 덮도록 할 것
(3) 분할날 조임볼트는 (　④　)개 이상일 것

정답

① 1.1
② 12
③ 2/3
④ 2
[근거]
목재가공용 덮개 및 분할날 성능기준: 방호장치 자율안전기준 고용노동부고시

68 ★

목재가공용 둥근톱기계에서 다음 보기에 있는 사항의 크기를 비교하여 순서대로 나타내시오.

① 분할날의 두께
② 톱날두께
③ 치진폭

② < ① < ③

69 ★★

휴대용 둥근톱 가공덮개에 대한 구조조건을 3가지 쓰시오.

① 절단작업이 완료되었을 때 자동적으로 원위치에 되돌아오는 구조일 것
② 이동범위를 임의의 위치로 고정할 수 없을 것
③ 휴대용 둥근톱 덮개의 지지부는 덮개를 지지하기 위한 충분한 강도를 가질 것
④ 휴대용 둥근톱 덮개의 지지부의 볼트 및 이동덮개가 자동적으로 되돌아오는 기계의 스프링 고정볼트는 이완방지장치가 설치되어 있는 것일 것

[근거]
목재가공용 덮개 및 분할날 성능기준: 방호장치 자율안전기준 고용노동부고시

70 ★★

자율안전확인 덮개와 분할날에 자율안전확인 표시 외에 추가로 표시하여야 할 사항을 2가지 쓰시오.

① 덮개의 종류
② 둥근톱의 사용가능 치수

[근거]
목재가공용 덮개 및 분할날 성능기준: 방호장치 자율안전기준 고용노동부고시

71 ★★

동력식 수동대패기의 방호장치를 쓰고, 그 방호장치와 송급테이블의 간격을 쓰시오.

① 동력식 수동대패기의 방호장치: 칼날접촉방지장치
② 방호장치와 송급테이블의 간격: 8mm 이하

[근거]
대패기계용 덮개의 시험방법: 방호장치 자율안전기준 고용노동부고시

72 ★★

다음은 사출성형기 등의 방호장치에 대한 사항이다. ( ) 안에 적합한 내용을 쓰시오.

(1) 사출성형기(射出成形機), 주형조형기(鑄型造形機) 및 형단조기(프레스 등은 제외한다) 등에 근로자의 신체 일부가 말려들어갈 우려가 있는 경우 (①) 또는 (②) 등에 의한 방호장치 그 밖에 필요한 방호조치를 하여야 한다.
(2) 게이트가드는 닫지 아니하면 기계가 작동되지 아니하는 (③)이어야 한다.
(3) 기계의 히터 등의 가열부위 또는 감전 우려가 있는 부위에는 (④)를 설치하는 등 필요한 안전조치를 하여야 한다.

① 게이트가드   ② 양수조작식
③ 연동구조   ④ 방호덮개

[근거]
사출성형기 등의 방호장치: 산업안전보건법 산업안전보건기준에 관한 규칙 제121조

73 ★★

산업안전보건법상 고속회전체는 터빈로터, 원심분리기의 버켓 등의 회전체로서 (1) 원주속도가 얼마를 초과하는 것을 말하는 것인지와 (2) 비파괴검사를 실시하여야 할 대상을 쓰시오.

정답

(1) 원주속도: 25m/s를 초과하는 것
(2) 비파괴검사 실시 대상: 회전축의 중량이 1t을 초과하고 원주속도가 120m/s 이상인 것

[근거]
회전시험 중의 위험방지 등: 산업안전보건법 산업안전보건기준에 관한 규칙 제114조, 제115조

74 ★

산업안전보건법상 동력으로 작동하는 기계 · 기구로서 다음의 어느 하나에 해당하는 것은 고용노동부령으로 정하는 방호조치를 하지 아니하고는 양도, 대여, 설치 또는 사용에 제공하거나 양도 · 대여의 목적으로 진열해서는 아니 된다. (   ) 안에 적합한 내용을 쓰시오.

> (1) 작동부분에 (①)이 있는 것
> (2) 동력전달부분 또는 (②)이 있는 것
> (3) 회전기계에 물체 등이 (③)이 있는 것

정답

① 돌기부분
② 속도조절부분
③ 말려들어갈 부분

[근거]
유해하거나 위험한 기계 · 기구에 대한 방호조치: 산업안전보건법 제80조

75 ★★★

산업안전보건법상 유해 · 위험방지를 위한 방호조치를 하지 아니하고는 양도, 대여, 설치 또는 사용에 제공하거나 양도 · 대여를 목적으로 진열해서는 아니 되는 기계 · 기구를 5가지 쓰고, 방호장치를 각각 1가지씩 쓰시오.

정답

① 예초기: 날접촉예방장치
② 원심기: 회전체접촉예방장치
③ 공기압축기: 압력방출장치
④ 금속절단기: 날접촉예방장치
⑤ 지게차: 헤드가드, 백레스트, 전조등, 후미등, 안전벨트
⑥ 포장기계(진공포장기, 래핑기로 한정): 구동부방호연동장치

[근거]
• 유해하거나 위험한 기계 · 기구에 대한 방호조치: 산업안전보건법 제80조
• 방호조치: 산업안전보건법 시행규칙 제98조

76 ★★

연삭기 숫돌의 지름이 30cm이고, 회전수가 500rpm일 때 원주속도는 몇 m/min인지 계산하시오.

정답

$$V = \frac{\pi DN}{1,000}$$

$$= \frac{3.14 \times 300 \times 500}{1,000}$$

$$= 471 m/min$$

77 ★

연삭기 숫돌의 직경이 270mm일 때 플랜지의 직경은 최소 몇 mm인지 계산하시오.

정답

$$
플랜지의 \ 직경 = 숫돌의 \ 직경 \times \frac{1}{3}
$$

$$
= 270 \times \frac{1}{3} = 90mm
$$

78 ★

다음 그림은 아세틸렌 용접장치의 저압용 수봉식 안전기에 대한 것이다. (   ) 안에 적합한 내용을 쓰시오.

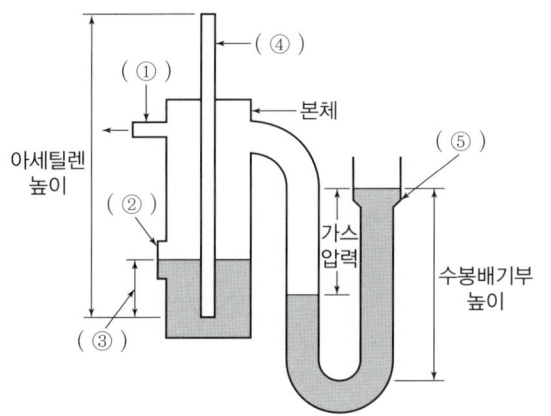

정답

① 아세틸렌 출구

② 검수창

③ 유효수주

④ 아세틸렌 도입관

⑤ 수봉배기관

79 ★★

롤러기의 맞물림점 전방에 개구부의 간격 20mm의 가드를 설치할 때 가드는 개구부에서 위험점까지 얼마의 거리를 유지하여야 하는지 계산하시오.

정답

① $Y = 6 + 0.15X$

여기서, Y: 개구부의 간격(안전간격)[mm]

X: 개구부에서 위험점까지의 거리(안전거리)[mm]

$20 = 6 + 0.15X$

② $X = \dfrac{20-6}{0.15} = 93.3333 \fallingdotseq 93.33mm$

80 ★★★

다음 기계를 사용하여 작업을 할 때 부착하여야 하는 방호장치를 쓰시오.

(1) 띠톱기계

(2) 사출성형기

(3) 보일러

(4) 롤러기

(5) 모떼기기계

(6) 연삭기

정답

(1) **띠톱기계**: 덮개 또는 울

(2) **사출성형기**: 게이트가드 또는 양수조작식 방호장치

(3) **보일러**: 압력방출장치, 압력제한스위치

(4) **롤러기**: 급정지장치

(5) **모떼기기계**: 날접촉예방장치

(6) **연삭기**: 덮개

[근거]

기계 방호장치: 산업안전보건법 산업안전보건기준 제107조, 제110조, 제116조, 제121조, 제122조

1 지게차 및 컨베이어

1. 지게차(Fork Lift)

(1) 지게차에 의한 재해

① 지게차와의 접촉   ② 하물의 낙하   ③ 지게차의 전도·전락   ④ 추락

(2) 지게차의 안전유지 관계식 ★★

$W \cdot a < G \cdot b$	• W: 화물의 중량[kg] • a: 앞바퀴에서 하물의 중심까지의 최단거리[m] • G: 차량의 중량[kg] • b: 앞바퀴에서 차량의 중심까지의 최단거리[m]

(3) 안정도

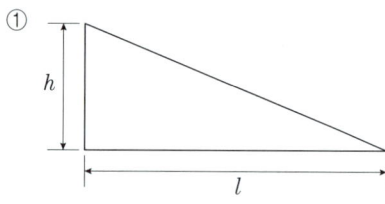

$$안정도 = \frac{h}{l} \times 100\,\%$$

② 지게차의 안정도

안정도	부하상태에서 주행시의 전후안정도: 18%	부하상태에서 하역작업시 전후안정도: 4%
지게차의 상태		
안정도	무부하상태에서 주행시의 좌우안정도: (15+1.1*V*)% ※ *V*: 최고속도[km/h]	부하상태에서 하역작업시 좌우안정도: 6%
지게차의 상태		

(4) 지게차의 헤드가드(Head Guard)(산업안전보건법 안전보건기준) ★★★

    ① 상부틀의 각 개구의 폭 또는 길이가 16cm 미만일 것

    ② 강도는 지게차의 최대하중의 2배 값(4t을 넘는 값에 대해서는 4t으로 한다)의 등분포정하중에 견딜 수 있을 것

    ③ 운전자가 앉아서 조작하거나 서서 조작하는 지게차의 헤드가드는 한국산업표준에서 정하는 높이 기준 이상일 것

(5) 지게차 작업시작 전 점검사항(산업안전보건법 안전보건기준) ★★★

    ① 하역장치 및 유압장치 기능의 이상 유무

    ② 제동장치 및 조종장치 기능의 이상 유무

    ③ 전조등, 후미등, 방향지시기 및 경보장치 기능의 이상 유무

    ④ 바퀴의 이상 유무

> **참고** **축전식 지게차의 장점** ★
> ① 공장내부에서 작업을 할 경우 공기의 오염이 적다.
> ② 엔진의 소음과 진동이 작다.
> ③ 친환경적이다.

2. 컨베이어(Conveyer)

(1) 컨베이어의 방호장치(산업안전보건법 안전보건기준) ★★

    ① 비상정지장치   ③ 역주행방지장치

    ② 이탈방지장치   ④ 덮개 또는 울

(2) 컨베이어 작업시작 전 점검사항(산업안전보건법 안전보건기준) ★★

    ① 원동기 및 풀리 기능의 이상 유무

    ② 이탈 등의 방지장치 기능의 이상 유무

    ③ 비상정지장치 기능의 이상 유무

    ④ 원동기, 회전축, 기어 및 풀리 등의 덮개 또는 울 등의 이상 유무

2 양중기

1. 양중기의 종류 및 방호장치의 조정

(1) 양중기의 종류(산업안전보건법 안전보건기준) ★★★

    ① 크레인[호이스트(Hoist)를 포함]

    ② 이동식 크레인

    ③ 리프트(이삿짐운반용 리프트의 경우에는 적재하중이 0.1톤 이상인 것으로 한정)

    ④ 곤돌라

    ⑤ 승강기

(2) 방호장치의 조정(산업안전보건법 안전보건기준) ★★★

다음의 양중기에 과부하방지장치, 권과방지장치(捲過防止藏置), 비상정지장치 및 제동장치, 그 밖의 방호장치[승강기의 파이널리미트스위치(Final Limit Switch), 속도조절기, 출입문 인터록(InterLock) 등]가 정상적으로 작동할 수 있도록 미리 조정해 두어야 한다.

① 크레인
② 이동식 크레인
③ 리프트
④ 곤돌라
⑤ 승강기

2. 리프트

(1) 리프트의 종류(산업안전보건법 안전보건기준) ★★

종류	기능
① 건설용 리프트	동력을 사용하여 가이드 레일을 따라 상하로 움직이는 운반구를 매달아 사람이나 화물을 운반할 수 있는 설비 또는 이와 유사한 구조 및 성능을 가진 것으로 건설현장에서 사용하는 것
② 산업용 리프트	동력을 사용하여 가이드레일을 따라 상하로 움직이는 운반구를 매달아 화물을 운반할 수 있는 설비 또는 이와 유사한 구조 및 성능을 가진 것으로 건설현장 외의 장소에서 사용하는 것
③ 자동차정비용 리프트	동력을 사용하여 가이드 레일을 따라 움직이는 지지대로 자동차 등을 일정한 높이로 올리거나 내리는 구조의 리프트로서 자동차 정비에 사용하는 것
④ 이삿짐운반용 리프트	연장 및 축소가 가능하고 끝단을 건축물 등에 지지하는 구조의 사다리형 붐에 따라 동력을 사용하여 움직이는 운반구를 매달아 화물을 운반하는 설비로서 화물자동차 등 차량 위에 탑재하여 이삿짐운반 등에 사용하는 것

※ 산업안전보건법 안전보건기준 → 2021. 11. 19. 개정

(2) 리프트의 방호장치(산업안전보건법 안전보건기준)

① 권과방지장치
② 과부하방지장치
③ 비상정지장치
④ 제동장치

(3) 리프트의 안전기준(산업안전보건법 안전보건기준)

① 붕괴 등의 방지 ★★

순간풍속이 초당 35m를 초과하는 바람이 불어올 우려가 있는 경우 건설용 리프트에 대하여 받침의 수를 증가시키는 등 그 붕괴 등을 방지하기 위한 조치를 하여야 한다.

② 조립 등의 작업 ★★

㉠ 리프트의 설치, 조립, 수리, 점검 또는 해체작업을 하는 경우 다음의 조치를 하여야 한다.

• 작업을 지휘하는 사람을 선임하여 그 사람의 지휘하에 작업을 실시할 것
• 작업을 할 구역에 관계 근로자가 아닌 사람의 출입을 금지하고 그 취지를 보기 쉬운 장소에 표시할 것
• 비, 눈 그 밖에 기상상태의 불안정으로 날씨가 몹시 나쁜 경우에는 그 작업을 중지시킬 것

㉡ 작업을 지휘하는 사람에게 다음의 사항을 이행하도록 하여야 한다.

• 작업방법과 근로자의 배치를 결정하고 해당 작업을 지휘하는 일
• 재료의 결함 유무 또는 기구 및 공구의 기능을 점검하고 불량품을 제거하는 일
• 작업 중 안전대 등 보호구의 착용 상황을 감시하는 일

(4) 리프트(자동차정비용 리프트 포함) 작업시작 전 점검사항(산업안전보건법 안전보건기준) ★★

　　① 방호장치, 브레이크 및 클러치의 기능

　　② 와이어로프가 통하고 있는 곳의 상태

　　※ 리프트의 적재하중: 운반구에 화물을 적재하고 상승할 수 있는 최대하중

3. 곤돌라

(1) 곤돌라의 안전기준(산업안전보건법 안전보건기준)

　　운전방법의 주지: 사업주는 곤돌라의 운전방법 또는 고장이 났을 때의 처치방법을 그 곤돌라를 사용하는 근로자에게 교육하여야 한다.

(2) 곤돌라 작업시작 전 점검사항(산업안전보건법 안전보건기준) ★★

　　① 방호장치, 브레이크의 기능

　　② 와이어로프, 슬링와이어(Sling Wire) 등의 상태

4. 승강기

(1) 승강기의 종류(산업안전보건법 안전보건기준) ★★

승강기의 종류	용도
① 승객용 엘리베이터	사람의 운송에 적합하게 제조. 설치된 엘리베이터
② 승객화물용 엘리베이터	사람의 운송과 화물운반을 겸용하는데 적합하게 제조, 설치된 엘리베이터
③ 화물용 엘리베이터	화물운반에 적합하게 제조. 설치된 엘리베이터로서 조작자 또는 화물취급자 1명은 탑승할 수 있는 것 (적재용량이 300kg 미만인 것은 제외한다.)
④ 소형화물용 엘리베이터	음식물이나 서적 등 소형화물의 운반에 적합하게 제조. 설치된 엘리베이터로서 사람의 탑승이 금지된 것
⑤ 에스컬레이터	일정한 경사로 또는 수평로를 따라 위아래 또는 옆으로 움직이는 디딤판을 통해 사람이나 화물을 승강장으로 운송시키는 설비

(2) 승강기의 안전조치(산업안전보건법 안전보건기준) ★★

　　순간풍속이 초당 35m를 초과하는 바람이 불어올 우려가 있는 경우 옥외에 설치되어 있는 승강기에 대하여 받침의 수를 증가시키는 등 그 도괴를 방지하기 위한 조치를 하여야 한다.

5. 크레인

(1) 정의 ★★

　　① 크레인은 동력을 사용하여 중량물을 매달아 상하 및 좌우(수평 또는 선회)로 운반하는 것을 목적으로 하는 기계 또는 기계장치를 말한다.

　　② 호이스트(Hoist)는 훅이나 그 밖의 달기구 등을 사용하여 화물을 권상 및 횡행 또는 권상동작만을 하여 양중하는 것을 말한다.

(2) 크레인의 재해유형

    ① 매단 물건의 낙하   ③ 추락

    ② 구조부분의 절손, 기계파괴   ④ 협착

(3) 크레인에 관련된 용어의 정의 ★★

    ① 정격하중(Safe Working Load): 크레인의 권상하중에서 훅, 그래브 또는 버켓 등 달기구의 중량에 상당하는 하중을 뺀 하중

    ② 정격속도: 정격하중에 상당하는 하중을 크레인에 매달고 주행, 횡행, 선회할 수 있는 최고속도

    ③ 권상하중(Hoisting Load): 크레인이 들어올릴 수 있는 하중

    ④ 적재하중: 크레인이 짐을 싣고 상승할 수 있는 최대하중

(4) 크레인의 방호장치(산업안전보건법 안전보건기준) ★★★

    ① 과부하방지장치   ③ 비상정지장치

    ② 권과방지장치   ④ 제동장치

> **참고 권과방지장치**
>
> 권상용 로프를 크레인이 과도하게 감아올리게 되면 로프가 절단되어 하물이 낙하할 위험이 있으므로 어느 정도 감기게 되면 자동적으로 스위치가 끊어져 권상용 전동기의 회전을 멈추도록 한 것으로 일종의 리밋 스위치(Limit Switch)이다.

(5) 크레인의 안전기준(산업안전보건법 안전보건기준)

    ① 해지장치의 사용

    ② 경사각의 제한

    ③ 폭풍에 의한 이탈방지 ★★

        순간풍속이 초당 30m를 초과하는 바람이 불어올 우려가 있는 경우 옥외에 설치되어 있는 주행 크레인에 대하여 이탈방지장치를 작동시키는 등 그 이탈을 방지하기 위한 조치를 하여야 한다.

    ④ 조립 등의 작업시 조치사항: 크레인의 설치, 조립, 수리, 점검 또는 해체작업을 하는 경우 다음의 조치를 하여야 한다.

        ㉠ 작업순서를 정하고 그 순서에 따라 작업을 할 것

        ㉡ 작업을 할 구역에 관계근로자가 아닌 사람의 출입을 금지하고 그 취지를 보기 쉬운 곳에 표시할 것

        ㉢ 비, 눈 그 밖에 기상상태의 불안정으로 날씨가 몹시 나쁜 경우에는 그 작업을 중지시킬 것

        ㉣ 작업장소는 안전한 작업이 이루어질 수 있도록 충분한 공간을 확보하고 장애물이 없도록 할 것

        ㉤ 들어 올리거나 내리는 기자재는 균형을 유지하면서 작업을 하도록 할 것

        ㉥ 크레인의 성능, 사용조건 등에 따라 충분한 응력을 갖는 구조로 기초를 설치하고 침하 등이 일어나지 않도록 할 것

        ㉦ 규격품인 조립용 볼트를 사용하고 대칭되는 곳을 차례로 결합하고 분해할 것

    ⑤ 폭풍 등으로 인한 이상 유무 점검 ★★

        순간풍속이 초당 30m를 초과하는 바람이 불거나 중진(中震) 이상 진도의 지진이 있는 후에 옥외에 설치되어 있는 양중기를 사용하여 작업을 하는 경우에는 미리 기계 각 부위에 이상이 있는지를 점검하여야 한다.

    ⑥ 건설물 등과의 사이의 통로 ★★

        주행 크레인 또는 선회 크레인과 건설물 또는 설비와의 사이에 통로를 설치하는 경우 그 폭을 0.6m 이상으로 하여야 한다. 다만, 그 통로 중 건설물의 기둥에 접촉하는 부분에 대하여는 0.4m 이상으로 할 수 있다.

⑦ 타워크레인의 지지 – 벽체에 지지하는 경우

타워크레인을 벽체에 지지하는 경우 다음의 사항을 준수하여야 한다.

㉠ 서면심사에 관한 서류 또는 제조사의 설치작업 설명서 등에 따라 설치할 것

㉡ 서면심사 서류 등이 없거나 명확하지 아니한 경우에는 건축구조, 건설기계, 기계안전, 건설안전기술사 또는 건설안전분야 산업안전지도사의 확인을 받아 설치하거나 기종별 · 모델별 공인된 표준방법으로 설치할 것

㉢ 콘크리트구조물에 고정시키는 경우에는 매립이나 관통 또는 이와 같은 수준 이상의 방법으로 충분히 지지되도록 할 것

㉣ 건축 중인 시설물에 지지하는 경우에는 그 시설물의 구조적 안정성에 영향이 없도록 할 것

⑧ 타워크레인의 지지 – 와이어로프로 지지하는 경우 ★★

타워크레인을 와이어로프로 지지하는 경우 다음의 사항을 준수하여야 한다.

㉠ 서면심사에 관한 서류 또는 제조사의 설치작업 설명서 등에 따라 설치할 것

㉡ 서면심사 서류 등이 없거나 명확하지 아니한 경우에는 건축구조, 건설기계, 기계안전, 건설안전기술사 또는 건설안전분야 산업안전지도사의 확인을 받아 설치하거나 기종별 · 모델별 공인된 표준방법으로 설치할 것

㉢ 와이어로프를 고정하기 위한 전용 지지프레임을 사용할 것

㉣ 와이어로프 설치각도는 수평면에서 60도 이내로 하되, 지지점은 4개소 이상으로 하고, 같은 각도로 설치할 것

㉤ 와이어로프와 그 고정부위는 충분한 강도와 장력을 갖도록 설치하고, 와이어로프를 클립, 샤클 등의 고정기구를 사용하여 견고하게 고정시켜 풀리지 아니하도록 하며, 사용 중에는 충분한 강도와 장력을 유지하도록 할 것

㉥ 와이어로프가 가공전선에 근접하지 않도록 할 것

⑨ 강풍시 타워크레인의 작업제한 ★★

㉠ 순간풍속이 10m/s를 초과하는 경우에는 타워크레인의 설치, 수리, 점검 또는 해체작업을 중지하여야 한다.

㉡ 순간풍속이 15m/s를 초과하는 경우에는 타워크레인의 운전작업을 중지하여야 한다.

⑩ 건설물 등의 벽체와 통로의 간격 ★

다음 통로의 간격을 0.3m 이하로 하여야 한다. 다만, 근로자가 추락할 위험이 없는 경우에는 그 간격을 0.3m 이하로 유지하지 아니할 수 있다.

㉠ 크레인의 운전실 또는 운전대를 통하는 통로의 끝과 건설물 등의 벽체의 간격

㉡ 크레인 거더(Girder)의 통로 끝과 크레인 거더의 간격

㉢ 크레인 거더의 통로로 통하는 통로의 끝과 건설물 등의 벽체의 간격

⑪ 크레인의 수리 등의 작업 ★★

갠트리 크레인(Gantry Crane) 등과 같이 작업장 바닥에 고정된 레일을 따라 주행하는 크레인의 새들(Saddle) 돌출부와 주변 구조물 사이의 안전공간이 40cm 이상 되도록 바닥에 표시를 하는 등 안전공간을 확보하여야 한다.

(6) 크레인 작업시의 준수사항(산업안전보건법 안전보건기준) ★★★

① 인양할 하물(荷物)을 바닥에서 끌어당기거나 밀어내는 작업을 하지 아니할 것

② 유류드럼이나 가스통 등 운반 도중에 떨어져 폭발하거나 누출될 가능성이 있는 위험물 용기는 보관함(또는 보관고)에 담아 안전하게 매달아 운반할 것

③ 고정된 물체를 직접 분리 · 제거하는 작업을 하지 아니할 것

④ 미리 근로자의 출입을 통제하여 인양 중인 하물이 작업자의 머리 위로 통과하지 않도록 할 것

⑤ 인양할 하물이 보이지 아니하는 경우에는 어떠한 동작도 하지 아니할 것

(7) 크레인 작업시작 전 점검사항(산업안전보건법 안전보건기준) ★★★

    ① 권과방지장치, 브레이크, 클러치 및 운전장치의 기능

    ② 주행로의 상측 및 트롤리가 횡행(橫行)하는 레일의 상태

    ③ 와이어로프가 통하고 있는 곳의 상태

6. 이동식 크레인

(1) 이동식 크레인의 안전기준(산업안전보건법 안전보건기준)

    ① 설계기준 준수   ③ 해지장치의 사용

    ② 안전밸브의 조정   ④ 경사각의 제한

(2) 이동식 크레인의 작업시작 전 점검사항(산업안전보건법 안전보건기준) ★★

    ① 권과방지장치 그 밖의 경보장치의 기능

    ② 브레이크, 클러치 및 조정장치의 기능

    ③ 와이어로프가 통하고 있는 곳 및 작업장소의 지반상태

> **참고** 과부하방지장치 ★
>
> (1) 과부하방지장치: 양중기에 있어서 정격하중 이상의 하중이 부하되었을 경우 자동적으로 동작을 정지시켜 주는 방호장치를 말한다.
>
> (2) 과부하방지장치의 종류와 적용
>
> | 종류 | 원리 | 적용 |
> |------|------|------|
> | 전자식(J-1) | 스트레인 게이지를 이용한 전자감응방식으로 과부하상태 감지 | 크레인, 곤돌라, 리프트, 승강기 |
> | 전기식(J-2) | 권상모터의 부하변동에 따른 전류변화를 감지하여 과부하상태 감지 | 호이스트, 크레인 |
> | 기계식(J-3) | 전기전자방식이 아닌 기계·기구학적인 방법에 의하여 과부하상태 감지 | 크레인, 곤돌라, 리프트, 승강기 |

---

7. 와이어로프(Wire Rope)

(1) 와이어로프의 구성

    ① 와이어로프는 여러 개의 와이어로 1개의 가닥(Strand)을 만들어 이것을 보통 6개 이상 꼬아서 만든 것으로 심에는 기름을 칠한 대마심선을 삽입시킨다.

    ② 크기는 지름의 굵기로 나타내며 재료는 연철과 강선이 주로 사용된다.

(2) 와이어로프에 걸리는 하중 ★★

    ① 와이어로프에 걸리는 하중의 변화: 하물을 달아 올릴 때 로프에 걸리는 힘은 슬링 와이어의 각도가 작을수록 작게 걸린다.

    ② 와이어로프에 걸리는 하중을 구하는 식

$$W_1 = \dfrac{\dfrac{W}{2}}{\cos\dfrac{\theta}{2}}$$

- W_1: 로프에 걸리는 하중[kg]
- W: 화물의 무게[kg]
- θ: 로프의 각도

③ 와이어로프에 걸리는 총하중을 구하는 식

> ⊙ 총하중(W_1) = 정하중(W_1) + 동하중(W_2)
>
> ⓒ 동하중 $W_2 = \dfrac{W_1}{g} \cdot \alpha$
>
> - g: 중력가속도[$9.8\,\mathrm{m/s^2}$]
> - α: 가속도[$\mathrm{m/s^2}$]

(3) 와이어로프 등 달기구의 안전계수 ★★★

양중기의 와이어로프 등 달기구의 안전계수(달기구 절단하중의 값을 그 달기구에 걸리는 하중의 최대값으로 나눈 값)가 다음에 따른 기준에 맞지 아니한 경우에는 이를 사용해서는 아니 된다.

① 근로자가 탑승하는 운반구를 지지하는 달기와이어로프 또는 달기체인의 경우: 10 이상

② 화물의 하중을 직접 지지하는 달기와이어로프 또는 달기체인의 경우: 5 이상

③ 훅, 샤클, 클램프, 리프팅 빔의 경우: 3 이상

④ 그 밖의 경우: 4 이상

(4) 와이어로프 안전율을 구하는 식

$$S = \frac{NP}{Q}$$

- S: 안전율
- N: 로프 가닥수(개)
- P: 로프의 파단강도[kg]
- Q: 안전하중[kg]

(5) 곤돌라형 달비계의 와이어로프 사용금지 기준(산업안전보건법 안전보건기준) ★★★

① 이음매가 있는 것

② 와이어로프 한꼬임(스트랜드)에서 끊어진 소선(필러선 제외)의 수가 10% 이상인 것

③ 지름의 감소가 공칭지름의 7%를 초과하는 것

④ 꼬인 것

⑤ 심하게 변형되거나 부식된 것

⑥ 열과 전기충격에 의해 손상된 것

※ 산업안전보건법 안전보건기준 → 2021. 11. 19. 개정

(6) 곤돌라형 달비계의 늘어난 달기체인의 사용금지 기준(산업안전보건법 안전보건기준) ★★

① 달기체인의 길이가 달기체인이 제조된 때의 길이의 5%를 초과한 것

② 링의 단면지름이 달기체인이 제조된 때의 해당 링의 지름의 10%를 초과하여 감소한 것

③ 균열이 있거나 심하게 변형된 것

※ 산업안전보건법 안전보건기준 → 2021. 11. 19. 개정

8. 기타 크레인 등 양중기 관련 주요사항

(1) 크레인의 운전반경: 상부회전체 회전중심에서 화물중심까지의 수평거리

(2) 와이어로프 '6 × Fi 19' 표시사항이 의미하는 것 ★★

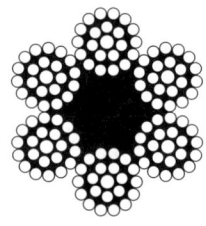

[6 × Fi 19]

① 6 → 꼬임의 수(Strand의 수)

② Fi → 필러형

③ 19 → 소선의 수

(3) 와이어로프의 꼬임 ★★★

① 랭꼬임: 로프의 꼬임방향과 가닥(Strand)의 꼬임방향이 같은 것이다.

② 보통꼬임: 로프의 꼬임방향과 가닥의 꼬임방향이 반대로 된 것이다.

③ 랭꼬임과 보통꼬임의 특성

랭꼬임(Lang's Lay)	보통꼬임(Regular Lay)
① 꼬임이 풀리기 쉽다. ② 내마모성, 유연성, 내피로성이 우수하다. ③ 킹크(Kink)가 생기기 쉬운 곳은 적합하지 않다.	① 하중을 걸었을 때 저항이 크다. ② 로프 자체의 변형이 적고 킹크(Kink)가 잘생기지 않는다. ③ 소선의 외부길이가 짧아서 마모되기 쉽다. ④ 취급이 용이하여 선박, 육상작업 등에 많이 사용된다.
▲ 랭 Z꼬임 ▲ 랭 S꼬임	▲ 보통 Z꼬임 ▲ 보통 S꼬임

(4) 크레인의 제작 및 안전기준에 따라 크레인의 이름판에 나타내어야 하는 항목(위험기계 · 기구 안전인증 고용노동부고시) ★

① 정격하중

② 사용전기설비의 정격

③ 제조자명

④ 제조연월

⑤ 안전인증의 표시

⑥ 제조번호

⑦ 형식 또는 모델명

(5) 운전위치의 이탈금지(산업안전보건법 안전보건기준) ★★

다음의 기계를 운전하는 경우 운전자가 운전위치를 이탈하게 해서는 아니 된다.

① 양중기

② 항타기 또는 항발기(권상장치에 하중을 건 상태)

③ 양화장치(화물을 적재한 상태)

적중문제 **CHAPTER 3** 안전시설 설치 · 관리하기(Ⅱ)

01 ★★

그림과 같은 지게차에서 지게차의 중량(G)이 1t이고, 앞바퀴부터 화물의 중심까지의 최단거리(a)가 1.2m, 앞바퀴부터 지게차의 중심까지의 최단거리(b)가 1.5m일 때 지게차가 안정을 유지하기 위해서는 화물의 중량(W)을 얼마로 해야 하는지 계산하시오.

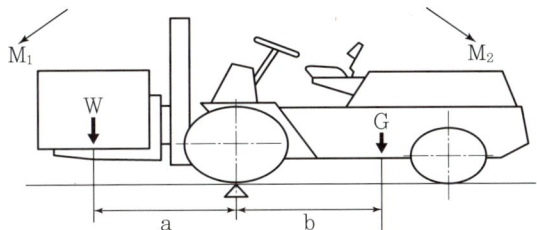

정답

지게차의 안정을 유지하기 위한 조건 $W \times a < G \times b$

① $W \times 1.2 < 1 \times 1.5$

$W < \dfrac{1}{1.2} \times 1.5$

$W < 1.25$

② 따라서, 화물의 중량은 1.25 t 미만이어야 한다.

02 ★★★

산업안전보건법상 지게차를 사용하여 작업을 할 때 작업시작 전 점검사항을 4가지 쓰시오.

정답

① 하역장치 및 유압장치 기능의 이상 유무

② 제동장치 및 조종장치 기능의 이상 유무

③ 바퀴의 이상 유무

④ 전조등, 후미등, 방향지시기 및 경보장치 기능의 이상 유무

[근거]

작업시작 전 점검사항: 산업안전보건법 산업안전보건기준에 관한 규칙 [별표 3]

03 ★★★

화물의 낙하에 의하여 지게차의 운전자에게 위험을 미칠 우려가 있는 사업장에서 사용되는 지게차의 헤드가드 (Head Guard)가 갖추어야 하는 조건을 2가지 쓰시오.

정답

① 강도는 지게차의 최대하중의 2배 값(4t을 넘는 값에 대해서는 4t으로 한다)의 등분포정하중에 견딜 수 있을 것

② 상부틀의 각 개구의 폭 또는 길이가 16cm 미만일 것

③ 운전자가 앉아서 조작하거나 서서 조작하는 지게차의 헤드가드는 한국산업표준에서 정하는 높이 기준 이상일 것

[근거]

헤드가드: 산업안전보건법 산업안전보건기준에 관한 규칙 제180조

04 ★★

산업안전보건법상 컨베이어의 방호장치를 3가지 쓰시오.

정답

① 이탈방지장치   ② 역주행방지장치

③ 비상정지장치   ④ 덮개 또는 울

[근거]

이탈 등 방지 등: 산업안전보건법 산업안전보건기준에 관한 규칙 제191조 ∼ 제193조

05 ★★

컨베이어를 사용하여 작업을 할 때 작업시작 전 점검사항을 3가지 쓰시오.

정답

① 원동기 및 풀리 기능의 이상 유무
② 비상정지장치 기능의 이상 유무
③ 이탈 등의 방지장치 기능의 이상 유무
④ 원동기, 회전축, 기어 및 풀리 등의 덮개 또는 울 등의 이상 유무
[근거]
작업시작 전 점검사항: 산업안전보건법 산업안전보건기준에 관한 규칙 [별표 3]

07 ★★

산업안전보건법상 과부하방지장치, 권과방지장치, 비상정지장치 및 제동장치 그 밖의 방호장치가 정상적으로 작동될 수 있도록 미리 조정해 두어야 하는 양중기를 5가지 쓰시오.

정답

① 크레인
② 이동식 크레인
③ 리프트
④ 곤돌라
⑤ 승강기
[근거]
방호장치의 조정: 산업안전보건법 산업안전보건기준에 관한 규칙 제134조

06 ★★★

산업안전보건법상 양중기의 종류를 5가지 쓰시오.

정답

① 크레인(호이스트를 포함)
② 이동식 크레인
③ 리프트(이삿짐운반용 리프트의 경우에는 적재하중이 0.1톤 이상인 것)
④ 곤돌라
⑤ 승강기
[근거]
양중기: 산업안전보건법 산업안전보건기준에 관한 규칙 제132조

08 ★★★

산업안전보건법상 크레인의 방호장치를 3가지 쓰시오.

정답

① 권과방지장치
② 과부하방지장치
③ 비상정지장치
④ 제동장치
[근거]
방호장치의 조정: 산업안전보건법 산업안전보건기준에 관한 규칙 제134조

09 ★★

산업안전보건법상 리프트의 종류를 3가지 쓰시오.

① 건설용 리프트
② 산업용 리프트
③ 자동차정비용 리프트
④ 이삿짐운반용 리프트
[근거]
양중기: 산업안전보건법 산업안전보건기준에 관한 규칙 제132조
→ 2021. 11. 19. 개정

10 ★★

건설용 리프트에 대하여 받침의 수를 증가시키는 등 그 붕괴 등을 방지하기 위한 조치를 하여야 하는 순간풍속 기준을 쓰시오.

순간풍속이 초당 35m를 초과하는 바람이 불어 올 우려가 있는 경우
[근거]
붕괴 등의 방지: 산업안전보건법 산업안전보건기준에 관한 규칙 제154조

11 ★★

산업안전보건법상 리프트(자동차정비용 리프트 포함) 작업시작 전 점검사항을 2가지 쓰시오.

① 방호장치, 브레이크 및 클러치의 기능
② 와이어로프가 통하고 있는 곳의 상태
[근거]
작업시작 전 점검사항: 산업안전보건법 산업안전보건기준에 관한 규칙 [별표 3]

12 ★★

산업안전보건법상 승강기의 종류를 5가지 쓰시오.

① 승객용 엘리베이터
② 승객화물용 엘리베이터
③ 화물용 엘리베이터
④ 소형화물용 엘리베이터
⑤ 에스컬레이터
[근거]
양중기: 산업안전보건법 산업안전보건기준에 관한 규칙 제132조

13 ★★

산업안전보건법상 승강기의 방호장치를 4가지 쓰시오.

① 과부하방지장치
② 비상정지장치
③ 파이널리미트스위치
④ 속도조절기
⑤ 출입문 인터록
⑥ 제동장치
[근거]
방호장치의 조정: 산업안전보건법 산업안전보건기준에 관한 규칙 제134조

14 ★★

산업안전보건법상 승강기의 설치·조립·수리·점검 또는 해체작업을 하는 경우 조치사항을 3가지 쓰시오.

정답

① 작업을 지휘하는 사람을 선임하여 그 사람의 지휘하에 작업을 실시할 것
② 작업을 할 구역에 관계 근로자가 아닌 사람의 출입을 금지하고 그 취지를 보기 쉬운 장소에 표시할 것
③ 비, 눈, 그 밖에 기상상태의 불안정으로 날씨가 몹시 나쁜 경우에는 그 작업을 중지시킬 것

[근거]
조립 등의 작업: 산업안전보건법 산업안전보건기준에 관한 규칙 제162조

15 ★★

크레인의 정격하중과 리프트의 적재하중의 정의에 대하여 각각 쓰시오.

정답

① 정격하중: 크레인의 권상하중에서 훅, 그래브 또는 버킷 등 달기기구의 중량에 상당하는 하중을 뺀 하중
② 적재하중: 운반구에 화물을 적재하고 상승할 수 있는 최대하중

[근거]
크레인, 리프트: 위험기계·기구 안전인증 고용노동부고시

16 ★★

다음은 산업안전보건법상 양중기의 안전에 대한 사항이다. ( ) 안에 적합한 내용을 쓰시오.

> (1) 사업주는 갠트리 크레인 등과 같이 작업장 바닥에 고정된 레일을 따라 주행하는 크레인의 새들(Saddle) 돌출부와 주변 구조물 사이의 안전공간이 (①) 이상 되도록 바닥에 표시를 하는 등 안전공간을 확보하여야 한다.
> (2) 양중기에 대한 권과방지장치는 훅·버킷 등 달기구의 윗면이 드럼, 상부 도르래, 트롤리프레임 등 권상장치의 아랫면과 접촉할 우려가 있는 경우에 그 간격이 (②) 이상이 되도록 조정하여야 한다.
> (3) 사업주는 순간풍속이 초당 (③)를 초과하는 바람이 불어올 우려가 있는 경우 옥외에 설치되어 있는 주행 크레인에 대하여 이탈방지장치를 작동시키는 등 이탈방지를 위한 조치를 하여야 한다.
> (4) 주행 크레인 또는 선회 크레인과 건설물 또는 설비와의 사이에 통로를 설치하는 경우 그 폭을 (④) 이상으로 하여야 한다. 다만, 그 통로 중 건설물의 기둥에 접촉하는 부분에 대하여는 (⑤) 이상으로 할 수 있다.

정답

① 40cm
② 0.25m
③ 30m
④ 0.6m
⑤ 0.4m

[근거]
크레인의 수리 등의 작업, 방호장치의 조정, 폭풍에 의한 이탈방지, 건설물 등과의 사이 통로: 산업안전보건법 산업안전보건기준에 관한 규칙 제139조, 제134조, 제140조, 제144조

17 ★★★

산업안전보건법상 크레인을 사용하여 작업을 하는 때 작업시작 전 점검사항 3가지를 쓰시오.

정답

① 권과방지장치, 브레이크, 클러치 및 운전장치의 기능
② 주행로의 상측 및 트롤리(Trolly)가 횡행하는 레일의 상태
③ 와이어로프가 통하고 있는 곳의 상태
[근거]
작업시작 전 점검사항: 산업안전보건법 산업안전보건기준에 관한 규칙 [별표 3]

18 ★★★

산업안전보건법상 크레인을 사용하여 작업을 하는 경우 안전조치를 하고, 관계근로자가 준수하여야 할 사항을 4가지 쓰시오.

정답

① 인양할 하물(荷物)을 바닥에서 끌어당기거나 밀어내는 작업을 하지 아니할 것
② 유류드럼이나 가스통 등 운반 도중에 떨어져 폭발하거나 누출될 가능성이 있는 위험물 용기는 보관함(또는 보관고)에 담아 안전하게 매달아 운반할 것
③ 고정된 물체를 직접 분리 · 제거하는 작업을 하지 아니할 것
④ 미리 근로자의 출입을 통제하여 인양 중인 하물이 작업자의 머리 위로 통과하지 않도록 할 것
⑤ 인양할 하물이 보이지 아니하는 경우에는 어떠한 동작도 하지 아니할 것(신호하는 사람에 의하여 작업을 하는 경우는 제외한다.)
[근거]
크레인 작업시의 조치: 산업안전보건법 산업안전보건기준에 관한 규칙 제146조

19 ★

양중기의 방호장치에 관한 다음 사항에 대하여 물음에 답하시오.

(1) 과부하방지장치의 정의를 기술하시오.
(2) 과부하방지장치의 종류를 3가지 쓰시오.

정답

(1) 과부하방지장치의 정의
양중기에 있어서 정격하중 이상의 하중이 부하되었을 경우 자동적으로 동작을 정지시켜주는 방호장치(규정된 중량을 초과한 중량이 실렸을 때 경보를 발하며, 작동을 정지시키는 방호장치)
(2) 과부하방지장치의 종류
① 전자식 과부하방지장치
② 전기식 과부하방지장치
③ 기계식 과부하방지장치
[근거]
과부하방지장치 성능기준: 방호장치 안전인증 고용노동부고시 [별표 2]

20 ★

크레인의 방호장치인 권과방지장치에서 사용되는 리밋 스위치의 종류를 3가지 쓰시오.

정답

① 중추형 리밋 스위치
② 나사형 리밋 스위치
③ 캠형 리밋 스위치

21 ★★★

화물 1,000kg을 두줄걸이 로프로 60°의 각도로 들어 올릴 때 한줄 와이어로프에 걸리는 하중은 몇 kg인지 계산하시오.

정답

$$W_1 = \frac{\frac{W}{2}}{\cos\frac{\theta}{2}} = \frac{\frac{1,000}{2}}{\cos\frac{60}{2}} = \frac{500}{\cos 30}$$

$$= 577.3502 ≒ 577.35\text{kg}$$

22 ★★

크레인의 와이어로프에 2t의 중량을 걸어 15m/s²의 속도로 감아올릴 때 로프에 걸리는 총하중은 몇 kg인지 계산하시오.

정답

총하중(W) = 정하중(W_1) + 동하중(W_2)

동하중 $W_2 = \dfrac{W_1}{g} \cdot \alpha$

여기서, g: 중력가속도[9.8m/s²]

α: 가속도[m/s²]

$= 2{,}000 + \dfrac{2{,}000 \times 15}{9.8}$

$= 5061.2244 \fallingdotseq 5061.22kg$

23 ★★★

다음 각 경우에 산업안전보건법상 양중기의 와이어로프 등 달기구의 안전계수 기준을 쓰시오.

(1) 근로자가 탑승하는 운반구를 지지하는 달기와이어로프 또는 달기체인인 경우

(2) 화물의 하중을 직접 지지하는 달기와이어로프 또는 달기체인의 경우

(3) 훅, 샤클, 클램프, 리프팅 빔의 경우

(4) 그 밖의 경우

정답

(1) 10 이상

(2) 5 이상

(3) 3 이상

(4) 4 이상

[근거]

와이어로프 등 달기구의 안전계수: 산업안전보건법 산업안전보건기준에 관한 규칙 제163조

24 ★★★

산업안전보건법상 와이어로프 사용금지 기준을 4가지 쓰시오.

정답

① 이음매가 있는 것

② 와이어로프 한꼬임(스트랜드)에서 끊어진 소선(필러선 제외)의 수가 10% 이상인 것

③ 지름의 감소가 공칭지름의 7%를 초과하는 것

④ 꼬인 것

⑤ 심하게 변형되거나 부식된 것

⑥ 열과 전기충격에 의해 손상된 것

[근거]

이음매가 있는 와이어로프 등의 사용금지: 산업안전보건법 산업안전보건기준에 관한 규칙 제166조

25 ★

달기체인의 허용하중이 1,200N이고, 안전계수가 5일 때 이 체인의 극한강도는 몇 N인지 계산하시오.

정답

안전계수 = $\dfrac{극한강도}{허용하중}$

→ 극한강도 = 안전계수 × 허용하중

$= 5 \times 1{,}200 = 6{,}000N$

26 ★★

산업안전보건법상 늘어난 달기체인의 사용금지 기준을 3가지 쓰시오.

정답

① 달기체인의 길이가 달기체인이 제조된 때의 길이의 5%를 초과한 것

② 링의 단면지름이 달기체인이 제조된 때의 해당 링의 지름의 10%를 초과하여 감소한 것

③ 균열이 있거나 심하게 변형된 것

[근거]

늘어난 달기체인 등의 사용금지: 산업안전보건법 산업안전보건기준에 관한 규칙 제167조

27 ★★★

다음 그림을 보고, 와이어로프의 꼬임형식을 쓰시오.

(①)　　(②)　　(③)　　(④)

① 보통 Z꼬임

② 보통 S꼬임

③ 랭 Z꼬임

④ 랭 S꼬임

28 ★★

다음 그림은 와이어로프의 구성에 대한 것이다. 각 표시 기호가 나타내는 의미를 쓰시오.

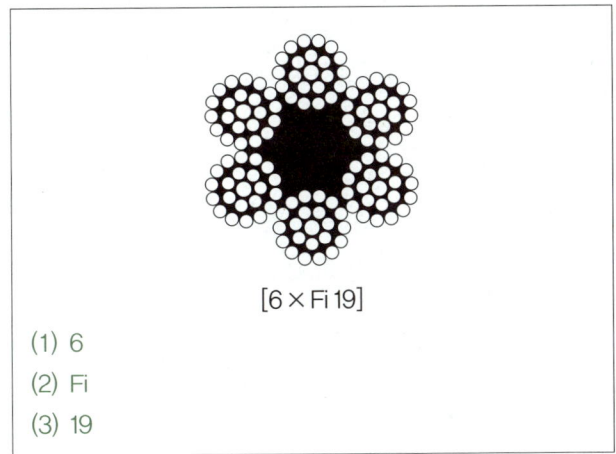

[6 × Fi 19]

(1) 6

(2) Fi

(3) 19

(1) 6: 스트랜드(가닥)의 수

(2) Fi: 필러형

(3) 19: 소선의 수

29 ★

크레인의 제작 및 안전기준에 따라 크레인의 이름판에 나타내어야 하는 항목을 4가지 쓰시오.

① 정격하중

② 사용전기설비의 정격

③ 제조자명

④ 제조연월

⑤ 안전인증의 표시

⑥ 제조번호

⑦ 형식 또는 모델명

[근거]

크레인 제작 및 안전기준: 위험기계·기구 안전인증 고용노동부고시

30 ★★

산업안전보건법상 운전자가 운전위치를 이탈하게 해서 는 아니 되는 기계를 3가지 쓰시오.

① 양중기

② 항타기 또는 항발기(권상장치에 하중을 건 상태)

③ 양화장치(화물을 적재한 상태)

[근거]

운전위치의 이탈금지: 산업안전보건법 산업안전보건기준에 관한 규칙 제141조

PART 3
전기설비 안전관리

CHAPTER 1 | 전기작업 위험성 파악하기(Ⅰ)

1 전기의 위험성

1. 감전재해
전기감전재해는 감전과 동시에 쇼크를 받아 주위 물건에 부딪치거나 넘어져서 상해를 입게 되는 것을 말한다.

2. 감전의 위험요소

(1) 1차적 감전의 위험요소(전격의 위험을 결정하는 1차적 요인) ★★★

① 통전전류의 크기　　　② 통전시간　　　③ 통전경로　　　④ 전원의 종류

(2) 2차적 감전의 위험요소

① 전압　　　② 인체의 조건(저항)　　　③ 주파수　　　④ 계절

3. 통전전류의 세기 및 그에 따르는 영향(감전시 응급조치에 관한 기술지침: 한국산업안전보건공단)

(1) **최소감지전류**: 고통없이 전기가 짜릿하게 흐르는 것을 감지할 수 있는 전류치로서 상용주파수 60Hz 교류에서 성인남자 기준 1 ~ 2mA 정도이다.

(2) **고통한계전류**: 인체가 운동의 자유를 잃지 않고 고통을 느끼지만 참을 수 있는 한계전류치로서 상용주파수 60Hz 교류에서 성인남자 기준 7 ~ 8mA 정도이다.

(3) **마비한계전류**: 인체 각 부위의 근육이 수축현상을 일으키고 신경이 마비되어 신체를 자유로이 움직일 수 없게 되는 한계 전류치로서 상용주파수 60Hz 교류에서 성인남자 기준 10 ~ 15mA 정도이다.

(4) 심실세동전류(치사전류)

① 인체에 흐르는 전류가 더욱 증가하게 되면 심장은 정상적인 맥동을 하지 못하고 불규칙적인 세동(細動)을 일으키며 혈액의 순환이 곤란하게 되고, 심장의 기능을 잃게 되어 전원으로부터 떨어져도 수분 이내에 사망하는 전류이다.

② 통전시간과 심실세동전류값의 관계식은 다음과 같다. ★★

$$I = \frac{165}{\sqrt{T}} \text{(Dalziel 주장 관계식)} \qquad \bullet I: \text{심실세동전류[mA]} \qquad \bullet T: \text{통전시간[초]}$$

③ 인체의 전기저항을 500Ω이라 할 때, 심실세동을 일으키는 위험한계에너지는 다음과 같이 계산된다. ★★★

$$W = I^2 RT = \left(\frac{165}{\sqrt{T}} \times 10^{-3}\right)^2 \times 500 \times T = 13.61 \fallingdotseq 13.6 \text{ J}$$

$$= 13.61 \times 0.24 = 3.266 \fallingdotseq 3.3 \text{cal}$$

　　• W: 위험한계에너지[J]
　　• R: 인체의 전기저항[Ω]
　　• T: 통전시간[초]

통전전류에 따른 인체의 영향 ★

통전전류(mA)	인체의 정도	통전전류(mA)	인체의 정도
1	전기를 느낄 정도	20	근육수축이 심하고 행동 불능
5	상당한 고통	50	매우 위험한 상태
10	견디기 힘든 고통	100	치명적 결과 초래

4. 인체의 통전경로별 위험도 ★★

통전경로	위험도 (심장전류계수)	통전경로	위험도 (심장전류계수)	통전경로	위험도 (심장전류계수)
오른손 - 등	0.3	한손 또는 양손 - 앉아 있는 자리	0.7	왼손 - 한발 또는 양발	1.0
왼손 - 오른손	0.4	오른손 - 한발 또는 양발	0.8	오른손 - 가슴	1.3
왼손 - 등	0.7	양손 - 양발	1.0	왼손 - 가슴	1.5

※ 통전경로가 '왼손 - 가슴'인 경우, 전류가 심장을 통과하게 되므로 가장 위험도가 크다.

2 전기설비 및 기기

1. 배전반 및 분전반

(1) 배전반

① 송·배전계통과 전력기기의 상태를 항상 감시하고, 차단기 등의 개폐상태를 한눈에 볼 수 있다.

② 변전소 내의 기기를 원격제어할 수 있도록 계기, 개폐기, 계전기, 과전류차단기 등을 한곳에 집중시켜 놓은 것을 말한다.

(2) 분전반: 저압 옥내간선에서 옥내선로를 분기하는데 쓰이고 분기용 개폐기 및 자동차단기 등을 설치한 장치를 말한다.

2. 과전류차단기 및 누전차단기

(1) 과전류차단기

① 차단기는 평상시의 전류 및 고장시의 전류를 보호계전기와의 조합에 의하여 안전하게 차단하고 전로 및 기구를 보호하는 것이다.

② 과전류차단기의 종류

- 공기차단기(ACB)
- 가스차단기(GCB)
- 애자형 차단기(PCB)
- 진공차단기(VCB)
- 배선용 차단기(MCCB)
- 유입차단기(OCB)

과전류차단장치의 설치 등

(1) 과전류차단장치의 설치(산업안전보건법 안전보건기준) ★

　사업주는 과전류로 인한 재해를 방지하기 위하여 다음의 방법으로 과전류차단장치(차단기, 퓨즈, 보호계전기 등과 이에 수반되는 변성기를 말한다.)를 설치하여야 한다.

　① 과전류차단장치는 반드시 접지선이 아닌 전로에 직렬로 연결하여 과전류 발생시 전로를 자동으로 차단하도록 설치할 것
　② 차단기ㆍ퓨즈는 계통에서 발생하는 최대과전류에 대하여 충분하게 차단할 수 있는 성능을 가질 것
　③ 과전류차단장치가 전기계통상에서 상호 협조ㆍ보완되어 과전류를 효과적으로 차단하도록 할 것

(2) 단락상태의 전로를 개폐할 수 있는 차단기(CB: Circuit Breaker)의 역할 ★

　① 전선류 및 전기기기 등을 보호하여 안전하게 유지하는 것
　② 과부하 및 지락사고를 보호하는 것
　③ 정상전류의 개폐 및 이상사태 발생시 회로를 차단하는 것

(3) 변전설비에 사용하는 MOF(Metering Out Fit: 계기용변성기)의 역할 ★

　① 대전류를 소전류로 변환하는 장치
　② 고전압을 저전압으로 변성하는 장치

(2) 누전차단기(Earth Leakage Circuit Breaker: ELB)

　금속제 외함을 가지는 전기기계ㆍ기구에 전기를 공급하는 전로로서, 사람이 쉽게 접촉할 우려가 있는 장소에는 누전이 발생할 경우 자동적으로 전로를 차단하는 누전차단기를 설치해야 한다.

3. 퓨즈 및 비상전원

(1) 퓨즈(Fuse)

① 퓨즈는 전기회로가 단락되었을 때 순간적으로 과전류를 차단시켜 전기기계ㆍ기구나 배선을 보호하는 역할을 한다.

② 퓨즈의 선택시 고려할 사항 ★

　• 정격전압　　　　• 정격전류　　　　• 차단용량　　　　• 사용장소

③ 퓨즈의 종류 ★

저압용 포장 퓨즈	정격용량	정격전류의 1.1배에 견디고,		
	용단시간	정격전류	시간	
			정격전류의 1.6배의 전류를 통한 경우	정격전류의 2배의 전류를 통한 경우
		30A 이하	60분	2분
		30A 초과 60A 이하	60분	4분
		60A 초과 100A 이하	120분	6분
		100A 초과 200A 이하	120분	8분
고압용 포장 퓨즈	정격용량	정격전류의 1.3배에 견디고,		
	용단시간	2배의 전류로 120분		
고압용 비포장 퓨즈	정격용량	정격전류의 1.25배에 견디고,		
	용단시간	2배의 전류로 2분		

(2) 비상전원(산업안전보건법 안전보건기준) ★

정전에 의한 기계 · 설비의 갑작스러운 정지로 인하여 화재 · 폭발 등 재해가 발생할 우려가 있는 경우에는 해당 기계 · 설비에 비상발전기, 비상전원용 수전설비, 축전지설비, 전기저장장치 등 비상전원을 접촉하여 정전시 비상전력이 공급되도록 하여야 한다.

3 전기작업안전

1. 전기작업 안전대책의 기본요건 ★

(1) 전기시설의 안전관리 확립   (2) 전기설비의 품질향상   (3) 취급자의 자세

2. 정전전로에서의 전기작업

(1) 정전전로에서의 전기작업 개요

정전전로에서의 전기작업이란 전로를 개로하여 해당 전로 또는 그 지지물의 설치, 점검, 수리 및 도장 등 일련의 작업을 말한다.

(2) 정전전로에서의 전기작업 전로차단 절차(산업안전보건법 안전보건기준) ★★★

① 전기기기 등에 공급되는 모든 전원을 관련 도면, 배선도 등으로 확인할 것

② 전원을 차단한 후 각 단로기 등을 개방하고 확인할 것

③ 차단장치나 단로기 등에 잠금장치 및 꼬리표를 부착할 것

④ 개로된 전로에서 유도전압 또는 전기에너지가 축적되어 근로자에게 전기위험을 끼칠 수 있는 전기기기 등은 접촉하기 전에 잔류전하를 완전히 방전시킬 것

⑤ 검전기를 이용하여 작업대상 기기가 충전되었는지를 확인할 것

⑥ 전기기기 등이 다른 노출 충전부와의 접촉, 유도 또는 예비동력원의 역송전 등으로 전압이 발생할 우려가 있는 경우에는 충분한 용량을 가진 단락접지기구를 이용하여 접지할 것

(3) 정전전로에서의 전기작업 중 또는 작업을 마친 후 전원을 공급하는 경우 준수사항(산업안전보건법 안전보건기준) ★★

① 작업기구, 단락접지기구 등을 제거하고 전기기기 등이 안전하게 통전될 수 있는지를 확인할 것

② 모든 작업자가 작업이 완료된 전기기기 등에서 떨어져 있는지를 확인할 것

③ 잠금장치와 꼬리표는 설치한 근로자가 직접 철거할 것

④ 모든 이상 유무를 확인한 후 전기기기 등의 전원을 투입할 것

> **참고 정전전로에서의 전기작업시 주요사항**
>
> (1) 정전전로에서의 전기작업시 전로차단을 하지 않아도 되는 경우(산업안전보건법 안전보건기준) ★★
>   ① 생명유지장치, 비상경보설비, 폭발위험장소의 환기설비, 비상조명설비 등의 장치 · 설비의 가동이 중지되어 사고의 위험이 증가되는 경우
>   ② 기기의 설계상 또는 작동상 제한으로 전로차단이 불가능한 경우
>   ③ 감진, 아크 등으로 인한 화상, 화재 · 폭발의 위험이 없는 것으로 확인된 경우
> (2) 단락접지 실시 목적
>   다른 전로와의 접촉, 오통전, 다른 전로로부터의 유도 및 예비동력원의 역송전에 의한 감전의 위험을 방지하기 위한 것이다.

3. 충전전로에서의 전기작업(활선작업)시 조치사항

(1) 충전전로에서의 전기작업(활선작업) 개요

충전전로에서의 전기작업(활선작업)이란 전기를 통전시킨 상태에서 충전전로나 지지 애자의 수리, 점검 및 청소작업 등 일련의 작업을 말한다.

(2) 충전전로에서의 전기작업시 안전조치사항(산업안전보건법 안전보건기준) ★★

근로자가 충전전로를 취급하거나 그 인근에서 작업하는 경우에는 다음의 조치를 하여야 한다.

① 충전전로를 정전시키는 경우에는 정전전로에서의 전기작업에 따른 조치를 할 것

② 충전전로를 방호, 차폐하거나 절연 등의 조치를 하는 경우에는 근로자의 신체가 전로와 직접 접촉하거나 도전재료, 공구 또는 기기를 통하여 간접 접촉되지 않도록 할 것

③ 충전전로를 취급하는 근로자에게 그 작업에 적합한 절연용 보호구를 착용시킬 것

④ 충전전로에 근접한 장소에서 전기작업을 하는 경우에는 해당 전압에 적합한 절연용 방호구를 설치할 것

⑤ 고압 및 특별고압의 전로에서 전기작업을 하는 근로자에게 활선작업용 기구 및 장치를 사용하도록 할 것

⑥ 근로자가 절연용 방호구의 설치·해체작업을 하는 경우에는 절연용 보호구를 착용하거나 활선작업용 기구 및 장치를 사용하도록 할 것

⑦ 유자격자가 아닌 근로자가 충전전로 인근의 높은 곳에서 작업할 때에 근로자의 몸 또는 긴 도전성 물체가 방호되지 않은 충전전로에서 대지전압이 50kV 이하인 경우에는 300cm 이내로, 대지전압이 50kV를 넘는 경우에는 10kV당 10cm씩 더한 거리 이내로 각각 접근할 수 없도록 할 것

⑧ 유자격자가 충전전로 인근에서 작업하는 경우에는 다음의 경우를 제외하고는 노출 충전부에 다음 표에 제시된 접근한계거리 이내로 접근하거나 절연손잡이가 없는 도전체에 접근할 수 없도록 할 것 ★★★

  ㉠ 근로자가 노출 충전부로부터 절연된 경우 또는 해당 전압에 적합한 절연장갑을 착용한 경우

  ㉡ 노출 충전부가 다른 전위를 갖는 도전체 또는 근로자와 절연된 경우

  ㉢ 근로자가 다른 전위를 갖는 모든 도전체로부터 절연된 경우

충전전로의 선간전압 [kV]	충전전로에 대한 접근한계거리 [cm]	충전전로의 선간전압 [kV]	충전전로에 대한 접근한계거리 [cm]
0.3 이하	접촉금지	121 초과 145 이하	150
0.3 초과 0.75 이하	30	145 초과 169 이하	170
0.75 초과 2 이하	45	169 초과 242 이하	230
2 초과 15 이하	60	242 초과 362 이하	380
15 초과 37 이하	90	362 초과 550 이하	550
37 초과 88 이하	110	550 초과 800 이하	790
88 초과 121 이하	130		

(3) 충전전로 인근에서의 차량 · 기계장치작업시 안전조치 사항(산업안전보건법 안전보건기준) ★★

충전전로 인근에서 차량 · 기계장치 등의 작업이 있는 경우에는 차량 등을 충전전로의 충전부로부터 300cm 이상 이격시켜 유지시키되, 대지전압이 50kV를 넘는 경우 이격시켜 유지하여야 하는 거리는 10kV증가할 때마다 10cm씩 증가시켜야 한다. 다만, 차량 등의 높이를 낮춘 상태에서 이동하는 경우에는 이격거리를 120cm 이상(대지전압이 50kV를 넘는 경우에는 10kV 증가할 때마다 이격거리를 10cm씩 증가)으로 할 수 있다.

(4) 활선작업시 장갑착용 요령 ★

내부에 고무장갑, 외부에 가죽장갑을 착용하고 작업을 한다.

4. 이동 및 휴대장비 등의 사용 전기작업시 안전조치사항(산업안전보건법 안전보건기준)

① 근로자가 착용하거나 취급하고 있는 도전성 공구, 장비 등이 노출 충전부에 닿지 않도록 할 것

② 근로자가 사다리를 노출 충전부가 있는 곳에서 사용하는 경우에는 도전성 재질의 사다리를 사용하지 않도록 할 것

③ 근로자가 젖은 손으로 전기기계 · 기구의 플러그를 꽂거나 제거하지 않도록 할 것

④ 근로자가 전기회로를 개방, 변환 또는 투입하는 경우에는 전기차단용으로 특별히 설계된 스위치, 차단기 등을 사용하도록 할 것

⑤ 차단기 등의 과전류차단장치에 의하여 자동차단된 후에는 전기회로 또는 전기기계 · 기구가 안전하다는 것이 증명되기 전까지는 과전류차단장치를 재투입하지 않도록 할 것

5. 전기기계 · 기구의 적정 설치(산업안전보건법 안전보건기준) ★★

전기기계 · 기구를 설치하려는 경우에는 다음의 사항을 고려하여 적절하게 설치하여야 한다.

① 전기적, 기계적 방호수단의 적정성

② 습기, 분진 등 사용장소의 주위 환경

③ 전기기계 · 기구의 충분한 전기적 용량 및 기계적 강도

6. 꽂음접속기의 설치 · 사용시 준수사항(산업안전보건법 안전보건기준) ★★

① 서로 다른 전압의 꽂음접속기는 서로 접속되지 아니한 구조의 것을 사용할 것

② 습윤한 장소에 사용되는 꽂음접속기는 방수형 등 그 장소에 적합한 것을 사용할 것

③ 근로자가 해당 꽂음접속기를 접속시킬 경우에는 땀 등으로 젖은 손으로 취급하지 않도록 할 것

④ 해당 꽂음접속기에 잠금장치가 있는 경우에는 접속 후 잠그고 사용할 것

7. 임시로 사용하는 전등 등의 위험방지(산업안전보건법 안전보건기준) ★

이동전선에 접속하여 임시로 사용하는 전등이나 가설의 배선 또는 이동전선에 접속하는 가공 매달기식 전등 등을 접촉함으로 인한 감전 및 전구의 파손에 의한 위험을 방지하기 위하여 보호망을 설치하는 경우 준수사항은 다음과 같다.

① 전구의 노출된 금속부분에 근로자가 쉽게 접촉되지 아니하는 구조를 할 것

② 재료는 쉽게 파손되거나 변형되지 아니하는 것으로 할 것

4 감전재해예방 및 조치

1. 안전전압

(1) 안전전압이란 전기회로 정격전압의 일정수준 이하의 낮은 전압으로 절연파괴 등의 이상사태시에도 인체에 위험을 주지 않게 되는 전압이다.

(2) 우리나라에서는 일반 사업장의 안전전압을 30V로 정하고 있으며, 안전전압은 주위의 작업환경에 따라 달라질 수도 있다.

2. 위험전압

(1) 위험전압이란 전원과 인체의 접촉으로 인하여 인체에 인가될 수 있는 전압으로 접촉전압과 보폭전압으로 구분된다.

(2) **접촉전압**: 사람의 손과 다른 인체의 일부 사이에 인가되는 전압이다.

① 허용접촉전압: 인체의 접촉상태에 따른 허용접촉전압은 다음 표와 같다. ★★

종별	접촉상태	허용접촉전압(V)
제1종	인체의 대부분이 수중에 있는 상태	2.5 이하
제2종	① 인체가 현저하게 젖어 있는 상태 ② 금속성의 전기기계장치나 구조물에 인체의 일부가 상시 접촉되어 있는 상태	25 이하
제3종	통상의 인체상태에 있어서 접촉전압이 가해지면 위험성이 높은 상태	50 이하
제4종	① 통상의 인체상태에 있어서 접촉전압이 가해지더라도 위험성이 낮은 상태 ② 접촉전압이 가해질 우려가 없는 상태	제한없음

② 허용접촉전압 계산: 변전소 등에 고장전류가 유입되었을 때 그 부근 지표상과 도전성 구조물의 두 점(보통 1m)간 변위차의 허용값은 다음과 같이 계산한다.

$$E = \left(R_b + \frac{3R_s}{2}\right) \times I_k$$

- E: 허용접촉전압[V]
- R_s: 지표상층 저항률[Ωm]
- R_b: 인체의 저항[Ω]
- I_k: 심실세동전류[A]

(3) **보폭전압**

① 전류가 접지극을 통하여 대지로 흘러갈 때 사람의 양발 사이에 전위가 발생하여 인가되는 전압이다.

② 허용보폭전압: 변전소 등에 지락전류가 흐를 경우, 지표면상에 근접 격리된 두 점간 변위차의 허용값은 다음과 같이 계산한다.

$$E = (R_b + 6R_s) \times I_k$$

- E: 허용접촉전압[V]
- R_s: 지표상층 저항률[Ωm]
- R_b: 인체의 저항[Ω]
- I_k: 심실세동전류[A]

3. 인체의 전기저항 ★★

인체의 전기저항은 개인차, 건강상태, 남녀별, 연령 등에 따라 크게 차이가 있으나 대략 다음과 같다.

① 피부의 전기저항: 2,500Ω

② 피부가 물에 젖어 있을 경우: 1/25 정도로 감소

③ 피부에 땀이 나 있을 경우: 1/12 정도로 감소

4. 전압의 구분 ★★

압력	직류(DC)	교류(AC)	비고
저압	1.5kV 이하	1kV 이하	근거: 한국전기설비규정 KEC
고압	1.5kV 초과 7kV 이하	1kV 초과 7kV 이하	→ 한국전기설비규정 KEC: 2018.3.9. 제정, 2021.1.1. 시행
특별고압	7kV 초과	7kV 초과	

5. 전기기계 · 기구 감전재해 방지대책

(1) 직접접촉에 의한 감전재해 방지대책 ★★★

① 직접접촉은 정상운전시 전압이 인가된 충전부분에 인체가 접촉되는 것이다.

② 직접접촉에 의한 감전재해 방지대책

ㄱ 충전부 방호(덮개, 방호망 등)

ㄴ 충전부 전체 절연(충전부는 내구성이 있는 절연물로 절연)

ㄷ 설치장소의 제한(별도의 실내, 울타리 설치 등)

ㄹ 작업자는 절연화 등 보호구 착용

ㅁ 도전성 물체 및 작업장 주위의 바닥을 절연물로 도포

(2) 간접접촉에 의한 감전재해 방지대책 ★★★

① 간접접촉은 절연손상 또는 고장으로 전압이 인가된 도전성 부분에 인체가 접촉되는 것이다.

② 간접접촉에 의한 감전재해 방지대책

ㄱ 안전전압 이하의 전기기기 사용

ㄴ 사고회로의 신속한 차단(전원의 자동차단)

ㄷ 비접지식 전로의 채용

ㄹ 보호접지

ㅁ 누전차단기의 설치

ㅂ 이중절연구조의 전기기계 · 기구의 사용(보호절연)

> **참고** 전기기계 · 기구 등의 충전부 방호(산업안전보건법 안전보건기준) ★★★
>
> 근로자가 작업이나 통행 등으로 인하여 전기기계 · 기구(전동기, 변압기, 접속기, 개폐기, 분전반, 배전반 등) 또는 전로 등의 충전부분에 접촉 또는 접근함으로써 감전의 위험이 있는 충전부분에 대해서는 감전을 방지하기 위해 다음 방법으로 방호해야 한다.
> ① 충전부가 노출되지 않도록 폐쇄형 외함이 있는 구조로 할 것
> ② 충전부에 충분한 절연효과가 있는 방호망 또는 절연덮개를 설치할 것
> ③ 충전부는 내구성이 있는 절연물로 완전히 덮어 감쌀 것
> ④ 발전소, 변전소 및 개폐소 등 구획되어 있는 장소로서 관계근로자가 아닌 사람의 출입이 금지되는 장소에 충전부를 설치하고, 위험표시 등의 방법으로 방호를 강화할 것
> ⑤ 전주 위 및 철탑 위 등 격리되어 있는 장소로서 관계근로자가 아닌 사람이 접근할 우려가 없는 장소에 충전부를 설치할 것

6. 배선 및 배선기기류 감전재해 방지대책

(1) 배선 ★★

전기사용 장소의 사용전압이 저압인 전로의 전선 상호간 및 전로와 대지 사이의 절연저항은 개폐기 또는 과전류차단기로 구분할 수 있는 전로마다 다음 표에서 정한 값 이상이어야 한다.

[저압전로의 절연성능]

전로의 사용전압	절연저항	DC시험전압	비고
SELV 및 PELV	0.5MΩ	250V	① 특별저압(Extra Low Voltage: 2차전압이 AC 50V, DC 120V 이하)으로 SELV(Safety Extra Low Voltage: 비접지회로로 구성) 및 PELV(Protected Extra Low Voltage: 접지회로로 구성)는 1차와 2차가 전기적으로 절연된 회로이다.
FELV, 500V 이하	1.0MΩ	500V	② FELV(Functional Extra Low Voltage)는 1차와 2차가 전기적으로 절연되지 않은 회로이다.
500V 초과	1.0MΩ	1,000V	③ 측정시 영향을 주거나 손상을 받을 수 있는 SPD(Surge Protectors Device: 서지보호장치) 또는 기타 기기 등은 측정 전에 분리시켜야 하고 부득이하게 분리가 어려운 경우에는 시험전압을 250V DC로 낮추어 측정할 수 있지만 절연저항값은 1MΩ 이상이어야 한다.

※ 전기설비기술기준 산업통상자원부고시(2019년 3월 25일 개정, 2021년 1월 1일부터 시행)

> **참고** 절연내력시험(한국전기설비규정: KEC)
>
> (1) 전로
>
> | 전로의 종류 | 시험전압 | 시험방법 |
> |---|---|---|
> | 최대사용전압 7kV 이하인 전로 | 최대사용전압의 1.5배의 전압 | 전로와 대지 사이에 시험전압을 연속하여 10분간 가한다. |
> | 최대사용전압 7kV 초과 25kV 이하인 중성점 접지식 전로 | 최대사용전압의 0.92배의 전압 | |
>
> (2) 변압기의 전로 ★
>
> | 전로의 종류 | 시험전압 | 시험방법 |
> |---|---|---|
> | 최대사용전압 7kV 이하 | 최대사용전압의 1.5배의 전압(500V 미만으로 되는 경우에는 500V) | 권선과 다른 권선, 철심 및 외함간에 시험전압을 연속하여 10분간 가한다. |
> | 최대사용전압 7kV 초과 25kV 이하의 권선으로 중성점 접지식 전로에 접속하는 것 | 최대사용전압의 0.92배의 전압 | |

(2) 배선기기류: 배선기기류에는 퓨즈 및 배선용 차단기 등을 설치하여야 한다.

7. 일반적인 감전재해 방지대책 ★★

① 설비의 필요한 부분에는 보호접지를 시설한다.

② 전기기기 및 장치의 점검, 정비를 철저히 한다.

③ 전기기기에 위험표시를 한다.

④ 전기설비의 점검을 철저히 한다.

⑤ 충전부가 노출된 부분에는 절연방호구를 설치한다.

⑥ 전기설비에 누전차단기를 설치한다.

⑦ 고전압 선로 및 충전부에 접근하여 작업하는 작업자에게는 보호구를 착용시킨다.

⑧ 유자격자 이외에는 전기기계·기구에 접촉을 금지한다.

⑨ 사고발생시의 처리순서를 미리 작성하여 둔다.

⑩ 안전관리자는 작업에 대한 안전교육을 실시하여야 한다.

8. 감전재해의 사망경로[전격현상의 메커니즘(Mechanism)]

① 심장의 심실세동에 의한 혈액순환 기능의 상실

② 뇌의 호흡중추신경 마비에 따른 호흡정지

③ 흉부수축에 의한 질식

5 누전차단기

1. 누전차단기 개요

(1) 누전차단기(Earth Leakage Breaker: ELB)의 종류 ★★

구분	종류	정격감도전류(mA)	동작시간
중감도형	고속형	50, 100, 200, 500, 1,000	정격감도전류에서 0.1초 이내
	시연형(지연형)		정격감도전류에서 0.1초 초과 2초 이내
고감도형	고속형	5, 10, 15, 30	• 정격감도전류에서 0.1초 이내 • 인체감전보호형은 0.03초 이내
	반한시형		• 정격감도전류에서 0.2초 초과 1초 이내 • 정격감도전류 1.4배의 전류에서 0.1초 초과 0.5초 이내 • 정격감도전류 4.4배의 전류에서 0.05초 이내
	시연형(지연형)		정격감도전류에서 0.1초 초과 2초 이내

(2) 누전차단기의 사용목적

① 감전보호

② 누전화재보호

③ 타 계통으로 사고파급 방지

④ 전기기계·기구의 손상보호

(3) 누전차단기의 점검

① 감도전류의 측정

② 절연저항

③ 동작시간의 측정

④ 개폐

⑤ 온도상승

(4) 누전차단기의 구성요소 ★★

① 트립(Trip)장치

② 지락검출장치

③ 개폐기구

④ 영상변류기

⑤ 소호장치

(5) 누전차단기의 성능기준(감전방지용누전차단기 설치에 관한 지침: 한국산업안전보건공단) ★★

① 감전방지용 누전차단기의 정격감도전류는 30mA 이하이고, 동작시간은 0.03초 이내일 것(다만, 정격전부하전류가 50A 이상인 전기기계·기구에 접속되는 누전차단기는 오작동을 방지하기 위하여 정격감도전류는 200mA 이하로, 동작시간은 0.1초 이내로 할 수 있다.)

② 해당 부하에 적합한 차단용량을 갖출 것

③ 해당 부하에 적합한 정격전류를 갖출 것

④ 절연저항은 500V 절연저항계로 5MΩ 이상일 것

⑤ 정격전압은 전로의 공칭전압 85 ～ 110% 이내일 것

⑥ 정격부동작전류는 정격감도전류의 50% 이상으로 하고, 이들의 전류차는 가능한 한 작을 것

2. 누전차단기 설치

(1) 누전차단기 선정 및 설치방법(감전방지용누전차단기 설치에 관한 지침: 한국산업안전보건공단)

① 누전차단기는 분기회로 또는 전기기기마다 설치하는 것을 원칙으로 할 것

② 누전차단기는 배전반이나 분전반 등에 설치하는 것을 원칙으로 할 것(다만, 꽂음접속기형 누전차단기는 콘센트에 연결하거나 부착하여 사용할 수 있다.)

③ 전기기기의 금속제 외함, 금속제 외피 등 금속부분은 누전차단기를 접속한 경우에도 접지를 할 것

④ 지락보호 전용 누전차단기는 과전류를 차단할 수 있는 퓨즈 또는 차단기 등을 조합하여 설치할 것

⑤ 누전차단기의 영상변류기에 다른 배선이나 접지선이 통과되지 않도록 설치할 것

⑥ 단상용 누전차단기 3상회로에 설치하지 않을 것

⑦ 서로 다른 중성선이 누전차단기 부하측에서 공유되지 않도록 설치할 것

⑧ 중성선은 누전차단기의 전원측에 접지시키고, 부하측에는 접지되지 않도록 할 것

⑨ 누전차단기의 부하측 단자는 연결되는 전기기기의 부하측 전로에 연결하고, 누전차단기의 전원측 단자는 전원이 공급되는 인입측 전로에 연결할 것

⑩ 누전차단기는 설치 전에 반드시 개로시키고 설치 후에는 폐로시켜 작동시킬 것

⑪ 휴대용, 이동용 전기기기에 설치하는 누전차단기는 정격감도전류가 낮고, 동작시간이 짧을 것

⑫ 누전차단기의 설치가 완료되면 회로와 대지간의 절연저항을 측정할 것

(2) 누전차단기를 설치해야 하는 전기기계·기구(산업안전보건법 안전보건기준) ★★★

① 물 등 도전성이 높은 액체가 있는 습윤장소에서 사용하는 저압용 전기기계·기구

② 대지전압이 150V를 초과하는 이동형 또는 휴대형 전기기계·기구

③ 임시배선의 전로가 설치되는 장소에서 사용하는 이동형 또는 휴대형 전기기계·기구

④ 철판, 철골 위 등 도전성이 높은 장소에서 사용하는 이동형 또는 휴대형 전기기계·기구

(3) 누전차단기를 설치하지 않아도 되는 경우(산업안전보건법 안전보건기준) ★★

① 전기용품 및 생활용품안전관리법이 적용되는 이중절연 또는 이와 같은 수준 이상으로 보호되는 전기기계·기구

② 비접지방식의 전로

③ 절연대 위 등과 같이 감전위험이 없는 장소에서 사용하는 전기기계·기구

※ 산업안전보건법 안전보건기준 → 2021.11.19. 개정

3. 누전차단기 관련 기타

(1) 감전보호형 누전차단기의 작동 ★★★

정격감도전류 30mA 이하, 작동시간 0.03초 이내

(2) 누전차단기 관련 일상 사용상태의 정의

주위 온도가 −10 ∼ 40℃, 상대습도 45 ∼ 85%로 이상한 진동이나 충격을 받지 않는 상태를 말한다.

(3) 누전에 의한 감전위험을 방지하기 위하여 설치한 누전차단기를 접속하는 경우 준수사항(산업안전보건법 안전보건기준) ★★★

① 전기기계·기구에 설치되어 있는 누전차단기는 정격감도전류가 30mA 이하이고, 작동시간은 0.03초 이내일 것. 다만, 정격전부하전류가 50A 이상인 전기기계·기구에 접속되는 누전차단기는 오작동을 방지하기 위하여 정격감도전류는 200mA 이하로, 작동시간은 0.1초 이내로 할 수 있다.

② 분기회로 또는 전기기계·기구마다 누전차단기를 접속할 것

③ 누전차단기는 배전반 또는 분전반 내에 접속하거나 꽂음접속기형 누전차단기를 콘센트에 접속하는 등 파손이나 감전사고를 방지할 수 있는 장소에 접속할 것

④ 지락보호전용 기능만 있는 누전차단기는 과전류를 차단하는 퓨즈나 차단기 등과 조합하여 접속할 것

6 교류아크용접기 방호장치

1. 자동전격방지장치의 작동

(1) 자동전격방지장치의 작동원리

① 교류아크용접기는 무부하전압이 높아 전격위험성이 크기 때문에 방호장치로 자동전격방지장치를 부착시켜야 한다.

② 자동전격방지장치란 아크발생이 중단된 후 1초 이내에 교류아크용접기의 출력측 무부하전압을 자동적으로 25V 이하로 강하시키는 방호장치이다. ★★★

③ 다음 그림은 자동전격방지장치의 작동원리를 나타낸 것으로 아크를 멈추었을 때는(무부하시) 아크용접기 1차회로에 설치한 주접점 S_1은 개방되고, 보조변압기(1차측: 220V, 2차측: 25V) 2차회로의 접점 S_2는 개로되므로 홀더에 가해지는 전압은 25V로 저하되는 것이다.

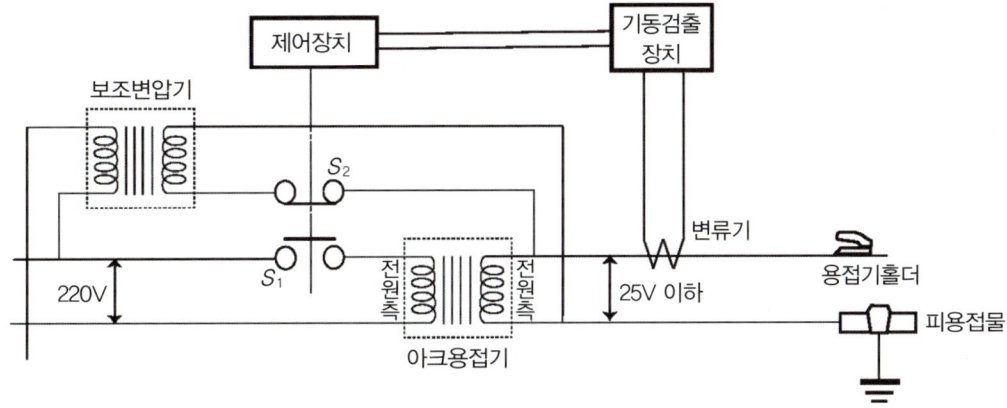

▲ 자동전격방지장치의 작동원리

(2) 자동전격방지장치의 기능

① 안전전압 이하로 저하

② 감전위험방지

③ 역률 향상

④ 전력손실 절감(전기료 절감)

(3) 자동전격방지장치의 구성요소

① 감지장치

② 제어장치

③ 주회로변압기

④ 보조변압기

(4) 자동전격방지장치의 종류 ★★

① 외장형, 내장형

② 저저항시동형(L형), 고저항시동형(H형)

2. 자동전격방지장치의 설치

(1) 자동전격방지장치를 설치해야 되는 장소(산업안전보건법 안전보건기준) ★★★

① 선박의 이중 선체 내부, 밸러스트(Ballast) 탱크, 보일러 내부 등 도전체에 둘러싸인 장소

② 추락할 위험이 있는 높이 2m 이상의 장소로 철골 등 도전성이 높은 물체에 근로자가 접촉할 우려가 있는 장소

③ 근로자가 물 · 땀 등으로 인하여 도전성이 높은 습윤상태에서 작업하는 장소

(2) 자동전격방지기를 설치할 때 주의사항 ★★

① 직각(불가피한 경우에는 직각에서 20° 이내)으로 설치할 것

② 표시등이 보기 쉽고, 점검용 스위치의 조작이 용이하도록 설치할 것

③ 용접기의 이동, 전자접촉기의 작동 등으로 인한 진동, 충격에 견딜 수 있도록 할 것

④ 접속부분은 확실하게 접속하여 이완되지 않도록 할 것

⑤ 접속부분을 절연테이프, 절연커버 등으로 절연시킬 것

⑥ 용접기의 전원측에 접속하는 선과 출력측에 접속하는 선을 혼동되지 않도록 할 것

⑦ 용접기 단자의 극성이 정해져 있는 경우에는 접속시 극성이 맞도록 할 것

⑧ 전격방지기와 용접기 사이의 배선 및 접속부분에 외부의 힘이 가해지지 않도록 할 것

⑨ 전격방지기의 외함은 접지시킬 것

3. 자동전격방지장치의 사용

(1) 자동전격방지장치 사용 전 점검사항 ★

① 전자접촉기의 작동상태

② 이상소음, 이상냄새 발생 유무

③ 전격방지기 외함의 뚜껑상태

④ 전격방지기 외함의 접지상태

⑤ 전격방지기와 용접기와의 배선 및 이에 부속된 접속기구의 피복 또는 외장의 손상 유무

(2) 시동감도 ★

① 용접봉을 모재에 접촉시켜 아크를 발생시킬 때 자동전격방지장치가 동작할 수 있는 용접기의 2차측 최대저항을 말한다.

② 시동감도는 극한 상황에서 전격을 방지하기 위하여 500Ω을 상한치로 하는 것이 바람직하다.

> **참고** **아크용접장치**
>
> (1) 교류아크용접기의 허용사용률(%) $= \dfrac{(최대정격2차전류)^2}{(실제의 용접전류)^2} \times 정격사용률$
>
> (2) 교류아크용접기의 효율(%) $= \dfrac{출력(kW)}{입력(kW)} \times 100 = \dfrac{출력}{출력 + 내부손실} \times 100$
>
> (3) 아크용접장치에서 특히 감전되기 쉬운 부분 ★★
>   ① 용접용 케이블   ④ 용접기 케이스
>   ② 용접봉 와이어   ⑤ 용접기의 리드 단자
>   ③ 용접봉 홀더
>   ※ 가장 위험성이 큰 부분: 용접봉 홀더 노출부
>
> (4) 수하특성(Dropping characteristic) ★
> 용접을 하기 위한 아크(arc)가 발생할 때 교류아크용접기 2차측 전압(단자전압)이 무부하 2차측 전압(개로전압)보다 훨씬 낮아져서 안전전압 이하로 유지되는 용접변압기의 특성을 말한다.
>
> (5) 아크용접작업시 감전재해방지대책
>   ① 적정한 케이블의 사용   ④ 누전차단기의 설치
>   ② 자동전격방지장치의 설치   ⑤ 절연용접봉 홀더의 사용
>   ③ 용접기 외함의 접지   ⑥ 절연장갑 등 절연보호구 착용

---

4. 교류아크용접기용 자동전격방지기(방호장치 자율안전기준 고용노동부고시)

(1) 용어의 정의 ★★

① 교류아크용접기용 자동전격방지기: 대상으로 하는 용접기의 주회로(변압기의 경우는 1차회로 또는 2차회로)를 제어하는 장치를 가지고 있어, 용접봉의 조작에 따라 용접할 때에만 용접기의 주회로를 형성하고 그 외에는 용접기의 출력측의 무부하전압을 25V 이하로 저하시키도록 동작하는 장치를 말한다.

② 무부하전압: 전격방지기가 동작하고 있는 경우에 출력측(용접봉 홀더와 피용접물 사이)에 발생하는 정상상태의 무부하전압을 말한다.

③ 시동시간: 용접봉을 피용접물에 접촉시켜서 전격방지기의 주접점이 폐로될(닫힐) 때까지의 시간을 말한다.

④ 지동시간: 용접봉 홀더에 용접기 출력측의 무부하전압이 발생한 후 주접점이 개방될 때까지의 시간을 말한다.

(2) 교류아크용접기 자동전격방지기의 표시사항 ★★

SP − 3A	· SP: 외장형 · 3: 300A · A: 용접기에 내장되어 있는 콘덴서의 유무에 관계없이 사용할 수 있는 것

① 전격방지기의 주접점을 용접기의 1차측에 설치한 것은 1차측, 출력측에 설치한 것은 출력측 정격전류로 규정

　㉠ 외장형: 외장형을 용접기 외함에 부착하여 사용하는 자동전격방지기로 그 기호는 SP로 표시

　㉡ 내장형: 내장형은 용접기함내에 설치하여 사용하는 자동전격방지기로 그 기호는 SPB로 표시

　㉢ 기호 SP 또는 SPB뒤의 숫자는 출력측의 정격전류의 100단위의 수치로 표시(예 2.5는 250A, 3은 300A를 표시)

　㉣ 숫자 다음의 표시

　　· A는 용접기에 내장되어 있는 콘덴서의 유무에 관계없이 사용할 수 있는 것

　　· B는 콘덴서를 내장하지 않은 용접기에 사용하는 것

　　· C는 콘덴서 내장형 용접기에 사용하는 것

　　· E는 엔진구동용접기에 사용하는 전격방지기

② 내장형의 정격사용률은 용접기의 출력사용률 이상으로 할 것(다만, 최저치는 $\frac{30}{100}$으로 할 것)

7 절연용 안전장구

1. 절연용 안전보호구

(1) 절연용 안전보호구의 종류 ★★
　① 내전압용 절연장갑

　② 감전방지용 안전모

　③ 절연화

　④ 정전기안전화

　⑤ 절연장화

　⑥ 안전대

　⑦ 고무소매

　⑧ 도전성 작업복

　⑨ 제전복

> **참고** 산업안전보건법상 절연용 방호구, 절연용 보호구, 활선작업용 장치, 활선작업용 기구에 대하여 각각의 사용목적에 적합한 종별 · 재질 및 치수의 것을 사용하여야 하나 적용을 제외하는 기준 ★★
> 대지전압이 30V 이하인 전기기계기구, 배선 또는 이동전선이다.

(2) 내전압용 절연장갑 ★★

절연장갑의 등급은 최대사용전압에 따라 다음 표와 같이 한다.

등급	등급별 색상	최대사용전압	
		교류(V, 실효값)	직류(V)
00	갈색	500	750
0	빨간색	1,000	1,500
1	흰색	7,500	11,250
2	노란색	17,000	25,500
3	녹색	26,500	39,750
4	등색	36,000	54,000

2. 절연용 안전방호구

(1) 절연용 안전방호구의 종류

① 고무블랭킷
② 방호관
③ 점퍼호스
④ 컷아웃 스위치 커버
⑤ 완금커버
⑥ 애자후드
⑦ 절연덮개
⑧ 건축지장용 방호관
⑨ 절연매트
⑩ 절연봉
⑪ 절연담요

(2) 검출용구

검출용구는 작업시작 전에 전기설비의 이상 유무 및 상태를 조사 · 확인하여 재해발생을 미연에 방지하기 위한 것으로 다음과 같은 것이 있다.

① 검전기
② 가스검출기
③ 불량애자 검출기
④ 상회전 표시기

(3) 접지용구

접지용구란 전선로 또는 설비에서 작업을 착수하기 전에 정해진 개소에 설치하여 오통전 또는 유도에 의한 충전의 위험을 방지하기 위한 것이다.

(4) 활선작업용 기구 및 장치

활선작업용 기구 및 장치란 활선작업을 할 때 사용하여 감전의 위험을 방지하고 안전한 작업을 하기 위한 것으로 다음과 같은 것이 있다.

① 활선 커터
② 활선 시메라
③ 컷아웃 스위치 조작봉
④ 디스콘 스위치 조작봉
⑤ 점퍼선
⑥ 핫스틱
⑦ 활선애자 소제기
⑧ 활선작업대
⑨ 활선사다리

01 ★★★

전격의 위험을 결정하는 1차적 요인(1차적 감전의 위험 요소)을 4가지 쓰시오.

정답

① 통전전류의 크기
② 통전시간
③ 통전경로
④ 전원의 종류

02 ★★

심실세동전류의 정의를 쓰고, 심실세동전류값을 구하는 공식을 쓰시오.

정답

(1) 심실세동전류의 정의

인체에 흐르는 전류가 더욱 증가하게 되면 심장은 정상적인 맥동을 하지 못하고 불규칙적인 세동을 일으키며 혈액의 순환이 곤란하게 되고, 심장이 마비되는 현상을 초래하는 한계전류치를 말한다.

(2) 공식

$$I = \frac{165}{\sqrt{T}}$$ I: 심실세동전류[mA], T: 통전시간[초]

03 ★

다음은 통전전류에 따른 인체의 영향에 대한 사항이다. ( ) 안에 알맞은 말을 쓰시오.

통전전류(mA)	인체의 영향
1	전기를 느낄 정도
5	(①)
10	(②)
20	(③)
50	(④)
100	치명적 결과 초래

정답

① 상당한 고통
② 견디기 힘든 고통
③ 근육수축이 심하고 행동 불능
④ 매우 위험한 상태

04 ★★

통전경로에 따른 인체의 위험도가 큰 것부터 작은 것으로 순서대로 번호를 쓰시오.

① 왼손 – 가슴	④ 오른손 – 가슴
② 왼손 – 등	⑤ 양손 – 양발
③ 왼손 – 오른손	

정답

① → ④ → ⑤ → ② → ③

05 ★★

통전경로에 따른 (1) 위험도가 가장 높은 것과 (2) 가장 낮은 것의 번호를 쓰시오.

① 왼손 – 오른손	④ 오른손 – 가슴
② 왼손 – 왼발	⑤ 오른손 – 양발
③ 왼손 – 가슴	

정답

(1) 위험도가 가장 높은 것: ③
(2) 위험도가 가장 낮은 것: ①
※ 인체의 통전경로별 위험도
   ① 왼손 – 오른손: 0.4
   ② 왼손 – 왼발: 1.0
   ③ 왼손 – 가슴: 1.5
   ④ 오른손 – 가슴: 1.3
   ⑤ 오른손 – 양발: 0.8

06 ★★★

DALZIEL의 관계식을 이용하여 심실세동을 일으킬 수 있는 에너지(J)를 계산하시오. (단, 인체의 전기저항은 500Ω, 통전시간은 1초이다)

정답

$$W=I^2RT=\left(\frac{165}{\sqrt{T}}\times10^{-3}\right)^2\times R\times T$$
$$=\left(\frac{165}{\sqrt{1}}\times10^{-3}\right)^2\times500\times1$$
$$=13.6125\fallingdotseq13.61\,\mathrm{J}$$

07 ★★

전압이 100V인 충전부분에 작업자의 물에 젖은 손이 접촉되어 감전, 사망하였다. 이때 인체에 흐른 (1) 심실세동전류(mA)와 (2) 통전시간(초)을 계산하시오. (단, 인체의 저항은 5,000Ω으로 하고, 답은 소수점 셋째자리까지 나타낼 것)

정답

(1) 심실세동전류

전압이 100V이고, 물에 젖은 경우 인체의 저항은 $\frac{1}{25}$로 감소하므로

$$R=5,000\times\frac{1}{25}=200\Omega$$

따라서 심실세동전류 I는 다음과 같다.

$$I=\frac{V}{R}=\frac{100}{200}=0.5\mathrm{A}\times1,000=500\mathrm{mA}$$

(2) 통전시간

$I=\frac{165}{\sqrt{T}}$에서 통전시간 T는 다음과 같다.

$$T=\left(\frac{165}{I}\right)^2=\left(\frac{165}{500}\right)^2=0.1089\fallingdotseq0.109\text{초}$$

08 ★

산업안전보건법상 (1) 과전류차단장치를 3가지 쓰고 (2) 과전류차단장치의 설치기준을 2가지 쓰시오.

정답

(1) 과전류차단장치
   ① 차단기   ③ 보호계전기
   ② 퓨즈   ④ 변성기
(2) 과전류차단장치의 설치기준
   ① 과전류차단장치는 반드시 접지선이 아닌 전로에 직렬로 연결하여 과전류 발생시 전로를 자동으로 차단하도록 설치할 것
   ② 차단기 · 퓨즈는 계통에서 발생하는 최대과전류에 대하여 충분하게 차단할 수 있는 성능을 가질 것
   ③ 과전류차단장치가 전기계통상에서 상호 협조 · 보안되어 과전류를 효과적으로 차단하도록 할 것
[근거]
과전류차단장치: 산업안전보건법 산업안전보건기준에 관한 규칙 제305조

09 ★

단락상태의 전로를 개폐할 수 있는 차단기(CB: Circuit Breaker)의 역할을 2가지 쓰시오.

정답

① 전기기기 및 전선류 등을 보호하여 안전하게 유지하는 것
② 과부하 및 지락사고를 보호하는 것
③ 정상전류의 개폐 및 이상사태 발생시 회로를 차단하는 것

10 ★★

변전설비에 사용하는 MOF(Metering Out Fit: 계기용 변성기)의 역할을 2가지 쓰시오.

정답

① 대전류를 소전류로 변환하는 장치
② 고전압을 저전압으로 변성하는 장치

11 ★

산업안전보건법상 비상전원의 종류를 3가지 쓰시오.

정답

① 비상발전기
② 비상전원용 수전설비
③ 축전지설비
④ 전기저장장치
[근거]
비상전원: 산업안전보건법 산업안전보건기준에 관한 규칙 제308조

12 ★

다음은 퓨즈(fuse)에 대한 사항이다. ( ) 안에 적합한 내용을 쓰시오.

(1) 저압용 퓨즈는 정격전류의 (①)배에 견디어야 하고, 고압용 퓨즈는 정격전류의 (②)배에 견디어야 한다.
(2) 퓨즈의 선택 시 고려하여야 할 사항은 정격전압, (③), (④), 사용 장소 등이다.

정답

① 1.1
② 1.3
③ 정격전류
④ 차단용량

13 ★★★

사업주는 근로자가 노출된 충전부 또는 그 부근에서 작업함으로써 감전될 우려가 있는 경우에는 작업에 들어가기 전에 해당 전로를 차단하여야 한다. 전로차단 절차를 순서대로 번호로 쓰시오.

① 검전기를 이용하여 작업대상 기기가 충전되어 있는지를 확인할 것
② 차단장치나 단로기 등에 잠금장치 및 꼬리표를 부착할 것
③ 전원을 차단한 후 각 단로기 등을 개방하고 확인할 것
④ 개로된 전로에서 유도전압 또는 전기에너지가 축적되어 근로자에게 전기위험을 끼칠 수 있는 전기기기 등은 접촉하기 전에 잔류전하를 완전히 방전시킬 것
⑤ 전기기기 등에 공급되는 모든 전원을 관련 도면, 배선도 등으로 확인할 것
⑥ 전기기기 등이 다른 노출 충전부와의 접촉, 유도 또는 예비동력원의 역송전 등으로 전압이 발생할 우려가 있는 경우에는 충분한 용량을 가진 단락접지기구를 이용하여 접지할 것

정답

⑤ - ③ - ② - ④ - ① - ⑥
[근거]
정전전로에서의 전기작업: 산업안전보건법 산업안전보건기준에 관한 규칙 제319조

14 ★

전기작업 안전대책의 기본요건 3가지를 쓰시오.

정답

① 전기시설의 안전관리확립

② 전기설비의 품질향상

③ 취급자의 자세

15 ★★★

산업안전보건법상 근로자가 노출된 충전부 또는 그 부근에서 작업함으로써 감전될 우려가 있는 경우에는 작업에 들어가기 전에 해당 전로를 차단하여야 한다. 다음 ( ) 안에 적합한 내용을 쓰시오.

(1) 차단장치나 단로기 등에 (①) 및 꼬리표를 부착할 것

(2) 개로된 전로에서 유도전압 또는 전기에너지가 축적되어 근로자에게 전기위험을 끼칠 수 있는 전기기기 등은 접촉하기 전에 (②)를 완전히 방전시킬 것

(3) 전기기기 등이 다른 노출 충전부와의 접촉, 유도 또는 예비동력원의 역송전 등으로 전압이 발생할 우려가 있는 경우에는 충분한 용량을 가진 (③)를 이용하여 접지할 것

정답

① 잠금장치   ② 잔류전하   ③ 단락접지기구

[근거]
정전전로에서의 전기작업: 산업안전보건법 산업안전보건기준에 관한 규칙 제319조

16 ★★

정전전로에서의 전기작업시 전로차단을 하지 않아도 되는 경우를 2가지 쓰시오.

정답

① 생명유지장치, 비상경보설비, 폭발위험장소의 환기설비, 비상조명설비 등의 장치·설비의 가동이 중지되어 사고의 위험이 증가되는 경우

② 기기의 설계상 또는 작동상 제한으로 전로차단이 불가능한 경우

③ 감전, 아크 등으로 인한 화상, 화재·폭발의 위험이 없는 것으로 확인된 경우

[근거]
정전전로에서의 전기작업: 산업안전보건법 산업안전보건기준에 관한 규칙 제319조

17 ★★★

산업안전보건법상 충전전로의 선간전압이 다음 보기와 같을 때 충전전로에 대한 접근한계거리를 각각 쓰시오.

(1) 220V

(2) 1.5kV

(3) 20kV

(4) 130kV

(5) 240kV

정답

(1) 접촉금지

(2) 45cm

(3) 90cm

(4) 150cm

(5) 230cm

[근거]
충전전로에서의 전기작업: 산업안전보건법 산업안전보건기준에 관한 규칙 제321조

18 ★★

산업안전보건법상 충전전로에서의 전기작업시 안전조치사항을 4가지 쓰시오.

① 충전전로를 정전시키는 경우에는 정전전로에서의 전기작업에 따른 조치를 할 것
② 충전전로를 방호, 차폐하거나 절연 등의 조치를 하는 경우에는 근로자의 신체가 전로와 직접 접촉하거나 도전재료, 공구 또는 기기를 통하여 간접 접촉되지 않도록 할 것
③ 충전전로를 취급하는 근로자에게 그 작업에 적합한 절연용 보호구를 착용시킬 것
④ 충전전로에 근접한 장소에서 전기작업을 하는 경우에는 해당 전압에 적합한 절연용 방호구를 설치할 것
⑤ 고압 및 특별고압의 전로에서 전기작업을 하는 근로자에게 활선작업용 기구 및 장치를 사용하도록 할 것
⑥ 근로자가 절연용 방호구의 설치·해체작업을 하는 경우에는 절연용 보호구를 착용하거나 활선작업용 기구 및 장치를 사용하도록 할 것
⑦ 유자격자가 아닌 근로자가 충전전로 인근의 높은 곳에서 작업할 때에 근로자의 몸 또는 긴 도전성 물체가 방호되지 않은 충전전로에서 대지전압이 50kV 이하인 경우에는 300cm 이내로, 대지전압이 50kV를 넘는 경우에는 10kV당 10cm씩 더한 거리 이내로 각각 접근할 수 없도록 할 것

[근거]
충전전로에서의 전기작업: 산업안전보건법 산업안전보건기준에 관한 규칙 제321조

19 ★

전기활선작업을 할 때 고무장갑과 가죽장갑의 올바른 착용방법에 대하여 쓰시오.

전기활선작업을 할 때 내부에 고무장갑, 외부에 가죽장갑을 착용하여야 한다.

20 ★★★

산업안전보건법상 충전전로의 선간전압에 따른 접근한계거리에 대하여 (   ) 안에 각각 적합한 숫자를 쓰시오.

충전전로의 선간전압 [kV]	충전전로에 대한 접근한계거리[cm]
0.3 이하	접촉금지
0.3 초과 0.75 이하	(①)
0.75 초과 2 이하	(②)
2 초과 15 이하	60
15 초과 37 이하	90
37 초과 88 이하	(③)
88 초과 121 이하	130
121 초과 145 이하	(④)

① 30　　　　　　② 45
③ 110　　　　　 ④ 150
[근거]
충전전로에서의 전기작업: 산업안전보건법 산업안전보건기준에 관한 규칙 제321조

21 ★★

산업안전보건법상 전기기계·기구를 설치하려는 경우 고려하여야 할 사항을 3가지 쓰시오.

① 전기기계·기구의 충분한 전기적 용량 및 기계적 강도
② 전기적, 기계적 방호수단의 적정성
③ 습기, 분진 등 사용장소의 주위 환경
[근거]
전기기계·기구의 적정설치 등: 산업안전보건법 산업안전보건기준에 관한 규칙 제303조

22 ★★

산업안전보건법상 충전전로 인근에서 차량·기계장치 작업시 안전조치사항에 대한 것이다. (   ) 안에 적합한 내용을 쓰시오.

충전전로 인근에서 차량·기계장치 등의 작업이 있는 경우에는 차량 등을 충전전로의 충전부로부터 (①) 이상 이격시켜 유지시키되, 대지전압이 50kV를 넘는 경우 이격시켜 유지하여야 하는 거리는 10kV증가할 때마다 (②)씩 증가시켜야 한다. 다만, 차량 등의 높이를 낮춘 상태에서 이동하는 경우에는 이격거리를 (③) 이상(대지전압이 50kV를 넘는 경우에는 10kV 증가할 때마다 이격거리를 10cm씩 증가)으로 할 수 있다.

정답

① 300cm   ② 10cm   ③ 120cm

[근거]
충전전로 인근에서의 차량·기계장치작업: 산업안전보건법 산업안전보건기준에 관한 규칙 제322조

23 ★

산업안전보건법상 이동 및 휴대장비 등을 사용하는 전기작업시 안전조치사항을 3가지 쓰시오.

정답

① 근로자가 착용하거나 취급하고 있는 도전성 공구, 장비 등이 노출 충전부에 닿지 않도록 할 것
② 근로자가 사다리를 노출 충전부가 있는 곳에서 사용하는 경우에는 도전성 재질의 사다리를 사용하지 않도록 할 것
③ 근로자가 젖은 손으로 전기기계·기구의 플러그를 꽂거나 제거하지 않도록 할 것
④ 근로자가 전기회로를 개방, 변환 또는 투입하는 경우에는 전기차단용으로 특별히 설계된 스위치, 차단기 등을 사용하도록 할 것
⑤ 차단기 등의 과전류차단장치에 의하여 자동차단된 후에는 전기회로 또는 전기 기계·기구가 안전하다는 것이 증명되기 전까지는 과전류차단장치를 재투입하지 않도록 할 것

[근거]
이동 및 휴대장비 등의 사용 전기작업: 산업안전보건법 산업안전보건기준에 관한 규칙 제317조

24 ★★

산업안전보건법상 꽂음접속기를 설치하거나 사용하는 경우 준수사항을 3가지 쓰시오.

정답

① 서로 다른 전압의 꽂음접속기는 서로 접속되지 아니한 구조의 것을 사용할 것
② 습윤한 장소에 사용되는 꽂음접속기는 방수형 등 그 장소에 적합한 것을 사용할 것
③ 근로자가 해당 꽂음접속기를 접속시킬 경우에는 땀 등으로 젖은 손으로 취급하지 않도록 할 것
④ 해당 꽂음접속기에 잠금장치가 있는 경우에는 접속 후 잠그고 사용할 것

[근거]
꽂음접속기의 설치·사용시 준수사항: 산업안전보건법 산업안전보건기준에 관한 규칙 제303조

25 ★

이동전선에 접속하여 임시로 사용하는 전등이나 가설의 배선 또는 이동전선에 접속하는 가공매달기식 전등 등을 접촉함으로 인한 감전 및 전구의 파손에 의한 위험을 방지하기 위하여 보호망을 설치할 경우 준수사항을 2가지 쓰시오.

정답

① 전구의 노출된 금속부분에 근로자가 쉽게 접촉되지 아니하는 구조로 할 것
② 재료는 쉽게 파손되거나 변형되지 아니하는 것으로 할 것

[근거]
임시로 사용하는 전등 등의 위험방지: 산업안전보건법 산업안전보건기준에 관한 규칙 제309조

26 ★★

인체의 접촉상태에 따른 허용접촉전압에 대한 사항이다. ( ) 안에 적합한 내용을 쓰시오.

종별	접촉상태	허용접촉전압(V)
제1종	인체의 대부분이 수중에 있는 상태	(①)V 이하
제2종	① 인체가 현저하게 젖어 있는 상태 ② 금속성의 전기기계장치나 구조물에 인체의 일부가 상시 접촉되어 있는 상태	(②)V 이하
제3종	통상의 인체상태에 있어서 접촉전압이 가해지면 위험성이 높은 상태	(③)V 이하
제4종	① 통상의 인체상태에 있어서 접촉전압이 가해지더라도 위험성이 낮은 상태 ② 접촉전압이 가해질 우려가 없는 상태	(④)

정답

① 2.5   ③ 50
② 25   ④ 제한없음

27 ★★

인체의 전기저항에 대한 사항이다. 다음 물음에 답하시오.

(1) 피부의 전기저항: (①)

(2) 피부에 땀이 나 있을 경우: (②)

(3) 피부가 물에 젖어 있을 경우: (③)

정답

① 2,500Ω

② $\frac{1}{12}$ 정도로 감소

③ $\frac{1}{25}$ 정도로 감소

28 ★★

전압을 구분하는 기준에 대한 사항이다. ( ) 안에 적합한 내용을 쓰시오.

압력	직류(DC)	교류(AC)
저압	(①)KV 이하	(②)KV 이하
고압	(③)KV 초과 (④)KV 이하	(⑤)KV 초과 (⑥)KV 이하
특별고압	(⑦)KV 초과	

정답

① 1.5
② 1
③ 1.5
④ 7
⑤ 1
⑥ 7
⑦ 7
[근거]
전압의 구분: 한국전기설비규정 KEC

29 ★★★

직접접촉에 의한 감전재해방지대책을 4가지 쓰시오.

정답

① 충전부 방호(덮개, 방호망 등)
② 충전부 전체 절연(충전부는 내구성이 있는 절연물로 절연)
③ 설치장소의 제한(별도의 실내, 울타리 설치 등)
④ 작업자는 절연화 등 보호구 착용
⑤ 도전성 물체 및 작업장 주위의 바닥을 절연물로 도포

30 ★★★

산업안전보건기준에 관한 규칙상 근로자가 작업이나 통행 등으로 인하여 전기기계·기구 또는 전로 등의 충전부분에 접촉하거나 접근함으로써 감전위험이 있는 충전부분에 대하여 감전을 방지하기 위한 방호방법을 3가지 쓰시오.

정답

① 충전부는 내구성이 있는 절연물로 완전히 덮어 감쌀 것

② 충전부가 노출되지 않도록 폐쇄형 외함이 있는 구조로 할 것

③ 충전부에 충분한 절연효과가 있는 방호망 또는 절연덮개를 설치할 것

④ 전주 위 및 철탑 위 등 격리되어 있는 장소로서 관계근로자가 아닌 사람이 접근할 우려가 없는 장소에 충전부를 설치할 것

⑤ 발전소, 변전소 및 개폐소 등 구획되어 있는 장소로서 관계근로자가 아닌 사람의 출입이 금지되는 장소에 충전부를 설치하고, 위험표시 등의 방법으로 방호를 강화할 것

[근거]
전기기계·기구 등의 충전부 방호: 산업안전보건법 산업안전보건기준에 관한 규칙 제301조

31 ★★★

전기기계·기구의 누전으로 인한 재해를 방지하기 위하여 필요한 조치사항을 4가지 쓰시오.

정답

① 누전차단기의 설치

② 보호접지

③ 이중절연구조의 전기기계기구의 사용(이중절연기기의 사용)

④ 비접지식 전로의 채용

⑤ 안전전압 이하의 기기사용

⑥ 사고회로의 신속한 차단(전원의 자동차단)

32 ★★

전로의 사용전압 구분에 따른 절연저항치에 대한 사항이다. (   ) 안에 적합한 내용을 쓰시오.

전로의 사용전압[V]	DC시험전압[V]	절연저항[MΩ]
SELV 및 PELV	250	(①)
FELV, 500V 이하	500	(②)
500V 초과	1,000	(③)

※ 특별저압(Extra Low Voltage: 2차전압이 AC 50V, DC 120V 이하)으로 SELV(Safety Extra Low Voltage: 비접지회로 구성) 및 PELV(Protected Extra Low Voltage: 접지회로 구성)는 1차와 2차가 전기적으로 절연된 회로, FELV(Functional Extra Low Voltage)는 1차와 2차가 전기적으로 절연되지 않은 회로

정답

① 0.5

② 1

③ 1

[근거]
저압전로의 절연성능: 전기설비기술기준 산업통상자원부고시

33 ★★

일반적인 감전재해방지대책을 4가지 쓰시오.

정답

① 설비의 필요한 부분에는 보호접지를 시설한다.

② 전기기기 및 장치의 점검, 정비를 철저히 한다.

③ 전기기기에 위험표시를 한다.

④ 전기설비의 점검을 철저히 한다.

⑤ 충전부가 노출된 부분에는 절연방호구를 설치한다.

⑥ 전기설비에 누전차단기를 설치한다.

⑦ 고전압 선로 및 충전부에 접근하여 작업하는 작업자에게는 보호구를 착용시킨다.

⑧ 유자격자 이외는 전기기계·기구에 접촉을 금지한다.

⑨ 안전관리자는 작업에 대한 안전교육을 실시하여야 한다.

⑩ 사고발생시의 처리순서를 미리 작성하여 둔다.

34 ★

교류 220V용 변압기에 절연내력시험을 할 때 시험전압과 시험시간을 쓰시오.

① 시험전압: 500V

② 시험시간: 10분

▶ 시험전압은 최대사용전압의 1.5배의 전압이다(단, 500V 미만으로 되는 경우에는 500V).
  따라서, 220×1.5=330V이어야 하나 500V 미만에 해당되므로 시험전압은 500V가 되는 것이다.

[근거]
변압기 전로의 절연내력: 전기설비기술기준 산업통상자원부고시

36 ★★★

산업안전보건법상 누전차단기에 대한 사항이다. (   ) 안에 적합한 내용을 쓰시오.

> 전기기계·기구에 설치되어 있는 누전차단기는 정격감도전류가 (①) 이하이고, 작동시간은 (②) 이내일 것. 다만, 정격부하전류가 50A 이상인 전기기계·기구에 접속되는 누전차단기는 오작동을 방지하기 위하여 정격감도전류는 (③) 이하로, 작동시간은 (④) 이내로 할 수 있다.

① 30밀리암페어(mA)

② 0.03초

③ 200밀리암페어(mA)

④ 0.1초

[근거]
누전차단기에 의한 감전방지: 산업안전보건법 산업안전보건기준에 관한 규칙 제304조

35 ★★

다음은 누전차단기에 대한 사항이다. (   ) 안에 적합한 내용을 쓰시오.

> (1) 누전차단기는 지락검출장치, (①), 개폐기구 등으로 구성되어 있다.
> (2) 중감도형 누전차단기는 정격감도전류가 (②) ~ 1,000mA 이하이어야 한다.
> (3) 시연형 누전차단기는 동작시간이 0.1초 초과 (③) 이내이어야 한다.

① 트립(trip)장치

② 50mA

③ 2초

37 ★★★

산업안전보건법상 이동형 또는 휴대형 전기기계·기구에 감전방지용 누전차단기를 설치하여야 하는 대상을 3가지 쓰시오.

① 대지전압이 150V를 초과하는 이동형 또는 휴대형 전기기계·기구

② 철판·철골 위 등 도전성이 높은 장소에서 사용하는 이동형 또는 휴대형 전기기계·기구

③ 임시배선의 전로가 설치되는 장소에서 사용하는 이동형 또는 휴대형 전기기계·기구

④ 물 등 도전성이 높은 액체가 있는 습윤장소에서 사용하는 저압용 전기기계·기구

[근거]
누전차단기에 의한 감전방지: 산업안전보건법 산업안전보건기준에 관한 규칙 제304조

38 ★★

산업안전보건법상 감전방지용 누전차단기를 설치하지 않아도 되는 경우를 3가지 쓰시오.

정답

① 전기용품 및 생활용품안전관리법이 적용되는 이중절연 또는 이와 같은 수준 이상으로 보호되는 전기기계·기구
② 비접지방식의 전로
③ 절연대 위 등과 같이 감전위험이 없는 장소에서 사용하는 전기기계·기구

[근거]
누전차단기에 의한 감전방지: 산업안전보건법 산업안전보건기준에 관한 규칙 제304조
→ 2021. 11. 19. 개정

39 ★★★

다음은 교류아크용접기 자동전격방지기에 대한 사항이다. 다음 물음에 답하시오.

(1) 출력측의 무부하전압이 발생한 후 주접점이 개방될 때까지의 시간은 몇 초 이내이어야 하는지 쓰시오.
(2) 사용전압이 220V인 경우 출력측의 무부하전압(실효값)은 몇 V 이하이어야 하는지 쓰시오.

정답

① 1초 이내
② 25V 이하

[근거]
자동전격방지기: 방호장치 자율안전기준 고용노동부고시 [별표 2]

40 ★★

다음은 교류아크용접기의 방호장치 자율안전기준에 대한 사항이다. ( ) 안에 적합한 내용을 쓰시오.

(①): 용접봉 홀더에 용접기 출력측의 (②)이 발생한 후 주접점이 개방될 때까지의 시간

정답

① 지동시간
② 무부하전압

[근거]
자동전격방지기: 방호장치 자율안전기준 고용노동부고시

41 ★★★

산업안전보건법상 교류아크용접기에 자동전격방지기를 설치하여야 하는 장소를 3가지 쓰시오.

정답

① 선박의 이중 선체 내부, 밸러스트 탱크, 보일러 내부 등 도전체에 둘러싸인 장소
② 추락할 위험이 있는 높이 2m 이상의 장소로 철골 등 도전성이 높은 물체에 근로자가 접촉할 우려가 있는 장소
③ 근로자가 물·땀 등으로 인하여 도전성이 높은 습윤상태에서 작업하는 장소

[근거]
교류아크용접기 등: 산업안전보건법 산업안전보건기준에 관한 규칙 제306조

42 ★★

교류아크용접기의 자동전격방지장치를 설치할 때 주의사항을 3가지 쓰시오.

정답

① 직각(불가피한 경우에는 직각에서 20° 이내)으로 설치할 것
② 표시등이 보기 쉽고, 점검용 스위치의 조작이 용이하도록 설치할 것
③ 용접기의 이동, 전자접촉기의 작동 등으로 인한 진동, 충격에 견딜 수 있도록 할 것
④ 접속부분은 확실하게 접속하여 이완되지 않도록 할 것
⑤ 접속부분을 절연테이프, 절연커버 등으로 절연시킬 것
⑥ 용접기의 전원측에 접속하는 선과 출력측에 접속하는 선을 혼동되지 않도록 할 것
⑦ 용접기 단자의 극성이 정해져 있는 경우에는 접속시 극성이 맞도록 할 것
⑧ 전격방지기와 용접기 사이의 배선 및 접속부분에 외부의 힘이 가해지지 않도록 할 것
⑨ 전격방지기의 외함은 접지시킬 것

43 ★★

다음 교류아크용접기 자동전격방지기 표시사항의 의미를 상세하게 쓰시오.

$$SP - 3A - H$$

정답

① SP: 외장형
② 3: 300A
③ A: 용접기에 내장되어 있는 콘덴서의 유무에 관계없이 사용할 수 있는 것
④ H: 고저항시동형
[근거]
전격방지기의 성능기준: 방호장치 자율안전기준 고용노동부고시
[별표 2]

44 ★★

교류아크용접장치에서 특히 감전되기 쉬운 부분을 3가지 쓰시오.

정답

① 용접봉 홀더
② 용접용 케이블
③ 용접기 케이스
④ 용접봉 와이어
⑤ 용접기의 리드 단자

45 ★

용접을 위한 아크(arc)가 발생할 때 교류아크용접기 2차측 전압이 무부하 2차측 전압보다 훨씬 낮아져서 안전전압 이하로 유지된다. 이와 같은 용접변압기의 특성을 무엇이라고 하는지 쓰시오.

정답

수하특성

46 ★★

산업안전보건법상 절연용 방호구, 절연용 보호구, 활선작업용 장치, 활선작업용 기구에 대하여 각각의 사용목적에 적합한 종별 · 재질 및 치수의 것을 사용하여야 하나 적용을 제외하는 기준이 있다. 대지전압이 얼마일 때 적용을 제외하는 기준에 해당하는지 쓰시오.

정답

대지전압이 30V 이하
[근거]
• 절연용보호구 등의 사용: 산업안전보건법 산업안전보건기준에 관한 규칙 제323조
• 적용 제외: 산업안전보건법 산업안전보건기준에 관한 규칙 제324조

47 ★★

근로자가 충전전로에 근접하여 작업을 할 때 충전전로에 접촉할 위험이 있는 경우 근로자에게 보호구를 지급하여 착용하고 작업할 수 있도록 하여야 한다. 근로자의 신체부위별 착용하여야 할 보호구를 각각 쓰시오.

(1) 머리
(2) 다리(발)
(3) 손
(4) 어깨, 팔 등

정답

(1) 절연용 안전모
(2) 절연화
(3) 절연장갑
(4) 절연보호복

48 ★

작업자가 저압전기를 취급하는 작업을 할 때 감전으로부터 신체를 보호하기 위하여 착용하여야 하는 (1) 안전화의 명칭과 (2) 저압전기의 전압을 직류와 교류로 구분하여 쓰시오.

정답

(1) 안전화
　　절연화
(2) 저압전기의 전압
　　① 직류: 1.5kV 이하
　　② 교류: 1kV 이하

49 ★★

내전압용 절연장갑의 등급에 대한 사항이다. (　　) 안에 적합한 내용을 쓰시오.

등급	최대사용전압		등급별 색상
	교류(V, 실효값)	직류(V)	
00	500	(①)	갈색
0	1,000	1,500	(⑤)
1	(②)	11,250	흰색
2	(③)	25,500	노란색
3	26,500	39,750	(⑥)
4	(④)	54,000	등색

정답

① 750　　　　　　　④ 36,000
② 7,500　　　　　　⑤ 빨간색
③ 17,000　　　　　　⑥ 녹색

[근거]
내전압용 절연장갑의 성능기준: 보호구 안전인증 고용노동부고시 [별표 3]

50 ★

고압전기선 아래에서 크레인 운전자 혼자서 작업을 하다가 크레인 붐이 고압선에 닿아서 운전자가 감전되는 재해가 발생하였다. 사고발생원인 및 안전대책을 각각 2가지씩 쓰시오.

정답

(1) 사고원인
　　① 충전전로에 절연용 방호구를 설치하지 않았다.
　　② 충전전로로부터 접근한계거리 이상을 유지하지 않았다.
　　③ 작업지휘자 및 감시인을 배치하지 않았다.
(2) 안전대책
　　① 충전전로에 절연용 방호구를 설치한다.
　　② 충전전로로부터 접근한계거리 이상을 유지한다.
　　③ 작업지휘자 및 감시인을 배치한다.

CHAPTER 2 | 전기작업 위험성 파악하기(Ⅱ)

1 전기화재의 원인 및 예방대책

1. 전기화재의 원인

(1) 전기화재는 그 양상이 매우 다양하여 그 원인을 명확하게 규명하기 곤란하므로 계통적으로 분석하는데 어려움이 있다. 일반적으로 전기화재의 원인은 발화원, 출화의 경과, 착화물로 분류하고 있다.

(2) 전기화재의 발생형태

① 누전, 선간단락, 정전기에 의해 착화되는 경우

② 배선의 과열로 전선피복에 착화되는 경우

③ 조명기구, 전열기 등의 과열로 주위 가연물에 착화되는 경우

④ 변압기, 전동기 등 전기기기의 과열로 착화되는 경우

(3) 전기화재의 분석

① 발화원(기기별)에 의한 분석: 발화원에 의해 전기화재를 분석한 결과, 발생하는 기기는 다음과 같다.

- 배선
- 이동식 전열기
- 배선기구
- 전기기기
- 고정식 전열기
- 누전에 의하여 발화하기 쉬운 부분
- 전기장치

② 출화의 경과(경로별)에 의한 분석: 출화의 경과에 의해 전기화재를 분석한 결과, 발생경로는 다음과 같다. ★

- 단락(합선)
- 스파크(Spark)
- 접촉부 과열
- 누전
- 절연불량
- 정전기
- 과전류

※ 출화의 경과(경로별)에 의한 전기화재 발생순서는 경우에 따라 달라질 수도 있으나, 가장 높은 비율을 차지하는 것은 단락(합선)이다.

(4) 누전

① 전류가 전로 이외의 곳으로 흐르는 현상이다.

② 전기설비기술기준에서 저압전로의 경우, 누전전류는 최대공급전류의 1/2,000을 넘지 아니하도록 유지되어야 한다고 규정되어 있다. ★★

③ 누전화재

- 누전전류는 절연물을 통하여 대지로 흐르기 때문에 절연물의 높은 전기저항에 의하여 많은 열이 발생하게 된다.

- 누전전류는 마침내 착화온도에 도달하게 되므로 주위의 인화물질이 연소하게 되는데 이것을 누전화재라고 한다.

④ 누전화재라는 것을 입증하기 위한 요건 ★

- 발화점(발화된 장소)
- 누전점(전류의 유입점)
- 접지점(확실한 접지점의 소재 및 적당한 접지저항치)

> **참고** 줄(Joule)의 법칙
>
> | | | |
> |---|---|---|
> | $Q=I^2Rt$ | • Q: 전류발생열[J]
• R: 전기저항[Ω] | • I: 전류[A]
• t: 통전시간[s] |

2. 전기화재예방대책

(1) 발화원(전기기기)에 대한 화재예방대책

① 전열기
- 열판의 밑부분에는 차열판이 있는 것을 사용할 것
- 배선이나 코드의 용량은 충분한 것을 사용할 것
- 전열기의 주위 30 ~ 50cm, 상방으로부터 1 ~ 1.5m 이내에는 가연성 물질을 접근시키지 말 것
- 점멸을 확실하게 하고, 원래의 목적 이외에는 사용하지 말 것

② 개폐기(아크(Arc)를 발생하는 시설)
- 개폐기를 설치할 경우 목재 벽이나 천장으로부터 고압용은 1m 이상, 특고압용은 2m 이상 떨어지게 할 것
- 개폐기를 불연성 박스 내에 내장하거나 통퓨즈를 사용할 것
- 가연성 증기 및 분진 등 위험한 물질이 있는 곳에는 방폭형 개폐기를 사용할 것
- 접촉부분의 변형이나 산화 또는 나사풀림으로 접촉저항이 증가하는 것을 방지할 것

(2) 출화(出火)의 경과에 대한 화재예방대책

① 단락에 대한 화재예방대책
- 이동전선의 관리 철저
- 규격전선의 사용
- 전원스위치 차단 후 작업
- 전선인출부의 보강

② 누전에 대한 화재예방대책
- 누전차단기의 설치
- 2중절연구조 전기기계 · 기구의 사용
- 보호접지의 실시
- 비접지식 전로의 채용

③ 과전류에 의한 화재예방대책
- 배선용 차단기 또는 적정용량의 퓨즈 사용
- 문어발식 배선사용 금지
- 누전되는 전기기기 및 고장난 전기기기 사용금지
- 스위치 등 접촉부분 점검 철저
- 동일 전선관에 많은 전선삽입 금지

3. 절연저항

(1) 절연물의 절연성능을 나타내는 척도를 절연저항이라 하고, 그 수치가 클수록 양질의 절연물인 것을 나타낸다.

(2) 절연물의 절연불량 요인 ★

① 진동, 충격 등에 의한 기계적 요인
② 높은 이상전압 등에 의한 전기적 요인
③ 온도상승에 의한 열적 요인
④ 산화 등에 의한 화학적 요인

(3) 전기기기의 절연저항값이 저하하는 요인

　　① 높은 이상전압

　　② 온도상승

　　③ 충격

　　④ 진동

(4) 과전류에 의한 전선의 연소단계에 따른 전류밀도

연소과정(단계)	전류밀도	현상
① 인화단계	$40 \sim 43A/mm^2$	허용전류를 3배 정도 흐르게 하면 내부의 고무피복이 용해되어 불을 갖다 대면 인화된다.
② 착화단계	$43 \sim 60A/mm^2$	전류를 더욱 증가시키면 액상의 고무형태로 뚝뚝 떨어지기 시작한다.
③ 발화단계	$60 \sim 120A/mm^2$	피복이 자연히 발화하고, 심선이 용단되기 시작한다.
④ 순간용단단계	$120A/mm^2$ 이상	대전류를 순간에 흐르게 하면 심선이 완전히 용단되어 피복이 파열되며 동(銅)이 비산한다.

2 접지(接地)공사

1. 접지의 목적 ★

　　① 기기절연물이 열화, 손상되었을 때 누설전류로 인한 감전방지

　　② 기기 및 선로의 이상전압 발생시 대지전위의 상승 억제 및 절연강도 저하

　　③ 변압기의 저고압 혼촉시의 감전방지

　　④ 송배전선, 고전압모선 등에서 지락사고시 보호계전기를 신속 · 확실하게 동작시키기 위함

　　⑤ 낙뢰로 인한 피해방지

　　⑥ 통신장해의 저감

2. 전기기계 · 기구에 대하여 접지를 해야 하는 경우(산업안전보건법 안전보건기준)

(1) 전기기계 · 기구의 금속제 외함, 금속제 외피 및 철대

(2) 고정 설치되거나 고정배선에 접속된 전기기계 · 기구의 노출된 비충전금속체 중 충전될 우려가 있는 다음의 어느 하나에 해당하는 비충전금속체 ★★

　　① 지면이나 접지된 금속체로부터 수직거리 2.4m, 수평거리 1.5m 이내인 것

　　② 물기 또는 습기가 있는 장소에 설치되어 있는 것

　　③ 금속으로 되어 있는 기기접지용 전선의 피복, 외장 또는 배선관 등

　　④ 사용전압이 대지전압 150V를 넘는 것

(3) 전기를 사용하지 아니하는 설비 중 다음의 어느 하나에 해당하는 금속체 ★★

　　① 전동식 양중기의 프레임과 궤도

　　② 전선이 붙어 있는 비전동식 양중기의 프레임

　　③ 고압 이상의 전기를 사용하는 전기기계 · 기구 주변의 금속제 칸막이, 망 및 이와 유사한 장치

(4) 코드와 플러그를 접속하여 사용하는 전기기계 · 기구 중 다음의 어느 하나에 해당하는 노출된 비충전금속체 ★★★

　① 사용전압이 대지전압 150V를 넘는 것

　② 냉장고, 세탁기, 컴퓨터 및 주변기기 등과 같은 고정형 전기기계 · 기구

　③ 고정형, 이동형 또는 휴대형 전동기계 · 기구

　④ 휴대형 손전등

　⑤ 물 또는 도전성이 높은 곳에서 사용하는 전기기계 · 기구, 비접지형 콘센트

(5) 수중펌프를 금속제 물탱크 등의 내부에 설치하여 사용하는 경우 그 탱크

3. 전기기계 · 기구에 대하여 접지를 할 필요가 없는 경우(산업안전보건법 안전보건기준) ★★

　① 전기용품 및 생활용품안전관리법이 적용되는 이중절연 또는 이와 같은 수준 이상으로 보호되는 전기기계 · 기구

　② 절연대 위 등과 같이 감전위험이 없는 장소에서 사용하는 전기기계 · 기구

　③ 비접지방식의 전로(그 전기기계 · 기구의 전원측의 전로에 설치한 절연변압기의 2차전압이 300V 이하, 정격용량이 3kVA 이하이고 그 절연변압기의 부하측의 전로가 접지되어 있지 아니한 것으로 한정한다.)에 접속하여 사용되는 전기 기계 · 기구

　※ 산업안전보건법 안전보건기준 → 2021. 11. 19. 개정

4. 접지방식[한국전기설비규정: KEC(2018.3.9. 제정, 2021.1.1. 시행)]

(1) 접지시스템의 구성요소 ★

구성요소	내용
보호도체	각 전기제품으로부터 접지단자까지의 접지선
접지도체	접지단자로부터 대지까지의 접지선
접지극	누설전류를 대지로 방전시키기 위하여 사용되는 도전체
기타 설비	–

(2) 접지도체의 단면적 ★

구분	단면적의 크기
큰 고장전류가 접지도체를 통하여 흐르지 않을 경우	• 구리: 6mm² 이상 • 철제: 50mm² 이상
접지도체에 피뢰시스템이 접속되는 경우	• 구리: 16mm² 이상 • 철제: 50mm² 이상
고장시 흐르는 전류를 안전하게 통할 수 있는 것	• 특고압 · 고압전기설비용: 6mm² 이상의 연동선 • 중성점 접지용: 16mm² 이상의 연동선

(3) 접지시스템의 구분 및 종류 ★★

구분	내용
접지시스템의 구분	① 계통접지(전력계통에서 돌발적으로 발생하는 이상현상에 대비하여 대지와 계통을 연결하는 것으로서 중성점을 대지에 접속하는 것) ② 보호접지(고장시 감전에 대한 보호를 목적으로 기기의 한 점 또는 여러 점을 접지하는 것) ③ 피뢰시스템접지(뇌격전류를 안전하게 대지로 흘려 보내기 위하여 대지에 접속하는 것)
접지시스템의 시설 종류	① 단독접지(특고압·고압계통의 접지극과 저압계통의 접지극을 독립적으로 접지하는 것) ② 공통접지(특고압·고압접지계통과 저압접지계통 등 전력계통은 접지극을 공용으로 하지만 건축물의 피뢰설비, 전자통신설비는 독립적으로 접지하는 것) ③ 통합접지(전기기기의 접지계통, 전자통신설비, 건축물의 피뢰설비 등의 접지극을 통합하여 공용으로 접지하는 것)
변압기의 중성점 접지저항값	① 일반적인 경우: 변압기의 특고압·고압측 전로 1선지락전류로 150을 나눈 값과 같은 저항값 이하 ② 변압기의 특고압·고압측 전로 또는 사용전압이 35kV 이하의 특고압전로가 저압측 전로와 혼촉하고 저압전로의 대지전압이 150V를 초과하는 경우의 저항값 • 1초 초과 2초 이내에 특고압·고압전로를 자동으로 차단하는 장치를 설치할 때는 300을 나눈 값 • 1초 이내에 특고압·고압전로를 자동으로 차단하는 장치를 설치할 때는 600을 나눈 값

(4) 계통접지의 종류 ★★

구분	내용
계통접지의 종류 (보호도체 및 중성선의 접지방식에 따른 접지계통의 구분)	① TN계통(전원측의 한 점을 직접 접속하고 전기설비의 노출도전부를 전원계통의 접지점에 직접 접속시키는 방식) ② TT계통(전원측의 한 점을 대지에 직접 접속하고 전기설비의 노출도전부를 대지로 직접 접속하는 방식) ③ IT계통(모든 충전부를 대지와 절연시키거나 높은 임피던스를 통하여 한 점을 대지에 직접 접속하고 전기설비의 노출도전부를 대지로 직접 접속하는 방식)
TN계통의 종류	① TN-S계통[전원측은 접지되어 있고 중성선과 보호도체(PE: Protective Earthing)는 각각 분리되는 방식] ② TN-C계통[전원측은 접지되어 있고 중성선(Neutral)과 보호도체는 각각 결합하여 사용되는 방식] ③ TN-C-S계통(TN-S계통과 TN-C계통의 결합방식)

3 피뢰설비

1. 개요

① 전기설비 자체의 이상전압 또는 외부에서 침입하는 이상전압으로부터 전기설비를 보호하기 위한 것이다.

② 뇌해로 인한 충격전류를 대지로 안전하게 흘려보내 건축물 및 건축물 내부의 인명을 보호하기 위한 것이다.

2. 피뢰설비의 종류

(1) 피뢰기(Lightning Arrester: LA)

① 피뢰기의 설치목적

 • 전기설비 등을 뇌해로부터 보호하여 사고경감

 • 사용의 안정성 및 전력공급을 증가시켜 신뢰성 향상

② 피뢰기의 설치장소(전기설비기술기준 산업통상자원부고시) ★★

- 가공전선로에 접속하는 배전용 변압기의 고압측 및 특고압측
- 발전소, 변전소 또는 이에 준하는 장소의 가공전선 인입구 및 인출구
- 고압 또는 특고압의 가공전선로로부터 공급을 받는 수용장소의 인입구
- 가공전선로와 지중전선로가 접속되는 곳

③ 피뢰기의 성능 구비조건 ★★★

- 구조가 견고하며 특성이 변화하지 않을 것
- 충격방전개시전압이 낮을 것
- 뇌전류의 방전능력이 크고, 속류의 차단능력이 충분할 것
- 반복동작이 가능할 것
- 점검, 보수가 간단할 것
- 상용주파방전개시전압이 높을 것
- 제한전압이 낮을 것

④ 피뢰기의 종류 ★

- 밸브형 피뢰기
- 밸브저항형 피뢰기
- 갭레스형 피뢰기
- 방출형 피뢰기
- 갭형 피뢰기

(2) **서지흡수기(Surge Absorber):** 급격한 충격파(개폐 서지 등)로부터 전기기기를 보호할 목적으로 설치하는 것이다.

(3) **피뢰시스템(피뢰침)**

① 피뢰시스템(피뢰침)의 구성(한국전기설비규정)

- 외부피뢰시스템
- 수뢰부시스템
- 인하도선시스템
- 접지극시스템

② 피뢰시스템(피뢰침)의 적용범위(한국전기설비규정)

- 전기전자설비가 설치된 건축물·구조물로서 낙뢰로부터 보호가 필요한 것 또는 지상으로부터 높이가 20m 이상인 것
- 저압전기전자설비
- 고압 및 특고압 전기설비

③ 피뢰침의 보호여유도: 여유도(%) $= \dfrac{\text{충격절연강도} - \text{제한전압}}{\text{제한전압}} \times 100$

(4) **가공지선(Over Head Earthwire):** 송전선의 상부에 가설한 도체로서 동웰드선, 알루미늄 합금선 등이 사용된다.

4 전기화재(C급 화재)시 사용가능한 소화기 ★★

(1) 탄산가스(이산화탄소)소화기

(2) 분말소화기

(3) 할론소화기(할로겐화합물소화기)

(4) 무상강화액소화기

(5) 무상수소화기

※ 탄산가스소화기는 전기절연성이 좋아 전기화재시 일반적으로 가장 많이 쓰인다.

적중문제 CHAPTER 2 전기작업 위험성 파악하기(Ⅱ)

01 ★
출화의 경과에 의해 전기화재를 분석할 때 발생경로를 4가지 쓰시오.

정답

① 단락(합선)　　　　⑤ 절연불량
② 누전　　　　　　　⑥ 접촉부 과열
③ 과전류　　　　　　⑦ 정전기
④ 스파크(Spark)

02 ★
누전화재라는 것을 입증하기 위한 요건을 3가지 쓰시오.

정답

① 발화점
② 누전점
③ 접지점

03 ★
1A의 전류가 1시간 동안 발생하는 열량은 몇 kcal인지 계산하시오. (단, 전기저항은 무시한다.)

정답

$Q = 0.24I^2Rt$

여기서, Q: 발생열량[kcal], I: 전류[A]

R: 전기저항[Ω], t: 통전시간[초]

$= 0.24 \times 1^2 \times (1 \times 60 \times 60) = 864\text{kcal}$

04 ★
절연물의 절연불량 요인을 3가지 쓰시오.

정답

① 진동, 충격 등에 의한 기계적 요인
② 높은 이상전압 등에 의한 전기적 요인
③ 온도상승에 의한 열적 요인
④ 산화 등에 의한 화학적 요인

05 ★
과전류에 의한 전선의 연소과정 4단계를 순서대로 쓰시오.

정답

① 인화단계　　　　　③ 발화단계
② 착화단계　　　　　④ 순간용단단계

06 ★
전기기계·기구에 시행하는 접지의 목적을 4가지 쓰시오.

정답

① 기기절연물이 열화, 손상되었을 때 누설전류로 인한 감전방지
② 기기 및 선로의 이상전압 발생시 대지전위의 상승 억제 및 절연 강도 저하
③ 변압기의 저고압 혼촉시의 감전방지
④ 송배전선, 고전압모선 등에서 지락사고시 보호계전기를 신속·확실하게 동작시키기 위함
⑤ 낙뢰로 인한 피해방지
⑥ 통신장해의 저감

07 ★★

산업안전보건법상 누전에 의한 감전의 위험을 방지하기 위하여 접지를 하여야 하는 부분을 4가지 쓰시오.

> **정답**

① 전기기계·기구의 금속제 외함, 금속제 외피 및 철대
② 고정 설치되거나 고정배선에 접속된 전기기계·기구의 노출된 비충전금속체 중 충전될 우려가 있는 비충전금속체
③ 전기를 사용하지 아니하는 설비 중 금속체
④ 코드와 플러그를 접속하여 사용하는 전기기계·기구 중 노출된 비충전금속체
⑤ 수중펌프를 금속제 물탱크 등의 내부에 설치하여 사용하는 경우 그 탱크

[근거]
전기기계·기구의 접지: 산업안전보건법 산업안전보건기준에 관한 규칙 제302조

08 ★★

산업안전보건법상 고정 설치되거나 고정배선에 접속된 전기기계·기구의 노출된 비충전금속체 중 충전될 우려가 있는 비충전금속체에 접지를 하여야 하는 대상을 3가지 쓰시오.

> **정답**

① 지면이나 접지된 금속체로부터 수직거리 2.4m, 수평거리 1.5m 이내인 것
② 물기 또는 습기가 있는 장소에 설치되어 있는 것
③ 금속으로 되어 있는 기기접지용 전선의 피복, 외장 또는 배선관 등
④ 사용전압이 대지전압 150V를 넘는 것

[근거]
전기기계·기구의 접지: 산업안전보건법 산업안전보건기준에 관한 규칙 제302조

09 ★★

산업안전보건법상 누전에 의한 위험을 방지하기 위하여 전기를 사용하지 아니하는 설비 중 접지를 하여야 하는 금속체 부분을 3가지 쓰시오.

> **정답**

① 전동식 양중기의 프레임과 궤도
② 전선이 붙어 있는 비전동식 양중기의 프레임
③ 고압 이상의 전기를 사용하는 전기기계·기구 주변의 금속제 칸막이, 망 및 이와 유사한 장치

[근거]
전기기계·기구의 접지: 산업안전보건법 산업안전보건기준에 관한 규칙 제302조

10 ★★★

산업안전보건법상 누전에 의한 감전의 위험을 방지하기 위하여 코드와 플러그를 접속하여 사용하는 전기기계·기구 중 접지를 하여야 하는 노출된 비충전금속체 부분을 3가지 쓰시오.

> **정답**

① 사용전압이 대지전압 150V를 넘는 것
② 냉장고, 세탁기, 컴퓨터 및 주변기기 등과 같은 고정형 전기기계·기구
③ 고정형, 이동형 또는 휴대형 전동기계·기구
④ 물 또는 도전성이 높은 곳에서 사용하는 전기기계·기구, 비접지형 콘센트
⑤ 휴대형 손전등

[근거]
전기기계·기구의 접지: 산업안전보건법 산업안전보건기준에 관한 규칙 제302조

11 ★

다음은 접지도체의 단면적에 대한 사항이다. (   ) 안에 적합한 내용을 쓰시오.

구분	단면적의 크기
큰 고장전류가 접지도체를 통하여 흐르지 않을 경우	• 구리: (①) 이상 • 철제: 50mm² 이상
접지도체에 피뢰시스템이 접속되는 경우	• 구리: (②) 이상 • 철제: 50mm² 이상
고장시 흐르는 전류를 안전하게 통할 수 있는 것	• 특고압 · 고압전기설비용: (③) 이상의 연동선 • 중성점 접지용: (④) 이상의 연동선

정답

① 6mm²   ③ 6mm²
② 16mm²   ④ 16mm²
[근거]
접지도체의 단면적: 한국전기설비규정

12 ★★

한국전기설비규정에 따른 (1) 접지시스템의 구분과 (2) 접지시스템 시설의 종류를 각각 3가지씩 쓰시오.

정답

(1) 접지시스템의 구분
    ① 계통접지
    ② 보호접지
    ③ 피뢰시스템접지
(2) 접지시스템 시설의 종류
    ① 단독접지
    ② 공통접지
    ③ 통합접지
[근거]
접지시스템의 구분 및 종류: 한국전기설비규정

13 ★★

접지시스템 중 (1) 계통접지와 (2) 보호접지에 대하여 간단히 설명하시오.

정답

(1) 계통접지
    전력계통에서 돌발적으로 발생하는 이상현상에 대비하여 대지와 계통을 연결하는 것으로서 중성점을 대지에 접속하는 것이다.
(2) 보호접지
    고장시 감전에 대한 보호를 목적으로 기기의 한 점 또는 여러 점을 접지하는 것이다.
[근거]
접지시스템의 구분 및 종류: 한국전기설비규정

14 ★★

보호도체 및 중성선의 접지방식에 따른 (1) 계통접지의 종류를 쓰고, (2) 계통접지 중 TN계통의 종류를 각각 3가지씩 쓰시오.

정답

(1) 계통접지의 종류
    ① TN계통
    ② TT계통
    ③ IT계통
(2) TN계통의 종류
    ① TN-S계통
    ② TN-C계통
    ③ TN-C-S계통
[근거]
접지시스템의 구분 및 종류: 한국전기설비규정

15 ★★

피뢰기를 설치하여야 할 장소를 3가지 쓰시오.

> **정답**

① 가공전선로에 접속하는 배전용 변압기의 고압측 및 특고압측
② 발전소, 변전소 또는 이에 준하는 장소의 가공전선 인입구 및 인출구
③ 고압 또는 특고압의 가공전선로로부터 공급을 받는 수용장소의 인입구
④ 가공전선로와 지중전선로가 접속되는 곳
[근거]
고압 및 특고압전로의 피뢰기 시설: 전기설비기술기준 산업통상자원부고시

16 ★

변압기의 특고압 · 고압측 전로 1선지락전류가 10A일 때 중성점 접지저항값은 얼마인지 계산하시오.

> **정답**

$$\text{중성점 접지저항값}(\Omega) = \frac{150}{\text{1선지락전류}}$$
$$= \frac{150}{10} = 15\Omega$$

17 ★★★

피뢰기의 성능 구비조건을 4가지 쓰시오.

> **정답**

① 구조가 견고하며 특성이 변화하지 않을 것
② 충격방전개시전압이 낮을 것
③ 뇌전류의 방전능력이 크고, 속류의 차단능력이 충분할 것
④ 반복동작이 가능할 것
⑤ 점검, 보수가 간단할 것
⑥ 제한전압이 낮을 것
⑦ 상용주파방전개시전압이 높을 것

18 ★

피뢰기의 종류를 4가지 쓰시오.

> **정답**

① 밸브형 피뢰기
② 밸브저항형 피뢰기
③ 갭레스형 피뢰기
④ 방출형 피뢰기
⑤ 갭형 피뢰기

19 ★

접지시스템의 구성요소를 3가지 쓰시오.

> **정답**

① 보호도체   ③ 접지극
② 접지도체   ④ 기타설비
[근거]
접지시스템의 구성요소: 한국전기설비규정

20 ★★

전기화재(C급 화재)가 났을 때 사용이 가능한 소화기를 3가지 쓰시오.

> **정답**

① 탄산가스(이산화탄소)소화기
② 분말소화기
③ 할론소화기(할로겐화합물소화기)
④ 무상강화액소화기
⑤ 무상수소화기
[근거]
소화설비의 기준: 위험물안전관리법 시행규칙 [별표 17]

CHAPTER 3 | 정전기 위험요소 파악 · 제거하기

1 정전기의 발생 및 영향

1. 정전기(靜電氣: Static Electricity)

(1) 전하의 공간적 이동이 적고, 자계의 효과가 전계에 비해 무시할 정도의 적은 전기이다.

(2) 정전기의 발생원리

① 물질의 내부에 있는 자유전자를 외부로 방출시키는데 필요한 힘을 최소에너지라고 하는데 이것은 물질의 종류에 따라 고유한 값을 가지고 있다.

② 따라서, 외부적 원인으로 인하여 최소에너지 이상의 에너지가 가해지게 되면 자유전자가 물질 외부로 방출되며, 물질은 음전기를 방출한 결과가 되므로 양전기로 대전되어 정전기가 발생하게 되는 것이다.

2. 정전기의 발생요인

(1) 정전기의 발생요인 ★★★

① 물체의 특성
② 물체의 분리력
③ 물체의 표면상태
④ 분리속도
⑤ 접촉면적 및 압력

(2) 정전기 발생의 특성

① 물체의 분리속도가 빠를수록 발생량은 많아진다.
② 접촉 면적이 넓고 접촉압력이 높을수록 발생량은 많아진다.
③ 물체 표면이 수분이나 기름으로 오염되어 있으면 발생량은 많아진다.
④ 두 물질간의 대전서열이 서로 멀수록 발생량은 많아진다.
⑤ 정전기의 발생은 처음 접촉, 분리할 때가 최대로 되고 접촉, 분리가 반복됨에 따라 발생량은 감소한다.

(3) 정전기의 유발 대전(帶電)의 종류 ★★

① 마찰대전: 두 물체 사이의 마찰로 인한 접촉과 분리과정이 반복되면 이에 따른 최소에너지에 의하여 자유전자가 방출, 흡입되면서 정전기가 발생하게 된다.
② 유동대전: 가솔린과 같은 액체류가 파이프 등의 내부에서 유동할 때 관 벽과 액체 사이에서 발생하는 것이다.
③ 분출대전: 기체, 액체 및 분체류가 단면적이 작은 개구부를 통과할 때 물체와 개구부와의 마찰에 의해서 발생하는 것이다.
④ 충돌대전: 물체를 구성하고 있는 입자상호간 또는 입자와 다른 고체와의 충돌에 의하여 급속한 분리 · 접촉현상이 일어나 정전기가 발생하는 것이다.

⑤ 박리대전: 일정한 압력으로 서로 밀착되어 있던 물체가 떨어지면서 보유하고 있는 기계적 에너지에 의하여 자유전자가 이동되어 정전기가 발생하는 것이다.

⑥ 비말대전: 공간에 분출한 액체류가 미세하게 비산하여 분리되고, 크고 작은 방울로 될 때 새로운 표면을 형성하면서 발생하는 것이다.

⑦ 기타 대전: 파괴대전, 비말대전, 교반(진동)대전, 침강대전 등이 있다.

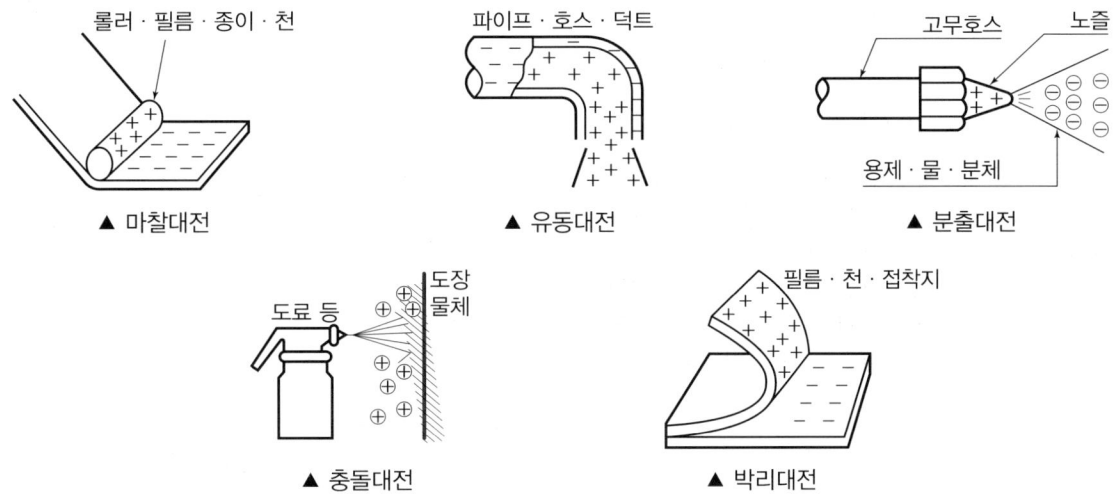

▲ 마찰대전   ▲ 유동대전   ▲ 분출대전

▲ 충돌대전   ▲ 박리대전

3. 정전기의 유도 및 축적

(1) 정전기의 유도

① 하나의 대전체가 절연된 물체에 접근하면 정전기가 유도된다.

② 대전체와 먼 곳에는 대전체와 동일 극성의 전하가 유도되고, 가까운 곳에는 반대 극성의 전하가 유도된다.

(2) 정전기의 축적 요인

① 절연격리된 전도체(액체, 고체)   ③ 기체의 부유상태

② 절연물질(분진, 고체)   ④ 저전도율의 액체

(3) 화재 및 폭발의 발생한계: 정전기로 인한 방전에너지가 최소발화에너지보다 큰 경우에는 가연성 또는 폭발성 물질에 착화되어 화재 및 폭발사고가 발생할 수 있다.

※ 대전물체가 도체인 경우 ★★

㉠ 대전물체가 도체인 경우 방전이 발생할 때는 거의 대부분의 전하가 방출된다.

㉡ 에너지를 가지는 대전전위 또는 대전전하량을 구하는 식은 다음과 같다.

$$E = \frac{1}{2}CV^2 = \frac{1}{2}QV = \frac{Q^2}{2C}$$

- E: 정전기에너지[J]   · C: 도체의 정전용량[F]
- V: 대전전위[V]   · Q: 대전전하량[C]

따라서, 대전전하량 Q와 내전전위 V는 나음과 같이 나타낼 수 있다.

$$\cdot\, Q = \sqrt{2CE} \qquad \cdot\, V = \sqrt{\frac{2E}{C}}$$

4. 정전기 방전의 형태 및 영향

(1) 정전기의 방전이란 물체의 대전량이 많아지면 그 주변의 공기 중 전계강도가 높아짐에 따라 공기의 절연파괴강도에 도달하여 기체의 전리작용이 시작되는 것을 말한다.

(2) 정전기 방전의 형태 ★

① 스파크(Spark: 불꽃)방전: 직접 또는 정전기 유도에 의하여 대전된 도체, 특히 금속으로 된 물체를 다른 접지되지 않은 절연도체에 근접시켰을 때 발생하는 것이다.

▶ 스파크 발생시 공기 중에 오존(O_3)이 생성되어 전도성을 띠게 됨에 따라 주위 인화물에 인화되거나 먼지로 인한 분진폭발을 일으킬 위험성이 있다.

② 연면방전: 액체 혹은 고체절연체와 기체 사이의 경계에 따른 방전이다.

③ 코로나(Corona)방전: 스파크방전을 억제시킨 접지 돌기상 부분이 도체표면에서 발생하여 공기 중으로 방전하거나 고체 표면을 흐르는 경우도 있다.

④ 브러시방전: 기체 및 고체의 절연물질이나 저전도율 액체와 곡률반경이 큰 도체 사이에서 대전량이 많을 때 발생하는 펄스(Pulse)상의 파괴음과 수지상(樹枝狀)의 발광을 수반하는 방전이다.

⑤ 뇌상방전: 공기 중에서 뇌상으로 부유하는 대전입자의 규모가 커졌을 때 대전구름에서 번개형의 발광이 발생하는 방전이다.

> **참고** **정전기로 인한 화재, 폭발 발생조건**
> ① 방전하기 쉬운 전위차가 있을 때
> ② 가연성 가스가 폭발범위 내에 있을 때
> ③ 정전기 방전에너지가 가연성 물질의 최소착화에너지보다 클 때

5. 정전기의 장해 ★

(1) 화재 및 폭발   (2) 전격(감전)   (3) 생산장해

2 정전기재해 및 전자파장해 방지대책

1. 정전기재해의 방지대책

(1) 정전기의 발생을 억제하거나 제거하기 위한 조치를 해야 할 설비(산업안전보건법 안전보건기준)

① 다음의 설비를 사용할 때에 정전기에 의한 화재 또는 폭발 등의 위험이 발생할 우려가 있는 경우에는 해당 설비에 대하여 확실한 방법으로 접지를 하거나, 도전성 재료를 사용하거나 가습 및 점화원으로 될 우려가 없는 제전(除電)장치를 사용하는 등 정전기의 발생을 억제하거나 제거하기 위하여 필요한 조치를 하여야 한다. ★★★

㉠ 위험물을 탱크로리, 탱크차 및 드럼 등에 주입하는 설비

㉡ 탱크로리, 탱크차 및 드럼 등 위험물 저장설비

㉢ 인화성 액체를 함유하는 도료 및 접착제 등을 제조, 저장, 취급 또는 도포(塗布)하는 설비

㉣ 위험물 건조설비 또는 그 부속설비

㉤ 인화성 고체를 저장하거나 취급하는 설비

㉥ 드라이클리닝설비, 염색가공설비 또는 모피류 등을 씻는 설비 등 인화성 유기용제를 사용하는 설비

ⓐ 유압, 압축공기 또는 고전위정전기 등을 이용하여 인화성 액체나 인화성 고체를 분무하거나 이송하는 설비

ⓞ 고압가스를 이송하거나 저장 · 취급하는 설비

ⓩ 화학류 제조설비

ⓧ 발파공에 장전된 화약류를 점화시키는 경우에 사용하는 발파기(발파공을 막는 재료로 물을 사용하거나 갱도발파를 하는 경우를 제외한다.)

② 인체에 대전된 정전기로 인하여 화재 또는 폭발위험이 있는 경우에는 정전기대전방지용 안전화의 착용, 제전복(除電服)의 착용, 정전기 제전용구의 사용, 작업장 바닥 등에 도전성을 갖추도록 하는 등 필요한 조치를 하여야 한다. ★★★

(2) 정전기재해의 방지대책 ★★★

① 접지

② 대전방지제 사용(도전성 향상)

③ 가습

④ 제전기의 사용

⑤ 도전성재료의 사용

⑥ 배관 내 액체의 유속제한, 정치시간의 확보

⑦ 제전복 등 보호구의 착용

(3) 배관 내 액체의 유속제한, 정치시간의 확보 ★★

탱크, 탱커, 탱크로리, 드럼통 등에 위험물을 주입하는 배관 내 유속제한

① 물이나 기체를 포함한 비수용성 위험물의 배관유속: 1m/s 이하

② 유동성이 심하고 폭발위험성이 높은 물질(이황화탄소, 가솔린, 에텔, 등유, 경유, 벤젠 등)의 배관유속: 1m/s 이하

③ 저항률이 $10^{10}\Omega cm$ 미만인 전도성 위험물의 배관유속: 7m/s 이하

(4) 제전기의 사용 – 제전기의 종류 ★

① 자기방전식 제전기

② 전압인가식 제전기

③ 방사선식 제전기(이온식 제전기)

④ 이온스프레이식 제전기

참고 **부도체 물질에 적합한 정전기 재해방지대책 ★**

① 가습   ② 대전방지제 사용(도전율 향상)   ③ 제전기 사용

※ 부도체 물질에 접지는 재해방지대책으로 부적합하다.

---

2. 전자파장해 방지대책

(1) 전자파

전자파란 공간을 타고 가는 전기적, 자기적 파동 현상 즉, 전계와 자계 두개의 파가 상존해 있는 파로서 X선, 자외선, 적외선, 마이크로파, 라디오파, 극저주파 등이 있다.

(2) 전자파가 인체에 미치는 영향 ★

① 줄(Joule)열에 관한 열적 작용

② 신경과 근육의 자극

③ 생체에 대한 영향(중추신경계, 혈액, 면역계의 행동변화)

(3) 전자파 장해(EMI) 방지대책 ★

① 접지 실시

② 흡수에 의한 대책

③ 차폐에 의한 대책

④ 필터 설치

⑤ 와이어링(배선)에 의한 대책

01 ★★★

정전기의 발생에 영향을 미치는 요인을 4가지 쓰시오.

정답

① 물체의 특성
② 물체의 분리력
③ 물체의 표면상태
④ 분리속도
⑤ 접촉면적 및 압력

02 ★★

정전기대전의 종류를 4가지 쓰시오.

정답

① 유동대전
② 마찰대전
③ 분출대전
④ 충돌대전
⑤ 박리대전
⑥ 교반대전
⑦ 파괴대전
⑧ 침강대전

03 ★★

다음은 정전기 대전에 대한 사항이다. ①~⑤에 적합한 각 대전의 명칭을 쓰시오.

> ① 기체, 액체 및 분체류가 단면적이 작은 개구부를 통과할 때 물체와 개구부의 마찰에 의해서 발생한다.
> ② 두 물체 사이의 마찰로 인한 접촉과 분리과정이 반복되면서 발생한다.
> ③ 물체를 구성하고 있는 입자상호간 또는 입자와 다른 고체와의 충돌에 의하여 급속한 분리·접촉현상으로 발생한다.
> ④ 액체류가 파이프 등의 내부에서 유동할 때 관 벽과 액체 사이에서 발생한다.
> ⑤ 일정한 압력으로 서로 밀착되어 있던 물체가 떨어지면서 자유전자가 이동되어 발생한다.

정답

① 분출대전
② 마찰대전
③ 충돌대전
④ 유동대전
⑤ 박리대전

04 ★

공간에 분출한 액체류가 미세하게 비산하여 분리되고, 크고 작은 방울로 될 때 새로운 표면을 형성하면서 정전기가 발생하는 대전의 명칭을 쓰시오.

정답

비말대전

05 ★★

프로판가스 저장소에 정전용량이 12pF인 도체가 존재하고 있을 때 폭발이 일어날 수 있는 최소대전전위를 계산하시오. (단, 프로판가스의 최소발화에너지는 0.25mJ이다.)

정답

$$E = \frac{1}{2}CV^2$$

$$\rightarrow V = \sqrt{\frac{2E}{C}}$$

$$= \sqrt{\frac{2 \times 0.25 \times 10^{-3}}{12 \times 10^{-12}}} = 6454.9722 ≒ 6454.97\text{V}$$

06 ★

정전기 방전의 형태를 4가지 쓰시오.

정답

① 스파크(불꽃)방전
② 연면방전
③ 코로나방전
④ 브러시방전
⑤ 뇌상방전

07 ★

정전기로 인해 발생할 수 있는 장해를 3가지 쓰시오.

정답

① 화재 및 폭발
② 전격(감전)
③ 생산장해

08 ★★★

다음은 정전기로 인한 화재 또는 폭발 등 방지에 대한 사항이다. (　　) 안에 적합한 내용을 쓰시오.

사업주는 정전기에 의한 화재 또는 폭발 등의 위험이 발생할 우려가 있는 경우에는 해당 설비에 대하여 확실한 방법으로 (①)를 하거나 (②) 재료를 사용하거나 (③) 및 점화원이 될 우려가 없는 (④)를(을) 사용하는 등 정전기의 발생을 억제하거나 제거하기 위하여 필요한 조치를 하여야 한다.

정답

① 접지
② 도전성
③ 가습
④ 제전장치

[근거]
정전기로 인한 화재 폭발 등 방지: 산업안전보건법 산업안전보건기준에 관한 규칙 제325조

09 ★★★

산업안전보건법상 정전기에 의한 화재 또는 폭발 등의 위험이 발생할 우려가 있는 경우 (1) 설비 (2) 인체에 대한 조치사항을 각각 3가지씩 쓰시오.

(1) 설비에 대한 조치 사항
   ① 접지
   ② 도전성 재료 사용
   ③ 가습
   ④ 제전장치 사용
(2) 인체에 대한 조치 사항
   ① 정전기 대전방지용 안전화 착용
   ② 제전복 착용
   ③ 정전기 제전용구 사용
   ④ 작업장 바닥 등에 도전성을 갖추도록 함
[근거]
정전기로 인한 화재폭발 등 방지: 산업안전보건법 산업안전보건기준 제325조

10 ★

정전기의 대전방지를 위하여 사용되는 제전기의 종류를 3가지 쓰시오.

① 자기방전식 제전기
② 전압인가식 제전기
③ 방사선식 제전기(이온식 제전기)
④ 이온스프레이식 제전기

11 ★★★

정전기로 인한 화재폭발 등의 방지를 위한 예방대책을 5가지 쓰시오.

① 가습
② 접지
③ 제전기 사용
④ 대전방지제 사용
⑤ 도전성 재료 사용
⑥ 배관 내 액체의 유속제한, 정치시간의 확보
⑦ 제전복 등 보호구 착용
[근거]
정전기로 인한 화재폭발 등의 방지: 산업안전보건법 산업안전보건기준에 관한 규칙 제325조

12 ★★

다음에 해당하는 유속제한속도를 각각 쓰시오.

> (1) 이황화탄소, 에테르 등 폭발성 물질의 배관 유속제한: (①)m/s 이하
> (2) 저항률이 $10^{10}\Omega cm$ 미만인 전도성 위험물의 배관 유속제한: (②)m/s 이하

① 1
② 7

13 ★

산업안전보건법상 정전기에 의한 화재 또는 폭발의 위험이 발생할 우려가 있는 경우에 접지를 하거나 도전성 재료의 사용, 가습 및 제전장치를 사용하는 등 정전기의 발생을 억제하고 제거하기 위하여 필요한 조치를 하여야 하는 설비를 5가지 쓰시오.

정답

① 위험물을 탱크로리·탱크차 및 드럼 등에 주입하는 설비
② 탱크로리·탱크차 및 드럼 등 위험물저장설비
③ 인화성 액체를 함유하는 도료 및 접착제 등을 제조, 저장, 취급 또는 도포하는 설비
④ 위험물건조설비 또는 그 부속설비
⑤ 인화성 고체를 저장하거나 취급하는 설비
⑥ 드라이클리닝설비, 염색가공설비 또는 모피류 등을 씻는 설비 등 인화성 유기용제를 사용하는 설비
⑦ 유압, 압축공기 또는 고전위정전기 등을 이용하여 인화성 액체나 인화성 고체를 분무하거나 이송하는 설비
⑧ 고압가스를 이송하거나 저장·취급하는 설비
⑨ 화학류제조설비
⑩ 발파공에 장전된 화약류를 점화시키는 경우에 사용하는 발파기(발파공을 막는 재료로 물을 사용하거나 갱도발파를 하는 경우를 제외한다.)

[근거]
정전기로 인한 화재 폭발 등 방지: 산업안전보건법 산업안전보건기준에 관한 규칙 제325조

14 ★

부도체 물질에 적합한 정전기재해 방지대책을 3가지 쓰시오.

정답

① 가습
② 대전방지제 사용(도전율 향상)
③ 제전기 사용

15 ★

전자파가 인체에 미치는 영향을 3가지 쓰시오.

정답

① 줄(Joule)열에 관한 열적 작용
② 신경과 근육의 자극
③ 생체에 대한 영향(중추신경계, 혈액, 면역계의 행동변화)

16 ★

전자파 장해(EMI)의 방지대책을 4가지 쓰시오.

정답

① 접지 실시
② 흡수에 의한 대책
③ 차폐에 의한 대책
④ 필터 설치
⑤ 와이어링(배선)에 의한 대책

CHAPTER 4 | 전기방폭 위험요소 파악 · 제거하기

전기설비를 방폭구조로 설치하는 근본적 이유는 '사업장에서 발생하는 화재, 폭발의 점화원으로서는 전기설비가 원인이 되지 않도록 하기 위해서'이다.

1 가스, 증기 대상 방폭전기기기

1. 가스, 증기 대상 방폭전기기기 구조 ★★

(1) 내압방폭구조(Flameproof)

　① 내압방폭구조는 용기내부에서 폭발성 가스 또는 증기가 폭발하였을 때 용기가 그 압력에 견디며 또한 개구부, 접합면 등을 통해서 외부의 폭발성 가스, 증기에 인화되지 않도록 한 전폐구조이다.

　② 내압방폭구조의 기본적 성능(필요충분조건)

　　㉠ 폭발화염이 외부로 유출되지 않을 것

　　㉡ 내부에서 폭발한 경우 그 압력에 견딜 것

　　㉢ 외함의 표면온도가 외부의 가연성 가스를 점화하지 않을 것

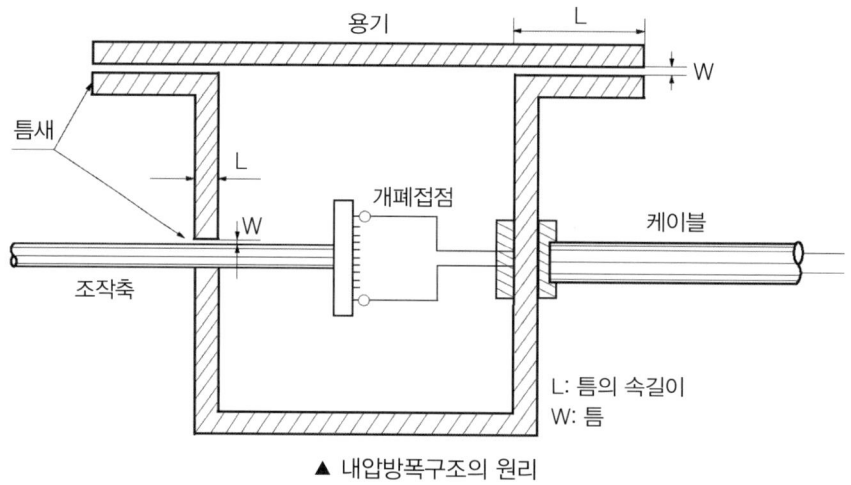

▲ 내압방폭구조의 원리

(2) 압력방폭구조(Pressurization Purging)

　압력방폭구조는 용기내부에 보호가스(신선한 공기 또는 불연성 가스)를 압입하여 내부압력을 유지함으로써 폭발성 가스 또는 증기가 용기내부로 유입되지 않도록 한 구조이다.

(3) 유입방폭구조(Oil Immersion)

　유입방폭구조는 전기불꽃, 아크 또는 고온이 발생하는 부분을 기름 속에 넣고, 기름면 위에 존재하는 폭발성 가스 또는 증기에 인화되지 않도록 한 구조이다.

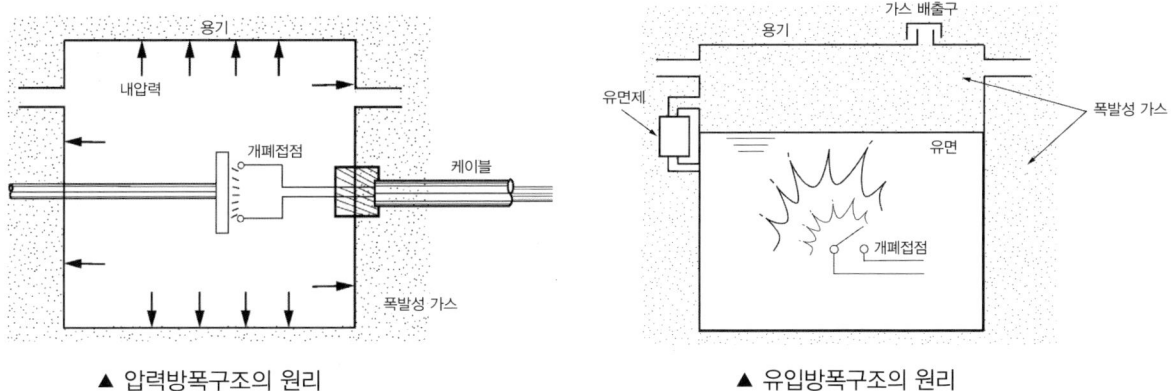

▲ 압력방폭구조의 원리　　　　　　　　　　▲ 유입방폭구조의 원리

(4) 안전증방폭구조(Increased Safety)

안전증방폭구조는 정상운전 중에 폭발성 가스 또는 증기에 점화원이 될 전기불꽃, 아크 또는 고온부분 등의 발생을 방지하기 위하여 전기적, 기계적 구조상 또는 온도상승에 대해서 특히 안전도를 증가시킨 구조이다.

(5) 본질안전방폭구조(Intrinsic Safety)

본질안전방폭구조는 정상시 및 사고시(단락, 단선, 지락 등)에 발생하는 아크, 전기불꽃, 고온에 의하여 폭발성 가스 또는 증기에 점화되지 않는 것이 점화시험에 의하여 확인된 구조이다.

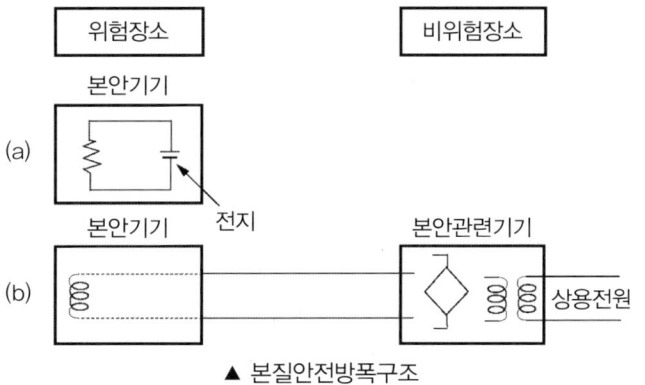

▲ 본질안전방폭구조

(6) 몰드방폭구조(Mold Encapsulation)

몰드방폭구조는 폭발성 가스 또는 증기에 점화시킬 수 있는 전기불꽃 또는 고온 발생 부분을 컴파운드(Compound)로 밀폐시킨 구조이다.

(7) 충전(充塡)방폭구조(Powder Filling)

충전방폭구조는 점화원이 될 수 있는 아크, 전기불꽃 또는 고온부분을 용기내부의 적정한 위치에 고정시키고 그 주위를 충전물질(파우더 등)로 충전하여 폭발성 가스 및 증기의 유입 또는 점화를 어렵게 하고, 화염전파를 방지하여 외부의 폭발성 가스 또는 증기에 인화되지 않도록 한 구조이다.

(8) 비점화(非點火)방폭구조(Non Incendive)

비점화방폭구조는 정상동작 상태에서는 주변의 폭발성 가스 또는 증기에 점화시키지 않고, 고장이 유발되지 않도록 한 구조이다.

(9) 특수방폭구조(Special)

① 특수방폭구조는 앞에서 나열된 (1) ~ (8)의 구조 이외의 방폭구조로서 폭발성 가스, 증기에 점화 또는 위험분위기로 인화를 방지할 수 있는 것이 시험에 의하여 확인된 구조이다.

② 과열이나 전기불꽃에 대해 회로특성에 의하여 폭발의 위험을 방지할 수 있도록 한 구조이다.

> **참고 방폭구조**
>
> (1) 전폐형 방폭구조 ★
>   ① 내압(耐壓)방폭구조　　　　　② 압력(壓力)방폭구조　　　　　③ 유입(油入)방폭구조
> (2) 안전간격(=최대안전틈새=화염일주한계) ★★
>   ㉠ 내부에서 폭발이 발생했을 때 외부에 화염이 전파되지 않는 한계치 간격
>   ㉡ 폭발성 분위기에 있는 용기의 접합면 틈새를 통해 화염이 내부에서 외부로 전파되는 것을 저지할 수 있는 틈새의 최대간격치
>   ㉢ 최대안전틈새는 내용적이 8ℓ이고, 반구상의 플랜지 접합면의 안길이 25mm의 표준용기(구상용기)의 틈새를 통과시켜 화염이 용기외부로 전파되어 폭발성 가스, 증기에 점화되지 않는 최대간격치
> (3) 내압방폭구조의 안전간격값을 작게 하는 이유 ★
>   최소점화에너지 이하로 열을 떨어뜨려 폭발화염이 외부로 유출되지 않도록 하기 위한 것이다.

2. 가스, 증기 대상 방폭전기기기의 선정기준 ★★　　　　　　　　　　　　　　　　* KSC, IEC

폭발위험장소의 분류		방폭구조 전기기계·기구의 선정기준	
가스, 증기 폭발 위험장소	0종장소	본질안전방폭구조(ia)	0종장소에서 사용하도록 특별히 고안된 방폭구조
	1종장소	• 내압방폭구조(d) • 압력방폭구조(p) • 유입방폭구조(o) • 안전증방폭구조(e) • 본질안전방폭구조(ia, ib) • 충전방폭구조(q) • 몰드방폭구조(m)	• 0종장소에 적합한 방폭구조 • 기타 1종장소에서 사용하도록 특별히 고안된 방폭구조
	2종장소	• 0종, 1종장소에 적합한 방폭구조 • 비점화방폭구조(n)	• 0종장소 또는 1종장소에 적합한 방폭구조 • 기타 2종장소에서 사용하도록 특별히 고안된 방폭구조

3. 방폭구조의 기호 ★★★

방폭구조의 종류	기호의 의미
d	내압방폭구조
o	유입방폭구조
p	압력방폭구조
e	안전증방폭구조
ia, ib	본질안전방폭구조
s	특수방폭구조
m	몰드방폭구조
n	비점화방폭구조
q	충전방폭구조
tD	분진내압방폭구조
pD	분진압력방폭구조
iD	분진본질안전방폭구조
mD	분진몰드방폭구조

온도등급(발화도)	최고표면온도(고용노동부고시)
T1	450℃
T2	300℃
T3	200℃
T4	135℃
T5	100℃
T6	85℃

그룹명칭	그룹의 의미(고용노동부고시)
Ⅰ	폭발성 메탄가스 위험분위기에서 사용되는 광산용 전기기기(광산용)
Ⅱ	잠재적 폭발성 위험분위기에서 사용되는 전기기기(산업용)

폭발등급	최대안전틈새(KEC, IEC)
ⅡA	0.9mm 이상
ⅡB	0.5mm 초과 0.9mm 미만
ⅡC	0.5mm 이하

※ 표기(1): 가스, 증기의 경우 ★★★

Exd Ⅱ A T2 IP54	• Exd: 방폭구조의 종류(내압방폭구조) • Ⅱ A: 그룹을 나타내는 기호(산업용, 최대안전틈새 0.9mm 이상) • T2: 온도등급(최고표면온도, 300℃) • IP54: 보호등급

※ 표기(2): 분진의 경우

ExpD A22 IP66 T120	• ExpD: 방폭구조의 종류(분진압력방폭구조) • A22: 형식, 분진위험장소(A형식, 22종) • Ip66: 보호등급 • T120: 최고표면온도(120℃)

2 분진 대상 방폭전기기기

1. 분진의 종류 및 분진 발화도의 분류

(1) 분진의 종류

① 폭연성 분진: 공기 중에서 산소가 적은 분위기 또는 이산화탄소 중에서도 착화되고, 과열된 폭발을 일으키는 금속분진을 말한다.

② 가연성 분진: 공기 중에서 산소와 발열반응을 일으키며 폭발하는 분진을 말한다. 도전성 분진(전기저항률이 $10^3 \Omega$m 이하인 것)과 비전도성 분진으로 구분하고 있다.

③ 기타 분진: 옥수수 분진, 밀가루 분진, 플라스틱 분진, 목재 분진, 기타 화학물질의 분진을 말한다.

(2) 분진 발화도의 분류

발화도	분진의 발화온도(℃)	발화도	분진의 발화온도(℃)	발화도	분진의 발화온도(℃)
Ⅰ 1	270 이상	Ⅰ 2	200 이상 270 미만	Ⅰ 3	150 이상 200 미만

(3) 발화도에 따른 분진의 분류

발화도 \ 분진	폭연성 분진	가연성 분진	
		전도성	비전도성
Ⅰ 1 (270℃ 이상)	알루미늄, 알루미늄브론즈, 마그네슘	코크스, 아연, 카본블랙	고무, 소맥, 염료, 폴리에틸렌, 페놀수지
Ⅰ 2 (200℃ ~ 270℃ 미만)	알루미늄수지	석탄, 철	쌀겨, 코코아, 리그닌
Ⅰ 3 (150℃ ~ 200℃ 미만)	–	–	유황

2. 분진폭발

(1) 분진폭발이 일어나지 않는 물질(불연성 물질)

① 대리석가루

② 질석가루

③ 생석회

④ 가성소다

⑤ 시멘트가루

(2) 분진폭발 위험장소의 구분 ★★　　　　　　　　　　　　　　　　　　　　　　　　　　　　　* KSC, IEC

분류		특징	장소
분진폭발위험장소	20종장소	공기 중에서 가연성 분진운의 형태가 연속적, 장기간 또는 단기간 자주 폭발성 분위기가 존재하는 장소	① 분진이송설비 ② 분진설비 내부 ③ 제분기, 배합기, 건조기 등 ④ 사일로, 호퍼, 필터, 사이클론 등
	21종장소	공기 중에서 가연성 분진운의 형태가 정상작동 중에 빈번하게 폭발성 분위기를 형성할 수 있는 장소	① 분진운이 발생할 수 있는 분진설비 ② 분진이 축적될 수 있는 분진설비의 외부 ③ 분진설비의 개폐문 인근 ④ 분진이 발생하지 않는 충전 및 배출지점, 이송벨트, 샘플링 지점
	22종장소	공기 중에서 가연성 분진운의 형태가 정상작동 중에 폭발성 분위기를 거의 발생하지 않고 만약 발생한다 하더라도 단기간만 지속될 수 있는 장소	① 분진층 또는 공기혼합물, 폭발성 분진이 형성되는 것을 제어하는 장소 ② 백필터 배기구의 배출구 ③ 손상되기 쉬운 분진 취급 공기압장비, 유연 접속부 등

3. 분진 대상 방폭전기기기 구조 ★

(1) 분진내압방폭구조(tD)

주변의 분진입자가 침입할 수 없도록 된 특수방진 밀폐함 또는 전기설비의 안전운전에 방해될 정도의 분진이 침투할 수 없도록 한 보통방진 밀폐함을 갖는 구조이다.

(2) 분진본질안전방폭구조(iD)

폭발성 분진분위기에 노출되어 있는 기계, 기구 내의 전기에너지, 권선상호간의 열 또는 전기불꽃의 영향을 점화에너지 이하의 수준까지 제한하는 것을 기반으로 하는 구조이다.

(3) 분진압력방폭구조(pD)

밀폐함 내부에 폭발성 분진 분위기의 형성을 막기 위하여 주위 환경보다 높은 압력을 가하여 밀폐함에 보호가스를 적용하는 구조이다.

(4) 분진몰드방폭구조(mD)

분진운 또는 분진층의 점화를 방지하기 위하여 전기불꽃 또는 열에 의한 점화가 될 수 있는 부분을 컴파운드(Compound)로 덮은 구조이다.

3 전기설비의 방폭 및 대책

1. 폭발의 기본조건 ★★

(1) 최소착화에너지 이상의 점화원 존재

(2) 폭발위험분위기의 조성

(3) 가연성 가스 또는 증기의 존재

2. 폭발한계(연소범위)

(1) 가연성 가스 및 가연성 액체의 증기가 공기 또는 산소와 혼합하여 폭발할 수 있는 농도범위를 말한다.

(2) 폭발이 일어나는 가장 낮은 농도값을 폭발하한계, 가장 높은 농도값을 폭발상한계라고 한다.

3. 최대안전틈새

(1) 표준용기의 내부에서 폭발이 발생했을 때 외부에 화염이 미치지 않는 간격을 말한다.

(2) 최대안전틈새(화염일주한계=안전간격)의 폭에 따라 등급을 정한 것을 폭발등급이라고 한다.

폭발등급	ⅡA	ⅡB	ⅡC
최대안전틈새(mm)	0.9 이상	0.5 초과 0.9 미만	0.5 이하
대표적 해당 가스	일산화탄소, 암모니아, 벤젠, 에탄, 메탄, 부탄, 프로판	에틸렌, 부타디엔, 에틸렌 옥사이드, 아크릴로니트릴, 시안화수소	아세틸렌, 수소, 이황화탄소

▲ 폭발등급: KSC, IEC

① 최대안전틈새는 내압방폭구조의 폭발그룹을 정할 때 사용된다.

② 최대안전틈새는 대상으로 한 가스 또는 증기와 공기와의 혼합에 대하여 화염일주가 일어나지 않는 틈새의 최대치를 말한다.

③ 폭발성 메탄가스 위험분위기에서 사용되는 광산용 전기기기를 그룹Ⅰ, 잠재적 폭발성 위험분위기에서 사용되는 전기기기를 그룹Ⅱ로 표기한다.

4. 최소점화전류비

(1) 최소점화전류비는 메탄가스(CH_4)의 최소점화전류값에 대한 대상 가스 또는 증기의 최소점화전류값의 비로 나타낸다.

(2) 최소점화전류비는 본질안전방폭구조의 분류에 사용된다.

가스 또는 증기의 분류	최소점화전류비
A	0.8 초과
B	0.45 이상 0.8 이하
C	0.45 미만

5. 온도등급

폭발성 가스의 최고표면온도에 따라 온도등급을 다음과 같이 분류한다.

온도등급	최고표면온도(℃)	온도등급	최고표면온도(℃)
T1	450(또는 300 초과 450 이하)	T4	135(또는 100 초과 135 이하)
T2	300(또는 200 초과 300 이하)	T5	100(또는 85 초과 100 이하)
T3	200(또는 135 초과 200 이하)	T6	85(또는 85 이하)

▲ 그룹 Ⅱ 전기기기에 대한 최고표면온도에 따른 온도등급

4 가스, 증기 위험장소 선정

1. 폭발위험장소(고용노동부고시) ★★

(1) 0종장소: 위험분위기가 지속적으로 또는 장기간 존재하는 장소(폭발성 가스 분위기가 연속적, 장기간 또는 빈번하게 존재하는 장소: KSC, IEC)

① 인화성 물질 또는 가연성 가스가 지속적 또는 장기간 체류하는 곳

② 인화성 물질 또는 가연성 가스가 존재하는 피트(Pit) 등의 내부

③ 기기의 내부, 밀폐함 내부, 장치 및 배관의 내부 등

(2) 1종장소: 정상(상시사용)상태에서 위험분위기가 존재하기 쉬운 장소(폭발성 가스 분위기가 정상작동 중 주기적 또는 빈번하게 생성되는 장소: KSC, IEC)

① 운전, 정비 또는 누설에 의하여 자주 위험분위기가 생성되는 곳

② 정상(상시사용)상태에서 위험분위기가 쉽게 생성되는 곳

③ 환기가 불충분한 장소에 설치된 배관계통으로 쉽게 누설되는 구조의 곳

④ 기기 일부의 고장시 가연성 물질의 누출과 전기기기의 고장이 동시에 발생되기 쉬운 곳

⑤ 상용상태에서 위험분위기가 주기적 또는 간헐적으로 존재하는 곳

(3) 2종장소: 이상상태(일부기기의 고장, 오작동, 기능상실 등)하에서 위험분위기가 단기간 동안 존재할 수 있는 장소(폭발성 가스 분위기가 정상작동 중 조성되지 않거나 조성된다 하더라도 짧은 기간에만 존재할 수 있는 장소: KSC, IEC)

① 1종장소와 직접 접하며 개방되어 있는 곳 또는 1종장소와 덕트, 트랜치, 파이프 등으로 연결되어 이들을 통해 가스나 증기의 유입이 가능한 곳

② 환기가 불충분한 장소에 설치된 배관계통으로 쉽게 누설되지 않는 구조의 곳

③ 가스켓(Gasket), 패킹(Packing) 등의 고장과 같이 이상상태에서만 누출될 수 있는 공정기기 또는 배관이 환기가 충분한 곳에 설치된 장소

④ 강제환기 방식이 채용되는 곳으로 환기기기의 고장이나 이상시에 위험분위기가 생성될 수 있는 곳

2. 위험장소의 판정기준 ★

(1) 위험가스의 현존 가능성

(2) 위험증기의 양

(3) 통풍의 정도

(4) 가스의 특성(공기와의 비중차)

(5) 작업자에 의한 영향

> **참고** 폭발위험장소에서 점화성 불꽃이 발생하지 않도록 전기설비를 설치하는 방법 ★
> ① 정전기 영향을 안전한계 이내로 줄인다.
> ② 모든 설비를 등전위시킨다.
> ③ 낙뢰방호조치를 한다.

5 방폭전기기기 설치 및 선정

1. 방폭전기기기 설치시 표준환경 조건(KSC, IEC기준) ★

(1) 표고: 1,000m 이하

(2) 상대습도: 45 ～ 85%

(3) 주변온도: −20℃ ～ +40℃

(4) 압력: 80 ～ 110kPa

(5) 공기: 산소함유율 21%의 공기

2. 방폭전기기기의 선정

(1) 방폭전기기기의 선정시 고려할 사항(고용노동부고시기준)

　　① 가스 등의 발화온도

　　② 방폭전기기기가 설치될 지역의 방폭지역 등급 구분

　　③ 본질안전방폭구조의 경우 최소점화전류

　　④ 내압방폭구조의 경우 최대안전틈새

　　⑤ 압력방폭구조, 유입방폭구조, 안전증방폭구조의 경우 최고표면온도

　　⑥ 방폭전기기기가 설치될 장소의 주변온도, 표고, 상대습도, 먼지, 부식성 가스 또는 습기 등의 환경조건

(2) 방폭전기기기의 선정시 고려할 사항 ★

　　① 분위기의 위험도에의 적응

　　② 환경조건에의 적응성

　　③ 방폭구조 득실의 고려

　　④ 보수의 난이성

　　⑤ 경제성

3. 방폭화 이론

(1) 진기기기의 점화원 확률과 폭발위험분위기의 생성 확률과의 곱이 가능한 한 0에 가까운 작은 값이 되도록 하는 것이 화재 폭발 방지를 위하여 필요하다.

(2) 폭발위험분위기 생성 방지

① 가연성 물질, 폭발성 가스의 누설방지

② 가연성 물질, 폭발성 가스의 체류방지

③ 가연성 물질, 폭발성 가스의 방출방지

(3) 전기기기의 점화원 억제

전기기기의 점화원을 억제하는 것이 폭발방지를 위해 필요하다.

(4) 전기기기 방폭화의 기본개념 및 대상 방폭구조(전기기기에 방폭성능을 갖추기 위한 일반적인 방법) ★★

① 점화원의 방폭적 격리: 내압방폭구조, 압력방폭구조, 유입방폭구조

② 전기기기의 안전도 증강: 안전증방폭구조

③ 점화능력의 본질적 억제: 본질안전방폭구조

4. 방폭기기의 표시

(1) 방폭부품에 대한 표시사항 ★★

① 제조자의 이름 또는 등록상표

② 형식

③ 기호 Ex

④ 해당 방폭구조의 기호

⑤ 방폭부품의 그룹 기호

⑥ 인증서 발급기관의 이름 또는 마크와 인증번호

⑦ 합격번호 및 U기호(X기호는 사용될 수 없음)

⑧ 해당 방폭구조에서 정한 추가 표시

> **참고** **방폭부품의 X기호 및 U기호에 대한 정의**
>
> (1) X기호(Symbol 'X')
>   안전한 사용을 위한 특별조건을 나타내는 기호를 말한다.
> (2) U기호(Symbol 'U')
>   방폭부품을 나타내는데 사용하는 기호를 말한다.

(2) 소형 전기기기와 방폭부품의 표시사항(고용노동부고시) ★★

소형전기기기와 방폭부품의 경우 표시크기를 줄일 수 있으며, 다음의 표시를 하여야 한다.

① 제조자의 이름 또는 등록상표

② 형식

③ 기호 Ex 및 방폭구조의 기호

④ 인증서 발급기관의 이름 또는 마크, 합격번호

⑤ X 또는 U 기호(다만, 기호 X와 U를 함께 사용하지 않음)

적중문제 **CHAPTER 4** 전기방폭 위험요소 파악 · 제거하기

01 ★

내압방폭구조의 기본적 성능(필요충분조건)을 3가지 쓰시오.

정답

① 폭발화염이 외부로 유출되지 않을 것
② 내부에서 폭발한 경우 그 압력에 견딜 것
③ 외함의 표면온도가 외부의 가연성 가스를 점화하지 않을 것

02 ★★

전기설비 방폭구조의 종류를 4가지 쓰시오.

정답

① 내압방폭구조
② 압력방폭구조
③ 유입방폭구조
④ 안전증방폭구조
⑤ 본질안전방폭구조
⑥ 몰드방폭구조
⑦ 충전방폭구조
⑧ 비점화방폭구조
⑨ 특수방폭구조

03 ★★

다음의 각 설명에 맞는 방폭구조의 명칭을 쓰시오.

- (①): 용기외부 또는 유체상부에 존재할 수 있는 폭발성 가스 분위기가 발화되지 않도록 전기설비 또는 전기설비의 부품을 보호액에 넣는 방폭구조
- (②): 폭발성 가스 분위기를 점화시킬 수 있는 부품을 고정하여 설치하고, 그 주위를 충전물질로 완전히 덮어서 외부의 폭발성 가스 분위기를 점화시키지 않도록 하는 방폭구조
- (③): 전기기기의 정상동작상태, 규정된 특정한 비정상상태에서 주위의 폭발성 가스 분위기를 점화시키지 않도록 한 방폭구조
- (④): 전기기기의 열 또는 스파크로 인해 폭발성 가스 분위기에 점화되지 않도록 컴파운드로 밀폐시켜 보호한 방폭구조

정답

① 유입방폭구조(o)
② 충전방폭구조(q)
③ 비점화 방폭구조(n)
④ 몰드방폭구조(m)

04 ★★

용기 안에 점화원이 될 우려가 있는 부분을 넣고 보호가스를 용기내부에 압입하여 내부압력을 유지함으로써 폭발성 가스 또는 증기가 용기내부로 유입되는 것을 방지하도록 한 방폭구조를 쓰시오.

정답

압력방폭구조(p)

05 ★

전기설비의 내압방폭구조(Flameproof)의 원리에 대하여 간단히 설명하시오.

용기내부에서 폭발성 가스 또는 증기가 폭발하였을 때 용기가 그 압력에 견디며 또한 개구부, 접합면 등을 통해서 외부의 폭발성 가스, 증기에 인화되지 않도록 한 전폐구조이다.

06 ★

전기설비의 방폭구조 중 전폐형 방폭구조를 3가지 쓰시오.

① 내압방폭구조
② 압력방폭구조
③ 유입방폭구조

07 ★

전기설비의 방폭구조에 대한 사항이다. 다음 물음에 답하시오.

(1) 화염일주한계란 무엇인지 쓰시오.
(2) 내압방폭구조에서 안전간격값을 작게 하는 이유는 무엇인지 설명하시오.

(1) 용기내부에서 폭발이 발생했을 때 외부에 화염이 전파되지 않는 한계치 간격을 말한다.
(2) 최소점화에너지 이하로 열을 떨어트려 폭발화염이 외부로 유출되지 않도록 하기 위한 것이다.

08 ★★

다음의 가스, 증기폭발 위험장소에 선정하여 사용할 수 있는 전기설비의 방폭구조를 각각 쓰시오.

(1) 0종장소
(2) 1종장소
(3) 2종장소

(1) 0종장소
　본질안전방폭구조(ia)
(2) 1종장소
　① 내압방폭구조(d)
　② 압력방폭구조(p)
　③ 유입방폭구조(o)
　④ 안전증방폭구조(e)
　⑤ 본질안전방폭구조(ia, ib)
　⑥ 충전방폭구조(q)
　⑦ 몰드방폭구조(m)
(3) 2종장소
　① 내압방폭구조(d)
　② 압력방폭구조(p)
　③ 유입방폭구조(o)
　④ 안전증방폭구조(e)
　⑤ 본질안전방폭구조(ia, ib)
　⑥ 충전방폭구조(q)
　⑦ 몰드방폭구조(m)
　⑧ 비점화방폭구조(n)

09 ★★★

다음 ( ) 안에 방폭구조에 해당하는 각각의 기호를 쓰시오.

방폭구조	기호
몰드방폭구조	(①)
안전증방폭구조	(②)
본질안전방폭구조	(③)
비점화방폭구조	(④)
충전방폭구조	(⑤)
내압방폭구조	(⑥)
유입방폭구조	(⑦)

정답

① m   ② e   ③ ia, ib   ④ n
⑤ q   ⑥ d   ⑦ o

10 ★★★

다음 각 방폭구조의 기호에 해당하는 방폭구조의 명칭을 쓰시오.

(1) e   (4) q
(2) d   (5) m
(3) n   (6) ia, ib

정답

(1) 안전증방폭구조   (4) 충전방폭구조
(2) 내압방폭구조   (5) 몰드방폭구조
(3) 비점화방폭구조   (6) 본질안전방폭구조

11 ★

다음에 해당하는 분진방폭구조의 기호를 각각 쓰시오.

(1) 분진본질안전방폭구조
(2) 분진몰드방폭구조
(3) 분진압력방폭구조
(4) 분진내압방폭구조

정답

(1) iD
(2) mD
(3) pD
(4) tD

12 ★★

가연성 가스의 폭발등급에 따른 최대안전틈새와 해당 가스에 대한 사항이다. ( ) 안에 적합한 숫자를 쓰시오.

구분 폭발등급	최대안전틈새	해당 가스
ⅡA	(①)mm 이상	에탄, 메탄, 프로판, 암모니아, 일산화탄소
ⅡB	(②)mm 초과 (③)mm 미만	시안화수소, 에틸렌, 아크릴로니트릴
ⅡC	(④)mm 이하	아세틸렌, 수소, 이황화탄소

정답

① 0.9
② 0.5
③ 0.9
④ 0.5

13 ★★★

방폭구조의 기호 dⅡAT4에 대하여 설명하시오.

① d: 방폭구조의 종류(내압방폭구조)

② ⅡA: 그룹을 나타낸 기호(산업용, 최대안전틈새 0.9mm 이상)

③ T4: 온도등급(최고표면온도, 135℃)

14 ★★★

다음 내용을 보고, 방폭구조의 표시를 나타내시오.

- 방폭구조: 용기내부에서 폭발성가스 또는 증기가 폭발하였을 때 용기가 그 압력에 견디며 개구부, 접합면 등을 통해서 외부의 폭발성 가스에 인화되지 않도록 한 전폐구조
- 그룹: 잠재적 폭발성 위험분위기에서 사용되는 전기기기(산업용)
- 최대안전틈새: 0.7mm
- 최고표면온도: 170℃

Exd ⅡBT3

15 ★★

전기설비 등에서 폭발현상이 일어나는 기본조건을 3가지 쓰시오.

① 최소착화에너지 이상의 점화원 존재

② 폭발위험분위기의 조성

③ 가연성 가스 또는 증기의 존재

16 ★★

가스 · 증기 폭발위험장소 3가지를 분류하여 쓰고, 간단히 설명하시오.

① 0종장소: 위험분위기가 지속적으로 또는 장기간 존재하는 장소

② 1종장소: 정상(상시)사용상태에서 위험분위기가 존재하기 쉬운 장소

③ 2종장소: 이상상태(일부기기의 고장, 오작동 등)하에서 위험분위기가 단시간 동안 존재할 수 있는 장소

17 ★

가스 · 증기 폭발위험장소의 판정기준을 4가지 쓰시오.

정답

① 위험가스의 현존 가능성
② 위험증기의 양
③ 통풍의 정도
④ 가스의 특성(공기와의 비중차)
⑤ 작업자에 의한 영향

18 ★

방폭전기기기의 선정시 고려하여야 할 사항을 4가지 쓰시오.

정답

① 분위기의 위험도에의 적응
② 환경조건에의 적응성
③ 방폭+소 늑실의 고려
④ 보수의 난이성
⑤ 경제성

19 ★★

소형전기기기와 방폭부품의 경우 표시크기를 줄일 수 있다. 이와 같은 소형전기기기와 방폭부품의 표시사항을 4가지 쓰시오.

정답

① 제조자의 이름 또는 등록상표
② 형식
③ 기호 Ex 및 방폭구조의 기호
④ 인증서 발급기관의 이름 또는 마크, 합격번호
⑤ X 또는 U기호(다만, 기호 X와 U를 함께 사용하지 않음)
[근거]
가스. 증기 방폭구조인 전기기기의 일반성능기준: 방호장치 안전인증
고용노동부고시 [별표 6]

20 ★★

전기기기에 방폭성능을 갖추기 위한 일반적인 방법(방폭화를 하기 위한 조건)을 3가지 쓰시오.

정답

① 점화원의 격리
② 전기기기의 안전도 증강
③ 점화능력의 본질적 억제(에너지 제한)

PART 4
화학설비 안전관리

CHAPTER 1 │ 유해·위험성 확인하기 및 MSDS 활용하기

1 위험물의 정의 및 종류

1. 위험물의 정의

위험물이란 폭발 또는 화재를 일으키는 물질 즉, 인화성 또는 발화성 물질을 말한다.

2. 위험물의 종류

(1) 위험물질의 종류(산업안전보건법 안전보건기준) ★★★

① 폭발성 물질 및 유기과산화물

- 질산에스테르류
- 니트로화합물
- 니트로소화합물
- 아조화합물
- 디아조화합물
- 하이드라진 유도체
- 유기과산화물

② 물반응성 물질 및 인화성 고체

- 리튬
- 칼륨, 나트륨
- 황, 황린
- 황화인, 적린
- 셀룰로이드류
- 알킬알루미늄, 알킬리튬
- 마그네슘 분말
- 금속 분말(마그네슘 분말은 제외)
- 알칼리금속(리튬, 칼륨 및 나트륨은 제외)
- 유기금속화합물(알킬알루미늄 및 알킬리튬은 제외)
- 금속의 수소화물
- 금속의 인화물
- 칼슘탄화물, 알루미늄탄화물

③ 산화성 액체 및 산화성 고체

- 차아염소산 및 그 염류
- 아염소산 및 그 염류
- 염소산 및 그 염류
- 과염소산 및 그 염류
- 브롬산 및 그 염류
- 요오드산 및 그 염류
- 과산화수소 및 무기과산화물
- 질산 및 그 염류
- 과망간산 및 그 염류
- 중크롬산 및 그 염류

④ 인화성 액체

- 에틸에테르, 가솔린, 아세트알데히드, 산화프로필렌 그 밖에 인화점이 23℃ 미만이고 초기 끓는점이 35℃ 이하인 물질
- 노르말헥산, 아세톤, 메틸에틸케톤, 메틸알코올, 이황화탄소 그 밖에 인화점이 23℃ 미만이고 초기 끓는점이 35℃를 초과하는 물질
- 크실렌, 아세트산아밀, 등유, 경유, 테레핀유, 이소아밀알코올, 아세트산, 하이드라진 그 밖에 인화점이 23℃ 이상 60℃ 이하인 물질

⑤ 인화성 가스

- 수소
- 아세틸렌
- 에틸렌
- 메탄
- 에탄
- 프로판
- 부탄

⑥ 부식성 물질

- 부식성 산류 – 농도가 20% 이상인 염산, 황산, 질산 그 밖에 이와 같은 정도 이상의 부식성을 가지는 물질
  – 농도가 60% 이상인 인산, 아세트산, 불산 그 밖에 이와 같은 정도 이상의 부식성을 가지는 물질
- 부식성 염기류 – 농도가 40% 이상인 수산화나트륨, 수산화칼륨 그 밖에 이와 같은 정도 이상의 부식성을 가지는 염기류

⑦ 급성독성 물질

- 쥐에 대한 경구투입실험에 의하여 실험동물의 50%를 사망시킬 수 있는 물질의 양 즉, LD_{50}(경구, 쥐)이 kg당 300 mg–(체중) 이하인 화학물질
- 쥐 또는 토끼에 대한 경피흡수실험에 의하여 실험동물의 50%를 사망시킬 수 있는 물질의 양 즉, LD_{50}(경피, 토끼 또는 쥐)이 kg당 1,000 mg–(체중) 이하인 화학물질
- 쥐에 대한 4시간 동안의 흡입실험에 의하여 실험동물의 50%를 사망시킬 수 있는 물질의 농도 즉, 가스 LC_{50}(쥐, 4시간 흡입)이 2,500 ppm 이하인 화학물질, 증기 LC_{50}(쥐, 4시간 흡입)이 10 mg/ℓ 이하인 화학물질, 분진 또는 미스트 1 mg/ℓ 이하인 화학물질

> **참고** 유해위험물질의 규정량에 있어 인화성 가스 등 정의(산업안전보건법 시행령) ★★
> (1) 인화성 가스: 인화한계농도의 최저한도가 13% 이하 또는 최고한도와 최저한도의 차가 12% 이상인 것으로서 표준압력 (101.3 kPa)에서, 20℃에서 가스상태인 물질을 말한다.
> (2) 인화성 액체: 표준압력(101.3 kPa)에서 인화점이 60℃ 이하이거나 고온·고압의 공정운전조건으로 인하여 화재·폭발위험이 있는 상태에서 취급되는 가연성 물질을 말한다.

(2) 혼재가 가능한 위험물 ★★

※ 유별을 달리 하는 위험물의 혼재기준: 위험물안전관리법 시행규칙 [별표 19] 관련 [부표 2]

위험물의 구분	1류위험물	2류위험물	3류위험물	4류위험물	5류위험물	6류위험물
1류위험물(산화성 고체)	–	×	×	×	×	○
2류위험물(가연성 고체)	×	–	×	○	○	×
3류위험물(자연발화성 및 금수성 물질)	×	×	–	○	×	×
4류위험물(인화성 액체)	×	○	○	–	○	×
5류위험물(자기반응성 물질)	×	○	×	○	–	×
6류위험물(산화성 액체)	○	×	×	×	×	–

3. 가스의 구분(고압가스안전관리법)

(1) **가연성 가스**: 공기 중에서 연소하는 가스로서 폭발한계의 하한이 10% 이하인 것과 폭발한계의 상한과 하한의 차가 20% 이상인 가스

① 아세틸렌 2.5 ~ 81%　　③ 프로판 2.1 ~ 9.5%　　⑤ 메탄 5 ~ 15%
② 수소 4 ~ 75%　　④ 부탄 1.8 ~ 8.4%

(2) **조연성 가스**: 자신은 연소하지 않고 다른 가스의 연소를 도와주는 가스(시연성가스)

① 산소(O_2)　　③ 염소(Cl_2)　　⑤ 이산화질소(NO_2)
② 오존(O_3)　　④ 불소(F)

(3) **불연성 가스**: 자신은 연소하지도 않고, 다른 가스를 연소시키지도 않는 가스

    ① 질소(N_2)   ③ 헬륨(He)   ⑤ 이산화탄소(CO_2)

    ② 네온(Ne)   ④ 아르곤(Ar)

(4) **독성 가스**: 인체에 유해한 독성을 가진 가스

    ① 일산화탄소(CO)   ④ 황화수소(H_2S)   ⑦ 염소(Cl_2)   ⑨ 불소(F)

    ② 암모니아(NH_3)   ⑤ 염화수소(HCl)   ⑧ 포스겐($COCl_2$)   ⑩ 오존(O_3)

    ③ 이황화탄소(CS_2)   ⑥ 톨루엔($C_6H_5CH_3$)

2 노출기준

1. 노출기준의 정의

근로자가 유해인자에 노출되는 경우 노출기준 이하 수준에서는 거의 모든 근로자에게 건강상 나쁜 영향을 미치지 아니하는 기준을 말한다.

> **참고** 유해물질의 측정단위 ★
>
> (1) <u>분진, 흄(Fume), 미스트(Mist): mg/m³[단, 석면은 (개수/cm³)]</u>
> (2) <u>증기 및 가스: ppm</u>

2. 노출기준의 구분

(1) 시간가중평균노출기준(TWA: Time Weighted Average) ★★★

  ① <u>1일 8시간 작업을 기준으로 하여 유해인자의 측정농도에 발생시간을 곱하여 8시간으로 나눈 값을 말한다.</u>

$$\text{TWA} = \frac{C_1 \cdot T_1 + C_2 \cdot T_2 + \cdots + C_n \cdot T_n}{8}$$

- TWA: 시간가중평균노출기준
- C: 유해인자의 측정농도[mg/m³, ppm 또는 개/cm³]
- T: 유해인자의 발생시간[h]

  ② 거의 모든 작업자가 일상작업에서 반복하여 노출되더라도 건강장해를 일으키지 않는 공기 중 유해물질의 농도를 말한다.

> **참고** 유해인자별 노출농도의 허용기준(산업안전보건법 시행규칙) ★

유해물질	허용기준			
	시간가중평균값(TWA)		단시간노출값(STEL)	
	ppm	mg/m³	ppm	mg/m³
니켈카르보닐	0.001			
디메틸포름아미드	10			
벤젠	0.5		2.5	
브롬화메틸, 산화에틸렌, 염화비닐, 이황화탄소	1			
석면		0.1개/cm³		
디클로로메탄	50			

메탄올	200		250	
아닐린, 아크릴로니트릴	2			
암모니아	25		35	
염소	0.5		1	
톨루엔-2,4(또는 2,6)-디시소시아네이트	0.005		0.02	
트리클로로에틸렌	10		25	
포름알데히드	0.3			
노르말헥산	50			
일산화탄소	30		200	
트리클로로메탄	10			
톨루엔	50		150	
시클로헥사논	25		50	
스티렌	20		40	
메틸렌비스(페닐이소시아네이트)	0.005			
불소	0.1			

(2) **단시간노출기준**(STEL: Short Term Exposure Limit) ★

① 작업자가 1회에 15분간 유해요인에 노출되는 경우의 시간가중평균값이다.

② 노출농도가 시간가중평균값을 초과하고 단시간노출값 이하인 경우

  ㉠ 1회 노출 지속시간이 15분 미만이어야 하고, ㉡ 이러한 상태가 1일 4회 이하로 발생해야 하며, ㉢ 각 회의 간격은 60분 이상이어야 한다.

(3) **최고노출기준**(C: Celing) ★

작업자가 1일 작업시간 동안 잠시라도 노출되어서는 아니 되는 기준이다.

> **참고** **혼합물질의 노출기준 산출식**
>
> $$R = \frac{C_1}{T_1} + \frac{C_2}{T_2} + \cdots + \frac{C_n}{T_n}$$
>
> - R: 혼합노출기준
> - C: 유해 · 위험물질의 공기 중 농도
> - T: 유해 · 위험물질의 허용농도

3. 유해미립자의 분류

(1) **미스트**(Mist): 공기 중에 액체의 미세한 입자가 부유하고 있는 것

(2) **분진**(Dust): 고체미립자가 기계적 작용으로 발생하여 공기 중에 부유하고 있는 것

(3) **흄**(Fume): 공기 중에서 금속이 증기가 응고되어 화학변화를 일으켜 미립자가 되어 공기 중에 부유하고 있는 것

(4) **스모크**(Smoke): 불완전연소에 의해 생긴 유기물의 미립자

3 인화성 가스 및 유해물질의 취급시 주의사항

1. 인화성 가스 취급시 주의사항

(1) 인화성 가스가 발생할 우려가 있는 지하작업장의 안전조치 사항(산업안전보건법 안전보건기준) ★★

    ① 가스의 농도를 측정하는 사람을 지명하고 다음의 경우에 그 사람으로 하여금 해당 가스의 농도를 측정하도록 할 것

- 매일 작업을 시작하기 전
- 가스의 누출이 의심되는 경우
- 가스가 발생하거나 정체할 위험이 있는 장소가 있는 경우
- 장시간 작업을 계속하는 경우(이 경우 4시간마다 가스농도를 측정하도록 하여야 한다.)

    ② 가스의 농도가 인화하한계값의 25% 이상으로 밝혀진 경우에는 즉시 근로자를 안전한 장소에 대피시키고 통풍이나 환기 등을 할 것

(2) 고압가스 용기의 색상 ★★

가스종류	공업용	가스종류	공업용
암모니아	백색	헬륨	회색
아세틸렌	황색	에틸렌	회색
액화석유가스	회색	수소	주황색
산소	녹색	이산화탄소	청색
질소	회색	기타 가스	회색
액화염소	갈색		

> **참고** 밀폐된 공간에서 작업시 안전조치사항 등
>
> (1) 밀폐된 공간에서 스프레이건(Spray Gun)을 사용하여 인화성 액체로 세척, 도장 등의 작업을 하는 경우 조치사항(산업안전보건법 안전보건기준) ★★
>
> 인화성 액체, 인화성 가스 등으로 폭발위험 분위기가 조성되지 않도록 해당 물질의 공기 중 농도가 인화하한계값의 25%를 넘지 않도록 충분히 환기를 유지할 것
>
> (2) 압력의 제한(산업안전보건법 안전보건기준) ★★
>
> 금속의 용접, 용단 또는 가열작업을 하는 경우에는 게이지압력 127kPa를 초과하는 압력의 아세틸렌가스를 발생시켜 사용해서는 안 된다.

2. 유해물질의 취급시 주의사항

(1) 위험물질의 제조, 취급시 안전조치 사항(산업안전보건법 안전보건기준) ★

위험물을 제조하거나 취급하는 경우에 폭발, 화재 및 누출을 방지하기 위한 적절한 방호조치를 하지 아니하고 다음의 행위를 해서는 아니 된다.

    ① 폭발성 물질, 유기과산화물을 화기나 그 밖에 점화원이 될 우려가 있는 것에 접근시키거나 가열하거나 마찰시키거나 충격을 가하는 행위

    ② 물반응성 물질, 인화성 고체를 각각 그 특성에 따라 화기나 그 밖에 점화원이 될 우려가 있는 것에 접근시키거나 발화를 촉진하는 물질 또는 물에 접촉시키거나 가열하거나 마찰시키거나 충격을 가하는 행위

    ③ 산화성 액체, 산화성 고체를 분해가 촉진될 우려가 있는 물질에 접촉시키거나 가열하거나 마찰시키거나 충격을 가하는 행위

④ 인화성 액체를 화기나 그 밖에 점화원이 될 우려가 있는 것에 접근시키거나 주입 또는 가열하거나 증발시키는 행위

⑤ 인화성 가스를 화기나 그 밖에 점화원이 될 우려가 있는 것에 접근시키거나 압축 · 가열 또는 주입하는 행위

⑥ 부식성 물질 또는 급성 독성물질을 누출시키는 등으로 인체에 접촉시키는 행위

⑦ 위험물을 제조하거나 취급하는 설비가 있는 장소에 인화성 가스 또는 산화성 액체 및 산화성 고체를 방치하는 행위

참고 **밀폐공간에서의 작업**

(1) 산소결핍의 정의 ★★

　　공기 중의 산소농도가 18% 미만인 상태를 말한다.

(2) 밀폐공간작업시 적정공기 기준(산업안전보건법 안전보건기준) ★★

　① 산소(O_2): 18% 이상 23.5% 미만　　　　③ 일산화탄소(CO): 30ppm 미만

　② 탄산가스(CO_2): 1.5% 미만　　　　　　　④ 황화수소(H_2S): 10ppm 미만

(3) 밀폐공간에 작업자가 작업을 시작하기 전에 사업주가 확인하여야 할 사항 ★★

　① 작업일시, 기간, 장소 및 내용 등 작업정보

　② 관리감독자, 근로자, 감시인 등 작업자정보

　③ 산소 및 유해가스농도의 측정결과 및 후속조치 사항

　④ 작업 중 불활성가스 또는 유해가스의 누출 · 유입 · 발생 가능성 검토 및 후속조치 사항

　⑤ 작업시 착용하여야 할 보호구의 종류

　⑥ 비상연락체계

(4) 밀폐공간작업 프로그램에 포함되어야 할 사항(산업안전보건법 안전보건기준) ★★

　① 사업장 내 밀폐공간의 위치 파악 및 관리방안

　② 밀폐공간 내 질식 · 중독 등을 일으킬 수 있는 유해 · 위험요인의 파악 및 관리방안

　③ 밀폐공간작업시 사전확인이 필요한 사항에 대한 확인 절차

　④ 안전보건교육 및 훈련

　⑤ 그 밖에 밀폐공간작업 근로자의 건강장해예방에 관한 사항

(5) 밀폐공간 내 작업시 안전조치사항(산업안전보건법 안전보건기준) ★★

　① 해당 작업장을 적정공기상태가 유지되도록 환기하여야 한다.

　② 해당 작업장소에 작업자를 입장시킬 때와 퇴장시킬 때에 각각 인원을 점검하여야 한다.

　③ 해당 작업장과 외부의 감시인 사이에 상시 연락을 취할 수 있는 설비를 설치하여야 한다.

　④ 산소결핍이 우려되거나 유해가스 등의 농도가 높아서 폭발할 우려가 있는 경우에는 작업을 즉시 중단하고 근로자를 대피시켜야 한다.

---

(2) 안전거리(산업안전보건법 안전보건기준) ★★

구분	안전거리
① 단위공정시설 및 설비로부터 다른 단위공정시설 및 설비의 사이	설비의 바깥면으로부터 10m 이상
② 플레어스텍으로부터 단위공정시설 및 설비, 위험물질 하역설비의 사이	플레어스텍으로부터 반경 20m 이상 다만, 단위공정시설 등이 불연재로 시공된 지붕아래에 설치된 경우에는 그러하지 아니하다.
③ 위험물질 저장탱크로부터 단위공정시설 및 설비, 보일러 또는 가열로의 사이	저장탱크의 바깥면으로부터 20m 이상 다만, 저장탱크의 방호벽, 원격조정 소화설비 또는 살수설비를 설치한 경우에는 그러하지 아니하다.
④ 사무실, 연구실, 실험실, 정비실 또는 식당으로부터 단위공정시설 및 설비, 위험물질 저장탱크, 위험물질 하역설비, 보일러 또는 가열로의 사이	사무실 등의 바깥 면으로부터 20m 이상 다만, 난방용 보일러인 경우 또는 사무실 등의 벽을 방호구조로 설치한 경우에는 그러하지 아니하다.

4 물질안전보건자료(MSDS: Material Safety Data Sheets)

1. 물질안전보건자료(MSDS: Material Safety Data Sheets)의 작성

(1) 물질안전보건자료의 작성항목(화학물질의 분류 · 표시 및 물질안전보건자료에 관한 기준: 고용노동부고시) ★★

① 화학제품과 회사에 관한 정보
② 유해성 · 위험성
③ 구성성분의 명칭 및 함유량
④ 취급 및 저장방법
⑤ 물리화학적 특성
⑥ 독성에 관한 정보
⑦ 폭발 · 화재시 대처방법
⑧ 응급조치요령
⑨ 누출사고시 대처방법
⑩ 노출방지 및 개인보호구
⑪ 안정성 및 반응성
⑫ 폐기시 주의사항
⑬ 운송에 필요한 정보
⑭ 환경에 미치는 영향
⑮ 법적 규제 현황
⑯ 그 밖의 참고사항

(2) 하나의 물질안전보건자료를 작성할 수 있는 경우 ★

혼합물로 된 제품들이 다음의 요건을 충족하는 경우에는 각각의 제품을 대표하여 하나의 물질안전보건자료를 작성할 수 있다.

① 비슷한 유해성을 가질 것
② 각 구성성분의 함량 변화가 10% 이하일 것
③ 혼합물로 된 제품의 구성성분이 같을 것
※ 화학물질의 분류 · 표시 및 물질안전보건자료에 관한 기준: 고용노동부고시

2. 물질안전보건자료의 작성 · 제출 제외 대상(산업안전보건법) ★★★

① 「원자력안전법」에 따른 방사성 물질
② 「약사법」에 따른 의약품, 의약외품
③ 「화장품법」에 따른 화장품
④ 「마약류 관리에 관한 법률」에 따른 마약 및 향정신성 의약품
⑤ 「농약관리법」에 따른 농약
⑥ 「사료관리법」에 따른 사료
⑦ 「비료관리법」에 따른 비료
⑧ 「식품위생법」에 따른 식품 및 식품첨가물
⑨ 「총포 · 도검 · 화약류 등의 안전관리에 관한 법률」에 따른 화약류
⑩ 「폐기물관리법」에 따른 폐기물
⑪ 「건강기능식품에 관한 법률」에 따른 건강기능식품
⑫ 「생활주변방사선안전관리법」에 따른 원료물질
⑬ 「위생용품관리법」에 따른 위생용품

⑭ 「의료기기법」에 따른 의료기기

⑮ 「생활화학제품 및 살생물제의 안전관리에 관한 법률」에 따른 안전확인대상 생활화학제품 및 살생물제품 중 일반소비자의 생활용으로 제공되는 제품

⑯ 「첨단재생의료 및 첨단바이오의약품 안전 및 지원에 관한 법률」에 따른 첨단바이오의약품

⑰ ①부터 ⑯까지의 규정 외의 화학물질 또는 혼합물로서 일반소비자의 생활용으로 제공되는 것

⑱ 고용노동부장관이 정하여 고시하는 연구 · 개발용 화학물질 또는 화학제품

⑲ 그 밖에 고용노동부장관이 독성 · 폭발성 등으로 인한 위해의 정도가 적다고 인정하여 고시하는 화학물질

참고 **물질안전보건자료(MSDS)**

(1) 물질안전보건자료 경고표지에 포함되어야 할 사항(산업안전보건법 시행규칙) ★
① 명칭　　　　　　　　　　　　　② 그림문자
③ 신호어　　　　　　　　　　　　④ 유해 · 위험 문구
⑤ 예방조치 문구　　　　　　　　　⑥ 공급자 정보

(2) 물질안전보건자료 대상 물질의 관리요령 게시(산업안전보건법 시행규칙) ★★★
① 사업주는 물질안전보건자료대상물질을 취급하는 작업공정별로 고용노동부령으로 정하는 바에 따라 물질안전보건자료대상물질의 관리요령을 게시하여야 한다.
② 작업공정별 관리요령에 포함되어야 할 사항은 다음과 같다.
· 제품명
· 건강 및 환경에 대한 유해성, 물리적 위험성
· 안전 및 보건상의 취급주의 사항
· 적절한 보호구
· 응급조치 요령 및 사고시 대처방법

(3) 물질안전보건자료의 작성 및 제출(산업안전보건법) ★★
화학물질 또는 이를 함유한 혼합물로서 분류기준에 해당하는 물질안전보건자료 대상 물질을 제조하거나 수입하려는 자는 다음의 사항을 작성하여 고용노동부장관에게 제출하여야 한다.
① 제품명
② 물질안전보건자료 대상 물질을 구성하는 화학물질 중 분류기준에 해당하는 화학물질의 명칭 및 함유량
③ 안전 및 보건상의 취급주의 사항
④ 건강 및 환경에 대한 유해성, 물리적 위험성
⑤ 물리 · 화학적 특성 등 고용노동부령으로 정하는 사항
· 물리 · 화학적 특성　　　　　　　· 폭발 · 화재시의 대처방법
· 독성에 관한 정보　　　　　　　　· 응급조치요령

(4) 관리대상(허가대상) 유해물질을 취급하는 경우 작업장에 게시하여야 할 사항(산업안전보건법 안전보건기준) ★★
① 관리대상 유해물질의 명칭(허가대상 유해물질의 경우 : 허가대상 유해물질의 명칭)
② 인체에 미치는 영향
③ 취급상 주의사항
④ 착용하여야 할 보호구
⑤ 응급조치와 긴급방재요령

(5) ppm단위를 mg/m3단위로 환산하는 식 ★

$$mg/m^3 = ppm \times \dfrac{분자량(g)}{22.4 \times \dfrac{273+℃}{273}}$$

· 22.4는 25℃, 1atm(기압)에서 물질 1mol의 부피를 말한다.

---

01 ★

위험물의 정의에 대하여 쓰시오.

정답

위험물이란 폭발 또는 화재를 일으키는 위험성이 있는 물질 즉, 인화성·발화성 물질을 말한다.

02 ★★★

다음 각 위험물질에 해당하는 것을 보기에서 모두 골라 번호를 쓰시오.

(1) 폭발성 물질 및 유기과산화물

(2) 산화성 액체 및 산화성 고체

(3) 물반응성 물질 및 인화성 고체

(4) 인화성 액체

―〈보기〉―
① 황화인   ⑤ 가솔린
② 과산화수소   ⑥ 아조화합물
③ 테레핀유   ⑦ 질산칼륨
④ 니트로화합물   ⑧ 마그네슘분말

정답

(1) 폭발성 물질 및 유기과산화물: ④, ⑥

(2) 산화성 액체 및 산화성 고체: ②, ⑦

(3) 물반응성 물질 및 인화성 고체: ①, ⑧

(4) 인화성 액체: ③, ⑤

[근거]
위험물질의 종류: 산업안전보건법 산업안전보건기준에 관한 규칙 [별표 1]

03 ★★

산업안전보건법상 위험물질의 분류 중 화학적 성질에 의한 위험물질의 종류를 7가지 쓰시오.

정답

① 폭발성 물질 및 유기과산화물   ⑤ 인화성 가스
② 물반응성 물질 및 인화성 고체   ⑥ 부식성 물질
③ 산화성 액체 및 산화성 고체   ⑦ 급성독성 물질
④ 인화성 액체

[근거]
위험물질의 종류: 산업안전보건법 산업안전보건기준에 관한 규칙 [별표 1]

04 ★★★

산업안전보건법상 다음 각 위험물질에 해당하는 것을 보기에서 모두 골라 번호를 쓰시오.

(1) 물반응성 물질 및 인화성 고체

(2) 폭발성 물질 및 유기과산화물

(3) 산화성 액체 및 산화성 고체

―〈보기〉―
① 리튬   ⑥ 과망간산
② 수소   ⑦ 아세톤
③ 니트로소화합물   ⑧ 황
④ 염소산   ⑨ 질산에스테르류
⑤ 하이드라진 유도체

정답

(1) 물반응성 물질 및 인화성 고체: ①, ⑧

(2) 폭발성 물질 및 유기과산화물: ③, ⑤, ⑨

(3) 산화성 액체 및 산화성 고체: ④, ⑥

05 ★★

산업안전보건법상 위험물질의 종류에 대한 사항이다. ( ) 안에 적합한 내용을 쓰시오.

(1) 인화성 액체: 에틸에테르, 가솔린, 아세트알데히드, 산화프로필렌 그 밖에 인화점이 섭씨 (①)도 미만이고 초기 끓는점이 섭씨 35도 이하인 물질
(2) 인화성 액체: 노르말헥산, 아세톤, 메틸에틸케톤, 메틸알코올, 이황화탄소 그 밖에 인화점이 섭씨 (②)도 미만이고 초기 끓는 점이 섭씨 35도를 초과하는 물질
(3) 인화성 액체: 크실렌, 아세트산아밀, 등유, 경유, 테레핀유, 이소아밀알코올, 아세트산, 하이드라진 그 밖에 인화점이 섭씨 (③)도 이상 섭씨 60도 이하인 물질
(4) 부식성 산류: 농도가 (④)% 이상인 인산, 아세트산, 불산 그 밖에 이와 같은 정도 이상의 부식성을 가지는 물질
(5) 부식성 산류: 농도가 (⑤)% 이상인 염산, 황산, 질산 그 밖에 이와 같은 정도 이상의 부식성을 가지는 물질
(6) 부식성 염기류: 농도가 (⑥)% 이상인 수산화나트륨, 수산화칼륨 그 밖에 이와 같은 정도 이상의 부식성을 가지는 염기류

정답

① 23
② 23
③ 23
④ 60
⑤ 20
⑥ 40
[근거]
위험물질의 종류: 산업안전보건법 산업안전보건기준에 관한 규칙 [별표 1]

06 ★★

산업안전보건법상 위험물질의 종류 중 급성독성 물질에 대한 사항이다. ( ) 안에 적합한 숫자를 쓰시오.

(1) 쥐 또는 토끼에 대한 경피흡수실험에 의하여 실험동물의 50%를 사망시킬 수 있는 물질의 양 즉, LD_{50}(경피, 토끼 또는 쥐)이 kg당 (①)mg – (체중) 이하인 화학물질
(2) 쥐에 대한 경구투입실험에 의하여 실험동물의 50%를 사망시킬 수 있는 물질의 양 즉, LD_{50}(경구, 쥐)이 kg당 (②)mg – (체중) 이하인 화학물질
(3) 쥐에 대한 4시간 동안의 흡입실험에 의하여 실험동물의 50%를 사망시킬 수 있는 물질의 농도 즉, 가스 LC_{50}(쥐, 4시간 흡입)이 (③)ppm 이하인 화학물질, 증기 LC_{50}(쥐, 4시간 흡입)이 (④)mg/ℓ 이하인 화학물질, 분진 또는 미스트 (⑤)mg/ℓ 이하인 화학물질

정답

① 1,000   ② 300
③ 2,500   ④ 10
⑤ 1
[근거]
위험물질의 종류: 산업안전보건법 산업안전보건기준에 관한 규칙 [별표 1]

07 ★★

다음은 산업안전보건법상 유해위험물질 규정량에 있어서 용어의 정의에 대한 사항이다. ( ) 안에 알맞은 숫자를 쓰시오.

(1) 인화성 가스: 인화한계농도의 최저한도가 (①)% 이하 또는 최고한도와 최저한도의 차가 (②)% 이상인 것으로서 표준압력(101.3kPa)에서, (③)℃에서 가스상태인 물질을 말한다.
(2) 인화성 액체: 표준압력(101.3 kPa)에서 인화점이 (④)℃ 이하이거나 고온·고압의 공정운전조건으로 인하여 화재·폭발위험이 있는 상태에서 취급되는 가연성 물질을 말한다.

정답

① 13   ② 12   ③ 20   ④ 60
[근거]
유해위험물질규정량: 산업안전보건법 시행령 [별표 13]

08 ★★

다음 각각의 위험물에서 혼재가 가능한 위험물을 보기에서 모두 골라 번호를 쓰시오.

(1) 인화성 고체

(2) 산화성 고체

(3) 인화성 액체

(4) 자기반응성 물질

(5) 자연발화성 물질

(6) 산화성 액체

〈보기〉
① 1류위험물　　　　④ 4류위험물
② 2류위험물　　　　⑤ 5류위험물
③ 3류위험물　　　　⑥ 6류위험물

정답

(1) 인화성 고체: ④, ⑤

(2) 산화성 고체: ⑥

(3) 인화성 액체: ②, ③, ⑤

(4) 자기반응성 물질: ②, ④

(5) 자연발화성 물질: ④

(6) 산화성 액체: ①

09 ★

작업환경측정시 사용되는 다음 각각의 단위에 대하여 간단하게 설명하시오.

(1) mg/m^3　　　　(4) dB(A)

(2) ppm　　　　(5) Lux

(3) 개수/cm^3

정답

(1) mg/m^3: 분진 및 미스트(mist), 흄(fume) 등 노출기준 표시단위이다.

(2) ppm: 증기 및 가스의 노출기준 표시단위이다.

(3) 개수/cm^3: 석면의 노출기준 표시단위이다.

(4) dB(A): 소음의 크기를 나타내는 단위이다.

(5) Lux: 조도를 나타내는 단위이다.

10 ★

급성독성 물질의 측정단위인 LD_{50}과 LC_{50}에 대하여 간단히 설명하시오.

정답

(1) LD_{50}(Letal Dose 50)

　실험동물의 50%를 사망시킬 수 있는 독성물질의 양(mg/kg)

(2) LC_{50}(Letal Concentration 50)

　실험동물의 50%를 사망시킬 수 있는 독성물질의 농도(ppm, mg/ℓ)

11 ★★★

TLV-TWA에 대하여 간단히 설명하시오.

정답

1일 8시간 작업을 기준으로 하여 유해인자의 측정농도에 발생시간을 곱하여 8시간으로 나눈 값으로서 거의 모든 작업자가 일상작업에서 반복하여 노출되더라도 건강장해를 일으키지 않는 공기 중 유해물질의 농도를 말한다.

12 ★

다음 물질 중 TWA(시간가중평균값) 허용기준(ppm)이 가장 낮은 것과 높은 것을 각각 쓰시오.

・ 이황화탄소　　　・ 염화수소
・ 황화수소　　　　・ 불소
・ 염소　　　　　　・ 이산화황
・ 암모니아

정답

(1) 가장 낮은 것: 불소

(2) 가장 높은 것: 암모니아

▶ 불소: 0.1ppm, 암모니아: 25ppm

13 ★

산업안전보건법상 인화성가스가 발생할 우려가 있는 지하작업장에서 작업하는 경우에는 폭발이나 화재를 방지하기 위한 조치를 하여야 한다. 이때 가스의 농도를 측정하는 사람을 지명하고 그 사람으로 하여금 해당 가스의 농도를 측정하도록 하여야 하는 경우를 3가지 쓰시오.

정답

① 매일 작업을 시작하기 전
② 가스의 누출이 의심되는 경우
③ 가스가 발생하거나 정체할 위험이 있는 장소가 있는 경우
④ 장시간 작업을 계속하는 경우(이 경우 4시간마다 가스농도를 측정하도록 하여야 한다.)

[근거]
지하작업장 등: 산업안전보건법 산업안전보건기준에 관한 규칙 제296조

14 ★★

다음은 산업안전보건법상 인화성가스가 발생할 우려가 있는 지하작업장에서 작업하는 경우 또는 가스도관에서 가스가 발산될 위험이 있는 장소에서 굴착작업을 하는 경우에 폭발이나 화재를 방지하기 위하여 조치하여야 할 사항이다. (   ) 안에 적합한 내용을 쓰시오.

> 가스의 농도가 인화하한계값의 (①)% 이상으로 밝혀진 경우에는 즉시 근로자를 안전한 장소에 대피시키고 (②), (③)등을 할 것

정답

① 25
② 통풍
③ 환기

[근거]
지하작업장 등: 산업안전보건법 산업안전보건기준에 관한 규칙 제296조

15 ★★

산업안전보건법상 밀폐된 공간에서 스프레이건(Spray Gun)을 사용하여 인화성 액체로 세척, 도장 등의 작업을 하는 경우 조치사항과 금속의 용접, 용단 또는 가열작업을 하는 경우 압력의 제한에 대한 사항이다. (   ) 안에 적합한 내용을 쓰시오.

> (1) 인화성 액체, 인화성 가스 등으로 폭발위험 분위기가 조성되지 않도록 해당 물질의 공기 중 농도가 인화하한계값의 (①)%를 넘지 않도록 충분히 환기를 유지할 것
> (2) 금속의 용접, 용단 또는 가열작업을 하는 경우에는 게이지압력 (②)kPa를 초과하는 압력의 아세틸렌가스를 발생시켜 사용해서는 안된다.

정답

① 25
② 127

[근거]
(1) 인화성 액체 등을 수시로 취급하는 장소: 산업안전보건법 산업안전보건기준에 관한 규칙 제231조
(2) 압력의 제한: 산업안전보건법 산업안전보건기준에 관한 규칙 제285조

16 ★★

다음 각각에 해당하는 고압가스용기의 색상을 쓰시오.

(1) 액화암모니아   (5) 수소
(2) 산소   (6) 헬륨
(3) 질소   (7) 이산화탄소
(4) 아세틸렌

정답

(1) 백색   (5) 주황색
(2) 녹색   (6) 회색
(3) 회색   (7) 청색
(4) 황색

17 ★

산업안전보건법상 위험물을 제조하거나 취급하는 경우에 폭발, 화재 및 누출을 방지하기 위한 적절한 방호조치를 하지 아니하고 해서는 아니 되는 행위를 4가지 쓰시오.

정답

① 폭발성 물질, 유기과산화물을 화기나 그 밖에 점화원이 될 우려가 있는 것에 접근시키거나 가열하거나 마찰시키거나 충격을 가하는 행위
② 물반응성 물질, 인화성 고체를 각각 그 특성에 따라 화기나 그 밖에 점화원이 될 우려가 있는 것에 접근시키거나 발화를 촉진하는 물질 또는 물에 접촉시키거나 가열하거나 마찰시키거나 충격을 가하는 행위
③ 산화성 액체, 산화성 고체를 분해가 촉진될 우려가 있는 물질에 접촉시키거나 가열하거나 마찰시키거나 충격을 가하는 행위
④ 인화성 액체를 화기나 그 밖에 점화원이 될 우려가 있는 것에 접근시키거나 주입 또는 가열하거나 증발시키는 행위
⑤ 인화성 가스를 화기나 그 밖에 점화원이 될 우려가 있는 것에 접근시키거나 압축 · 가열 또는 주입하는 행위
⑥ 부식성 물질 또는 급성 독성물질을 누출시키는 등으로 인체에 접촉시키는 행위
⑦ 위험물을 제조하거나 취급하는 설비가 있는 장소에 인화성 가스 또는 산화성 액체 및 산화성 고체를 방치하는 행위
[근거]
위험물질 등의 제조 등 작업시의 조치: 산업안전보건법 산업안전보건기준에 관한 규칙 제225조

18 ★★

산업안전보건법상 밀폐공간작업시 다음 각 기체에 대한 적정공기 기준을 쓰시오.

(1) 산소(O_2)의 농도

(2) 탄산가스(CO_2)의 농도

(3) 일산화탄소 (CO)의 농도

(4) 황화수소(H_2S)의 농도

정답

(1) 18% 이상 23.5% 미만   (3) 30ppm 미만
(2) 1.5% 미만   (4) 10ppm 미만
[근거]
정의: 산업안전보건법 산업안전보건기준에 관한 규칙 제618조

19 ★★

산업안전보건법상 근로자가 밀폐공간에서 작업을 시작하기 전에 안전한 상태에서 작업을 하도록 하기 위해 사업주가 확인해야 할 사항을 4가지 쓰시오.

정답

① 작업일시, 기간, 장소 및 내용 등 작업정보
② 관리감독자, 근로자, 감시인 등 작업자정보
③ 산소 및 유해가스농도의 측정결과 및 후속조치 사항
④ 작업 중 불활성가스 또는 유해가스의 누출 · 유입 · 발생 가능성 검토 및 후속조치 사항
⑤ 작업시 착용하여야 할 보호구의 종류
⑥ 비상연락체계
[근거]
밀폐공간작업: 산업안전보건법 산업안전보건기준에 관한 규칙 제619조

20 ★★

산업안전보건법상 밀폐공간에서 근로자에게 작업을 하도록 하는 경우에는 밀폐공간작업프로그램을 수립하여 시행을 하여야 한다. 밀폐공간작업프로그램에 포함되어야 할 사항을 4가지 쓰시오.

정답

① 사업장 내 밀폐공간의 위치 파악 및 관리방안
② 밀폐공간 내 질식 · 중독 등을 일으킬 수 있는 유해 · 위험요인의 파악 및 관리방안
③ 밀폐공간작업시 사전확인이 필요한 사항에 대한 확인절차
④ 안전보건교육 및 훈련
⑤ 그 밖에 밀폐공간작업 근로자의 건강장해예방에 관한 사항
[근거]
밀폐공간작업프로그램의 수립 · 시행: 산업안전보건법 산업안전보건기준에 관한 규칙 제619조

21 ★★

산소결핍의 정의에 대하여 쓰시오.

정답

공기 중의 산소농도가 18% 미만인 상태를 말한다.

[근거]
정의: 산업안전보건법 산업안전보건기준에 관한 규칙 제618조

22 ★★

산업안전보건법상 위험물을 저장·취급하는 화학설비 및 그 부속설비를 설치하는 경우 안전거리를 유지하여야 한다. (   ) 안에 적합한 숫자를 쓰시오.

구분	안전거리
단위공정시설 및 설비로부터 다른 단위 공정시설 및 설비의 사이	설비의 바깥면으로부터 (①)m 이상
위험물질 저장탱크로부터 단위 공정시설 및 설비, 보일러 또는 가열로의 사이	저장탱크의 바깥면으로부터 (②)m 이상. 다만, 저장탱크의 방호벽, 원격조정 소화설비 또는 살수설비를 설치한 경우에는 그러하지 아니하다.
플레어스텍으로부터 단위 공정 시설 및 설비, 위험물질 하역 설비의 사이	플레어스텍으로부터 반경 (③)m 이상. 다만, 단위공정시설 등이 불연재로 시공된 지붕아래에 설치된 경우에는 그러하지 아니하다.
사무실, 연구실, 실험실, 정비실 또는 식당으로부터 단위공정시설 및 설비, 위험물질 저장탱크, 위험물질 하역설비, 보일러 또는 가열로의 사이	사무실 등의 바깥 면으로부터 (④)m 이상. 다만, 난방용 보일러인 경우 또는 사무실 등의 벽을 방호구조로 설치한 경우에는 그러하지 아니하다.

정답

① 10   ② 20   ③ 20   ④ 20

[근거]
안전거리: 산업안전보건법 산업안전보건기준에 관한 규칙 [별표 8]

23 ★★

MSDS(물질안전보건자료)를 작성할 때 포함하여야 할 사항 16가지 중에서 다음 사항을 제외한 나머지 중 5가지를 쓰시오.

- 구성성분의 명칭 및 함유량
- 화학제품과 회사에 관한 정보
- 물리화학적 특성
- 취급 및 저장방법
- 법적 규제 현황
- 폐기시 주의사항
- 그 밖의 참고사항

정답

- 응급조치요령
- 유해성 · 위험성
- 누출사고시 대처방법
- 폭발 · 화재시 대처방법
- 독성에 관한 정보
- 안정성 및 반응성
- 노출방지 및 개인보호구
- 운송에 필요한 정보
- 환경에 미치는 영향

[근거]
물질안전보건자료 작성항목: 화학물질의 분류 · 표시 및 물질안전보건자료에 관한 기준 고용노동부고시

24 ★

혼합물로 된 제품들이 각각의 제품을 대표하여 하나의 물질안전보건자료(MSDS)를 작성할 수 있는 경우를 3가지 쓰시오.

정답

① 비슷한 유해성을 가질 것
② 각 구성성분의 함량 변화가 10% 이하일 것
③ 혼합물로 된 제품의 구성성분이 같을 것

[근거]
혼합물의 유해성 · 위험성 결정: 화학물질의 분류 · 표시 및 물질안전보건자료에 관한기준 고용노동부고시

25 ★★★

산업안전보건법상 물질안전보건자료의 작성 · 제출 제외 대상 화학물질을 5가지 쓰시오.

---

① 「원자력안전법」에 따른 방사성 물질
② 「약사법」에 따른 의약품, 의약외품
③ 「화장품법」에 따른 화장품
④ 「마약류 관리에 관한 법률」에 따른 마약 및 향정신성 의약품
⑤ 「농약관리법」에 따른 농약
⑥ 「사료관리법」에 따른 사료
⑦ 「비료관리법」에 따른 비료
⑧ 「식품위생법」에 따른 식품 및 식품첨가물
⑨ 「총포 · 도검 · 화약류 등의 안전관리에 관한 법률」에 따른 화약류
⑩ 「폐기물관리법」에 따른 폐기물
⑪ 「건강기능식품에 관한 법률」에 따른 건강기능식품
⑫ 「생활주변방사선안전관리법」에 따른 원료물질
⑬ 「위생용품관리법」에 따른 위생용품
⑭ 「의료기기법」에 따른 의료기기
⑮ 「생활화학제품 및 살생물제의 안전관리에 관한 법률」에 따른 안전확인대상 생활화학제품 및 살생물제품 중 일반소비자의 생활용으로 제공되는 제품
⑯ 「첨단재생의료 및 첨단바이오의약품 안전 및 지원에 관한 법률」에 따른 첨단바이오의약품
⑰ ①부터 ⑯까지의 규정 외의 화학물질 또는 혼합물로서 일반소비자의 생활용으로 제공되는 것
⑱ 고용노동부장관이 정하여 고시하는 연구 · 개발용 화학물질 또는 화학제품
⑲ 그 밖에 고용노동부장관이 독성 · 폭발성 등으로 인한 위해의 정도가 적다고 인정하여 고시하는 화학물질
[근거]
물질안전보건자료의 작성 · 제출 제외 대상 화학물질 등: 산업안전보건법 시행령 제86조

26 ★

산업안전보건법상 물질안전보건자료(MSDS) 경고표지에 포함되어야 할 사항을 6가지 쓰시오.

---

① 명칭
② 그림문자
③ 신호어
④ 유해 · 위험 문구
⑤ 예방조치 문구
⑥ 공급자 정보
[근거]
경고표시방법 및 기재항목: 산업안전보건법 시행규칙 제170조

27 ★★★

산업안전보건법상 사업장에서 사업주가 물질안전보건자료 대상물질을 취급하는 작업공정별로 물질안전보건자료 대상물질의 관리요령을 게시할 때 포함되어야 할 사항을 4가지 쓰시오.

---

① 제품명
② 건강 및 환경에 대한 유해성, 물리적 위험성
③ 안전 및 보건상의 취급주의 사항
④ 적절한 보호구
⑤ 응급조치요령 및 사고시 대처방법
[근거]
물질안전보건자료의 대상물질의 관리요령게시: 산업안전보건법 산업안전보건기준에 관한 규칙 제168조

28 ★★

산업안전보건법상 물질안전보건자료 대상 물질을 제조하거나 수입하는 자는 물질안전보건자료를 작성하여 고용노동부장관에게 제출하여야 한다. 이 경우 물질안전보건자료에 기재하여야 하는 사항을 4가지 쓰시오.

정답

① 제품명
② 안전 및 보건상의 취급주의 사항
③ 건강 및 환경에 대한 유해성, 물리적 위험성
④ 물질안전보건자료 대상 물질을 구성하는 화학물질 중 분류기준에 해당하는 화학물질의 명칭 및 함유량
⑤ 물리 · 화학적 특성 등 고용노동부령으로 정하는 사항

[근거]
물질안전보건자료의 작성 및 제출: 산업안전보건법 제110조

29 ★★

허가대상 유해물질을 제조하거나 사용하는 작업장에 게시하여야 할 사항을 4가지 쓰시오.

정답

① 허가대상 유해물질의 명칭
② 인체에 미치는 영향
③ 취급상의 주의사항
④ 착용하여야 할 보호구
⑤ 응급처치와 긴급방재요령

[근거]
명칭 등의 게시: 산업안전보건법 산업안전보건기준에 관한 규칙 제459조

30 ★

작업장에서 사용하는 일산화탄소(CO) 10ppm을 mg/m³의 단위로 환산하면 얼마인가? (단, 조건은 25℃, 1atm(기압)이다.)

정답

① 일산화탄소(CO)의 분자량 $= C(12) + O(16) = 28g$

② $mg/m^3 = ppm \times \dfrac{분자량}{22.4 \times \dfrac{273 + ℃}{273}}$

$$= 10 \times \dfrac{28}{22.4 \times \dfrac{273 + 25}{273}}$$

$$= 11.45134 ≒ 11.45 mg/m^3$$

CHAPTER 2 | 화재 · 폭발 · 누출요소 파악 및 사고예방계획 수립하기

1 공정안전관리(PSM: Process Safety Management)

1. 실시목적

원유정제처리업 등 유해 · 위험설비를 보유한 사업장으로 하여금 공정안전보고서를 작성하게 하고 이를 이행하도록 함으로써 중대산업사고를 예방하기 위하여 실시한다.

2. 공정안전보고서의 작성 · 제출(산업안전보건법) ★★

① 사업주가 공정안전보고서를 작성할 때에는 <u>산업안전보건위원회의 심의</u>를 거쳐야 한다. 다만, 산업안전보건위원회가 설치되어 있지 아니한 사업장의 경우에는 <u>근로자 대표의 의견을 들어야 한다.</u>

② 공정안전보고서를 제출한 사업주는 <u>고용노동부장관의 확인을 받아야 한다.</u>

③ 고용노동부장관은 공정안전보고서를 심사한 후 필요하다고 인정하는 경우에는 그 공정안전보고서의 변경을 명할 수 있다.

> **참고** 유해 · 위험설비의 설치 · 이전 또는 구조부분의 변경공사시 공정안전보고서의 제출(산업안전보건법 시행규칙) ★
>
> 공정안전보고서를 2부 작성하여 유해 · 위험설비의 설치 · 이전 또는 주요 구조부분의 변경공사의 <u>착공일 30일 전까지</u> 산업안전보건공단에 제출하여야 한다.

3. 공정안전보고서의 제출

(1) 공정안전보고서 제출 대상(산업안전보건법 시행령) ★★★

① 원유 정제처리업

② 기타 석유정제물 재처리업

③ 석유화학계 기초화학물질제조업 또는 합성수지 및 기타 플라스틱물질제조업

④ 질소화합물, 질소 · 인산 및 칼리질화학비료제조업 중 질소질 비료제조

⑤ 복합비료 및 기타 화학비료제조업 중 복합비료제조(단순 혼합 또는 배합의 경우는 제외)

⑥ 화학살균 · 살충제 및 농업용 약제제조업(농약원제제조만 해당)

⑦ 화약 및 불꽃제품제조업

> **참고** 공정안전보고서 제출 대상 유해 · 위험설비(산업안전보건법 시행령)
>
> 사업장에서 다음의 구분에 따라 해당 유해 · 위험물질을 그 규정량 이상 제조 · 취급 · 저장하는 경우에는 유해 · 위험설비로 본다.
> ① 한 종류의 유해 · 위험물질을 제조 · 취급 · 저장 하는 경우: 해당 유해 · 위험물질을 제조 · 취급 또는 저장할 수 있는 최대치 중 가장 큰 값(C/T)이 1 이상인 경우
> ② 두 종류 이상의 유해 · 위험물질을 제조 · 취급 · 저장 하는 경우: 유해 · 위험물질별로 ①에 따른 가장 큰 값(C/T)을 각각 구하여 합산한 값(R)이 1 이상인 경우. 그 계산식은 다음과 같다.
>
> $$R = \frac{C_1}{T_1} + \frac{C_2}{T_2} + \cdots + \frac{C_n}{T_n}$$
>
> - C_n: 유해 · 위험물질별 규정량과 비교하여 하루동안 제조 · 취급 또는 저장할 수 있는 최대치 중 가장 큰값
> - T_n: 유해 · 위험물질별 기준량

(2) 공정안전보고서 제출 제외 설비(산업안전보건법 시행령) ★★

　　① 원자력설비

　　② 군사시설

　　③ 사업주가 해당 사업장 내에서 직접 사용하기 위한 난방용 연료의 저장설비 및 사용설비

　　④ 도매 · 소매시설

　　⑤ 차량 등의 운송설비

　　⑥ 「액화석유가스의 안전관리 및 사업법」에 따른 액화석유가스의 충전 · 저장시설

　　⑦ 「도시가스사업법」에 따른 가스공급시설

　　⑧ 그 밖에 고용노동부장관이 누출, 화재, 폭발 등의 사고가 있더라도 그에 따른 피해의 정도가 크지 않다고 인정하여 고
　　　시하는 설비

(3) 설비의 주요 구조부분을 변경하였을 때 공정안전보고서를 제출해야 하는 경우(공정안전보고서의 제출 · 심사 · 확인 및
　　이행상태평가 등에 관한 규정: 고용노동부고시) ★

　　① 플레어스택(Flarestack)을 설치 또는 변경하는 경우

　　② 생산설비 및 부대설비(유해 · 위험물질의 누출, 화재, 폭발과 무관한 조명설비, 자동화창고 등은 제외) 전기정격용량의
　　　총합이 300kW 이상인 경우

　　③ 반응기를 교체(같은 용량과 형태로 교체되는 경우는 제외)하거나 추가로 설치하는 경우 또는 이미 설치된 반응기를 변
　　　형하여 용량을 늘리는 경우

2 공정안전보고서 작성 심사 · 확인

1. 공정안전보고서의 내용 ★★★

　　① 공정안전자료

　　② 공정위험성평가서

　　③ 안전운전계획

　　④ 비상조치계획

　　⑤ 그 밖에 공정상의 안전과 관련하여 고용노동부장관이 필요하다고 인정하여 고시하는 사항

2. 공정안전보고서의 세부 내용

(1) 공정안전자료 ★★

　　① 취급 · 저장하고 있거나 취급 · 저장하려는 유해 · 위험물질의 종류 및 수량

　　② 유해 · 위험물질에 대한 물질안전보건자료

　　③ 유해 · 위험설비의 목록 및 사양

　　④ 유해하거나 위험한 설비의 운전방법을 알 수 있는 공정도면

　　⑤ 각종 건물 · 설비의 배치노

　　⑥ 폭발위험장소 구분도 및 전기단선도

　　⑦ 위험설비의 안전설계 · 제작 및 설치관련 지침서

(1) 공정안전보고서 심사기준에 있어서 공정배관 · 계장도에 포함되어야 할 사항 ★
    (공정안전보고서의 제출 · 심사 · 확인 및 이행상태평가 등에 관한 규정 고용노동부고시)
    ① 안전밸브 등의 크기 및 설정압력
    ② 모든 동력기계와 장치 및 설비의 명칭, 기기번호 및 주요 명세(예비기기 포함) 등
    ③ 인터록 및 조업중지 여부
    ④ 제어밸브(Control Valve)의 작동중지시의 상태
    ⑤ 배관 및 기기의 열 유지 및 보온 · 보냉
    ⑥ 모든 계기류의 번호, 종류 및 기능 등
    ⑦ 모든 배관의 공칭직경, 라인번호, 재질, 플랜지의 공칭압력 등
    ⑧ 설치되는 모든 밸브류 및 배관의 부속품 등
(2) 공정흐름도(PFD: Process Flow Diagram)에 표시되어야 할 사항(공정흐름도 작성에 관한 기술지침: 한국산업안전보건공단) ★★
    ① 제조공정개요와 흐름
    ② 공정제어의 원리
    ③ 제조설비의 종류 및 기본사양
(3) 공정안전보고서의 심사
    산업안전보건공단은 공정안전보고서를 제출받은 경우에는 30일 이내에 심사를 하여야 한다.
(4) 공정안전보고서의 심사결과 구분
    ① 적정   ② 조건부 적정   ③ 부적정

(2) 공정위험성평가

① 위험성평가의 개요: 건설물, 기계 · 기구, 설비, 원재료, 가스, 증기, 분진 등에 의하거나 작업행동 그 밖에 업무에 기인하는 유해 · 위험요인을 찾아내어 위험성을 결정하고, 그 결과에 따른 안전보건조치를 하는 것이다.

② 위험성평가시 고려하여야 할 사항
    ㉠ 공정의 위험성   ㉣ 사고발생시의 피해정도
    ㉡ 취급하는 물질의 위험성과 취급량   ㉤ 공정에 참여하는 종업원 수
    ㉢ 설비 노후화정도   ㉥ 과거사고사례 등 경험정도

③ 위험성평가기법의 종류(산업안전보건법 시행규칙): 아래 위험성평가기법의 종류는 공정안전보고서의 세부내용 중 '공정위험성평가서 및 잠재위험에 대한 사고예방 · 피해 최소화 대책'에 해당하는 것이다.
    ㉠ 체크리스트(Check List)   ㉥ 이상위험도분석(FMECA)
    ㉡ 상대위험순위 결정(Dow and Mond Indices)   ㉦ 결함수분석(FTA)
    ㉢ 작업자실수분석(HEA)   ㉧ 사건수분석(ETA)
    ㉣ 사고예상질문분석(What-If)   ㉨ 원인결과분석(CCA)
    ㉤ 위험과 운전분석(HAZOP)

④ 위험성평가기법의 선정(공정안전보고서의 제출 · 심사 · 확인 및 이행상태 등에 관한 규정 고용노동부고시) ★★★
    ㉠ 제조공정 중 반응, 분리(증류, 추출 등), 이송시스템 및 전기 · 계장시스템 등의 단위공정
       · 위험과 운전분석기법(HAZOP)   · 원인결과분석기법(CCA)
       · 공정위험분석기법(PHR)   · 결함수분석기법(FTA)
       · 이상위험도분석기법(FMECA)   · 사건수분석기법(ETA)
       · 공정안전성분석기법(K-PSR)   · 방호계층분석기법(LOPA)

    © 저장탱크설비, 유틸리티설비 및 제조공정 중 고체건조 · 분쇄설비 등 간단한 단위공정

- 체크리스트기법(Check List)
- 사고예상질문분석기법(What-If)
- 상대위험순위결정기법(Dow and Mond Indices)
- 공정위험분석기법(PHR)
- 작업자실수분석기법(HEA)
- 위험과 운전분석기법(HAZOP)
- 공정안전성분석기법(K-PSR)

(3) 안전운전계획 ★★

① 안전운전지침서
② 설비점검 · 검사 및 보수계획, 유지계획 및 지침서
③ 안전작업허가
④ 도급업체 안전관리계획
⑤ 근로자 등 교육계획
⑥ 가동 전 점검지침
⑦ 변경요소관리계획
⑧ 자체감사 및 사고조사계획
⑨ 그 밖에 안전운전에 필요한 사항

(4) 비상조치계획

① 비상조치를 위한 장비 · 인력 보유현황
② 사고발생시 각 부서 · 관련기관과의 비상연락체계
③ 사고발생시 비상조치를 위한 조직의 임무 및 수행절차
④ 비상조치계획에 따른 교육계획
⑤ 주민홍보계획
⑥ 그 밖에 비상조치 관련 사항

(5) 공정안전보고서의 확인(산업안전보건법 시행규칙) ★

① 신규로 설치될 유해하거나 위험한 설비: 설치과정 및 설치완료 후 시운전단계에서 각 1회
② 기존에 설치되어 사용 중인 유해하거나 위험한 설비: 심사완료 후 3개월 이내
③ 유해하거나 위험한 설비와 관련한 공정의 중대한 변경의 경우: 변경완료 후 1개월 이내
④ 유해하거나 위험한 설비 또는 이와 관련된 공정에 중대한 사고, 결함이 발생한 경우: 1개월 이내

※ 산업안전보건공단은 사업주로부터 확인요청을 받은 날부터 1개월 이내에 내용이 현장과 일치하는지 여부를 확인하고, 확인한 날부터 15일 이내에 그 결과를 사업주에게 통보하여야 한다.

(6) 공정안전보고서 이행상태의 평가(산업안전보건법 시행규칙) ★★

① 고용노동부장관은 공정안전보고서 확인 후 1년이 지난 날부터 2년 이내에 공정안전보고서 이행상태의 평가를 해야 한다.
② 고용노동부장관은 ①에 따른 이행상태 평가 후 4년마다 이행상태 평가를 해야 한다. 다만, 다음의 어느 하나에 해당하는 경우에는 1년 또는 2년마다 이행상태 평가를 할 수 있다.

    ㉠ 이행상태 평가 후 사업주가 이행상태 평가를 요청하는 경우
    ㉡ 사업장에 출입하여 검사 및 안전 · 보건점검 등을 실시한 결과 변경요소관리계획 미준수로 공정안전보고서 이행상태가 불량한 것으로 인정되는 경우 등 고용노동부장관이 정하여 고시하는 경우

(7) 공정안전보고서의 변경요소관리에 관한 지침에서 반드시 관리절차가 마련되어야 하는 변경의 종류(변경요소관리에 관한 지침: 한국산업안전보건공단) ★★

① 정상변경

② 비상변경

③ 임시변경

(8) 공정안전보고서 내용 중 안전작업허가 지침에 포함되어야 하는 위험작업의 종류(안전작업허가지침: 한국산업안전보건공단) ★

① 화기작업

② 정전작업

③ 방사선사용작업

④ 고소작업

⑤ 굴착작업

⑥ 중장비작업

⑦ 일반위험작업

3 폭발

1. 연소파와 폭굉파

(1) 연소파(Combustion Wave)

적정한 공기가 가연성 가스에 혼합되어 폭발범위내에서 0.1 ~ 10m/sec 정도의 진행속도로 정상적인 연소를 시작하는 것으로 불꽃 중에서 가장 빛나게 보이는 얇은 층을 말한다.

(2) 폭굉파(Detonation Wave)

① 1,000 ~ 3,500m/sec 정도의 연소속도를 가진 것으로 매우 큰 폭발음이 나며, 파괴력이 대단한 경우이다.

② 전파속도는 음속보다 빠르기 때문에 그 진행 전면에 충격파(Shock Wave)가 형성되어 파괴작용이 일어난다.

(3) 폭굉유도거리(DID: Detonation Inducement Distance) ★★

① 완만한 연소가 폭굉으로 발전할 때까지의 거리를 말한다.

② 폭굉유도거리(DID)가 짧아지는 조건

• 점화원의 에너지가 강할수록

• 정상 연소속도가 큰 혼합가스일 경우

• 압력이 높을수록

• 관속에 방해물이 있거나 관지름이 작을수록

2. 폭발의 정의

(1) 기체 또는 액체의 급속한 팽창으로 인하여 압력이 급격하게 상승하여 파괴작용이 따르는 현상을 말한다.

(2) 폭발의 성립조건 ★★

① 가연성가스, 증기 또는 분진이 폭발범위 내에 있어야 한다.

② 점화원이 있어야 한다.

③ 공기와 혼합된 가스가 밀폐된 공간에 충만되어 있어야 한다.

(3) 폭발에 영향을 주는 인자

① 초기압력

② 온도

③ 초기농도 및 조성

④ 용기의 모양과 크기

3. 폭발의 분류

(1) **물리적 폭발(응상폭발):** 고체 또는 액체의 불안정한 물질의 연쇄적인 폭발형태

① 증기폭발

② 수증기폭발

③ 고상간(고체상태)의 전이에 의한 폭발

④ 전선폭발

(2) **화학적 폭발(기상폭발):** 폭발을 일으키기 이전의 물질상태가 기체상태인 경우의 폭발형태

① 분해폭발

② 산화폭발(가스폭발)

③ 분무폭발

④ 분진폭발

(3) **분진폭발**

① 분진폭발의 정의: 알루미늄, 마그네슘, 철, 아연 등 금속 분진, 소맥분 등 고체가 미립자 상태로 공기 중에서 부유하다가 폭발범위 내에 존재할 경우 착화원에 의해 일어나는 폭발현상이다.

② 분진폭발의 요인

㉠ 물리적 요인

• 열전도율 • 입자의 형상 • 입도분포

㉡ 화학적 요인: 연소열

③ 분진폭발의 영향인자 ★★★

㉠ 분진의 화학적 성질과 조성

㉡ 입도 및 입도분포

㉢ 입자의 형상과 표면상태

㉣ 분진의 부유성

㉤ 수분함량

㉥ 산소농도

㉦ 온도 및 압력

④ 분진이 폭발하기 위한 조건 ★★

㉠ 미분상태

㉡ 점화원의 존재

㉢ 공기 중에서의 교반과 유동

㉣ 가연성

⑤ 분진의 폭발위험성을 증대시키는 조건 ★★

㉠ 분진의 발열량이 클수록

㉡ 분위기 중 산소농도가 클수록

㉢ 분진내의 수분농도가 작을수록

㉣ 표면적이 입자체적과 비교하여 클수록(미세할수록)

㉤ 분진의 초기온도가 높을수록

㉥ 입자의 지름이 작을수록

㉦ 입자의 형상이 복잡할수록

⑥ 분진폭발의 발생 순서

　㉠ 발생순서(1)

　　퇴적분진 → 비산 → 분산 → 발화원 → 전면폭발 → 2차폭발

　㉡ 발생순서(2) ★

　　입자표면 온도상승 → 입자표면 열분해 및 기체발생 → 주위의 공기와 혼합 → 점화원에 의한 폭발 → 폭발열에 의
　　하여 주위입자 온도상승 및 열분해

⑦ 분진폭발의 특성 ★

　㉠ 폭발압력과 연소속도는 가스폭발보다 작다.

　㉡ 가스폭발보다 연소시간이 길고 발생에너지가 크다.

　㉢ 화염의 파급속도보다 압력의 파급속도가 크다(빠르다).

　㉣ 불완전연소로 인한 일산화탄소 등 가스중독의 위험성이 크다.

　㉤ 2차, 3차폭발이 발생하면서 피해가 크다.

⑧ 분진폭발에 대한 안전대책

　㉠ 점화원을 제거한다.

　㉡ 분진의 퇴적을 방지한다.

　㉢ 분진이 비산되지 않도록 한다.

　㉣ 입자의 크기를 최대화 한다.

　㉤ 불활성 분위기를 조성한다.

　㉥ 분진과 그 주변의 온도를 낮춘다.

　㉦ 분진입자의 표면적을 작게 한다.

4. 대량으로 유출된 가연성 가스의 폭발

(1) 비등액체팽창 증기폭발(BLEVE: Boilling Liquid Expanding Vapor Explosion) ★★

　① 비점이나 인화점이 낮은 액체가 들어 있는 용기주위에 화재 등으로 인하여 가열되면 내부의 비등현상으로 인한 압력상
　　승으로 용기의 벽면이 파열되면서 그 내용물이 폭발적으로 증발, 팽창하면서 폭발을 일으키는 현상이다.

　② 비등액체팽창 증기폭발(BLEVE)에 영향을 주는 인자

　　㉠ 저장용기의 재질

　　㉡ 주위온도와 압력상태

　　㉢ 저장된 물질의 종류와 형태

　　㉣ 내용물의 물질적 역학상태

　　㉤ 내용물의 인화성 및 독성 여부

　③ BLEVE방지대책

　　㉠ 탱크의 과열방지

　　㉡ 열의 침투억제

(2) 증기운폭발(UVCE: Unconfined Vapor Cloud Explosion) ★★

① 대기 중에 대량의 가연성 액체가 유출되거나 대량의 가연성 가스가 유출되면 대기 중에 구름형태로 모여 있다가 그것
으로부터 발생하는 증기가 공기와 혼합하여 가연성 혼합기체를 형성하고, 점화원에 의하여 순간적으로 폭발을 일으키는
현상이다.

② UVCE방지대책: 긴급차단용 안전장치의 설치

> **참고** **반응폭주, 슬롭오버, 보일오버**
>
> **(1) 반응폭주**
> 압력, 온도 등 제어상태가 규정의 조건을 벗어나는 것에 의해 반응속도가 증대되고, 반응 용기내의 압력, 온도가 급격히 이상상
> 승되어 규정 조건을 벗어나고, 반응이 과격화되는 현상이다.
> **(2) 슬롭오버(Slop Over)** ★
> 유류탱크 화재시 소화하기 위하여 공급한 물이나 포에 의하여 불붙은 기름이 물, 포의 비등과 함께 비산하는 현상이다.
> **(3) 보일오버(Boil Over)** ★
> 유류탱크 화재시 탱크의 바닥에 고인 물의 비등팽창에 의하여 불붙은 기름이 탱크 밖으로 넘치는 현상이다.

---

5. 가스폭발의 원리

(1) 폭발압력과 가연성 가스 농도와의 관계

① 가연성 가스의 농도와 폭발압력은 비례관계이다.

② 최대폭발압력의 크기는 공기와의 혼합기체에서보다 산소의 농도가 큰 혼합기체에서 더 높아진다.

③ 폭발압력은 화학양론농도보다 약간 높은 농도에서 최대폭발압력이 된다.

④ 가연성 가스의 농도가 너무 희박하거나 진하여도 폭발압력은 낮아진다.

⑤ 혼합농도가 한계농도에 근접함에 따라 폭발이 일어나기 어렵고 격렬한 정도도 작다.

(2) 가연성 가스의 폭발한계

가스	하한계(%)	상한계(%)	가스	하한계(%)	상한계(%)	가스	하한계(%)	상한계(%)
① 암모니아	15	28	⑨ 수소	4	75	⑯ 프로판	2.1	9.5
② 일산화탄소	12.5	74	⑩ 에탄	3	12.4	⑰ 산화프로필렌	2	22
③ 메틸알코올	7.3	36	⑪ 산화에틸렌	3	80	⑱ 에테르	1.9	48
④ 시안화수소	6	41	⑫ 아세톤	3	13	⑲ 부탄	1.8	8.4
⑤ 메탄	5	15	⑬ 에틸렌	2.7	36	⑳ 벤젠	1.4	7.1
⑥ 에틸알코올	4.3	19	⑭ 아세틸렌	2.5	81	㉑ 톨루엔	1.4	6.7
⑦ 황화수소	4.3	45	⑮ 프로필렌	2.4	11	㉒ 이황화탄소	1.2	44
⑧ 아세트알데히드	4.1	57						

---

4 폭발방지대책

1. 폭발방호(Explosion Protection)

(1) 폭발억제(Explosion Suppression)

압력이 상승하였을 경우 소화기가 터져서 가스, 증기, 분진 등에 의한 폭발을 진압함으로써 큰 폭발로 이어지지 않도록 하는
방법이다.

(2) 폭발봉쇄(Explosion Containment)

유독성 물질 등이 폭발하였을 경우 안전밸브 등을 통해 다른 저장소로 흘려 보내 압력을 완화시킴으로써 파열을 방지하는 방법이다.

(3) 폭발방산(Explosion Venting)

파열판이나 안전밸브 등에 의해 압력을 방출시킴으로써 정상화하는 방법이다.

2. 불활성화 및 퍼지

(1) 불활성화

가연성 가스에 불활성 가스(질소, 탄산가스, 헬륨, 아르곤 등)를 주입하여 산소의 농도를 최소산소농도 이하로 유지하여 폭발을 방지한다.

(2) 퍼지(Purge) ★★

① 잔류가스가 탱크 등 설비에 있으면 점화시 폭발가능성이 있기 때문에 이 잔류가스를 대기로 배출시킴으로써 폭발을 방지한다.

② 퍼지(Purge)의 종류

종류	내용
압력(Pressure)퍼지	① 가압하에서 불활성 가스를 주입하여 잔류가스 방출 ② 진공퍼지보다 시간이 크게 절약되지만 대량의 주입가스 필요
진공(Vacuum)퍼지	① 용기를 진공으로 한 후 불활성 가스 주입 ② 용기에 대하여 가장 일반화된 방식이지만 대형용기는 사용불가
스위프(Sweep)퍼지	① 용기에 진공으로 하거나 가압을 할 수 없는 경우 사용 ② 용기의 한쪽 개구부로 가스를 주입하고 다른 개구부로 잔류가스 방출
사이펀(Siphon)퍼지	① 용기에 물을 가득 부어 넣은 다음 용기로부터 물을 배출시킴과 동시에 불활성 가스 주입 ② 경비를 최소화할 수 있음

> **참고 내화기준 등**
>
> (1) 내화기준(산업안전보건법 안전보건기준) ★★
>
>   가스폭발 위험장소 또는 분진폭발 위험장소에 설치되는 건축물 등에 대해서는 다음에 해당하는 부분을 내화구조로 하여야 한다. 다만, 건축물 등의 주변에 화재에 대비하여 물분무시설 또는 폼 헤드(Form Head)설비 등의 자동소화설비를 설치하여 건축물 등이 화재시에 2시간 이상 그 안전성을 유지할 수 있도록 한 경우에는 내화구조로 하지 아니할 수 있다.
>   ① 건축물의 기둥 및 보: 지상 1층(지상 1층의 높이가 6m를 초과하는 경우에는 6m까지)
>   ② 위험물 저장·취급용기의 지지대(높이가 30cm 이하인 것은 제외한다.): 지상으로부터 지지대의 끝부분
>   ③ 배관·전선관 등의 지지대: 지상으로부터 1단(1단 높이가 6m를 초과하는 경우에는 6m까지)
>
> (2) 폭발 또는 화재 등의 예방대책(산업안전보건법 안전보건기준) ★★
>   ① 인화성 액체의 증기, 인화성 가스 또는 인화성 고체가 존재하여 폭발이나 화재가 발생할 우려가 있는 장소에서 해당 증기, 가스 또는 분진에 의한 폭발 또는 화재를 예방하기 위하여 환풍기, 배풍기 등 환기장치를 적절하게 설치할 것
>   ② 증기나 가스에 의한 폭발이나 화재를 미리 감지하기 위하여 가스검지 및 경보성능을 갖춘 가스검지 및 경보장치를 설치할 것
>
> ※ 산업안전보건법 안전보건기준 → 2021.5.28. 개정

3. 폭발구(방산구) 설치

내부압력 상승시 내부압력을 외부로 안전하게 배출시키기 위하여 창문, 문 등을 설치함으로써 피해를 최소화한다.

4. 기타 폭발의 방지와 피해를 최소화할 수 있는 안전대책

① 환기 및 통풍실시

② 방유제 설치

③ 소화설비 비치

④ 정전기 제거

⑤ 방폭구조 확보

⑥ 내화구조 설치

⑦ 화염방지기의 설치

⑧ 가스검지 및 경보장치의 설치

5. 폭발하한계의 계산 – 혼합가스의 폭발한계[르 – 샤틀리에(Le Chatelier)법칙] ★★★

① 순수한 혼합가스인 경우

$$L = \cfrac{100}{\cfrac{V_1}{L_1} + \cfrac{V_2}{L_2} + \cdots + \cfrac{V_n}{L_n}}$$

- L: 혼합가스의 폭발한계[%]
- $L_1, L_2, \cdots L_n$: 각 성분가스의 폭발한계[%]
- $V_1, V_2, \cdots V_n$: 각 성분가스의 부피비[%]

② 공기와 혼합가스가 섞여 있는 경우

$$L = \cfrac{V_1 + V_2 + \cdots + V_n}{\cfrac{V_1}{L_1} + \cfrac{V_2}{L_2} + \cdots + \cfrac{V_n}{L_n}}$$

- L: 혼합가스의 폭발한계[%]
- $L_1, L_2, \cdots L_n$: 각 성분가스의 폭발한계[%]
- $V_1, V_2, \cdots V_n$: 각 성분가스의 부피비[%]

01 ★★

다음은 공정안전보고서에 대한 사항이다. ( ) 안에 적합한 내용을 쓰시오.

> (1) 사업주가 공정안전보고서를 작성할 때에는 (①) 의 심의를 거쳐야 한다. 다만, 산업안전보건위원회가 설치되어 있지 아니한 사업장의 경우에는 (②)의 의견을 들어야 한다.
>
> (2) 유해하거나 위험한 설비의 설치·이전 또는 주요 구조부분의 변경공사의 착공일 (③)일 전까지 공정안전보고서를 2부 작성하여 산업안전보건공단에 제출하여야 한다.

정답

① 산업안전보건위원회 　　② 근로자 대표 　　③ 30
[근거]
(1) 공정안전보고서의 작성·제출: 산업안전보건법 제44조
(2) 공정안전보고서의 제출시기: 산업안전보건법 시행규칙 제51조

02 ★★★

산업안전보건법상 공정안전보고서에 포함되어야 할 사항을 4가지 쓰시오.

정답

① 공정안전자료
② 공정위험성평가서
③ 안전운전계획
④ 비상조치계획
⑤ 그 밖에 공정상의 안전과 관련하여 고용노동부장관이 필요하다고 인정하여 고시하는 사항
[근거]
공정안전보고서의 내용: 산업안전보건법 시행령 제44조

03 ★★

산업안전보건법상 공정안전보고서 제출 대상이 되는 유해하거나 위험한 설비로 보지 않는 시설·설비를 4 가지 쓰시오.

정답

① 원자력설비 　　　　　　② 군사시설
③ 차량 등의 운송설비 　　④ 도매·소매시설
⑤ 「도시가스사업법」에 따른 가스공급시설
⑥ 「액화석유가스의 안전관리 및 사업법」에 따른 액화석유가스의 충전·저장 시설
⑦ 사업주가 해당 사업장 내에서 직접 사용하기 위한 난방용 연료의 저장설비 및 사용설비
⑧ 그 밖에 고용노동부장관이 누출, 화재, 폭발 등의 사고가 있더라도 그에 따른 피해의 정도가 크지 않다고 인정하여 고시하는 설비
[근거]
공정안전보고서의 제출 대상: 산업안전보건법 시행령 제43조

04 ★

다음은 산업안전보건법상 설비의 주요 구조부분을 변경하였을 때 공정안전보고서를 제출해야 하는 경우에 대한 사항이다. ( ) 안에 적합한 내용을 쓰시오.

> (1) (①)을 설치 또는 변경하는 경우
> (2) 생산설비 및 부대설비(유해·위험물질의 누출, 화재, 폭발과 무관한 조명설비, 자동화창고 등은 제외)가 교체 또는 추가되어 늘어나게 되는 전기정격용량의 총합이 (②) 이상인 경우
> (3) (③)를 교체(같은 용량과 형태로 교체되는 경우는 제외)하거나 추가로 설치하는 경우 또는 이미 설치된 (③)를 변형하여 용량을 늘리는 경우

정답

① 플레어스택 　　② 300kW 　　③ 반응기
[근거]
공정안전보고서의 제출·심사·확인 및 이행상태평가 등에 관한 규정: 고용노동부고시

05 ★★★

산업안전보건법상 유해하거나 위험한 설비가 있는 경우 공정안전보고서의 제출 대상 사업을 4가지 쓰시오.

① 원유 정제처리업
② 기타 석유정제물 재처리업
③ 복합비료 및 기타 화학비료제조업 중 복합비료제조(단순 혼합 또는 배합의 경우는 제외)
④ 질소화합물, 질소 · 인산 및 칼리질화학비료제조업 중 질소질비료제조
⑤ 석유화학계 기초화학물질제조업 또는 합성수지 및 기타 플라스틱물질제조업
⑥ 화약 및 불꽃제품제조업
⑦ 화학살균 · 살충제 및 농업용 약제제조업(농약원제제조만 해당)
[근거]
공정안전보고서의 제출 대상: 산업안전보건법 시행령 제43조

06 ★

공정안전보고서 심사기준에 있어서 공정배관 · 계장도에 포함되어야 할 사항을 4가지 쓰시오.

① 안전밸브 등의 크기 및 설정압력
② 모든 동력기계와 장치 및 설비의 명칭, 기기번호 및 주요 명세(예비기기 포함)
③ 인터록 및 조업중지 여부
④ 제어밸브(Control Valve)의 작동중지시의 상태
⑤ 배관 및 기기의 열 유지 및 보온 · 보냉
⑥ 모든 계기류의 번호, 종류 및 기능 등
⑦ 모든 배관의 공칭직경, 라인번호, 재질, 플랜지의 공칭압력 등
⑧ 설치되는 모든 밸브류 및 배관의 부속품 등
[근거]
공정안전보고서의 제출 · 심사 · 확인 및 이행상태 평가 등에 관한 규정 고용노동부고시

07 ★★

공정흐름도(Process Flow Diagram: PFD)에 표시(표현)되어야 할 사항을 3가지 쓰시오.

① 제조공정개요와 흐름
② 공정제어의 원리
③ 제조설비의 종류 및 기본사양
[근거]
공정흐름도(PFD) 작성에 관한 기술지침: 한국산업안전보건공단

08 ★★

공정안전보고서의 내용 중 공정위험성 평가서에서 적용되는 위험성 평가기법에 있어 저장탱크설비 유틸리티설비 및 제조공정 중 고체건조 · 분쇄설비' 등 간단한 단위공정에 선정하는 위험성 평가기법을 4가지 쓰시오.

① 체크리스트기법(Check List)
② 작업자실수분석기법(HEA)
③ 사고예상질문분석기법(What – If)
④ 위험과 운전분석기법(HAZOP)
⑤ 상대위험순위결정기법(Dow and Mond Indices)
⑥ 공정안전성분석기법(K–PSR)
⑦ 공정위험분석기법(PHR)
[근거]
위험성 평가기법: 공정안전보고서의 제출 · 심사 · 확인 및 이행상태 평가 등에 관한 규정 고용노동부고시

09 ★★

공정안전보고서의 내용 중 공정위험성평가서에서 적용하는 위험성평가기법에 있어 제조공정 중 반응, 분리(증류, 추출 등), 이송시스템 및 전기 · 계장시스템 등 단위공정에 대해 선정하여야 하는 위험성평가기법을 4가지 쓰시오.

① 위험과 운전분석기법(HAZOP)
② 공정위험분석기법(PHR)
③ 이상위험도분석기법(FMECA)
④ 원인결과분석기법(CCA)
⑤ 결함수분석기법(FTA)
⑥ 사건수분석기법(ETA)
⑦ 공정안전성분석기법(K–PSR)
⑧ 방호계층분석기법(LOPA)
[근거]
위험성평가기법: 공정안전보고서의 제출 · 심사 · 확인 및 이행상태평가 등에 관한 규정 고용노동부고시

10 ★★

공정안전보고서의 안전운전계획에 포함되어야 할 사항을 5가지 쓰시오.

① 안전운전지침서
② 설비점검 · 검사 및 보수계획, 유지계획 및 지침서
③ 안전작업허가
④ 도급업체 안전관리계획
⑤ 근로자 등 교육계획
⑥ 가동 전 점검지침
⑦ 변경요소관리계획
⑧ 자체감사 및 사고조사계획
⑨ 그 밖에 안전운전에 필요한 사항
[근거]
공정안전보고서의 세부내용 등: 산업안전보건법 시행규칙 제50조

11 ★

산업안전보건법상 공정안전보고서를 제출하여 심사를 받은 사업주는 시기별로 산업안전보건공단의 확인을 받아야 한다. ( ) 안에 확인시기를 쓰시오.

(1) 신규로 설치될 유해하거나 위험한 설비: 설치과정 및 설치완료 후 시운전 단계에서 각 (①)
(2) 기존에 설치되어 사용 중인 유해하거나 위험한 설비: 심사완료 후 (②) 이내
(3) 유해하거나 위험한 설비와 관련한 공정의 중대한 변경의 경우: 변경완료 후 (③) 이내
(4) 유해하거나 위험한 설비 또는 이와 관련된 공정에 중대한 사고, 결함이 발생한 경우: (④) 이내

① 1회   ② 3개월   ③ 1개월   ④ 1개월
[근거]
공정안전보고서의 확인: 산업안전보건법 시행규칙 제53조

12 ★★

다음 보기는 산업안전보건법상 공정안전보고서 이행상태의 평가에 대한 사항이다. ( ) 안에 적합한 내용을 쓰시오.

(1) 고용노동부장관은 공정안전보고서의 확인 후 1년이 지난 날부터 (①) 이내에 공정안전보고서 이행상태의 평가를 해야 한다.
(2) 고용노동부장관은 이행상태 평가 후 (②)마다 이행상태 평가를 해야 한다. 다만, 다음의 어느 하나에 해당하는 경우에는 (③)마다 이행상태 평가를 할 수 있다.
   ㉠ 이행상태 평가 후 사업주가 이행상태 평가를 요청하는 경우
   ㉡ 사업장에 출입하여 검사 및 안전 · 보건점검 등을 실시한 결과 변경요소관리계획 미준수로 공정안전보고서 이행상태가 불량한 것으로 인정되는 경우 등 고용노동부장관이 정하여 고시하는 경우

① 2년   ② 4년   ③ 1년 또는 2년

[근거]

공정안전보고서 이행상태의 평가: 산업안전보건법 시행규칙 제54조

13 ★★

공정안전보고서의 변경요소관리에 관한 지침에서 반드시 관리절차가 마련되어야 하는 변경의 종류를 2가지 쓰시오.

① 정상변경

② 비상변경

③ 임시변경

[근거]

공정안전보고서 변경요소관리에 관한 지침: 한국산업안전보건공단(KOSHA CODE)

14 ★★

폭굉발생시 폭굉유도거리가 짧아지는 조건을 4가지 쓰시오.

① 압력이 높을수록

② 점화원의 에너지가 강할수록

③ 관속에 방해물이 있을수록

④ 정상연소속도가 큰 혼합가스일 경우

⑤ 관지름이 작을수록

15 ★★

폭발의 성립조건을 3가지 쓰시오.

① 가연성가스, 증기 또는 분진이 폭발범위 내에 있어야 한다.

② 공기와 혼합된 가스가 밀폐된 공간에 충만되어 있어야 한다.

③ 점화원이 있어야 한다.

16 ★★★

분진폭발에 영향을 미치는 인자를 4가지 쓰시오.

① 분진의 화학적 성질과 조성

② 입도 및 입도분포

③ 입자의 형상과 표면상태

④ 산소농도

⑤ 수분함량

⑥ 분진의 부유성

⑦ 온도 및 압력

17 ★★

분진이 발화·폭발하기 위한 조건을 3가지 쓰시오.

① 점화원의 존재

② 미분상태

③ 공기 중에서의 교반과 유동

④ 가연성

18 ★

다음은 분진폭발의 과정에 대한 사항이다. 보기의 내용을 보고 분진폭발의 발생순서대로 번호를 쓰시오.

① 점화원에 의한 폭발
② 입자표면 열분해 및 기체발생
③ 주위의 공기와 혼합
④ 입자표면 온도상승
⑤ 폭발열에 의하여 주위입자 온도상승 및 열분해

정답

④ → ② → ③ → ① → ⑤

19 ★★

폭발에서 BLEVE와 UVCE에 대하여 각각 간단하게 설명하시오.

정답

(1) 비등액체팽창 증기폭발(BLEVE: Boilling Liquid Expanding Vapor Explosion)
비점이나 인화점이 낮은 액체가 들어 있는 용기주위에 화재 등으로 인하여 가열되면 내부의 비등현상으로 인한 압력상승으로 용기의 벽면이 파열되면서 그 내용물이 폭발적으로 증발, 팽창하면서 폭발을 일으키는 현상이다.

(2) 증기운폭발(UVCE: Unconfined Vapor Cloud Explosion)
대기 중에 대량의 가연성 액체가 유출되거나 대량의 가연성 가스가 유출되면 대기 중에 구름형태로 모여 있다가 그것으로부터 발생하는 증기가 공기와 혼합하여 가연성 혼합기체를 형성하고, 점화원에 의하여 순간적으로 폭발을 일으키는 현상이다.

20 ★★

비등액체팽창 증기폭발(BLEVE)에 영향을 미치는 인자를 3가지 쓰시오.

정답

① 저장용기의 재질
② 주위온도와 압력상태
③ 저장된 물질의 종류와 형태
④ 내용물의 물질적 역학상태
⑤ 내용물의 인화성 및 독성 여부

21 ★

Slop Over와 Boil Over에 대하여 각각 간단히 설명하시오.

정답

(1) Slop Over(슬롭오버)
유류탱크 화재시 소화하기 위하여 공급한 물이나 포에 의하여 불붙은 기름이 물, 포의 비등과 함께 비산하는 현상

(2) Boil Over(보일오버)
유류탱크 화재시 탱크의 바닥에 고인 물의 비등팽창에 의하여 불붙은 기름이 탱크 밖으로 넘치는 현상

22 ★★

폭발을 방지하기 위한 불활성화방법 중 퍼지(Purge)의 종류 4가지를 쓰시오.

정답

① 압력퍼지
② 진공퍼지
③ 사이펀퍼지
④ 스위프퍼지

23 ★★

산업안전보건법상 가스폭발 위험장소 또는 분진폭발 위험장소에 설치되는 건축물 등에 대해서는 해당하는 부분을 내화구조로 하여야 하며, 그 성능이 항상 유지될 수 있도록 점검 · 보수 등 적절한 조치를 하여야 한다. 내화구조로 하여야 하는 부분을 2가지 쓰시오.

① 건축물의 기둥 및 보: 지상 1층(지상 1층의 높이가 6m를 초과하는 경우에는 6m까지)
② 위험물 저장 · 취급용기의 지지대(높이가 30cm 이하인 것은 제외한다.): 지상으로부터 지지대의 끝부분
③ 배관 · 전선관 등의 지지대: 지상으로부터 1단(1단 높이가 6m를 초과하는 경우에는 6m까지)

[근거]
내화기준: 산업안전보건법 산업안전보건기준에 관한 규칙 제270조

24 ★★

산업안전보건법상 인화성 물질의 증기, 인화성 가스, 인화성 고체 등으로 인한 폭발 또는 화재를 예방하기 위한 조치를 2가지 쓰시오.

① 환풍기, 배풍기 등 환기장치 설치
② 가스검지 및 경보장치 설치

[근거]
폭발 또는 화재 등의 예방: 산업안전보건법 산업안전보건기준에 관한 규칙 제232조
→ 2021. 5. 28. 개정

25 ★★★

프로판 80%, 메탄 5%, 부탄 15%로 된 혼합가스의 폭발하한계 값을 구하여 쓰시오.(단, 프로판, 메탄, 부탄의 폭발하한계 값은 각각 5%, 2.1%, 3%이다.)

$$L = \frac{100}{\dfrac{V_1}{L_1} + \dfrac{V_2}{L_2} + \cdots + \dfrac{V_n}{L_n}}$$

$$= \frac{100}{\dfrac{80}{5} + \dfrac{5}{2.1} + \dfrac{15}{3}} = 4.276 \fallingdotseq 4.28\%$$

26 ★★★

아세틸렌 70%, 수소 30%로 혼합되어 있을 때 아세틸렌의 위험도와 혼합가스의 폭발하한계를 계산하시오.(단, 폭발범위는 아세틸렌 2.5 ~ 81vol%, 수소 4 ~ 75vol%이다.)

(1) 아세틸렌의 위험도

$$H = \frac{U - L}{L}$$

$$= \frac{81 - 2.5}{2.5} = 31.4$$

(2) 혼합가스의 폭발하한계

$$L = \frac{100}{\dfrac{V_1}{L_1} + \dfrac{V_2}{L_2} + \cdots + \dfrac{V_n}{L_n}}$$

$$= \frac{100}{\dfrac{70}{2.5} + \dfrac{30}{4}} = 2.8169 \fallingdotseq 2.82\,\text{vol}\%$$

CHAPTER 3 | 화공안전점검

1 화학설비의 종류 (산업안전보건법 안전보건기준)

1. 화학설비 ★

① 반응기, 혼합조 등 화학물질 반응 또는 혼합장치

② 증류탑, 흡수탑, 추출탑, 감압탑 등 화학물질 분리장치

③ 저장탱크, 계량탱크, 호퍼, 사일로 등 화학물질 저장설비 또는 계량설비

④ 응축기, 냉각기, 가열기, 증발기 등 열교환기류

⑤ 고로 등 점화기를 직접 사용하는 열교환기류

⑥ 캘린더(Calender), 혼합기, 발포기, 인쇄기, 압출기 등 화학제품가공설비

⑦ 분쇄기, 분체분리기, 용융기 등 분체화학물질 취급장치

⑧ 결정조, 유동탑, 탈습기, 건조기 등 분체화학물질 분리장치

⑨ 펌프류, 압축기, 이젝터(Ejector) 등의 화학물질 이송 또는 압축설비

2. 화학설비의 부속설비

① 배관, 밸브, 관, 부속류 등 화학물질 이송 관련 설비

② 온도, 압력, 유량 등을 지시·기록 등을 하는 자동제어 관련 설비

③ 안전밸브, 안전판, 긴급차단 또는 방출밸브 등 비상조치 관련 설비

④ 가스누출감지 및 경보 관련 설비

⑤ 세정기, 응축기, 벤트스택(Vent Stack), 플레어스택(Flare Stack) 등 폐가스처리설비

⑥ 사이클론, 백필터(Bag Filter), 전기집진기 등 분진처리설비

⑦ ① ~ ⑥의 설비를 운전하기 위하여 부속된 전기 관련 설비

⑧ 정전기 제거장치, 긴급 샤워설비 등 안전 관련 설비

3. 특수화학설비(산업안전보건법 안전보건기준) ★★★

(1) 위험물을 기준량 이상으로 제조하거나 취급하는 설비이다.

(2) 내부의 이상상태를 조기에 파악하기 위하여 필요한 온도계, 유량계, 압력계 등의 계측장치를 설치하여야 한다.

(3) 특수화학설비의 종류

① 발열반응이 일어나는 반응장치

② 증류, 정류, 증발, 추출 등 분리를 하는 장치

③ 가열시켜 주는 물질의 온도가 가열되는 위험물질의 분해온도 또는 발화점보다 높은 상태에서 운전되는 설비

④ 반응폭주 등 이상화학반응에 의하여 위험물질이 발생할 우려가 있는 설비

⑤ 온도가 350℃ 이상이거나 게이지압력이 980kPa 이상인 상태에서 운전되는 설비

⑥ 가열로 또는 가열기

2 증류탑 및 건조설비

1. 증류탑(Distilation Tower)

(1) 증기압이 다른 액체 혼합물로부터 끓는점의 차이를 이용하여 필요 성분을 분리하는 장치이다.

(2) 증류탑의 점검

① 일상 점검사항

- 기초볼트의 헐거움 여부
- 보온재, 보냉재의 파손 여부
- 접속부, 맨홀부 및 용접부에서의 외부누출 유무
- 도장의 열화상태
- 부식 등에 의해 두께가 얇아지고 있는지의 여부
- 증기배관에 열팽창에 의한 무리한 힘이 가해지고 있는지의 여부

② 개방시 점검사항 ★

- 누출의 원인이 되는 손상, 균열 여부
- 트레이(Tray)의 부식상태, 범위, 정도
- 다공판의 굽힘(Bending)은 없는지 블라스트 유닛(Blast Unit)은 고정되어 있는지의 여부
- 폴리머(Polymer) 등의 생성물, 녹 등으로 인하여 포종의 막힘 여부
- 라이닝(Lining) 또는 코팅(Coating) 상황
- 용접선의 상황과 포종이 선반에 고정되어 있는지의 여부

2. 건조설비

(1) 수분이 포함된 물질로 열작용에 의하여 물질의 수분을 증발시키는 장치이다.

(2) 위험물 건조설비 중 '건조실을 설치하는 건축물의 구조'를 독립된 단층건물로 하여야 하는 건조설비(산업안전보건법 안전보건기준) ★★

① 위험물 또는 위험물이 발생하는 물질을 가열, 건조하는 경우 내용적이 $1m^3$ 이상인 건조설비

② 위험물이 아닌 물질을 가열·건조하는 경우로서 다음 중 어느 하나의 용량에 해당하는 건조설비

- 고체 또는 액체연료의 최대사용량이 10kg/h 이상
- 기체연료의 최대사용량이 $1m^3/h$ 이상
- 전기사용 정격용량이 10kW 이상

(3) 건조설비 취급·사용시 준수사항(산업안전보건법 안전보건기준) ★

① 위험물 건조설비를 사용하는 경우에는 미리 내부를 청소하거나 환기할 것

② 위험물 건조설비를 사용하는 경우에는 건조로 인하여 발생하는 가스, 증기 또는 분진에 의하여 폭발, 화재의 위험이 있는 물질을 안전한 장소로 배출시킬 것

③ 위험물 건조설비를 사용하여 가열건조하는 건조물은 쉽게 이탈되지 않도록 할 것

④ 고온으로 가열건조한 인화성 액체는 발화의 위험이 없는 온도로 냉각한 후에 격납시킬 것

⑤ 건조설비(바깥면이 현저히 고온이 되는 설비만 해당한다)에 가까운 장소에는 인화성 액체를 두지 않도록 할 것

3 화학설비의 안전장치

1. 안전밸브

(1) 안전밸브 등의 설치(산업안전보건법 안전보건기준) ★★

① 다음의 어느 하나에 해당하는 설비에 대해서는 과압에 따른 폭발을 방지하기 위하여 폭발방지 성능과 규격을 갖춘 안전밸브 또는 파열판을 설치하여야 한다.

- 압력용기(안지름이 150mm 이하인 압력용기는 제외)
- 정변위 압축기
- 정변위 펌프(토출축에 차단밸브가 설치된 것만 해당)
- 배관(2개 이상의 밸브에 의하여 차단되어 대기온도에서 액체의 열팽창에 의하여 파열될 우려가 있는 것으로 한정)
- 그 밖의 화학설비 및 그 부속설비로서 해당 설비의 최고사용압력을 초과할 우려가 있는 것

② 안전밸브 등을 설치하는 경우에는 다단형 압축기 또는 직렬로 접속된 공기압축기에 대해서는 각 단 또는 각 공기압축기별로 안전밸브 등을 설치하여야 한다.

③ 납으로 봉인된 안전밸브를 해체하거나 조정할 수 없도록 조치하여야 한다.

(2) 안전밸브의 검사주기(산업안전보건법 안전보건기준 → 2024.6.28 개정) ★★

① 화학공정 유체와 안전밸브의 디스크 또는 시트가 직접 접촉될 수 있도록 설치된 경우: 2년마다 1회 이상

② 안전밸브 전단에 파열판이 설치된 경우: 3년마다 1회 이상

③ 고용노동부장관이 실시하는 공정안전보고서 이행상태 평가결과가 우수한 사업장의 안전밸브의 경우: 4년마다 1회 이상

(3) 안전밸브 중 파열판을 설치하여야 하는 경우(산업안전보건법 안전보건기준) ★★★

① 반응폭주 등 급격한 압력상승 우려가 있는 경우

② 급성 독성물질의 누출로 인하여 주위의 작업환경을 오염시킬 우려가 있는 경우

③ 운전 중 안전밸브에 이상물질이 누적되어 안전밸브가 작동되지 아니할 우려가 있는 경우

> **참고 파열판(Rupture Disk)**
> (1) 정해진 압력에서 파열되어 본체의 파괴를 막을 수 있도록 제조된 원형의 얇은 금속판
> (2) 스프링식 안전밸브를 대체할 수 있는 안전장치
> (3) 안전인증 대상 파열판에 안전인증 외에 추가로 표시하여야 할 사항(방호장치 안전인증 고용노동부고시) ★★
> ① 호칭지름   ④ 분출용량(kg/h) 또는 공칭분출계수
> ② 용도(요구성능)   ⑤ 파열판의 재질
> ③ 설정파열압력(MPa) 및 설정온도(℃)   ⑥ 유체의 흐름방향 지시
> (4) 안전인증대상 파열판의 성능시험방법(방호장치 안전인증 고용노동부고시)
> ① 파열시험
> ② 누설시험
> ③ 분출용량시험

(4) 파열판 및 안전밸브의 직렬 설치(산업안전보건법 안전보건기준) ★★

급성 독성물질이 지속적으로 외부에 유출될 수 있는 화학설비 및 그 부속설비에 파열판과 안전밸브를 직렬로 설치하고, 그 사이에는 압력지시계 또는 자동경보장치를 설치하여야 한다.

(5) 안전밸브의 작동요건(산업안전보건법 안전보건기준) ★★

① 고압에 따른 폭발을 방지하기 위해 설치한 안전밸브 등을 통하여 보호하려는 설비의 최고사용압력 이하에서 작동되도록 하여야 한다.

② 다만, 안전밸브 등이 2개 이상 설치된 경우에 1개는 최고사용압력의 1.05배(외부화재를 대비한 경우에는 1.1배) 이하에서 작동되도록 설치할 수 있다.

2. 차단밸브의 설치금지(산업안전보건법 안전보건기준)

(1) 안전밸브 등의 전단·후단에 차단밸브를 설치해서는 아니 된다.

(2) 다음의 어느 하나에 해당하는 경우에는 자물쇠형 또는 이에 준하는 형식의 차단밸브를 설치할 수 있다. ★

① 인접한 화학설비 및 그 부속설비에 안전밸브 등이 각각 설치되어 있고, 해당 화학설비 및 그 부속설비의 연결배관에 차단밸브가 없는 경우

② 안전밸브 등의 배출용량의 2분의 1 이상에 해당하는 용량의 자동압력조절밸브(구동용 동력원의 공급을 차단하는 경우 열리는 구조인 것으로 한정)와 안전밸브 등이 병렬로 연결된 경우

③ 화학설비 및 그 부속설비에 안전밸브 등이 복수방식으로 설치되어 있는 경우

④ 예비용 설비를 설치하고 각각의 설비에 안전밸브 등이 설치되어 있는 경우

⑤ 열팽창에 의하여 상승된 압력을 낮추기 위한 목적으로 안전밸브가 설치된 경우

⑥ 하나의 플레어스택(Flare Stack)에 둘 이상의 단위공정의 플레어헤더(Flare Header)를 연결하여 사용하는 경우로 각각의 단위공정의 플레어헤더에 설치된 차단밸브의 열림, 닫힘상태를 중앙제어실에서 알 수 있도록 조치한 경우

3. 통기설비의 설치(산업안전보건법 안전보건기준)

(1) 인화성 액체를 저장·취급하는 대기압탱크에는 통기관 또는 통기밸브 등 통기설비를 설치하여야 한다.

(2) 통기설비는 정상운전시에 대기압탱크 내부가 진공 또는 가압되지 않도록 충분한 용량의 것을 사용하여야 한다.

> **참고 밸브**
> (1) 통기밸브(Breather Valve): 인화성 액체를 저장·취급하는 대기압 탱크에 진공이나 가압발생시 압력을 일정하게 유지하기 위하여 설치하는 밸브
> (2) 릴리프밸브(Relief Valve): 액체계의 과도한 상승압력의 방출에 이용되고, 설정압력이 되었을 때 압력상승에 비례하여 서서히 개방되는 밸브
> (3) 체크밸브(Check Valve): 유체의 역류를 방지하기 위하여 설치하는 밸브

4. 화염방지기(Flame Arrester)

(1) 화염의 역화를 방지하기 위한 안전장치로 비교적 상압 또는 저압에서 가연성 증기를 발생하는 유류를 저장하는 탱크에서 외부에 그 증기를 방출하기도 하고, 탱크내에 외기를 흡입하기도 하는 부분에 설치하며, 가는 눈금의 금망이 여러 개 겹쳐진 구조로 된 안전장치이다.

(2) 화염방지기의 설치(산업안전보건법 안전보건기준)

① 인화성 액체 및 인화성 가스를 저장 취급하는 화학설비에서 증기나 가스를 대기로 방출하는 경우에는 외부로부터의 화염을 방지하기 위하여 화염방지기를 그 설비 상단에 설치하여야 한다.

② 다만, 대기로 연결된 통기관에 통기밸브가 설치되어 있거나, 인화점이 38℃ 이상 60℃ 이하인 인화성 액체를 저장·취급할 때에 화염방지 기능을 가지는 인화방지망을 설치한 경우에는 그러하지 아니하다.

5. 긴급차단장치의 설치(산업안전보건법 안전보건기준)

특수화학설비를 설치하는 경우에는 이상상태의 발생에 따른 폭발·화재 또는 위험물의 누출을 방지하기 위하여 긴급차단장치를 설치하여야 한다.

> **참고** 기타 화학설비 등 관련 사항
>
> (1) 화학설비 및 그 부속설비 사용전의 점검(산업안전보건법 안전보건기준) ★★
>   ① 다음의 어느 하나에 해당하는 경우에는 화학설비 및 그 부속설비의 안전검사내용을 점검한 후 해당 설비를 사용하여야 한다.
>   ㉠ 처음으로 사용하는 경우
>   ㉡ 분해하거나 개조 또는 수리를 한 경우
>   ㉢ 계속하여 1개월 이상 사용하지 아니한 후 다시 사용하는 경우
>   ② ①의 경우 외에 해당 화학설비 또는 그 부속설비의 용도를 변경하는 경우(사용하는 원재료의 종류를 변경하는 경우를 포함한다)에도 해당 설비의 다음의 사항을 점검한 후 사용하여야 한다.
>   ㉠ 그 설비 내부에 폭발이나 화재의 우려가 있는 물질이 있는지 여부
>   ㉡ 안전밸브·긴급차단장치 및 그 밖의 방호장치 기능의 이상 유무
>   ㉢ 냉각장치·가열장치·교반장치·압축장치·계측장치 및 제어장치 기능의 이상 유무
>
> (2) 밸브 등의 재질(산업안전보건법 안전보건기준) ★★
>
> 화학설비 또는 그 배관의 밸브나 콕에는 개폐의 빈도, 위험물질등의 종류·온도·농도 등에 따라 내구성이 있는 재료를 사용하여야 한다.
>
> (3) 국소배기장치 후드(Hood)의 설치기준(산업안전보건법 안전보건기준) ★★
>   ① 유해물질이 발생하는 곳마다 설치할 것
>   ② 외부식 또는 리시버식 후드는 해당 분진 등의 발산원에 가장 가까운 위치에 설치할 것
>   ③ 후드형식은 가능하면 포위식 또는 부스식 후드를 설치할 것
>   ④ 유해인자의 발생형태와 비중, 작업방법 등을 고려하여 해당 분진 등의 발산원을 제어할 수 있는 구조로 설치할 것
>
> (4) 국소배기장치 덕트(Duct)의 설치기준(산업안전보건법 안전보건기준) ★★★
>   ① 가능하면 길이는 짧게 하고 굴곡부의 수는 적게 할 것
>   ② 접속부의 안쪽은 돌출된 부분이 없도록 할 것
>   ③ 청소구를 설치하는 등 청소하기 쉬운 구조로 할 것
>   ④ 덕트 내부에 오염물질이 쌓이지 않도록 이송속도를 유지할 것
>   ⑤ 연결 부위 등은 외부 공기가 들어오지 않도록 할 것
>
> (5) 국소배기장치의 사용전 점검(산업안전보건법 안전보건기준) ★★
>
> 사업주는 국소배기장치를 설치한 후 처음으로 사용하는 경우 또는 국소배기장치를 분해하여 개조하거나 수리한 후 처음으로 사용하는 경우에는 다음에서 정하는 사항을 사용 전에 점검하여야 한다.
>   ① 덕트와 배풍기의 분진 상태
>   ② 덕트 접속부가 헐거워졌는지 여부
>   ③ 흡기 및 배기 능력
>   ④ 그 밖에 국소배기장치의 성능을 유지하기 위하여 필요한 사항
>
> (6) 특수화학설비의 안전조치 사항(산업안전보건법 안전보건기준) ★★★
>   ① 긴급차단장치의 설치
>   ② 자동경보장치의 설치
>   ③ 계측장치의 설치
>
> (7) 단열압축
>   ① 외부와 열교환 없이 압력을 높게함으로써 온도가 상승하는 현상
>   ② 단열압축시 공기의 온도계산식
>
> $$T_2 = T_1 \times \left(\frac{P_2}{P_1} \right)^{\frac{r-1}{r}}$$
>
>   - T_1: 단열압축 전 절대온도[k]
>   - P_1: 단열압축 전 절대압력[atm]
>   - r: 비열비
>   - T_2: 단열압축 후 절대온도[k]
>   - P_2: 단열압축 후 절대압력[atm]
>
> (8) 피팅류(Fitting): 배관 등에서 끼워맞춤을 하는데 사용되는 부품을 말한다.

4 펌프에서 발생하는 이상현상 및 방지대책

1. 공동현상(캐비테이션: Cavitation)

(1) 물이 관 속을 흐를 때 유동하는 물 속 어느 부분의 정압이 그 때의 물의 온도에 해당하는 증기압보다 낮을 경우 부분적으로 증기가 발생하는 것으로 배관의 부식을 초래한다.

(2) 공동현상의 방지대책 ★

  ① 흡입관의 직경을 크게 한다.

  ② 펌프의 설치위치를 낮추어 흡입양정을 짧게 한다.

  ③ 흡입관의 내면에 마찰저항을 작게 한다.

  ④ 임펠러를 수중에 완전히 잠기게 한다.

  ⑤ 유효흡입헤드를 크게 한다.

  ⑥ 흡입비속도를 작게 한다.

  ⑦ 펌프 흡입관의 두(Head) 손실을 줄인다.

  ⑧ 양흡입펌프를 사용한다.

  ⑨ 펌프의 회전수를 낮춘다.

2. 맥동현상(서어징: Surging)

(1) 송출압력과 송출유량이 주기적으로 변동하여, 펌프 입구 및 출구에 설치된 진공계, 압력계의 지침이 흔들리는 현상이다.

(2) 맥동현상의 방지대책 ★★

  ① 풍량을 감소시킨다.

  ② 교축밸브를 기계에서 가깝게 설치한다.

  ③ 토출가스를 흡입측에 바이패스시키거나 방출밸브에 의해 대기로 방출시킨다.

  ④ 배관의 경사를 완만하게 한다.

01 ★★

산업안전보건법상 특수화학설비를 설치하는 경우 내부의 이상상태를 조기에 파악하기 위하여 설치하는 계측장치의 종류를 3가지 쓰시오.

정답

① 온도계
② 유량계
③ 압력계

[근거]

계측장치 등의 설치: 산업안전보건법 산업안전보건기준에 관한 규칙 제273조

02 ★★★

다음에서 설명하는 특수화학설비를 4가지 쓰시오.

> 산업안전보건법상 위험물질을 기준량 이상으로 제조하거나 취급하는 특수화학 설비를 설치하는 경우에는 내부의 이상상태를 조기에 파악하기 위하여 필요한 온도계, 압력계, 유량계 등의 계측장치를 설치하여야 한다.

정답

① 발열반응이 일어나는 반응장치
② 증류, 정류, 증발, 추출 등 분리를 하는 장치
③ 가열로 또는 가열기
④ 반응폭주 등 이상화학반응에 의하여 위험물질이 발생할 우려가 있는 설비
⑤ 온도가 350℃ 이상이거나 게이지 압력이 980kPa 이상인 상태에서 운전되는 설비
⑥ 가열시켜주는 물질의 온도가 가열되는 위험물질의 분해온도 또는 발화점보다 높은 상태에서 운전되는 설비

[근거]

계측장치 등의 설치: 산업안전보건법 산업안전보건기준에 관한 규칙 제273조

03 ★

화학설비 중 증류탑의 개방시 점검하여야 할 사항을 4가지 쓰시오.

정답

① 누출의 원인이 되는 손상, 균열 여부
② 트레이(Tray)의 부식상태, 범위, 정도
③ 다공판의 굽힘(Bending)은 없는지 블라스트 유닛(Blast Unit)은 고정되어 있는지의 여부
④ 폴리머(Polymer) 등의 생성물, 녹 등으로 인하여 포종의 막힘 여부
⑤ 라이닝(Lining) 또는 코팅(Coating)상황
⑥ 용접선의 상황과 포종이 선반에 고정되어 있는지의 여부

04 ★★

산업안전보건법상 위험물 건조설비 중 건조실을 설치하는 건축물의 구조를 독립된 단층건물로 하여야 하는 것에 대한 사항이다. ( ) 안에 적합한 내용을 쓰시오.

> (1) 위험물 또는 위험물이 발생하는 물질을 가열, 건조하는 경우 내용적이 (①) 이상인 건조설비
> (2) 위험물이 아닌 물질을 가열 · 건조하는 경우로서 다음 중 어느 하나의 용량에 해당하는 건조설비
>   ① 고체 또는 액체연료의 최대사용량이 (②) 이상
>   ② 기체연료의 최대사용량이 (③) 이상
>   ③ 전기사용 정격용량이 (④) 이상

정답

① $1m^3$
② 10kg/h
③ $1m^3/h$
④ 10kW

[근거]

위험물 건조설비를 설치하는 건축물의 구조: 산업안전보건법 산업안전보건기준에 관한 규칙 제280조

05 ★

산업안전보건법상 건조설비를 사용하여 작업을 하는 경우에 폭발이나 화재를 예방하기 위하여 준수하여야 할 사항을 3가지 쓰시오.

정답

① 위험물 건조설비를 사용하는 경우에는 미리 내부를 청소하거나 환기할 것
② 위험물 건조설비를 사용하는 경우에는 건조로 인하여 발생하는 가스, 증기 또는 분진에 의하여 폭발·화재의 위험이 있는 물질을 안전한 장소로 배출시킬 것
③ 위험물 건조설비를 사용하여 가열건조하는 건조물은 쉽게 이탈되지 않도록 할 것
④ 고온으로 가열건조한 인화성 액체는 발화의 위험이 없는 온도로 냉각한 후에 격납시킬 것
⑤ 건조설비(바깥면이 현저히 고온이 되는 설비만 해당한다)에 가까운 장소에는 인화성 액체를 두지 않도록 할 것

[근거]
건조설비의 사용: 산업안전보건법 산업안전보건기준에 관한 규칙 제283조

06 ★★

산업안전보건법상 과압에 따른 폭발을 방지하기 위하여 폭발방지 성능과 규격을 갖춘 안전밸브 또는 파열판을 설치하여야 하는 설비를 4가지 쓰시오.

정답

① 압력용기(안지름이 150mm 이하인 압력용기는 제외)
② 정변위 압축기
③ 정변위 펌프(토출축에 차단밸브가 설치된 것만 해당)
④ 배관(2개 이상의 밸브에 의하여 차단되어 대기온도에서 액체의 열팽창에 의하여 파열될 우려가 있는 것으로 한정)
⑤ 그 밖의 화학설비 및 그 부속설비로서 해당 설비의 최고사용압력을 초과할 우려가 있는 것

[근거]
안전밸브 등의 설치: 산업안전보건법 산업안전보건기준에 관한 규칙 제261조

07 ★★

산업안전보건법상 국가교정기관에서 교정을 받은 압력계를 이용하여 설정압력에서 안전밸브가 적정하게 작동하는지를 검사한 후 납으로 봉인하여 사용하여야 한다. 다음은 안전밸브의 검사주기에 대한 사항이다. 각각의 경우에 적합한 검사 주기를 쓰시오.

(1) 화학공정 유체와 안전밸브의 디스크 또는 시트가 직접 접촉될 수 있도록 설치된 경우
(2) 안전밸브 전단에 파열판이 설치된 경우
(3) 고용노동부장관이 실시하는 공정안전보고서 이행상태 평가결과가 우수한 사업장의 안전밸브의 경우

정답

(1) 2년마다 1회 이상
(2) 3년마다 1회 이상
(3) 4년마다 1회 이상

[근거]
안전밸브 등의 설치: 산업안전보건법 산업안전보건기준에 관한 규칙 제261조 → 2024.6.28 개정

08 ★★★

산업안전보건법상 압력용기 등 화학설비에 대해서는 안전밸브 또는 파열판을 설치하여야 한다. 이 때 반드시 파열판을 설치하여야 하는 경우를 3가지 쓰시오.

정답

① 반응폭주 등 급격한 압력상승 우려가 있는 경우
② 급성 독성물질의 누출로 인하여 주위의 작업환경을 오염시킬 우려가 있는 경우
③ 운전 중 안전밸브에 이상물질이 누적되어 안전밸브가 작동되지 아니할 우려가 있는 경우

[근거]
파열판의 설치: 산업안전보건법 산업안전보건기준에 관한 규칙 제262조

09 ★★

안전인증 대상 방호장치 중 파열판에 안전인증 외에 추가로 표시하여야 할 사항을 4가지 쓰시오.

정답

① 호칭지름
② 용도(요구성능)
③ 설정파열압력(MPa) 및 설정온도(℃)
④ 분출용량(kg/h) 또는 공칭분출계수
⑤ 파열판의 재질
⑥ 유체의 흐름방향 지시
[근거]
파열판의 성능기준: 방호장치 안전인증 고용노동부고시 [별표 3]

10 ★★

산업안전보건법상 파열판 및 안전밸브의 설치에 대한 사항이다. ( ) 안에 적합한 내용을 쓰시오.

> 급성 독성물질이 지속적으로 외부에 유출될 수 있는 화학설비 및 그 부속설비에 파열판과 안전밸브를 (①)로 설치하고, 그 사이에는 (②) 또는 (③)를 설치하여야 한다.

정답

① 직렬
② 압력지시계
③ 자동경보장치
[근거]
파열판 및 안전밸브의 직렬설치: 산업안전보건법 산업안전보건기준에 관한 규칙 제263조

11 ★★

산업안전보건법상 압력용기, 정변위 압축기 등에 설치한 안전밸브 등의 작동요건에 대한 사항이다. ( ) 안에 적합한 내용을 쓰시오.

> (1) 과압에 따른 폭발을 방지하기 위해 설치한 안전밸브 등을 통하여 보호하려는 설비의 최고사용압력 이하에서 작동되도록 하여야 한다.
> (2) 다만, 안전밸브 등이 2개 이상 설치된 경우에 1개는 최고사용압력의 (①)배(외부화재를 대비한 경우에는 (②)배 이하에서 작동되도록 설치할 수 있다.

정답

① 1.05
② 1.1
[근거]
안전밸브 등의 작동요건: 산업안전보건법 산업안전보건기준에 관한 규칙 제264조

12 ★

산업안전보건법상 사업주는 안전밸브 등의 전단·후단에 차단밸브를 설치해서는 아니 된다. 다만, 자물쇠형 또는 이에 준하는 형식의 차단밸브를 설치할 수 있는 경우가 있는데 이를 3가지 쓰시오.

정답

① 화학설비 및 그 부속설비에 안전밸브 등이 복수방식으로 설치되어 있는 경우
② 예비용 설비를 설치하고 각각의 설비에 안전밸브 등이 설치되어 있는 경우
③ 열팽창에 의하여 상승된 압력을 낮추기 위한 목적으로 안전밸브가 설치된 경우
④ 인접한 화학설비 및 그 부속설비에 안전밸브 등이 각각 설치되어 있고, 해당 화학설비 및 그 부속설비의 연결배관에 차단밸브가 없는 경우
⑤ 안전밸브 등의 배출용량의 2분의 1 이상에 해당하는 용량의 자동압력조절밸브(구동용 동력원의 공급을 차단하는 경우 열리는 구조인 것으로 한정)와 안전밸브 등이 병렬로 연결된 경우
⑥ 하나의 플레어스택(Flare Stack)에 둘 이상의 단위공정의 플레어헤더(Flare Header)를 연결하여 사용하는 경우로서 각각의 단위공정의 플레어헤더에 설치된 차단밸브의 열림, 닫힘상태를 중앙제어실에서 알 수 있도록 조치한 경우
[근거]
차단밸브의 설치 금지: 산업안전보건법 산업안전보건기준에 관한 규칙 제266조

13 ★★★

특수화학설비에 설치하는 안전장치의 종류를 3가지 쓰시오.

정답

① 긴급차단장치
② 자동경보장치
③ 계측장치(온도계, 유량계, 압력계)
[근거]
- 계측장치 등의 설치: 산업안전보건법 산업안전보건기준에 관한 규칙 제273조
- 자동경보장치의 설치: 산업안전보건법 산업안전보건기준에 관한 규칙 제274조
- 긴급차단장치의 설치: 산업안전보건법 산업안전보건기준에 관한 규칙 제275조

14 ★

펌프에서 발생하는 이상현상 중 캐비테이션(Cavitation)의 방지대책을 4가지 쓰시오.

정답

① 흡입관의 직경을 크게 한다.
② 펌프의 설치위치를 낮추어 흡입양정을 짧게 한다.
③ 흡입관의 내면에 마찰저항을 작게 한다.
④ 임펠러를 수중에 완전히 잠기게 한다.
⑤ 유효흡입헤드를 크게 한다.
⑥ 흡입비속도를 작게 한다.
⑦ 펌프 흡입관의 두(Head) 손실을 줄인다.
⑧ 양흡입펌프를 사용한다.
⑨ 펌프의 회전수를 낮춘다.

15 ★★

사업주가 해당 화학설비 또는 그 부속설비의 용도를 변경하는 경우(사용하는 원재료의 종류를 변경하는 경우를 포함) 해당설비의 점검사항을 3가지 기술하시오.

정답

① 안전밸브, 긴급차단장치 및 그 밖의 방호장치 기능의 이상 유무
② 그 설비 내부에 폭발이나 화재의 우려가 있는 물질이 있는지 여부
③ 냉각장치, 교반장치, 가열장치, 계측장치, 안전장치 및 제어장치 기능의 이상 유무
[근거]
사용 전의 점검: 산업안전보건법 산업안전보건기준에 관한 규칙 제277조

16 ★★

다음은 산업안전보건법상 화학설비 밸브 등의 재질에 대한 사항이다. ( ) 안에 적합한 내용을 쓰시오.

사업주는 화학설비 또는 그 배관의 밸브나 콕에는 (①), (②), (③), (④) 등에 따라 내구성이 있는 재료를 사용하여야 한다.

정답

① 개폐의 빈도
② 위험물질 등의 종류
③ 온도
④ 농도
[근거]
밸브 등의 재질: 산업안전보건법 산업안전보건기준에 관한 규칙 제259조

17 ★★★

산업안전보건법상 분진 등을 배출하기 위하여 설치하는 국소배기장치(이동식은 제외)의 덕트(duct) 설치기준을 3가지 쓰시오.

정답

① 가능하면 길이는 짧게 하고 굴곡부의 수는 적게 할 것
② 청소구를 설치하는 등 청소하기 쉬운 구조로 할 것
③ 접속부의 안쪽은 돌출된 부분이 없도록 할 것
④ 연결부위 등은 외부공기가 들어오지 않도록 할 것
⑤ 덕트 내부에 오염물질이 쌓이지 않도록 이송속도를 유지할 것
[근거]
덕트: 산업안전보건법 산업안전보건기준에 관한 규칙 제73조

18 ★★

산업안전보건법상 국소배기장치 후드(Hood)의 설치기준을 3가지 쓰시오.

정답

① 유해물질이 발생하는 곳마다 설치할 것
② 외부식 또는 리시버식 후드는 해당 분진 등의 발산원에 가장 가까운 위치에 설치할 것
③ 후드형식은 가능하면 포위식 또는 부스식 후드를 설치할 것
④ 유해인자의 발생형태와 비중, 작업방법 등을 고려하여 해당 분진 등의 발산원을 제어할 수 있는 구조로 설치할 것
[근거]
후드: 산업안전보건법 산업안전보건기준에 관한 규칙 제72조

19 ★

산업안전보건법상 국소배기장치를 설치한 후 처음으로 사용하는 경우 국소배기장치의 사용 전 점검사항을 3가지 쓰시오.

정답

① 덕트와 배풍기의 분진상태
② 덕트 접속부가 헐거워졌는지 여부
③ 흡기 및 배기능력
④ 그 밖에 국소배기장치의 성능을 유지하기 위하여 필요한 사항
[근거]
사용 전 점검: 산업안전보건법 산업안전보건기준에 관한 규칙 제441조

20 ★

화학설비의 폭발위험을 방지하기 위하여 설치해야 하는 안전장치를 5가지 쓰시오.

정답

① 안전밸브
② 파열판
③ 긴급차단장치
④ 자동경보장치
⑤ 화염방지기
⑥ 통기밸브
⑦ 벤트스택(Vent Stack)

CHAPTER 4 | 화재 · 폭발 · 누출사고예방 활동하기

1 연소

1. 연소의 정의

(1) 물질이 열 또는 불꽃을 내면서 빠르게 산소와 결합하는 반응이다.

(2) 연소의 3요소와 각 요소에 대한 소화방법 ★★

① 가연물: 제거소화　　　　② 산소공급원: 질식소화　　　　③ 점화원: 냉각소화

> 참고　**가연물이 될 수 없는 조건** ★
> ① 불활성 기체: 주기율표의 0족 원소로 네온(Ne), 헬륨(He), 아르곤(Ar) 등이 있다.
> ② 흡열반응 물질: 질소화합물 등이 있다.
> ③ 완전산화물: 물 등이 있다.

(3) 연소속도에 영향을 주는 요인

① 반응계의 온도　　　　③ 산소와의 혼합비(농도)　　　　⑤ 표면적

② 압력　　　　④ 촉매

2. 인화점(Flash Point)

(1) 인화점의 정의 ★

점화원에 의하여 가연성 물질이 불이 붙을 수 있는 최저의 온도를 인화점이라 한다.

(2) 가연성 가스의 인화점

물질명	벤젠	산화에틸렌	아세톤	아세트알데히드	가솔린	디에틸에테르
인화점($°C$)	-11	-17.8	-18	-39	-43	-45

3. 발화점(Ignition Point)

(1) 발화점의 정의 ★

점화원 없이 자기 스스로 연소를 시작하는 최저의 온도로 착화점이라고도 한다.

(2) 발화점에 영향을 주는 인자

① 압력　　　　⑤ 가열속도와 지속시간

② 유속　　　　⑥ 용기의 크기와 형태

③ 산소농도　　　　⑦ 용기벽의 재질

④ 가연성 가스와 공기와의 혼합비

(3) **자연발화:** 가연성 물질이 서서히 산화 또는 분해되면서 열로 인하여 물질 자체의 온도가 상승하고 발화점에 도달하여 점화원이 없이 스스로 발화하는 현상

  ① 자연발화를 촉진시키는 조건

   • 열전도율이 작을 것

   • 발열량이 클 것

   • 표면적이 넓을 것

   • 적당한 수분이 있을 것

   • 주위의 온도가 높을 것(분자운동 활발)

   • 열축적이 클 것

  ② 자연발화의 방지대책 ★

   • 주위의 온도를 낮출 것

   • 열의 축적을 방지할 것

   • 통풍이 잘되게 할 것

   • 습도를 낮게 할 것

   • 공기가 접촉되지 않도록 불활성 물질 중에 저장할 것

4. 연소의 분류

(1) 연소의 종류 ★★

  ① 증발연소: 에테르, 알코올, 가솔린 등의 인화성 액체가 증발하여 증기를 형성한 후 공기와 혼합하여 연소하는 것

   예 알코올, 황, 나프탈렌, 파라핀(양초), 왁스, 경유, 제4류위험물 등

  ② 확산연소: 가연성 기체와 공기가 유출하면서 확산에 의해 혼합되어 연소하는 것 예 수소, 아세틸렌, 프로판 등

  ③ 표면연소: 열분해로 인해 탄화작용이 생겨 탄소의 고체표면에 공기와 접촉하는 부분에서 연소하는 것

   예 알루미늄가루, 금속분, 코우크스, 목탄 등

  ④ 분해연소: 고체 가연물이 열분해에 의하여 가연성 가스와 공기가 혼합되어 연소하는 것

   예 석탄, 목재, 플라스틱, 종이, 합성수지 등

  ⑤ 자기(내부)연소: 분자 내에 산소를 함유하고 있는 고체 가연물이 공기 중의 산소를 필요로 하지 않고 그 자체의 산소에 의하여 연소하는 것

   예 피크린산, 니트로셀룰로오스, TNT, 니트로글리세린, 셀룰로이드, 제5류위험물 등

(2) 연소의 분류 ★★★

형태	액체의 연소	기체의 연소	고체의 연소
종류	증발연소	확산연소, 예혼합연소	표면연소, 분해연소, 자기연소, 증발연소

(3) **연소범위:** 연소가 일어나는데 필요한 공기 중 가연성 농도(vol%)를 말하는 것으로 최고농도를 상한계(UFL), 최저농도를 하한계(LEL)라고 하며 그 사이를 연소범위라고 한다.

5. 최소발화에너지

(1) **최소발화에너지(MIE: Minimum Ignition Energy)**

  ① 최초의 연소에 필요한 최소한의 에너지이다.

  ② 산소분자와 연료분자와 서로 충돌하여 화학반응을 일으켜서 열을 방출시키기 위한 최소한의 에너지이다.

(2) **최소발화에너지에 영향을 주는 인자**

  ① 압력   ② 온도   ③ 농도   ④ 혼합물

(3) 최소발화에너지(MIE)의 변화요인

① 연소속도가 상승하면 최소발화에너지는 감소한다.

② 농도가 높아지면 최소발화에너지는 감소한다.

③ 압력이나 온도가 증가하면 최소발화에너지는 감소한다.

④ 공기 중에서보다 산소 중에서 최소발화에너지는 더 감소한다.

⑤ 불활성물질의 증가는 최소발화에너지를 증가시킨다.

6. 위험도

(1) 폭발하한계값과 폭발상한계값의 차이를 폭발하한계값으로 나눈 것으로 기체의 폭발 위험수준을 나타내는 것이다.

(2) 위험도 계산 ★★   ※ 위험도가 클수록 폭발위험성이 크다.

$$H = \frac{U-L}{L}$$

· H: 위험도   · L: 폭발하한계값   · U: 폭발상한계값

(3) 위험도 증가조건

① 폭발하한계값과 폭발상한계값의 차이가 클수록 위험도는 증가한다.

② 폭발하한계값이 낮을수록 위험도는 증가한다.

7. 완전연소조성농도(화학양론농도) ★★

(1) 가연성 물질 1몰(mol)이 완전연소할 수 있는 공기와의 혼합기체 중 가연성 물질의 부피(%)이다.

$$C_{st}(\%) = \frac{100}{1+4.773\left(n+\dfrac{m-f-2\lambda}{4}\right)}$$

· n: 탄소   · m: 수소
· f: 할로겐원소   · λ: 산소

※ 폭발하한계값 L의 계산(Jones식) → $L[\%] = C_{st} \times 0.55$

(2) 가연성 물질은 완전연소조성농도(화학양론농도)에서 폭발의 위험성이 가장 높다.

8. 최소산소농도(MOC: Minimum Oxygen Concentration) ★

$$\text{MOC}(\%) = 폭발하한계값 \times \frac{산소몰(mol) 수}{연료몰(mol) 수}$$

9. Burgess-Wheeler의 법칙

서로 유사한 탄화수소계의 가스에서 폭발하한계의 농도(vol%)와 연소열(kcal/mol)을 곱한 값이다.

$$X \times Q = 1.73 \times 635.4 - 1,100 \text{ vol\%[kcal/mol]}$$

· X: 폭발하한계의 농도[vol%]
· Q: 연소열[kcal/mol]

2 화재의 종류 및 예방대책

1. 화재의 종류 ★★

구분	A급 화재	B급 화재	C급 화재	D급 화재
명칭 (주요 가연물)	일반화재 (종이, 목재, 섬유 등)	유류ㆍ가스화재 (유류, 가스 등)	전기화재 (전기, 정전기 등)	금속화재 (Al분말, Mg분말 등)
표시 색	백색	황색	청색	무색
소화효과	냉각효과	질식효과	냉각효과, 질식효과	질식효과
적합 소화기	① 물소화기 ② 산ㆍ알칼리소화기 ③ 포말소화기	① 할로겐화합물소화기 ② 이산화탄소소화기 ③ 분말소화기 ④ 포말소화기 ⑤ 강화액소화기	① 이산화탄소소화기 ② 할로겐화합물소화기 ③ 강화액소화기 ④ 분말소화기	① 팽창질석 ② 건조사 ③ 팽창진주암

2. 화재의 방지대책 ★

(1) 예방대책

(2) 국한대책

(3) 소화대책

(4) 피난대책

> **참고** **화재의 확대방지방법 및 플래시오버**
>
> (1) 화재의 확대방지방법
> ① 화재를 조기에 발견하고, 초기소화에 가장 큰 중점을 둘 것
> ② 가연물의 양을 제한할 것
> ③ 화재확대를 가능한 한 지연시킬 수 있는 불연화 및 난연화를 갖출 것
> ④ 공간을 구획화(분리)하여 소형화할 것
> (2) 플래시오버(Flashover)
> ① 갑자기 불꽃이 폭발적으로 확산하여 창문이나 문으로부터 연기나 불꽃이 뿜어져 나오는 상태를 말한다.
> ② 플래시오버(Flashover)의 방지(지연) 대책으로 가장 적절한 것은 개구부 제한이다.

3 소화

1. 소화의 정의 및 종류

(1) **소화의 정의:** 물질이 연소할 때 연소의 3요소인 가연물, 점화원, 산소공급원 중 일부 또는 전부를 제거 또는 억제하여 연소가 계속될 수 없도록 하는 것을 말한다.

(2) **소화의 종류 ★**

① 냉각소화

- 다량의 물을 뿌려 소화하는 방법
- 점화원을 냉각시켜 소화하는 방법

- 증발잠열을 이용하여 열을 빼앗아 가연물의 온도를 떨어뜨려 소화하는 방법
- 가연성 물질을 발화점 이하로 냉각시켜 소화하는 방법

② 질식소화

- 산소공급을 차단하는 소화방법
- 산화제의 농도를 낮추어 연소가 지속될 수 없도록 하여 소화하는 방법
- 공기 중의 산소농도를 15% 이하로 낮추어 소화하는 방법

③ 억제소화(화학소화)

- 화학적인 방법으로 화재를 억제(부촉매효과)하여 소화
- 연소의 연쇄반응을 차단하여 소화하는 방법
- 불꽃의 억제작용으로 소화

④ 제거소화: 가연물을 연소구역으로부터 제거하여 소화하는 방법

2. 소화기의 종류

(1) 물소화기

(2) 포소화기

(3) 분말소화기 – 분말소화기의 장점

① 소화시간이 짧고, 소화능력이 우수하다.

② 기기 등을 오염시키지 않고 인체에 무해하며 소화 후에도 제거가 쉽다.

③ 반영구적이고 가격이 싸다.

④ 보관시 변질의 우려가 없고 겨울철에도 동결에 따른 성능저하가 없다.

⑤ 소화약제의 절연성으로 전기화재(C급)에도 적합하다.

(4) 이산화탄소(CO_2)소화기 – 이산화탄소소화기의 특성

① 전기화재에 가장 적합하고 유류화재에도 사용이 가능하다.

② 이음매없는 고압가스용기를 사용한다.

③ 용기내의 액화탄산가스를 줄 – 톰슨(Joule – Thomson)효과에 의해 드라이아이스로 방출한다.

④ 기체팽창률 및 기화잠열이 크다.

⑤ 소화 후 증거보존이 용이하나 방사거리가 짧은 단점이 있다.

⑥ 소화약제 자체 압력으로 방출이 가능하다.

(5) 할로겐화합물소화기(증발성액체소화기)

① 할로겐화합물소화약제의 특성

- 화학적 부촉매효과에 의한 연소억제작용이 뛰어나서 소화능력이 크다.
- 가연성 액체 화재에 대하여 소화속도가 매우 빠르다.
- 금속에 대한 부식성이 작다.
- 전기의 불량도체이다(전기절연성이 크다.)

② 할로겐화합물소화약제의 표기 ★★★

| Halon 1 3 0 1 | • 1: 탄소(C)원자수 | • 3: 불소(F)원자수 |
| | • 0: 염소(Cl)원자수 | • 1: 브롬(Br)원자수 |

(6) 강화액소화기

(7) 산알칼리소화기

(8) 간이소화제

① 건조사(마른 모래)　　　　　② 팽창질석　　　　　③ 팽창진주암

3. 소화기의 유지관리

(1) 소화기 설치시 유의사항

① 소화기는 잘보이는 곳에 '소화기'라는 표시를 할 것

② 소화기의 설치위치는 바닥으로부터 1.5m 이하의 높이에 설치할 것

③ 소화약제가 변질, 동결 또는 분출할 우려가 없는 곳에 비치할 것

④ 통행이나 피난 등에 지장이 없고 사용하기 쉬운 위치에 있을 것

(2) 소화기의 사용방법

① 소화기는 해당 화재에만 사용할 것

② 성능에 따라 화점 가까이 접근하여 사용할 것

③ 소화기는 비로 쓸듯이 소화할 것

④ 소화기를 사용할 때는 바람을 등지고 바람이 부는 위쪽에서 아래쪽의 방향으로 소화할 것

4. 소화설비

(1) 소화설비와 주된 소화적용방법

① 물소화설비, 스프링클러설비: 냉각효과

② 산·알칼리소화설비: 냉각효과

③ 강화액소화설비: 냉각효과

④ 포말소화설비: 냉각효과, 질식효과

⑤ 이산화탄소(CO_2)소화설비: 냉각효과, 질식효과

⑥ 증발성액체소화설비: 냉각효과, 질식효과, 억제(부촉매)효과

⑦ 할로겐화합물소화설비: 억제(부촉매)효과

⑧ 분말소화설비: 질식효과

⑨ 건조사, 팽창질석, 팽창진주암소화설비: 질식효과

(2) 소화설비의 기준(위험물안전관리법 시행규칙) – 위험물안전관리법상 소화기 등의 적응성 ★★

1. 전기설비	① 이산화탄소소화기 ② 할로겐화합물소화기 ③ 분말소화기 ④ 무상수소화기 ⑤ 무상강화액소화기
2. 인화성 액체 (제4류위험물)	① 포소화기 ② 이산화탄소소화기 ③ 할로겐화합물소화기 ④ 분말소화기 ⑤ 무상강화액소화기 ⑥ 건조사, 팽창질석 또는 팽창진주암
3. 자기반응성 물질 (제5류위험물)	① 포소화기 ② 봉상수소화기 ③ 봉상강화액소화기 ④ 무상수소화기 ⑤ 무상강화액소화기 ⑥ 물통 또는 수조, 건조사, 팽창질석 또는 팽창진주암
4. 산화성 액체 (제6류위험물)	① 포소화기 ② 봉상수소화기 ③ 봉상강화액소화기 ④ 무상수소화기 ⑤ 무상강화액소화기 ⑥ 분말소화기 ⑦ 이산화탄소소화기(폭발의 위험이 없는 장소에 한정) ⑧ 물통 또는 수조, 건조사, 팽창질석 또는 팽창진주암

5. 자연발화성 및
금수성 물질
(제3류위험물)
	(가) 금수성 물질
	    ① 분말소화기
	    ② 건조사, 팽창질석 또는 팽창진주암
	(나) 그 밖의 것
	    ① 포소화기
	    ② 봉상수소화기
	    ③ 봉상강화액소화기
	    ④ 무상수소화기
	    ⑤ 무상강화액소화기
	    ⑥ 물통 또는 수조, 건조사, 팽창질석 또는 팽창진주암

6. 가연성 고체
(제2류위험물)
	(가) 철분, 금속분, 마그네슘 등
	    ① 분말소화기　　　　② 건조사, 팽창질석 또는 팽창진주암
	(나) 인화성고체
	    ① 포소화기　　　　　⑥ 무상강화액소화기
	    ② 이산화탄소소화기　⑦ 할로겐화합물소화기
	    ③ 봉상수소화기　　　⑧ 분말소화기
	    ④ 봉상강화액소화기　⑨ 물통 또는 수조, 건조사, 팽창질석 또는 팽창진주암
	    ⑤ 무상수소화기

	(다) 그 밖의 것
	① 포소화기
	② 봉상수소화기
	③ 봉상수강화액소화기
	④ 무상수소화기
	⑤ 무상강화액소화기
	⑥ 분말소화기
	⑦ 물통 또는 수조, 건조사, 팽창질석 또는 팽창진주암
7. 산화성 고체 (제1류위험물)	(가) 알칼리금속과산화물 등 ① 분말소화기 ② 건조사, 팽창질석 또는 팽창진주암 (나) 그 밖의 것 ① 포소화기 ② 봉상수소화기 ③ 봉상강화액소화기 ④ 무상수소화기 ⑤ 무상강화액소화기 ⑥ 분말소화기 ⑦ 물통 또는 수조, 건조사, 팽창질석 또는 팽창진주암
8. 건축물, 그 밖의 공작물	① 포소화기 ② 봉상수소화기 ③ 봉상강화액 화기 ④ 무상수소화기 ⑤ 무상강화액소화기 ⑥ 분말소화기 ⑦ 물통 또는 수조

5. 화재위험작업시의 준수사항 ★★

산업안전보건법상 가연성 물질이 있는 장소에 화재위험작업을 하는 경우 화재예방에 필요한 다음의 사항을 준수하여야 한다(산업안전보건법 안전보건기준).

① 작업준비 및 작업절차 수립

② 작업장 내 위험물 사용 · 보관 현황 파악

③ 화기작업에 따른 인근 가연성 물질 방호조치 및 소화기구 비치

④ 용접불티비산방지덮개, 용접방화포 등 불꽃, 불티 등 비산방지조치

⑤ 인화성 액체의 증기 및 인화성 가스가 남아 있지 않도록 환기 등의 조치

⑥ 작업근로자에 대한 화재예방 및 피난교육 등 비상조치

6. 화재감시자를 지정하여 배치하여야 하는 경우 ★★

용접 · 용단작업을 하도록 하는 경우에는 화재감시자를 지정하여 배치하여야 한다(산업안전보건법 안전보건기준).

① 작업반경 11m 이내에 건물구조 자체나 내부(개구부 등으로 개방된 부분을 포함한다)에 가연성 물질이 있는 장소

② 작업반경 11m 이내의 바닥 하부에 가연성 물질이 11m 이상 떨어져 있지만 불꽃에 의해 쉽게 발화될 우려가 있는 장소

③ 가연성 물질이 금속으로 된 칸막이 · 벽 · 천장 또는 지붕의 반대쪽 면에 인접해 있어 열전도나 열복사에 의해 발화될 우려가 있는 장소

※ 산업안전보건법 안전보건기준 → 2021.5.28. 개정

적중문제 **CHAPTER 4** 화재 · 폭발 · 누출사고예방 활동하기

01 ★★

연소의 3요소를 쓰고 그에 따른 소화방법을 각각 쓰시오.

정답

① 가연물: 제거소화
② 산소공급원: 질식소화
③ 점화원: 냉각소화

02 ★

가연물, 산소공급원, 점화원이라는 3요소가 있어야 연소는 가능하다. 연소의 3요소 중 가연물이 될 수 없는 조건을 3가지 쓰시오.

정답

① 불활성 기체(주기율표의 0족 원소: Ne, He, Ar 등)
② 흡열반응 물질(질소, 질소화합물 등)
③ 완전산화물(물 등)

03 ★

인화점과 발화점에 대하여 간단히 설명하시오.

정답

① 인화점: 점화원에 의하여 가연성 물질이 불이 붙을 수 있는 최저의 온도
② 발화점: 점화원(착화원)없이 자기 스스로 연소를 시작하는 최저의 온도

04 ★

자연발화의 방지대책을 4가지 쓰시오.

정답

① 저장실의 온도를 낮출 것
② 열의 축적을 방지할 것
③ 통풍이 잘되게 할 것
④ 습도가 높지 않도록 할 것
⑤ 공기와 접촉되지 않도록 불활성 물질 중에 저장할 것

05 ★★★

고체의 연소형태 4가지와 기체의 연소형태 2가지를 쓰시오.

(1) 고체의 연소형태
  ① 표면연소
  ② 분해연소
  ③ 자기연소
  ④ 증발연소
(2) 기체의 연소형태
  ① 확산연소
  ② 예혼합연소

06 ★★

다음 각 물질의 연소형태를 쓰시오.

(1) 종이
(2) 목탄
(3) 피크린산
(4) 파라핀

(1) 종이: 분해연소
(2) 목탄: 표면연소
(3) 피크린산: 자기연소
(4) 파라핀: 증발연소

07 ★★

다음 가연성 고체, 기체, 액체들의 각 연소형태를 쓰시오.

(1) 석탄
(2) 수소
(3) TNT
(4) 알코올
(5) 알루미늄가루

(1) 석탄: 분해연소
(2) 수소: 확산연소
(3) TNT: 자기연소
(4) 알코올: 증발연소
(5) 알루미늄가루: 표면연소

08 ★★

이황화탄소(CS_2)의 폭발하한계가 1.2 vol%, 폭발상한계가 44 vol%일 때 위험도를 계산하시오.

$$\text{위험도 } H = \frac{U-L}{L}$$
$$= \frac{44.0-1.2}{1.2}$$
$$= 35.666 \fallingdotseq 35.67$$

09 ★★

에탄 27 vol%, 메탄 45 vol%, 수소 28 vol%일 때 혼합가스의 공기 중 폭발상한계의 값과 에탄의 위험도를 계산하시오.

가스명	폭발하한계	폭발상한계
에탄	3.0 vol%	12.4 vol%
메탄	5 vol%	15 vol%
수소	4.0 vol%	75 vol%

정답

① 폭발상한계의 값

$$L = \frac{100}{\dfrac{V_1}{L_1}+\dfrac{V_2}{L_2}+\dfrac{V_3}{L_3}}$$

$$= \frac{100}{\dfrac{27}{12.4}+\dfrac{45}{15}+\dfrac{28}{75}} = 18.015 \fallingdotseq 18.02\,\text{vol}\%$$

② 에탄의 위험도

$$H = \frac{U-L}{L}$$

$$= \frac{12.4-3}{3} = 3.1333 \fallingdotseq 3.13$$

10 ★★

부탄(C_4H_{10})이 완전연소하기 위한 화학양론식을 쓰고, 완전연소에 필요한 최소산소농도(MOC)를 계산하시오. (단, 부탄의 연소하한계는 1.9 vol%이다.)

정답

① 부탄(C_4H_{10})이 완전연소하기 위한 화학양론식

$$C_4H_{10}+6.5O_2 \rightarrow 4CO_2+5H_2O$$

② 최소산소농도(MOC) = 연소하한계 × $\dfrac{\text{산소몰(mol) 수}}{\text{연료몰(mol) 수}}$

$$= 1.9 \times \frac{6.5}{1} = 12.35\,\text{vol}\%$$

11 ★★

부탄(C_4H_{10})의 (1) 위험도와 (2) 완전연소조성농도를 계산하시오. (단, 부탄의 폭발하한계는 1.8 vol%고, 폭발상한계는 8.4 vol%이다.)

정답

(1) 위험도(H) = $\dfrac{\text{폭발상한계} - \text{폭발하한계}}{\text{폭발하한계}} = \dfrac{U-L}{L}$

$$= \frac{8.4-1.8}{1.8} = 3.666 \fallingdotseq 3.67$$

※ 부탄($C4H10$)의 완전연소반응식
$$C_4H_{10}+6.5O_2 \rightarrow 4CO_2 + 5H_2O$$

(2) 완전연소농도(C_{st}) = $\dfrac{100}{1+4.773\left(n+\dfrac{m-f-2\lambda}{4}\right)}$

$$= \frac{100}{1+4.773\left(4+\dfrac{10}{4}\right)}$$

$$= 3.1226 \fallingdotseq 3.12\,\text{vol}\%$$

12 ★★

다음은 화재의 유형에 따른 화재의 분류와 표시색에 대한 사항이다. (   ) 안에 적합한 내용을 쓰시오.

화재의 유형	화재의 분류	표시색
A급 화재	일반화재	(④)
B급 화재	(①)	(⑤)
C급 화재	(②)	(⑥)
D급 화재	(③)	무색

정답

① 유류·가스화재
② 전기화재
③ 금속화재
④ 백색
⑤ 황색
⑥ 청색

13 ★★

B급 화재에 적응성이 있는 소화기의 종류를 4가지 쓰시오.

정답

① 이산화탄소(CO_2)소화기
② 할로겐화합물소화기
③ 포말(포)소화기
④ 분말소화기
⑤ 강화액소화기

15 ★

화재의 방지대책 4원칙에 대하여 쓰시오.

정답

① 예방대책
② 국한대책
③ 소화대책
④ 피난대책

16 ★

소화의 종류(소화의 4원리)를 쓰시오.

정답

① 냉각소화
② 질식소화
③ 억제소화
④ 제거소화

14 ★

작업자가 페인트통이 쌓여 있는 장소에서 용접작업을 할 때 안전대책을 4가지 쓰시오.

정답

① 작업시작 전에 페인트통 등 인화성 물질을 제거하고 작업장을 정리 정돈한다.
② 보안면 등 보호구를 확실히 착용하도록 한다.
③ 화재감시인을 배치한다.
④ 용접작업장소에 소화기를 비치한다.
⑤ 관계자 이외의 사람의 출입을 금지시킨다.

17 ★

다음 소화방법에 대하여 간단히 설명하시오.

(1) 질식소화법
(2) 제거소화법

정답

(1) **질식소화법**: 산소의 공급을 차단하여 소화하는 방법
(2) **제거소화법**: 가연물을 연소구역으로부터 제거하여 소화하는 방법

18 ★★★

할로겐화합물소화기에 부촉매제로 사용하는 할로겐원소를 4가지 쓰시오.

① Br(브롬)
② Cl(염소)
③ F(불소)
④ I(요오드)
※ Halon 1301
• 1: 탄소(C) 원자수
• 3: 불소(F) 원자수
• 0: 염소(Cl) 원자수
• 1: 브롬(Br) 원자수

19 ★★

다음 (1), (2), (3)에 의한 화재에 적응성이 있는 소화기를 〈보기〉에서 모두 골라 번호를 쓰시오.

(1) 전기설비
(2) 인화성 액체
(3) 자기반응성 물질

┌──────〈보기〉──────┐
│ ① 포소화기   ④ 할로겐화합물소화기 │
│ ② 분말소화기   ⑤ 봉상강화액소화기   │
│ ③ 이산화탄소소화기   ⑥ 봉상수소화기   │
└────────────────────┘

(1) 전기설비: ② ③ ④
(2) 인화성 액체: ① ② ③ ④
(3) 자기반응성 물질: ① ⑤ ⑥
[근거]
소화기 등의 적응성: 위험물안전관리법 시행규칙

20 ★★

산업안전보건법상 가연성 물질이 있는 장소에 화재위험작업을 하는 경우 화재 예방에 필요한 준수사항을 4가지 쓰시오.

① 작업준비 및 작업절차 수립
② 작업장 내 위험물 사용 · 보관 현황 파악
③ 화기작업에 따른 인근 가연성 물질에 대한 방호조치 및 소화기구 비치
④ 용접불티비산방지덮개, 용접방화포 등 불꽃, 불티 등 비산방지조치
⑤ 인화성 액체의 증기 및 인화성 가스가 남아 있지 않도록 환기 등의 조치
⑥ 작업근로자에 대한 화재예방 및 피난교육 등 비상조치
[근거]
화재위험작업시의 준수사항: 산업안전보건법 산업안전보건기준에 관한 규칙 제241조

21 ★★

산업안전보건법상 용접 · 용단작업을 하도록 하는 경우에는 화재감시자를 두어야 한다. 이때 용접 · 용단작업 장소에 지정 · 배치하여야 하는 장소를 3가지 쓰시오.

① 작업반경 11m 이내에 건물구조 자체나 내부(개구부 등으로 개방된 부분을 포함한다)에 가연성 물질이 있는 장소
② 작업반경 11m 이내의 바닥 하부에 가연성 물질이 11m 이상 떨어져 있지만 불꽃에 의해 쉽게 발화될 우려가 있는 장소
③ 가연성 물질이 금속으로 된 칸막이 · 벽 · 천장 또는 지붕의 반대쪽 면에 인접해 있어 열전도나 열복사에 의해 발화될 우려가 있는 장소
[근거]
화재감시자: 산업안전보건법 산업안전보건기준에 관한 규칙 제241조
→ 2021.5.28. 개정

PART 5
건설공사 안전관리

1 건설공사의 안전관리 및 지반의 안정성

1. 건설공사의 안전관리

(1) 건설재해의 특징

① 중대재해가 발생하는 경향이 크다(고소작업, 중기계 사용 등).

② 재해의 발생형태(추락, 전도 등)가 매우 다양하다.

③ 복합적인 재해가 자주 동시에 발생한다(수많은 공정의 연계성).

(2) 건설업체 산업재해발생률 및 산업재해 발생 보고의무 위반건수의 산정기준과 방법(산업안전보건법 시행규칙) ★

① 사고사망만인율 $= \dfrac{\text{사고사망자수}}{\text{상시근로자수}} \times 10,000$

② 상시근로자수 $= \dfrac{\text{연간국내공사실적액} \times \text{노무비율}}{\text{건설업 월평균임금} \times 12}$

2. 지반의 안정성

(1) 토질에 대한 조사내용(굴착공사표준안전작업지침 고용노동부고시) ★

① 사운딩(Sounding) → 표준관입시험, 베인시험, 콘관입시험, 스웨덴식사운딩

② 시추

③ 주변에 기절토된 경사면의 실태조사

④ 토질시험

⑤ 물리탐사

⑥ 지표, 토질에 대한 답사 및 조사를 함으로써 토질구성(표토, 토질, 암질), 토질구조(지층의 경사, 지층, 파쇄대의 분포, 변질대의 분포), 지하수 및 용수의 형상 등의 실태조사

(2) 굴착작업 전 지하매설물에 대한 사전조사 사항(굴착공사표준안전작업지침 고용노동부고시) ★★

① 가스관

② 상수도관

③ 지하케이블

④ 건축물의 기초

(3) 지반조사 ★

① 기계를 사용하여 지중에 구멍을 뚫어 굴진속도와 굴진 중 반응 및 파낸 찌꺼기와 시료로부터 지반의 성층을 알 수 있는 동시에 구성하는 흙 또는 암반을 관찰하는 검사방법을 지반조사라고 한다.

② 지반조사 결과, 얻어진 그림을 지층단면도라고 한다.

(4) 지반조사방법

① 지하탐사법

② 보링(Boring) ★

기계식 보링	• 회전식 보링(Rotary Boring) • 충격식 보링(Percussion Boring) • 수세식 보링(Wash Boring)
오거 보링(Auger Boring)	작업현장에서 인력으로 간단하게 실시할 수 있는 방법이다.

(5) 토질시험(Soil Test)방법

① 베인시험(Vane Test): 연약한 점토질지반의 시험에 주로 쓰이는 방법으로 4개의 날개가 달린 '＋자'날개형 베인테스터를 지반에 때려 박고 회전시켜 저항모멘트를 측정, 진흙의 점착력을 판별한다.

② 표준관입시험(Standard penetration Test): 보링을 할 때 스플릿 스푼 샘플러를 쇠막대 끝에 붙여서 63.5kg의 추를 76cm 정도의 높이에서 떨어뜨려 30cm 관입시킬 때의 타격횟수(N)를 측정하여 흙의 경·연 정도를 판정하는 것으로 사질토지반의 시험에 주로 쓰인다. ★★

③ 평판재하시험(Plate Bearing Test): 지반의 지지력을 알아보기 위한 방법으로 기초저면의 위치까지 굴착하고, 지반면에 평판을 놓고 직접 하중을 가하여 허용지내력을 구한다.

> **참고 베인시험과 표준관입시험**
>
> (1) 베인시험
>
> 점토질(불교란시료: Undisturbed Sample → 토질을 자연상태로 흐트러지지 않게 채취하는 시료)지반의 시험에 이용된다.
>
> (2) 표준관입시험
> ① 사질토(교란시료: Disturbed Sample)지반의 시험에 이용된다.
> ② 표준관입시험에서 타격횟수(N)값에 따른 모래의 상대밀도(흙의 경·연 정도) ★
>   • 0 ～ 4: 매우 무르다(매우 느슨하다).
>   • 4 ～ 10: 무르다(느슨하다).
>   • 10 ～ 30: 보통이다.
>   • 30 ～ 50: 밀실한 상태(단단하다).
>   • 50 이상: 매우 밀실한 상태(매우 단단하다).
> ③ 표준관입시험에서 50 / 30 표기의 의미
>   • 50: 타격횟수(50회)
>   • 30: 굴진수치(30cm)

(6) 지반의 이상현상 및 안전대책 ★★★

① 보일링(Boiling)현상: 사질토지반을 굴착시 굴착부와 지하수위차가 있을 경우, 수두차(水頭差)에 의하여 삼투압이 생겨 흙막이벽 근입부분을 침식하는 동시에 모래가 액상화(液狀化)되어 솟아오르는 현상이다.

지반조건	지하수위가 높은 사질토지반
발생원인	• 흙막이 배면 지하수위와 굴착저면의 수위차가 클 때 • 굴착부 하부지반에 투수성이 큰 모래층이 있을 때 • 흙막이벽 근입상(근입깊이: 파일이 지반에 들어간 깊이)이 부족할 때 • 굴착저면 하부의 피압수(被壓水: 지반 중의 대수층(帶水層)에 존재하는 지하수가 상위토층보다 높은 수두(水頭)를 갖는 경우를 말한다.)

발생현상	• 흙막이벽 파괴 • 굴착저면의 지지력 감소 • 흙막이 주변의 지반침하 • 굴착저면의 액상화(Quick Sand)현상
방지대책	• 흙막이벽 근입도를 증가하여 동수구배(動水句配: 두 지점의 지하수위의 차이를 두 지점 간의 거리로 나눈 비)를 저하시킨다. • 흙막이벽 상단부에 버팀대를 보강한다. • 약액주입에 의해 지수벽 또는 지수층을 설치하여 침투류 발생을 방지한다. • 흙막이벽 주위에서 배수시설을 통해 수두차(水頭差)를 작게 한다. • 흙막이벽 선단에 코어(core) 및 필터(filter)층을 설치한다. • 차수성(遮水性)이 높은 흙막이벽을 설치한다.

② 히빙(Heaving)현상: 굴착이 진행됨에 따라 흙막이벽 뒤쪽 흙의 중량이 굴착부 바닥의 지지력 이상이 되면 흙막이벽 근입(根入)부분의 지반이동이 발생하여 굴착부 저면이 솟아오르는 현상이다. ★★★

지반조건	연약한 점토지반
발생원인	• 흙막이벽 뒤쪽 흙의 중량이 굴착부 바닥의 지지력 이상일 때(흙막이벽 내외부의 중량차이) • 흙막이벽의 근입장 부족 • 지표면의 하중 증가(지표 재하중) • 연약지반 및 하부지반의 강성부족
발생현상	• 배면 토사붕괴 • 지보공 파괴 • 굴착저면의 솟아오름
방지대책	• 흙막이벽의 근입심도를 확보한다. • 굴착주변의 상재하중(上載荷重: 지반 위나 바닥위에 적재되는 하중)을 제거한다. • 어스앵커(Earth Anchor)를 설치한다. • 양질의 재료로 지반개량을 실시한다(흙의 전단강도를 높인다). • 굴착주변을 웰포인트(Well Point)공법과 병행한다. • 굴착저면에 토사 등의 인공중력을 가중시킨다. • 소단(小段)을 두면서 굴착한다.

③ 흙의 동상현상

흙의 동결(동상)조건 ★	• 0℃ 이하의 온도가 오래 지속될 때 • 실트(silt)질 흙이 존재할 때 • 아이스 렌즈(ice renz: 얼음결정)를 형성할 수 있는 물의 공급이 충분할 때
흙의 동상현상을 지배하는 인자 ★★	• 지하수위 • 흙의 투수계수 • 모관상승고의 크기 • 동결온도의 지속시간
흙의 동상방지대책	• 배수로를 설치하여 지하수위를 낮춘다(배수로설치공법). • 동결심도 상부의 흙을 비동결 흙(석탄재, 자갈 등)으로 치환한다(치환공법). • 지하수 상승을 방지하기 위하여 아스팔트, 콘크리트 등으로 차단층을 설치한다(차단공법). • 흙속에 단열재를 집어넣는다(단열공법). • 흙을 화학약품($MgCl_2$, $CaCl_2$ 등) 처리하여 동결온도를 낮춘다(안정처리공법).

2 건설업 산업안전보건관리비

(1) 산업안전보건관리비의 계상 및 사용(산업안전보건법)

① 건설공사발주자가 도급계약을 체결하거나 건설공사의 시공을 주도하여 총괄·관리하는 자(건설공사발주자로부터 건설공사를 최초로 도급받은 수급인은 제외한다.)가 건설공사 사업계획을 수립할 때에는 고용노동부장관이 정하여 고시하는 바에 따라 산업재해예방을 위하여 사용하는 비용(산업안전보건관리비)을 도급금액 또는 사업비에 계상(計上)하여야 한다.

② 고용노동부장관은 산업안전보건관리비의 효율적인 사용을 위하여 다음의 사항을 정할 수 있다.

　　㉠ 건설공사의 진척정도에 따른 사용비율 등 기준

　　㉡ 사업의 규모별, 종류별 계상기준

　　㉢ 그 밖에 산업안전보건관리비의 사용에 필요한 사항

③ 건설공사도급인 또는 선박의 건조 또는 수리를 최초로 도급받은 수급인은 산업안전보건관리비를 산업재해예방 외의 목적으로 사용해서는 아니 된다.

④ 건설공사도급인은 산업안전보건관리비를 사용하는 해당 건설공사의 금액이 4,000만 원 이상인 때에는 고용노동부장관이 정하는 바에 따라 매월(공사가 1개월 이내에 종료되는 사업의 경우에는 공사종료시) 사용명세서를 작성하고, 건설공사 종료 후 1년 동안 보존해야 한다.

(2) 산업안전보건관리비의 계상 및 사용(고용노동부고시 → 2024.9.19 개정) ★★

① 용어의 정의

　　㉠ 건설업 산업안전보건관리비(이하 '산업안전보건관리비'라 한다)란 산업재해예방을 위하여 건설공사 현장에서 직접 사용되거나 해당 건설업체의 본점 또는 주사무소(이하 '본사'라 한다)에 설치된 안전전담부서에서 법령에 규정된 사항을 이행하는데 소요되는 비용을 말한다.

　　㉡ 산업안전보건관리비 대상액(이하 '대상액'이라 한다)이란 예정가격 작성기준(기획재정부 계약예규)과 지방자치단체 입찰 및 계약집행기준(행정안전부 예규)

　　　　▶ 관련 규정에서 정하는 공사원가계산서 구성항목 중 직접재료비, 간접재료비와 직접노무비를 합한 금액(발주자가 재료를 제공할 경우에는 해당 재료비를 포함한다)을 말한다.

　　㉢ 자기공사자란 건설공사의 시공을 주도하여 총괄·관리하는 자를 말한다.

② 이 고시는 법 제2조제11호의 건설공사 중 총공사금액 2,000만원 이상인 공사에 적용한다. 다만, 단가계약에 의하여 행하는 공사에 대하여는 총계약금액을 기준으로 적용한다.

③ 계상의무 및 기준

　　㉠ 발주자가 도급계약 체결을 위한 원가계산에 의한 예정가격을 작성하거나 자기공사자가 건설공사 사업계획을 수립할 때에는 다음과 같이 산업안전보건관리비를 계상하여야 한다. 다만, 발주자가 재료를 제공하거나 일부 물품이 완제품의 형태로 제작·납품되는 경우에는 해당 재료비 또는 완제품 가액을 대상액에 포함하여 산출한 산업안전보건관리비와 해당 재료비 또는 완제품 가액을 대상액에서 제외하고 산출한 산업안전보건관리비의 1.2배에 해당하는 값을 비교하여 그 중 작은 값 이상의 금액으로 계상한다.

　　　　ⓐ 대상액이 5억 원 미만 또는 50억 원 이상인 경우: 대상액에 표[공사종류 및 규모별 산업안전보건관리비 계상기준표]에서 정한 비율을 곱한 금액

　　　　ⓑ 대상액이 5억 원 이상 50억 원 미만인 경우: 대상액에 표[공사종류 및 규모별 산업안전보건관리비 계상기준표]에서 정한 비율을 곱한 금액에 기초액을 합한 금액

ⓒ 대상액이 명확하지 않은 경우: 도급계약 또는 자체사업계획상 책정된 총공사금액의 10분의 7에 해당하는 금액을 대상액으로 하고 ⓐ, ⓑ호에서 정한 기준에 따라 계상

ⓛ 발주자 또는 자기공사자는 설계변경 등으로 대상액의 변동이 있는 경우에는 지체없이 산업안전보건관리비를 조정·계상하여야 한다. 다만, 설계변경으로 공사금액이 800억 원 이상으로 증액된 경우에는 증액된 대상액을 기준으로 재계상한다.

ⓒ 발주자는 계상한 산업안전보건관리비를 입찰공고 등을 통해 입찰에 참가하려는 자에게 알려야 한다.

[공사종류 및 규모별 산업안전보건관리비 계상기준표 고용노동부고시 → 2024.9.19 개정]

공사종류 \ 대상액	5억원 미만 적용비율	5억원 이상 50억원 미만		50억원 이상 적용비율	보건관리자 선임 대상 건설공사 적용비율
		적용비율	기초액		
건축공사	3.11%	2.28%	4,325,000원	2.37%	2.64%
토목공사	3.15%	2.53%	3,300,000원	2.60%	2.73%
중건설공사	3.64%	3.05%	2,975,000원	3.11%	3.39%
특수건설공사	2.07%	1.59%	2,450,000원	1.64%	1.78%

> **참고**
>
> **건설공사의 종류 예시표(고용노동부고시 → 2024.9.19 개정)**
>
> 1. 건축공사
>   ① 공작물 중 지붕과 기둥(또는 벽)이 있는 것과 이에 부수되는 시설물을 건설하는 공사 및 이와 함께 부대하여 현장 내에서 행하는 공사
>   ② 전문공사로서 건축물과 관련하여 분리하여 발주되었고 시간적·장소적으로도 독립하여 행하는 공사
> 2. 토목공사
>   ① 토목공작물을 설치하거나 토지를 조성·개량하는 공사
>   ② 전문공사로서 건축공사 외의 시설물과 관련하여 분리하여 발주되었고 시간적·장소적으로도 독립하여 행하는 공사
> 3. 중건설공사
>   ① 고제방댐공사 등
>   ② 화력, 수력, 원자력, 열병합 발전시설 등 설치공사
>   ③ 터널신설공사 등
> 4. 특수건설공사
>   ① 전기공사업법에 의한 공사
>   ② 정보통신공사업법에 의한 공사
>   ③ 소방공사업법에 의한 공사
>   ④ 문화재수리공사업법에 의한 공사

(3) 산업안전보건관리비의 사용기준(고용노동부고시 → 2024.9.19 개정) ★★

① 사용기준

㉮ 사용가능내역

㉠ 안전관리자 · 보건관리자의 임금 등

- 안전관리 또는 보건관리업무만을 전담하는 안전관리자 또는 보건관리자의 임금과 출장비 전액
- 안전관리 또는 보건관리업무를 전담하지 않는 안전관리자 또는 보건관리자의 임금과 출장비의 각각 2분의 1에 해당하는 비용
- 안전관리자를 선임한 건설공사 현장에서 산업재해예방 업무만을 수행하는 작업지휘자, 유도자, 신호자 등의 임금 전액
- 건설용리프트. 곤돌라를 이용한 작업 등 15개 작업을 직접 지휘 · 감독하는 직 · 조 · 반장 등 관리감독자의 직위에 있는 자가 업무를 수행하는 경우에 지급하는 업무수당(임금의 10분의 1 이내)

㉡ 안전시설비 등

- 산업재해예방을 위한 안전난간, 추락방호망, 안전대 부착설비, 방호장치(기계 · 기구와 방호장치가 일체로 제작된 경우, 방호장치 부분의 가액에 한함) 등 안전시설의 구입 · 임대 및 설치를 위해 소요되는 비용
- 「건설기술진흥법」에 따른 스마트 안전장비 구입 · 임대 비용. 다만, 계상된 산업안전보건관리비 총액의 10분의 1을 초과할 수 없다.
- 용접작업 등 화재위험작업시 사용하는 소화기의 구입 · 임대비용

㉢ 보호구 등

- 안전인증 대상 보호구의 구입 · 수리 · 관리 등에 소요되는 비용
- 근로자가 안전인증 대상 보호구를 직접 구매 · 사용하여 합리적인 범위 내에서 보전하는 비용
- 안전관리자 등의 업무용 피복, 기기 등을 구입하기 위한 비용
- 안전관리자 및 보건관리자가 안전보건점검 등을 목적으로 건설공사 현장에서 사용하는 차량의 유류비 · 수리비 · 보험료

㉣ 안전보건진단비 등

- 유해위험방지계획서의 작성 등에 소요되는 비용
- 안전보건진단에 소요되는 비용
- 작업환경 측정에 소요되는 비용
- 그 밖에 산업재해예방을 위해 법에서 지정한 전문기관 등에서 실시하는 진단, 검사, 지도 등에 소요되는 비용

㉤ 안전보건교육비 등

- 산업안전보건법의 규정에 따라 실시하는 의무교육이나 이에 준하여 실시하는 교육을 위해 건설공사 현장의 교육장소 설치 · 운영 등에 소요되는 비용
- 산업안전보건법 이외 산업재해예방 목적을 가진 다른 법령상 의무교육을 실시하기 위해 소요되는 비용
- 안전보건관리책임자, 안전관리자, 보건관리자가 업무수행을 위해 필요한 정보를 취득하기 위한 목적으로 도서, 정기간행물을 구입하는데 소요되는 비용
- 건설공사 현장에서 안전기원제 등 산업재해예방을 기원하는 행사를 개최하기 위해 소요되는 비용. 다만, 행사의 방법, 소요된 비용 등을 고려하여 사회통념에 적합한 행사에 한한다.
- 건설공사 현장의 유해 · 위험요인을 제보하거나 개선방안을 제안한 근로자를 격려하기 위해 지급하는 비용
- 안전보건교육 대상자 등에게 구조 및 응급처치에 관한 교육을 실시하기 위해 소요되는 비용

     ⓗ 근로자 건강장해예방비 등

- 산업안전보건법에서 규정하거나 그에 준하여 필요로 하는 각종 근로자의 건강장해예방에 필요한 비용
- 중대재해 목격으로 발생한 정신질환을 치료하기 위해 소요되는 비용
- 「감염병의 예방 및 관리에 관한 법률」에 따른 감염병의 확산 방지를 위한 마스크, 손소독제, 체온계 구입비용 및 감염병병원체 검사를 위해 소요되는 비용
- 산업안전보건법에 따른 휴게시설을 갖춘 경우 온도, 조명 설치 · 관리기준을 준수하기 위해 소요되는 비용
- 건설공사 현장에서 근로자 심폐소생을 위해 사용되는 자동심장충격기(AED) 구입에 소요되는 비용

     ⓢ 건설재해예방전문지도기관의 지도에 대한 대가로 지급하는 비용

     ⓞ 「중대재해처벌 등에 관한 법률 시행령」에 해당하는 건설사업자가 아닌 자가 운영하는 사업에서 안전보건업무를 총괄 · 관리하는 3명 이상으로 구성된 본사 전담조직에 소속된 근로자의 임금 및 업무수행 출장비 전액. 다만, 계상된 산업안전보건관리비 총액의 20분의 1을 초과할 수 없다.

     ⓩ 산업안전보건법에 따른 위험성 평가 또는 「중대재해처벌 등에 관한 법률 시행령」에 따라 유해 · 위험요인 개선을 위해 필요하다고 판단하여 산업안전보건위원회 또는 노사협의체에서 사용하기로 결정한 사항을 이행하기 위한 비용. 다만, 계상된 산업안전보건관리비 총액의 10분의 1을 초과할 수 없다.

  ④ 사용불가내역

     ㉠ 다음의 어느 하나에 해당하는 경우에는 산업안전보건관리비를 사용할 수 없다.

- (계약예규)예정가격작성기준 중 각 호에 해당되는 비용(전력비, 운반비, 가설비, 복리후생비, 연구개발비, 기계경비, 통신비, 품질관리비, 기술료, 보관비, 폐기물처리비 등)
- 다른 법령에서 의무사항으로 규정한 사항을 이행하는데 필요한 비용
- 근로자 재해예방 외의 목적이 있는 시설 · 장비나 물건 등을 사용하기 위해 소요되는 비용
- 환경관리, 민원 또는 수방대비 등 다른 목적이 포함된 경우

     ㉡ 도급인 및 자기공사자는 별표 3에서 정한 공사진척에 따른 산업안전보건관리비 사용기준을 준수하여야 한다. 다만, 건설공사발주자는 건설공사의 특성 등을 고려하여 사용기준을 달리 정할 수 있다.

② 사용금액의 감액 · 반환 등: 발주자는 도급인이 법에 위반하여 다른 목적으로 사용하거나 사용하지 않은 산업안전보건관리비에 대하여 이를 계약금액에서 감액조정하거나 반환을 요구할 수 있다.

③ 도급인은 산업안전보건관리비 사용내역에 대하여 공사 시작 후 6개월마다 1회 이상 발주자 또는 감리자의 확인을 받아야 한다. 다만, 6개월 이내에 공사가 종료되는 경우에는 종료시 확인을 받아야 한다.

④ 공사금액 4,000만 원 이상의 도급인 및 자기공사자는 공사실행예산을 작성하는 경우에 해당 공사에 사용하여야 할 산업안전보건관리비의 실행예산을 계상된 산업안전보건관리비 총액 이상으로 별도 편성해야 하며, 이에 따라 산업안전보건관리비를 사용하고, 산업안전보건관리비 사용내역서를 작성하여 해당 공사현장에 갖추어 두어야 한다.

참고

공사진척에 따른 산업안전보건관리비 사용기준(고용노동부고시) ★

공정률	50% 이상 70% 미만	70% 이상 90% 미만	90% 이상
사용기준	50% 이상	70% 이상	90% 이상

3 사전안전성 검토(유해위험방지계획서)

사전안전성 검토란 건설공사 등에 있어서 안전확보를 목적으로 유해위험방지계획서에 의하여 사전검토를 실시하는 것이다. 사업주는 해당 서류를 첨부하여 해당 공사의 착공 전날까지 안전보건공단에 2부를 제출하여야 한다.

1. 유해위험방지계획서 제출 대상 건설공사 ★★★

(1) 다음의 어느 하나에 해당하는 건축물 또는 시설 등의 건설, 개조 또는 해체공사

　　① 지상높이가 31m 이상인 건축물 또는 인공구조물

　　② 연면적 30,000m² 이상인 건축물

　　③ 연면적 5,000m² 이상의 시설로서 다음의 어느 하나에 해당하는 시설

　　　　㉠ 문화 및 집회시설(전시장 및 동물원 · 식물원은 제외한다)

　　　　㉡ 판매시설, 운수시설(고속철도의 역사 및 집배송시설은 제외한다)

　　　　㉢ 종교시설

　　　　㉣ 의료시설 중 종합병원

　　　　㉤ 숙박시설 중 관광숙박시설

　　　　㉥ 지하도상가

　　　　㉦ 냉동 · 냉장창고시설

(2) 최대지간길이가 50m 이상인 다리의 건설 등 공사

(3) 터널의 건설 등 공사

(4) 연면적 5,000m² 이상의 냉동 · 냉장창고시설의 설비공사 및 단열공사

(5) 다목적댐, 발전용댐, 저수용량 2,000만톤 이상의 용수전용댐 및 지방상수도전용댐의 건설 등 공사

(6) 깊이 10m 이상인 굴착공사

2. 첨부서류 ★★

(1) 공사개요 및 안전보건관리계획

　　① 공사개요서

　　② 공사현장의 주변현황 및 주변과의 관계를 나타내는 도면(매설물 현황 포함)

　　③ 건설물, 사용 기계설비 등의 배치를 나타내는 도면

　　④ 전체 공정표

　　⑤ 산업안전보건관리비 사용계획

　　⑥ 안전관리조직표

　　⑦ 재해발생위험시 연락 및 대피방법

(2) 작업공사 종류별 유해위험방지계획

대상공사	작업공사 종류	첨부서류
건축물 또는 시설 등의 건설. 개조 또는 해체공사 ★★	• 가설공사 • 기계설비공사 • 구조물공사 • 해체공사 • 마감공사	• 해당 작업공사 종류별 작업개요 및 재해예방계획 • 위험물질의 종류별 사용량과 저장 · 보관 및 사용시의 안전작업계획
냉동 · 냉장창고시설의 설비공사 및 단열공사	• 가설공사 • 단열공사 • 기계설비공사	• 해당 작업공사 종류별 작업개요 및 재해예방계획 • 위험물질의 종류별 사용량과 저장 · 보관 및 사용시의 안전작업계획
다리건설 등의 공사	• 가설공사 • 다리하부(하부공)공사 • 다리상부(상부공)공사	• 해당 작업공사 종류별 작업개요 및 재해예방계획 • 위험물질의 종류별 사용량과 저장 · 보관 및 사용시의 안전작업계획
터널건설 등의 공사	• 가설공사 • 굴착 및 발파공사 • 구조물공사	• 해당 작업공사 종류별 작업개요 및 재해예방계획 • 위험물질의 종류별 사용량과 저장 · 보관 및 사용시의 안전작업계획
댐건설 등의 공사	• 가설공사 • 굴착 및 발파공사 • 댐축조공사	• 해당 작업공사 종류별 작업개요 및 재해예방계획 • 위험물질의 종류별 사용량과 저장 · 보관 및 사용시의 안전작업계획
굴착공사 ★★	• 가설공사 • 굴착 및 발파공사 • 흙막이지보공(支保工) 공사	• 해당 작업공사 종류별 작업개요 및 재해예방계획 • 위험물질의 종류별 사용량과 저장 · 보관 및 사용시의 안전작업계획

3. 유해위험방지계획서 심사결과의 구분 ★

(1) 적정   (2) 조건부 적정   (3) 부적정

> **참고**   **유해위험방지계획서 등 관련 사항**
>
> (1) 유해위험방지계획서의 확인사항(산업안전보건법 시행규칙) ★
> 사업주는 건설공사 중 6개월 이내마다 다음 사항에 관하여 안전보건공단의 확인을 받아야 한다.
> ① 유해위험방지계획서의 내용과 실제 공사내용이 부합하는지 여부
> ② 유해위험방지계획서의 변경내용의 적정성
> ③ 추가적인 유해위험요인의 존재 여부
> (2) 유해위험방지계획서의 작성 시 의견을 들어야 하는 건설안전분야의 자격(산업안전보건법시행규칙)
> ① 건설안전분야 산업안전지도사
> ② 건설안전기술사 또는 토목. 건축분야 기술사
> ③ 건설안전산업기사 이상의 자격을 취득한 후 건설안전 관련 실무경력이 건설안전기사 이상의 자격은 5년, 건설안전산업기사 자격은 7년 이상인 사람
> (3) 건설공사를 하는 동안에 건설재해예방전문지도기관에서 건설산업재해예방을 위한 지도를 받아야 하는 건설공사도급인(산업안전보건법 시행령)
> ① 공사금액 1억 원 이상 120억 원(토목공사업에 속하는 공사는 150억 원) 미만인 공사를 하는 자
> ②「건축법」제11조에 따른 건축허가의 대상이 되는 공사를 하는 자
> (4) 산업안전보건관리비를 사용할 때 재해예방전문지도기관의 정기기술지도 대상 제외 사업장(산업안전보건법 시행령) ★
> ① 공사기간이 1개월 미만인 공사
> ② 육지와 연결되지 아니한 섬지역(제주도 제외)에서 이루어지는 공사
> ③ 안전관리자의 자격을 가진 사람을 선임하여 안전관리자의 업무만을 전담하도록 하는 공사
> ④ 유해위험방지계획서를 제출해야 하는 공사

01 ★

기본적인 토질에 대한 사전조사 내용을 4가지 쓰시오.

정답

① 사운딩(Sounding)
② 시추
③ 주변에 기절토된 경사면의 실태조사
④ 토질시험
⑤ 물리탐사(탄성파조사)
⑥ 지표, 토질에 대한 답사 및 조사를 함으로써 토질구성(표토, 토질, 암질), 토질구조(지층의 경사, 지층, 파쇄대의 분포, 변질대의 분포), 지하수 및 용수의 형상 등의 실태조사 등
[근거]
사전조사: 굴착공사 표준안전작업지침 고용노동부고시

02 ★★

굴착작업 전 지하매설물에 대하여 사전조사를 하여야 할 것을 4가지 쓰시오.

정답

① 가스관
② 상수도관
③ 지하케이블
④ 건축물의 기초
[근거]
사전조사: 굴착공사 표준안전작업지침 고용노동부고시

03 ★

다음 (   ) 안에 적합한 내용을 쓰시오.

> (1) 기계를 사용하여 지중에 구멍을 뚫어 굴진속도와 굴진 중 반응 및 시료와 파낸 찌꺼기로부터 지반의 성층을 알 수 있는 동시에 구성하는 흙 또는 암반을 관찰하는 검사방법을 (①)라고 한다.
> (2) 그 결과 얻어진 그림을 (②)라고 한다.

정답

① 지반조사
② 지층단면도

04 ★

지반조사방법 중 기계식 보링(Boring)의 종류를 3가지 쓰시오.

정답

① 회전식 보링
② 충격식 보링
③ 수세식 보링

05 ★★

토질시험방법 중 표준관입시험(SPT: Standard penetration Test)에 대하여 간단히 설명하시오.

정답

63.5kg의 추를 76cm 정도의 높이에서 떨어뜨려 30cm 관입시킬 때의 타격횟수(N)를 측정하여 흙의 경·연 정도를 판정하는 것으로 사질토지반의 시험에 주로 쓰인다.

06 ★★★

지반의 이상현상 중 보일링현상이 일어나기 쉬운 지반의 조건을 쓰고, 보일링현상의 방지대책을 3가지 쓰시오.

정답

(1) 보일링현상이 일어나기 쉬운 지반의 조건

　　지하수위가 높은 사질토지반

(2) 방지대책

　　① 주변 수위를 저하시킨다(굴착배면의 지하수위를 낮춘다).

　　② 흙막이벽 근입도를 증가하여 동수구배를 저하시킨다.

　　③ 약액주입에 의해 지수벽 또는 지수층을 설치하여 침투류의 발생을 방지한다.

　　④ 흙막이벽 상단부에 버팀대를 보강한다.

　　⑤ 흙막이벽 주위에서 배수시설을 통해 수두차를 작게 한다.

　　⑥ 차수성이 높은 흙막이벽을 설치한다.

　　⑦ 흙막이벽 선단에 코어(core) 및 필터(filter)층을 설치한다.

07 ★★★

히빙(heaving)현상의 정의를 간단히 설명하고 히빙현상의 방지대책을 4가지 쓰시오.

정답

(1) 히빙현상의 정의

　　굴착이 진행됨에 따라 흙막이벽 뒤쪽 흙의 중량이 굴착부 바닥의 지지력 이상이 되면 흙막이벽 근입(根入)부분의 지반이동이 발생하여 굴착부 저면이 솟아오르는 현상이다.

(2) 히빙현상의 방지대책

　　① 굴착주변의 상재하중을 제거한다.

　　② 흙막이벽의 근입심도를 확보한다(근입깊이를 깊게 한다).

　　③ 어스앵커(Earth Anchor)를 설치한다.

　　④ 굴착저면에 토사 등의 인공중력을 가중시킨다.

　　⑤ 굴착주변을 웰포인트(Well Point)공법과 병행한다.

　　⑥ 양질의 재료로 지반개량을 실시한다(흙의 전단강도를 높인다).

　　⑦ 소단(小段)을 두면서 굴착한다.

　　⑧ 흙막이벽의 표토를 제거하여 토압을 경감시킨다.

08 ★★★

지반의 이상현상 중 히빙(heaving)이 일어나기 쉬운 지반조건과 발생원인을 3가지 쓰시오.

정답

(1) 지반조건: 연약한 점토지반

(2) 발생원인

　　① 흙막이벽 뒤쪽 흙의 중량이 굴착부 바닥의 지지력 이상일 때 (흙막이벽 내외부의 중량차이)

　　② 흙막이벽체의 근입장 부족

　　③ 지표면의 하중 증가(지표재하중)

　　④ 연약지반 및 하부지반의 강성부족

09 ★

흙의 동결(동상)조건을 2가지 쓰시오.

정답

① 0℃ 이하의 온도가 오래 지속될 때

② 실트(silt)질 흙이 존재할 때

③ 아이스 렌즈(ice lens: 얼음결정)를 형성할 수 있는 물의 공급이 충분 할 때

10 ★★

흙(지반)의 동상현상을 지배하는 인자를 4가지 쓰시오.

① 지하수위
② 흙의 투수계수
③ 모관상승고의 크기
④ 동결온도의 지속시간

11 ★★

다음은 산업안전보건관리비의 계상 및 사용에 대한 사항이다. (   ) 안에 적합한 내용을 쓰시오.

(1) 산업안전보건관리비의 계상 및 사용에 관한 기준은 산업안전보건법 제2조11호의 건설공사 중 총공사금액 (①) 이상인 공사에 적용한다.
(2) 발주자가 재료를 제공하거나 일부 물품이 완제품의 형태로 제작·납품되는 경우에는 해당 재료비 또는 완제품 가액을 대상액에 포함하여 산출한 산업안전보건관리비와 해당 재료비 또는 완제품 가액을 대상에서 제외하고 산출한 산업안전보건관리비의 (②)배에 해당하는 값을 비교하여 그 중 작은 값 이상의 금액으로 계상한다.
(3) 대상액이 명확하지 않은 공사는 도급계약 또는 자체사업계획상의 총 공사금액의 (③)을 대상액으로 하여 산업안전보건관리비를 계상하여야 한다.
(4) 도급인은 산업안전보건관리비 사용내역에 대하여 공사시작 후 (④)개월마다 1회 이상 발주자 또는 감리자의 확인을 받아야 한다.

정답

① 2,000만 원
② 1.2
③ 10분의 7
④ 6
[근거]
안전보건관리비의 계상 및 사용: 건설업 산업안전보건관리비 계상 및 사용기준 고용노동부고시 → 2024.9.19 개정

12 ★

다음 중 산업안전보건관리비로 사용이 가능한 항목 4가지를 골라 번호를 쓰시오.

① 교통통제를 위한 교통정리신호수의 인건비
② 면장갑, 코팅장갑, 작업복, 방한복의 구입비
③ 안전보건교육장 내 냉난방설치 및 유지비
④ 안전보건교육장의 대지 구입비
⑤ 안전관리자용 안전순찰차량의 유류비
⑥ 비계, 작업발판, 가설계단, 사다리의 시설비
⑦ 위생 및 긴급피난용 시설비
⑧ 지정교육기관에서 자격, 면허취득 또는 기능습득을 위한 교육비

정답

③, ⑤, ⑦, ⑧
[근거]
안전관리비의 항목별 사용불가내역: 건설업 산업안전보건관리비 계상 및 사용기준 고용노동부고시 → 2022.6.2 개정되어 삭제된 항목으로 학습 불필요

13 ★★

총공사금액이 48억 5천만 원인 건설공사현장의 산업안전보건관리비를 계산하시오. (단, 건축공사 기준을 적용한다.)

정답

(1) 대상액이 명확하지 않은 공사의 경우이므로 총공사금액의 10분의 7을 대상액으로 하여 계상하여야 한다.
(2) $4,850,000,000 \times 0.7 = 3,395,000,000$원
(3) 건축공사로 계상기준표 '5억 원 이상 50억 원 미만'을 적용한다.
  ① 비율: 2.28%
  ② 기초액: 4,325,000원
(4) 따라서 $3,395,000,000 \times 0.0228 + 4,325,000 = 81,731,000$원

14 ★★

건설업 산업안전보건관리비의 사용항목을 5가지 쓰시오.

① 안전관리자 · 보건관리자의 임금 등

② 안전시설비 등

③ 보호구 등

④ 안전보건진단비 등

⑤ 안전보건교육비 등

⑥ 근로자 건강장해예방비 등

⑦ 건설재해예방전문지도기관의 지도에 대한 대가로 지급하는 비용

⑧ 「중대재해처벌 등에 관한 법률 시행령」에 해당하는 건설사업자가 아닌 자가 운영하는 사업에서 안전보건업무를 총괄 · 관리하는 3명 이상으로 구성된 본사 전담조직에 소속된 근로자의 임금 및 업무수행 출장비 전액. 다만, 계상된 산업안전보건관리비 총액의 20분의 1을 초과할 수 없다.

⑨ 산업안전보건법에 따른 위험성 평가 또는 「중대재해처벌 등에 관한 법률 시행령」에 따라 유해 · 위험요인 개선을 위해 필요하다고 판단하여 산업안전보건위원회 또는 노사협의체에서 사용하기로 결정한 사항을 이행하기 위한 비용. 다만, 계상된 산업안전보건관리비 총액의 10분의 1을 초과할 수 없다.

[근거]
사용기준: 건설업 산업안전보건관리비계상 및 사용기준 고용노동부 고시 → 2024.9.19 개정

15 ★★

산업안전보건법상 사업주가 유해위험방지계획서를 제출할 때 건설공사 유해위험방지계획서의 제출기한과 첨부서류를 4가지 쓰시오.

(1) 제출기한: 해당 공사의 착공 전날까지

(2) 첨부서류

　① 공사개요 및 안전보건관리계획

　　㉠ 공사개요서

　　㉡ 공사현장의 주변현황 및 주변과의 관계를 나타내는 도면
　　　(매설물 현황 포함)

　　㉢ 건설물, 사용 기계설비 등의 배치를 나타내는 도면

　　㉣ 전체 공정표

　　㉤ 산업안전보건관리비 사용계획

　　㉥ 안전관리조직표

　　㉦ 재해발생위험시 연락 및 대피방법

　② 작업공사 종류별 유해위험방지계획

[근거]
(1) 제출서류 등: 산업안전보건법 시행규칙 제42조
(2) 유해위험방지계획서 첨부서류: 산업안전보건법 시행규칙 [별표 10]

16 ★★★

산업안전보건법상 건설업 중 유해 · 위험방지계획서 제출 대상 공사를 4가지 쓰시오.

① 지상높이가 31m 이상인 건축물 또는 인공구조물

② 연면적 30,000m² 이상인 건축물

③ 연면적 5,000m² 이상인 시설로서 다음의 어느 하나에 해당하는 시설

　㉠ 문화 및 집회시설(전시장 및 동물원 · 식물원은 제외)

　㉡ 판매시설, 운수시설(고속철도의 역사 및 집배송시설은 제외)

　㉢ 종교시설

　㉣ 의료시설 중 종합병원

　㉤ 숙박시설 중 관광숙박시설

　㉥ 지하도상가

　㉦ 냉동 · 냉장창고시설

④ 연면적 5,000m² 이상의 냉동 · 냉장창고시설의 설비공사 및 단열공사

⑤ 최대지간길이가 50m 이상인 다리의 건설 등 공사

⑥ 터널의 건설 등 공사

⑦ 다목적댐, 발전용댐, 저수용량 2,000만톤 이상의 용수전용댐 및 지방상수도전용댐의 건설 등 공사

⑧ 깊이 10m 이상인 굴착공사

[근거]
유해위험방지계획서 제출 대상: 산업안전보건법 시행규칙 제42조

17 ★★

지상높이가 31m 이상 되는 건축물을 건설하는 공사현장에서 유해위험방지계획서를 작성하여 제출할 때 첨부하여야 하는 작업공사 종류별 유해위험방지계획의 해당 작업공사 종류를 4가지 쓰시오.

정답

① 가설공사
② 구조물공사
③ 마감공사
④ 기계설비공사
⑤ 해체공사
[근거]
유해위험방지계획서 첨부서류: 산업안전보건법 시행규칙 [별표 10]

18 ★

유해위험방지계획서를 제출한 사업주가 건설공사 중 6개월 이내마다 산업안전보건공단의 확인을 받아야 하는 사항을 3가지 쓰시오.

정답

① 유해위험방지계획서의 내용과 실제 공사내용이 부합하는지 여부
② 유해위험방지계획서의 변경내용이 적정성
③ 추가적인 유해위험요인의 존재 여부
[근거]
확인: 산업안전보건법 시행규칙 제46조

19 ★

산업안전보건법상 건설공사 도급인으로서 건설재해예방전문지도기관에서 건설산업재해예방을 위한 지도를 제외하는 공사를 3가지 쓰시오.

정답

① 공사기간이 1개월 미만인 공사
② 육지와 연결되지 아니한 섬지역(제주도 제외)에서 이루어지는 공사
③ 안전관리자의 자격을 가진 사람을 선임하여 안전관리자의 업무만을 전담하도록 하는 공사
④ 유해위험방지계획서를 제출해야 하는 공사
[근거]
건설재해예방지도 대상 건설공사 도급인: 산업안전보건법 시행령 제59조

20 ★

유해위험방지계획서의 심사결과를 구분·판정하는 기준을 3가지 쓰시오.

정답

① 적정
② 조건부 적정
③ 부적정
[근거]
심사결과의 구분: 산업안전보건법 시행규칙 제45조

CHAPTER 2 | 안전시설 설치하기

1 셔블계 굴착기계, 토공기계, 운반기계

1. 셔블계 굴착기계의 종류 ★

(1) **파워셔블(Power Shovel):** 중기가 위치한 지면보다 높은 장소의 땅을 굴착하는데 적합하며 산지에서의 토공사, 암반으로부터 점토질까지 굴착할 수 있다.

(2) **백호(드래그셔블):** 백호(Back Hoe)는 중기가 위치한 지면보다 낮은 곳의 땅을 파는데 적합하다.

(3) **드래그라인(Drag Line):** 작업범위가 광범위하고 수중굴착 및 연약한 지반의 굴착에 적합하다.

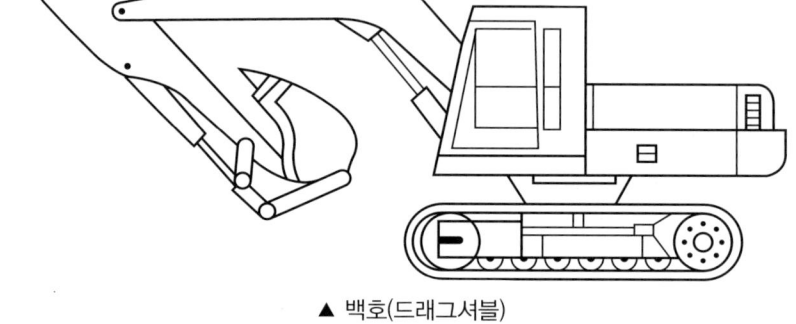

▲ 백호(드래그셔블)

(4) **클램셀(Clam Shell):** 버켓의 유압호스를 실린더에 연결하여 작동시키며 수중굴착, 건축구조물의 기초 등 정해진 범위의 깊은 굴착 및 호퍼(Hopper)작업에 적합하다.

2. 토공기계의 종류

(1) **트랙터(Tractor):** 트랙터는 작업 조종장치를 설치하지 않고 기관의 동력을 견인력으로 전환하는 견인차로서 건설공사용 기계와 조합해서 사용하는 이외에 작업장치를 장착하여 각종 건설공사에 사용하고 있다.

(2) **도저(Dozer):** 블레이드(Blade)를 트랙터 앞부분에 설치하여 흙의 굴착, 압토 및 운반 등의 작업을 하는 기계이다. ★

　① 불도저(Bull Dozer)　　　　　　　　　③ 틸트도저(Tilt Dozer)

　② 앵글도저(Angle Dozer)　　　　　　　④ 레이크도저(Rake Dozer)

(3) **스크레이퍼(Scraper):** 스크레이퍼는 굴착, 싣기, 운반, 하역 등 일련작업을 하나의 기계로서 연속적으로 행할 수 있으므로 굴착기와 운반기를 조합한 토공만능기라 할 수 있는 기계이다.

(4) **모터그레이더(Motor Grader):** 모터그레이더(Motor Grader)는 토공기계의 대패라고 하며 지면을 절삭하여 평활하게 다듬는 것이 목적이다.

(5) **롤러(Roller):** 롤러는 2개 이상의 매끈한 드럼 롤러를 바퀴로 하는 다짐기계로 전압기계(轉壓機械)라고도 하며, 주로 도로, 제방, 활주로 등의 노면에 전압을 가하기 위하여 사용된다.

　① 매커덤 롤러(Macadam Roller)　　　　③ 탬핑 롤러(Tamping Roller)

　② 탠덤 롤러(Tandem Roller)　　　　　④ 타이어 롤러(Tire Roller)

3. 운반기계의 종류

(1) 지게차(Fork Lift)

지게차는 차체 앞에 화물적재용 포크(Fork)와 승강용 마스트(Mast)를 갖추고, 포크 위에 화물을 적재하여 운반과 동시에 포크의 승강작용을 이용하여 하역에 이용되는 것이다.

> 참고 **지게차**
>
> (1) 지게차 작업시작 전 점검사항(산업안전보건법 안전보건기준) ★★★
>   ① 하역장치 및 유압장치 기능의 이상 유무   ③ 바퀴의 이상 유무
>   ② 제동장치 및 조종장치 기능의 이상 유무   ④ 전조등, 후미등, 방향지시기 및 경보장치 기능의 이상 유무
> (2) 구내운반차를 사용하여 작업을 할 때 작업시작 전 점검사항(산업안전보건법 안전보건기준) ★★
>   ① 제동장치 및 조종장치 기능의 이상 유무   ④ 전조등, 후미등, 방향지시기 및 경보장치 기능의 이상 유무
>   ② 하역장치 및 유압장치 기능의 이상 유무   ⑤ 충전장치를 포함한 홀더 등의 결합상태의 이상 유무
>   ③ 바퀴의 이상 유무

(2) 로더(Loader)

로더는 트랙터의 앞 작업장치에 버켓을 붙인 것으로 셔블도저(Shovel Dozer) 또는 트랙터셔블(Tractor Shovel)이라고도 하며 버켓에 의한 굴착, 상차를 주작업으로 하는 기계이다.

(3) 덤프트럭(Dump Truck)

덤프트럭은 토사, 모래, 자갈과 같은 골재를 휠 로더에 의해 적재받아 차체에 유압 실린더를 설치하여 적재함을 들어 올려 적하하며, 토목건축 공사에 편리하게 사용되는 중장비이다.

2 양중기의 안전

산업안전보건법상 양중기의 종류로는 크레인(호이스트 포함), 이동식 크레인, 리프트(이삿짐운반용 리프트는 적재하중이 0.1톤 이상인 것), 곤돌라, 승강기가 있다. ★★★

1. 크레인(Crane)

(1) 크레인의 방호장치 ★★

① 크레인 등 양중기에 과부하방지장치, 권과방지장치, 비상정지장치 및 제동장치 등 방호장치를 부착하고 유효하게 작동될 수 있도록 미리 조정하여 두어야 한다.

② 권과방지장치는 훅, 도르래, 버켓 등 달기구의 윗면이 드럼, 상부도르래, 트롤리프레임 등 권상장치의 아랫면과 접촉할 우려가 있는 경우에 그 간격이 0.25m 이상(직동식 권과방지장치는 0.05m 이상)이 되도록 조정하여야 한다.

③ 와이어로프 등이 훅으로부터 벗겨지는 것을 방지하기 위한 장치(해지장치)를 구비한 크레인을 사용하여야 한다.

(2) 정격하중 등의 표시(산업안전보건법 안전보건기준) ★★

크레인 등 양중기(승강기는 제외) 및 달기구를 사용하여 작업하는 운전자 또는 작업자가 보기 쉬운 곳에 해당 기계의 정격하중, 운전속도, 경고표시 등을 부착하여야 한다. 다만, 달기구는 정격하중만 표시한다.

(3) 악천후 및 강풍시 타워크레인의 작업 중지(산업안전보건법 안전보건기준) ★★

순간풍속이 초당 10m를 초과하는 경우 타워크레인의 설치, 수리, 점검 또는 해체작업을 중지하여야 하며, 순간풍속이 초당 15m를 초과하는 경우에는 타워크레인의 운전작업을 중지하여야 한다.

(4) 건설물 등의 벽체와 통로와의 간격(산업안전보건법 안전보건기준) ★

다음 사항에 규정된 간격을 0.3m 이하로 하여야 한다.

① 크레인거더의 통로의 끝과 크레인거더의 간격

② 크레인의 운전실 또는 운전대를 통하는 통로의 끝과 건설물 등의 벽체의 간격

③ 크레인거더의 통로로 통하는 통로의 끝과 건설물 등의 벽체의 간격

(5) 타워크레인을 와이어로프로 지지할 때 준수사항(산업안전보건법 안전보건기준) ★★

① 서면심사에 관한 서류 또는 제조사의 설치작업설명서 등에 따라 설치할 것

② 서면심사 서류 등이 없거나 명확하지 아니한 경우에는 건축구조, 건설기계, 기계안전, 건설안전기술사 또는 건설안전분야 산업안전지도사의 확인을 받아 설치하거나 기종별 · 모델별 공인된 표준방법으로 설치할 것

③ 와이어로프를 고정하기 위한 전용지지프레임을 사용할 것

④ 와이어로프 설치각도는 수평면에서 60도 이내로 하되, 지지점은 4개소 이상으로 하고, 같은 각도로 설치할 것

⑤ 와이어로프와 그 고정부위는 충분한 강도와 장력을 갖도록 설치하고, 와이어로프를 클립 · 샤클 등의 고정기구를 사용하여 견고하게 고정시켜 풀리지 아니하도록 하여야 하며, 사용 중에는 충분한 강도와 장력을 유지하도록 할 것

⑥ 와이어로프가 가공전선(架空電線)에 근접하지 않도록 할 것

(6) 타워크레인을 설치 · 조립 · 해체하는 작업시 작업계획서에 포함될 내용(산업안전보건법 안전보건기준) ★★★

① 설치 · 조립 및 해체순서　　　　　　　　④ 작업도구, 장비, 가설설비 및 방호설비

② 타워크레인의 종류 및 형식　　　　　　　⑤ 작업인원의 구성 및 작업근로자의 역할범위

③ 타워크레인의 지지방법

2. 이동식 크레인

(1) 이동식 크레인의 종류

명칭	내용	명칭	내용
트럭크레인	트럭에 탑재되어 회전할 수 있는 것	크롤러크레인	차내에 크레인 부분을 장착한 것
휠크레인	원동기가 하나이며 주행 및 크레인작업이 가능한 것	프로팅크레인	선체 외에 크레인 부분을 장착한 것

(2) 크레인에 전용 탑승설비를 설치하고 추락위험을 방지하기 위한 조치사항(산업안전보건법 안전보건기준) ★★

① 탑승설비가 뒤집히거나 떨어지지 않도록 필요한 조치를 할 것

② 안전대나 구명줄을 설치하고, 안전난간을 설치할 수 있는 구조인 경우에는 안전난간을 설치할 것

③ 탑승설비를 하강시킬 때에는 동력하강방법으로 할 것

> **참고　권과방지장치와 과부하방지장치** ★
>
> (1) 권과방지장치: 훅이 일정높이 이상 또는 권상기 레일 하면까지 감기지 않도록 통제하는 장치
> (2) 과부하방지장치: 규정된 중량을 초과한 중량이 실렸을 때 경보를 발하며, 작동을 정지시키는 장치

3. 데릭(Derrick)

(1) 종류

① 삼각데릭(Stiff Leg Derrick)　　　② 가이데릭(Guy Derrick)　　　③ 진폴데릭(Gin Pole Derrick)

(2) 용도: 중량물의 이동, 철골조립작업, 하역작업, 항만하역작업 등에 사용된다.

4. 리프트

(1) 리프트의 안전대책

① 적재하중을 초과하여 사용하는 일이 없도록 과부하방지장치를 설치할 것

② 권상용 와이어로프 권과에 의한 위험을 방지하기 위하여 권과방지장치를 설치할 것

③ 운반구에 근로자의 탑승을 금지할 것

④ 비상시 기계를 정지시킬 수 있는 비상정지장치를 설치할 것

⑤ 근로자에게 위험을 미칠 우려가 있는 장소에는 출입을 금할 것

⑥ 순간풍속이 35m/s를 초과하는 바람이 불어올 우려가 있는 경우 건설작업용 리프트에 대하여 받침수를 증가시키는 등 그 붕괴를 방지하기 위한 조치를 할 것 ★★

(2) 리프트의 종류 ★★

① 건설용 리프트 　　　　　　　　　　③ 자동차정비용 리프트

② 산업용 리프트 　　　　　　　　　　④ 이삿짐운반용 리프트

※ 산업안전보건법 안전보건기준 → 2021.11.19. 개정

(3) 리프트의 조립, 해체작업시 안전조치 ★★

① 작업을 지휘하는 사람을 선임하여 그 사람의 지휘하에 작업을 실시할 것

② 비, 눈 그 밖의 기상상태의 불안정으로 날씨가 몹시 나쁜 경우에는 그 작업을 중지시킬 것

③ 작업을 할 구역에 관계근로자가 아닌 사람의 출입을 금지하고 그 취지를 보기 쉬운 장소에 표시할 것

5. 곤돌라 및 승강기

(1) 곤돌라(Gondola)의 안전대책

곤돌라의 운전방법 또는 고장이 났을 때의 처치방법을 그 곤돌라를 사용하는 근로자에게 주지시켜야 한다.

(2) 승강기의 종류 ★★

① 승객용 엘리베이터: 사람의 운송에 적합하게 제조, 설치된 엘리베이터

② 승객화물용 엘리베이터: 사람의 운송과 화물운반을 겸용하는데 적합하게 제조, 설치된 엘리베이터

③ 화물용 엘리베이터: 화물운반에 적합하게 제조, 설치된 엘리베이터로서 조작자 또는 화물취급자 1명은 탑승할 수 있는 것(적재용량이 300kg 미만인 것은 제외)

④ 소형화물용 엘리베이터: 음식물이나 서적 등 소형화물의 운반에 적합하게 제조, 설치된 엘리베이터로서 사람의 탑승이 금지된 것

⑤ 에스컬레이터: 일정한 경사로 또는 수평로를 따라 위, 아래 또는 옆으로 움직이는 디딤판을 통해 사람이나 화물을 승강장으로 운송시키는 설비

(3) 승강기의 안전조치

① 승강기는 파이널리밋스위치, 속도조절기, 출입문 인터록 기타의 방호장치가 유효하게 작동될 수 있도록 미리 조정해 두어야 한다. ★★

② 승강기에 그 적재하중을 초과하는 하중을 걸어 사용하도록 하여서는 안 된다.

③ 순간풍속이 35m/s를 초과하는 바람이 불어올 우려가 있는 경우 옥외에 설치되어 있는 승강기에 대하여 받침의 수를 증가시키는 등 그 도괴를 방지하기 위한 조치를 하여야 한다. ★★

(4) 승강기의 평형추(Counterweight)의 중량 계산식 ★

평형추의 중량 = 카(Car)의 하중 + (정격적재하중 × 오버밸런스율)

6. 양중기의 와이어로프 및 달기체인

(1) 와이어로프의 사용금지(산업안전보건법 안전보건기준) ★★★

① 와이어로프의 한꼬임[스트랜드(Strand)]에서 끊어진 소선[필러(Filler)선을 제외한다]의 수가 10% 이상인 것

② 지름의 감소가 공칭지름의 7%를 초과하는 것

③ 이음매가 있는 것

④ 꼬인 것

⑤ 심하게 변형되거나 부식된 것

⑥ 열과 전기충격에 의해 손상된 것

(2) 늘어난 달기체인의 사용금지(산업안전보건법 안전보건기준) ★★

① 달기체인의 길이가 달기체인이 제조된 때의 길이의 5%를 초과한 것

② 링의 단면지름이 달기체인이 제조된 때의 해당 링의 지름의 10%를 초과하여 감소한 것

③ 균열이 있거나 심하게 변형된 것

3 해체용 기구 및 기타 건설용 기계기구

1. 해체용 기구의 종류 ★

(1) 압쇄기

(2) 대형브레이커

(3) 철제해머

(4) 핸드브레이커

(5) 절단톱

(6) 잭(Jack)

(7) 쐐기타입기(Rock Jack)

(8) 화염방사기

> **참고** 해체작업
>
> (1) 해체작업계획서에 포함하여야 할 사항(산업안전보건법 안전보건기준) ★★★
>
> ① 해체의 방법 및 해체순서 도면
> ② 해체작업용 화약류 등의 사용계획서
> ③ 해체물의 처분계획
> ④ 해체작업용 기계 · 기구 등의 작업계획서
> ⑤ 사업장 내 연락방법
> ⑥ 가설설비, 방호설비, 환기설비 및 살수 · 방화설비 등의 방법
> ⑦ 그 밖에 안전보건에 관련된 사항
>
> (2) 해체작업시 직접적인 공해방지대책 수립 대상 ★★
> ① 소음 및 분진　　② 진동　　③ 폐기물　　④ 지반침하

2. 항타기 및 항발기의 정의

(1) 항타기란 파일을 박는데 필요한 에너지를 공급하는 기계이고, 항발기란 파일에 충격을 주어 파일을 뽑아내는 기계로 기초공사에 주로 쓰인다.

(2) 항타기의 종류

① 파일해머

② 드롭해머

③ 공기해머

④ 디젤해머

⑤ 진동파일해머

3. 항타기 및 항발기의 안전대책

(1) 무너짐의 방지 ★★

① 시설 또는 가설물 등에 설치하는 경우에는 그 내력을 확인하고 내력이 부족하면 그 내력을 보강할 것

② 연약한 지반에 설치하는 경우에는 아웃트리거·받침 등 지지구조물의 침하를 방지하기 위하여 깔판, 받침목 등을 사용할 것

③ 궤도 또는 차로 이동하는 항타기 또는 항발기에 대해서는 불시에 이동하는 것을 방지하기 위하여 레일클램프 및 쐐기 등으로 고정시킬 것

④ 아웃트리거·받침 등 지지구조물이 미끄러질 우려가 있는 경우에는 말뚝, 쐐기 등을 사용하여 해당 지지구조물을 고정시킬 것

⑤ 상단부분은 버팀대·버팀줄로 고정하여 안정시키고, 그 하단부분은 견고한 버팀, 말뚝 또는 철골 등으로 고정시킬 것

※ 산업안전보건법 안전보건기준 → 2022.10.18. 개정

(2) 권상용 와이어로프의 안전계수 ★★

항타기 및 항발기 권상용 와이어로프의 안전계수가 5 이상이 아니면 이를 사용해서는 안 된다.

(3) 권상용 와이어로프의 길이 ★★

① 권상용 와이어로프는 권상장치의 드럼에 클램프, 클립 등을 사용하여 견고하게 고정할 것

② 권상용 와이어로프는 추 또는 해머가 최저의 위치에 있을 때 또는 널말뚝을 빼내기 시작할 때를 기준으로 권상장치의 드럼에 적어도 2회 감기고 남을 수 있는 충분한 길이일 것

(4) 도르래의 부착 ★★

① 항타기 또는 항발기 권상장치의 드럼축과 권상장치로부터 도르래의 축간의 거리를 권상장치 드럼폭의 15배 이상으로 하여야 한다.

② 도르래는 권상장치 드럼의 중심을 지나야 하며 축과 수직면상에 있어야 한다.

4. 항타기 또는 항발기의 조립·해체시 준수사항

① 항타기 또는 항발기에 사용하는 권상기에 쐐기장치 또는 역회전 방지용 브레이크를 부착할 것

② 항타기 또는 항발기의 권상기가 들리거나 미끄러지거나 흔들리지 않도록 설치할 것

③ 그밖에 조립·해체에 필요한 사항은 제조사에서 정한 설치·해체작업 설명서에 따를 것

※ 산업안전보건법 안전보건기준 → 2022.10.18 신설

5. 항타기 또는 항발기의 조립·해체시 점검사항(산업안전보건법 안전보건기준) ★★

① 본체 연결부의 풀림 또는 손상의 유무

② 권상장치의 브레이크 및 쐐기장치 기능의 이상 유무

③ 권상용 와이어로프, 드럼 및 도르래의 부착상태의 이상 유무

④ 리더(leader)의 버팀의 방법 및 고정상태의 이상 유무

⑤ 권상기의 설치상태의 이상 유무

⑥ 본체 · 부속장치 및 부속품의 강도가 적합한지 여부

⑦ 본체 · 부속장치 및 부속품에 심한 손상 · 마모 · 변형 또는 부식이 있는지 여부

※ 산업안전보건법 안전보건기준 → 2022.10.18. 개정

4 차량계 건설기계(산업안전보건법 안전보건기준)

1. 차량계 건설기계의 정의 및 종류

(1) 차량계 건설기계라 함은 동력원을 사용하여 특정되지 아니한 장소로 스스로 이동이 가능한 건설기계를 말한다.

(2) **차량계 건설기계의 종류** ★

① 도저형 건설기계(불도저, 스트레이트도저, 틸트도저, 앵글도저, 버킷도저 등)

② 모터그레이더(Motor Grader: 땅고르는 기계)

③ 로더(포크 등 부착물 종류에 따른 용도변경 형식을 포함)

④ 스크레이퍼(Scraper: 흙을 절삭 · 운반하거나 펴고르는 등의 작업을 하는 기계)

⑤ 크레인형 굴착기계(클램셀, 드래그라인 등)

⑥ 굴착기(브레이커, 크러셔, 드릴 등 부착물 종류에 따른 용도변경 형식을 포함)

⑦ 항타기 및 항발기

⑧ 천공용 건설기계(어스드릴, 어스오거, 크롤러드릴, 점보드릴 등)

⑨ 지반압밀침하용 건설기계(샌드드레인머신, 페이퍼드레인머신, 팩드레인머신 등)

⑩ 지반다짐용 건설기계(타이어 롤러, 매커덤 롤러, 탠덤 롤러 등)

⑪ 준설용 건설기계(버킷준설선, 그래브준설선, 펌프준설선 등)

⑫ 콘크리트 펌프카

⑬ 덤프트럭

⑭ 콘크리트 믹서 트럭

⑮ 도로포장용 건설기계(아스팔트 살포기, 콘크리트 살포기, 아스팔트 피니셔, 콘크리트 피니셔 등)

2. 차량계 건설기계 운행시 안전조치(산업안전보건법 안전보건기준 → 2024.6.28 개정)

(1) **전조등의 설치**

차량계 건설기계에는 전조등을 갖추어야 한다.

(2) 낙하물 보호구조의 설치 ★★★

토사 등이 떨어질 우려가 있는 등 위험이 발생할 우려가 있는 장소에서 차량계 건설기계(불도저, 트랙터, 굴착기, 로더, 스크레이퍼, 모터그레이더, 롤러, 천공기, 항타기 및 항발기, 덤프트럭으로 한정한다.)를 사용하는 경우에는 해당 차량계 건설기계에 견고한 낙하물 보호구조를 갖추어야 한다.

(3) **차량계 건설기계의 사용에 의한 위험의 방지**

① 작업계획의 작성 ★★★

㉠ 차량계 건설기계를 사용하여 작업할 경우에는 작업계획을 작성하고 그 작업계획에 따라 작업을 실시하도록 해야 한다.

㉡ 작업계획서에는 다음 사항이 포함되어야 한다.

ⓐ 사용하는 차량계 건설기계의 종류 및 성능

ⓑ 차량계 건설기계의 운행경로

ⓒ 차량계 건설기계에 의한 작업방법

② 운전위치 이탈시의 조치 ★★★

㉠ 원동기를 정지시키고 브레이크를 확실히 거는 등 차량계 건설기계의 갑작스러운 이동을 방지하기 위한 조치를 할 것

㉡ 포크, 버킷, 디퍼 등의 장치를 가장 낮은 위치 또는 지면에 내려 둘 것

㉢ 운전석을 이탈하는 경우에는 시동키를 운전대에서 분리시킬 것

③ 붐 등의 강하에 의한 위험의 방지 ★★

차량계 건설기계의 붐, 암 등을 올리고 그 밑에서 수리 · 점검작업 등을 하는 때에는 붐, 암 등이 갑자기 하강함으로써 발생하는 위험을 방지하기 위해 근로자로 하여금 안전지지대 또는 안전블록 등을 사용하도록 하여야 한다.

> **참고** **수리 등의 작업시 조치** ★★
> 차량계 건설기계의 수리나 부속장치의 장착 및 제거작업을 하는 경우 그 작업을 지휘하는 사람을 지정하여 다음의 사항을 준수하도록 하여야 한다.
> ㉠ 작업순서를 결정하고 작업을 지휘하는 일
> ㉡ 안전지지대 또는 안전블록 등의 사용상황 등을 점검할 것

5 운반작업

1. 취급 · 운반의 5원칙 ★

① 직선운반을 할 것

② 운반작업을 집중화시킬 것

③ 연속운반을 할 것

④ 생산을 최고로 하는 운반을 생각할 것

⑤ 최대한 시간과 경비를 절약할 수 있는 운반방법을 고려할 것

2. 중량물 취급 · 운반

(1) **중량물운반 공동작업시 안전수칙**

① 작업지휘자를 반드시 정할 것

② 운반 도중 서로 신호없이 힘을 빼지 말 것

③ 체력과 기량이 같은 사람을 골라 보조와 속도를 맞출 것

④ 들어 올리거나 내릴 때에는 서로 신호를 하여 동작을 맞출 것

⑤ 긴 목재를 둘이서 메고 운반할 때에는 서로 소리를 내어 동작을 맞출 것

(2) 중량물 취급시 작업계획서 작성(산업안전보건법 안전보건기준) ★★

중량물을 취급하는 작업을 하는 때에는 다음 내용이 포함된 작업계획서를 작성하고 이를 준수하여야 한다.

① 추락위험을 예방할 수 있는 안전대책   ④ 협착위험을 예방할 수 있는 안전대책

② 낙하위험을 예방할 수 있는 안전대책   ⑤ 붕괴위험을 예방할 수 있는 안전대책

③ 전도위험을 예방할 수 있는 안전대책

(3) 근로자가 반복하여 계속적으로 중량물을 취급하는 작업을 할 때 작업시작 전 점검 사항(산업안전보건법 안전보건기준) ★★

① 중량물 취급의 올바른 자세 및 복장

② 위험물이 날아 흩어짐에 따른 보호구의 착용

③ 카바이드 · 생석회(산화칼슘) 등과 같이 온도상승이나 습기에 의하여 위험성이 존재하는 중량물의 취급방법

④ 그 밖에 하역운반기계 등의 적절한 사용방법

(4) 차량계 하역운반기계를 사용하는 작업시 작업계획서 내용(산업안전보건법 안전보건기준) ★★

① 차량계 하역운반기계 등의 운행경로 및 작업방법

② 해당 작업에 따른 추락 · 낙하 · 전도 · 협착 및 붕괴 등의 위험예방대책

(5) 경사면에서 드럼통 등의 중량물을 취급하는 작업을 하는 경우 준수사항(산업안전보건법 안전보건기준 → 2023.11.14 개정) ★★

① 구름멈춤대, 쐐기 등을 이용하여 중량물의 동요나 이동을 조절할 것

② 중량물이 구를 위험이 있는 방향 앞의 일정거리 이내로는 근로자의 출입을 제한할 것

6 하역작업

1. 화물취급작업 안전수칙(산업안전보건법 안전보건기준)

(1) 화물의 적재시 준수사항 ★★

① 하중이 한쪽으로 치우치지 않도록 쌓을 것

② 불안정할 정도로 높이 쌓아 올리지 말 것

③ 침하 우려가 없는 튼튼한 기반 위에 적재할 것

④ 건물의 칸막이나 벽 등이 화물의 압력에 견딜 만큼의 강도를 지니지 아니한 경우에는 칸막이나 벽에 기대어 적재하지 않도록 할 것

(2) 부두 등의 하역작업장 안전수칙 ★★★

① 부두 또는 안벽의 선을 따라 통로를 설치하는 때에는 폭을 90cm 이상으로 할 것

② 작업장 및 통로의 위험한 부분에는 안전하게 작업할 수 있는 조명을 유지할 것

③ 육상에서의 통로 및 작업장소로서 다리 또는 갑문을 넘는 보도 등의 위험한 부분에는 안전난간 또는 울타리 등을 설치할 것

(3) 하적단의 간격 ★★

바닥으로부터의 높이가 2m 이상 되는 하적단(포대 · 가마니 등의 용기로 포장화물에 의하여 구성된 것에 한함)과 인접하적단 사이의 간격을 하적단의 밑부분을 기준하여 10cm 이상으로 하여야 한다.

2. 차량계 하역운반기계(산업안전보건법 안전보건기준 → 2024.6.28 개정)

(1) 차량계 하역운반기계(최대제한 속도가 10km/h 이하인 것은 제외한다.)를 사용하여 작업을 하는 경우 미리 작업장소의 지형 및 지반상태 등에 적합한 제한속도를 정하고, 운전자로 하여금 준수하도록 하여야 한다. 차량계 건설기계도 같은 기준을 적용한다.

(2) 차량계하역운반기계 작업계획서 내용 ★★

① 해당 작업에 따른 추락, 낙하, 전도, 협착 및 붕괴 등의 위험예방대책

② 차량계하역운반기계 등의 운행경로 및 작업방법

(3) 화물적재시의 조치 ★★

① 화물을 적재하는 경우에는 최대적재량을 초과해서는 아니 된다.

② 화물을 적재하는 경우에는 다음 사항을 준수하여야 한다.

㉠ 하중이 한쪽으로 치우지지 않도록 적재할 것

㉡ 운전자의 시야를 가리지 않도록 화물을 적재할 것

㉢ 구내운반차 또는 화물자동차의 경우 화물의 붕괴 또는 낙하에 의한 위험을 방지하기 위하여 화물에 로프를 거는 등 필요한 조치를 할 것

(4) 운전위치 이탈시의 조치 ★★★

① 원동기를 정지시키고 브레이크를 확실히 거는 등 차량계 하역운반기계의 갑작스러운 이동을 방지하기 위한 조치를 할 것

② 포크, 버킷, 디퍼 등의 장치를 가장 낮은 위치 또는 지면에 내려 둘 것

③ 운전석을 이탈하는 경우에는 시동키를 운전대에서 분리시킬 것

(5) 싣거나 내리는 작업 ★★

차량계 하역운반기계에 단위화물의 무게가 100kg 이상인 화물을 싣는 작업 또는 내리는 작업을 하는 경우에 해당 작업의 지휘자에게 다음의 사항을 준수하도록 하여야 한다.

① 기구와 공구를 점검하고 불량품을 제거할 것

② 작업순서 및 그 순서마다의 작업방법을 정하고 작업을 지휘할 것

③ 해당 작업을 행하는 장소에 관계근로자가 아닌 사람이 출입하는 것을 금지할 것

④ 로프 풀기 작업 또는 덮개 벗기기 작업은 적재함의 화물이 떨어질 위험이 없음을 확인한 후에 하도록 할 것

참고 구내운반차를 사용하는 경우 준수사항(산업안전보건법 안전보건기준 → 2024.6.28 개정) ★★

① 운전석이 차실내에 있는 것은 좌우에 한 개씩 방향지시기를 갖출 것
② 경음기를 갖출 것
③ 주행을 제동하거나 정지상태를 유지하기 위하여 유효한 제동장치를 갖출 것
④ 전조등과 후미등을 갖출 것
⑤ 구내운반차가 후진 중에 주변의 근로자 또는 차량계 하역운반기계 등과 충돌할 위험이 있는 경우에는 구내운반차에 후진경보기와 경광등을 설치할 것

---

3. 항만하역작업(산업안전보건법 안전보건기준)

(1) 통행설비의 설치

갑판의 윗면에서 선창 밑바닥까지의 깊이가 1.5m를 초과하는 선창의 내부에서 화물취급작업을 하는 경우에는 그 작업에 종사하는 근로자가 안전하게 통행할 수 있는 설비를 설치하여야 한다.

(2) 선박승강설비의 설치 ★

① 현문사다리는 견고한 재료로 제작된 것으로 너비(폭)는 55cm 이상이어야 하고, 양측에 82cm 이상의 높이로 울타리를 설치하여야 하며, 바닥은 미끄러지지 않도록 적합한 재질로 처리되어야 한다.

② 300톤급 이상의 선박에서 하역작업을 하는 경우에 근로자들이 안전하게 오르내릴 수 있는 현문(舷門)사다리를 설치하여야 하며, 이 사다리 밑에 안전망을 설치하여야 한다.

③ 현문사다리는 근로자의 통행에만 사용하여야 하며, 화물용 발판 또는 화물용 보판으로 사용하도록 하여서는 안 된다.

4. 고소(高所)작업

(1) 고소작업대 설치 등의 조치(산업안전보건법 안전보건기준) ★

① 작업대를 와이어로프 또는 체인으로 올리거나 내릴 경우에는 와이어로프 또는 체인이 끊어져 작업대가 떨어지지 아니하는 구조이어야 하며, 와이어로프 또는 체인의 안전율은 5 이상일 것

② 작업대를 유압에 의하여 올리거나 내릴 경우에는 작업대를 일정한 위치에 유지할 수 있는 장치를 갖추고 압력의 이상 저하를 방지할 수 있는 구조일 것

③ 붐의 최대지면경사각을 초과 운전하여 전도되지 않도록 할 것

④ 권과방지장치를 갖추거나 압력의 이상 상승을 방지할 수 있는 구조일 것

⑤ 조작반의 스위치는 눈으로 확인할 수 있도록 명칭 및 방향표시를 유지할 것

⑥ 작업대에 정격하중(안전율 5 이상)을 표시할 것

⑦ 작업대에 끼임, 충돌 등 재해를 예방하기 위한 가드 또는 과상승방지장치를 설치할 것

(2) 고소작업대를 설치하는 경우 준수사항(산업안전보건법 안전보건기준) ★★

① 바닥과 고소작업대는 가능하면 수평을 유지하도록 할 것

② 갑작스러운 이동을 방지하기 위하여 아웃트리거(Outrigger) 또는 브레이크 등을 확실히 사용할 것

(3) 고소작업대 이동시 준수사항(산업안전보건법 안전보건기준 → 2023.11.14 개정) ★★

① 작업대를 가장 낮게 내릴 것

② 작업자를 태우고 이동하지 말 것

③ 이동통로의 요철상태 또는 장애물의 유무 등을 확인할 것

> **참고** **벌목작업 안전수칙(산업안전보건법 안전보건기준)** ★★
> ① 벌목작업을 하는 경우에 다음의 사항을 준수하도록 하여야 한다. 다만, 유압식 벌목기를 사용하는 경우에는 그러하지 아니하다.
>   ㉠ 벌목하려는 경우에는 미리 대피로 및 대피장소를 정해 둘 것
>   ㉡ 벌목하려는 나무의 가슴높이 지름이 20cm 이상인 경우에는 수구의 상면, 하면의 각도를 30도 이상으로 하며, 수구깊이는 뿌리부분 지름의 4분의 1 이상 3분의 1 이하로 만들 것
> ② 유압식 벌목기에는 견고한 헤드가드를 부착하여야 한다.
> ※ 산업안전보건법 안전보건기준 → 2021.11.19. 개정

적중문제 **CHAPTER 2** 안전시설 설치하기

01 ★

셔블계 굴착기계의 종류를 3가지 쓰시오.

정답

① 파워셔블(Power Shovel)
② 백호(Back Hoe: 드래그쇼벨)
③ 드래그라인(Drag Line)
④ 클램셸(Clam Shell)

02 ★★

산업안전보건법상 구내운반차를 사용하여 작업을 할 때 작업시작 전 점검사항을 4가지 쓰시오.

정답

① 제동장치 및 조종장치 기능의 이상 유무
② 하역장치 및 유압장치 기능의 이상 유무
③ 바퀴의 이상 유무
④ 전조등 · 후미등 · 방향지시기 및 경보장치 기능의 이상 유무
⑤ 충전장치를 포함한 홀더 등의 결합상태의 이상 유무
[근거]
작업시작 전 점검사항: 산업안전보건법 산업안전보건기준에 관한 규칙 [별표 3]

03 ★★

다음은 산업안전보건법상 크레인 등 양중기의 안전에 대한 사항이다. ( ) 안에 적합한 내용을 쓰시오.

(1) 크레인 등 양중기에 (①), (②) 및 제동장치 등 방호장치를 부착하고 유효하게 작동될 수 있도록 미리 조정하여 두어야 한다.
(2) 권과방지장치는 훅, 도르래, 버킷 등 달기구의 윗면이 드럼, 상부도르래, 트롤리프레임 등 권상장치의 아랫면과 접촉할 우려가 있는 경우에 그 간격이 (③) m 이상(직동식 권과방지장치는 (④)m 이상)이 되도록 조정하여야 한다.

정답

① 과부하방지장치
② 비상정지장치
③ 0.25
④ 0.05
[근거]
방호장치의 조정: 산업안전보건법 산업안전보건기준에 관한 규칙 제134조

04 ★★

산업안전보건법상 크레인 등 양중기(승강기는 제외)를 사용하여 작업하는 운전자 또는 작업자가 보기 쉬운 곳에 부착하여야 하는 사항을 3가지 쓰시오.

정답

① 정격하중
② 운전속도
③ 경고표시
[근거]
정격하중 등의 표시: 산업안전보건법 산업안전보건기준에 관한 규칙 제133조

05 ★★

산업안전보건법상 폭풍 등에 대한 양중기(크레인, 승강기, 리프트)의 안전조치 사항에 관한 것이다. (   ) 안에 적합한 내용을 쓰시오.

> (1) 순간풍속이 (①)m/s를 초과하는 경우: 건설작업용 리프트에 대하여 받침의 수를 증가시키는 등 그 붕괴 등을 방지하기 위한 조치
> (2) 순간풍속이 (②)m/s를 초과하는 경우: 옥외에 설치되어 있는 주행 크레인에 대하여 이탈방지장치를 작동시키는 등 이탈방지를 위한 조치
> (3) 순간풍속이 (③)m/s를 초과하는 경우: 옥외에 설치되어 있는 양중기를 사용하여 작업을 하는 경우에는 미리 기계 각 부위에 이상이 있는지를 점검
> (4) 순간풍속이 (④)m/s를 초과하는 경우: 옥외에 설치되어 있는 승강기에 대하여 받침의 수를 증가시키는 등 승강기가 무너지는 것을 방지하기 위한 조치

정답

① 35　　　　② 30　　　　③ 30　　　　④ 35

[근거]
(1) 폭풍에 의한 이탈금지: 산업안전보건법 산업안전보건기준에 관한 규칙 제140조
(2) 폭풍 등으로 인한 이상 유무 점검에 의한 이탈금지: 산업안전보건법 산업안전보건기준에 관한 규칙 제143조
(3) 붕괴 등의 방지: 산업안전보건법 산업안전보건기준에 관한 규칙 제154조
(4) 폭풍에 의한 무너짐 방지: 산업안전보건법 산업안전보건기준에 관한 규칙 제161조

06 ★

산업안전보건법상 근로자가 추락할 위험이 있는 경우 건설물 등의 벽체와 통로의 간격을 0.3m 이하로 유지하여야 하는 경우를 2가지 쓰시오.

정답

① 크레인거더의 통로 끝과 크레인거더의 간격
② 크레인의 운전실 또는 운전대를 통하는 통로의 끝과 건설물 등의 벽체의 간격
③ 크레인거더의 통로로 통하는 통로의 끝과 건설물 등의 벽체의 간격
[근거]
건설물 등의 벽체와 통로의 간격 등: 산업안전보건법 산업안전보건기준에 관한 규칙 제145조

07 ★★

다음은 산업안전보건법상 순간풍속에 따른 타워크레인의 작업중지에 대한 사항이다. (   ) 안에 적합한 숫자를 기입하시오.

> (1) 타워크레인의 설치 · 수리 · 점검 또는 해체작업 중지: 순간풍속 (①)m/s를 초과 하는 경우
> (2) 타워크레인의 운전작업 중지: 순간풍속 (②)m/s를 초과하는 경우

정답

① 10　　　　② 15
[근거]
악천후 및 강풍시 작업중지: 산업안전보건법 산업안전보건기준에 관한 규칙 제37조

08 ★★

산업안전보건법상 타워크레인을 와이어로프로 지지하는 경우 준수사항을 3가지 쓰시오.

정답

① 와이어로프 설치각도는 수평면에서 60도 이내로 하되, 지지점은 4개소 이상으로 하고, 같은 각도로 설치할 것
② 와이어로프를 고정하기 위한 전용지지프레임을 사용할 것
③ 와이어로프가 가공전선(架空電線)에 근접하지 않도록 할 것
④ 와이어로프와 그 고정부위는 충분한 강도와 장력을 갖도록 설치하고, 와이어로프를 클립 · 샤클 등의 고정기구를 사용하여 견고하게 고정시켜 풀리지 아니하도록 하여야 하며, 사용 중에는 충분한 강도와 장력을 유지하도록 할 것
⑤ 서면심사에 관한 서류 또는 제조사의 설치작업설명서 등에 따라 설치할 것
⑥ 서면심사 서류 등이 없거나 명확하지 아니한 경우에는 건축구조, 건설기계, 기계안전, 건설안전기술사 또는 건설안전분야 산업안전지도사의 확인을 받아 설치하거나 기종별 · 모델별 공인된 표준방법으로 설치할 것
[근거]
타워크레인의 지지: 산업안전보건법 산업안전보건기준에 관한 규칙 제142조

09 ★★★

산업안전보건법상 타워크레인을 설치 · 조립 · 해체하는 작업시 작업계획서에 포함되어야 할 내용을 4가지 쓰시오.

정답

① 타워크레인의 종류 및 형식
② 설치 · 조립 및 해체순서
③ 작업도구, 장비, 가설설비 및 방호설비
④ 작업인원의 구성 및 작업근로자의 역할범위
⑤ 타워크레인의 지지방법
[근거]
사전조사 및 작업계획서 내용: 산업안전보건법 산업안전보건기준에 관한 규칙 [별표 4]

10 ★★

산업안전보건법상 크레인에 전용 탑승설비를 설치하고 추락위험을 방지하기 위하여 조치하여야 할 사항을 3가지 쓰시오.

정답

① 탑승설비가 뒤집히거나 떨어지지 않도록 필요한 조치를 할 것
② 안전대나 구명줄을 설치하고, 안전난간을 설치할 수 있는 구조인 경우에는 안전난간을 설치할 것
③ 탑승설비를 하강시킬 때에는 동력하강방법으로 할 것
[근거]
탑승의 제한: 산업안전보건법 산업안전보건기준에 관한 규칙 제86조

11 ★

승강기의 카(Car)만의 중량이 3,000kg, 정격적재하중이 2,500kg 이고, 오버밸런스율이 40%일 때 평형추(Counterweight)의 중량을 계산하시오.

정답

평형추의 중량 = 카(car)의 하중 + 정격적재하중 × 오버밸런스율
= $3{,}000 + (2{,}500\text{kg} \times 0.4) = 4{,}000\text{kg}$

12 ★★

공칭지름이 10mm이고, 현재 와이어로프의 지름은 9.1mm이다. 이 와이어로프를 양중기에 사용이 가능한지 여부를 판단하시오.

정답

(1) 현재 와이어로프의 지름감소

$$\frac{10 - 9.1}{10} \times 100 = 9\%$$

(2) 지름의 감소가 공칭지름의 7%를 초과하는 것은 양중기에 사용할 수 없다.

(3) 따라서, 현재 와이어로프의 지름감소가 9%이므로 사용이 불가능하다.

13 ★★

양중기에 설치하여야 하는 방호장치를 4가지 쓰시오.

정답

① 과부하방지장치
② 권과방지장치
③ 비상정지장치
④ 제동장치
[근거]
방호장치의 조정: 산업안전보건법 산업안전보건기준에 관한 규칙 제134조

14 ★

해체용기구의 종류를 5가지 쓰시오.

정답

① 압쇄기
② 대형브레이커
③ 철제해머
④ 핸드브레이커
⑤ 절단톱
⑥ 잭(Jack)
⑦ 쐐기타입기
⑧ 화염방사기

15 ★★

산업안전보건법상 동력을 사용하는 항타기 또는 항발기에 대해 무너짐을 방지하기 위하여 준수해야 할 사항이다. ( ) 안에 적합한 내용을 쓰시오.

(1) 연약한 지반에 설치하는 경우에는 아웃트리거 · 받침 등 지지구조물의 침하를 방지하기 위하여 (①) 등을 사용할 것
(2) 아웃트리거 · 받침 등 지지구조물이 미끄러질 우려가 있는 경우에는 (②) 등을 사용하여 해당 지지구조물을 고정시킬 것
(3) 궤도 또는 차로 이동하는 항타기 또는 항발기에 대해서는 불시에 이동하는 것을 방지하기 위하여 (③) 등으로 고정시킬 것

정답

① 깔판 · 받침목
② 말뚝 또는 쐐기
③ 레일 클램프 및 쐐기
[근거]
무너짐의 방지: 산업안전보건법 산업안전보건기준에 관한 규칙
제209조 → 2023.11.14 개정

16 ★★

항타기 및 항발기의 권상용 와이어로프의 안전계수는 얼마 이상이어야 하는가?

정답

5 이상
[근거]
권상용 와이어로프의 안전계수: 산업안전보건법 산업안전보건기준에 관한 규칙 제211조

17 ★★

다음은 산업안전보건법상 항타기 및 항발기에 대한 사항이다. ( ) 안에 적합한 내용을 쓰시오.

(1) 권상용 와이어로프는 추 또는 해머가 최저의 위치에 있을 때 또는 널말뚝을 빼내기 시작할 때를 기준으로 권상장치의 드럼에 적어도 (①) 감기고 남을 수 있는 충분한 길이일 것
(2) 항타기 또는 항발기 권상장치의 드럼축과 권상장치로부터 도르래의 축간의 거리를 권상장치 드럼 폭의 (②) 이상으로 하여야 한다.
(3) 도르래는 권상장치 드럼 중심을 지나야 하며 축과 (③)에 있어야 한다.
(4) 항타기 또는 항발기에 사용하는 권상기에 (④) 또는 (⑤)를 부착해야 한다.

정답

① 2회   ④ 쐐기장치
② 15배   ⑤ 역회전방지용 브레이크
③ 수직면상
[근거]
• 권상용 와이어로프의 길이 등: 산업안전보건법 산업안전보건기준에 관한 규칙 제212조
• 도르래의 부착 등: 산업안전보건법 산업안전보건기준에 관한 규칙 제216조
• 사용시의 조치 등: 산업안전보건법 산업안전보건기준에 관한 규칙 제217조

18 ★★

산업안전보건법상 항타기 및 항발기를 조립 · 해체하는 경우 점검사항을 4가지 쓰시오.

정답

① 본체 연결부의 풀림 또는 손상의 유무
② 권상용 와이어로프 · 드럼 및 도르래의 부착상태의 이상 유무
③ 권상장치의 브레이크 및 쐐기장치 기능의 이상 유무
④ 권상기의 설치상태의 이상 유무
⑤ 리더(leader)의 버팀의 방법 및 고정상태의 이상 유무
⑥ 본체 · 부속장치 및 부속품의 강도가 적합한지 여부
⑦ 본체 · 부속장치 및 부속품에 심한 손상 · 마모 · 변형 또는 부식이 있는지 여부

[근거]
조립 · 해체시 점검: 산업안전보건법 산업안전보건기준에 관한 규칙 제207조 → 2022. 10. 18. 개정

19 ★

산업안전보건법상 차량계 건설기계 중 도저(dozer)형 건설기계의 종류를 3가지 쓰시오.

| 정답 |

① 불도저　　　　　③ 앵글도저
② 틸트도저　　　　④ 버킷도저

[근거]
차량계 건설기계: 산업안전보건법 산업안전보건기준에 관한 규칙 [별표 6]

20 ★★★

산업안전보건법상 낙하물 보호구조를 갖추어야 할 차량계 건설기계의 종류를 5가지 쓰시오.

| 정답 |

① 불도저　　　　　⑥ 모터그레이더
② 트랙터　　　　　⑦ 롤러
③ 굴착기　　　　　⑧ 천공기
④ 로더　　　　　　⑨ 항타기 및 항발기
⑤ 스크레이퍼　　　⑩ 덤프트럭

[근거]
낙하물 보호구조: 산업안전보건법 산업안전보건기준에 관한 규칙 제198조 → 2022. 10. 18 개정

21 ★★★

차량계 건설기계를 사용하는 작업을 할 때에는 작업계획을 작성하고 그 작업계획에 따라 작업을 실시하도록 하여야 한다. 이 작업계획서에 포함되어야 할 사항을 3가지 쓰시오.

| 정답 |

① 사용하는 차량계 건설기계의 종류 및 성능
② 차량계 건설기계의 운행경로
③ 차량계 건설기계에 의한 작업방법

[근거]
사전조사 및 작업계획서 내용: 산업안전보건법 산업안전보건기준에 관한 규칙 [별표 4]

22 ★★

산업안전보건법상 중량물의 취급작업시 작업계획서에 포함되어야 할 내용을 3가지 쓰시오.

| 정답 |

① 추락위험을 예방할 수 있는 안전대책
② 낙하위험을 예방할 수 있는 안전대책
③ 전도위험을 예방할 수 있는 안전대책
④ 협착위험을 예방할 수 있는 안전대책
⑤ 붕괴위험을 예방할 수 있는 안전대책

[근거]
작업계획서 내용: 산업안전보건법 산업안전보건기준에 관한 규칙 [별표 4]

23 ★★

산업안전보건법상 경사면에서 드럼통 등의 중량물을 취급하는 경우의 준수사항을 2가지 쓰시오.

| 정답 |

① 구름멈춤대, 쐐기 등을 이용하여 중량물의 동요나 이동을 조절할 것
② 중량물이 구를 위험이 있는 방향 앞의 일정거리 이내로는 근로자의 출입을 제한할 것

[근거]
경사면에서의 중량물 취급: 산업안전보건법 산업안전보건기준에 관한 규칙 제386조 → 2023. 11. 14 개정

24 ★★

산업안전보건법상 근로자가 반복하여 계속적으로 중량물을 취급하는 작업을 할 때 작업시작 전 점검사항을 3가지 쓰시오.

① 중량물 취급의 올바른 자세 및 복장
② 위험물이 날아 흩어짐에 따른 보호구의 착용
③ 카바이드·생석회(산화칼슘) 등과 같이 온도상승이나 습기에 의하여 위험성이 존재하는 중량물의 취급방법
④ 그 밖에 하역운반기계 등의 적절한 사용방법
[근거]
작업시작 전 점검사항: 산업안전보건법 산업안전보건기준에 관한 규칙 [별표 3]

25 ★★

산업안전보건법상 화물을 적재하는 경우 준수하여야 할 사항에 대하여 3가지 쓰시오.

① 하중이 한쪽으로 치우치지 않도록 쌓을 것
② 불안정할 정도로 높이 쌓아 올리지 말 것
③ 침하 우려가 없는 튼튼한 기반 위에 적재할 것
④ 건물의 칸막이나 벽 등이 화물의 압력에 견딜 만큼의 강도를 지니지 아니한 경우에는 칸막이나 벽에 기대어 적재하지 않도록 할 것
[근거]
화물의 적재: 산업안전보건법 산업안전보건기준에 관한 규칙 제39조

26 ★★★

산업안전보건법상 부두·안벽 등 하역작업을 하는 장소에 사업주가 조치하여야 할 사항을 3가지 쓰시오.

① 부두 또는 안벽의 선을 따라 통로를 설치하는 경우에는 폭을 90cm 이상으로 할 것
② 작업장 및 통로의 위험한 부분에는 안전하게 작업할 수 있는 조명을 유지할 것
③ 육상에서의 통로 및 작업장소로서 다리 또는 선거 갑문을 넘는 보도 등의 위험한 부분에는 안전난간 또는 울타리 등을 설치할 것
[근거]
하역작업장의 조치기준: 산업안전보건법 산업안전보건기준에 관한 규칙 제390조

27 ★★

다음은 산업안전보건법상 화물취급작업에 대한 사항이다. ( ) 안에 알맞은 말을 쓰시오.

> (1) 부두 또는 안벽의 선을 따라 통로를 설치하는 경우에는 폭을 (①)cm 이상으로 할 것
> (2) 육상에서의 통로 및 작업장소로서 다리 또는 선거 갑문을 넘는 보도 등의 위험한 부분에는 (②) 또는 울타리 등을 설치할 것
> (3) 하적단의 간격: 사업주는 바닥으로부터의 높이가 2m 이상 되는 하적단과 인접하적단사이의 간격을 하적단의 밑부분을 기준하여 (③)cm 이상으로 하여야 한다.

① 90
② 안전난간
③ 10
[근거]
• 하역작업장의 조치기준: 산업안전보건법 산업안전보건기준에 관한 규칙 제390조
• 하적단의 간격: 산업안전보건법 산업안전보건기준에 관한 규칙 제391조

28 ★★★

차량계 하역운반기계 운전자가 운전위치를 이탈할 경우 준수하여야 할 사항을 2가지 쓰시오.

① 원동기를 정지시키고 브레이크를 확실히 거는 등 차량계 하역운반기계의 갑작스러운 이동을 방지하기 위한 조치를 할 것
② 포크, 버킷, 디퍼 등의 장치를 가장 낮은 위치 또는 지면에 내려둘 것
③ 운전석을 이탈하는 경우에는 시동키를 운전대에서 분리시킬 것

[근거]
운전위치 이탈시의 조치: 산업안전보건법 산업안전보건기준에 관한 규칙 제99조 → 2024.6.28 개정

29 ★★

차량계 하역운반기계에 단위화물의 무게가 100kg 이상인 화물을 싣는 작업 또는 내리는 작업을 하는 경우에 해당 작업의 지휘자에게 준수하도록 하여야 하는 사항을 3가지 쓰시오.

① 기구와 공구를 점검하고 불량품을 제거할 것
② 작업순서 및 그 순서마다의 작업방법을 정하고 작업을 지휘할 것
③ 해당 작업을 행하는 장소에 관계근로자가 아닌 사람이 출입하는 것을 금지할 것
④ 로프 풀기작업 또는 덮개 벗기기 작업은 적재함의 화물이 떨어질 위험이 없음을 확인한 후에 하도록 할 것

[근거]
싣거나 내리는 작업: 산업안전보건법 산업안전보건기준에 관한 규칙 제177조

30 ★★

산업안전보건법상 (1) 고소작업대를 설치하는 경우 준수사항과 (2) 고소작업대를 이동하는 경우 준수사항을 각각 2가지씩 쓰시오.

(1) 고소작업대를 설치하는 경우 준수사항
　① 바닥과 고소작업대는 가능하면 수평을 유지하도록 할 것
　② 갑작스러운 이동을 방지하기 위하여 아웃트리거(Outrigger) 또는 브레이크 등을 확실히 사용할 것
(2) 고소작업대를 이동하는 경우 준수사항
　① 작업대를 가장 낮게 내릴 것
　② 작업자를 태우고 이동하지 말 것
　③ 이동통로의 요철상태 또는 장애물의 유무 등을 확인할 것

[근거]
고소작업대 설치 등의 조치: 산업안전보건법 산업안전보건기준에 관한 규칙 제186조 → 2023.11.14 개정

31 ★★

산업안전보건법상 벌목작업을 하는 경우 위험방지를 위하여 사업주가 준수하여야 할 사항을 2가지 쓰시오. (다만, 유압식 벌목기는 사용하지 않는다.)

① 벌목하려는 경우에는 미리 대피로 및 대피장소를 정해둘 것
② 벌목하려는 나무의 가슴높이 지름이 20cm 이상인 경우에는 수구의 상면, 하면의 각도를 30도 이상으로 하며, 수구깊이는 뿌리부분 지름의 4분의 1 이상 3분의 1 이하로 만들 것

[근거]
벌목작업시 등의 위험방지: 산업안전보건법 산업안전보건기준에 관한 규칙 제405조
→ 2021.11.19. 개정

CHAPTER 3 | 안전시설 관리하기

1 추락재해 및 안전대책

1. 추락재해 방지조치(산업안전보건법 안전보건기준)

(1) 추락의 방지 ★★

① 근로자가 추락하거나 넘어질 위험이 있는 장소(작업발판의 끝, 개구부 등을 제외한다) 또는 기계·설비·선박블록 등에서 작업을 할 때에 근로자가 위험해 질 우려가 있는 경우 비계를 조립하는 등의 방법으로 작업발판을 설치하여야 한다.

② 작업발판을 설치하기 곤란한 경우 다음의 기준에 맞는 추락방호망을 설치하여야 한다. 다만, 추락방호망을 설치하기 곤란한 경우에는 근로자에게 안전대를 착용하도록 하는 등 추락위험을 방지하기 위하여 필요한 조치를 하여야 한다.

  ㉠ 추락방호망의 설치위치는 가능하면 작업면으로부터 가까운 지점에 설치하여야 하며, 작업면으로부터 망의 설치지점까지의 수직거리는 10m를 초과하지 아니할 것

  ㉡ 추락방호망은 수평으로 설치하고 망의 처짐은 짧은 변 길이의 12% 이상이 되도록 할 것

  ㉢ 건축물 등의 바깥쪽으로 설치하는 경우 추락방호망의 내민 길이는 벽면으로부터 3m 이상 되도록 할 것(다만, 그물코가 20mm 이하인 추락방호망을 사용한 경우에는 낙하물방지망을 설치한 것으로 본다)

(2) 안전대의 부착설비

추락할 위험이 있는 높이 2m 이상의 장소에서 근로자에게 안전대를 착용시킨 경우 안전대를 안전하게 걸어 사용할 수 있는 설비 등을 설치하여야 한다.

(3) 개구부 등의 방호조치 ★★

① 작업발판 및 통로의 끝이나 개구부로서 근로자가 추락할 위험이 있는 장소에는 안전난간, 울타리, 수직형 추락방망 또는 덮개 등(이하 '난간 등'이라 한다)으로 방호조치를 충분한 강도를 가진 구조로 튼튼하게 설치하여야 한다.

② 난간 등을 설치하는 것이 매우 곤란하거나 작업의 필요상 임시로 난간 등을 해체하여야 하는 경우 추락방호망을 설치하여야 한다. 다만, 추락방호망을 설치하기 곤란한 경우에는 근로자에게 안전대를 착용하도록 하는 등 추락할 위험을 방지하기 위하여 필요한 조치를 하여야 한다.

(4) 조명의 유지

근로자가 높이 2m 이상에서 작업을 하는 경우 그 작업을 안전하게 하는 데에 필요한 조명을 유지하여야 한다.

(5) 지붕 위에서의 위험방지 ★

슬레이트, 선라이트(Sunlight) 등 강도가 약한 재료로 덮은 지붕위에서 작업을 할 때에 발이 빠지는 등 근로자가 위험해질 우려가 있는 경우 폭 30cm 이상의 발판을 설치하거나 추락방호망을 치는 등 위험을 방지하기 위하여 필요한 조치를 하여야 한다.

(6) 승강설비의 설치 ★

높이 또는 깊이가 2m를 초과하는 장소에서 작업하는 경우 해당 작업에 종사하는 근로자가 안전하게 승강하기 위한 건설작업용 리프트 등의 설비를 설치하여야 한다.

(7) 울타리의 설치 ★

근로자에게 작업 중 또는 통행시 굴러떨어짐으로 인하여 화상, 질식 등의 위험에 처할 우려가 있는 케틀(kettle), 호퍼 (hopper), 피트(pit) 등이 있는 경우에 그 위험을 방지하기 위하여 필요한 장소에 높이 90cm 이상의 울타리를 설치하여야 한다.

> **참고** **추락재해의 발생원인** ★
> ① 안전난간의 미설치
> ② 추락방호망의 미설치
> ③ 작업발판의 미설치
> ④ 개구부덮개의 미설치
> ⑤ 안전대의 미착용 등

2. 안전대(추락재해방지 표준안전작업지침 고용노동부고시) ★★

(1) 안전대의 종류에 따른 사용구분은 다음과 같다.

종류	벨트식	안전그네식
사용구분	1개걸이용	1개걸이용
		U자걸이용
	U자걸이용	추락방지대
		안전블록

※ 단, 추락방지대와 안전블록은 안전그네식에만 적용한다.

(2) 안전대의 사용

① 1개걸이 사용시에는 다음에 정하는 사항을 준수하여야 한다.

  ㉠ 로프길이가 2.5m 이상인 안전대는 반드시 2.5m 이내의 범위에서 사용하도록 하여야 한다.

  ㉡ 추락시에 로프를 지지한 위치에서 신체의 최하사점까지의 거리를 h라 할 때 구하는 식은 다음과 같다.

$$h = 로프의 길이 + 로프의 늘어난 길이 + \frac{신장}{2}$$

② U자걸이 사용시 로프의 길이는 작업상 필요한 최소한의 길이로 하여야 한다.

> **참고** **안전대의 보관** ★
> 안전대는 다음의 장소에 보관하여야 한다.
> ① 통풍이 잘되며 습기가 없는 곳
> ② 직사광선이 닿지 않는 곳
> ③ 화기 등이 근처에 없는 곳
> ④ 부식성 물질이 없는 곳

3. 안전난간(추락재해방지 표준안전작업지침 고용노동부고시)

(1) 설치위치

안전난간은 중량물 취급 개구부, 작업대, 가설계단의 통로, 흙막이지보공의 상부 등에 설치한다.

(2) 하중

안전난간의 주요부분은 종류에 따라서 다음 표에 나타내는 하중에 대해 충분한 것으로 하며 이 경우 하중의 작용방향은 상부난간대 직각인 면의 모든 방향을 말한다.

종류	안전난간 부분	작용위치	하중
제1종	상부난간대	스팬의 중앙점	120kg
	난간기둥, 난간기둥 결합부, 상부난간대 설치부	난간기둥과 상부난간대	100kg

▲ 안전난간의 하중

(3) 수평최대처짐

하중에 의한 수평최대처짐은 10mm 이하로 한다.

> **참고** 안전난간의 구조 및 설치요건(산업안전보건법 안전보건기준) ★★★
> ① 상부난간대, 중간난간대, 발끝막이판 및 난간기둥으로 구성할 것
> ② 상부난간대는 바닥면, 발판 또는 경사로의 표면으로부터 90cm 이상 지점에 설치하고, 상부난간대를 120cm 이하에 설치하는 경우에는 중간난간대는 상부난간대와 바닥면 등의 중간에 설치하여야 하며, 120cm 이상 지점에 설치하는 경우에는 중간난간대를 2단 이상으로 균등하게 설치하고 난간의 상하 간격은 60cm 이하가 되도록 할 것
>   ※ 다만, 계단의 개방된 측면에 설치된 난간기둥 사이가 25cm 이하인 경우에는 중간난간대를 설치하지 아니 할 수 있다.
> ③ 발끝막이판은 바닥면 등으로부터 10cm 이상의 높이를 유지할 것
> ④ 난간기둥은 상부난간대와 중간난간대를 견고하게 떠받칠 수 있도록 적정한 간격을 유지할 것
> ⑤ 상부난간대와 중간난간대는 난간길이 전체에 걸쳐 바닥면 등과 평행을 유지할 것
> ⑥ 난간대는 지름 2.7cm 이상의 금속제 파이프나 그 이상의 강도가 있는 재료일 것
> ⑦ 안전난간은 구조적으로 가장 취약한 지점에서 가장 취약한 방향으로 작용하는 100kg 이상의 하중에 견딜 수 있는 튼튼한 구조일 것

2 붕괴재해 및 안전대책

1. 토사붕괴의 위험성

(1) 굴착작업시 위험방지(산업안전보건법 안전보건기준 → 2023.11.14 개정) ★★

토사등의 붕괴 또는 낙하에 의하여 근로자에게 위험을 미칠 우려가 있는 경우에는 미리 '흙막이지보공의 설치, 방호망의 설치 및 근로자의 출입금지' 등 그 위험을 방지하기 위하여 필요한 조치를 해야 한다.

(2) 토사등의 붕괴 또는 낙하에 의한 위험방지(산업안전보건법 안전보건기준 → 2023.11.14 개정) ★★

굴착작업을 하는 경우 토사등의 붕괴 또는 낙하에 의한 근로자의 위험을 미리 방지하기 위하여 다음의 사항을 점검하여야 한다.

① 작업장소 및 그 주변의 부석·균열의 유무
② 함수·용수 및 동결의 유무 또는 상태의 변화

(3) 굴착작업시 사전조사 내용(산업안전보건법 안전보건기준) ★★★

① 형상, 지질 및 지층의 상태

② 매설물 등의 유무 또는 상태

③ 지반의 지하수위 상태

④ 균열, 함수 · 용수 및 동결의 유무 또는 상태

> **참고** **굴착작업시 작업계획서 내용(산업안전보건법 안전보건기준)** ★★
> ① 매설물 등에 대한 이설 · 보호대책
> ② 굴착방법 및 순서, 토사 반출방법
> ③ 필요한 인원 및 장비 사용계획
> ④ 흙막이지보공 설치방법 및 계측계획
> ⑤ 작업지휘자의 배치계획
> ⑥ 사업장 내 연락방법 및 신호방법
> ⑦ 그 밖에 안전보건에 관련된 사항

(4) 지반 등의 굴착시 위험방지 ★★★

① 지반 등을 굴착하는 경우에는 굴착면의 기울기를 다음 기준에 맞도록 하여야 한다(산업안전보건법 안전보건기준).

지반의 종류	굴착면의 기울기	지반의 종류	굴착면의 기울기
모래	1:1.8	경암	1:0.5
연암 및 풍화암	1:1.0	그밖의 흙	1:1.2

※ 산업안전보건법 안전보건기준 → 2023.11.14 개정

② 사질지반은 굴착면의 기울기를 1 : 1.5 이상으로 하고 높이는 5m 미만으로 하여야 한다.

③ 발파 등에 의해서 붕괴하기 쉬운 상태의 지반 및 매립하거나 반출시켜야 할 지반의 굴착면의 기울기는 1 : 1 이하 또는 높이는 2m 미만으로 하여야 한다.

④ 굴착면이 높은 경우 계단식으로 굴착하고, 소단(小段)의 폭은 수평거리로 2m 정도로 하여야 한다.

※ ②, ③, ④: 굴착공사표준안전작업지침 고용노동부고시

(5) 흙막이지보공(산업안전보건법 안전보건기준) ★

① 흙막이지보공을 조립하는 경우 미리 조립도를 작성하여 그 조립도에 따라 조립하도록 하여야 한다.

② 조립도는 흙막이판, 말뚝, 버팀대 및 띠장 등 부재의 배치 · 치수 · 재질 및 설치방법과 순서가 명시되어야 한다.

▶ 깊이 10.5m 이상의 굴착의 경우 수위계, 경사계, 하중 및 침하계, 응력계와 같은 계측기기의 설치에 의하여 흙막이 구조의 안전을 예측하여야 하며, 설치가 불가능할 경우 트랜싯 및 레벨측량기에 의해 수직 · 수평변위 측정을 실시하여야 한다. ★★

(6) 붕괴 등의 위험방지(산업안전보건법 안전보건기준) ★★★

흙막이지보공을 설치하였을 때에는 정기적으로 다음의 사항을 점검하고 이상을 발견하면 즉시 보수하여야 한다.

① 버팀대의 긴압의 정도

② 부재의 접속부, 부착부 및 교차부의 상태

③ 부재의 손상, 변형, 부식, 변위 및 탈락의 유무와 상태

④ 침하의 정도

(7) 토사붕괴시의 조치사항(굴착공사표준안전작업지침 고용노동부고시)

① 대피공간의 확보

② 동시작업의 금지

③ 2차재해의 방지

2. 유한사면의 붕괴유형 ★★

(1) 무한사면활동(無限斜面滑動): 직선활동으로 완만한 사면에서 이동이 서서히 발생하는 현상

(2) 유한사면활동(有限斜面滑動): 비교적 급경사에서 급격히 변형하여 붕괴가 발생하는 현상

　① 원호활동

　　㉠ 사면내파괴: 견고한 지층이 얕게 있는 경우 발생

　　㉡ 사면선단파괴: 경사가 급하고 비점착성 토질에서 발생

　　㉢ 저부파괴: 경사가 완만하고 점착성 토질에서 발생

　② 대수나선활동: 토층, 성상이 불균일할 때

　③ 복합곡선활동: 연약한 얇은 토층이 비교적 얕은 곳에 존재할 때

(3) 붕괴 · 낙하에 의한 위험방지(산업안전보건법 안전보건기준) ★

지반의 붕괴, 구축물의 붕괴 또는 토석의 낙하 등에 의하여 근로자가 위험해질 우려가 있는 경우 그 위험을 방지하기 위하여 다음의 조치를 하여야 한다.

　① 지반은 안전한 경사로 하고 낙하의 위험이 있는 토석을 제거하거나 옹벽, 흙막이지보공 등을 설치할 것

　② 지반의 붕괴 또는 토석의 낙하 원인이 되는 빗물이나 지하수 등을 배제할 것

　③ 갱내의 낙반 · 측벽(側壁)붕괴의 위험이 있는 경우에는 지보공을 설치하고 부석을 제거하는 등 필요한 조치를 할 것

3. 구축물 등의 안전

(1) 구축물 등의 안전유지(산업안전보건법 안전보건기준 → 2023.11.14 개정) ★

구축물 등에 대하여 무너지는 등의 위험을 예방하기 위하여 설계도면, 시방서, 건축물의 구조기준 등에 관한 규칙에 따른 구조설계도서, 해체계획서 등 설계도서를 준수하여 필요한 조치를 해야 한다.

(2) 구축물 등의 안전성 평가(산업안전보건법 안전보건기준 → 2023.11.14 개정) ★★

구축물 등이 다음의 어느 하나에 해당하는 경우 구축물 등에 대한 구조검토, 안전진단 등의 안전성 평가를 하여 근로자에게 미칠 위험성을 제거해야 한다.

　① 구축물 등에 지진, 동해, 부동침하 등으로 균열 · 비틀림 등이 발생하였을 경우

　② 구축물 등의 인근에서 굴착 · 항타작업 등으로 침하 · 균열 등이 발생하여 붕괴의 위험이 예상될 경우

　③ 오랜 기간 사용하지 아니하던 구축물 등을 재사용하게 되어 안전성을 검토하는 경우

　④ 구축물 등이 그 자체의 무게 · 적설 · 풍압 또는 그 밖에 부가되는 하중 등으로 붕괴 등의 위험이 있을 경우

　⑤ 화재 등으로 구축물 등의 내력이 심하게 저하되었을 경우

　⑥ 구축물 등의 주요구조부에 대한 설계 및 시공방법의 전부 또는 일부를 변경한 경우

　⑦ 그 밖의 잠재위험이 예상될 경우

4. 붕괴의 예측과 점검

(1) 토석붕괴의 원인 ★★

① 외적원인(굴착공사 표준안전작업지침 고용노동부고시)

  ㉠ 사면, 법면의 경사 및 기울기의 증가 ㉣ 지표수나 지하수의 침투에 의한 토사중량의 증가

  ㉡ 절토 및 성토높이의 증가 ㉤ 토사 및 암석의 혼합층 두께

  ㉢ 지진, 차량, 구조물의 하중작용 ㉥ 공사에 의한 진동 및 반복하중의 증가

② 내적원인

  ㉠ 절토사면의 토질 · 암질 ㉡ 성토사면의 토질구성 및 분포 ㉢ 토석의 강도저하

(2) 토사붕괴의 예방(굴착공사 표준안전작업지침 고용노동부고시)

토사붕괴의 발생을 예방하기 위하여 다음의 조치를 하여야 한다.

① 적절한 경사면의 기울기를 계획하여야 한다.

② 경사면의 기울기가 당초 계획과 차이가 발생되면 즉시 재검토하여 계획을 변경시켜야 한다.

③ 활동(滑動)할 가능성이 있는 토석은 제거하여야 한다.

④ 경사면의 하단부에 압성토 등 보강공법으로 활동에 대한 저항대책을 강구하여야 한다.

⑤ 말뚝(강관, H형강, 철근콘크리트)을 타입하여 지반을 강화시킨다.

(3) 점검(굴착공사 표준안전작업지침 고용노동부고시) ★★

토사붕괴의 발생을 예방하기 위하여 다음 사항을 점검하여야 한다.

① 전 지표면의 답사

② 경사면의 지층변화부 상황 확인

③ 부석의 상황변화의 확인

④ 용수의 발생 유 · 무 또는 용수량의 변화 확인

⑤ 결빙과 해빙에 대한 상황의 확인

⑥ 각종 경사면 보호공의 변위, 탈락 유 · 무

※ 점검시기는 '작업 전 · 중 · 후, 비온 후, 인접작업구역에서 발파한 경우'에 실시한다.

> **참고** **지반개량공법, 사면(비탈면) 붕괴의 방지대책 등**
>
> 1. 토질에 따른 지반개량공법의 종류 ★
>
> (1) 사질토지반 개량공법
>   ① 다짐말뚝공법   ⑤ 그라우팅공법(약액주입공법)
>   ② 다짐모래말뚝(바이브로콤포저)공법 ⑥ 전기충격공법
>   ③ 바이브로플로테이션공법   ⑦ 웰포인트공법
>   ④ 폭파다짐공법
>
> (2) 점성토지반(연약지반) 개량공법
>   ① 치환공법   ⑥ 샌드드레인공법
>   ② 압성토공법(서차지공법, Surcharge Method) ⑦ 페이퍼드레인공법
>   ③ 생석회말뚝공법   ⑧ 전기침투공법
>   ④ 침투압공법   ⑨ 전기화학적 고결공법
>   ⑤ 여성토공법(프리로딩공법, Preloading Method)

2. 지반의 강제압밀공법 ★

(1) 드레인공법(탈수공법)
- ① 샌드드레인공법(Sand Drain Method)
- ② 페이퍼드레인공법(Paper Drain Method)
- ③ 팩드레인공법(Pack Drain Method)
- ④ 플라스틱드레인공법(Plastic Drain Method)
- ⑤ 생석회말뚝공법(Lime Piling Method)

(2) 재하공법
- ① 성토공법
  - ㉠ 압성토공법(Surcharge Method)
  - ㉡ 여성토공법(Preloading Method)
- ② 사면선단재하공법
- ③ 대기압공법

(3) 배수공법
- ① 강제배수공법
  - ㉠ 웰포인트(Well Point Method)
  - ㉡ 진공딥웰공법(Vacuum Deep Well Method)
  - ㉢ 전기침투공법
- ② 중력배수공법
  - ㉠ 딥웰공법(Deep Well Method)
  - ㉡ 집수정공법

3. 사면(비탈면)붕괴의 방지대책

(1) 사면(비탈면)보호공법
- ① 떼붙임공법
- ② 식생공법
- ③ 표층안정공법
- ④ 구조물에 의한 공법(돌쌓기공법, 돌붙임공법, 모르타르뿜어붙이기공법, 콘크리트블록공법, 돌망태공법 등)

(2) 사면(비탈면)보강공법
- ① 압성토공법: 비탈면 또는 비탈면 하단을 성토하여 붕괴를 방지하는 공법
- ② 절토공법: 예상 활동가능 비탈면을 제거하여 활동하중을 경감시킴으로써 붕괴를 방지하는 공법
- ③ 배수공법: 지표수 및 지하수를 배수시키고, 땅속의 간극수압과 함수비를 낮추어 붕괴를 방지하는 공법
- ④ 앵커공법: 비탈면에 앵커를 체결하여 붕괴를 방지하는 공법
- ⑤ 말뚝공법: 비탈면에 말뚝을 시공하여 붕괴를 방지하는 공법
- ⑥ 옹벽공법: 비탈면에 옹벽을 시공하여 붕괴를 방지하는 공법

4. 일반적인 토석붕괴의 형태(인공사면 토석붕괴의 형태)
- ① 깊은 절토법면의 붕괴
- ③ 얕은 표층의 붕괴
- ② 미끄러져 내림
- ④ 성토경사면의 붕괴

5. 흙막이공법

(1) **흙의 예민비(Sensitivity Ratio):** 예민비는 흙의 함수율을 변화시키지 않고 이기면(비비면) 약하게 되는 성질이 있는데 그 정도를 나타낸 것이다.

$$예민비 = \frac{자연시료의\ 강도}{이긴시료의\ 강도} = \frac{자연상태의\ 강도(흙,\ 모래)}{물에\ 이겨진\ 상태의\ 강도(흙,\ 모래)}$$

(2) **흙의 간극비, 함수비, 포화도**

① 간극비 $= \dfrac{간극(물,\ 공기)의\ 용적}{토립자(흙입자)의\ 용적}$

② 함수비 $= \dfrac{물의\ 중량}{토립자(흙입자)의\ 중량} \times 100$

③ 포화도 $= \dfrac{물의\ 용적}{간극(공기,\ 물)의\ 용적} \times 100$

(3) 사면(斜面)의 안정 ★

흙속에서 발생하는 전단응력이 전단강도를 초과하게 되면 이 사면에는 활동이 일어나 토사가 붕괴하게 된다.

흙의 전단응력이 증가하는 원인(외적 원인)	흙의 전단강도가 감소하는 원인(내적 원인)
① 사면의 구배가 자연구배보다 급경사일 때 ② 함수량의 증가에 따른 흙의 단위체적 중량의 증가 ③ 인공 또는 자연력에 의한 지하공동의 형성 ④ 지진, 폭파, 기계 등에 의한 진동 및 충격 ⑤ 눈, 강우, 성토 등에 의한 외력증가	① 장기응력에 대한 소성변형 ② 동결토의 융해 ③ 간극수압의 증가 ④ 흡수에 의한 점토면의 흡수팽창, 소성감소 ⑤ 수축, 팽창 또는 인장으로 균열이 발생 ⑥ 흙의 건조에 의한 사질토, 유기질토의 점착력 상실

(4) 흙막이공법

① 흙막이의 역할

    ㉠ 터파기 바닥 및 흙막이 하부지반의 안정

    ㉡ 측압(수압과 토압)에 대한 흙벽의 안정

    ㉢ 흙벽에서 물, 흙, 모래가 흘러내리는 것을 방지

② 흙막이공법의 분류

구조방식에 의한 분류	지지방식에 의한 분류
㉠ 엄지말뚝식[어미말뚝식(H-pile)]공법 ㉡ 강재널말뚝(Sheet pile)공법 ㉢ 목재널말뚝공법 ㉣ 지하연속벽공법 ㉤ 주열공법 ㉥ 톱다운(Top Down)공법	㉠ 자립식 흙막이공법 ㉡ 버팀대식(수평, 경사)공법 ㉢ 어스앵커(Earth Anchor)공법 ㉣ 타이로드(Tie Rod)공법

> **참고** 콘크리트 옹벽의 안정조건 검토사항 ★★
>
> 콘크리트 옹벽의 안정조건에 대하여 검토하여야 할 사항은 다음과 같다.
> ① 활동(Sliding)에 대한 안정
> ② 전도(Over Turning)에 대한 안정
> ③ 침하에 대한 안정

6. 터널굴착시 안전대책

(1) 사전조사 내용(산업안전보건법 안전보건기준) ★★

터널굴착작업시 보링(Boring) 등 적절한 방법으로 '낙반·출수(出水) 및 가스폭발' 등으로 인한 근로자의 위험을 방지하기 위하여 미리 지형·지질 및 지층상태를 조사하여야 한다.

(2) 작업계획서의 내용(산업안전보건법 안전보건기준) ★★

① 굴작의 방법

② 터널지보공 및 복공의 시공방법과 용수의 처리방법

③ 환기 또는 조명시설을 설치할 때에는 그 방법

(3) 인화성 가스의 농도측정 등(산업안전보건법 안전보건기준) ★

① 인화성 가스가 존재하여 폭발이나 화재가 발생할 위험이 있는 경우에는 인화성 가스 농도의 이상상승을 조기에 파악하기 위하여 그 장소에 자동경보장치를 설치하여야 한다.

② 자동경보장치에 대하여 당일 작업시작 전 다음의 사항을 점검하고 이상을 발견하면 즉시 보수하여야 한다.

ㄱ 계기의 이상 유무

ㄴ 검지부의 이상 유무

ㄷ 경보장치의 작동상태

(4) 낙반 등에 의한 위험의 방지(산업안전보건법 안전보건기준) ★★

터널 등의 건설작업을 하는 경우에 낙반 등에 의하여 근로자가 위험해질 우려가 있는 경우에 '터널지보공 및 록볼트의 설치, 부석의 제거' 등 위험을 방지하기 위하여 필요한 조치를 하여야 한다.

(5) 출입구 부근 등의 지반붕괴에 의한 위험의 방지(산업안전보건법 안전보건기준) ★

터널 등의 출입구 부근의 지반의 붕괴나 토사등의 낙하에 의하여 근로자가 위험해질 우려가 있는 경우에는 '흙막이지보공이나 방호망을 설치'하는 등 위험을 방지하기 위하여 필요한 조치를 하여야 한다.

(6) 터널지보공의 조립도(산업안전보건법 안전보건기준) ★

① 터널지보공을 조립하는 경우에는 미리 그 구조를 검토한 후 조립도를 작성하여야 한다.

② 조립도에는 재료의 재질, 단면규격, 설치간격 및 이음방법 등을 명시하여야 한다.

참고 지반조사시 확인사항 등

(1) 지형(지반)조사 시 확인해야 할 사항(터널공사 표준안전작업지침 고용노동부고시) ★★

① 시추(보링)위치

② 토층분포상태

③ 투수계수

④ 지하수위

⑤ 지반의 지지력

(2) 터널조명시설의 작업면에 대한 조도(터널공사 표준안전작업지침 고용노동부고시 → 2023.7.1 개정)

① 막장 구간: 70lux 이상

② 터널중간 구간: 50lux 이상

③ 터널 입·출구, 수직구 구간: 30lux 이상

(3) 터널지보공 설치시 점검사항(산업안전보건법 안전보건기준) ★★

터널지보공을 설치한 경우에 다음의 사항을 수시로 점검해야 하며 이상을 발견한 경우에는 즉시 보강하거나 보수하여야 한다.

① 부재의 손상, 변형, 부식, 변위, 탈락의 유무 및 상태

② 부재의 긴압정도

③ 부재의 접속부 및 교차부의 상태

④ 기둥침하의 유무 및 상태

---

7. 발파작업의 안전대책

(1) 발파작업시 준수하여야 할 사항(굴착공사 표준안전작업지침 고용노동부고시 → 2023.7.1 개정)

① 발파작업은 설계 및 시방에서 정한 발파기준을 준수하여 실시하여야 한다.

② 암질변화 구간 및 이상 암질의 출현시 반드시 암질판별을 실시하여야 한다.

> **참고** **R.Q.D와 R.M.R**
>
> (1) R.Q.D(Rock Quality Designation): 시추코어 중 100mm 이상 되는 코어편 길이의 합을 시추길이로 나누어 백분율로 표시한 값으로 암질의 상태를 나타내는데 사용되는 것이다.
> (2) R.M.R(Rock Mass Rating): 암반의 상태와 강도를 판정할 수 있는 것으로 암반등급을 나타내는 것이다.

③ 터널의 경우(NATM: New Austrian Tunneling Method 기준) 계측관리시 다음의 사항을 측정하고 그 결과에 따른 보강대책을 강구하여야 한다. ★★★

    ㉠ 지중, 지표침하

    ㉡ 내공변위

    ㉢ 천단침하

    ㉣ 숏크리트응력

    ㉤ 록볼트 축력

(2) 발파작업시 작업기준(산업안전보건법 안전보건기준) ★★

발파작업에 종사하는 근로자에게 다음의 사항을 준수하도록 하여 한다.

① 화약이나 폭약을 장전하는 경우에는 그 부근에서 화기를 사용하거나 흡연을 하지 않도록 할 것

② 얼어붙은 다이너마이트는 화기에 접근시키거나 그 밖의 고열물에 직접 접촉시키는 등 위험한 방법으로 융해되지 않도록 할 것

③ 발파공의 충진재료는 점토, 모래 등 발화성 또는 인화성의 위험이 없는 재료를 사용할 것

④ 장전구(裝塡具)는 마찰, 충격, 정전기 등에 의한 폭발의 위험이 없는 안전한 것을 사용할 것

⑤ 점화 후 장전된 화약류가 폭발하지 아니한 경우 또는 장전된 화약류의 폭발 여부를 확인하기 곤란한 경우에는 다음의 사항을 따를 것

    ㉠ 전기뇌관에 의한 경우에는 발파모선을 점화기에서 떼어 그 끝을 단락시켜 놓는 등 재점화되지 않도록 조치하고 그 때부터 5분 이상 경과한 후가 아니면 화약류의 장전장소에 접근시키지 않도록 할 것

    ㉡ 전기뇌관 외의 것에 의한 경우에는 점화한 때부터 15분 이상 경과한 후가 아니면 화약류의 장전장소에 접근시키지 않도록 할 것

⑥ 전기뇌관에 의한 발파의 경우 점화하기 전에 화약류를 장전한 장소로부터 30m 이상 떨어진 장소에서 전선에 대하여 저항측정 및 도통(道通)시험을 할 것

> **참고** **발파작업시 관리감독자의 유해위험방지 업무(산업안전보건법 안전보건관리기준) ★★**
>
> ① 점화작업에 종사하는 근로자에게 대피장소 및 경로를 지시하는 일
> ② 점화 전에 점화작업에 종사하는 근로지기 이닌 시람에게 대피를 지시하는 일
> ③ 점화순서 및 방법에 대하여 지시하는 일
> ④ 점화 전에 위험구역 내에서 근로자가 대피한 것을 확인하는 일

⑤ 점화작업에 종사하는 근로자에게 대피신호를 하는 일

⑥ 점화신호를 하는 일

⑦ 점화하는 사람을 정하는 일

⑧ 발파 후 터지지 않은 장약이나 남은 장약의 유무, 용수의 유무 및 암석·토사의 낙하여부 등을 점검하는 일

⑨ 안전모 등 보호구 착용상황을 감시하는 일

⑩ 공기압축기의 안전밸브 작동 유무를 점검하는 일

8. 채석작업의 안전대책

(1) 조사 및 기록

암석채취를 위한 굴착작업, 채석장에서의 암석의 분할가공 및 운반작업 등(이하 '채석작업'이라 한다)을 할 때는 지반의 붕괴, 굴착기계의 전락 등에 의한 근로자에게 발생할 위험을 방지하기 위해 미리 해당 작업장의 지형, 지질 및 지층의 상태를 사전에 조사하여야 한다.

(2) 채석작업계획의 작성 ★★

① 채석작업을 할 때는 조사결과에 따라 채석작업계획을 작성하고 그 계획에 의해 작업을 실시하도록 해야 한다.

② 채석작업시 작업계획서에 포함되어야 할 내용(산업안전보건법 안전보건기준)

ㄱ 굴착면의 높이와 기울기

ㄴ 노천굴착과 갱내굴착의 구별 및 채석방법

ㄷ 갱내에서의 낙반 및 붕괴방지방법

ㄹ 굴착면 소단(小段)의 위치와 넓이

ㅁ 암석의 분할방법

ㅂ 발파방법

ㅅ 표토 또는 용수의 처리방법

ㅇ 토석 또는 암석의 적재 및 운반방법과 운반경로

ㅈ 암석의 가공장소

ㅊ 사용하는 굴착기계, 분할기계, 적재기계 또는 운반기계의 종류 및 성능

9. 잠함(潛函: Caisson)내 작업시 안전대책

(1) 급격한 침하로 인한 위험방지(산업안전보건법 안전보건기준) ★★★

잠함 또는 우물통의 내부에서 근로자가 굴착작업을 하는 경우에는 잠함 또는 우물통의 급격한 침하에 의한 위험을 방지하기 위하여 다음의 사항을 준수하여야 한다.

① 침하관계도에 따라 굴착방법 및 재하량(載荷量) 등을 정할 것

② 바닥으로부터 천장 또는 보까지의 높이는 1.8m 이상으로 할 것

(2) 잠함 등 내부에서의 작업(산업안전보건법 안전보건기준) ★★

① 잠함, 우물통, 수직갱 그 밖에 이와 유사한 건설물 또는 설비(이하 '잠함 등'이라 한다)의 내부에서 굴착작업을 하는 경우에 다음의 사항을 준수하여야 한다.

ⓒ 산소결핍 우려가 있는 경우에는 산소의 농도를 측정하는 사람을 지명하여 측정하도록 할 것

ⓛ 근로자가 안전하게 오르내리기 위한 설비를 설치할 것

ⓒ 굴착깊이가 20m를 초과하는 경우에는 해당 작업장소와 외부와의 연락을 위한 통신설비 등을 설치할 것

② 측정결과, 산소결핍이 인정되거나 굴착깊이가 20m를 초과하는 경우에는 송기를 위한 설비를 설치하여 필요한 양의 공기를 공급해야 한다.

3 낙하비래재해 및 안전대책

1. 낙하비래의 위험성

(1) 낙하물에 의한 위험방지(산업안전보건법 안전보건기준) ★★★

① 작업으로 인하여 물체가 떨어지거나 날아올 위험이 있는 경우 낙하물방지망, 수직보호망 또는 방호선반의 설치, 출입금지구역의 설정, 보호구의 착용 등 위험을 방지하기 위하여 필요한 조치를 하여야 한다.

② 낙하물방지망 또는 방호선반을 설치하는 경우에는 다음의 사항을 준수하여야 한다.

ⓒ 높이 10m 이내마다 설치하고 내민 길이는 벽면으로부터 2m 이상으로 할 것

ⓛ 수평면과의 각도는 20° 이상 30° 이하를 유지할 것

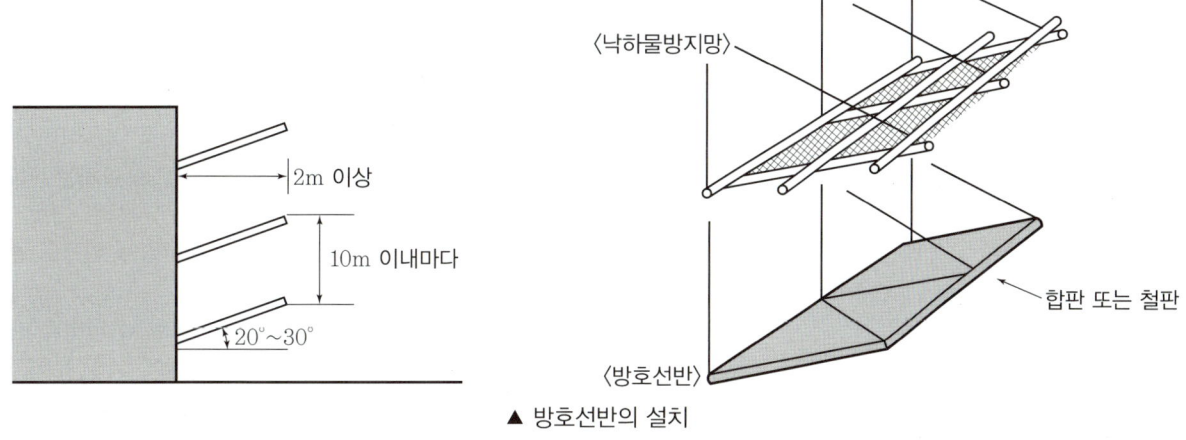

▲ 방호선반의 설치

(2) 투하설비의 설치(산업안전보건법 안전보건기준) ★

높이가 3m 이상인 장소로부터 물체를 투하하는 경우 적당한 투하설비를 설치하거나 감시인을 배치하는 등 위험을 방지하기 위하여 필요한 조치를 하여야 한다.

2. 낙하비래재해의 방호설비

낙하비래재해의 방호설비는 다음 표와 같다. ※ 철골공사 표준안전작업지침 고용노동부고시

구분	용도, 사용장소, 조건	방호설비
① 위에서 낙하된 것을 마는 것	철골건립, 볼트체결 및 기타 상하작업	방호칠망, 방호울타리, 가실엥커실비
② 제3자의 위해방지	볼트, 콘크리트 덩어리, 형틀재, 일반자재, 먼지 등이 낙하비산할 우려가 있는 작업	방호철망, 방호시트, 방호울타리, 방호선반, 안전망
③ 불꽃의 비산방지	용접, 용단을 수반하는 작업	석면포

적중문제 **CHAPTER 3** | 안전시설 관리하기

01 ★★

다음은 산업안전보건법상 추락방호망의 설치기준에 대한 사항이다. ( ) 안에 적합한 내용을 쓰시오.

> (1) 추락방호망의 설치위치는 가능하면 작업면으로부터 가까운 지점에 설치하여야 하며, 작업면으로부터 망의 설치지점까지의 수직거리는 (①)m를 초과하지 아니할 것
> (2) 추락방호망은 (②)으로 설치하고 망의 처짐은 짧은 변 길이의 (③)% 이상이 되도록 할 것
> (3) 건축물 등의 바깥쪽으로 설치하는 경우 추락방호망의 내민 길이는 벽면으로부터 (④)m 이상 되도록 할 것(다만, 그물코가 (⑤)mm 이하인 추락방호망을 사용한 경우에는 낙하물방지망을 설치한 것으로 본다)

정답

① 10   ④ 3
② 수평   ⑤ 20
③ 12
[근거]
추락의 방지: 산업안전보건법 산업안전보건기준에 관한 규칙 제42조

02 ★★

산업안전보건법상 작업발판 및 통로의 끝이나 개구부로서 근로자가 추락할 위험이 있는 장소에 하여야 하는 방호조치를 3가지 쓰시오.

정답

① 안전난간의 설치   ③ 수직형 추락방망의 설치
② 울타리의 설치   ④ 덮개의 설치
[근거]
개구부 등의 방호조치: 산업안전보건법 산업안전보건기준에 관한 규칙 제43조

03 ★

다음은 산업안전보건법상 추락에 의한 위험방지에 대한 사항이다. ( ) 안에 적합한 내용을 쓰시오.

> (1) 슬레이트, 선라이트(Sunlight) 등 강도가 약한 재료로 덮은 지붕위에서 작업을 할 때에 발이 빠지는 등 근로자가 위험해질 우려가 있는 경우 폭 (①) cm 이상의 발판을 설치하거나 (②)을 치는 등 위험을 방지하기 위하여 필요한 조치를 하여야 한다.
> (2) 높이 또는 깊이가 (③)m를 초과하는 장소에서 작업하는 경우 해당 작업에 종사하는 근로자가 안전하게 승강하기 위한 건설작업용 리프트 등의 설비를 설치하여야 한다.
> (3) 근로자에게 작업 중 또는 통행시 굴러떨어짐으로 인하여 화상, 질식 등의 위험에 처할 우려가 있는 케틀(Kettle), 호퍼(Hopper), 피트(Pit) 등이 있는 경우에 그 위험을 방지하기 위하여 필요한 장소에 높이 (④)cm 이상의 울타리를 설치하여야 한다.

정답

① 30   ③ 2
② 추락방호망   ④ 90
[근거]
(1) 지붕 위에서의 위험방지: 산업안전보건법 산업안전보건기준에 관한 규칙 제45조
(2) 승강설비의 설치: 산업안전보건법 산업안전보건기준에 관한 규칙 제46조
(3) 울타리의 설치: 산업안전보건법 산업안전보건기준에 관한 규칙 제47조

04 ★

안전대를 안전하게 보관하기 위한 장소를 3가지 쓰시오.

정답

① 통풍이 잘되며 습기가 없는 곳

② 직사광선이 닿지 않는 곳

③ 화기 등이 근처에 없는 곳

④ 부식성 물질이 없는 곳

05 ★★★

산업안전보건법상 안전난간의 구조 및 설치요건에 대한 사항이다. (　　) 안에 적합한 내용을 쓰시오.

(1) 상부난간대는 바닥면, 발판 또는 경사로의 표면으로부터 (①)cm 이상 지점에 설치하고, 상부난간대를 120cm 이하에 설치하는 경우에는 중간난간대는 상부난간대와 바닥면 등의 중간에 설치하여야 하며, 120cm 이상 지점에 설치하는 경우에는 중간난간대를 2단 이상으로 균등하게 설치하고 난간의 상하간격은 (②)cm 이하가 되도록 할 것

(2) 난간대는 지름 (③)cm 이상의 금속제 파이프나 그 이상의 강도가 있는 재료일 것

(3) 발끝막이판은 바닥면 등으로부터 (④)cm 이상의 높이를 유지할 것

(4) 안전난간은 구조적으로 가장 취약한 지점에서 가장 취약한 방향으로 작용하는 (⑤)kg 이상의 하중에 견딜 수 있는 튼튼한 구조일 것

정답

① 90

② 60

③ 2.7

④ 10

⑤ 100

[근거]

안전난간의 구조 및 설치요건: 산업안전보건법 산업안전보건기준에 관한 규칙 제13조

06 ★★

근로자의 추락 등의 위험을 방지하기 위하여 설치하는 안전난간의 주요 구성요소를 4가지 쓰시오.

정답

① 상부난간대

② 중간난간대

③ 난간기둥

④ 발끝막이판

[근거]

안전난간의 구조 및 설치요건: 산업안전보건법 산업안전보건기준에 관한 규칙 제13조

07 ★★

산업안전보건법상 굴착작업시 토사등의 붕괴 또는 토석의 낙하에 의하여 근로자에게 위험을 미칠 우려가 있는 경우에 조치사항을 3가지 쓰시오.

정답

① 흙막이지보공의 설치

② 방호망의 설치

③ 근로자의 출입금지

[근거]

굴착시 위험방지: 산업안전보건법 산업안전보건기준에 관한 규칙 제340조 → 2023.11.14 개정

08 ★★★

산업안전보건법상 지반의 굴착작업시 근로자의 위험을 방지하기 위해 실시하여야 하는 사전조사 내용을 3가지 쓰시오.

① 형상 · 지질 및 지층의 상태
② 균열, 함수 · 용수 및 동결의 유무 또는 상태
③ 매설물 등의 유무 또는 상태
④ 지반의 지하수위 상태
[근거]
사전조사 및 작업계획서 내용: 산업안전보건법 산업안전보건기준에 관한 규칙 [별표 4]

09 ★★

산업안전보건법상 굴착면의 높이가 2m 이상이 되는 지반의 굴착작업을 하는 경우 근로자의 위험을 방지하기 위하여 해당 작업, 작업장의 지형 · 지반 및 지층상태 등에 대한 사전조사를 하고 작성하여야 하는 작업계획서에 포함되어야 할 사항을 4가지 쓰시오.

① 굴착방법 및 순서, 토사반출방법
② 매설물 등에 대한 이설 · 보호대책
③ 필요한 인원 및 장비사용계획
④ 사업장 내 연락방법 및 신호방법
⑤ 흙막이지보공 설치방법 및 계측계획
⑥ 작업지휘자의 배치계획
⑦ 그 밖에 안전보건에 관련된 사항
[근거]
사전조사 및 작업계획서 내용: 산업안전보건법 산업안전보건기준에 관한 규칙 [별표 4]

10 ★★★

지반굴착작업시 지반의 종류에 따른 기울기 기준에 대하여 (   ) 안에 알맞은 기울기 기준을 쓰시오.

지반의 종류	기울기
모래	(①)
그밖의 흙	1 : 1.2
풍화암	(②)
연암	(③)
경암	(④)

① 1 : 1.8
② 1 : 1.0
③ 1 : 1.0
④ 1 : 0.5
[근거]
굴착면의 기울기 기준: 산업안전보건법 산업안전보건기준에 관한 규칙 [별표 11]
→ 2023.11.14 개정

11 ★★★

산업안전보건법상 흙막이지보공을 설치하였을 때 정기적으로 점검하고 이상을 발견하면 즉시 보수하여야 할 사항을 4가지 쓰시오.

① 부재의 손상, 변형, 부식, 변위 및 탈락의 유무와 상태
② 버팀대의 긴압의 정도
③ 부재의 접속부, 부착부 및 교차부의 상태
④ 침하의 정도
[근거]
붕괴 등의 위험방지: 산업안전보건법 산업안전보건기준에 관한 규칙 제347조

12 ★★

유한사면의 원호활동에 있어서 지반의 붕괴유형을 3가지 쓰시오.

① 사면내파괴
② 사면선단파괴
③ 저부파괴

13 ★

산업안전보건법상 지반의 붕괴, 구축물의 붕괴 또는 토석의 낙하 등에 의하여 근로자가 위험해질 우려가 있는 경우 그 위험을 방지하기 위하여 조치를 하여야 하는 사항이다. (   ) 안에 적합한 내용을 쓰시오.

(1) 지반은 안전한 경사로 하고 낙하의 위험이 있는 토석을 제거하거나 (①), 흙막이지보공 등을 설치할 것
(2) 지반의 붕괴 또는 토석의 낙하 원인이 되는 빗물이나 (②) 등을 배제할 것
(3) 갱내의 낙반·측벽붕괴의 위험이 있는 경우에는 지보공을 설치하고 (③)을 제거하는 등 필요한 조치를 할 것

정답

① 옹벽
② 지하수
③ 부석
[근거]
붕괴·낙하에 의한 위험방지: 산업안전보건법 산업안전보건기준에 관한 규칙 제50조

14 ★

산업안전보건법상 구축물 등에 대해 자중, 적재하중, 적설, 풍압, 지진이나 진동 및 충격 등에 의하여 전도·폭발하거나 무너지는 등의 위험을 예방하기 위해 조치하여야 하는 사항을 쓰시오.

정답

설계도면, 시방서, 건축물의 구조기준 등에 관한 규칙에 따른 구조설계도서, 해체계획서 등 설계도서를 준수하여 필요한 조치를 해야 한다.
[근거]
구축물 등의 안전유지: 산업안전보건법 산업안전보건기준에 관한 규칙 제51조 → 2023.11.14 개정

15 ★★

산업안전보건법상 구축물 등에 대하여 구축물 등에 대한 구조검토, 안전진단 등의 안전성 평가를 하여 근로자에게 미칠 위험성을 미리 제거하여야 하는 경우를 3가지 쓰시오.

정답

① 구축물 등에 지진, 동해, 부동침하 등으로 균열·비틀림 등이 발생하였을 경우
② 구축물 등의 인근에서 굴착·항타작업 등으로 침하·균열 등이 발생하여 붕괴의 위험이 예상될 경우
③ 오랜 기간 사용하지 아니하던 구축물 등을 재사용하게 되어 안전성을 검토하는 경우
④ 구축물 등이 그 자체의 무게·적설·풍압 또는 그 밖에 부가되는 하중 등으로 붕괴 등의 위험이 있을 경우
⑤ 화재 등으로 구축물 등의 내력이 심하게 저하되었을 경우
⑥ 구축물 등의 주요구조부에 대한 설계 및 시공방법의 전부 또는 일부를 변경한 경우
⑦ 그 밖의 잠재위험이 예상될 경우
[근거]
구축물 등의 안전성평가: 산업안전보건법 산업안전보건기준에 관한 규칙 제52조 → 2023.11.14 개정

16 ★★

절토면 토석붕괴의 원인 중 외적원인을 4가지 쓰시오.

① 절토 및 성토높이의 증가
② 사면, 법면의 경사 및 기울기의 증가
③ 지진, 차량, 구조물의 하중작용
④ 지표수 및 지하수의 침투에 의한 토사중량의 증가
⑤ 토사 및 암석의 혼합층 두께
⑥ 공사에 의한 진동 및 반복하중의 증가
[근거]
토석붕괴의 원인: 굴착공사 표준안전작업지침 고용노동부고시

17 ★★

토사붕괴의 발생을 예방하기 위하여 점검하여야 할 사항을 4가지 쓰시오.

① 전 지표면의 답사
② 경사면의 지층변화부 상황 확인
③ 부석의 상황변화의 확인
④ 용수의 발생 유무 또는 용수량의 변화 확인
⑤ 결빙과 해빙에 대한 상황의 확인
⑥ 각종 경사면 보호공의 변위, 탈락 유무
[근거]
점검: 굴착공사 표준안전작업지침 고용노동부고시

18 ★★

토사붕괴의 발생을 예방하기 위하여 점검하여야 할 점검시기를 4가지 쓰시오.

① 작업 전
② 작업 중
③ 작업 후
④ 비온 후
⑤ 인접 작업구역에서 발파한 경우
[근거]
점검: 굴착공사 표준안전작업지침 고용노동부고시

19 ★

사질토지반과 점성토지반에 대한 지반개량공법의 종류를 각각 4가지씩 쓰시오.

(1) 사질토지반 개량공법
　① 다짐말뚝공법
　② 다짐모래말뚝(콤포저)공법
　③ 바이브로플로테이션공법
　④ 폭파다짐공법
　⑤ 그라우팅공법(약액주입공법)
　⑥ 전기충격공법
　⑦ 웰포인트공법
(2) 점성토지반(연약지반) 개량공법
　① 치환공법
　② 압성토공법(Surcharge 공법)
　③ 생석회말뚝공법
　④ 침투압공법
　⑤ 여성토공법(Preloading 공법)
　⑥ 샌드드레인공법
　⑦ 페이퍼드레인공법
　⑧ 전기침투공법
　⑨ 전기화학적 고결공법

20 ★

지반의 강제압밀공법에 대하여 드레인공법(탈수공법)과 재하공법(압밀공법)으로 구분하여 각각 3가지씩 쓰시오.

(1) 드레인공법(탈수공법)
    ① 샌드드레인공법(Sand Drain Method)
    ② 페이퍼드레인공법(Paper Drain Method)
    ③ 팩드레인공법(Pack Drain Method)
    ④ 플라스틱드레인공법(Plastic Drain Method)
(2) 재하공법(압밀공법)
    ① 성토공법(압성토공법, 여성토공법)
    ② 사면선단재하공법
    ③ 대기압공법

21 ★

흙의 전단응력이 증가하는 원인을 4가지 쓰시오.

① 사면의 구배가 자연구배보다 급경사일 때
② 함수량의 증가에 따른 흙 자체의 단위중량의 증가
③ 인공 또는 자연력에 의한 지하공동의 형성
④ 지진, 폭파, 기계 등에 의한 진동 및 충격
⑤ 인장응력에 의한 균열 발생

22 ★★

깊이 10.5m 이상의 흙막이 굴착시 구조의 안전을 예측하기 위하여 설치하는 계측기기를 4가지 쓰시오.

① 수위계
② 경사계
③ 응력계
④ 하중 및 침하계
[근거]
계측기기: 굴착공사 표준안전작업지침 고용노동부고시

23 ★★

콘크리트 구조물로 옹벽을 축조할 경우 이에 필요한 안정조건을 3가지 쓰시오.

① 활동에 대한 안정
② 전도에 의한 안정
③ 침하에 대한 안정

24 ★★

산업안전보건법상 터널굴착작업시 사전조사 내용과 작업계획서의 내용을 3가지 쓰시오.

(1) 사전조사 내용
    보링(Boring) 등 적절한 방법으로 낙반 · 출수 및 가스폭발 등으로 인한 근로자의 위험을 방지하기 위하여 미리 지형 · 지질 및 지층 상태 조사
(2) 작업계획서의 내용
    ① 굴착의 방법
    ② 터널지부공 및 복공의 시공방법과 용수이 처리방법
    ③ 환기 또는 조명시설을 설치할 때에는 그 방법
[근거]
사전조사 및 작업계획서 내용: 산업안전보건법 산업안전보건기준에 관한 규칙 [별표 4]

25 ★★

산업안전보건법상 터널 등의 건설작업을 하는 경우 낙반 등에 의하여 근로자가 위험해질 우려가 있는 경우에 필요한 조치사항을 3가지 쓰시오.

① 터널지보공의 설치

② 록볼트의 설치

③ 부석의 제거

[근거]

낙반 등에 의한 위험의 방지: 산업안전보건법 산업안전보건기준에 관한 규칙 제351조

26 ★★

터널의 경우(NATM기준) 계측관리 사항에 적용하는 기준을 4가지 쓰시오.

① 내공변위 측정

② 천단침하 측정

③ 록볼트 축력 측정

④ 지중, 지표침하 측정

⑤ 숏크리트응력 측정

[근거]

일반사항: 터널 표준안전작업지침 고용노동부고시

27 ★

터널작업시 낙반, 부석의 제거가 불가능할 경우 붕괴방지를 위하여 실시하는 방법을 3가지 쓰시오.

① 부분재발파

② 록볼트

③ 포아폴링

[근거]

발파준비: 굴착공사 표준안전작업지침 고용노동부고시 → 2023.7.1 개정되어 삭제되었으므로 학습 불필요함

28 ★

다음은 발파작업시 발파구간 인접구조물에 대한 피해 및 손상을 예방하기 위한 건물기초에서의 허용진동치에 대한 사항이다. (   ) 안에 적합한 허용기준치(cm/sec) 기준을 각각 쓰시오.

(1) 문화재: (①)cm/sec

(2) 주택, 아파트: (②)cm/sec

(3) 상가(금이 없는 상태): (③)cm/sec

(4) 철골콘크리트빌딩 및 상가: 1.0 ~ 4.0cm/sec

① 0.2

② 0.5

③ 1.0

[근거]

진동 및 파손: 발파표준안전작업지침 고용노동부고시 → 2023.7.1 개정되어 삭제되었으므로 학습 불필요함

29 ★★

다음은 산업안전보건법상 발파의 작업기준에 대한 사항이다. ( ) 안에 적합한 내용을 쓰시오.

(1) 발파공의 충진재료는 점토, (①) 등 발화성 또는 인화성의 위험이 없는 재료를 사용할 것
(2) 장전구(裝塡具)는 마찰, 충격, (②) 등에 의한 폭발의 위험이 없는 안전한 것을 사용할 것
(3) 점화 후 장전된 화약류가 폭발하지 아니한 경우 또는 장전된 화약류의 폭발여부를 확인하기 곤란한 경우에는 다음의 사항을 따를 것
   ㉮ 전기뇌관에 의한 경우에는 발파모선을 점화기에서 떼어 그 끝을 단락시켜 놓는 등 재점화되지 않도록 조치하고 그 때부터 (③) 이상 경과한 후가 아니면 화약류의 장전장소에 접근시키지 않도록 할 것
   ㉯ 전기뇌관 외의 것에 의한 경우에는 점화한 때부터 (④) 이상 경과한 후가 아니면 화약류의 장전장소에 접근시키지 않도록 할 것
(4) 전기뇌관에 의한 발파의 경우 점화하기 전에 화약류를 장전한 장소로부터 (⑤)m 이상 떨어진 장소에서 전선에 대하여 저항측정 및 (⑥)을 할 것

정답

① 모래
② 정전기
③ 5분
④ 15분
⑤ 30
⑥ 도통시험
[근거]
발파의 작업기준: 산업안전보건법 산업안전보건기준에 관한 규칙 제348조

30 ★★

산업안전보건법상 발파작업시 관리감독자의 유해위험 방지 직무수행 내용을 4가지 쓰시오.

정답

① 점화작업에 종사하는 근로자에게 대피장소 및 경로를 지시하는 일
② 점화 전에 점화작업에 종사하는 근로자가 아닌 사람에게 대피를 지시하는 일
③ 점화 전에 위험구역 내에서 근로자가 대피한 것을 확인하는 일
④ 점화순서 및 방법에 대하여 지시하는 일
⑤ 점화작업에 종사하는 근로자에게 대피신호를 하는 일
⑥ 점화신호를 하는 일
⑦ 점화하는 사람을 정하는 일
⑧ 발파 후 터지지 않은 장약이나 남은 장약의 유무, 용수의 유무 및 암석·토사의 낙하 여부 등을 점검하는 일
⑨ 안전모 등 보호구 착용상황을 감시하는 일
⑩ 공기압축기의 안전밸브 작동 유무를 점검하는 일
[근거]
관리감독자의 유해위험방지: 산업안전보건법 산업안전보건기준에 관한 규칙 [별표 2]

31 ★★

채석작업시 작업계획서에 포함되어야 할 내용을 5가지 쓰시오.

정답

① 굴착면의 높이와 기울기
② 노천굴착과 갱내굴착의 구별 및 채석방법
③ 갱내에서의 낙반 및 붕괴방지방법
④ 굴착면 소단(小段)의 위치와 넓이
⑤ 암석의 분할방법
⑥ 발파방법
⑦ 표토 또는 용수의 처리방법
⑧ 토석 또는 암석의 적재 및 운반방법과 운반경로
⑨ 암석의 가공장소
⑩ 사용하는 굴착기계, 분할기계, 적재기계 또는 운반기계의 종류 및 성능
[근거]
사전조사 및 작업계획서 내용: 산업안전보건법 산업안전보건기준에 관한 규칙 [별표 4]

32 ★★★

잠함 또는 우물통의 내부에서 근로자가 굴착작업을 하는 경우에 잠함 또는 우물통의 급격한 침하에 의한 위험을 방지하기 위하여 사업주가 준수하여야 할 사항을 2가지 쓰시오.

① 침하관계도에 따라 굴착방법 및 재하량 등을 정할 것
② 바닥으로부터 천장 또는 보까지의 높이는 1.8m 이상으로 할 것
[근거]
급격한 침하로 인한 위험방지: 산업안전보건법 산업안전보건기준에 관한 규칙 제376조

33 ★★

잠함, 우물통, 수직갱 등 그 밖에 이와 유사한 건설물 또는 설비의 내부에서 굴착작업을 하는 경우 준수사항을 3가지 쓰시오.

① 산소결핍 우려가 있는 경우에는 산소의 농도를 측정하는 사람을 지명하여 측정하도록 할 것
② 근로자가 안전하게 오르내리기 위한 설비를 설치할 것
③ 굴착깊이가 20m를 초과하는 경우에는 해당 작업장소와 외부와의 연락을 위한 통신설비 등을 설치할 것
④ 산소농도 측정 결과 산소결핍이 인정되거나 굴착깊이가 20m를 초과하는 경우에는 송기를 위한 설비를 설치하여 필요한 양의 공기를 공급할 것
[근거]
급격한 침하로 인한 위험방지: 산업안전보건법 산업안전보건기준에 관한 규칙 제376조

34 ★★★

작업으로 인하여 물체가 떨어지거나 날아올 위험이 있는 경우 위험을 방지하기 위하여 필요한 조치를 4가지 쓰시오.

① 낙하물방지망의 설치
② 출입금지구역의 설정
③ 방호선반의 설치
④ 보호구의 착용
⑤ 수직보호망의 설치
[근거]
낙하물에 의한 위험의 방지: 산업안전보건법 산업안전보건기준에 관한 규칙 제14조

35 ★★★

낙하물방지망 또는 방호선반을 설치하는 경우에 준수사항을 2가지 쓰시오.

① 높이 10m 이내마다 설치하고 내민 길이는 벽면으로부터 2m 이상으로 할 것
② 수평면과의 각도는 20° 이상 30° 이하로 유지할 것
[근거]
낙하물에 의한 위험의 방지: 산업안전보건법 산업안전보건기준에 관한 규칙 제14조

CHAPTER 4 | 안전시설 적용하기

1 건설가시설물 및 비계 설치기준

1. 건설가시설물(가설구조물)의 문제점 및 특징

(1) 건설가시설물(가설구조물)의 문제점

① 무너짐(도괴)재해 발생의 원인이 된다.

② 구조상의 문제점이 있다.

③ 떨어짐(추락) 및 낙하비래재해 발생의 원인이 된다.

(2) 건설가시설물(가설구조물)의 특징 ★

① 연결재가 적은 구조로 되기 쉽다.

② 부재결합이 간단하고 불완전결합이 되기 쉽다.

③ 사용부재는 과소단면이거나 결함재가 되기 쉽다.

④ 조립도의 정밀도가 낮고 구조물이라는 통상의 개념이 확실하지 않다.

⑤ 구조상의 결함이 있는 경우 중대재해로 이어질 수 있다.

2. 비계(Scaffolding) 설치기준

(1) 비계의 조립 · 해체 및 변경(산업안전보건법 안전보건기준) ★★

① 달비계 또는 높이 5m 이상의 비계를 조립 · 해체하거나 변경하는 작업을 하는 경우 다음의 사항을 준수하여야 한다.

　㉠ 근로자가 관리감독자의 지휘에 따라 작업하도록 할 것

　㉡ 비계재료의 연결 · 해체작업을 하는 경우에는 폭 20cm 이상의 발판을 설치하고 근로자로 하여금 안전대를 사용하도록 하는 등 추락을 방지하기 위한 조치를 할 것

　㉢ 조립 · 해체 또는 변경의 시기 · 범위 및 절차를 그 작업에 종사하는 근로자에게 주지시킬 것

　㉣ 조립 · 해체 또는 변경작업구역에는 해당 작업에 종사하는 근로자가 아닌 사람의 출입을 금지하고 그 내용을 보기 쉬운 장소에 게시할 것

　㉤ 재료 · 기구 또는 공구 등을 올리거나 내리는 경우에는 근로자가 달줄 또는 달포대 등을 사용하게 할 것

　㉥ 비, 눈, 그 밖의 기상상태의 불안정으로 날씨가 몹시 나쁜 경우에는 그 작업을 중지시킬 것

② 강관비계를 조립하는 경우 쌍줄로 하여야 한다. 다만, 별도의 작업발판을 설치할 수 있는 시설을 갖춘 경우에는 외줄로 할 수 있다.

(2) 비계의 점검 및 부수(산업안전보건법 안전보건기준) ★★★

비, 눈, 그 밖의 기상상태의 악화로 작업을 중지시킨 후 또는 비계를 조립, 해체하거나 변경한 후에 그 비계에서 작업을 하는 경우에는 해당 작업을 시작하기 전에 다음의 사항을 점검하고 이상을 발견하면 즉시 보수하여야 한다.

① 발판재료의 손상 여부 및 부착 또는 걸림상태

② 연결재료 및 연결철물의 손상 또는 부식상태

③ 해당 비계의 연결부 또는 접속부의 풀림상태

④ 기둥의 침하, 변형, 변위 또는 흔들림상태

⑤ 손잡이의 탈락 여부

⑥ 로프의 부착상태 및 매단 장치의 흔들림상태

2 비계조립시 준수사항

1. 강관비계

(1) 강관비계 조립시의 준수사항(산업안전보건법 안전보건기준) ★

① 강관의 접속부 또는 교차부는 적합한 부속철물을 사용하여 접속하거나 단단히 묶을 것

② 비계기둥에는 미끄러지거나 침하하는 것을 방지하기 위하여 밑받침 철물을 사용하거나 깔판, 받침목 등을 사용하여 밑
둥잡이를 설치하는 등의 조치를 할 것

③ 교차가새로 보강할 것

④ 외줄비계, 쌍줄비계 또는 돌출비계는 다음에서 정하는 바에 따라 벽이음 및 버팀을 설치할 것

ㄱ 인장재와 압축재로 구성된 경우에는 인장재와 압축재의 간격을 1m 이내로 할 것

ㄴ 강관, 통나무 등의 재료를 사용하여 견고한 것으로 할 것

ㄷ 강관비계의 조립간격은 다음 표의 기준에 적합하도록 할 것 ★★★

강관비계의 종류	조립간격	
	수직방향	수평방향
단관비계	5m	5m
틀비계(높이가 5m 미만의 것을 제외한다)	6m	8m

⑤ 가공전로에 근접하여 비계를 설치하는 경우에는 가공전로를 이설하거나 가공전로에 절연용 방호구를 장착하는 등 가공
전로와의 접촉을 방지하기 위한 조치를 할 것

(2) 강관비계의 구조(산업안전보건법 안전보건기준) ★★

① 띠장간격은 2.0m 이하로 할 것

② 비계기둥의 간격은 띠장방향에서는 1.85m 이하, 장선방향에서는 1.5m 이하로 할 것

③ 비계기둥간의 적재하중은 400kg을 초과하지 않도록 할 것

④ 비계기둥의 제일 윗부분으로부터 31m되는 지점 밑부분의 비계기둥은 2개의 강관으로 묶어 세울 것(단, 브라켓 등으로
보강하여 2개의 강관으로 묶을 경우 이상의 강도가 유지되는 경우에는 그러하지 아니하다.)

2. 강관틀비계, 달비계, 달대비계

(1) 강관틀비계 조립시의 준수사항(산업안전보건법 안전보건기준) ★

① 수직방향으로 6m, 수평방향으로 8m 이내마다 벽이음을 할 것

② 주틀간에 교차가새를 설치하고 최상층 및 5층 이내마다 수평재를 설치할 것

③ 높이가 20m를 초과하거나 중량물의 적재를 수반하는 작업을 할 경우에는 주틀간의 간격은 1.8m 이하로 할 것

④ 비계기둥의 밑둥에는 밑받침철물을 사용하여야 하며 밑받침에 고저차가 있는 경우에는 조절형 밑받침철물을 사용하여 각각의 강관틀비계가 항상 수평 및 수직을 유지하도록 할 것

⑤ 길이가 띠장방향으로 4m 이하이고 높이가 10m를 초과하는 경우에는 10m 이내마다 띠장방향으로 버팀기둥을 설치할 것

(2) 곤돌라형 달비계의 구조(산업안전보건법 안전보건기준)

① 작업발판 폭은 40cm 이상으로 하고 틈새가 없도록 할 것

② 달기강선 및 달기강대는 심하게 손상, 변형 또는 부식된 것을 사용하지 않도록 할 것

③ 작업발판의 재료는 뒤집히거나 떨어지지 않도록 비계의 보 등에 연결하거나 고정시킬 것

④ 달기와이어로프 · 달기체인 · 달기강선 · 달기강대는 한쪽 끝을 비계의 보 등에, 다른 쪽 끝을 내민 보 · 앵커볼트 또는 건축물의 보 등에 각각 풀리지 않도록 설치할 것

⑤ 선반비계에서는 보의 접속부 및 교차부를 철선, 이음철물을 사용하여 확실하게 접속시키거나 단단하게 연결시킬 것

⑥ 비계가 흔들리거나 뒤집히는 것을 방지하기 위하여 비계의 보, 작업발판 등에 버팀을 설치하는 등 필요한 조치를 할 것

⑦ 근로자의 추락위험을 방지하기 위하여 달비계에 안전대 및 구명줄을 설치하고, 안전난간을 설치할 수 있는 구조인 경우에는 안전난간을 설치할 것

※ 산업안전보건법 안전보건기준 → 2021. 11. 29. 개정

(3) 달대비계 조립시의 준수사항(가설공사 표준안전작업지침 고용노동부고시)

① 철근을 사용할 때에는 19mm 이상을 쓰며 근로자는 반드시 안전모와 안전대를 착용하여야 한다.

② 달대비계를 매다는 철선은 #8소성철선을 사용하며 4가닥 정도로 꼬아서 하중에 대한 안전계수가 8 이상 확보되어야 한다.

3. 말비계(안장비계, 각주비계), 이동식 비계

(1) 말비계 조립시의 준수사항(산업안전보건법 안전보건기준) ★★

① 말비계의 높이가 2m를 초과하는 경우에는 작업발판의 폭을 40cm 이상으로 할 것

② 지주부재의 하단에는 미끄럼방지장치를 하고, 근로자가 양측 끝부분에 올라서서 작업하지 않도록 할 것

③ 지주부재와 수평면과의 기울기를 75° 이하로 하고, 지주부재와 지주부재 사이를 고정시키는 보조부재를 설치할 것

(2) 이동식 비계 조립시의 준수사항(산업안전보건법 안전보건기준) ★★

① 비계의 최상부에서 작업을 하는 경우에는 안전난간을 설치할 것

② 작업발판은 항상 수평을 유지하고 작업발판 위에서 안전난간을 딛고 작업을 하거나 받침대 또는 사다리를 사용하여 작업하지 않도록 할 것

③ 승강용 사다리는 견고하게 설치할 것

④ 이동식 비계의 바퀴에는 뜻밖의 갑작스러운 이동을 방지하기 위하여 브레이크, 쐐기 등으로 바퀴를 고정시킨 다음 비계의 일부를 견고한 시설물에 고정하거나 아웃트리거(Outrigger)를 설치하는 등 필요한 조치를 할 것

⑤ 작업발판의 최대적재하중은 250kg을 초과하지 않도록 할 것

4. 시스템(System) 비계 및 비계 관련 주요사항

(1) 시스템 비계의 구조(산업안전보건법 안전보건기준) ★★

　　① 수평재는 수직재와 직각으로 설치하여야 하며, 체결 후 흔들림이 없도록 견고하게 설치할 것

　　② 수직재, 수평재, 가새재를 견고하게 연결하는 구조가 되도록 할 것

　　③ 비계 밑단의 수직재와 받침철물은 밀착되도록 설치하고, 수직재와 받침철물의 연결부의 겹침길이는 받침철물 전체길이의 3분의 1 이상이 되도록 할 것

　　④ 벽연결재의 설치간격은 제조사가 정한 기준에 따라 설치할 것

　　⑤ 수직재와 수직재의 연결철물은 이탈되지 않도록 견고한 구조로 할 것

(2) 외부비계에 설치하는 벽연결의 역할

　　① 풍하중에 의한 도괴방지

　　② 비계전체의 좌굴방지

　　③ 위험방지판 등에 의한 편심하중을 지탱하여 도괴방지

(3) 강관비계 조립작업시 부속철물의 종류 ★★

　　① 받침철물

　　② 연결철물(클램프)

　　③ 이음철물

　　④ 벽이음용 철물

(4) 기둥과 기둥을 연결시키는 비계 부재의 종류

　　① 띠장

　　② 장선

　　③ 가새

(5) 비계가 갖추어야 될 구비조건 ★★

　　① 안전성

　　② 경제성

　　③ 작업성

(6) 시스템(System)비계 ★★

수직재, 수평재, 가새재 등 각각의 부재를 공장에서 제작하고 현장에서 조립하여 사용하는 조립형 비계를 말한다.

3 가설통로 설치기준, 작업발판 설치기준, 방망

1. 가설통로 설치기준

(1) **가설통로의 종류:** 건설공사가 진행되는 도중에 작업자의 출입, 재료의 운반 등으로 활용되는 가설통로에는 경사로, 통로발판, 가설계단, 사다리식 통로, 사다리 등이 있다.

(2) **가설통로의 구조(산업안전보건법 안전보건기준) ★★★**

① 견고한 구조로 할 것

② 경사가 15°를 초과하는 경우에는 미끄러지지 아니하는 구조로 할 것

③ 경사는 30° 이하로 할 것(다만, 계단을 설치하거나 높이 2m 미만의 가설통로로서 튼튼한 손잡이를 설치한 경우에는 그러하지 아니하다)

④ 추락할 위험이 있는 장소에는 안전난간을 설치할 것(다만, 작업상 부득이 한 경우에는 필요한 부분만 임시로 해체할 수 있다)

⑤ 건설공사에 사용하는 높이 8m 이상인 비계다리에는 7m 이내마다 계단참을 설치할 것

⑥ 수직갱에 가설된 통로의 길이가 15m 이상인 경우에는 10m 이내마다 계단참을 설치할 것

> **참고** **통로의 설치(산업안전보건법 안전보건기준 → 2024.6.28 개정) ★**
> ① 통로의 주요 부분에는 통로표시를 하고 근로자가 안전하게 통행할 수 있도록 할 것
> ② 통로면으로부터 높이 2m 이내에는 장애물이 없도록 할 것
> ③ 작업장으로 통하는 장소 또는 작업장 내에 근로자가 사용할 안전한 통로를 설치하고 항상 사용할 수 있는 상태로 유지할 것
> ④ 근로자가 안전하게 통행할 수 있도록 통로에 75럭스 이상의 채광 또는 조명시설을 할 것

(3) **사다리식 통로의 구조(산업안전보건법 안전보건기준 → 2024.6.28 개정) ★★★**

① 견고한 구조로 할 것

② 발판의 간격은 일정하게 할 것

③ 심한 손상, 부식 등이 없는 재료를 사용할 것

④ 폭은 30cm 이상으로 할 것

⑤ 발판과 벽과의 사이는 15cm 이상의 간격을 유지할 것

⑥ 사다리의 상단은 걸쳐 놓은 지점으로부터 60cm 이상 올라가도록 할 것

⑦ 사다리가 넘어지거나 미끄러지는 것을 방지하기 위한 조치를 할 것

⑧ 사다리식 통로의 길이가 10m 이상인 경우에는 5m 이내마다 계단참을 설치할 것

⑨ 사다리식 통로의 기울기는 75° 이하로 할 것. 다만, 고정식 사다리식 통로의 기울기는 90° 이하로 하고 그 높이가 7m 이상인 경우에는 다음의 구분에 따른 조치를 할 것

　㉠ 등받이울이 있어도 근로자 이동에 지장이 없는 경우: 바닥으로부터 높이가 2.5m 되는 지점부터 등받이울을 설치할 것

　㉡ 등받이울이 있으면 근로자가 이동이 곤란한 경우: 한국산업표준에서 정하는 기준에 적합한 개인용 추락방지시스템을 설치하고 근로자로 하여금 한국산업표준에서 정하는 기준에 적합한 전신안전대를 사용하도록 할 것

⑩ 접이식 사다리 기둥은 사용시 접혀지거나 펼쳐지지 않도록 철물 등을 사용하여 견고하게 조치할 것

(4) 계단의 구조(산업안전보건법 안전보건기준) ★★

① 안전율(재료의 파괴응력도와 허용응력도의 비율)은 4 이상으로 하여야 한다.

② 계단을 설치하는 경우 그 폭을 1m 이상으로 하여야 한다.(다만, 급유용, 보수용, 비상용계단 및 나선형계단인 경우에는 그러하지 아니하다.)

③ 계단에 손잡이 외의 다른 물건 등을 설치하거나 쌓아 두어서는 아니 된다.

④ 계단 및 승강구 바닥을 구멍이 있는 재료로 만드는 경우 렌치나 그 밖의 공구 등이 낙하할 위험이 없는 구조로 하여야 한다.

⑤ 계단 및 계단참을 설치하는 경우 500kg/m² 이상의 하중에 견딜 수 있는 강도를 가진 구조로 설치하여야 한다.

⑥ 높이 1m 이상인 계단의 개방된 측면에 안전난간을 설치하여야 한다.

⑦ 높이가 3m를 초과하는 계단에 높이 3m 이내마다 진행방향으로 길이 1.2m 이상의 계단참을 설치하여야 한다.

⑧ 계단을 설치하는 경우 바닥면으로부터 높이 2m 이내의 공간에 장애물이 없도록 하여야 한다.(다만, 급유용, 보수용, 비상용계단 및 나선형계단인 경우에는 그러하지 아니하다.)

> **참고** **가설도로(산업안전보건법 안전보건기준) ★★**
> 사업주는 공사용 가설도로를 설치하여 사용함에 있어서 다음의 사항을 준수하여야 한다.
> ① 도로는 배수를 위하여 경사지게 설치하거나 배수시설을 설치할 것
> ② 차량의 속도제한표지를 부착할 것
> ③ 도로와 작업장이 접하여 있을 경우에는 울타리 등을 설치할 것
> ④ 도로는 장비와 차량이 안전하게 운행할 수 있도록 견고하게 설치할 것

(5) 사다리 ★

① 높은 곳에서의 작업이나 물품의 운반 및 통로의 수단으로 비계를 설치하기 곤란한 곳이나 작업이 간단한 곳, 또는 실내에서의 작업에 편리하게 사용하기 위한 것으로 견고하고 안전하게 설치되어야 한다.

② 이동식 사다리(가설공사 표준안전작업지침 고용노동부고시)

　㉠ 벽면 상부로부터 최소한 60cm 이상의 연장길이가 있어야 한다.

　㉡ 길이가 6m를 초과해서는 안 된다.

　㉢ 다리의 벌림은 벽 높이의 1/4 정도가 적당하다.

　㉣ 미끄럼방지장치는 다음의 사항을 준수하여야 한다.

　　• 미끄럼방지 발판은 인조고무 등으로 마감한 실내용을 사용하여야 한다.

　　• 미끄럼방지 판자 및 미끄럼방지 고정쇠는 돌마무리 또는 인조석 깔기마감한 바닥용으로 사용하여야 한다.

　　• 쐐기형 강스파이크는 지반이 평탄한 맨땅 위에 세울 때 사용하여야 한다.

　　• 사다리 지주의 끝에 고무, 코르크, 가죽, 강스파이크 등을 부착시켜 바닥과의 미끄럼을 방지하는 안전장치가 있어야 한다.

2. 작업발판의 설치기준

(1) 작업발판의 구조(산업안전보건법 안전보건기준) ★★

비계(달비계, 달대비계 및 말비계는 제외한다)의 높이가 2m 이상인 작업장소에 다음의 기준에 맞는 작업발판을 설치하여야 한다.

① 작업발판의 폭은 40cm 이상으로 하고 발판재료간의 틈은 3cm 이하로 할 것

② 선박 및 보트작업의 경우 작업발판의 폭을 30cm 이상으로 할 수 있고, 걸침비계의 경우 발판재료간의 틈을 5cm 이하로 할 수 있다.

③ 추락의 위험이 있는 장소에는 안전난간을 설치할 것

④ 발판재료는 작업할 때의 하중을 견딜 수 있도록 견고한 것으로 할 것

⑤ 작업발판 재료는 뒤집히거나 떨어지지 않도록 둘 이상의 지지물에 연결하거나 고정시킬 것

⑥ 작업발판의 지지물은 하중에 의하여 파괴될 우려가 없는 것을 사용할 것

⑦ 작업발판을 작업에 따라 이동시킬 경우에는 위험방지에 필요한 조치를 할 것

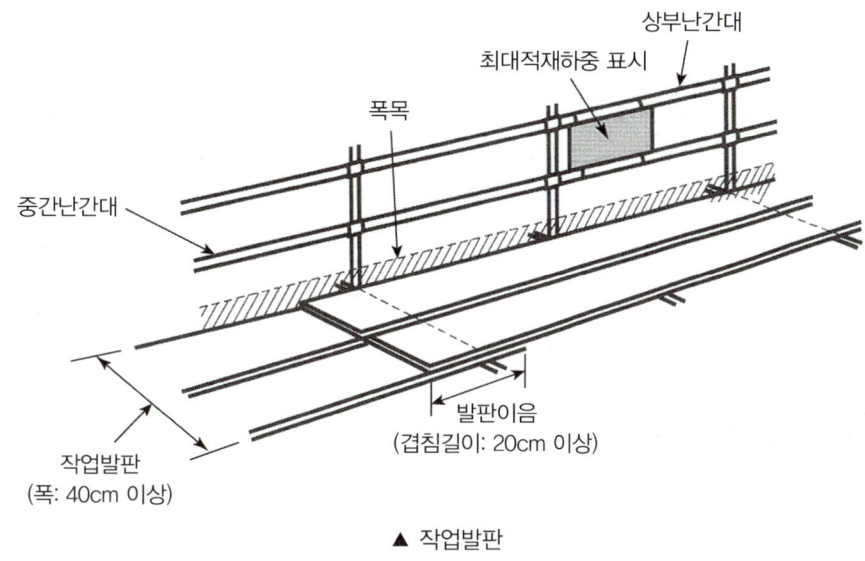

▲ 작업발판

3. 방망의 구조 등 안전기준(추락재해방지 표준안전작업지침 고용노동부고시)

(1) 구조 및 치수

① 소재: 합성섬유 또는 그 이상의 물리적 성질을 갖는 것이어야 한다.

② 그물코: 사각 또는 마름모로서 그 크기는 10cm 이하이어야 한다.

③ 방망의 종류: 매듭방망으로서 매듭은 원칙적으로 단매듭을 한다.

④ 달기로프의 결속: 달기로프는 3회 이상 엮어 묶는 방법 또는 이와 동등 이상의 강도를 갖는 방법으로 테두리 로프에 결속하여야 한다.

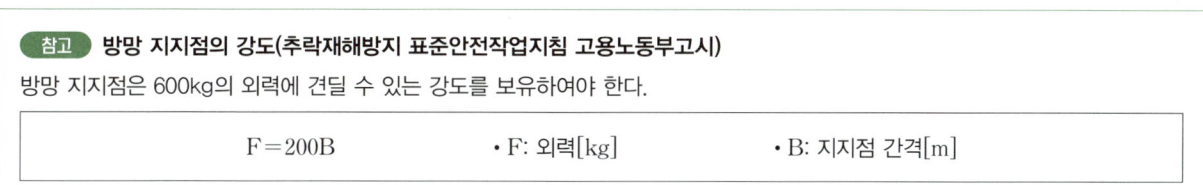

> **참고** **방망 지지점의 강도(추락재해방지 표준안전작업지침 고용노동부고시)**
> 방망 지지점은 600kg의 외력에 견딜 수 있는 강도를 보유하여야 한다.
>
> $$F = 200B$$
> • F: 외력[kg] • B: 지지점 간격[m]

(2) 방망사의 강도(추락재해방지 표준안전작업지침 고용노동부고시) ★★

방망사는 시험용사로부터 채취한 시험편의 양단을 인장시험기로 시험하거나 이와 유사한 방법으로 등속인장시험을 한 경우
그 강도는 다음 표에서 정하는 값 이상이어야 한다.

① 방망사의 신품에 대한 인장강도

그물코의 크기[cm]	인장강도[kg]	
	매듭없는 방망	매듭방망
10	240	200
5	–	110

② 방망사의 폐기시 인장강도

그물코의 크기[cm]	인장강도[kg]	
	매듭없는 방망	매듭방망
10	150	135
5	–	60

(3) 방망의 정기시험(추락재해방지 표준안전작업지침 고용노동부고시) ★

① 방망의 정기시험은 사용개시 후 1년 이내로 하고, 그 후 6개월마다 1회씩 정기적으로 시험용사에 대해서 등속인장시험을
하여야 한다.

② 방망의 마모가 현저한 경우나 방망이 유해가스에 노출된 경우에는 사용 후 시험용사에 대해서 인장시험을 하여야 한다.

(4) 방망의 사용제한(추락재해방지 표준안전작업지침 고용노동부고시)

① 강도가 명확하지 않은 방망

② 파손한 부분을 보수하지 않은 방망

③ 방망사가 규정한 강도 이하인 방망

④ 인체 또는 이와 동등 이상의 무게를 갖는 낙하물에 대해 충격을 받은 방망

> **참고** **방망의 표시(추락재해방지 표준안전작업지침 고용노동부고시)**
> 방망에는 보기 쉬운 곳에 다음 사항을 표시하여야 한다.
> ① 제조자명   ④ 그물코
> ② 제조연월   ⑤ 신품인 때의 방망의 강도
> ③ 재봉치수

4 거푸집 및 동바리

1. 거푸집의 안전에 대한 검토

(1) 거푸집 및 동바리(지보공)설계시 고려하여야 할 하중(콘크리트공사 표준안전작업지침 고용노동부고시) ★★

① 연직방향하중: 거푸집, 지보공(동바리), 콘크리트, 철근, 작업원, 타설용 기계 · 기구, 가설설비 등의 중량 및 충격하중

② 횡방향하중: 작업할 때의 진동, 충격, 시공오차 등에 기인되는 횡방향하중 외에 필요에 따라 풍압, 유수압, 지진 등

③ 콘크리트의 측압: 굳지 않은 콘크리트의 측압

④ 특수하중: 시공 중에 예상되는 특수한 하중

⑤ ① ~ ④의 하중에 안전율을 고려한 하중

(2) 거푸집의 연직하중(수직하중) ★★

① 고정하중: 고정하중은 거푸집 자체의 중량(철근중량 포함)이다.

② 충격하중: 콘크리트 타설시 및 중기작업시 생기는 하중으로 산정되는 고정하중의 50%를 적용한다.

③ 작업하중: 작업자와 소도구의 하중으로 보통 150kg/m²로 한다.

④ 적재하중: 적재하중은 타설되는 콘크리트, 철근의 중량에 특별히 차량 및 중량의 기계가 적재되는 경우 이것을 합한 하중을 말한다.

> **참고** **거푸집 연직(수직)하중 계산식**
>
> $$W = 고정하중(r \cdot t) + 충격하중(0.5r \cdot t) + 작업하중(150\text{kgf/m}^2)$$
>
> - t: 슬래브 두께[m]
> - r: 철근콘크리트 단위중량[kgf/m³]
>
> 일반적으로 계산시 적용하는 하중은 다음과 같다.
> ① 고정하중: 철근을 포함한 콘크리트 자중
> ② 충격하중: 고정하중의 50%(타설높이, 장비의 고려하중)
> ③ 작업하중: 작업자와 소도구의 하중 → 150kgf/m²

(3) 거푸집의 수평하중

① 콘크리트의 측압: 콘크리트의 타설속도, 타설높이, 단위용적중량, 온도, 부위 및 배근상태 등에 따라 다르지만 최대측압을 구하는데 이용되는 4요소는 다음과 같다. ★

- 생콘크리트의 타설높이[m]
- 생콘크리트의 단위용적중량[t/m³]
- 콘크리트의 타설속도[m/h]
- 벽길이[m]

② 풍하중

③ 지진하중

2. 재료에 따른 거푸집의 종류

(1) 강재거푸집(금속재거푸집) ★

강재(금속재) 거푸집의 장단점은 다음과 같다.

장점	단점
① 강도가 크다.	① 초기의 투자율이 높다.
② 수밀성이 좋다.	② 외부온도의 영향을 받기 쉽다.
③ 강성이 크고 정밀도가 높다.	③ 중량이 무거워 취급이 어렵다.
④ 운용도가 극히 좋다.	④ 콘크리트가 녹물로 오염될 염려가 있다.
⑤ 평면이 평활한 콘크리트가 된다.	

(2) 합판거푸집

3. 조립 등 작업시의 준수사항(산업안전보건법 안전보건기준) ★

기둥, 보, 벽체, 슬래브 등의 거푸집 및 동바리를 조립하거나 해체하는 작업을 하는 경우에는 다음에 정하는 사항을 준수하여야 한다.

① 해당 작업을 하는 구역에는 근로자가 아닌 사람의 출입을 금지할 것

② 재료, 기구 또는 공구 등을 올리거나 내리는 경우에는 근로자로 하여금 달줄, 달포대 등을 사용하도록 할 것

③ 비, 눈 그 밖의 기상상태의 불안정으로 날씨가 몹시 나쁜 경우에는 그 작업을 중지할 것

④ 낙하, 충격에 의한 돌발적 재해를 방지하기 위하여 버팀목을 설치하고 거푸집 및 동바리를 인양장비에 매단 후에 작업을 하도록 하는 등 필요한 조치를 할 것

4. 거푸집 및 동바리(지보공)의 안전조치

(1) 거푸집 및 동바리의 조립도(산업안전보건법 안전보건기준 → 2023.11.14 개정)

① 거푸집 및 동바리를 조립하는 경우에는 그 구조를 검토한 후 조립도를 작성하고, 그 조립도에 따라 조립하도록 하여야 한다.

② 거푸집 및 동바리의 조립도에 명시하여야 할 사항 ★★

　㉠ 거푸집 및 동바리를 구성하는 부재의 재질　　　㉡ 단면규격　　　㉢ 설치간격 및 이음방법

(2) 동바리(지보공) 조립시 안전조치 사항(산업안전보건법 안전보건기준 → 2023.11.14 개정)

① 공통적 준수사항 ★★

　㉠ 개구부 상부에 동바리를 설치하는 경우에는 상부하중을 견딜 수 있는 견고한 받침대를 설치할 것

　㉡ 받침목이나 깔판의 사용, 콘크리트 타설(打設), 말뚝박기 등 동바리의 침하를 방지하기 위한 조치를 할 것

　㉢ 동바리의 이음은 같은 품질의 재료를 사용할 것

　㉣ 동바리의 상하고정 및 미끄러짐방지조치를 할 것

　㉤ 상부, 하부의 동바리가 동일 수직선상에 위치하도록 하여 깔판, 받침목에 고정시킬 것

　㉥ 강재의 접속부 및 교차부는 볼트, 클램프 등 전용철물을 사용하여 단단히 연결할 것

　㉦ 거푸집의 형상에 따른 부득이한 경우를 제외하고는 깔판이나 받침목은 2단 이상 끼우지 않도록 할 것

　㉧ 깔판이나 받침목을 이어서 사용하는 경우에는 그 깔판, 받침목을 단단히 연결할 것

　㉨ U헤드 등의 단판이 없는 동바리의 상단에 멍에 등을 올릴 경우에는 해당 상단에 U헤드 등의 단판을 설치하고, 멍에 등이 전도되거나 이탈되지 않도록 고정시킬 것

② 동바리로 사용하는 파이프서포트에 대한 준수사항 ★★

　㉠ 파이프서포트를 3개 이상 이어서 사용하지 않도록 할 것

　㉡ 파이프서포트를 이어서 사용하는 경우에는 4개 이상의 볼트 또는 전용철물을 사용하여 이을 것

　㉢ 높이가 3.5m를 초과하는 경우에는 높이 2m 이내마다 수평연결재를 2개 방향으로 만들고 수평연결재의 변위를 방지할 것

③ 동바리로 사용하는 강관틀에 대한 준수사항 ★

　㉠ 강관틀과 강관틀과의 사이에 교차가새를 설치할 것

　㉡ 최상단 및 5단 이내마다 동바리의 측면과 틀면의 방향 및 교차가새의 방향에서 5개 이내마다 수평연결재를 설치하고 수평연결재의 변위를 방지할 것

ⓒ 최상단 및 5단 이내마다 동바리의 틀면의 방향에서 양단 및 5개틀 이내마다 교차가새의 방향으로 띠장틀을 설치할 것

④ 동바리로 사용하는 조립강주에 대한 준수사항 ★

조립강주의 높이가 4m를 초과하는 경우에는 높이 4m 이내마다 수평연결재를 2개 방향으로 설치하고 수평연결재의 변위를 방지할 것

⑤ 시스템 동바리(규격화·부품화된 수직재, 수평재 및 가새재 등의 부재를 현장에서 조립하여 거푸집으로 지지하는 동바리 형식을 말한다)에 대한 준수사항 ★

ㄱ 수평재는 수직재와 직각으로 설치해야 하며, 흔들리지 않도록 견고하게 설치할 것

ㄴ 연결철물을 사용하여 수직재를 견고하게 연결하고, 연결 부위가 탈락 또는 꺾어지지 않도록 할 것

ㄷ 수직 및 수평하중에 대해 동바리의 구조적 안전성이 확보되도록 조립도에 따라 수직재 및 수평재에는 가새재를 견고하게 설치할 것

ㄹ 동바리 최상단과 최하단의 수직재와 받침철물은 서로 밀착되도록 설치하고 수직재와 받침철물의 연결부의 겹침길이는 받침철물 전체길이의 3분의 1 이상 되도록 할 것

⑥ 보 형식의 동바리에 대한 준수사항

ㄱ 접합부는 충분한 걸침길이를 확보하고 못, 용접 등으로 양끝을 지지물에 고정시켜 미끄러짐 및 탈락을 방지할 것

ㄴ 양끝에 설치된 보거푸집을 지지하는 동바리 사이에는 수평연결재를 설치하거나 동바리를 추가로 설치하는 등 보 거푸집이 옆으로 넘어지지 않도록 견고하게 할 것

ㄷ 설계도면, 시방서 등 설계도서를 준수하여 설치할 것

> **참고** 작업발판 일체형 거푸집의 종류(산업안전보건법 안전보건기준) ★★★
>
> ① 슬립폼(Slip Form)
> ② 갱폼(Gang Form)
> ③ 터널라이닝폼(Tunnel Lining Form)
> ④ 클라이밍폼(Climbing Form)
> ⑤ 그 밖에 거푸집과 작업발판이 일체로 제작된 거푸집

---

5. 거푸집 및 동바리의 해체 – 해체작업시 준수사항(콘크리트공사 표준안전작업지침 고용노동부고시)

① 해체작업을 할 때에는 안전모 등 보호구를 착용토록 하여야 한다.

② 거푸집 및 지보공(동바리)의 해체는 순서에 의하여 실시하여야 하며 안전담당자를 배치하여야 한다.

③ 상하 동시작업은 원칙적으로 금지하며 부득이한 경우에는 긴밀히 연락을 취하며 작업을 하여야 한다.

④ 거푸집 해체작업장 주위에는 관계자를 제외하고는 출입을 금지시켜야 한다.

⑤ 보 또는 슬래브 거푸집을 제거할 때에는 거푸집의 낙하충격으로 인한 작업원의 돌발적 재해를 방지하여야 한다.

⑥ 거푸집 해체시 구조체에 무리한 충격이나 큰 힘에 의한 지렛대 사용은 금지하여야 한다.

⑦ 해체된 거푸집이나 각목 등에 박혀 있는 못 또는 날카로운 돌출물은 즉시 제거하여야 한다.

⑧ 해체된 거푸집이나 각목은 재사용 가능한 것과 보수하여야 할 것을 선별, 분리하여 적치하고 정리정돈을 하여야 한다.

6. 거푸집의 존치기간(해체시기)

(1) 콘크리트의 압축강도를 시험할 경우 거푸집널의 해체시기(존치기간)

※ 콘크리트공사 표준시방서 기준

부재		콘크리트 압축강도
기초, 보, 기둥, 벽 등의 측면		5MPa 이상
슬래브 및 보의 밑면, 아치 내면	단층구조인 경우	설계기준압축강도의 2/3배 이상 또한, 최소 14MPa 이상
	다층구조인 경우	설계기준압축강도 이상 (필러 동바리 구조를 이용할 경우는 구조계산에 의해 기간을 단축할 수 있음. 단, 이 경우라도 최소강도는 14MPa 이상으로 함.)

(2) 콘크리트의 압축강도를 시험하지 않을 경우 거푸집널의 해체시기(기초, 보, 기둥 및 벽의 측면)

시멘트의 종류 / 평균 기온	조강포틀랜드 시멘트	보통포틀랜드시멘트 고로슬래그시멘트(1종) 플라이애시시멘트(1종) 포틀랜드포졸란시멘트(1종)	고로슬래그시멘트(2종) 플라이애시시멘트(2종) 포틀랜드포졸란시멘트(2종)
20℃ 이상	2일	4일	5일
10℃ 이상 20℃ 미만	3일	6일	8일

※ KCS 14 20 12 → 2022.9.1 개정

5 콘크리트 구조물공사안전, 철골공사안전, 해체공사안전

1. 콘크리트 구조물공사안전

(1) 콘크리트 타설작업시 준수사항(산업안전보건법 안전보건기준 → 2023.11.14 개정) ★★★

① 당일의 작업을 시작하기 전에 해당 작업에 관한 거푸집 및 동바리의 변형·변위 및 지반의 침하유무 등을 점검하고 이상이 있으면 보수할 것

② 작업 중에는 감시자를 배치하는 등 방법으로 거푸집 및 동바리의 변형·변위 및 지반의 침하유무 등을 확인해야 하며, 이상이 있으면 작업을 중지하고 근로자를 대피시킬 것

③ 콘크리트 타설작업시 거푸집 붕괴의 위험이 발생할 우려가 있으면 충분한 보강조치를 할 것

④ 설계도서상의 콘크리트 양생기간을 준수하여 거푸집 및 동바리를 해체할 것

⑤ 콘크리트를 타설하는 경우에는 편심이 발생하지 않도록 골고루 분산하여 타설할 것

(2) 콘크리트 타설장비 사용시 준수사항(산업안전보건법 안전보건기준 → 2023.11.14 개정) ★★

① 작업을 시작하기 전에 콘크리트를 점검하고 이상을 발견하였으면 즉시 보수할 것

② 건축물의 난간 등에서 작업하는 근로자가 호스의 요동·선회로 인하여 추락하는 위험을 방지하기 위하여 안전난간 설치 등 필요한 조치를 할 것

③ 콘크리트 타설장비의 붐을 조정하는 경우에는 주변의 전선 등에 의한 위험을 예방하기 위한 적절한 조치를 할 것

④ 작업 중에 지반의 침하나 아웃트리거 등 콘크리트 타설장비 지지구조물의 손상 등에 의하여 콘크리트 타설장비가 넘어질 우려가 있는 경우에는 이를 방지하기 위한 적절한 조치를 할 것

(3) 콘크리트 측압 ★★★

① 측압: 콘크리트를 타설하게 되면 거푸집의 수직부재는 콘크리트의 유동성 때문에 수평 방향의 압력을 받게 되는데 이것을 측압이라고 한다.

② 측압이 커지는 조건

- 콘크리트의 다지기가 강할수록 크다.
- 이어붓기 속도가 클수록 크다.
- 콘크리트의 비중이 클수록 크다.
- 거푸집의 수밀성이 높을수록 크다.
- 거푸집의 강성이 클수록 크다.
- 거푸집의 표면이 매끄러울수록 크다.
- 거푸집의 수평단면이 클수록(벽두께가 클수록) 크다.
- 응결이 빠른 시멘트를 사용할수록 크다.
- 기온이 낮을수록(대기 중의 습도가 높을수록) 크다.
- 묽은 콘크리트일수록(슬럼프값이 클수록, 물·시멘트비가 클수록) 크다.
- 콘크리트의 타설높이가 높을수록 크다.
- 철골 또는 철근량이 적을수록 크다.
- 시멘트가 부배합일수록 크다.

(4) 철근작업 – 철근운반(콘크리트공사 표준안전작업지침 고용노동부고시)

인력운반시 주의사항은 다음과 같다.

① 긴 철근을 부득이 한 사람이 운반할 때는 한쪽을 어깨에 메고 한쪽 끝을 땅에 끌면서 운반한다.

② 긴 철근은 2인 이상이 1조가 되어 어깨메기로 하여 운반하는 등 안전성을 도모한다.

③ 운반시에는 양끝을 묶어 운반한다.

④ 1회 운반시 1인당 무게는 25kg 정도가 적절하며 무리한 운반은 삼간다.

⑤ 공동작업시는 신호에 따라 작업을 행한다.

2. 철골공사안전

(1) 구조안전의 위험이 큰 다음의 철골구조물은 건립 중 강풍에 의한 풍압 등 외압에 대한 내력이 설계에 고려되었는지 확인하여야 한다(철골공사 표준안전작업지침 고용노동부고시). ★★

① 기둥이 타이플레이트(Tie Plate)형인 구조물

② 연면적당 철골량이 50kg/m² 이하인 구조물

③ 높이 20m 이상의 구조물

④ 이음부가 현장용접인 구조물

⑤ 단면구조에 현저한 차이가 있는 구조물

⑥ 구조물의 폭과 높이의 비가 1 : 4 이상인 구조물

(2) 철골작업의 제한(산업안전보건법 안전보건기준) ★★★

강풍, 폭우 등과 같은 악천후시에는 작업을 중지토록 하여야 한다.

① 풍속: 10m/sec 이상

② 강우량: 1mm/h 이상

③ 강설량: 1cm/h 이상

> **참고** **철골보 인양작업시 준수사항(철골공사 표준안전작업지침 고용노동부고시)** ★
>
> ① 인양 와이어로프의 매달기 각도는 양변 60도를 기준으로 2열로 매달고, 와이어 체결지점은 수평부재의 1/3 기점을 기준으로 하여야 한다.
>
> ② 사용될 부재가 하단부에 적치되어 있을 때는 상단부의 부재를 무너뜨리는 일이 없도록 주의하여 옆으로 옮긴 후 인양을 하여야 한다.
>
> ③ 유도로프는 확실히 매어야 한다.
>
> ④ 클램프로 부재를 체결할 때는 다음의 사항을 준수하여야 한다.
>   - ⊙ 클램프는 부재를 수평으로 하는 두 곳의 위치에 사용하여야 하며, 부재 양단 방향은 등간격이어야 한다.
>   - ⓒ 부득이 한군데만을 사용할 때는 위험이 적은 장소로서 간단한 이동을 하는 경우에 한하여야 하며, 부재 길이의 1/3 지점을 기준으로 하여야 한다.
>   - ⓒ 두 곳을 매어 인양시킬 때 와이어로프 내각은 60도 이하이어야 한다.
>   - ⓔ 클램프의 정격용량 이상 매달지 않아야 한다.
>   - ⓜ 체결작업 중 클램프 본체가 장애물에 부딪치지 않게 주의를 하여야 한다.
>   - ⓗ 클램프의 작동상태를 점검한 후 사용하여야 한다.
>
> ⑤ 철골보를 인양할 때는 다음의 사항을 준수하여야 한다.
>   - ⊙ 인양와이어로프는 후크의 중심에 걸어야 한다.
>   - ⓒ 신호자는 운전자가 잘 보이는 곳에서 신호를 하여야 한다.
>   - ⓒ 불안정하거나 매단 부재가 경사지면 지상에 내려 다시 체결을 하여야 한다.
>   - ⓔ 부재의 균형을 확인하면 서서히 인양을 하여야 한다.
>   - ⓜ 흔들리거나 선회하지 않도록 유도로프로 유도하며, 장애물에 닿지 않도록 주의를 하여야 한다.

(3) 철골공사용 기계의 종류

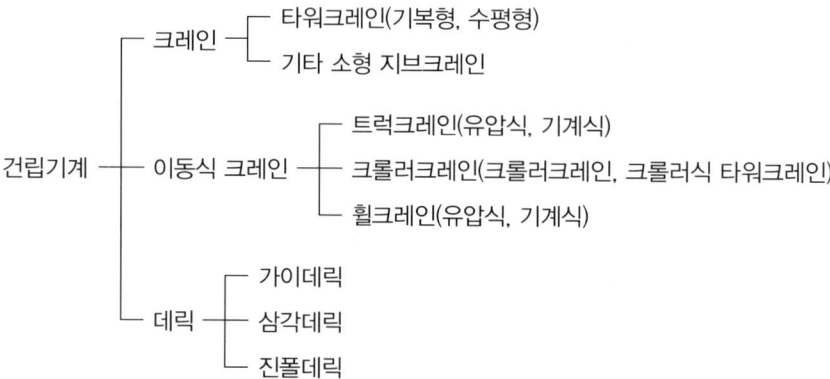

3. 해체공사안전

(1) 해체계획의 작성(산업안전보건법 안전보건기준) ★★★

① 해체작업을 하는 때에는 미리 해체건물의 조사결과에 따른 해체계획을 작성하고 그 해체계획에 의하여 작업하도록 하여야 한다.

② 해체계획에는 다음 사항이 포함되어야 한다.
- 해체의 방법 및 해체순서 도면
- 해체작업용 화약류 등의 사용계획서
- 해체물의 처분계획
- 해체작업용 기계 · 기구 등의 작업계획서
- 사업장 내 연락방법
- 가설설비, 방호설비, 환기설비 및 살수 · 방화설비 등의 방법
- 기타 안전보건에 관련된 사항

(2) 해체공법의 종류 ★

① 압쇄공법	⑤ 화약발파공법	⑨ 재키공법
② 대형브레이커공법	⑥ 핸드브레이커공법	⑩ 쐐기타입공법
③ 전도공법	⑦ 팽창압공법	⑪ 화염공법
④ 철해머공법	⑧ 절단공법	⑫ 통전공법

(3) 해체공사에 따른 공해방지대책 ★★

① 소음 및 진동: 해체공사의 공법에 따라 발생하는 소음과 진동은 다양하므로 현장 내에서는 대형 부재로 해체하여 장외에서 잘게 부수고, 인접건물에 피해를 줄이기 위해 방음시설을 하여야 한다.

② 분진: 분진발생을 억제하기 위하여 직접 발생부분에 물을 뿌리거나 간접적으로 방진시트 등에 의한 방진벽을 설치하여야 한다.

③ 지반침하: 해체작업 전에 대상건물의 깊이, 토질, 주변상황 등과 사용하는 중기운행시 수반되는 진동 등을 고려하여 지반침하에 대비하여야 한다.

④ 폐기물: 해체작업 과정에서 발생하는 폐기물은 관계법에서 정하는 바에 따라 처리하도록 하여야 한다.

적중문제 **CHAPTER 4** 안전시설 적용하기

01 ★

건설공사에서 가설구조물(건설가시설물)의 특징을 4가지 쓰시오.

정답

① 연결재가 적은 구조로 되기 쉽다.
② 부재결합이 간단하고 불완전결합이 되기 쉽다.
③ 사용부재는 과소단면이거나 결함재가 되기 쉽다.
④ 조립도의 정밀도가 낮고 구조물이라는 통상의 개념이 확실하지 않다.
⑤ 구조상의 결함이 있는 경우 중대재해로 이어질 수 있다.

02 ★★

달비계 높이 5m 이상의 비계를 조립·해체하는 작업을 하다가 와이어로프가 절단되는 사고가 발생하여 근로자가 추락하는 재해가 발생하였다. 다음 물음에 답하시오.

(1) 달기와이어로프의 안전계수는 얼마 이상이어야 하는지 쓰시오.

(2) 달기와이어로프의 사용금지 조건을 3가지 쓰시오.

(3) 이와 같은 작업에서 사업주가 준수하여야 할 사항을 4가지 쓰시오.

정답

(1) 달기와이어로프의 안전계수
    10 이상
(2) 달기와이어로프의 사용금지 조건
    ① 이음매가 있는 것
    ② 와이어로프의 한꼬임에서 끊어진 소선의 수가 10% 이상인 것
    ③ 지름의 감소가 공칭지름의 7%를 초과하는 것
    ④ 꼬인 것
    ⑤ 심하게 변형되거나 부식된 것
    ⑥ 열과 전기충격에 의해 손상된 것

(3) 사업주가 준수해야 할 사항
    ① 근로자가 관리감독자의 지휘에 따라 작업하도록 할 것
    ② 조립·해체 또는 변경의 시기·범위 및 절차를 그 작업에 종사하는 근로자에게 주지시킬 것
    ③ 조립·해체 또는 변경작업구역에는 해당 작업에 종사하는 근로자가 아닌 사람의 출입을 금지하고 그 내용을 보기 쉬운 장소에 게시할 것
    ④ 재료·기구 또는 공구 등을 올리거나 내리는 경우에는 근로자가 달줄 또는 달포대 등을 사용하게 할 것
    ⑤ 비, 눈 그 밖의 기상상태의 불안정으로 날씨가 몹시 나쁜 경우에는 그 작업을 중지시킬 것
    ⑥ 비계재료의 연결·해체작업을 하는 경우에는 폭 20cm 이상의 발판을 설치하고 근로자로 하여금 안전대를 사용하도록 하는 등 추락을 방지하기 위한 조치를 할 것

[근거]
• 와이어로프 등 달기구의 안전계수: 산업안전보건법 산업안전보건기준에 관한 규칙 제163조
• 달비계의 구조: 산업안전보건법 산업안전보건기준에 관한 규칙 제63조
• 비계 등의 조립·해체 및 변경: 산업안전보건법 산업안전보건기준에 관한 규칙 제57조

03 ★★★

산업안전보건법상 비, 눈 그 밖의 기상상태의 악화로 작업을 중지시킨 후 또는 비계를 조립·해체하거나 변경한 후에 그 비계에서 작업을 시작하기 전에 점검하여야 할 사항을 4가지 쓰시오.

정답

① 발판재료의 손상 여부 및 부착 또는 걸림상태
② 연결재료 및 연결철물의 손상 또는 부식상태
③ 해당 비계의 연결부 또는 접속부의 풀림상태
④ 손잡이의 탈락 여부
⑤ 로프의 부착상태 및 매단 장치의 흔들림상태
⑥ 기둥의 침하, 변형, 변위 또는 흔들림상태

[근거]
비계의 점검 및 보수: 산업안전보건법 산업안전보건기준에 관한 규칙 제58조

04 ★★

비계가 갖추어야 할 구비조건 3요소를 쓰고, 각각에 대하여 간단히 설명하시오.

① 안전성: 추락, 낙하에 의한 안전성 및 무너짐에 대한 안전성을 확인할 것
② 경제성: 조립 및 해체가 신속하고 용이할 것
③ 작업성: 작업 및 통행에 방해가 되지 않는 구조이어야 하며, 작업자세를 취할 때 무리가 없도록 작업발판의 넓이가 확보될 것

05 ★

다음은 산업안전보건법상 통나무비계를 조립하는 경우에 준수하여야 할 사항이다. (   ) 안에 적합한 내용을 쓰시오.

(1) 비계기둥의 간격은 (①) 이하로 하고, 지상으로부터 첫 번째 띠장은 (②) 이하의 위치에 설치할 것
(2) 비계기둥의 이음이 겹침이음인 경우에는 이음부분에서 (③) 이상을 서로 겹쳐서 두 군데 이상을 묶고, 비계기둥의 이음이 맞댄이음인 경우에는 비계기둥을 쌍기둥틀로 하거나 (④) 이상의 덧댐목을 사용하여 네 군데 이상을 묶을 것
(3) 외줄비계, 쌍줄비계 또는 돌출비계에 대해서는 다음에 따른 벽이음 및 버팀을 설치할 것
　　㉠ 강관, 통나무 등의 재료를 사용하여 견고한 것으로 할 것
　　㉡ 간격은 수직방향에서는 5.5m 이하, 수평방향에서는 (⑤) 이하로 할 것
　　㉢ 인장재와 압축재로 구성된 경우에는 인장재와 압축재의 간격을 (⑥) 이내로 할 것

① 2.5m　　② 3m　　③ 1m
④ 1.8m　　⑤ 7.5m　　⑥ 1m
[근거]
통나무비계의 구조: 산업안전보건법 산업안전보건기준에 관한 규칙 제71조 → 2024.6.28 개정되어 삭제된 항목으로 학습 불필요

06 ★★★

산업안전보건법상 비계의 조립간격에 대한 사항이다. (   ) 안에 적합한 숫자를 쓰시오.

구분		조립간격(m)	
		수직방향	수평방향
강관비계	단관비계	(①)	(②)
	틀비계(5m 미만 제외)	(③)	(④)

① 5
② 5
③ 6
④ 8
[근거]
강관비계의 조립간격: 산업안전보건법 산업안전보건기준에 관한 규칙 [별표 5]

07 ★★

강관을 사용하여 비계를 구성하는 경우 준수사항을 3가지 쓰시오.

① 띠장간격은 2.0m 이하로 할 것
② 비계기둥의 간격은 띠장방향에서는 1.85m 이하, 장선방향에서는 1.5m 이하로 할 것
③ 비계기둥간의 적재하중은 400kg을 초과하지 않도록 할 것
④ 비계기둥의 제일 윗부분으로부터 31m 되는 지점 밑부분의 비계기둥은 2개의 강관으로 묶어 세울 것
[근거]
강관비계의 구조: 산업안전보건법 산업안전보건기준에 관한 규칙 제60조

08 ★

산업안전보건법상 강관틀비계를 조립하여 사용하는 경우 준수사항이다. (   ) 안에 적합한 내용을 쓰시오.

---

(1) 수직방향으로 6m, 수평방향으로 (①) 이내마다 벽이음을 할 것

(2) 주틀간에 교차가새를 설치하고 최상층 및 (②) 이내마다 수평재를 설치할 것

(3) 높이가 20m를 초과하거나 중량물의 적재를 수반하는 작업을 할 경우에는 주틀간의 간격은 (③) 이하로 할 것

(4) 길이가 띠장방향으로 4m 이하이고 높이가 10m를 초과하는 경우에는 (④) 이내마다 띠장방향으로 (⑤)을 설치할 것

정답

① 8m   ② 5층   ③ 1.8m

④ 10m   ⑤ 버팀기둥

[근거]
강관틀비계: 산업안전보건법 산업안전보건기준에 관한 규칙 제62조

09 ★★

산업안전보건법상 말비계를 조립하여 사용하는 경우에 준수하여야 할 사항이다. (   ) 안에 적합한 내용을 쓰시오.

---

(1) 지주부재와 수평면과의 기울기를 (①)도 이하로 하고, 지주부재와 지주부재 사이를 고정시키는 (②)를 설치할 것

(2) 말비계의 높이가 2m를 초과하는 경우에는 작업발판의 폭을 (③)cm 이상으로 할 것

(3) 지주부재의 하단에는 (④)를 하고, 근로자가 양측 끝부분에 올라서서 작업하지 않도록 할 것

정답

① 75   ③ 40
② 보조부재   ④ 미끄럼방지장치

[근거]
말비계: 산업안전보건법 산업안전보건기준에 관한 규칙 제67조

10 ★★

산업안전보건법상 이동식 비계를 조립하여 작업을 하는 경우 사업주가 준수하여야 할 사항을 4가지 쓰시오.

정답

① 승강용 사다리는 견고하게 설치할 것

② 비계의 최상부에서 작업을 하는 경우에는 안전난간을 설치할 것

③ 작업발판의 최대적재하중은 250kg을 초과하지 않도록 할 것

④ 작업발판은 항상 수평을 유지하고 작업발판 위에서 안전난간을 딛고 작업을 하거나 받침대 또는 사다리를 사용하여 작업하지 않도록 할 것

⑤ 이동식 비계의 바퀴에는 뜻밖의 갑작스러운 이동을 방지하기 위하여 브레이크 · 쐐기 등으로 바퀴를 고정시킨 다음 비계의 일부를 견고한 시설물에 고정하거나 아웃트리거를 설치하는 등 필요한 조치를 할 것

[근거]
이동식 비계: 산업안전보건법 산업안전보건기준에 관한 규칙 제68조

11 ★★

산업안전보건법상 시스템 비계를 사용하여 비계를 구성하는 경우 준수하여야 할 사항을 3가지 쓰시오.

정답

① 수직재, 수평재, 가새재를 견고하게 연결하는 구조가 되도록 할 것

② 비계 밑단의 수직재와 받침철물은 밀착되도록 설치하고, 수직재와 받침철물의 연결부의 겹침길이는 받침철물 전체길이의 3분의 1 이상이 되도록 할 것

③ 수평재는 수직재와 직각으로 설치하여야 하며, 체결 후 흔들림이 없도록 견고하게 설치할 것

④ 수직재와 수직재의 연결철물은 이탈되지 않도록 견고한 구조로 할 것

⑤ 벽 연결재의 설치간격은 제조사가 정한 기준에 따라 설치할 것

[근거]
시스템 비계의 구조: 산업안전보건법 산업안전보건기준에 관한 규칙 제69조

12 ★★★

산업안전보건법상 가설통로를 설치하는 경우 준수하여야 할 사항을 4가지 쓰시오.

① 견고한 구조로 할 것

② 경사는 30° 이하로 할 것

③ 경사가 15°를 초과하는 경우에는 미끄러지지 아니하는 구조로 할 것

④ 추락할 위험이 있는 장소에는 안전난간을 설치할 것

⑤ 수직갱에 가설된 통로의 길이가 15m 이상인 경우에는 10m 이내마다 계단참을 설치할 것

⑥ 건설공사에 사용하는 높이 8m 이상인 비계다리에는 7m 이내마다 계단참을 설치할 것

[근거]
가설통로의 구조: 산업안전보건법 산업안전보건기준에 관한 규칙 제23조

13 ★

다음은 산업안전보건법상 통로에 대한 사항이다. (   ) 안에 적합한 내용을 쓰시오.

(1) 통로의 주요 부분에는 통로표시를 하고 근로자가 안전하게 통행할 수 있도록 할 것
(2) 통로면으로부터 높이 (①) 이내에는 장애물이 없도록 할 것
(3) 근로자가 안전하게 통행할 수 있도록 통로에 (②) 이상의 채광 또는 조명시설을 할 것

① 2m

② 75럭스

[근거]
• 통로의 조명: 산업안전보건법 산업안전보건기준에 관한 규칙 제21조
• 통로의 설치: 산업안전보건법 산업안전보건기준에 관한 규칙 제22조

14 ★★

강관비계를 사용하여 조립하는 작업을 하는 경우 사용되는 부속철물의 종류를 3가지 쓰시오.

① 받침철물

② 연결철물(클램프)

③ 이음철물

④ 벽이음용철물

15 ★★★

사다리식 통로를 설치하는 경우 준수하여야 할 사항을 5가지 쓰시오.

① 견고한 구조로 할 것

② 심한 손상·부식 등이 없는 재료를 사용할 것

③ 발판의 간격은 일정하게 할 것

④ 발판과 벽과의 사이는 15cm 이상의 간격을 유지할 것

⑤ 폭은 30cm 이상으로 할 것

⑥ 사다리가 넘어지거나 미끄러지는 것을 방지하기 위한 조치를 할 것

⑦ 사다리의 상단은 걸쳐 놓은 지점으로부터 60cm 이상 올라가도록 할 것

⑧ 사다리식 통로의 길이가 10m 이상인 경우에는 5m 이내마다 계단참을 설치할 것

⑨ 사다리식 통로의 기울기는 75° 이하로 할 것. 다만, 고정식 사다리식 통로의 기울기는 90° 이하로 하고 그 높이가 7m 이상인 경우에는 다음의 구분에 따른 조치를 할 것

  ㉠ 등받이울이 있어도 근로자 이동에 지장이 없는 경우: 바닥으로부터 높이가 2.5m 되는 지점부터 등받이울을 설치할 것

  ㉡ 등받이울이 있으면 근로자가 이동이 곤란한 경우: 한국산업표준에서 정하는 기준에 적합한 개인용 추락방지시스템을 설치하고 근로자로 하여금 한국산업표준에서 정하는 기준에 적합한 전신안전대를 사용하도록 할 것

⑩ 접이식 사다리기둥은 사용시 접혀지거나 펼쳐지지 않도록 철물 등을 사용하여 견고하게 조치할 것

[근거]
사다리식 통로 등의 구조: 산업안전보건법 산업안전보건기준에 관한 규칙 제24조 → 2024.6.28 개정

16 ★★

산업안전보건법상 계단 및 계단참에 대한 사항이다.
( ) 안에 적합한 내용을 쓰시오.

(1) 안전율(재료의 파괴응력도와 허용응력도의 비율)
　은 (①) 이상으로 하여야 한다.
(2) 계단을 설치하는 경우 그 폭을 (②) 이상으로 하
　여야 한다.
(3) 계단 및 계단참을 설치하는 경우 (③) 이상의 하
　중에 견딜 수 있는 강도를 가진 구조로 설치하여야
　한다.
(4) 높이 (④) 이상인 계단의 개방된 측면에 안전난
　간을 설치하여야 한다.
(5) 높이가 (⑤)를 초과하는 계단에 높이 3m 이내마
　다 진행방향으로 길이 (⑥) 이상의 계단참을 설
　치하여야 한다.
(6) 계단을 설치하는 경우 바닥면으로부터 높이 (⑦)
　이내의 공간에 장애물이 없도록 하여야 한다.

① 4
② 1m
③ 500kg/m²
④ 1m
⑤ 3m
⑥ 1.2m
⑦ 2m
[근거]
• 계단의 강도: 산업안전보건법 산업안전보건기준에 관한 규칙
　제26조
• 계단의 폭: 산업안전보건법 산업안전보건기준에 관한 규칙
　제27조
• 계단참의 높이: 산업안전보건법 산업안전보건기준에 관한 규칙
　제28조
• 계단의 난간: 산업안전보건법 산업안전보건기준에 관한 규칙
　제30조
• 천장의 높이: 산업안전보건법 산업안전보건기준에 관한 규칙
　제29조

17 ★★

산업안전보건법상 공사용 가설도로를 설치하는 경우에
준수하여야 할 사항을 3가지 쓰시오.

① 도로는 장비와 차량이 안전하게 운행할 수 있도록 견고하게 설치
　할 것
② 도로와 작업장이 접하여 있을 경우에는 울타리 등을 설치할 것
③ 도로는 배수를 위하여 경사지게 설치하거나 배수시설을 설치할 것
④ 차량의 속도제한표지를 부착할 것
[근거]
가설도로: 산업안전보건법 산업안전보건기준에 관한 규칙 제379조

18 ★

이동식 사다리를 설치하여 사용할 경우 준수하여야 할
사항이다. ( ) 안에 적합한 내용을 쓰시오.

(1) 벽면 상부로부터 최소한 (①) 이상의 연장길이가
　있어야 한다.
(2) 길이가 (②)를 초과해서는 안 된다.
(3) 다리의 벌림은 벽 높이의 (③) 정도가 적당하다.
(4) 미끄럼방지장치는 다음 사항을 준수하여야 한다.
　㉠ (④)은 인조고무 등으로 마감한 실내용을 사
　　용하여야 한다.
　㉡ (⑤) 및 미끄럼방지 고정쇠는 돌마무리 또는
　　인조석 깔기마감한 바닥용으로 사용하여야 한다.
　㉢ (⑥)는 지반이 평탄한 맨땅 위에 세울 때 사용
　　하여야 한다.

① 60cm　　　　　　　④ 미끄럼방지발판
② 6m　　　　　　　　⑤ 미끄럼방지판자
③ $\frac{1}{4}$　　　　　　　⑥ 쐐기형 강스파이크
[근거]
• 이동식 사다리: 가설공사 표준안전작업지침 고용노동부고시
• 미끄럼방지장치: 가설공사 표준안전작업지침 고용노동부고시

19 ★★

비계(달비계, 달대비계 및 말비계는 제외한다)의 높이가 2m 이상인 작업장소에 작업발판을 설치하는 경우 안전기준을 4가지 쓰시오.

① 작업발판의 폭은 40cm 이상으로 하고 발판재료간의 틈은 3cm 이하로 할 것
② 추락의 위험이 있는 장소에는 안전난간을 설치할 것
③ 발판재료는 작업할 때의 하중을 견딜 수 있도록 견고한 것으로 할 것
④ 작업발판 재료는 뒤집히거나 떨어지지 않도록 둘 이상의 지지물에 연결하거나 고정시킬 것
⑤ 작업발판의 지지물은 하중에 의하여 파괴될 우려가 없는 것을 사용할 것
⑥ 작업발판을 작업에 따라 이동시킬 경우에는 위험방지에 필요한 조치를 할 것
[근거]
작업발판의 구조: 산업안전보건법 산업안전보건기준에 관한 규칙 제56조

20

산업안전보건법상 달비계의 최대적재하중을 정하는 경우 (   ) 안에 알맞은 안전계수를 쓰시오.

(1) 달기체인 및 달기훅의 안전계수: (①) 이상
(2) 달기와이어로프 및 달기강선의 안전계수: (②) 이상
(3) 달기강대와 달비계의 하부 및 상부지점의 안전계수: 강재(鋼材)의 경우 (③) 이상, 목재의 경우 (④) 이상

① 5
② 10
③ 2.5
④ 5
[근거]
작업발판의 최대적재하중: 산업안전보건법 산업안전보건기준에 관한 규칙 제55조 → 2024.6.28 개정되어 삭제되었으므로 학습 불필요

21 ★★

다음은 시험용사로부터 채취한 시험편의 양단을 인장시험기로 시험하거나 이와 유사한 방법으로 등속인장시험을 한 경우 방망사의 강도에 대한 사항이다. (   ) 안에 적합한 숫자를 쓰시오.

(1) 방망사의 신품에 대한 인장강도

그물코의 크기[cm]	인장강도[kg]	
	매듭없는 방망	매듭방망
10	(①)	200
5	–	(②)

(2) 방망사의 폐기시 인장강도

그물코의 크기[cm]	인장강도[kg]	
	매듭없는 방망	매듭방망
10	150	(③)
5	–	(④)

① 240
② 110
③ 135
④ 60
[근거]
방망: 추락재해방지 표준안전작업지침 고용노동부고시

22 ★

다음은 방망의 시험에 대한 사항이다. (   ) 안에 적합한 내용을 쓰시오.

> (1) 방망의 정기시험은 사용개시 후 (①) 이내로 하고, 그 후 (②)마다 1회씩 정기적으로 시험용사에 대해서 (③)을 하여야 한다. 다만, 사용상태가 비슷한 다수의 방망의 시험용사에 대하여는 무작위 추출한 (④) 이상을 인장시험을 했을 경우 다른 방망에 대한 등속인장시험을 생략할 수 있다.
> (2) 방망의 마모가 현저한 경우나 방망이 유해가스에 노출된 경우에는 사용 후 시험용사에 대해서 (⑤)을 하여야 한다.

정답

① 1년
② 6개월
③ 등속인장시험
④ 5개
⑤ 인장시험
[근거]
방망: 추락재해방지 표준안전작업지침 고용노동부고시

23 ★★

거푸집 및 지보공(동바리) 설계시 고려하여야 할 하중을 4가지 쓰시오.

정답

① 연직방향하중
② 횡방향하중
③ 콘크리트의 측압
④ 특수하중: 시공 중에 예상되는 특수한 하중
⑤ ①~④의 하중에 안전율을 고려한 하중
[근거]
하중: 콘크리트공사 표준안전작업지침 고용노동부지침

24 ★★

거푸집에 작용하는 하중 중에서 연직하중(수직하중)에 해당하는 것을 3가지 쓰시오.

정답

① 고정하중
② 작업하중
③ 충격하중
④ 적재하중

25 ★

콘크리트의 최대측압을 구하는데 이용되는 4요소를 쓰시오.

정답

① 생콘크리트의 타설높이[m]
② 콘크리트의 타설속도[m/h]
③ 생콘크리트의 단위용적중량[t/m³]
④ 벽길이[m]

26 ★

금속재(강재) 거푸집의 장점과 단점을 각각 3가지씩 쓰시오.

정답

(1) 장점
　① 강도가 크다.
　② 수밀성이 좋다.
　③ 평면이 평활한 콘크리트가 된다.
　④ 강성이 크고 정밀도가 높다.
　⑤ 운용도가 극히 좋다.
(2) 단점
　① 콘크리트가 녹물로 오염될 염려가 있다.
　② 중량이 무거워 취급이 어렵다.
　③ 초기의 투자율이 높다.
　④ 외부온도의 영향을 받기 쉽다.

27 ★

산업안전보건법상 기둥, 보, 벽체, 슬라브 등의 거푸집 동바리 등을 조립하거나 해체하는 작업을 하는 경우에 준수하여야 할 사항을 3가지 쓰시오.

정답

① 해당 작업을 하는 구역에는 근로자가 아닌 사람의 출입을 금지할 것
② 재료, 기구 또는 공구 등을 올리거나 내리는 경우에는 근로자로 하여금 달줄, 달포대 등을 사용하도록 할 것
③ 비, 눈 그 밖의 기상상태의 불안정으로 날씨가 몹시 나쁜 경우에는 그 작업을 중지 할 것
④ 낙하, 충격에 의한 돌발적 재해를 방지하기 위하여 버팀목을 설치히고 거푸집 및 동비리를 인양장비에 매단 후에 작업을 하도록 하는 등 필요한 조치를 할 것
[근거]
조립 등 작업시의 준수사항: 산업안전보건법 산업안전보건기준에 관한 규칙 제336조

28 ★★

동바리를 조립하는 경우 준수하여야 할 사항을 4가지 쓰시오.

정답

① 받침목이나 깔판의 사용, 콘크리트 타설, 말뚝박기 등 동바리의 침하를 방지하기 위한 조치를 할 것
② 개구부 상부에 동바리를 설치하는 경우에는 상부하중을 견딜 수 있는 견고한 받침대를 설치할 것
③ 동바리의 이음은 같은 품질의 재료를 사용할 것
④ 동바리의 상하고정 및 미끄러짐방지조치를 할 것
⑤ 상부, 하부의 동바리가 동일 수직선상에 위치하도록 하여 깔판, 받침목에 고정시킬 것
⑥ 강재의 접속부 및 교차부는 볼트·클램프 등 전용철물을 사용하여 단단히 연결할 것
⑦ 거푸집의 형상에 따른 부득이한 경우를 제외하고는 깔판이나 받침목은 2단 이상 끼우지 않도록 할 것
⑧ 깔판이나 받침목을 이어서 사용하는 경우에는 그 깔판, 받침목을 단단히 연결할 것
[근거]
거푸집동바리 등의 안전조치: 산업안전보건법 산업안전보건기준에 관한 규칙 제332조 → 2023.11.14 개정

29 ★★

거푸집 및 동바리를 조립하는 경우 거푸집 및 동바리의 조립도에 명시하여야 할 사항을 3가지 쓰시오.

정답

① 거푸집 및 동바리를 구성하는 부재의 재질
② 단면규격
③ 설치간격 및 이음방법
[근거]
조립도: 산업안전보건법 산업안전보건기준에 관한 규칙 제331조 → 2023.11.14 개정

30 ★★

다음은 동바리로 사용하는 파이프 서포트 설치에 대한 사항이다. (   ) 안에 적합한 숫자를 쓰시오.

(1) 높이가 (①) m를 초과하는 경우에는 높이 2m 이내마다 수평연결재를 (②)개 방향으로 만들고 수평연결재의 변위를 방지할 것
(2) 파이프 서포트를 (③)개 이상 이어서 사용하지 않도록 할 것
(3) 파이프 서포트를 이어서 사용하는 경우에는 (④)개 이상의 볼트 또는 전용 철물을 사용하여 이을 것
(4) 동바리로 사용하는 강관틀에 대하여는 최상단 및 (⑤) 이내마다 거푸집동바리의 측면과 틀면의 방향 및 교차가새의 방향에서 5개 이내마다 수평연결재를 설치하고 수평연결재의 변위를 방지할 것

① 3.5   ② 2   ③ 3
④ 4   ⑤ 5단
[근거]
거푸집동바리 등의 안전조치: 산업안전보건법 산업안전보건기준에 관한 규칙 제332조 → 2023.11.14 개정

31 ★

산업안전보건법상 시스템동바리를 설치하는 방법을 3가지 쓰시오.

① 수평재는 수직재와 직각으로 설치해야 하며, 흔들리지 않도록 견고하게 설치할 것
② 연결철물을 사용하여 수직재를 견고하게 연결하고, 연결 부위가 탈락 또는 꺾어지지 않도록 할 것
③ 수직 및 수평하중에 대해 동바리의 구조적 안전성이 확보되도록 조립도에 따라 수직재 및 수평재에는 가새재를 견고하게 설치할 것
④ 동바리 최상단과 최하단의 수직재와 받침철물은 서로 밀착되도록 설치하고 수직재와 받침철물의 연결부의 겹침길이는 받침철물 전체길이의 3분의 1 이상 되도록 할 것
[근거]
거푸집동바리 등의 안전조치: 산업안전보건법 산업안전보건기준에 관한 규칙 제332조 → 2023.11.14 개정

32 ★★★

산업안전보건법상 작업발판 일체형 거푸집 종류를 4가지 쓰시오.

① 갱폼(Gang Form)
② 슬립폼(Slip Form)
③ 클라이밍폼(Climbing Form)
④ 터널라이닝폼(Tunnel Lining Form)
⑤ 그 밖에 거푸집과 작업발판이 일체로 제작된 거푸집
[근거]
작업발판 일체형 거푸집의 안전조치: 산업안전보건법 산업안전보건기준에 관한 규칙 제337조

33 ★

갱폼의 조립·이동·양중·해체작업을 하는 경우 준수사항을 3가지 쓰시오.

① 조립 등의 범위 및 작업절차를 미리 그 작업에 종사하는 근로자에게 주지시킬 것
② 근로자가 안전하게 구조물 내부에서 갱폼의 작업발판으로 출입할 수 있는 이동통로를 설치할 것
③ 갱폼의 지지 또는 고정철물의 이상 유무를 수시점검하고 이상이 발견된 경우에는 교체하도록 할 것
④ 갱폼을 조립하거나 해체하는 경우에는 갱폼을 인양장비에 매단 후에 작업을 실시하도록 하고, 인양장비에 매달기 전에 지지 또는 고정철물을 미리 해체하지 않도록 할 것
⑤ 갱폼 인양시 작업발판용 케이지에 근로자가 탑승한 상태에서 갱폼의 인양작업을 하지 아니할 것
[근거]
작업발판형 일체형 거푸집의 안전조치: 산업안전보건법 산업안전보건기준에 관한 규칙 제337조

34 ★★★

산업안전보건법상 콘크리트 타설작업을 하는 경우 준수하여야 할 사항을 3가지 쓰시오.

정답

① 당일의 작업을 시작하기 전에 해당 작업에 관한 거푸집 및 동바리의 변형·변위 및 지반의 침하유무 등을 점검하고 이상이 있으면 보수할 것
② 콘크리트를 타설하는 경우에는 편심이 발생하지 않도록 골고루 분산하여 타설할 것
③ 콘크리트 타설작업시 거푸집 붕괴의 위험이 발생할 우려가 있으면 충분한 보강조치를 할 것
④ 작업 중에는 감시자를 배치하는 등 방법으로 거푸집 및 동바리의 변형·변위 및 지반의 침하유무 등을 확인해야 하며, 이상이 있으면 작업을 중지하고 근로자를 대피시킬 것
⑤ 설계도서상의 콘크리트 양생기간을 준수하여 거푸집 및 동바리를 해체할 것

[근거]
콘크리트 타설작업: 산업안전보건법 산업안전보건기준에 관한 규칙 제334조 → 2023.11.14 개정

35 ★★

콘크리트 타설작업을 하기 위한 콘크리트 타설장비를 사용하는 작업을 하는 경우에 준수사항을 3가지 쓰시오.

정답

① 작업을 시작하기 전에 콘크리트 타설장비를 점검하고 이상을 발견하였으면 즉시 보수할 것
② 건축물의 난간 등에서 작업하는 근로자가 호스의 요동·선회로 인하여 추락하는 위험을 방지하기 위하여 안전난간 설치 등 필요한 조치를 할 것
③ 콘크리트 타설장비의 붐을 조정하는 경우에는 주변의 전선 등에 의한 위험을 예방하기 위한 적절한 조치를 할 것
④ 작업 중에 지반의 침하나 아웃트리거 등 콘크리트 타설장비 지지구조물의 손상 등에 의하여 콘크리트 타설장비가 넘어질 우려가 있는 경우에는 이를 방지하기 위한 적절한 조치를 할 것

[근거]
콘크리트 펌프 등 사용시 준수사항: 산업안전보건법 산업안전보건기준에 관한 규칙 제335조 → 2023.11.14 개정

36 ★★★

콘크리트 타설작업 시 거푸집의 측압에 영향을 끼치는 요인을 6가지 쓰시오.

정답

① 콘크리트의 다지기가 강할수록 크다.
② 이어붓기 속도가 클수록 크다.
③ 콘크리트의 비중이 클수록 크다.
④ 거푸집의 수밀성이 높을수록 크다.
⑤ 거푸집의 강성이 클수록 크다.
⑥ 거푸집의 표면이 매끄러울수록 크다.
⑦ 거푸집의 수평단면이 클수록(벽두께가 클수록) 크다.
⑧ 응결이 빠른 시멘트를 사용할수록 크다.
⑨ 기온이 낮을수록(대기 중의 습도가 높을수록) 크다.
⑩ 묽은 콘크리트일수록(슬럼프값이 클수록, 물·시멘트비가 클수록) 크다.

37 ★★

철골공사에서 강풍에 의한 풍압 등 외압에 대한 내력이 설계에 고려되었는지 확인이 필요한 철골구조물을 4가지 쓰시오.

정답

① 기둥이 타이플레이트(Tie Plate)형인 구조물
② 연면적당 철골량이 50kg/m² 이하인 구조물
③ 높이 20m 이상의 구조물
④ 이음부가 현장용접인 구조물
⑤ 단면구조에 현저한 차이가 있는 구조물
⑥ 구조물의 폭과 높이의 비가 1 : 4 이상인 구조물

[근거]
설계도 및 공작도 확인: 철골공사 표준안전작업지침 고용노동부고시

38 ★★★

산업안전보건법상 철골작업을 중지해야 하는 기상조건을 3가지 쓰시오.

① 풍속이 초당 10m 이상인 경우(풍속이 10m/sec 이상인 경우)
② 강우량이 시간당 1mm 이상인 경우(강우량이 1mm/h 이상인 경우)
③ 강설량이 시간당 1cm 이상인 경우(강설량이 1cm/h 이상인 경우)
[근거]
작업의 제한: 산업안전보건법 산업안전보건기준에 관한 규칙 제383조

39 ★★★

건물 등의 해체작업시 작업계획서에 포함되어야 할 사항을 5가지 쓰시오.

① 해체의 방법 및 해체순서 도면
② 가설설비, 방호설비, 환기설비 및 살수 · 방화설비 등의 방법
③ 사업장 내 연락방법
④ 해체물의 처분계획
⑤ 해체작업용 기계 · 기구 등의 작업계획서
⑥ 해체작업용 화약류 등의 사용계획서
⑦ 그 밖에 안전보건에 관련된 사항
[근거]
사전조사 및 작업계획서 내용: 산업안전보건법 산업안전보건기준에 관한 규칙 [별표 4]

40 ★

해체공법의 종류를 5가지 쓰시오.

① 압쇄공법
② 대형브레이커공법
③ 전도공법
④ 철해머공법
⑤ 화약발파공법
⑥ 팽창압공법
⑦ 절단공법
⑧ 재키공법
⑨ 쐐기타입공법
⑩ 화염공법
⑪ 통전공법
⑫ 핸드브레이커공법

41 ★★

해체작업에 따른 공해방지대책 수립시 고려하여야 할 공해의 종류를 4가지 쓰시오.

① 소음 및 진동
② 분진
③ 지반침하
④ 폐기물

CHAPTER 5 | 건설공사 위험성 평가

1. 위험성 평가의 실시(산업안전보건법 제36조)

사업주는 건설물, 기계 · 기구 · 설비, 원재료, 가스, 증기, 분진, 근로자의 작업행동 또는 그 밖의 업무로 인한 유해 · 위험요인을 찾아내어 부상 및 질병으로 이어질 수 있는 위험성의 크기가 허용가능한 범위인지를 평가하여야 하고, 그 결과에 따라 이 법과 이 법에 따른 명령에 따른 조치를 하여야 하며, 근로자에 대한 위험 또는 건강장해를 방지하기 위하여 필요한 경우에는 추가적인 조치를 하여야 한다.

2. 위험성 평가 용어의 정의(사업장 위험성 평가에 관한 지침 고용노동부고시)

(1) 유해 · 위험요인

유해 · 위험을 일으킬 잠재적 가능성이 있는 것의 고유한 특징이나 속성을 말한다.

(2) 위험성

유해 · 위험요인이 사망, 부상 또는 질병으로 이어질 수 있는 가능성과 중대성 등을 고려한 위험의 정도를 말한다.

(3) 위험성 평가 ★

사업주가 스스로 유해 · 위험요인을 파악하고 해당 유해 · 위험요인의 위험성 수준을 결정하여, 위험성을 낮추기 위한 적절한 조치를 마련하고 실행하는 과정을 말한다.

3. 위험성 평가의 방법(사업장 위험성 평가에 관한 지침 고용노동부고시) ★★

사업주는 사업장의 규모와 특성 등을 고려하여 다음의 위험성 평가 방법 중 한 가지 이상을 선정하여 위험성 평가를 실시할 수 있다.

(1) 위험가능성과 중대성을 조합한 빈도 · 강도법

(2) 체크리스트(Checklist)법

(3) 위험성 수준 3단계(저 · 중 · 고)판단법

(4) 핵심요인 기술(One Point Sheet)법

(5) 그 외 산업안전보건법 시행규칙 제50조제1항제2호의 방법

① 상대위험순위 결정(Dow and Mond Indices)

② 작업자실수분석(HEA)

③ 사고예상질문분석(What-if)

④ 위험과 운전분석(HAZOP)

⑤ 이상위험도분석(FMECA)

PART 5

해커스 산업안전산업기사 실기 합격까지 이론 + 최신기출 + 핵심노트

⑥ 결함수분석(FTA)

⑦ 사건수분석(ETA)

⑧ 원인결과분석(CCA)

⑨ ①부터 ⑧까지의 규정과 같은 수준 이상의 기술적 평가기법

4. 위험성 평가의 대상(사업장 위험성 평가에 관한 지침 고용노동부고시)

(1) 위험성 평가의 대상이 되는 유해·위험요인은 업무 중 근로자에게 노출된 것이 확인되었거나 노출될 것이 합리적으로 예견 가능한 모든 유해·위험요인이다.

(2) 사업주는 사업장 내 부상 또는 질병으로 이어질 가능성이 있었던 상황(이하 '아차사고'라 한다)을 확인한 경우에는 해당 사고를 일으킨 유해·위험요인을 위험성 평가의 대상에 포함시켜야 한다.

(3) 사업주는 사업장 내에서 중대재해가 발생한 때에는 지체없이 중대재해의 원인이 되는 유해·위험요인에 대해 위험성 평가를 실시하고, 그 밖의 사업장 내 유해·위험요인에 대해서는 위험성 평가 재검토를 실시하여야 한다.

5. 근로자 참여(사업장 위험성 평가에 관한 지침 고용노동부고시) ★

사업주는 위험성 평가를 실시할 때 다음에 해당하는 경우 해당 작업에 종사하는 근로자를 참여시켜야 한다.

(1) 유해·위험요인의 위험성 수준을 판단하는 기준을 마련하고, 유해·위험요인별로 허용가능한 위험성 수준을 정하거나 변경하는 경우

(2) 해당 사업장의 유해·위험요인을 파악하는 경우

(3) 유해·위험요인의 위험성이 허용가능한 수준인지 여부를 결정하는 경우

(4) 위험성 감소대책을 수립하여 실행하는 경우

(5) 위험성 감소대책 실행 여부를 확인하는 경우

6. 사전준비(사업장 위험성 평가에 관한 지침 고용노동부고시) ★

(1) 사업주는 위험성 평가를 효과적으로 실시하기 위하여 최초 위험성 평가시 다음의 사항이 포함된 위험성 평가 실시규정을 작성하고, 지속적으로 관리하여야 한다.

① 평가의 목적 및 방법

② 평가담당자 및 책임자의 역할

③ 평가시기 및 절차

④ 근로자에 대한 참여·공유방법 및 유의사항

⑤ 결과의 기록·보존

(2) 사업주는 위험성 평가를 실시하기 전에 다음 각 호의 사항을 확정하여야 한다.

① 위험성의 수준과 그 수준을 판단하는 기준

② 허용가능한 위험성의 수준(이 경우 법에서 정한 기준 이상으로 위험성의 수준을 정하여야 한다)

(3) 사업주는 다음의 사업장 안전보건정보를 사전에 조사하여 위험성 평가에 활용할 수 있다.

① 작업표준, 작업절차 등에 관한 정보

② 기계 · 기구, 설비 등의 사양서, 물질안전보건자료(MSDS) 등의 유해 · 위험요인에 관한 정보

③ 기계 · 기구, 설비 등의 공정흐름과 작업주변의 환경에 관한 정보

④ 법 제63조에 따른 작업을 하는 경우로서 같은 장소에서 사업의 일부 또는 전부를 도급을 주어 행하는 작업이 있는 경우 혼재작업의 위험성 및 작업상황 등에 관한 정보

⑤ 재해사례, 재해통계 등에 관한 정보

⑥ 작업환경측정결과, 근로자 건강진단결과에 관한 정보

⑦ 그 밖에 위험성 평가에 참고가 되는 자료 등

7. 위험성 평가의 절차(사업장 위험성 평가에 관한 지침 고용노동부고시) ★★★

(1) 사전준비

(2) 유해 · 위험요인 파악

(3) 위험성 결정

(4) 위험성 감소대책 수립 및 실행

(5) 위험성 평가 실시내용 및 결과에 관한 기록 및 보존

8. 유해 · 위험요인 파악(사업장 위험성 평가에 관한 지침 고용노동부고시) ★★

(1) 사업장 순회점검에 의한 방법

(2) 근로자들의 상시적 제안에 의한 방법

(3) 설문조사 · 인터뷰 등 청취조사에 의한 방법

(4) 물질안전보건자료, 작업환경측정결과, 특수건강진단결과 등 안전보건자료에 의한 방법

(5) 안전보건 체크리스트에 의한 방법

(6) 그 밖에 사업장의 특성에 적합한 방법

9. 위험성 결정(사업장 위험성 평가에 관한 지침 고용노동부고시)

(1) 사업주는 파악된 유해 · 위험요인이 근로자에게 노출되었을 때의 위험성을 '위험성 수준과 그 수준을 판단하는 기준'에 따른 기준에 의해 판단하여야 한다.

(2) 사업주는 제1항에 따라 판단한 위험성의 수준이 '허용가능한 위험성의 수준'에 의한 허용가능한 위험성의 수준인지 결정하여야 한다.

10. 위험성 감소대책 수립 및 실행(사업장 위험성 평가에 관한 지침 고용노동부고시) ★★★

사업주는 허용가능한 위험성이 아니라고 판단한 경우에는 위험성의 수준, 영향을 받는 근로자 수 및 다음의 순서를 고려하여 위험성 감소를 위한 대책을 수립하여 실행하여야 한다.

(1) 위험한 작업의 폐지 · 변경, 유해 · 위험물질 대체 등의 조치 또는 설계나 계획단계에서 위험성을 제거 또는 저감하는 조치

(2) 연동장치, 환기장치 설치 등의 공학적 대책

(3) 사업장 작업절차서 정비 등의 관리적 대책

(4) 개인용 보호구의 사용

11. 위험성 평가의 공유(사업장 위험성 평가에 관한 지침 고용노동부고시) ★

사업주는 위험성 평가를 실시한 결과 중 다음에 해당하는 사항을 근로자에게 게시, 주지 등의 방법으로 알려야 한다.

(1) 근로자가 종사하는 작업과 관련된 유해 · 위험요인

(2) 유해 · 위험요인의 위험성 결정 결과

(3) 유해 · 위험요인의 위험성 감소대책과 그 실행계획 및 실행 여부

(4) 위험성 감소대책에 따라 근로자가 준수하거나 주의하여야 할 사항

12. 위험성 평가 실시 내용 및 결과에 관한 기록 및 보존(산업안전보건법 시행규칙 제37조) ★★

(1) 사업주가 위험성 평가의 결과와 조치사항을 기록 · 보존할 때에는 다음의 사항이 포함되어야 한다.
   ① 위험성 평가 대상의 유해 · 위험요인
   ② 위험성 결정의 내용
   ③ 위험성 결정에 따른 조치의 내용
   ④ 그 밖에 위험성 평가의 실시내용을 확인하기 위하여 필요한 사항으로서 고용노동부장관이 정하여 고시하는 사항
      ㉠ 위험성 평가를 위해 사전조사 한 정보
      ㉡ 그 밖에 사업장에서 필요하다고 정한 사항

(2) 사업주는 제1항에 따른 자료를 3년간 보존해야 한다.

13. 위험성 평가의 실시 시기(사업장 위험성 평가에 관한 지침 고용노동부고시) ★★

(1) 사업주는 사업이 성립된 날(사업개시일을 말하며, 건설업의 경우 실착공일을 말한다)로부터 1개월이 되는 날까지 위험성 평가의 대상이 되는 유해 · 위험요인에 대한 최초 위험성 평가의 실시에 착수하여야 한다.

(2) 사업주는 다음의 어느 하나에 해당하여 추가적인 유해 · 위험요인이 생기는 경우에는 해당 유해 · 위험요인에 대한 수시 위험성 평가를 실시하여야 한다.

   ① 사업장 건설물의 설치 · 이전 · 변경 또는 해체

   ② 기계 · 기구, 설비, 원재료 등의 신규 도입 또는 변경

   ③ 건설물, 기계 · 기구, 설비 등의 정비 또는 보수(주기적 · 반복적 작업으로서 이미 위험성 평가를 실시한 경우에는 제외)

   ④ 작업방법 또는 작업절차의 신규 도입 또는 변경

   ⑤ 중대산업사고 또는 산업재해(휴업 이상의 요양을 요하는 경우에 한정한다) 발생

   ⑥ 그 밖에 사업주가 필요하다고 판단한 경우

(3) 사업주는 다음의 사항을 고려하여 제1항에 따라 실시한 위험성 평가의 결과에 대한 적정성을 1년마다 정기적으로 재검토하여야 한다.

   ① 기계 · 기구, 설비 등의 기간경과에 의한 성능저하

   ② 근로자의 교체 등에 수반하는 안전 · 보건과 관련되는 지식 또는 경험의 변화

   ③ 안전 · 보건과 관련되는 새로운 지식의 습득

   ④ 현재 수립되어 있는 위험성 감소대책의 유효성 등

01 ★★

위험성 평가 방법을 4가지 쓰시오.

정답

(1) 위험가능성과 중대성을 조합한 빈도 · 강도법

(2) 체크리스트(Checklist)법

(3) 위험성 수준 3단계(저 · 중 · 고)판단법

(4) 핵심요인 기술(One Point Sheet)법

(5) 그 외 산업안전보건법 시행규칙 제50조제1항제2호의 방법

    ① 상대위험순위 결정(Dow and Mond Indices)

    ② 작업자실수분석(HEA)

    ③ 사고예상질문분석(What-if)

    ④ 위험과 운전분석(HAZOP)

    ⑤ 이상위험도분석(FMECA)

    ⑥ 결함수분석(FTA)

    ⑦ 사건수분석(ETA)

    ⑧ 원인결과분석(CCA)

    ⑨ ①부터 ⑧까지의 규정과 같은 수준 이상의 기술적 평가기법

[근거]

위험성 평가의 방법: 사업장 위험성 평가에 관한 지침 고용노동부고시 제7조

02 ★

사업주가 위험성 평가를 실시할 때, 해당 작업에 종사하는 근로자를 참여시켜야 하는 경우에 대하여 4가지 쓰시오.

정답

① 해당 사업장의 유해 · 위험요인을 파악하는 경우

② 유해 · 위험요인의 위험성이 허용가능한 수준인지 여부를 결정하는 경우

③ 위험성 감소대책을 수립하여 실행하는 경우

④ 위험성 감소대책 실행 여부를 확인하는 경우

⑤ 유해 · 위험요인의 위험성 수준을 판단하는 기준을 마련하고, 유해 · 위험요인별로 허용가능한 위험성 수준을 정하거나 변경하는 경우

[근거]

근로자참여: 사업장 위험성 평가에 관한 지침 고용노동부고시 제6조

03 ★

사업주가 위험성 평가를 효과적으로 실시하기 위하여 최초 위험성 평가 시 위험성 평가 실시 규정에 포함되어야 할 사항을 4가지 쓰시오.

정답

① 평가의 목적 및 방법

② 평가담당자 및 책임자의 역할

③ 평가시기 및 절차

④ 근로자에 대한 참여 · 공유방법 및 유의사항

⑤ 결과의 기록 · 보존

[근거]

사전준비: 사업장 위험성 평가에 관한 지침 고용노동부고시 제9조

04 ★

사업주가 사전에 조사하여 위험성 평가에 활용할 수 있는 사업장 안전보건정보에 대하여 5가지 쓰시오.

> **정답**

① 작업표준, 작업절차 등에 관한 정보
② 기계 · 기구, 설비 등의 사양서, 물질안전보건자료(MSDS) 등의 유해 · 위험요인에 관한 정보
③ 기계 · 기구, 설비 등의 공정흐름과 작업주변의 환경에 관한 정보
④ 같은 장소에서 사업의 일부 또는 전부를 도급을 주어 행하는 작업이 있는 경우 혼재작업의 위험성 및 작업상황 등에 관한 정보
⑤ 재해사례, 재해통계 등에 관한 정보
⑥ 작업환경측정결과, 근로자 건강진단결과에 관한 정보
⑦ 그 밖에 위험성 평가에 참고가 되는 자료 등

[근거]
사전준비: 사업장 위험성 평가에 관한 지침 고용노동부고시 제9조

05 ★★★

사업주가 실시하여야 하는 위험성 평가의 절차를 순서대로 쓰시오.

> **정답**

① 사전준비
② 유해 · 위험요인 파악
③ 위험성 결정
④ 위험성 감소대책 수립 및 실행
⑤ 위험성 평가 실시내용 및 결과에 관한 기록 및 보존

[근거]
위험성 평가의 절차: 사업장 위험성 평가에 관한 지침 고용노동부고시 제8조

06 ★★

사업주가 위험성 평가를 실시하기 위하여 유해 · 위험요인을 파악하는 방법을 4가지 쓰시오.

> **정답**

① 사업장 순회점검에 의한 방법
② 근로자들의 상시적 제안에 의한 방법
③ 설문조사 · 인터뷰 등 청취조사에 의한 방법
④ 물질안전보건자료, 작업환경측정결과, 특수건강진단결과 등 안전보건자료에 의한 방법
⑤ 안전보건 체크리스트에 의한 방법
⑥ 그 밖에 사업장의 특성에 적합한 방법

[근거]
유해 · 위험요인 파악: 사업장 위험성 평가에 관한 지침 고용노동부고시 제10조

07 ★★★

사업주가 허용가능한 위험성이 아니라고 판단한 경우에는 위험성의 수준, 영향을 받는 근로자 수 등을 고려하여 위험성 감소를 위한 대책을 수립하여 실행하여야 한다. 이에 해당되는 조치 및 대책을 4가지 쓰시오.

> **정답**

① 위험한 작업의 폐지 · 변경, 유해 · 위험물질 대체 등의 조치 또는 설계나 계획단계에서 위험성을 제거 또는 저감하는 조치
② 연동장치, 환기장치 설치 등의 공학적 대책
③ 사업장 작업절차서 정비 등의 관리적 대책
④ 개인용 보호구의 사용

[근거]
위험성 감소대책 수립 및 실행: 사업장 위험성 평가에 관한 지침 고용노동부고시 제12조

08 ★★

사업주가 추가적인 유해 · 위험요인이 생기는 경우에는 해당 유해 · 위험요인에 대한 수시 위험성 평가를 실시하여야 하는 경우에 대하여 4가지 쓰시오.

정답

① 사업장 건설물의 설치 · 이전 · 변경 또는 해체
② 기계 · 기구, 설비, 원재료 등의 신규 도입 또는 변경
③ 건설물, 기계 · 기구, 설비 등의 정비 또는 보수
④ 작업방법 또는 작업절차의 신규 도입 또는 변경
⑤ 중대산업사고 또는 산업재해(휴업 이상의 요양을 요하는 경우에 한정한다) 발생
⑥ 그 밖에 사업주가 필요하다고 판단한 경우

[근거]
위험성 평가의 실시 시기: 사업장 위험성 평가에 관한 지침 고용노동부고시 제15조

09 ★★

사업주가 위험성 평가의 결과와 조치사항을 기록 · 보존할 때에 포함되어야 할 사항을 4가지 쓰시오.

정답

① 위험성 평가 대상의 유해 · 위험요인
② 위험성 결정의 내용
③ 위험성 결정에 따른 조치의 내용
④ 그 밖에 위험성 평가의 실시내용을 확인하기 위하여 필요한 사항으로서 고용노동부장관이 정하여 고시하는 사항
  • 위험성 평가를 위해 사전조사 한 정보
  • 그 밖에 사업장에서 필요하다고 정한 사항

[근거]
위험성 평가 실시내용 및 결과의 기록 보존: 산업안전보건법 시행규칙 제37조

pass.Hackers.com

PART 6
산업안전 보호장비관리

CHAPTER 1 | 보호구 관리하기

1 보호구의 개요

1. 보호구의 종류

안전보호구	위생보호구 ★	
① 안전모	① 송기마스크	⑤ 보안면
② 안전화	② 방진마스크	⑥ 방음보호구(귀마개, 귀덮개)
③ 안전대	③ 방독마스크	⑦ 전동식 호흡보호구
④ 안전장갑	④ 보안경(차광, 방진)	⑧ 보호복

2. 보호구의 구비조건 및 관리방법

(1) 보호구의 구비조건

① 착용이 간편할 것

② 작업에 방해를 주지 않을 것

③ 구조 및 표면가공이 우수할 것

④ 재료의 품질이 우수할 것

⑤ 유해위험요소에 대한 방호가 확실할 것

⑥ 외관상 보기가 좋을 것

(2) 보호구의 관리방법 ★

① 직사광선을 피하고 통풍이 잘되는 장소에 보관할 것

② 항상 깨끗이 보관하고 사용 후 건조시켜 보관할 것

③ 세척한 후 그늘에서 완전히 건조시켜 보관할 것

④ 정기적인 점검관리를 할 것

⑤ 유기용제, 부식성 액체 등과 혼합하여 보관하지 말 것

2 보호구의 종류별 특성, 성능기준 및 시험방법(보호구 안전인증 고용노동부고시)

1. 안전모

(1) 안전모의 종류 ★★

종류(기호)	사용구분	내전압성
AB	물체의 낙하 또는 비래 및 추락에 의한 위험을 방지 또는 경감시키기 위한 것	–
AE	물체의 낙하 또는 비래에 의한 위험을 방지 또는 경감하고, 머리부위 감전에 의한 위험을 방지하기 위한 것	내전압성
ABE	물체의 낙하 또는 비래 및 추락에 의한 위험을 방지 또는 경감하고, 머리부위 감전에 의한 위험을 방지하기 위한 것	내전압성

※ 내전압성: 7,000V 이하의 전압에 견디는 것

(2) 안전모의 구조 및 명칭 ★★

안전모의 구조	NO.	명칭	
	①	모체	
	②	착장체	머리받침끈
	③		머리고정대
	④		머리받침 고리
	⑤	충격흡수재	
	⑥	턱끈	
	⑦	챙(차양)	

(3) 안전모의 시험성능 ★★★

[안전인증 대상 안전모의 시험성능 방법 및 기준]

방법	내용
내관통성시험	AE, ABE종 안전모는 관통거리가 9.5mm 이하이고, AB종 안전모는 관통거리가 11.1mm 이하이어야 한다.
충격흡수성시험	최고전달충격력이 4,450N을 초과해서는 안 되며, 모체와 착장체의 기능이 상실되지 않아야 한다.
내전압성시험	AE, ABE종 안전모는 교류 20kV에서 1분간 절연파괴 없이 견뎌야 하고, 이때 누설되는 충전전류는 10mA 이하이어야 한다.
내수성시험	AE, ABE종 안전모는 질량증가율이 1% 미만이어야 한다. 질량증가율 $= \dfrac{\text{담근 후의 질량}-\text{담그기 전의 질량}}{\text{담그기 전의 질량}} \times 100\%$
난연성시험	모체가 불꽃을 내며 5초 이상 연소되지 않아야 한다.
턱끈풀림시험	150N 이상 250N 이하에서 턱끈이 풀려야 한다.

※ 내전압성시험, 내수성시험은 자율안전확인 대상 안전모의 시험성능 기준에서는 제외된다.

(4) 안전모의 일반구조 ★

① 안전모는 모체, 착장체 및 턱끈을 가질 것

② 착장체의 머리고정대는 착용자의 머리부위에 적합하도록 조절할 수 있을 것

③ 착장체의 구조는 착용자의 머리에 균등한 힘이 분배되도록 할 것

④ 모체, 착장체 등 안전모의 부품은 착용자에게 상해를 줄 수 있는 날카로운 모서리 등이 없을 것

⑤ 모체에 구멍이 없을 것

⑥ 턱끈은 사용 중 탈락되지 않도록 확실히 고정되는 구조일 것

⑦ 안전모의 착용높이는 85mm 이상이고, 외부수직거리는 80mm 미만일 것

⑧ 안전모의 내부수직거리는 25mm 이상 50mm 미만일 것

⑨ 안전모의 수평간격은 5mm 이상일 것

⑩ 머리받침끈이 섬유인 경우에는 각각의 폭이 15mm 이상이어야 하며, 교차지점 중심으로부터 방사되는 끈폭의 총합은 72mm 이상일 것

⑪ 턱끈의 폭은 10mm 이상일 것

⑫ AB종 안전모는 ① ~ ⑪의 조건에 적합해야 하고, 충격흡수재를 가져야 하며, 리벳 등 기타 돌출부가 모체의 표면에서 5mm 이상 돌출되지 않을 것

⑬ AE종 안전모는 ① ~ ⑪의 조건에 적합해야 하고 금속제의 부품을 사용하지 않고, 착장체는 모체의 내외면을 관통하는 구멍을 뚫지 않고 붙일 수 있는 구조로서 모체의 내외면을 관통하는 구멍 핀홀 등이 없어야 한다.

⑭ ABE종 안전모는 ① ~ ⑬까지의 조건에 적합해야 한다.

2. 안전화

(1) 안전인증 대상 안전화의 종류 ★★

① 가죽제 안전화: 물체의 낙하, 충격 또는 날카로운 물체에 의한 찔림 위험으로부터 발을 보호하기 위한 것

② 고무제 안전화: 물체의 낙하, 충격 또는 날카로운 물체에 의한 찔림 위험으로부터 발을 보호하고 내수성을 겸한 것

③ 정전기 안전화: 물체의 낙하, 충격 또는 날카로운 물체에 의한 찔림 위험으로부터 발을 보호하고 정전기의 인체대전을 방지하기 위한 것

④ 발등 안전화: 물체의 낙하, 충격 또는 날카로운 물체에 의한 찔림 위험으로부터 발 및 발등을 보호하기 위한 것

⑤ 절연화: 물체의 낙하, 충격 또는 날카로운 물체에 의한 찔림 위험으로부터 발을 보호하고 저압의 전기에 의한 감전을 방지하기 위한 것

⑥ 절연장화: 고압에 의한 감전 방지 및 방수를 겸한 것

⑦ 화학물질용 안전화: 물체의 낙하, 충격 또는 날카로운 물체에 의한 찔림 위험으로부터 발을 보호하고 화학물질로부터 유해위험을 방지하기 위한 것

(2) 시험성능방법 – 안전인증 대상 안전화의 시험성능방법

구분	시험성능방법
가죽제안전화	은면결렬시험, 인열강도시험, 내부식성시험, 박리저항시험, 내답발성시험, 내유성시험, 내압박성시험, 내충격성시험, 인장강도시험 및 신장율 ★★★
고무제안전화	인장강도시험, 내유성시험, 파열강도시험, 선심 및 내답판의 내부식성시험, 누출방지시험
정전기안전화	대전방지시험
발등안전화	방호대의 내충격성시험
절연화	내전압성시험
절연장화	내전압성시험, 내열성시험
화학물질용안전화	투과저항시험

참고 안전화

(1) 안전화의 몸통 높이 – 안전화의 몸통 높이에 따른 구분 ★

몸통 높이(h)		
단화	중단화	장화
113mm 미만	113mm 이상	178mm 이상

(2) 안전화의 정의 ★★

① 중작업용 안전화란 1,000mm의 낙하높이에서 시험했을 때 충격과 15.0±0.1kN의 압축하중에서 시험했을 때 압박에 대하여 보호해 줄 수 있는 선심을 부착하여, 착용자를 보호하기 위한 안전화를 말한다.

② 보통작업용 안전화란 500mm의 낙하높이에서 시험했을 때 충격과 10.0±0.1kN의 압축하중에서 시험했을 때 압박에 대하여 보호해 줄 수 있는 선심을 부착하여, 착용자를 보호하기 위한 안전화를 말한다.

③ 경작업용 안전화란 250mm의 낙하높이에서 시험했을 때 충격과 4.4 ±0.1kN의 압축하중에서 시험했을 때 압박에 대하여 보호해 줄 수 있는 선심을 부착하여, 착용자를 보호하기 위한 안전화를 말한다.

3. 안전대

(1) 안전대의 종류 ★★

종류	벨트식	안전그네식
사용구분	1개걸이용	1개걸이용
		U자걸이용
	U자걸이용	추락방지대
		안전블록

※ 단, 추락방지대와 안전블록은 안전그네식에만 적용한다.

(2) 1개걸이 및 U자걸이의 방법

① 1개걸이: 안전대 죔줄의 한쪽 끝을 D링에 고정시키고, 카라비너(Carabiner) 또는 훅(Hook)을 구명줄 또는 구조물에 고정시키는 방법이다.

② U자걸이: 안전대의 죔줄을 구조물 등에 U자 모양으로 돌린 후 카라비너 또는 훅을 D링에, 신축조절기를 각 링에 연결하는 방법이다.

(3) 용어의 정의 ★★

① 추락방지대: 신체의 추락을 방지하기 위해 자동잠김장치를 갖추고 죔줄과 수직구명줄에 연결된 금속장치를 말한다.

② 안전블록: 안전그네와 연결하여 추락발생시 추락을 억제할 수 있는 자동잠김장치가 갖추어져 있고 죔줄이 자동적으로 수축되는 장치를 말한다.

③ 죔줄: 벨트 또는 안전그네를 구명줄 또는 구조물 등 그 밖의 걸이설비와 연결하기 위한 줄모양의 부품을 말한다.

④ 수직구명줄: 로프 또는 레일 등과 같은 유연하거나 단단한 고정줄로서 추락발생시 추락을 저지시키는 추락방지대를 지탱해주는 줄모양의 부품을 말한다.

▲ 추락방지대 및 안전블록

(4) 안전대의 구조 ★★

① 추락방지대가 부착된 안전대의 구조

- 추락방지대를 부착하여 사용하는 안전대는 신체지지의 방법으로 안전그네만을 사용하여야 하며 수직구명줄이 포함될 것

- 수직구명줄에서 걸이설비와의 연결부위는 훅 또는 카라비너 등이 장착되어 걸이설비와 확실히 연결될 것

- 유연한 수직구명줄은 합성섬유로프 또는 와이어로프 등이어야 하며 구명줄이 고정되지 않아 흔들림에 의한 추락방지대의 오작동을 막기 위하여 적절한 긴장수단을 이용, 팽팽히 당겨질 것

- 죔줄은 합성섬유로프, 웨빙, 와이어로프 등일 것

- 고정된 추락방지대의 수직구명줄은 와이어로프 등으로 하며 최소지름이 8mm 이상일 것

- 고정 와이어로프에는 하단부에 무게추가 부착되어 있을 것

② 안전블록이 부착된 안전대의 구조

- 안전블록을 부착하여 사용하는 안전대는 신체지지의 방법으로 안전그네만을 사용할 것

- 안전블록은 정격 사용 길이가 명시될 것

- 안전블록의 줄은 합성섬유로프, 웨빙(webbing), 와이어로프이어야 하며, 와이어로프인 경우 최소지름이 4mm 이상일 것

③ U자걸이를 사용할 수 있는 안전대의 구조

- 지탱벨트, 각 링, 신축조절기가 있을 것(안전그네를 착용할 경우 지탱벨트를 사용하지 않아도 된다.)
- U자걸이 사용시 D링, 각 링은 안전대 착용자의 몸통 양 측면에 해당하는 곳에 고정되도록 지탱벨트 또는 안전그네에 부착할 것
- 신축조절기는 죔줄로부터 이탈하지 않도록 할 것
- U자걸이 사용상태에서 신체의 추락을 방지하기 위하여 보조죔줄을 사용할 것
- 보조훅 부착 안전대는 신축조절기의 역방향으로 낙하저지 기능을 갖출 것. 다만, 죔줄에 스토퍼가 부착될 경우에는 이에 해당하지 않는다.
- 보조훅이 없는 U자걸이 안전대는 1개걸이로 사용할 수 없도록 훅이 열리는 너비가 죔줄의 직경보다 작고 8자형 링 및 이음형 고리를 갖추지 않을 것

4. 방진마스크

(1) 방진마스크의 형태 및 구조

종류	분리식		안면부 여과식
	격리식	직결식	
형태	전면형	전면형	반면형
	반면형	반면형	
사용조건	산소농도 18% 이상인 장소에서 사용하여야 한다. ★★		

(2) 방진마스크의 등급 ★★★

등급	특급	1급	2급
사용장소	① 베릴륨 등과 같이 독성이 강한 물질들을 함유한 분진 등 발생장소 ② 석면 취급장소	① 특급마스크 착용장소를 제외한 분진 등 발생장소 ② 금속흄 등과 같이 열적으로 생기는 분진 등 발생장소 ③ 기계적으로 생기는 분진 등 발생장소(규소 등과 같이 2급방진마스크를 착용하여도 무방한 경우는 제외한다)	특급 및 1급마스크 착용장소를 제외한 분진 등 발생장소
	배기밸브가 없는 안면부 여과식 마스크는 특급 및 1급장소에 사용해서는 안 된다.		

참고 **방진마스크의 선택 시 고려할 사항(구비조건)** ★★

① 시야가 넓을 것
② 안면밀착성이 좋을 것
③ 중량이 가벼울 것
④ 흡기, 배기저항이 낮을 것
⑤ 분진포집효율(여과효율)이 좋을 것
⑥ 사용적(死容積)이 적을 것(유효공간이 적을 것)

(3) 방진마스크 시험성능 기준

① 여과재 분진 등 포집효율 ★★

형태 및 등급	분리식			안면부 여과식		
	특급	1급	2급	특급	1급	2급
염화나트륨(NaCl) 및 파라핀 오일(Paraffin Oil) 시험(%)	99.95 이상	94.0 이상	80.0 이상	99.0 이상	94.0 이상	80.0 이상

※ 안면부 내부의 이산화탄소 농도가 부피분율 1% 이하일 것 ★

② 분진포집효율 ★★

$$분진포집효율(P) = \frac{C_1 - C_2}{C_1} \times 100$$

- C_1: 여과재 통과 전의 분진농도
- C_2: 여과재 통과 후의 분진농도

5. 방독마스크

(1) 방독마스크의 종류 ★★

종류	유기화합물용	할로겐용	황화수소용	시안화수소용	아황산용	암모니아용
시험가스	시클로헥산(C_6H_{12}) 디메틸에테르(CH_3OCH_3) 이소부탄(C_4H_{10})	염소가스 또는 증기(C_{l2})	황화수소가스 (H_2S)	시안화수소가스 (HCN)	아황산가스 (SO_2)	암모니아가스 (NH_3)

> **참고** **방독마스크 사용 시 주의사항** ★
> ① 유해가스에 알맞는 흡수관을 사용한다.
> ② 산소가 결핍(18% 미만)된 곳에서는 사용하지 않는다.
> ③ 과도한 의존은 위험하므로 기초지식을 갖추고 사용한다.
> ④ 파과된 흡수관은 사용하지 않는다.

(2) 방독마스크의 등급 ★★

등급	사용 장소
고농도	가스 또는 증기의 농도가 100분의 2(암모니아에 있어서는 100분의 3) 이하의 대기 중에서 사용하는 것
중농도	가스 또는 증기의 농도가 100분의 1(암모니아에 있어서는 100분의 1.5) 이하의 대기 중에서 사용하는 것
저농도 및 최저농도	가스 또는 증기의 농도가 100분의 0.1 이하의 대기 중에서 사용하는 것으로서 긴급용이 아닌 것

※ 방독마스크는 산소농도가 18% 이상인 장소에서 사용하여야 하고, 고농도와 중농도에서 사용하는 방독마스크는 전면형(격리식, 직결식)을 사용해야 한다.

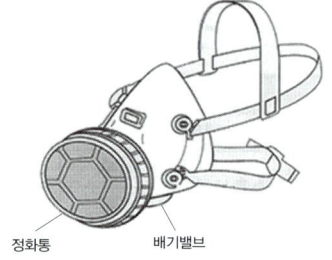

참고 **방독마스크**

(1) 파과(破過) ★★
대응하는 가스에 대하여 정화통 내부의 흡착제가 포화상태가 되어 흡착능력을 상실한 상태를 말한다.

(2) 파과시간 ★
어느 일정농도의 유해물질 등을 포함한 공기를 일정 유량으로 정화통에 통과하기 시작한 때부터 파과가 보일 때까지의 시간을 말한다.

(3) 파과곡선
파과시간과 유해물질 등에 대한 농도와의 관계를 나타낸 곡선을 말한다.

(4) 복합용 방독마스크
두 종류 이상의 유해물질 등에 대한 제독능력이 있는 방독마스크를 말한다.

(5) 겸용 방독마스크 ★★
방독마스크(복합용 포함)의 성능에 방진마스크의 성능이 포함된 방독마스크를 말한다.

(6) 정화통의 유효사용시간(파과시간) ★★

$$유효사용시간 = \frac{표준유효시간 \times 시험가스\ 농도}{공기\ 중\ 유해가스\ 농도}$$

정화통　　　　배기밸브

▲ 방독마스크(반면형)의 형태

(3) 방독마스크 정화통 외부측면의 표시 색 ★★★

종류	표시 색
유기화합물용 정화통	갈색
할로겐용 정화통	회색
황화수소용 정화통	
시안화수소용 정화통	
아황산용 정화통	노란색 ★
암모니아용 정화통	녹색
복합용 및 겸용의 정화통	• 복합용의 경우: 해당 가스 모두 표시(2층 분리) • 겸용의 경우: 백색과 해당 가스 모두 표시(2층 분리)

※ 방독마스크는 안면부 내부의 이산화탄소(CO_2) 농도가 부피분율 1% 이하이어야 한다. ★★

(4) 안전인증 방독마스크 추가 표시사항(고용노동부고시) ★★

안전인증 방독마스크에는 안전인증의 표시 외에 다음의 내용을 추가로 표시해야 한다.

① 정화통의 외부측면의 표시 색

② 파과곡선도

③ 사용시간 기록카드

④ 사용상의 주의사항

6. 송기마스크, 보안경, 보안면

(1) 송기마스크

① 송기마스크의 종류 ★★

• 호스마스크

• 에어라인마스크

• 복합식 에어라인마스크

② 송기마스크의 시험성능 기준 - 송풍기형 호스마스크의 분진포집효율 시험성능 기준 ★★

등급	효율(%)
수동	95.0 이상
전동	99.8 이상

> **참고** 산소결핍의 우려가 있는 밀폐공간에서 근로자가 작업을 할 경우 착용하여야 할 보호구 ★★
> ① 송기마스크
> ② 공기호흡기

(2) 보안경

① 보안경의 종류 - 사용구분에 따른 보안경의 종류 ★★

고용노동부고 시	종류	사용 구분
자율안전확인 대상 보안경	유리보안경	비산물로부터 눈을 보호하기 위한 것으로 렌즈의 재질이 유리인 것
	플라스틱보안경	비산물로부터 눈을 보호하기 위한 것으로 렌즈의 재질이 플라스틱인 것
	도수렌즈보안경	비산물로부터 눈을 보호하기 위한 것으로 도수가 있는 것
안전인증 대상 보안경	차광보안경	자외선, 적외선 등 유해광선으로부터 눈을 보호하기 위한 것

② 차광보안경의 종류 ★★★

종류	
자외선용	자외선이 발생하는 장소
적외선용	적외선이 발생하는 장소
복합용	자외선 및 적외선이 발생하는 장소
용접용	산소용접작업 등과 같이 자외선, 적외선 및 강렬한 가시광선이 발생하는 장소

> **참고** **차광보안경**
> (1) 차광보안경의 정의 ★★
> ① 접안경: 착용자의 시야를 확보하는 보안경의 일부로서 렌즈 및 플레이트 등을 말한다.
> ② 차광도번호: 필터와 플레이트의 유해광선을 차단할 수 있는 능력을 말한다.
> ③ 시감투과율: 필터 입사에 대한 투과광속의 비를 말하며, 분광투과율을 측정한다.
> ④ 필터렌즈(플레이트): 유해광선을 차단하는 원형 또는 변형모양의 렌즈를 말한다.
> ⑤ 커버렌즈(플레이트): 분진, 칩, 액체약품 등 비산물로부터 눈을 보호하기 위해 사용하는 렌즈를 말한다.
> (2) 안전인증 차광보안경의 추가표시 사항(고용노동부고시)
> 안전인증 차광보안경에는 안전인증 표시 외에 다음 내용을 추가로 표시해야 한다.
> ① 차광도 번호
> ② 굴절력 성능수준

(3) 보안면

① 용접용 보안면의 형태

형태	구 조
헬멧형	안전모나 착용자의 머리에 지지대나 헤드밴드 등을 이용하여 적정 위치에 고정, 사용하는 형태(자동용접 필터형, 일반용접 필터형)
핸드실드형	손에 들고 이용하는 보안면으로 적절한 필터를 장착하여 눈 및 안면을 보호하는 형태

② 추가 표시사항(고용노동부고시): 안전인증 용접용 보안면에는 안전인증 표시 외에 다음 내용을 추가로 표시해야 한다.

- 차광도 번호
- 굴절력 성능수준
- 시감투과율 차이

7. 안전장갑, 귀마개, 귀덮개, 보호복, 보호구

(1) 안전장갑

① 내전압용 절연장갑의 등급 및 색상(고용노동부고시) ★★★

등급	최대사용전압		색상
	교류(V, 실효값)	직류(V)	
00	500	750	갈색
0	1,000	1,500	빨간색
1	7,500	11,250	흰색
2	17,000	25,500	노란색
3	26,500	39,750	녹색
4	36,000	54,000	등색

② 추가 표시사항(고용노동부고시): 안전인증 내전압용 안전장갑에는 안전인증 표시 외에 다음 내용을 추가로 표시해야 한다.

- 등급별 사용전압
- 등급별 색상

(2) 귀마개, 귀덮개

① 방음용 귀마개, 귀덮개의 종류와 등급 ★★

종류	등급	기호	성 능	비 고
귀마개	1종	EP – 1	저음부터 고음까지 차음하는 것	귀마개의 경우 재사용 여부를 제조특성으로 표기
	2종	EP – 2	주로 고음을 차음하고 저음(회화음 영역)은 차음하지 않는 것	
귀덮개	–	EM		

② 방음용 귀마개, 귀덮개의 시험성능 방법

- 차음성능시험
- 충격시험
- 저온충격시험

(3) 보호복(고용노동부고시)

① 방열복의 종류 ★★

종류	착용부위
방열상의	상체
방열하의	하체
방열일체복	몸체(상 · 하체)
방열장갑	손
방열두건	머리

② 방열복의 질량★

종류	질량(kg)
방열상의	3.0
방열하의	2.0
방열일체복	4.3
방열장갑	0.5
방열두건	2.0

> **참고** 투과(Permeation) ★★
> 화학물질용 보호복에 있어 화학물질이 보호복의 재료의 외부표면에 접촉된 후 내부로 확산하여 내부표면으로부터 탈착되는 현상을 말한다.

(4) 보호구의 지급(산업안전보건법 안전보건기준) ★★

작업을 하는 근로자에 대해서는 다음의 구분에 따라 그 작업조건에 맞는 보호구를 작업하는 근로자 수 이상으로 지급하고 착용하도록 하여야 한다.

① 안전대: 높이 또는 깊이 2m 이상의 추락할 위험이 있는 장소에서 하는 작업

② 안전모: 물체가 떨어지거나 날아올 위험 또는 근로자가 추락할 위험이 있는 작업

③ 안전화: 물체의 낙하 · 충격, 물체에의 끼임, 감전 또는 정전기의 대전에 의한 위험이 있는 작업

④ 절연용보호구: 감전의 위험이 있는 작업

⑤ 보안경: 물체가 흩날릴 위험이 있는 작업

⑥ 보안면: 용접시 불꽃이나 물체가 흩날릴 위험이 있는 작업

⑦ 방진마스크: 선창 등에서 분진이 심하게 발생하는 하역작업

⑧ 방열복: 고열에 의한 화상 등의 위험이 있는 작업

⑨ 승차용 안전모: 물건을 운반하거나 수거 · 배달하기 위하여 이륜자동차를 운행하는 작업

⑩ 방한모, 방한복, 방한화, 방한장갑: 영하 18℃ 이하인 급속냉동어창에서 하는 하역작업

적중문제 **CHAPTER 1** 보호구 관리하기

01 ★
근로자가 작업시 착용하는 보호구의 관리요령을 3가지 쓰시오.

정답
① 직사광선을 피하고 통풍이 잘되는 장소에 보관할 것
② 항상 깨끗이 보관하고 사용 후 건조시켜 보관할 것
③ 세척한 후 그늘에서 완전히 건조시켜 보관할 것
④ 정기적인 점검관리를 할 것
⑤ 유기용제, 부식성액체 등과 혼합하여 보관하지 말 것

02 ★★
안전모의 종류(기호)를 3가지 쓰고, 각각의 용도에 대하여 간단히 설명하시오.

정답
① AB: 물체의 낙하 또는 비래 및 추락에 의한 위험을 방지 또는 경감시키기 위한 것
② AE: 물체의 낙하 또는 비래에 의한 위험을 방지 또는 경감하고, 머리부위 감전에 의한 위험을 방지하기 위한 것
③ ABE: 물체의 낙하 또는 비래 및 추락에 의한 위험을 방지 또는 경감하고, 머리부위 감전에 의한 위험을 방지하기 위한 것
[근거]
추락 및 감전위험방지용 안전모의 성능기준: 보호구 안전인증 고용노동부고시 [별표 1]

03 ★★★
안전인증 대상 안전모의 시험성능 항목 4가지 쓰시오.

정답
① 내관통성시험
② 내전압성시험
③ 난연성시험
④ 충격흡수성시험
⑤ 내수성시험
⑥ 턱끈풀림시험
[근거]
성능기준: 보호구 안전인증 고용노동부고시 제19조 [별표 1]

04 ★★
다음은 안전모의 내관통시험 성능기준에 대한 내용이다. (   ) 안에 적합한 숫자를 쓰시오.

(1) AB종의 관통거리가 (①)mm 이하
(2) AE종 및 ABE종의 관통거리가 (②)mm 이하

정답
① 11.1
② 9.5
[근거]
감전위험방지용 안전모의 성능기준: 보호구 안전인증 고용노동부고시 [별표 1]

05 ★★

안전모의 모체를 수중에 담그기 전 질량이 440g이고, 20~25℃의 수중에 24시간 담근 후 모체의 질량이 443.5g이었다. 이때 안전모 질량증가율과 합격 여부를 판정하시오.

(1) 질량증가율(%)

$$= \frac{\text{담근 후의 질량} - \text{담그기 전의 질량}}{\text{담그기 전의 질량}} \times 100$$

$$= \frac{443.5 - 440}{440} \times 100$$

$$= 0.7954 \fallingdotseq 0.80\,\%$$

(2) 합격 여부

질량증가율이 1% 미만이므로 합격이다.

06 ★

다음은 안전모의 일반구조에 대한 사항이다. (   ) 안에 적합한 내용을 쓰시오.

(1) 안전모는 모체, (①) 및 턱끈을 가질 것
(2) 안전모의 착용높이는 85mm 이상이고, 외부수직거리는 (②)mm 미만일 것
(3) 안전모의 내부수직거리는 (③)mm 이상 50mm 미만일 것
(4) 안전모의 수평간격은 (④)mm 이상일 것
(5) 머리받침끈이 섬유인 경우에는 각각의 폭이 15mm 이상이어야 하며, 교차지점 중심으로부터 방사되는 끈폭의 총합은 (⑤)mm 이상일 것
(6) 턱끈의 폭은 (⑥)mm 이상일 것

① 착장체   ④ 5
② 80   ⑤ 72
③ 25   ⑥ 10

[근거]
추락 및 감전위험방지용 안전모의 성능기준: 보호구 안전인증 고용노동부고시 [별표 1]

07 ★★

안전인증 대상 보호구 중 안전화의 성능 구분에 따른 안전화의 종류를 5가지 쓰시오.

① 가죽제 안전화
② 고무제 안전화
③ 발등 안전화
④ 정전기 안전화
⑤ 절연화
⑥ 절연장화
⑦ 화학물질용 안전화
[근거]
안전화의 명칭, 종류, 등급 및 가죽제 안전화의 성능기준: 보호구 안전인증 고용노동부고시 [별표 2]

08 ★★★

안전인증 대상 가죽제 안전화의 성능시험의 종류를 쓰시오.

① 내압박성시험
② 내충격성시험
③ 박리저항시험
④ 내답발성시험
⑤ 내부식성시험
⑥ 내유성시험
⑦ 은면결렬시험
⑧ 인열강도시험
[근거]
가죽제 안전화의 시험방법: 보호구 안전인증 고용노동부고시 [별표 2]

09 ★★

안전화의 정의에 대한 사항이다. (   ) 안에 적합한 내용을 쓰시오.

(1) 중작업용 안전화란 (①)mm의 낙하높이에서 시험했을 때 충격과 15.0±0.1kN의 압축하중에서 시험했을 때 압박에 대하여 보호해 줄 수 있는 선심을 부착하여, 착용자를 보호하기 위한 안전화를 말한다.

(2) 보통작업용 안전화란 (②)mm의 낙하높이에서 시험했을 때 충격과 (③)kN의 압축하중에서 시험했을 때 압박에 대하여 보호해 줄 수 있는 선심을 부착하여, 착용자를 보호하기 위한 안전화를 말한다.

(3) 경작업용 안전화란 (④)mm의 낙하높이에서 시험했을 때 충격과 4.4±0.1kN의 압축하중에서 시험했을 때 압박에 대하여 보호해 줄 수 있는 선심을 부착하여, 착용자를 보호하기 위한 안전화를 말한다.

정답

① 1,000

② 500

③ 10 ± 0.1

④ 250

[근거]
정의: 보호구 안전인증 고용노동부고시 제5조

10 ★★★

안전대의 종류에 따른 사용구분에 대한 사항이다. (   ) 안에 적합한 내용을 쓰시오.

종류	사용 구분
안전그네식	1개걸이용
	(①)
	(②)
	(③)

정답

① U자걸이용

② 추락방지대

③ 안전블록

[근거]
안전대의 성능기준: 보호구 안전인증 고용노동부고시 [별표 9]

11 ★★

추락방지대와 안전블록에 대하여 간단히 설명하시오.

정답

① 추락방지대: 신체의 추락을 방지하기 위해 자동잠김장치를 갖추고 죔줄과 수직구명줄에 연결된 금속장치를 말한다.

② 안전블록: 안전그네와 연결하여 추락발생시 추락을 억제할 수 있는 자동잠김장치가 갖추어져 있고 죔줄이 자동적으로 수축되는 장치를 말한다.

[근거]
안전대 정의: 보호구 안전인증 고용노동부고시 제26조

12 ★★

추락방지대가 부착된 안전대의 구조기준을 4가지 쓰시오.

정답

① 추락방지대를 부착하여 사용하는 안전대는 신체지지의 방법으로 안전그네만을 사용하여야 하며 수직구명줄이 포함될 것
② 수직구명줄에서 걸이설비와의 연결부위는 훅 또는 카라비너 등이 장착되어 걸이설비와 확실히 연결될 것
③ 유연한 수직구명줄은 합성섬유로프 또는 와이어로프 등이어야 하며 구명줄이 고정되지 않아 흔들림에 의한 추락방지대의 오작동을 막기 위하여 적절한 긴장수단을 이용, 팽팽히 당겨질 것
④ 죔줄은 합성섬유로프, 웨빙, 와이어로프 등일 것
⑤ 고정된 추락방지대의 수직구명줄은 와이어로프 등으로 하며 최소지름이 8mm 이상일 것
⑥ 고정 와이어로프에는 하단부에 무게추가 부착되어 있을 것
[근거]
안전대의 성능기준: 보호구 안전인증 고용노동부고시 [별표 9]

13 ★

건설현장에서 비계를 조립할 때 추락에 의한 위험을 방지하기 위하여 근로자에게 착용하여야 할 보호구를 3가지 쓰시오.

정답

① 안전모
② 안전대
③ 안전화

14 ★★★

다음은 안전인증 대상 방진마스크에 대한 사항이다. ( ) 안에 적합한 내용을 쓰시오.

(1) 금속 흄 등과 같이 열적으로 생기는 분진 등이 발생하는 장소에서 사용 가능한 방진마스크 등급은 (①)이다.
(2) 석면취급 장소에서 사용 가능한 방진마스크의 등급은 (②)이다.
(3) 베릴륨 등과 같이 독성이 강한 물질들을 함유한 장소에서 사용가능한 방진마스크의 등급은 (③)이다.
(4) 안면부 내부의 이산화탄소 농도는 부피분율 (④) 이하이어야 한다.
(5) 산소농도 (⑤) 미만인 장소에서는 방진마스크의 사용을 금지하여야 한다.

정답

① 1급
② 특급
③ 특급
④ 1%
⑤ 18%
[근거]
방진마스크 성능기준: 보호구 안전인증 고용노동부고시 [별표 4]

15 ★★★

1급 방진마스크를 사용하여야 하는 장소를 3가지 쓰시오.

정답

① 특급마스크 착용장소를 제외한 분진 등 발생 장소
② 금속 흄 등과 같이 열적으로 생기는 분진 등 발생 장소
③ 기계적으로 생기는 분진 등 발생장소(규소 등과 같이 2급방진마스크를 착용하여도 무방한 경우는 제외한다)
[근거]
방진마스크 성능기준: 보호구 안전인증 고용노동부고시 [별표 4]

16 ★★

방진마스크의 시험성능기준에 대한 사항이다. 각 형태 및 등급에 따른 여과재분진 등 포집효율기준에 대하여 (   ) 안에 알맞은 숫자를 쓰시오.

형태 및 등급		염화나트륨(NaCl) 및 파라핀 오일(Paraffin Oil) 시험(%)
안면부 여과식	특급	(①) 이상
	1급	94.0 이상
	2급	(②) 이상
분리식	특급	(③) 이상
	1급	94.0 이상
	2급	(④) 이상

정답

① 99
② 80
③ 99.95
④ 80

[근거]
방진마스크 시험성능기준: 보호구 안전인증 고용노동부고시 [별표 4]

17 ★★

근로자가 안전한 작업을 하기 위하여 착용하는 보호구 중 방진마스크의 구비조건을 4가지 쓰시오.

정답

① 시야가 넓을 것
② 안면밀착성이 좋을 것
③ 중량이 가벼울 것
④ 사용적(死容積)이 적을 것(유효공간이 적을 것)
⑤ 흡기 및 배기저항이 낮을 것
⑥ 분진포집효율(여과효율)이 좋을 것

18 ★★

분리식 방진마스크의 분진포집효율시험에서 여과재 통과 전의 염화나트륨(NaCl) 농도가 20mg/m³이고, 여과재 통과 후의 염화나트륨(NaCl) 농도가 2mg/m³이었다. 이때 방진마스크의 분진포집효율을 계산하시오.

정답

$$분진포집효율[\%] = \frac{C_1 - C_2}{C_1} \times 100$$

여기서, C_1: 여과재 통과 전의 분진농도
C_2: 여과재 통과 후의 분진농도

$$= \frac{20 - 2}{20} \times 100 = 90\,\%$$

19 ★★

다음은 방독마스크의 종류에 대한 사항이다. (   ) 안에 적합한 내용을 쓰시오.

종류	시험가스
유기화합물용	(①) 디메틸에테르 (②)
할로겐용	(③) 또는 증기
황화수소용	황화수소가스
시안화수소용	시안화수소가스
아황산용	아황산가스
암모니아용	암모니아가스

정답

① 시클로헥산
② 이소부탄
③ 염소가스

[근거]
방독마스크의 성능기준: 보호구 안전인증 고용노동부고시

20 ★

방독마스크를 사용하여야 하는 경우 주의사항을 3가지 쓰시오.

① 유해가스에 알맞은 흡수관을 사용한다.
② 산소가 결핍(18% 미만)된 곳에서는 사용하지 않는다.
③ 파과된 흡수관은 사용하지 않는다.
④ 과도한 의존은 위험하므로 기초지식을 갖추고 사용한다.

21 ★★

다음은 보호구 안전인증고시에 따른 방독마스크의 등급 및 사용 장소에 관한 기준이다. (   ) 안에 알맞은 내용을 쓰시오.

(1) 고농도: 가스 또는 증기의 농도가 (①)(암모니아에 있어서는 100분의 3) 이하의 대기 중에서 사용하는 것
(2) 중농도: 가스 또는 증기의 농도가 (②)(암모니아에 있어서는 100분의 1.5) 이하의 대기 중에서 사용하는 것
(3) 저농도 및 최저농도: 가스 또는 증기의 농도가 (③) 이하의 대기 중에서 사용하는 것으로서 긴급용이 아닌 것
(4) 방독마스크는 산소농도가 (④)% 이상인 장소에서 사용하여야 하고, 고농도와 중농도에서 사용하는 방독마스크는 (⑤)(격리식, 직결식)을 사용해야 한다.

① 100분의 2
② 100분의 1
③ 100분의 0.1
④ 18
⑤ 전면형
[근거]
방독마스크의 성능기준: 보호구 안전인증 고용노동부고시

22 ★★

방독마스크에 대하여 (   ) 안에 알맞은 내용을 쓰시오.

(1) 방독마스크의 성능에 방진마스크의 성능이 포함된 마스크는 (①)이다.
(2) 대응하는 가스에 대하여 정화통 내부의 흡착제가 포화상태가 되어 흡착능력을 상실한 상태를 (②)(이)라고 한다.
(3) 방독마스크는 안면부 내부의 이산화탄소(CO_2) 농도가 부피분율 (③)% 이하이어야 한다.

① 겸용방독마스크
② 파과
③ 1
[근거]
방독마스크의 성능기준: 보호구 안전인증 고용노동부고시 [별표 5]

23 ★★

공기 중 사염화탄소의 농도가 0.2%인 작업장에서 정화통 흡수관의 흡수능력이 사염화탄소 0.5%에 대하여 사용시간이 50분일 때 방독마스크 정화통의 유효(파과) 사용시간을 계산하시오.

유효사용시간
$$= \frac{표준유효시간 \times 시험가스\ 농도}{공기\ 중\ 유해가스\ 농도}$$
$$= \frac{50 \times 0.5}{0.2} = 125분$$

24 ★★★

방독마스크 정화통 외부측면의 표시 색에 대한 사항이다.
(   ) 안에 적합한 내용을 쓰시오.

종류	표시 색
유기화합물용 정화통	(①)
할로겐용 정화통	(②)
황화수소용 정화통	
시안화수소용 정화통	
아황산용 정화통	(③)
암모니아용 정화통	(④)

① 갈색
② 회색
③ 노란색
④ 녹색
[근거]
방독마스크 성능기준: 보호구 안전인증 고용노동부고시 [별표 5]

25 ★★

안전인증 방독마스크에 안전인증 표시 외에 추가로 표시
하여야 할 사항을 4가지 쓰시오.

① 파과곡선도
② 정화통 외부측면의 표시 색
③ 사용시간 기록카드
④ 사용상의 주의사항
[근거]
방독마스크 성능기준: 보호구 안전인증 고용노동부고시 [별표 5]

26 ★★

안전인증 대상 보호구 중 송기마스크의 종류를 3가지
쓰시오.

① 호스마스크
② 에어라인마스크
③ 복합식 에어라인마스크
[근거]
송기마스크 성능기준: 보호구 안전인증 고용노동부고시 [별표 6]

27 ★★

송풍기형 호스마스크의 등급(종류) 2가지를 쓰고, 각 분
진포집효율(%)을 각각 쓰시오.

① 수동: 95.0% 이상
② 전동: 99.8% 이상
[근거]
송기마스크 성능기준: 보호구 안전인증 고용노동부고시 [별표 6]

28 ★★

산소결핍의 우려가 있는 밀폐공간에서 근로자가 작업을 할 경우 착용하여야 할 보호구를 2가지 쓰시오.

정답

① 송기마스크
② 공기호흡기
[근거]
산소 및 유해가스농도의 측정: 산업안전보건법 산업안전보건기준에 관한 규칙 제619조의2

29 ★

보호구의 종류 중 위생보호구를 4가지만 쓰고, 산소농도가 18% 미만인 장소에서 착용하여야 하는 보호구는 마스크 중에서 무엇인지 쓰시오.

정답

(1) 위생보호구
　① 송기마스크
　② 방진마스크
　③ 방독마스크
　④ 보안경
　⑤ 보안면
　⑥ 방음보호구(귀마개, 귀덮개)
　⑦ 전동식 호흡보호구
　⑧ 보호복
(2) 산소농도가 18% 미만인 장소에서 착용하여야 할 보호구
　송기마스크

30 ★★

보안경의 종류에 대하여 물음에 답하시오.

(1) 자율안전확인 대상 보안경의 종류를 3가지 쓰시오.
(2) 안전인증 대상 보안경의 종류를 1가지 쓰시오.

정답

(1) 자율안전확인 대상 보안경
　① 유리보안경
　② 플라스틱보안경
　③ 도수렌즈보안경
(2) 안전인증 대상 보안경
　차광보안경
[근거]
• 보안경(자율안전확인)의 성능기준: 보호구 자율안전확인 고용노동부고시 [별표 2]
• 차광보안경의 성능기준: 보호구 안전인증 고용노동부고시 [별표 10]

31 ★★★

안전인증 대상 차광보안경의 사용구분에 따른 종류를 4가지 쓰시오.

정답

① 자외선용
② 적외선용
③ 복합용
④ 용접용
[근거]
차광보안경의 성능기준: 보호구 안전인증 고용노동부고시 [별표 10]

32 ★★

차광보안경에 관한 다음 용어의 정의를 보고, 각각의 적합한 용어를 쓰시오.

① 필터와 플레이트의 유해광선을 차단할 수 있는 능력을 말한다.
② 착용자의 시야를 확보하는 보안경의 일부로서 렌즈 및 플레이트 등을 말한다.
③ 필터 입사에 대한 투과광속의 비를 말하며, 분광투과율을 측정한다.
④ 분진, 칩, 액체약품 등 비산물로부터 눈을 보호하기 위해 사용하는 렌즈를 말한다.
⑤ 유해광선을 차단하는 원형 또는 변형모양의 렌즈를 말한다.

정답

① 차광도 번호
② 접안경
③ 시감투과율
④ 커버렌즈(플레이트)
⑤ 필터렌즈(플레이트)
[근거]
차광보안경 정의: 보호구 안전인증 고용노동부고시 [별표 10]

33 ★★★

내전압용 절연장갑의 등급에 따른 색상에 대한 것이다. 등급에 따른 각각의 적합한 색상을 쓰시오.

등급	00	0	1	2	3	4
색상	①	②	③	노란색	④	⑤

정답

① 갈색
② 빨간색
③ 흰색
④ 녹색
⑤ 등색
[근거]
내전압용 절연장갑의 성능기준: 보호구 안전인증 고용노동부고시 [별표 3]

34 ★★

다음은 방음용 귀마개, 귀덮개의 종류와 등급에 대한 사항이다. (   ) 안에 적합한 내용을 쓰시오.

종류	등급	기호	성능
귀마개	1종	(①)	저음부터 고음까지 차음하는 것
	2종	(②)	주로 고음을 차음하고 저음(회화음영역)은 차음하지 않는 것
귀덮개	–	(③)	

정답

① EP – 1
② EP – 2
③ EM
[근거]
방음용 귀마개 또는 귀덮개의 성능기준: 보호구 안전인증 고용노동부고시 [별표 12]

35 ★★

다음은 착용부위에 따른 방열복의 종류에 대한 사항이다. (   ) 안에 적합한 내용을 쓰시오.

종류	착용부위
(①)	상체
(②)	하체
(③)	몸체(상 · 하체)
(④)	손
(⑤)	머리

정답

① 방열상의
② 방열하의
③ 방열일체복
④ 방열장갑
⑤ 방열두건
[근거]
방열복의 성능기준: 보호구 안전인증 고용노동부고시 [별표 8]

36 ★★

화학물질용 보호복에 있어 화학물질이 보호복의 재료의 외부표면에 접촉된 후 내부로 확산하여 내부표면으로부터 탈착되는 현상을 무엇이라고 하는지 쓰시오.

투과(Permeation)
[근거]
화학물질용 보호복 정의: 보호구 안전인증 고용노동부고시 [별표 8의2]

38 ★

어느 작업장에서 크레인을 사용하여 작업을 하다가 호이스트 고장이 발생하여 수리작업을 하여야 하고, 작업장 주변은 소음이 상당히 심하게 발생한다. 이때 작업자가 착용하여야 할 보호구를 4가지 쓰시오.

① 귀마개
② 귀덮개
③ 안전모
④ 안전화

37 ★★

산업안전보건법상 사업주는 작업을 하는 근로자에 대해서는 구분에 따라 그 작업조건에 맞는 보호구를 작업하는 근로자 수 이상으로 지급하고 착용하도록 하여야 한다. 다음과 같은 작업조건에 적합한 보호구를 각각 쓰시오.

① 물체의 낙하·충격 물체에의 끼임, 감전 또는 정전기의 대전에 의한 위험이 있는 작업
② 높이 또는 깊이 2m 이상의 추락할 위험이 있는 장소에서 하는 작업
③ 고열에 의한 화상 등의 위험이 있는 작업

① 안전화
② 안전대
③ 방열복
[근거]
보호구의 지급 등: 산업안전보건법 산업안전보건기준에 관한 규칙 제32조

39 ★★

산업안전보건법상 사업주는 작업을 하는 근로자에 대해서는 구분에 따라 그 작업조건에 맞는 보호구를 동시에 작업하는 근로자의 수 이상으로 지급하고 이를 착용하도록 하여야 한다. 다음과 같은 작업조건에 맞는 보호구를 각각 쓰시오.

① 물체가 떨어지거나 날아올 위험 또는 근로자가 추락할 위험이 있는 작업
② 물체가 흩날릴 위험이 있는 작업
③ 선창 등에서 분진이 심하게 발생하는 하역작업
④ 용접시 불꽃이나 물체가 흩날릴 위험이 있는 작업

① 안전모
② 보안경
③ 방진마스크
④ 보안면
[근거]
보호구의 지급 등: 산업안전보건법 산업안전보건기준에 관한 규칙 제32조

CHAPTER 2 | 안전보건표지

1 안전보건표지의 분류, 용도 및 적용

1. 안전보건표지의 분류(산업안전보건법 시행규칙) ★★

분류	색채
① 금지표지(8종)	바탕은 흰색, 기본모형은 빨간색, 관련부호 및 그림은 검은색
② 경고표지(15종)	바탕은 노란색, 기본모형, 관련부호 및 그림은 검은색 다만, 인화성물질 경고, 산화성물질 경고, 폭발성물질 경고, 급성독성물질 경고, 부식성물질 경고, 발암성 · 변이원성 · 생식독성 · 전신독성 · 호흡기과민성물질 경고의 경우 바탕은 무색, 기본모형은 빨간색(검은색도 가능)
③ 지시표지(9종)	바탕은 파란색, 관련 그림은 흰색
④ 안내표지(8종)	바탕은 흰색, 기본모형 및 관련부호는 녹색 바탕은 녹색, 관련부호 및 그림은 흰색
⑤ 출입금지표지(3종)	글자는 흰색 바탕에 흑색, 다음 글자는 적색(OOO제조/사용/보관중, 석면취급/해체중, 발암물질/취급중)

2. 안전보건표지의 적용(산업안전보건법 시행규칙) ★★★

(1) 안전보건표지의 색채, 색도기준 및 용도

색채	색도	용도	사용 예
빨간색	7.5R 4/14	금지	정지신호, 소화설비 및 그 장소, 유해행위의 금지
		경고	화학물질 취급장소에서의 유해위험 경고
노란색	5Y 8.5/12	경고	화학물질 취급장소에서의 유해위험 경고 이외의 위험경고, 주의표지 또는 기계방호물
파란색	2.5PB 4/10	지시	특정행위의 지시 및 사실의 고지
녹색	2.5G 4/10	안내	비상구 및 피난소, 사람 또는 차량의 통행표지
흰색	N9.5		파란색 또는 녹색에 대한 보조색
검은색	NO.5		문자 및 빨간색 또는 노란색에 대한 보조색

① 허용오차 범위: H = ±2, V = ±0.3, C = ±1(H는 색상, V는 명도, C는 채도를 말한다)

② 위의 색도기준은 한국산업규격(KSA 0062)에 따른 색의 3속성에 의한 표시방법에 따른다.

(2) **안전보건표지의 제작**

안전보건표지 속의 그림 또는 부호의 크기는 안전보건표지의 크기와 비례해야 하며, 안전보건표지 전체 규격의 30% 이상이 되어야 한다.

2 안전보건표지의 종류와 형태 ★★

※ 산업안전보건법 시행규칙

	101 출입금지	102 보행금지	103 차량통행금지	104 사용금지	105 탑승금지	106 금연
1. 금지표지						
	107 화기금지	108 물체이동금지	2. 경고표지	201 인화성물질 경고	202 산화성물질 경고	203 폭발성물질 경고
						204 급성독성물질 경고
	205 부식성물질 경고	206 방사성물질 경고	207 고압전기 경고	208 매달린 물체 경고	209 낙하물 경고	210 고온 경고
						211 저온 경고
	212 몸균형 상실 경고	213 레이저광선 경고	214 발암성 · 변이원성 · 생식 독성 · 전신독성 · 호흡기 과민성 물질 경고	215 위험장소 경고	3. 지시표지	301 보안경 착용
						302 방독마스크 착용
	303 방진마스크 착용	304 보안면 착용	305 안전모 착용	306 귀마개 착용	307 안전화 착용	308 안전장갑 착용
						309 안전복 착용
4. 안내표지	401 녹십자표지	402 응급구호표지	403 들것	404 세안장치	405 비상용기구	406 비상구
					비상용 기구	
407 좌측비상구	408 우측비상구	5. 관계자외 출입금지	501 허가대상물질 작업장 **관계자외 출입금지** (허가물질 명칭) 제조/사용/보관 중 보호구/보호복 착용 흡연 및 음식물 섭취 금지		502 석면취급/해체 작업장 **관계자외 출입금지** 석면 취급/해체 중 보호구/보호복 착용 흡연 및 음식물 섭취 금지	503 금지대상물질의 취급 실험실 등 **관계자외 출입금지** 발암물질 취급 중 보호구/보호복 착용 흡연 및 음식물 섭취 금지

01 ★★

산업안전보건법상 안전보건표지의 종류를 4가지 쓰시오.

정답

① 금지표시
② 경고표시
③ 지시표시
④ 안내표지
⑤ 관계자외 출입금지표지

[근거]
안전보건표지의 종류와 형태: 산업안전보건법 시행규칙 [별표 6]

02 ★★★

다음은 산업안전보건법상 안전보건표지에 대한 사항이다.
(   ) 안에 적합한 내용을 쓰시오.

색채	색도	용도
빨간색	(③)	(⑥)
		경고
(①)	5Y 8.5/12	경고
파란색	2.5PB 4/10	(⑦)
녹색	(④)	안내
(②)	N9.5	
검은색	(⑤)	

정답

① 노란색   ② 흰색
③ 7.5R 4/14   ④ 2.5G 4/10
⑤ N0.5   ⑥ 금지
⑦ 지시

[근거]
안전보건표지의 색도기준 및 용도: 산업안전보건법 시행규칙 [별표 8]

03 ★★

다음에 해당하는 산업안전보건표지의 명칭을 쓰시오.

①    ②

③    ④

⑤

정답

① 산화성물질 경고   ② 사용금지
③ 낙하물 경고   ④ 들것
⑤ 방사성물질 경고

[근거]
안전보건표지의 종류와 형태: 산업안전보건법 시행규칙 [별표 6]

04 ★★

산업안전보건법상 다음에 해당하는 안전보건표지의 명칭을 각각 쓰시오.

①

②

③

④

⑤

⑥

⑦

정답

① 고압전기 경고
② 화기금지
③ 고온경고
④ 부식성물질 경고
⑤ 물체이동금지
⑥ 보행금지
⑦ 탑승금지
[근거]
안전보건표지의 종류와 형태: 산업안전보건법 시행규칙 [별표 6]

05 ★★

산업안전보건법상 다음 안전보건표지판의 명칭을 각각 쓰시오.

①

②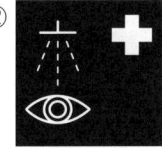

③

④

⑤

⑥

정답

① 폭발성물질 경고
② 세안장치
③ 보안면 착용
④ 낙하물 경고
⑤ 산화성물질 경고
⑥ 방진마스크 착용
[근거]
안전보건표지의 종류와 형태: 산업안전보건법 시행규칙 [별표 6]

06 ★★

다음 산업안전보건표지 중 지시표지와 경고표지를 각각 구분하여 번호를 골라 쓰시오.

①  ②

③  ④

⑤  ⑥

⑦  ⑧

⑨  ⑩

정답

(1) 지시표지: ①, ②, ⑥, ⑨
(2) 경고표지: ③, ④, ⑤, ⑦, ⑧, ⑩

[근거]
안전보건표지의 종류와 형태: 산업안전보건법 시행규칙 [별표 6]

07 ★★

산업안전보건법상 경고표지의 종류를 6가지 쓰시오.

정답

① 인화성물질 경고
② 산화성물질 경고
③ 폭발성물질 경고
④ 부식성물질 경고
⑤ 급성독성물질 경고
⑥ 방사성물질 경고
⑦ 고압전기 경고
⑧ 매달린 물체 경고
⑨ 낙하물 경고
⑩ 고온 경고
⑪ 저온 경고
⑫ 몸균형 상실 경고
⑬ 레이저광선 경고
⑭ 위험장소 경고

[근거]
안전보건표지의 종류와 형태: 산업안전보건법 시행규칙 [별표 6]

08 ★★

산업안전보건법상 경고표지 중 바탕은 무색, 기본모형은 빨간색 또는 검은색으로 표시하는 종류를 4가지 쓰시오.

정답

① 인화성물질 경고
② 산화성물질 경고
③ 폭발성물질 경고
④ 급성독성물질 경고
⑤ 부식성물질 경고
⑥ 발암성, 변이원성, 생식독성, 호흡기 과민성물질 경고

[근거]
안전보건표지의 종류별 용도, 설치 · 부착, 형태 및 색채: 산업안전보건법 시행규칙 [별표 7]

09 ★

다음 내용은 경고표지에 관한 용도 및 사용 장소에 대한 사항이다. 각 내용에 적합한 경고표지의 종류를 쓰시오.

(1) 블록 및 돌 등 떨어질 우려가 있는 물체가 있는 장소

(2) 폭발성 물질이 있는 장소

(3) 휘발유 등 화기의 취급시 주의를 하여야 하는 물질이 있는 장소

(4) 미끄러운 장소 등 넘어지기 쉬운 장소

정답

(1) 낙하물 경고

(2) 폭발성물질 경고

(3) 인화성물질 경고

(4) 몸균형 상실 경고

[근거]

안전보건표지의 종류별 용도, 사용 장소: 산업안전보건법 시행규칙 [별표 6]

10 ★★

휘발유 저장탱크 안전보건표지에 대하여 다음 사항을 각각 쓰시오.

(1) 표지의 종류

(2) 바탕색

(3) 기본모형

(4) 표지모양

정답

(1) 경고표지(인화성물질 경고)

(2) 무색

(3) 빨간색(검은색도 가능)

(4) 마름모꼴

[근거]

안전보건표지의 종류와 형태: 산업안전보건법 시행규칙 [별표 6]

11 ★★

위험장소경고 표지를 그리고, 바탕색과 관련부호 및 그림의 색채는 무엇인지 쓰시오.

정답

(1) 위험장소경고표지

(2) 색채

① 바탕색: 노란색

② 관련부호 및 그림: 검은색

[근거]

안전보건표지의 종류별 용도, 설치·부착, 형태 및 색채: 산업안전보건법 시행규칙 [별표 7]

12 ★★

산업안전보건표지 중 금지표지판의 종류를 4가지 쓰시오.

정답

① 출입금지

② 보행금지

③ 차량통행금지

④ 사용금지

⑤ 탑승금지

⑥ 금연

⑦ 화기금지

⑧ 물체이동금지

[근거]

안전보건표지의 종류와 형태: 산업안전보건법 시행규칙 [별표 6]

13 ★★

다음 그림과 같은 산업안전보건표지의 바탕 색채와 기본모형, 관련 부호 및 그림의 색채를 쓰시오.

(1)

(2)

(1) 고압전기 경고

① 바탕 색채: 노란색

② 기본모형, 관련부호 및 그림: 검은색

(2) 금연

① 바탕 색채: 흰색

② 기본모형: 빨간색

③ 관련부호 및 그림: 검은색

[근거]

안전보건표지의 종류별 용도, 설치·부착장소, 형태 및 색채: 산업안전보건법 시행규칙 [별표 7]

14 ★★

안전보건표지 중 '출입금지표지'를 그리고, 출입금지 표지판의 바탕색, 기본모형, 관련부호·그림(화살표)의 색채를 쓰시오.

(1) 출입금지표지

(2) ① 바탕색: 흰색

② 기본모형: 빨간색

③ 관련부호·그림(화살표)의 색채: 검은색

[근거]

(1) 안전보건표지의 종류와 형태: 산업안전보건법 시행규칙 [별표 6]

(2) 안전보건표지의 종류별 용도, 설치, 부착장소, 형태 및 색채: 산업안전보건법 시행규칙 [별표 7]

15 ★★★

산업안전보건법상안전보건표지 중 관계자외 출입금지 표지의 종류를 3가지 쓰시오.

① 허가대상물질 작업장

② 석면취급/해체 작업장

③ 금지대상유해물질의 취급실험실 등

[근거]

안전보건표지의 종류와 형태: 산업안전보건법 시행규칙 [별표 6]

16 ★★

산업안전보건법상 산업안전보건표지의 색채, 색도기준, 용도 및 사용 예에 대한 사항이다. (   ) 안에 적합한 내용을 쓰시오.

(1) 빨간색(금지): 정지신호, 소화설비 및 그 장소, 유해행위의 금지

(2) 빨간색(경고): (①   )

(3) 노란색(경고): 화학물질 취급장소에서의 유해·위험경고 이외의 위험경고, 주의표지 또는 기계방호물

(4) 파란색(지시): (②   )

(5) 녹색(안내): (③   )

① 화학물질 취급장소에서의 유해·위험 경고

② 특정행위의 지시 및 사실의 고지

③ 비상구 및 피난소, 사람 또는 차량의 통행표지

[근거]

안전보건표지의 색도기준 및 용도: 산업안전보건법 시행규칙 [별표 8]

17 ★★

다음과 같은 산업안전보건표지의 색채에 따른 색도기준 및 사용 예에서 (   ) 안에 적합한 내용을 쓰시오.

색채	색도	사용 예
흰색	N 9.5	(②)
검은색	(①)	문자 및 빨간색 또는 노란색에 대한 보조색

① N0.5

② 파란색 또는 녹색에 대한 보조색

[근거]

안전보건표지의 색도기준 및 용도: 산업안전보건법 시행규칙 [별표 8]

18 ★

산업안전보건법상 안전보건표지의 종류와 형태 중 경고표지에 있어서 기본모양을 삼각형으로 하고, 바탕은 노란색, 기본모형은 검은색으로 하는 것을 4가지 쓰시오.

① 방사성물질 경고

② 고압전기 경고

③ 매달린물체 경고

④ 낙하물 경고

⑤ 고온 경고

⑥ 저온 경고

⑦ 몸균형상실 경고

⑧ 레이저광선 경고

⑨ 위험장소 경고

[근거]

• 안전보건표지의 종류와 형태: 산업안전보건법 시행규칙 [별표 6]

• 안전보건표지의 종류별 용도, 설치 · 부착장소, 형태 및 색채: 산업안전보건법 시행규칙 [별표 7]

19 ★★

산업안전보건법상 안전보건표지의 종류 중 안내표지의 종류를 4가지 쓰시오.

① 비상구

② 녹십자

③ 응급구호

④ 들것

⑤ 세안장치

⑥ 좌측비상구

⑦ 우측비상구

⑧ 비상용 기구

[근거]

안전보건표지의 종류와 형태: 산업안전보건법 시행규칙 [별표 6]

20 ★★

산업안전보건법상 안전보건표지 중 응급구호 표지를 그리고, 바탕색과 관련부 호 및 그림의 색채를 쓰시오.

(1) 응급구호 표지

(2) 색상 표기

① 바탕색: 녹색

② 관련부호 및 그림: 흰색

[근거]

안전보건표지의 종류별 용도, 설치 · 부착장소, 형태 및 색채: 산업안전보건법 시행규칙 [별표 7]

PART 7
산업안전보건법

1 산업안전보건법, 산업안전보건법 시행령,
   산업안전보건법 시행규칙에 관한 사항

2 산업안전보건기준에 관한 규칙에 관한 사항

- 산업안전보건법 등 산업안전관계법규는 워낙 방대하기 때문에 중요한 사항과 출제 빈도가 높은 사항 중심으로 요약하여 구성하였습니다.
- 산업안전보건법 중 안전관리자업무, 안전검사, 안전보건개선계획, 기계안전기준, 전기안전기준, 화공안전기준, 건설안전기준 등 관련 내용은 이미 PART 01 ~ 08 본문에 반영되어 수록되어 있습니다.

1 산업안전보건법, 산업안전보건법 시행령, 산업안전보건법 시행규칙에 관한 사항

1. 위험성 평가(산업안전보건법)

(1) 위험성 평가의 실시(산업안전보건법)

사업주는 건설물, 기계기구, 설비, 원재료, 가스, 증기, 분진, 근로자의 작업행동 또는 그 밖의 업무로 인한 유해·위험요인을 찾아내어 부상 및 질병으로 이어질 수 있는 위험성의 크기가 허용 가능한 범위인지를 평가하여야 하고, 그 결과에 따라 이 법과 이 법에 따른 명령에 따른 조치를 하여야 하며, 근로자에 대한 위험 또는 건강장해를 방지하기 위하여 필요한 경우에는 추가적인 조치를 하여야 한다.

(2) 위험성 평가 절차(고용노동부고시) ★★★

사전준비 → 유해위험요인 파악 → 위험성 결정 → 위험성 감소대책 수립 및 실행 → 위험성 평가 실시 내용 및 결과에 관한 기록 및 보존

(3) 위험성 평가(산업안전보건법 시행규칙)

① 위험성 평가의 결과와 조치사항을 기록·보존할 때 포함되어야 할 사항(산업안전보건법 시행규칙) ★★

ㄱ 위험성 평가 대상의 유해·위험요인

ㄴ 위험성 결정의 내용

ㄷ 위험성 결정에 따른 조치의 내용

ㄹ 그 밖에 위험성 평가의 실시내용을 확인하기 위하여 필요한 사항으로서 고용노동부장관이 정하여 고시하는 사항

② 위험성평가 자료의 기록·보존기간: 3년

2. 신규화학물질의 유해성·위험성 조사보고서의 제출(산업안전보건법 시행규칙) ★★

신규화학물질을 제조하거나 수입하려는 자는 제조하거나 수입하려는 날 30일(연간 제조하거나 수입하려는 양이 100kg 이상 1t 미만인 경우에는 14일) 전까지 신규화학물질 유해성·위험성 조사보고서에 물질안전보건자료, 제조 또는 사용공정도 등 관련서류를 첨부하여 고용노동부장관에게 제출하여야 한다. 다만, 그 신규화학물질을 「화학물질의 등록 및 평가 등에 관한 법률」에 따라 환경부장관에게 등록한 경우에는 고용노동부장관에게 유해성·위험성 조사보고서를 제출한 것으로 본다.

3. 작업환경측정 주기 및 횟수(산업안전보건법 시행규칙) ★

(1) 사업주는 작업장 또는 작업공정이 신규로 가동되거나 변경되는 등으로 작업환경측정 대상 작업장이 된 경우에는 그 날부터 30일 이내에 작업환경 측정을 하고, 그 후 반기에 1회 이상 정기적으로 작업환경을 측정하여야 한다.

(2) 작업환경측정 결과가 다음의 어느 하나에 해당하는 작업장 또는 작업공정은 해당 유해인자에 대하여 그 측정일부터 3개월에 1회 이상 작업환경측정을 해야 한다.

① 화학적 인자(고용노동부장관이 정하여 고시하는 물질만 해당한다)의 측정치가 노출기준을 초과하는 경우

② 화학적 인자(고용노동부장관이 정하여 고시하는 물질은 제외한다)의 측정치가 노출기준을 2배 이상 초과하는 경우

(3) 작업환경측정 결과에 영향을 주는 변화가 없는 경우로는 다음의 어느 하나에 해당하는 경우에는 해당 유해인자에 대한 작업환경측정을 연 1회 이상 할 수 있다.

① 작업공정내 소음의 작업환경측정 결과가 최근 2회 연속 85dB 미만인 경우

② 작업공정내 소음 외의 다른 모든 인자의 작업환경측정 결과가 최근 2회 연속 노출기준 미만인 경우

> **참고** **사업주와 근로자의 의무 ★★**
>
> (1) 사업주의 의무(산업안전보건법)
>
>   ① 산업안전보건법과 산업안전보건법에 따른 명령으로 정하는 산업재해예방을 위한 기준 이행
>
>   ② 근로자의 신체적 피로와 정신적 스트레스 등을 줄일 수 있는 쾌적한 작업환경의 조성 및 근로조건개선 이행
>
>   ③ 해당 사업장의 안전 및 보건에 관한 정보를 근로자에게 제공
>
> (2) 근로자의 의무(산업안전보건법)
>
>   ① 산업안전보건법과 산업안전보건법에 따른 명령으로 정하는 산업재해예방을 위한 기준을 지켜야 한다.
>
>   ② 사업주 또는 「근로기준법」에 따른 근로감독관, 공단 등 관계인이 실시하는 산업재해예방에 관한 조치에 따라야 한다.

4. 산업안전보건법상 건강진단의 종류(산업안전보건법 시행규칙) ★★

① 일반건강진단

    ㉠ 사무직에 종사하는 근로자: 2년에 1회 이상

    ㉡ 그 밖의 근로자: 1년에 1회 이상

② 특수건강진단

③ 배치전건강진단

④ 수시건강진단

⑤ 임시건강진단

> **참고** **근로시간 연장의 제한(산업안전보건법) ★**
>
> 사업주는 유해하거나 위험한 작업으로서 대통령령으로 정하는 작업(잠함 또는 잠수작업 등 높은 기압에서 하는 작업)에 종사하는 근로자에게는 1일 6시간, 1주 34시간을 초과하여 근로하게 하여서는 아니 된다.

5. 특수건강진단의 시기 및 주기(산업안전보건법 시행규칙) ★★

대상 유해인자	시기(배치 후 첫 번째 특수 건강진단)	주기
N.N – 디메틸아세트아미드 디메틸포름아미드	1개월 이내	6개월
벤젠	2개월 이내	6개월
1,1,2,2 – 테트라클로로에탄 사염화탄소 아크릴로니트릴 염화비닐	3개월 이내	6개월
석면, 면 분진	12개월 이내	12개월
광물성 분진 목재 분진 소음 및 충격소음	12개월 이내	24개월
위 대상 유해인자를 제외한 모든 대상 유해인자	6개월 이내	12개월

고객의 폭언 등으로 인한 건강장해예방

(1) 고객의 폭언 등으로 인한 건강장해예방 조치

① 사업주는 주로 고객을 직접 대면하거나 정보통신망을 통하여 상대하면서 상품을 판매하거나 서비스를 제공하는 업무에 종사하는 근로자(이하 '고객응대근로자'라 한다)에 대하여 고객의 폭언, 폭행, 그 밖에 적정 범위를 벗어난 신체적·정신적 고통을 유발하는 행위로 인한 건강장해를 예방하기 위하여 고용노동부령으로 정하는 바에 따라 필요한 조치를 하여야 한다.

② 사업주는 고객의 폭언 등으로 인하여 고객응대근로자에게 건강장해가 발생하거나 발생할 현저한 우려가 있는 경우에는 업무의 일시적 중단 또는 전환 등 대통령령으로 정하는 필요한 조치를 하여야 한다.

③ 고객응대근로자는 사업주에게 ②에 따른 조치를 요구할 수 있고, 사업주는 고객응대근로자의 요구를 이유로 해고 또는 그 밖의 불리한 처우를 해서는 아니 된다.

(2) 고객의 폭언 등으로 인한 건강장해 발생 등에 대한 조치(산업안전보건법 시행령) ★

① 업무의 일시적 중단 또는 전환

② 「근로기준법」에 따른 휴게시간의 연장

③ 폭언 등으로 인한 건강장해 관련 치료 및 상담 지원

④ 관할 수사기관 또는 법원에 증거물·증거서류를 제출하는 등 고객응대근로자 등이 폭언 등으로 인하여 고소, 고발 또는 손해배상 청구 등을 하는데 필요한 지원

(3) 고객의 폭언 등으로 인한 건강장해예방 조치(산업안전보건법 시행규칙) ★

① 폭언 등을 하지 않도록 요청하는 문구 게시 또는 음성 안내

② 고객과의 문제상황 발생 시 대처방법 등을 포함하는 고객응대업무 매뉴얼 마련

③ 고객응대업무 매뉴얼의 내용 및 건강장해예방 관련 교육 실시

④ 고객응대 근로자의 건강장해예방을 위하여 필요한 조치

6. 특수형태근로종사자의 안전보건(산업안전보건법)

(1) 특수형태근로종사자에 대한 안전조치 및 보건조치 ★

① 계약의 형식에 관계없이 근로자와 유사하게 노무를 제공하여 업무상의 재해로부터 보호할 필요가 있음에도 「근로기준법」 등이 적용되지 아니하는 자로서 다음 각 호의 요건을 모두 충족하는 사람(이하 '특수형태근로종사자'라 한다)의 노무를 제공받는 자는 특수형태근로종사자의 산업재해예방을 위하여 필요한 안전조치 및 보건조치를 하여야 한다.

㉠ 대통령령으로 정하는 직종에 종사할 것

㉡ 주로 하나의 사업에 노무를 상시적으로 제공하고 보수를 받아 생활할 것

㉢ 노무를 제공할 때 타인을 사용하지 아니할 것

② 대통령령으로 정하는 특수형태근로종사자로부터 노무를 제공받는 자는 고용노동부령으로 정하는 바에 따라 안전 및 보건에 관한 교육을 실시하여야 한다.

(2) 특수형태근로종사자의 범위(산업안전보건법 시행령)

① 보험을 모집하는 사람으로서 다음의 어느 하나에 해당하는 사람

㉠ 보험설계사   ㉡ 우체국보험의 모집을 전업으로 하는 사람

② 건설기계를 직접 운전하는 사람

③ 학습지 교사

④ 골프장 캐디

⑤ 택배원으로서 택배사업에서 집화 또는 배송 업무를 하는 사람

⑥ 택배원으로서 주로 하나의 퀵서비스업자로부터 업무를 의뢰받아 배송업무를 하는 사람

⑦ 대출모집인

⑧ 신용카드회원 모집인

⑨ 대리운전 업무를 하는 사람

7. 유해한 작업의 도급금지 ★

사업주는 근로자의 안전 및 보건에 유해하거나 위험한 작업으로서 다음의 어느 하나에 해당하는 작업을 도급하여 자신의 사업장에서 수급인의 근로자가 그 작업을 하도록 해서는 아니 된다.

① 도금작업

② 수은, 납 또는 카드뮴의 제련, 주입, 가공 및 가열하는 작업

③ 허가대상물질을 제조하거나 사용하는 작업

> **참고** **기타 도급 관련 사항**
> (1) 관계수급인인 근로자가 도급인의 사업장에서 작업을 할 때 경보체계운영과 대피방법 등 훈련이 필요한 경우(산업안전보건법) ★★
> ① 작업장소에서 발파작업을 하는 경우
> ② 작업장소에서 화재·폭발, 토사·구축물 등의 붕괴 또는 지진 등이 발생한 경우
> (2) 도급인은 관계수급인인 근로자가 도급인의 사업장에서 작업을 할 때 위생시설 등 고용노동부령으로 정하는 시설의 설치 등을 위하여 필요한 장소의 제공 또는 도급인이 설치한 위생시설 이용의 협조를 하여야 하는데 이 경우 설치하여야 할 위생시설의 종류(산업안전보건법 시행규칙) ★★
> ① 휴게시설
> ② 세면, 목욕시설
> ③ 세탁시설
> ④ 탈의시설
> ⑤ 수면시설

8. 건설업 등의 산업재해예방

(1) 건설공사발주자의 산업재해예방조치 ★★

① 대통령령으로 정하는 건설공사(총공사금액이 50억 원 이상인 공사)의 건설공사발주자는 산업재해예방을 위하여 건설공사의 계획, 설계 및 시공단계에서 다음의 구분에 따른 조치를 하여야 한다.

㉠ 건설공사 계획단계: 해당 건설공사에서 중점적으로 관리하여야 할 유해·위험요인과 이의 감소방안을 포함한 기본안전보건대장을 작성할 것

㉡ 건설공사 설계단계: 기본안전보건대장을 설계자에게 제공하고, 설계자로 하여금 유해·위험요인의 감소방안을 포함한 설계안전보건대장을 작성하게 하고 이를 확인할 것

㉢ 건설공사 시공단계: 건설공사발주자로부터 건설공사를 최초로 도급받은 수급인에게 설계안전보건대장을 제공하고, 그 수급인에게 이를 반영하여 안전한 작업을 위한 공사안전보건대장을 작성하게 하고 그 이행 여부를 확인할 것

② 대장에 포함되어야 할 구체적인 내용은 고용노동부령으로 정한다.

(2) 기본안전보건대장 등(산업안전보건법 시행규칙 → 2024.6.28 개정)

① 기본안전보건대장에 포함되어야 할 사항

㉠ 건설공사 계획단계에서 예상되는 공사내용, 공사규모 등 공사개요

㉡ 공사현장 제반 정보

ⓒ 건설공사에서 설치·사용 예정인 구조물, 기계·기구 등 고용노동부장관이 정하여 고시하는 유해·위험요인과 그에 대한 안전조치 및 위험성 감소방안

② 설계안전보건대장에 포함되어야 할 사항 ★

ⓐ 안전한 작업을 위한 적정 공사기간 및 공사금액 산출서

ⓑ 건설공사 중 발생할 수 있는 유해·위험요인 및 시공단계에서 고려해야 할 유해·위험요인 감소방안

ⓒ 산업안전보건관리비의 산출내역서

③ 공사안전보건대장에 포함하여 이행 여부를 확인해야 할 사항

ⓐ 설계안전보건대장의 유해·위험요인 감소방안을 반영한 건설공사 중 안전보건조치 이행 계획

ⓑ 유해위험방지계획서의 심사 및 확인결과에 대한 조치내용

ⓒ 고용노동부장관이 정하여 고시하는 건설공사용 기계·기구의 안전성 확보를 위한 배치 및 이동계획

ⓓ 건설공사의 산업재해예방지도를 위한 계약여부, 지도결과 및 조치내용

(3) 안전보건조정자(산업안전보건법, 산업안전보건법 시행령) ★

① 2개 이상의 건설공사를 도급한 건설공사발주자는 그 2개 이상의 건설공사가 같은 장소에서 행해지는 경우에 작업의 혼재로 인하여 발생할 수 있는 산업재해를 예방하기 위하여 건설공사 현장에 안전보건조정자를 두어야 한다.

② 안전보건조정자를 두어야 하는 건설공사는 각 건설공사의 금액의 합이 50억 원 이상인 경우를 말한다.

③ 안전보건조정자의 업무

ⓐ 같은 장소에서 이루어지는 각각의 공사 간에 혼재된 작업의 파악

ⓑ 혼재된 작업으로 인한 산업재해발생의 위험성 파악

ⓒ 혼재된 작업으로 인한 산업재해를 예방하기 위한 작업의 시기·내용 및 안전보건조치 등의 조정

ⓓ 각각의 공사 도급인의 안전보건관리책임자간 작업내용에 관한 정보공유 여부의 확인

2 산업안전보건기준에 관한 규칙에 관한 사항

1. 작업시작 전 점검사항(산업안전보건법 산업안전보건기준에 관한 규칙)

(1) 고소작업대를 사용하여 작업을 할 때 ★★

① 비상정지장치 및 비상하강 방지장치 기능의 이상 유무

② 과부하 방지장치의 작동 유무(와이어로프 또는 체인구동 방식의 경우)

③ 아웃트리거 또는 바퀴의 이상 유무

④ 작업면의 기울기 또는 요철 유무

⑤ 활선작업용 장치의 경우 홈·균열·파손 등 그 밖의 손상 유무

(2) 화물자동차를 사용하는 작업을 하게 할 때

① 제동장치 및 조종장치의 기능

② 하역장치 및 유압장치의 기능

③ 바퀴의 이상 유무

(3) 화물자동차를 사용하는 작업을 하게 할 때

브레이크 및 클러치 등의 기능

(4) 용접 · 용단 작업 등의 화재위험작업을 할 때 ★★

① 작업 준비 및 작업 절차 수립 여부

② 화기작업에 따른 인근 가연성 물질에 대한 방호조치 및 소화기구 비치 여부

③ 용접불티 비산방지덮개 또는 용접방화포 등 불꽃 · 불티 등의 비산을 방지하기 위한 조치 여부

④ 인화성 액체의 증기 또는 인화성 가스가 남아 있지 않도록 하는 환기 조치 여부

⑤ 작업근로자에 대한 화재예방 및 피난교육 등 비상조치 여부

(5) 이동식 방폭구조 전기기계 · 기구를 사용할 때

전선 및 접속부 상태

(6) 양화장치를 사용하여 화물을 싣고 내리는 작업을 할 때

① 양화장치의 작동상태

② 양화장치에 제한하중을 초과하는 하중을 실었는지 여부

(7) 슬링 등을 사용하여 작업을 할 때

① 훅이 붙어 있는 슬링 · 와이어슬링 등이 매달린 상태

② 슬링 · 와이어슬링 등의 상태(작업시작 전 및 작업 중 수시로 점검)

2. 관리감독자의 유해위험방지업무(산업안전보건법 안전보건기준)

(1) 달비계 또는 높이 5m 이상의 비계를 조립, 해체하거나 변경하는 작업(해체작업의 경우 ①의 규정 적용 제외) ★

① 재료의 결함 유무를 점검하고 불량품을 제거하는 일

② 기구, 공구, 안전대 및 안전모 등의 기능을 점검하고 불량품을 제거하는 일

③ 작업방법 및 근로자의 배치를 결정하고 작업진행상태를 감시하는 일

④ 안전대 및 안전모 등의 착용상황을 감시하는 일

(2) 거푸집 동바리의 고정, 조립 또는 해체작업/지반의 굴착작업/흙막이지보공의 고정 · 조립 또는 해체작업/터널의 굴착작업/건물 등의 해체작업

① 안전한 작업방법을 결정하고 작업을 지휘하는 일

② 재료, 기구의 결함 유무를 점검하고 불량품을 제거하는 일

③ 작업 중 안전대 및 안전모 등 보호구 착용상황을 감시하는 일

(3) 채석을 위한 굴착작업

① 대피방법을 미리 교육하는 일

② 작업을 시작하기 전 또는 폭우가 내린 후에는 암석, 토사의 낙하, 균열의 유무 또는 함수(含水) · 용수 및 동결의 상태를 점검하는 일

③ 발파한 후에는 발파장소 및 그 주변의 암석, 토사의 낙하, 균열의 유무를 점검하는 일

(4) 부두 및 선박에서의 하역작업

① 작업방법을 결정하고 작업을 지휘하는 일

② 통행설비, 하역기계, 보호구 및 기구 · 공구를 점검, 정비하고 이들의 사용상황을 감시하는 일

③ 주변 작업자간의 연락조정을 행하는 일

(5) 프레스 등을 사용하는 작업 ★★

① 프레스 등 및 그 방호장치를 점검하는 일

② 프레스 등 및 그 방호장치에 이상이 발견되면 즉시 필요한 조치를 하는 일

③ 프레스 등 및 그 방호장치에 전환스위치를 설치했을 때 그 전환스위치의 열쇠를 관리하는 일

④ 금형의 부착 · 해체 또는 조정작업을 직접 지휘하는 일

(6) 목재가공용 기계를 취급하는 작업

① 목재가공용 기계를 취급하는 작업을 지휘하는 일

② 목재가공용 기계 및 그 방호장치를 점검하는 일

③ 목재가공용 기계 및 그 방호장치에 이상이 발견된 즉시 보고 및 필요한 조치를 하는 일

④ 작업 중 지그(Jig) 및 공구 등의 사용 상황을 감독하는 일

(7) 크레인을 사용하는 작업 ★

① 작업방법과 근로자 배치를 결정하고 그 작업을 지휘하는 일

② 재료의 결함 유무 또는 기구 및 공구의 기능을 점검하고 불량품을 제거하는 일

③ 작업 중 안전대 또는 안전모의 착용 상황을 감시하는 일

(8) 밀폐공간작업 ★★

① 산소가 결핍된 공기나 유해가스에 노출되지 않도록 작업시작 전에 해당 근로자의 작업을 지휘하는 업무

② 작업을 하는 장소의 공기가 적절한지를 작업시작 전에 측정하는 업무

③ 측정장비 · 환기장치 또는 공기호흡기 또는 송기마스크를 작업시작 전에 점검하는 업무

④ 근로자에게 공기호흡기 또는 송기마스크의 착용을 지도하고 착용 상황을 점검하는 업무

(9) 건조설비를 사용하는 작업 ★

① 건조설비를 처음으로 사용하거나 건조방법 또는 건조물의 종류를 변경했을 때에는 근로자에게 미리 그 작업방법을 교육하고 작업을 직접 지휘하는 일

② 건조설비가 있는 장소를 항상 정리정돈하고 그 장소에 가연성 물질을 두지 않도록 하는 일

3. 사전조사 및 작업계획서 내용

(1) 차량계 하역운반기계 등을 사용하는 작업 ★★

① 해당 작업에 따른 추락 · 낙하 · 전도 · 협착 및 붕괴 등의 위험 예방대책

② 차량계 하역운반기계 등의 운행경로 및 작업방법

(2) 화학설비와 그 부속설비 사용작업

① 밸브 · 콕 등의 조작(해당 화학설비에 원재료를 공급하거나 해당 화학설비에서 제품 등을 꺼내는 경우만 해당한다.)

② 냉각장치 · 가열장치 · 교반장치 및 압축장치의 조작

③ 계측장치 및 제어장치의 감시 및 조정

④ 안전밸브, 긴급차단장치, 그 밖의 방호장치 및 자동경보장치의 조정

⑤ 덮개판 · 플랜지(flange) · 밸브 · 콕 등의 접합부에서 위험물 등의 누출 여부에 대한 점검

⑥ 시료의 채취

⑦ 화학설비에서는 그 운전이 일시적 또는 부분적으로 중단된 경우의 작업방법 또는 운전 재개시의 작업방법

⑧ 이상 상태가 발생한 경우의 응급조치

⑨ 위험물 누출 시의 조치

⑩ 그 밖에 폭발 · 화재를 방지하기 위하여 필요한 조치

(3) 전기작업

① 전기작업의 목적 및 내용

② 전기작업 근로자의 자격 및 적정 인원

③ 작업범위, 작업책임자 임명, 전격 · 아크 섬광 · 아크 폭발 등 전기 위험 요인 파악, 접근 한계거리, 활선접근 경보장치 휴대 등 작업시작 전에 필요한 사항

④ 제328조의 전로차단에 관한 작업계획 및 전원 재투입 절차 등 작업 상황에 필요한 안전작업 요령

⑤ 절연용 보호구 및 방호구, 활선작업용 기구 · 장치 등의 준비 · 점검 · 착용 · 사용 등에 관한 사항

⑥ 점검 · 시운전을 위한 일시 운전, 작업 중단 등에 관한 사항

⑦ 교대 근무 시 근무 인계에 관한 사항

⑧ 전기작업장소에 대한 관계 근로자가 아닌 사람의 출입금지에 관한 사항

⑨ 전기안전작업계획서를 해당 근로자에게 교육할 수 있는 방법과 작성된 전기안전작업계획서의 평가 · 관리계획

⑩ 전기 도면, 기기 세부 사항 등 작업과 관련되는 자료

(4) 교량작업 ★★

① 작업 방법 및 순서

② 부재(部材)의 낙하 · 전도 또는 붕괴를 방지하기 위한 방법

③ 작업에 종사하는 근로자의 추락 위험을 방지하기 위한 안전조치 방법

④ 공사에 사용되는 가설 철구조물 등의 설치 · 사용 · 해체 시 안전성 검토 방법

⑤ 사용하는 기계 등의 종류 및 성능, 작업방법

⑥ 작업지휘자 배치계획

⑦ 그 밖에 안전 · 보건에 관련된 사항

4. 비상구의 설치(산업안전보건법 안전보건기준) ★★

위험물질을 제조·취급하는 작업장과 그 작업장이 있는 건축물에 출입구 외에 안전한 장소로 대피할 수 있는 비상구 1개 이상을 다음의 기준을 충족하는 구조로 설치하여야 한다. 다만, 작업장 바닥면의 가로 및 세로가 각 3m 미만인 경우에는 그렇지 않다.

① 출입구와 같은 방향에 있지 아니하고, 출입구로부터 3m 이상 떨어져 있을 것

② 작업장의 각 부분으로부터 하나의 비상구 또는 출입구까지의 수평거리가 50m 이하가 되도록 할 것

③ 비상구의 너비는 0.75m 이상으로 하고, 높이는 1.5m 이상으로 할 것

④ 비상구의 문은 피난방향으로 열리도록 하고, 실내에서 항상 열 수 있는 구조로 할 것

5. 경보용 설비 등

연면적이 400m² 이상이거나 상시 50명 이상의 근로자가 작업하는 옥내작업장에는 비상시에 근로자에게 신속하게 알리기 위한 경보용 설비 또는 기구를 설치하여야 한다.

01 ★★★

위험성 평가를 실시할 경우 실시 순서대로 번호를 쓰시오.

> ① 위험성 결정
> ② 유해 · 위험요인 파악
> ③ 사전준비
> ④ 위험성감소대책 수립 및 실행
> ⑤ 위험성 평가 실시내용 및 결과에 관한 기록 및 보존

정답

③ → ② → ① → ④ → ⑤

[근거]
위험성 평가의 절차: 사업장 위험성 평가에 관한 지침 고용노동부고시 → 2023.5.22 개정

02 ★★

다음은 신규화학물질의 유해성 · 위험성 조사에 대한 사항이다. ( ) 안에 알맞은 내용을 기입하시오.

> 신규화학물질을 제조하거나 수입하려는 자는 제조하거나 수입하려는 날 (①)일 전까지 신규화학물질 유해성 · 위험성 조사보고서에 신규화학물질의 물질안전보건자료, 제조 또는 사용공정도 등 관련서류를 첨부하여 (②)에게 제출하여야 한다.

정답

① 30
② 고용노동부장관

[근거]
신규화학물질의 유해성 · 위험성 조사보고서의 제출: 산업안전보건법 시행규칙 제147조

03 ★

다음은 산업안전보건법상 작업환경측정에 대한 사항이다. ( ) 안에 적합한 내용을 쓰시오.

> (1) 사업주는 작업장 또는 작업공정이 신규로 가동되거나 변경되는 등으로 작업환경측정 대상 작업장이 된 경우에는 그 날부터 (①)일 이내에 작업환경측정을 하고, 그 후 (②)에 1회 이상 정기적으로 작업환경을 측정하여야 한다.
> (2) 작업환경측정 결과가 다음의 어느 하나에 해당하는 작업장 또는 작업공정은 해당 유해인자에 대하여 그 측정일부터 (③)에 1회 이상 작업환경 측정을 해야 한다.
> ㉮ 화학적 인자(고용노동부장관이 정하여 고시하는 물질만 해당한다)의 측정치가 노출기준을 초과하는 경우
> ㉯ 화학적 인자(고용노동부장관이 정하여 고시하는 물질은 제외한다)의 측정치가 노출기준을 2배 이상 초과하는 경우
> (3) 작업환경측정 결과에 영향을 주는 변화가 없는 경우로는 다음의 어느 하나에 해당하는 경우에는 해당 유해인자에 대한 작업환경측정을 연 1회 이상 할 수 있다.
> ㉮ 작업공정내 소음의 작업환경측정 결과가 최근 2회 연속 (④) 미만인 경우
> ㉯ 작업공정내 소음 외의 다른 모든 인자의 작업환경측정 결과가 최근 (⑤) 연속 노출기준 미만인 경우

정답

① 30일
② 반기
③ 3개월
④ 85dB
⑤ 2회

[근거]
작업환경측정 주기 및 횟수: 산업안전보건법 시행규칙 제189조

04 ★★

산업안전보건법상 사업주의 의무와 근로자의 의무를 각각 2가지씩 기술하시오.

(1) 사업주의 의무
  ① 해당 사업장의 안전 및 보건에 관한 정보를 근로자에게 제공
  ② 근로자의 신체적 피로와 정신적 스트레스 등을 줄일 수 있는 쾌적한 작업환경의 조성 및 근로조건개선
  ③ 산업안전보건법과 산업안전보건법에 따른 명령으로 정하는 산업재해예방을 위한 기준 이행

(2) 근로자의 의무
  ① 산업안전보건법과 산업안전보건법에 따른 명령으로 정하는 산업재해예방을 위한 기준을 지켜야 할 것
  ② 사업주 또는 근로감독관, 공단 등 관계인이 실시하는 산업재해예방에 관한 조치를 따를 것

[근거]
• 사업주 등의 의무: 산업안전보건법 제5조
• 근로자의 의무: 산업안전보건법 제6조

05 ★★★

산업안전보건법상 사업주가 상시 사용하는 근로자의 건강관리를 위하여 실시하여야 하는 건강진단 종류를 4가지 쓰시오.

① 일반건강진단
② 특수건강진단
③ 수시건강진단
④ 임시건강진단
⑤ 배치 전 건강진단

[근거]
건강진단 결과의 보고: 산업안전보건법 시행규칙 제209조

06 ★★

산업안전보건법상 특수건강진단의 시기 및 주기에 대한 사항이다. ( ) 안에 적합한 내용을 쓰시오.

대상 유해인자	시기 (배치 후 첫 번째 특수 건강진단)	주기
N.N – 디메틸아세트아미드 디메틸포름아미드	(①)개월 이내	6개월
벤젠	2개월 이내	6개월
1,1,2,2 – 테트라클로로에탄, 사염화탄소, 아크릴로니트릴, 염화비닐	3개월 이내	(②)개월
석면, 면 분진	(③)개월 이내	12개월
광물성 분진 목재 분진 소음 및 충격소음	12개월 이내	(④)개월
위 대상 유해인자를 제외한 모든 대상 유해인자	6개월 이내	(⑤)개월

① 1   ② 6   ③ 12   ④ 24   ⑤ 12

[근거]
특수건강진단의 시기 및 주기: 산업안전보건법 시행규칙 [별표 23]

07 ★

산업안전보건법상 유해 · 위험작업에 대한 근로시간 제한에 대한 사항이다. ( ) 안에 적합한 내용을 쓰시오.

> 사업주는 유해하거나 위험한 작업으로서 대통령령으로 정하는 작업(잠함 또는 잠수작업 등 높은 기압에서 하는 작업)에 종사하는 근로자에게는 1일 (①)시간, 1주 (②)시간을 초과하여 근로하게 하여서는 아니 된다.

① 6   ② 34

[근거]
유해 · 위험작업에 대한 근로시간 제한 등: 산업안전보건법 제139조

08 ★

산업안전보건법상 사업주가 고객의 폭언 등으로 인한 고객응대근로자의 건강장해를 예방하기 위하여 조치를 하여야 할 사항을 3가지 쓰시오.

정답

① 폭언 등을 하지 않도록 요청하는 문구 게시 또는 음성 안내
② 고객과의 문제 상황 발생 시 대처방법 등을 포함하는 고객응대업무 매뉴얼 마련
③ 고객응대업무 매뉴얼의 내용 및 건강장해예방 관련 교육 실시
④ 고객응대 근로자의 건강장해예방을 위하여 필요한 조치
[근거]
고객의 폭언 등으로 인한 건강장해예방 조치: 산업안전보건법 시행규칙 제41조

09 ★

산업안전보건법상 특수형태근로종사자의 노무를 제공받는 자는 특수형태근로종사자의 산업재해예방을 위하여 필요한 안전조치 및 보건조치를 하여야 한다. 특수형태근로자의 충족 요건을 3가지 쓰시오.

정답

① 대통령령으로 정하는 직종에 종사할 것
② 주로 하나의 사업에 노무를 상시적으로 제공하고 보수를 받아 생활할 것
③ 노무를 제공할 때 타인을 사용하지 아니할 것
[근거]
특수형태근로종사자에 대한 안전조치 및 보건조치: 산업안전보건법 제72조

10 ★

산업안전보건법상 사업주는 근로자의 안전 및 보건에 유해하거나 위험한 작업으로서 작업을 도급하여 자신의 사업장에서 수급인의 근로자가 그 작업을 하도록 해서는 아니 되는 작업을 3가지 쓰시오.

정답

① 도금작업
② 수은, 납 또는 카드뮴의 제련, 주입, 가공 및 가열하는 작업
③ 허가대상물질을 제조하거나 사용하는 작업

11 ★★

산업안전보건법상 관계수급인인 근로자가 도급인의 사업장에서 작업을 할 때 경보체계운영과 대피방법 등 훈련이 필요한 경우를 3가지 쓰시오.

정답

① 작업장소에서 발파작업을 하는 경우
② 작업장소에서 화재 · 폭발이 발생한 경우
③ 토사 · 구축물 등의 붕괴 또는 지진 등이 발생한 경우
[근거]
도급에 따른 산업재해 예방조치: 산업안전보건법 제64조

12 ★★

도급인은 관계수급인 근로자가 도급인의 사업장에서 작업을 할 때 위생시설 등 고용노동부령으로 정하는 시설의 설치 등을 위하여 필요한 장소의 제공 또는 도급인이 설치한 위생시설 이용의 협조를 하여야 하는데 이 경우 설치하여야 할 위생시설을 4가지 쓰시오.

정답

① 휴게시설
② 세면, 목욕시설
③ 세탁시설
④ 탈의시설
⑤ 수면시설
[근거]
위생시설의 설치 등 협조: 산업안전보건법 시행규칙 제81조

13 ★★

산업안전보건법상 건설공사(총공사금액이 50억 원 이상인 공사)의 건설공사 발주자는 산업재해예방을 위하여 건설공사의 계획, 설계 및 시공단계에서 구분에 따른 산업재해예방 조치를 하여야 한다. ( ) 안에 적합한 내용을 쓰시오.

> (1) 건설공사 계획단계: 해당 건설공사에서 중점적으로 관리하여야 할 유해·위험요인과 이의 감소방안을 포함한 (①)을 작성할 것
> (2) 건설공사 설계단계: (①)을 설계자에게 제공하고, 설계자로 하여금 유해·위험요인의 감소방안을 포함한 (②)을 작성하게 하고 이를 확인할 것
> (3) 건설공사 시공단계: 건설공사발주자로부터 건설공사를 최초로 도급받은 수급인에게 (②)을 제공하고, 그 수급인에게 이를 반영하여 안전한 작업을 위한 (③)을 작성하게 하고 그 이행 여부를 확인할 것

정답

① 기본안전보건대장
② 설계안전보건대장
③ 공사안전보건대장
[근거]
건설공사발주자의 산업재해예방조치: 산업안전보건법 제67조

14 ★

산업안전보건법상 건설공사 설계단계에서 작성하여야 할 설계안전보건대장에 포함되어야 할 사항을 3가지 쓰시오.

정답

① 안전한 작업을 위한 적정 공사기간 및 공사금액 산출서
② 건설공사 중 발생할 수 있는 유해·위험요인 및 시공단계에서 고려해야 할 유해·위험요인 감소방안
③ 산업안전보건관리비의 산출내역서
[근거]
기본안전보건대장 등: 산업안전보건법 시행규칙 제66조
→ 2024.6.28 개정

15 ★

산업안전보건법상 2개 이상의 건설공사를 도급한 건설공사발주자는 그 2개 이상의 건설공사가 같은 장소에서 행해지는 경우에 작업의 혼재로 인하여 발생할 수 있는 산업재해를 예방하기 위하여 건설공사 현장에 안전보건조정자를 두어야 한다. 다음 물음에 답하시오.

(1) 안전보건조정자를 두어야 하는 건설공사는 각 건설공사의 금액의 합이 얼마 이상인 경우인지 쓰시오.
(2) 안전보건조정자의 업무를 3가지 쓰시오.

정답

(1) 50억 원 이상인 경우
(2) 안전보건조정자의 업무
  ① 같은 장소에서 이루어지는 각각의 공사 간에 혼재된 작업의 파악
  ② 혼재된 작업으로 인한 산업재해발생의 위험성 파악
  ③ 혼재된 작업으로 인한 산업재해를 예방하기 위한 작업의 시기·내용 및 안전보건조치 등의 조정
  ④ 각각의 공사 도급인의 안전보건관리책임자간 작업내용에 관한 정보공유 여부의 확인
[근거]
(1) 안전보건조정자의 선임 등: 산업안전보건법 시행령 제56조
(2) 안전보건조정자의 업무: 산업안전보건법 시행령 제57조

16 ★★

고소작업대를 사용하여 작업을 할 때 작업시작 전 점검사항을 3가지 쓰시오.

정답

① 비상정지장치 및 비상하강방지장치 기능의 이상 유무
② 과부하 방지장치의 작동 유무(와이어로프 또는 체인구동 방식의 경우)
③ 아웃트리거 또는 바퀴의 이상 유무
④ 작업면의 기울기 또는 요철 유무
⑤ 활선작업용 장치의 경우 홈·균열·파손 등 그 밖의 손상 유무
[근거]
작업시작 전 점검사항: 산업안전보건법 산업안전보건기준에 관한 규칙 [별표 3]

17 ★★

용접 · 용단작업 등의 화재위험작업을 할 때 작업시작 전 점검사항을 3가지 쓰시오.

정답

① 작업준비 및 작업절차 수립 여부
② 화기작업에 따른 인근 가연성 물질에 대한 방호조치 및 소화기구 비치 여부
③ 용접불티 비산방지덮개 또는 용접방화포 등 불꽃 · 불티 등의 비산을 방지하기 위한 조치 여부
④ 인화성 액체의 증기 또는 인화성 가스가 남아 있지 않도록 하는 환기 조치 여부
⑤ 작업근로자에 대한 화재예방 및 피난교육 등 비상조치 여부

[근거]
작업시작 전 점검사항: 산업안전보건법 산업안전보건기준에 관한 규칙 [별표 3]

18 ★

달비계 또는 높이 5m 이상의 비계를 조립하거나 변경하는 작업을 할 때 관리감독자의 유해위험방지 직무수행 내용을 3가지 쓰시오.

정답

① 재료의 결함 유무를 점검하고 불량품을 제거하는 일
② 기구, 공구, 안전대 및 안전모 등의 기능을 점검하고 불량품을 제거하는 일
③ 작업방법 및 근로자의 배치를 결정하고 작업진행상태를 감시하는 일
④ 안전대 및 안전모 등의 착용상황을 감시하는 일

[근거]
관리감독자의 유해위험방지: 산업안전보건법 산업안전보건기준에 관한 규칙 [별표 2]

19 ★★

산업안전보건법상 프레스 등을 사용하는 작업을 할 때 관리감독자의 직무수행 내용을 4가지 쓰시오.

정답

① 프레스 등 및 그 방호장치를 점검하는 일
② 프레스 등 및 그 방호장치에 이상이 발견되면 즉시 필요한 조치를 하는 일
③ 프레스 등 및 그 방호장치에 전환스위치를 설치했을 때 그 전환스위치의 열쇠를 관리하는 일
④ 금형의 부착 · 해체 또는 조정작업을 직접 지휘하는 일

[근거]
관리감독자의 유해위험방지: 산업안전보건법 산업안전보건기준에 관한 규칙 [별표 2]

20 ★

크레인을 사용하는 작업을 할 때 관리감독자의 직무수행 내용을 3가지 쓰시오.

정답

① 작업방법과 근로자 배치를 결정하고 그 작업을 지휘하는 일
② 재료의 결함 유무 또는 기구 및 공구의 기능을 점검하고 불량품을 제거하는 일
③ 작업 중 안전대 또는 안전모의 착용 상황을 감시하는 일

[근거]
관리감독자의 유해위험방지: 산업안전보건법 산업안전보건기준에 관한 규칙 [별표 2]

21 ★★

차량계 하역운반기계 등을 사용하는 작업을 할 때 작업계획서 내용을 2가지 쓰시오.

정답

① 해당 작업에 따른 추락 · 낙하 · 전도 · 협착 및 붕괴 등의 위험 예방대책
② 차량계 하역운반기계 등의 운행경로 및 작업방법

[근거]
사전조사 및 작업계획서 내용: 산업안전보건법 산업안전보건기준에 관한 규칙 [별표 4]

22 ★★

산업안전보건법상 밀폐공간작업을 할 때 관리감독자의 유해위험방지 직무수행 내용을 3가지 쓰시오.

① 산소가 결핍된 공기나 유해가스에 노출되지 않도록 작업시작 전에 해당 근로자의 작업을 지휘하는 업무
② 작업을 하는 장소의 공기가 적절한지를 작업시작 전에 측정하는 업무
③ 측정장비 · 환기장치 또는 공기호흡기 또는 송기마스크를 작업시작 전에 점검하는 업무
④ 근로자에게 공기호흡기 또는 송기마스크의 착용을 지도하고 착용 상황을 점검하는 업무
[근거]
관리감독자의 유해위험방지: 산업안전보건법 산업안전보건기준에 관한 규칙 [별표 2]

23 ★

건조설비를 사용하는 작업을 할 때 관리감독자의 유해위험방지 직무수행 내용을 2가지 쓰시오.

① 건조설비를 처음으로 사용하거나 건조방법 또는 건조물의 종류를 변경했을 때에는 근로자에게 미리 그 작업방법을 교육하고 작업을 직접 지휘하는 일
② 건조설비가 있는 장소를 항상 정리정돈하고 그 장소에 가연성 물질을 두지 않도록 하는 일
[근거]
관리감독자의 유해위험방지: 산업안전보건법 산업안전보건기준에 관한 규칙 [별표 2]

24 ★★

산업안전보건법상 교량작업을 하는 경우 작업계획서에 포함하여야 할 사항을 4가지 쓰시오.

① 작업방법 및 순서
② 부재의 낙하 · 전도 또는 붕괴를 방지하기 위한 방법
③ 작업에 종사하는 근로자의 추락 위험을 방지하기 위한 안전조치 방법
④ 공사에 사용되는 가설철구조물 등의 설치 · 사용 · 해체 시 안전성 검토 방법
⑤ 사용하는 기계 등의 종류 및 성능, 작업방법
⑥ 작업지휘자 배치계획
⑦ 그 밖에 안전 · 보건에 관련된 사항
[근거]
사전조사 및 작업계획서 내용: 산업안전보건법 산업안전보건기준에 관한 규칙 [별표 4]

25 ★★

산업안전보건법상 위험물질을 제조 · 취급하는 작업장과 그 작업장에 있는 건축물에 출입구 외에 안전한 장소로 대피할 수 있는 비상구를 1개 이상을 설치해야 하는 기준에 대한 사항이다. (   ) 안에 적합한 내용을 쓰시오.

(1) 비상구의 너비는 (①) 이상으로 하고, 높이는 (②) 이상으로 할 것
(2) 출입구와 같은 방향에 있지 아니하고, 출입구로부터 (③) 이상 떨어져 있을 것
(3) 작업장의 각 부분으로부터 하나의 비상구 또는 출입구까지의 수평거리가 (④) 이하가 되도록 할 것
(4) 비상구의 문은 (⑤)으로 열리도록 하고, 실내에서 항상 열 수 있는 구조로 할 것

① 0.75m   ② 1.5m
③ 3m   ④ 50m
⑤ 피난방향
[근거]
비상구의 설치: 산업안전보건법 산업안전보건기준에 관한 규칙 제17조

2026 대비 최신개정판

해커스
산업안전
산업기사

실기 필답형+작업형

한권합격 이론+최신기출+핵심노트

개정 6판 1쇄 발행 2026년 1월 5일

지은이	이성찬
펴낸곳	㈜챔프스터디
펴낸이	챔프스터디 출판팀

주소	서울특별시 서초구 강남대로61길 23 ㈜챔프스터디
고객센터	02-537-5000
교재 관련 문의	publishing@hackers.com
동영상강의	pass.Hackers.com

ISBN	978-89-6965-624-7 (13530)
Serial Number	06-01-01

자격증 교육 1위
해커스자격증
pass.Hackers.com

· 산업안전지도사 **이성찬 선생님의 본 교재 인강**(교재 내 할인쿠폰 및 3일 수강권 수록)
· 산업안전산업기사 **무료 특강&이벤트, 최신 기출 문제** 등 다양한 학습 콘텐츠

주간동아 선정 2022 올해의 교육브랜드 파워 온·오프라인 자격증 부문 1위

쉽고 빠른 합격의 비결,
해커스자격증
국가기술·가산자격 시리즈

해커스 산업안전기사 · 산업기사 시리즈

해커스 위험물산업기사

해커스 전기기사 · 산업기사 시리즈

해커스 전기기능사

해커스 소방설비기사 · 산업기사 시리즈

해커스 국가기술·가산자격
전 교재 보러가기 ▶

해커스 전산응용기계제도기능사

해커스 정보처리기사

해커스 일반기계기사 시리즈

해커스 식품안전기사 · 산업기사 시리즈

해커스 스포츠지도사 시리즈

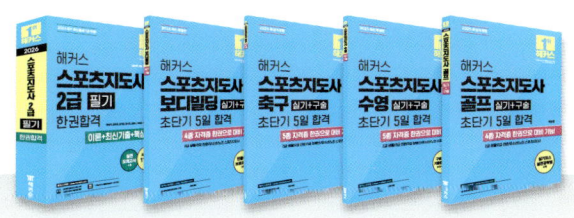

해커스 사회조사분석사

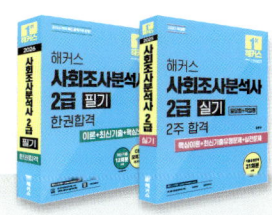

해커스
산업안전
산업기사

실기 필답형+작업형

한권합격 이론

해커스 산업안전기사 교재

해커스
산업안전기사 필기
한권완성
이론+최신기출+핵심노트

해커스
산업안전기사 실기
[필답형+작업형] 한권합격
이론+최신기출+핵심노트

해커스 산업안전산업기사 교재

해커스
산업안전산업기사 필기
한권완성
이론+최신기출+핵심노트

해커스
산업안전산업기사 실기
[필답형+작업형] 한권합격
이론+최신기출+핵심노트

정가 **42,000** 원(전 2권)

13530

9 788969 656247

ISBN 978-89-6965-624-7

해커스
산업안전
산업기사
실기
필답형+작업형
한권합격

이성찬

최신기출

실전모의고사
5회분
수록

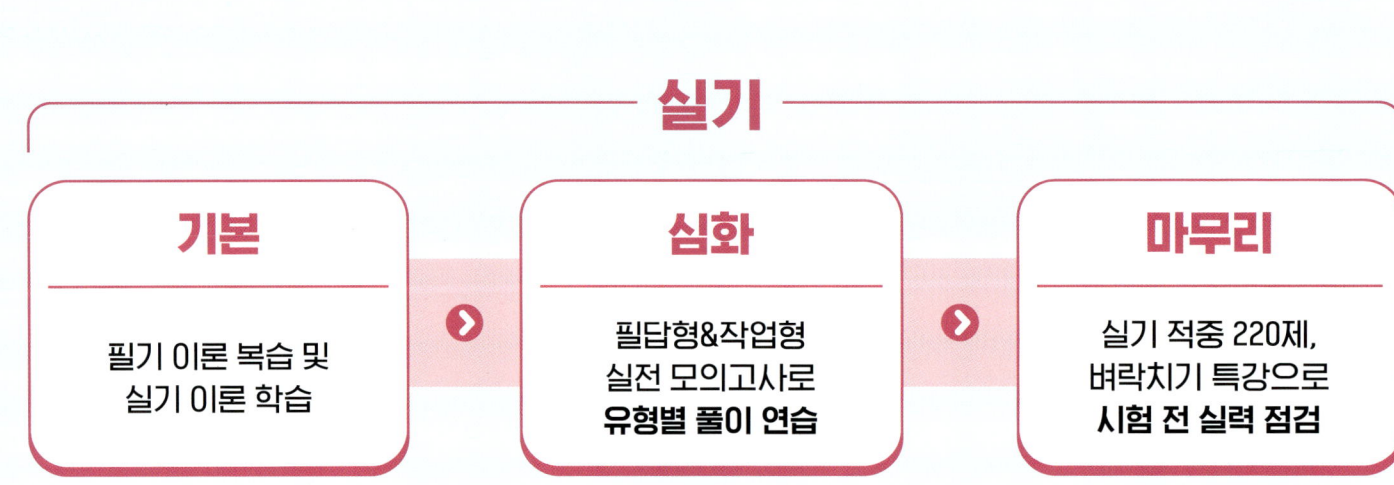

해커스자격증

산업안전(산업)기사

합격이 시작되는 다이어리, **시험 플래너 받고 합격!**

무료로 다운받기 ▶

| 다이어리 속지 **무료 다운로드** | › | 합격생&선생님의 **합격 노하우 및 과목별 공부법 확인** | › | **직접 필기하며 공부시간/성적관리 등 학습 계획 수립**하고 **최종 합격**하기 |

산업안전(산업)기사

자격증 재도전&환승으로, **할인받고 합격!**

이벤트 바로가기 ▶

| **시험 응시/ 타사 강의 수강/ 해커스자격증 수강 이력**이 있다면? | › | **재도전&환승** 이벤트 참여 | › | **50% 할인**받고 **자격증 합격**하기 |

해커스

산업안전
산업기사

실기

필답형+작업형

한권합격

최신기출

해커스

목차

이론

PART 1
기출문제 필답형

2025년 기출문제

01

산업안전보건법상 공정안전보고서에 포함되어야 할 사항을 4가지 쓰시오.

정답

① 공정안전자료
② 공정위험성평가서
③ 안전운전계획
④ 비상조치계획
⑤ 그 밖에 공정상의 안전과 관련하여 고용노동부장관이 필요하다고 인정하여 고시하는 사항
[근거]
공정안전보고서의 내용: 산업안전보건법 시행령 제44조

02

산업안전보건법상 중대재해 발생시 관할 지방고용노동관서의 장에게 (1) 보고하여야 할 사항 3가지와 (2) 보고시기에 대하여 쓰시오.

정답

(1) 보고하여야 할 사항
　① 발생개요 및 피해상황
　② 조치 및 전망
　③ 그 밖의 중요한 사항
(2) 보고시기: 지체없이
[근거]
중대재해 발생시 보고: 산업안전보건법 시행규칙 제67조

03

다음에서 설명하는 특수화학설비를 4가지 쓰시오.

산업안전보건법상 위험물질을 기준량 이상으로 제조하거나 취급하는 특수화학 설비를 설치하는 경우에는 내부의 이상상태를 조기에 파악하기 위하여 필요한 온도계, 압력계, 유량계 등의 계측장치를 설치하여야 한다.

정답

① 발열반응이 일어나는 반응장치
② 증류, 정류, 증발, 추출 등 분리를 하는 장치
③ 가열로 또는 가열기
④ 반응폭주 등 이상화학반응에 의하여 위험물질이 발생할 우려가 있는 설비
⑤ 온도가 350℃ 이상이거나 게이지 압력이 980kPa 이상인 상태에서 운전되는 설비
⑥ 가열시켜주는 물질의 온도가 가열되는 위험물질의 분해온도 또는 발화점보다 높은 상태에서 운전되는 설비
[근거]
계측장치 등의 설치: 산업안전보건법 산업안전보건기준에 관한 규칙 제273조

04

지게차를 20km/h의 속도로 무부하상태에서 주행할 때 좌우안정도는 몇 % 이내이어야 하는가?

정답

무부하상태에서 주행시 좌우안정도 $= 15 + 1.1\,V$
$$= 15 + 1.1 \times 20 = 37\%$$
(여기서, V: 최고속도)

05

산업안전보건법상 사업주가 특수화학설비를 설치하는 경우에는 이상상태의 발생에 따른 폭발·화재 또는 위험물의 누출을 방지하기 위하여 설치하여야 하는 장치를 2가지 쓰시오.

정답

① 원재료 공급의 긴급차단장치
② 제품의 방출장치
③ 불활성가스의 주입장치
④ 냉각용수의 공급장치
[근거]
긴급차단장치의 설치 등: 산업안전보건기준에 관한 규칙 제275조

06

〈보기〉에 있는 안전보건표지의 종류 중 안내표지에 해당하는 것 4가지를 선택하여 쓰시오.

┌─〈보기〉─────────────
│ ① 좌측 비상구
│ ② 안전화
│ ③ 방독마스크 착용
│ ④ 들 것
│ ⑤ 세안장치
│ ⑥ 석면취급해체작업장
│ ⑦ 비상용 기구
└─────────────────────

정답

① 좌측 비상구
④ 들 것
⑤ 세안장치
⑦ 비상용 기구
[근거]
안전보건표지의 종류와 형태: 산업안전보건법 시행규칙 [별표 6]

07

산업안전보건법상 비, 눈 그 밖의 기상상태의 악화로 작업을 중지시킨 후 또는 비계를 조립·해체하거나 변경한 후에 그 비계에서 작업을 시작하기 전에 점검하여야 할 사항을 4가지 쓰시오.

정답

① 발판재료의 손상 여부 및 부착 또는 걸림상태
② 연결재료 및 연결철물의 손상 또는 부식상태
③ 해당 비계의 연결부 또는 접속부의 풀림상태
④ 손잡이의 탈락 여부
⑤ 로프의 부착상태 및 매단 장치의 흔들림상태
⑥ 기둥의 침하, 변형, 변위 또는 흔들림상태
[근거]
비계의 점검 및 보수: 산업안전보건법 산업안전보건기준에 관한 규칙 제58조

08

산업안전보건법상 관리감독자 안전보건교육의 교육시간에 관한 사항이다. (   ) 안에 알맞은 내용을 쓰시오.

교육과정	교육시간
정기교육	연간 (①)시간 이상
(②)	8시간 이상
(③)	2시간 이상
특별교육	16시간 이상(최초 작업에 종사하기 전 4시간 이상 실시하고, 12시간은 (④) 개월 이내에서 분할하여 실시 가능)
	단기간 작업 또는 간헐적 작업인 경우에는 (⑤)시간 이상

정답

① 16
② 채용시 교육
③ 작업내용변경시 교육
④ 3
⑤ 2
[근거]
안전보건교육 교육과정별 교육시간: 산업안전보건법 시행규칙 [별표 4] → 2023.9.27 개정

09

아세틸렌 또는 가스집합용접장치의 방호장치인 역화방지기 성능시험의 종류를 4가지 쓰시오.

① 내압시험
② 기밀시험
③ 역류방지시험
④ 역화방지시험
⑤ 가스압력손실시험
⑥ 방출장치동작시험
[근거]
역화방지기의 시험방법: 방호장치 자율안전기준 고용노동부고시

10

기술(기능)교육의 진행방법에 있어 하버드학파의 5단계 교수법을 순서대로 쓰시오.

① 준비시킨다.
② 교시한다.
③ 연합한다.
④ 총괄시킨다.
⑤ 응용시킨다.

11

산업안전보건법상 노사협의체의 근로자 위원을 3가지 쓰시오.

① 도급 또는 하도급사업을 포함한 전체 사업의 근로자대표
② 근로자대표가 지명하는 명예산업안전감독관 1명
③ 공사금액이 20억 원 이상인 공사의 관계수급인의 각 근로자대표
[근거]
노사협의체의 구성: 산업안전보건법 시행령 제64조

12

다음과 같은 재해에 대하여 기인물, 가해물, 불안전한 행동을 쓰시오.

> 신입직원이 관리감독자의 허가도 없이 선반의 덮개를 열고 회전상태에서 기어에 주유를 하다가 손가락이 절단되었다.

① 기인물: 선반
② 가해물: 기어
③ 불안전한 행동: 회전상태에서 기어에 주유

13

다음 (　　) 안에 방폭구조에 해당하는 각각의 기호를 쓰시오.

구분	기호
특수방폭구조	(①)
안전증방폭구조	(②)
충전방폭구조	(③)
내압방폭구조	(④)
유입방폭구조	(⑤)

① s (또는 Exs)
② e (또는 Exe)
③ q (또는 Exq)
④ d (또는 Exd)
⑤ o (또는 Exo)
[근거]
안전거리: 산업안전보건법 산업안전보건기준에 관한 규칙 [별표 8]

14

다음 안전모의 그림을 보고 번호에 해당되는 명칭을 각각 쓰시오.

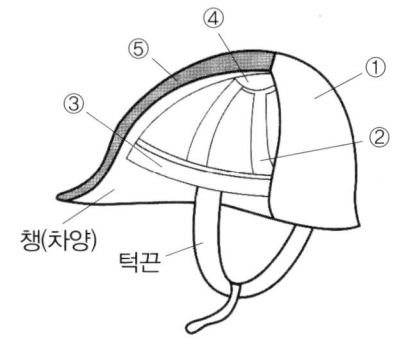

챙(차양)   턱끈

정답

① 모체
② 머리받침끈
③ 머리고정대
④ 머리받침고리
⑤ 충격흡수재
[근거]
정의: 보호구 안전인증 고용노동부고시 제3조

01

산업안전보건법상 안전관리자의 직무교육에 관한 사항이다. ( ) 안에 적합한 내용을 쓰시오.

> 안전관리자는 해당 직위에 선임되거나 채용된 후 (①)개월 이내에 직무를 수행하는 데 필요한·신규교육을 받아야 하며, 신규교육을 이수한 후 매 (②)년이 되는 날을 기준으로 전후 (③)개월 사이에 고용노동부장관이 실시하는 안전보건에 관한 보수교육을 받아야 한다.

① 3
② 2
③ 3
[근거]
안전보건관리책임자 등에 대한 직무교육: 산업안전보건법 시행규칙 제29조

02

〈보기〉를 보고 물음에 답하시오.

> ──〈보기〉──
> ① 해당 작업의 작업장 정리정돈 및 통로 확보에 대한 확인 · 감독
> ② 건강진단 결과 발견된 질병자의 요양 지도 및 관리
> ③ 작업장 내에서 사용되는 전체환기장치 및 국소배기장치 등에 관한 설비의 점검과 작업방법의 공학적 개선에 관한 보좌 및 지도 조언
> ④ 산업재해 발생 원인 조사 분석 및 재발방지를 위한 기술적 보좌 및 지도조언
> ⑤ 사업장의 산업재해예방계획 수립에 관한 사항

(1) 안전보건관리책임자의 업무

(2) 관리감독자의 업무

(3) 안전관리자 및 보건관리자 공통 업무

(1) 안전보건관리책임자의 업무: ⑤
(2) 관리감독자의 업무: ①
(3) 안전관리자 및 보건관리자 공통 업무: ④
[근거]
• 안전보건관리책임자: 산업안전보건법 제15조
• 관리감독자의 업무 등: 산업안전보건법 시행령 제15조
• 안전관리자의 업무 등: 산업안전보건법 시행령 제18조

03

그림을 보고, 해당하는 방진마스크의 종류를 쓰시오.
(단, 형식을 기재할 것)

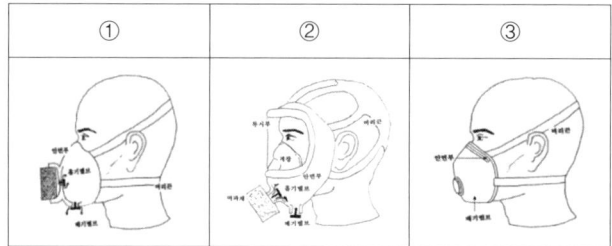

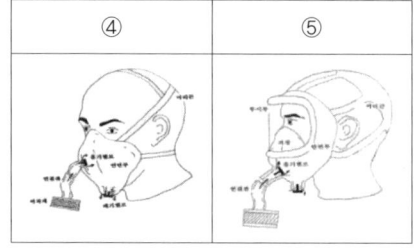

(1) 직결식 반면형
(2) 직결식 전면형
(3) 안면부 여과식
(4) 격리식 반면형
(5) 격리식 전면형
[근거]
방진마스크의 성능기준: 보호구안전인증 고용노동부고시 [별표4]

04

산업안전보건법상 양중기의 종류를 5가지 쓰시오.

① 크레인(호이스트를 포함)
② 이동식 크레인
③ 리프트(이삿짐 운반용 리프트의 경우에는 적재하중이 0.1톤 이상인 것)
④ 곤돌라
⑤ 승강기
[근거]
양중기: 산업안전보건법 산업안전보건기준에 관한 규칙 제132조

05

산업안전보건법상 로봇의 작동범위에서 그 로봇에 관하여 교시 등의 작업을 할 때 작업시작 전 점검사항을 3가지 쓰시오.

① 외부전선의 피복 또는 외장의 손상 유무
② 매니퓰레이터(Manipulator) 작동의 이상 유무
③ 제동장치 및 비상정지장치의 기능
[근거]
작업시작 전 점검사항: 산업안전보건법 산업안전보건기준에 관한 규칙 [별표 3]

06

프로판 80%, 메탄 5%, 부탄 15%로 된 혼합가스의 폭발하한계 값을 구하여 쓰시오. (단, 프로판, 메탄, 부탄의 폭발하한계 값은 각각 5%, 2.1%, 3%이다.)

$$L = \frac{100}{\dfrac{V_1}{L_1} + \dfrac{V_2}{L_2} + \cdots + \dfrac{V_n}{L_n}}$$

$$= \frac{100}{\dfrac{80}{5} + \dfrac{5}{2.1} + \dfrac{15}{3}} = 4.2769 ≒ 4.28\%$$

07

하인리히가 제시한 재해예방의 4원칙을 쓰시오.

① 원인계기(연계)의 원칙
② 예방가능의 원칙
③ 손실우연의 원칙
④ 대책선정의 원칙

08

산업안전보건법상 안전검사의 주기에 대하여 (   ) 안에 적합한 내용을 쓰시오.

사업장에 설치가 끝난 날부터 (①) 이내에 최초 안전검사를 실시하되, 그 이후부터 (②)마다(공정안전보고서를 제출하여 확인을 받은 압력용기는 (③)마다)

① 3년
② 2년
③ 4년
[근거]
안전검사의 주기와 합격표시 및 표시방법: 산업안전보건법 시행규칙 제126조

09

산업안전보건법상 작업발판 일체형 거푸집 종류를 4가지 쓰시오.

① 갱폼(Gang Form)
② 슬립폼(Slip Form)
③ 클라이밍폼(Climbing Form)
④ 터널라이닝폼(Tunnel Lining Form)
⑤ 그 밖에 거푸집과 작업발판이 일체로 제작된 거푸집
[근거]
작업발판 일체형 거푸집의 안전조치: 산업안전보건법 산업안전보건기준에 관한 규칙 제337조

10

산업안전보건법상 근로자 안전보건교육 관련 교육시간에 대하여 각각의 교육에 적합한 시간을 쓰시오.

> (1) 관리감독자 작업내용변경시 교육시간
> (2) 판매업무에 직접 종사하는 근로자의 정기교육시간
> (3) 일용근로자 및 근로계약기간이 1주일 이하인 기간제근로자의 채용시 교육시간

① 2시간 이상
② 매반기 6시간 이상
③ 1시간 이상
[근거]
안전보건교육 교육과정별 교육시간: 산업안전보건법 시행규칙 [별표 4]
→ 2023.9.27 개정

11

보호구 안전인증고시상 안전인증 대상 안전모의 시험성능방법 및 기준에 관한 사항이다. (   ) 안에 알맞은 내용을 쓰시오.

방법	내용
내관통성시험	AE, ABE종 안전모는 관통거리가 (①)mm 이하이고, AB종 안전모는 관통거리가 (②)mm 이하이어야 한다.
내전압성시험	AE, ABE종 안전모는 교류 20kV에서 1분간 절연파괴 없이 견뎌야 하고, 이 때 누설되는 충전전류는 (③)mA 이하이어야 한다.
충격흡수성시험	최고전달충격력이 (④)N을 초과해서는 안되며, 모체와 착장체의 기능이 상실되지 않아야 한다.

① 9.5
② 11.1
③ 10
④ 4,450
[근거]
추락 및 감전위험 방지용 안전모의 성능기준: 보호구 안전인증 고용노동부고시 [별표 1]

12

사다리식 통로를 설치하는 경우 준수하여야 할 사항이다. (   ) 안에 적합한 내용을 쓰시오.

(1) 사다리의 상단은 걸쳐 놓은 지점으로부터 (①)cm 이상 올라가도록 할 것
(2) 사다리가 넘어지거나 미끄러지는 것을 방지하기 위한 조치를 할 것
(3) 폭은 (②)cm 이상으로 할 것
(4) 사다리식 통로의 길이가 10m 이상인 경우에는 5m 이내마다 (③)을 설치할 것

정답

① 60
② 30
③ 계단참
[근거]
사다리식 통로 등의 구조: 산업안전보건법 산업안전보건기준에 관한 규칙 제24조

13

산업안전보건법상 보일러의 방호장치에 대한 사항이다. (   ) 안에 적합한 내용을 쓰시오.

사업주는 보일러의 안전한 가동을 위하여 보일러 규격에 맞는 압력방출장치를 1개 또는 2개 이상 설치하고 최고사용압력 이하에서 작동되도록 하여야 한다. 다만, 압력방출장치가 2개 이상 설치된 경우에는 최고사용압력 이하에서 1개가 작동되고, 다른 압력방출장치는 최고사용압력 (   )배 이하에서 작동되도록 부착하여야 한다.

정답

1.05
[근거]
압력방출장치: 산업안전보건법 산업안전보건기준에 관한 규칙 제116조

01

산업안전보건법상 사업주가 근로자에게 실시하여야 할 근로자 안전보건교육의 종류를 4가지 쓰시오.

① 정기교육
② 채용시 교육
③ 작업내용변경시 교육
④ 특별교육
⑤ 건설업 기초안전보건교육
[근거]
안전보건교육 교육과정별 교육시간: 산업안전보건법 시행규칙 [별표 4]

02

다음은 교류아크용접기에 관한 사항이다. ( ) 안에 적합한 내용을 쓰시오.

(①): 대상으로 하는 용접기의 주회로(변압기의 경우는 1차회로 또는 2차회로)를 제어하는 장치를 가지고 있어, 용접봉의 조작에 따라 용접할 때에만 용접기의 주회로를 형성하고, 그 외에는 용접기의 출력 측의 무부하전압을 25V 이하로 저하시키도록 동작하는 장치를 말한다.

(②): 용접봉을 피용접물에 접촉시켜서 전격방지기의 주접점이 폐로될(닫힐) 때까지의 시간을 말한다.

(③): 용접봉 홀더에 용접기 출력측의 무부하전압이 발생한 후 접점이 개방될 때까지의 시간을 말한다.

① 교류아크용접기용 자동전격방지기
② 시동시간
③ 지동시간

03

산업보건법상 공정안전보고서에 포함되어야 할 사항을 4가지 쓰시오.

① 공정안전자료
② 공정위험성 평가서
③ 안전운전계획
④ 비상조치계획
⑤ 그 밖에 공정상의 안전과 관련하여 고용노동부장관이 필요하다고 인정하여 고시하는 사항
[근거]
공정안전보고서의 내용: 산업안전보건법 시행령 제44조

04

산업안전보건법상 다음에 해당하는 양중기의 명칭을 각각 쓰시오.

(1) 훅이나 그 밖의 달기구 등을 사용하여 화물을 권상 및 횡행 또는 권상동작만을 하여 양중하는 것 (①)
(2) 동력을 사용하여 중량물을 매달아 상하 및 좌우(수평 또는 선회)로 운반하는 것을 목적으로 하는 기계 또는 기계장치 (②)

① 호이스트
② 크레인
[근거]
양중기: 산업안전보건법 산업안전보건에 관한 규칙 제132조

05

산업안전보건법상 중대재해의 범위에 관한 것이다. ( ) 안에 적합한 내용을 쓰시오.

> (1) 사망자가 (①)명 이상 발생한 재해
>
> (2) (②)개월 이상의 요양이 필요한 부상자가 동시에 2명 이상 발생한 재해
>
> (3) 부상자 또는 직업성 질병자가 동시에 (③)명 이상 발생한 재해

① 1
② 3
③ 10
[근거]
중대재해의 범위: 산업안전보건법 시행규칙 제3조

06

산업안전보건법상 유해·위험방지를 위한 방호조치를 하지 아니하고는 양도·대여·설치 또는 사용에 제공하거나 양도·대여를 목적으로 진열해서는 아니되는 기계·기구를 5가지 쓰고, 방호장치를 각각 1가지씩 쓰시오.

① 예초기: 날접촉예방장치
② 원심기: 회전체접촉예방장치
③ 공기압축기: 압력방출장치
④ 금속절단기: 날접촉예방장치
⑤ 지게차: 헤드가드, 백레스트, 전조등, 후미등, 안전벨트
⑥ 포장기계(진공포장기, 래핑기로 한정): 구동부방호연동장치
[근거]
• 유해하거나 위험한 기계·기구에 대한 방호조치: 산업안전보건법 제80조
• 방호조치: 산업안전보건법 시행규칙 제98조

07

산업안전보건법상 기계의 원동기·회전축·기어·풀리·플라이휠·벨트 및 체인 등 근로자가 위험에 처할 우려가 있는 부위에 설치하여야 하는 장치를 4가지 쓰시오.

① 덮개
② 슬리브
③ 울
④ 건널다리
[근거]
원동기·회전축 등의 위험방지: 산업안전보건법 산업안전보건기준에 관한 규칙 제87조

08

직경 300mm인 연강을 선반에서 절삭할 때 스핀들 회전수(rpm)는? (단, 절삭속도는 200m/min)

$$V = \frac{\pi D N}{1,000} \quad N = \frac{1,000 V}{\pi D}$$

여기서, V: 절삭속도(m/min)
　　　　D: 드릴직경(mm), N: 회전수(rpm)

$$= \frac{1,000 \times 200}{3.14 \times 300}$$

$$= 212.3142 ≒ 212.31$$

09

산업안전보건법상 경고표지 중 바탕은 무색, 기본모형은 빨간색 또는 검은색으로 표시하는 종류를 4가지 쓰시오.

① 인화성 물질 경고
② 산화성 물질 경고
③ 폭발성 물질 경고
④ 급성독성 물질 경고
⑤ 부식성 물질 경고
⑥ 발암성, 변이원성, 생식독성, 호흡기과민성 물질 경고
[근거]
안전보건표지의 종류별 용도 설치·부착장소, 형태 및 색채: 산업안전보건법 시행규칙 [별표 7]

10

다음은 산업안전보건법상 안전보건개선계획의 제출과 안전보건개선계획의 검토에 관한 사항이다. ( ) 안에 적합한 내용을 쓰시오.

(1) 안전보건개선계획서를 제출해야 하는 사업주는 안전보건개선계획서 수립·시행 명령을 받은 날로부터 (①) 이내에 관할 지방고용노동관서의 장에게 해당 계획서를 제출(전자문서로 제출하는 것을 포함한다)해야 한다.

(2) 지방고용노동관서의 장이 안전보건개선계획서를 접수한 경우에는 접수일로부터 (②) 이내에 심사하여 사업주에게 그 결과를 알려야 한다.

① 60일
② 15일
[근거]
(1) 안전보건개선계획의 제출 등: 산업안전보건법 시행규칙 제61조
(2) 안전보건개선계획의 검토: 산업안전보건법 시행규칙 제62조

11

다음은 방독마스크 시험가스와 정화통 외부측면의 표시색에 대한 사항이다. ( ) 안에 적합한 내용을 쓰시오.

종류	시험가스	정화통 외부측면의 표시색
유기화합물용	(①) (②) 디메틸에테르	(③)
암모니아용	암모니아 가스	(④)

① 시클로헥산
② 이소부탄
③ 갈색
④ 녹색
[근거]
방독마스크의 성능기준: 보호구 안전인증 고용노동부고시

12

크레인의 정격하중과 리프트의 적재하중의 정의를 각각 쓰시오.

① 정격하중: 크레인의 권상하중에서 훅, 그래브 또는 버킷 등 달기기구의 중량에 상당하는 하중을 뺀 하중
② 적재하중: 운반구에 화물을 적재하고 상승할 수 있는 최대하중
[근거]
크레인, 리프트: 위험기계·기구 안전인증 고용노동부고시

13

다음 〈보기〉에서 OJT(On the Job Training)의 특징을 3가지 골라 번호를 쓰시오.

┌─ 〈보기〉 ─────────────────────
① 훈련에 필요한 업무의 계속성이 끊어지지 않는다.
② 개개인에게 적절한 지도훈련이 가능하다.
③ 전문가를 강사로 초청하는 것이 가능하다.
④ 다수의 근로자에게 조직적 훈련을 행하는 것이 가능하다.
⑤ 직장의 실정에 맞게 실제적 훈련이 가능하다.
⑥ 각 직장의 근로자가 많은 지식이나 경험을 교류할 수 있다.
└──────────────────────────────

정답

①, ②, ⑤

┌──┐
[관련이론] OJT(On the Job Training): 직장 내 교육

(1) 방법
  관리감독자 등 직속상사가 부하직원에 대해서 일상 업무를 통하여 지식, 기능, 문제해결 능력 및 태도 등을 교육훈련하는 방법으로 개별교육 및 추가지도에 적합하다.

(2) 장점
  ① 개개인에게 적절한 지도훈련이 가능하다.
  ② 직장의 실정에 맞게 실제적 훈련이 가능하다.
  ③ 훈련에 필요한 업무의 계속성이 끊어지지 않는다.
  ④ 효과가 곧 업무에 나타나며, 훈련의 좋고 나쁨에 따라 개선이 쉽다.
  ⑤ 즉시 업무에 연결되는 지도훈련이 가능하다.
  ⑥ 훈련효과를 보고 상호신뢰, 이해도가 높아지는 것이 가능하다.

(3) 단점
  ① 통일된 내용과 동일수준의 훈련이 될 수 없다.
  ② 일과 훈련의 양쪽이 반반이 될 가능성이 있다.
  ③ 다수의 종업원을 한번에 훈련할 수 없다.
  ④ 전문적인 고도의 지식, 기능을 가르칠 수 없다.
└──┘

2024년 기출문제

01

방호장치 안전인증고시상 양수조작식 방호장치에 대한 사항이다. (   ) 안에 적합한 내용을 쓰시오.

(1) 정상동작표시등은 (①), 위험표시등은 (②)으로 하며, 쉽게 근로자가 볼 수 있는 곳에 설치해야 한다.

(2) 방호장치는 릴레이, 리미트스위치 등의 전기부품의 고장, 전원전압의 변동 및 정전에 의해 슬라이드가 불시에 동작하지 않아야 하며, 사용전원전압의 ±20%의 변동에 대하여 정상으로 작동되어야 한다.

(3) 1행정1정지기구에 사용할 수 있어야 한다.

(4) 누름버튼을 양손으로 동시에 조작하지 않으면 작동시킬 수 없는 구조이어야 하며, 양쪽버튼의 작동시간 차이는 최대(③)초 이내일 때 프레스가 동작되도록 해야 한다.

(5) 누름버튼의 상호간 내측거리는 (④)mm 이상이어야 한다.

정답

① 녹색
② 붉은색
③ 0.5
④ 300
[근거]
프레스 또는 전단기 방호장치의 성능기준: 방호장치안전인증 고용노동부고시 [별표 1]

02

매슬로우(Maslow)의 욕구단계이론을 순서대로 쓰시오.

정답

① 제1단계: 생리적 욕구
② 제2단계: 안전의 욕구
③ 제3단계: 사회적 욕구
④ 제4단계: 인정받으려는 욕구(존경의 욕구)
⑤ 제5단계: 자아실현의 욕구

03

산업안전보건법상 사업주는 가스폭발 위험장소 또는 분진폭발 위험장소에 설치되는 건축물 등에 대해서 해당하는 부분을 내화구조로 하여야 하며, 그 성능이 항상 유지될 수 있도록 점검·보수 등 적절한 조치를 하여야 한다. 이에 해당하는 부분을 3가지 쓰시오.

정답

① 건축물의 기둥 및 보: 지상 1층(지상 1층의 높이가 6m를 초과하는 경우에는 6m)까지
② 위험물 저장·취급용기의 지지대(높이가 30cm 이하인 것은 제외한다): 지상으로부터 지지대의 끝부분까지
③ 배관·전선관 등의 지지대: 지상으로부터 1단(1단의 높이가 6m를 초과하는 경우에는 6m)까지
[근거]
내화기준: 산업안전보건법 산업안전보건기준에 관한 규칙 제270조

04

산업안전보건법상 안전인증 대상 기계 등에 속하는 항목 중 보호구에 해당하는 항목을 5가지 쓰시오.

정답

가. 추락 및 감전위험방지용 안전모

나. 안전화

다. 안전장갑

라. 방진마스크

마. 방독마스크

바. 송기마스크

사. 전동식 호흡보호구

아. 보호복

자. 안전대

차. 차광 및 비산물위험방지용 보안경

카. 용접용 보안면

타. 방음용 귀마개 또는 귀덮개

[근거]

안전인증 대상 기계 등: 산업안전보건법 시행령 제74조

05

지게차가 안정을 유지하기 위해서는 화물의 중량을 얼마로 해야 하는지 계산하시오.

(1) 지게차의 중량: 1t

(2) 지게차 앞바퀴부터 지게차의 중심까지의 최단거리: 1m

(3) 지게차 앞바퀴부터 화물의 중심까지의 최단거리: 0.5m

정답

지게차의 안정을 유지하기 위한 조건

$W \times a < G \times b$

W: 화물의 중량(t)

a: 지게차 앞바퀴부터 화물의 중심까지의 최단거리(m)

G: 지게차의 중량(t)

b: 지게차 앞바퀴부터 지게차의 중심까지의 최단거리(m)

① $W \times 0.5 < 1 \times 1$

$W < \dfrac{1 \times 1}{0.5}$

$W < 2$

② 화물의 중량은 2t 미만이어야 한다.

06

산업안전보건법상 곤돌라형 달비계를 설치하는 경우 사업주가 달비계에 사용해서는 아니 되는 와이어로프를 5가지 쓰시오.

정답

① 이음매가 있는 것

② 와이어로프의 한 꼬임(스트랜드)에서 끊어진 소선의 수가 10% 이상인 것

③ 지름의 감소가 공칭지름의 7%를 초과하는 것

④ 꼬인 것

⑤ 심하게 변형되거나 부식된 것

⑥ 열과 전기충격에 의해 손상된 것

[근거]

달비계의 구조: 산업안전보건법 산업안전보건기준에 관한 규칙 제63조

07

산업안전보건법상 아세틸렌 용접장치 또는 가스집합 용접장치를 사용하는 금속의 용접·용단 또는 가열작업(발생기·도관 등에 의하여 구성되는 용접장치만 해당)에서 사업주가 근로자에게 실시해야 하는 특별안전보건교육의 개별내용을 5가지 쓰시오. (단, 그 밖에 안전보건관리에 필요한 사항은 제외한다.)

정답

① 용접 흄, 분진 및 유해광선 등의 유해성에 관한 사항

② 가스용접기, 압력조정기, 호스 및 취관두 등의 기기점검에 관한 사항

③ 작업방법·순서 및 응급처치에 관한 사항

④ 안전기 및 보호구 취급에 관한 사항

⑤ 화재예방 및 초기대응에 관한사항

[근거]

안전보건교육 교육대상별 교육내용: 산업안전보건법 시행규칙 [별표 5]

08

산업안전보건법상 산업안전보건표지의 색채, 색도기준, 용도 및 사용 예에 대한 사항이다. (   ) 안에 적합한 내용을 쓰시오.

(1) (①), 금지: 정지신호, 소화설비 및 그 장소, 유해행위의 금지
(2) (②), 경고: 화학물질 취급장소에서의 유해 · 위험경고
(3) (③), 경고: 화학물질 취급장소에서의 유해 · 위험경고 이외의 위험경고, 주의표지 또는 기계방호물
(4) (④), 지시: 특정 행위의 지시 및 사실의 고지
(5) (⑤), 안내: 비상구 및 피난소, 사람 또는 차량의 통행표지

① 빨간색   ④ 파란색
② 빨간색   ⑤ 녹색
③ 노란색
[근거]
안전보건표지의 색도기준 및 용도: 산업안전보건법 시행규칙 [별표 8]

[관련이론] 안전보건표지의 색도기준 및 용도

색채	색도기준	용도	사용례
빨간색	7.5R 4/14	금지	정지신호, 소화설비 및 그 장소, 유해행위의 금지
		경고	화학물질 취급장소에서의 유해 · 위험경고
노란색	5Y 8.5/12	경고	화학물질 취급장소에서의 유해 · 위험경고 이외의 위험경고, 주의표지 또는 기계방호물
파란색	2.5PB 4/10	지시	특정 행위의 지시 및 사실의 고지
녹색	2.5G 4/10	안내	비상구 및 피난소, 사람 또는 차량의 통행표지
흰색	N9.5		파란색 또는 녹색에 대한 보조색
검은색	N0.5		문자 및 빨간색 또는 노란색에 대한 보조색

[근거]
안전보건표지의 색도기준 및 용도: 산업안전보건법 시행규칙 [별표 8]

09

근로자 800명이 일하고 있는 어느 사업장에서 연간 5건의 재해가 발생하였고, 재해자는 8명이 발생하였다. (단, 1일 8시간, 연간 300일 근무하였다.) 이 사업장의 도수율을 계산하시오.

$$도수율 = \frac{재해발생건수}{연근로시간수} \times 1,000,000$$
$$= \frac{5}{800 \times 8 \times 300} \times 1,000,000 = 2.6041 \fallingdotseq 2.60$$

10

산업안전보건법상 (   ) 안에 적합한 숫자를 쓰시오.

절연용 보호구 등의 사용, 충전전로에서의 전기작업 규정은 대지전압이 (   )V 이하인 전기기계 · 기구 · 배선 또는 이동전선에 대해서는 적용하지 아니한다.

30
[근거]
적용 제외: 산업안전보건법 산업안전보건기준에 관한 규칙 제324조

11

산업안전보건법상 사업주가 근로자에게 실시해야 하는 안전보건교육 중 관리감독자를 대상으로 한 안전보건 교육시간에 대한 사항이다. (   ) 안에 알맞은 숫자를 쓰시오.

(1) 정기교육: 연간 (①)시간 이상

(2) 채용시 교육: (②)시간 이상

(3) 작업내용 변경시 교육: (③)시간 이상

(4) 특별교육
   (④)시간 이상(최초 작업에 종사하기 전 4시간 이상 실시하고, 12시간은 3개월 이내에서 분할하여 실시 가능)
   단기간 작업 또는 간헐적 작업인 경우: (⑤) 시간 이상

① 16 ② 8 ③ 2 ④ 16 ⑤ 2
[근거]
안전보건교육 교육과정별 교육시간: 산업안전보건법 시행규칙 [별표 4]

12

산업안전보건법상 사업주는 토사 등이 떨어질 우려가 있는 등 위험한 장소에서 차량계 건설기계를 사용하는 경우 낙하물 보호구조를 갖춰야 하는 차량계 건설기계를 4가지 쓰시오.

① 불도저
② 트랙터
③ 굴착기
④ 로더
⑤ 스크레이퍼
⑥ 덤프트럭
⑦ 모터그레이더
⑧ 롤러
⑨ 천공기
⑩ 항타기 및 항발기
[근거]
낙하물 보호구조: 산업안전보건법 산업안전보건기준에 관한 규칙 제198조 → 2024.6.28 개정

13

산업안전보건법상 안전보건관리담당자 선임에 대한 사항이다. (   ) 안에 적합한 숫자를 쓰시오.

사업주는 상시근로자 (①)명 이상 (②)명 미만인 제조업, 임업 사업장에 안전보건관리담당자를 (③) 명 이상 선임해야 한다.

① 20 ② 50 ③ 1
[근거]
안전보건관리담당자의 선임 등: 산업안전보건법 시행령 제24조

01

산업안전보건법상 근로자가 상시 작업하는 장소에서 사업주가 제공해야 하는 작업면의 조도기준에 관한 사항이다. ( ) 안에 적합한 숫자를 쓰시오. (단, 갱내 작업장과 감광재료를 취급하는 작업장은 제외한다)

(1) 보통작업: (①) Lux 이상
(2) 정밀작업: (②) Lux 이상
(3) 초정밀작업: (③) Lux 이상

정답

① 150
② 300
③ 750
[근거]
조도: 산업안전보건법 산업안전보건기준에 관한 규칙 제8조

02

하인리히(Heinrich), 버드(Frank Bird)의 사고연쇄성 (도미노) 5단계를 각각 순서대로 쓰시오.

정답

(1) 하인리히(Heinrich)의 사고연쇄성 5단계
 ① 제1단계: 사회적 환경과 유전적 요소
 ② 제2단계: 개인적 결함
 ③ 제3단계: 불안전한 행동과 불안전한 상태
 ④ 제4단계: 사고
 ⑤ 제5단계: 상해(재해)
(2) 버드(Frank Bird)의 사고연쇄성 5단계
 ① 제1단계: 통제의 부족(관리)
 ② 제2단계: 기본적인 원인(기원)
 ③ 제3단계: 직접적인 원인(징후)
 ④ 제4단계: 사고(접촉)
 ⑤ 제5단계: 상해(손실, 손해)

03

산업안전보건법상 다음에 해당하는 양중기의 명칭을 쓰시오.

(1) 동력을 사용하여 사람이나 화물을 운반하는 것을 목적으로 하는 기계설비: (①)
(2) 달기발판 또는 운반구, 승강장치, 그 밖의 장치 및 이들에 부속된 기계부품에 의하여 구성되고, 와이어로프 또는 달기강선에 의하여 달기발판 또는 운반구가 전용 승강장치에 의하여 오르내리는 설비: (②)

정답

① 리프트
② 곤돌라
[근거]
양중기: 산업안전보건법 산업안전보건기준에 관한 규칙 제132조

04

OJT(On the Job Training)를 간단히 설명하고, 특징을 5가지 쓰시오.

정답

(1) OJT(On the Job Training): 직장 내 교육
 관리감독자 등 직속상사가 부하직원에 대해서 일상 업무를 통하여 지식, 기능, 문제해결 능력 및 태도 등을 교육훈련하는 방법으로 개별교육 및 추가 지도에 적합하다.
(2) 특징
 ① 개인 개인에게 적절한 지도훈련이 가능하다.
 ② 직장의 실정에 맞게 실제적 훈련이 가능하다.
 ③ 훈련에 필요한 업무의 계속성이 끊어지지 않는다.
 ④ 통일된 내용과 동일수준의 훈련이 될 수 없다.
 ⑤ 효과가 곧 업무에 나타나며, 훈련의 좋고 나쁨에 따라 개선이 쉽다.
 ⑥ 즉시 업무에 연결되는 지도훈련이 가능하다.
 ⑦ 훈련효과를 보고 상호신뢰, 이해도가 높아지는 것이 가능하다.
 ⑧ 일과 훈련의 양쪽이 반반이 될 가능성이 있다.
 ⑨ 다수의 종업원을 한번에 훈련할 수 없다.
 ⑩ 전문적인 고도의 지식, 기능을 가르칠 수 없다.

05

위험기계 · 기구 안전인증고시상 크레인 관련 사항이다. (   ) 안에 적합한 내용을 쓰시오.

(1) 펜던트 스위치에는 크레인의 비상정지용 누름버튼과 손을 떼면 자동적으로 (①)로 복귀되는 각각의 작동 종류에 대한 누름버튼 또는 스위치 등이 비치되어 있고 정상적으로 작동해야 한다.

(2) 조작전압은 대지전압 교류 (②)V 이하 또는 직류 (③)V 이하이어야 한다.

정답

① 정지위치(off)

② 150

③ 300

[근거]

크레인 제작 및 안전기준: 위험기계 · 기구안전인증 고용노동부고시 [별표 2]

06

산업안전보건법상 안전인증 대상 기계 등을 5가지 쓰시오.

정답

① 프레스

② 전단기 및 절곡기

③ 크레인

④ 리프트

⑤ 압력용기

⑥ 롤러기

⑦ 사출성형기

⑧ 고소작업대

⑨ 곤돌라

[근거]

안전인증 대상 기계 등: 산업안전보건법 시행령 제74조

07

방호장치자율안전기준 고시상 교류아크용접기 방호장치에 관한 사항이다. (   ) 안에 적합한 내용을 쓰시오.

(1) 용접봉 홀더에 용접기 출력측의 무부하전압이 발생한 후 주접점이 개방될 때까지의 시간: (①)

(2) 용접봉을 피용접물에 접촉시켜서 전격방지기의 주접점이 폐로될(닫힐) 때까지의 시간: (②)

정답

① 지동시간

② 시동시간

[근거]

정의: 방호장치 자율안전기준 고용노동부고시 제4조

08

다음 사항을 보고 이 사업장의 휴업재해율을 계산하시오.

• 통상 출퇴근 재해에 의한 휴업재해자수: 20명

• 사업장 내 생산설비에 의한 휴업재해자수: 50명

• 총 휴업재해일수: 400일

• 총요양근로손실일수: 600일

• 임금근로자수: 1,000명

정답

$$휴업재해율 = \frac{휴업재해자수}{임금근로자수} \times 100$$

$$= \frac{50}{1,000} \times 100 = 5(또는\ 5\%)$$

[관련이론] $휴업재해율 = \dfrac{휴업재해자수}{임금근로자수} \times 100$

• '휴업재해자수'란 근로복지공단의 휴업급여를 지급받은 재해자수를 말함. 다만, 질병에 의한 재해와 사업장 밖의 교통사고(운수업, 음식숙박업은 사업장 밖의 교통사고도 포함) · 체육행사 · 폭력행위 · 통상의 출퇴근으로 발생한 재해는 제외함

• '임금근로자수'는 통계청의 경제활동인구조사상 임금근로자수를 말함

[근거]

산업재해통계 업무처리규정: 고용노동부예규 제190호

09

산업안전보건법상 근로자 정기교육의 교육내용을 4가지 쓰시오.

① 산업안전 및 산업재해 예방에 관한 사항(화재ㆍ폭발사고 발생시 대피에 관한 사항 포함)
② 산업보건 및 건강장해 예방에 관한 사항(폭염ㆍ한파작업으로 인한 건강장해 발생 시 응급조치에 관한 사항 포함)
③ 건강증진 및 질병예방에 관한 사항
④ 유해위험작업환경관리에 관한 사항
⑤ 산업안전보건법령 및 산업재해보상보험제도에 관한 사항
⑥ 직무스트레스예방 및 관리에 관한 사항
⑦ 직장 내 괴롭힘, 고객의 폭언 등으로 인한 건강장해예방 및 관리에 관한 사항
⑧ 위험성 평가에 관한 사항
[근거]
안전보건교육 교육대상별 교육내용: 산업안전보건법 시행규칙 [별표 5]
→ 2025.5.30 개정

10

산업안전보건법상 고용노동부장관이 안전보건개선계획을 수립하여 시행할 것을 명할 수 있는 사업장을 3가지 쓰시오. (단, 유해인자의 노출기준을 초과한 사업장은 제외한다.)

① 산업재해율이 같은 업종의 평균 산업재해율보다 높은 사업장
② 사업주가 필요한 안전조치 또는 보건조치를 이행하지 아니하여 중대재해가 발생한 사업장
③ 대통령령으로 정하는 수(직업성 질병자가 연간 2명 이상 발생한 사업장) 이상의 직업성 질병자가 발생한 사업장
[근거]
안전보건개선계획의 수립ㆍ시행명령: 산업안전보건법 제49조

11

산업안전보건법상 화학설비의 탱크내작업시 특별안전보건교육의 교육내용을 4가지 쓰시오. (단, 그밖에 안전보건관리에 필요한 사항은 제외한다.)

① 차단장치ㆍ정지장치 및 밸브 개폐장치의 점검에 관한 사항
② 탱크내의 산소농도 측정 및 작업환경에 관한 사항
③ 안전보호구 및 이상발생시 응급조치에 관한 사항
④ 작업절차ㆍ방법 및 유해ㆍ위험에 관한 사항
[근거]
안전보건교육 교육대상별 교육내용: 산업안전보건법 시행규칙 [별표 5]

12

사다리식 통로를 설치하는 경우 준수하여야 할 사항에 관한 것이다. (   ) 안에 적합한 내용을 쓰시오.

> (1) 견고한 구조로 할 것
> (2) 심한 손상ㆍ부식 등이 없는 재료를 사용할 것
> (3) 발판의 간격은 일정하게 할 것
> (4) 발판과 벽과의 사이는 (①)cm 이상의 간격을 유지할 것
> (5) 폭은 (②)cm 이상으로 할 것
> (6) 사다리가 넘어지거나 미끄러지는 것을 방지하기 위한 조치를 할 것
> (7) 사다리의 상단은 걸쳐 놓은 지점으로부터 (③) cm 이상 올라가도록 할 것
> (8) 사다리식 통로의 길이가 10m 이상인 경우에는 (④)m 이내마다 계단참을 설치할 것

① 15 ② 30 ③ 60 ④ 5
[근거]
사다리식 통로 등의 구조: 산업안전보건법 산업안전보건기준에 관한 규칙 제24조

13

방진마스크의 시험성능기준에 대한 사항이다. 각 형태 및 등급에 따른 여과재분진 등 포집효율기준에 대하여 ( ) 안에 알맞은 숫자를 쓰시오.

형태 및 등급		염화나트륨(NaCl) 및 파라핀 오일(Paraffin Oil) 시험(%)
안면부 여과식	특급	(①) 이상
	1급	94.0 이상
	2급	(②) 이상
분리식	특급	(③) 이상
	1급	94.0 이상
	2급	(④) 이상

정답

① 99
② 80
③ 99.95
④ 80

[근거]
방진마스크 시험성능기준 : 보호구안전인증 고용노동부고시 [별표 4]

01

산업안전보건법상 중대재해의 범위에 관한 사항이다.
( )안에 적합한 내용을 쓰시오.

> (1) 사망자가 (①)명 이상 발생한 재해
>
> (2) 3개월 이상의 요양이 필요한 부상자가 동시에
>   (②)명 이상 발생한 재해
>
> (3) 부상자 또는 (③)가 동시에 10명 이상 발생한 재해

정답

① 1
② 2
③ 직업성 질병자
[근거]
중대재해의 범위: 산업안전보건법 시행규칙 제3조

02

채석작업시 작업계획서에 포함되어야 할 내용을 5가지 쓰시오.

정답

① 굴착면의 높이와 기울기
② 노천굴착과 갱내굴착의 구별 및 채석방법
③ 갱내에서의 낙반 및 붕괴방지방법
④ 굴착면 소단(小段)의 위치와 넓이
⑤ 암석의 분할방법
⑥ 발파방법
⑦ 표토 또는 용수의 처리방법
⑧ 토석 또는 암석의 적재 및 운반방법과 운반경로
⑨ 암석의 가공장소
⑩ 사용하는 굴착기계, 분할기계, 적재기계 또는 운반기계의 종류 및
 성능
[근거]
사전조사 및 작업계획서 내용: 산업안전보건법 산업안전보건기준에
관한 규칙 [별표 4]

03

전기설비 방폭구조의 종류를 4가지 쓰시오.

정답

① 내압방폭구조   ② 압력방폭구조
③ 유입방폭구조   ④ 안전증방폭구조
⑤ 본질안전방폭구조   ⑤ 몰드방폭구조
⑦ 충전방폭구조   ⑧ 비점화방폭구조
⑨ 특수방폭구조

04

에탄 27vol%, 메탄 45vol%, 수소 28vol%일 때 혼합
가스의 공기 중 폭발상한계의 값과 메탄의 위험도를
계산하시오.

가스명	폭발하한계	폭발상한계
에탄	03 0 vol%	12.4 vol%
메탄	05 0 vol%	15 vol%
수소	04 0 vol%	75 vol%

정답

① 폭발상한계의 값

$$L=\dfrac{100}{\dfrac{V_1}{L_1}+\dfrac{V_2}{L_2}+\dfrac{V_3}{L_3}}$$

$$=\dfrac{100}{\dfrac{27}{12.4}+\dfrac{45}{15}+\dfrac{28}{75}}=18.015≒18.02\text{vol}\%$$

② 메탄의 위험도

$$H=\dfrac{U-L}{L}=\dfrac{15-5}{5}=2$$

05

산업안전보건법상 안전인증 대상 방호장치를 5가지 쓰시오.

① 프레스 및 전단기 방호장치
② 양중기용 과부하방지장치
③ 보일러 압력방출용 안전밸브
④ 압력용기 압력방출용 안전밸브
⑤ 압력용기 압력방출용 파열판
⑥ 절연용 방호구 및 활선작업용 기구
⑦ 방폭구조 전기기계기구 및 부품
⑧ 추락, 낙하 및 붕괴 등의 위험방지 및 보호에 필요한 가설기자재로서 고용노동부장관이 정하여 고시하는 것
⑨ 충돌, 협착 등의 위험방지에 필요한 산업용 로봇 방호장치로서 고용노동부장관이 정하여 고시하는 것
[근거]
안전인증 대상 기계 등: 산업안전보건법 시행령 제74조

06

산업안전보건법상 동력을 사용하는 항타기 또는 항발기에 대해 무너짐을 방지하기 위하여 준수해야 할 사항이다. (   ) 안에 적합한 내용을 쓰시오.

(1) 연약한 지반에 설치하는 경우에는 아웃트리거 · 받침 등 지지구조물의 침하를 방지하기 위하여 (①) 등을 사용할 것
(2) 궤도 또는 차로 이동하는 항타기 또는 항발기에 대해서는 불시에 이동하는 것을 방지하기 위하여 (②) 등으로 고정시킬 것
(3) 상단부분은 (③)로 고정하여 안정시키고, 그 하단부분은 견고한 버팀. 말뚝 또는 철골 등으로 고정시킬 것

① 깔판 · 받침목
② 레일 클램프 및 쐐기
③ 버팀대 · 버팀줄
[근거]
무너짐의 방지: 산업안전보건법 산업안전보건기준에 관한 규칙 제209조 → 2023.11.14 개정

07

어느 사업장의 출입금지표지판의 배경반사율이 80%이고, 관련 그림의 반사율이 20%이었다. 이 표지판의 대비(%)를 계산하시오.

$$대비 = \frac{L_b - L_t}{L_b} \times 100$$

여기서, L_b: 배경의 반사율[%]
L_t: 표적의 반사율[%]

$$= \frac{80 - 20}{80} \times 100 = 75\%$$

08

산업안전보건법상 규정된 사항이다. 다음 (   ) 안에 적합한 내용을 쓰시오.

사업주는 (①)으로부터 짐 윗면까지의 높이가 (②)m 이상인 화물자동차에 짐을 싣는 작업 또는 내리는 작업을 하는 경우에는 근로자의 추가 위험을 방지하기 위하여 해당 작업에 종사하는 근로자가 바닥과 적재함의 짐 윗면 간을 안전하게 오르내리기 위한 설비를 설치하여야 한다.

① 바닥
② 2
[근거]
승강설비: 산업안전보건법 산업안전보건기준에 관한 규칙 제187조

09

상시근로자 500명이 일하고 있는 어느 사업장에서 연간 재해가 10건이 발생하여 재해자수는 15명이고, 휴업일수는 400일이었다. 이 사업장의 도수율을 계산하시오. (단, 1일 8시간, 연간 300일을 근무하였다.)

정답

$$도수율 = \frac{재해발생건수}{연근로시간수} \times 1,000,000$$
$$= \frac{10}{500 \times 8 \times 300} \times 1,000,000 = 8.333 \fallingdotseq 8.33$$

10

산업안전보건법상 사업장에서 산업재해조사표를 작성하고자 할 때 건설업에만 작성하는 사업장 정보를 4가지 골라서 쓰시오.

① 고용형태
② 발주자
③ 상해종류
④ 공정률
⑤ 휴대전화번호
⑥ 공사현장명
⑦ 재해발생형태
⑧ 원수급사업장명

정답

② 발주자
④ 공정률
⑥ 공사현장명
⑧ 원수급사업장명
[근거]
산업재해조사표 : 산업안전보건법 시행규칙 별지 제30호

> **[관련이론]** 산업재해조사표를 작성하고자 할 때 건설업만 작성하는 사업장 정보
>
> ① 발주자 ② 원수급사업장명 ③ 원수급사업장 산재관리번호
> ④ 공사현장명 ⑤ 공사종류 ⑥ 공정률 ⑦ 공사금액
> [근거]
> 산업재해조사표 : 산업안전보건법 시행규칙 별지 제30호

11

다음은 보호구 안전인증고시상 안전대에 관한 것이다. 〈보기〉를 보고 (   ) 안에 적합한 내용을 쓰시오.

—〈보기〉—

죔줄, 버클, 훅 및 카라비너, 안전그네, 안전블록

(1) 벨트 또는 안전그네를 신체에 착용하기 위해 그 끝에 부착한 금속장치 : (①)
(2) 벨트 또는 안전그네를 구명줄 또는 구조물 등 그 밖의 걸이설비와 연결하기 위한 줄모양의 부품 : (②)
(3) 신체지지의 목적으로 전신에 착용하는 띠모양의 것으로서 상체 등 신체 일부분만 지지하는 것은 제외하는 것 : (③)
(4) 죔줄과 걸이설비 등 또는 D링과 연결하기 위한 금속장치 : (④)
(5) 안전그네와 연결하여 추락발생시 추락을 억제할 수 있는 자동잠김장치가 갖추어져 있고 죔줄이 자동적으로 수축되는 금속장치 : (⑤)

정답

① 버클
② 죔줄
③ 안전그네
④ 훅 및 카라비너
⑤ 안전블록
[근거]
정의 : 보호구안전인증 고용노동부고시 제26조

12

산업안전보건법상 다음 용도에 해당하는 안전보건표지의 명칭을 쓰시오.

(1) 정리정돈 상태의 물체나 움직여서는 안 될 물체를 보존하기 위하여 필요한 장소: (①)

(2) 엘리베이터 등에 타는 것이나 어떤 장소에 올라가는 것을 금지: (②)

정답

① 물체이동금지
② 탑승금지
[근거]
안전보건표지의 종류별 용도, 설치 · 부착 장소, 형태 및 색채: 산업안전보건법 시행규칙 [별표 3]

13

하인리히(Heinrich)의 사고연쇄성(도미노) 5단계 중 제3단계에 해당하는 사항을 2가지 쓰시오.

정답

① 불안전한 행동
② 불안전한 상태

2023년 기출문제

2023년 제1회

01

산업안전보건법상 사업주가 근로자에게 실시하여야 할 근로자 안전보건교육의 종류를 4가지 쓰시오.

정답

① 정기교육
② 채용시 교육
③ 작업내용변경시 교육
④ 특별교육
⑤ 건설업 기초안전보건교육
[근거]
안전보건교육 교육과정별 교육시간: 산업안전보건법 시행규칙 [별표 4]

02

산업안전보건법상 교류아크용접기에 자동전격방지기를 설치하여야 하는 장소를 3가지 쓰시오.

정답

① 선박의 이중 선체 내부, 밸러스트 탱크, 보일러 내부 등 도전체에 둘러싸인 장소
② 추락할 위험이 있는 높이 2m 이상의 장소로 철골 등 도전성이 높은 물체에 근로자가 접촉할 우려가 있는 장소
③ 근로자가 물·땀 등으로 인하여 도전성이 높은 습윤상태에서 작업하는 장소
[근거]
교류아크용접기 등: 산업안전보건법 산업안전보건기준에 관한 규칙 제306조

03

산업안전보건법상 사업장의 안전 및 보건을 유지하기 위하여 사업주가 다음 〈보기〉의 사항을 포함해야 하는 서류의 명칭을 쓰시오.

┌── 〈보기〉 ──
(1) 안전 및 보건에 관한 관리조직과 그 직무에 관한 사항
(2) 안전보건교육에 관한 사항
(3) 작업장의 안전 및 보건관리에 관한 사항
(4) 사고조사 및 대책수립에 관한 사항
(5) 그 밖에 안전 및 보건에 관한 사항

정답

안전보건관리규정
[근거]
안전보건관리규정의 작성: 산업안전보건법 제25조

04

산업안전보건법상 유해하거나 위험한 설비가 있는 경우 공정안전보고서의 제출 대상 사업을 4가지 쓰시오.

정답

① 원유 정제처리업

② 기타 석유정제물 재처리업

③ 복합비료 및 기타 화학비료제조업 중 복합비료제조(단순 혼합 또는 배합의 경우는 제외)

④ 질소화합물, 질소 · 인산 및 칼리질화학비료제조업 중 질소질비료제조

⑤ 석유화학계 기초화합물질제조업 또는 합성수지 및 기타 플라스틱물질제조업

⑥ 화약 및 불꽃제품제조업

⑦ 화학살균 · 살충제 및 농업용 약제제조업(농약원제제조만 해당)

[근거]

공정안전보고서의 제출 대상: 산업안전보건법 시행령 제43조

05

산업안전보건법상 안전인증 대상 방호장치를 5가지 쓰시오.

정답

① 프레스 및 전단기 방호장치

② 양중기용 과부하방지장치

③ 보일러 압력방출용 안전밸브

④ 압력용기 압력방출용 안전밸브

⑤ 압력용기 압력방출용 파열판

⑥ 절연용 방호구 및 활선작업용 기구

⑦ 방폭구조 전기기계기구 및 부품

⑧ 추락, 낙하 및 붕괴 등의 위험방지 및 보호에 필요한 가설기자재로서 고용노동부장관이 정하여 고시하는 것

⑨ 충돌, 협착 등의 위험방지에 필요한 산업용 로봇 방호장치로서 고용노동부장관이 정하여 고시하는 것

[근거]

안전인증 대상 기계 등: 산업안전보건법 시행령 제74조

06

산업안전보건법상 위험물을 저장 · 취급하는 화학설비 및 그 부속설비를 설치하는 경우 안전거리를 유지하여야 한다. (   ) 안에 적합한 숫자를 쓰시오.

구분	안전거리
위험물질 저장탱크로부터 단위 공정시설 및 설비, 보일러 또는 가열로의 사이	저장탱크의 바깥면으로부터 (①)m 이상. 다만, 저장탱크의 방호벽, 원격조정 소화설비 또는 살수설비를 설치한 경우에는 그러하지 아니하다.
플레어스택으로부터 단위 공정 시설 및 설비, 위험물질 하역 설비의 사이	플레어스텍으로부터 반경 (②)m 이상. 다만, 단위공정시설 등이 불연재로 시공된 지붕아래에 설치된 경우에는 그러하지 아니하다.

정답

① 20

② 20

[근거]

안전거리: 산업안전보건법 산업안전보건기준에 관한 규칙 [별표 8]

07

산업안전보건법상 안전보건관리책임자의 업무를 4가지 쓰시오.

정답

① 사업장의 산업재해예방계획의 수립에 관한 사항
② 안전보건관리규정의 작성 및 변경에 관한 사항
③ 안전보건교육에 관한 사항
④ 작업환경측정 등 작업환경의 점검 및 개선에 관한 사항
⑤ 근로자의 건강진단 등 건강관리에 관한 사항
⑥ 산업재해의 원인조사 및 재발방지대책 수립에 관한 사항
⑦ 산업재해에 관한 통계의 기록 및 유지에 관한 사항
⑧ 안전장치 및 보호구 구입 시 적격품 여부 확인에 관한 사항
⑨ 그 밖에 근로자의 유해위험방지조치에 관한 사항으로서 고용노동부령으로 정하는 사항(위험성 평가의 실시에 관한 사항과 안전보건규칙에서 정하는 근로자의 위험 또는 건강장해의 방지에 관한 사항)

[근거]
안전보건관리책임자: 산업안전보건법 제15조

08

다음의 내용에 해당하는 시스템안전기법의 명칭을 쓰시오.

초기사상의 고장영향에 의해 사고나 재해로 발전해나가는 과정을 귀납적, 정량적으로 분석하는 기법

정답

ETA(사상수 분석)
※ 인간공학 및 시스템안전
  → 2024 실기 출제기준 변경으로 삭제되어 학습 불필요

09

안전인증 대상 안전모의 시험성능 항목 4가지 쓰시오.

정답

① 내관통성시험
② 내전압성시험
③ 난연성시험
④ 충격흡수성시험
⑤ 내수성시험
⑥ 턱끈풀림시험
[근거]
성능기준: 보호구 안전인증 고용노동부고시 제19조 [별표 1]

10

다음은 산업안전보건법상 고용노동부장관이 안전보건진단을받아 안전보건개선계획을 수립하여 시행할 것을 명할 수 있는 사업장에 대한 내용이다. (   ) 안에 적합한 내용을 쓰시오.

(1) 산업재해율이 같은 업종 평균 산업재해율의 (①) 배 이상인 사업장
(2) 사업주가 필요한 안전조치 또는 보건조치를 이행하지 아니하여 중대재해가 발생한 사업장
(3) 직업성 질병자가 연간 (②)명 이상(상시근로자 1,000명 이상 사업장의 경우 (③)명 이상) 발생한 사업장
(4) 그 밖에 작업환경 불량, 화재 · 폭발 또는 누출사고 등으로 사업장 주변까지 피해가 확산된 사업장으로서 고용노동부령으로 정하는 사업장

정답

① 2
② 2
③ 3
[근거]
안전보건진단을 받아 안전보건개선계획을 수립할 대상: 산업안전보건법 시행령 제49조

11

어떤 기계의 고장률이 0.0004건/시간일 경우 기계를 1,000시간 가동하였을 때 신뢰도를 구하시오. (단, %로 구할 것)

신뢰도 $R_{(t)} = e^{-\lambda t} = e^{-(0.0004 \times 1,000)} \fallingdotseq 0.67 \times 100 = 67\%$

※ 인간공학 및 시스템안전
  → 2024 실기 출제기준 변경으로 삭제되어 학습 불필요

12

산업안전보건법령상 비계(달비계, 달대비계 및 말비계는 제외한다)의 높이가 2미터 이상인 작업장소에 작업발판을 설치하여야 하는 사항에 대한 것이다. (   ) 안에 적합한 내용을 쓰시오.

---

(1) 작업발판의 폭은 (①)cm 이상으로 하고, 발판재료간의 틈은 (②)cm 이하로 할 것

(2) 추락의 위험이 있는 장소에는 (③)을 설치할 것. 다만, 작업의 성질상 안전난간을 설치하는 것이 곤란한 경우, 작업의 필요상 임시로 안전난간을 해체할 때에 (④)을 설치하거나 근로자로 하여금 (⑤)를 사용하도록 하는 등 추락위험 방지 조치를 한 경우에는 그러하지 아니하다.

---

① 40
② 3
③ 안전난간
④ 추락방호망
⑤ 안전대
[근거]
작업발판의 구조: 산업안전보건법 산업안전보건기준에 관한 규칙 제56조

13

60rpm으로 회전하는 롤러기의 앞면 롤러의 지름이 120mm인 경우 (1) 앞면 롤러의 표면속도를 구하고, (2) 급정지거리(mm)를 구하시오.

(1) 앞면 롤러의 표면속도

$$V = \frac{\pi DN}{1,000} = \frac{3.14 \times 120 \times 60}{1,000}$$

$$= 22.608 \text{m/min} \fallingdotseq 22.61 \text{m/min}$$

여기서, D: 롤러 원통의 직경[mm]
　　　　N: 회전 수[rpm]

(2) 급정지거리
  • 급정지거리 기준: 표면속도가 30m/min 미만일 경우, 앞면 롤러 원주의 $\frac{1}{3}$ 이내
  • 원주길이 $= \pi D = 3.14 \times 120 = 376.8$mm

∴ 급정지거리 $= 376.8 \times \frac{1}{3} = 125.6$mm 이내

01

산업안전보건법령상 가연물이 있는 장소에서 하는 화재위험작업을 할 때 특별안전보건교육의 교육내용을 4가지만 쓰시오. (단, 공통 내용 및 그 밖에 안전·보건관리에 필요한 사항은 제외한다)

정답

① 작업준비 및 작업절차에 관한 사항
② 작업장내 위험물, 가연물의 사용·보관·설치현황에 관한 사항
③ 화재위험작업에 따른 인근 인화성 액체에 대한 방호조치에 관한 사항
④ 화재위험작업으로 인한 불꽃, 불티 등의 흩날림 방지조치에 관한 사항
⑤ 인화성 액체의 증기가 남아 있지 않도록 환기 등의 조치에 관한 사항
⑥ 화재감시자의 직무 및 피난교육 등 비상조치에 관한 사항
[근거]
안전보건교육 교육대상별 교육내용: 산업안전보건법 시행규칙 [별표 5]

02

산업안전보건법령상 다음에 해당하는 안전보건표지의 명칭을 쓰시오.

정답

① 산화성 물질 경고
② 고압전기 경고
③ 화기금지
④ 고온 경고
[근거]
안전보건표지의 종류와 형태: 산업안전보건법 시행규칙 [별표 6]

03

산업안전보건법령상 구내운반차를 사용하여 작업을 할 때 작업시작 전 점검해야 할 사항을 5가지 쓰시오.

정답

① 제동장치 및 조종장치 기능의 이상 유무
② 하역장치 및 유압장치 기능의 이상 유무
③ 바퀴의 이상 유무
④ 전조등, 후미등, 방향지시기 및 경음기 기능의 이상 유무
⑤ 충전장치를 포함한 홀더 등의 결합상태의 이상 유무
[근거]
작업시작 전 점검사항: 산업안전보건법 산업안전보건기준에 관한 규칙 [별표 3]

04

어느 사업장의 도수율이 4이며, 연간 5건의 재해가 발생하였고 근로손실일수가 350일 발생하였다. 이 사업장의 강도율을 구하시오.

정답

① 강도율 $= \dfrac{\text{근로손실일수}}{\text{연근로시간수}} \times 1{,}000$

(연근로시간을 도수율로 구한다)

② 도수율 $= \dfrac{\text{재해건수}}{\text{연근로시간수}} \times 1{,}000{,}000$

$4 = \dfrac{5}{x} \times 1{,}000{,}000$

$x = \dfrac{5 \times 1{,}000{,}000}{4} = 1{,}250{,}000$시간

연근로시간수가 1,250,000시간이므로 강도율을 구하면

$\dfrac{350}{1{,}250{,}000} \times 1{,}000 = 0.28$

05

산업안전보건법령상 사업주는 근로자가 노출된 충전부 또는 그 부근에서 작업함으로써 감전될 우려가 있는 경우에는 작업에 들어가기 전에 해당 전로를 차단하여야 한다. 해당 전로를 차단하는 절차에 따라 적합한 내용을 (   ) 안에 쓰시오.

(1) 전기기기 등에 공급되는 모든 전원을 관련 도면, 배선도 등으로 확인할 것

(2) 전원을 차단한 후 각 단로기 등을 개방하고 확인할 것

(3) 차단장치나 단로기 등에 (①) 및 (②)를 부착할 것

(4) 개로된 전로에서 유도전압 또는 전기에너지가 축적되어 근로자에게 전기위험을 끼칠 수 있는 전기기기 등은 접촉하기 전에 (③)를 완전히 방전시킬 것

(5) (④)를 이용하여 작업 대상 기기가 충전되었는지를 확인할 것

(6) 전기기기 등이 다른 노출 충전부와의 접촉, 유도 또는 예비동력원의 역송전 등으로 전압이 발생할 우려가 있는 경우에는 충분한 용량을 가진 (⑤)를 이용하여 접지할 것

① 잠금장치
② 꼬리표
③ 잔류전하
④ 검전기
⑤ 단락접지기구
[근거]
정전전로에서의 전기작업: 산업안전보건법 산업안전보건기준에 관한 규칙 제319조

06

산업안전보건법령상 자율안전확인 대상 기계 또는 설비를 5가지만 쓰시오.

① 산업용 로봇
② 연삭기 또는 연마기(휴대형은 제외)
③ 혼합기
④ 파쇄기 또는 분쇄기
⑤ 컨베이어
⑥ 자동차정비용 리프트
⑦ 식품가공용 기계(파쇄·절단·혼합·제면기만 해당)
⑧ 공작기계(선반, 드릴기, 평삭·형삭기, 밀링만 해당)
⑨ 인쇄기
⑩ 고정형 목재가공용 기계(둥근톱, 대패, 루타기, 띠톱, 모떼기 기계만 해당)
[근거]
자율안전확인 대상 기계 등: 산업안전보건법 시행령 제77조

07

산업안전보건법령상 안전검사의 주기에 대한 사항이다. (   ) 안에 알맞은 내용을 쓰시오.

(1) 크레인(이동식 크레인은 제외), 리프트(이삿짐운반용 리프트는 제외) 및 곤돌라
사업장에 설치가 끝난 날부터 (①)년 이내에 최초 안전검사를 실시하되, 그 이후부터 매 (②)년마다(건설현장에서 사용하는 것은 최초로 설치한 날로부터 (③)개월마다) 안전검사를 실시한다.

(2) 프레스, 전단기, 압력용기, 국소배기장치, 원심기, 롤러기, 사출성형기, 컨베이어, 산업용 로봇, 혼합기 파쇄기 또는 분쇄기
사업장에 설치가 끝난 날부터 (④)년 이내에 최초 안전검사를 실시하되, 그 이후부터 2년마다(공정안전보고서를 제출하여 확인을 받은 압력용기는 그 이후부터 (⑤)년마다) 안전검사를 실시한다.

① 3   ② 2   ③ 6
④ 3   ⑤ 4
[근거]
안전검사의 주기와 합격표시 및 표시방법: 산업안전보건법 시행규칙 제126조
→ 2024.6.28 개정

08

스웨인(Swain)의 심리적 분류에 따른 휴먼에러(Human error)의 종류를 4가지만 쓰시오.

① 생략에러(omission error)
② 실행에러(commission error)
③ 순서에러(sequential error)
④ 시간에러(time error)
⑤ 과잉행동에러(extraneous error)
※ 인간공학 및 시스템안전
　　→ 2024 실기 출제기준 변경으로 삭제되어 학습 불필요

09

산업안전보건법령상 안전보건개선계획에 대한 사항이다. (　) 안에 적합한 내용을 쓰시오.

(1) 사업주는 안전보건개선계획서 수립·시행 명령을 받은 날부터 (　①　)일 이내에 관할 지방고용노동관서의 장에게 해당 계획서를 제출(전자문서로 제출하는 것을 포함한다)해야 한다.
(2) 지방고용노동관서의 장이 안전보건개선계획서를 접수한 경우에는 접수일부터 (　②　)일 이내에 심사하여 사업주에게 그 결과를 알려야 한다.

① 60
② 15
[근거]
안전보건개선계획의 제출 등: 산업안전보건법 시행규칙 제61조
안전보건개선계획서의 검토 등: 산업안전보건법 시행규칙 제62조

10

산업안전보건법령상 항타기 또는 항발기를 조립하거나 해체하는 경우 사업주가 점검해야 할 사항을 4가지만 쓰시오.

① 본체 연결부의 풀림 또는 손상의 유무
② 권상용 와이어로프·드럼 및 도르래의 부착상태의 이상 유무
③ 권상장치의 브레이크 및 쐐기장치 기능의 이상 유무
④ 권상기의 설치상태의 이상 유무
⑤ 리더(leader)의 버팀방법 및 고정상태의 이상 유무
⑥ 본체·부속장치 및 부속품의 강도가 적합한지 여부
⑦ 본체·부속장치 및 부속품에 심한 손상·마모·변형 또는 부식이 있는지 여부
[근거]
조립·해체시 점검사항: 산업안전보건법 산업안전보건기준에 관한 규칙 제207조

11

다음은 산업안전보건법령상 가설통로를 설치하는 경우 사업주의 준수사항에 대한 것이다. (　) 안에 적합한 내용을 쓰시오.

(1) 경사는 (　①　)도 이하일 것
(2) 경사가 (　②　)도를 초과하는 경우에는 미끄러지지 아니하는 구조로 할 것. 다만, 계단을 설치하거나 높이가 (　③　)m 미만의 가설통로로서 튼튼한 손잡이를 설치한 경우에는 그러하지 아니하다.
(3) 추락할 위험이 있는 장소에는 (　④　)을 설치할 것

① 30
② 15
③ 2
④ 안전난간
[근거]
가설통로의 구조: 산업안전보건법 산업안전보건기준에 관한 규칙 제23조

12

다음에 해당하는 방폭구조의 기호를 각각 쓰시오.

(1) 안전증방폭구조: (①)

(2) 유입방폭구조: (②)

(3) 내압방폭구조: (③)

정답

① Exe(또는 e)

② Exo(또는 o)

③ Exd(또는 d)

13

방호장치 안전인증고시상 프레스 수인식 방호장치의 일반구조에 대하여 4가지만 쓰시오.

정답

① 손목밴드는 착용감이 좋으며 쉽게 착용할 수 있는 구조이어야 한다.

② 손목밴드의 재료는 유연한 내유성 피혁 또는 이와 동등한 재료를 사용해야 한다.

③ 수인끈의 재료는 합성섬유로 직경이 4mm 이상이어야 한다.

④ 수인끈은 작업자와 작업공정에 따라 그 길이를 조정할 수 있어야 한다.

⑤ 수인끈의 안내통은 끈의 마모와 손상을 방지할 수 있는 조치를 해야 한다.

[근거]

프레스 또는 전단기 방호장치의 성능기준: 방호장치 안전인증 고용노동부고시

01

산업안전보건법상 안전인증 심사의 종류를 4가지 쓰고, 각각에 대한 심사기간을 쓰시오.

정답

① 예비심사: 7일
② 서면심사: 15일(외국에서 제조한 경우 30일)
③ 기술능력 및 생산체계심사: 30일(외국에서 제조한 경우 45일)
④ 제품심사
   ㉠ 개별 제품심사: 15일
   ㉡ 형식별 제품심사: 30일
[근거]
안전인증 심사의 종류 및 방법: 산업안전보건법 시행규칙 제10조

02

안전인증 방독마스크에 안전인증 표시 외에 추가로 표시하여야 할 사항을 4가지 쓰시오.

정답

① 파과곡선도
② 정화통 외부측면의 표시 색
③ 사용시간 기록카드
④ 사용상의 주의사항
[근거]
방독마스크 성능기준: 보호구 안전인증 고용노동부고시 [별표 5]

03

다음은 산업안전보건법령상 계단 및 계단참에 대한 사항이다. ( ) 안에 적합한 내용을 쓰시오.

(1) 안전율(재료의 파괴응력도와 허용응력도의 비율)은 (①) 이상으로 하여야 한다.
(2) 계단을 설치하는 경우 그 폭을 (②) 이상으로 하여야 한다.
(3) 계단 및 계단참을 설치하는 경우 (③) 이상의 하중에 견딜 수 있는 강도를 가진 구조로 설치하여야 한다.
(4) 높이가 3m를 초과하는 계단에 높이 3m 이내마다 진행방향으로 길이 (④) 이상의 계단참을 설치하여야 한다.

정답

① 4
② 1m
③ 500kg/m²
④ 1.2m
[근거]
• 계단의 강도: 산업안전보건법 산업안전보건기준에 관한 규칙 제26조
• 계단의 폭: 산업안전보건법 산업안전보건기준에 관한 규칙 제27조
• 계단참의 높이: 산업안전보건법 산업안전보건기준에 관한 규칙 제28조 → 2023.11.14 개정

04

산업안전보건법령상 사업주가 폭발위험장소의 구분도를 작성하는 경우 한국산업표준으로 정하는 기준에 따라 가스폭발 위험장소 또는 분진폭발 위험장소로 설정하여 관리해야 하는 장소를 2가지 쓰시오.

정답

① 인화성 고체를 제조·사용하는 장소
② 인화성 액체의 증기나 인화성 가스 등을 제조·취급 또는 사용하는 장소

[근거]
폭발위험이 있는 장소의 설정 및 관리: 산업안전보건법 산업안전보건기준에 관한 규칙 제230조

05

산업안전보건법령상 유해하거나 위험한 작업 또는 장소에서 사용하거나 건강장해를 방지하기 위하여 사용하는 설비로서 대통령령으로 정하는 기계·기구 및 설비를 설치·이전하거나 그 주요 구조부분을 변경하려는 경우 유해위험방지계획서를 작성하여 고용노동부장관에게 심사를 받아야 하는 경우를 5가지 쓰시오.

정답

① 화학설비
② 건조설비
③ 가스집합 용접장치
④ 금속이나 그 밖의 광물의 용해로
⑤ 근로자의 건강에 상당한 장해를 일으킬 우려가 있는 물질로서 고용노동부령으로 정하는 물질의 밀폐·환기·배기를 위한 설비

[근거]
유해위험방지계획서 제출 대상: 산업안전보건법 시행령 제42조

06

FTA에 사용되는 다음 그림의 논리기호 및 사상기호의 명칭을 쓰시오.

정답

① 기본사상
② 생략사상
③ 통상사상
④ 억제게이트

※ 인간공학 및 시스템안전
  → 2024 실기 출제기준 변경으로 삭제되어 학습 불필요

07

산업안전보건법상 비, 눈 그 밖의 기상상태의 악화로 작업을 중지시킨 후 또는 비계를 조립·해체하거나 변경한 후에 그 비계에서 작업을 시작하기 전에 점검하여야 할 사항을 4가지 쓰시오.

정답

① 발판재료의 손상 여부 및 부착 또는 걸림상태
② 연결재료 및 연결철물의 손상 또는 부식상태
③ 해당 비계의 연결부 또는 접속부의 풀림상태
④ 손잡이의 탈락 여부
⑤ 로프의 부착상태 및 매단 장치의 흔들림상태
⑥ 기둥의 침하, 변형, 변위 또는 흔들림상태

[근거]
비계의 점검 및 보수: 산업안전보건법 산업안전보건기준에 관한 규칙 제58조

08

상시근로자 400명이 일하고 있는 어느 사업장에서 연간 재해가 5건이 발생하여 사망재해 1명, 10등급재해 4명이 발생하였다. 이 사업장의 (1) 도수율과 (2) 강도율을 계산하시오. (단, 1일 8시간, 연간 300일을 근무하였고, 1인당 연간 50시간 잔업을 하였다)

(1) 도수율 $= \dfrac{\text{재해발생건수}}{\text{연근로시간수}} \times 1,000,000$

$= \dfrac{5}{400 \times (8 \times 300 + 50)} \times 1,000,000$

$= 5.1020 \fallingdotseq 5.10$

(2) 강도율 $= \dfrac{\text{근로손실일수}}{\text{연근로시간수}} \times 1,000$

$= \dfrac{(7,500 \times 1) + (600 \times 4)}{400 \times (8 \times 300 + 50)} \times 1,000$

$= 10.1020 \fallingdotseq 10.10$

※ 근로손실일수 산정기준(ILO)
① 사망 및 영구전노동불능(신체장해등급 1~3급): 7,500일
② 영구일부노동불능(신체장해등급 4~14급)

신체장해등급	4	5	6	7	8	9
근로손실일수	5,500	4,000	3,000	2,200	1,500	1,000
신체장해등급	10	11	12	13	14	–
근로손실일수	600	400	200	100	50	–

09

산업안전보건법상 압력용기 등 화학설비에 대해서는 안전밸브 또는 파열판을 설치하여야 한다. 이 때 반드시 파열판을 설치하여야 하는 경우를 3가지 쓰시오.

① 반응폭주 등 급격한 압력상승 우려가 있는 경우
② 급성독성 물질의 누출로 인하여 주위의 작업환경을 오염시킬 우려가 있는 경우
③ 운전 중 안전밸브에 이상물질이 누적되어 안전밸브가 작동되지 아니할 우려가 있는 경우
[근거]
파열판의 설치: 산업안전보건법 산업안전보건기준에 관한 규칙 제262조

10

다음은 산업안전보건법상 항타기 및 항발기에 대한 사항이다. ( ) 안에 적합한 내용을 쓰시오.

(1) 권상용 와이어로프는 추 또는 해머가 최저의 위치에 있을 때 또는 널말뚝을 빼내기 시작할 때를 기준으로 권상장치의 드럼에 적어도 (①) 감기고 남을 수 있는 충분한 길이일 것
(2) 항타기 또는 항발기의 권상용 와이어로프의 안전계수가 (②) 이상이 아니면 이를 사용해서는 아니 된다.

① 2회
② 5
[근거]
• 권상용 와이어로프의 길이 등: 산업안전보건법 산업안전보건기준에 관한 규칙 제212조
• 권상용 와이어로프의 안전계수: 산업안전보건법 산업안전보건기준에 관한 규칙 제211조

11

산업안전보건법상 교류아크용접기에 자동전격방지기를 설치하여야 하는 장소를 3가지 쓰시오.

① 선박의 이중 선체 내부, 밸러스트 탱크, 보일러 내부 등 도전체에 둘러싸인 장소
② 추락할 위험이 있는 높이 2m 이상의 장소로 철골 등 도전성이 높은 물체에 근로자가 접촉할 우려가 있는 장소
③ 근로자가 물·땀 등으로 인하여 도전성이 높은 습윤상태에서 작업하는 장소

[근거]
교류아크용접기 등: 산업안전보건법 산업안전보건기준에 관한 규칙 제306조

12

적응기제(Adjustment Mechanism)와 관련하여 (   ) 안에 적합한 내용을 쓰시오.

(1) 자신의 무능과 결함에 의하여 생긴 긴장이나 열등감을 해소시키기 위하여 장점 같은 것으로 그 결함을 보충하려는 행동이다.: (①)
(2) 억압당한 욕구를 가치 있는 다른 목적으로 실현할 수 있도록 노력하여 욕구를 충족하는 행동으로 정신적인 역량의 전환을 의미하는 것이다.: (②)
(3) 자신의 약점이나 실패를 그럴듯한 이유를 들어 남의 비난을 받지 않도록 하는 것이다.: (③)
(4) 자신조차도 승인할 수 없는 욕구를 타인이나 사물로 전환시켜 바람직한 욕구로부터 자신을 지키려는 것이다.: (④)

① 보상
② 승화
③ 합리화
④ 투사

13

시각장치와 청각장치의 사용선택에 있어서 시각장치 사용이 더 좋은 경우를 4가지 쓰시오.

① 전언(메시지)이 복잡할 때
② 전언이 길 때
③ 전언이 후에 재참조될 때
④ 전언이 즉각적인 행동을 요구하지 않을 때
⑤ 직무상 수신자가 한곳에 머무를 때
⑥ 전언이 공간적인 위치를 다룰 때
⑦ 수신 장소가 너무 시끄러울 때
⑧ 수신자의 청각계통이 과부하상태일 때

※ 인간공학 및 시스템안전
  → 2024 실기 출제기준 변경으로 삭제되어 학습 불필요

01

산업안전보건법상 산업안전보건위원회의 심의·의결을 거쳐야 하는 사항을 5가지 쓰시오.

정답

① 사업장의 산업재해예방계획의 수립에 관한 사항
② 안전보건관리규정의 작성 및 변경에 관한 사항
③ 안전보건교육에 관한 사항
④ 작업환경측정 등 작업환경의 점검 및 개선에 관한 사항
⑤ 근로자의 건강진단 등 건강관리에 관한 사항
⑥ 산업재해의 원인조사 및 재발방지대책수립에 관한 사항 중 중대재해에 관한 사항
⑦ 산업재해에 관한 통계의 기록 및 유지에 관한 사항
⑧ 유해하거나 위험한 기계·기구·설비를 도입한 경우 안전 및 보건 관련 조치에 관한 사항
⑨ 그 밖에 해당 사업장 근로자의 안전 및 보건을 유지·증진시키기 위하여 필요한 사항
[근거]
산업안전보건위원회: 산업안전보건법 제24조

02

산업안전보건법상 중대재해의 범위를 3가지 쓰시오.

정답

① 사망자가 1명 이상 발생한 재해
② 3개월 이상의 요양이 필요한 부상자가 동시에 2명 이상 발생한 재해
③ 부상자 또는 직업성 질병자가 동시에 10명 이상 발생한 재해
[근거]
중대재해의 범위: 산업안전보건법 시행규칙 제3조

03

목재가공용 둥근톱의 두께가 0.8mm일 때 반발예방장치 분할날의 두께는 얼마 이상으로 하여야하는가?

정답

(1) 반발예방장치 분할날의 두께

$1.1t_1 \leq t_2 < b$

여기서, t_1: 둥근톱의 두께
t_2: 분할날의 두께
b: 치진폭

(2) $t_2 = 1.1 \times 0.8 = 0.88$mm 이상

04

산업안전보건법상 근로자 안전보건교육 관련 교육시간에 대하여 각각의 교육에 적합한 시간을 쓰시오.

(1) 사무직 종사근로자의 정기교육시간
(2) 판매업무에 직접 종사하는 근로자의 교육시간
(3) 판매업무에 직접 종사하는 근로자 외의 교육시간
(4) 관리감독자의 지위에 있는 사람의 정기교육시간

정답

① 매반기 6시간 이상
② 매반기 6시간 이상
③ 매반기 12시간 이상
④ 연간 16시간 이상
[근거]
안전보건교육 교육과정별 교육시간: 산업안전보건법 시행규칙 [별표 4]
→ 2023.9.27 개정

05

산업안전보건법상 작업장 조도기준에 대한 사항이다. ( ) 안에 알맞은 내용을 쓰시오.

작업의 종류	작업면 조도
초정밀작업	(①)lux 이상
정밀작업	(②)lux 이상
보통작업	(③)lux 이상
그 밖의 작업	75lux 이상

정답

① 750
② 300
③ 150
[근거]
작업에 따른 조도기준: 산업안전보건법 산업안전보건기준에 관한 규칙 제8조

06

다음 ( ) 안에 각각 적합한 내용을 쓰시오.

사업주는 보일러의 안전한 가동을 위하여 보일러 규격에 맞는 압력방출장치를 1개 또는 2개 이상 설치하고 최고사용압력 이하에서 작동되도록 하여야 한다. 다만, 압력방출장치가 2개 이상 설치된 경우에는 (①)에서 1개가 작동되고, 다른 압력방출장치는 최고사용압력 (②)배 이하에서 작동되도록 부착하여야 한다.

정답

① 최고사용압력 이하
② 1.05
[근거]
압력방출장치: 산업안전보건법 산업안전보건기준에 관한 규칙 제116조

07

산업안전보건법상 충전전로 인근에서 차량·기계장치 작업시 안전조치사항에 대한 것이다. ( ) 안에 적합한 내용을 쓰시오.

충전전로 인근에서 차량·기계장치 등의 작업이 있는 경우에는 차량 등을 충전전로의 충전부로부터 (①) 이상 이격시켜 유지시키되, 대지전압이 50kV를 넘는 경우 이격시켜 유지하여야 하는 거리는 (②) 증가할 때마다 (③)씩 증가시켜야 한다. 다만, 차량 등의 높이를 낮춘 상태에서 이동하는 경우에는 이격거리를 120cm 이상(대지전압이 50kV를 넘는 경우에는 10kV 증가할 때마다 이격거리를 10cm씩 증가)으로 할 수 있다.

정답

① 300cm   ② 10kV   ③ 10cm
[근거]
충전전로 인근에서의 차량·기계장치작업: 산업안전보건법 산업안전보건기준에 관한 규칙 제322조

08

산업안전보건법상 압력용기 등 화학설비에 대해서는 안전밸브 또는 파열판을 설치하여야 한다. 이 때 반드시 파열판을 설치하여야 하는 경우를 3가지 쓰시오.

정답

① 반응폭주 등 급격한 압력상승 우려가 있는 경우
② 급성독성 물질의 누출로 인하여 주위의 작업환경을 오염시킬 우려가 있는 경우
③ 운전 중 안전밸브에 이상물질이 누적되어 안전밸브가 작동되지 아니할 우려가 있는 경우
[근거]
파열판의 설치: 산업안전보건법 산업안전보건기준에 관한 규칙 제262조

09

어느 사업장에서 기계의 평균고장률이 0.0004/시간인 지수분포를 따르고 있다. 이 사업장의 기계가 1,000 시간 동안 고장이 발생하지 않고, 만족스럽게 작동할 신뢰도를 계산하시오.

정답

$R(t)=e^{-\lambda t}$
　여기서, $R(t)$: 신뢰도, λ: 고장률, t: 가동시간
　$=e^{-(0.0004 \times 1,000)}=0.6703 ≒ 0.67$

※ 인간공학 및 시스템안전
　→ 2024 실기 출제기준 변경으로 삭제되어 학습 불필요

10

산업안전보건법상 승강기의 설치·조립·수리·점검 또는 해체작업을 하는 경우 안전조치사항을 3가지 쓰시오.

정답

① 작업을 지휘하는 사람을 선임하여 그 사람의 지휘하에 작업을 실시할 것
② 비, 눈 그 밖의 기상상태의 불안정으로 날씨가 몹시 나쁜 경우에는 그 작업을 중지시킬 것
③ 작업을 할 구역에 관계근로자가 아닌 사람의 출입을 금지하고 그 취지를 보기 쉬운 장소에 표시할 것

[근거]
조립 등의 작업: 산업안전보건법 산업안전보건기준에 관한 규칙 제162조

11

콘크리트 타설작업을 하기 위한 콘크리트 타설장비를 사용하는 작업을 하는 경우에 준수사항을 3가지 쓰시오.

정답

① 작업을 시작하기 전에 콘크리트 타설장비를 점검하고 이상을 발견하였으면 즉시 보수할 것
② 건축물의 난간 등에서 작업하는 근로자가 호스의 요동·선회로 인하여 추락하는 위험을 방지하기 위하여 안전난간 설치 등 필요한 조치를 할 것
③ 콘크리트 타설장비의 붐을 조정하는 경우에는 주변의 전선 등에 의한 위험을 예방하기 위한 적절한 조치를 할 것
④ 작업 중에 지반의 침하나 아웃트리거 등 콘크리트 타설장비 지지구조물의 손상 등에 의하여 콘크리트 타설장비가 넘어질 우려가 있는 경우에는 이를 방지하기 위한 적절한 조치를 할 것

[근거]
콘크리트 펌프 등 사용시 준수사항: 산업안전보건법 산업안전보건기준에 관한 규칙 제335조 → 2023.11.14 개정

12

안전보건표지 중 다음 금지표지의 명칭을 쓰시오.

①	②	③	④

정답

① 사용금지
② 물체이동금지
③ 보행금지
④ 탑승금지

[근거]
안전보건표지의 종류와 형태: 산업안전보건법 시행규칙 [별표 6]

13

산업안전보건법상 교량작업을 하는 경우 작업계획서에
포함하여야 할 사항을 4가지 쓰시오.

정답

① 작업방법 및 순서
② 부재의 낙하 · 전도 또는 붕괴를 방지하기 위한 방법
③ 작업에 종사하는 근로자의 추락 위험을 방지하기 위한 안전조치
　방법
④ 공사에 사용되는 가설철구조물 등의 설치 · 사용 · 해체 시 안전성
　검토 방법
⑤ 사용하는 기계 등의 종류 및 성능, 작업방법
⑥ 작업지휘자 배치계획
⑦ 그 밖에 안전 · 보건에 관련된 사항

[근거]
사전조사 및 작업계획서 내용: 산업안전보건법 산업안전보건기준에
관한 규칙 [별표 4]

01

산업안전보건법상 늘어난 달기체인의 사용금지 기준을 3가지 쓰시오.

정답

① 달기체인의 길이가 달기체인이 제조된 때의 길이의 5%를 초과한 것
② 링의 단면지름이 달기체인이 제조된 때의 해당 링의 지름의 10%를 초과하여 감소한 것
③ 균열이 있거나 심하게 변형된 것
[근거]
늘어난 달기체인 등의 사용금지: 산업안전보건법 산업안전보건기준에 관한 규칙 제167조

02

공기압축기를 가동할 때 작업시작 전 점검하여야 할 사항을 4가지 쓰시오.

정답

① 압력방출장치의 기능
② 언로드밸브의 기능
③ 공기저장 압력용기의 외관상태
④ 드레인밸브의 조작 및 배수
⑤ 회전부의 덮개 또는 울
⑥ 윤활유의 상태
[근거]
작업시작 전 점검사항: 산업안전보건법 산업안전보건기준에 관한 규칙 [별표 3]

03

다음은 롤러기에 사용하는 방호장치 조작부의 종류에 따른 설치위치에 대한 사항이다. (   ) 안에 알맞은 내용을 쓰시오.

조작부	설치위치	비고
손조작식	밑면에서 (①) 이내	위치는 급정지장치 조작부의 중심점을 기준으로 한다.
복부조작식	밑면에서 (②) 이상 (③) 이내	
무릎조작식	밑면에서 (④) 이내	

정답

① 1.8m
② 0.8m
③ 1.1m
④ 0.6m
[근거]
롤러기 급정지장치의 성능기준: 방호장치 자율안전기준 고용노동부 고시

04

사업주는 근로자가 노출된 충전부 또는 그 부근에서 작업함으로써 감전될 우려가 있는 경우에는 작업에 들어가기 전에 해당 전로를 차단하여야 한다. 전로차단 절차를 순서대로 번호로 쓰시오.

① 검전기를 이용하여 작업대상 기기가 충전되어 있는지를 확인할 것

② 차단장치나 단로기 등에 잠금장치 및 꼬리표를 부착할 것

③ 전원을 차단한 후 각 단로기 등을 개방하고 확인할 것

④ 개로된 전로에서 유도전압 또는 전기에너지가 축적되어 근로자에게 전기위험을 끼칠 수 있는 전기기기 등은 접촉하기 전에 잔류전하를 완전히 방전시킬 것

⑤ 전기기기 등에 공급되는 모든 전원을 관련 도면, 배선도 등으로 확인할 것

⑥ 전기기기 등이 다른 노출 충전부와의 접촉, 유도 또는 예비동력원의 역송전 등으로 전압이 발생할 우려가 있는 경우에는 충분한 용량을 가진 단락접지 기구를 이용하여 접지할 것

정답

⑤ – ③ – ② – ④ – ① – ⑥

[근거]
정전전로에서의 전기작업: 산업안전보건법 산업안전보건기준에 관한 규칙 제319조

05

산업안전보건법상 근로자 안전보건교육 관련 교육시간에 대하여 각각의 교육에 적합한 시간을 쓰시오.

① 관리감독자의 지위에 있는 사람의 정기교육시간

② 사무직 종사근로자의 정기교육시간

③ 그 밖의 근로자의 작업내용변경시 교육시간

④ 일용근로자의 작업내용변경시 교육시간

정답

① 연간 16시간 이상
② 매반기 6시간 이상
③ 2시간 이상
④ 1시간 이상
[근거]
안전보건교육 교육과정별 교육시간: 산업안전보건법 시행규칙 [별표 4]
→ 2023.9.27 개정

06

산업안전보건법상 안전인증 대상 방호장치를 3가지 쓰시오.

정답

① 프레스 및 전단기 방호장치
② 양중기용 과부하방지장치
③ 보일러 압력방출용 안전밸브
④ 압력용기 압력방출용 안전밸브
⑤ 압력용기 압력방출용 파열판
⑥ 절연용 방호구 및 활선작업용 기구
⑦ 방폭구조 전기기계기구 및 부품
⑧ 추락, 낙하 및 붕괴 등의 위험방지 및 보호에 필요한 가설기자재로서 고용노동부장관이 정하여 고시하는 것
⑨ 충돌, 협착 등의 위험방지에 필요한 산업용 로봇 방호장치로서 고용노동부장관이 정하여 고시하는 것
[근거]
안전인증 대상 기계 등: 산업안전보건법 시행령 제74조

07

안전인증 제품의 산업안전보건법에 따른 표시 외에 표시하여야 할 사항을 4가지 쓰시오.

정답

① 형식 또는 모델명
② 규격 또는 등급 등
③ 제조자명
④ 제조번호 및 제조연월
⑤ 안전인증번호
[근거]
안전인증 제품 표시의 붙임: 보호구 안전인증 고용노동부고시

08

연평균근로자 100명이 근무하는 어느 사업장에서 연간 5건의 재해가 발생하여 사망 1명, 14급 장해 2명, 7일 휴업 1명, 30일 휴업 1명이 발생하였다. 이 사업장의 강도율을 구하오. (단, 1일 8시간, 300일 근무하였다.)

정답

$$강도율 = \frac{근로손실일수}{연근로시간수} \times 1,000$$

$$= \frac{7,500 + (50 \times 2) + \left(37 \times \frac{300}{365}\right)}{100 \times 8 \times 300} \times 1,000$$

$$= 31.7933 \fallingdotseq 31.79$$

09

산업안전보건법상 중대재해의 범위를 3가지 쓰시오.

정답

① 사망자가 1명 이상 발생한 재해
② 3개월 이상의 요양이 필요한 부상자가 동시에 2명 이상 발생한 재해
③ 부상자 또는 직업성 질병자가 동시에 10명 이상 발생한 재해
[근거]
중대재해의 범위: 산업안전보건법 시행규칙 제3조

10

산업안전보건법상 작업장 조도기준에 대한 사항이다. (   ) 안에 적합한 내용을 쓰시오.

작업의 종류	작업면 조도
초정밀작업	(①)lux 이상
정밀작업	(②)lux 이상
보통작업	(③)lux 이상
그 밖의 작업	(④)lux 이상

정답

① 750
② 300
③ 150
④ 75
[근거]
작업에 따른 조도기준: 산업안전보건법 산업안전보건기준에 관한 규칙 제8조

11

어느 사업장의 출입금지표지판의 배경반사율이 80% 이고, 관련 그림의 반사율이 20%이었다. 이 표지판의 대비는 얼마인지 계산하시오.

$$대비 = \frac{L_b - L_t}{L_b} \times 100$$

여기서, L_b: 배경의 반사율(%)

L_t: 표적의 반사율(%)

$$= \frac{80 - 20}{80} \times 100 = 75\,\%$$

12

비점등하는 것이 정상사상인 SW_1, SW_2가 있다. 이 때 전등이 점등되지 않는 FT도를 작성하시오.

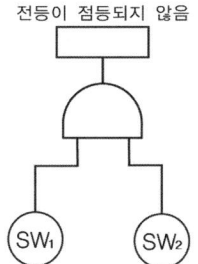

※ 인간공학 및 시스템안전

→ 2024 실기 출제기준 변경으로 삭제되어 학습 불필요

13

산업안전보건법상 노사협의체의 근로자 위원과 사용자위원을 각각 2가지씩 쓰시오.

(1) 근로자 위원

　① 도급 또는 하도급사업을 포함한 전체 사업의 근로자 대표

　② 근로자 대표가 지명하는 명예산업안전감독관 1명

　③ 공사금액이 20억 원 이상인 공사의 관계수급인의 각 근로자 대표

(2) 사용자 위원

　① 도급 또는 하도급사업을 포함한 전체 사업의 대표자

　② 안전관리자 1명

　③ 보건관리자 1명

　④ 공사금액이 20억 원 이상인 공사의 관계수급인의 각 대표자

[근거]

노사협의체의 구성: 산업안전보건법 시행령 제64조

01

하인리히(Heinrich)의 재해구성비율 1:29:300의 법칙을 간단하게 설명하시오.

정답

재해발생 330건을 분석해 보면 1건의 중상 또는 사망이 발생하기까지에는 29건의 경상, 300건의 무상해사고가 발생한다는 것이다.

02

산업안전보건법상 안전관리자의 업무를 5가지 쓰시오.

정답

① 산업안전보건위원회 또는 안전 및 보건에 관한 노사협의체에서 심의·의결한 업무와 해당 사업장의 안전보건관리규정 및 취업규칙에서 정한 업무
② 위험성 평가에 관한 보좌 및 지도·조언
③ 안전인증 대상 기계 등과 자율안전확인 대상 기계 등 구입시 적격품의 선정에 관한 보좌 및 지도·조언
④ 해당 사업장 안전교육계획의 수립 및 안전교육 실시에 관한 보좌 및 지도·조언
⑤ 사업장 순회점검, 지도 및 조치 건의
⑥ 산업재해발생의 원인조사·분석 및 재발방지를 위한 기술적 보좌 및 지도·조언
⑦ 산업재해에 관한 통계의 유지, 관리, 분석을 위한 보좌 및 지도·조언
⑧ 법 또는 법에 따른 명령으로 정한 안전에 관한 사항의 이행에 관한 보좌 및 지도·조언
⑨ 업무수행 내용의 기록·유지
⑩ 그 밖에 안전에 관한 사항으로서 고용노동부장관이 정하는 사항
[근거]
안전관리자의 업무 등: 산업안전보건법 시행령 제18조

03

다음은 프레스기의 방호장치에 대한 설명이다. ( ) 안에 적합한 내용을 쓰시오.

(1) 양수조작식 방호장치의 일반구조에 있어 누름버튼 간의 상호 내측거리는 (①)mm 이상이어야 한다.
(2) 양수조작식 방호장치의 일반구조에 있어 정상작동표시램프는 (②), 위험표시램프는 (③)으로 하여 근로자가 쉽게 볼 수 있는 곳에 설치하여야 한다.
(3) 양쪽버튼의 작동시간 차이는 최대 (④)초 이내일 때 프레스가 동작되도록 해야 한다.

정답

① 300
② 녹색
③ 적색
④ 0.5
[근거]
프레스 또는 전단기의 방호장치: 방호장치 안전인증 고용노동부고시

04

인화성 가스가 존재하여 폭발이나 화재가 발생할 위험이 있는 경우에는 인화성 가스 농도의 이상상승을 조기에 파악하기 위하여 그 장소에 자동경보장치를 설치하여야 한다. 자동경보장치에 대하여 당일 작업시작 전 점검사항을 3가지 쓰시오.

정답

① 계기의 이상 유무
② 검지부의 이상 유무
③ 경보장치의 작동상태
[근거]
인화성 가스의 농도측정 등: 산업안전보건법 산업안전보건기준에 관한 규칙 제350조

05

산업안전보건법상 산업재해가 발생한 때에 사업주가 작성하여 기록·보존하여야 할 사항을 4가지 쓰시오.

정답

① 사업장의 개요 및 근로자의 인적사항
② 재해발생의 일시 및 장소
③ 재해발생의 원인 및 과정
④ 재해재발방지계획
[근거]
산업재해기록 등: 산업안전보건법 시행규칙 제72조

07

위험예지훈련의 4단계를 순서대로 쓰시오.

정답

① 제1단계: 현상파악
② 제2단계: 본질추구
③ 제3단계: 대책수립
④ 제4단계: 목표설정

06

폭굉발생시 폭굉유도거리가 짧아지는 조건을 4가지 쓰시오.

정답

① 점화원의 에너지가 강할수록
② 압력이 높을수록
③ 관속에 방해물이 있을수록
④ 정상 연소속도가 큰 혼합가스일수록
⑤ 지름이 작을수록

[관련이론] 폭굉유도거리(DID: Detonation Inducement Distance)
완만한 연소가 폭굉으로 발전할 때까지의 거리이다.

08

산업안전보건법상 교류아크용접기에 자동전격방지기를 설치하여야 하는 장소를 3가지 쓰시오.

정답

① 선박의 이중 선체 내부, 밸러스트 탱크, 보일러 내부 등 도전체에 둘러싸인 장소
② 추락할 위험이 있는 높이 2m 이상의 장소로 철골 등 도전성이 높은 물체에 근로자가 접촉할 우려가 있는 장소
③ 근로자가 물·땀 등으로 인하어 도진싱이 높은 습윤상태에서 직입하는 장소
[근거]
교류아크용접기 등: 산업안전보건법 산업안전보건기준에 관한 규칙 제306조

09

다음은 교류아크용접기의 용어에 대한 사항이다. (   ) 안에 알맞은 내용을 쓰시오.

(1) (①): 용접기의 주회로(변압기의 경우는 1차회로 또는 2차회로)를 제어하는 장치를 가지고 있어, 용접봉의 조작에 따라 용접할 때에만 용접기의 주회로를 형성하고, 그 외에는 용접기의 출력측의 무부하전압을 25볼트 이하로 저하시키도록 동작하는 장치를 말한다.

(2) (②): 용접봉을 피용접물에 접촉시켜서 전격방지기의 주접점이 폐로될(닫힐) 때까지의 시간을 말한다.

(3) (③): 용접봉 홀더에 용접기 출력측의 무부하전압이 발생한 후 주접점이 개방될 때까지의 시간을 말한다.

(4) (④): 정격전원전압(전원을 용접기의 출력측에서 취하는 경우는 무부하전압의 하한값을 포함한다)에 있어서 전격방지기를 시동시킬 수 있는 출력회로의 시동감도로서 명판에 표시된 것을 말한다.

① 자동전격방지기
② 시동시간
③ 지동시간
④ 표준시동감도
[근거]
정의: 방호장치자율안전기준 고용노동부고시

10

인간실수확률을 추정할 수 있는 기법을 3가지 쓰시오.

① 인간과오율 예측기법(THERP)
② 위급사건기법(CIT)
③ 직무위급도분석(TCRAM)
④ 조작자 행동나무(OAT)
⑤ 인간실수자료은행(HERD)
※ 인간공학 및 시스템안전
 → 2024 실기 출제기준 변경으로 삭제되어 학습 불필요

11

인간-기계체계에서 인간의 신뢰도가 0.8이고, 기계의 신뢰도가 0.9이다. 이 결합이 (1) 직렬일 때와 (2) 병렬일 때의 신뢰도(%)를 각각 계산하시오.

(1) 직렬일 때의 신뢰도
 =인간의 신뢰도×기계의 신뢰도
 =0.8×0.9=0.72×100=72%
(2) 병렬일 때의 신뢰도
 =1-(1-인간의 신뢰도)(1-기계의 신뢰도)
 =1-(1-0.8)(1-0.9)
 =0.98×100=98%
※ 인간공학 및 시스템안전
 → 2024 실기 출제기준 변경으로 삭제되어 학습 불필요

12

방진마스크의 형태에 따른 종류를 4가지 쓰시오.

① 격리식 전면형
② 격리식 반면형
③ 직결식 전면형
④ 직결식 반면형
⑤ 안면부 여과식
[근거]
방진마스크의 성능기준: 보호구 안전인증 고용노동부고시

13

산업안전보건법상 안전보건진단을 받아 안전보건개선계획을 수립하여야 할 사업장을 4가지 쓰시오.

① 산업재해율이 같은 업종 평균 산업재해율의 2배 이상인 사업장
② 사업주가 필요한 안전조치 또는 보건조치를 이행하지 아니하여 중대재해가 발생한 사업장
③ 직업성 질병자가 연간 2명 이상(상시근로자 1,000명 이상 사업장의 경우 3명 이상) 발생한 사업장
④ 그 밖에 작업환경 불량, 화재·폭발 또는 누출 사고 등으로 사업장 주변까지 피해가 확산된 사업장으로서 고용노동부령으로 정하는 사업장
[근거]
안전보건진단을 받아 안전보건개선계획을 수립할 대상: 산업안전보건법 시행령 제49조

[관련이론] 고용노동부장관이 사업장의 사업주에게 안전보건개선계획을 수립하여 시행할 것을 명할 수 있는 사업장

① 산업재해율이 같은 업종의 규모별 평균 산업재해율보다 높은 사업장
② 사업주가 필요한 안전조치 또는 보건조치를 이행하지 아니하여 중대재해가 발생한 사업장
③ 대통령령으로 정하는 수(직업성 질병자가 연간 2명 이상 발생한 사업장) 이상의 직업성 질병자가 발생한 사업장
④ 유해인자의 노출기준을 초과한 사업장
[근거]
안전보건개선계획의 수립·시행 명령: 산업안전보건법 제49조

2021년 기출문제

01

산업안전보건법상 산업재해가 발생한 때에 사업주가 작성하여 기록 · 보존하여야 할 사항을 4가지 쓰시오.

정답

① 사업장의 개요 및 근로자의 인적사항
② 재해발생의 일시 및 장소
③ 재해발생의 원인 및 과정
④ 재해재발방지계획
[근거]
산업재해기록 등: 산업안전보건법 시행규칙 제72조

02

산업안전보건법상 가스장치실을 설치하는 경우 설치기준을 3가지 쓰시오.

정답

① 지붕과 천장에는 가벼운 불연성 재료를 사용할 것
② 벽에는 불연성 재료를 사용할 것
③ 가스가 누출된 경우에는 그 가스가 정체되지 않도록 할 것
[근거]
가스장치실의 구조: 산업안전보건법 산업안전보건기준에 관한 규칙 제292조

03

소음이 발생하는 기계로부터 4m 떨어진 곳에서의 음압수준이 100dB일 때 동일한 기계로부터 30m 떨어진 곳의 음압수준을 계산하시오.

정답

$$dB_2 = dB_1 - 20\log\left(\frac{d_2}{d_1}\right)$$

$$= 100 - 20\log\left(\frac{30}{4}\right) = 82.4987 ≒ 82.50dB$$

※ 인간공학 및 시스템안전
  → 2024 실기 출제기준 변경으로 삭제되어 학습 불필요

04

산업안전보건법상 안전관리자의 업무를 3가지 쓰시오. (단, 그 밖에 안전에 관한 사항으로서 고용노동부장관이 정하는 사항은 제외한다.)

정답

① 위험성 평가에 관한 보좌 및 지도 · 조언
② 사업장 순회점검, 지도 및 조치 건의
③ 산업재해에 관한 통계의 유지 · 관리 · 분석을 위한 보좌 및 지도 · 조언
④ 산업재해 발생의 원인 조사 · 분석 및 재발방지를 위한 기술적 보좌 및 지도 · 조언
⑤ 해당 사업장 안전교육계획의 수립 및 안전교육 실시에 관한 보좌 및 지도 · 조언
⑥ 안전인증 대상 기계 등과 자율안전확인 대상 기계 등 구입시 적격품의 선정에 관한 보좌 및 지도 · 조언
⑦ 업무수행 내용의 기록 · 유지

⑧ 법 또는 법에 따른 명령으로 정한 안전에 관한 사항의 이행에 관한 보좌 및 지도 · 조언
⑨ 산업안전보건위원회 또는 안전 및 보건에 관한 노사협의체에서 심의 · 의결한 업무와 해당 사업장의 안전보건관리규정 및 취업규칙에서 정한 업무

[근거]
안전관리자의 업무: 산업안전보건법 시행령 제18조

05

조종장치의 촉각적 암호화 방법을 3가지 쓰시오.

정답

① 형상을 이용한 암호화
② 크기를 이용한 암호화
③ 표면촉감을 이용한 암호화

※ 인간공학 및 시스템안전
 → 2024 실기 출제기준 변경으로 삭제되어 학습 불필요

06

산업안전보건법상 화학설비의 탱크 내 작업시 특별안전보건교육 내용을 3가지만 쓰시오.

정답

① 탱크 내의 산소농도 측정 및 작업환경에 관한 사항
② 안전보호구 및 이상발생시 응급조치에 관한 사항
③ 작업절차 · 방법 및 유해 · 위험에 관한 사항
④ 차단장치 · 정지장치 및 밸브개폐장치의 점검에 관한 사항
⑤ 그 밖에 안전보건관리에 필요한 사항

[근거]
안전보건교육 교육대상별 교육내용: 산업안전보건법 시행규칙 [별표 5]

07

산업안전보건법상 교류아크용접기에 자동전격방지기를 설치하여야 하는 장소를 3가지 쓰시오.

정답

① 선박의 이중 선체 내부, 밸러스트 탱크, 보일러 내부 등 도전체에 둘러싸인 장소
② 추락할 위험이 있는 높이 2m 이상의 장소로 철골 등 도전성이 높은 물체에 근로자가 접촉할 우려가 있는 장소
③ 근로자가 물 · 땀 등으로 인하여 도전성이 높은 습윤상태에서 작업하는 장소

[근거]
교류아크용접기 등: 산업안전보건법 산업안전보건기준에 관한 규칙 제306조

08

산업안전보건법상 양중기의 종류를 5가지 쓰시오.

정답

① 크레인(호이스트 포함)
② 이동식 크레인
③ 리프트(이삿짐운반용 리프트의 경우 적재하중이 0.1톤 이상인 것)
④ 곤돌라
⑤ 승강기

[근거]
양중기: 산업안전보건법 산업안전보건기준에 관한 규칙 제132조

09

안전인증 대상 가죽제 안전화의 성능시험의 종류를 4가지 쓰시오.

정답

① 내압박성시험
② 내충격성시험
③ 박리저항시험
④ 내답발성시험
⑤ 내부식성시험
⑥ 내유성시험
⑦ 은면결렬시험
⑧ 인열강도시험
⑨ 인장강도시험 및 신장율시험
[근거]
가죽제 안전화의 시험방법: 보호구 안전인증 고용노동부고시 [별표 2 의9]

10

강제환기에 대하여 간단히 설명하시오.

정답

송풍기에 의하여 강제적으로 실내에 공기를 불어 넣어 환기하는 것이다.

11

다음 각 경우에 산업안전보건법상 양중기의 와이어로프 등 달기구의 안전계수 기준을 쓰시오.

(1) 근로자가 탑승하는 운반구를 지지하는 달기와이어로프 또는 달기체인인 경우
(2) 화물의 하중을 직접 지지하는 달기와이어로프 또는 달기체인의 경우
(3) 훅, 샤클, 클램프, 리프팅 빔의 경우

정답

(1) 10 이상
(2) 5 이상
(3) 3 이상
[근거]
와이어로프 등 달기구의 안전계수: 산업안전보건법 산업안전보건기준에 관한 규칙 제163조

12

풀프루프(Fool Proof)를 간단히 설명하시오.

정답

근로자가 기계 등의 취급을 잘못해도 그것이 바로 사고나 재해와 연결되는 일이 없도록 하는 확고한 안전기구를 말한다.

13

자율안전확인 대상 연삭기 덮개에 자율안전확인 표시 외에 추가로 표시하여야 할 사항을 2가지 쓰시오.

정답

① 숫돌사용 주속도
② 숫돌회전방향
[근거]
연삭기 덮개의 성능기준: 방호장치 자율안전확인 고용노동부고시

01

산업안전보건법상 중대재해의 범위를 3가지 쓰시오.

정답

① 사망자가 1명 이상 발생한 재해
② 3개월 이상의 요양이 필요한 부상자가 동시에 2명 이상 발생한 재해
③ 부상자 또는 직업성 질병자가 동시에 10명 이상 발생한 재해
[근거]
중대재해의 범위: 산업안전보건법 시행규칙 제3조

02

산업안전보건법상 유해·위험방지를 위한 방호조치를 하지 아니하고는 양도, 대여, 설치 또는 사용에 제공하거나 양도·대여를 목적으로 진열해서는 아니 되는 기계·기구를 4가지 쓰시오.

정답

① 예초기
② 원심기
③ 공기압축기
④ 금속절단기
⑤ 지게차
⑥ 포장기계(진공포장기, 래핑기로 한정)
[근거]
유해하거나 위험한 기계·기구에 대한 방호조치: 산업안전보건법 제80조

03

산업안전보건법상 이상상태로 인한 압력상승으로 최고사용압력을 구조적으로 초과할 우려가 있는 화학설비 및 그 부속설비에는 안전밸브 또는 파열판을 설치하여야 한다. 이때 파열판을 설치하여야 하는 경우를 3가지 쓰시오.

정답

① 반응폭주 등 급격한 압력상승 우려가 있는 경우
② 급성독성 물질의 누출로 인하여 주위의 작업환경을 오염시킬 우려가 있는 경우
③ 운전 중 안전밸브에 이상물질이 누적되어 안전밸브가 작동되지 아니할 우려가 있는 경우
[근거]
파열판의 설치: 산업안전보건법 산업안전보건기준에 관한 규칙 제262조

04

다음은 산업안전보건법상 누전차단기에 관한 사항이다. ( ) 안에 적합한 내용을 쓰시오.

전기기계·기구에 설치되어 있는 누전차단기는 정격감도전류가 (①) 이하이고, 작동시간은 (②) 이내일 것. 다만, 정격전류가 50A 이상인 전기기계·기구에 접속되는 누전차단기는 오작동을 방지하기 위하여 정격감도전류는 (③) 이하로, 작동시간은 (④) 이내로 할 수 있다.

정답

① 30mA
② 0.03초
③ 200mA
④ 0.1초
[근거]
누전차단기에 의한 감전방지: 산업안전보건법 산업안전보건기준에 관한 규칙 제304조

05

다음은 안전모의 시험성능기준에 관한 사항이다. (   )
안에 알맞은 내용을 쓰시오.

내관통성시험	AE, ABE종 안전모는 관통거리가 (①) mm 이하이고, AB종 안전모는 관통거리가 (②)mm 이하이어야 한다.
내전압성시험	AE, ABE종 안전모는 교류 20kV에서 1분간 절연파괴 없이 견뎌야 하고, 이 때 누설되는 충전전류는 (③)mA 이하이어야 한다.
충격흡수성시험	최고전달충격력이 (④)N을 초과해서는 안되며, 모체와 착장체의 기능이 상실되지 않아야 한다.

① 9.5
② 11.1
③ 10
④ 4,450
[근거]
감전위험방지용 안전모의 성능기준: 보호구 안전인증 고용노동부고시
[별표 1]

06

산업안전보건법상 흙막이지보공을 설치하였을 때에
정기적으로 점검하고 이상을 발견시 즉시 보수해야
할 사항을 4가지 쓰시오.

① 버팀대의 긴압의 정도
② 부재의 접속부 · 부착부 및 교차부의 상태
③ 부재의 손상 · 변형 · 부식 · 변위 및 탈락의 유무와 상태
④ 침하의 정도
[근거]
붕괴 등의 위험방지: 산업안전보건법 산업안전보건기준에 관한 규칙
제347조

07

연평균근로자수가 250명인 어느 사업장의 연천인율이
2.5라고 할 때 이 사업장의 도수율은 얼마인지 계산하
시오.

연천인율 = 도수율 × 2.4

$$도수율 = \frac{연천인율}{2.4}$$

$$= \frac{2.5}{2.4} = 1.0416 ≒ 1.04$$

08

100rpm으로 회전하는 롤러기의 앞면 롤러의 지름이
40cm인 경우 앞면 롤러의 표면속도를 계산하시오.

앞면 롤러의 표면속도

$$V = \frac{\pi DN}{1,000}$$

$$= \frac{3.14 \times 400 \times 100}{1,000} = 125.6 m/min$$

여기서, D: 롤러 원통의 직경[mm]
N: 회전수[rpm]

09

다음 이론의 내용에 해당하는 〈보기〉를 골라 순서대로
나열하시오. (단, 보기는 중복사용이 가능함)

┌─〈보기〉─
① 직접원인
② 기본원인
③ 사회적 환경과 유전적 요소
④ 통제부족
⑤ 불안전한 행동 및 상태
⑥ 개인의 결함
⑦ 상해
⑧ 사고

(1) 하인리히의 사고연쇄성 이론
(2) 버드의 사고연쇄성 이론

정답

(1) 하인리히의 사고 연쇄성 이론

③, ⑥, ⑤, ⑧, ⑦

(2) 버드의 사고 연쇄성 이론

④, ②, ①, ⑧, ⑦

10

산업안전보건법상 밀폐공간에서 작업을 할 때 특별안전보건교육의 교육내용을 4가지 쓰시오.

정답

① 산소농도 측정 및 작업환경에 관한 사항

② 사고시의 응급처치 및 비상시 구출에 관한 사항

③ 보호구 착용 및 보호장비 사용에 관한 사항

④ 작업내용, 안전작업방법 및 절차에 관한 사항

⑤ 장비, 설비 및 시설 등의 안전점검에 관한 사항

⑥ 그 밖에 안전보건관리에 필요한 사항

[근거]

안전보건교육 교육대상별 교육내용: 산업안전보건법 시행규칙 [별표 5]

→ 2021.11.19. 개정

11

어느 사업장에서 기계의 평균고장률이 0.0004/시간인 지수분포를 따르고 있다. 이 사업장의 기계가 1,000시간 동안 고장이 발생하지 않고, 만족스럽게 작동할 신뢰도를 계산하시오.

정답

$R_{(t)} = e^{-\lambda t}$(여기서, $R_{(t)}$: 신뢰도, λ: 고장률, t: 가동시간)

$= e^{-(0.0004 \times 1,000)} = 0.6703 \risingdotseq 0.67$

※ 인간공학 및 시스템안전

→ 2024 실기 출제기준 변경으로 삭제되어 학습 불필요

12

산업안전보건기준에 관한 규칙상 사다리식 통로를 설치하는 경우 준수하여야 할 사항을 5가지 쓰시오.

정답

① 견고한 구조로 할 것

② 심한 손상·부식 등이 없는 재료를 사용할 것

③ 발판의 간격은 일정하게 할 것

④ 발판과 벽과의 사이는 15cm 이상의 간격을 유지할 것

⑤ 폭은 30cm 이상으로 할 것

⑥ 사다리가 넘어지거나 미끄러지는 것을 방지하기 위한 조치를 할 것

⑦ 사다리의 상단은 걸쳐 놓은 지점으로부터 60cm 이상 올라가도록 할 것

⑧ 사다리식 통로의 길이가 10m 이상인 경우에는 5m 이내마다 계단참을 설치할 것

⑨ 사다리식 통로의 기울기는 75° 이하로 할 것

⑩ 접이식 사다리 기둥은 사용시 접혀지거나 펼쳐지지 않도록 철물 등을 사용하여 견고하게 조치할 것

[근거]

사다리식 통로 등의 구조: 산업안전보건법 산업안전보건기준에 관한 규칙 제24조

13

작업공간의 작업대에 관한 사항으로 다음에 해당하는 용어의 정의를 간단히 쓰시오.

(1) 정상작업영역

(2) 최대작업영역

정답

(1) 정상작업영역

상완(上腕, 위팔)을 자연스럽게 수직으로 늘어뜨린 채 전완(前腕, 아래팔)만으로 편하게 뻗어 파악할 수 있는 구역

(2) 최대작업영역

전완(아래팔)과 상완(위팔)을 곧게 펴서 파악할 수 있는 구역

※ 인간공학 및 시스템안전

→ 2024 실기 출제기준 변경으로 삭제되어 학습 불필요

01

건물 등의 해체작업시 작업계획서에 포함되어야 할 사항을 5가지 쓰시오.

정답

① 해체의 방법 및 해체순서 도면
② 가설설비, 방호설비, 환기설비 및 살수 · 방화설비 등의 방법
③ 사업장 내 연락방법
④ 해체물의 처분계획
⑤ 해체작업용 기계 · 기구 등의 작업계획서
⑥ 해체작업용 화약류 등의 사용계획서
⑦ 그 밖에 안전보건에 관련된 사항
[근거]
사전조사 및 작업계획서 내용: 산업안전보건법 산업안전보건기준에 관한 규칙 [별표 4]

02

차량계 하역운반기계 운전자가 운전위치를 이탈할 경우 준수하여야 할 사항을 2가지 쓰시오.

정답

① 원동기를 정지시키고 브레이크를 확실히 거는 등 차량계 하역운반기계의 갑작스러운 이동을 방지하기 위한 조치를 할 것
② 포크, 버킷, 디퍼 등의 장치를 가장 낮은 위치 또는 지면에 내려둘 것
③ 운전석을 이탈하는 경우에는 시동키를 운전대에서 분리시킬 것
[근거]
운전위치 이탈시의 조치: 산업안전보건법 산업안전보건기준에 관한 규칙 제99조

03

공칭지름이 10mm이고, 현재 와이어로프의 지름은 9.1mm이다. 이 와이어로프를 양중기에 사용이 가능한지 여부를 판단하시오.

정답

(1) 현재 와이어로프의 지름감소

$$\frac{10-9.1}{10} \times 100 = 9\%$$

(2) 지름의 감소가 공칭지름의 7%를 초과하는 것은 양중기에 사용할 수 없다.
(3) 따라서, 현재 와이어로프의 지름감소가 9%이므로 사용이 불가능하다.

04

산업안전보건법상 공정안전보고서에 포함되어야 할 사항을 4가지 쓰시오.

정답

① 공정안전자료
② 공정위험성평가서
③ 안전운전계획
④ 비상조치계획
⑤ 그 밖에 공정상의 안전과 관련하여 고용노동부장관이 필요하다고 인정하여 고시하는 사항
[근거]
공정안전보고서의 내용: 산업안전보건법 시행령 제44조

05

기계설비의 고장률 유형을 그림으로 나타내고 각 고장의 감소대책을 각각 쓰시오.

정답

(1) 고장률의 유형

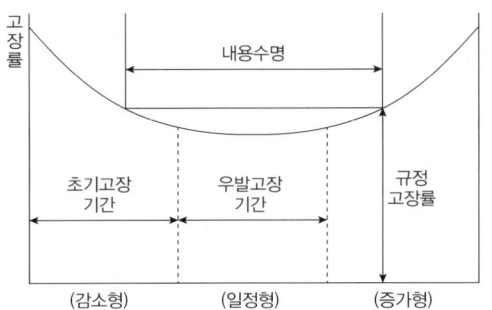

(2) 각 고장의 감소대책
  ① 초기고장: 시운전이나 점검작업으로 감소시킨다.
  ② 우발고장: 안전계수를 고려한 설계, 극한 상황을 고려한 설계 등으로 감소시키고, 사후보전(BM)이 필요하다.
  ③ 마모고장: 정기안전진단(검사) 및 적당한 보수에 의해 감소시키고, 예방보전(PM)이 필요하다.

06

산업안전보건법상 로봇의 작동범위에서 그 로봇에 관하여 교시 등의 작업을 할 때 작업시작 전 점검사항을 3가지 쓰시오.

정답

① 외부전선의 피복 또는 외장의 손상 유무
② 매니퓰레이터(Manipulator)작동의 이상 유무
③ 제동장치 및 비상정지장치의 기능
[근거]
작업시작 전 점검사항: 산업안전보건법 산업안전보건기준에 관한 규칙 [별표 3]

07

산업안전보건법상 위험물질을 기준량 이상으로 제조하거나 취급하는 특수화학설비를 설치하는 경우에는 내부의 이상상태를 조기에 파악하기 위하여 필요한 온도계, 압력계, 유량계 등의 계측장치를 설치하여야 한다. 이에 해당하는 설비를 3가지 쓰시오.

정답

① 발열반응이 일어나는 반응장치
② 증류, 정류, 증발, 추출 등 분리를 하는 장치
③ 가열로 또는 가열기
④ 반응폭주 등 이상화학반응에 의하여 위험물질이 발생할 우려가 있는 설비
⑤ 온도가 350℃ 이상이거나 게이지 압력이 980kPa 이상인 상태에서 운전되는 설비
⑥ 가열시켜주는 물질의 온도가 가열되는 위험물질의 분해온도 또는 발화점보다 높은 상태에서 운전되는 설비
[근거]
계측장치 등의 설치: 산업안전보건법 산업안전보건기준에 관한 규칙 제273조

08

다음은 재해를 분석하는 방법에 관한 것이다. (   ) 안에 알맞은 재해분석방법의 명칭을 쓰시오.

(1) 사고의 유형, 기인물 등 분류항목을 큰 순서대로 도표화한다. - (①)
(2) 특성과 요인관계를 도표로 하여 어골상으로 세분화한다. - (②)

정답

① 파레토도
② 특성요인도

09

A, B, C 발생확률이 각각 0.12이고, 병렬로 접속되어 있을 경우 고장사상을 정상사상으로 하는 FT도를 그리고, 고장이 발생할 확률을 구하시오. (단, 소수점 넷째자리까지 구하시오.)

정답

(1) FT도

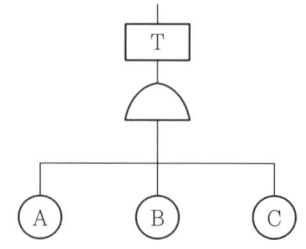

(2) 고장이 발생할 확률

$$T = 0.12 \times 0.12 \times 0.12$$
$$= 0.001728 ≒ 0.0017$$

[관련이론] 고장사상 발생확률과 정상사상 발생확률

구분	고장사상 발생확률	정상사상 발생확률
직렬연결	OR게이트	AND게이트
병렬연결	AND게이트	OR게이트

※ 인간공학 및 시스템안전
　→ 2024 실기 출제기준 변경으로 삭제되어 학습 불필요

10

인간의 주의(Attention)의 특성을 3가지 쓰고, 간단히 설명하시오.

정답

① 선택성: 주의는 동시에 두 개 이상의 방향에 집중하지 못한다.
② 방향성: 한 지점에 주의를 집중하면 다른 곳의 주의는 약해진다.
③ 변동성: 고도의 주의는 장시간 지속할 수 없다.
※ 산업안전심리 및 인간의 행동과학
　→ 2024 실기 출제기준 변경으로 삭제되어 학습 불필요

11

근로자 250명이 작업하는 어느 사업장에서 강도율이 0.8이고, 재해발생건수는 3건이었으며, 연근로시간은 2,400시간이다. 이때 근로손실일수를 계산하시오.

정답

$$강도율 = \frac{근로손실일수}{연근로시간수} \times 1,000$$

$$근로손실일수 = \frac{강도율 \times 연근로시간수}{1,000}$$

$$= \frac{0.8 \times 250 \times 2,400}{1,000} = 480일$$

12

산업안전보건법상 다음 안전보건표지판의 명칭을 각 각 쓰시오.

①

②

③

④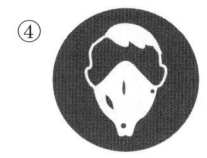

정답

① 사용금지

② 낙하물 경고

③ 산화성 물질 경고

④ 방진마스크 착용

[근거]

안전보건표지의 종류와 형태: 산업안전보건법 시행규칙 [별표 6]

13

산업안전보건법상 이동형 또는 휴대형 전기기계·기 구에 감전방지용 누전차단기를 설치하여야 하는 대상 을 3가지 쓰시오.

정답

① 대지전압이 150V를 초과하는 이동형 또는 휴대형 전기기계·기구

② 철판·철골 위 등 도전성이 높은 장소에서 사용하는 이동형 또는 휴대형 전기기계·기구

③ 임시배선의 전로가 설치되는 장소에서 사용하는 이동형 또는 휴 대형 전기기계·기구

④ 물 등 도전성이 높은 액체가 있는 습윤장소에서 사용하는 저압용 전기기계·기구

[근거]

누전차단기에 의한 감전방지: 산업안전보건법 산업안전보건기준에 관한 규칙 제304조

2020년 기출문제

01

차량계 건설기계를 사용하는 작업시 작업계획서 내용을 3가지 쓰시오.

정답

① 사용하는 차량계 건설기계의 종류 및 성능
② 차량계 건설기계의 운행경로
③ 차량계 건설기계에 의한 작업방법
[근거]
사전조사 및 작업계획서 내용: 산업안전보건법 산업안전보건기준에 관한 규칙 [별표 4]

02

위험예지훈련의 4단계를 순서대로 쓰시오.

정답

① 제1단계: 현상파악
② 제2단계: 본질추구
③ 제3단계: 대책수립
④ 제4단계: 목표설정

03

풀프루프(Fool Proof)를 간단히 설명하시오.

정답

근로자가 기계 등의 취급을 잘못해도 그것이 바로 사고나 재해와 연결되는 일이 없도록 하는 확고한 안전기구를 말한다.

[관련이론] 페일세이프(Fail Safe)

인간이나 기계 등에 과오나 동작상의 실수가 있더라도 사고·재해를 발생시키지 않도록 철저하게 2중, 3중으로 통제를 가하는 것이다.

04

산업안전보건법상 중대산업사고를 예방하기 위해 공정안전보고서를 작성하여 제출하여야 하는 사업장을 4가지 쓰시오.

정답

① 원유정제처리업
② 기타 석유정제물재처리업
③ 석유화학계 기초화학물질 제조업 또는 합성수지 및 기타 플라스틱물질제조업
④ 복합비료 및 기타 화학비료 제조업 중 복합비료 제조(단순혼합 또는 배합에 의한 경우는 제외)
⑥ 화학살균·살충제 및 농업용 약제제조업(농약 원제제조만 해당)
⑦ 화약 및 불꽃제품제조업
[근거]
공정안전보고서의 제출 대상: 산업안전보건법 시행령 제43조

05

근로자수가 300명인 어떤 사업장에서 1일 근무시간은 8시간, 연간근로일수는 280일일 때 연간 재해건수 16건이 발생하여 근로손실일수가 220일 발생하였다. 이 사업장의 도수율을 계산하시오.

정답

$$도수율 = \frac{재해발생건수}{연근로시간수} \times 1,000,000$$
$$= \frac{16}{300 \times 8 \times 280} \times 1,000,000$$
$$= 23.809 ≒ 23.81$$

06

산업안전보건법상 자율안전확인 대상 방호장치를 4가지 쓰시오.

정답

① 아세틸렌 용접장치용, 가스집합 용접장치용 안전기
② 연삭기 덮개
③ 롤러기 급정지장치
④ 교류아크 용접기용 자동전격방지기
⑤ 목재가공용 둥근톱 반발예방장치와 날접촉예방장치
⑥ 동력식 수동대패용 칼날접촉방지장치
⑦ 추락·낙하 및 붕괴 등의 위험방지 및 보호에 필요한 가설기자재로서 고용노동부장관이 정하여 고시하는 것

[근거]
자율안전확인 대상 기계 등 : 산업안전보건법 시행령 제77조

07

다음은 산업안전보건법상 계단에 관한 사항이다. (   ) 안에 적합한 내용을 쓰시오.

- 사업주는 계단 및 계단참을 설치하는 경우 매 m²당 (①) 이상의 하중에 견딜 수 있는 강도를 가진 구조로 설치하여야 하며, 안전율은 (②) 이상으로 하여야 한다.
- 사업주는 높이가 3m를 초과하는 계단에 높이 3m 이내마다 진행방향으로 길이 (③) 이상의 계단참을 설치하여야 한다.

정답

① 500kg
② 4
③ 1.2m
[근거]
계단의 강도, 계단참의 높이 : 산업안전보건법 산업안전보건기준에 관한 규칙 제26조, 제28조 → 2023.11.14 개정

08

기계설비에 형성되는 위험점의 종류를 3가지 쓰시오.

정답

① 끼임점
② 협착점
③ 절단점
④ 회전말림점
⑤ 물림점
⑥ 접선물림점

09

다음은 산업안전보건법상 안전보건표지에 관한 사항이다. ( ) 안에 적합한 내용을 쓰시오.

색채	색도기준	용도
빨간색	(①)	금지
		경고
(②)	5Y 8.5/12	경고
파란색	2.5PB 4/10	(③)
녹색	2.5G 4/10	(④)
(⑤)	N9.5	
검은색	NO.5	

① 7.5R 4/14
② 노란색
③ 지시
④ 안내
⑤ 흰색
[근거]
안전보건표지의 색도기준 및 용도: 산업안전보건법 시행규칙 [별표 8]

10

피뢰기의 성능 구비조건을 5가지 쓰시오.

① 구조가 견고하며 특성이 변화하지 않을 것
② 충격방전개시전압이 낮을 것
③ 뇌전류의 방전능력이 크고, 속류의 차단능력이 충분할 것
④ 반복동작이 가능할 것
⑤ 점검, 보수가 간단할 것
⑥ 제한전압이 낮을 것
⑦ 상용주파방전개시전압이 높을 것

11

산업안전보건법상 안전보건진단을 받아 안전보건개선계획을 수립하여야 할 사업장을 4가지 쓰시오.

① 산업재해율이 같은 업종 평균 산업재해율의 2배 이상인 사업장
② 사업주가 필요한 안전조치 또는 보건조치를 이행하지 아니하여 중대재해가 발생한 사업장
③ 직업성 질병자가 연간 2명 이상(상시근로자 1,000명 이상 사업장의 경우 3명 이상) 발생한 사업장
④ 그 밖에 작업환경 불량, 화재 · 폭발 또는 누출 사고 등으로 사업장 주변까지 피해가 확산된 사업장으로서 고용노동부령으로 정하는 사업장
[근거]
안전보건진단을 받아 안전보건개선계획을 수립할 대상: 산업안전보건법 시행령 제49조

[관련이론] 고용노동부장관이 사업장의 사업주에게 안전보건개선계획을 수립하여 시행할 것을 명할 수 있는 사업장
① 산업재해율이 같은 업종의 규모별 평균 산업재해율보다 높은 사업장
② 사업주가 필요한 안전조치 또는 보건조치를 이행하지 아니하여 중대재해가 발생한 사업장
③ 대통령령으로 정하는 수(직업성 질병자가 연간 2명 이상 발생한 사업장) 이상의 직업성 질병자가 발생한 사업장
④ 유해인자의 노출기준을 초과한 사업장
[근거]
안전보건개선계획의 수립 · 시행 명령: 산업안전보건법 제49조

12

MSDS(물질안전보건자료)를 작성할 때 포함하여야 할 사항 16가지 중 다음 사항을 제외한 나머지 사항을 5가지 쓰시오.

- 구성성분의 명칭 및 함유량
- 화학제품과 회사에 관한 정보
- 물리화학적 특성
- 취급 및 저장방법
- 법적규제현황
- 폐기시 주의사항
- 그 밖의 참고사항

① 응급조치요령
② 유해성 · 위험성
③ 누출사고시 대처방법
④ 폭발 · 화재시 대처방법
⑤ 독성에 관한 정보
⑥ 안정성 및 반응성
⑦ 노출방지 및 개인보호구
⑧ 운송에 필요한 정보
⑨ 환경에 미치는 영향
[근거]
물질안전보건자료 작성항목: 화학물질의 분류 · 표시 및 물질안전보건자료에 관한 기준 고용노동부고시

13

다음은 산업안전보건법상 작업장 조도기준에 관한 사항이다. (　　) 안에 적합한 숫자를 쓰시오.

작업의 종류	작업면 조도
초정밀작업	(　①　)lux 이상
정밀작업	(　②　)lux 이상
보통작업	(　③　)lux 이상
그 밖의 작업	(　④　)lux 이상

① 750
② 300
③ 150
④ 75
[근거]
조도: 산업안전보건법 산업안전보건기준에 관한 규칙 제8조

01

사업주는 밀폐공간에서 근로자에게 작업을 하도록 하는 경우 밀폐공간작업 프로그램을 수립하여 시행하여야 한다. 밀폐공간작업 프로그램의 내용을 3가지 쓰시오.

정답

① 사업장 내 밀폐공간의 위치 파악 및 관리방안
② 밀폐공간 내 질식 · 중독 등을 일으킬 수 있는 유해 · 위험요인의 파악 및 관리방안
③ 밀폐공간작업시 사전 확인이 필요한 사항에 대한 확인 절차
④ 안전보건교육 및 훈련
⑤ 그 밖에 밀폐공간작업 근로자의 건강장해예방에 관한 사항
[근거]
밀폐공간작업 프로그램의 수립 · 시행: 산업안전보건법 산업안전보건기준에 관한 규칙 제619조

02

다음은 산업안전보건법상 안전보건개선계획에 관한 사항이다. (   ) 안에 적합한 숫자를 쓰시오.

(1) 사업주는 안전보건개선계획서 수립 · 시행 명령을 받은 날부터 (①)일 이내에 관할 지방고용노동관서의 장에게 해당 계획서를 제출(전자문서로 제출하는 것을 포함한다)해야 한다.
(2) 지방고용노동관서의 장이 안전보건개선계획서를 접수한 경우에는 접수일부터 (②)일 이내에 심사하여 사업주에게 그 결과를 알려야 한다.

정답

① 60
② 15
[근거]
• 안전보건개선계획서의 제출: 산업안전보건법 시행규칙 제61조
• 안전보건개선계획서의 검토: 산업안전보건법 시행규칙 제62조

03

프레스 수인식 방호장치의 손목밴드, 수인끈, 수인끈의 안내통에 대하여 일반구조를 4가지 쓰시오.

정답

① 손목밴드의 재료는 유연한 내유성 피혁 또는 이와 동등한 재료를 사용해야 한다.
② 손목밴드는 착용감이 좋으며 쉽게 착용할 수 있는 구조이어야 한다.
③ 수인끈의 재료는 합성섬유로 직경이 4mm 이상이어야 한다.
④ 수인끈은 작업자와 작업공정에 따라 그 길이를 조정할 수 있어야 한다.
⑤ 수인끈의 안내통은 끈의 마모와 손상을 방지할 수 있는 조치를 해야 한다.
⑥ 각종 레버는 경량이면서 충분한 강도를 가져야 한다.
[근거]
프레스 또는 전단기 방호장치의 성능기준: 방호장치 안전인증 고용노동부고시 [별표 1]

04

작업자가 연삭기 작업을 하던 중 회전하는 연삭기와 덮개 사이에 재료가 끼이면서 숫돌파편이 튀어 다쳤다. 이 재해를 분석하시오.

정답

① 재해형태: 비래(날아옴)
② 기인물: 연삭기
③ 가해물: 숫돌파편

05

재해사례연구단계를 순서대로 쓰시오.

① 전제조건: 재해상황의 파악
② 제1단계: 사실의 확인
③ 제2단계: 문제점의 발견
④ 제3단계: 근본적 문제점의 결정
⑤ 제4단계: 대책수립

06

다음 FT도에서 시스템의 신뢰도를 계산하시오. (단, 발생확률은 ①, ④가 0.05 ②, ③이 0.1이다.)

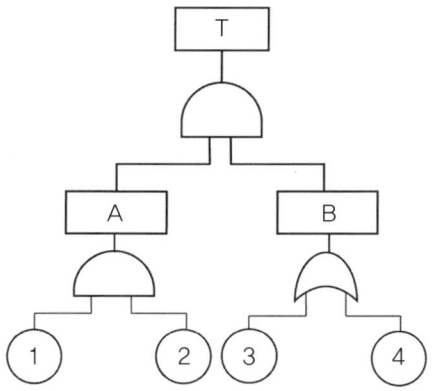

- A = 0.05 × 0.1 = 0.005
- B = 1 − (1 − 0.1)(1 − 0.05) = 0.145
- 발생확률(T) = A × B = 0.005 × 0.145
  = 0.000725
- 신뢰도(R_t) = 1 − 발생확률(T)
  = 1 − 0.000725 = 0.999275

※ 인간공학 및 시스템안전
  → 2024 실기 출제기준 변경으로 삭제되어 학습 불필요

07

다음 안전성 평가단계의 순서를 번호로 쓰시오.

① 정성적 평가
② 재평가
③ FTA 재평가
④ 안전대책
⑤ 관계자료 정비검토
⑥ 정량적 평가

⑤ → ① → ⑥ → ④ → ② → ③

※ 인간공학 및 시스템안전
  → 2024 실기 출제기준 변경으로 삭제되어 학습 불필요

08

다음 안전보건표지의 명칭을 쓰시오.

| (①) | (②) | (③) |

① 인화성 물질 경고
② 금연
③ 고온 경고
[근거]
안전보건표지의 종류와 형태: 산업안전보건법 시행규칙 [별표 6]

09

산업안전보건법상 작업발판 일체형 거푸집의 종류를 3가지 쓰시오.

① 갱폼(gang form)
② 슬립폼(slip form)
③ 클라이밍폼(climbing form)
④ 터널라이닝폼(tunnel lining form)
⑤ 그 밖에 거푸집과 작업발판이 일체로 제작된 거푸집
[근거]
작업발판 일체형 거푸집의 안전조치: 산업안전보건법 산업안전보건기준에 관한 규칙 제337조

10

다음은 달기체인 등의 사용금지에 관한 사항이다. ( ) 안에 적합한 숫자를 쓰시오.

> (1) 달기체인의 길이가 달기체인이 제조된 때의 길이의 (①)%를 초과한 것
> (2) 링의 단면지름이 달기체인이 제조된 때의 해당 링 지름의 (②)%를 초과하여 감소한 것

① 5
② 10
[근거] 달비계의 구조: 산업안전보건법 산업안전보건기준에 관한 규칙 제63조

11

산업안전보건법상 사업주가 실시하여야 하는 근로자 안전보건교육의 종류를 4가지 쓰시오.

① 정기교육(정기안전보건교육)
② 채용시 교육
③ 작업내용변경시 교육
④ 특별교육(특별안전보건교육)
⑤ 건설업 기초안전보건교육
[근거]
• 근로자에 대한 안전보건교육: 산업안전보건법 제29조
• 안전보건교육 교육과정별 교육시간: 산업안전보건법 시행규칙 [별표 4]

12

크레인을 사용하여 와이어로프 60도의 각도로 4,200kN의 화물을 들어 올릴 때, 와이어로프 1가닥에 걸리는 하중은 몇 kN인가?

$$W_1 = \frac{\frac{W}{2}}{\cos \frac{\theta}{2}}$$

여기서, W_1: 로프 1가닥에 걸리는 하중(kN)
θ: 로프의 각도
W: 화물의 무게(kN)

$$= \frac{\frac{4,200}{2}}{\cos \frac{60}{2}} = \frac{2,100}{\cos 30}$$

$$= 2424.8711 \fallingdotseq 2424.87 \, kN$$

13

다음은 누전에 의한 감전위험을 방지하기 위해 해당 전로의 정격에 적합하고 감도가 양호하며 확실하게 작동하는 감전방지용 누전차단기를 설치하여야 하는 전기기계·기구에 관한 사항이다. (   ) 안에 적합한 숫자를 쓰시오.

(1) 대지전압이 (①)V를 초과하는 이동형 또는 휴대형 전기기계·기구
(2) 물 등 도전성이 높은 액체가 있는 습윤장소에서 사용하는 저압[(②)V 이하 직류전압이나 (③)V 이하의 교류전압]용 전기기계·기구
(3) 철판·철골 위 등 도전성이 높은 장소에서 사용하는 이동형 또는 휴대형 전기기계·기구
(4) 임시배선로 전로가 설치되는 장소에서 사용하는 이동형 또는 휴대형 전기기계·기구

정답

① 150
② 750
③ 600

[관련이론] 전압의 구분[한국전기설비규정(KEC) → 2021.1.1. 시행]

압력	직류(DC)	교류(AC)
저압	1.5kV 이하	1kV 이하
고압	1.5kV 초과 7kV 이하	1kV 초과 7kV 이하
특별고압	7kV 초과	7kV 초과

14

산업안전보건법상 사업주가 근로자에게 실시하여야 하는 근로자 정기안전보건교육의 내용을 4가지만 쓰시오.

정답

① 산업안전 및 산업재해 예방에 관한 사항(화재·폭발사고 발생시 대피에 관한 사항 포함)
② 산업보건 및 건강장해 예방에 관한 사항(폭염·한파작업으로 인한 건강장해 발생 시 응급조치에 관한 사항 포함)
③ 건강증진 및 질병예방에 관한 사항
④ 유해위험작업환경관리에 관한 사항
⑤ 산업안전보건법령 및 산업재해보상보험제도에 관한 사항
⑥ 직무스트레스예방 및 관리에 관한 사항
⑦ 직장 내 괴롭힘, 고객의 폭언 등으로 인한 건강장해예방 및 관리에 관한 사항
⑧ 위험성 평가에 관한 사항
[근거]
안전보건교육 교육대상별 교육내용: 산업안전보건법 시행규칙 [별표 5] → 2025.5.30 개정

01

MTTF와 MTTR에 대하여 간단히 설명하시오.

정답

① MTTF(평균고장시간): 하나의 고장에서부터 다음 고장까지의 평균 동작시간
② MTTR(평균수리시간): 고장수리시간을 그 기간의 고장횟수로 나눈 시간

> **[관련이론] MTBF(평균고장간격)**
> 시스템, 부품 등 고장 사이의 작동시간 평균치

※ 인간공학 및 시스템안전
→ 2024 실기 출제기준 변경으로 삭제되어 학습 불필요

02

근로자 안전보건교육의 종류를 4가지 쓰시오.

정답

① 정기교육(정기안전보건교육)
② 채용시 교육
③ 작업내용변경시 교육
④ 특별교육(특별안전보건교육)
⑤ 건설업 기초안전보건교육
[근거]
• 근로자에 대한 안전보건교육: 산업안전보건법 제29조
• 안전보건교육 교육과정별 교육시간: 산업안전보건법 시행규칙 [별표 4]

03

산업안전보건법상 슬레이트, 선라이트 등 강도가 약한 재료로 덮은 지붕 위에서 작업을 할 때에 발이 빠지는 등 근로자가 위험해질 우려가 있는 경우 이러한 위험을 방지하기 위하여 필요한 조치사항을 2가지 쓰시오.

정답

① 폭 30cm 이상의 발판 설치
② 추락방호망 설치
[근거]
지붕 위에서의 위험 방지: 산업안전보건법 산업안전보건기준에 관한 규칙 제45조

04

작업자가 바닥에 미끄러운 기름이 흩어져 있는 통로를 지나가다가 넘어져 머리를 다쳤다. 이 재해를 분석하시오.

정답

① 사고유형(재해발생형태): 넘어짐(전도)
② 기인물: 기름
③ 가해물: 바닥

05

1,000rpm으로 회전하는 롤러기의 앞면 롤러지름이 40cm인 경우 앞면 롤러의 표면속도에 따른 급정지거리는 몇cm 이내이어야 하는지 계산하시오.

- V(앞면 롤러의 표면속도)$=\dfrac{\pi DN}{1,000}=\dfrac{3.14\times400\times1,000}{1,000}$

  $=1,256\text{m/min}$

  여기서, D: 롤러 원통의 직경[mm]

  N: 회전수[rpm]

- 급정지거리 기준: 표면속도가 30m/min 이상일 경우, 앞면 롤러 원주의 $\dfrac{1}{2.5}$ 이내

- 원주길이$=\pi D=3.14\times400=1,256\text{mm}=125.6\text{cm}$

- 급정지거리$=125.6\times\dfrac{1}{2.5}=50.24\text{cm}$ 이내

[관련이론] 급정지장치의 성능조건

앞면 롤러의 표면속도	급정지거리
30m/min 미만	앞면 롤러 원주의 $\dfrac{1}{3}$
30m/min 이상	앞면 롤러 원주의 $\dfrac{1}{2.5}$

06

산업안전보건법상 안전보건진단을 받아 안전보건개선계획을 수립하여야 할 사업장을 4가지 쓰시오.

① 산업재해율이 같은 업종 평균 산업재해율의 2배 이상인 사업장
② 사업주가 필요한 안전조치 또는 보건조치를 이행하지 아니하여 중대재해가 발생한 사업장
③ 직업성 질병자가 연간 2명 이상(상시근로자 1,000명 이상 사업장의 경우 3명 이상) 발생한 사업장
④ 그 밖에 작업환경 불량, 화재·폭발 또는 누출 사고 등으로 사업장 주변까지 피해가 확산된 사업장으로서 고용노동부령으로 정하는 사업장
[근거]
안전보건진단을 받아 안전보건개선계획을 수립할 대상: 산업안전보건법 시행령 제49조

07

풀프루프(Fool Proof) 중 고정가드와 인터록가드에 대하여 간단히 설명하시오.

① 고정가드: 기계의 구동부에 고정되어 설치된 것으로 가드가 열려도 기계가 정지하지 않는 구조로 된 가드
② 인터록가드: 공압 등의 방법으로 연동시켜 놓은 것으로 가드가 열리면 기계가 정지하는 구조로 된 가드

08

이황화탄소(CS_2)의 폭발하한계가 1.2vol%, 폭발상한계가 44vol%일 때, 위험도를 계산하시오.

$\text{H}=\dfrac{U-L}{L}$

여기서, H: 위험도, L: 폭발하한계(vol%), U: 폭발상한계(vol%)

$=\dfrac{44.0-1.2}{1.2}=35.666\fallingdotseq35.67$

09

변전설비에 사용하는 MOF(Metering Out Fit, 계기용변성기)의 역할을 2가지 쓰시오.

① 대전류를 소전류로 변환하는 장치(CT: Current Transformer)
② 고전압을 저전압으로 변성하는 장치(PT: Potential Transformer)

10

유한사면의 원호활동에 따른 토사붕괴의 종류를 3가지 쓰시오.

① 사면 내 붕괴(파괴)
② 사면선단 붕괴(파괴)
③ 저부 붕괴(파괴)

12

신뢰도에 따른 고장시기의 (1) 고장종류를 3가지 쓰고 (2) 고장률 공식을 쓰시오.

(1) 고장종류
　　① 초기고장
　　② 우발고장
　　③ 마모고장
(2) 고장률 공식

$$\lambda(\text{고장률}) = \frac{\text{고장건수}(r)}{\text{총가동시간}(t)}$$

※ 인간공학 및 시스템안전
　→ 2024 실기 출제기준 변경으로 삭제되어 학습 불필요

11

산업안전보건법령상 다음 안전보건표지의 명칭을 각각 쓰시오.

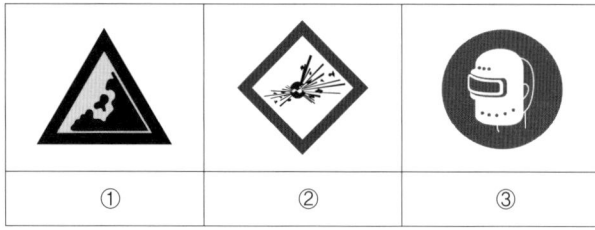

①	②	③

① 낙하물 경고
② 폭발성 물질 경고
③ 보안면 착용
[근거]
안전보건표지의 종류와 형태: 산업안전보건법 시행규칙 [별표 6]

13

다음 기계·기구에 해당하는 방호장치를 1개씩 쓰시오.

(1) 예초기
(2) 원심기
(3) 공기압축기
(4) 금속절단기
(5) 지게차

① 예초기: 날접촉예방방지
② 원심기: 회전체접촉예방장치
③ 공기압축기: 압력방출장치
④ 금속절단기: 날접촉예방장치
⑤ 지게차: 헤드가드, 백레스트, 후미등, 전조등, 안전벨트
[근거]
방호조치: 산업안전보건법 시행규칙 제98조

01

안전인증 대상 가죽제 안전화의 성능시험의 종류를 4가지 쓰시오.

정답

① 내압박성시험
② 내충격성시험
③ 박리저항시험
④ 내답발성시험
⑤ 내부식성시험
⑥ 내유성시험
⑦ 은면결렬시험
⑧ 인열강도시험
⑨ 인장강도시험 및 신장율시험
[근거]
가죽제 안전화의 시험방법: 보호구 안전인증 고용노동부고시 [별표 2의9]

02

휴먼에러(Human Error)의 분류 중 스웨인(Swain)의 심리적 분류를 4가지 쓰시오.

정답

① 실행오류(Commission Error)
② 생략오류(Omission Error)
③ 순서오류(Sequential Error)
④ 시간오류(Time Error)
⑤ 과잉행동오류(Extraneous Error)
※ 인간공학 및 시스템안전
→ 2024 실기 출제기준 변경으로 삭제되어 학습 불필요

03

안전인증 파열판에 안전인증의 표시 외에 추가로 표시하여야 할 사항을 5가지 쓰시오.

정답

① 호칭지름
② 용도(요구성능)
③ 설정파열압력(MPa) 및 설정온도(℃)
④ 분출용량(kg/h) 또는 공칭분출계수
⑤ 파열판의 재질
⑥ 유체의 흐름방향 지시
[근거]
파열판의 성능기준: 방호장치 안전인증 고용노동부고시 [별표 4]

04

다음은 산업안전보건법령상 안전보건총괄책임자 지정 대상사업에 관한 사항이다. (   ) 안에 적합한 내용을 쓰시오.

(1) 관계수급인에게 고용된 근로자를 포함한 상시근로자가 (①) 이상인 사업
(2) 수급인 공사금액을 포함한 해당 공사의 총공사금액이 (②) 이상인 건설업

정답

① 100명
② 20억 원
[근거]
안전보건 총괄책임자 지정 대상사업: 산업안전보건법 시행령 제52조

[관련이론] 그 밖의 안전보건총괄책임자 지정 대상사업

관계수급인에게 고용된 근로자를 포함한 상시근로자가 50명 이상인 선박 및 보트건조업, 1차금속제조업, 토사석광업

05

산업안전보건법상 교류아크용접기에 자동전격방지기를 설치하여야 하는 장소를 3가지 쓰시오.

① 선박의 이중 선체 내부, 밸러스트 탱크, 보일러 내부 등 도전체에 둘러싸인 장소
② 추락할 위험이 있는 높이 2m 이상의 장소로 철골 등 도전성이 높은 물체에 근로자가 접촉할 우려가 있는 장소
③ 근로자가 물 · 땀 등으로 인하여 도전성이 높은 습윤상태에서 작업하는 장소
[근거]
교류아크용접기 등: 산업안전보건법 산업안전보건기준에 관한 규칙 제306조

06

어떤 사업장에서 근로자 400명이 1일 8시간, 연간 300일 작업(잔업은 1인당 연간 50시간)하고 있다. 연간 20건의 재해가 발생하여 휴업일수 73일과 근로손실일수 150일이 발생하였을 때 이 사업장의 (1) 강도율과 (2) 도수율을 계산하시오.

(1) 강도율

$$강도율 = \frac{근로손실일수}{연근로시간수} \times 1{,}000$$

$$= \frac{150 + \left(73 \times \frac{300}{365}\right)}{(400 \times 8 \times 300) + (400 \times 50)} \times 1{,}000$$

$$= 0.2142 \doteqdot 0.21$$

(2) 도수율

$$도수율 = \frac{재해발생건수}{연근로시간수} \times 1{,}000{,}000$$

$$= \frac{20}{(400 \times 8 \times 300) + (400 \times 50)} \times 1{,}000{,}000$$

$$= 20.408 \doteqdot 20.41$$

07

동력식 수동대패기의 방호장치를 쓰고, 그 방호장치와 송급테이블의 간격을 쓰시오.

① 동력식 수동대패기의 방호장치: 칼날접촉방지장치
② 방호장치와 송급테이블의 간격: 8mm 이하
[근거]
대패기계용 덮개의 시험방법: 방호장치 자율안전기준 고용노동부고시 [별표 6의2]

08

시각장치와 청각장치의 사용선택에 있어 시각장치 사용이 더 좋은 경우를 4가지 쓰시오.

① 전언(메세지)이 복잡할 때
② 전언이 길 때
③ 전언이 후에 재참조될 때
④ 전언이 즉각적인 행동을 요구하지 않을 때
⑤ 직무상 수신자가 한 곳에 머무를 때
⑥ 전언이 공간적인 위치를 다룰 때
⑦ 수신장소가 너무 시끄러울 때
⑧ 수신자의 청각계통이 과부하상태일 때

[관련이론] 청각장치 사용이 더 좋은 경우
① 전언(메세지)이 간단할 때
② 전언이 짧을 때
③ 전언이 후에 재참조되지 않을 때
④ 전언이 즉각적인 행동을 요구할 때
⑤ 직무상 수신자가 자주 움직일 때
⑥ 전언이 시간적인 사상(event)을 다룰 때
⑦ 수신장소가 너무 밝거나 암조응(暗調應) 유지가 필요할 때
⑧ 수신자의 시각계통이 과부하상태일 때

※ 인간공학 및 시스템안전
  → 2024 실기 출제기준 변경으로 삭제되어 학습 불필요

09

지반의 이상현상 중 보일링(Boiling)현상이 일어나기 쉬운 지반조건을 쓰시오.

정답

지하수위가 높은 사질토 지반

10

FTA에 있어서 컷셋(Cut Set)과 패스셋(Path Set)을 간단히 설명하시오.

정답

① 컷셋(Cut Set): 그 속에 포함되어 있는 모든 기본사상이 일어났을 때 정상사상을 일으키는 기본사상의 집합이다.
② 패스셋(Path Set): 그 속에 포함되는 기본사상이 일어나지 않을 때 처음으로 정상사상이 일어나지 않는 기본사상의 집합이다.

※ 인간공학 및 시스템안전
　→ 2024 실기 출제기준 변경으로 삭제되어 학습 불필요

11

산업안전보건법상 섬유로프 또는 섬유벨트를 작업의자형 달비계에 사용해서는 안 되는 경우를 2가지 쓰시오.

정답

① 꼬임이 끊어진 것
② 심하게 손상되거나 부식된 것
③ 2개 이상의 작업용 섬유로프 또는 섬유벨트를 연결한 것
④ 작업높이보다 길이가 짧은 것
[근거]
달비계의 구조: 산업안전보건법 산업안전보건기준에 관한 규칙 제63조
→ 2021. 11. 19. 개정

12

비, 눈 그 밖의 기상상태의 악화로 작업을 중지시킨 후 또는 비계를 조립ㆍ해체하거나 변경한 후에 그 비계에서 작업을 하는 경우 작업을 시작하기 전 점검사항을 3가지 쓰시오.

정답

① 발판재료의 손상 여부 및 부착 또는 걸림상태
② 해당 비계의 연결부 또는 접속부의 풀림상태
③ 연결재료 및 연결철물의 손상 또는 부식상태
④ 손잡이의 탈락 여부
⑤ 기둥의 침하, 변형, 변위 또는 흔들림상태
⑥ 로프의 부착상태 및 매단 장치의 흔들림상태
[근거]
비계의 점검 및 보수: 산업안전보건법 산업안전보건기준에 관한 규칙 제58조

13

연소의 종류 중 고체의 연소형태를 4가지 쓰시오.

정답

① 표면연소
② 분해연소
③ 자기연소
④ 증발연소

2019년 기출문제

01

다음은 사업장에 선임하여야 하는 안전관리자의 최소 인원에 관한 사항이다. (   ) 안에 적합한 내용을 쓰시오.

> (1) 운수 및 창고업 – 상시근로자가 1,000명일 때: (①)
>
> (2) 고무 및 플라스틱제품제조업 – 상시근로자가 350명 일 때: (②)
>
> (3) 우편 및 통신업 – 상시근로자가 200명일 때: (③)
>
> (4) 건설업 – 공사금액이 900억 원일 때: (④)

정답

① 2명
② 1명
③ 1명
④ 2명
[근거]
안전관리자를 두어야 하는 사업의 종류, 사업장의 상시근로자수, 안전관리자의 수 및 선임방법: 산업안전보건법 시행령 [별표 3]

02

재해예방의 4원칙을 쓰시오.

정답

① 원인계기(연계)의 원칙
② 예방가능의 원칙
③ 손실우연의 원칙
④ 대책선정의 원칙

03

어느 사업장의 연평균근로자수는 1,500명이다. 연간 50건의 재해가 발생하여 근로손실일수가 1,200일, 사망이 2건일 경우에 연천인율을 계산하시오.

정답

- 도수율 $= \dfrac{\text{재해발생건수}}{\text{연근로시간수}} \times 1,000,000$

  $= \dfrac{50}{1,500 \times 2,400} \times 1,000,000$

  $= 13.888 \fallingdotseq 13.89$

※ 연근로시간수의 정확한 산출이 곤란할 때에는 2,400시간(8시간 $\times$ 300일)을 기준으로 한다.

- 연천인율 = 도수율 $\times$ 2.4

  $= 13.89 \times 2.4$

  $= 33.336 \fallingdotseq 33.34$

04

교류아크 용접기의 (1) 방호장치 명칭을 쓰고, (2) 성능 조건을 쓰시오.

정답

(1) 방호장치의 명칭
   자동전격방지기
(2) 성능조건
   아크발생이 중단된 후 1초 이내에 교류아크 용접기의 출력측 무부하전압을 25V 이하로 낮출 것

05

산업안전보건법상 크레인을 사용하여 작업을 할 때 작업시작 전 점검사항을 3가지 쓰시오.

정답

① 권과방지장치 · 브레이크 · 클러치 및 운전장치의 기능
② 주행로의 상측 및 트롤리가 횡행하는 레일의 상태
③ 와이어로프가 통하고 있는 곳의 상태
[근거]
작업시작 전 점검사항: 산업안전보건법 산업안전보건기준에 관한 규칙 [별표 3]

[관련이론] 이동식크레인 작업을 할 때 작업시작 전 점검사항
① 권과방지장치나 그 밖의 경보장치의 기능
② 브레이크 · 클러치 및 조정장치의 기능
③ 와이어로프가 통하고 있는 곳 및 작업장소의 지반상태
[근거]
작업시작 전 점검사항: 산업안전보건법 산업안전보건기준에 관한 규칙 [별표 3]

06

산업안전보건법령상 유해 · 위험방지를 위한 방호조치를 하지 아니하고는 양도 · 대여 · 설치 또는 사용에 제공하거나 양도 · 대여를 목적으로 진열해서는 아니 되는 기계 · 기구와 방호장치를 3가지 쓰시오.

정답

① 예초기: 날접촉예방장치
② 원심기: 회전체접촉예방장치
③ 공기압축기: 압력방출장치
④ 금속절단기: 날접촉예방장치
⑤ 지게차: 헤드가드, 백레스트, 전조등, 후미등, 안전벨트
⑥ 포장기계(진공포장기, 래핑기로 한정): 구동부방호연동장치
[근거]
• 유해하거나 위험한 기계 · 기구에 대한 방호조치: 산업안전보건법 제80조
• 방호조치: 산업안전보건법 시행규칙 제98조

07

산업안전보건법령상 압력용기 등 화학설비에 대해서는 과압에 따른 폭발을 방지하기 위하여 폭발방지성능과 규격을 갖춘 안전밸브 또는 파열판을 설치하여야 한다. 이때 반드시 파열판을 설치하여야 하는 경우를 3가지 쓰시오.

정답

① 반응폭주 등 급격한 압력상승 우려가 있는 경우
② 급성독성 물질의 누출로 인하여 주위의 작업환경을 오염시킬 우려가 있는 경우
③ 운전 중 안전밸브에 이상물질이 누적되어 안전밸브가 작동되지 아니할 우려가 있는 경우
[근거]
파열판의 설치: 산업안전보건기준에 관한 규칙 제262조

08

B급 화재(유류 · 가스화재)에 적응성이 있는 소화기의 종류를 4가지 쓰시오.

정답

① 이산화탄소(CO_2)소화기
② 할로겐화합물소화기
③ 포말소화기
④ 분말소화기

09

산업안전보건법령상 허가대상 유해물질을 제조하거나 사용하는 작업장에 게시하여야 할 사항을 4가지 쓰시오.

① 허가대상 유해물질의 명칭
② 인체에 미치는 영향
③ 취급상의 주의사항
④ 착용하여야 할 보호구
⑤ 응급처치와 긴급방재요령
[근거]
명칭 등의 게시: 산업안전보건법 산업안전보건기준에 관한 규칙 제459조

> **[관련이론]** 관리대상 유해물질을 취급하는 작업장의 게시 사항
> ① 관리대상 유해물질의 명칭
> ② 인체에 미치는 영향
> ③ 취급상의 주의사항
> ④ 착용하여야 할 보호구
> ⑤ 응급조치와 긴급방재요령
> [근거]
> 명칭 등의 게시: 산업안전보건법 차광보산업안전보건기준에 관한 규칙 제442조

10

사업장에서 안전보건관리를 효율적으로 추진하기 위한 안전보건관리조직의 종류를 3가지 쓰시오.

① 라인형 조직(직계형 조직)
② 스텝형 조직(참모형 조직)
③ 라인 · 스텝혼합형 조직(직계 · 참모혼합형 조직)

11

다음 FT도에서 정상사상 T의 고장발생확률을 구하시오. (단, 기본사상 X_1, X_2, X_3의 발생확률은 각각 0.1, 0.2, 0.3 이다)

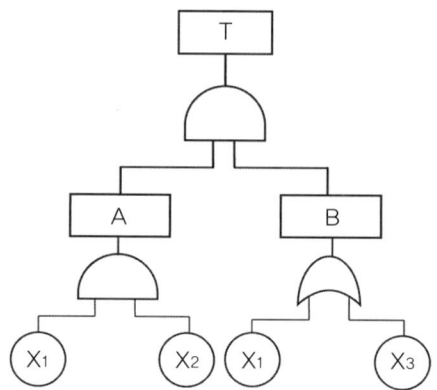

• $A = X_1 \times X_2 = 0.1 \times 0.2 = 0.02$
• $B = 1 - (1 - X_1)(1 - X_3) = 1 - (1 - 0.1)(1 - 0.3) = 0.37$
• $T = A \times B = 0.02 \times 0.37 = 0.0074$
※ 인간공학 및 시스템안전
　→ 2024 실기 출제기준 변경으로 삭제되어 학습 불필요

12

산업안전보건기준에 관한 규칙상 (1) 소음작업, (2) 강렬한 소음작업, (3) 충격소음작업에 대하여 간단히 설명하시오.

(1) 소음작업
　1일 8시간 작업을 기준으로 85데시벨(dB) 이상의 소음이 발생하는 작업이다.
(2) 강렬한 소음작업
　90데시벨(dB) 이상의 소음이 1일 8시간 이상 발생하는 작업이다.
(3) 충격소음작업
　소음이 1초 이상의 간격으로 발생하는 작업으로서 120데시벨(dB)을 초과하는 소음이 1일 10,000회 이상 발생하는 작업이다.
[근거]
정의: 산업안전보건법 산업안전보건기준에 관한 규칙 제512조
※ 인간공학 및 시스템안전
　→ 2024 실기 출제기준 변경으로 삭제되어 학습 불필요

13

다음은 산업안전보건법상 근로자에게 실시하여야 하는 근로자 안전보건교육 교육과정별 교육시간에 관한 사항이다. ( ) 안에 적합한 내용을 쓰시오.

교육과정	교육대상	교육시간
정기교육	사무직 종사 근로자	(①)
	관리감독자의 지위에 있는 사람	(②)
채용시 교육	일용근로자	(③)
	그밖의 근로자	(④)
작업내용 변경시 교육	일용근로자	(⑤)
	그밖의 근로자	(⑥)

정답

① 매반기 6시간 이상
② 연간 16시간 이상
③ 1시간 이상
④ 8시간 이상
⑤ 1시간 이상
⑥ 2시간 이상
[근거]
안전보건교육 교육과정별 교육시간: 산업안전보건법 시행규칙 [별표 4]
→ 2023.9.27 개정

[관련이론] 안전보건관리책임자 등에 대한 교육

교육대상	교육시간	
	신규교육	보수교육
안전보건관리책임자	6시간 이상	6시간 이상
안전관리자, 안전관리전문기관의 종사자	34시간 이상	24시간 이상
보건관리자, 보건관리전문기관의 종사자	34시간 이상	24시간 이상
건설재해예방전문지도기관의 종사자	34시간 이상	24시간 이상
석면조사기관의 종사자	34시간 이상	24시간 이상
안전보건관리담당자	–	8시간 이상
안전검사기관, 자율안전검사기관의 종사자	34시간 이상	24시간 이상

[근거]
안전보건교육 교육과정별 교육시간: 산업안전보건법 시행규칙 [별표 4]

01

산업안전보건법상 크레인 등 양중기에 설치하여야 할 방호장치를 3가지 쓰시오.

정답

① 권과방지장치
② 과부하방지장치
③ 비상정지장치
④ 제동장치
[근거]
방호장치의 조정: 산업안전보건법 산업안전보건기준에 관한 규칙 제134조

02

보호구의 자율안전확인 제품에 표시하여야 할 사항을 5가지 쓰시오.

정답

① 형식 또는 모델명
② 규격 또는 등급 등
③ 제조자명
④ 제조번호 및 제조연월
⑤ 자율안전확인번호
[근거]
자율안전확인 제품표시의 붙임: 보호구 자율안전확인 고용노동부고시 제11조

03

인간과 기계를 비교할 때 인간이 기계보다 우수한 기능을 5가지 쓰시오.

정답

① 예기치 못한 사건들을 감지하는 기능
② 복잡 다양한 자극의 형태를 식별하는 기능
③ 원칙을 적용하여 다양한 문제를 해결하는 기능
④ 저에너지의 자극을 감지하는 기능
⑤ 다량의 정보를 장시간 기억하고 필요시 내용을 회상하는 기능
⑥ 주관적으로 추산하고 평가하는 기능
⑦ 관찰을 통해서 일반화하여 귀납적으로 추리하는 기능
⑧ 어떤 운용방법이 실패할 경우 다른 방법을 선택하는 기능(융통성)
⑨ 문제해결에 있어서 독창력을 발휘하는 기능
⑩ 과부하(Overload)상태에서는 중요한 일에만 전념하는 기능
⑪ 다양한 경험을 토대로 의사결정, 상황적인 요구에 따라 적응적인 결정, 비상사태시 임기응변 기능

[관련이론] 기계가 인간보다 우수한 기능
- 암호화된 정보를 신속하게 대량보관하는 기능
- 인간 및 기계에 대한 모니터(Monitor) 기능
- 장시간 중량작업을 할 수 있는 기능
- 명시된 프로그램(Program)에 따라 정량적인 정보처리 기능
- 연역적으로 추정하는 기능
- 과부하시에도 효율적으로 작동하는 기능
- 인간의 정상적인 감지범위 밖에 있는 자극을 감지하는 기능
- 반복작업 및 동시에 여러 가지 작업을 수행할 수 있는 기능
- 주위가 소란하여도 효율적으로 작동하는 기능
- 사전에 명시된 사상(Event), 특히 드물게 발생하는 사상을 감지하는 기능

※ 인간공학 및 시스템안전
 → 2024 실기 출제기준 변경으로 삭제되어 학습 불필요

04

작업장에서 사용하는 일산화탄소(CO) 10ppm을 mg/m³의 단위로 환산하면 얼마인지 쓰시오. (단, 조건은 25℃, 1atm이다.)

① 일산화탄소(CO)의 분자량＝C(12)＋O(16)＝28g

$$② \; mg/m^3 = ppm \times \frac{분자량}{22.4 \times \frac{273 + ℃}{273}}$$

$$= 10 \times \frac{28}{22.4 \times \frac{273 + 25}{273}}$$

$$= 11.45134 ≒ 11.45 mg/m^3$$

[관련이론] ppm을 mg/m³로 환산하는 식

$$mg/m^3 = ppm \times \frac{분자량}{22.4 \times \frac{273 + ℃}{273}}$$

여기서, 22.4는 25℃, 1atm(기압)에서 물질 1mol의 부피를 말한다.

05

콘크리트 구조물로 옹벽을 축조할 경우 이에 필요한 안정조건을 3가지 쓰시오.

① 활동에 대한 안정
② 전도에 대한 안정
③ 침하에 대한 안정

06

산업안전보건법상 승강기의 설치·조립·수리·점검 또는 해체작업을 하는 경우 조치사항을 3가지 쓰시오.

① 작업을 지휘하는 사람을 선임하여 그 사람의 지휘하에 작업을 실시할 것
② 작업을 할 구역에 관계근로자가 아닌 사람의 출입을 금지하고 그 취지를 보기 쉬운 장소에 표시할 것
③ 비, 눈, 그 밖에 기상상태의 불안정으로 날씨가 몹시 나쁜 경우에는 그 작업을 중지시킬 것
[근거]
조립 등의 작업: 산업안전보건법 산업안전보건기준에 관한 규칙 제162조

07

다음에 해당하는 위험점을 쓰시오.

(1) 기계의 고정부분과 회전하는 운동부분 또는 직선 운동부분이 함께 만드는 위험점: (①)

(2) 왕복운동을 하는 운동부분과 움직임이 없는 고정부분 사이에 형성되는 위험점: (②)

(3) 회전하는 부분의 접선방향으로 물려 들어갈 위험이 형성되는 위험점: (③)

(4) 서로 반대방향으로 맞물려 회전하는 두 개의 회전체에 물려 들어갈 위험이 형성되는 점: (④)

① 끼임점
② 협착점
③ 접선물림점
④ 물림점

08

다음 방폭구조의 기호를 쓰시오.

기호	방폭구조
몰드방폭구조	(①)
안전증방폭구조	(②)
본질안전방폭구조	(③)
비점화방폭구조	(④)
충전방폭구조	(⑤)

① m
② e
③ ia, ib
④ n
⑤ q

[관련이론] 방폭구조에 따른 기호

기호	방폭구조
내압방폭구조	d
유입방폭구조	o
압력방폭구조	p
몰드방폭구조	m
비점화방폭구조	n
특수방폭구조	s
충전방폭구조	q
안전증방폭구조	e
본질안전방폭구조	ia, ib

09

산업안전보건법령상 크레인(이동식 크레인 제외), 리프트(이삿짐 운반용 리프트 제외), 곤돌라의 안전검사 주기에 관한 사항이다. (   ) 안에 적합한 숫자를 쓰시오.

사업장에 설치가 끝난 날부터 (①)년 이내에 최초 안전검사를 실시하되, 그 이후부터 (②)년마다(건설현장에서 사용하는 것은 최초로 설치한 날부터 (③)개월마다)

① 3
② 2
③ 6
[근거]
안전검사의 주기와 합격표시 및 방법: 산업안전보건법 시행규칙 제126조

[관련이론] 그 밖의 안전검사 대상 기계 등의 안전검사 주기

(1) 이동식 크레인, 이삿짐운반용 리프트 및 고소작업대
「자동차관리법」 제8조에 따른 신규등록 이후 3년 이내에 최초 안전검사를 실시하되, 그 이후부터 2년마다

(2) 프레스, 전단기, 압력용기, 국소 배기장치, 원심기, 롤러기, 사출성형기, 컨베이어, 산업용 로봇, 혼합기, 파쇄기 또는 분쇄기
사업장에 설치가 끝난 날부터 3년 이내에 최초 안전검사를 실시하되, 그 이후부터 2년마다(공정안전보고서를 제출하여 확인을 받은 압력용기는 4년마다)

[근거]
안전검사의 주기와 합격표시 및 표시방법: 산업안전보건법 시행규칙 제126조 → 2024.6.28 개정

10

반즈(Barnes)의 동작경제 3원칙에 대하여 쓰시오.

정답

① 신체사용에 관한 원칙
② 작업장 배치에 관한 원칙
③ 공구 및 설비디자인에 관한 원칙

[관련이론] 길브레드(Gilbreth)의 동작경제의 3원칙
· 동작능 활용의 원칙   · 동작개선의 원칙
· 작업량 절약의 원칙

※ 인간공학 및 시스템안전
→ 2024 실기 출제기준 변경으로 삭제되어 학습 불필요

11

산업안전보건법상 안전 및 보건에 관한 노사협의체의 구성에 있어 근로자위원과 사용자위원의 자격을 각각 2가지씩 쓰시오.

정답

(1) 근로자위원
　　① 도급 또는 하도급 사업을 포함한 전체 사업의 근로자대표
　　② 근로자대표가 지명하는 명예산업안전감독관 1명(다만, 명예산업안전감독관이 위촉되어 있지 않은 경우에는 근로자대표가 지명하는 해당 사업장 근로자 1명)
　　③ 공사금액이 20억 원 이상인 공사의 관계수급인의 각 근로자대표
(2) 사용자위원
　　① 도급 또는 하도급사업을 포함한 전체 사업의 대표자
　　② 안전관리자 1명
　　③ 보건관리자 1명(보건관리자 선임 대상 건설업으로 한정한다)
　　④ 공사금액이 20억 원 이상인 공사의 관계수급인의 각 대표자
[근거]
노사협의체의 구성: 산업안전보건법 시행령 제64조

[관련이론] 노사협의체의 운영 및 설치 대상
(1) 노사협의체의 운영
　　① 정기회의: 2개월마다 노사협의체의 위원장이 소집
　　② 임시회의: 위원장이 필요하다고 인정할 때에 소집
(2) 노사협의체의 설치 대상
　　공사금액이 120억 원(토목공사업은 150억 원) 이상인 건설공사
[근거]
(1) 노사협의체의 운영: 산업안전보건법 시행령 제65조
(2) 노사협의체의 설치대상: 산업안전보건법 시행령 제64조

12

작업시 산소소비량은 1.5 ℓ/min, 산소에너지당량은 5kcal/ℓ 이고, 휴식시 평균에너지소비량은 1.5kcal/min, 작업시 평균에너지소비량 상한은 5kcal/min이다. 60분간 작업을 할 때 휴식시간을 계산하시오.

정답

· 작업시 평균에너지소비량(E)
　＝작업시 산소소비량×산소에너지당량
　＝$1.5 \times 5 = 7.5$kcal/min
· 휴식시간(R)
　$= \dfrac{60(E - \text{작업시 평균에너지소비량상한})}{(E - \text{휴식시 평균에너지소비량}}$
　$= \dfrac{60(7.5 - 5)}{7.5 - 1.5} = 25$분

※ 인간공학 및 시스템안전
→ 2024 실기 출제기준 변경으로 삭제되어 학습 불필요

13

목재가공용 둥근톱기계에서 다음 사항의 크기 순서를 번호로 쓰시오.

① 분할날 두께
② 톱날 두께
③ 치진폭

정답

③ ＞ ① ＞ ②

[관련이론] 둥근톱 분할날의 두께
$1.1t_1 \leq t_2 < b$
여기서, t_1: 톱날 두께
　　　　t_2: 분할날 두께
　　　　b: 치진폭

01

산업안전보건법상 로봇의 작동범위에서 그 로봇에 관하여 교시 등의 작업을 할 때 작업시작 전 점검사항을 3가지 쓰시오.

정답

① 외부전선의 피복 또는 외장의 손상 유무
② 매니퓰레이터(Manipulator) 작동의 이상 유무
③ 제동장치 및 비상정지장치의 기능
[근거]
작업시작 전 점검사항: 산업안전보건법 산업안전보건기준에 관한 규칙 [별표 3]

02

비계가 갖추어야 할 구비조건을 3가지 쓰고, 간단히 설명하시오.

정답

① 안전성: 추락, 낙하에 의한 안전성 및 무너짐에 대한 안전성을 확보할 것
② 경제성: 조립 및 해체가 신속하고 용이할 것
③ 작업성: 작업 및 통행에 방해가 되지 않는 구조이어야 하며, 작업자세를 취할 때 무리가 없도록 작업발판의 넓이가 확보될 것

03

산업안전보건법령상 안전보건표지에서 관계자 외 출입금지표지의 종류를 3가지 쓰시오.

정답

① 허가대상물질작업장
② 석면취급/해체작업장
③ 금지대상물질의 취급 실험실 등
[근거]
안전보건표지의 종류와 형태: 산업안전보건법 시행규칙 [별표 6]

04

연평균 근로자 100명이 근무하는 어느 사업장에서 연간 4건의 재해가 발생하여 사망 1명, 14급 장해 2명, 휴업일수가 47일인 경우 강도율을 계산하시오.

정답

$$강도율 = \frac{근로손실일수}{연근로시간수} \times 1,000$$

$$= \frac{7,500 + (50 \times 2) + \left(47 \times \frac{300}{365}\right)}{100 \times 8 \times 300} \times 1,000$$

$$= 31.827 ≒ 31.83$$

※ 연근로시간수의 정확한 산출이 곤란할 때에는 2,400시간(8시간 × 300일)을 기준으로 한다.

[관련이론] 근로손실일수의 산정기준(ILO)
• 사망 및 영구전노동불능(신체장해등급 1~3급): 7,500일
• 영구일부노동불능(신체장해등급 4~14급)

신체장해등급	근로손실일수	신체장해등급	근로손실일수
4	5,500	10	600
5	4,000	11	400
6	3,000	12	200
7	2,200	13	100
8	1,500	14	50
9	1,000		

• 일시전노동불능(의사의 진단에 따라 노동에 일정기간 종사할 수 없는 상해): 근로손실일수 = 휴업일수 × 300/365

05

히빙(Heaving)현상의 정의를 쓰고, 방지대책을 3가지 쓰시오.

정답

(1) 히빙(Heaving)현상의 정의

굴착이 진행됨에 따라 흙막이벽 뒤쪽 흙의 중량이 굴착부 바닥의 지지력 이상이 되면 흙막이벽 근입부분의 지반이동이 발생하여 굴착부 저면이 솟아오르는 현상이다.

(2) 방지대책

① 굴착주변의 상재하중을 제거한다.

② 흙막이벽의 근입심도를 확보한다(근입깊이를 깊게 한다).

③ 어스앵커(Earth Anchor)를 설치한다.

④ 굴착저면에 토사 등의 인공중력을 가중시킨다.

⑤ 굴착주변을 웰포인트(Well Point)공법과 병행한다.

⑥ 양질의 재료로 지반개량을 실시한다(흙의 전단강도를 높인다).

⑦ 소단(小段)을 두면서 굴착한다.

⑧ 흙막이벽의 표토를 제거하여 토압을 경감시킨다.

[관련이론] 히빙현상

(1) 히빙(Heaving)현상이 발생하는 지반조건

연약성 점토 지반

(2) 히빙현상으로 나타나는 것

① 배면 토사붕괴

② 지보공 파괴

③ 굴착저면의 솟아오름

06

공정흐름도(PFD)에 표시되어야 하는 사항을 3가지 쓰시오.

정답

① 제조공정 개요와 공정흐름

② 공성제어의 원리

③ 제조설비의 종류 및 기본사양

[근거]

공정흐름도(PFD) 작성에 관한 기술지침: 한국산업안전보건공단

07

부주의현상 중 작업을 하고 있을 때 걱정거리, 고뇌, 욕구불만 등에 의해 다른데 정신을 빼앗기는 현상은 무엇인지 쓰시오.

정답

의식의 우회

[관련이론] 부주의현상

• 의식의 단절: 질병

• 의식의 우회: 걱정, 고뇌, 욕구불만

• 의식수준의 저하: 심신의 피로상태, 단조로운 작업

• 의식의 혼란: 외부의 자극이 애매모호

• 의식의 과잉: 과긴장, 돌발사태

※ 산업안전심리 및 인간의 행동과학

→ 2024 실기 출제기준 변경으로 삭제되어 학습 불필요

08

저장탱크에 대하여 실시하는 비파괴검사 방법을 4가지 쓰시오.

정답

① 초음파탐상검사

② 침투탐상검사

③ 자기탐상검사

④ 방사선투과검사

09

다음 방폭구조의 기호에 따른 명칭을 쓰시오.

- e: (①)
- d: (②)
- n: (③)
- q: (④)
- m: (⑤)
- ia, ib: (⑥)

① 안전증방폭구조
② 내압방폭구조
③ 비점화방폭구조
④ 충전방폭구조
⑤ 몰드방폭구조
⑥ 본질안전방폭구조

10

재해가 발생하였을 때 실시하는 재해조사의 목적을 쓰시오.

① 재해발생원인 및 결함규명
② 재해예방대책자료의 수집(재해예방의 적절한 대책수립)
③ 동종재해 및 유사재해의 재발방지

11

정량적 표시장치의 지침을 설계할 때 고려하여야 할 사항을 4가지 쓰시오.

① 지침의 끝은 눈금과 맞닿되 겹치지 않게 한다.
② 원형눈금의 경우 지침의 색은 선단에서 눈금의 중심까지 칠한다.
③ 시차를 없애기 위해 지침을 눈금면에 밀착시킨다.
④ 선각이 20° 정도 되는 뾰족한 지침을 사용한다.
※ 인간공학 및 시스템안전
　→ 2024 실기 출제기준 변경으로 삭제되어 학습 불필요

12

인간의 과오(Human Error)를 정량적으로 분석하기 위하여 개발된 시스템분석기법은 무엇인지 쓰시오.

인간과오율 예측기법(THERP: Technique for Human Error Rate Prediction)
※ 인간공학 및 시스템안전
　→ 2024 실기 출제기준 변경으로 삭제되어 학습 불필요

13

TLV−TWA에 대하여 간단히 설명하시오.

1일 8시간, 주 40시간 동안의 평균노출농도로서 거의 모든 작업자가 일상작업에서 반복하여 노출되더라도 건강장해를 일으키지 않는 공기 중 유해물질의 농도이다.

> **[관련이론] 허용농도**
> (1) TLV−TWA(Threshold Limit Value−Time Weighted Average, 시간가중평균허용농도)
> (2) TLV−STEL(Threshold Limit Value−Short Term Exposure Limit, 단시간노출허용농도)
> 　작업자가 1회에 15분간 유해요인에 노출되는 경우의 허용농도이다.
> (3) TLV−C(Threshold Limit Value−Ceiling, 최고허용농도)
> 　작업자가 1일 작업시간 동안 잠시라도 노출되어서는 아니 되는 허용농도이다.

2018년 기출문제

제1회 (2018년 4월)

01

사업주는 근로자에 대해 그 구분에 따라 그 작업조건에 맞는 보호구를 작업하는 근로자수 이상으로 지급하고 착용하도록 하여야 한다. 다음과 같은 작업조건에 적합한 보호구를 ( ) 안에 각각 쓰시오.

- 물체의 낙하·충격, 물체에의 끼임, 감전 또는 정전기의 대전에 의한 위험이 있는 작업: (①)
- 높이 또는 깊이 2미터 이상의 추락할 위험이 있는 장소에서 하는 작업: (②)
- 고열에 의한 화상 등의 위험이 있는 작업: (③)

> **정답**
>
> ① 안전화 ② 안전대 ③ 방열복
> [근거]
> 보호구의 지급: 산업안전보건법 산업안전보건기준에 관한 규칙 제32조

02

산업안전보건법상 화학설비의 탱크 내 작업시 특별안전보건교육 내용을 3가지만 쓰시오.

> **정답**
>
> ① 탱크 내의 산소농도 측정 및 작업환경에 관한 사항
> ② 안전보호구 및 이상 발생시 응급조치에 관한 사항
> ③ 작업절차·방법 및 유해·위험에 관한 사항
> ④ 차단장치·정지장치 및 밸브개폐장치의 점검에 관한 사항
> ⑤ 그 밖에 안전보건관리에 필요한 사항
> [근거]
> 안전보건교육 교육대상별 교육내용: 산업안전보건법 시행규칙 [별표 5]

03

인간−기계체계에서 인간의 신뢰도가 0.8일 때 체계의 종합신뢰도가 0.7 이상이 되려면 (1) 기계의 신뢰도는 얼마 이상이어야 하는지 계산하고, (2) 이 결합은 직렬, 병렬 중 어느 것에 해당하는지 쓰시오.

> **정답**
>
> (1) 기계의 신뢰도
>   • 체계의 종합신뢰도 = 인간의 신뢰도 × 기계의 신뢰도
>   • 기계의 신뢰도 $=\dfrac{\text{체계의 종합신뢰도}}{\text{인간의 신뢰도}}$
> $=\dfrac{0.7}{0.8}=0.875 ≒ 0.88$
>
> (2) 결합의 직렬, 병렬 유무
>   체계의 종합신뢰도는 '인간의 신뢰도×기계의 신뢰도'이므로 이 결합은 직렬이다.
> ※ 인간공학 및 시스템안전
>   → 2024 실기 출제기준 변경으로 삭제되어 학습 불필요

04

휴먼에러(Human Error)의 분류 중 스웨인(Swain)의 심리적(독립행동) 분류를 4가지 쓰시오.

> **정답**
>
> ① 생략에러(Omission Error)
> ② 실행에러(Commission Error)
> ③ 시간에러(Time Error)
> ④ 순서에러(Sequential Error)
> ⑤ 과잉행동에러(Extraneous Error)
> ※ 인간공학 및 시스템안전
>   → 2024 실기 출제기준 변경으로 삭제되어 학습 불필요

05

산업안전보건법상 위험기계·기구의 방호조치에 대한 근로자의 안전조치 및 준수사항을 3가지 쓰시오.

정답

① 방호조치를 해체하려는 경우: 사업주의 허가를 받아 해체할 것
② 방호조치 해체사유가 소멸된 경우: 지체없이 원상으로 회복시킬 것
③ 방호조치의 기능이 상실된 것을 발견한 경우: 지체없이 사업주에게 신고할 것
[근거]
방호조치 해체 등에 필요한 조치: 산업안전보건법 시행규칙 제99조

06

산업안전보건법상 안전관리자의 업무를 5가지 쓰시오. (단, 그 밖에 안전에 관한 사항으로서 고용노동부장관이 정하는 사항은 제외한다.)

정답

① 위험성 평가에 관한 보좌 및 지도·조언
② 사업장 순회점검, 지도 및 조치 건의
③ 산업재해에 관한 통계의 유지·관리·분석을 위한 보좌 및 지도·조언
④ 산업재해 발생의 원인 조사·분석 및 재발방지를 위한 기술적 보좌 및 지도·조언
⑤ 해당 사업장 안전교육계획의 수립 및 안전교육 실시에 관한 보좌 및 지도·조언
⑥ 안전인증 대상 기계 등과 자율안전확인 대상 기계 등 구입시 적격품의 선정에 관한 보좌 및 지도·조언
⑦ 업무수행 내용의 기록·유지
⑧ 법 또는 법에 따른 명령으로 정한 안전에 관한 사항의 이행에 관한 보좌 및 지도·조언
⑨ 산업안전보건위원회 또는 안전 및 보건에 관한 노사협의체에서 심의·의결한 업무와 해당 사업장의 안전보건관리규정 및 취업규칙에서 정한 업무
[근거]
안전관리자의 업무: 산업안전보건법 시행령 제18조

07

공기압축기를 가동할 때 작업시작 전 점검사항을 4가지 쓰시오.

정답

① 공기저장 압력용기의 외관상태
② 압력방출장치의 기능
③ 언로드밸브의 기능
④ 윤활유의 상태
⑤ 드레인밸브의 조작 및 배수
⑥ 회전부의 덮개 또는 울
⑦ 그 밖의 연결부위의 이상 유무
[근거]
작업시작 전 점검사항: 산업안전보건법 산업안전보건기준에 관한 규칙 [별표 3]

08

물질안전보건자료 대상 물질을 제조하거나 수입하는 자는 물질안전보건자료를 작성하여 고용노동부장관에게 제출하여야 한다. 이 경우 물질안전보건자료에 기재하여야 하는 사항을 4가지 쓰시오.

정답

① 제품명
② 안전 및 보건상의 취급주의사항
③ 건강 및 환경에 대한 유해성, 물리적 위험성
④ 물질안전보건자료 대상 물질을 구성하는 화학물질 중 유해인자의 분류기준에 해당하는 화학물질의 명칭 및 함유량
⑤ 물리·화학적 특성 등 고용노동부령으로 정하는 사항
[근거]
물질안전보건자료의 작성 및 제출: 산업안전보건법 제110조

> **[관련이론]** 물리·화학적 특성 등 고용노동부령으로 정하는 사항
> • 물리·화학적 특성
> • 독성에 관한 정보
> • 폭발·화재시의 대처방법
> • 응급조치요령
> • 그 밖에 고용노동부장관이 정하는 사항

09

롤러기에 설치하는 방호장치를 쓰고, (   ) 안에 적합한 숫자를 쓰시오.

조작부의 종류	설치위치
손으로 조작하는 것	밑면으로부터 (①)m 이내
복부로 조작하는 것	밑면으로부터 (②)m 이상 (③)m 이내
무릎으로 조작하는 것	밑면으로부터 (④)m 이상 (⑤)m 이내

(1) 방호장치
　　급정지장치
(2) 설치위치
　　① 1.8
　　② 0.8
　　③ 1.1
　　④ 0.4
　　⑤ 0.6
[근거]
롤러기 제작 및 안전기준: 위험기계기구 안전인증 고용노동부고시
[별표 5]

10

사업장에 설치되어 있는 휘발유저장탱크 안전보건표지에 관한 다음 내용을 쓰시오.

(1) 산업안전보건법상 안전보건표지의 종류: (①)

(2) 바탕색: (②)

(3) 기본모형: (③)

① 경고표지(인화성 물질 경고)
② 무색
③ 빨간색(검은색도 가능)

11

산업안전보건법상 전기기계·기구에 대하여 누전에 의한 감전위험을 방지하기 위해 설치하는 누전차단기에 관한 사항이다. (   ) 안에 적합한 숫자를 쓰시오.

전기기계·기구에 설치되어 있는 누전차단기는 정격감도전류가 (①)mA 이하이고 작동시간은 (②)초 이내일 것

① 30
② 0.03
[근거]
누전차단기에 의한 감전방지: 산업안전보건법 산업안전보건기준에 관한 규칙 제304조

[관련이론] 누전차단기
• 전기기계·기구에 설치되어 있는 누전차단기는 정격감도 전류가 30mA 이하이고, 작동시간은 0.03초 이내일 것
• 다만, 정격전부하전류기 50A 이상인 전기기계·기구에 접속되는 누전차단기는 오작동을 방지하기 위하여 정격감도전류는 200mA 이하로, 작동시간은 0.1초 이내로 할 수 있다.
[근거]
누전차단기에 의한 감전방지: 산업안전보건법 산업안전보건기준에 관한 규칙 제304조

12

비, 눈 그 밖의 기상상태 악화로 작업을 중지시킨 후 또는 비계를 조립·해체하거나 변경한 후에 그 비계에서 작업을 하는 경우 해당 작업을 시작하기 전 점검하여야 할 사항을 4가지 쓰시오.

정답

① 발판재료의 손상 여부 및 부착 또는 걸림상태
② 연결재료 및 연결철물의 손상 또는 부식상태
③ 해당 비계의 연결부 또는 접속부의 풀림상태
④ 손잡이의 탈락 여부
⑤ 로프의 부착상태 및 매단 장치의 흔들림상태
⑥ 기둥의 침하, 변형, 변위 또는 흔들림상태
[근거]
비계의 점검 및 보수: 산업안전보건법 산업안전보건기준에 관한 규칙 제58조

> **[관련이론]** 달비계 또는 높이 5미터 이상의 비계를 조립·해체하거나 변경하는 작업을 하는 경우 준수하여야 할 사항
> ① 근로자가 관리감독자의 지휘에 따라 작업하도록 할 것
> ② 조립·해체 또는 변경의 시기·범위 및 절차를 그 작업에 종사하는 근로자에게 주지시킬 것
> ③ 조립·해체 또는 변경 작업구역에는 해당 작업에 종사하는 근로자가 아닌 사람의 출입을 금지하고 그 내용을 보기 쉬운 장소에 게시할 것
> ④ 비, 눈 그 밖의 기상상태의 불안정으로 날씨가 몹시 나쁜 경우에는 그 작업을 중지시킬 것
> ⑤ 비계재료의 연결·해체작업을 하는 경우에는 폭 20cm 이상의 발판을 설치하고 근로자에게 안전대를 사용하도록 하는 등 추락을 방지하기 위한 조치를 할 것
> ⑥ 재료·기구 또는 공구 등을 올리거나 내리는 경우에는 근로자가 달줄 또는 달포대 등을 사용하게 할 것
> [근거]
> 비계 등의 조립·해체 및 변경: 산업안전보건법 산업안전보건기준에 관한 규칙 제57조

13

산업안전보건법상 동력을 사용하는 항타기 또는 항발기에 대하여 무너짐을 방지하기 위하여 준수해야 할 사항이다. ( ) 안에 적합한 내용을 쓰시오.

(1) 연약한 지반에 설치하는 경우에는 아웃트리거·받침 등 지지구조물의 침하를 방지하기 위하여 (①) 등을 사용할 것
(2) 아웃트리거·받침 등 지지구조물이 미끄러질 우려가 있는 경우에는 (②) 등을 사용하여 해당 지지구조물을 고정시킬 것
(3) 궤도 또는 차로 이동하는 항타기 또는 항발기에 대해서는 불시에 이동하는 것을 방지하기 위하여 (③) 등으로 고정시킬 것

정답

① 깔판·받침목
② 말뚝 또는 쐐기
③ 레일 클램프 및 쐐기
[근거]
무너짐의 방지: 산업안전보건법 산업안전보건기준에 관한 규칙 제209조 → 2023.11.14 개정

> **[관련이론]** 그 밖에 항타기 또는 항발기의 무너짐을 방지하기 위한 준수사항
> ① 상단부분은 버팀대·버팀줄로 고정하여 안정시키고, 그 하단 부분은 견고한 버팀·말뚝·철골 등으로 고정시킬 것
> ② 시설 또는 가설물 등에 설치하는 경우에는 그 내력을 확인하고 내력이 부족하면 그 내력을 보강할 것
> [근거]
> 무너짐의 방지: 산업안전보건법 산업안전보건기준에 관한 규칙 제209조
> → 2022.10.18. 개정

01

다음은 전압을 구분하는 기준에 관한 사항이다. ( ) 안에 적합한 숫자를 쓰시오.

압력	직류(DC)	교류(AC)
저압	(①)V 이하	(②)V 이하
고압	(③)V 초과, (④)V 이하	(⑤)V 초과, (⑥)V 이하
특고압	(⑦)V 초과	

정답

① 750   ② 600   ③ 750   ④ 7,000
⑤ 600   ⑥ 7,000   ⑦ 7,000

[근거]
전압의 구분: 전기설비기술기준 산업통상자원부고시

※ 전압의 구분은 한국전기설비규정(KEC)으로 새롭게 제정(2021.1.1. 시행)되었으므로 전기설비 안전관리이론에 수록된 내용으로 학습하시기 바랍니다.

02

밀폐공간에서작업시 특별안전보건교육을 실시할 때 일용근로자를 제외한 근로자(정규직 근로자)의 특별안전보건교육시간을 쓰고, 교육내용을 3가지 쓰시오. (단, 그 밖에 안전보건관리에 필요한 사항은 제외한다.)

정답

(1) 특별안전보건교육시간
   16시간 이상
(2) 교육내용
   ① 산소농도 측정 및 작업환경에 관한 사항
   ② 사고시의 응급처치 및 비상시 구출에 관한 사항
   ③ 보호구 착용 및 보호장비 사용에 관한 사항
   ④ 작업내용. 안전작업방법 및 절차에 관한 사항
   ⑤ 장비, 설비 및 시설 등의 안전점검에 관한 사항

[근거]
안전보건교육 교육과정별 교육시간. 교육내용: 산업안전보건법 시행규칙 [별표 4], [별표 5]
→ 2021.11.19. 개정

03

다음은 산업안전보건법상 강렬한 소음작업에 관한 사항이다. ( ) 안에 적합한 숫자를 쓰시오.

(1) 90dB 이상의 소음이 1일 (①)시간 이상 발생되는 작업
(2) 100dB 이상의 소음이 1일 (②)시간 이상 발생되는 작업
(3) 110dB 이상의 소음이 1일 (③)분 이상 발생되는 작업
(4) 115dB 이상의 소음이 1일 (④)분 이상 발생되는 작업

정답

① 8   ② 2   ③ 30   ④ 15

[근거]
정의: 산업안전보건법 산업안전보건기준에 관한 규칙 제512조

※ 인간공학 및 시스템안전
   → 2024 실기 출제기준 변경으로 삭제되어 학습 불필요

04

다음은 산업안전보건법상 작업장의 조도기준에 관한 사항이다. ( ) 안에 적합한 숫자를 쓰시오.

작업의 구분	작업면 조도
초정밀작업	(①)lux 이상
정밀작업	(②)lux 이상
보통작업	(③)lux 이상
그 밖의 작업	75lux 이상

정답

① 750   ② 300   ③ 150

[근거]
조도: 산업안전보건법 산업안전보건기준에 관한 규칙 제8조

05

산업안전보건법상 고용노동부장관이 안전보건진단을 받아 안전보건개선계획을 수립·제출하도록 명할 수 있는 사업장을 3가지 쓰시오.

① 사업주가 필요한 안전조치 또는 보건조치를 이행하지 아니하여 중 대재해가 발생한 사업장
② 산업재해율이 같은 업종 평균 산업재해율의 2배 이상인 사업장
③ 직업성 질병자가 연간 2명 이상(상시근로자 1,000명 이상 사업장 의 경우 3명 이상) 발생한 사업장
④ 그 밖에 작업환경 불량, 화재·폭발 또는 누출사고 등으로 사업장 주변까지 피해가 확산된 사업장으로서 고용노동부령으로 정하는 사업장

[근거]
안전보건진단을 받아 안전보건개선계획을 수립할 대상: 산업안전보 건법 시행령 제49조

[관련이론] 고용노동부장관이 안전보건개선계획을 수립하여 시행할 것을 명할 수 있는 사업장
① 산업재해율이 같은 업종의 규모별 평균 산업재해율보다 높은 사업장
② 사업주가 필요한 안전조치 또는 보건조치를 이행하지 아니하여 중대재해가 발생한 사업장
③ 대통령령으로 정하는 수(직업성 질병자가 연간 2명 이상 발생) 이 상의 직업성 질병자가 발생한 사업장
④ 유해인자의 노출기준을 초과한 사업장
[근거]
안전보건개선계획의 수립 시행 명령: 산업안전보건법 제49조

06

프레스기 및 전단기에 설치하는 방호장치를 3가지 쓰 시오.

① 양수조작식
② 광전자식(감응식)
③ 수인식
④ 손쳐내기식
⑤ 게이트가드식

07

다음은 산업안전보건법상 위험물질의 종류에 관한 사 항이다. ( ) 안에 적합한 숫자를 쓰시오.

(1) 인화성 액체: 에틸에테르, 가솔린, 아세트알데히드, 산화프 로필렌 그 밖에 인화점이 섭씨 (①)도 미 만이고 초기 끓는 점이 섭씨 35도 이하인 물질
(2) 인화성 액체: 노르말헥산, 아세톤, 메틸에틸케톤, 메틸알코올, 에틸알코올, 이황화탄소 그 밖에 인화 점이 섭씨 (②)도 미만이고 초기 끓는점이 섭씨 35도를 초과하는 물질
(3) 인화성 액체: 크실렌, 아세트산아밀, 등유, 경유, 테 레핀유, 이소아밀알코올, 아세트산, 하이드라진 그 밖에 인화점이 섭씨 (③)도 이상 섭씨 60도 이하 인 물질
(4) 부식성 산류: 농도가 (④)% 이상인 인산, 아세트 산, 불산 그 밖에 이와 같은 정도 이상의 부식성을 가지는 물질
(5) 부식성 산류: 농도가 (⑤)% 이상인 염산, 황산, 질산 그 밖에 이와 같은 정도 이상의 부식성을 가 지는 물질

① 23
② 23
③ 23
④ 60
⑤ 20
[근거]
위험물질의 종류: 산업안전보건법 산업안전보건기준에 관한 규칙 [별표 1]

[관련이론] 위험물질의 종류 중 부식성 염기류
농도가 40% 이상인 수산화나트륨, 수산화칼륨 그밖에 이와 같은 정 도 이상의 부식성을 가지는 염기류
[근거]
위험물질의 종류: 산업안전보건법 산업안전보건기준에 관한 규칙 [별표 1]

08

다음은 산업안전보건기준에 관한 규칙상 사다리식 통로 등을 설치하는 경우의 준수사항이다. ( ) 안에 적합한 내용을 쓰시오.

(1) 사다리의 상단은 걸쳐놓은 지점으로부터 (①)cm 이상 올라가도록 할 것
(2) 사다리식 통로의 길이가 10m 이상인 경우 (②)m 이내마다 (③)을 설치할 것

▶ 정답

① 60
② 5
③ 계단참
[근거]
사다리식 통로 등의 구조: 산업안전보건법 산업안전보건기준에 관한 규칙 제24조

[관련이론] 사다리식 통로 등의 구조

① 견고한 구조로 할 것
② 심한 손상·부식 등이 없는 재료를 사용할 것
③ 발판의 간격은 일정하게 할 것
④ 발판과 벽과의 사이는 15cm 이상의 간격을 유지할 것
⑤ 폭은 30cm 이상으로 할 것
⑥ 사다리가 넘어지거나 미끄러지는 것을 방지하기 위한 조치를 할 것
⑦ 사다리의 상단은 걸쳐놓은 지점으로부터 60cm 이상 올라가도록 할 것
⑧ 사다리식 통로의 길이가 10m 이상인 경우에는 5m 이내마다 계단참을 설치할 것
⑨ 사다리식 통로의 기울기는 75도 이하로 할 것
⑩ 접이식 사다리기둥은 사용시 접혀지거나 펼쳐지지 않도록 철물 등을 사용하여 견고하게 조치할 것
[근거]
사다리식 통로 등의 구조: 산업안전보건법 산업안전보건기준에 관한 규칙 제24조

09

롤러기에 설치하는 방호장치를 쓰고, ( ) 안에 적합한 내용을 쓰시오.

종류	설치위치
손조작로프식	밑면에서 (①)m 이내
(②)조작식	밑면에서 0.8m 이상 (③)m 이내
무릎조작식	밑면에서 (④)m 이내

▶ 정답

(1) 방호장치
    급정지장치
(2) 조작부의 종류, 설치위치
    ① 1.8
    ② 복부
    ③ 1.1
    ④ 0.6
[근거]
롤러기 급정지장치의 성능기준: 방호장치 자율안전기준 고용노동부 고시 [별표 3]

10

안전보건표지의 종류 중 다음 금지표지 그림의 명칭을 각각 쓰시오.

(1)	(2)	(3)	(4)

▶ 정답

① 사용금지
② 물체이동금지
③ 보행금지
④ 탑승금지
[근거]
안전보건표지의 종류와 형태: 산업안전보건법 시행규칙 [별표 6]

11

산업안전보건법상 구내운반차를 사용하여 작업을 할 때 작업시작 전 점검사항을 4가지 쓰시오.

① 제동장치 및 조종장치 기능의 이상 유무
② 하역장치 및 유압장치 기능의 이상 유무
③ 전조등, 후미등, 방향지시기 및 경음기 기능의 이상 유무
④ 바퀴의 이상 유무
⑤ 충전장치를 포함한 홀더 등의 결합상태의 이상 유무
[근거]
작업시작 전 점검사항: 산업안전보건법 산업안전보건기준에 관한 규칙 [별표 3]

12

다음은 산업안전보건법상 말비계를 조립하여 사용하는 경우에 준수하여야 할 사항이다. (   ) 안에 적합한 내용을 쓰시오.

(1) 지주부재와 수평면의 기울기를 (①)도 이하로 하고, 지주부재와 지주부재 사이를 고정시키는 (②)를 설치할 것
(2) 말비계의 높이가 2m를 초과하는 경우에는 작업발판의 폭을 (③)cm 이상으로 할 것
(3) 지주부재의 하단에는 미끄럼방지장치를 하고, 근로자가 양측 끝부분에 올라서서 작업하지 않도록 할 것

① 75
② 보조부재
③ 40
[근거]
말비계: 산업안전보건법 산업안전보건기준에 관한 규칙 제67조

13

다음은 산업안전보건기준에 관한 규칙상 동력을 사용하는 항타기 또는 항발기에 대하여 무너짐을 방지하기 위하여 준수하여야 할 사항에 관한 것이다. (   ) 안에 적합한 내용을 쓰시오.

(1) 연약한 지반에 설치하는 경우에는 아웃트리거·받침 등 지지구조물의 침하를 방지하기 위하여 (①) 등을 사용할 것
(2) 궤도 또는 차로 이동하는 항타기 또는 항발기에 대해서는 불시에 이동하는 것을 방지하기 위하여 (②) 등으로 고정시킬 것
(3) 아웃트리거·받침 등 지지구조물이 미끄러질 우려가 있는 경우에는 (③) 등을 사용하여 해당 지지구조물을 고정시킬 것

① 깔판·받침목
② 레일 클램프 및 쐐기
③ 말뚝 또는 쐐기
[근거]
무너짐의 방지: 산업안전보건법 산업안전보건기준에 관한 규칙 제209조 → 2023.11.14 개정

01

근로자의 추락 등의 위험을 방지하기 위하여 설치하는 안전난간의 주요 구성요소를 4가지 쓰시오.

정답

① 상부난간대   ③ 발끝막이판
② 중간난간대   ④ 난간기둥

[근거]
안전난간의 구조 및 설치요건: 산업안전보건법 산업안전보건기준에 관한 규칙 제13조

02

목재가공용 둥근톱기계에 설치하여야 하는 방호장치를 2가지 쓰시오.

정답

① 반발예방장치   ② 톱날접촉예방장치

[근거]
• 둥근톱기계의 반발예방장치: 산업안전보건법 산업안전보건기준에 관한 규칙 제105조
• 둥근톱기계의 톱날접촉예방장치: 산업안전보건법 산업안전보건기준에 관한 규칙 제106조

03

연평균 근로자 800명이 근무하는 어느 사업장에서 연간 5건의 재해가 발생하였다. 이 사업장의 도수율을 계산하시오. (단, 1일 근로시간은 8시간, 연간 근로일수는 300일이다.)

정답

$$도수율 = \frac{재해발생건수}{연근로시간수} \times 1,000,000$$
$$= \frac{5}{800 \times 8 \times 300} \times 1,000,000 = 2.6041 ≒ 2.60$$

04

다음은 교류아크용접기의 방호장치인 자동전격방지기에 관한 사항이다. ( ) 안에 적합한 내용을 쓰시오.

(①): 용접봉을 모재로부터 분리시킨 후 주접점이 개로되어 용접기의 2차측 (②)이 25V 이하로 될 때까지의 시간을 말한다.

정답

① 지동시간
② 무부하전압

[관련이론] 자동전격방지기 용어의 정의

(1) 교류아크용접기용 자동전격방지기
대상으로 하는 용접기의 주회로(변압기의 경우는 1차회로 또는 2차회로)를 제어하는 장치를 가지고 있어, 용접봉의 조작에 따라 용접할 때에만 용접기의 주회로를 형성하고, 그 외에는 용접기의 출력 측의 무부하전압을 25V 이하로 저하시키도록 동작하는 장치를 말한다.

(2) 시동시간
용접봉을 피용접물에 접촉시켜서 전격방지기의 주접점이 폐로될(닫힐) 때까지의 시간을 말한다.

(3) 시동감도
정격전원전압에 있어서 전격방지기를 시동시킬 수 있는 출력회로의 시동감도로서 명판에 표시된 것을 말한다.

[근거]
정의: 방호장치 자율안전확인 고용노동부고시 제4조

05

산업안전보건법상 유해·위험기계 등이 안전기준에 적합한지를 확인하기 위하여 안전인증기관이 하는 안전인증심사의 종류를 4가지 쓰고, 이에 따른 심사기간을 쓰시오.

정답

① 예비심사: 7일
② 서면심사: 15일(외국에서 제조한 경우는 30일)
③ 기술능력 및 생산체계심사: 30일(외국에서 제조한 경우는 45일)
④ 제품심사
　• 개별 제품심사: 15일
　• 형식별 제품심사: 30일
[근거]
안전인증심사의 종류 및 방법: 산업안전보건법 시행규칙 제110조

06

흙막이지보공을 설치하였을 때 사업주가 정기적으로 점검하고 이상을 발견하면 즉시 보수하여야 할 사항을 4가지 쓰시오.

정답

① 버팀대의 긴압의 정도
② 부재의 접속부, 부착부 및 교차부의 상태
③ 침하의 정도
④ 부재의 손상, 변형, 부식, 변위 및 탈락의 유무와 상태
[근거]
붕괴 등의 위험방지: 산업안전보건법 산업안전보건기준에 관한 규칙 제347조

[관련이론] 굴착작업시 토사 등의 붕괴 또는 낙하에 의하여 근로자에게 위험을 미칠 우려가 있는 경우에 그 위험을 방지하기 위하여 필요한 조치사항
① 흙막이지보공의 설치
② 방호망의 설치
③ 근로자의 출입금지
[근거]
굴착시 위험방지: 산업안전보건법 산업안전보건기준에 관한 규칙 제340조 → 2023.11.14 개정

07

안전보건표지 중 출입금지표지를 그리고, 출입금지표지판의 바탕색과 기본모형 및 관련부호·그림의 색채를 쓰시오.

정답

(1) 출입금지 표지

(2) 색상
　① 바탕: 흰색
　② 기본모형: 빨간색
　③ 관련부호·그림(화살표): 검은색
[근거]
• 안전보건표지의 종류와 형태: 산업안전보건법 시행규칙 [별표 6]
• 안전보건표지의 종류별 용도, 설치, 부착장소, 형태 및 색채: 산업안전보건법 시행규칙 [별표 7]

08

다음은 산업안전보건법상 보일러의 안전한 가동을 위하여 설치하는 압력방출장치에 대한 사항이다. ( ) 안에 적합한 내용을 쓰시오.

(1) 압력방출장치가 2개 이상 설치된 경우에는 최고사용압력 이하에서 1개가 작동되고, 다른 압력방출장치는 최고사용압력의 (①)배 이하에서 작동되도록 부착하여야 한다.

(2) 압력방출장치는 (②) 이상 국가교정기관에서 교정을 받은 압력계를 이용하여 설정 압력에서 압력방출장치가 적정하게 작동하는지를 검사한 후 (③)으로 봉인하여 사용하여야 한다.

정답

① 1.05
② 매년 1회
③ 납
[근거]
압력방출장치: 산업안전보건법 산업안전보건기준에 관한 규칙 제116조

09

산업안전보건법상 프레스 등의 금형을 부착·해체 또는 조정하는 작업을 할 때에 슬라이드가 갑자기 작동함으로써 근로자에게 발생할 우려가 있는 위험을 방지하기 위하여 필요한 조치를 쓰시오.

안전블록(Safety Block) 설치
[근거]
금형조정작업의 위험방지: 산업안전보건법 산업안전보건기준에 관한 규칙 제104조

10

차량계 건설기계를 사용하는 작업을 할 때에는 작업계획을 작성하고 그 작업계획에 따라 작업을 실시하도록 하여야 한다. 이 작업계획서에 포함되어야 할 사항을 3가지 쓰시오.

① 사용하는 차량계 건설기계의 종류 및 성능
② 차량계 건설기계의 운행경로
③ 차량계 건설기계에 의한 작업방법
[근거]
사전조사 및 작업계획서 내용: 산업안전보건법 산업안전보건기준에 관한 규칙 [별표 4]

11

공기압축기를 가동할 때 작업시작 전 점검하여야 할 사항을 4가지 쓰시오.

① 압력방출장치의 기능
② 언로드밸브의 기능
③ 공기저장 압력용기의 외관상태
④ 드레인밸브의 조작 및 배수
⑤ 회전부의 덮개 또는 울
⑥ 윤활유의 상태
⑦ 그 밖의 연결부위의 이상 유무
[근거]
작업시작 전 점검사항: 산업안전보건법 산업안전보건기준에 관한 규칙 [별표 3]

12

산업안전보건법상 사업주가 산업재해가 발생한 때에 기록·보존하여야 하는 사항을 4가지 쓰시오.

① 사업장의 개요 및 근로자의 인적사항
② 재해발생의 일시 및 장소
③ 재해발생의 원인 및 과정
④ 재해재발방지계획
[근거]
산업재해 기록: 산업안전보건법 시행규칙 제72조

> **[관련이론] 산업재해 발생 보고**
>
> 사업주는 산업재해로 사망자가 발생하거나 3일 이상의 휴업이 필요한 부상을 입거나 질병에 걸린 사람이 발생한 경우에는 산업재해가 발생한 날부터 1개월 이내에 산업재해조사표를 작성하여 관할 지방고용노동관서의 장에게 제출하여야 한다.
> [근거]
> 산업재해 발생보고 등: 산업안전보건법 시행규칙 제73조

13

다음은 산업안전보건법상 작업장의 조도기준에 관한 사항이다. ( ) 안에 적합한 숫자를 쓰시오.

작업의 구분	작업면 조도
초정밀작업	(①)lux 이상
정밀작업	(②)lux 이상
보통작업	(③)lux 이상
그 밖의 작업	75lux 이상

① 750
② 300
③ 150
[근거]
조도: 산업안전보건법 산업안전보건기준에 관한 규칙 제8조

2017년 기출문제

01

다음 그림은 와이어로프의 구성에 관한 것이다. 표시 기호가 나타내는 각각의 의미를 쓰시오.

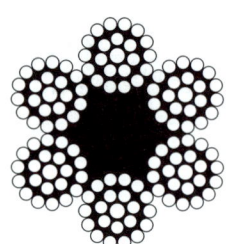

- 6: (①)
- Fi: (②)
- 19: (③)

[6 × Fi 19]

정답

① 스트랜드(가닥)의 수
② 필러형
③ 소선의 수

> **[관련이론] 와이어로프의 형태**
> ① Fi: 필러(Filler)형
> ② S: 시일(Seal)형
> ③ W: 워링톤(Warrington)형

02

유한사면의 붕괴유형을 3가지 쓰시오.

정답

① 원호활동
② 대수나선활동
③ 복합곡선활동

> **[관련이론] 사면활동**
> (1) 무한사면활동
> 　완만한 사면에 이동이 서서히 일어나는 현상
> (2) 유한사면활동
> 　비교적 급경사에서 급격히 변형하여 붕괴가 발생하는 현상
> 　① 원호활동
> 　　㉠ 사면 내 파괴: 견고한 지층이 얕게 있는 경우 발생
> 　　㉡ 사면선단 파괴: 경사가 급하고 비점착성 토질에서 발생
> 　　㉢ 저부 파괴: 경사가 완만하고 점착성 토질에서 발생
> 　② 대수나선활동: 토층, 성상이 불균일할 때 발생
> 　③ 복합곡선활동: 연약한 얇은 토층이 비교적 얕은 곳에 존재할 때 발생

03

산업안전보건법상 경사면에서 드럼통 등의 중량물을 취급하는 경우에 준수사항을 2가지 쓰시오.

정답

① 구름멈춤대, 쐐기 등을 이용하여 중량물의 동요나 이동을 조절할 것
② 중량물이 구를 위험이 있는 방향 앞의 일정거리 이내로는 근로자의 출입을 제한할 것
[근거]
경사면에서의 중량물 취급: 산업안전보건법 산업안전보건기준에 관한 규칙 제386조 → 2023.11.14 개정

> **[관련이론] 화물을 적재하는 경우 준수사항**
> ① 침하 우려가 없는 튼튼한 기반 위에 적재할 것
> ② 건물의 칸막이나 벽 등이 화물의 압력에 견딜 만큼의 강도를 지니지 아니한 경우에는 칸막이나 벽에 기대어 적재하지 않도록 할 것
> ③ 불안정할 정도로 높이 쌓아 올리지 말 것
> ④ 하중이 한쪽으로 치우치지 않도록 쌓을 것
> [근거]
> 화물의 적재: 산업안전보건법 산업안전보건기준에 관한 규칙 제393조

04

산업안전보건법상 안전보건진단을 받아 안전보건개선계획을 수립·제출하도록 고용노동부장관이 명할 수 있는 사업장을 3가지만 쓰시오.

① 산업재해율이 같은 업종 평균 산업재해율의 2배 이상인 사업장
② 사업주가 필요한 안전조치 또는 보건조치를 이행하지 아니하여 중대재해가 발생한 사업장
③ 직업성 질병자가 연간 2명 이상(상시근로자 1,000명 이상 사업장의 경우 3명 이상) 발생한 사업장
④ 그 밖에 작업환경 불량, 화재·폭발 또는 누출사고 등으로 사업장 주변까지 피해가 확산된 사업장으로서 고용노동부령으로 정하는 사업장

[근거]
안전보건진단을 받아 안전보건개선계획을 수립할 대상: 산업안전보건법 시행령 제49조

06

직렬로 접속되어 있고 A, B, C의 발생 확률이 각각 0.1이다. 고장사상을 정상사상으로 하는 (1) FT도를 그리고 (2) 발생확률을 구하시오.

(1) FT도

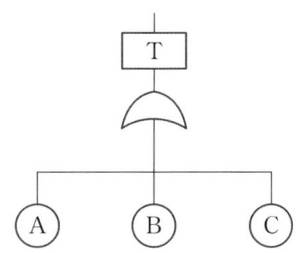

(2) 발생확률
발생확률$= 1-(1-0.1)(1-0.1)(1-0.1)$
    $= 0.271 ≒ 0.27$

[관련이론] 고장사상 발생확률과 정상사상 발생확률

구분	직렬	병렬
고장사상 발생확률	OR게이트	AND게이트
정상사상 발생확률	AND게이트	OR게이트

※ 인간공학 및 시스템안전
  → 2024 실기 출제기준 변경으로 삭제되어 학습 불필요

05

화물 1,000kg을 두줄걸이 로프로 60°의 각도로 들어올릴 때 한줄 와이어로프에 걸리는 하중은 몇 kg인지 계산하시오.

$$T = \frac{\dfrac{W}{2}}{\cos\dfrac{\theta}{2}}$$

$$= \frac{\dfrac{1,000}{2}}{\cos\dfrac{60}{2}} = \frac{500}{\cos 30} = 577.3502 ≒ 577.35\text{kg}$$

07

누적외상성질환(누적손상장해: CTDs)의 주요 발생원인을 4가지 쓰시오.

① 부적절한 자세
② 반복적인 동작
③ 무리한 힘의 사용
④ 장시간의 진동 및 온도
⑤ 날카로운 면과의 신체접촉
※ 인간공학 및 시스템안전
  → 2024 실기 출제기준 변경으로 삭제되어 학습 불필요

08

다음은 차광보안경에 관한 사항이다. ( ) 안에 적합한 내용을 쓰시오.

(①): 필터와 플레이트의 유해광을 차단할 수 있는 능력
(②): 착용자의 시야를 확보하는 보안경의 일부로서 렌즈 및 플레이트 등
(③): 필터 입사에 대한 투과광속의 비

정답

① 차광도 번호
② 접안경
③ 시감투과율
[근거]
정의: 보호구 안전인증 고용노동부고시 제28조

[관련이론] 차광보안경의 정의

(1) 필터렌즈(플레이트): 유해광선을 차단하는 원형 또는 변형모양의 렌즈(플레이트)이다.
(2) 커버렌즈(플레이트): 분진, 칩, 액체약품 등 비산물로부터 눈을 보호하기 위해 사용하는 렌즈(플레이트)이다.
[근거]
정의: 보호구 안전인증 고용노동부고시 제28조

09

프로판가스 저장소에 정전용량이 12pF인 도체가 존재하고 있을 때 폭발이 일어날 수 있는 최소대전전위를 계산하시오. (단, 프로판가스의 최소발화에너지는 0.25mJ이다.)

정답

$$V = \sqrt{\frac{2E}{C}} \left(\because E = \frac{1}{2}CV^2 \right)$$

$$= \sqrt{\frac{2 \times 0.25 \times 10^{-3}}{12 \times 10^{-12}}} = 6454.9722 ≒ 6454.97V$$

여기서, E: 최소발화에너지(J), C: 정전용량(F), V: 대전전위(V)

10

다음은 특수건강진단의 시기에 관한 사항이다. 대상 유해인자에 따라 배치 후 첫 번째로 특수건강진단을 받는 시기를 ( ) 안에 쓰시오.

(1) 석면, 면분진: (①)
(2) 벤젠: (②)
(3) 나무분진, 광물성 분진: (③)
(4) 사염화탄소, 염화비닐, 아크릴로니트릴: (④)

정답

① 12개월 이내
② 2개월 이내
③ 12개월 이내
④ 3개월 이내
[근거]
특수건강진단의 시기 및 주기: 산업안전보건법 시행규칙 [별표 23]

[관련이론] 건강진단 관련 사항

(1) 특수건강진단을 배치 후 첫 번째로 받는 시기
  ① N,N-디메틸아세트아미드, 디메틸포름아미드: 1개월 이내
  ② 1, 1, 2, 2 테트라클로로에탄: 3개월 이내
  ③ 소음 및 충격소음: 12개월 이내
(2) 산업안전보건법상 근로자 건강진단의 종류
  ① 일반건강진단
  ② 특수건강진단
  ③ 배치 전 건강진단
  ④ 수시건강진단
  ⑤ 임시건강진단
[근거]
(1) 특수건강진단의 시기 및 주기: 산업안전보건법 시행규칙 [별표 23]
(2) 건강진단결과의 보고 등: 산업안전보건법 시행규칙 제209조

11

산업안전보건법상 위험물을 저장·취급하는 화학설비 및 그 부속설비를 설치하는 경우 안전거리를 유지하여야 한다. ( ) 안에 적합한 숫자를 쓰시오.

구분	안전거리
단위공정시설 및 설비로부터 다른 단위공정시설 및 설비의 사이	설비의 바깥면으로부터 (①)m 이상
위험물질 저장 탱크로부터 단위공정시설 및 설비, 보일러 또는 가열로의 사이	저장탱크의 바깥면으로부터 (②)m 이상. 다만, 저장탱크의 방호벽, 원격조정 소화설비 또는 살수설비를 설치한 경우에는 그러하지 아니하다.
플레어스텍으로 부터 단위공정시설 및 설비, 위험물질 하역설비의 사이	플레어스텍으로부터 반경 (③)m 이상. 다만, 단위공정시설 등이 불연재료로 시공된 지붕 아래에 설치된 경우에는 그러하지 아니하다.
사무실·연구실·실험실, 정비실 또는 식당으로부터 단위 공정시설 및 설비, 위험물질 저장탱크, 위험물질 하역설비, 보일러 또는 가열로의 사이	사무실 등의 바깥 면으로부터 (④)m 이상. 다만, 난방용 보일러인 경우 또는 사무실 등의 벽을 방호구조로 설치한 경우에는 그러하지 아니하다.

정답

① 10
② 20
③ 20
④ 20
[근거]
안전거리: 산업안전보건법 산업안전보건기준에 관한 규칙 [별표 8]

12

산업안전보건법상 화물의 하중을 직접 지지하는 달기 와이어로프의 안전계수기준을 쓰고, 양중기 와이어로프의 사용금지 기준을 3가지 쓰시오.

정답

(1) 화물의 하중을 직접 지지하는 달기와이어로프의 안전계수 기준
   5 이상
(2) 양중기 와이어로프 사용금지 기준
   ① 이음매가 있는 것
   ② 와이어로프의 한꼬임에서 끊어진 소선의 수가 10% 이상인 것
   ③ 지름의 감소가 공칭지름의 7%를 초과하는 것
   ④ 꼬인 것
   ⑤ 심하게 변형되거나 부식된 것
   ⑥ 열과 전기충격에 의해 손상된 것
[근거]
• 와이어로프 등 달기구의 안전계수: 산업안전보건법 산업안전보건기준에 관한 규칙 제163조
• 달비계의 구조: 산업안전보건법 산업안전보건기준에 관한 규칙 제63조

13

사업주는 작업장에서 취급하는 화학물질의 물질안전보건자료에 관한 사항을 근로자에게 교육을 실시하여야 한다. 물질안전보건자료에 관한 교육의 교육내용을 4가지 쓰시오.

정답

① 대상화학물질의 명칭 또는 제품명
② 물리적 위험성 및 건강 유해성
③ 취급상의 주의사항
④ 적절한 보호구
⑤ 응급조치요령 및 사고시 대처방법
⑥ 물질안전보건자료 및 경고표지를 이해하는 방법
[근거]
교육대상별 교육내용: 산업안전보건법 시행규칙 [별표 5]

01

안전성 평가의 6단계를 순서대로 쓰시오.

정답

① 제1단계: 관계자료의 정비 검토(관계자료의 작성준비)
② 제2단계: 정성적 평가
③ 제3단계: 정량적 평가
④ 제4단계: 안전대책
⑤ 제5단계: 재해정보에 의한 재평가
⑥ 제6단계: FTA에 의한 재평가
※ 인간공학 및 시스템안전
　 → 2024 실기 출제기준 변경으로 삭제되어 학습 불필요

02

산업안전보건법상 자율안전확인 대상 기계 또는 설비를 5가지 쓰시오.

정답

① 연삭기 또는 연마기(휴대형은 제외)
② 산업용 로봇
③ 혼합기
④ 파쇄기 또는 분쇄기
⑤ 식품가공용 기계(파쇄 · 절단 · 혼합 · 제면기만 해당)
⑥ 컨베이어
⑦ 자동차정비용 리프트
⑧ 공작기계(선반, 드릴기, 평삭, 형삭기, 밀링만 해당)
⑨ 고정형 목재가공용 기계(둥근톱, 대패, 루터기, 띠톱, 모떼기기계만 해당)
⑩ 인쇄기
[근거]
자율안전확인 대상 기계 등: 산업안전보건법 시행령 제77조

03

산업안전보건법상 금속의 용접 · 용단 또는 가열에 사용되는 가스 등의 용기를 취급하는 경우에 준수사항을 4가지 쓰시오.

정답

① 다음의 어느 하나에 해당하는 장소에서 사용하거나 해당 장소에 설치 · 저장 또는 방치하지 않도록 할 것
　• 통풍 또는 환기가 불충분한 장소
　• 화기를 사용하는 장소 및 그 부근
　• 위험물 · 인화성액체를 취급하는 장소 및 그 부 근
② 용기의 온도를 40℃ 이하로 유지할 것
③ 전도의 위험이 없도록 할 것
④ 충격을 가하지 않도록 할 것
⑤ 운반하는 경우에는 캡을 씌울 것
⑥ 사용하는 경우에는 용기의 마개에 부착되어 있는 먼지를 제거할 것
⑦ 밸브의 개폐는 서서히 할 것
⑧ 사용 전 또는 사용 중인 용기와 그 밖의 용기를 명확히 구별하여 보관 할 것
⑨ 용해아세틸렌의 용기는 세워둘 것
⑩ 용기의 부식 · 마모 또는 변형상태를 점검한 후 사용할 것
[근거]
가스 등의 용기: 산업안전보건법 산업안전보건기준에 관한 규칙 제234조

[관련이론] 아세틸렌 용접장치를 사용하여 금속의 용접 · 용단 또는 가열작업을 하는 경우 준수하여야 할 사항

① 발생기의 종류, 형식, 제작업체명, 매시 평균가스발생량 및 1회 카바이드 공급량을 발생기실 내의 보기 쉬운 장소에 게시할 것
② 발생기실에는 관계 근로자가 아닌 사람이 출입하는 것을 금지할 것
③ 발생기에서 5m 이내 또는 발생기실에서 3m 이내의 장소에서는 흡연, 화기의 사용 또는 불꽃이 발생할 위험한 행위를 금지할 것
④ 도관에는 산소용과 아세틸렌용의 혼동을 방지하기 위한 조치를 할 것
⑤ 아세틸렌 용접장치의 설치장소에는 적당한 소화설비를 갖출 것
⑥ 이동식 아세틸렌용접장치의 발생기는 고온의 장소, 통풍이나 환기가 불충분한 장소 또는 진동이 많은 장소 등에 설치하지 않도록 할 것
[근거]
아세틸렌 용접장치의 관리 등: 산업안전보건기준에 관한 규칙 제290조

04

TWI교육훈련의 내용을 4가지 쓰시오.

① 작업방법훈련(JMT: Job Method Training)
② 작업지도훈련(JIT: Job Instruction Training)
③ 작업안전훈련(JST: Job Safety Training)
④ 인간관계훈련(JRT: Job Relations Training)

[관련이론] TWI(Training Within Industry: 관리감독자교육훈련)
직장, 계장 및 주임 등 관리감독자의 직위에 있는 사람을 대상으로 한 기업 내 교육훈련이다.

05

다음은 동바리로 사용하는 파이프 서포트에 관한 사항이다. ( ) 안에 적합한 숫자를 쓰시오.

(1) 높이가 (①)m를 초과하는 경우에는 높이 2m 이내마다 수평연결재를 (②)개 방향으로 설치하고 수평연결재의 변위를 방지할 것
(2) 파이프 서포트를 (③)개 이상 이어서 사용하지 않도록 할 것
(3) 파이프 서포트를 이어서 사용하는 경우에는 (④)개 이상의 볼트 또는 전용철물을 사용하여 이을 것

① 3.5   ② 2   ③ 3   ④ 4
[근거]
거푸집동바리 등의 안전조치: 산업안전보건법 산업안전보건기준에 관한 규칙 제332조

[관련이론] 거푸집 및 동바리 조립시 조립도에 명시하여야 할 사항
① 거푸집 및 동바리를 구성하는 부재의 재질
② 설치간격   ③ 단면규격   ④ 이음방법
[근거]
조립도: 산업안전보건법 산업안전보건기준에 관한 규칙 제331조
→ 2023.11.14 개정

06

산업안전보건법상 근로자가 밀폐공간에서 작업을 시작하기 전에 안전한 상태에서 작업하도록 사업주가 확인하여야 할 사항을 6가지 쓰시오.

① 작업일시, 기간, 장소 및 내용 등 작업 정보
② 관리감독자, 근로자, 감시인 등 작업자 정보
③ 산소 및 유해가스농도의 측정결과 및 후속조치 사항
④ 작업 중 불활성가스 또는 유해가스의 누출·유입·발생 가능성 검토 및 후속조치 사항
⑤ 작업시 착용하여야 할 보호구의 종류
⑥ 비상연락체계
[근거]
밀폐공간작업 프로그램의 수립·시행: 산업안전보건법 산업안전보건기준에 관한 규칙 제619조

[관련이론] 밀폐공간작업 관련 사항
(1) 밀폐공간작업 프로그램에 포함되어야 할 내용
① 사업장 내 밀폐공간의 위치 파악 및 관리방안
② 안전보건교육 및 훈련
③ 밀폐공간 내 질식·중독 등을 일으킬 수 있는 유해위험요인의 파악 및 관리방안
④ 밀폐공간작업시 사전 확인이 필요한 사항에 대한 확인 절차
⑤ 그 밖에 밀폐공간작업 근로자의 건강장해예방에 관한 사항
※ 산업안전보건기준에 관한 규칙 제619조
(2) 밀폐공간작업시 적정 가스 농도
① 산소의 농도: 18% 이상 23.5% 미만
② 탄산가스의 농도: 1.5% 미만
③ 황화수소의 농도: 10ppm 미만
④ 일산화탄소의 농도: 30ppm 미만
(3) 산소결핍
공기 중 산소의 농도가 18% 미만인 상태
[근거]
정의: 산업안전보건법 산업안전보건기준에 관한 규칙 제618조

07

산업안전보건법상 흙막이지보공을 설치하였을 때에 정기적으로 점검하고 이상을 발견하면 즉시 보수하여야 할 사항을 4가지 쓰시오.

정답

① 부재의 손상, 변형, 부식, 변위 및 탈락의 유무와 상태
② 버팀대의 긴압의 정도
③ 부재의 접속부, 부착부 및 교차부의 상태
④ 침하의 정도
[근거]
붕괴 등의 위험방지: 산업안전보건법 산업안전보건기준에 관한 규칙 제347조

> **[관련이론] 조립도, 토사 등의 붕괴 또는 낙하에 의한 위험방지**
>
> (1) 흙막이지보공의 조립도에 명시되어야 할 사항
>   ① 부재의 배치
>   ② 부재의 치수
>   ③ 부재의 재질
>   ④ 부재의 설치방법과 순서
> (2) 굴착작업을 하는 경우 토사 등의 붕괴 또는 낙하에 의한 근로자의 위험을 미리 방지하기 위하여 점검해야 할 사항
>   ① 작업장소 및 그 주변의 부석 · 균열의 유무
>   ② 함수 · 용수 및 동결의 유무 또는 상태의 변화
> [근거]
> 조립도, 토사 등의 붕괴 또는 낙하에 의한 위험방지: 산업안전보건기준에 관한 규칙 제346조, 제339조 → 2023.11.14 개정

08

어느 사업장의 출입금지표지판의 배경반사율이 90%이고, 관련 그림의 반사율이 30%이었다. 이 표지판의 대비를 계산하시오.

정답

$$대비 = \frac{L_b - L_t}{L_b} \times 100$$

$$= \frac{90 - 30}{90} \times 100 = 66.6666 ≒ 66.67\%$$

> **[관련이론] 대비(對比)**
> 배경반사율과 표적반사율의 밝기 차이를 나타내는 척도이다.

09

산업안전보건법상 물질안전보건자료에 관한 교육의 교육내용을 4가지 쓰시오.

정답

① 대상화학물질의 명칭(또는 제품명)
② 물리적 위험성 및 건강 유해성
③ 취급상의 주의사항
④ 적절한 보호구
⑤ 응급조치요령 및 사고시 대처방법
⑥ 물질안전보건자료 및 경고표지를 이해하는 방법
[근거]
안전보건교육 교육대상별 교육내용: 산업안전보건법 시행규칙 [별표 5]

10

산업안전보건법상 안전밸브 또는 파열판을 설치하여야 하는 화학설비 및 그 부속설비에 파열판을 설치하여야 하는 경우를 3가지 쓰시오.

정답

① 반응폭주 등 급격한 압력상승 우려가 있는 경우
② 급성독성 물질의 누출로 인하여 주위의 작업환경을 오염시킬 우려가 있는 경우
③ 운전 중 안전밸브에 이상 물질이 누적되어 안전밸브가 작동되지 아니할 우려가 있는 경우
[근거]
파열판의 설치: 산업안전보건법 산업안전보건기준에 관한 규칙 제262조

11

사업주는 근로자가 노출된 충전부 또는 그 부근에서 작업함으로써 감전될 우려가 있는 경우에는 작업에 들어가기 전에 해당 전로를 차단하여야 한다. 전로차단 절차를 번호 순서로 나열하시오.

① 전기기기 등에 공급되는 모든 전원을 관련 도면, 배선도 등으로 확인할 것

② 차단장치나 단로기 등에 잠금장치 및 꼬리표를 부착할 것

③ 전원을 차단한 후 각 단로기 등을 개방하고 확인할 것

④ 검전기를 이용하여 작업대상 기기가 충전되었는지를 확인할 것

⑤ 개로된 전로에서 유도전압 또는 전기에너지가 축적되어 근로자에게 전기위험을 끼칠 수 있는 전기기기 등은 접촉하기 전에 잔류전하를 완전히 방전시킬 것

⑥ 전기기기 등이 다른 노출 충전부와의 접촉, 유도 또는 예비동력원의 역송전 등으로 전압이 발생할 우려가 있는 경우에는 충분한 용량을 가진 단락접지기구를 이용하여 접지할 것

정답

① – ③ – ② – ⑤ – ④ – ⑥
[근거]
정전전로에서의 전기작업: 산업안전보건법 산업안전보건기준에 관한 규칙 제319조

[관련이론] 정전전로에서의 작업 중 또는 작업을 마친 후 전원을 공급하는 경우 준수사항

① 작업기구, 단락접지기구 등을 제거하고 전기기기 등이 안전하게 통전될 수 있는지를 확인할 것

② 모든 작업자가 작업이 완료된 전기기기 등에서 떨어져 있는지를 확인할 것

③ 잠금장치와 꼬리표는 설치한 근로자가 직접 철거할 것

④ 모든 이상 유무를 확인한 후 전기기기 등의 전원을 투입할 것

[근거]
정전전로에서의 전기작업: 산업안전보건법 산업안전보건기준에 관한 규칙 제319조

12

산업안전보건법상 크레인을 사용하여 작업을 할 때 작업시작 전 점검사항을 3가지 쓰시오.

정답

① 권과방지장치 · 브레이크 · 클러치 및 운전장치의 기능
② 주행로의 상측 및 트롤리가 횡행하는 레일의 상태
③ 와이어로프가 통하고 있는 곳의 상태
[근거]
작업시작 전 점검사항: 산업안전보건법 산업안전보건기준에 관한 규칙 [별표 3]

13

다음에 해당하는 안전보건표지의 명칭을 각각 쓰시오.

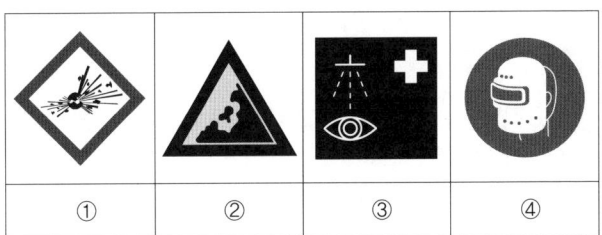

| ① | ② | ③ | ④ |

정답

① 폭발성 물질 경고
② 낙하물 경고
③ 세안장치
④ 보안면 착용
[근거]
안전보건표지의 종류와 형태: 산업안전보건법 시행규칙 [별표 6]

01

산업안전보건법상 양중기에 사용하는 달기체인의 사용금지 기준을 2가지 쓰시오.

정답

① 달기 체인의 길이가 달기체인이 제조된 때의 길이의 5%를 초과한 것
② 링의 단면지름이 달기체인이 제조된 때의 해당 링의 지름이 10%를 초과하여 감소한 것
③ 균열이 있거나 심하게 변형된 것
[근거]
• 늘어난 달기체인 등의 사용금지: 산업안전보건법 산업안전보건기준에 관한 규칙 제167조
• 달비계의 구조: 산업안전보건법 산업안전보건기준에 관한 규칙 제63조

02

산업보건법상 공정안전보고서에 포함되어야 할 사항을 4가지 쓰시오.

정답

① 공정안전자료
② 공정위험성 평가서
③ 안전운전계획
④ 비상조치계획
⑤ 그 밖에 공정상의 안전과 관련하여 고용노동부장관이 필요하다고 인정하여 고시하는 사항
[근거]
공정안전보고서의 내용: 산업안전보건법 시행령 제44조

03

다음은 산업안전보건법상 근로자 안전보건교육시간에 관한 사항이다. (   ) 안에 적합한 숫자를 쓰시오.

교육대상		교육시간
관리감독자의 지위에 있는 사람		연간 (①)시간 이상
사무직 종사 근로자		매반기 (②)시간 이상
사무직 종사 근로자 외의 근로자	판매업무에 직접 종사하는 근로자	매반기 (③)시간 이상
	판매업무에 직접 종사하는 근로자 외의 근로자	매반기 (④)시간 이상

정답

① 16   ② 6   ③ 6   ④ 12
[근거]
안전보건교육 교육과정별 교육시간: 산업안전보건법 시행규칙 [별표 4] → 2023.9.27 개정

[관련이론] 안전보건교육시간
(1) 채용시 교육
① 일용근로자 및 근로계약 기간이 1주일 이하인 기간제 근로자: 1시간 이상
② 근로계약 기간이 1주일 초과 1개월 이하인 기간제 근로자: 4시간 이상
③ 그 밖의 근로자: 8시간 이상
(2) 작업내용변경시 교육
① 일용근로자 및 근로계약 기간이 1주일 이하인 기간제 근로자: 1시간 이상
② 그 밖의 근로자: 2시간 이상
(3) 특별교육
① 일용근로자 및 근로계약 기간이 1주일 이하인 기간제 근로자: 2시간 이상
② 타워크레인 신호작업에 종사하는 일용근로자: 8시간 이상
③ 일용근로자 및 근로계약 기간이 1주일 이하인 기간제 근로자를 제외한 근로자
• 16시간 이상(최초작업에 종사하기 전 4시간 이상 실시하고 12시간은 3개월 이내에서 분할하여 실시 가능)
• 단기간 작업 또는 간헐적인 작업인 경우에는 2시간 이상

(4) 건설업 기초안전보건교육

　　4시간 이상

(5) 특수형태근로종사자에 대한 안전보건교육

　　① 최초노무제공시 교육: 2시간 이상

　　② 특별교육: 16시간 이상(최초작업에 종사하기 전 4시간 이상 실시하고 12시간은 3개월 이내에 분할하여 실시 가능)

[근거]

안전보건교육 교육과정별 교육시간: 산업안전보건법 시행규칙 [별표 4]
→ 2023.9.27 개정

04

산업안전보건법상 산업재해가 발생한 때에 사업주가 작성하여 기록 · 보존하여야 할 사항을 4가지 쓰시오.

정답

① 사업장의 개요 및 근로자의 인적사항
② 재해발생의 일시 및 장소
③ 재해발생의 원인 및 과정
④ 재해재발방지계획

[근거]

산업재해기록 등: 산업안전보건법 시행규칙 제72조

05

FTA에 사용되는 다음 그림의 논리기호 및 사상기호의 명칭을 각각 쓰시오.

			입력　출력 조건
 (①)	 (②)	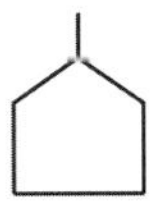 (③)	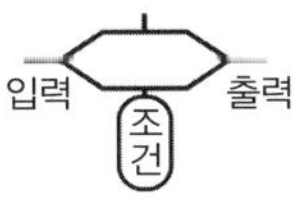 (④)

정답

① 기본사상
② 생략사상
③ 통상사상
④ 억제게이트

[관련이론] FTA의 사상기호

결함사상	전이기호	부정게이트
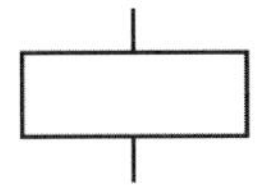		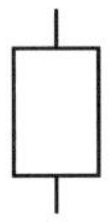

※ 인간공학 및 시스템안전
→ 2024 실기 출제기준 변경으로 삭제되어 학습 불필요

06

수인식 방호장치의 손목밴드, 수인끈, 수인끈의 안내통에 대하여 구비조건을 3가지 쓰시오.

정답

① 손목밴드의 재료는 유연한 내유성 피혁 또는 이와 동등한 재료를 사용해야 한다.
② 손목밴드는 착용감이 좋으며 쉽게 착용할 수 있는 구조이어야 한다.
③ 수인끈의 재료는 합성섬유로 직경이 4mm 이상이어야 한다.
④ 수인끈은 작업자와 작업공정에 따라 그 길이를 조정할 수 있어야 한다.
⑤ 수인끈의 안내통은 끈의 마모와 손상을 방지할 수 있는 조치를 해야 한다.
⑥ 각종 레버는 경량이면서 충분한 강도를 가져야 한다.
⑦ 수인량의 시험은 수인량이 링크에 의해서 조정될 수 있도록 되어야 하며, 금형으로부터 위험한계 밖으로 당길 수 있는 구조이어야 한다.

[근거]

프레스 또는 전단기 방호장치의 성능기준: 방호장치 안전인증 고용노동부고시 [별표 1]

07

산업안전보건법상 절연용 방호구, 절연용 보호구, 활선작업용 장치, 활선작업용 기구에 대하여 각각의 사용목적에 적합한 종별·재질 및 치수의 것을 사용하여야 하나 적용을 제외하는 기준이 있다. 대지전압이 얼마일 때 적용 제외기준에 해당하는지 쓰시오.

대지전압이 30V 이하
[근거]
- 절연용 보호구 등의 사용: 산업안전보건법 산업안전보건기준에 관한 규칙 제323조
- 적용 제외: 산업안전보건법 산업안전보건기준에 관한 규칙 제324조

08

산업안전보건법상 경고표지 중 바탕은 무색, 기본모형은 빨간색 또는 검은색으로 표시하는 종류를 4가지 쓰시오.

① 인화성 물질 경고
② 산화성 물질 경고
③ 폭발성 물질 경고
④ 급성독성 물질 경고
⑤ 부식성 물질 경고
⑥ 발암성, 변이원성, 생식독성, 호흡기과민성 물질 경고
[근거]
안전보건표지의 종류별 용도 설치·부착장소, 형태 및 색채: 산업안전보건법 시행규칙 [별표 7]

[관련이론] 산업안전보건법상 경고표지 중 바탕은 노란색, 기본모형, 관련부호 및 그림은 검은색으로 표시하는 종류
① 방사성 물질 경고   ⑥ 저온 경고
② 고압전기 경고   ⑦ 몸균형상실 경고
③ 매달린 물체 경고   ⑧ 레이저광선 경고
④ 낙하물 경고   ⑨ 위험장소 경고
⑤ 고온 경고
[근거]
안전보건표지의 종류별 용도, 설치·부착장소, 형태 및 색채: 산업안전보건법 시행규칙 [별표 7]

09

산업안전보건법상 안전보건개선계획에 포함되어야 할 사항을 4가지 쓰시오.

① 시설
② 안전보건관리체제
③ 안전보건교육
④ 산업재해예방 및 작업환경의 개선을 위하여 필요한 사항
[근거]
안전보건개선계획의 제출 등: 산업안전보건법 시행규칙 제61조

10

폭발을 방지하기 위한 불활성화방법 중 퍼지(purge)의 종류를 4가지 쓰시오.

① 압력퍼지
② 진공퍼지
③ 사이펀퍼지
④ 스위프퍼지

[관련이론] 퍼지(Purge)
잔류가스가 탱크 등 설비에 있으면 폭발가능성이 있기 때문에 잔류가스를 대기로 배출시킴으로써 폭발을 방지하는 것이다.

11

2m 떨어진 거리에서 조도가 120lux일 때 3m 떨어진 거리에서의 조도를 계산하시오.

※ 조도 $= \dfrac{광도}{(거리)^2}$

- 먼저 2m 떨어진 거리에서 광도 x를 구하면

$120 = \dfrac{x}{2^2}$

$x = 120 \times 4 = 480$cd

- 다시 3m 떨어진 거리에서 조도 y를 구하면

$y = \dfrac{x}{3^2} = \dfrac{480}{9}$

$= 53.3333 ≒ 53.33$lux

※ 인간공학 및 시스템안전
→ 2024 실기 출제기준 변경으로 삭제되어 학습 불필요

12

다음은 산업안전보건법상 폭풍 등에 대한 양중기(크레인, 승강기, 리프트)의 안전조치 사항에 관한 것이다. ( ) 안에 적합한 숫자를 쓰시오.

(1) 순간풍속이 (①)m/s를 초과하는 경우: 건설작업용 리프트에 대하여 받침의 수를 증가시키는 등 그 붕괴 등을 방지하기 위한 조치

(2) 순간풍속이 (②)m/s를 초과하는 경우: 옥외에 설치되어 있는 주행 크레인에 대하여 이탈방지장치를 작동시키는 등 이탈방지를 위한 조치

(3) 순간풍속이 (③)m/s를 초과하는 경우: 옥외에 설치되어 있는 승강기에 대하여 받침의 수를 증가시키는 등 승강기가 무너지는 것을 방지하기 위한 조치

(4) 순간풍속이 (④)m/s를 초과하는 경우: 크레인의 설치·수리·점검 또는 해체작업을 중지

(5) 순간풍속이 (⑤)m/s를 초과하는 경우: 타워크레인의 운전작업을 중지

(6) 순간풍속이 (⑥)m/s를 초과하는 경우: 옥외에 설치되어 있는 양중기를 사용하여 작업을 하는 경우에는 미리 기계 각 부위에 이상이 있는지를 점검

정답

① 35
② 30
③ 35
④ 10
⑤ 15
⑥ 30
[근거]
- 악천후 및 강풍시 작업중지: 산업안전보건법 산업안전보건기준에 관한 규칙 제37조
- 폭풍에 의한 이탈방지: 산업안전보건법 산업안전보건기준에 관한 규칙 제140조
- 폭풍 등으로 인한 이상 유무 점검: 산업안전보건법 산업안전보건기준에 관한 규칙 제143조
- 붕괴 등의 방지: 산업안전보건법 산업안전보건기준에 관한 규칙 제154조
- 폭풍에 의한 무너짐방지: 산업안전보건법 산업안전보건기준에 관한 규칙 제161조

13

산업안전보건법상 공기압축기를 가동할 때 작업시작 전 점검사항을 4가지 쓰시오.

정답

① 공기저장 압력용기의 외관상태
② 드레인밸브의 조작 및 배수
③ 압력방출장치의 기능
④ 언로드밸브의 기능
⑤ 윤활유의 상태
⑥ 회전부의 덮개 또는 울
⑦ 그 밖의 연결부위의 이상 유무
[근거]
작업시작 전 점검사항: 산업안전보건법 산업안전보건기준에 관한 규칙 [별표 3]

[관련이론] 컨베이어 등을 사용하여 작업을 할 때 작업시작 전 점검사항
① 원동기 및 풀리기능의 이상 유무
② 이탈 등의 방지장치기능의 이상 유무
③ 비상정지장치기능의 이상 유무
④ 원동기·회전축·기어 및 풀리 등의 덮개 또는 울 등의 이상 유무
[근거]
작업시작 전 점검사항: 산업안전보건법 산업안전보건기준에 관한 규칙 [별표 3]

2016년 기출문제

01

산업안전보건법상 가설통로를 설치하는 경우 준수사항을 5가지 쓰시오.

정답

① 견고한 구조로 할 것
② 경사는 30° 이하로 할 것
③ 경사가 15°를 초과하는 경우에는 미끄러지지 아니하는 구조로 할 것
④ 추락할 위험이 있는 장소에는 안전난간을 설치할 것
⑤ 수직갱에 가설된 통로의 길이가 15m 이상인 경우에는 10m 이내마다 계단참을 설치할 것
⑥ 건설공사에 사용하는 높이 8m 이상인 비계다리에는 7m 이내마다 계단참을 설치할 것

[근거]
가설통로의 구조: 산업안전보건법 산업안전보건기준에 관한 규칙 제23조

02

잠함 또는 우물통의 내부에서 근로자가 굴착작업을 하는 경우에 잠함 또는 우물통의 급격한 침하에 의한 위험을 방지하기 위해 준수하여야 할 사항을 2가지 쓰시오.

정답

① 침하관계도에 따라 굴착방법 및 재하량 등을 정할 것
② 바닥으로부터 천장 또는 보까지의 높이는 1.8m 이상으로 할 것

[근거]
급격한 침하로 인한 위험방지: 산업안전보건법 산업안전보건기준에 관한 규칙 제376조

03

안전인증 대상 안전모의 종류를 기호로 표시하고, 각각의 사용구분에 대하여 쓰시오.

정답

① AB: 물체의 낙하 또는 비래 및 추락에 의한 위험을 방지 또는 경감시키기 위한 것
② AE: 물체의 낙하 또는 비래에 의한 위험을 방지 또는 경감하고, 머리부위 감전에 의한 위험을 방지하기 위한 것
③ ABE: 물체의 낙하 또는 비래 및 추락에 의한 위험을 방지 또는 경감하고, 머리부위 감전에 의한 위험을 방지하기 위한 것

[근거]
추락 및 감전위험방지용 안전모의 성능기준: 보호구 안전인증 고용노동부고시 [별표 1]

[관련이론] 안전모의 시험성능방법

(1) 안전인증대상 안전모의 시험성능방법
   ① 내관통성시험
   ② 충격흡수성시험
   ③ 내전압성시험
   ④ 내수성시험
   ⑤ 난연성시험
   ⑥ 턱끈풀림시험
(2) 자율안전확인 대상 안전모의 시험성능방법
   ① 내관통성시험
   ② 충격흡수성시험
   ③ 난연성시험
   ④ 턱끈풀림시험
   ⑤ 측면변형시험

[근거]
(1) 추락 및 감전위험방지용 안전모의 성능기준: 보호구 안전인증 고용노동부고시 [별표 1]
(2) 안전모(자율안전확인)의 시험방법: 보호구 자율안전확인 고용노동부고시 [별표 1의2]

04

다음은 산업안전보건법상 인화성 액체 및 부식성 물질에 대한 사항이다. ( ) 안에 적합한 내용을 쓰시오.

(1) 인화성 액체: 노르말헥산, 아세톤, 메틸에틸케톤, 메틸알코올, 에틸알코올, 이황화탄소 그 밖에 인화점이 (①) 미만이고 초기 끓는점이 (②)를 초과하는 물질

(2) 부식성 염기류: 농도가 (③) 이상인 수산화나트륨, 수산화칼륨 그 밖에 이와 동등 이상의 부식성을 가지는 염기류

(3) 부식성 산류: 농도가 (④) 이상인 인산, 아세트, 불산 그 밖에 이와 동등 이상의 부식성을 가지는 물질

① 23℃
② 35℃
③ 40%
④ 60%

[근거]
위험물질의 종류: 산업안전보건법 산업안전보건기준에 관한 규칙 [별표 1]

[관련이론] 산업안전보건법상 인화성 액체 및 부식성 산류

(1) 인화성 액체

① 에틸에테르, 가솔린, 아세트알데히드, 산화프로필렌 그 밖에 인화점이 (23℃ 미만)이고 초기 끓는점이 (35℃ 이하)인 물질

② 크실렌, 아세트산아밀, 등유, 경유, 테레핀유, 이소아밀알코올, 아세트산, 하이드라진 그 밖에 인화점이 (23℃ 이상 60℃ 이하)인 물질

(2) 부식성 산류

농도가 (20% 이상)인 염산, 황산, 질산 그 밖에 이와 같은 정도 이상의 부식성을 가지는 물질

05

에탄 27vol%, 메탄 45vol%, 수소 28vol%일 때, 혼합가스의 공기 중 폭발상한계의 값(vol%)과 에탄의 위험도를 구하시오.

가스명	폭발하한계	폭발상한계
에탄	3.0vol%	12.4vol%
메탄	5.0vol%	15vol%
수소	4.0vol%	75vol%

(1) 폭발상한계의 값(L)

$$L = \frac{V_1 + V_2 + V_3}{\dfrac{V_1}{L_1} + \dfrac{V_2}{L_2} + \dfrac{V_3}{L_3}}$$

여기서, L_1, L_2, L_3: 각 성분가스의 폭발상한계(vol%)
V_1, V_2, V_3: 각 성분가스의 부피비(vol%)

$$= \frac{27 + 45 + 28}{\dfrac{27}{12.4} + \dfrac{45}{15} + \dfrac{28}{75}}$$

$$= 18.015 ≒ 18.02 \text{vol}\%$$

(2) 에탄의 위험도

$$위험도 = \frac{U - L}{L}$$

여기서, L: 폭발하한계값
U: 폭발상한계값

$$= \frac{12.4 - 3}{3}$$

$$= 3.1333 ≒ 3.13$$

06

다음은 교류아크용접기에 설치하는 자동전격방지기에 관한 사항이다. (   ) 안에 적합한 내용을 쓰시오.

(①): 용접봉홀더에 용접기 출력측의 (②)이 발생한 후 주접점이 개방될 때까지의 시간

① 지동시간
② 무부하전압
[근거]
정의: 방호장치 자율안전기준 고용노동부고시 제4조

07

산업안전보건법상 관계수급인 근로자가 도급인의 사업장에서 작업을 하는 경우 도급인이 안전보건총괄책임자를 지정하여야 할 대상 사업을 2가지 쓰시오.

① 관계수급인에게 고용된 근로자를 포함한 상시근로자가 50명 이상인 선박 및 보트건조업, 1차금속제조업, 토사석광업
② 관계수급인에게 고용된 근로자를 포함한 상시 근로자가 100명 이상인 사업
③ 관계수급인의 공사금액을 포함한 해당 공사의 총공사금액이 20억 원 이상인 건설업
[근거]
안전보건총괄책임자 지정 대상 사업: 산업안전보건법 시행규칙 제52조

08

로봇의 운전으로 인해 근로자에게 발생할 수 있는 부상 등의 위험을 방지하기 위하여 필요한 조치사항을 2가지 쓰시오.

① 높이 1.8m 이상의 울타리 설치
② 컨베이어 시스템의 설치 등으로 울타리를 설치할 수 없는 일부 구간에는 안전매트 또는 광전자식 방호장치 등 감응형 방호장치 설치
[근거]
운전 중 위험방지: 산업안전보건법 산업안전보건기준에 관한 규칙 제223조

09

조종장치의 촉각적 암호화 방법을 3가지 쓰시오.

① 형상을 이용한 암호화
② 크기를 이용한 암호화
③ 표면촉감을 이용한 암호화
※ 인간공학 및 시스템안전
  → 2024 실기 출제기준 변경으로 삭제되어 학습 불필요

10

인간공학에서 인간성능 기준을 4가지 쓰시오.

정답

① 인간성능의 척도
② 주관적 반응
③ 생리학적 지표
④ 사고 및 과오의 빈도
※ 인간공학 및 시스템안전
  → 2024 실기 출제기준 변경으로 삭제되어 학습 불필요

11

다음 (   ) 안에 적합한 내용을 쓰시오.

사업주는 (①)·(②)·(③) 및 (④) 등에 부속되는 키·핀 등의 기계요소는 (⑤)으로 하거나 해당 부위에 덮개를 설치하여야 한다.

정답

① 회전축
② 풀리
③ 기어
④ 플라이휠
⑤ 묻힘형
[근거]
원동기·회전축 등의 위험방지: 산업안전보건법 산업안전보건기준에 관한 규칙 제87조

12

인간실수(Human Error)의 분류 중 스웨인(Swain)의 심리적 분류를 쓰시오.

정답

① 실행오류(Commission Error)
② 생략오류(Omission Error)
③ 순서오류(Sequential Error)
④ 시간오류(Timing Error)
⑤ 과잉행동오류(Extraneous Error)
※ 인간공학 및 시스템안전
  → 2024 실기 출제기준 변경으로 삭제되어 학습 불필요

13

하인리히의 도미노(domino)이론(재해연쇄성이론)과 버드의 도미노이론, 아담스의 연쇄성이론 5단계를 각각 순서대로 쓰시오.

정답

구분	하인리히 (Heinrich)	버드 (Bird)	아담스 (Adams)
제1단계	사회적 환경과 유전적 요소	통제의 부족 (관리)	관리구조
제2단계	개인적 결함	기본원인 (기원)	작전적 에러
제3단계	불안전한 행동과 불안전한 상태	직접적인 원인(징후)	전술적 에러
제4단계	사고	사고(접촉)	사고
제5단계	상해(재해)	상해(손실)	상해, 손해

01

산업안전보건법상 구축물 등에 대해 안전진단 등 안전성 평가를 하여 근로자에게 미칠 위험성을 미리 제거하여야 하는 경우를 3가지 쓰시오.

정답

① 구축물 등의 인근에서 굴착 · 항타작업 등으로 침하 · 균열 등이 발생하여 붕괴의 위험이 예상될 경우
② 구축물 등에 지진, 동해, 부동침하 등으로 균열 · 비틀림 등이 발생하였을 경우
③ 구축물 등이 그 자체의 무게, 적설, 풍압 또는 그 밖에 부가되는 하중 등으로 붕괴 등의 위험이 있을 경우
④ 화재 등으로 구축물 등의 내력이 심하게 저하되었을 경우
⑤ 오랜 기간 사용하지 아니하던 구축물 등을 재사용하게 되어 안전성을 검토하여야 할 경우
⑥ 구축물 등의 주요구조부에 대한 설계 및 시공방법의 전부 또는 일부를 변경한 경우
⑦ 그 밖의 잠재위험성이 예상되는 경우
[근거]
구축물 또는 이와 유사한 시설물의 안전성평가: 산업안전보건법 산업안전보건기준에 관한 규칙 제52조 → 2023.11.14 개정

02

산업안전보건법상 작업발판 일체형 거푸집의 종류를 4가지 쓰시오.

정답

① 갱폼(gang form)
② 슬립폼(slip form)
③ 클라이밍폼(climbing form)
④ 터널라이닝폼(tunnel tining form)
⑤ 그 밖에 거푸집과 작업발판이 일체로 제작된 거푸집
[근거]
작업발판 일체형 거푸집의 안전조치: 산업안전보건법 산업안전보건기준에 관한 규칙 제337조

03

다음은 안전인증 대상 방진마스크에 대한 사항이다. ( ) 안에 적합한 내용을 쓰시오.

(1) 금속 흄 등과 같이 열적으로 생기는 분진 등이 발생하는 장소에서 사용 가능한 방진마스크의 등급은 (①)이다.
(2) 석면취급 장소에서 사용가능한 방진마스크의 등급은 (②)이다.
(3) 베릴륨 등과 같이 독성이 강한 물질을 함유한 장소에서 사용 가능한 방진마스크의 등급은 (③)이다.
(4) 안면부 내부의 이산화탄소 농도는 부피분율 (④) 이하이어야 한다.
(5) 산소농도 (⑤) 미만인 장소에서는 방진마스크의 사용을 금지하여야 한다.

정답

① 1급
② 특급
③ 특급
④ 1%
⑤ 18%
[근거]
방진마스크 성능기준: 보호구 안전인증 고용노동부고시 [별표 4]

04

다음은 산업안전보건법상 가설통로를 설치할 때 준수해야 할 사항이다. ( ) 안에 적합한 내용을 쓰시오.

(1) 견고한 구조로 할 것
(2) 경사가 (①)를 초과하는 경우에는 미끄러지지 아니하는 구조로 할 것
(3) 경사는 (②) 이하로 할 것
(4) 건설공사에 사용하는 높이 8m 이상인 비계 다리에는 (③) 이내마다 계단참을 설치할 것
(5) 수직갱에 가설된 통로의 길이가 (④) 이상인 경우에는 (⑤) 이내마다 계단참을 설치할 것
(6) 추락할 위험이 있는 장소에는 (⑥)을 설치할 것

① 15°
② 30°
③ 7m
④ 15m
⑤ 10m
⑥ 안전난간
[근거]
가설통로의 구조 : 산업안전보건법 산업안전보건기준에 관한 규칙 제23조

05

다음은 산업현장에서 활용하는 컬러테라피(Color Therapy)에 관한 사항이다. ( ) 안에 적합한 색채를 쓰시오.

색채	심리상태
(①)	조심, 주의, 희망, 향상, 광명
(②)	공포, 열정, 애정, 용기, 활기
(③)	소원, 진정, 소극, 냉담
(④)	안식, 안전, 평화, 위안
(⑤)	고취, 우울, 불안

① 노란색(황색)
② 빨간색(적색)
③ 파란색(청색)
④ 녹색
⑤ 보라색(자색)

[관련이론] 컬러테라피(Color Therapy, 색채이론)
컬러와 테라피의 합성어로 색채를 심리치료와 의학에 활용하여 스트레스를 완화시키고 삶의 활력을 주는 정신적 요법이다.

※ 산업안전심리 및 인간의 행동과학
　→ 2024 실기 출제기준 변경으로 삭제되어 학습 불필요

06

재해예방의 4원칙을 쓰고 간단하게 설명하시오.

① 원인연계(계기)의 원칙: 사고에는 반드시 원인이 있고, 그 원인은 대부분 복합적 연계 원인이다.
② 예방가능의 원칙: 사고는 원인만 제거하면 원칙적으로 예방이 가능하다.
③ 손실우연의 원칙: 사고의 결과, 손실의 유무 또는 대소는 사고당시의 조건에 따라 우연적으로 발생한다.
④ 대책선정의 원칙: 사고의 원인이나 불안전 요소가 발견되면 반드시 대책은 선정·실시되어야 하며 대책선정은 가능하다.

[관련이론] 하인리히의 사고예방대책 기본원리 5단계

① 제1단계: 조직
② 제2단계: 사실의 발견
③ 제3단계: 분석
④ 제4단계: 시정방법의 선정
⑤ 제5단계: 시정책의 적용

07

공기압축기에서 발생할 수 있는 서징(Surging) 방지대책을 3가지만 쓰시오.

① 풍량을 감소시킨다.
② 배관의 경사를 완만하게 한다.
③ 교축밸브를 기계에 가깝게 설치한다.
④ 방출밸브를 이용하여 배관 내의 잔류공기를 제거한다.
⑤ 회전수를 변경시킨다.

[관련이론] 서징(Surging : 맥동현상)

송출압력과 송출유량이 주기적으로 변동하며, 압축기 입구 및 출구에 설치된 진공계, 압력계의 침이 흔들리는 현상이다.

08

산업안전보건법상 근로자가 상시 작업하는 장소의 작업면 조도기준에 관한 사항이다. (　　) 안에 적합한 숫자를 기입하시오.

작업의 종류	색채
초정밀작업	(①)lux 이상
정밀작업	(②)lux 이상
보통작업	(③)lux 이상
그 밖의 작업	(④)lux 이상

① 750
② 300
③ 150
④ 75
[근거]
조도: 산업안전보건법 산업안전보건기준에 관한 규칙 제8조

09

산업안전보건법상 고용노동부장관이 안전보건개선계획을 수립하여 시행할 것을 명할 수 있는 사업장을 2가지 쓰시오.

① 산업재해율이 같은 업종의 규모별 평균 산업재해율보다 높은 사업장
② 사업주가 필요한 안전조치 또는 보건조치를 이행하지 아니하여 중대재해가 발생한 사업장
③ 직업성 질병자가 연간 2명 이상 발생한 사업장
④ 유해인자의 노출기준을 초과한 사업장
[근거]
안전보건개선계획의 수립·시행 명령: 산업안전보건법 제49조

[관련이론] 안전보건개선계획서에 포함되어야 할 사항

① 시설
② 안전보건관리체제
③ 안전보건교육
④ 산업재해 예방 및 작업환경의 개선을 위하여 필요한 사항
[근거]
안전보건개선계획서의 제출 등: 산업안전보건법 시행규칙 제61조

10

산업안전보건법상 충전전로에서의 전기작업시 충전전로의 선간전압에 따른 접근한계거리를 쓰시오.

(1) 충전전로 선간전압이 200V일 때: (①)
(2) 충전전로 선간전압이 1.5kV일 때: (②)
(3) 충전전로 선간전압이 22kV일 때: (③)
(4) 충전전로 선간전압이 130kV일 때: (④)

① 접촉금지
② 45cm
③ 90cm
④ 150cm
[근거]
충전전로에서의 전기작업: 산업안전보건법 산업안전보건기준에 관한 규칙 제321조

11

근로자가 1시간 동안 6kcal/min의 에너지를 소비하는 작업을 할 경우 (1) 휴식시간과 (2) 작업시간을 각각 계산하시오. (단, 작업에 대한 권장 평균에너지 값의 상한은 4kcal/min이다)

(1) 휴식시간(R)

$$R = \frac{60(E-4)}{E-1.5}$$

여기서, E: 작업시 평균에너지소비량(kcal/min)
4: 작업에 대한 평균에너지값의 상한(kcal/min)

$$= \frac{60(6-4)}{6-1.5} = 26.6666 \fallingdotseq 26.67분$$

(2) 작업시간

$$60 - 26.67 = 33.33분$$

※ 인간공학 및 시스템안전
→ 2024 실기 출제기준 변경으로 삭제되어 학습 불필요

12

공칭지름이 10mm이고, 현재 와이어로프의 지름은 9.1mm이다. 이 와이어로프가 양중기에 사용 가능한지 여부를 판단하시오.

• 현재 와이어로프의 지름감소

$$\frac{10-9.1}{10} \times 100 = 9\%$$

• 지름의 감소가 공칭지름의 7%를 초과하는 것은 양중기에 사용할 수 없다.
• 현재 와이어로프의 지름감소가 9%이므로 사용이 불가능하다.

13

산업안전보건법상 밀폐공간에서 근로자에게 작업을 하도록 하는 경우 밀폐공간작업 프로그램을 수립하여 시행하여야 한다. 밀폐공간작업 프로그램에 포함되어야 할 내용을 4가지만 쓰시오.

① 사업장 내 밀폐공간의 위치 파악 및 관리방안
② 밀폐공간 내 질식 · 중독 등을 일으킬 수 있는 유해 · 위험요인의 파악 및 관리방안
③ 밀폐공간 작업시 사전 확인이 필요한 사항에 대한 확인 절차
④ 안전보건교육 및 훈련
⑤ 그 밖에 밀폐공간작업 근로자의 건강장해예방에 관한 사항
[근거]
밀폐공간작업 프로그램의 수립 · 시행: 산업안전보건법 산업안전보건기준에 관한 규칙 제619조

01

산업안전보건법상 건설업 유해위험방지계획서 제출 대상 공사에 관한 사항이다. (   ) 안에 적합한 내용을 쓰시오.

(1) 연면적 (①)m² 이상의 냉동·냉장창고시 설의 설 비공사 및 단열공사

(2) 지상높이가 (②)m 이상인 건축물 또는 인공구조물

(3) 깊이 (③)m 이상인 굴착공사

(4) 다목적댐, 발전용댐, 저수용량 (④)톤 이상의 용 수전용댐 및 지방상수도전용댐 건설 등의 공사

(5) 최대지간길이가 (⑤)m 이상인 다리의 건설 등 공사

(6) 연면적 (⑥)m² 이상인 건축물

정답

① 5,000
② 31
③ 10
④ 2,000만
⑤ 50
⑥ 30,000
[근거]
유해위험방지계획서 제출 대상: 산업안전보건법 시행령 제42조

02

산업안전보건법상 안전보건표지의 종류 중 다음에 해당하는 안전보건표지의 명칭을 각각 쓰시오.

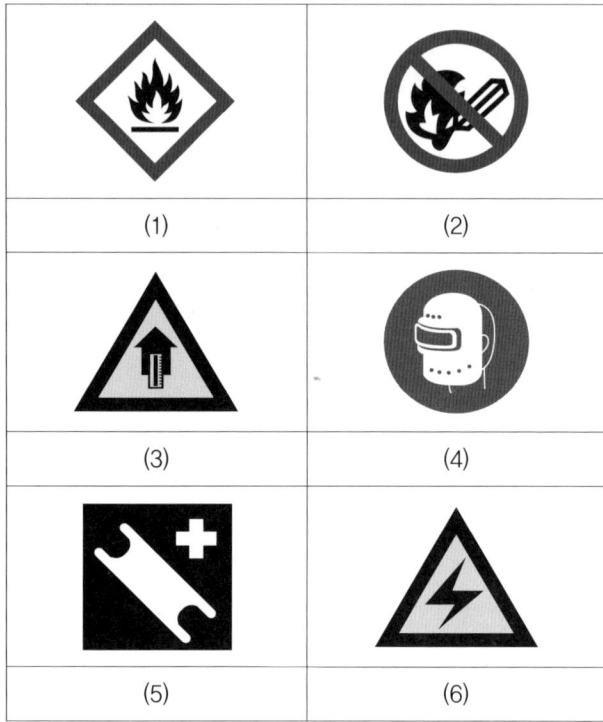

(1)	(2)
(3)	(4)
(5)	(6)

정답

① 인화성 물질 경고
② 화기금지
③ 고온 경고
④ 보안면 착용
⑤ 들것
⑥ 고압전기 경고
[근거]
안전보건표지의 종류와 형태: 산업안전보건법 시행규칙 [별표 5]

03

다음은 산업안전보건법상 비계의 조립간격에 관한 사항이다. ( ) 안에 적합한 내용을 쓰시오.

비계의 종류	조립간격(단위: m)	
	수직방향	수평방향
단관비계	(①)	(②)
틀비계 (높이가 5m 미만의 것 제외)	(③)	(④)

정답

① 5
② 5
③ 6
④ 8
[근거]
강관비계의 조립간격: 산업안전보건법 산업안전보건기준에 관한 규칙 [별표 5]

04

산업안전보건법상 기계의 원동기 · 회전축 · 기어 · 풀리 · 플라이휠 · 벨트 및 체인 등 근로자가 위험에 처할 우려가 있는 부위에 설치하여야 하는 장치를 4가지 쓰시오.

정답

① 덮개
② 슬리브
③ 울
④ 건널다리
[근거]
원동기 · 회전축 등의 위험방지: 산업안전보건법 산업안전보건기준에 관한 규칙 제87조

05

다음 FT도에서 시스템의 신뢰도를 계산하시오. (①, ④는 0.1 ②, ③은 0.05의 발생확률을 가진다.)

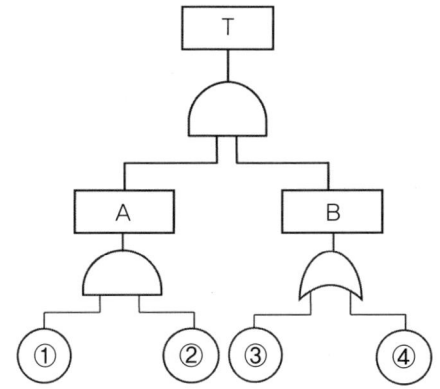

정답

① $A = 0.1 \times 0.05 = 0.005$
② $B = 1 - (1-0.05)(1-0.1) = 0.145$
③ 고장발생확률$(T) = A \times B$
  $= 0.005 \times 0.145 = 0.000725$
④ 신뢰도 $= 1 -$ 고장발생확률
  $= 1 - 0.000725 = 0.999275 ≒ 1.00$

※ 인간공학 및 시스템안전
  → 2024 실기 출제기준 변경으로 삭제되어 학습 불필요

06

소음이 발생하는 기계로부터 4m 떨어진 곳에서의 음압수준이 110dB일 때 동일한 기계로부터 30m 떨어진 곳의 음압수준을 계산하시오.

정답

$$dB_2 = dB_1 - 20\log\left(\frac{d_2}{d_1}\right)$$
$$= 110 - 20\log\left(\frac{30}{4}\right) = 92.4987 ≒ 92.50\,dB$$

※ 인간공학 및 시스템안전
  → 2024 실기 출제기준 변경으로 삭제되어 학습 불필요

07

산업안전보건법상 안전보건관리책임자의 업무를 4가지 쓰시오.

① 사업장의 산업재해예방계획의 수립에 관한 사항
② 안전보건관리규정의 작성 및 변경에 관한 사항
③ 안전보건교육에 관한 사항
④ 작업환경측정 등 작업환경의 점검 및 개선에 관한 사항
⑤ 근로자의 건강진단 등 건강관리에 관한 사항
⑥ 산업재해의 원인조사 및 재발방지대책수립에 관한 사항
⑦ 산업재해에 관한 통계의 기록 및 유지에 관한 사항
⑧ 안전장치 및 보호구 구입시 적격품 여부 확인에 관한 사항
⑨ 그 밖에 근로자의 유해 · 위험방지조치에 관한사항으로서 고용노동부령으로 정하는 사항(위험성 평가의 실시에 관한 사항과 안전보건규칙에서 정하는 근로자의 위험 또는 건강장해의 방지에 관한 사항)

[근거]
안전보건관리책임자: 산업안전보건법 제15조

08

분진이 발화 · 폭발하기 위한 조건을 3가지 쓰시오.

① 점화원의 존재
② 미분상태
③ 공기 중에서의 교반과 유동
④ 가연성

[관련이론] 분진폭발의 영향인자

① 분진의 화학적 성질과 조성
② 입도 및 입도분포
③ 입자의 형상과 표면상태
④ 수분함량
⑤ 산소농도
⑥ 온도 및 압력
⑦ 분진의 부유성
⑧ 난류

09

산업안전보건법상 안전보건진단을 받아 안전보건개선계획을 수립하여야 하는 대상 사업장을 4가지 쓰시오.

① 산업재해율이 같은 업종 평균 산업재해율의 2배 이상인 사업장
② 사업주가 필요한 안전조치 또는 보건조치를 이행하지 아니하여 중대재해가 발생한 사업장
③ 직업성 질병자가 연간 2명 이상(상시근로자 1,000명 이상 사업장의 경우 3명 이상) 발생한 사업장
④ 그 밖에 작업환경 불량, 화재폭발 또는 누출사고 등으로 사업장 주변까지 피해가 확산된 사업장으로서 고용노동부령으로 정하는 사업장

[근거]
안전보건진단을 받아 안전보건개선계획을 수립할 대상: 산업안전보건법 시행령 제49조

10

산업안전보건법상 자율안전확인 대상 방호장치를 5가지만 쓰시오.

① 아세틸렌 용접장치용 또는 가스집합 용접장치용 안전기
② 교류아크 용접기용 자동전격방지기
③ 롤러기 급정지장치
④ 연삭기 덮개
⑤ 목재가공용 둥근톱 반발예방장치와 날접촉예방장치
⑥ 동력식 수동대패용 칼날접촉방지장치
⑦ 추락 · 낙하 및 붕괴 등의 위험방지 및 보호에 필요한 가설기자재로서 고용노동부장관이 정하여 고시하는 것

[근거]
자율안전확인 대상기계 등: 산업안전보건법 시행령 제77조

11

근로자가 벽돌을 들고 작업발판 위에서 움직이다가 벽돌을 발등에 떨어뜨려 뼈가 부러진 재해가 발생하였다. 이 재해를 분석하시오.

정답

① 재해발생형태: 낙하(맞음)
② 기인물: 벽돌
③ 가해물: 벽돌

12

산업안전보건법상 근로자가 노출된 충전부 또는 그 부근에서 작업함으로써 감전될 우려가 있는 경우에는 작업에 들어가기 전에 해당 전로를 차단하여야 한다. 다음 (   ) 안에 적합한 내용을 쓰시오.

(1) 차단장치나 단로기 등에 (①) 및 꼬리표를 부착할 것
(2) 전기기기 등이 다른 노출 충전부와의 접촉, 유도 또는 예비동력원의 역송전 등으로 전압이 발생할 우려가 있는 경우에는 충분한 용량을 가진 (②)를 이용하여 접지할 것
(3) 개로된 전로에서 유도전압 또는 전기에너지가 축적되어 근로자에게 전기위험을 끼칠 수 있는 전기기기 등은 접촉하기 전에 (③)를 완전히 방전시킬 것

정답

① 잠금장치
② 단락접지기구
③ 잔류전하
[근거]
정전전로에서의 전기작업: 산업안전보건법 산업안전보건기준에 관한 규칙 제319조

13

다음은 적응기제에 관한 사항이다. (   ) 안에 적합한 내용을 쓰시오.

(1) (①): 자기 자신의 실패나 약점을 그럴듯한 이유를 들어 남의 비난을 받지 않도록 하는 행위
(2) (②): 자신의 무능과 결함에 의하여 생긴 열등감이나 긴장을 해소하기 위하여 장점같은 것으로 그 결함을 보충하려는 행위
(3) (③): 자신의 불만이나 불안을 해소시키기 위해서 남의 탓으로 돌리는 행위
(4) (④): 억압당한 욕구를 다른 가치있는 목적을 실현하도록 노력함으로써 욕구를 충족하는 행위

정답

① 합리화
② 보상
③ 투사
④ 승화

[관련이론] 적응기제(Adjustment Mechanism)

① 동일화: 자기의 것이 사실은 아님에도 불구하고 자기의 것이나 된 듯이 행동을 하여 승인을 얻고자 하는 행위
② 치환(전위): 어떤 대상이나 사람에 대한 충동이나 감정을 덜 위협적인 대상이나 사람에 돌려서 표현하는 행위
③ 억압: 욕구불만이나 불쾌감 등의 갈등으로 생긴 욕구를 의식 밖으로 배제함으로써 얻는 행위
④ 고립: 자신이 없을 때 현실을 피하여 곤란한 접촉이나 상황에서 벗어나 자기내부로 도피하려는 행위
⑤ 퇴행: 발달단계를 역행함으로써 욕구를 충족하려는 도피의 행위
⑥ 백일몽: 현실적으로 도저히 만족시킬 수 없는 소원이나 욕구를 공상의 세계에서 취하려는 도피의 행위

제1회 (2015년 4월)

01

다음은 프레스기의 방호장치에 관한 사항이다. (   ) 안에 적합한 내용을 쓰시오.

(1) 양수조작식 방호장치의 일반구조에 있어 누름버튼 간의 상호 내측거리는 (①)mm 이상이어야 한다.

(2) 광전자식 방호장치의 일반구조에 있어 정상 작동표시램프는 (②), 위험표시램프는 (③)으로 하여 근로자가 쉽게 볼 수 있는 곳에 설치하여야 한다.

(3) 손쳐내기식 방호장치의 일반구조에 있어 슬라이드 하행정거리의 (④) 위치 내에 손을 완전히 밀어내야 한다.

(4) 손쳐내기식 방호장치의 일반구조에 있어 방호판의 폭은 금형 폭의 (⑤) 이상이어야 하고, 행정 길이가 300mm 이상의 프레스에는 방호판의 폭을 (⑥)mm로 하여야 한다.

(5) 수인식 방호장치의 일반구조에 있어 수인끈의 재료는 합성섬유로 직경이 (⑦)mm 이상이어야 한다.

정답

① 300
② 녹색
③ 적색
④ $\frac{3}{4}$
⑤ $\frac{1}{2}$
⑥ 300
⑦ 4

[근거]
프레스 또는 전단기의 방호장치 성능기준: 방호장치 안전인증 고용노동부고시 [별표 1]

02

다음은 산업안전보건법상 지반의 굴착시 굴착면의 기울기 기준에 관한 사항이다. (   ) 안에 적합한 내용을 쓰시오.

구분	지반의 종류	기울기
보통 흙	습지	1 : 1 ~ 1 : 1.5
	건지	(①)
암반	풍화암	(②)
	연암	(③)
	(④)	1 : 0.5

정답

① 1 : 0.5 ~ 1 : 1
② 1 : 1.0
③ 1 : 1.0
④ 경암

[근거]
굴착면의 기울기 기준: 산업안전보건법 산업안전보건기준에 관한 규칙 [별표 11] → 2021.11.19 개정

지반의 종류	굴착면의 기울기
모래	1 : 1.8
연암 및 풍화암	1 : 1.0
경암	1 : 0.5
그밖의 흙	1 : 1.2

[근거]
굴착면의 기울기 기준: 산업안전보건법 산업안전보건기준에 관한 규칙 [별표 11] → 2023.11.14 개정

03

풀프루프(Fool Proof)의 기구를 5가지만 쓰시오.

① 가드
② 트립(trip)기구
③ 록(lock)기구
④ 밀어내기기구
⑤ 기동방지기구
⑥ 오버런(over run)기구

04

산업안전보건법상 위험물질의 종류에 관한 사항이다. ( ) 안에 적합한 숫자를 쓰시오.

(1) 인화성 액체: 크실렌, 아세트산아밀, 등유, 경유, 테레핀유, 이소아밀알코올, 아세트산, 하이드라진 그 밖에 인화점이 섭씨 (①)도 이상 섭씨 60도 이하인 물질

(2) 인화성 액체: 노르말헥산, 아세톤, 메틸에틸케톤, 메틸알코올, 에틸알코올, 이황화탄소 그 밖에 인화점이 섭씨 (②)도 미만이고 초기 끓는점이 섭씨 (③)도를 초과하는 물질

(3) 부식성 산류: 농도가 (④)% 이상인 인산, 아세트산, 불산, 그 밖에 이와 같은 정도 이상의 부식성을 가지는 물질

(4) 부식성 산류: 농도가 (⑤)% 이상인 염산, 황산, 질산, 그 밖에 이와 같은 정도 이상의 부식성을 가지는 물질

(5) 부식성 염기류: 농도가 (⑥)% 이상인 수산화나트륨, 수산화칼륨 그 밖에 이와 같은 정도 이상의 부식성을 가지는 염기류

① 23
② 23
③ 35
④ 60
⑤ 20
⑥ 40

[근거]
위험물질의 종류: 산업안전보건법 산업안전보건기준에 관한 규칙 [별표 1]

05

어느 사업장의 도수율이 4이고, 연간 5건의 재해로 10명의 재해자가 발생하여 450일의 근로손실일수가 발생하였다. 이 사업장의 강도율을 계산하시오.

- 도수율 $= \dfrac{\text{재해발생건수}}{\text{연근로시간수}} \times 1,000,000$

- 연근로시간수 $= \dfrac{\text{재해발생건수}}{\text{도수율}} \times 1,000,000$

  $= \dfrac{5}{4} \times 1,000,000$

  $= 1,250,000$시간

- 강도율 $= \dfrac{\text{근로손실일수}}{\text{연근로시간수}} \times 1,000$

  $= \dfrac{450}{1,250,000} \times 1,000 = 0.36$

06

산업안전보건법상 공정안전보고서에 포함되어야 할 사항을 4가지 쓰시오.

① 공정안전자료
② 공정위험성 평가서
③ 안전운전계획
④ 비상조치계획
⑤ 그 밖에 공정상의 안전과 관련하여 고용노동부장관이 필요하다고 인정하여 고시하는 사항

[근거]
공정안전보고서의 내용: 산업안전보건법 시행령 제44조

07

주의의 특성을 3가지 쓰고, 각각의 특성을 간단히 설명하시오.

① 선택성: 여러 가지 자극을 지각할 때 소수의 특정자극에 선택적으로 주의를 기울이는 기능이다(주의는 동시에 두 개 이상의 방향에 집중하지 못한다).
② 방향성: 주시점(시선이 가는 방향)만 인지하는 기능이다(한 지점에 주의를 집중하면 다른 곳의 주의는 약해진다).
③ 변동성: 주의집중시 주기적으로 부주의의 리듬이 존재하는 기능이다(고도의 주의는 장시간 지속을 할 수가 없다).
※ 산업안전심리 및 인간의 행동과학
   → 2024 실기 출제기준 변경으로 삭제되어 학습 불필요

08

안전인증 대상 가죽제 안전화의 성능시험의 종류를 4가지 쓰시오.

① 내압박성시험　　② 내충격성시험
③ 박리저항시험　　④ 내답발성시험
⑤ 내부식성시험　　⑥ 내유성시험
⑦ 은면결렬시험　　⑧ 인열강도시험
⑨ 인장강도시험 및 신장률
[근거]
가죽제 안전화의 시험방법: 보호구 안전인증 고용노동부고시 [별표 2의9]

[관련이론] 보호구 안전인증 고시에 따른 안전화의 종류
① 가죽제안전화
② 고무제안전화
③ 정전기안전화
④ 발등안전화
⑤ 절연화
⑥ 절연장화
⑦ 화학물질용안전화
[근거]
안전화의 성능기준: 보호구 안전인증 고용노동부고시 [별표 2]

09

다음 내용에 적합한 용어를 각각 쓰시오.

(1) (①): 작업대사량(작업시 소비에너지와 안정시 소비에너지와의 차를 말한다)과 기초대사량의 비
(2) (②): 단조로운 업무가 장시간 지속될 때 작업자의 감각기능 및 판단기능이 둔화, 마비되는 현상
(3) (③): 인간 또는 기계의 과오나 동작상의 실수가 있어도 사고를 발생시키지 않도록 철저하게 2중, 3중으로 통제를 가하는 것
(4) (④): 기계의 결함을 찾아내어 고장률을 안정시키는 기간

① 에너지대사율(RMR)
② 감각차단현상
③ 페일세이프(Fail Safe)
④ 디버깅(Debugging)기간
※ 산업안전심리 및 인간의 행동과학
   → 2024 실기 출제기준 변경으로 삭제되어 학습 불필요

10

산업안전보건법상 낙하물 보호구조를 갖추어야 할 차량계 건설기계의 종류를 5가지 쓰시오.

① 불도저
② 트랙터
③ 굴착기
④ 로더
⑤ 스크레이퍼
⑥ 모터그레이더
⑦ 롤러
⑧ 천공기
⑨ 항타기 및 항발기
⑩ 덤프트럭
[근거]
낙하물 보호구조: 산업안전보건법 산업안전보건기준에 관한 규칙 제198조 → 2022. 10. 18. 개정

11

접지공사의 종류에 따른 접지저항값과 접지선의 굵기에 관한 사항이다. (   ) 안에 적합한 숫자를 쓰시오.

접지공사 종류	접지저항값	접지선의 굵기
제1종	(①)Ω 이하	공칭단면적 (④)mm² 이상의 연동선
제2종	$\dfrac{150}{1\text{선지락전류}}$Ω 이하	공칭단면적 (⑤)mm² 이상의 연동선
제3종	(②)Ω 이하	공칭단면적 (⑥)mm² 이상의 연동선
특별 제3종	(③)Ω 이하	

정답

① 10
② 100
③ 10
④ 6
⑤ 16
⑥ 2.5

[근거]
접지공사: 전기설비기술기준 산업통상자원부고시

※ 접지에 관한 규정은 한국전기설비규정(KEC)으로 변경되었으므로 (2018.3.4. 제정, 2021.1.1. 시행) 전기설비 안전관리 이론에 수록된 내용으로 학습하시기 바랍니다.

12

MTBF, MTTF, MTTR에 대하여 간단히 설명하시오.

정답

① MTBF(평균고장간격): 시스템, 부품 등 고장 사이의 작동시간 평균치이다.
② MTTF(평균고장시간): 하나의 고장에서부터 다음 고장까지의 평균 동작시간이다.
③ MTTR(평균수리시간): 고장을 수리하거나 복구했을 때까지의 시간이다.

※ 인간공학 및 시스템안전
→ 2024 실기 출제기준 변경으로 삭제되어 학습 불필요

13

산업안전보건법상 안전보건관리책임자 등에 대한 교육 중 신규 · 보수교육 대상자를 4가지 쓰시오.

정답

① 안전보건관리책임자
② 안전관리자, 안전관리전문기관의 종사자
③ 보건관리자, 보건관리전문기관의 종사자
④ 건설재해예방전문지도기관의 종사자
⑤ 석면조사기관의 종사자
⑥ 안전검사기관, 자율안전검사기관의 종사자

[근거]
안전보건교육 교육과정별 교육시간: 산업안전보건법 시행규칙 [별표 4]

01

산업안전보건법상 안전인증 대상 방호장치의 종류를 5가지 쓰시오.

정답

① 프레스 및 전단기 방호장치
② 양중기용 과부하방지장치
③ 보일러 압력방출용 안전밸브
④ 압력용기 압력방출용 안전밸브
⑤ 압력용기 압력방출용 파열판
⑥ 절연용 방호구 및 활선작업용 기구
⑦ 방폭구조 전기기계 · 기구 및 부품
⑧ 추락 · 낙하 및 붕괴 등의 위험방지 및 보호에 필요한 가설기자재로서 고용노동부장관이 정하여 고시하는 것
⑨ 충돌 · 협착 등의 위험방지에 필요한 산업용 로봇 방호장치로서 고용노동부장관이 정하여 고시하는 것
[근거]
안전인증 대상 기계 등: 산업안전보건법 시행령 제74조

02

전원의 종류에 따른 전압을 구분하는 기준에 관한 사항이다. ( ) 안에 적합한 내용을 쓰시오.

전원의 종류	저압	고압	특별고압
직류	(①)	(②)	(③)
교류	(④)	(⑤)	(⑥)

정답

① 750V 이하
② 750V 초과 7,000V 이하
③ 7,000V 초과
④ 600V 이하
⑤ 600V 초과 7,000V 이하
⑥ 7,000V 초과
[근거]
전압의 구분: 전기설비기술기준 산업통상자원부고시

※ 전압의 구분은 한국전기설비규정(KEC)에서 새롭게 제정(2021.1.1. 시행)되었으므로 전기설비 안전관리 이론에 수록된 내용으로 학습하시기 바랍니다.

03

산업안전보건법상 승강기의 종류를 4가지 쓰시오.

정답

① 승객용 엘리베이터
② 승객화물용 엘리베이터
③ 화물용 엘리베이터
④ 에스컬레이터
⑤ 소형화물용 엘리베이터
[근거]
양중기: 산업안전보건법 산업안전보건기준에 관한 규칙 제132조

04

산업안전보건법상 안전관리자의 업무를 5가지 쓰시오.

정답

① 산업안전보건위원회 또는 안전 및 보건에 관한 노사협의체에서 심의 · 의결한 업무와 해당 사업장의 안전보건관리규정 및 취업규칙에서 정한 업무
② 안전인증 대상 기계 등과 자율안전확인 대상 기계 등 구입시 적격품 선정에 관한 보좌 및 지도 · 조언
③ 해당 사업장 안전교육계획의 수립 및 안전교육 실시에 관한 보좌 및 지도 · 조언
④ 사업장 순회 점검, 지도 및 조치의 건의
⑤ 산업재해에 관한 통계의 유지 · 관리 · 분석을 위한 보좌 및 지도 · 조언
⑥ 산업재해발생의 원인조사 · 분석 및 재발방지를 위한 기술적 보좌 및 지도 · 조언
⑦ 업무수행 내용의 기록 유지
⑧ 법 또는 법에 따른 명령으로 정한 안전에 관한 사항의 이행에 관한 보좌 및 지도 · 조언
⑨ 위험성 평가에 관한 보좌 및 지도 · 조언
⑩ 그 밖에 안전에 관한 사항으로서 고용노동부장관이 정하는 사항
[근거]
안전관리자의 업무 등: 산업안전보건법 시행령 제18조

05

허즈버그의 동기-위생이론에서 위생요인과 동기요인에 해당되는 요인을 각각 3가지씩 쓰시오.

정답

① 위생요인: 작업조건, 지위, 안전, 감독, 보수, 회사정책과 관리, 개인 상호간의 관계
② 동기요인: 성취감, 책임감, 성장과 발전, 인정감, 도전감, 일 그 자체
※ 산업안전심리 및 인간의 행동과학
   → 2024 실기 출제기준 변경으로 삭제되어 학습 불필요

06

산업안전보건법상 사업장 안전보건관리규정 작성시 포함되어야 할 사항을 4가지 쓰시오.

정답

① 안전 및 보건에 관한 관리조직과 그 직무에 관한 사항
② 안전보건교육에 관한 사항
③ 작업장 안전관리 및 보건관리에 관한 사항
④ 사고조사 및 대책수립에 관한 사항
⑤ 그 밖에 안전 및 보건에 관한 사항
[근거]
안전보건관리규정의 작성 등: 산업안전보건법 제25조

[관련이론]
(1) 안전보건관리규정의 작성시기
   사업주는 안전보건관리규정을 작성하여야 할 사유가 발생한 날부터 30일 이내에 안전보건관리규정을 작성해야 한다.
(2) 안전보건관리규정의 작성 · 변경 절차
   안전보건관리규정을 작성하거나 변경할 때는 산업안전보건위원회의 심의 · 의결을 거쳐야 한다. 다만, 산업안전보건위원회가 설치되어 있지 않을 경우에는 근로자대표의 동의를 얻어야 한다.
[근거]
안전보건관리규정의 작성, 변경: 산업안전보건법 제26조, 산업안전보건법 시행규칙 제25조

07

산업안전보건법상 지게차를 사용하여 작업을 할 때 작업시작 전 점검사항을 4가지 쓰시오.

정답

① 제동장치 및 조종장치 기능의 이상 유무
② 하역장치 및 유압장치 기능의 이상 유무
③ 바퀴의 이상 유무
④ 전조등, 후미등, 방향지시기 및 경보장치의 이상 유무
[근거]
작업시작 전 점검사항: 산업안전보건법 산업안전보건기준에 관한 규칙 [별표 3]

08

건구온도 30℃, 습구온도 20℃일 때 옥스퍼드(Oxford) 지수를 계산하시오.

정답

WD(옥스퍼드지수)
$= 0.85 \times W(습구온도) + 0.15 \times D(건구온도)$
$= 0.85 \times 20 + 0.15 \times 30 = 21.5$

[관련이론] 습구흑구온도지수(WBGT)
WBGT = 0.7NWB(자연습구온도) + 0.3GT(흑구온도)

※ 인간공학 및 시스템안전
   → 2024 실기 출제기준 변경으로 삭제되어 학습 불필요

09

산업안전보건법상 터널 등의 건설작업을 할 때 낙반 등에 의하여 근로자가 위험해질 우려가 있는 경우에 필요한 조치사항을 3가지 쓰시오.

정답

① 터널지보공의 설치
② 록볼트의 설치
③ 부석의 제거
[근거]
낙반 등에 의한 위험의 방지: 산업안전보건법 산업안전보건기준에 관한 규칙 제351조

10

산업안전보건법상 굴착작업을 하는 경우 토사 등의 붕괴 또는 낙하에 의한 근로자의 위험을 미리 방지하기 위해 점검해야 할 사항을 3가지 쓰시오.

정답

① 작업장소 및 그 주변의 부석 · 균열의 유무
② 함수 · 용수의 유무 또는 상태의 변화
③ 동결의 유무 또는 상태의 변화
[근거]
토석붕괴위험방지: 산업안전보건법 산업안전보건기준에 관한 규칙 제339조 → 2023.11.14 개정

11

다음은 아세틸렌 용접장치를 사용하여 금속의 용접 · 용단 또는 가열작업을 하는 경우의 준수사항이다. (   ) 안에 적합한 숫자를 쓰시오.

> 발생기에서 (①)m 이내 또는 발생기실에서 (②)m 이내의 장소에서 흡연, 화기의 사용 또는 불꽃이 발생할 위험한 행위를 금지시킬 것

정답

① 5   ② 3
[근거]
아세틸렌 용접장치의 관리 등: 산업안전보건법 산업안전보건기준에 관한 규칙 제290조

12

깊이 10.5m 이상의 굴착시 구조안전을 예측하기 위하여 설치하는 계측기기를 4가지 쓰시오.

정답

① 수위계   ③ 응력계
② 경사계   ④ 하중 및 침하계
[근거]
착공 전 조사: 굴착공사 표준안전작업지침 고용노동부고시 제15조

13

휘발유 저장탱크 안전보건표지에 대하여 다음 사항을 각각 쓰시오.

> (1) 표지의 종류: (①)
> (2) 바탕색: (②)
> (3) 기본모형: (③)
> (4) 표지모양: (④)

정답

① 경고표지(인화성물질 경고)
② 무색
③ 빨간색(검은색도 가능)
④ 마름모꼴
[근거]
안전보건표지의 종류와 형태: 산업안전보건법 시행규칙 [별표 6]

[관련이론] 안전보건표지의 색도기준 및 용도

색채	색도	용도	사용 예
빨간색	7.5R 4/14	금지	정지신호, 소화설비 및 그 장소, 유해행위의 금지
		경고	화학물질 취급장소에서의 유해 · 위험 경고
노란색	5Y 8.5/12	경고	화학물질 취급장소에서의 유해 · 위험 경고 이외의 위험 경고, 주의표지 또는 기계방호물
파란색	2.5PB 4/10	지시	특정행위의 지시 및 사실의 고지
녹색	2.5G 4/10	안내	비상구 및 피난소, 사람 또는 차량의 통행표지
흰색	N9.5		파란색 또는 녹색에 대한 보조색
검은색	N0.5		문자 및 빨간색 또는 노란색에 대한 보조색

[근거]
안전보건표지의 종류와 형태: 산업안전보건법 시행규칙 별표 6

01

산업안전보건법상 유해위험방지를 위한 방호조치를 하지 아니하고는 양도 · 대여 · 설치 또는 사용에 제공하거나 양도 · 대여의 목적으로 진열해서는 아니 되는 기계 · 기구를 5가지 쓰시오.

정답

① 예초기
② 원심기
③ 공기압축기
④ 금속절단기
⑤ 지게차
⑥ 포장기계(진공포장기, 래핑기로 한정)
[근거]
방호조치: 산업안전보건법 시행규칙 제98조

02

다음은 근로자 안전보건교육에 관한 사항이다. ( ) 안에 적합한 내용을 쓰시오.

교육과정	교육대상	교육시간
작업내용변경시 교육	일용근로자	(①)
채용시 교육	일용근로자	(②)
정기교육	사무직 종사 근로자	(③)
	관리감독자	(④)

정답

① 1시간 이상
② 1시간 이상
③ 매반기 6시간 이상
④ 연간 16시간 이상
[근거]
안전보건교육 교육과정별 교육시간: 산업안전보건법 시행규칙 [별표 4]
→ 2023.9.27 개정

03

토사붕괴의 발생을 예방하기 위하여 점검하여야 할 시기를 4가지 쓰시오.

정답

① 작업 전
② 작업 중
③ 작업 후
④ 비온 후
⑤ 인접 작업구역에서 발파한 경우
[근거]
점검: 굴착공사 표준안전작업지침 고용노동부고시 제32조

[관련이론] 토석붕괴의 원인

(1) 토석붕괴의 외적 원인
　① 사면, 법면의 경사 및 기울기의 증가
　② 절토 및 성토높이의 증가
　③ 공사에 의한 진동 및 반복하중의 증가
　④ 지표수 및 지하수의 침투에 의한 토사중량의 증가
　⑤ 지진, 차량, 구조물의 하중작용
　⑥ 토사 및 암석의 혼합층 두께
(2) 토석붕괴의 내적 원인
　① 절토사면의 토질 · 암질
　② 성토사면의 토질구성 및 분포
　③ 토석의 강도저하
[근거]
토석붕괴의 원인: 굴착공사 표준안전작업지침 고용노동부고시 제28조

04

스웨인(Swain)은 인간의 실수를 작위실수(Comission Error)와 부작위실수(Omission Error)로 구분하고 있다. 이 중 작위실수에 해당되는 착오를 4가지 쓰시오.

정답

① 선택착오

② 시간착오

③ 순서착오

④ 정성적착오

[관련이론] 작위실수와 부작위실수
- 작위실수: 잘못된 행위에 관한 실수
- 부작위실수: 어떠한 일의 태만에 대한 실수

※ 인간공학 및 시스템안전
  → 2024 실기 출제기준 변경으로 삭제되어 학습 불필요

05

안전보건표지 중 다음 금지표지의 명칭을 쓰시오.

| (①) | (②) | (③) | (④) |

정답

① 사용금지

② 보행금지

③ 물체이동금지

④ 탑승금지

[근거]

안전보건표지의 종류와 형태: 산업안전보건법 시행규칙 [별표 6]

06

산업보건법상 비계의 구조 및 재료에 따라 달비계의 최대적재하중을 정하는 경우 (   ) 안에 적합한 안전계수를 쓰시오.

(1) 달기체인 및 달기훅의 안전계수: (①) 이상

(2) 달기와이어로프 및 달기강선의 안전계수: (②) 이상

(3) 달기강대와 달비계의 하부 및 상부지점의 안전계수는 강재의 경우 (③) 이상, 목재의 경우 (④) 이상

정답

① 5

② 10

③ 2.5

④ 5

[근거]

작업발판의 최대적재하중: 산업안전보건법 산업안전보건기준에 관한 규칙 제55조 → 2024.6.28 개정되어 삭제되어 학습 불필요

[관련이론] 작업발판의 구조

비계의 높이가 2m 이상인 작업장소에 작업발판을 설치할 때 작업발판의 폭은 40cm 이상으로 하고 발판재료간의 틈은 3cm 이하로 할 것

[근거]

작업발판의 구조: 산업안전보건법 산업안전보건기준에 관한 규칙 제56조

07

작업자가 1시간 동안 6.5kcal/min의 에너지를 소모하는 작업을 하는 경우 휴식시간을 계산하시오. (단, 작업에 대한 평균에너지값 상한은 5kcal/min이다.)

정답

$$R(휴식시간) = \frac{60(E-5)}{E-1.5}$$

여기서, E : 작업시 평균에너지소비량(kcal/min)

5 : 작업에 대한 평균에너지값의 상한

$$= \frac{60(6.5-5)}{6.5-1.5} = 18분$$

※ 인간공학 및 시스템안전
  → 2024 실기 출제기준 변경으로 삭제되어 학습 불필요

08

다음 분진폭발과정을 순서대로 번호를 나열하시오.

---

① 주위 공기와 혼합

② 입자표면 열분해 및 기체발생

③ 점화원에 의한 폭발

④ 입자표면 온도상승

⑤ 폭발열에 의해 주위 입자 온도상승, 열분해

정답

④ - ② - ① - ③ - ⑤

09

산업안전보건법상 중대재해의 범위를 3가지 쓰시오.

정답

① 사망자가 1명 이상 발생한 재해

② 3개월 이상의 요양이 필요한 부상자가 동시에 2명 이상 발생한 재해

③ 부상자 또는 직업성 질병자가 동시에 10명 이상 발생한 재해

[근거]

중대재해의 범위: 산업안전보건법 시행규칙

10

다음은 정전기 대전에 관한 사항이다. (   ) 안에 적합한 대전의 명칭을 쓰시오.

---

(1) (①): 분체류, 기체류, 액체류가 작은 개구부를 통해 분출될 때 분출되는 물질과 개구부의 마찰에 의해 대전되는 현상

(2) (②): 액체를 파이프 등으로 이송할 때 액체류가 파이프 등의 고체류와 접촉·마찰하여 두 물질 사이의 경계에서 전기 이중층이 형성되고, 전하의 일부가 액체류의 유동과 같이 이동하면서 대전되는 현상

(3) (③): 상호 밀착되어 있는 물체가 떨어지면서 전하 분리에 의해 대전되는 현상

정답

① 분출대전

② 유동대전

③ 박리대전

[관련이론] 정전기 관련 사항

(1) 정전기의 발생요인

    ① 물체의 특성

    ② 물체의 표면상태

    ③ 물체의 분리력

    ④ 접촉면적 및 압력

    ⑤ 분리속도

(2) 정전기재해의 예방대책

    ① 가습

    ② 접지

    ③ 대전방지제 사용

    ④ 도전성재료의 사용

    ⑤ 제전기의 사용

    ⑥ 보호구의 착용

11

산업안전보건법상 사업주가 실시하여야 할 건강진단의 종류를 5가지 쓰시오.

① 일반건강진단
② 특수건강진단
③ 배치 전 건강진단
④ 수시건강진단
⑤ 임시건강진단
[근거]
결과보고: 산업안전보건법 시행규칙 제209조

12

다음에 해당하는 프레스 및 전단기의 방호장치의 명칭을 각각 쓰시오.

(1) (①): 슬라이드와 작업자 손을 끈으로 연결하여 슬라이드 하강시 작업자 손을 당겨 위험영역에서 빼낼 수 있도록 한 방호장치
(2) (②): 1행정1정지식 프레스에 사용되는 것으로서 양손으로 동시에 조작하지 않으면 기계가 동작하지 않으며, 한 손이라도 떼어내면 기계를 정지시키는 방호장치

① 수인식 방호장치
② 양수조작식 방호장치
[근거]
프레스 및 전단기 방호장치의 성능기준: 방호장치안전인증 고용노동부고시 [별표 1]

[관련이론] 프레스 또는 전단기 방호장치의 종류 및 분류

종류	분류	용도
광전자식	A-1	프레스 또는 전단기에서 일반적으로 많이 활용하고 있는 형태로서 투광부, 수광부, 컨트롤 부분으로 구성된 것으로서 신체의 일부가 광선을 차단하면 기계를 급정지시키는 방호장치
	A-2	급정지기능이 없는 프레스의 클러치 개조를 통해 광선차단시 급정지시킬 수 있도록 한 방호장치
양수조작식	B-1	1행정1정지식 프레스에 사용되는 것으로서 동시에 조작하지 않으면 기계가 동작하지 않으며, 한 손이라도 떼어내면 기계를 정지시키는 방호장치(B-1: 유·공압밸브식, B-2: 전기버튼식)
	B-2	
가드식	C	가드가 열려 있는 상태에서는 기계의 위험부분이 동작되지 않고, 기계가 위험한 상태일 때는 가드를 열 수 없도록 한 방호장치
손쳐내기식	D	슬라이드의 작동에 연동시켜 위험상태로 되기 전에 손을 위험영역에서 밀어내거나 쳐내는 것으로 확동식클러치형 프레스에 한하여 사용되는 방호장치
수인식	E	슬라이드와 손을 끈으로 연결하여 슬라이드 하강시 손을 당겨 위험영역에서 빼낼 수 있도록 한 것으로 확동식클러치형 프레스에 한하여 사용되는 방호장치

[근거]
프레스 및 전단기 방호장치의 성능기준: 방호장치 안전인증 고용노동부고시 [별표 1]

2014년 기출문제

제1회 (2014년 4월)

01

산업안전보건법상 안전관리자의 업무를 4가지 쓰시오.

정답

① 위험성 평가에 관한 보좌 및 지도 · 조언
② 산업재해 발생의 원인조사 · 분석 및 재발방지를 위한 기술적 보좌 및 지도 · 조언
③ 업무수행 내용의 기록 · 유지
④ 사업장 순회점검 · 지도 및 조치의 건의
⑤ 안전인증 대상 기계 등과 자율안전확인 대상 기계 등의 구입시 적격품의 선정에 관한 보좌 및 지도 · 조언
⑥ 산업안전보건위원회 또는 안전 및 보건에 관한 노사협의체에서 심의 · 의결한 업무와 해당 사업장의 안전보건관리규정 및 취업규칙에서 정한 업무
⑦ 산업안전보건법 또는 산업안전보건법에 따른 명령으로 정한 안전에 관한 사항의 이행에 관한 보좌 및 지도 · 조언
⑧ 해당 사업장 안전교육계획의 수립 및 안전교육 실시에 관한 보좌 및 지도 · 조언
⑨ 산업재해에 관한 통계의 유지 · 관리 · 분석을 위한 보좌 및 지도 · 조언
⑩ 그 밖에 안전에 관한 사항으로서 고용노동부장관이 정하는 사항
[근거]
안전관리자의 업무 등: 산업안전보건법 시행령 제18조

02

산업안전보건법상 위험물을 기준량 이상으로 제조하거나 취급하는 특수화학설비를 설치하는 경우에는 내부의 이상상태를 조기에 파악하기 위하여 필요한 온도계, 압력계, 유량계 등의 계측장치를 설치하여야 한다. 이에 해당하는 특수화학설비를 4가지 쓰시오.

정답

① 발열반응이 일어나는 반응장치
② 증류 · 정류 · 증발 · 추출 등 분리를 하는 장치
③ 가열로 또는 가열기
④ 반응폭주 등 이상 화학반응에 의하여 위험물질이 발생할 우려가 있는 설비
⑤ 온도가 350℃ 이상이거나 게이지압력이 980kPa 이상인 상태에서 운전되는 설비
⑥ 가열시켜주는 물질의 온도가 가열되는 위험물질의 분해온도 또는 발화점보다 높은 상태에서 운전되는 설비
[근거]
계측장치 등의 설치: 산업안전보건법 산업안전보건기준에 관한 규칙 제273조

[관련이론] 산업안전보건법상 특수화학설비에 이상상태를 파악하거나 폭발 · 화재 또는 위험물의 누출을 방지하기 위하여 설치하여야 하는 장치
① 계측장치
② 자동경보장치
③ 긴급차단장치
[근거]
계측장치, 자동경보장치, 긴급차단장치의 설치: 산업안전보건법 산업안전보건기준에 관한 규칙 제273조~제275조

03

휴먼에러(Human Error)의 분류 중 심리적 분류의 종류를 4가지 쓰고, 간단히 설명하시오.

① 생략오류(에러)(Omission Error): 필요한 작업 또는 절차를 수행하지 않음
② 시간오류(에러)(Time Error): 수행지연 또는 조기수행
③ 실행오류(에러)(Commission Error): 필요한 작업 또는 절차의 불확실한 수행
④ 순서오류(에러)(Sequential Error): 필요한 작업 또는 절차의 순서착오
⑤ 과잉행동오류(에러)(Extraneous Error): 불필요한 작업 또는 절차를 수행
※ 인간공학 및 시스템안전
→ 2024 실기 출제기준 변경으로 삭제되어 학습 불필요

04

지반의 이상현상 중 히빙(heaving)이 일어나기 쉬운 지반조건을 쓰고, 발생원인을 2가지 쓰시오.

(1) 지반조건: 연약한 점토지반
(2) 발생원인
    ① 흙막이벽 뒤쪽 흙의 중량이 굴착부 바닥의 지지력 이상일 때 (흙막이벽 내외부 중량차이)
    ② 흙막이벽체의 근입장 깊이 부족
    ③ 지표면의 하중증가(지표재하중)
    ④ 연약지반 및 하부지반의 강성부족

> **[관련이론] 히빙현상**
> (1) 히빙(Heaving)
> 굴착이 진행됨에 따라 흙막이벽 뒤쪽 흙의 중량이 굴착부 바닥의 지지력 이상이 되면 흙막이벽 근입부분의 지반이동이 발생하여 굴착부 저면이 솟아오르는 현상
> (2) 히빙(Heaving) 발생에 따른 현상
>   ① 배면 토사붕괴
>   ② 지보공 파괴
>   ③ 굴착저면의 솟아오름

05

다음 연삭기의 덮개에 해당하는 각도를 쓰시오.

일반연삭작업 등에 사용하는 것을 목적으로 하는 탁상용 연삭기의 덮개 각도	① (65° 이내)
연삭숫돌의 상부를 사용하는 것을 목적으로 하는 탁상용 연삭기의 덮개 각도	② ②
평면연삭기, 절단연삭기 그 밖에 이와 비슷한 연삭기의 덮개 각도	③ ③
휴대용 연삭기, 스윙연삭기, 스라브연삭기 그 밖에 이와 비슷한 연삭기의 덮개 각도	④

① 125° 이내
② 60° 이상
③ 15° 이상
④ 180° 이내
[근거]
연삭기 덮개의 성능기준: 방호장치 자율안전기준 고용노동부고시 [별표 4]

06

재해사례연구순서 4단계를 쓰시오. (단, 전제조건인 재해상황의 파악은 제외한다.)

정답

① 제1단계: 사실의 확인
② 제2단계: 문제점의 발견
③ 제3단계: 근본적 문제점의 결정
④ 제4단계: 대책수립

07

다음은 안면부 여과식, 분리식 방진마스크의 시험성능 기준에 관한 사항이다. 각 형태 및 등급에 따른 여과 재 분진 등 포집효율기준에 대하여 (   ) 안에 알맞 은 숫자를 쓰시오.

형태 및 등급		염화나트륨(NaCl) 및 파라핀 오일(Paraffin Oil)시험(%)
안면부 여과식	특급	(①) 이상
	1급	94.0 이상
	2급	(②) 이상
분리식	특급	(③) 이상
	1급	94.0 이상
	2급	(④) 이상

정답

① 99
② 80
③ 99.95
④ 80
[근거]
방진마스크 시험성능 기준: 보호구 안전인증 고용노동부고시 [별표 4]

08

다음은 산업안전보건법상 와이어로프 등 달기구의 안 전계수에 관한 사항이다. (   ) 안에 적합한 숫자를 쓰시오.

(1) 근로자가 탑승하는 운반구를 지지하는 달기와이어 로프 또는 달기체인의 경우: (①) 이상
(2) 화물의 하중을 직접 지지하는 달기와이어로프 또 는 달기체인의 경우: (②) 이상
(3) 훅, 샤클, 클램프, 리프팅 빔의 경우: (③) 이상
(4) 그 밖의 경우: (④) 이상

정답

① 10
② 5
③ 3
④ 4
[근거]
와이어로프 등 달기구의 안전계수: 산업안전보건법 산업안전보건기 준에 관한 규칙 제163조

09

인간 – 기계시스템의 기본기능을 4가지 쓰시오.

정답

① 감지기능
② 정보저장(보관)기능
③ 정보처리 및 의사결정기능
④ 행동기능
※ 인간공학 및 시스템안전
→ 2024 실기 출제기준 변경으로 삭제되어 학습 불필요

10

다음은 산업안전보건법상 압력용기 안전검사의 주기에 관한 사항이다. ( ) 안에 알맞은 숫자를 쓰시오.

(1) 사업장에 설치가 끝난 날부터 (①)년 이내에 최초 안전검사를 실시하되, 그 이후부터 (②)년마다 안전검사를 실시한다.
(2) 공정안전보고서를 제출하여 확인을 받은 압력용기는 (③)년마다 안전검사를 실시한다.

① 3
② 2
③ 4
[근거]
안전검사의 주기와 합격표시 및 표시방법: 산업안전보건법 시행규칙 제126조

11

구안법(Project Method)의 장점을 4가지 쓰시오.

① 현실적인 학습방법이다.
② 동기부여가 충분하다.
③ 작업에 대하여 창조력이 생긴다.
④ 자발적이고 능동적인 학습활동을 추구할 수 있다.
⑤ 지도성, 협동성, 희생정신을 기를 수 있다.

[관련이론] 구안법(Project Method)
학습자가 마음속에 생각하고 있는 것을 외부에 구체적으로 실현하고 형상화하기 위해서 자기 스스로가 계획을 세워 수행하는 학습활동이다.

12

프레스기 광전자식 방호장치와 급정지시간이 300ms일 때 안전거리를 쓰고, 안전거리 또는 정지기능에 영향을 받는 방호장치를 한 가지 쓰시오.

(1) 안전거리
$$D = 1.6(Tc + Ts)$$
여기서, D: 안전거리(mm)
$(Tc + Ts)$: 급정지시간(최대정지시간: 광선을 차단한 후 슬라이드가 정지하기까지의 시간)(ms)
$$= 1.6 \times 300 = 480mm$$
(2) 안전거리 또는 정지기능에 영향을 받는 방호장치
접근반응형 방호장치(광전자식 방호장치)

13

교류아크용접기의 자동전격방지장치를 설치할 때 주의사항을 3가지 쓰시오.

① 직각(불가피한 경우는 직각에서 20° 이내)으로 설치할 것
② 용접기의 이동, 전자접촉기의 작동 등으로 인한 진동, 충격에 견딜 수 있도록 할 것
③ 표시등이 보기 쉽고, 점검용 스위치의 조작이 용이하도록 설치할 것
④ 접속부분은 확실하게 접속하여 이완되지 않도록 할 것
⑤ 용접기의 전원측에 접속하는 선과 출력측에 접속하는 선을 혼동하지 않도록 할 것
⑥ 전격방지기의 외함은 접지시킬 것
⑦ 접속부분을 절연테이프, 절연커버 등으로 절연시킬 것
⑧ 용접기 단자의 극성이 정해져 있는 경우에는 접속시 극성이 맞도록 할 것
⑨ 전격방지기와 용접기 사이의 배선 및 접속부분에 외부의 힘이 가해지지 않도록 할 것

01

MIL-STD-882B(미국방성표준규격)에서 규정한 위험도 분류를 4가지 쓰시오.

정답

① 범주 I (카테고리 I): 파국(catastrophic)

② 범주 II (카테고리 II): 위기적(critical)

③ 범주 III (카테고리 III): 한계적(marginal)

④ 범주 IV (카테고리 IV): 무시가능(negligible)

※ 인간공학 및 시스템안전

→ 2024 실기 출제기준 변경으로 삭제되어 학습 불필요

02

상시근로자 50명이 일하고 있는 어느 사업장에서 연간 재해가 10건이 발생하여 재해자수는 12명이고, 휴업일수는 319일이었다. 이 사업장의 (1) 도수율과 (2) 강도율을 계산하시오. (단, 1일 9시간, 연간 290일 근무하였다.)

정답

(1) 도수율

$$도수율 = \frac{재해발생건수}{연근로시간수} \times 1,000,000$$

$$= \frac{10}{50 \times 9 \times 290} \times 1,000,000$$

$$= 76.6283 ≒ 76.63$$

(2) 강도율

$$강도율 = \frac{근로손실일수}{연근로시간수} \times 1,000$$

$$= \frac{319 \times \frac{290}{365}}{50 \times 9 \times 290} \times 1,000$$

$$= 1.9421 ≒ 1.94$$

03

다음에 해당하는 산업안전보건표지의 명칭을 쓰시오.

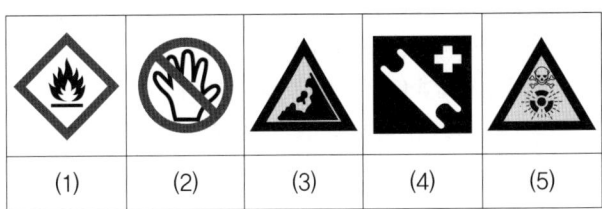

(1)	(2)	(3)	(4)	(5)

정답

① 인화성 물질 경고

② 사용금지

③ 낙하물 경고

④ 들것

⑤ 방사성 물질 경고

[근거]

안전보건표지의 종류와 형태: 산업안전보건법 시행규칙 [별표 6]

04

A, B, C 발생확률이 각각 0.12이고, 직렬로 접속되어 있을 경우 고장사상을 정상사상으로 하는 FT도를 그리고, 발생확률을 계산하시오.

정답

(1) FT도

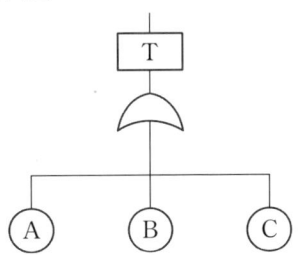

(2) 발생확률

$$T = 1 - \{(1-0.12)(1-0.12)(1-0.12)\}$$

$$= 0.3185 ≒ 0.32$$

※ 인간공학 및 시스템안전

→ 2024 실기 출제기준 변경으로 삭제되어 학습 불필요

05

다음은 프레스기 손쳐내기식 방호장치에 관한 사항이다. (   ) 안에 적합한 내용을 쓰시오.

(1) 슬라이드 하행정거리의 (①) 위치에서 손을 완전히 밀어내야 한다.

(2) 방호판의 폭은 금형폭의 (②) 이상이어야 하고, 행정길이가 300mm 이상의 프레스기계에는 방호판 폭을 최대 (③)mm로 해야 한다.

(3) 손쳐내기봉의 행정길이를 금형의 높이에 따라 조정할 수 있고 진동폭은 (④) 이상이어야 한다.

정답

① $\frac{3}{4}$

② $\frac{1}{2}$

③ 300

④ 금형폭

[근거]
프레스 또는 전단기 방호장치의 성능기준: 방호장치 안전인증 고용노동부고시 [별표 1]

06

산업안전보건법상 밀폐공간에서의 작업시 특별안전보건교육을 실시할 때 정규직 근로자의 특별안전보건교육시간을 쓰고, 교육내용을 3가지 쓰시오.

정답

(1) 정규직 근로자의 특별안전보건교육시간
  16시간 이상

(2) 교육내용
  ① 산소농도 측정 및 작업환경에 관한 사항
  ② 사고시의 응급처치 및 비상시 구출에 관한 사항
  ③ 보호구 착용 및 보호장비 사용에 관한 사항
  ④ 작업내용, 안전작업방법 및 절차에 관한 사항
  ⑤ 장비, 설비 및 시설 등의 안전점검에 관한 사항
  ⑥ 그 밖에 안전보건관리에 필요한 사항

[근거]
교육대상별 교육내용: 산업안전보건법 시행규칙 [별표 5]
→ 2021.11.19. 개정

[관련이론] 허가 및 관리대상 유해물질의 제조 또는 취급작업시 특별안전보건교육 교육내용

① 취급물질의 성질 및 상태에 관한 사항
② 유해물질이 인체에 미치는 영향
③ 국소배기장치 및 안전설비에 관한 사항
④ 안전작업방법 및 보호구 사용에 관한 사항
⑤ 그 밖에 안전 및 보건관리에 필요한 사항

[근거]
안전보건교육 교육대상별 교육내용: 산업안전보건법 시행규칙 [별표 5]

07

다음은 단상변압기에 관한 그림이다. 대지전압 100V를 50V로 감소시켜 감전사고를 방지하기 위하여 필요한 접지위치를 그림으로 나타내고, 몇 종 접지공사를 하여야 하는지에 대하여 쓰시오.

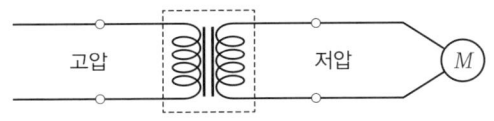

(1) 접지위치

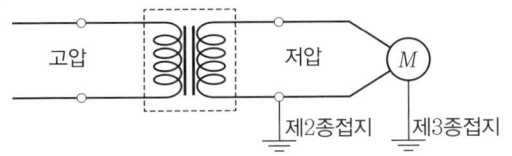

(2) 접지공사
  ① 저압측 전선: 제2종 접지공사
  ② 모터외함: 제3종 접지공사

※ 접지에 관한 규정은 한국전기설비규정(KEC)으로 변경되었으므로(2018.3.4. 제정, 2021.1.1. 시행), 전기설비 안전관리 이론에 수록된 내용으로 학습하시기 바랍니다.

08

안전인증 대상 기계 또는 설비를 5가지 쓰시오.

① 전단기 및 절곡기
② 리프트
③ 압력용기
④ 롤러기
⑤ 사출성형기
⑥ 프레스
⑦ 크레인
⑧ 고소작업대
⑨ 곤돌라
[근거]
안전인증 대상 기계 등: 산업안전보건법 시행령 제74조

09

자율안전확인 대상 안전기에 자율안전확인의 표시에 따른 표시 외에 추가로 표시하여야 할 사항을 2가지 쓰시오.

① 가스의 흐름방향
② 가스의 종류
[근거]
역화방지기의 성능기준: 방호장치 자율안전기준 고용노동부고시
[별표 1]

10

다음은 산업안전보건법상 급성독성물질에 관한 사항이다. ( ) 안에 알맞은 내용을 쓰시오.

(1) 쥐에 대한 경구투입실험에 의하여 실험동물의 50%를 사망시킬 수 있는 물질의 양 즉, LD_{50}(경구, 쥐)이 kg당 (①)-(체중) 이하인 화학물질

(2) 쥐 또는 토끼에 대한 경피흡수실험에 의하여 실험동물의 50%를 사망시킬 수 있는 물질의 양 즉, LD_{50}(경피, 토끼 또는 쥐)이 kg당 (②)-(체중) 이하인 화학물질

(3) 쥐에 대한 4시간 동안의 흡입실험에 의하여 실험동물의 50%를 사망시킬 수 있는 물질의 농도 즉, 가스 LC_{50}(쥐, 4시간 흡입)이 (③) 이하인 화학물질, 증기 LC_{50}(쥐, 4시간 흡입)이 (④) 이하인 화학물질, 분진 또는 미스트 (⑤) 이하인 화학물질

① 300mg
② 1,000mg
③ 2,500ppm
④ 10mg/ℓ
⑤ 1mg/ℓ
[근거]
위험물질의 종류: 산업안전보건법 산업안전보건기준에 관한 규칙
[별표 1]

11

양중기에 사용하는 달기체인의 사용금지 기준을 2가지 쓰시오.

① 달기체인 길이가 달기체인이 제조된 때의 길이의 5%를 초과한 것
② 링의 단면지름이 달기체인이 제조된 때의 해당 링의 지름의 10%를 초과하여 감소한 것
③ 균열이 있거나 심하게 변형된 것

[근거]
• 달비계의 구조: 산업안전보건법 산업안전보건기준에 관한 규칙 제63조
• 늘어난 달기체인 등의 사용금지: 산업안전보건법 산업안전보건기준에 관한 규칙 제167조

12

산업안전보건법상 산업안전보건위원회의 심의 · 의결 사항을 4가지 쓰시오.

① 사업장의 산업재해예방계획의 수립에 관한 사항
② 안전보건관리규정의 작성 및 변경에 관한 사항
③ 안전보건교육에 관한 사항
④ 작업환경 측정 등 작업환경의 점검 및 개선에 관한 사항
⑤ 근로자의 건강진단 등 건강관리에 관한 사항
⑥ 산업재해의 원인조사 및 재발방지대책 수립에 관한 사항 중 중대재해에 관한 사항
⑦ 산업재해에 관한 통계의 기록 및 유지에 관한 사항
⑧ 유해하거나 위험한 기계 · 기구 · 설비를 도입한 경우 안전 및 보건 관련 조치에 관한 사항
⑨ 그 밖에 해당 사업장 근로자의 안전 및 보건을 유지 · 증진시키기 위하여 필요한 사항

[근거]
산업안전보건위원회: 산업안전보건법 제24조

13

산업안전보건법상 비, 눈 그 밖의 기상상태의 악화로 작업을 중지시킨 후 또는 비계를 조립 · 해체하거나 변경한 후에 해당 작업을 시작하기 전 점검하여야 할 사항을 4가지 쓰시오.

① 해당 비계의 연결부 또는 접속부의 풀림상태
② 연결재료 및 연결철물의 손상 또는 부식상태
③ 발판재료의 손상 여부 및 부착 또는 걸림상태
④ 기둥의 침하, 변형, 변위 또는 흔들림상태
⑤ 손잡이의 탈락 여부
⑥ 로프의 부착상태 및 매단 장치의 흔들림상태

[근거]
비계의 점검 및 보수: 산업안전보건법 산업안전보건기준에 관한 규칙 제57조

01

재해를 분석하는 방법으로는 개별분석방법과 통계에 의한 분석방법이 있다. 이중 통계에 의한 분석방법을 2가지 쓰고 간단히 설명하시오.

정답

① 파레토도: 사고유형, 기인물 등 분류항목을 큰 순서대로 도표화한 방법
② 특성요인도: 특성과 요인관계를 도표로 하여 어골상으로 세분화한 방법

02

이황화탄소(CS_2)의 폭발하한계가 1.2vol%, 폭발상한계가 44vol%일 때 위험도를 계산하시오.

정답

$$H = \frac{U-L}{L}$$

여기서, H: 위험도
L: 폭발하한계(vol%)
U: 폭발상한계(vol%)

$$= \frac{44-1.2}{1.2} = 35.666 ≒ 35.67$$

03

휴대용 둥근톱 가공 덮개에 대한 구조조건을 3가지 쓰시오.

정답

① 절단작업이 완료되었을 때 자동적으로 원위치에 되돌아오는 구조일 것
② 이동범위를 임의의 위치로 고정할 수 없을 것
③ 휴대용 둥근톱 덮개의 지지부는 덮개를 지지하기 위한 충분한 강도를 가질 것
④ 휴대용 둥근톱 덮개의 지지부의 볼트 및 이동덮개가 자동적으로 되돌아오는 기계의 스프링 고정볼트는 이완방지장치가 설치되어 있는 것일 것

[근거]
목재가공용 덮개 및 분할날 성능기준: 방호장치 자율안전기준 고용노동부고시 [별표 5]

04

양중기에 사용되는 와이어로프의 사용금지 조건을 3가지 쓰시오.

정답

① 이음매가 있는 것
② 와이어로프의 한꼬임에서 끊어진 소선의 수가 10% 이상인 것
③ 지름의 감소가 공칭지름의 7%를 초과하는 것
④ 꼬인 것
⑤ 심하게 변형되거나 부식된 것
⑥ 열과 전기충격에 의해 손상된 것

[근거]
• 이음매가 있는 와이어로프 등의 사용금지: 산업안전보건법 산업안전보건기준에 관한 규칙 제165조
• 달비계의 구조: 산업안전보건법 산업안전보건기준에 관한 규칙 제63조

05

풀프루프(Fool Proof) 중 고정가드와 인터록가드에 대하여 간단히 설명하시오.

정답

① 고정가드: 기계의 구동부에 고정되어 설치된 것으로 가드가 열려도 기계가 정지하지 않는 구조로 된 가드
② 인터록가드: 공압 등의 방법으로 연동시켜 놓은 것으로 가드가 열리면 기계가 정지하는 구조로 된 가드

07

산업안전보건법상 유해위험방지를 위한 방호조치를 해야 하는 다음 기계 · 기구에 설치하여야 할 방호장치를 한 개씩 쓰시오.

(1) 금속절단기
(2) 예초기
(3) 공기압축기
(4) 지게차
(5) 원심기
(6) 포장기계

정답

(1) 금속절단기: 날접촉예방장치
(2) 예초기: 날접촉예방장치
(3) 공기압축기: 압력방출장치
(4) 지게차: 헤드가드, 백레스트, 전조등, 후미등, 안전벨트
(5) 원심기: 회전체접촉예방장치
(6) 포장기계: 구동부방호연동장치
[근거]
방호조치: 산업안전보건법 시행규칙 제98조

06

어느 사업장의 출입금지 표지판의 배경의 반사율이 60%이고, 관련 그림의 반사율이 20%일 때 이 출입금지 표지판의 대비를 계산하시오.

정답

대비 $= \dfrac{L_b - L_t}{L_b} \times 100$

여기서, L_b: 배경의 반사율(%)
L_t: 표적의 반사율(%)

$= \dfrac{0.6 - 0.2}{0.6} \times 100$

$= 66.6666 \fallingdotseq 66.67\%$

08

산업안전보건법상 차량계 하역운반기계의 운전자가 운전위치를 이탈하는 경우 준수하여야 할 사항을 2가지 쓰시오.

정답

① 포크, 버킷, 디퍼 등의 장치를 가장 낮은 위치 또는 지면에 내려둘 것
② 원동기를 정지시키고 브레이크를 확실히 거는 등 갑작스러운 주행이나 이탈을 방지하기 위한 조치를 할 것
③ 운전석을 이탈하는 경우에는 시동키를 운전대에서 분리시킬 것
[근거]
운전위치 이탈시의 조치: 산업안전보건법 산업안전보건기준에 관한 규칙 제99조

[관련이론] 운전위치의 이탈금지
사업주는 다음의 기계를 운전하는 경우 운전자가 운전위치를 이탈하게 해서는 아니 된다.
① 양중기
② 항타기 또는 항발기(권상장치에 하중을 건 상태)
③ 양화장치(화물을 적재한 상태)
[근거]
운전위치의 이탈금지: 산업안전보건법 산업안전보건기준에 관한 규칙 제41조

09

암실에서 정지된 소광점을 응시하고 있으면 광점이 움직이는 것과 같이 보이는 현상을 운동의 착각현상 중 자동운동이라고 한다. 이 자동운동이 생기기 쉬운 조건을 3가지 쓰시오.

정답

① 대상이 단순할 것
② 광점이 작을 것
③ 광의 강도가 작을 것
④ 시야의 다른 부분이 어두울 것

[관련이론] 운동의 착각현상(시지각)
① 자동운동   ② 유도운동
③ 가현운동

※ 인간공학 및 시스템안전
→ 2024 실기 출제기준 변경으로 삭제되어 학습 불필요

10

다음과 같은 표를 보고 (1) 열압박지수(HSI) (2) 작업지속시간(WT) (3) 휴식시간(RT)을 계산하시오. (단, 체온상승허용치는 1℃를 250Btu로 환산한다.)

열부하원	작업	휴식
대사	1,000	300
복사	1,500	−200
대류	500	−500
E_{max}	1,500	1,300

정답

※ 먼저 증발량을 구한다.
- E_{req}(작업시 열평형을 유지하기 위한 증발량)
  $=M(대사)+R(복사)+C(대류)$
  $=1,000+1,500+500=3,000Btu/h$
- E_{req1}(휴식시 열평형을 유지하기 위한 증발량)
  $=M(대사)+R(복사)+C(대류)$
  $=300+(-200)+(-500)=-400Btu/h$

(1) 열압박지수(HSI)

$$HSI=\frac{E_{req}}{E_{max}}$$

여기서, E_{max} : 작업시 증발에 의해서 잃을 수 있는 열량(Btu/h)
E_{req} : 작업시 열평형을 유지하기 위한 증발량(Btu/h)

$$=\frac{3000}{1,500}=2$$

(2) 작업지속시간(WT)

$$WT=\frac{250}{E_{req}-E_{max}}=\frac{250}{3,000-1,500}$$

$$=0.1666≒0.17시간$$

(3) 휴식시간(RT)

$$RT=\frac{250}{E_{max1}-E_{req1}}$$

여기서, E_{max1} : 휴식시 증발에 의해 잃을 수 있는 최대열량(Btu/h)
E_{req1} : 휴식시 열평형을 유지하기 위한증발량(Btu/h)

$$=\frac{250}{1,300-(-400)}=0.1470≒0.15시간$$

※ 인간공학 및 시스템안전
→ 2024 실기 출제기준 변경으로 삭제되어 학습 불필요

11

다음은 보호구의 정의에 관한 사항이다. (　) 안에 적합한 용어를 쓰시오.

> (1) 방독마스크에 있어 대응하는 가스에 대하여 정화통 내부의 흡착제가 포화상태가 되어 흡착능력을 상실한 상태: (①)
> (2) 화학물질용 보호복에 있어 화학물질이 보호복의 재료의 외부표면에 접촉된 후 내부로 확산하여 내부표면으로부터 탈착되는 현상: (②)

① 파과
② 투과
[근거]
정의: 보호구 안전인증 고용노동부고시 제13조, 제24조

> **[관련이론] 파과시간 및 파과곡선**
> (1) 파과시간
>   어느 일정 농도의 유해물질 등을 포함한 공기를 일정 유량으로 정화통에 통과하기 시작부터 파과가 보일 때까지의 시간
> (2) 파과곡선
>   파과시간과 유해물질 등에 대한 농도와의 관계를 나타낸 곡선
> [근거]
> 정의: 보호구 안전인증 고용노동부고시 제13조

12

다음의 재해발생형태에 따른 산업재해 정도[국제노동기구(ILO) 기준]를 쓰시오.

> (1) 재해자가 전도 또는 추락으로 물에 빠져서 익사하는 재해: (①)
> (2) 재해자가 전도로 인해서 추락되어 두개골에 골절이 발생하는 재해: (②)

① 사망
② 영구전노동불능상해

13

다음 교류아크용접기의 자동전격방지기 표시사항을 상세하게 쓰시오.

> SP-3A-H

① SP: 외장형
② 3: 300A
③ A: 용접기에 내장되어 있는 콘덴서의 유무에 관계없이 사용할 수 있는 것
④ H: 고저항시동형
[근거]
전격방지기의 성능기준: 방호장치 자율안전기준 고용노동부고시 [별표 2]

> **[관련이론] 자동전격방지기 표시사항**
> ① 외장형: 외장형은 용접기 외함에 부착하여 사용하는 전격방지기로 그 기호는 SP로 표시
> ② 내장형: 내장형은 용접기함 안에 설치하여 사용하는 전격방지기로 그 기호는 SPB로 표시
> ③ 기호 SP 또는 SPB 뒤의 숫자는 출력측의 정격전류의 100단위의 수치로 표시(예: 2.5는 250A, 3은 300A를 표시)
> ④ 숫자 다음의 표시
>   • A: 용접기에 내장되어 있는 콘덴서의 유무에 관계없이 사용할 수 있는 것
>   • B: 콘덴서를 내장하지 않은 용접기에 사용하는 것
>   • C: 콘덴서 내장형 용접기에 사용하는 것
>   • E: 엔진구동 용접기에 사용하는 전격방지기를 표시
> ⑤ 맨 끝에 있는 기호 L은 저저항시동형, H는 고저항시동형을 표시

2013년 기출문제

제1회 (2013년 4월)

01

정전기가 발생하는 정전기 대전의 종류를 4가지 쓰시오.

정답

① 마찰대전
② 유동대전
③ 분출대전
④ 충돌대전
⑤ 박리대전
⑥ 교반대전
⑦ 파괴대전
⑧ 침강대전

02

휴먼에러(Human Error)의 분류방법 중 스웨인(Swain)의 심리적 분류를 4가지 쓰시오.

정답

① 실행오류(Commission Error)
② 생략오류(Omission Error)
③ 시간오류(Time Error)
④ 순서오류(Sequential Error)
⑤ 과잉행동오류(Extraneous Error)
※ 인간공학 및 시스템안전
  → 2024 실기 출제기준 변경으로 삭제되어 학습 불필요

03

다음은 산업안전보건법상 가스집합장치에 관한 사항이다. (   ) 안에 적합한 숫자를 쓰시오.

(1) 용해아세틸렌의 가스집합 용접장치의 배관 및 부속기구는 구리나 구리 함유량이 (①)% 이상인 합금을 사용해서는 아니 된다.

(2) 사업주는 가스집합장치에 대해서는 화기를 사용하는 설비로부터 (②)m 이상 떨어진 장소에 설치하여야 한다.

(3) 주관 및 분기관에는 안전기를 설치할 것. 이 경우 하나의 취관에 (③)개 이상의 안전기를 설치하여야 한다.

정답

① 70
② 5
③ 2
[근거]
• 구리의 사용제한: 산업안전보건법 산업안전보건기준에 관한 규칙 제294조
• 가스집합장치의 위험방지: 산업안전보건법 산업안전보건기준에 관한 규칙 제291조
• 가스집합장치의 배관: 산업안전보건법 산업안전보건기준 제293조

04

재해발생연쇄성이론 중 (1) 하인리히의 도미노이론 5단계, (2) 버드의 도미노이론 5단계, (3) 아담스의 연쇄이론 5단계를 각각 순서대로 쓰시오.

(1) 하인리히의 도미노이론 5단계
　　① 제1단계: 사회적 환경과 유전적 요소
　　② 제2단계: 개인적 결함
　　③ 제3단계: 불안전한 행동 및 불안전한 상태
　　④ 제4단계: 사고
　　⑤ 제5단계: 재해(상해)
(2) 버드의 도미노이론 5단계
　　① 제1단계: 통제의 부족(관리)
　　② 제2단계: 기본원인(기원)
　　③ 제3단계: 직접원인(징후)
　　④ 제4단계: 사고(접촉)
　　⑤ 제5단계: 상해(손실)
(3) 아담스의 연쇄이론 5단계
　　① 제1단계: 관리구조
　　② 제2단계: 작전적 에러
　　③ 제3단계: 전술적 에러
　　④ 제4단계: 사고
　　⑤ 제5단계: 상해, 손해

05

산업안전보건법상 승강기의 종류를 5가지 쓰시오.

① 승객용 엘리베이터
② 승객화물용 엘리베이터
③ 화물용 엘리베이터
④ 소형화물용 엘리베이터
⑤ 에스컬레이터
[근거]
양중기: 산업안전보건법 산업안전보건기준에 관한 규칙 제132조

06

산업안전보건법상 안전보건표지 중 안내표지의 종류를 4가지 쓰시오.

① 응급구호표지
② 녹십자표지
③ 세안장치
④ 들것
⑤ 비상구
⑥ 비상용기구
⑦ 우측 비상구
⑧ 좌측 비상구
[근거]
안전보건표지의 종류와 형태: 산업안전보건법 시행규칙 [별표 6]

07

산업안전보건법상 안전관리자의 업무를 5가지 쓰시오.

① 산업안전보건위원회 또는 안전 및 보건에 관한 노사협의체에서 심의 · 의결한 업무와 해당 사업장의 안전보건관리규정 및 취업규칙에서 정한 업무
② 안전인증 대상 기계 등과 자율안전확인 대상 기계 등 구입시 적격품의 선정에 관한 보좌 및 지도 · 조언
③ 해당 사업장 안전교육계획의 수립 및 안전교육 실시에 관한 보좌 및 지도 · 조언
④ 사업장 순회점검, 지도 및 조치 건의
⑤ 산업재해에 관한 통계의 유지 · 관리 · 분석을 위한 보좌 및 조언 · 지도
⑥ 산업재해 발생의 원인 조사 · 분석 및 재발 방지를 위한 기술적 보좌 및 지도 · 조언
⑦ 업무수행 내용의 기록 · 유지
⑧ 법 또는 법에 따른 명령으로 정한 안전에 관한 사항의 이행에 관한 보좌 및 지도 · 조언
⑨ 위험성 평가에 관한 보좌 및 지도 · 조언
[근거]
안전관리자의 업무 등: 산업안전보건법 시행령 제13조

08

조종장치를 촉각적으로 식별하기 위한 암호화방법을 3가지 쓰시오.

① 형상을 이용한 암호화
② 크기를 이용한 암호화
③ 표면촉감을 이용한 암호화
※ 인간공학 및 시스템안전
　→ 2024 실기 출제기준 변경으로 삭제되어 학습 불필요

09

다음은 산업안전보건법상 특수건강진단의 시기 및 주기에 관한 사항이다. ( ) 안에 적합한 내용을 쓰시오.

구분	대상 유해인자	시기	주기
1	N,N-디메틸아세트아미드 디메틸포름아미드	(①) 이내	6개월
2	벤젠	2개월 이내	6개월
3	1,1,2,2-테트라클로로에탄 사염화탄소 아크릴로니트릴 염화비닐	3개월 이내	(②) 개월
4	석면, 면 분진	(③) 이내	12개월
5	광물성 분진 목재 분진 소음 및 충격소음	12개월 이내	(④) 개월
6	1부터 5까지의 대상 유해인자 를 제외한 모든 대상 유해인자	6개월 이내	12개월

① 1개월　② 6개월　③ 12개월　④ 24개월
[근거]
특수건강진단 시기 및 주기: 산업안전보건법 시행규칙 [별표 23]

10

다음은 악천후 및 강풍시 작업중지, 폭풍에 의한 이탈방지 등에 관한 사항이다. ( ) 안에 적합한 내용을 쓰시오.

(1) 순간풍속이 초당 (①)를 초과하는 경우 타워크레인의 설치·수리·점검 또는 해체작업을 중지하여야 하며 순간풍속이 초당 (②)를 초과하는 경우에는 타워크레인의 운전작업을 중지하여야 한다.

(2) 순간 풍속이 초당 (③)를 초과하는 바람이 불어올 우려가 있는 경우 옥외에 설치되어 있는 주행크레인에 대하여 이탈방지를 작동시키는 등 이탈방지를 위한 조치를 하여야 한다.

(3) 순간풍속이 초당 (④)를 초과하는 바람이 불어올 우려가 있는 경우 옥외에 설치되어 있는 승강기에 대하여 받침의 수를 증가시키는 등 승강기가 무너지는 것을 방지하기 위한 조치를 하여야 한다.

① 10m　　　　② 15m
③ 30m　　　　④ 35m
[근거]
• 악천후 및 강풍시 작업중지: 산업안전보건법 산업안전보건기준에 관한 규칙 제37조
• 폭풍에 의한 이탈방지: 산업안전보건법 산업안전보건기준에 관한 규칙 제140조
• 폭풍에 의한 무너짐 방지: 산업안전보건법 산업안전보건기준에 관한 규칙 제161조

11

기계설비에 형성되는 위험점의 종류를 5가지 쓰시오.

① 협착점
② 끼임점
③ 물림점
④ 절단점
⑤ 회전말림점
⑥ 접선물림점

12

근로자가 1시간동안 평균에너지 소비량이 분당 6kcal 인 작업을 수행하는 경우 휴식시간을 계산하시오. (단, 작업에 대한 권장 평균에너지값의 상한은 분당 5kcal 이다.)

$$R = \frac{60(E-5)}{E-1.5}$$

여기서, R: 휴식시간(분)

E: 작업시 평균에너지소비량(kcal/min)

5: 권장 평균에너지값 상한(kcal/min)

$$= \frac{60(6-5)}{6-1.5} = 13.3333 \fallingdotseq 13.33분$$

※ 인간공학 및 시스템안전

→ 2024 실기 출제기준 변경으로 삭제되어 학습 불필요

13

다음 물음에 해당하는 답을 모두 골라 기호로 쓰시오.

(1) 자기반응성 물질화재에 적응성이 있는 소화기

(2) 전기설비화재에 적응성이 있는 소화기

(3) 인화성 액체화재에 적응성이 있는 소화기

① 포소화기

② 봉상강화액소화기

③ 이산화탄소소화기

④ 할로겐화합물소화기

⑤ 봉상수소화기

⑥ 분말소화기

(1) 자기반응성 물질화재에 적응성이 있는 소화기

①, ②, ⑤

(2) 전기설비화재에 적응성이 있는 소화기

③, ④, ⑥

(3) 인화성 액체화재에 적응성이 있는 소화기

①, ③, ④, ⑥

[근거]

소화설비의 기준: 위험물 안전관리법 시행규칙 [별표 17]

[관련이론] 화재에 따른 적응성이 있는 소화기

(1) 전기설비화재

① 이산화탄소소화기

② 할로겐화합물소화기

③ 분말소화기

④ 무상수소화기

⑤ 무상강화액소화기

(2) 인화성 액체(제4류위험물)

① 포소화기

② 이산화탄소소화기

③ 할로겐화합물소화기

④ 분말소화기

⑤ 무상강화액소화기

⑥ 건조사, 팽창질석 또는 팽창진주암

(3) 자기반응성 물질(제5류위험물)

① 포소화기

② 봉상수소화기

③ 봉상강화액소화기

④ 무상수소화기

⑤ 무상강화액소화기

⑥ 물통 또는 수조, 건조사, 팽창질석 또는 팽창진주암

(4) 산화성 액체(제6류위험물)

① 포소화기

② 봉상수소화기

③ 봉상강화액소화기

④ 무상수소화기

⑤ 무상강화액소화기

⑥ 분말소화기

⑦ 이산화탄소소화기(폭발의 위험이 없는 장소에 한함)

⑧ 물통 또는 수조, 건조사, 팽창질석 또는 팽창진주암

[근거]

소화설비의 기준: 위험물 안전관리법 시행규칙 [별표 17]

01

다음은 적응기제에 관한 사항이다. (   ) 안에 적합한 내용을 쓰시오.

적응기제	내용
(①)	자기의 약점이나 실패를 그럴듯한 이유들 들어 남의 비난을 받지 않도록 하는 행동
(②)	자신의 무능과 결함에 의하여 생긴 긴장이나 열등감을 해소시키기 위하여 장점같은 것으로 그 결함을 보충하려는 행동
(③)	자신의 불안감이나 불만을 해소시키기 위하여 타인에게 뒤집어 씌우는 방식의 행동
(④)	억압당한 욕구를 가치있는 다른 목적으로 실현할 수 있도록 노력하여 욕구를 충족하는 행동

정답

① 합리화
② 보상
③ 투사
④ 승화

02

산업안전보건법상 운전자가 운전위치를 이탈하게 해서는 아니 되는 기계를 3가지 쓰시오.

정답

① 양중기
② 양화장치(화물을 적재한 상태)
③ 항타기 또는 항발기(권상장치에 하중을 건 상태)
[근거]
운전위치의 이탈금지: 산업안전보건법 산업안전보건기준에 관한 규칙 제41조

03

기계설비의 방호장치의 분류에서 격리식 방호장치에 해당하는 종류를 3가지 쓰시오.

정답

① 덮개형 방호장치
② 안전방책(방호망)
③ 완전차단형 방호장치

[관련이론] 방호장치의 분류
(1) 방호장치의 위험장소와 위험원에 따른 분류
　① 위험장소에 따른 방호장치
　　㉠ 격리형
　　㉡ 위치제한형
　　㉢ 접근반응형
　　㉣ 접근거부형
　② 위험원에 따른 방호장치
　　㉠ 포집형
　　㉡ 감지형
(2) 방호장치의 예
　① 격리형 방호장치: 완전차단형 방호장치, 덮개형 방호장치, 안전방책
　② 위치제한형 방호장치: 프레스의 양수조작식 안전장치
　③ 접근반응형 방호장치: 프레스 광전자식(감응식) 안전장치
　④ 접근거부형 방호장치: 프레스의 손쳐내기식 안전장치, 수인식 안전장치
　⑤ 포집형 방호장치: 목재가공용 둥근톱의 반발예방장치, 연삭기의 덮개
　⑥ 감지형 방호장치: 크레인, 리프트의 과부하방지장치

04

산업안전보건법상 상시근로자수가 50명 이상인 사업에서 산업안전보건위원회를 구성해야 할 사업의 종류를 4가지 쓰시오.

① 토사석광업
② 목재 및 나무제품제조업(가구 제외)
③ 화학물질 및 화학제품제조업[의약품 제외(세제, 화장품 및 광택제 제조업과 화학섬유제조업은 제외)]
④ 비금속광물제품제조업
⑤ 1차금속제조업
⑥ 금속가공제품제조업(기계 및 기구 제외)
⑦ 자동차 및 트레일러제조업
⑧ 기타 기계 및 장비제조업(사무용 기계 및 장비제조업은 제외)
⑨ 기타 운송장비제조업(전투용 차량제조업은 제외)
[근거]
산업안전보건위원회를 구성해야 할 사업의 종류 및 사업장의 상시근로자수: 산업안전보건법 시행령 [별표 9]

05

산업안전보건법상 터널굴착작업시 근로자의 위험을 방지하기 위해 작성하는 작업계획서에 포함시켜야 할 사항을 3가지 쓰시오.

① 굴착의 방법
② 터널지보공 및 복공의 시공방법과 용수의 처리방법
③ 환기 또는 조명시설을 설치할 때에는 그 방법
[근거]
사전조사 및 작업계획서 내용: 산업안전보건법 산업안전보건기준에 관한 규칙 [별표 4]

> **[관련이론]** 터널굴착작업시 사전조사 내용
>
> 보링(Boring) 등 적절한 방법으로 (낙반, 출수 및 가스폭발) 등으로 인한 근로자의 위험을 방지하기 위하여 미리 지형, 지질 및 지층상태를 조사한다.

06

반경 20cm의 조종구를 20° 움직였을 때 표시가 2cm 이동하였다면 통제표시비(C/D)값이 적합한지 여부를 판단하시오.

(1) 통제표시비

$$\frac{C}{D}비 = \frac{\left(\frac{\alpha}{360}\right) \times 2\pi l}{\text{표시장치의 이동거리}}$$

$$= \frac{\left(\frac{20}{360}\right) \times 2 \times 3.14 \times 20}{2}$$

$$= 3.4888 ≒ 3.49$$

(2) 적합 여부 판단

최적통제표시비 1.18 ~ 2.42의 범위를 벗어났으므로 부적합하다.

> **[관련이론]** 통제표시비
>
> (1) 최적통제표시비
>
>   1.18 ~ 2.42의 범위(젠킨스(W.L.Jenkins)의 실험치)
>
> (2) 통제표시비 설계시 고려하여야 할 요소
>
>   • 계기의 크기
>   • 공차
>   • 목시거리
>   • 조작시간
>   • 방향성

※ 인간공학 및 시스템안전
  → 2024 실기 출제기준 변경으로 삭제되어 학습 불필요

07

다음 내용을 (1) 재해와 (2) 상해로 구분하여 번호로 나타내시오.

> ① 추락
> ② 골절
> ③ 부종
> ④ 협착
> ⑤ 이상온도접촉
> ⑥ 낙하 · 비래
> ⑦ 화상
> ⑧ 폭발
> ⑨ 중독 · 질식

정답

(1) 재해
　　①, ④, ⑤, ⑥, ⑧
(2) 상해
　　②, ③, ⑦, ⑨

08

인간실수확률을 추정할 수 있는 기법을 3가지 쓰시오.

정답

① 인간과오율 예측기법(THERP)
② 위급사건기법(CIT)
③ 직무위급도분석(TCRAM)
④ 조작자 행동나무(OAT)
⑤ 인간실수자료은행(HERB)
※ 인간공학 및 시스템안전
　　→ 2024 실기 출제기준 변경으로 삭제되어 학습 불필요

09

다음 고압가스용기에 해당하는 색을 각각 쓰시오.

(1) 아세틸렌
(2) 산소
(3) 질소
(4) 수소
(5) 헬륨

정답

(1) 아세틸렌: 황색
(2) 산소: 녹색
(3) 질소: 회색
(4) 수소: 주황색
(5) 헬륨: 회색

10

크레인의 정격하중과 리프트의 적재하중의 정의를 각각 쓰시오.

정답

① 정격하중: 크레인의 권상하중에서 훅, 그래브 또는 버킷 등 달기기구의 중량에 상당하는 하중을 뺀 하중이다.
② 적재하중: 리프트의 구조나 재료에 따라 운반구에 적재하고 상승할 수 있는 최대하중이다.
[근거]
정의: 위험기계기구 안전인증 고용노동부고시 제6조, 제8조

11

동력식 수동대패기의 방호장치를 쓰고, 그 방호장치와 송급테이블의 간격을 쓰시오.

① 동력식 수동대패기의 방호장치: 칼날접촉방지장치
② 방호장치와 송급테이블의 간격: 8mm 이하
[근거]
대패기계용 덮개의 시험방법: 방호장치 자율안전기준 고용노동부고시 [별표 6의2]

12

산업안전보건법상 안전보건표지 중에서 관계자 외 출입 금지표지의 종류를 3가지 쓰시오.

① 허가대상물질작업장
② 석면취급/해체작업장
③ 금지대상물질의 취급 실험실 등
[근거]
안전보건표지의 종류와 형태: 산업안전보건법 시행규칙 [별표 6]

13

다음은 정전기 대전에 관한 사항이다. ( ) 안에 적합한 대전의 명칭을 쓰시오.

(1) (①): 기체, 액체 및 분체류가 단면적이 개구부를 통과할 때 물체와 개구부의 마찰에 의해서 발생한다.
(2) (②): 두 물체 사이의 마찰로 인한 접촉과 분리과정이 반복되면서 발생한다.
(3) (③): 물체를 구성하고 있는 입자상호간 또는 입자와 다른 고체와의 충돌에 의하여 급속한 분리·접촉현상을 발생한다.
(4) (④): 액체류가 파이프 등의 내부에서 유동할 때 관벽과 액체 사이에서 발생한다.
(5) (⑤): 일정한 압력으로 서로 밀착되어 있던 물체가 떨어지면서 자유전자가 이동되어 발생한다.

① 분출대전
② 마찰대전
③ 충돌대전
④ 유동대전
⑤ 박리대전

01

다음은 연삭기 덮개에 관한 사항이다. (   ) 안에 적합한 내용을 쓰시오.

(1) 탁상용 연삭기의 덮개에는 (①) 및 조정편을 구비하여야 하며, (①)는 연삭숫돌과의 간격을 (②)mm 이하로 조정할 수 있는 구조이어야 한다.

(2) 연삭기 덮개에는 자율안전확인에 따른 표시 외에 숫돌사용 주속도, (③)을 추가로 표시해야 한다.

정답

① 워크레스트(workrest)
② 3
③ 숫돌회전방향
[근거]
연삭기 덮개의 성능기준: 방호장치 자율안전기준 고용노동부고시
[별표 4]

02

프로판 80%, 메탄 5%, 부탄 15%로 된 혼합가스의 폭발하한계값을 계산하시오. (단, 프로판, 메탄, 부탄의 폭발하한계값은 각각 5%, 2.1%, 3%이다.)

정답

$$L = \frac{100}{\dfrac{V_1}{L_1} + \dfrac{V_2}{L_2} + \dfrac{V_3}{L_3}}$$

여기서, L: 혼합가스의 폭발하한계값(%)
　　　　L_1, L_2, L_3: 각 성분가스의 폭발하한계값(%)
　　　　V_1, V_2, V_3: 각 성분가스의 부피비(%)

$$= \frac{100}{\dfrac{80}{5} + \dfrac{5}{2.1} + \dfrac{15}{3}} = 4.2769 ≒ 4.28\%$$

03

차광보안경에 관한 용어의 정의이다. (   ) 안에 알맞은 내용을 쓰시오.

(1) (①): 필터와 플레이트의 유해광선을 차단할 수 있는 능력을 말한다.

(2) (②): 착용자의 시야를 확보하는 보안경의 일부로서 렌즈 및 플레이트 등을 말한다.

(3) (③): 필터 입사에 대한 투과광속의 비를 말하며, 분광투과율을 측정한다.

정답

① 차광도 번호
② 접안경
③ 시감투과율
[근거]
정의: 보호구 안전인증 고용노동부고시 제28조

[관련이론] 차광보안경 용어의 정의

(1) 필터렌즈(플레이트)
유해광선을 차단하는 원형 또는 변형모양의 렌즈(플레이트)를 말한다.

(2) 커버렌즈(플레이트)
분진, 칩(chip), 액체약품 등 비산물로부터 눈을 보호하기 위해 사용하는 렌즈(플레이트)를 말한다.

[근거]
정의: 보호구 안전인증 고용노동부고시 제28조

04

다음 각 사업에 대한 안전관리자의 최소인원을 쓰시오.

(1) 식료품제조업: 상시근로자 600명
(2) 우편 및 통신업: 상시근로자 250명
(3) 펄프 및 종이제품제조업: 상시근로자 400명
(4) 운수 및 창고업: 상시근로자 1,100명
(5) 건설업: 총공사금액 800억 원

정답

① 2명
② 1명
③ 1명
④ 2명
⑤ 2명
[근거]
안전관리자를 두어야 하는 사업의 종류, 사업장의 상시근로자수, 안전관리자의 수 및 선임방법: 산업안전보건법 시행령 [별표 3]

05

어느 사업장의 근로자수가 500명이고, 연간 12건의 재해가 발생하여 8명의 사상자가 발생하였다. (1) 도수율과 (2) 연천인율을 각각 계산하시오. (단, 1일 8시간, 연간 260일을 근무하였다.)

정답

(1) 도수율

$$도수율 = \frac{재해발생건수}{연근로시간수} \times 1,000,000$$

$$= \frac{12}{500 \times 8 \times 260} \times 1,000,000$$

$$= 11.5384 ≒ 11.54$$

(2) 연천인율

$$연천인율 = \frac{사상(재해)자수}{연평균근로자수} \times 1,000$$

$$= \frac{8}{500} \times 1,000 = 16$$

06

산업안전보건법상 공정안전보고서 제출 대상 사업장을 4가지 쓰시오.

정답

① 원유정제처리업
② 기타 석유정제물재처리업
③ 석유화학계 기초화학물질제조업 또는 합성수지 및 기타 플라스틱물질제조업
④ 질소화합물, 질소 · 인산 및 칼리질 화학비료제조업 중 질소질 비료제조
⑤ 복합비료 및 기타 화학비료 제조업 중 복합비료제조(단순혼합 또는 배합에 의한 경우는 제외)
⑥ 화학살균 · 살충제 및 농업용 약제제조업(농약 원제제조만 해당)
⑦ 화약 및 불꽃제품제조업
[근거]
공정안전보고서의 제출 대상: 산업안전보건법 시행령 제43조

07

다음 불대수를 각각 계산하시오.

① A + 0	② A + 1
③ A + AB	④ A(A+B)

정답

① $A + 0 = A$
② $A + 1 = 1$
③ $A + AB = A(1+B) = A$
④ $A(A+B) = (A \cdot A) + (A \cdot B) = A + (A \cdot B)$
    $= A(1+B) = A$

[관련이론] 불대수(Boolean Algebra)의 관계식
① $A + A = A$
② $A(A + B) = A$
③ $A \cdot 1 = A$
④ $A \cdot 0 = 0$
⑤ $A \cdot A = A$

※ 인간공학 및 시스템안전
→ 2024 실기 출제기준 변경으로 삭제되어 학습 불필요

08

다음은 동기부여의 이론 중 허즈버그 2요인이론과 알더퍼의 ERG이론을 상호비교한 것이다. (   ) 안에 알맞은 내용을 쓰시오.

욕구단계	허즈버그의 2요인이론	알더퍼의 ERG이론
1단계	(①)	(②)
2단계		
3단계	동기요인	(③)
4단계		(④)
5단계		

정답

① 위생요인
② 생존(존재)욕구
③ 관계욕구
④ 성장욕구
※ 산업안전심리 및 인간의 행동과학
  → 2024 실기 출제기준 변경으로 삭제되어 학습 불필요

09

산업안전보건법상 로봇의 운전으로 인해 근로자에게 발생할 수 있는 위험을 방지하기 위하여 설치하여야 하는 사항을 2가지 쓰시오.

정답

① 높이 1.8m 이상의 울타리를 설치한다.
② 컨베이어 시스템의 설치 등으로 울타리를 설치할 수 없는 일부 구간에 대해서는 안전매트 또는 광전자식 방호장치 등 감응형 방호장치를 설치하여야 한다.
[근거]
운전 중 위험방지: 산업안전보건법 산업안전보건기준에 관한 규칙 제223조

10

자율안전확인 대상 중 방호장치를 해당 기계명칭과 함께 4가지 쓰시오.

정답

① 아세틸렌 용접장치용 또는 가스집합 용접장치용 안전기
② 교류아크 용접기용 자동전격방지기
③ 롤러기 급정지장치
④ 연삭기 덮개
⑤ 목재가공용 둥근톱 반발예방장치와 날접촉예방장치
⑥ 동력식 수동대패용 칼날접촉방지장치
⑦ 추락 · 낙하 및 붕괴 등의 위험방지 및 보호에 필요한 가설기자재로서 고용노동부장관이 정하여 고시하는 것
[근거]
자율안전확인 대상 기계 등: 산업안전보건법 시행령 제77조

11

산업안전보건법상 교량작업을 하는 경우 작업계획서에 포함하여야 할 사항을 4가지 쓰시오.

정답

① 작업방법 및 순서
② 부재의 낙하 · 전도 또는 붕괴를 방지하기 위한 방법
③ 작업에 종사하는 근로자의 추락위험을 방지하기 위한 안전조치방법
④ 공사에 사용되는 가설철구조물 등의 설치 · 사용 · 해체시 안전성 검토방법
⑤ 사용하는 기계 등의 종류 및 성능, 작업방법
⑥ 작업지휘자 배치계획
⑦ 그 밖에 안전보건에 관련된 사항
[근거]
사전조사 및 작업계획서 내용: 산업안전보건법 산업안전보건기준에 관한 규칙 [별표 4]

12

산업안전보건법상 구축물 등에 안전진단 등 안전성 평가를 하여 근로자에게 미칠 위험성을 미리 제거하여야 하는 경우를 3가지 쓰시오.

① 구축물 등의 인근에서 굴착·항타작업 등으로 침하·균열 등이 발생하여 붕괴의 위험이 예상될 경우
② 구축물 등에 지진, 동해, 부동침하 등으로 균열·비틀림 등이 발생하였을 경우
③ 구축물 등이 그 자체의 무게·적설·풍압 또는 그 밖에 부가되는 하중 등으로 붕괴 등의 위험이 있을 경우
④ 화재 등으로 구축물 등의 내력이 심하게 저하되었을 경우
⑤ 오랜 기간 사용하지 아니하던 구축물 등을 재사용하게 되어 안전성을 검토하여야 하는 경우
⑥ 구축물 등의 주요구조부에 대한 설계 및 시공방법의 전부 또는 일부를 변경한 경우
⑦ 그 밖의 잠재위험이 예상될 경우
[근거]
구축물 등의 안전성 평가: 산업안전보건법 산업안전보건기준에 관한 규칙 제52조 → 2023.11.14 개정

> [관련이론] 구축물 등의 안전조치
>
> 사업주는 구축물 등에 대하여 자중, 적재하중, 적설, 풍압, 지진이나 진동 및 충격 등에 의하여 전도·폭발하거나 무너지는 등의 위험을 예방하기 위하여 다음의 조치를 하여야 한다.
> 설계도면, 시방서, 건축물의 구조기준 등에 관한 규칙에 따른 구조설계도서, 해체계획서 등 설계도서를 준수하여 필요한 조치
> [근거]
> 구축물 등의 안전성 평가: 산업안전보건법 산업안전보건기준에 관한 규칙 제52조 → 2023.11.14 개정

13

다음의 충전전로의 선간전압에 따른 충전전로에 대한 접근한계거리를 각각 쓰시오.

> (1) 충전전로 선간전압이 200V 일 때: (①)
> (2) 충전전로 선간전압이 1.5kV 일 때: (②)
> (3) 충전전로 선간전압이 22kV 일 때: (③)
> (4) 충전전로 선간전압이 130kV 일 때: (④)

① 접촉금지
② 45cm
③ 90cm
④ 150cm
[근거]
충전전로에서의 전기작업: 산업안전보건법 산업안전보건기준에 관한 규칙 제321조

2012년 기출문제

제1회 (2012년 4월)

01

다음은 산업안전보건법상 비계의 조립간격에 관한 사항이다. (   ) 안에 적합한 숫자를 쓰시오.

구분		조립간격(m)	
		수직방향	수평방향
강관비계	단관비계	(①)	(②)
	틀비계	(③)	(④)

정답

① 5   ② 5   ③ 6   ④ 8

[근거]

강관비계의 조립간격: 산업안전보건법 산업안전보건기준에 관한 규칙 [별표 5]

02

누적손상장해(CTDs: Cumulative Trauma Disoder) 발생 원인을 3가지 쓰시오.

정답

① 무리한 힘(과도한 힘)의 사용

② 장시간의 진동 및 온도

③ 반복도가 높은 작업

④ 부적절한 작업자세

⑤ 날카로운 면과의 신체접촉

※ 인간공학 및 시스템안전

　　→ 2024 실기 출제기준 변경으로 삭제되어 학습 불필요

03

산업안전보건법상 자율안전확인 대상 방호장치를 5가지 쓰시오.

정답

① 아세틸렌 용접장치용 또는 가스집합 용접장치용 안전기

② 교류아크 용접기용 자동전격방지기

③ 롤러기 급정지장치

④ 연삭기 덮개

⑤ 목재가공용 둥근톱 반발예방장치와 날접촉예방장치

⑥ 동력식 수동대패용 칼날접촉방지장치

⑦ 추락 · 낙하 및 붕괴 등의 위험방지 및 보호에 필요한 가설기자재로서 고용노동부장관이 정하여 고시하는 것

04

안전인증 방독마스크에 안전인증 표시 외에 추가로 표시하여야 할 사항을 4가지 쓰시오.

정답

① 파과곡선도

② 정화통 외부측면의 표시색

③ 사용시간 기록카드

④ 사용상의 주의사항

[근거]

방독마스크의 성능기준: 보호구 안전인증 고용노동부고시 [별표 5]

05

어느 사업장에서 합선으로 인하여 전기화재가 발생하였다. 이에 따른 (1) 화재의 종류를 쓰고 (2) 적응소화기의 종류를 3가지 쓰시오.

(1) 화재의 종류

　　C급 화재(전기화재)

(2) 적응소화기

　　① 이산화탄소(CO_2)소화기

　　② 할로겐화합물소화기

　　③ 분말소화기

　　④ 무상강화액소화기

　　⑤ 무상수소화기

[근거]

소화설비의 종류: 위험물안전관리법 시행규칙 [별표 17]

06

통전전류의 크기에서 (1) 심실세동전류를 간단하게 설명하고, (2) 심실세동전류를 구하는 공식을 쓰시오.

(1) 심실세동전류

　　인체에 흐르는 통전전류의 크기가 더욱 증가되면 전류의 일부가 심장부분을 흐르게 되어 정상적인 맥동을 하지 못하고 불규칙적인 세동을 일으키며, 이때 혈액의 순환이 곤란하게 되고 심장이 마비되는 현상이다.

(2) 심실세동전류를 구하는 공식(Dalziel주장 관계식)

$$I = \frac{165}{\sqrt{T}}$$

　　여기서, I: 심실세동전류(mA)

　　　　　　T: 통전시간(초)

07

상시 근로자수가 80명인 기타 기계 및 장비제조업 사업장이 있다. 이 사업장의 (1) 안전관리자수와 (2) 안전관리자의 업무를 4가지 쓰시오. (단, 그 밖에 안전에 관한 사항으로서 고용노동부장관이 정하는 사항은 제외한다.)

(1) 안전관리자의 수

　　1명 이상

(2) 안전관리자의 업무

　　① 산업안전보건위원회 또는 안전 및 보건에 관한 노사협의체에서 심의·의결한 업무와 해당 사업장의 안전보건관리규정 및 취업규칙에서 정한 업무

　　② 안전인증 대상 기계·기구 등과 자율안전확인 대상 기계·기구 등 구입시 적격품의 선정에 관한 보좌 및 지도·조언

　　③ 해당 사업장 안전교육계획의 수립 및 안전교육 실시에 관한 보좌 및 지도·조언

　　④ 사업장 순회점검·지도 및 조치 건의

　　⑤ 산업재해 발생의 원인 조사·분석 및 재발방지를 위한 기술적 보좌 및 지도·조언

　　⑥ 산업재해에 관한 통계의 유지·관리·분석을 위한 보좌 및 지도·조언

　　⑦ 업무수행 내용의 기록·유지

　　⑧ 위험성 평가에 관한 보좌 및 지도·조언

[근거]

• 안전관리자의 업무 등: 산업안전보건법 시행령 제18조

• 안전관리자를 두어야 하는 사업의 종류, 사업장의 상시근로자수, 안전관리자의 수 및 선임방법: 산업안전보건법 시행령 [별표 3]

08

전제조건을 제외한 재해사례연구의 4단계를 순서대로 쓰시오.

① 제1단계: 사실의 확인

② 제2단계: 문제점의 발견

③ 제3단계: 근본적 문제점의 결정

④ 제4단계: 대책수립

09

무재해운동의 이념 3원칙을 쓰고, 간단하게 설명하시오.

① 무의 원칙: 휴업재해, 불휴재해는 물론 직장 내의 모든 잠재위험요인을 적극적으로 사전에 발견·파악, 해결함으로써 뿌리에서부터 재해를 없앤다는 것
② 참가(참여)의 원칙: 작업에 따르는 잠재적 위험요인을 발견, 해결하기 위하여 전원이 일치 협력하여 해보겠다는 의욕으로 문제해결 행동을 실천하자는 것
③ 선취의 원칙: 무재해, 무질병의 직장을 실현하기 위한 궁극의 목표로서 일체 직장의 위험요인을 행동하기 전에 발견·파악, 해결하여 재해를 예방하자는 것

10

다음은 산업안전보건법상 계단 및 계단참의 높이 설치기준에 관한 사항이다. (   ) 안에 알맞은 내용을 쓰시오.

(1) 사업주는 계단 및 계단참을 설치하는 때에는 매 m² 당 (①)kg 이상의 하중을 견딜 수 있는 강도를 가진 구조로 설치하여야 하며, 안전율은 (②) 이상으로 하여야 한다.
(2) 높이가 3m를 초과하는 계단에는 높이 3m 이내마다 진행방향으로 길이 (③)m 이상의 계단참을 설치하여야 한다.

① 500
② 4
③ 1.2
[근거]
• 계단의 강도: 산업안전보건법 산업안전보건기준에 관한 규칙 제26조
• 계단참의 높이: 산업안전보건법 산업안전보건기준에 관한 규칙 제28조 → 2023.11.14 개정

11

산업안전보건법상 강렬한 소음작업에 관한 사항이다. (   ) 안에 적합한 숫자를 쓰시오.

(1) 90dB 이상의 소음이 1일 (①)시간 이상 발생하는 작업
(2) 95dB 이상의 소음이 1일 (②)시간 이상 발생하는 작업
(3) 100dB 이상의 소음이 1일 2시간 이상 발생하는 작업
(4) 105dB 이상의 소음이 1일 (③)시간 이상 발생하는 작업
(5) 110dB 이상의 소음이 1일 (④)분 이상 발생하는 작업
(6) 115dB 이상의 소음이 1일 (⑤)분 이상 발생하는 작업

① 8   ② 4   ③ 1   ④ 30   ⑤ 15
[근거]
정의: 산업안전보건법 산업안전보건기준에 관한 규칙 제512조
※ 인간공학 및 시스템안전
   → 2024 실기 출제기준 변경으로 삭제되어 학습 불필요

12

어느 사업장 연평균근로자수가 500명이고, 1일 8시간, 연간 300일 작업을 하고 있을 때 연간 재해가 40건이 발생하였다. (1) 도수율과 (2) 환산도수율을 구하시오.

(1) 도수율

$$도수율 = \frac{재해발생건수}{연근로시간수} \times 1,000,000$$

$$= \frac{40}{500 \times 8 \times 300} \times 1,000,000 = 33.3333 ≒ 33.33$$

(2) 환산도수율

$$환산도수율 = \frac{도수율}{10} = \frac{33.33}{10}$$

$$= 3.333 ≒ 3.33건$$

01

산업안전보건법상 안전보건표지 중 경고표지의 종류를 6가지 쓰시오.

정답

① 인화성물질 경고
② 산화성물질 경고
③ 폭발성물질 경고
④ 부식성물질 경고
⑤ 급성독성물질 경고
⑥ 방사성물질 경고
⑦ 고압전기 경고
⑧ 매달린 물체 경고
⑨ 낙하물 경고
⑩ 고온 경고
⑪ 저온 경고
⑫ 몸균형상실 경고
⑬ 레이저광선 경고
⑭ 위험장소 경고
⑮ 발암성 · 변이원성 · 생식독성 · 전신독성 · 호흡기과민성물질 경고

[근거]
안전보건표지의 종류와 형태: 산업안전보건법 시행규칙 [별표 6]

02

다음은 산업안전보건법상 근로자가 상시 작업하는 장소의 작업면 조도에 관한 사항이다. (   ) 안에 적합한 내용을 쓰시오.

(1) 초정밀작업: (①) 이상
(2) 정밀작업: (②) 이상
(3) 보통작업: (③) 이상
(4) 그 밖의 작업: (④) 이상

정답

① 750lux
② 300lux
③ 150lux
④ 75lux

[근거]
조도: 산업안전보건법 산업안전보건기준에 관한 규칙 제8조

03

기계설비의 고장률 유형을 그림으로 나타내고, 각 고장의 감소대책을 각각 쓰시오.

정답

(1) 고장률의 유형

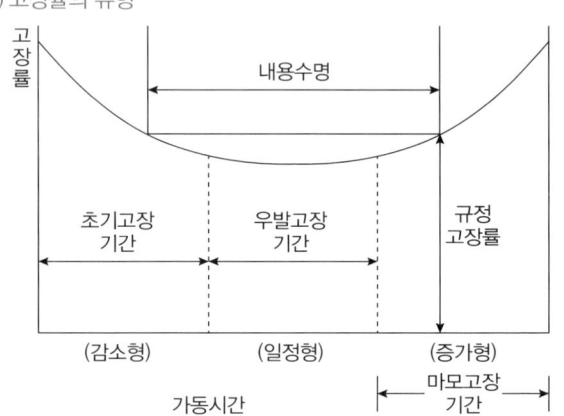

(2) 각 고장의 감소대책
① 초기고장: 시운전이나 점검작업으로 감소시킨다.
② 우발고장: 안전계수를 고려한 설계, 극한상황을 고려한 설계 등으로 감소시키고, 사후보전(BM)이 필요하다.
③ 마모고장: 정기안전진단(검사) 및 적당한 보수에 의해 감소시키고, 예방보전(PM)이 필요하다.

04

유해 · 위험기계 등이 안전인증 기준에 적합한지를 확인하기 위하여 안전인증기관이 하는 안전인증 심사의 종류 4가지와 종류에 따른 각각의 심사기간을 쓰시오.

정답

① 예비심사: 7일
② 서면심사: 15일(외국에서 제조한 경우는 30일)
③ 기술능력 및 생산체계심사: 30일(외국에서 제조한 경우는 45일)
④ 제품심사
 • 개별제품심사: 15일
 • 형식별제품심사: 30일

[근거]
안전인증 심사의 종류 및 방법: 산업안전보건법 시행규칙 제110조

05

사업장에 승강기의 설치, 조립, 수리, 점검 또는 해체 작업을 하는 경우 조치사항을 3가지 쓰시오.

정답

① 작업을 지휘하는 사람을 선임하여 그 사람의 지휘하에 작업을 실시할 것
② 작업을 할 구역에 관계근로자가 아닌 사람의 출입을 금지하고 그 취지를 보기 쉬운 장소에 표시할 것
③ 비, 눈 그 밖에 기상상태의 불안정으로 날씨가 몹시 나쁜 경우에는 그 작업을 중지시킬 것

[근거]
조립 등의 작업: 산업안전보건법 산업안전보건기준에 관한 규칙 제162조

06

재해누발자 유형 중 상황성 누발자와 소질성 누발자의 재해유발 요인을 각각 4가지 쓰시오.

정답

(1) 상황성 누발자
　① 기계설비에 결함이 있기 때문에
　② 작업이 어렵기 때문에
　③ 심신에 근심이 있기 때문에
　④ 환경상 주의력의 집중이 혼란되기 때문에
(2) 소질성 누발자
　① 소심한 성격　　　② 침착성의 결여
　③ 도덕성의 결여　　④ 주의력 산만
　⑤ 비협조성　　　　⑥ 저지능
　⑦ 불규칙, 흐리멍텅함　⑧ 경시, 경솔성
　⑨ 감각운동의 부적합　⑩ 주의력 범위의 협소

> **[관련이론] 재해누발자의 유형**
> ① 상황성 누발자　　② 미숙성 누발자
> ③ 소질성 누발자　　④ 습관성 누발자

※ 산업안전심리 및 인간의 행동과학
　→ 2024 실기 출제기준 변경으로 삭제되어 학습 불필요

07

앞면 롤러의 지름이 100mm이고, 회전속도가 50rpm일 때 롤러의 급정지거리를 계산하시오.

정답

- $V = \dfrac{\pi DN}{1,000}$

  여기서, V: 앞면 롤러의 표면속도(m/min)
  　　　　D: 앞면 롤러의 지름(mm)
  　　　　N: 회전수(rpm)

  $= \dfrac{3.14 \times 100 \times 50}{1,000} = 15.7\,m/min$

- 표면속도가 30m/min 미만이므로 급정지거리는 앞면 롤러 원주의 $\dfrac{1}{3}$ 이내이다.

- 원주의 길이 $= \pi D = 3.14 \times 100 = 314$

- 롤러의 급정지거리 $= 314 \times \dfrac{1}{3} = 104.666 ≒ 104.67mm$ 이내

08

산업안전보건법상 토사 등이 떨어질 우려가 있는 위험한 장소에서 차량계 건설기계를 사용하는 경우에는 견고한 낙하물 보호구조를 갖추어야 한다. 낙하물 보호구조를 갖추어야 할 차량계 건설기계의 종류를 5가지 쓰시오.

정답

① 불도저
② 트랙터
③ 굴착기
④ 로더
⑤ 스크레이퍼
⑥ 모터그레이더
⑦ 롤러
⑧ 천공기
⑨ 항타기 및 항발기
⑩ 덤프트럭

[근거]
낙하물 보호구조: 산업안전보건법 산업안전보건기준에 관한 규칙 제198조 → 2024.6.28 개정

09

위험관리(Risk Management)에서 리스크(Risk) 처리기술을 4가지 쓰시오.

① 리스크회피
② 리스크감소 및 제거
③ 리스크보유
④ 리스크분담
[근거]
리스크관리의 용어 정의에 관한 지침: 한국산업안전보건공단
※ 인간공학 및 시스템안전
　 → 2024 실기 출제기준 변경으로 삭제되어 학습 불필요

10

유한사면의 붕괴유형을 3가지 쓰시오.

① 원호활동
② 대수나선활동
③ 복합곡선활동

11

다음은 교류아크용접기 자동전격방지기의 표시사항에 대하여 설명하시오.

SP-2.5A

① SP: 외장형
② 2.5: 250A
③ A: 용접기에 내장되어 있는 콘덴서의 유무에 관계없이 사용할 수 있는 것

12

산업안전보건법상 위험물을 저장·취급하는 화학설비 및 그 부속설비를 설치하는 경우에는 폭발이나 화재에 따른 피해를 줄일 수 있도록 설비 및 시설간에 충분한 안전거리를 유지하여야 한다. (　　) 안에 적합한 내용을 쓰시오.

(1) 단위공정 시설, 설비로부터 다른 공정 시설 및 설비의 사이: 설비의 바깥면으로부터 (①) 이상

(2) 플레어스텍으로부터 단위공정 시설 및 설비, 위험물질 저장탱크 또는 위험물질 하역설비의 사이: 플레어스텍으로부터 반경 (②) 이상

(3) 위험물질 저장탱크로부터 단위공정 시설 및 설비, 보일러 또는 가열로의 사이: 저장탱크의 바깥면으로부터 (③) 이상

(4) 사무실, 연구실, 실험실, 정비실 또는 식당으로부터 단위공정 시설 및 설비, 위험물질 저장탱크, 위험물질 하역설비, 보일러 또는 가열로의 사이: 사무실 등의 바깥면으로부터 (④) 이상

① 10m
② 20m
③ 20m
④ 20m
[근거]
안전거리: 산업안전보건법 산업안전보건기준에 관한 규칙 [별표 8]

13

수인식 방호장치의 손목밴드, 수인끈, 수인끈의 안내통의 일반구조에 관하여 각각 쓰시오.

① 손목밴드는 착용감이 좋으며 쉽게 착용할 수 있는 구조이어야 한다.
② 수인끈은 작업자와 작업공정에 따라 그 길이를 조정할 수 있어야 한다.
③ 수인끈의 안내통은 끈의 마모와 손상을 방지할 수 있는 조치를 해야 한다.
[근거]
프레스 또는 전단기 방호장치의 성능기준: 방호장치 안전인증 고용노동부고시 [별표 1]

01

폭굉발생시 폭굉유도거리가 짧아지는 조건을 4가지 쓰시오.

정답

① 점화원의 에너지가 강할수록
② 압력이 높을수록
③ 관속에 방해물이 있을수록
④ 정상 연소속도가 큰 혼합가스일수록
⑤ 지름이 작을수록

[관련이론] 폭굉유도거리(DID: Detonation Inducement Distance)
완만한 연소가 폭굉으로 발전할 때까지의 거리이다.

02

다음에 해당하는 분진방폭구조의 기호를 각각 쓰시오.

(1) 분진본질안전방폭구조: (①)
(2) 분진몰드방폭구조: (②)
(3) 분진압력방폭구조: (③)
(4) 분진내압방폭구조: (④)

정답

① iD
② mD
③ pD
④ tD

03

안전인증 대상 방호장치 중 파열판에 안전인증 외에 추가로 표시하여야 할 사항을 4가지 쓰시오.

정답

① 호칭지름
② 용도(요구성능)
③ 설정파열압력(MPa) 및 설정온도(℃)
④ 분출용량(kg/h) 또는 공칭분출계수
⑤ 파열판의 재질
⑥ 유체의 흐름방향 지시
[근거]
파열판의 성능기준: 방호장치 안전인증 고용노동부고시 [별표 4]

04

어느 사업장의 작업자가 5분간 배기를 하였을 때 O_2 16%, N_2 79%, CO_2 4%이고, 총배기량은 90ℓ이었다. 분당 산소소비량과 분당 에너지소비량을 각각 계산하시오. (단, 산소 1ℓ의 에너지는 5kcal이다.)

정답

- V_2(분당 배기량) $= \dfrac{총배기량}{시간} = \dfrac{90}{5} = 18\,ℓ/min$

- V_1(분당 흡기량) $= \dfrac{100 - O_2 - CO_2}{79} \times V_2 = \dfrac{100 - 16 - 4}{79} \times 18$
  $= 18.227 ≒ 18.23\,ℓ/min$

① 분당 산소소비량 $= (V_1 \times 21\%) - (V_2 \times O_2\%)$
  $= (18.23 \times 0.21) - (18 \times 0.16)$
  $= 0.9483 ≒ 0.95\,ℓ/min$

② 분당 에너지소비량: 산소 1ℓ의 에너지는 5kcal이므로
  $0.95 \times 5 = 4.75\,kcal/min$

※ 인간공학 및 시스템안전
  → 2024 실기 출제기준 변경으로 삭제되어 학습 불필요

05

다음 회로도를 보고, FT도를 작성하시오.

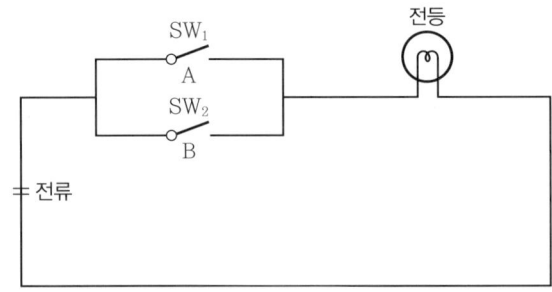

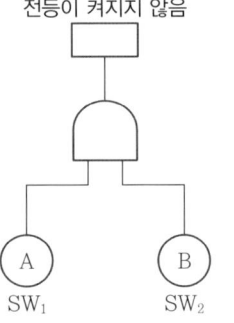

※ 인간공학 및 시스템안전
  → 2024 실기 출제기준 변경으로 삭제되어 학습 불필요

06

산업안전보건법상 작업발판 일체형 거푸집의 종류를 4가지 쓰시오.

정답

① 갱폼(gang form)
② 슬립폼(slip form)
③ 클라이밍폼(climbing form)
④ 터널라이닝폼(tunnel lining form)
⑤ 그 밖에 거푸집과 작업발판이 일체로 제작된 거푸집
[근거]
작업발판 일체형 거푸집의 안전조치: 산업안전보건법 산업안전보건기준에 관한 규칙 제337조

07

산업안전보건법상 동력으로 작동하는 기계·기구로서 유해위험방지를 위한 방호조치를 하지 아니하고는 양도·대여·설치 또는 사용에 제공하거나 양도·대여의 목적으로 진열하여서는 아니되는 기계·기구의 종류를 5가지 쓰시오.

정답

① 예초기
② 원심기
③ 공기압축기
④ 금속절단기
⑤ 지게차
⑥ 포장기계(진공포장기, 래핑기로 한정)
[근거]
방호조치: 산업안전보건법 시행규칙 제198조

08

안전보건개선계획 작성시 포함하여야 할 사항을 4가지 쓰시오.

정답

① 시설
② 안전보건관리체제
③ 안전보건교육
④ 산업재해예방 및 작업환경의 개선을 위하여 필요한 사항
[근거]
안전보건개선계획 수립대상 사업장 등: 산업안전보건법 시행규칙 제61조

09

다음에 해당하는 시스템안전기법의 명칭을 각각 쓰시오.

(1) (①): 모든 시스템안전프로그램 최초단계의 분석 기법
(2) (②): 모든 요소의 고장을 형태별로 분석하여 그 영향을 검토하는 방법
(3) (③): 재해발생을 연역적, 정량적으로 분석하는 결함수법
(4) (④): 인간의 과오를 정량적으로 평가하기 위하여 개발된 기법
(5) (⑤): 초기사상의 고장영향에 의해 사고나 재해로 발전해 나가는 과정을 귀납적, 정량적으로 분석하는 기법

① PHA(예비위험분석)
② FMEA(고장의 형태와 영향분석)
③ FTA(결함수분석)
④ THERP(인간과오율 예측기법)
⑤ ETA(사상수분석)
※ 인간공학 및 시스템안전
　 → 2024 실기 출제기준 변경으로 삭제되어 학습 불필요

10

산업안전보건법상 다음 안전보건표지판의 명칭을 각각 쓰시오.

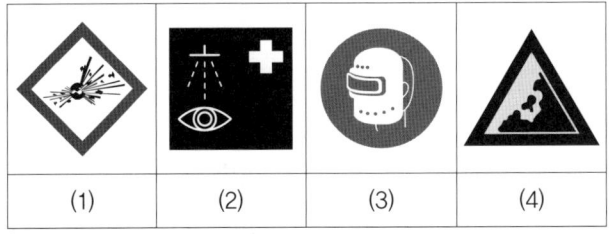

| (1) | (2) | (3) | (4) |

① 폭발성물질 경고　　　③ 보안면 착용
② 세안장치　　　　　　④ 낙하물 경고
[근거]
안전보건표지의 종류와 형태: 산업안전보건법 시행규칙 [별표 6]

11

공정흐름도(PFD)에 표시해야 할 사항을 3가지 쓰시오.

① 제조공정개요와 공정흐름
② 제조설비의 종류 및 기본사양
③ 공정제어의 원리
[근거]
공정흐름도 작성에 관한 기술지침: 한국산업안전보건공단

12

산업안전보건법상 굴착작업시 토사 등의 붕괴 또는 낙하에 의하여 근로자에게 위험을 미칠 우려가 있는 경우에 그 위험을 방지하기 위해 필요한 조치사항을 3가지 쓰시오.

① 흙막이지보공의 설치
② 방호망의 설치
③ 근로자의 출입금지
[근거]
굴착작업시 위험방지: 산업안전보건법 산업안전보건기준에 관한 규칙 제340조 → 2023.11.14 개정

13

재해손실비 산정 중 시몬즈(Simonds)의 방식에서 비보험코스트(Cost)의 산정기준이 되는 재해, 사고의 종류를 4가지 쓰시오.

① 휴업상해
② 통원상해
③ 구급(응급)조치상해
④ 무상해사고

2011년 기출문제

01

산업안전보건법상 안전보건진단을 받아 안전보건개선
계획을 수립하여 시행할 것을 명할 수 있는 사업장을
3가지 쓰시오.

정답

① 사업주가 필요한 안전보건조치를 이행하지 아니하여 중대재해가
　발생한 사업장
② 사업재해발생률이 같은 업종 평균 산업재해율의 2배 이상인 사업장
③ 직업성 질병자가 연간 2명 이상(상시근로자 1,000명 이상 사업장
　의 경우 3명 이상) 발생한 사업장
④ 그 밖에 작업환경 불량, 화재 · 폭발 또는 누출사고 등으로 사업장
　주변까지 피해가 확산된 사업장으로서 고용노동부령으로 정하는
　사업장
[근거]
안전보건개선계획 수립대상 사업장 등: 산업안전보건법 시행령 제49조

02

1t의 화물을 60도의 각도로 들어 올릴 때 와이어로프
의 1가닥이 받는 하중(kg)을 계산하시오.

정답

$$W_1 = \frac{\dfrac{W}{2}}{\cos\dfrac{\theta}{2}} = \frac{\dfrac{1,000}{2}}{\cos\dfrac{60}{2}}$$
$$= 577.3502 \fallingdotseq 577.35\text{kg}$$

03

근로자 400명이 일하는 어느 사업장에서 연간 20건의
재해가 발생하여 23명의 재해자가 생겼고, 근로손실
일수는 250일, 휴업일수는 85일이었다. 이 사업장의
(1) 도수율과 (2) 강도율을 계산하시오. (단, 1일 8시간,
연간 300일 근무, 잔업은 1인당 연간 50시간이다.)

정답

(1) 도수율

$$\text{도수율} = \frac{\text{재해발생건수}}{\text{연근로시간수}} \times 1,000,000$$
$$= \frac{20}{(400 \times 8 \times 300) + (400 \times 50)} \times 1,000,000$$
$$= 20.4081 \fallingdotseq 20.41$$

(2) 강도율

$$\text{강도율} = \frac{\text{근로손실일수}}{\text{연근로시간수}} \times 1,000$$
$$= \frac{250 + \left(85 \times \dfrac{300}{365}\right)}{(400 \times 8 \times 300) + (400 \times 50)} \times 1,000$$
$$= 0.3263 \fallingdotseq 0.33$$

04

할로겐소화기 1211에 포함되어 있는 원소를 4가지 쓰
시오.

정답

① 1: C(탄소)
② 2: F(불소)
③ 1: Cl(염소)
④ 1: Br(브롬)

05

산업안전보건법상 근로자 안전보건교육의 종류를 4가지 쓰시오.

---

① 정기교육
② 채용시 교육
③ 작업내용변경시 교육
④ 특별교육
⑤ 건설업 기초안전보건교육
[근거]
안전보건교육 교육과정별 교육시간: 산업안전보건법 시행규칙 [별표 8]

06

다음의 용어를 각각 간단히 설명하시오.

```
(1) FMEA
(2) ETA
(3) THERP
(4) MORT
```

---

① 각 요소의 고장유형과 그 고장이 미치는 영향을 분석하는 방법으로 귀납적이면서 정성적으로 분석하는 기법이다.
② 초기사상에 대해서 Event Tree를 작성하고 그 사상에서 발생하는 결과를 분석하는 방법으로 귀납적이면서 정량적으로 분석하는 기법이다.
③ 시스템에 있어서 인간의 과오를 정량적으로 평가하기 위하여 개발된 기법이다.
④ 드리(Tree)를 중심으로 FTA와 같은 논리기법을 이용하여 설계, 생산, 관리, 보전 등 광범위하게 안전을 도모하기 위한 기법이다.
※ 인간공학 및 시스템안전
　→ 2024 실기 출제기준 변경으로 삭제되어 학습 불필요

07

기계설비의 고장률 유형을 그림으로 나타내고, 각 고장의 감소대책을 각각 쓰시오.

---

(1) 고장률의 유형

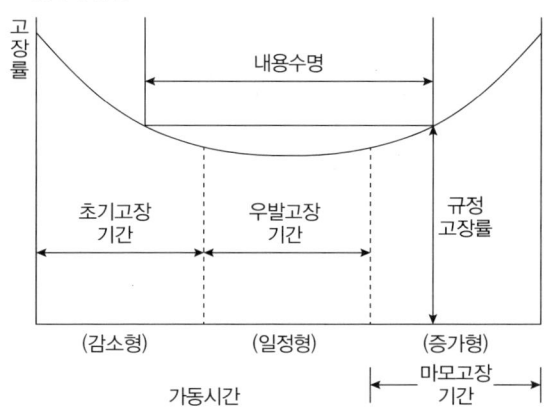

(2) 각 고장의 감소대책
　① 초기고장: 시운전이나 점검작업으로 감소시킨다.
　② 우발고장: 안전계수를 고려한 설계, 극한상황을 고려한 설계 등으로 감소시키고, 사후보전(BM)이 필요하다.
　③ 마모고장: 정기안전진단(검사) 및 적당한 보수에 의해 감소시키고, 예방보전(PM)이 필요하다.

08

잠함, 우물통, 수직갱 등 그 밖에 이와 유사한 건설물 또는 설비의 내부에서 굴착작업을 하는 경우 준수사항을 3가지 쓰시오.

---

① 산소결핍 우려가 있는 경우에는 산소의 농도를 측정하는 사람을 지명하여 측정하도록 할 것
② 근로자가 안전하게 오르내리기 위한 설비를 설치할 것
③ 굴착깊이가 20m를 초과하는 경우에는 해당 작업장소와 외부와의 연락을 위한 통신설비 등을 설치할 것
④ 산소농도 측정 결과 산소결핍이 인정되거나 굴착깊이가 20m를 초과하는 경우에는 송기를 위한 설비를 설치하여 필요한 양의 공기를 공급할 것
[근거]
급격한 침하로 인한 위험방지: 산업안전보건법 산업안전보건기준에 관한 규칙 제376조

09

안전모의 종류(기호) 3가지를 쓰고, 용도에 대하여 간단히 설명하시오.

① AB: 물체의 낙하 또는 비래 및 추락에 의한 위험을 방지 또는 경감시키기 위한 것
② AE: 물체의 낙하 또는 비래에 의한 위험을 방지 또는 경감하고, 머리부위 감전에 의한 위험을 방지하기 위한 것
③ ABE: 물체의 낙하 또는 비래 및 추락에 의한 위험을 방지 또는 경감하고, 머리부위 감전에 의한 위험을 방지하기 위한 것
[근거]
안전모의 성능기준: 보호구 안전인증 고용노동부고시 [별표 1]

10

다음 유해위험기계에 해당하는 방호장치를 쓰시오.

① 압력용기	④ 동력식수동대패기
② 아세틸렌 용접장치	⑤ 교류아크용접기
③ 산업용 로봇	⑥ 연삭기

① 압력방출장치	④ 칼날접촉방지장치
② 안전기	⑤ 자동전격방지기
③ 안전매트	⑥ 덮개

11

산업안전보건법상 로봇의 작동범위에서 그 로봇에 관하여 교시 등의 작업을 할 때 작업시작 전 점검사항을 3가지 쓰시오.

① 외부전선의 피복 또는 외장의 손상 유무
② 매니퓰레이터(Manipulator) 작동의 이상 유무
③ 제동장치 및 비상정지장치의 기능
[근거]
작업시작전 점검사항: 산업안전보건법 산업안전보건기준에 관한 규칙 [별표 3]

12

절토면 토석붕괴의 원인 중 외적요인을 4가지 쓰시오.

① 절토 및 성토높이의 증가
② 사면, 법면의 경사 및 기울기의 증가
③ 지진, 차량, 구조물의 하중작용
④ 지표수 및 지하수의 침투에 의한 토사중량의 증가
⑤ 토석 및 암석의 혼합층 두께
⑥ 공사에 의한 진동 및 반복하중의 증가
[근거]
토석붕괴의 원인: 굴착공사 표준안전작업지침 고용노동부고시 제28조

> **[관련이론]** 절토면 토석붕괴의 원인 중 내적요인
> ① 절토사면의 토질, 암질
> ② 성토사면의 토질구성 및 분포
> ③ 토석의 강도저하
> [근거]
> 토석붕괴의 원인: 굴착공사 표준안전작업지침 고용노동부고시 제28조

13

다음 (   ) 안에 알맞은 숫자를 쓰시오.

구분	교류	직류
저압	(①)V 이하인 것	(②)V 이하인 것
고압	(③)V를 초과하고 (④)V 이하인 것	(⑤)V를 초과하고 (⑥)V 이하인 것
특고압	(⑦)V 초과인 것	

① 600	⑤ 750
② 750	⑥ 7,000
③ 600	⑦ 7,000
④ 7,000	

[근거]
전압의 구분: 전기설비기술기준

※ 전압의 구분은 한국전기설비규정(KEC)에서 새롭게 제정(2021.1.1. 시행)되었으므로 전기설비 안전관리 이론에 수록된 내용으로 학습하시기 바랍니다.

01

안전보건표지에서 경고표지 중 바탕색은 무색, 기본모형은 빨간색이나 검은색으로 표시한 것을 3가지 쓰시오.

정답

① 인화성 물질 경고
② 산화성 물질 경고
③ 폭발성 물질 경고
④ 급성독성 물질 경고
⑤ 부식성 물질 경고
[근거]
안전보건표지의 종류별 용도, 설치·부착장소, 형태 및 색채: 산업안전보건법 시행규칙 [별표 7]

02

안전인증대상 기계 또는 설비, 방호장치, 보호구에 해당하는 것의 번호를 모두 쓰시오.

① 아세틸렌 용접장치용 안전기
② 교류아크 용접기용 자동전격방지기
③ 연삭기 덮개
④ 안전대
⑤ 곤돌라
⑥ 롤러기 급정지장치
⑦ 보호복
⑧ 동력식 수동대패용 칼날접촉방지장치
⑨ 양중기용 과부하방지장치
⑩ 압력용기

정답

④, ⑤, ⑦, ⑨, ⑩
[근거]
안전인증 대상 기계 등: 산업안전보건법 시행령 제74조

03

공정안전보고서의 변경요소관리에 관한 지침에서 반드시 관리절차가 마련되어야 하는 변경의 종류를 2가지 쓰시오.

정답

① 정상변경   ② 비상변경   ③ 임시변경
[근거]
공정안전보고서 변경요소관리에 관한 지침: 한국산업안전보건공단

04

아세틸렌 용접장치의 역화원인을 4가지 쓰시오.

정답

① 산소공급이 과다할 때
② 토치 팁에 이물질이 묻어 있을 때
③ 토치의 성능이 좋지 않을 때
④ 압력조정기의 고장일 때
⑤ 과열되었을 때

05

주의의 특성 3가지를 쓰고, 간단하게 설명하시오.

정답

① 변동성: 고도의 주의는 장시간 지속되지 않는다.
② 선택성: 주의는 동시에 2개 이상의 방향에 집중할 수 없다.
③ 방향성: 한 지점에 주의를 집중하게 되면 다른 곳의 주의는 약해진다.
※ 산업안전심리 및 인간의 행동과학
  → 2024 실기 출제기준 변경으로 삭제되어 학습 불필요

06

청각적 표시장치를 시각적 표시장치보다 더 사용하기 좋은 경우를 4가지 쓰시오.

정답

① 전언(메세지)이 간단할 때
② 전언이 짧을 때
③ 전언이 후에 재참조되지 않을 때
④ 전언이 즉각적인 행동을 요구할 때
⑤ 직무상 수신자가 자주 움직일 때
⑥ 전언이 시간적인 사상(Event)을 다룰 때
⑦ 수신장소가 너무 밝거나 암조응(暗調應) 유지가 필요할 때
⑧ 수신자의 시각계통이 과부하상태일 때
※ 인간공학 및 시스템안전
　→ 2024 실기 출제기준 변경으로 삭제되어 학습 불필요

07

분진폭발에 영향을 미치는 인자를 4가지 쓰시오.

정답

① 분진의 화학적 성질과 조성
② 입도 및 입도분포
③ 입자의 형상과 표면상태
④ 산소농도
⑤ 수분
⑥ 부유성
⑦ 압력 및 온도

[관련이론] 분진폭발의 위험성을 증가시키는 조건
① 입자의 지름이 작을수록
② 입자의 형상이 복잡할수록
③ 표면적이 입자체적과 비교하여 클수록(미세할수록)
④ 분진의 발열량이 클수록
⑤ 분진내의 수분농도가 작을수록
⑥ 분진의 초기온도가 높을수록
⑦ 분위기 중 산소농도가 클수록

08

자율안전확인 대상 연삭기 덮개에 자율안전확인 표시 외에 추가로 표시하여야 할 사항을 2가지 쓰시오.

정답

① 숫돌회전방향
② 숫돌사용 주속도
[근거]
연삭기 덮개의 성능기준: 방호장치 자율안전확인 고용노동부고시 [별표 4]

09

재해를 분석하는 방법으로는 개별분석방법과 통계에 의한 분석방법이 있다. 통계에 의한 분석방법을 3가지 쓰고, 간단하게 설명하시오.

정답

① 특성요인도: 특성과 요인관계를 도표로 하여 어골상으로 세분화한다.
② 파레토도: 사고유형, 기인물 등 분류항목을 큰 순서대로 도표화한다.
③ 관리도: 재해발생건수 등의 추이를 파악하여 목표관리를 행하는데 필요한 월별 재해발생건수를 그래프화하여 관리선을 설정 · 관리한다.
④ 크로스(corss) 분석: 데이터를 집계하고 표로 표시하여 요인별 결과내역을 교차한 크로스 그림을 작성, 2개 이상의 문제관계를 분석한다.

10

달기체인의 사용금지기준을 2가지 쓰시오.

정답

① 달기체인의 길이가 달기체인이 제조된 때의 길이의 5%를 초과한 것
② 링의 단면지름이 달기체인이 제조된 때의 해당 링의 지름의 10%를 초과하여 감소한 것
③ 균열이 있거나 심하게 변형된 것
[근거]
• 달비계의 구조 : 산업안전보건법 산업안전보건기준에 관한 규칙 제63조
• 늘어난 달기체인 등의 사용금지 : 산업안전보건법 산업안전보건기준에 관한 규칙 제167조

11

FT도에서 ①~⑤의 발생확률이 모두 0.04일 때, T사상의 확률을 구하시오.

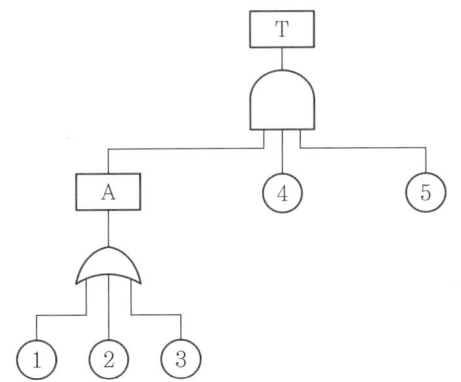

정답

$T = \{1-(1-①)(1-②)(1-③)\} \times ④ \times ⑤$
  $= \{1-(1-0.04)(1-0.04)(1-0.04)\} \times 0.04 \times 0.04$
  $= 0.000184 ≒ 0.00018$
※ 인간공학 및 시스템안전
  → 2024 실기 출제기준 변경으로 삭제되어 학습 불필요

12

강관비계를 사용하여 조립하는 작업을 하는 때에 사용되는 부속철물의 종류를 3가지 쓰시오.

정답

① 받침철물
② 연결철물
③ 이음철물

13

다음은 교류아크용접기 자동전격방지기에 대한 내용이다. 물음에 답하시오.

(1) 용접봉 홀더에 용접기출력측의 무부하전압이 발생한 후 주접점이 개방될 때까지의 시간은 몇 초 이내이어야 하는지 쓰시오.
(2) 사용전압이 220V인 경우 출력측의 무부하전압(실효값)은 몇 V이어야 하는지 쓰시오.

정답

① 1초 이내
② 25V 이하
[근거]
전격방지기의 성능기준 : 방호장치 자율안전기준 고용노동부고시 [별표 2]

01

산업안전보건법상 자율안전확인 대상 기계 또는 설비를 4가지 쓰시오.

정답

① 연삭기 또는 연마기(휴대형은 제외)
② 산업용 로봇
③ 혼합기
④ 파쇄기 또는 분쇄기
⑤ 식품가공용기계(파쇄 · 절단 · 혼합 · 제면기만 해당)
⑥ 컨베이어
⑦ 자동차정비용리프트
⑧ 공작기계(선반, 드릴기, 평삭, 형삭기, 밀링만 해당)
⑨ 고정형 목재가공용기계(둥근톱, 대패, 루타기, 띠톱, 모떼기기계만 해당)
[근거]
자율안전확인 대상 기계 등: 산업안전보건법 시행령 제77조

02

고체연소의 형태를 4가지 쓰시오.

정답

① 분해연소
② 표면연소
③ 자기연소
④ 증발연소

03

하인리히(Heinrich)의 도미노(Domino)이론 5단계, 버드(Bird)의 도미노이론 5단계, 아담스(Adams)의 연쇄이론 5단계를 순서대로 쓰시오.

정답

(1) 하인리히의 도미노이론 5단계
    ① 제1단계: 사회적 환경과 유전적 요소
    ② 제2단계: 개인적 결함
    ③ 제3단계: 불안전한 행동 및 불안전한 상태
    ④ 제4단계: 사고
    ⑤ 제5단계: 재해(상해)
(2) 버드의 도미노이론 5단계
    ① 제1단계: 통제의 부족(관리)
    ② 제2단계: 기본원인(기원)
    ③ 제3단계: 직접원인(징후)
    ④ 제4단계: 사고
    ⑤ 제5단계: 상해(손해, 손실)
(3) 아담스의 연쇄이론 5단계
    ① 제1단계: 관리구조
    ② 제2단계: 작전적 에러
    ③ 제3단계: 전술적 에러
    ④ 제4단계: 사고
    ⑤ 제5단계: 상해

04

숫돌의 원주속도가 2,000m/min이고, 숫돌의 표기가 150×35×15.77일 때 회전수(rpm)를 계산하시오.

정답

$$N = \frac{1,000V}{\pi D} \left(\because V = \frac{\pi DN}{1,000} \right)$$

$$= \frac{1,000 \times 2,000}{3.14 \times 150} = 4246.2845 \fallingdotseq 4246.28 \text{rpm}$$

※ 숫돌의 표기 150×35×15.77일 때

- 숫돌의 지름(바깥지름)(D): 150mm
- 숫돌의 두께: 35mm
- 숫돌의 구멍지름: 15.77mm

05

콘크리트 타설작업을 하기 위한 콘크리트 타설장비를 사용하는 작업을 하는 경우에 준수사항을 3가지 쓰시오.

정답

① 작업을 시작하기 전에 콘크리트 타설장비를 점검하고 이상을 발견하였으면 즉시 보수할 것
② 건축물의 난간 등에서 작업하는 근로자가 호스의 요동·선회로 인하여 추락하는 위험을 방지하기 위하여 안전난간 설치 등 필요한 조치를 할 것
③ 콘크리트 타설장비의 붐을 조정하는 경우에는 주변의 전선 등에 의한 위험을 예방하기 위한 적절한 조치를 할 것
④ 작업 중에 지반의 침하나 아웃트리거 등 콘크리트 타설장비 지지 구조물의 손상 등에 의하여 콘크리트 타설장비가 넘어질 우려가 있는 경우에는 이를 방지하기 위한 적절한 조치를 할 것

[근거]
콘크리트펌프 등 사용시 준수사항: 산업안전보건법 산업안전보건기준에 관한 규칙 제335조 → 2023.11.14 개정

06

흙(지반)의 동상현상을 지배하는 인자를 4가지 쓰시오.

정답

① 흙의 투수계수
② 지하수위
③ 동결온도의 지속시간
④ 모관상승고의 크기

[관련이론] 흙의 동결조건 및 동상방지대책

(1) 흙의 동결(동상)조건
   ① 0℃ 이하의 온도가 오래 지속될 때
   ② 실트(Silt)질 흙이 존재할 때
   ③ 아이스렌즈(Ice Lens: 얼음결정)를 형성할 수 있는 물의 공급이 충분할 때
(2) 흙의 동상방지대책
   ① 배수로를 설치하여 지하수위를 낮춘다(배수로설치공법).
   ② 동결심도 상부의 흙을 비동결 흙(석탄재, 자갈 등)으로 치환한다(치환공법).
   ③ 지하수 상승을 방지하기 위하여 아스팔트, 콘크리트 등으로 차단층을 관리한다(차단공법).
   ④ 흙속에 단열재를 집어 넣는다(단열공법).
   ⑤ 흙을 화학약품($CaCl_2$, $NaCl$ 등) 처리하여 동결온도를 낮춘다(안정처리공법).

07

다음은 방독마스크 정화통의 종류에 따른 외부 측면의 표시색이다. (   ) 안에 적합한 내용을 쓰시오.

정화통의 종류	표시색
유기화합물용	(①)
아황산용	(②)
할로겐용 황화수소용 시안화수소용	(③)
암모니아용	(④)

[정답]

① 갈색
② 노란색
③ 회색
④ 녹색
[근거]
방독마스크의 성능기준: 보호구 안전인증 고용노동부고시 [별표 5]

08

산업안전보건법상 사업주가 상시 사용하는 근로자의 건강관리를 위하여 실시하여야 하는 건강진단의 종류를 4가지 쓰시오.

[정답]

① 일반건강진단
② 특수건강진단
③ 배치 전 건강진단
④ 수시건강진단
⑤ 임시건강진단
[근거]
근로자 건강진단 실시에 대한 협력 등: 산업안전보건법 시행규칙 제195조

09

산업안전보건법상 충전전로의 선간전압에 따른 접근한 계거리에 대하여 (   ) 안에 적합한 내용을 쓰시오.

충전전로의 선간전압 (단위: kV)	충전전로에 대한 접근 한계거리(단위: cm)
0.3 이하	(①)
0.3 초과 0.75 이하	30
0.75 초과 2 이하	(②)
2 초과 15 이하	60
15 초과 37 이하	(③)
37 초과 88 이하	110
88 초과 121 이하	(④)
121 초과 145 이하	150

[정답]

① 접촉금지
② 45
③ 90
④ 130
[근거]
충전전로에서 전기작업: 산업안전보건법 산업안전보건기준에 관한 규칙 제321조

10

기계설비의 고장률 유형을 그림으로 나타내고, 각 고장의 감소대책을 각각 쓰시오.

(1) 고장률의 유형

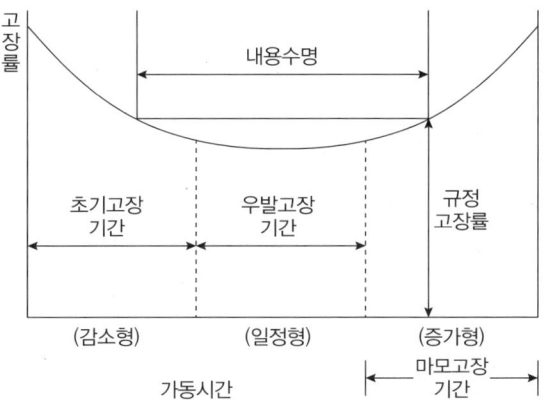

(2) 각 고장의 감소대책
① 초기고장: 시운전이나 점검작업으로 감소시킨다.
② 우발고장: 안전계수를 고려한 설계, 극한상황을 고려한 설계 등으로 감소시키고, 사후보전(BM)이 필요하다.
③ 마모고장: 정기안전진단(검사) 및 적당한 보수에 의해 감소시키고, 예방보전(PM)이 필요하다.

11

아세틸렌가스의 용기에 표시되어 있는 다음 내용에 대하여 간단히 설명하시오.

(1) FP15

(2) TP25

(1) FP15
아세틸렌가스용기의 최고충전압력이 15MPa이다.
(2) TP25
아세틸렌가스용기의 내압시험압력이 25MPa이다.

12

최대신체작업능력(MPWC)이 15kcal/min인 사람이 1일 8시간 작업을 하고 있다. 작업시 대사량이 8kcal/min이고, 휴식시 대사량이 1.5kcal/min일 때 (1) 열압박지수(HSI), (2) 휴식시간, (3) 작업시간을 계산하시오. (단, 대류전달계수 30, 복사전달계수 20, 최대증발열손실 200kcal/min이다.)

(1) 열압박지수(HSI)

$$\text{HSI} = \frac{\text{소요증발열손실}}{\text{최대증발열손실}}$$

$$= \frac{M(\text{대사}) + C(\text{대류}) + R(\text{복사})}{E_{\max}(\text{최대증발열손실})}$$

$$= \frac{15 + 20 + 30}{200} = 0.325 ≒ 0.33$$

(2) 휴식시간

$$\text{휴식시간} = \frac{\left(\dfrac{\text{최대신체작업능력}}{\dfrac{24\text{시간}}{\text{작업시간}}}\right) - \text{작업시대사량}}{\text{휴식시대사량} - \text{작업시대사량}} = \frac{\dfrac{15}{\left(\dfrac{24}{8}\right)} - 8}{1.5 - 8}$$

$$= 0.4615 ≒ 0.46\text{시간}$$

$$\therefore 0.46\text{시간} \times 60 = 27.6\text{분}$$

(3) 작업시간
$$60 - 27.6 = 32.4\text{분}$$

※ 인간공학 및 시스템안전
→ 2024 실기 출제기준 변경으로 삭제되어 학습 불필요

13

스웨인(Swain)의 작위적 오류와 부작위 오류 중 작위적 오류에 해당하는 사항을 3가지 쓰시오.

① 선택오류
② 시간오류
③ 순서오류
④ 정성적오류

※ 인간공학 및 시스템안전
→ 2024 실기 출제기준 변경으로 삭제되어 학습 불필요

해커스 **산업안전산업기사 실기** 한권합격 이론 + 최신기출 + 핵심노트

PART 2
기출문제 작업형
(2025년, 2024년)

01

▶️ 영상설명

작업자가 보호구를 착용하지 않았고 전원을 차단하지 않았으며, 덮개가 설치되어 있지 않은 원심기의 내부 안전점검을 하고 있는 장면이다.

문제 **영상에서 나타나는 위험요인을 3가지 쓰시오.**

정답 ① 작업시작 전에 전원을 차단하지 않고 점검을 하여 위험이 있다.
② 보안경 등 보호구를 착용하지 않아서 위험이 있다.
③ 원심기에 덮개를 설치 하지 않아서 위험이 있다.
④ 점검 중이라는 표지판 설치와 시건장치를 설치하지 않아서 위험이 있다.

02

프레스기를 보여주고 있는 장면이다.

문제 **프레스의 제작 및 안전기준에 따라 프레스의 이름판에 표시하여야 할 사항을 3가지 쓰시오.**

정답 ① 압력능력(전단기는 전단능력)
② 사용전기설비의 정격
③ 제조자명
④ 제조연월
⑤ 안전인증의 표시
⑥ 제조번호
⑦ 형식 또는 모델번호
[근거]
프레스 등 제작 및 안전기준: 위험기계기구 안전인증 고용노동부고시

03

▶️ 영상설명

작업자 1명은 흡연을 하면서 전신주 위로 올라가서 형강의 볼트를 풀고 있고, 작업발판에 C.O.S(Cut Out Switch)가 임시로 걸쳐져 있는 장면이다.

문제 영상에서 나타나는 위험요인을 3가지 쓰시오.

정답 ① 작업자가 딛고 있는 작업발판이 불안정하다.
② 작업 중 작업자가 흡연을 하고 있다.
③ C.O.S(컷 아웃 스위치: Cut Out Switch)를 작업발판에 임시로 걸쳐 놓았다.

04

▶️ 영상설명

작업자가 DMF 등 유해화학물질을 취급하는 작업을 하고 있다.

문제 산업안전보건법상 사업주가 관리대상 유해물질을 취급하는 작업에 근로자를 종사하도록 하는 경우에 근로자를 작업에 배치하기 전에 근로자에게 알려야 하는 사항을 4가지만 쓰시오.

정답 ① 관리대상 유해물질의 명칭 및 물리적 · 화학적 특성

② 인체에 미치는 영향과 증상

③ 취급상의 주의사항

④ 착용하여야 할 보호구와 착용방법

⑤ 위급상황시의 대처방법과 응급조치 요령

⑥ 그 밖에 근로자의 건강장해예방에 관한 사항

[근거]

유해성 등의 주지 : 산업안전보건법 산업안전보건기준에 관한 규칙 제449조

05

▶️ 영상설명

LPG 저장소라고 표시되어 있는 문을 작업자가 열고 들어가는데 너무 어두워서 스위치를 올려서 불을 켜는 순간, 누출된 LPG에 전기스파크(spark)로 인하여 폭발이 발생하는 장면이다.

문제 영상의 폭발재해사례와 같이 LPG가 누출, 순간적으로 기화가 되면서 점화원에 의하여 발생하는 (1) 폭발의 종류와 (2) 폭발의 종류에 따른 정의를 각각 쓰시오.

정답 (1) 폭발의 종류

증기운폭발(UVCE : Unconfined Vapor Cloud Explosion)

(2) 증기운폭발의 정의

대량의 가연성 액체가 유출되거나 대량의 가연성 가스가 유출되면 대기 중에 구름형태로 모여 있다가 그것으로부터 발생하는 증기가 공기와 혼합하여 가연성 혼합기체를 형성하고, 점화원에 의하여 순간적으로 폭발을 일으키는 현상이다.

[과부하방지장치]　　[완충스프링]　　[비상정지장치]　　[출입문연동장치]　　[방호울출입문연동장치]　　[3상전원차단장치]

06

▶️ 영상설명

건설용 리프트의 방호장치를 보여주고 있는 장면이다.

문제　**번호(① ~ ⑥)에 나타난 방호장치의 명칭을 쓰시오.**

정답　① 과부하방지장치
　　　② 완충스프링
　　　③ 비상정지장치
　　　④ 출입문연동장치
　　　⑤ 방호울출입문연동장치
　　　⑥ 3상전원차단장치

07

▶️ 영상설명

작업자가 이동식크레인을 사용하여 인양작업을 하고 있는 장면이다.

문제	영상과 같은 이동식 크레인을 사용하여 인양작업을 하는 경우 관리감독의 유해위험방지 업무를 3가지 쓰시오.

정답	① 작업방법과 근로자의 배치를 결정하고 그 작업을 지휘하는 일
	② 재료의 결함 유무 또는 기구 및 공구의 기능을 점검하고 불량품을 제거하는 일
	③ 작업 중 안전대 또는 안전모의 사용상황을 감독하는 일

[근거]
관리감독자의 유해 · 위험방지: 산업안전보건법 산업안전보건기준에 관한 규칙 [별표 2]

08

▶ 영상설명
작업자가 시스템비계 위에서 작업을 하고 있다.

문제	시스템비계 설치기준에 관한 사항을 〈보기〉에서 골라 쓰시오.

―〈보기〉―

수평재, 수직재, 가새, 벽연결재, 제조사가 정한 기준, 10m, 20m

(1) 시스템비계에서 건축물 벽에 연결 구조물과 가설된 파이프 사이에 있는 것의 명칭을 보기에서 골라 쓰시오.

(2) 그 명칭에 해당하는 설치간격기준을 보기에서 골라 쓰시오.

정답	(1) 벽연결재
	(2) 제조사가 정한 기준

[근거]
시스템비계의 구조: 산업안전보건법 산업안전보건기준에 관한 규칙 제69조

09

작업자들이 2m가 넘는 작업장소의 작업발판 위에서 작업을 하고 있는 장면이다.

문제 **영상과 같은 작업시 작업발판의 폭은 (①)cm 이상으로 해야 하고 발판재료간의 틈은 (②)cm 이하로 해야 하는지 쓰시오.**

정답
① 40
② 3
[근거]
작업발판의 구조: 산업안전보건법 산업안전보건기준에 관한 규칙 제56조

01

기출문제 작업형

PART 2

해커스 산업안전산업기사 실기 합격필수 이론 + 최신기출 + 핵심노트

▶️ 영상설명

작업자가 DMF 등 유해화학물질을 취급하는 작업을 하고 있다.

문제 산업안전보건법령상 사업주가 관리대상 유해물질을 취급하는 작업에 근로자를 종사하도록 하는 경우에 근로자를 작업에 배치하기 전에 근로자에게 알려야 하는 사항을 4가지만 쓰시오.

정답 ① 관리대상 유해물질의 명칭 및 물리적 · 화학적 특성

② 인체에 미치는 영향과 증상

③ 취급상의 주의사항

④ 착용하여야 할 보호구와 착용방법

⑤ 위급상황시의 대처방법과 응급조치 요령

⑥ 그 밖에 근로자의 건강장해예방에 관한 사항

[근거]

유해성 등의 주지: 산업안전보건법 산업안전보건기준에 관한 규칙 제449조

02

▶️ 영상설명

작업자가 사출성형기가 개방된 상태에서 이물질을 손으로 제거하다가 손이 눌리면서 다치는 장면이다.

문제 영상의 재해사례에서 나타난 (1) 재해발생형태를 쓰고 (2) 기인물을 쓰시오.

정답 (1) 재해발생형태: 끼임
(2) 기인물: 사출성형기

 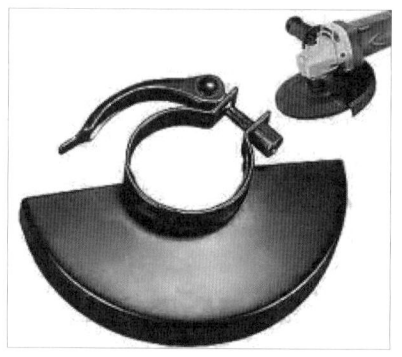

03

▶️ 영상설명

컨베이어, 사출성형기, 휴대용 연삭기의 방호장치를 보여주고 있는 장면이다.

| 문제 | 영상에 나타난 해당 기계의 방호장치 명칭을 쓰시오. |

> (1) 컨베이어
>
> (2) 사출성형기, 휴대용 연삭기

| 정답 |
① 건널다리

② 덮개

[근거]
- 통행의 제한 등: 산업안전보건법 산업안전보건기준에 관한 규칙 제195조
- 사출성형기 등의 방호장치: 산업안전보건법 산업안전보건기준에 관한 규칙 제121조
- 연삭숫돌의 덮개 등: 산업안전보건법 산업안전보건기준에 관한 규칙 제122조

04

| ▶️ 영상설명 |

작업자가 사출성형기 노즐충전부의 이물질을 맨손으로 제거하다가 감전되는 장면이다.

| 문제 | 영상에서 발생한 (1) 재해발생형태를 쓰고 (2) 위험요인을 2가지만 쓰시오. |

| 정답 |
(1) 재해발생형태: 감전

(2) 위험요인

    ① 작업시작 전에 전원을 차단하지 않았다.

    ② 절연장갑 등 보호구를 착용하지 않았다.

    ③ 이물질 제거 전용공구를 사용하지 않았다.

    ④ 사출성형기 충전부에 방호덮개를 설치하지 않았다.

05

▶️ 영상설명

작업자가 흙막이지보공을 설치하는 작업을 하고 있는 장면이다.

문제 **영상과 같은 흙막이지보공의 정기점검사항을 3가지 쓰시오.**

정답 ① 부재의 손상 · 변형 · 부식 · 변위 및 탈락의 유무와 상태
② 버팀대의 긴압의 정도
③ 부재의 접속부 · 부착부 및 교차부의 상태
④ 침하의 정도
[근거]
붕괴 등의 위험방지: 산업안전보건법 산업안전보건기준에 관한 규칙 제347조

06

▶️ 영상설명

밀링기에서 작업자가 작업을 하고 있는 장면이다.

문제 다음 영상에 나타난 (1) 공작기계의 명칭을 쓰고 (2) 해당 위험기계·기구 자율안전확인기계에 지워지지 않는 방식으로 표시해야 할 사항을 4가지 쓰시오.

정답 (1) 공작기계의 명칭

　　　밀링기(또는 밀링머신)

(2) 위험기계·기구 자율안전확인기계에 표시하여야 할 사항

　　　① 기계의 중량

　　　② 스핀들의 회전수 범위

　　　③ 전기, 유·공압시스템에 관한 정보

　　　④ 자율안전확인 표시

　　　⑤ 제조자명, 주소, 모델번호, 제조번호 및 제조연도

[근거]

공작기계의 제작 및 안전기준: 위험기계·기구 자율안전확인 고용노동부고시 [별표 8]

07

▶ 영상설명

작업자가 피트(pit) 덮개를 열고 불안정한 나무발판 위에 한쪽 발을 올려놓은 채 플래시를 비추면서 내부를 점검하다가 발이 미끄러져 떨어지는 장면이다.

문제 영상의 재해사례와 같이 피트(pit)에서 작업을 하는 경우의 안전수칙을 2가지 쓰시오.

정답 ① 점검 중이라는 안내표지판을 설치한다.

② 안전대 부착설비를 설치하고, 작업자는 안전대를 착용한다.

③ 추락방호망을 설치한다.

④ 작업발판을 확실하게 고정한다.

08

▶️ 영상설명

철골구조물에서 작업자가 안전대를 착용하지 않고, 볼트체결작업을 하다가 떨어지는 장면이다.

문제 │ 영상의 재해사례와 관련하여 (1) 재해를 방지하기 위하여 설치하여야 할 방호조치를 쓰고 (2) 철골작업을
중지하여야 하는 경우를 3가지 쓰시오.

정답 │ (1) 방호조치
추락방호망 설치
(2) 철골작업을 중지하여야 하는 경우
① 풍속이 초당 10m 이상인 경우
② 강우량이 시간당 1mm 이상인 경우
③ 강설량이 시간당 1cm 이상인 경우
[근거]
작업의 제한: 산업안전보건법 산업안전보건기준에 관한 규칙 제383조

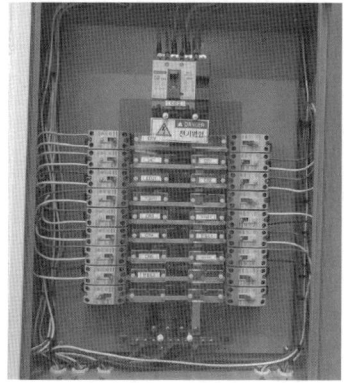

01

▶️ 영상설명

작업자가 임시배전반에서 맨손으로 드라이버를 사용하여 점검을 하다가 감전이 되는 장면이다.

문제 영상에 나타난 (1) 재해발생형태를 쓰고 (2) 위험요인을 2가지 쓰시오.

정답 (1) 재해발생형태

   감전

(2) 위험요인

   ① 점검 중이라는 표지판을 설치하지 않았고, 감시인을 배치하지 않았다.

   ② 절연장갑 등 보호구를 착용하지 않고, 맨손으로 작업을 하여 감전의 위험이 있다.

   ③ 전원을 차단하지 않고 점검을 하여 감전의 위험이 있다.

기출문제 작업형

PART 2

해커스 **산업안전산업기사 실기** 한권합격 이론 + 최신기출 + 핵심노트

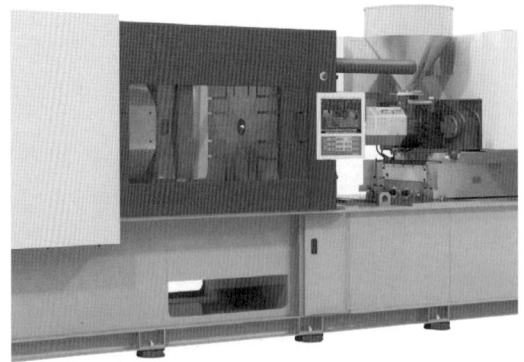

02

작업자가 사출성형기가 개방된 상태에서 이물질을 손으로 제거하다가 손이 눌리면서 다치는 장면이다.

문제 | **영상의 재해사례에서 나타난 (1) 재해발생형태를 쓰고 (2) 기인물을 쓰시오.**

정답 | (1) 재해발생형태: 협착(끼임)
(2) 기인물: 사출성형기

03

▶️ 영상설명

작업자가 흙막이지보공을 설치하는 작업을 하고 있는 장면이다.

문제 영상과 같은 흙막이지보공의 정기점검사항을 3가지 쓰시오.

정답
① 부재의 손상·변형·부식·변위 및 탈락의 유무와 상태
② 버팀대의 긴압의 정도
③ 부재의 접속부·부착부 및 교차부의 상태
④ 침하의 정도
[근거]
붕괴 등의 위험방지: 산업안전보건법 산업안전보건기준에 관한 규칙 제347조

04

▶️ 영상설명

작업자가 면장갑을 끼고 선반에서 작업을 하다가 돌기 부위에 면장갑과 작업복이 말려 들어가는 장면이다.

문제 영상의 재해사례에서 나타나는 위험점을 기계의 위험요인에 따라 분류할 때 이에 해당하는 (1) 위험점의 명칭과 (2) 그 정의를 쓰시오.

정답
(1) 위험점의 명칭: 회전말림점
(2) 정의: 회전하는 물체에 작업복 등이 말려 들어갈 위험이 형성되는 점이다. 또는 회전하는 물체의 불규칙 부위와 돌기회전 부위에 의해 말려들어갈 위험이 형성되는 점이다.

05

📹 영상설명

영상설명
작업자들이 2m가 넘는 작업장소의 작업발판 위에서 작업을 하고 있는 장면이고, 안전난간 좌측 하단에 누락된 장치 (A)를 보여주고 있다.

문제 | 영상과 같은 작업시 (1) 작업발판의 폭은 얼마 이상이어야 하는지 쓰고 (2) 안전난간에서 누락된 장치 (A)의 명칭을 쓰시오.

정답 | (1) 40
(2) 발끝막이판
[근거]
작업발판의 구조: 산업안전보건법 산업안전보건기준에 관한 규칙 제56조

06

📹 영상설명

LPG 저장소라고 표시되어 있는 문을 작업자가 열고 들어가는데 너무 어두워서 스위치를 올려서 불을 켜는 순간, 누출된 LPG에 전기 스파크(spark)로 인하여 폭발이 발생하는 장면이다.

| 문제 | 영상의 폭발재해사례와 같이 LPG가 누출, 순간적으로 기화가 되면서 점화원에 의하여 발생하는 폭발의 종류를 쓰시오. |

| 정답 | 증기운폭발(UVCE: Unconfined Vapor Cloud Explosion) |

07

📹 영상설명

컨베이어, 휴대용 연삭기, 덮개가 없는 선반의 방호장치를 보여주고 있는 장면이다.

| 문제 | 영상에 나타난 해당 기계의 방호장치 명칭을 쓰시오. |

(1) 컨베이어

(2) 휴대용 연삭기, 덮개가 없는 선반

| 정답 | ① 건널다리 |

② 덮개

[근거]

- 통행의 제한 등: 산업안전보건법 산업안전보건기준에 관한 규칙 제195조
- 사출성형기 등의 방호장치: 산업안전보건법 산업안전보건기준에 관한 규칙 제121조
- 연삭숫돌의 덮개 등: 산업안전보건법 산업안전보건기준에 관한 규칙 제122조

08

▶️ 영상설명

탱크로리에 등유나 경유를 주입하고 있는데 A(접속선이나 접지선)를 집중적으로 보여주고 있다.

문제 영상을 보고 (1) A의 명칭을 쓰고 (2) A의 역할을 쓰시오.

정답 (1) 접속선 (또는 접지선)
      (2) 전위차를 줄임
      [근거]
      가솔린이 남아있는 설비에 등유 등의 주입: 산업안전보건법 산업안전보건기준에 관한 규칙 제228조

09

▶️ 영상설명

작업자가 소형 프레스기를 사용하여 금속판에 구멍을 뚫고 있는 장면이다.

문제 **영상에 나타난 소형 프레스기에 사용이 가능한 유효한 방호장치를 5가지 쓰시오. (단, 프레스 종류와 관계없음)**

정답 ① 수인식
② 손쳐내기식
③ 양수조작식(또는 양수기동식)
④ 게이트가드식
⑤ 광전자식

01

📹 영상설명

작업자가 면장갑을 착용하고 교류아크용접작업을 하다가 감전되는 장면이다.

문제 **영상의 재해사례에서 (1) 재해발생형태를 쓰고 (2) 기인물을 쓰시오.**

정답 (1) 재해발생형태: 감전
　　 (2) 기인물: 교류아크용접기

02

📹 영상설명

한 작업자가 아파트 창틀에서 다른 작업자에게 작업발판을 건네주고 옆으로 이동하다가 발을 헛디디면서 작업장 바닥으로 떨어지고 있는 장면이다.

문제 영상의 재해사례에서 (1) 재해발생형태를 쓰고 (2) 기인물을 쓰시오.

정답 (1) 재해발생형태: 추락(떨어짐)
(2) 기인물: 작업발판

03

▶◀ **영상설명**

영상에 화학설비가 나타나고 있는 장면이다.

문제 산업안전보건법령상 압력용기, 정변위압축기 등 화학설비에 대해 과압에 따른 폭발을 방지하기 위하여 설치해야 하는 안전장치를 2가지 쓰시오.

정답 ① 안전밸브
② 파열판
[근거]
안전밸브 등의 설치: 산업안전보건법 산업안전보건기준에 관한 규칙 제261조

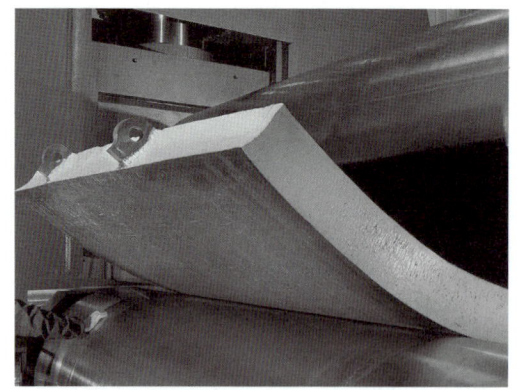

04

작업자가 인쇄용 롤러기의 전원을 차단하지 않고, 걸레를 사용하여 롤러를 닦고 있다. 이 때 작업자가 체중을 실어서 롤러의 맞물리는 지점까지 힘차게 청소하다가 손이 롤러 사이에 끼이는 장면이다.

문제 영상의 재해사례에서 나타나는 (1) 위험점의 명칭을 쓰고 (2) 해당 위험점의 정의를 쓰시오.

정답 ① 위험점의 명칭: 물림점(nip point)
② 물림점의 정의: 회전하는 두 개의 회전체에 물려 들어갈 위험이 형성되는 점이다.

05

▶️ 영상설명

작업자가 의자에 올라서서 가정용 배전반 점검을 하다가 의자가 불안정하여 떨어져 다치는 장면이다.

문제 영상에 나타난 재해사례에서 불안전한 행동을 2가지 쓰시오.

정답 ① 작업자가 올라서있는 의자가 불안정하여 떨어질 위험(추락 위험)이 있다.
② 작업자가 절연장갑 등 보호구를 착용하지 않아 감전될 위험이 있다.

06

▶️ 영상설명

작업자가 덤프트럭의 적재함을 올리고 실린더 유압장치의 밸브를 수리하는 작업을 하다가 적재함 사이에 끼이는 장면이다.

문제 영상과 같이 차량계 하역운반기계 등의 수리 또는 부속장치의 장착 및 해체작업을 하는 경우 작업지휘자를 지정하여 준수하여야 할 사항을 2가지 쓰시오.

정답 ① 작업순서를 결정하고 작업을 지휘할 것
② 안전지지대 또는 안전블록 등의 사용상황을 점검할 것
[근거]
수리 등의 작업시 조치: 산업안전보건법 산업안전보건기준에 관한 규칙 제176조

07

▶️ 영상설명

작업자가 DMF 등 유해화학물질을 취급하는 작업을 하고 있다.

산업안전보건법령상 사업주가 관리대상 유해물질을 취급하는 작업에 근로자를 종사하도록 하는 경우에 근로자를 작업에 배치하기 전에 근로자에게 알려야 하는 사항을 3가지만 쓰시오.

정답 ① 관리대상 유해물질의 명칭 및 물리적 · 화학적 특성
② 인체에 미치는 영향과 증상
③ 취급상의 주의사항
④ 착용하여야 할 보호구와 착용방법
⑤ 위급상황시의 대처방법과 응급조치 요령
⑥ 그 밖에 근로자의 건강장해예방에 관한 사항
[근거]
유해성 등의 주지: 산업안전보건법 산업안전보건기준에 관한 규칙 제449조

08

📹 영상설명
저장탱크 위에 설치된 A설비를 보여주고 있는 장면이다.

문제 **영상에 나타난 (1) 설비의 명칭을 쓰고 (2) 다음 (   ) 안에 적합한 내용을 쓰시오.**

영상의 설비는 정상운전시에 대기압 탱크 내부가 (   )되지 않도록 충분한 용량의 것을 사용하여야 하며, 철저하게 유지 · 보수를 하여야 한다.

정답 (1) 설비의 명칭
통기설비(통기관 또는 통기밸브)
(2) 진공 또는 가압

09

▶️ 영상설명

작업자가 국소배기장치가 설치된 작업장에서 크롬(Cr)도금작업을 하고 있는 장면이다.

문제 **영상에 나타난 국소배기장치를 설치하지 않아도 되는 특례를 1가지 쓰시오.**

정답 ① 실내작업장의 벽 · 바닥 또는 천장에 대하여 관리대상 유해물질 취급업무를 수행할 때 관리대상 유해물질의 발산 면적이 넓어 설비를 설치하기 곤란한 경우
② 자동차의 차체, 항공기의 기체, 선체 블록(block) 등 표면적이 넓은 물체의 표면에 대하여 관리대상 유해물질 취급업무를 수행할 때 관리대상 유해물질의 증기 발산 면적이 넓어 설비를 설치하기 곤란한 경우

[근거]
국소배기장치의 설비 특례: 산업안전보건법 산업안전보건기준에 관한 규칙 제425조

01

▶◀ 영상설명

작업자가 휴대용 연삭기로 연삭작업을 하고 있는 장면이다.

문제 **휴대용 연삭기의 (1) 방호장치명을 쓰고 (2) 방호장치의 설치시 노출각도를 쓰시오.**

정답 ① 덮개
② 180° 이내

02

▶◀ 영상설명

작업자가 실험실에서 위험물질이 들어 있는 용기를 발로 차서 용기가 넘어지고 있는 장면이다.

문제 **영상에서와 같이 위험물 (크롬)을 취급하는 경우 바닥이 갖추어야 할 구조의 조건을 2가지 쓰시오.**

정답 ① 불침투성의 재료를 사용할 것
② 청소하기 쉬운 구조로 할 것
[근거]
작업장의 바닥: 산업안전보건 안전보건에 관한 규칙 제431조

03

▶️ 영상설명

작업자가 터널 내 발파작업을 하고 있는 장면이다.

문제　산업안전보건법상 다음 중 사업주가 동영상의 작업에 종사하는 근로자에게 준수하도록 하여야 할 사항을 모두 고르시오.

① 장전구는 마찰 · 충격 · 정전기 등에 의한 폭발의 위험이 없는 안전한 것을 사용할 것
② 얼어붙은 다이나마이트는 화기나 고열물에 접근시켜서 융해시킬 것
③ 화약이나 폭약을 장전하는 경우에는 그 부근에서 화기를 사용하도록 할 것
④ 발파공의 충진재료는 점토 · 모래 등 발화성 또는 인화성의 위험이 없는 재료를 사용할 것

정답　①, ④

[관련이론] 발파의 작업기준
(1) 얼어붙은 다이나마이트는 화기에 접근시키거나 그 밖의 고열물에 직접 접촉시키는 등 위험한 방법으로 융해되지 않도록 할 것
(2) 화약이나 폭약을 장전하는 경우에는 그 부근에서 화기를 사용하거나 흡연을 하지 않도록 할 것
(3) 장전구는 마찰 · 충격 · 정전기 등에 의한 폭발의 위험이 없는 안전한 것을 사용할 것
(4) 발파공의 충진재료는 점토 · 모래 등 발화성 또는 인화성의 위험이 없는 재료를 사용할 것
(5) 점화 후 장전된 화약류가 폭발하지 아니한 경우 또는 장전된 화약류의 폭발 여부를 확인하기 곤란한 경우에는 다음의 각 목의 사항을 따를 것
　　① 전기뇌관에 의한 경우에는 발파모선을 점화기에서 떼어 그 끝을 단락시켜 놓는 등 재점화되지 않도록 조치하고 그 때부터 5분 이상 경과한 후가 아니면 화약류의 장전장소에 접근시키지 않도록 할 것
　　② 전기뇌관 외의 것에 의한 경우에는 점화한 때부터 15분 이상 경과한 후가 아니면 화약류의 장전장소에 접근시키지 않도록 할 것
(6) 전기뇌관에 의한 발파의 경우 점화하기 전에 화약류를 장전한 장소로부터 30미터 이상 떨어진 안전한 장소에서 전선에 대하여 저항측정 및 도통시험을 할 것

[근거]
발파의 작업기준: 산업안전보건법 산업안전보건기준에 관한 규칙 제 348조

04

▶️ 영상설명

작업자가 측정기로 변압기의 전압을 측정하다가 감전되는 장면이다.

문제 **영상의 재해사례와 관련하여 변압기의 활선 유무를 확인할 수 있는 방법을 3가지 쓰시오.**

정답 ① 검전기를 사용하여 확인한다.
② 테스터기(회로시험기)의 지시치를 확인한다.
③ 활선경보기를 사용하여 확인한다.

05

▶️ 영상설명

철골구조물에서 작업자가 안전대를 착용하지 않고, 볼트체결작업을 하다가 떨어지는 장면이다.

| 문제 | 영상의 재해사례와 관련하여 산업안전보건법상 철골작업을 중지하여야 하는 경우에 관한 것이다. (   ) 안에 적합한 내용을 쓰시오. |

> (1) (①)이 초당 10m 이상인 경우
> (2) (②)이 시간당 1mm 이상인 경우
> (3) (③)이 시간당 1cm 이상인 경우

| 정답 | ① 풍속 |

② 강우량

③ 강설량

[근거]

작업의 제한: 산업안전보건법 산업안전보건기준에 관한 규칙 제383조

06

| ▶️ 영상설명 |

작업자가 이동식크레인으로 전주를 옮기는 작업을 하다가 전주에 맞아서 쓰러지는 장면이다.

| 문제 | 영상의 재해사례에서 (1) 재해발생형태 (2) 가해물 (3) 전기작업을 할 때 착용할 수 있는 안전모의 종류를 쓰시오. |

| 정답 | ① 재해발생형태: 낙하(맞음) |

② 가해물: 전주(전봇대)

③ 전기작업을 할 때 안전모: AE형, ABE형

07

한 명의 작업자는 경사진 컨베이어 위에서 벨트의 끝부분 모서리에 양발을 걸치고 작업을 하고 있고, 다른 한 명의 작업자가 포대를 올려주고 있다. 이때, 양발을 걸치고 작업을 하고 있는 작업자의 발에 포대가 부딪치며 작업자가 중심을 잃고 쓰러지며 다치는 장면이다.

문제 **영상에 나타나는 컨베이어의 작업시작 전 점검사항을 4가지 쓰시오.**

정답 ① 원동기 및 풀리기능의 이상 유무
② 이탈 등의 방지장치기능의 이상 유무
③ 비상정지장치기능의 이상 유무
④ 원동기, 회전축, 기어 및 풀리 등의 덮개 또는 울 등의 이상 유무
[근거]
작업시작 전 점검사항: 산업안전보건법 산업안전보건기준에 관한 규칙 [별표 3]

08

작업자가 변압기를 화학물질에 담그고 절연처리한 뒤 건조작업을 하고 있는 장면이다.

| 문제 | 영상에 나타난 것과 같은 작업을 할 때 작업자가 착용할 보호구를 나열된 순서대로 각각 쓰시오. |

(1) 손

(2) 피부

| 정답 | ① 손: 불침투성 보호장갑

② 피부: 피부불침투성 보호복

[근거]

보호복 등의 비치: 산업안전보건법 산업안전보건기준에 관한 규칙 제451조

09

| ▶️ 영상설명 |

곤돌라를 보여주고 있는 장면이다.

| 문제 | **다음 물음에 답하시오.**

(1) 화면에 나타난 양중기의 명칭을 쓰시오.

(2) 사업주는 크레인을 사용하여 근로자를 운반하거나 근로자를 달아올린 상태에서 작업에 종사시켜서는 아니 된다. 다만, 크레인에 전용탑승설비를 설치하고 추락위험을 방지하기 위하여 조치를 한 경우에는 근로자를 탑승시킬 수 있는데 이에 해당하는 필요한 조치를 2가지 쓰시오.

| 정답 | (1) 양중기의 명칭

곤돌라

(2) 필요한 조치

① 탑승설비가 뒤집히거나 떨어지지 않도록 필요한 조치를 할 것

② 안전대나 구명줄을 설치하고, 안전난간을 설치할 수 있는 구조인 경우에는 안전난간을 설치할 것

[근거]

탑승의 제한: 산업안전보건법 산업안전보건기준에 관한 규칙 제86조

01

철골구조물에서 작업자가 안전대를 착용하지 않고, 볼트체결작업을 하다가 떨어지는 장면이다.

문제 **영상의 재해사례와 관련하여 산업안전보건법상 철골작업을 중지하여야 하는 경우에 관한 것이다. (   ) 안에 적합한 내용을 쓰시오.**

(1) 풍속이 초당 (①) 이상인 경우

(2) 강우량이 시간당 (②) 이상인 경우

(3) 강설량이 시간당 (③) 이상인 경우

정답
① 10m

② 1mm

③ 1cm

[근거]
작업의 제한: 산업안전보건법 산업안전보건기준에 관한 규칙 제383조

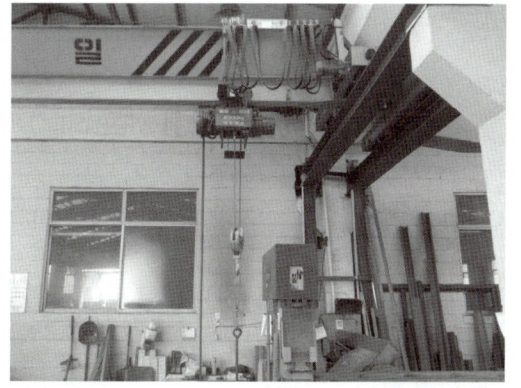

02

▶️ **영상설명**

작업자가 천장크레인을 사용하여 화물의 인양작업을 하고 있는 장면이다.

문제 영상에 나타난 천장크레인의 안전검사 주기에 관한 사항이다. (　) 안에 적합한 내용을 쓰시오.
(단, 건설현장에서 사용하는 것은 제외한다.)

크레인은 사업장에 설치가 끝난 날부터 (①)년 이내에 최초 안전검사를 실시하되, 그 이후부터 (②)년마다
안전검사를 실시한다.

정답 ① 3   ② 2
[근거]
안전검사의 주기와 합격표시 및 표시방법: 산업안전보건법 시행규칙 제126조

03

▶️ **영상설명**

작업자가 DMF 등 유해화학물질을 취급하는 작업을 하고 있다.

유해화학물질이 누출된 경우 한정된 범위 밖으로 벗어나는 것을 방지하기 위하여 설치해야 하는 방호시설은 무엇인지 쓰시오.

정답 방유제(또는 방류둑)

[근거]
방유제 설치: 산업안전보건법 산업안전보건기준에 관한 규칙 제272조

04

▶️ 영상설명

작업자가 프레스기의 A방호장치를 양손으로 누르고 있는 장면이다.

문제 영상에 나타난 (1) A방호장치의 명칭을 쓰고 (2) A방호장치 누름버튼의 상호간 내측거리 기준을 쓰시오.

정답 (1) 방호장치의 명칭

양수조작식

(2) A방호장치 누름버튼의 상호간 내측거리 기준

300mm(=30cm) 이상

[근거]
프레스 또는 전단기의 방호장치의 성능기준: 방호장치안전인증 고용노동부고시

05

📹 영상설명

컨베이어에 작업자가 넘어가다가 다치는 장면이다.

문제 **영상에 나타난 기계를 작업자가 안전하게 넘어가기 위한 방호장치의 명칭을 쓰시오.**

정답 건널다리

[근거]
통행의 제한 등: 산업안전보건법 산업안전보건기준에 관한 규칙 제 195조

06

📹 영상설명

선반이 나타나고 있는 장면이다.

문제 **(1) 영상에 나타난 기계의 명칭을 쓰시오.**
(2) 영상에 나타난 기계로 발생하는 칩을 짧게 끊어지도록 설치되어 있는 방호장치의 명칭을 쓰시오.

정답 (1) 기계의 명칭: 선반
(2) 방호장치의 명칭: 칩 브레이커 (Chip breaker)

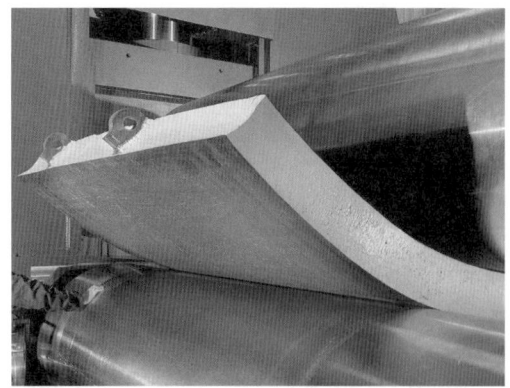

07

작업자가 인쇄용 롤러기의 전원을 차단하지 않고, 걸레를 사용하여 롤러를 닦고 있다. 이때 작업자가 체중을 실어서 롤러의 맞물리는 지점까지 힘차게 청소하다가 손이 롤러 사이에 끼이는 장면이다.

문제 **영상의 재해사례에서 나타나는 (1) 위험점의 명칭 (2) 해당 위험점의 정의 (3) 해당 위험점의 조건을 각각 쓰시오.**

정답 ① 위험점의 명칭: 물림점(nip point)
② 물림점의 정의: 회전하는 두 개의 회전체에 물려 들어갈 위험이 형성되는 점이다.
③ 조건: 서로 반대방향으로 회전하는 두 개의 회전체

08

▶️ 영상설명

밀링기에서 작업자가 작업을 하고 있는 장면이다.

문제	다음 영상에 나타난 (1) 공작기계의 명칭을 쓰고 (2) 해당 위험기계 · 기구 자율안전확인기계에 지워지지 않는 방식으로 표시해야 할 사항을 4가지 쓰시오.

정답	(1) 공작기계의 명칭

    밀링기(또는 밀링머신)

  (2) 위험기계 · 기구 자율안전확인기계에 표시하여야 할 사항

    ① 기계의 중량

    ② 스핀들의 회전수 범위

    ③ 전기, 유 · 공압시스템에 관한 정보

    ④ 자율안전확인 표시

    ⑤ 제조자명, 주소, 모델번호, 제조번호 및 제조연도

[근거]

공작기계의 제작 및 안전기준: 위험기계 · 기구 자율안전확인 고용노동부고시 [별표 8]

09

▶️ 영상설명
작업자들이 2m가 넘는 작업장소의 작업발판 위에서 작업을 하고 있는 장면이다.

문제	영상과 같은 작업시 작업발판의 폭은 (①)cm 이상으로 해야 하고 발판재료간의 틈은 (②)cm 이하로 해야 하는지 쓰시오.

정답	① 40

  ② 3

[근거]

작업발판의 구조: 산업안전보건법 산업안전보건기준에 관한 규칙 제56조

2024년 기출문제

01

▶️ 영상설명

작업자가 사출성형기가 개방된 상태에서 이물질을 손으로 제거하다가 손이 끼이면서 다치는 장면이다.

문제 │ **영상의 재해사례에서 나타난 (1) 재해발생형태를 쓰고 (2) 산업안전보건법에 규정된 방호장치 2가지를 쓰시오.**

정답 │ (1) 재해발생형태: 협착(끼임)
(2) 방호장치
　　① 양수조작식
　　② 게이트가드
[근거]
사출성형기 등의 방호장치: 산업안전보건법 산업안전보건기준에 관한 규칙 제121조

02

▶️ 영상설명

작업자가 도료 및 용제를 취급하면서 스프레이건을 사용하여 페인트로 철재도장작업을 하고 있는 장면이다.

문제 **영상과 같은 작업을 할 때 (1) 착용하여야 할 보호구의 종류를 쓰고 (2) 정화통의 흡수제(정화통의 주성분)로 사용되는 물질을 2가지 쓰시오.**

정답 (1) 보호구의 종류

방독마스크

(2) 정화통의 흡수제(정화통의 주성분)

① 활성탄

② 소다라임

③ 실리카겔

④ 큐프라마이트

⑤ 호프카라이트

03

▶️ 영상설명

작업자가 곤돌라형 달비계를 사용하여 작업을 하고 있다.

문제 **곤돌라형 달비계에 사용해서는 아니되는 달기체인의 기준을 2가지 쓰시오.**

정답 ① 달기 체인의 길이가 달기 체인이 제조된 때의 길이의 5%를 초과한 것
② 링의 단면지름이 달기 체인이 제조된 때의 해당 링의 지름의 10%를 초과하여 감소한 것
③ 균열이 있거나 심하게 변형된 것
[근거]
달비계의 구조: 산업안전보건법 산업안전보건기준에 관한 규칙 제63조

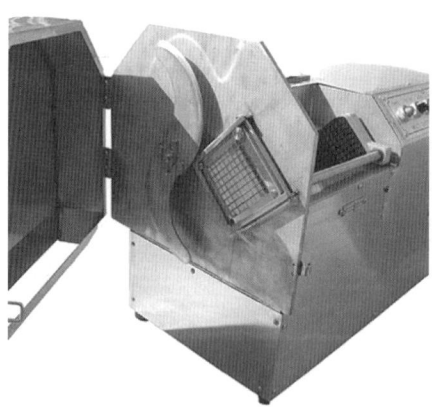

04

▶️ 영상설명

무채를 썰어내는 기계(슬라이스기계)가 갑작스럽게 작동을 멈추어 버리자 작업자가 긴급점검을 하다가 다치는 장면이다.

문제 영상의 재해사례와 같은 재해를 방지하기 위한 대책을 3가지 쓰시오.

정답 ① 시건장치 설치
② 슬라이스 부분에 덮개 설치
③ 울 설치
④ 인터록(Interlock) 설치

05

▶️ 영상설명

관리대상 유해물질을 취급하는 작업장에 설치된 국소배기장치를 보여주고 있는 장면이다.

문제 관리대상 유해물질을 취급하는 업무에서 밀폐설비나 국소배기장치를 설치하지 않아도 되는 특례를 1가지만 쓰시오.

정답 ① 실내작업장의 벽·바닥 또는 천장에 대하여 관리대상 유해물질 취급업무를 수행할 때 관리대상 유해물질의 발산 면적이 넓어 설비를 설치하기 곤란한 경우
② 자동차의 차체, 항공기의 기체, 선체 블록 등 표면적이 넓은 물체의 표면에 대하여 관리대상 유해물질 취급업무를 수행할 때 관리대상 유해물질의 증기 발산 면적이 넓어 설비를 설치하기 곤란한 경우
[근거]
국소배기장치의 설비 특례: 산업안전보건법 산업안전보건기준에 관한 규칙 제425조

06

▶◀ 영상설명

프레스기 안에 손을 넣고 작업하다가 다치는 장면이다.

문제 **영상에 나타난 재해의 (1) 위험점을 쓰고 (2) 정의를 쓰시오.**

정답 (1) 위험점: 협착점
(2) 정의: 왕복운동을 하는 운동부와 고정부 사이에 형성되는 위험점이다.

07

▶◀ 영상설명

작업자가 형강에 체결된 줄걸이 와이어로프를 풀어내는 작업을 하다가 손이 끼이는 장면이다.

문제 **영상의 재해사례에서 (1) 가해물을 쓰고 (2) 줄걸이 와이어로프를 풀어내기에 적합한 작업방식을 2가지 쓰시오.**

정답 (1) 가해물
줄걸이 와이어로프
(2) 적합한 작업방식
① 형강 사이에 지렛대를 넣어 형강이 무너지지 않을 정도로 들어 올리고 와이어로프를 풀어내는 작업을 한다.
② 지렛대를 형강 사이에 넣어 2명 이상이 동시에 들어 올리고 와이어로프를 풀어내는 작업을 한다.

08

📹 영상설명

작업자가 자동차정비용 리프트로 버스를 들어올리고, 버스의 축을 정비하고 있다. 이 때 다른 작업자가 주변 상황을 살피지도 않고 버스의 엔진시동을 거는 순간, 리프트 아래에서 작업을 하던 작업자의 팔이 버스의 축(shaft)에 말려들어 다치는 장면이다. (주변에 작업지휘자는 없다.)

문제 **영상에 나타난 재해사례를 보고 안전을 위한 사전 안전조치사항을 2가지 쓰시오.**

정답
① 지휘할 작업지휘자를 배치한다.
② 정비 중이라는 것을 알리는 표지판을 설치한다.
③ 시동장치에 시건장치(잠금장치)를 한다.
④ 정비작업시 시동을 금지하기 위하여 열쇠를 별도로 관리한다.

09

▶️ 영상설명

영상에 화학설비가 나타나고 있는 장면이다.

문제 화학설비와 그 부속설비의 개조·수리 및 청소 등을 위하여 해당 설비를 분해하거나 해당 설비의 내부에서 작업을 하는 경우 사업주의 준수사항을 2가지 쓰시오.

정답 ① 작업책임자를 정하여 해당 작업을 지휘하도록 할 것
② 작업장소에 위험물 등이 누출되거나 고온의 수증기가 새어나오지 않도록 할 것
③ 작업장 및 그 주변의 인화성 액체의 증기나 인화성 가스의 농도를 수시로 측정할 것
[근거]
개조·수리 등: 산업안전보건법 산업안전보건기준에 관한 규칙 제278조

01

▶◀ 영상설명

항타기의 조립작업을 하고 있는 장면이다.

문제 영상과 같이 항타기 또는 항발기의 조립 · 해체시 점검사항을 3가지 쓰시오.

정답 ① 본체 연결부의 풀림 또는 손상의 유무

② 권상용 와이어로프 · 드럼 및 도르래의 부착상태의 이상 유무

③ 권상장치의 브레이크 및 쐐기장치 기능의 이상 유무

④ 권상기의 설치상태의 이상 유무

⑤ 리더(leader)의 버팀의 방법 및 고정상태의 이상 유무

⑥ 본체 · 부속장치 및 부속품의 강도가 적합한지 여부

⑦ 본체 · 부속장치 및 부속품에 심한 손상 · 마모 · 변형 또는 부식이 있는지 여부

[근거]

조립 · 해체시 점검: 산업안전보건법 산업안전보건기준에 관한 규칙 제207조 → 2022.10.18. 개정

02

▶️ 영상설명

작업자가 방호장치를 해체하고 프레스작업을 하다가 실수로 페달을 밟아 슬라이드가 하강하여 손을 다치는 장면이다.

문제 영상에 나타난 재해사례에서 (1) 작업자의 불안전한 행동 (2) 페달에 설치해야 하는 장치를 쓰시오.

정답 (1) 작업자의 불안전한 행동

방호장치를 임의로 해체하였다.

(2) 페달에 설치해야 하는 장치

U 자형 덮개

03

▶️ 영상설명

작업자가 보호복, 안전장갑, 방독마스크 등 보호구를 착용하지 않고 스프레이건을 사용하여 페인트 도색작업을 하고 있다.

문제 영상의 작업에서 (1) 유해요인을 1가지 쓰고 (2) 착용하여야 할 보호구를 3가지 쓰시오.

정답 (1) 유해요인

페인트에 함유된 유독성 물질

(2) 착용하여야 할 보호구

① 화학물질용 보호복(불침투성 보호복)

② 화학물질용 안전화(불침투성 보호장화)

③ 화학물질용 안전장갑(불침투성 보호장갑)

④ 방독마스크

04

📹 영상설명

작업자가 교량의 하부를 점검하다가 떨어지는 장면이다.

문제 | **영상에서 나타난 재해사례의 재해발생원인을 3가지만 쓰시오.**

정답 | ① 안전난간을 설치하지 않았다.
② 추락방호망을 설치하지 않았다.
③ 안전대 부착설비를 설치하지 않았고, 작업자가 안전대를 착용하지 않았다.
④ 작업시작 전에 작업발판 등 부속설비의 점검을 하지 않았다.
⑤ 작업장 주위의 정리정돈상태가 불량하였다.

05

▶◀ 영상설명

탱크로리에 등유나 경유를 주입하고 있는데 A(접속선이나 접지선)를 집중적으로 보여주고 있다.

문제 **영상을 보고 (1) A의 명칭을 쓰고 (2) A의 역할을 쓰시오.**

정답 (1) 접속선 (또는 접지선)
(2) 전위차를 줄임

06

▶◀ 영상설명

작업자가 보안경을 착용하지 않고, 전용공구가 아닌 일반수공구를 사용하여 에어(air)배관작업을 하다가 고압증기의 누출로 눈을 다치는 장면이다.

문제 **영상의 재해사례와 같은 에어배관작업을 할 때 위험요인을 2가지 쓰시오.**

정답 ① 배관에 남아 있는 고압증기를 제거하지 않았고, 전용공구를 사용하지 않아 사고의 위험이 있다.
② 보안경을 착용하지 않아 고압증기로 인하여 눈을 다치는 위험이 있다.

07

▶◀ 영상설명

작업자가 컨베이어를 점검하고 있는데 다른 작업자가 와서 전원스위치를 작동시켜 손가락이 벨트부위에 끼이는 장면이다.

문제 **(1) 영상의 재해사례와 관련하여 위험점을 쓰고, (2) 안전대책을 1가지 쓰시오.**

정답 (1) 위험점

접선물림점

(2) 안전대책

점검시작 전에 전원을 차단하고, 표지판 및 시건장치(잠금장치)를 설치한다.

08

▶◀ 영상설명

작업자가 DMF 등 유해화학물질을 취급하는 작업을 하고 있다.

문제 **유해화학물질이 누출된 경우 한정된 범위 밖으로 벗어나는 것을 방지하기 위하여 설치해야 하는 방호시설은 무엇인지 쓰시오.**

정답 방유제(또는 방류둑)

09

▶️ 영상설명

작업자가 보호구를 착용하지 않고 휴대용연삭기를 사용하여 금속을 연마하고 있다.

문제 **영상에서와 같이 휴대용 연삭작업시 착용하여야 할 보호구를 3가지 쓰시오.**

정답
① 보안경
② 방진마스크
③ 안전화
④ 귀마개
⑤ 안전모

01

산업용 로봇이 작업을 하고 있는 장면이다.

문제 **산업용 로봇작업을 할 때 교시(敎示)작업을 하는 경우 로봇의 예기치 못한 작동 또는 오조작에 의한 위험을 방지하기 위한 지침을 3가지 쓰시오.**

정답 ① 로봇의 조작방법 및 순서

② 작업 중의 매니퓰레이터의 속도

③ 2명 이상의 근로자에게 작업을 시킬 경우의 신호방법

④ 이상을 발견한 경우의 조치

⑤ 이상을 발견하여 로봇의 운전을 정지시킨 후 이를 재가동시킬 경우의 조치

⑥ 그 밖에 로봇의 예기치 못한 오조작에 의한 위험을 방지하기 위한 조치

[근거]

교시 등: 산업안전보건법 산업안전보건기준에 관한 규칙 제222조

02

▶️ 영상설명

추락방호망과 안전난간이 설치되지 않은 박공지붕 설치작업장에서 작업자가 휴식을 취하고 있는데 뒤편에 있던 적재물이 굴러와 작업자를 치면서 작업자가 떨어지는 장면이다.

문제   산업안전보건법령상 사업주가 근로자의 추락 등의 위험을 방지하기 위하여 안전난간을 설치하는 경우 기준에 맞는 구조로 설치하여야 한다. (   ) 안에 적합한 내용을 쓰시오. (단, 단위 및 이상, 미만 등을 정확히 기재할 것)

(1) 상부난간대는 바닥면 · 발판 또는 경사로의 표면으로부터 (①) 지점에 설치하고,

(2) 중간난간대는 상부난간대와 바닥면 등의 중간에 설치하여야 하며,

(3) 발끝막이판은 바닥면 등으로부터 (②)의 높이를 유지할 것

(4) 난간대는 지름 (③)의 금속제 파이프나 그 이상의 강도가 있는 재료일 것

정답   ① 90cm 이상

② 10cm 이상

③ 2.7cm 이상

[근거]

안전난간의 구조 및 설치요건: 산업안전보건법 산업안전보건기준에 관한 규칙 제13조

03

■▶ 영상설명

작업자가 실험실에서 위험물질이 들어 있는 용기를 발로 차서 용기가 넘어지고 있는 장면이다.

문제 영상에서와 같이 위험물을 취급하는 경우 바닥이 갖추어야 할 구조의 조건을 2가지 쓰시오.

정답 ① 불침투성의 재료를 사용할 것
② 청소하기 쉬운 구조로 할 것
[근거]
작업장의 바닥: 산업안전보건 안전보건에 관한 규칙 제431조

04

■▶ 영상설명

작업자가 변압기를 유기화합물에 담그고 절연처리를 한 후 건조시키는 장면이다.

문제 영상은 변압기를 유기화합물에 담그고 절연처리를 한 후 건조시키고 있다. 전기기계·기구를 취급할 때 충전부에 대한 방호대책을 3가지만 쓰시오.

정답 ① 충전부가 노출되지 않도록 폐쇄형 외함이 있는 구조로 할 것
② 충전부에 충분한 절연효과가 있는 방호망이나 절연덮개를 설치할 것
③ 충전부는 내구성이 있는 절연물로 완전히 덮어 감쌀 것
④ 발전소·변전소 및 개폐소 등 구획되어 있는 장소로서 관계근로자가 아닌 사람의 출입이 금지되는 장소에 충전부를 설치하고, 위험 표시 등의 방법으로 방호를 강화할 것
⑤ 전주 위 및 철탑 위 등 격리되어 있는 장소로서 관계근로자가 아닌 사람이 접근할 우려가 없는 장소에 충전부를 설치할 것
[근거]
전기기계·기구 등의 충전부 방호: 산업안전보건법 산업안전보건기준에 관한 규칙 제301조

05

📹 영상설명

이동식크레인을 사용하여 배관을 운반하는 작업 중에 신호수와 운전자간의 신호방법이 맞지 않아 배관이 흔들리면서 철골에 부딪혀 아래에 있는 작업자 위로 배관이 떨어지고 있는 장면이다.

문제 영상의 재해사례와 같이 이동식크레인을 사용한 배관인양 작업시의 위험요인을 2가지 쓰시오.

정답 ① 작업반경 내 관계근로자 이외의 사람이 출입하여 위험하다.
② 와이어로프의 안전상태가 불량하여 위험하다.
③ 훅의 해지장치 안전상태가 불량하여 위험하다.

06

📹 영상설명

작업자가 사출성형기 노즐충전부의 이물질을 맨손으로 제거하다가 감전되는 장면이다.

문제 **영상에서 발생한 재해사례에 따른 감전재해 방지대책을 2가지만 쓰시오.**

정답 ① 작업시작 전에 전원을 차단한다. (전원을 차단하고 작업을 시작한다.)
② 안전장갑 등 보호구를 착용하고 작업한다.
③ 금형의 이물질은 전용공구를 사용하여 제거한다.
④ 감시인을 배치하고 작업한다.

07

📹 영상설명

컨베이어, 사출성형기, 휴대용 연삭기의 방호장치를 보여주고 있는 장면이다.

문제	**영상에 나타난 해당 기계의 방호장치 명칭을 쓰시오.**

> (1) 컨베이어
> (2) 사출성형기, 휴대용 연삭기

정답	① 건널다리

② 덮개

[근거]

- 통행의 제한 등: 산업안전보건법 산업안전보건기준에 관한 규칙 제195조
- 사출성형기 등의 방호장치: 산업안전보건법 산업안전보건기준에 관한 규칙 제121조
- 연삭숫돌의 덮개 등: 산업안전보건법 산업안전보건기준에 관한 규칙 제122조

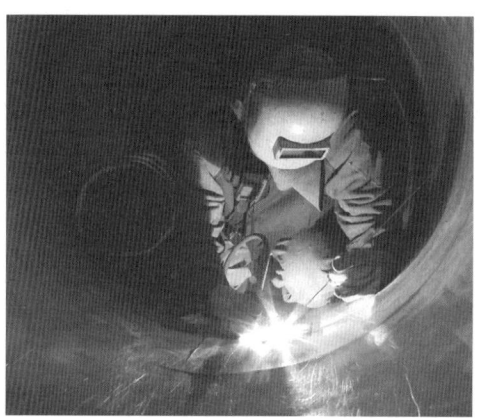

08

▶ 영상설명

작업자가 지하에 있는 폐수처리조에서 슬러지(sludge)를 처리하는 작업을 하다가 산소결핍으로 쓰러지는 장면이다.

문제	**영상의 재해사례와 관련된 밀폐공간작업프로그램의 내용을 3가지 쓰시오.**

정답	① 사업장 내 밀폐공간의 위치파악 및 관리방안

② 밀폐공간 내 질식 · 중독 등을 일으킬 수 있는 유해 · 위험요인의 파악 및 관리방안

③ 밀폐공간작업시 사전확인이 필요한 사항에 대한 확인절차

④ 안전보건교육 및 훈련

⑤ 그 밖에 밀폐공간작업 근로자의 건강장해예방에 관한 사항

[근거]

밀폐공간작업프로그램의 수립 · 시행: 산업안전보건법 산업안전보건기준에 관한 규칙 제619조

09

▶️ 영상설명

저장탱크 위에 설치된 A설비를 보여주고 있는 장면이다.

문제 **영상에 나타난 (1) 설비의 명칭을 쓰고 (2) 다음 (　) 안에 적합한 내용을 쓰시오.**

영상의 설비는 정상운전시에 대기압 탱크 내부가 (　)되지 않도록 충분한 용량의 것을 사용하여야 하며, 철저하게 유지·보수를 하여야 한다.

정답 (1) 설비의 명칭

통기설비(통기관 또는 통기밸브)

(2) 진공 또는 가압

01

▶◀ 영상설명

영상에 화학설비가 나타나고 있는 장면이다.

문제 화학설비 중 특수화학설비를 설치하는 경우 내부의 이상상태를 조기에 파악하고 폭발 · 화재 또는 위험물의 누출을 방지하기 위하여 설치하여야 할 장치를 3가지 쓰시오.

정답 ① 온도계 · 유량계 · 압력계 등의 계측장치

② 자동경보장치

③ 긴급차단장치

[근거]

계측장치 등의 설치, 자동경보장치의 설치 등, 긴급차단장치의 설치 등: 산업안전보건법 산업안전보건기준에 관한 규칙 제273조 ~ 제275조

02

▶️ 영상설명

구내운반차를 사용하여 중량물을 운반하고 있는 장면이다.

문제　산업안전보건법상 구내운반차를 이용한 작업을 하는 때 사업주가 관리감독자로 하여금 작업시작 전 점검하도록 해야 할 사항을 3가지 쓰시오.

정답　① 제동장치 및 조종장치 기능의 이상유무
② 하역장치 및 유압장치 기능의 이상유무
③ 바퀴의 이상유무
④ 전조등 · 후미등 · 방향지시기 및 경음기 기능의 이상유무
⑤ 충전장치를 포함한 홀더 등의 결합상태의 이상유무
[근거]
작업시작 전 점검사항: 산업안전보건법 산업안전보건기준에 관한 규칙 [별표 3]

03

작업자가 의자에 앉아서 컴퓨터로 작업을 하고 있는데 의자가 작업자의 신체에 맞지 않아 다리를 구부리고 있고, 팔이 들린 채로 작업을 하고 있으며, 모니터의 위치가 너무 높게 설치되어 있는 장면이다.

문제 **영상에 나타난 (1) 컴퓨터 작업을 하루에 8시간 동안 하는 경우 산업안전보건법상 작업의 명칭을 쓰고 (2) 영상에 나타난 작업을 하는 경우 사업주는 유해요인조사를 몇 년마다 실시해야 하는지 쓰시오.**

정답 (1) 작업의 명칭: 근골격계부담작업

(2) 유해요인조사: 3년

[근거]

유해요인조사: 산업안전보건법 산업안전보건기준에 관한 규칙 제657조

04

작업자가 안전대를 착용하지 않고 전주에 올라가다가 설치된 표지판에 부딪히면서 떨어지는 장면이다.

문제 영상에 나타난 (1) 재해발생 형태를 쓰고 (2) 위험요인을 1가지 쓰시오.

정답 (1) 재해발생 형태

떨어짐(추락)

(2) 위험요인

① 안전대 및 추락방지대를 착용하지 않았다.

② 고소작업대를 사용하지 않고 작업을 하였다.

③ 작업자가 방해를 하는 표지판 등에 대한 시야확보를 소홀히 하였다.

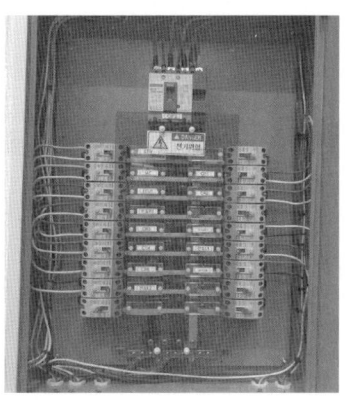

05

▶️ 영상설명

작업자가 임시배전반에서 맨손으로 드라이버를 사용하여 점검을 하다가 감전이 되는 장면이다.

문제 영상에서 전원이 차단되어 있음에도 불구하고 감전재해가 발생한 원인을 1가지 쓰시오.

정답 잔류전하를 완전히 방전시키지 않았다.

[근거]

정전전로에서의 전기작업: 산업안전보건법 산업안전보건기준에 관한 규칙 제319조

06

▶️ 영상설명

작업자가 면장갑을 착용하고 가스용접작업을 하다가 눕혀져 있는 산소용기에서 산소호스를 잡아 당겨 산소가 누출되고 불꽃이 튀는 장면이다.

문제 **영상에 나타난 재해사례의 위험요인을 각각 2가지씩 쓰시오.**

정답 ① 용기가 눕혀져 있고, 안전기 등 안전장치가 없어서 폭발의 위험성이 있다.
② 작업자가 용접용 장갑, 용접용 보안면을 착용하지 않아 화상의 위험이 있다.
③ 소화기구가 비치되어 있지 않았다.
④ 불티비산방지조치가 되어 있지 않았다.

07

▶️ 영상설명

이동식크레인을 사용하여 배관을 운반하는 작업 중에 신호수와 운전자간의 신호방법이 맞지 않아 배관이 흔들리면서 철골에 부딪쳐 아래에 있는 작업자 위로 배관이 떨어지고 있는 장면이다.

| 문제 | 영상의 재해사례와 같은 재해가 발생하지 않도록 이동식크레인에 설치하여야 할 방호장치를 4가지 쓰시오. |

| 정답 | ① 권과방지장치
② 과부하방지장치
③ 비상정지장치
④ 제동장치 |

08

| ▶ 영상설명 |
| 프레스작업을 하고 있는 장면이다. |

| 문제 | **프레스작업시작 전 관리감독자가 점검하여야 할 사항을 쓰시오.** |

| 정답 | ① 클러치 및 브레이크의 기능
② 슬라이드 또는 칼날에 의한 위험방지기구의 기능
③ 프레스의 금형 및 고정볼트 상태
④ 방호장치의 기능
⑤ 1행정1정지기구 · 급정지장치 및 비상정지장치의 기능
⑥ 크랭크축 · 플라이휠 · 슬라이드 · 연결봉 및 연결나사의 풀림여부
[근거]
작업시작 전 점검사항: 산업안전보건법 산업안전보건기준에 관한 규칙 [별표 3] |

09

한 작업자가 아파트 창틀에서 다른 작업자에게 작업발판을 건네주고 옆으로 이동하다가 발을 헛디디면서 작업장 바닥으로 떨어지고 있는 장면이다.

문제   **영상의 재해사례에서 재해발생원인을 3가지 쓰시오.**

정답   ① 안전난간을 설치하지 않았다.
② 추락방호망을 설치하지 않았다.
③ 작업자가 안전대를 착용하지 않았다.

 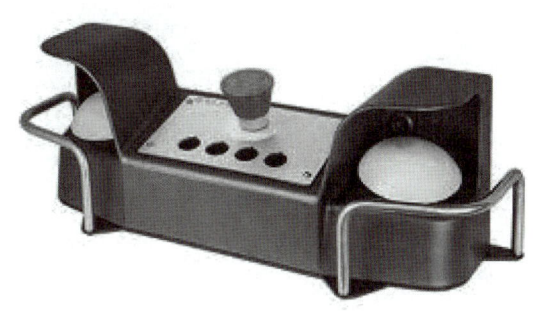

01

▶◀ 영상설명

작업자가 프레스기의 A방호장치를 양손으로 누르고 있는 장면이다.

문제 | 영상에 나타난 (1) A방호장치의 명칭을 쓰고 (2) A방호장치 누름버튼의 상호간 내측거리 기준을 쓰시오.

정답 | (1) 방호장치의 명칭

양수조작식

(2) A방호장치 누름버튼의 상호간 내측거리 기준

300mm(=30cm) 이상

[근거]

프레스 또는 전단기의 방호장치의 성능기준 : 방호장치안전인증 고용노동부고시

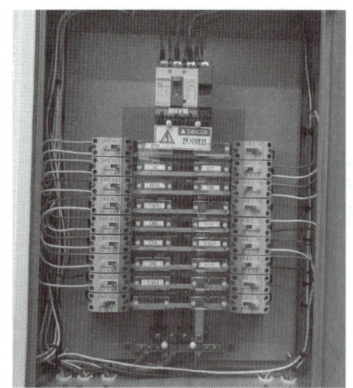

02

▶️ 영상설명

작업자가 임시배전반에서 맨손으로 드라이버를 사용하여 점검을 하다가 감전이 되는 장면이다.

문제 영상에 나타난 재해사례의 위험요인을 2가지 쓰시오.

정답 ① 점검 중이라는 표지판을 설치하지 않았고, 감시인을 배치하지 않았다.
② 절연장갑 등 보호구를 착용하지 않고, 맨손으로 작업을 하여 감전의 위험이 있다.
③ 전원을 차단하지 않고 점검을 하여 감전의 위험이 있다.

 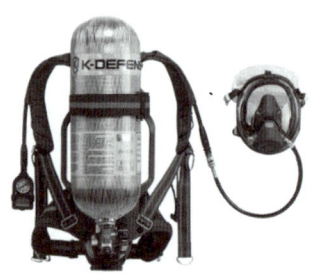

03

▶️ 영상설명

작업자가 선박 밸러스트 탱크(ballast tank) 내부의 슬러지(sludge) 제거작업을 하다가 질식하여 쓰러지는 장면이다.

| 문제 | 영상의 재해사례와 같은 질식사고의 위험을 방지하기 위하여 착용하여야 할 호흡용 보호구를 2가지 쓰시오. |

| 정답 | ① 송기마스크 |
| | ② 공기호흡기 |

[관련이론] 송기마스크의 종류

① 호스 마스크   ② 에어라인 마스크   ③ 복합식 에어라인 마스크
[근거]
송기마스크의 성능기준: 보호구 안전인증 고용노동부고시 [별표 6]

04

▶️ 영상설명

한 명의 작업자는 경사진 컨베이어 위에서 벨트의 끝부분 모서리에 양발을 걸치고 작업을 하고 있고, 다른 한 명의 작업자가 포대를 올려주고 있다. 이때, 양발을 걸치고 작업을 하고 있는 작업자의 발에 포대가 부딪치며 작업자가 중심을 잃고 쓰러지며 다치는 장면이다.

| 문제 | 영상에 나타나는 컨베이어의 방호조치 3가지를 쓰시오. |

정답	① 덮개
	② 울
	③ 비상정지장치
	④ 이탈 및 역주행방지장치
	[근거]
	이탈 등의 방지, 비상정지장치, 낙하물에 의한 위험방지: 산업안전보건법 산업안전보건기준에 관한 규칙 제191조~제193조

05

금속절단기의 날접촉예방장치를 보여주고 있는 장면이다.

문제 **금속절단기의 날접촉예방장치가 갖추어야 할 조건을 3가지 쓰시오.**

정답 ① 작업부분을 제외한 톱날 전체를 덮을 수 있을 것
② 톱날, 가공물 등의 비산을 방지할 수 있는 충분한 강도를 가질 것
③ 가드와 함께 움직이며 가공물을 절단하는 톱날에는 조정식 가이드를 설치할 것
④ 둥근톱날의 경우 회전날의 뒤, 옆, 밑 등을 통한 신체 일부의 접근을 차단할 수 있을 것
[근거]
설치방법: 위험기계 · 기구 방호조치기준 고용노동부고시

06

▶️ 영상설명

지게차 운전자가 시야를 가릴 정도의 화물을 불안정하게 과적하고, 빠른 속도로 지게차를 운전하다가 다른 일을 하고 있는 작업자와 충돌하는 장면이다.

| 문제 | 영상은 지게차로 화물을 운반하는 작업을 하다가 발생하는 재해사례이다. 이 사례의 위험요인(잘못된 내용)을 2가지만 쓰시오. |

| 정답 | ① 화물을 과적하여 운전자의 시야를 가려서 다른 작업자가 다칠 위험이 있다.
② 화물을 불안정하게 적재하여 화물이 떨어져 다른 작업자가 다칠 위험이 있다.
③ 전방의 시야 불충분으로 인하여 지게차에 의해 다른 작업자가 다칠 위험이 있다.
④ 과속과 난폭한 운전으로 운전자 및 다른 작업자가 다칠 위험이 있다.
⑤ 작업통로에 나와서 다른 작업자가 작업을 하고 있어 지게차에 의해 다칠 위험이 있다. |

07

▶ 영상설명

작업자가 방진마스크, 보안경을 착용하지 않고 휴대용 연삭기의 측면을 사용하다가 손으로 잡고 있던 가공물이 떨어지고 있는 장면이다. 이 때 연삭기의 덮개는 낡아 보이고, 작업장 바닥에는 이동전선이 물에 젖은 채 널려 있다.

| 문제 | 영상에 나타난 불안전한 행동 및 불안전한 상태를 각각 2가지씩 쓰시오. |

| 정답 | (1) 불안전한 행동
　　① 방진마스크 미착용
　　② 보안경 미착용
　　③ 연삭기 측면을 사용
　　④ 가공물 미고정
(2) 불안전한 상태
　　① 통로바닥에 전선 또는 이동전선 등 설치
　　② 이동전선이 물에 젖은 채 널려 있음

[근거]
• 습윤한 장소의 이동전선 등: 산업안전보건법 산업안전보건기준에 관한 규칙 제314조
• 통로 바닥에서의 전선 등 사용금지: 산업안전보건법 산업안전보건기준에 관한 규칙 제315조 |

08

▶️ 영상설명

추락방호망과 안전난간이 설치되지 않은 박공지붕 설치작업장에서 작업자가 휴식을 취하고 있는데 뒤편에 있던 적재물이 굴러와 작업자를 치면서 작업자가 떨어지는 장면이다.

문제 산업안전보건법상 작업발판 및 통로의 끝이나 개구부로서 근로자가 추락할 위험이 있는 장소의 방호조치를 3가지 쓰시오.

정답 ① 안전난간의 설치
② 울타리의 설치
③ 수직형 추락방망의 설치
④ 덮개의 설치
[근거]
개구부 등의 방호조치: 산업안전보건법 산업안전보건기준에 관한 규칙 제43조

09

▶️ 영상설명

작업자가 V벨트교환작업을 하다가 다치는 장면이다.

문제 | 산업안전보건법상 근로자가 상시 작업하는 작업면 조도의 기준을 쓰시오. (다만, 갱내 작업장과 감광재료를 취급하는 작업장은 제외한다)

(1) 초정밀작업: (①)
(2) 정밀작업: (②)
(3) 보통작업: (③)
(4) 그밖의 작업: (④)

정답 | ① 750럭스(lux) 이상
② 300럭스(lux) 이상
③ 150럭스(lux) 이상
④ 75럭스(lux) 이상

[근거]
조도: 산업안전보건법 산업안전보건기준에 관한 규칙 제8조

01

▶️ 영상설명

탁상용 연삭기로 봉강 연마작업을 하다가 봉강이 튕기면서 작업자를 타격하는 장면이다.

문제 **이 재해사례에 있어서 다음 물음에 답하시오.**
(1) 기인물
(2) 위험요인 2가지

정답 (1) 기인물: 탁상용 연삭기
(2) 위험요인
　　① 보안경을 착용하지 않아 눈을 다칠 위험이 있다.
　　② 덮개를 설치하지 않아 숫돌파편에 다칠 위험이 있다.

02

▶️ 영상설명

프레스기 안에 손을 넣고 작업하다가 다치는 장면이다.

문제 **영상에 나타난 재해의 (1) 위험점을 쓰고 (2) 정의를 쓰시오.**

정답 (1) 위험점: 협착점
(2) 정의: 왕복운동을 하는 운동부와 고정부 사이에 형성되는 위험점이다.

03

▶️ 영상설명

작업자들이 가설통로를 설치하고 있는 장면이다.

산업안전보건법상 가설통로를 설치하는 경우 준수하여야 할 사항을 3가지 쓰시오.

① 견고한 구조로 할 것

② 경사는 30도 이하로 할 것

③ 경사가 15도를 초과하는 경우에는 미끄러지지 않는 구조로 할 것

④ 추락할 위험이 있는 장소에는 안전난간을 설치할 것

⑤ 수직갱에 가설된 통로의 길이가 15m 이상인 경우에는 10m 이내마다 계단참을 설치할 것

⑥ 건설공사에 사용하는 높이 8m 이상인 비계다리에는 7m 이내마다 계단참을 설치할 것

[근거]

가설통로의 구조: 산업안전보건법 산업안전보건기준에 관한 규칙 제23조

04

자동차정비소에서 유압잭(jack)으로 자동차를 들어올리고, 그 밑으로 작업자가 들어가서 작업을 하다가 공구로 잭(jack)을 건드려 자동차가 내려와 깔리는 장면이다.

영상의 자동차정비 중 발생한 재해에서 (1) 가해물과 (2) 재해발생원인을 쓰시오.

(1) 가해물

자동차

(2) 재해발생원인

안전지지대 또는 안전블록을 사용하지 않고 작업을 하였다.

05

▶ 영상설명

작업자가 구내운반차를 사용하여 제품을 싣고 운전하고 있는 장면이다.

문제 | 영상과 같이 구내운반차를 사용하는 경우의 준수사항을 2가지 쓰시오.

정답 | ① 주행을 제동하거나 정지상태를 유지하기 위하여 유효한 제동장치를 갖출 것
② 경음기를 갖출 것
③ 운전석이 차 실내에 있는 것은 좌우에 한 개씩 방향지시기를 갖출 것
④ 전조등과 후미등을 갖출 것
⑤ 구내운반차가 후진중에 주변의 근로자 또는 차량계 하역운반기계 등과 충돌할 위험이 있는 경우에는 구내운반차에 후진경보기와 경광등을 설치할 것

[근거]
제동장치 등: 산업안전보건법 산업안전보건기준에 관한 규칙 제184조
→ 2024.6.28. 개정

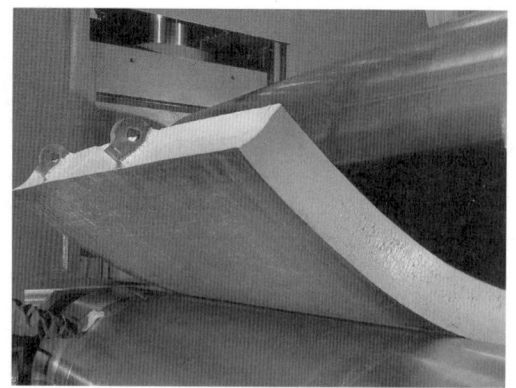

06

작업자가 인쇄용 롤러기의 전원을 차단하지 않고, 걸레를 사용하여 롤러를 닦고 있다. 이 때 작업자가 체중을 실어서 롤러의 맞물리는 지점까지 힘차게 청소하다가 손이 롤러 사이에 끼이는 장면이다.

문제 **영상에 나타난 재해사례의 위험요인을 2가지 쓰시오.**

정답 ① 작업자가 체중을 실어 롤러를 닦고 있어 손이 말려들 위험이 있다.
② 직접 손으로 롤러의 맞물려 들어가는 부위에서 닦고 있어 손이 말려들 위험이 있다.
③ 급정지장치 등 방호장치가 없어서 롤러의 맞물리는 곳에 걸레를 넣었을 때 롤러가 멈추지 않아 손이 말려들 위험이 있다.
④ 작업시작 전에 전원을 차단하지 않고, 롤러기의 작동 중에 청소를 하다가 손이 말려들 위험이 있다.

07

작업자가 혼자서 오른손으로는 용접을 하고 왼손은 플랜지를 조작하면서 배관용접작업을 하고 있다.

문제 산업안전보건법령상 사업주가 교류아크용접기에 자동전격방지기를 설치해야 하는 장소를 3가지 쓰시오.

정답 ① 선박의 이중선체 내부, 밸러스트탱크, 보일러 내부 등 도전체에 둘러싸인 장소

② 추락할 위험이 있는 높이 2m 이상의 장소로 철골 등 도전성이 높은 물체에 근로자가 접촉할 우려가 있는 장소

③ 근로자가 물, 땀 등으로 인하여 도전성이 높은 습윤상태에서 작업하는 장소

[근거]

교류아크용접기 등: 산업안전보건법 산업안전보건기준에 관한 규칙 제306조

08

▶️ 영상설명

작업자가 크롬(Cr)도금작업을 하다가 도금상태를 확인하기 위하여 냄새를 맡고 있는 장면이다.

문제 영상에 나타난 것과 같은 작업을 할 때 작업자가 착용하여야 할 보호구를 2가지 쓰시오.

정답 ① 방독마스크

② 불침투성 보호복

09

3개의 기구가 나타나고 있는 장면이다.

문제 **영상에 나타난 그림을 보고 해당 기구의 명칭을 쓰시오.**

(①)　　　　　　　　(②)　　　　　　　　(③)

정답　① 심블(thimble)
　　　② 샤클(shackle)
　　　③ 해지장치

pass.Hackers.com

PART 3
기출문제 과목별 작업형

※ 출제연도가 미표기된 문제는 산업안전기사 시험에서만 출제된 문제입니다.

1 선반작업

01

13년 3회, 16년 1회, 17년 2회, 20년 2회, 22년 2회, 25년 2회

▶️ 영상설명

작업자가 면장갑을 끼고 선반에서 작업을 하다가 돌기 부위에 면장갑과 작업복이 말려 들어가는 장면이다.

문제　영상의 재해사례에서 나타나는 위험점을 기계의 위험요인에 따라 분류할 때 이에 해당하는 (1) 위험점의 명칭과 (2) 그 정의를 쓰시오.

정답　① 위험점의 명칭: 회전말림점
　　　② 정의: 회전하는 물체에 작업복 등이 말려 들어갈 위험이 형성되는 점이다.
　　　　　　 또는 회전하는 물체의 불규칙 부위와 돌기회전 부위에 의해 말려들어갈 위험이 형성되는 점이다.

02

▶️ 영상설명

작업자가 면장갑을 끼고 선반에서 작업을 하다가 돌기 부위에 면장갑과 작업복이 말려 들어가는 장면이다.

문제　선반작업시 발생할 수 있는 내재위험요인을 3가지 쓰시오.

정답　① 회전부에 덮개, 울 미설치로 말려들어갈 위험이 있다.
　　　② 공작물 고정 불량으로 튀어올라 다칠 위험이 있다.
　　　③ 칩브레이커 미설치 등 칩비산방지 조치 미비로 다칠 위험이 있다.
　　　④ 면장갑 착용, 보안경 미착용으로 다칠 위험이 있다.

03

▶️ 영상설명

작업자가 선반에서 가공물에 손을 올려놓고, 샌드페이퍼를 사용하여 작업을 하다가 손을 다치는 장면이다.

문제 영상의 재해사례에서 나타나는 재해발생요인을 2가지 쓰시오.

정답 ① 선반 위에 손을 올려 놓고 작업을 하고 있기 때문에 손이 미끄러져 회전물에 말려들 위험이 있다.
② 작업에 집중을 하지 못하고, 실수로 인해 손과 작업복이 말려들 위험이 있다.
③ 샌드페이퍼를 회전물에 감아 손으로 지지하고 있기 때문에 손과 작업복이 말려들 위험이 있다.

04

25년 1회

▶️ 영상설명

작업자가 선반에서 가공물에 손을 올려놓고, 샌드페이퍼를 사용하여 작업을 하다가 손을 다치는 장면이다.

문제 (1) 선반에서 일감의 길이가 지름에 비하여 길 때, 일감의 진동을 방지하는 장치의 명칭을 쓰고 (2) 선반 작업시 발생하는 칩을 짧게 끊기 위하여 설치하는 방호장치의 명칭을 쓰시오.

정답 ① 방진구
② 칩브레이커

2 연삭작업

01

▶◀ 영상설명

탁상용 연삭기로 봉강 연마작업을 하다가 봉강이 튕기면서 작업자를 타격하는 장면이다.

문제 이 재해사례에 있어서 다음 물음에 답하시오.

    (1) 기인물

    (2) 연삭작업시 숫돌파편이나 칩이 튀는 위험을 예방하기 위하여 설치해야 하는 방호장치

    (3) 위험요인 2가지

정답 (1) 기인물: 탁상용 연삭기

    (2) 방호장치: 칩비산방지투명판

    (3) 위험요인

        ① 보안경을 착용하지 않아 눈을 다칠 위험이 있다.

        ② 덮개를 설치하지 않아 숫돌파편에 다칠 위험이 있다.

02

▶◀ 영상설명

작업자가 습윤장소에서 휴대용 연삭기로 연삭작업을 하고 있는 장면이다.

문제 영상의 휴대용 연삭기 사용 중 위험요인을 3가지 쓰시오.

정답 ① 습윤장소에서 전선 및 콘센트가 젖어 있어서 감전의 위험이 있다.

    ② 작업자가 보안경, 방진마스크 등 보호구를 착용하지 않았다.

    ③ 공작물을 손으로 잡고 있어서 말려들어갈 위험이 있다.

03

▶◀ 영상설명

작업자가 휴대용 연삭기로 연삭작업을 하고 있는 장면이다.

문제 휴대용 연삭기의 (1) 방호장치명을 쓰고 (2) 방호장치의 설치시 노출각도를 쓰시오.

정답 ① 덮개

    ② 180° 이내

04

▶️ 영상설명

작업자가 방진마스크, 보안경을 착용하지 않고 휴대용 연삭기의 측면을 사용하다가 손으로 잡고 있던 가공물이 떨어지고 있는 장면이다. 이 때 연삭기의 덮개는 낡아 보이고, 작업장 바닥에는 이동전선이 물에 젖은 채 널려 있다.

문제 영상에 나타난 불안전한 행동 및 불안전한 상태를 각각 2가지씩 쓰시오.

정답 (1) 불안전한 행동
　　① 방진마스크 미착용
　　② 보안경 미착용
　　③ 연삭기 측면을 사용
　　④ 가공물 미고정
　(2) 불안전한 상태
　　① 통로바닥에 전선 또는 이동전선 등 설치
　　② 이동전선이 물에 젖은 채 널려 있음

[근거]
• 습윤한 장소의 이동전선 등: 산업안전보건법 산업안전보건기준에 관한 규칙 제314조
• 통로 바닥에서의 전선 등 사용금지: 산업안전보건법 산업안전보건기준에 관한 규칙 제315조

3 드릴작업, 금속절단기작업 및 밀링작업

01

▶️ 영상설명

작업자가 손으로 공작물을 잡고 작업을 하다가 공작물이 튀어 올라 다치는 장면이다.

문제 **영상의 작업에서 잘못된 점과 안전대책을 1가지씩 쓰시오.**

정답 ① 잘못된 점: 공작물을 손으로 잡고 드릴작업을 하고 있다.
② 안전대책: 바이스를 사용하여 공작물을 고정하고 드릴작업을 하여야 한다.

02

▶️ 영상설명

작업자가 면장갑을 착용한 채 드릴작업 중 입으로 불어서 이물질을 제거하고, 동시에 손으로 이물질을 제거하다가 드릴에 손을 다치는 장면이다.

문제 **영상에 나타나는 위험요인을 2가지만 쓰시오.**

정답 ① 브러시를 사용하지 않고 직접 손으로 이물질을 제거하다가 손을 다칠 위험이 있다.
② 회전하는 드릴기에 면장갑을 착용하여 손이 말려들 위험이 있다.
③ 보안경을 착용하지 않고 입으로 불어서 이물질을 제거하다가 눈에 이물질이 들어갈 위험이 있다.

03

▶️ 영상설명

작업자가 드릴기를 사용하여 구멍을 뚫고, 구멍을 넓히는 작업을 하고 있다.

문제 **영상에 나타난 작업의 위험방지대책을 2가지 쓰시오.**

정답 ① 보안경과 안전모를 착용한다.
② 공작물은 바이스나 클램프를 사용하여 고정시킨다.
③ 공작물은 작은 드릴로 먼저 구멍을 뚫고, 큰 드릴을 사용하여 큰 구멍을 뚫도록 한다.
④ 면장갑을 착용하지 않고, 회전부위에 덮개를 설치한다.

04

▶️ **영상설명**

작업자가 탁상용 드릴작업 중 손으로 이물질을 제거하다가 손이 말려들어가 다치는 장면이다.

문제 영상의 재해사례에서 나타나는 (1) 위험점의 명칭을 쓰고 (2) 그 위험점의 정의를 쓰시오.

정답 ① 위험점의 명칭: 회전말림점
② 정의: 회전하는 물체에 작업복 등이 말려 들어갈 위험이 형성되는 점이다.
　　또는 회전하는 물체의 불규칙 부위와 돌기회전 부위에 의해 말려 들어갈 위험이 형성되는 점이다.

05

▶️ **영상설명**

금속절단기의 날접촉예방장치를 보여주고 있는 장면이다.

문제 **금속절단기의 날접촉예방장치가 갖추어야 할 조건을 3가지 쓰시오.**

정답 ① 작업부분을 제외한 톱날 전체를 덮을 수 있을 것
② 톱날, 가공물 등의 비산을 방지할 수 있는 충분한 강도를 가질 것
③ 가드와 함께 움직이며 가공물을 절단하는 톱날에는 조정식 가이드를 설치할 것
④ 둥근톱날의 경우 회전날의 뒤, 옆, 밑 등을 통한 신체 일부의 접근을 차단할 수 있을 것
[근거]
설치방법: 위험기계 · 기구 방호조치기준 고용노동부고시

06

▶️ **영상설명**

밀링기에서 작업자가 작업을 하고 있는 장면이다.

문제 **다음 영상에 나타난 (1) 공작기계의 명칭을 쓰고 (2) 해당 위험기계 · 기구 자율안전확인기계에 지워지지
않는 방식으로 표시해야 할 사항을 4가지 쓰시오.**

정답 (1) 공작기계의 명칭
　　밀링기(또는 밀링머신)
(2) 위험기계 · 기구 자율안전확인기계에 표시하여야 할 사항
　　① 기계의 중량
　　② 스핀들의 회전수 범위
　　③ 전기, 유 · 공압시스템에 관한 정보
　　④ 자율안전확인 표시
　　⑤ 제조자명, 주소, 모델번호, 제조번호 및 제조연도
[근거]
공작기계의 제작 및 안전기준: 위험기계 · 기구 자율안전확인 고용노동부고시 [별표 8]

4 V벨트교환작업

01

12년 1회, 14년 3회, 16년 1회·3회, 17년 3회, 19년 2회, 20년 2회, 22년 1회·2회

▶️ **영상설명**

작업자가 V벨트교환작업을 하다가 다치는 장면이다.

문제 영상과 같은 V벨트교환작업시 안전수칙을 3가지만 쓰시오.

정답 ① 정비작업시작 전에 전원을 차단한다.
② 정비보수 중이라는 안내표지를 부착하거나 시건장치를 사용한다.
③ 천대장치를 사용하여 V벨트교환작업을 한다.

02

24년 3회

▶️ **영상설명**

작업자가 V벨트교환작업을 하다가 다치는 장면이다.

문제 산업안전보건법상 근로자가 상시 작업하는 작업면 조도의 기준을 쓰시오. (다만, 갱내 작업장과 감광재료를 취급하는 작업장은 제외한다)

(1) 초정밀작업: (①)　　　　　　(3) 보통작업: (③)

(2) 정밀작업: (②)　　　　　　　(4) 그밖의 작업: (④)

정답 ① 750럭스(lux) 이상　　　　　　③ 150럭스(lux) 이상
② 300럭스(lux) 이상　　　　　　④ 75럭스(lux) 이상
[근거]
조도: 산업안전보건법 산업안전보건기준에 관한 규칙 제8조

5 사출성형기작업

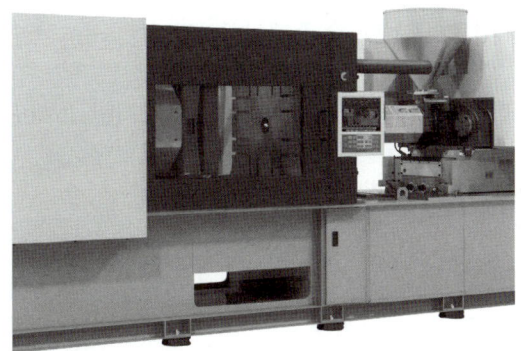

01

13년 1회, 15년 1회 · 3회, 17년 2회 · 3회, 19년 1회, 20년 1회, 21년 1회 · 2회 · 3회, 23년 1회 · 3회, 24년 1회, 25년 1회, 25년 2회

▶️ 영상설명

작업자가 사출성형기가 개방된 상태에서 이물질을 손으로 제거하다가 손이 끼이면서 다치는 장면이다.

문제 영상의 재해사례에서 나타난 (1) 재해발생형태를 쓰고 (2) 산업안전보건법에 규정된 방호장치 2가지를 쓰시오.

정답 (1) 재해발생형태: 협착(끼임)
    (2) 방호장치
       ① 양수조작식
       ② 게이트가드
      [근거]
      사출성형기 등의 방호장치: 산업안전보건법 산업안전보건기준에 관한 규칙 제121조

02

12년 3회, 13년 3회, 15년 2회 · 3회, 17년 2회, 23년 1회 · 3회, 24년 2회, 25년 1회, 25년 2회

▶️ 영상설명

작업자가 사출성형기 노즐충전부의 이물질을 맨손으로 제거하다가 감전되는 장면이다.

문제 영상의 감전재해사례에서 ① 기인물과 ② 가해물을 각각 쓰시오.

정답 ① 기인물: 사출성형기
    ② 가해물: 사출성형기 노즐충전부

03

▶️ 영상설명

작업자가 사출성형기 노즐충전부의 이물질을 맨손으로 제거하다가 감전되는 장면이다.

문제 영상에서 발생한 재해사례에 따른 감전재해 방지대책을 2가지만 쓰시오.

정답 ① 작업시작 전에 전원을 차단한다. (전원을 차단하고 작업을 시작한다.)
② 안전장갑 등 보호구를 착용하고 작업한다.
③ 금형의 이물질은 전용공구를 사용하여 제거한다.
④ 감시인을 배치하고 작업한다.

6 슬라이스(Slice)기계작업

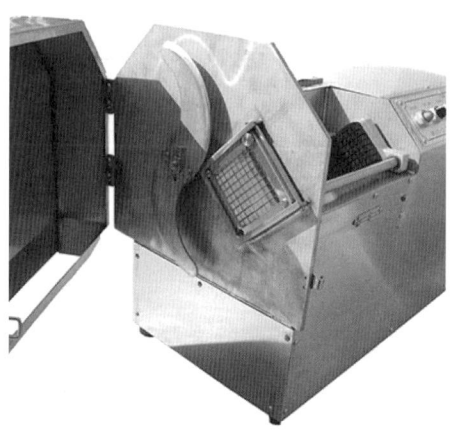

01

▶️ 영상설명

무채를 썰어내는 기계(슬라이스기계)가 갑작스럽게 작동을 멈추어 버리자 작업자가 긴급점검을 하다가 다치는 장면이다.

문제 영상에서 나타나는 상황의 위험예지포인트를 2가지 쓰시오.

정답 ① 인터록장치(연동장치)가 설치되어 있지 않아서 손을 다칠 위험이 있다.
② 기계를 완전히 정지시키지 않고 점검을 하여 손을 다칠 위험이 있다.

02

▶ 영상설명

무채를 썰어내는 기계(슬라이스기계)가 갑작스럽게 작동을 멈추어 버리자 작업자가 긴급점검을 하다가 다치는 장면이다.

문제 영상의 슬라이스기계에서 무채를 썰어내는 부분의 ① 위험점, ② 그 위험점의 정의, ③ 이 재해사례의 기인물, ④ 가해물을 각각 쓰시오.

정답 ① 위험점: 절단점
② 정의: 운동하는 기계 자체와 회전하는 운동부분 자체와의 위험이 형성되는 점이다.
③ 기인물: 슬라이스기계
④ 가해물: 슬라이스기계 칼날

03

13년 2회, 15년 3회, 24년 1회

▶ 영상설명

무채를 썰어내는 기계(슬라이스기계)가 갑작스럽게 작동을 멈추어 버리자 작업자가 긴급점검을 하다가 다치는 장면이다.

문제 영상의 재해사례와 같은 재해를 방지하기 위한 대책을 3가지 쓰시오.

정답 ① 시건장치 설치
② 슬라이스 부분에 덮개 설치
③ 울 설치
④ 인터록(Interlock) 설치

04

▶ 영상설명

슬라이스기계가 나타나는 장면이다.

문제 슬라이스기계 등 기계의 커버(덮개)를 열게 되면 기계의 작동이 정지되는 방호장치를 무엇이라고 하는지 쓰시오.

정답 인터록장치(연동장치)

7 양수기작업 및 방호장치

01

19년 1회, 20년 4회, 21년 2회, 22년 2회

▶️ **영상설명**

작업자가 전원을 차단하지 않은 상태에서 양수기를 수리하면서 동료와 잡담을 하고, 수공구를 던져주다가 손이 벨트에 물려 들어가는 장면이다.

문제 **영상에 나타나는 재해사례의 위험요인을 3가지 쓰시오.**

정답 ① 작업자가 수리작업에 집중하지 못하여 손이 물려 들어갈 위험이 있다.
② 작업시작 전에 전원을 차단시키지 않아서 손이나 작업복이 물려 들어갈 위험이 있다.
③ 양수기 위에 작업자가 손을 올려 놓고 있어서 손이 미끄러져 물려 들어갈 위험이 있다.
④ 잡담을 하며 수공구를 던지다가 양수기에 말려 들어갈 위험이 있다.

02

24년 2회, 25년 1회, 25년 2회

▶️ **영상설명**

컨베이어, 사출성형기, 휴대용 연삭기의 방호장치를 보여주고 있는 장면이다.

문제	영상에 나타난 해당 기계의 방호장치 명칭을 쓰시오.

> (1) 컨베이어
>
> (2) 사출성형기, 휴대용 연삭기

정답	① 건널다리

② 덮개

[근거]

- 통행의 제한 등: 산업안전보건법 산업안전보건기준에 관한 규칙 제195조
- 사출성형기 등의 방호장치: 산업안전보건법 산업안전보건기준에 관한 규칙 제121조
- 연삭숫돌의 덮개 등: 산업안전보건법 산업안전보건기준에 관한 규칙 제122조

8 섬유기계작업

20년 3회

▶◀ 영상설명

작업자가 섬유기계를 사용하고 작업을 하고 있는데 실이 끊어지면서 기계가 멈추어 버린다. 이때 작업자가 장갑을 착용하고 회전체의 문을 열어 안을 보면서 점검을 할 때 섬유기계가 갑자기 작동을 하고, 신체가 회전체에 끼이면서 다치는 장면이다.

문제	영상의 재해사례와 같은 섬유기계작업시 (1) 위험요인을 2가지 쓰고 (2) 섬유기계가 작동하고 있을 때 작업자가 착용하여야 할 보호구를 2가지 쓰시오.

정답	(1) 위험요인

① 전원을 차단하지 않은 채 기계를 완전히 정지시키지 않고, 점검을 하여 신체가 끼일 위험이 있다.

② 장갑을 착용한 채 점검을 하고 있어 회전체에 손이나 장갑이 끼일 위험이 있다.

(2) 보호구

① 귀마개

② 보안경

③ 방진마스크

9 원심기작업

01

14년 1회, 22년 1회, 25년 1회

▶️ **영상설명**

작업자가 보호구를 착용하지 않았고 전원을 차단하지 않았으며, 덮개가 설치되어 있지 않은 원심기의 내부 안전점검을 하고 있는 장면이다.

문제 영상에서 나타나는 위험요인을 3가지 쓰시오.

정답
① 작업시작 전에 전원을 차단하지 않고 점검을 하여 위험이 있다.
② 보안경 등 보호구를 착용하지 않아서 위험이 있다.
③ 원심기에 덮개를 설치 하지 않아서 위험이 있다.
④ 점검 중이라는 표지판 설치와 시건장치를 설치하지 않아서 위험이 있다.

02

12년 3회, 14년 1회, 15년 2회, 23년 1회

▶️ **영상설명**

작업자가 보호구를 착용하지 않았고, 전원을 차단하지 않았으며, 덮개가 설치되어 있지 않은 원심기의 내부 안전점검을 하고 있는 장면이다.

문제 영상에서 나타나는 (1) 잘못된 사항을 2가지 쓰고 (2) 안전대책을 2가지 쓰시오.

정답
(1) 잘못된 사항
① 작업시작 전에 전원에 시건장치(잠금장치)를 설치하지 않았다.
② 점검중이라는 표지판을 설치하지 않았고, 감시인을 배치하지 않았다.
③ 원심기에 덮개를 설치하지 않았다.
④ 보안경 등 보호구를 착용하지 않았다.

(2) 안전대책
① 작업시작 전에 전원에 시건장치(잠금장치)를 설치한다.
② 점검 중이라는 표지판을 설치하고, 감시인을 배치한다.
③ 원심기에 덮개를 설치한다.
④ 보안경 등 보호구를 착용하고 작업을 한다.

10 권선기작업 및 공기압축기작업

01

11년 2회, 21년 1회, 22년 2회 · 3회

▶️ 영상설명

전동 권선기에 동선을 감는 작업을 하다가 권선기가 갑자기 정지하였다. 이때 작업자가 보호구를 착용하지 않고 권선기를 점검하다가 감전되는 장면이다.

문제 **영상의 재해사례에서 나타나는 ① 재해발생형태를 쓰고 ② 재해발생원인을 1가지 쓰시오.**

정답 ① 재해발생형태: 감전
② 재해발생원인: 작업자가 절연장갑 등 보호구를 착용하지 않고 권선기를 점검하다가 감전이 되었다.

02

▶️ 영상설명

공기압축기를 보여주고 있는 장면이다.

문제 **산업안전보건법령상 화면에 나타난 기계를 가동할 때 작업시작 전 점검하여야 할 사항을 4가지 쓰시오.**

정답 ① 공기저장 압력용기의 외관 상태
② 드레인밸브의 조작 및 배수
③ 압력방출장치의 기능
④ 언로드밸브의 기능
⑤ 윤활유의 상태
⑥ 회전부의 덮개 또는 울
⑦ 그 밖의 연결부위의 이상 유무
[근거]
작업시작 전 점검사항: 산업안전보건법 산업안전보건기준에 관한 규칙 [별표 3]

11 프레스작업

01

> ▶◀ 영상설명

작업자가 급정지기구가 부착되어 있지 않은 프레스기를 사용하여 금속판에 구멍을 뚫다가 다치는 장면이다.

> 문제   영상의 작업에서 위험요인(위험예지포인트)을 3가지 쓰시오.

> 정답   ① 작업자의 실수로 슬라이드가 하강하여 신체가 끼일 위험이 있다.
> ② 작업자가 페달을 잘못 밟아 슬라이드가 작동하여 손을 다칠 위험이 있다.
> ③ 작업자가 주위의 물품에 발이 걸려 넘어질 위험이 있다.
> ④ 금형에 부착된 이물질을 맨손으로 제거하다가 손을 다칠 위험이 있다.
> ⑤ 금형에 부착된 이물질을 제거하다가 이물질이 눈에 들어가 다칠 위험이 있다.

02

> ▶◀ 영상설명

작업자가 급정지기구가 부착되어 있지 않은 프레스기를 사용하여 금속판에 구멍을 뚫고 있는 장면이다.

> 문제   영상의 프레스기가 작동 직후 작업점까지의 도달시간이 0.6초 걸렸을 때 양수기동식 방호장치의 설치 거리(안전거리)는 얼마가 되어야 하는지 계산하시오.

> 정답 $D_m = 1.6 \times T_m$
> 여기서, D: 안전거리[mm]
> T: 양손으로 누름단추를 누르기 시작할 때부터 슬라이드가 하사점에 도달하기까지 소요시간[ms]
> $= 1.6 \times 0.6 \times 1,000 = 960mm$

03

▶️ **영상설명**

작업자가 급정지기구가 부착되어 있지 않은 프레스기를 사용하여 금속판에 구멍을 뚫고 있는 장면이다.

문제 영상에 나타난 프레스기에 사용이 가능한 유효한 방호장치를 2가지 쓰시오.

정답
① 수인식
② 손쳐내기식
③ 양수기동식
④ 게이트가드식

[관련이론] 방호장치의 분류

급정지기구가 부착되어 있지 않아도 유효한 방호장치	급정지기구가 부착되어 있어야만 유효한 방호장치
① 수인식 ② 손쳐내기식 ③ 양수기동식 ④ 게이트가드식	① 양수조작식 ② 광전자식(감응식)

04

▶️ **영상설명**

작업자가 방호장치를 해체하고 프레스작업을 하다가 실수로 페달을 밟아 슬라이드가 하강하여 손을 다치는 장면이다.

문제 영상에 나타난 재해사례에서 (1) 작업자의 불안전한 행동 (2) 페달에 설치해야 하는 장치 (3) 상형과 하형 사이의 간격을 각각 쓰고 (4) 이와 같은 경우의 안전조치사항(안전대책)을 2가지 쓰시오.

정답
(1) 작업자의 불안전한 행동
　　방호장치를 임의로 해체하였다.
(2) 페달에 설치해야 하는 장치
　　U자형 덮개
(3) 상형과 하형 사이의 간격
　　8mm 이하
(4) 안전조치사항(안전대책)
　　① 이물질을 제거할 때는 손으로 하지 않고 전용수공구를 사용한다.
　　② 페달에 U자형 덮개를 씌운다.

05

▶️ 영상설명

프레스기의 A-1 방호장치가 나오는 장면이다.

문제 영상에 나타나 있는 프레스기의 A-1의 ① 방호장치명을 쓰고 ② 용도(기능)를 쓰시오.

정답 ① 방호장치명: 광전자식 방호장치
② 용도(기능): 신체의 일부가 광선을 차단하면 기계를 급정지시킬 수 있는 방호장치이다.

[관련이론] 광전자식 방호장치의 분류

종류	분류	기능
광전자식	A-1	프레스 또는 전단기에서 일반적으로 많이 활용하고 있는 형태로서 투광부, 수광부, 컨트롤 부분으로 구성된 것으로 신체의 일부가 광선을 차단하면 기계를 급정지시키는 방호장치
	A-2	급정지기능이 없는 프레스의 클러치 개조를 통해 광선차단시 급정지시킬 수 있도록 한 방호장치

[근거]
프레스 또는 전단기 방호장치의 성능기준: 방호장치 안전인증 고용노동부고시 [별표 1]

06

22년 2회, 24년 2회

▶️ 영상설명

프레스작업을 하고 있는 장면이다.

문제 프레스작업시작 전 관리감독자가 점검하여야 할 사항을 쓰시오.

정답 ① 클러치 및 브레이크의 기능
② 슬라이드 또는 칼날에 의한 위험방지기구의 기능
③ 프레스의 금형 및 고정볼트 상태
④ 방호장치의 기능
⑤ 1행정1정지기구·급정지장치 및 비상정지장치의 기능
⑥ 크랭크축·플라이휠·슬라이드·연결봉 및 연결나사의 풀림여부
[근거]
작업시작 전 점검사항: 산업안전보건법 산업안전보건기준에 관한 규칙 [별표 3]

07

▶️ 영상설명

프레스기에 금형을 설치하는 장면이다.

문제 프레스기에 금형을 설치할 때 점검사항을 3가지 쓰시오.

정답
① 펀치와 볼스터의 평행도
② 펀치와 다이의 평행도
③ 다이와 볼스터의 평행도
④ 펀치와 생크홀의 직각도
⑤ 펀치와 다이홀더의 직각도

08

▶️ 영상설명

프레스기에 금형을 교체하는 작업을 하다가 금형이 떨어져 다치는 장면이다.

문제 (1) 영상속에 나타난 재해의 가해물을 쓰고, (2) 금형을 부착 · 해체 또는 조정하는 작업을 할 때에 해당 작업에 종사하는 근로자의 신체가 위험한계 내에 있는 경우 슬라이드가 갑자기 작동함으로써 근로자에게 발생할 우려가 있는 위험을 방지하기 위하여 설치해야 하는 장치를 쓰시오.

정답
① 금형
② 안전블록
[근거]
금형조정작업의 위험방지: 산업안전보건법 산업안전보건기준에 관한 규칙 제104조

09

▶️ 영상설명

프레스기 안에 손을 넣고 작업하다가 다치는 장면이다.

문제 영상에 나타난 재해의 (1) 위험점을 쓰고 (2) 정의를 쓰시오.

정답
(1) 위험점: 협착점
(2) 정의: 왕복운동을 하는 운동부와 고정부 사이에 형성되는 위험점이다.

10

▶◀ 영상설명

작업자가 프레스기의 A방호장치를 양손으로 누르고 있는 장면이다.

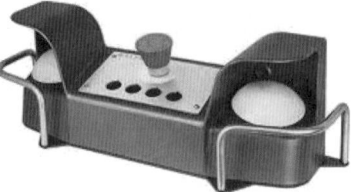

문제 │ 영상에 나타난 (1) A방호장치의 명칭을 쓰고 (2) A방호장치 누름버튼의
상호간 내측거리 기준을 쓰시오.

정답 │ (1) 방호장치의 명칭
　　　　양수조작식
　　　(2) A방호장치 누름버튼의 상호간 내측거리 기준
　　　　300mm(= 30cm) 이상
　　　[근거]
　　　프레스 또는 전단기의 방호장치의 성능기준: 방호장치안전인증 고용노동부고시

11

▶◀ 영상설명

프레스기를 보여주고 있는 장면이다.

문제 │ 프레스의 제작 및 안전기준에 따라 프레스의 이름판에 표시하여야 할 사항을 3가지 쓰시오.

정답 │ ① 압력능력(전단기는 전단능력)
　　　② 사용전기설비의 정격
　　　③ 제조자명
　　　④ 제조연월
　　　⑤ 안전인증의 표시
　　　⑥ 제조번호
　　　⑦ 형식 또는 모델번호
　　　[근거]
　　　프레스 등 제작 및 안전기준: 위험기계기구 안전인증 고용노동부고시

12 방전가공기작업

▶️ 영상설명

작업자가 방전가공기로 금형제작을 하다가 잠시 맨손으로 이물질을 제거하고 있고, 금형을 점검하는 도중 감전을 당하는 장면이다.

문제 **영상에 나타난 재해사례의 재해발생원인을 2가지 쓰시오.**

정답 ① 작업시작 전(점검하기 전)에 전원을 차단하지 않았다.
　　　② 작업자가 절연장갑 등 보호구를 착용하지 않았다.

13 롤러기작업

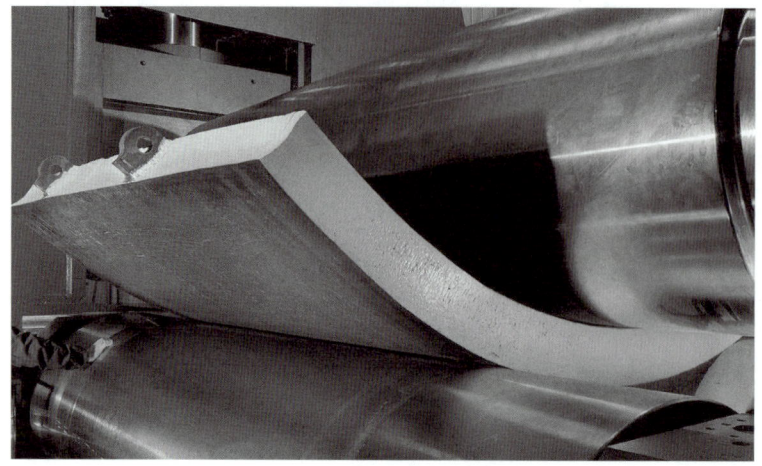

01

11년 3회, 13년 1회, 16년 1회, 17년 3회, 21년 1회, 22년 1회, 23년 2회, 24년 3회

▶◀ 영상설명

작업자가 인쇄용 롤러기의 전원을 차단하지 않고, 걸레를 사용하여 롤러를 닦고 있다. 이때 작업자가 체중을 실어서 롤러의 맞물리는 지점까지 힘차게 청소하다가 손이 롤러 사이에 끼이는 장면이다.

문제 **영상에 나타난 재해사례의 (1) 위험요인과 (2) 안전대책을 각각 2가지씩 쓰시오.**

정답 (1) 위험요인

① 작업자가 체중을 실어 롤러를 닦고 있어 손이 말려들 위험이 있다.

② 직접 손으로 롤러의 맞물려 들어가는 부위에서 닦고 있어 손이 말려들 위험이 있다.

③ 급정지장치 등 방호장치가 없어서 롤러의 맞물리는 곳에 걸레를 넣었을 때 롤러가 멈추지 않아 손이 말려들 위험이 있다.

④ 작업시작 전에 전원을 차단하지 않고, 롤러기의 작동 중에 청소를 하다가 손이 말려들 위험이 있다.

(2) 안전대책

① 청소작업시작 전에 전원을 차단하고, 기계를 정지시킨 상태에서 청소작업을 한다.

② 맞물리는 곳에 걸레를 넣었을 때 롤러가 멈출 수 있도록 급정지장치 등 방호장치(안전장치)를 설치한다.

③ 체중을 실어 작업을 하다가 손이 말려들어가게 되므로 바른 자세를 유지하고, 면장갑을 착용하지 않는다.

02

15년 1회 · 2회, 16년 3회, 17년 1회, 18년 2회 · 3회, 20년 4회, 21년 2회 · 3회, 22년 2회, 23년 2회 · 3회, 25년 2회 · 3회

▶️ **영상설명**

작업자가 인쇄용 롤러기의 전원을 차단하지 않고, 걸레를 사용하여 롤러를 닦고 있다. 이때 작업자가 체중을 실어서 롤러의 맞물리는 지점까지 힘차게 청소하다가 손이 롤러 사이에 끼이는 장면이다.

문제 영상의 재해사례에서 나타나는 ① 위험점의 명칭 ② 해당 위험점의 정의 ③ 해당 위험점의 조건을 각각 쓰시오.

정답 ① 위험점의 명칭: 물림점(nip point)

② 물림점의 정의: 회전하는 두 개의 회전체에 물려 들어갈 위험이 형성되는 점이다.

③ 조건: 서로 반대방향으로 회전하는 두 개의 회전체

03

▶️ **영상설명**

작업자가 인쇄용 롤러기를 전원을 차단하지 않고, 걸레를 사용하여 롤러를 닦고 있다. 이때 작업자가 체중을 실어서 롤러의 맞물리는 지점까지 힘차게 청소하다가 손이 롤러 사이에 끼이는 장면이다.

문제 영상에 나타나는 롤러기의 (1) 방호장치 조작부의 종류를 3가지 쓰고 (2) 각각의 설치위치를 쓰시오.

정답 (1) 방호장치 조작부의 종류

① 손조작식

② 복부조작식

③ 무릎조작식

(2) 설치위치

① 손조작식: 밑면(바닥)에서 1.8m 이내

② 복부조작시: 밑면(바닥)에서 0.8m 이상 1.1m 이내

③ 무릎조작식: 밑면(바닥)에서 0.6m 이내(또는 0.4m 이상 0.6m 이내)

[근거]

롤러기 제작 및 안전기준: 위험기계기구 안전인증 고용노동부고시 [별표 5]

14 가스용접작업

01

▶️ 영상설명

작업자가 면장갑을 착용하고 가스용접작업을 하다가 눕혀져 있는 산소용기에서 산소호스를 잡아 당겨 산소가 누출되고 불꽃이 튀는 장면이다.

문제 영상에 나타난 재해사례의 (1) 위험요인, (2) 안전대책을 각각 1가지씩 쓰시오.

정답 (1) 위험요인
　　　① 용기가 눕혀져 있고, 안전기 등 안전장치가 없어서 폭발의 위험성이 있다.
　　　② 작업자가 용접용 장갑, 용접용 보안면을 착용하지 않아 화상의 위험이 있다.
　　(2) 안전대책
　　　① 용기를 세워서 사용하고, 안전기 등 안전장치를 설치한다.
　　　② 작업자는 용접용 장갑, 용접용 보안면을 착용한다.

02

▶ 영상설명

작업자가 면장갑을 착용하고 가스용접작업을 하다가 눕혀져 있는 산소용기에서 산소호스를 잡아 당겨 산소가 누출되고 불꽃이 튀는 장면이다.

문제 산업안전보건법령상 아세틸렌용접장치에 대한 사항이다. (   ) 안에 적합한 내용을 쓰시오.

(1) 아세틸렌용접장치를 사용하여 금속의 용접, 용단 또는 가열작업을 하는 경우에는 게이지 압력이 (①)킬로파스칼을 초과하는 압력의 아세틸렌을 발생시켜 사용해서는 아니 된다.

(2) 가스용기가 발생기와 분리되어 있는 아세틸렌용접장치에 대하여 발생기와 가스용기 사이에 (②)를 설치하여야 한다.

(3) 아세틸렌용접장치를 사용하여 금속의 용접 또는 가열작업을 하는 경우 발생기에서 (③)m 이내 또는 발생기실에서 (④)m 이내의 장소에서는 흡연, 화기의 사용 또는 불꽃이 발생할 위험한 행위를 금지시켜야 한다.

정답 ① 127
② 안전기
③ 5
④ 3
[근거]
• 압력의 제한: 산업안전보건법 산업안전보건기준에 관한 규칙 제285조
• 안전기의 설치: 산업안전보건법 산업안전보건기준에 관한 규칙 제289조
• 아세틸렌용접장치의 관리 등: 산업안전보건법 산업안전보건기준에 관한 규칙 제290조

03

▶ 영상설명

작업자가 면장갑을 착용하고 가스용접작업을 하다가 눕혀져 있는 산소용기에서 산소호스를 잡아 당겨 산소가 누출되고 불꽃이 튀는 장면이다.

문제 산업안전보건법령상 가스집합용접장치(이동식을 포함한다)에 배관을 하는 경우 사업주의 준수사항을 2가지 쓰시오.

정답 ① 플랜지 · 밸브 · 콕 등의 접합부에는 개스킷을 사용하고 접합면을 상호 밀착시키는 등의 조치를 할 것
② 주관 및 분기관에는 안전기를 설치할 것. 이 경우 하나의 취관에 2개 이상의 안전기를 설치하여야 한다.
[근거]
가스집합용접장치의 배관: 산업안전보건법 산업안전보건기준에 관한 규칙 제293조

15 산업용 로봇작업

01

19년 3회, 22년 2회, 24년 2회

▶◀ 영상설명

산업용 로봇이 작업을 하고 있는 장면이다.

문제 산업용 로봇작업을 할 때 교시(敎示)작업을 하는 경우 로봇의 예기치 못한 작동 또는 오조작에 의한 위험을 방지하기 위한 지침을 3가지 쓰시오.

정답 ① 로봇의 조작방법 및 순서
② 작업 중의 매니퓰레이터의 속도
③ 2명 이상의 근로자에게 작업을 시킬 경우의 신호방법
④ 이상을 발견한 경우의 조치
⑤ 이상을 발견하여 로봇의 운전을 정지시킨 후 이를 재가동시킬 경우의 조치
⑥ 그 밖에 로봇의 예기치 못한 오조작에 의한 위험을 방지하기 위한 조치
[근거]
교시 등: 산업안전보건법 산업안전보건기준에 관한 규칙 제222조

02

▶️ **영상설명**

산업용 로봇이 작업을 하고 있는 장면이다.

문제 산업용 로봇의 안전매트와 관련하여 (1) 작동원리를 쓰고, (2) 안전인증의 표시 외에 추가로 표시하여야 할 사항을 2가지 쓰시오.

정답 (1) 작동원리

유효감지영역 내의 임의의 위치에 일정한 정도 이상의 압력이 가해졌을 때 이를 감지하여 신호를 발생한다.

(2) 안전인증의 표시 외에 추가로 표시하여야 할 사항

① 감응시간

② 작동하중

③ 대소인공용 여부

④ 복귀신호의 자동 또는 수동 여부

03

▶️ **영상설명**

산업용 로봇이 작업을 하고 있는 장면이다.

문제 산업안전보건법령상 컨베이어 시스템의 설치 등으로 울타리를 설치할 수 없는 일부 구간에 대하여 설치해야 하는 방호장치를 2가지 쓰시오.

정답 ① 안전매트

② 광전자식 방호장치 등 감응형 방호장치

[근거]

운전 중 위험 방지: 산업안전보건법 산업안전보건기준에 관한 규칙 제223조

16 목재가공용 둥근톱작업 및 동력식 수동대패기작업

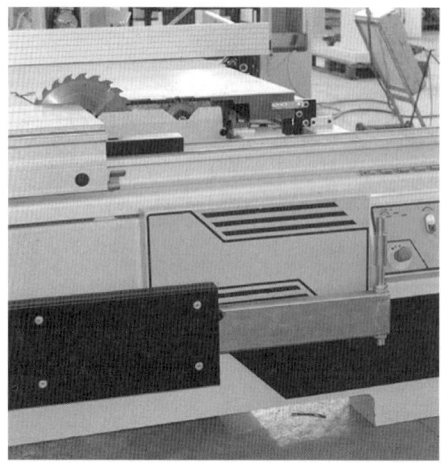

01

11년 2회, 12년 1회, 13년 2회, 14년 3회, 21년 2회 · 3회, 22년 1회 · 2회

▶️ **영상설명**

작업자가 방진마스크와 보안경을 착용하지 않고, 면장갑을 착용하고 있으며, 톱날에는 덮개가 없는 목재가공용 둥근톱기계에서 작업을 하다가 곁눈질을 하는 등 부주의로 인하여 손가락을 다치는 장면이다.

문제 **영상에 나타난 재해사례의 (1) 위험요인 (2) 안전작업방법(안전대책)을 각각 3가지씩 쓰시오.**

정답 (1) 위험요인
① 분할날 등 반발예방장치를 설치하지 않았다.
② 날(톱날)접촉예방장치를 설치하지 않았다.
③ 작업자가 방진마스크와 보안경을 착용하지 않았다.
④ 회전하는 기계작업시 면장갑을 착용하고 있다.
⑤ 작업시 곁눈질 등 집중을 하지 않는 작업태도가 불량하다.
(2) 안전한 작업방법(안전대책)
① 분할날 등 반발예방장치를 설치하고 작업을 한다.
② 날(톱날)접촉예방장치를 설치하고 작업을 한다.
③ 작업자는 방진마스크와 보안경을 착용하고 작업을 한다.
④ 목재가공용 둥근톱 작업시 면장갑을 착용하지 않는다.
⑤ 곁눈질 등을 하지 않고, 작업에만 집중하여 작업을 한다.

02

동력식 수동대패기에서 작업자가 작업을 하고 있는 장면이다.

문제 영상에 나타난 기계의 (1) 명칭을 쓰고 (2) 해당 기계에 설치하여야 하는 방호장치를 쓰시오.

정답 (1) 기계의 명칭

　　　　동력식 수동대패기

　　　(2) 방호장치

　　　　칼날접촉방지장치

　　　[근거]

　　　자율안전확인 대상 기계 등: 산업안전보건법 산업안전보건기준에 관한 규칙 제77조

03

12년 3회, 14년 2회, 15년 3회, 17년 1회, 19년 3회, 23년 3회

작업자가 목재가공용 둥근톱기계에서 작업을 하는 장면이다.

문제 영상에 나타나는 목재가공용 둥근톱의 (1) 방호장치 (2) 자율안전확인 대상 목재가공용 둥근톱의 덮개 및 분할날에 자율안전확인 표시 외에 추가로 표시하여야 할 사항을 각각 2가지씩 쓰시오.

정답 (1) 방호장치

　　　　① 날(톱날)접촉예방장치

　　　　② 반발예방장치

　　　(2) 덮개 및 분할날에 추가로 표시하여야 할 사항

　　　　① 덮개의 종류

　　　　② 둥근톱의 사용가능 치수

　　　[근거]

　　　목재가공용 덮개 및 분할날 성능기준: 방호장치 자율안전기준 고용노동부고시 [별표 5]

04

▶️ **영상설명**

작업자가 톱날에 덮개가 없는 목재가공용 둥근톱기계에서 작업을 하는 장면이다.

문제 영상에 나타나는 목재가공용 둥근톱에 고정식 날접촉예방장치(고정식 덮개)를 설치할 때 ① 하단과 테이블 사이의 높이 ② 하단과 가공물 사이의 간격은 얼마로 하여야 하는지 쓰시오.

정답 ① 하단과 테이블 사이의 높이: 최대 25mm(또는 25mm 이내)
② 하단과 가공물 사이의 간격: 최대 8mm(또는 8mm 이내)
[근거]
목재가공용 덮개 및 분할날 성능기준: 방호장치 자율안전기준 고용노동부고시 [별표 5]

05

▶️ **영상설명**

작업자가 방진마스크와 보안경을 착용하지 않고, 면장갑을 착용하고 있으며, 톱날에는 덮개가 없는 목재가공용 둥근톱기계에서 작업을 하다가 곁눈질을 하는 등 부주의로 인하여 손가락을 다치는 장면이다.

문제 영상의 재해사례와 같은 목재가공용 둥근톱기계에 필요한 안전 및 보조장치의 종류를 5가지 쓰시오.

정답 ① 분할날
② 덮개
③ 직각정규
④ 평행조정기
⑤ 밀대

🔟 전동톱작업

▶️ **영상설명**

작업자가 전동톱으로 목재절단작업 중 작업발판의 불균형으로 넘어지면서 바닥에 머리를 부딪쳐 다치는 장면이다.

문제 영상에 나타난 재해사례의 ① 재해발생형태, ② 기인물, ③ 가해물을 각각 쓰시오.

정답
① 재해발생형태: 넘어짐(전도)
② 기인물: 작업발판
③ 가해물: 바닥

18 띠톱기계작업

▶️ **영상설명**

작업자가 보안경을 착용하지 않고, 절단된 강재를 꺼내려고 하다가 면장갑이 띠톱날에 말리면서 다치는 장면이다.

문제 영상의 재해사례에서 위험요인을 3가지 쓰시오.

정답
① 작업자가 보안경 등 보호구를 착용하지 않아서 쇳가루가 눈에 들어갈 위험이 있다.
② 띠톱기계작업시 면장갑을 착용하여 톱날에 말려들 위험이 있다.
③ 전용공구를 사용하지 않고 강재를 제거하다가 손이 다칠 위험이 있다.
④ 띠톱기계의 톱날을 최대로 올리지 않고 강재를 제거하고 있어 톱날에 신체가 접촉될 위험이 있다.

19 컨베이어작업

01

18년 2회, 19년 2회, 22년 2회, 23년 1회

▶◀ 영상설명

한 명의 작업자는 경사진 컨베이어 위에서 벨트의 끝부분 모서리에 양발을 걸치고 작업을 하고 있고, 다른 한 명의 작업자가 포대를 올려주는데 양발을 걸치고 작업을 하고 있는 작업자의 발에 포대가 부딪치며 중심을 잃고 쓰러지며 다치는 장면이다.

문제 **영상의 재해사례에 대하여 작업자 측면에서 (1) 잘못된 작업방법을 2가지 쓰고 (2) 조치사항을 쓰시오.**

정답 (1) 잘못된 작업방법
　　　① 컨베이어 벨트 끝부분 모서리에 양발을 걸치고 불안전한 자세로 작업을 하고 있다.
　　　② 작업자의 발에 포대가 부딪치는 불안전한 작업으로 작업자가 넘어져 다칠 수 있다.
　　　(2) 조치사항
　　　피재기계의 정지

02

▶◀ 영상설명

작업자가 아주 어두운 장소에서 플래시를 한손에 들고 컨베이어를 점검하다가 한눈을 팔고 있는 순간, 컨베이어에 말려 들어가며 다치는 장면이다.

문제 **영상의 재해사례와 관련하여 작업시작 전 조치사항을 2가지 쓰시오.**

정답 ① 점검시작 전에 전원을 차단하고 표지판 및 시건장치(잠금장치)를 설치한다.
　　　② 점검부분 주위의 조명을 밝게 한다.

03

11년 3회, 12년 3회, 13년 1회 · 3회, 14년 3회, 15년 1회 · 2회, 16년 3회, 17년 1회, 18년 3회, 19년 2회, 20년 1회 · 4회, 21년 2회 · 3회, 22년 2회, 23년 2회, 24년 3회, 25년 3회

▶️ 영상설명

한 명의 작업자는 경사진 컨베이어 위에서 벨트의 끝부분 모서리에 양발을 걸치고 작업을 하고 있고, 다른 한 명의 작업자가 포대를 올려주고 있다. 이때, 양발을 걸치고 작업을 하고 있는 작업자의 발에 포대가 부딪치며 작업자가 중심을 잃고 쓰러지며 다치는 장면이다.

문제 │ 영상에 나타나는 (1) 컨베이어의 방호조치 3가지를 쓰고 (2) 컨베이어의 작업시작 전 점검사항을 4가지 쓰시오.

정답 │
(1) 컨베이어의 방호조치
① 덮개
② 울
③ 비상정지장치
④ 이탈 및 역주행방지장치

(2) 컨베이어의 작업시작 전 점검사항
① 원동기 및 풀리기능의 이상 유무
② 이탈 등의 방지장치기능의 이상 유무
③ 비상정지장치기능의 이상 유무
④ 원동기, 회전축, 기어 및 풀리 등의 덮개 또는 울 등의 이상 유무

[근거]
(1) 이탈 등의 방지, 비상정지장치, 낙하물에 의한 위험방지: 산업안전보건법 산업안전보건기준에 관한 규칙 제191조～제193조
(2) 작업시작 전 점검사항: 산업안전보건법 산업안전보건기준에 관한 규칙 [별표 3]

04

22년 2회 · 3회, 24년 1회

▶️ 영상설명

작업자가 컨베이어를 점검하고 있는데 다른 작업자가 와서 전원스위치를 작동시켜 손가락이 벨트부위에 끼이는 장면이다.

문제 │ (1) 영상의 재해사례와 관련하여 위험점을 쓰고 (2) 안전대책을 1가지 쓰고 (3) 운전 중인 컨베이어 위로 근로자를 넘어가도록 하는 경우에 위험을 방지하기 위하여 설치해야 하는 기구의 명칭을 쓰시오.

정답 │
(1) 위험점
접선물림점
(2) 안전대책
점검시작 전에 전원을 차단하고, 표지판 및 시건장치(잠금장치)를 설치한다.
(3) 설치해야 하는 기구
건널다리

05

▶️ 영상설명

작업자가 컨베이어가 작동하는 상태에서 컨베이어 벨트 끝부분 모서리에 올라서서 형광등을 교체하다가 떨어져 다치는 장면이다.

문제 **영상의 재해사례에서 나타나는 작업자의 불안전한 행동을 2가지 쓰시오.**

정답 ① 컨베이어의 전원을 차단하지 않고 작업을 하여 다칠 위험이 있다.
② 작동 중인 컨베이어 벨트 끝 부분 모서리에 올라서서 불안정한 자세로 떨어질 위험이 있다.

20 크레인작업 및 곤돌라작업

01

▶️ 영상설명

작업자가 해지장치가 없는 천장크레인작업 중 마그네틱(magnetic)을 사용하여 금형을 운반하고 있다. 작업자는 오른 손으로 금형을 붙잡고, 왼손으로는 피복이 벗겨진 조종장치를 누르며 이동하다가 몸이 중심을 잃고 쓰러진다. 이 때 작업자의 오른손이 마그네틱 스위치를 건드려서 금형이 떨어져 발을 다치는 장면이다.

문제 **영상에 나타난 재해사례의 위험요인을 3가지 쓰시오.**

정답 ① 작업반경 내 위험장소에서 작업자가 조종장치를 조작하고 있어 위험이 있다.
② 훅에 해지장치가 없기 때문에 슬링와이어가 벗겨질 위험이 있다.
③ 조종장치의 피복이 벗겨져 있어 합선으로 크레인이 오작동하여 금형이 낙하할 위험이 있다.

02

▶◀ 영상설명

작업자가 천장크레인을 사용하여 화물의 인양작업을 하고 있는 장면이다.

문제 **영상에 나타난 천장크레인(또는 이동식크레인)을 보고 다음 물음에 답하시오.**

(1) 크레인에 부착하여야 할 방호장치를 4가지 쓰시오.

(2) 다음 (   ) 안에 적합한 숫자를 쓰시오.

> 안전검사주기에 관한 사항에서 크레인은 사업장에 설치가 끝난 날부터 (①)년 이내에 최초 안전검사를 실시하되, 그 이후부터 (②)년마다[건설현장에서 사용하는 것은 최초로 설치한 날부터 (③)개월마다] 안전검사를 실시한다.

정답 (1) 크레인에 부착하여야 할 방호장치

　　 ① 권과방지장치

　　 ② 과부하방지장치

　　 ③ 비상정지장치

　　 ④ 제동장치

(2) 안전검사주기

　　 ① 3　　　　　② 2　　　　　③ 6

[근거]

(1) 방호장치의 조정: 산업안전보건법 산업안전보건기준에 관한 규칙 제134조

(2) 안전검사의 주기와 합격표시 및 표시방법: 산업안전보건법 시행규칙 제126조

03

▶◀ 영상설명

곤돌라를 보여주고 있는 장면이다.

문제 **다음 물음에 답하시오.**

(1) 화면에 나타난 양중기의 명칭을 쓰시오.

(2) 사업주는 크레인을 사용하여 근로자를 운반하거나 근로자를 달아올린 상태에서 작업에 종사시켜서는 아니 된다. 다만, 크레인에 전용탑승설비를 설치하고 추락위험을 방지하기 위하여 조치를 한 경우에는 근로자를 탑승시킬 수 있는데 이에 해당하는 필요한 조치를 2가지 쓰시오.

정답 (1) 양중기의 명칭

　　 곤돌라

(2) 필요한 조치

　　 ① 탑승설비기 뒤집히거나 떨어지지 않도록 필요한 조치를 할 것

　　 ② 안전대나 구명줄을 설치하고, 안전난간을 설치할 수 있는 구조인 경우에는 안전난간을 설치할 것

[근거]

탑승의 제한: 산업안전보건법 산업안전보건기준에 관한 규칙 제86조

04

▶️ 영상설명

3개의 기구가 나타나고 있는 장면이다.

문제 영상에 나타난 그림을 보고 해당 기구의 명칭을 쓰시오.

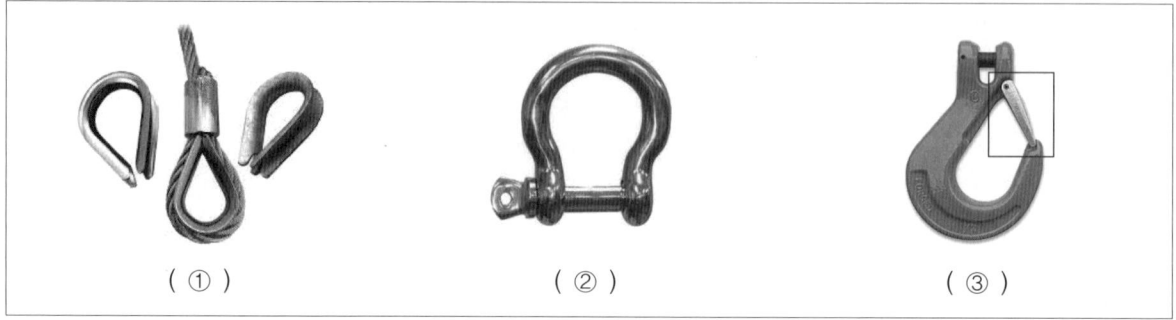

(①)　　　　(②)　　　　(③)

정답 ① 심블(thimble)
　　　② 샤클(shackle)
　　　③ 해지장치

21 지게차 및 구내운반차작업

01

▶◀ 영상설명

지게차 운전자가 시야를 가릴 정도의 화물을 불안정하게 과적하고, 빠른 속도로 지게차를 운전하다가 다른 일을 하고 있는 작업자와 충돌하는 장면이다.

문제   영상은 지게차로 화물을 운반하는 작업을 하다가 발생하는 재해사례이다. 이 사례의 위험요인(잘못된 내용)을 2가지만 쓰시오.

정답   ① 화물을 과적하여 운전자의 시야를 가려서 다른 작업자가 다칠 위험이 있다.
       ② 화물을 불안정하게 적재하여 화물이 떨어져 다른 작업자가 다칠 위험이 있다.
       ③ 전방의 시야 불충분으로 인하여 지게차에 의해 다른 작업자가 다칠 위험이 있다.
       ④ 과속과 난폭한 운전으로 운전자 및 다른 작업자가 다칠 위험이 있다.
       ⑤ 작업통로에 나와서 다른 작업자가 작업을 하고 있어 지게차에 의해 다칠 위험이 있다.

02

▶◀ 영상설명

지게차 운전자가 시야를 가릴 정도의 화물을 불안정하게 과적하고, 빠른 속도로 지게차를 운전하다가 다른 일을 하고 있는 작업자와 충돌하는 장면이다.

문제   영상은 지게차에 과적된 화물이 현저하게 운전자의 시계를 방해하여 발생한 재해사례이다. 이때 운전자가 해야 할 안전조치사항을 3가지 쓰시오.

정답   ① 운전자가 하차하여 주변의 안전 여부를 확인한다.
       ② 경광등과 경적을 사용한다.
       ③ 유도하는 사람을 배치하거나 후진으로 서행을 한다.

03

▶️ 영상설명

작업자가 지게차로 화물을 운반하는 작업을 하는 장면이다.

문제 영상과 같은 지게차의 작업시 작업계획서 내용을 2가지 쓰시오.

정답 ① 차량계 하역운반기계 등의 운행경로 및 작업방법
② 해당 작업에 따른 추락 · 낙하 · 전도 · 협착 및 붕괴 등의 위험예방대책
[근거]
사전조사 및 작업계획서 내용: 산업안전보건법 산업안전보건기준에 관한 규칙 [별표 4]

04

▶️ 영상설명

작업자가 지게차로 화물을 운반하는 작업을 하고 있는 장면이다.

문제 영상과 같은 지게차의 작업계획서는 작업을 하기 전에 제출해야 하는데, 그 이외의 작업계획서를 제출해야 하는 경우 2가지를 쓰시오.

정답 ① 작업장소 또는 화물의 상태가 변경되었을 때 ② 작업장내 구조, 설비 및 작업방법이 변경되었을 때
③ 지게차 운전자가 변경되었을 때 ④ 일상작업은 최초작업개시 전에 제출
[근거]
작업계획서: 지게차의 안전작업계획서 작성지침, 한국산업안전보건공단

05

21년 3회, 23년 3회

▶️ 영상설명

작업자가 지게차로 화물을 운반하는 작업을 하고 있다.

문제 영상과 같이 지게차로 화물을 운반하는 작업을 할 경우 (1) 화물이 떨어질 때 운전자의 머리를 보호하기 위하여 설치하는 지게차의 방호장치를 쓰고 (2) 지게차의 작업시작 전 점검사항을 3가지 쓰시오.

정답 (1) 지게차의 방호장치
헤드가드(Head Guard)
(2) 지게차의 작업시작 전 점검사항
① 제동장치 및 조종장치기능의 이상 유무
② 하역장치 및 유압장치기능의 이상 유무
③ 바퀴의 이상 유무
④ 전조등, 후미등, 방향지시기 및 경보장치기능의 이상 유무
[근거]
작업시작 전 점검사항: 산업안전보건법 산업안전보건기준에 관한 규칙 [별표 4]

06

▶ 영상설명
작업자가 지게차로 화물을 운반하는 작업을 하고 있다.

문제 영상과 같이 지게차로 작업을 하는 경우 다음 각각에 대하여 지게차의 안정도를 쓰시오.

> (1) 하역작업시 전후안정도 : (①)
> (2) 하역작업시 좌우안정도 : (②)
> (3) 주행시 전후안정도 : (③)
> (4) 5km의 최고속도로 주행시 좌우안정도 : (④)

정답
① 4% 이내
② 6% 이내
③ 18% 이내
④ $15 + 1.1V = 15 + 1.1 \times 5 = 20.5\%$ 이내

07

23년 2회

▶ 영상설명
작업자가 지게차로 화물을 운반하는 작업을 하고 있다.

문제 산업안전보건법령상 영상에 나타난 기계의 운전자가 운전위치를 이탈하는 경우 사업주가 해당 운전자에게 준수하도록 하여야 할 사항을 2가지 쓰시오.

정답
① 포크 등의 장치를 가장 낮은 위치 또는 지면에 내려 둘 것
② 원동기를 정지시키고 브레이크를 확실히 거는 등 차량계 하역운반기계의 갑작스러운 이동을 방지하기 위한 조치를 할 것
③ 운전석을 이탈하는 경우에는 시동키를 운전대에서 분리시킬 것
[근거]
운전위치 이탈시의 조치 : 산업안전보건법 산업안전보건기준에 관한 규칙 제99조 → 2024.6.28 개정

08

▶ 영상설명
지게차에 주유를 하고 있는 동안 운전자가 시동을 건 채 내려 다른 작업자와 흡연을 하며 잡담을 하고 있는 장면이다.

문제 영상의 사례에서 (1) 지게차 운전자의 담뱃불(흡연)에 해당하는 발화원의 형태와 (2) 위험요인을 쓰시오.

정답
① 나화(裸火)
② 인화성 물질이 있는 장소에서 지게차 운전자기 담배를 피우고 있어 나화로 인하여 화재 및 폭발의 위험이 있나.

09

▶️ **영상설명**

작업자가 지게차의 포크가 올려져 있는 상태에서 수리작업을 하다가 포크가 불시에 하강하면서 다치는 장면이다.

문제 **영상은 지게차의 수리작업을 하다가 발생한 재해사례이다.**
① 재해가 발생하지 않기 위한 조치사항을 쓰시오.
② 산업안전보건법상 작업시작 전 점검사항 중 어떠한 사항을 확인하면 지게차의 고장원인을 알아내고 예방할 수 있는지 쓰시오.
③ 이 사례의 가해물은 무엇인지 쓰시오.

정답 ① 안전지지대 또는 안전블록을 포크에 받쳐놓고 작업을 한다.
② 하역장치 및 유압장치기능의 이상 유무
③ 포크(fork)

10

20년 3회

▶️ **영상설명**

작업자가 지게차의 포크가 올려져 있는 상태에서 포크 위에 올라가서 전구를 교체하고 있는 장면이다.

문제 **영상과 같은 사례에서 위험요인을 2가지 쓰시오.**

정답 ① 전원을 차단하지 않고 전구를 교체하고 있어 감전의 위험이 있다.
② 안전모, 절연장갑 등 보호구를 착용하지 않았다.
③ 안전한 작업대 위에서 작업을 하지 않고 포크 위에서 작업을 하여 추락의 위험이 있다.

11

▶️ **영상설명**

작업자가 지게차의 포크가 올려져 있는 상태에서 포크 위에 올라가서 전구를 교체하고 있는 장면이다.

문제 **영상에 나타난 (1) 기계의 명칭을 쓰고 (2) 산업안전보건법령상 해당 기계에 설치하여야 하는 방호장치를 4가지만 쓰시오.**

정답 (1) 기계의 명칭
지게차
(2) 방호장치
① 헤드가드
② 전조등
③ 후미등
④ 백레스트
⑤ 안전벨트

12

▶️ 영상설명

작업자가 구내운반차를 사용하여 제품을 싣고 운전하고 있는 장면이다.

문제 영상과 같이 구내운반차를 사용하는 경우의 준수사항을 2가지 쓰시오.

정답 ① 주행을 제동하거나 정지상태를 유지하기 위하여 유효한 제동장치를 갖출 것
② 경음기를 갖출 것
③ 운전석이 차 실내에 있는 것은 좌우에 한 개씩 방향지시기를 갖출 것
④ 전조등과 후미등을 갖출 것
⑤ 구내운반차가 후진중에 주변의 근로자 또는 차량계 하역운반기계 등과 충돌할
  위험이 있는 경우에는 구내운반차에 후진경보기와 경광등을 설치할 것
[근거]
제동장치 등: 산업안전보건법 산업안전보건기준에 관한 규칙 제184조
→ 2024.6.28 개정

13

▶️ 영상설명

구내운반차를 사용하여 중량물을 운반하고 있는 장면이다.

문제 다음 (   ) 안에 적합한 내용을 쓰시오.

중량물 취급작업시 (①), (②), (③), (④) 등을 고려하여 작업자의 작업시간과 휴식시간을 제공하여야
한다.

정답 ① 물품의 중량
② 취급빈도
③ 운반속도
④ 운반거리

14

작업자가 지게차로 화물을 운반하는 작업을 하고 있다.

문제 (1) 지게차 마스트를 뒤로 기울일 경우 마스트 후방으로 화물이 낙하하는 것을 막아주는 장치의 명칭을 쓰시오.
(2) 지게차의 헤드가드(head guard)가 갖추어야 하는 안전기준을 2가지 쓰시오.

정답 (1) 백레스트(backrest)
(2) 헤드가드가 갖추어야 하는 안전기준
　　① 강도는 지게차의 최대하중의 2배 값(4t을 넘는 값에 대해서는 4t)의 등분포정하중에 견딜 수 있을 것
　　② 상부틀의 각 개구의 폭 또는 길이가 16cm 미만일 것
　　③ 운전자가 앉아서 조작하거나 서서 조작하는 지게차의 헤드가드는 한국산업표준에서 정하는 높이 기준 이상일 것
[근거]
• 헤드가드: 산업안전보건법 산업안전보건기준에 관한 규칙 제180조
• 백레스트: 산업안전보건법 산업안전보건기준에 관한 규칙 제181조

15

▶️ 영상설명

구내운반차를 사용하여 중량물을 운반하고 있는 장면이다.

문제 산업안전보건법상 구내운반차를 이용한 작업을 하는 때 사업주가 관리감독자로 하여금 작업시작 전 점검하도록 해야 할 사항을 3가지 쓰시오.

정답 ① 제동장치 및 조종장치 기능의 이상유무
② 하역장치 및 유압장치 기능의 이상유무
③ 바퀴의 이상유무
④ 전조등·후미등·방향지시기 및 경음기 기능의 이상유무
⑤ 충전장치를 포함한 홀더 등의 결합상태의 이상유무
[근거]
작업시작 전 점검사항: 산업안전보건법 산업안전보건기준에 관한 규칙 [별표 3]

22 버스정비작업

01

18년 2회, 21년 2회, 22년 2회, 24년 1회

▶️ **영상설명**

작업자가 자동차정비용 리프트로 버스를 들어올리고, 버스의 축을 정비하고 있다. 이때 다른 작업자가 주변 상황을 살피지도 않고 버스의 엔진시동을 거는 순간, 리프트 아래에서 작업을 하던 작업자의 팔이 버스의 축(shaft)에 말려 들어 다치는 장면이다. (주변에 작업지휘자는 없다.)

문제 영상에 나타난 재해사례의 (1) 위험점을 쓰고 (2) 안전을 위한 사전 안전조치사항을 2가지 쓰시오.

정답 (1) 위험점

    회전말림점

(2) 사전안전조치사항

    ① 지휘할 작업지휘자를 배치한다.

    ② 정비 중이라는 것을 알리는 표지판을 설치한다.

    ③ 시동장치에 시건장치(잠금장치)를 한다.

    ④ 정비작업시 시동을 금지하기 위하여 열쇠를 별도로 관리한다.

02

23년 1회, 24년 3회

▶️ **영상설명**

자동차정비소에서 유압잭(jack)으로 자동차를 들어올리고, 그 밑으로 작업자가 들어가서 작업을 하다가 공구로 잭(jack)을 건드려 자동차가 내려와 깔리는 장면이다.

문제 영상의 자동차정비 중 발생한 재해에서 (1) 가해물과 (2) 재해발생원인을 쓰시오.

정답 (1) 가해물

    자동차

(2) 재해발생원인

    안전지지대 또는 안전블록을 사용하지 않고 작업을 하였다.

23 용해쇳물작업

01

20년 1회 · 4회, 21년 1회

▶◀ 영상설명

작업자가 정리정돈상태가 불량한 작업장에서 보호구를 착용하지 않고, 용해쇳물작업을 하다가 화상을 당하는 장면이다.

문제　**영상에 나타난 재해사례의 위험요인을 2가지 쓰시오.**

정답　① 작업자가 방열복 등 보호구를 착용하지 않았다.
② 작업장 주위의 정리정돈상태 불량으로 다칠 위험이 있다.
③ 작업자가 전용 공구를 사용하지 않고 작업을 하고 있다.

02

22년 2회

▶◀ 영상설명

작업자가 용해쇳물작업을 하고 있다.

문제　**작업자가 착용하여야 할 보호구를 3가지 쓰시오.**

정답　① 방열일체복
② 방열두건
③ 방열장갑
[근거]
방열복의 성능기준: 보호구안전인증 고용노동부고시 [별표 8]

24 보일러 작업

▶◀ 영상설명
보일러 상단에 설치되어 있는 안전밸브 2개에 A, B가 표기되어 있다. (단, A 안전밸브가 먼저 작동하였다.)

문제 **영상에 나타난 A, B 안전밸브의 작동 압력을 각각 쓰시오.**

정답 ① A 안전밸브: 설비의 최고사용압력 이하
　　　② B 안전밸브: 설비의 최고사용압력 1.05배 이하
　　　[근거]
　　　안전밸브등의 작동요건: 산업안전보건법 산업안전보건기준에 관한 규칙 제264조

25 브레이크 라이닝 연삭작업

01

25년 1회

▶◀ 영상설명
작업자가 면장갑을 착용한 채 브레이크 라이닝 연삭작업을 하다가 손을 늦게 떼면서 브레이크 라이닝에 면장갑이 끼이면서 다치는 장면이다.

문제 **(1) 영상에 나타난 재해의 재해 발생 형태를 쓰고 (2) 기해물을 쓰시오.**

정답 ① 끼임(협착)
　　　② 브레이크 라이닝

02 | 전기설비 안전관리

1 배전반 및 분전반 점검작업

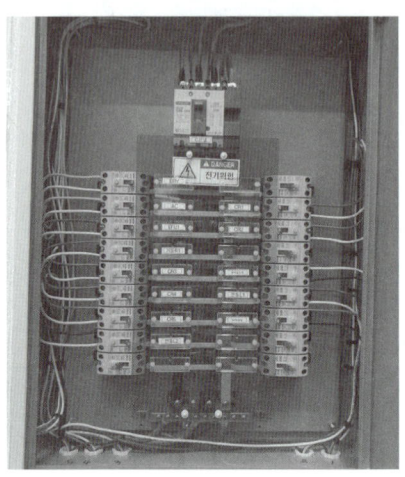

01

20년 1회 · 2회 · 4회

▶◀ 영상설명

한 명의 작업자는 승강기 배전반 뒤쪽에서 점검을 하고 있고, 또 다른 작업자가 절연저항측정장비를 들고 장비의 스위치를 켜는 순간 승강기 배전반 뒤쪽에서 점검하고 있는 작업자가 쓰러지는 장면이다.

문제 영상은 20,000V가 인가된 배전반의 점검 중 발생한 재해사례이다. (1) 재해발생형태, (2) 가해물을 쓰고 (3) 안전대책을 2가지 쓰시오.

정답 (1) 재해발생형태

감전

(2) 가해물

전기(또는 전류)

(3) 안전대책

① 충전부에 절연용 방호구를 설치한다.

② 작업자는 절연용 보호구를 착용한다.

③ 작업지휘자를 지정하여 작업을 지휘한다.

02

15년 1회, 16년 2회, 19년 2회, 23년 1회, 25년 2회

▶️ **영상설명**

작업자가 의자에 올라서서 가정용 배전반 점검을 하다가 의자가 불안정하여 떨어져 다치는 장면이다.

문제 **영상에 나타난 재해사례에서 불안전한 행동을 2가지 쓰시오.**

정답 ① 작업자가 올라서있는 의자가 불안정하여 떨어질 위험(추락 위험)이 있다.
② 작업자가 절연장갑 등 보호구를 착용하지 않아 감전될 위험이 있다.

03

15년 1회, 16년 2회, 19년 2회, 22년 2회, 25년 2회

▶️ **영상설명**

작업자가 임시배전반에서 맨손으로 드라이버를 사용하여 점검을 하다가 감전이 되는 장면이다.

문제 **영상에 나타난 재해사례의 위험요인을 2가지 쓰시오.**

정답 ① 점검 중이라는 표지판을 설치하지 않았고, 감시인을 배치하지 않았다.
② 절연장갑 등 보호구를 착용하지 않, 맨손으로 작업을 하여 감전의 위험이 있다.
③ 전원을 차단하지 않고 점검을 하여 감전의 위험이 있다.

04

12년 2회, 14년 2회, 15년 2회, 16년 1회, 17년 1회, 18년 1회, 19년 1회 · 2회, 23년 2회, 24년 3회

▶️ **영상설명**

한 명의 작업자가 분전반 전면에서 연삭기를 사용하여 맨손으로 연삭작업을 하고 있고, 다른 작업자 한명이 오더니 플러그를 콘센트에 꽂고 맨손으로 주위를 점검하다가 감전되는 장면이다.

문제 **영상에 나타난 재해사례의 위험요인을 2가지 쓰시오.**

정답 ① 점검 중이라는 표지판을 설치하지 않았고, 감시인을 배치하지 않았다.
② 절연장갑 등 보호구를 착용하지 않, 맨손으로 작업을 하여 감전의 위험이 있다.

> ▶️ 영상설명
>
> 작업자가 임시배전반에서 맨손으로 드라이버를 사용하여 점검을 하다가 감전이 되는 장면이다.

문제 **영상에서 전원이 차단되어 있음에도 불구하고 감전재해가 발생한 원인을 1가지 쓰시오.**

정답 잔류전하를 완전히 방전시키지 않았다.
[근거]
정전전로에서의 전기작업: 산업안전보건법 산업안전보건기준에 관한 규칙 제319조

2 MCCB패널차단기(배선용차단기)

12년 2회, 13년 3회, 15년 1회, 20년 2회

> ▶️ 영상설명
>
> 작업자가 스피커를 통해 흘러나오는 지시사항을 명확하게 듣지 못한 상태에서 차단기의 전원을 투입하여 감전되는 장면이다.

문제 **영상은 MCCB(Molded Case Circuit Breaker)패널차단기에 전원을 투입하여 발생하는 재해사례이다. 재해방지대책을 2가지 쓰시오.**

정답 ① 시건장치(잠금장치) 및 표지판(tag)을 부착하여 관계자 이외의 사람의 오작동을 방지한다.
② 각 차단기별로 회로명을 표기하여 오작동을 방지한다.
③ 작업자 상호간의 정확성을 위하여 무전기 등 연락장비를 이용하여 철저히 확인한다.
④ 절연용 장갑 등 보호구를 착용하고 작업한다.
⑤ 작업자에게 해당 작업시 전기안전교육을 실시한다.

3 변압기

01

13년 3회, 15년 1회, 16년 2회, 17년 3회

▶️ 영상설명

변압기를 연결하여 12,000V의 특고압에 인가된 기계의 내전압검사를 하다가 감전되는 장면이다.

문제 **영상의 재해사례와 같은 작업을 할 때 안전조치사항을 2가지 쓰시오.**

정답 ① 개폐기에 통전금지표지판을 설치하고, 시건장치(잠금장치)를 설치한다.
② 작업자는 절연장갑 등 보호구를 착용한다.
③ 작업지휘자나 감시인을 배치한다.

02

12년 3회, 14년 3회, 16년 1회, 19년 2회, 20년 3회, 23년 3회

▶️ 영상설명

작업자가 측정기로 변압기의 전압을 측정하다가 감전되는 장면이다.

문제 **영상의 재해사례와 관련하여 변압기의 활선 유무를 확인할 수 있는 방법을 3가지 쓰시오.**

정답 ① 검전기를 사용하여 확인한다.
② 테스터기(회로시험기)의 지시치를 확인한다.
③ 활선경보기를 사용하여 확인한다.

03

▶◀ 영상설명

한 명의 작업자가 맨손으로 변압기의 전압을 측정하기 위하여 또 다른 작업자에게 전원을 투입시키라는 신호를 한다. 전압측정이 끝난 후 측정기를 제거하다가 감전되는 장면이다.

문제 | 영상에 나타난 재해사례의 재해발생원인을 3가지 쓰시오.

정답 | ① 작업자가 안전확인을 소홀히 하였다.
② 작업자가 절연장갑 등 보호구를 착용하지 않았다.
③ 작업자 상호간 신호전달이 잘 이루어지지 않았다.
④ 대화창이 설치되어 있지 않아서 의사소통이 원활하지 못하였다.

04

▶◀ 영상설명

작업자가 변압기를 유기화합물에 담그고 절연처리를 한 후 건조시키는 장면이다.

문제 | 영상은 변압기를 유기화합물에 담그고 절연처리를 한 후 건조시키고 있다. 전기기계·기구를 취급할 때 충전부에 대한 방호대책을 3가지만 쓰시오.

정답 | ① 충전부가 노출되지 않도록 폐쇄형 외함이 있는 구조로 할 것
② 충전부에 충분한 절연효과가 있는 방호망이나 절연덮개를 설치할 것
③ 충전부는 내구성이 있는 절연물로 완전히 덮어 감쌀 것
④ 발전소·변전소 및 개폐소 등 구획되어 있는 장소로서 관계근로자가 아닌 사람의 출입이 금지되는 장소에 충전부를 설치하고, 위험 표시 등의 방법으로 방호를 강화할 것
⑤ 전주 위 및 철탑 위 등 격리되어 있는 장소로서 관계근로자가 아닌 사람이 접근할 우려가 없는 장소에 충전부를 설치할 것
[근거]
전기기계·기구 등의 충전부 방호: 산업안전보건법 산업안전보건기준에 관한 규칙 제301조

05

▶◀ 영상설명

작업자가 전신주에 올라가서 불안전한 작업발판을 딛고, 변압기의 볼트를 조이다가 떨어지는 장면이다.

문제 | 영상에서 나타나는 위험요인을 2가지 쓰시오.

정답 | ① 작업자가 딛고 있는 작업발판이 불안정하다.
② 작업자가 전주에 안전대를 제대로 걸지 않고 작업을 하여 위험이 있다.

4 퓨즈(fuse) 교체작업

01

14년 2회, 15년 3회, 17년 1회, 18년 2회, 20년 1회 · 3회, 24년 3회

▶◀ 영상설명

작업자가 전원을 차단하지 않고 맨손으로 퓨즈를 교체하다가 감전당하는 장면이다.

문제 **영상에 나타난 재해사례의 위험요인을 2가지 쓰시오.**

정답 ① 작업자가 절연용 장갑 등 보호구를 착용하지 않았다.
② 작업시작 전에 전원을 차단하지 않았고, 통전금지표지판을 부착하지 않았다.

02

▶◀ 영상설명

작업자가 전원을 차단하지 않고 맨손으로 퓨즈를 교체하다가 감전당하는 장면이다.

문제 **영상을 보고 다음 물음에 답하시오.**
(1) 다음 신체부위의 보호구를 각각 쓰시오.
  ① 손   ② 발   ③ 머리

(2) 산업안전보건법상 누전차단기의 설치장소를 3가지 쓰시오.

정답 (1) 신체부위의 보호구
  ① 손: 내전압용 절연장갑   ② 발: 절연화   ③ 머리: 절연안전모
(2) 산업안전보건법상 누전차단기의 설치장소
  ① 대지전압이 150V를 초과하는 이동형 또는 휴대형 전기기계 · 기구
  ② 물 등 도전성이 높은 액체가 있는 습윤장소에서 사용하는 저압용 전기기계 · 기구
  ③ 철판 · 철골 위 등 도전성이 높은 장소에서 사용하는 이동형 또는 휴대형 전기기계 · 기구
  ④ 임시배선로의 전로가 설치되는 장소에서 사용하는 이동형 또는 휴대형 전기기계 · 기구
  [근거]
  누전차단기에 의한 감전방지: 산업안전보건법 산업안전보건기준에 관한 규칙 제304조

5 활선작업 및 전신주의 형강교체작업

01

▶️ 영상설명

한명의 작업자가 전신주 위에서 활선작업 중 다른 작업자로부터 절연용 방호구를 받아서 설치작업을 하다가 감전되는 장면이다.

문제 **영상과 같은 활선작업시 위험요인을 3가지 쓰시오.**

정답
① 작업자가 활선 또는 사선에 대한 안전확인을 소홀히 하였다.
② 절연복 등 작업자의 복장이 제대로 갖추어 있지 않았다.
③ 작업자 사이의 신호전달이 잘 이루어지지 않았다.

02

▶️ 영상설명

작업자 1명은 흡연을 하면서 전신주 위로 올라가서 형강의 볼트를 풀고 있고, 작업발판에 C.O.S(Cut Out Switch)가 임시로 걸쳐져 있는 장면이다.

문제 **영상에서 나타나는 위험요인을 3가지 쓰시오.**

정답
① 작업자가 딛고 있는 작업발판이 불안정하다.
② 작업 중 작업자가 흡연을 하고 있다.
③ C.O.S(컷 아웃 스위치: Cut Out Switch)를 작업발판에 임시로 걸쳐 놓았다.

03

▶️ 영상설명

작업자 1명은 흡연을 하면서 변압기 위로 올라가서 형강의 볼트를 풀고 있고, 작업발판에 C.O.S(Cut Out Switch)가 임시로 걸쳐져 있는 장면이다.

문제 **영상은 전신주의 형강을 교체하는 작업을 하고 있다. 정전작업을 마친 후 준수사항을 3가지 쓰시오.**

정답 ① 작업기구, 단락접지기구 등을 제거하고 전기기기 등이 안전하게 통전될 수 있는지를 확인할 것

② 모든 작업자가 작업이 완료된 전기기기 등에서 떨어져 있는지를 확인할 것

③ 잠금장치와 꼬리표는 설치한 근로자가 직접 철거할 것

④ 모든 이상 유무를 확인한 후 전기기기 등의 전원을 투입할 것

[근거]

정전전로에서의 전기작업: 산업안전보건법 산업안전보건기준에 관한 규칙 제319조

6 승강기 컨트롤 패널점검

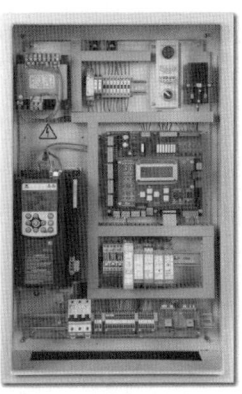

01

12년 2회·3회, 13년 3회, 15년 1회, 16년 3회

▶️ 영상설명

작업자가 면장갑을 착용하고 개폐기를 열어 전원을 차단한 후 다른 곳의 승강기 컨트롤 패널을 점검하다가 쓰러지는 장면이다.

문제 **영상의 재해사례에서 (1) 사람의 인체에 전기가 흐르는 원인과 사람이 받는 충격을 무엇이라고 하는지 쓰고 (2) 가해물을 쓰시오.**

정답 ① 인체에 전기가 흐르는 원인과 사람이 받는 충격: 잔류전하에 의한 감전

② 가해물: 전기(또는 전류)

02

▶◀ 영상설명

작업자가 면장갑을 착용하고 개폐기를 열어 전원을 차단한 후 다른 곳의 승강기 컨트롤 패널을 점검하다가 쓰러지는 장면이다.

문제 영상과 같은 재해를 방지하기 위한 대책을 2가지 쓰시오.

정답 ① 전원을 차단한 후 각 단로기 등을 개방하고 확인할 것
② 차단장치나 단로기 등에 잠금장치 및 꼬리표를 부착할 것
③ 전기기기 등은 접촉하기 전에 잔류전하를 완전히 방전시킬 것
④ 검전기를 이용하여 작업 대상 기기가 충전되었는지를 확인할 것
⑤ 전기기기 등이 다른 노출 충전부와의 접촉, 유도 또는 예비동력원의 역송전 등으로 전압이 발생할 우려가 있는 경우에는 충분한 용량을 가진 단락접지기구를 이용하여 접지할 것
[근거]
정전전로에서의 전기작업: 산업안전보건법 산업안전보건기준에 관한 규칙 제319조

7 습윤상태에서의 수중펌프작업

01

▶◀ 영상설명

단무지가 저장되어 있는 장소에서 물이 무릎 정도 차있는 가운데 작업자가 수중펌프를 작동시키면서 감전되는 장면이다.

문제 영상의 감전재해사례에서 작업자의 감전재해원인을 전기와 인체의 피부저항과 관련하여 서술하시오.

정답 인체가 물에 젖어 있을 경우 인체(피부)의 전기저항은 $\frac{1}{25}$ 정도로 감소하기 때문에 감전이 되기 쉽다.

02

▶️ **영상설명**

단무지가 저장되어 있는 장소에서 물이 무릎 정도 차있는 가운데 작업자가 수중펌프를 작동시키면서 감전되는 장면이다.

문제 **영상의 감전재해사례와 같은 재해를 예방하기 위한 대책을 3가지 쓰시오.**

정답 ① 수중에서 사용하는 전선은 수분의 침투가 불가능한 것을 사용한다.
② 수중펌프 모터와 전선의 접속부분의 손상 여부를 작업 전에 철저히 확인한다.
③ 누전차단기를 설치한다.

03

12년 3회, 14년 1회, 15년 2회, 20년 2회

▶️ **영상설명**

단무지가 저장되어 있는 장소에서 물이 무릎 정도 차있는 가운데 작업자가 수중펌프를 작동시키면서 감전되는 장면이다.

문제 **영상의 감전재해사례와 같은 수중펌프작업시 재해를 방지하기 위하여 필요한 방호조치를 쓰시오.**

정답 누전차단기(ELB: Earth Leakage Breaker) 설치

04

11년 1회

▶️ **영상설명**

단무지가 저장되어 있는 장소에서 물이 무릎 정도 차있는 가운데 작업자가 수중펌프를 작동시키면서 감전되는 장면이다.

문제 **영상의 감전재해사례와 같이 습윤한 장소에서 사용하는 이동전선에 대하여 사전에 조치하여야 할 사항을 3가지만 쓰시오.**

정답 ① 절연저항을 측정한다.
② 전선의 피복 또는 외장의 손상 유무를 점검한다.
③ 접속부위의 절연상태를 점검한다.

8 건물옥상 변전실 및 피뢰기

01

13년 2회, 15년 2회, 17년 1회, 19년 1회, 22년 3회

▶️ 영상설명

작업자들이 건물옥상의 변전실 주위에서 공놀이를 하다가 변전실로 들어간 공을 줍기 위해 시건장치가 되어있지 않은 변전실 안으로 들어가서 공을 줍는 순간, 감전되는 장면이다.

문제 **영상의 재해사례에서 재해방지대책(안전대책)을 3가지 쓰시오.**

정답 ① 변전실 주위에서는 공놀이를 할 수 없도록 출입금지표지판을 부착한다.
② 변전실에 관계자 이외의 사람의 출입금지를 위하여 출입구에 시건장치(잠금장치)를 한다.
③ 전원을 차단한 후에 작업자가 공을 줍도록 한다.
④ 작업자들에게 변전실의 전기위험에 대하여 안전교육을 실시한다.

02

▶️ 영상설명

전기설비 등을 뇌해로부터 보호하여 사고를 경감시키는 장치를 보여주고 있는 장면이다.

문제 **(1) 영상에 나타난 장치의 명칭을 쓰고, (2) 그 장치가 구비하여야 할 조건을 3가지만 쓰시오.**

정답 (1) 장치의 명칭

피뢰기

(2) 구비하여야 할 조건

① 구조가 견고하며 특성이 변화하지 않을 것 ② 반복동작이 가능할 것
③ 충격방전개시전압이 낮을 것 ④ 점검, 보수가 간단할 것
⑤ 상용주파방전개시전압이 높을 것 ⑥ 제한전압이 낮을 것
⑦ 뇌전류의 방전능력이 크고, 속류의 차단능력이 충분할 것

9 가설전선점검

01

20년 4회

▶️ **영상설명**

작업자가 도로에 설치되어 있는 전원이 인가된 가설전선을 맨손으로 만지다가 감전되는 장면이다.

문제 **영상에 나타난 재해사례의 (1) 재해발생형태를 쓰고 (2) 발생한 재해의 정의를 쓰시오.**

정답 ① 재해발생형태: 감전
② 감전의 정의: 전기접촉이나 방전에 의하여 사람이 충격을 받은 경우를 말한다.

02

14년 2회, 15년 3회, 17년 2회, 18년 1회, 20년 3회, 22년 2회

▶️ **영상설명**

작업자가 도로에 설치되어 있는 전원이 인가된 가설전선을 맨손으로 만지다가 감전되는 장면이다.

문제 **영상에 나타난 재해사례의 재해예방대책을 3가지 쓰시오.**

정답 ① 정전작업을 실시한다(정전조치를 하고 작업을 실시한다).
② 이동전선의 절연조치를 한다.
③ 누전차단기를 설치한다.
④ 작업자에게 절연장갑 등의 절연보호구를 착용하도록 한다.

10 고압선 등 충전전로 인근에서의 작업(크레인 · 항타기 등)

01

13년 1회, 16년 2회, 18년 1회, 22년 1회

▶️ **영상설명**

이동식크레인(또는 항타기)을 사용하여 고압선 아래에서 작업을 하다가 붐대가 고압선에 닿으면서 감전되는 장면이다.

문제 영상은 20,000V의 전압이 흐르는 고압선 아래에서 항타기작업 중 발생한 재해사례이다. 이와 같이 충전전로 인근에서 차량 · 기계장치 등의 작업이 있는 경우 (1) 재해발생의 직접적 원인을 2가지 쓰고 (2) 사업주의 감전예방조치사항을 3가지 쓰시오.

정답 (1) 재해발생의 직접적 원인
　　　① 충전전로에 대한 접근한계거리를 준수하지 않았다.
　　　② 충전전로에 절연용 방호구를 설치하지 않았다.
　　(2) 사업주의 감전예방조치사항
　　　① 차량 등을 충전전로의 충전부로부터 300cm 이상 이격시켜 유지시키되, 대지전압이 50kV를 넘는 경우 이격시켜 유지하여야 하는 거리는 10kV 증가할 때마다 10cm씩 증가시켜야 한다.
　　　② 근로자가 차량 등의 그 어느 부분과도 접촉하지 않도록 울타리를 설치하거나 감시인 배치 등의 조치를 하여야 한다.
　　　③ 충전전로 인근에서 접지된 차량 등이 충전전로와 접촉할 우려가 있을 경우에는 지상의 근로자가 접지점에 접촉하지 않도록 조치하여야 한다.
　　　④ 충전전로에 적합한 절연용 방호구를 설치한다. 이 경우 이격거리는 절연용 방호구 앞면까지로 할 수 있다.
　　　[근거]
　　　충전전로 인근에서의 차량 · 기계장치작업: 산업안전보건법 산업안전보건기준에 관한 규칙 제322조

02

이동식크레인(또는 항타기)을 사용하여 고압선 아래에서 작업을 하다가 붐대가 고압선에 닿으면서 감전되는 장면이다.

문제 · 영상은 20,000V의 전압이 흐르는 고압선 아래에서 크레인작업 중 발생한 재해사례이다. 이와 같이 작업자가 충전전로를 취급하거나 그 인근에서 작업하는 경우 사업주의 조치사항을 4가지 쓰시오.

정답

① 충전전로를 정전시키는 경우에는 해당 전로를 차단하는 조치를 할 것

② 충전전로를 취급하는 근로자에게 그 작업에 적합한 절연용 보호구를 착용시킬 것

③ 충전전로에 근접한 장소에서 전기작업을 하는 경우 해당 전압에 적합한 절연용 방호구를 설치할 것

④ 고압 및 특별고압의 전로에서 전기작업을 하는 근로자에게 활선작업용 기구 및 장치를 사용하도록 할 것

⑤ 근로자가 절연용 방호구의 설치 · 해체작업을 하는 경우에는 절연용 보호구를 착용하거나 활선작업용 기구 및 장치를 사용하도록 할 것

⑥ 충전전로를 방호, 차폐하거나 절연 등의 조치를 하는 경우에는 근로자의 신체가 전로와 직접 접촉하거나 도전재료, 공구 또는 기기를 통하여 간접 접촉되지 않도록 할 것

⑦ 유자격자가 아닌 근로자가 충전전로 인근이 높은 곳에서 작업할 때에 근로자의 몸 또는 긴 도전성 물체가 방호되지 않은 충전전로에서 대지전압이 50kV 이하인 경우에는 300cm 이내로, 대지전압이 50kV를 넘는 경우에는 10kV당 10cm씩 더한 거리 이내로 각각 접근할 수 없도록 할 것

[근거]
충전전로에서의 전기작업: 산업안전보건법 산업안전보건기준에 관한 규칙 제321조

11 전주작업

01

12년 2회 · 3회, 14년 2회, 15년 3회, 17년 1회, 18년 2회, 19년 3회, 23년 3회, 25년 3회

▶️ **영상설명**

작업자가 이동식크레인으로 전주를 옮기는 작업을 하다가 전주에 맞아서 쓰러지는 장면이다.

문제 **영상의 재해사례에서 ① 재해발생형태, ② 가해물, ③ 전기작업을 할 때 착용할 수 있는 안전모의 종류를 쓰시오.**

정답
① 재해발생형태: 낙하(맞음)
② 가해물: 전주(전봇대)
③ 전기작업을 할 때 안전모: AE형, ABE형

02

12년 3회, 13년 3회, 15년 1회, 19년 3회

▶️ **영상설명**

항타기에 고정되어 있던 전주가 불안정하게 기울면서 인접 충전전로에 접촉되어 스파크(spark)가 발생하는 장면이다.

문제 **영상의 재해사례와 같은 재해를 예방하기 위한 관리적 대책을 3가지 쓰시오.**

정답
① 작업자가 차량 등의 어느 부분과 접촉하지 않도록 울타리를 설치할 것
② 충전전로에 적합한 절연용 방호구를 설치할 것
③ 충전전로를 이설하거나 차량 등을 충전부로부터 300cm 이상 이격시켜 유지시킬 것
④ 감시인을 배치하고 작업하도록 할 것

03

20년 2회, 23년 1회, 24년 1회

▶️ **영상설명**

작업자가 안전대를 착용하지 않고 전주에 올라가다가 설치된 표지판에 부딪히면서 떨어지는 장면이다.

문제 **영상의 재해사례에서 재해발생원인을 2가지 쓰시오.**

정답
① 안전대 및 추락방지대를 착용하지 않았다.
② 고소작업대를 사용하지 않고 작업을 하였다.
③ 작업자가 방해되는 표지판 등에 대한 시야확보를 소홀히 하였다.

04

▶️ 영상설명

작업자가 안전대를 착용하지 않고 전주에 올라가다가 설치된 표지판에 부딪치면서 떨어지는 장면이다.

문제 영상에 나타난 (1) 재해발생 형태를 쓰고, (2) 해당 재해가 발생한 작업에서 작업자가 착용하여야 할 안전모의 종류를 쓰시오.

정답 (1) 재해발생 형태   (2) 안전모의 종류

            떨어짐(추락)   ABE종

05

▶️ 영상설명

항타기에 고정되어 있던 전주가 불안정하게 기울면서 인접 충전전로에 접촉되어 스파크(spark)가 발생하는 장면이다.

문제 정전전로에서의 전기작업시 전로차단을 하지 않아도 되는 경우를 2가지 쓰시오.

정답 ① 생명유지장치, 비상경보설비, 폭발위험장소의 환기설비, 비상조명설비 등의 장치·설비의 가동이 중지되어 사고의 위험이 증가되는
     경우
    ② 기계의 설계상 또는 작동상 제한으로 전로차단이 불가능한 경우
    ③ 감전, 아크 등으로 인한 화상, 화재·폭발의 위험이 없는 것으로 확인된 경우
    [근거]
    정전전로에서의 전기작업: 산업안전보건법 산업안전보건기준에 관한 규칙 제319조

12 교류아크용접기

01

11년 3회, 14년 3회, 16년 2회, 17년 3회, 19년 1회, 20년 3회 · 4회, 25년 2회

▶️ 영상설명

작업자가 면장갑을 착용하고 교류아크용접작업을 하다가 감전되는 장면이다.

문제 **영상의 재해사례에서 (1) 기인물을 쓰고 (2) 교류아크용접작업시 작업자의 눈을 보호하기 위한 보호구와 감전을 예방하기 위해 착용하여야 할 보호구를 각각 쓰시오.**

정답 (1) 기인물

교류아크용접기

(2) 착용하여야 할 보호구

① 작업자의 눈을 보호하기 위한 보호구: 용접용 보안면

② 감전을 예방하기 위해 착용하여야 할 보호구: 안전장갑(용접용 장갑)

[관련이론] 교류아크용접작업시 착용하여야 할 보호구

① 용접용 보안면   ② 용접용 장갑(안전장갑)   ③ 방진마스크

④ 용접용 안전화   ⑤ 귀마개

02

20년 2회, 23년 3회

▶️ 영상설명

작업자가 혼자서 오른손으로는 용접을 하고 왼손은 플랜지를 조작하면서 배관용접작업을 하고 있다. 그리고 용접작업장소 주위에는 인화성 물질 용기가 많이 쌓여 있는 장면이다.

문제 **영상은 작업자가 교류아크용접기로 배관용접작업을 하고 있다. 이 영상을 보고 (1) 작업자 측면의 위험요인과 (2) 작업현장 측면의 위험요인을 각각 쓰시오.**

정답 (1) 작업자 측면의 위험요인

작업자가 양손을 모두 사용하여 용접작업을 하고 있기 때문에 작업상황 파악이 어려워 감전의 위험이 있다.

(2) 작업현장 측면의 위험요인

용접작업장 주위에 인화성 물질이 많이 쌓여 있어 화재의 위험이 있다.

03

▶◀ 영상설명

작업자가 혼자서 오른손으로는 용접을 하고 왼손은 플랜지를 조작하면서 배관용접작업을 하고 있다.

문제 영상에 나타난 배관용접작업에서 (1) 교류아크용접기에 부착시켜야 할 안전장치와 (2) 작업자가 교류아크
용접 중 감전되기 쉬운 장비의 명칭을 4가지 쓰고 (3) 용접봉 홀더의 구비조건을 쓰시오.

정답 (1) 교류아크용접기의 안전장치

　　 자동전격방지기

(2) 감전되기 쉬운 장비의 명칭

　　 ① 용접기케이스(본체)

　　 ② 용접용케이블

　　 ③ 용접봉홀더

　　 ④ 용접기의 리드단자

(3) 용접봉 홀더의 구비조건

　　 ① 절연내력 및 내열성을 갖출 것

　　 ② 산업표준화법에 따른 한국산업표준에 적합할 것

[근거]

교류아크용접기 등: 산업안전보건법 안전보건 기준에 관한 규칙 제306조

04

▶◀ 영상설명

작업자가 혼자서 오른손으로는 용접을 하고 왼손은 플랜지를 조작하면서 배관용접작업을 하고 있다.

문제 영상의 배관용접작업에서 용접기에 설치하여야 할 (1) 방호장치명을 쓰고 (2) 이 방호장치의 사용 전 점검
사항을 3가지 쓰시오.

정답 (1) 방호장치명

　　 자동전격방지기

(2) 방호장치의 사용 전 점검사항

　　 ① 전격방지기 외함의 뚜껑상태

　　 ② 전격방지기 외함의 접지상태

　　 ③ 전자접촉기의 작동상태

　　 ④ 이상소음, 이상냄새의 발생 유무

　　 ⑤ 전격방지기와 용접기와의 배선 및 이에 부속된 접속기구의 피복 또는 외장의 손상 유무

05

▶◀ 영상설명

작업자가 면장갑을 착용하고 교류아크용접기의 전원부를 만지다가 감전되어 쓰러지는 장면이다.

문제   **영상에 나타난 재해사례의 위험요인을 3가지 쓰시오.**

정답   ① 기계(교류아크용접기)의 전원을 차단하지 않았다.
      ② 내전압용 절연장갑 등 절연보호구를 착용하지 않았다.
      ③ 누전차단기가 불량하여 작동하지 않았다.

06

▶◀ 영상설명

작업자가 혼자서 오른손으로는 용접을 하고 왼손은 플랜지를 조작하면서 배관용접작업을 하고 있다.

문제   **영상의 배관용접작업에서 용접기에 설치하여야 할 방호장치인 자동전격방지기의 종류를 4가지 쓰시오.**

정답   ① 내장형
      ② 외장형
      ③ 고저항시동형(H형)
      ④ 저저항시동형(L형)
      [근거]
      전격방지기의 성능기준: 방호장치 자율안전기준 고용노동부고시 [별표 2]

07

▶◀ 영상설명

작업자가 혼자서 오른손으로는 용접을 하고 왼손은 플랜지를 조작하면서 배관용접작업을 하고 있다.

문제   **산업안전보건법령상 사업주가 교류아크용접기에 자동전격방지기를 설치해야 하는 장소를 3가지 쓰시오.**

정답   ① 선박의 이중선체 내부, 밸러스트탱크, 보일러 내부 등 도전체에 둘러싸인 장소
      ② 추락할 위험이 있는 높이 2m 이상의 장소로 철골 등 도전성이 높은 물체에 근로자가 접촉할 우려가 있는 장소
      ③ 근로자가 물, 땀 등으로 인하여 도전성이 높은 습윤상태에서 작업하는 장소
      [근거]
      교류아크용접기 등: 산업안전보건법 산업안전보건기준에 관한 규칙 제306조

13 전기환풍기 팬 수리작업

12년 1회, 13년 2회, 16년 1회, 20년 2회, 22년 1회

▶️ **영상설명**

작업자가 면장갑을 착용하고 전기환풍기 팬 수리작업을 하다가 감전되어 싱크대에 떨어지면서 벽에 부딪치는 장면이다.

문제 | 영상의 재해사례에서 (1) 기인물을 쓰고 (2) 재해발생형태를 쓰시오.

정답 | ① 기인물: 전기환풍기 팬
② 재해발생형태: 충돌(부딪힘)

🔢 14 영상표시단말기(VDT)작업

01

▶️ 영상설명

작업자가 의자에 앉아서 컴퓨터로 작업을 하고 있는데 의자가 작업자의 신체에 맞지 않아 다리를 구부리고 있고, 팔이 들린 채로 작업을 하고 있으며, 모니터의 위치가 너무 높게 설치되어 있는 장면이다.

문제 영상에 나타난 내용을 보고 옳지 못한 상황을 3가지 쓰시오.

정답 ① 손으로 조작하기 편한 위치에 키보드가 놓여 있지 않다.
② 작업자가 의자의 등받이에 충분히 지탱(지지)되어 있지 않다.
③ 작업자가 보기 편한 위치에 모니터가 조정되어 있지 않다.

02

▶️ 영상설명

작업자가 의자에 앉아서 컴퓨터로 작업을 하고 있는데 의자가 작업자의 신체에 맞지 않아 다리를 구부리고 있고, 팔이 들린 채로 작업을 하고 있으며, 모니터의 위치가 너무 높게 설치되어 있는 장면이다.

문제 산업안전보건법령상 (1) 부적절한 작업자세, 반복적인 동작, 날카로운 면과의 신체접촉, 무리한 힘의 사용, 진동 및 온도 등의 요인에 의하여 발생하는 건강장해로서 목, 어깨, 허리, 팔 등 신체조직에 나타나는 질환의 명칭을 쓰고, (2) 근로자가 컴퓨터 단말기의 조작업무를 하는 경우에 사업주의 조치사항 4가지를 쓰시오.

정답 (1) 질환의 명칭

근골격계질환

(2) 사업주의 조치사항

① 실내는 명암의 차이가 심하지 않도록 하고 직사광선이 들어오지 않는 구조로 할 것

② 저휘도형의 조명기구를 사용하고 창·벽면 등은 반사되지 않는 재질을 사용할 것

③ 컴퓨터 단말기와 키보드를 설치하는 책상과 의자는 작업에 종사하는 근로자에 따라 그 높낮이를 조절할 수 있는 구조로 할 것

④ 연속적으로 컴퓨터 단말기 작업에 종사하는 근로자에 대하여 작업시간 중에 적절한 휴식시간을 부여할 것

[근거]

컴퓨터 단말기 조작업무에 대한 조치: 산업안전보건법 산업안전보건기준에 관한 규칙 제667조

03

▶◀ 영상설명

작업자가 의자에 앉아서 컴퓨터로 작업을 하고 있는데 의자가 작업자의 신체에 맞지 않아 다리를 구부리고 있고, 팔이 들린 채로 작업을 하고 있으며, 모니터의 위치가 너무 높게 설치되어 있는 장면이다.

문제 영상과 같은 근골격계부담작업을 하는 경우 (1) 사업주의 유해요인조사 사항을 2가지 쓰고, (2) 신설되는 사업장의 경우에는 신설일로부터 얼마 이내에 최초의 유해요인조사를 하여야 하는지 쓰시오.

정답 (1) 유해요인 조사 항목

① 설비, 작업공정, 작업량, 작업속도 등 작업장 상황

② 작업시간, 작업자세, 작업방법 등 작업조건

③ 작업과 관련된 근골격계질환 징후의 증상 유무 등

(2) 1년 이내

[근거]

유해요인조사: 산업안전보건법 산업안전보건기준에 관한 규칙 제657조

04

13년 2회, 16년 1회

▶◀ 영상설명

작업자가 의자에 앉아서 컴퓨터로 작업을 하고 있는데 의자가 작업자의 신체에 맞지 않아 다리를 구부리고 있고, 팔이 들린 채로 작업을 하고 있으며, 모니터의 위치가 너무 높게 설치되어 있는 장면이다.

문제 영상표시단말기 작업을 할 때 발생할 수 있는 위험요인을 2가지 쓰시오.

정답 ① 장시간 모니터 화면에 시선을 집중하여 시력부담 및 시력저하가 발생한다.

② 장시간 의자에 앉아 있는 작업자세로 인하여 요통의 위험이 있다.

③ 반복 작업으로 인하여 손목통증, 어깨결림 등 장해가 발생한다.

▶️ 영상설명

작업자가 의자에 앉아서 컴퓨터로 작업을 하고 있는데 의자가 작업자의 신체에 맞지 않아 다리를 구부리고 있고, 팔이 들린 채로 작업을 하고 있으며, 모니터의 위치가 너무 높게 설치되어 있는 장면이다.

문제 영상에 나타난 (1) 컴퓨터 작업을 하루에 8시간 동안 하는 경우 산업안전보건법상 작업의 명칭을 쓰고 (2) 영상에 나타난 작업을 하는 경우 사업주는 유해요인조사를 몇 년마다 실시해야 하는지 쓰시오.

정답 (1) 작업의 명칭: 근골격계부담작업
(2) 유해요인조사: 3년
[근거]
유해요인조사: 산업안전보건법 산업안전보건기준에 관한 규칙 제657조

03 | 화학설비 안전관리

1 LPG(액화석유가스) 및 수소(H₂)

01

11년 2회, 16년 1회, 18년 2회, 20년 4회

▶️ 영상설명

LPG 저장소라고 표시되어 있는 문을 작업자가 열고 들어가는데 너무 어두워서 스위치를 올려서 불을 켜는 순간, 누출된 LPG에 전기 스파크(spark)로 인하여 폭발이 발생하는 장면이다.

문제   영상에 나타난 재해사례의 ① 재해발생형태를 쓰고 ② 기인물을 쓰시오.

정답   ① 재해발생형태: 폭발
② 기인물: LPG(액화석유가스)

> **[관련이론] 폭발의 정의**
> 압력의 급격한 발생 또는 개방으로 폭음을 수반한 팽창이 일어난 경우를 말한다.

02

▶️ 영상설명

수소가스(H_2) 용기가 저장소에 고정되어 있지 않은 채 있는 장면이다.

문제   영상에 나타난 수소가스(H_2) 용기의 위험요인을 2가지 쓰시오.

정답   ① 수소가스 용기가 체인 등으로 안전하게 고정되어 있지 않아 넘어질 경우 폭발의 위험이 있다.
② 환기가 충분하지 않아 수소가스 누출시 폭발의 위험이 있다.

03

▶️ **영상설명**

LPG 저장소라고 표시되어 있는 문을 작업자가 열고 들어가는데 너무 어두워서 스위치를 올려서 불을 켜는 순간, 누출된 LPG에 전기 스파크(spark)로 인하여 폭발이 발생하는 장면이다.

문제 영상의 폭발재해사례와 같이 LPG가 누출, 순간적으로 기화가 되면서 점화원에 의하여 발생하는 (1) 폭발의 종류와 (2) 폭발의 종류에 따른 정의 및 (3) 폭발의 원인을 각각 쓰시오.

정답 (1) 폭발의 종류

증기운폭발(UVCE: Unconfined Vapor Cloud Explosion)

(2) 증기운폭발의 정의

대량의 가연성 액체가 유출되거나 대량의 가연성 가스가 유출되면 대기 중에 구름형태로 모여 있다가 그것으로부터 발생하는 증기가 공기와 혼합하여 가연성 혼합기체를 형성하고, 점화원에 의하여 순간적으로 폭발을 일으키는 현상이다.

(3) 폭발의 원인

고압의 액화석유가스 용기에서 대량의 인화성 증기가 대기 중으로 급격히 방출되어 확산된 상태에서 점화원(전기 스파크)으로 인해 폭발이 발생하였다.

04

▶️ **영상설명**

LPG 저장소라고 표시되어 있는 문을 작업자가 열고 들어가는데 너무 어두워서 스위치를 올려서 불을 켜는 순간, 누출된 LPG에 전기 스파크(spark)로 인하여 폭발이 발생하는 장면이다.

문제 영상의 폭발재해사례와 관련하여 LPG등 고압가스용기의 저장소로 부적합한 장소를 3가지 쓰시오.

정답 ① 통풍이나 환기가 불충분한 장소

② 화기를 사용하는 장소 및 그 부근

③ 위험물 또는 인화성 액체를 취급하는 장소 및 그 부근

[근거]

가스 등의 용기: 산업안전보건법 산업안전보건기준에 관한 규칙 제234조

05

▶️ **영상설명**

LPG 저장소라고 표시되어 있는 문을 작업자가 열고 들어가는데 너무 어두워서 스위치를 올려서 불을 켜는 순간, 누출된 LPG에 전기 스파크(spark)로 인하여 폭발이 발생하는 장면이다.

문제 영상의 폭발재해사례와 관련하여 LPG 저장소에 가스누설검지경보기를 설치할 때 (1) 적절한 설치위치를 쓰고 (2) 적합한 경보설정치를 쓰시오.

정답 ① 설치위치: 바닥에 인접한 낮은 곳에 설치(LPG는 공기보다 무겁기 때문에)

② 경보설정치: 폭발하한계의 25% 이하

06

▶◀ 영상설명

LPG 저장소라고 표시되어 있는 문을 작업자가 열고 들어가는데 너무 어두워서 스위치를 올려서 불을 켜는 순간, 누출된 LPG에 전기 스파크(spark)로 인하여 폭발이 발생하는 장면이다.

문제 ┃ 사업주가 가스장치실을 설치하는 경우 가스장치실의 구조적 설치 안전기준을 3가지 쓰시오.

정답 ┃ ① 가스가 누출된 경우에는 그 가스가 정체되지 않도록 할 것
② 지붕과 천장에는 가벼운 불연성 재료를 사용할 것
③ 벽에는 불연성 재료를 사용할 것
[근거]
가스장치실의 구조 등: 산업안전보건법 산업안전보건기준에 관한 규칙 제292조

2 인화성물질 취급 · 저장소 및 폭발

01

14년 3회, 16년 2회, 18년 1회, 19년 1회, 20년 2회, 22년 2회

▶◀ 영상설명

인화성 물질이 들어 있는 드럼통이 창고에 쌓여 있고, 작업자가 운반작업을 하다가 휴식을 하려고 드럼통 앞에서 작업복을 벗으려고 하는 순간, 폭발하는 장면이다.

문제 ┃ 영상의 폭발재해사례에서 (1) 점화원의 유형과 (2) 점화원의 종류를 쓰고 (3) 인화성가스, 증기, 분진으로 인한 화재 · 폭발재해예방대책을 2가지 쓰시오.

| 정답 | (1) 점화원의 유형

작업복에 의한 정전기

(2) 점화원의 종류

정전기(또는 전기 스파크)

(3) 화재 · 폭발 재해예방대책

① 가스나 증기로 인한 화재 · 폭발을 감지하기 위한 가스누설검지경보장치를 설치한다.

② 통풍 · 환기 및 분진제거 등의 조치를 한다.

③ 인화성 물질 용기의 밀폐를 확실히 하고, 인화성 물질에 대한 안전교육을 실시한다.

④ 화기나 불꽃이 발생할 수 있는 기계 · 기구를 사용하지 않는다.

02

23년 2회

▶️ **영상설명**

인화성 물질이 들어 있는 드럼통이 창고에 쌓여 있고, 작업자가 운반작업을 하다가 휴식을 하려고 드럼통 앞에서 작업복을 벗으려고 하는 순간, 폭발하는 장면이다.

| 문제 | 인체에 대전된 정전기에 의한 화재 또는 폭발의 위험이 있는 경우에 조치하여야 할 사항을 3가지 쓰시오.

| 정답 | ① 제전복 착용

② 정전기대전방지용 안전화 착용

③ 정전기 제전용구 사용

④ 작업장 바닥 등에 도전성을 갖추도록 함

[근거]

정전기로 인한 화재폭발 등 방지: 산업안전보건법 산업안전보건기준에 관한 규칙 제325조

03

13년 2회, 14년 3회, 16년 3회, 18년 2회, 20년 4회, 21년 1회, 23년 1회 · 3회, 24년 2회

▶️ **영상설명**

작업자가 실험실에서 위험물질이 들어 있는 용기를 발로 차서 용기가 넘어지고 있는 장면이다.

| 문제 | 영상에서와 같이 위험물을 취급하는 경우 바닥이 갖추어야 할 구조의 조건을 2가지 쓰시오.

| 정답 | ① 불침투성의 재료를 사용할 것

② 청소하기 쉬운 구조로 할 것

[근거]

작업장의 바닥: 산업안전보건 안전보건에 관한 규칙 제431조

04

▶️ **영상설명**

작업자가 가솔린이 남아 있는 화학설비에 등유를 주입하고 있는 장면이다.

문제 산업안전보건법상 사업주는 화학설비로서 가솔린이 남아 있는 화학설비(위험물을 저장하는 것으로 한정한다), 탱크로리, 드럼 등에 등유나 경유를 주입하는 작업을 하는 경우에는 미리 그 내부를 깨끗하게 씻어내고 가솔린의 증기를 불활성 가스로 바꾸는 등 안전한 상태로 되어 있는지를 확인한 후에 그 작업을 해야 한다. 다만, 다음 각 호의 조치를 하는 경우에는 그러하지 아니하다. (   ) 안에 적합한 내용을 쓰시오.

(1) 등유나 경유를 주입하기 전에 탱크, 드럼 등과 주입설비 사이에 접속선이나 접지선을 연결하여 (①)를 줄이도록 할 것

(2) 등유나 경유를 주입하는 경우에는 그 액표면의 높이가 주입관의 선단의 높이를 넘을 때까지 주입속도를 초당 (②)m 이하로 할 것

정답 ① 전위차

② 1

[근거]

가솔린이 남아 있는 설비에 등유 등의 주입: 산업안전보건법 산업안전보건기준에 관한 규칙 제228조

05

24년 1회, 25년 2회

▶️ **영상설명**

탱크로리에 등유나 경유를 주입하고 있는데 A(접속선이나 접지선)를 집중적으로 보여주고 있다.

문제 영상을 보고 (1) A의 명칭을 쓰고 (2) A의 역할을 쓰시오.

정답 ① 접속선(또는 접지선)

② 전위차를 줄임

3 폭발성 물질 작업장소

20년 3회, 23년 1회

▶️ 영상설명

작업자가 폭발성 물질 작업장소에 들어가기 전에 신발에 물을 묻히고 있는 장면이다.

문제 영상에서 작업자가 폭발성 물질 작업장소에 들어가기 전에 (1) 신발에 물을 묻히는 이유를 설명하고, (2) 화재시 적합한 소화방법은 무엇인지 쓰시오.

정답 (1) 신발에 물을 묻히는 이유

정전기로 인한 폭발의 위험이 있으므로 신발과 바닥면의 접촉으로 인한 정전기의 발생을 감소시키기 위해서이다.

(2) 소화방법

다량의 주수에 의한 냉각소화

4 밀폐공간작업

01

20년 1회, 21년 3회

▶️ **영상설명**

작업자가 지하에 있는 폐수처리조에서 슬러지(sludge)를 처리하는 작업을 하다가 산소결핍으로 쓰러지는 장면이다.

문제 영상의 재해사례와 관련하여 다음 (   ) 안에 적합한 숫자를 쓰시오.

산업안전보건법상 적정공기란 산소농도의 범위가 (①)% 이상 (②)% 미만, 탄산가스의 농도가 (③)% 미만, 일산화탄소의 농도가 (④)ppm 미만, 황화수소의 농도가 (⑤)ppm 미만인 수준의 공기를 말한다.

정답 ① 18   ② 23.5   ③ 1.5   ④ 30   ⑤ 10

[근거]

정의: 산업안전보건법 산업안전보건기준에 관한 규칙 제618조

02

▶️ **영상설명**

작업자가 지하실의 밀폐공간에서 시너통을 들고 다니면서 방수작업을 하다가 산소결핍으로 고통스러워하고 있는 장면이다.

문제 영상의 재해사례와 관련하여 (1) 산소결핍의 기준을 쓰고 (2) 밀폐공간작업시 산소결핍방지대책을 3가지 쓰시오.

정답 (1) 산소결핍의 기준

공기 중의 산소농도가 18% 미만인 상태

(2) 밀폐공간작업시 산소결핍방지대책

① 산소결핍 우려가 있는 경우에는 산소의 농도를 측정하는 사람을 지명하여 측정하도록 할 것

② 근로자가 안전하게 오르내리기 위한 설비를 설치할 것

③ 굴착깊이가 20m를 초과하는 경우에는 해당 작업장소와 외부와의 연락을 위한 통신설비 등을 설치할 것

03

16년 1회, 17년 2회, 18년 1회, 19년 2회, 20년 2회 · 3회, 21년 1회, 22년 3회

▶️ 영상설명

작업자가 밀폐된 탱크내부에서 그라인더(grinder)작업을 하고 있는데 외부에 설치된 송풍기를 다른 작업자가 실수로 발로 걷어차면서 탱크내부의 작업자가 쓰러지는 장면이다.

문제 영상의 재해사례에서 (1) 위험요인 3가지를 쓰고 (2) 조치사항을 3가지 쓰시오.

정답 (1) 위험요인
　① 작업시작 전에 공기 중 산소농도 및 유해가스농도 측정을 하지 않았고, 작업 중에도 계속하여 환기를 시키지 않아 위험하다.
　② 송풍기 전원에 시건장치를 설치하지 않았고, 감시인을 배치하지 않아 위험하다.
　③ 작업자가 호흡용 보호구를 착용하지 않아 위험하다.
(2) 조치사항
　① 작업시작 전에 공기 중 산소농도 및 유해가스농도 측정을 하고 작업 중에도 계속하여 환기를 시킨다.
　② 송풍기의 전원에 시건장치를 설치하고, 감시인을 배치한다.
　③ 작업자는 송기마스크 등 호흡용 보호구를 착용하도록 한다.

04

12년 3회, 14년 2회, 16년 2회, 17년 3회, 24년 2회

▶️ 영상설명

작업자가 지하에 있는 폐수처리조에서 슬러지(sludge)를 처리하는 작업을 하다가 산소결핍으로 쓰러지는 장면이다.

문제 영상의 재해사례와 관련된 밀폐공간작업프로그램의 내용을 3가지 쓰시오.

정답 ① 사업장 내 밀폐공간의 위치파악 및 관리방안
② 밀폐공간 내 질식 · 중독 등을 일으킬 수 있는 유해 · 위험요인의 파악 및 관리방안
③ 밀폐공간작업시 사전확인이 필요한 사항에 대한 확인절차
④ 안전보건교육 및 훈련
⑤ 그 밖에 밀폐공간작업 근로자의 건강장해예방에 관한 사항
[근거]
밀폐공간작업프로그램의 수립 · 시행: 산업안전보건법 산업안전보건기준에 관한 규칙 제619조

05

▶️ 영상설명

작업자가 근골격계질환으로 고통을 받고 있는 장면이다.

문제 다음은 영상의 재해사례와 관련된 근골격계질환예방관리프로그램을 수립하여 시행하여야 하는 경우이다. (　　) 안에 적합한 내용을 쓰시오.

> 근골격계질환으로 산업재해보상보험법 시행령에 따라 업무상 질병으로 인정받은 근로자가 연간 (①)명 이상 발생한 사업장 또는 (②)명 이상 발생한 사업장으로서 발생비율이 그 사업장 근로자수의 (③)% 이상인 경우

정답 ① 10　　　　　　② 5　　　　　　③ 10
[근거]
근골격계질환예방관리프로그램시행: 산업안전보건법 산업안전보건기준에 관한 규칙 제662조

336 해커스자격증 pass.Hackers.com

06

▶◀ **영상설명**

작업자가 지하에 있는 폐수처리조에서 슬러지(sludge)를 처리하는 작업을 하다가 산소결핍으로 쓰러지는 장면이다.

문제 영상의 재해사례와 같이 밀폐공간에서 작업을 할 때 관리감독자의 업무를 3가지 쓰시오.

정답 ① 산소가 결핍된 공기나 유해가스에 노출되지 않도록 작업시작 전에 해당 근로자의 작업을 지휘하는 업무

② 작업을 하는 장소의 공기가 적절한지를 작업시작 전에 측정하는 업무

③ 측정장비 · 환기장치 또는 공기호흡기 또는 송기마스크를 작업시작 전에 점검하는 업무

④ 근로자에게 공기호흡기 또는 송기마스크의 착용을 지도하고 착용상황을 점검하는 업무

[근거]

관리감독자의 유해 · 위험방지: 산업안전보건법 산업안전보건기준에 관한 규칙 [별표 2]

07

▶◀ **영상설명**

작업자가 지하에 있는 폐수처리조에서 슬러지(sludge)를 처리하는 작업을 하다가 산소결핍으로 쓰러지는 장면이다.

문제 영상의 재해사례와 관련하여 밀폐공간작업을 하는 경우의 안전수칙을 3가지 쓰시오.

정답 ① 작업시작 전에 해당 밀폐공간의 산소농도 및 유해가스농도를 측정한다.

② 산소 및 유해가스농도를 측정한 결과 적정공기가 유지되고 있지 아니하다고 평가된 경우에는 근로자에게 공기호흡기 또는 송기마스크를 지급하여 착용하도록 한다.

③ 공기 중 산소농도가 18% 이상인지 확인을 하고 작업을 실시하며, 작업 중에도 계속하여 환기를 실시한다.

④ 밀폐공간에 근로자를 입장시킬 때와 퇴장시킬 때마다 인원을 점검한다.

⑤ 밀폐공간에는 관계근로자가 아닌 사람의 출입을 금지하고, 출입금지표지를 밀폐공간 근처의 보기 쉬운 장소에 게시한다.

⑥ 작업상황을 감시할 수 있는 감시인을 지정하여 밀폐공간 외부에 배치하여야 한다.

⑦ 근로자가 추락할 우려가 있는 경우에는 근로자에게 안전대나 구명밧줄, 송기마스크 또는 공기호흡기를 지급하여 착용하도록 한다.

⑧ 공기호흡기 또는 송기마스크, 사다리 및 섬유로프 등 비상시에 근로자를 피난시키거나 구출하기 위하여 필요한 기구를 갖추어 두어야 한다.

[근거]

산소 및 유해가스농도의 측정, 환기 등, 인원의 점검, 출입의 금지, 감시인의 배치, 안전대 등, 대피용기구의 비치: 산업안전보건법 산업안전보건기준에 관한 규칙 제619조의2~제625조

08

작업자가 지하에 있는 폐수처리조에서 슬러지(sludge)를 처리하는 작업을 하다가 산소결핍으로 쓰러지는 장면이다.

문제   밀폐공간에서 작업을 하는 경우에 비상시에 근로자를 피난시키거나 구출하기 위하여 갖추어 두어야 할 대피용 기구를 3가지 쓰시오.

정답   ① 공기호흡기 또는 송기마스크

② 섬유로프

③ 사다리

[근거]

대피용 기구의 비치: 산업안전보건법 산업안전보건기준에 관한 규칙 제625조

5 퍼지(purge)작업

01

▶️ 영상설명

작업자가 밀폐공간 작업시작 전에 퍼지(purge)를 하고 있는 장면이다.

문제 **퍼지(purge)의 종류를 4가지 쓰시오.**

정답 ① 압력퍼지(pressure purge)
② 진공퍼지(vacuum purge)
③ 사이펀퍼지(siphon purge)
④ 스위프퍼지(sweep purge)

02

▶️ 영상설명

작업자가 밀폐공간 작업시작 전에 퍼지(purge)를 하고 있는 장면이다.

문제 **산업안전보건법령상 밀폐공간에서의 작업을 할 때 특별안전보건교육의 교육내용을 3가지만 쓰시오. (단, 그 밖의 안전보건관리에 필요한 사항은 제외한다)**

정답 ① 산소농도 측정 및 작업환경에 관한 사항
② 사고시의 응급처치 및 비상시 구출에 관한 사항
③ 보호구 착용 및 보호장비 사용에 관한 사항
④ 작업내용, 안전작업방법 및 절차에 관한 사항
⑤ 장비, 설비 및 시설 등의 안전점검에 관한 사항
[근거]
안전보건교육 교육대상별 교육내용: 산업안전보건법 시행규칙 [별표 5]
→ 2021.11.29 개정

03

작업자가 밀폐공간 작업시작 전에 퍼지(purge)를 하고 있는 장면이다.

문제 **영상의 퍼지작업과 관련하여 다음에 나열된 가스와 연관된 퍼지의 목적을 각각 쓰시오.**

(1) 독성가스의 경우
(2) 불활성 가스의 경우
(3) 인화성 가스 및 조연성 가스의 경우

정답 ① 독성가스: 가스중독사고의 방지
② 불활성 가스: 산소결핍사고의 방지
③ 인화성 가스 및 조연성 가스: 화재·폭발사고 및 산소결핍사고의 방지

6 배관작업

01

▶️ 영상설명
작업자가 스팀(steam)배관의 누출부위를 점검하다가 뜨거운 증기에 의하여 쓰러지는 장면이다.

문제 **영상에 나타난 재해를 산업재해기록·분류에 관한 기준으로 분류할 때 해당하는 재해발생형태를 쓰시오.**

정답 이상온도 접촉
[근거]
산업재해기록·분류에 관한 기술지원규정: 한국산업안전보건공단

02

📹 **영상설명**

보일러실에 배관이 설치되어 있는 장소에서 얇은 판이 설치된 부분을 집중적으로 보여주고 있는 장면이다.

문제 **다음 물음에 답하시오.**

(1) 판 입구측의 압력이 설정압력에 도달하게 되면 유체가 분출할 수 있도록 배관 등에 설치된 얇은 판의 명칭을 쓰시오.

(2) 해당 장치가 설치되어야 하는 경우를 2가지 쓰시오.

정답 (1) 얇은 판의 명칭

　　 파열판

(2) 해당 장치가 설치되어야 하는 경우

　　 ① 반응폭주 등 급격한 압력상승 우려가 있는 경우

　　 ② 급성독성물질의 누출로 인하여 주위의 작업환경을 오염시킬 우려가 있는 경우

　　 ③ 운전 중 안전밸브에 이상물질이 누적되어 안전밸브가 작동되지 아니할 우려가 있는 경우

[근거]

파열판의 설치: 산업안전보건법 산업안전보건기준에 관한 규칙 제262조

03

14년 2회, 15년 3회, 17년 1회, 18년 3회, 19년 2회, 20년 2회 · 4회, 22년 3회, 23년 3회, 24년 1회

📹 **영상설명**

작업자가 보안경을 착용하지 않고, 전용공구가 아닌 일반수공구를 사용하여 에어(air)배관작업을 하다가 고압증기의 누출로 눈을 다치는 장면이다.

문제 **영상의 재해사례와 같은 에어배관작업을 할 때 위험요인을 2가지 쓰시오.**

정답 ① 배관에 남아 있는 고압증기를 제거하지 않았고, 전용공구를 사용하지 않아 사고의 위험이 있다.

　　② 보안경을 착용하지 않아 고압증기로 인하여 눈을 다치는 위험이 있다.

04

▶◀ 영상설명

작업자가 이동식사다리 위에서 보안경을 착용하지 않고, 고소배관의 플랜지(flange) 볼트를 조이다가 떨어지는 장면이다.

문제 **영상의 재해사례와 같은 고소배관작업을 할 때 위험요인을 3가지 쓰시오.**

정답 ① 이동식사다리의 설치가 불안전하여 떨어질 위험이 있다.
② 보안경을 착용하지 않아 고압증기로 인하여 눈을 다치는 위험이 있다.
③ 방열장갑, 방열복 등 보호구를 착용하지 않아 고압증기로 인하여 화상의 위험이 있다.

05

▶◀ 영상설명

작업자가 온열질환으로 고통을 받고 있는 장면이다.

문제 **다음에 해당하는 온열질환의 명칭을 쓰시오.**

(1) (①): 고온환경에 노출될 때 발한에 의한 체열방출이 축적되어 발생하며, 뇌 온도의 상승으로 체온조절 중 뇌의 기능이 장해를 받게 된다. 치료를 하지 않을 경우 100%, 43℃ 이상일 때에는 80% 정도의 치명률을 가진다.
(2) (②): 체내 수분, 염분의 공급이상으로 땀을 많이 흘리고, 극심한 무력감과 피로, 창백해짐, 구토 등의 증상이 나타난다.

정답 ① 열사병
② 열탈진

06

▶◀ 영상설명

작업자가 이동식사다리 위에서 보안경을 착용하지 않고, 고소배관의 플랜지(flange) 볼트를 조이다가 떨어지는 장면이다.

문제 **영상에 나타난 이동식사다리의 최대 설치 사용길이는 얼마이어야 하는지 단위를 포함하여 쓰시오.**

정답 6m

7 드럼통작업

19년 3회

▶◀ 영상설명

작업자가 작업대 위에서 기름이 들어 있는 드럼통을 배수구가 있는 작업장 아래로 낙하하고 있는 장면이다.

문제 **영상에서와 같은 작업시 위험요인을 2가지 쓰시오.**

정답 ① 드럼통이 낙하할 때 아래에 있는 작업자가 다칠 위험이 있다.
② 드럼통에 구름멈춤장치를 하지 않아 드럼통이 굴러 다칠 위험이 있다.
③ 드럼통이 낙하하면서 그 충격으로 배수구의 덮개가 튀어 올라 다칠 위험이 있다.
④ 안전장갑 등 보호구를 착용하지 않아 다칠 위험이 있다.

8 자동차부품 세척작업

11년 1회, 20년 2회

▶◀ **영상설명**

작업자가 일반복장을 하고, 고무장화와 고무장갑을 착용한 채 담배를 피우면서 자동차 부품을 세척하고 있는 장면이다.

문제   영상은 자동차부품을 도금하고 세척을 하고 있다. 이 사례를 활용하여 위험예지훈련을 할 때 연관된 행동 목표를 2가지 쓰시오.

정답   ① 세척작업을 할 때는 불침투성 보호의를 착용하자.
② 세척작업 중에는 담배를 피우지 말자(흡연을 하지 말자).

9 화학설비

01

13년 3회, 15년 2회, 16년 3회, 20년 1회, 21년 2회, 22년 1회, 24년 2회

▶◀ 영상설명

영상에 화학설비가 나타나고 있는 장면이다.

문제 화학설비 중 특수화학설비를 설치하는 경우 내부의 이상상태를 조기에 파악하고 폭발 · 화재 또는 위험물의 누출을 방지하기 위하여 설치하여야 할 장치를 3가지 쓰시오.

정답 ① 온도계 · 유량계 · 압력계 등의 계측장치
② 자동경보장치
③ 긴급차단장치
[근거]
계측장치 등의 설치, 자동경보장치의 설치 등, 긴급차단장치의 설치 등: 산업안전보건법 산업안전보건기준에 관한 규칙 제273조 ∼
제275조

02

▶◀ 영상설명

영상에 화학설비가 나타나고 있는 장면이다.

문제 다음 물음에 답하시오.
(1) 플레어시스템(flare system)의 정의를 쓰시오.
(2) 플레어시스템의 구성요소 중 굴뚝형식의 소각탑으로서 유입되는 가스를 안전하게 연소시켜주는 설비의 명칭을 쓰시오.

정답 (1) 플레어시스템의 정의
폐가스를 안전하게 배출하고 이송 · 처리하여 소각하는 일련의 시스템을 말한다.
(2) 설비의 명칭
플레어스택(flare stack)

03

▶️ **영상설명**

영상에 화학설비가 나타나고 있는 장면이다.

문제 산업안전보건법령상 압력용기, 정변위압축기 등 화학설비에 대해 과압에 따른 폭발을 방지하기 위하여 설치해야 하는 안전장치를 2가지 쓰시오.

정답 ① 안전밸브
② 파열판
[근거]
안전밸브 등의 설치: 산업안전보건법 산업안전보건기준에 관한 규칙 제261조

04

▶️ **영상설명**

영상에 화학설비가 나타나고 있는 장면이다.

문제 화학설비와 그 부속설비의 개조 · 수리 및 청소 등을 위하여 해당 설비를 분해하거나 해당 설비의 내부에서 작업을 하는 경우 사업주의 준수 사항을 2가지 쓰시오.

정답 ① 작업책임자를 정하여 해당 작업을 지휘하도록 할 것
② 작업장소에 위험물 등이 누출되거나 고온의 수증기가 새어나오지 않도록 할 것
③ 작업장 및 그 주변의 인화성 액체의 증기나 인화성 가스의 농도를 수시로 측정할 것
[근거]
개조 · 수리 등: 산업안전보건법 산업안전보건기준에 관한 규칙 제278조

05

▶️ **영상설명**

저장탱크 위에 설치된 A설비를 보여주고 있는 장면이다.

문제 영상에 나타난 (1) 설비의 명칭을 쓰고 (2) 다음 (　　) 안에 적합한 내용을 쓰시오.

영상의 설비는 정상운전시에 대기압 탱크 내부가 (　　　)되지 않도록 충분한 용량의 것을 사용하여야 하며, 철저하게 유지 · 보수를 하여야 한다.

정답 (1) 설비의 명칭
통기설비(통기관 또는 통기밸브)
(2) 진공 또는 가압

10 유해화학물질

01

▶️ 영상설명

작업자가 유리로 된 병을 황산(H$_2$SO$_4$)을 사용하여 세척을 하고 있는 장면이다.

문제 영상에서와 같은 작업을 할 때 발생할 수 있는 ① 재해발생형태를 쓰고 ② 재해의 정의를 쓰시오.

정답
① 재해발생형태: 화학물질 누출 · 접촉
② 재해(유해 · 위험물질 노출 · 접촉)의 정의: 유해 · 위험물질에 노출 · 접촉 또는 흡입한 경우를 말한다.
[근거]
발생형태 정의: 산업재해기록 · 분류에 관한 기술지원규정 한국산업안전보건공단

02

▶️ 영상설명

작업자가 유리로 된 병을 황산(H$_2$SO$_4$)을 사용하여 세척을 하고 있는 장면이다.

문제 영상과 같은 작업을 장기간 할 경우 황산 등 유해화학물질이 인체에 유입될 수 있는데, 이 때 인체의 침입 경로를 3가지 쓰시오.

정답
① 소화기
② 호흡기
③ 피부점막

03

작업자가 유리로 된 병을 황산(H₂SO₄)을 사용하여 세척을 하고 있는 장면이다.

문제 **산업안전보건법상 화학물질의 유해위험요인을 알리기 위해 용기에 표시하는 자료의 명칭을 쓰시오.**

정답 물질안전보건자료(또는 MSDS)
[근거]
물질안전보건자료 대상물질 용기 등의 경고 표시: 산업안전보건법 산업안전보건기준에 관한 규칙 제115조

Ⅱ 석면취급작업

01

▶️ 영상설명

작업자가 방진전용마스크를 쓰지 않고, 석면취급작업을 하고 있는 장면이다.

문제 **영상과 같은 석면취급작업시 석면분진에 장기간 폭로될 때 발생할 수 있는 직업병의 종류를 3가지 쓰시오.**

정답 ① 석면폐증
② 악성중피종
③ 폐암

02

▶◀ 영상설명

작업자가 방진전용마스크가 아닌 일반 마스크를 착용하고, 브레이크 라이닝 패드 작업을 하고 있는 장면이다.

문제 **영상에 나타난 작업자가 마스크를 착용하고 있으나 직업성 질환으로 이환될 우려가 있는 이유와 석면분 진에 장기간 폭로시 어떤 직업병이 발생할 위험이 있는지에 대하여 설명하시오.**

정답 작업자가 착용한 것은 방진전용마스크가 아니므로 석면분진이 마스크를 통해 인체로 흡입되어 직업성 질환으로 이환될 우려가 있으며, 장기간 폭로시 석면폐증, 악성중피종, 폐암과 같은 직업병이 발생할 위험이 있다.

03

▶◀ 영상설명

작업자가 면장갑을 착용하고 회전하는 브레이크 라이닝 패드작업을 하다가 손이 말려들어가는 장면이다.

문제 **영상은 회전하는 브레이크 라이닝 패드작업을 하다가 면장갑을 착용한 손이 말려들어간 재해사례이다. 이와 같은 작업시 안전대책을 2가지만 쓰시오.**

정답 ① 비상정지장치 등 방호장치를 설치한다.
② 회전기계작업시 면장갑을 착용하지 않는다.
③ 이물질이 눈에 들어갈 수 있으므로 보안경을 착용한다.

04

▶◀ 영상설명

작업자가 방진전용마스크를 쓰지 않고, 석면취급작업을 하고 있는 장면이다.

문제 **영상과 같은 석면취급작업시 안전수칙을 3가지 쓰시오.**

정답 ① 석면분진이 퍼지지 않도록 석면을 사용하는 장소를 다른 작업장소와 격리하여야 한다.
② 석면을 사용하는 작업장소의 바닥재료는 불침투성 재료를 사용하고 청소하기 쉬운 구조로 하여야 한다.
③ 석면을 사용하는 설비 중 근로자가 상시 접근할 필요가 없는 설비는 밀폐된 장소에 설치하여야 한다.
④ 석면분진이 흩날릴 우려가 있는 작업을 하는 장소에는 국소배기장치를 설치ㆍ가동하여야 한다.
⑤ 석면을 함유하는 폐기물은 새지 않도록 불침투성 자루 등에 밀봉하여 보관하여야 한다.
⑥ 석면이 흩날리지 않도록 습기를 유지하여야 한다.
⑦ 석면취급작업을 마친 근로자의 오염된 작업복은 석면전용의 탈의실에서만 벗도록 하여야 한다.
[근거]
격리, 바닥, 밀폐 등, 국소배기장치의 설치 등, 석면분진의 흩날림 방지 등, 작업복 관리 : 산업안전보건법 산업안전보건기준에 관한 규칙 제477조 ~ 제483조

12 크롬도금작업

01

12년 3회, 14년 3회, 16년 1회, 18년 1회, 20년 2회

▶◀ 영상설명

작업자가 국소배기장치가 설치된 작업장에서 크롬(Cr)도금작업을 하고 있는 장면이다.

문제　영상과 같은 크롬(Cr)도금작업시 (1) 도금조에 적합한 국소배기장치의 명칭을 쓰고 (2) 크롬산 미스트 (mist)의 발생을 억제할 수 있는 방법을 간단히 쓰시오.

정답　(1) 도금조에 적합한 국소배기장치
　　　① 푸시풀(push-pull)형
　　　② 슬롯(slot)형
　　　③ 측방형
　　(2) 크롬산 미스트(mist)의 발생을 억제할 수 있는 방법
　　크롬도금조에 소형플라스틱 볼을 집어넣어 크롬산 미스트가 발생되는 표면적을 최대한으로 줄여 발생량을 최소화하고, 도금액과 계면활성제를 동시에 투입하여 크롬산 미스트의 발생을 억제시킨다.

02

11년 3회, 15년 2회, 17년 1회, 19년 1회, 21년 1회

▶◀ 영상설명

작업자가 불안전한 자세로 크롬(cr)도금작업을 하고 있는 장면이다.

문제　영상의 크롬(cr)도금작업과 관련하여 크롬 또는 크롬화합물의 분진, 미스트를 작업자가 장기간 흡입하여 발생할 수 있는 (1) 직업병의 명칭과 (2) 그 증상에 대하여 쓰시오.

정답　① 직업병의 명칭: 비중격천공증
　　② 증상: 코 내부의 물렁뼈에 구멍이 뚫리는 증상

03

▶◀ 영상설명

작업자가 국소배기장치가 설치된 작업장에서 크롬(cr)도금작업을 하고 있는 장면이다.

문제 **영상과 같이 작업장에 국소배기장치를 설치할 때의 준수사항을 3가지 쓰시오.**

정답 ① 후드는 유해물질이 발생하는 곳마다 설치할 것
② 후드는 유해인자의 발생형태와 비중, 작업방법 등을 고려하여 해당 분진 등의 발산원을 제어할 수 있는 구조로 설치할 것
③ 후드형식은 가능하면 포위식 또는 부스식 후드를 설치할 것
④ 외부식 또는 리시버식 후드는 해당 분진 등의 발산원에 가장 가까운 위치에 설치할 것
⑤ 덕트는 가능하면 길이는 짧게 하고 굴곡부의 수는 적게 할 것
⑥ 덕트 접속부의 안쪽은 돌출된 부분이 없도록 할 것
⑦ 덕트는 청소구를 설치하는 등 청소하기 쉬운 구조로 할 것
⑧ 덕트 내부에 오염물질이 쌓이지 않도록 이송속도를 유지할 것
⑨ 덕트의 연결부위 등은 외부공기가 들어오지 않도록 할 것
[근거]
후드, 덕트: 산업안전보건법 안전보건기준에 관한 규칙 제72조, 제73조

04

▶◀ 영상설명

작업자가 국소배기장치가 설치된 작업장에서 크롬(Cr)도금작업을 하고 있는 장면이다.

문제 **영상에 나타난 국소배기장치를 설치하지 않아도 되는 특례를 1가지 쓰시오.**

정답 ① 실내작업장의 벽·바닥 또는 천장에 대하여 관리대상 유해물질 취급업무를 수행할 때 관리대상 유해물질의 발산 면적이 넓어 설비를 설치하기 곤란한 경우
② 자동차의 차체, 항공기의 기체, 선체 블록(block) 등 표면적이 넓은 물체의 표면에 대하여 관리대상 유해물질 취급업무를 수행할 때 관리대상 유해물질의 증기 발산 면적이 넓어 설비를 설치하기 곤란한 경우
[근거]
국소배기장치의 설비 특례: 산업안전보건법 산업안전보건기준에 관한 규칙 제425조

13 유해화학물질 취급작업

01

14년 2회, 15년 2회, 16년 3회, 17년 3회, 18년 2회 · 3회, 19년 3회, 20년 4회, 21년 2회, 22년 3회, 25년 1회

▶️ **영상설명**

작업자가 DMF 등 유해화학물질을 취급하는 작업을 하고 있다.

문제　영상에서는 DMF(Dimethylformamide, 디메틸포름아미드) 등 유해화학물질을 취급하는 작업을 하고 있다. 이와 관련하여 유해화학물질(물질안전보건자료대상물질) 취급시 근로자가 쉽게 볼 수 있는 장소에 게시 또는 갖추어 두어야 하는 사항을 4가지 쓰시오.

정답
① 제품명　　　　　　　　　　　　　　　② 건강 및 환경에 대한 유해성, 물리적 위험성
③ 안전 및 보건상의 취급주의사항　　　　④ 적절한 보호구
⑤ 응급조치요령 및 사고시 대처방법
[근거]
• 물질안전보건자료의 게시 및 교육: 산업안전보건법 제114조
• 물질안전보건자료대상물질의 관리요령 게시: 산업안전보건법 시행규칙 제168조

02

23년 2회, 25년 1회, 25년 2회

▶️ **영상설명**

작업자가 DMF 등 유해화학물질을 취급하는 작업을 하고 있다.

문제　산업안전보건법령상 사업주가 관리대상 유해물질을 취급하는 작업에 근로자를 종사하도록 하는 경우에 근로자를 작업에 배치하기 전에 근로자에게 알려야 하는 사항을 4가지만 쓰시오.

정답
① 관리대상 유해물질의 명칭 및 물리적 · 화학적 특성　② 인체에 미치는 영향과 증상
③ 취급상의 주의사항　　　　　　　　　　　　　　④ 착용하여야 할 보호구와 착용방법
⑤ 위급상황시의 대처방법과 응급조치 요령　　　　　⑥ 그밖에 근로자의 건강장해예방에 관한 사항
[근거]
유해성 등의 주지: 산업안전보건법 산업안전보건기준에 관한 규칙 제449조

03

▶️ 영상설명

작업자가 DMF 등 유해화학물질을 취급하는 작업을 하고 있다.

문제 영상에서와 같이 DMF 등 유해화학물질을 사용하는 작업장 내에 물질안전보건자료(MSDS)를 게시하거나 갖추어 두어야 하는 장소를 3가지 쓰시오.

정답 ① 물질안전보건자료대상물질을 취급하는 작업공정이 있는 장소
② 작업장 내 근로자가 가장 보기 쉬운 장소
③ 근로자가 작업 중 쉽게 접근할 수 있는 장소에 설치된 전산장비
[근거]
물질안전보건자료를 게시하거나 갖추어 두는 방법: 산업안전보건법 시행규칙 제167조

04

▶️ 영상설명

작업자가 DMF 등 유해화학물질을 취급하는 작업을 하고 있다.

문제 영상과 같은 유해화학물질 취급시 일반적인 주의사항을 3가지 쓰시오.

정답 ① 유해화학물질에 대한 사전조사
② 유해물 발생원에 대한 봉쇄
③ 작업공정의 변경 및 유해화학물질의 위치 변경
④ 유해화학물질 작업장의 격리
⑤ 점화원의 제거 및 실내환기 실시
⑥ 작업환경의 정리정돈 및 청소

05

▶️ 영상설명

작업자가 DMF 등 유해화학물질을 취급하는 작업을 하고 있다.

문제 유해화학물질이 누출된 경우 한정된 범위 밖으로 벗어나는 것을 방지하기 위하여 설치해야 하는 방호시설은 무엇인지 쓰시오.

정답 방유제(또는 방류둑)

06

작업자가 DMF 등 유해화학물질을 취급하는 작업을 하고 있다.

문제 영상에 나타난 DMF 용기 외부에 부착해야 하는 경고표지를 보기에서 2가지 골라 쓰시오.

─〈보기〉─

산화성물질 경고, 인화성물질 경고, 부식성물질 경고, 급성독성물질 경고,

발암성 · 변이원성 · 생식독성 · 전신독성 · 호흡기과민성물질 경고

정답 ① 인화성물질 경고

② 급성독성물질 경고

③ 발암성 · 변이원성 · 생식독성 · 전신독성 · 호흡기과민성물질 경고

04 | 건설공사 안전관리

1 리프트(lift)작업

01

13년 1회, 14년 2회, 15년 3회, 17년 2회, 18년 1회, 20년 2회, 22년 1회 · 2회

▶◀ 영상설명

작업자가 건설용 리프트의 안전 여부를 점검하다가 신체가 끼이는 장면이다.

문제 **영상의 재해사례와 관련하여 리프트에 설치하여야 할 방호장치를 3가지만 쓰시오.**

정답 ① 과부하방지장치   ③ 비상정지장치
      ② 권과방지장치   ④ 제동장치
      [근거]
      방호장치의 조정: 산업안전보건법 산업안전보건기준에 관한 규칙 제134조

02

▶️ **영상설명**

작업자가 건설용리프트의 안전 여부를 점검하다가 신체가 끼이는 장면이다.

문제 **건설용 리프트를 이용한 작업시 특별교육의 교육내용을 3가지 쓰시오.**

정답 ① 방호장치의 기능 및 사용에 관한 사항　　　　　④ 기계·기구의 특성 및 동작원리에 관한 사항
② 기계, 기구, 달기체인 및 와이어 등의 점검에 관한 사항　⑤ 신호방법 및 공동작업에 관한 사항
③ 화물의 권상·권하 작업방법 및 안전작업 지도에 관한 사항　⑥ 그 밖에 안전·보건관리에 필요한 사항
[근거]
안전보건교육 교육대상별 교육내용: 산업안전보건법 시행규칙 [별표 5]

03

▶️ **영상설명**

작업자가 건설용 리프트를 사용하여 작업을 하고 있는 장면이다.

문제 **영상과 같은 리프트의 작업시작 전 점검사항을 2가지 쓰시오.**

정답 ① 방호장치, 브레이크 및 클러치의 기능
② 와이어로프가 통하고 있는 곳의 상태
[근거]
작업시작 전 점검사항: 산업안전보건법 산업안전보건기준에 관한 규칙 [별표 3]

04

▶️ **영상설명**

작업자가 건설용 리프트를 사용하여 작업을 하고 있는 장면이다.

문제 **다음은 영상의 건설용 리프트와 관련한 안전검사 주기에 관한 사항이다. (　　) 안에 적합한 내용을 쓰시오.**

사업장에 설치가 끝난 날부터 (①)년 이내에 최초안전검사를 실시하되, 그 이후부터 (②)년마다 (건설현장에서 사용하는 것은 최초로 설치한 날부터 (③)개월마다)

정답 ① 3
② 2
③ 6
[근거]
안전검사의 주기와 합격표시 및 표시방법: 산업안전보건법 시행규칙 제126조

[과부하방지장치]

[완충스프링]

[비상정지장치]

[출입문연동장치]

[방호울출입문연동장치]

[3상전원차단장치]

05

▶ 영상설명

건설용 리프트의 방호장치를 보여주고 있는 장면이다.

문제 번호(①~⑥)에 나타난 방호장치의 명칭을 쓰시오.

정답 ① 과부하방지장치
② 완충스프링
③ 비상정지장치
④ 출입문연동장치
⑤ 방호울출입문연동장치
⑥ 3상전원차단장치

06

▶ 영상설명

작업자가 건설용 리프트를 사용하여 작업을 하고 있는 장면이다.

문제 영상과 같은 리프트의 설치 · 조립 · 수리 · 점검 또는 해체작업을 하는 경우 작업을 지휘하는 사람의 직무를 3가지 쓰시오.

정답 ① 작업방법과 근로자의 배치를 결정하고 해당 작업을 지휘하는 일
② 재료의 결함 유무 또는 기구 및 공구의 기능을 점검하고 불량품을 제거하는 일
③ 작업 중 안전대 등 보호구의 착용상황을 감시하는 일
[근거]
조립 등의 작업: 산업안전보건법 산업안전보건기준에 관한 규칙 제156조

2 이동식크레인작업 및 겐트리크레인작업

01

▶ 영상설명

이동식크레인을 사용하여 배관을 운반하는 작업 중에 신호수와 운전자간의 신호방법이 맞지 않아 배관이 흔들리면서 철골에 부딪혀 아래에 있는 작업자 위로 배관이 떨어지고 있는 장면이다.

문제 영상의 재해사례와 관련하여 이동식크레인작업시 작업시작 전 점검사항을 3가지 쓰시오.

정답 ① 권과방지장치나 그 밖의 경보장치의 기능
② 브레이크, 클러치 및 조정장치의 기능
③ 와이어로프가 통하고 있는 곳 및 작업장소의 지반상태
[근거]
작업시작 전 점검사항: 산업안전보건법 산업안전보건기준에 관한 규칙 [별표 3]

02

▶ 영상설명

이동식크레인을 사용하여 배관을 운반하는 작업 중에 신호수와 운전자간의 신호방법이 맞지 않아 배관이 흔들리면서 철골에 부딪혀 아래에 있는 작업자 위로 배관이 떨어지고 있는 장면이다.

문제 영상의 재해사례와 같이 이동식크레인을 사용하여 작업을 할 때 사업주가 작업시작 전 점검하여야 할 장치를 3가지 쓰시오.

정답 ① 권과방지장치
② 브레이크(제동장치)
③ 클러치
④ 조정장치
⑤ 경보장치

03

▶️ 영상설명

이동식크레인을 사용하여 배관을 운반하는 작업 중에 신호수와 운전자간의 신호방법이 맞지 않아 배관이 흔들리면서 철골에 부딪혀 아래에 있는 작업자 위로 배관이 떨어지고 있는 장면이다.

문제 영상의 재해사례와 같은 재해가 발생하지 않도록 이동식크레인에 설치하여야 할 방호장치를 4가지 쓰시오.

정답
① 권과방지장치
② 과부하방지장치
③ 비상정지장치
④ 제동장치

[권과방지장치]

[해지장치]

[아웃트리거]

04

▶️ 영상설명

이동식크레인을 사용하여 배관을 운반하는 작업 중에 신호수와 운전자간의 신호방법이 맞지 않아 배관이 흔들리면서 철골에 부딪혀 아래에 있는 작업자 위로 배관이 떨어지고 있는 장면이다.

문제 다음에 해당하는 이동식크레인의 방호장치의 명칭을 쓰시오.

(1) 권상용 와이어로프 등의 과도한 권상으로 인한 사고방지장치: (①)
(2) 훅걸이용 와이어로프 등이 훅으로부터 벗겨지는 것을 방지하기 위한 장치: (②)
(3) 전도를 방지하기 위해 장비의 측면에 부착하여 지탱할 수 있도록 한 장치: (③)

정답
① 권과방지장치
② 해지장치
③ 아웃트리거

05

▶️ 영상설명

이동식크레인을 사용하여 배관을 운반하는 작업 중에 신호수와 운전자간의 신호방법이 맞지 않아 배관이 흔들리면서 철골에 부딪혀 아래에 있는 작업자 위로 배관이 떨어지고 있는 장면이다.

문제 영상의 재해사례에서 ① 재해발생형태를 쓰고 ② 재해의 정의를 쓰시오.

정답 ① 재해발생형태: 낙하(맞음)
② 재해(낙하)의 정의: 물건이 주체가 되어 사람이 맞은 경우(또는 구조물, 기계 등에 고정되어 있던 물체가 중력, 원심력, 관성력 등에 의하여 고정부에서 이탈하거나 또는 설비 등으로부터 물질이 분출되어 사람을 가해하는 경우)
[근거]
산업재해기록 분류에 관한 지침: 한국산업안전보건공단

06

▶️ 영상설명

이동식크레인을 사용하여 배관을 운반하는 작업 중에 신호수와 운전자간의 신호방법이 맞지 않아 배관이 흔들리면서 철골에 부딪혀 아래에 있는 작업자 위로 배관이 떨어지고 있는 장면이다.

문제 영상의 재해사례와 같이 이동식크레인을 사용하여 작업을 할 때 화물의 낙하비래 위험을 방지하기 위하여 사전에 점검하거나 조치하여야 할 사항을 3가지 쓰시오.

정답 ① 와이어로프의 안전상태를 사전에 점검·확인한다.
② 훅의 해지장치 안전상태를 사전에 점검·확인한다.
③ 관계근로자 이외의 사람은 작업반경 내에 출입을 금지한다.
④ 인양작업 중에 화물이 떨어질 위험이 있는지 체결상태를 확인·점검한다.

07

▶️ 영상설명

이동식크레인을 사용하여 배관을 운반하는 작업 중에 신호수와 운전자간의 신호방법이 맞지 않아 배관이 흔들리면서 철골에 부딪혀 아래에 있는 작업자 위로 배관이 떨어지고 있는 장면이다.

문제 영상의 재해사례와 같이 이동식크레인을 사용한 배관인양 작업시의 (1) 위험요인과 (2) 안전대책을 각각 2가지 쓰시오.

정답 (1) 위험요인
① 작업반경 내 관계근로자 이외의 사람이 출입하여 위험하다.
② 와이어로프의 안전상태가 불량하여 위험하다.
③ 훅의 해지장치 안전상태가 불량하여 위험하다.
(2) 안전대책
① 작업반경 내 관계근로자 이외의 사람의 출입을 금지시키는 조치를 한다.
② 와이어로프의 안전상태를 철저히 점검·확인한다.
③ 훅의 해지장치 안전상태를 철저히 점검·확인한다.

08

▶️ 영상설명

겐트리크레인을 보여주고 있는 장면이다.

문제 영상에 나오는 (1) 크레인 종류를 쓰고, (2) 작업장 바닥에 고정된 레일을 따라 주행하는 크레인의 새들(saddle) 돌출부와 주변 구조물 사이의 안전공간은 최소 얼마 이상이어야 하는지 쓰시오.

정답 (1) 크레인 종류

　　겐트리크레인(gantry crane)

　　(2) 안전공간

　　40cm 이상

　　[근거]

　　크레인의 수리등의 작업: 산업안전보건법 산업안전보건기준에 관한 규칙 제139조

3 타워크레인작업

01

▶️ 영상설명

타워크레인을 사용하여 자재를 운반하는 작업을 하다가 신호수와 운전자간에 신호방법이 맞지 않아 배관이 흔들리면서 철골에 부딪혀 아래에 있는 작업자 위로 자재가 떨어지는 장면이다

문제 영상에 나타난 재해사례에서 타워크레인작업시 (1) 안전준수가 되지 않은 사항과 (2) 안전대책을 각각 3가지씩 쓰시오.

(1) 안전준수가 되지 않은 사항

    ① 유도로프(보조로프)를 설치하지 않고 작업을 하고 있다.

    ② 일정한 신호방법을 정하지 않았고, 무전기 등을 사용하여 신호하지 않았다.

    ③ 슬링와이어의 체결상태를 확인하지 않았다.

    ④ 작업자 위로 권상하중을 통과시키고 있어 위험하다.

(2) 안전대책

    ① 유도로프(보조로프)를 설치하여 하물의 흔들림을 방지한다.

    ② 일정한 신호방법을 미리 정하고, 무전기 등을 사용하여 신호한다.

    ③ 슬링와이어의 체결상태를 철저히 확인한다.

    ④ 작업자 위로 권상하중을 통과시키지 않는다.

02

13년 2회, 20년 1회 · 4회, 23년 1회

▶️ 영상설명

타워크레인을 사용하여 자재를 운반하는 작업을 하는 장면이다.

문제 영상에 나타난 타워크레인작업시 안전작업방법을 3가지만 쓰시오.

정답 ① 유도(보조)로프를 설치한다.

② 무전기 등을 사용하여 신호를 하거나 일정한 신호방법을 미리 정하고 작업을 한다.

③ 크레인에 매단 화물을 흔들어서는 아니 된다.

④ 권상하중을 작업자 머리 위로 통과시키면 안 된다.

⑤ 슬링와이어의 체결상태를 철저히 점검을 한다.

⑥ 신호수를 배치한다.

03

▶️ 영상설명

타워크레인을 사용하여 자재를 운반하는 작업을 하는 장면이다.

문제 운반하역 표준안전작업지침상 크레인으로 화물을 들어올릴 때 걸이작업시 준수하여야 할 사항을 3가지 쓰시오.

정답 ① 와이어로프 등은 크레인의 후크 중심에 걸어야 한다.

② 인양 물체의 안정을 위하여 2줄 걸이 이상을 사용하여야 한다.

③ 밑에 있는 물체를 걸고자 할 때에는 위의 물체를 제거한 후에 행하여야 한다.

④ 매다는 각도는 60도 이내로 하여야 한다.

⑤ 근로자를 매달린 물체 위에 탑승시키지 않아야 한다.

[근거]

걸이: 운반하역 표준안전작업지침 고용노동부고시

04

▶ 영상설명

타워크레인을 사용하여 자재를 운반하는 작업을 하는 장면이다.

문제 영상에서와 같이 타워크레인을 사용하여 작업을 할 때의 안전준수사항이다. (   ) 안에 적합한 내용을 쓰시오.

> 순간풍속이 초당 (①)m를 초과하는 경우 타워크레인의 설치 · 수리 · 점검 또는 해체작업을 중지하여야 하며, 순간풍속이 초당 (②)m를 초과하는 경우에는 타워크레인의 운전작업을 중지하여야 한다.

정답 ① 10
② 15
[근거]
악천후 및 강풍시 작업중지: 산업안전보건법 산업안전보건기준에 관한 규칙 제37조

05

14년 2회, 16년 1회, 20년 4회, 24년 1회

▶ 영상설명

작업자가 형강에 체결된 줄걸이 와이어로프를 풀어내는 작업을 하다가 손이 끼이는 장면이다.

문제 영상의 재해사례에서 (1) 가해물을 쓰고 (2) 줄걸이 와이어로프를 풀어내기에 적합한 작업방식을 2가지 쓰시오.

정답 (1) 가해물

줄걸이 와이어로프

(2) 적합한 작업방식

① 형강 사이에 지렛대를 넣어 형강이 무너지지 않을 정도로 들어 올리고 와이어로프를 풀어내는 작업을 한다.

② 지렛대를 형강 사이에 넣어 2명 이상이 동시에 들어 올리고 와이어로프를 풀어내는 작업을 한다.

4 승강기작업

01
11년 1회, 14년 3회, 16년 1회 · 3회, 17년 3회, 18년 2회, 19년 3회, 21년 1회, 23년 2회

▶️ 영상설명

작업자가 피트(pit)내부에서 청소작업을 하다가 승강기의 개구부로 떨어지고 있는 장면이다.

문제 **영상에 나타난 재해사례의 위험요인을 3가지 쓰시오.**

정답 ① 안전난간이 설치되어 있지 않아 위험하다.
② 작업자가 안전대를 착용하지 않고 작업을 하여 위험하다.
③ 작업발판이 고정되어 있지 않아 위험하다.
④ 추락방호망을 설치하지 않아 위험하다.

02
18년 2회, 20년 3회, 22년 2회

▶️ 영상설명

작업자가 피트(pit)내부에서 청소작업을 하다가 승강기의 개구부로 떨어지고 있는 장면이다.

문제 **영상은 피트(pit)내부에서 청소작업을 하다가 발생한 재해사례이다. 이와 같은 재해가 발생하지 않도록 승강기에 설치하여야 할 방호장치를 5가지 쓰시오.**

정답 ① 과부하방지장치
② 비상정지장치
③ 제동장치
④ 파이널 리미트스위치
⑤ 속도조절기
⑥ 출입문 인터록
[근거]
방호장치의 조정: 산업안전보건법 산업안전보건기준에 관한 규칙 제134조

364 해커스자격증 pass.Hackers.com

03

◎◀ 영상설명

작업자가 승강기 와이어로프에 부착된 먼지와 기름을 걸레로 청소하다가 승강기 모터 벨트 부위로 손이 끼이는 장면이다.

문제 영상의 재해사례에서 나타난 ① 위험점, ② 재해발생형태, ③ 재해의 정의를 각각 쓰시오.

정답
① 위험점: 접선물림점
② 재해발생형태: 협착(끼임)
③ 재해(협착)의 정의: 물건에 끼워진 상태, 말려든 상태

04

◎◀ 영상설명

작업자가 양중기를 사용하여 화물을 인양하는 장면이다.

문제 승강기 등 양중기를 사용하여 화물을 인양할 때 운전자의 안전에 관한 준수사항을 2가지 쓰시오.

정답
① 기계를 운전 중 운전위치를 이탈해서는 아니 된다.
② 신호수의 신호방법에 따라 운전을 하여야 한다.
③ 하부작업자의 머리 위로 화물을 인양하지 않아야 한다.
[근거]
신호, 운전위치의 이탈금지: 산업안전보건법 안전보건기준에 관한 규칙 제40조, 제41조

5 항타기 · 항발기작업

01
20년 4회, 21년 3회, 24년 1회

▶️ **영상설명**

항타기의 조립작업을 하고 있는 장면이다.

문제 영상과 같이 항타기 또는 항발기의 조립 · 해체시 점검사항을 3가지 쓰시오.

정답 ① 본체 연결부의 풀림 또는 손상의 유무
② 권상용 와이어로프 · 드럼 및 도르래의 부착상태의 이상 유무
③ 권상장치의 브레이크 및 쐐기장치 기능의 이상 유무
④ 권상기의 설치상태의 이상 유무
⑤ 리더(leader)의 버팀의 방법 및 고정상태의 이상 유무
⑥ 본체 · 부속장치 및 부속품의 강도가 적합한지 여부
⑦ 본체 · 부속장치 및 부속품에 심한 손상 · 마모 · 변형 또는 부식이 있는지 여부
[근거]
조립 · 해체시 점검: 산업안전보건법 산업안전보건기준에 관한 규칙 제207조 → 2022.10.18 개정

02

항타기를 사용하여 건설현장에 콘크리트 파일을 설치하고 있는 장면이다.

문제 영상과 같은 항타기 또는 항발기 작업과 관련하여 (   ) 안에 적합한 내용을 쓰시오.

> (1) 항타기 또는 항발기의 권상장치 드럼축과 권상장치로부터 첫 번째 도르래의 축간 거리를 권상장치 드럼폭의 (①) 이상으로 하여야 한다.
> (2) 도르래는 권상장치의 드럼 (②)을 지나야 하며 축과 (③)상에 있어야 한다.

정답
① 15배
② 중심
③ 수직면
[근거]
도르래의 부착 등: 산업안전보건법 산업안전보건기준에 관한 규칙 제216조

03

작업자가 항타기를 사용하여 작업을 하고 있다.

문제 이음매가 있는 권상용 와이어로프의 사용금지 기준을 4가지 쓰시오.

정답
① 이음매가 있는 것
② 와이어로프의 한꼬임에서 끊어진 소선의 수가 10% 이상인 것
③ 지름의 감소가 공칭지름의 7%를 초과하는 것
④ 꼬인 것
⑤ 심하게 변형되거나 부식된 것
⑥ 열과 전기충격에 의해 손상된 것
[근거]
이음매가 있는 권상용 와이어로프의 사용금지: 산업안전보건법 산업안전보건기준에 관한 규칙 제210조

04

항타기를 사용하여 건설현장에 콘크리트 파일을 설치하고 있는 장면이다.

문제 항타기에 사용하는 파일(pile)의 하중이 2t일 때 권상용 와이어로프의 절단하중은 몇 t 이상이어야 하는지 계산하시오.

정답 항타기 또는 항발기의 권상용 와이어로프의 안전계수는 5 이상이다.

- 안전계수 $= \dfrac{\text{절단하중}}{\text{최대사용하중}}$
- 절단하중 = 안전계수 × 최대사용하중 = 5 × 2 = 10t 이상

05

항타기를 사용하여 건설현장에 콘크리트 파일을 설치하고 있는 장면이다.

문제 **사업주가 동력을 사용하는 항타기 또는 항발기에 대하여 무너짐을 방지하기 위하여 준수하여야 할 사항이다. (   ) 안에 알맞은 내용을 쓰시오.**

> (1) 연약한 지반에 설치하는 경우에는 (①) 등 지지구조물의 침하를 방지하기 위하여 깔판 · 받침목을 사용할 것
>
> (2) 궤도 또는 차로 이동하는 항타기 또는 항발기에 대해서는 불시에 이동하는 것을 방지하기 위하여 (②) 등으로 고정시킬 것

정답 ① 아웃트리거 · 받침

② 레일클램프 및 쐐기

[근거]

무너짐의 방지: 산업안전보건법 산업안전보건기준에 관한 규칙 제209조

6 가이데릭 설치작업

13년 2회, 15년 2회, 17년 2회

▶️ 영상설명

작업자가 갱폼(gang form)을 인양하기 위해 가이데릭을 설치하고 있다. 이때 가이데릭을 설치하기 위해 밑에 철사로 고정한 파이프를 세우고, 버팀대는 나무토막 위에 고정시키고 있는 장면이다.

문제 | 영상에 나타난 가이데릭 설치작업시 (1) 불안전한 상태를 2가지 쓰고 (2) 가이데릭을 설치할 때 적합한 후면고정방법을 쓰시오.

정답 | (1) 불안전한 상태
　　　① 철사로 파이프의 밑부분을 고정하여 무너질 위험이 있다.
　　　② 나무토막 위의 버팀대가 미끄러져 무너질 위험이 있다.
　　(2) 후면고정방법
　　　와이어로프로 결속하여 고정을 한다.

7 덤프트럭 수리작업

01

12년 2회, 13년 3회, 15년 1회, 17년 1회, 18년 3회, 20년 3회 · 4회, 22년 1회, 23년 2회, 25년 2회

▶ 영상설명

작업자가 덤프트럭의 적재함을 올리고 실린더 유압장치의 밸브를 수리하는 작업을 하다가 적재함 사이에 끼이는 장면이다.

문제 영상과 같이 차량계 하역운반기계 등의 수리 또는 부속장치의 장착 및 해체작업을 하는 경우 작업지휘자를 지정하여 준수하여야 할 사항을 2가지 쓰시오.

정답 ① 작업순서를 결정하고 작업을 지휘할 것
② 안전지지대 또는 안전블록 등의 사용상황을 점검할 것
[근거]
수리 등의 작업시 조치: 산업안전보건법 산업안전보건기준에 관한 규칙 제176조

02

▶ 영상설명

작업자가 굴착기의 버켓 이빨 사이에 로프를 2줄걸이로 하여 화물을 매달아 올리는데 화물이 계속 흔들거리고, 결국 로프가 탈락되면서 화물이 떨어지는 장면이다.

문제 영상에 나타난 굴착기 인양작업의 위험요인을 2가지 쓰시오.

정답 ① 퀵커플러 또는 작업장치에 달기구가 부착되어 있는 굴삭기 미사용
② 달기구에 해지장치 미사용
③ 신호수 미배치
④ 인양물과 작업자가 접촉할 우려가 있는 장소에 출입금지 미조치
[근거]
인양작업시 조치: 산업안전보건법 산업안전보건기준에 관한 규칙 제221조의5

8 흙막이지보공 설치작업

01

12년 3회, 14년 2회, 16년 1회, 17년 3회, 18년 1회, 20년 3회, 23년 3회, 25년 1회, 25년 2회

▶◀ 영상설명

작업자가 흙막이지보공을 설치하는 작업을 하고 있는 장면이다.

문제 **영상과 같은 흙막이지보공의 정기점검사항을 3가지 쓰시오.**

정답 ① 부재의 손상 · 변형 · 부식 · 변위 및 탈락의 유무와 상태
② 버팀대의 긴압의 정도
③ 부재의 접속부 · 부착부 및 교차부의 상태
④ 침하의 정도
[근거]
붕괴 등의 위험방지: 산업안전보건법 산업안전보건기준에 관한 규칙 제347조

02

▶◀ 영상설명

작업자가 흙막이지보공을 설치하는 작업을 하고 있는 장면이다.

문제 **흙막이지보공을 설치하는 목적을 간단히 쓰시오.**

정답 굴착작업시 지반의 무너짐을 방지하기 위하여 설치한다.

9 교량점검작업 중 추락

▶️ **영상설명**

작업자가 교량의 하부를 점검하다가 떨어지는 장면이다.

문제 영상에서 나타난 재해사례의 재해발생원인을 3가지만 쓰시오.

정답 ① 안전난간을 설치하지 않았다.
② 추락방호망을 설치하지 않았다.
③ 안전대 부착설비를 설치하지 않았고, 작업자가 안전대를 착용하지 않았다.
④ 작업시작 전에 작업발판 등 부속설비의 점검을 하지 않았다.
⑤ 작업장 주위의 정리정돈상태가 불량하였다.

10 아파트 창틀작업 중 추락

01

15년 1회, 16년 2회 · 3회, 17년 3회, 18년 1회 · 2회, 19년 1회 · 3회, 20년 2회 · 3회 · 4회, 21년 3회, 22년 1회, 23년 1회, 24년 2회, 25년 2회

▶️ 영상설명

한 작업자가 아파트 창틀에서 다른 작업자에게 작업발판을 건네주고 옆으로 이동하다가 발을 헛디디면서 작업장 바닥으로 떨어지고 있는 장면이다.

문제 영상의 재해사례에서 (1) 재해발생형태 (2) 재해발생원인 2가지 (3) 기인물 (4) 가해물을 각각 쓰시오.

정답 (1) 재해발생형태: 추락(떨어짐)
　　　 (2) 재해발생원인
　　　　　① 안전난간을 설치하지 않았다.
　　　　　② 추락방호망을 설치하지 않았다.
　　　　　③ 작업자가 안전대를 착용하지 않았다.
　　　 (3) 기인물: 작업발판
　　　 (4) 가해물: 바닥

02

▶️ 영상설명

한 작업자가 아파트 창틀에서 다른 작업자에게 작업발판을 건네주고 옆으로 이동하다가 발을 헛디디면서 작업장 바닥으로 떨어지고 있는 장면이다.

문제 영상의 재해사례에서 추락재해를 방지할 수 있는 (1) 보호망의 명칭과 (2) 보호망의 가로×세로의 규격을 각각 쓰시오.

정답 ① 보호망의 명칭: 추락방호망
　　　 ② 보호망의 가로×세로의 규격: 10×10cm 이하

11 공장지붕 철골작업 중 추락

01

12년 2회 · 3회, 14년 1회 · 2회, 15년 2회 · 3회, 16년 1회 · 3회, 17년 1회 · 3회, 18년 3회, 19년 1회 · 2회, 20년 2회 · 3회, 21년 2회 · 3회, 22년 2회, 23년 3회

▶️ 영상설명

여러 명의 작업자가 공장지붕의 철골상에 패널을 설치하는 작업을 하다가 한 명의 작업자가 바닥으로 떨어지는 장면
이다.

문제 **영상의 재해사례에서 나타나는 (1) 재해발생원인 (2) 안전대책을 각각 2가지씩 쓰시오.**

정답 (1) 재해발생원인

　　① 추락방호망을 설치하지 않았다.

　　② 안전대 부착설비를 설치하지 않았고, 작업자가 안전대를 착용하지 않았다.

(2) 안전대책

　　① 추락방호망을 설치한다.

　　② 안전대 부착설비를 설치하고, 작업자는 안전대를 착용한다.

02

▶️ 영상설명

건설현장에 낙하물방지망을 설치하고 있는 장면이다.

문제 **다음은 산업안전보건법령상 낙하물방지망을 설치하는 경우에 사업주의 준수사항에 대한 것이다. (　　) 안에 적합한 내용을 쓰시오.**

(1) 높이 (①)m 이내마다 설치하고, 내민길이는 벽면으로부터 (②)m 이상으로 할 것

(2) 수평면과의 각도는 (③)도 이상 (④)도 이하를 유지할 것

정답 　① 10　　　　② 2　　　　③ 20　　　　④ 30

[근거]

낙하물에 의한 위험의 방지: 산업안전보건법 산업안전보건기준에 관한 규칙 제14조

12 박공지붕 설치작업 중 추락

01

11년 2회, 12년 2회, 13년 3회, 14년 1회, 15년 1회 · 2회, 19년 1회, 20년 1회 · 2회, 22년 1회 · 2회

▶️ **영상설명**

추락방호망과 안전난간이 설치되지 않은 박공지붕 설치작업장에서 작업자가 휴식을 취하고 있는데 뒤편에 있던 적재물이 굴러와 작업자를 치면서 작업자가 떨어지는 장면이다.

문제 영상의 재해사례에서 (1) 위험요인 (2) 안전대책을 각각 2가지씩 쓰시오.

정답 (1) 위험요인
　　　① 추락방호망이 설치되지 않았다.
　　　② 안전난간이 설치되지 않았다.
　　　③ 안전대 부착설비가 없고, 작업자가 안전대를 착용하지 않았다.
　　　④ 작업자가 위험한 장소에서 휴식을 취하였다.
　　　⑤ 한 곳에 적재물이 과적되어 있다.
　　(2) 안전대책
　　　① 추락방호망을 설치한다.
　　　② 안전난간을 설치한다.
　　　③ 안전대 부착설비를 설치하고, 작업자가 안전대를 착용한다.
　　　④ 작업자는 위험한 장소에서 휴식을 취하지 않는다.
　　　⑤ 한 곳에 적재물을 과적하지 않는다.

02

▶️ 영상설명

추락방호망과 안전난간이 설치되지 않은 박공지붕 설치작업장에서 작업자가 휴식을 취하고 있는데 뒤편에 있던 적재물이 굴러와 작업자를 치면서 작업자가 떨어지는 장면이다.

문제 산업안전보건법상 작업발판 및 통로의 끝이나 개구부로서 근로자가 추락할 위험이 있는 장소의 방호조치를 3가지 쓰시오.

정답 ① 안전난간의 설치

② 울타리의 설치

③ 수직형 추락방망의 설치

④ 덮개의 설치

[근거]

개구부 등의 방호조치: 산업안전보건법 산업안전보건기준에 관한 규칙 제43조

03

▶️ 영상설명

추락방호망과 안전난간이 설치되지 않은 박공지붕 설치작업장에서 작업자가 휴식을 취하고 있는데 뒤편에 있던 적재물이 굴러와 작업자를 치면서 작업자가 떨어지는 장면이다.

문제 산업안전보건법령상 사업주가 근로자의 추락 등의 위험을 방지하기 위하여 안전난간을 설치하는 경우 기준에 맞는 구조로 설치하여야 한다. (   ) 안에 적합한 내용을 쓰시오. (단, 단위 및 이상, 미만 등을 정확히 기재할 것)

(1) 상부난간대는 바닥면 · 발판 또는 경사로의 표면으로부터 (①) 지점에 설치하고,

(2) 중간난간대는 상부난간대와 바닥면 등의 중간에 설치하여야 하며,

(3) 발끝막이판은 바닥면 등으로부터 (②)의 높이를 유지할 것

(4) 난간대는 지름 (③)의 금속제 파이프나 그 이상의 강도가 있는 재료일 것

정답 ① 90cm 이상

② 10cm 이상

③ 2.7cm 이상

[근거]

안전난간의 구조 및 설치요건: 산업안전보건법 산업안전보건기준에 관한 규칙 제13조

13 피트(pit)내부 점검 중 추락

01

25년 1회

▶■ 영상설명

작업자가 피트(pit) 덮개를 열고 불안정한 나무발판 위에 한쪽 발을 올려놓은 채 플래시를 비추면서 내부를 점검하다가 발이 미끄러져 떨어지는 장면이다.

문제 **영상의 재해사례와 같이 피트(pit)에서 작업을 하는 경우의 안전수칙을 2가지 쓰시오.**

정답 ① 점검 중이라는 안내표지판을 설치한다.
② 안전대 부착설비를 설치하고, 작업자는 안전대를 착용한다.
③ 추락방호망을 설치한다.
④ 작업발판을 확실하게 고정한다.

02

▶■ 영상설명

작업현장에 추락방호망이 설치되어 있는 장면이다.

문제 **추락방호망의 설치기준을 2가지 쓰시오.**

정답 ① 추락방호망은 수평으로 설치하고, 망의 처짐은 짧은 변 길이의 12% 이상이 되도록 할 것
② 건축물 등의 바깥쪽으로 설치하는 경우 추락방호망의 내민 길이는 벽면으로부터 3m 이상이 되도록 할 것
③ 추락방호망의 설치위치는 가능하면 작업면으로부터 가까운 지점에 설치하여야 하며, 작업면으로부터 망의 설치지점까지의 수직거리는 10m를 초과하지 아니할 것

[근거]
추락의 방지: 산업안전보건법 산업안전보건기준에 관한 규칙 제42조

14 작업발판 위 작업

01

16년 3회, 18년 3회, 19년 3회, 20년 1회, 23년 3회, 25년 1회, 25년 2회 · 3회

▶◀ 영상설명

작업자들이 2m가 넘는 작업장소의 작업발판 위에서 작업을 하고 있는 장면이다.

문제 영상과 같은 작업시 작업발판의 폭은 (①)cm 이상으로 해야 하고 발판재료간의 틈은 (②)cm 이하로 해야 하는지 쓰시오.

정답 ① 40
② 3
[근거]
작업발판의 구조: 산업안전보건법 산업안전보건기준에 관한 규칙 제56조

02

20년 3회

▶◀ 영상설명

작업자들이 2m가 넘는 작업장소의 작업발판 위에서 작업을 하고 있는 장면이다.

문제 영상과 같은 작업시 작업발판의 설치기준을 5가지 쓰시오.

정답 ① 발판재료는 작업할 때의 하중을 견딜 수 있도록 견고한 것으로 할 것
② 작업발판의 폭은 40cm 이상으로 하고, 발판재료간의 틈은 3cm 이하로 할 것
③ 추락의 위험이 있는 장소에는 안전난간을 설치할 것
④ 작업발판의 지지물은 하중에 의하여 파괴될 우려가 없는 것을 사용할 것
⑤ 작업발판재료는 뒤집히거나 떨어지지 않도록 둘 이상의 지지물에 연결하거나 고정시킬 것
⑥ 작업발판을 작업에 따라 이동시킬 경우에는 위험방지에 필요한 조치를 할 것
[근거]
작업발판의 구조: 산업안전보건법 산업안전보건기준에 관한 규칙 제56조

15 가설통로 설치작업

01

▶◀ 영상설명

작업자들이 가설통로를 설치하고 있는 장면이다.

문제 **영상은 가설통로를 설치하고 있는 작업이다. 다음 (   ) 안에 적합한 내용을 쓰시오.**

(1) 경사는 (①) 이하로 할 것
(2) 경사가 (②)를 초과하는 경우에는 미끄러지지 아니하는 구조로 할 것

정답 ① 30°
② 15°
[근거]
가설통로의 구조: 산업안전보건법 산업안전보건기준에 관한 규칙 제23조

02

24년 3회

▶◀ 영상설명

작업자들이 가설통로를 설치하고 있는 장면이다.

문제 **산업안전보건법상 가설통로를 설치하는 경우 준수하여야 할 사항을 3가지 쓰시오.**

정답 ① 견고한 구조로 할 것
② 경사는 30도 이하로 할 것
③ 경사가 15도를 초과하는 경우에는 미끄러지지 않는 구조로 할 것
④ 추락할 위험이 있는 장소에는 안전난간을 설치할 것
⑤ 수직갱에 가설된 통로의 길이가 15m 이상인 경우에는 10m 이내마다 계단참을 설치할 것
⑥ 건설공사에 사용하는 높이 8m 이상인 비계다리에는 7m 이내마다 계단참을 설치할 것
[근거]
가설통로의 구조: 산업안전보건법 산업안전보건기준에 관한 규칙 제23조

16 이동식비계 설치작업, 말비계작업, 달비계작업, 시스템비계작업

01

▶️ **영상설명**

작업자가 이동식비계 설치작업을 하다가 아웃트리거의 불량으로 떨어지는 장면이다.

문제 영상의 재해사례와 같이 이동식비계를 조립하여 작업을 하는 경우의 준수사항을 3가지 쓰시오.

정답 ① 승강용사다리는 견고하게 설치할 것

② 비계의 최상부에서 작업을 하는 경우에는 안전난간을 설치할 것

③ 작업발판은 항상 수평을 유지하고 작업발판 위에서 안전난간을 딛고 작업을 하거나 받침대 또는 사다리를 사용하여 작업을 하지 않도록 할 것

④ 작업발판의 최대적재하중은 250kg을 초과하지 않도록 할 것

⑤ 이동식비계의 바퀴에는 뜻밖의 갑작스러운 이동 또는 전도를 방지하기 위하여 브레이크 · 쐐기 등으로 바퀴를 고정시킨 다음 비계의 일부를 견고한 시설물에 고정하거나 아웃트리거를 설치하는 등 필요한 조치를 할 것

[근거]

이동식비계: 산업안전보건법 산업안전보건기준에 관한 규칙 제68조

02

▶️ **영상설명**

작업자가 이동식비계 위에서 작업을 하고 있다.

문제 이동식비계 위에서 작업시 위험요인을 3가지 쓰시오.

정답 ① 안전대를 착용하지 않았다.

② 바퀴가 고정되어 있지 않았다.

③ 승강용사다리가 설치되어 있지 않았다.

④ 안전난간이 설치되어 있지 않았다.

03

▶️ 영상설명

작업자가 말비계 위에서 작업을 하다가 떨어지는 장면이다.

문제 다음은 말비계를 조립하여 사용하는 경우에 준수하여야 할 사항이다. (   ) 안에 적합한 내용을 쓰시오.

> (1) 지주부재와 수평면의 기울기를 (①) 이하로 하고, 지주부재와 지주부재 사이를 고정시키는 보조부재를 설치할 것
> (2) 말비계의 높이가 2m를 초과하는 경우에는 작업발판의 폭을 (②) 이상으로 할 것
> (3) 지주부재의 하단에는 미끄럼방지장치를 하고, 근로자가 양측 끝부분에 올라서서 작업하지 않도록 할 것

정답 ① 75도

② 40cm

[근거]

말비계: 산업안전보건법 산업안전보건기준에 관한 규칙 제67조

04

▶️ 영상설명

작업자가 외줄비계 위에서 기대고 작업을 하다가 망치를 아래로 떨어뜨리는 장면이다.

문제 영상의 사례에서 (1) 추락재해방지대책과 (2) 낙하재해방지대책을 각 1가지씩 쓰시오.

정답 ① 추락재해방지대책: 작업자에게 안전대를 착용하도록 한다.

② 낙하재해방지대책: 낙하물방지망을 설치하고, 안전모를 착용하도록 한다.

05

▶️ 영상설명

작업자가 곤돌라형 달비계를 사용하여 작업을 하고 있다.

문제 **곤돌라형 달비계에 사용해서는 아니되는 달기체인의 기준을 2가지 쓰시오.**

정답 ① 달기 체인의 길이가 달기 체인이 제조된 때의 길이의 5%를 초과한 것
② 링의 단면지름이 달기 체인이 제조된 때의 해당 링의 지름의 10%를 초과하여 감소한 것
③ 균열이 있거나 심하게 변형된 것
[근거]
달비계의 구조: 산업안전보건법 산업안전보건기준에 관한 규칙 제63조

06

▶️ 영상설명

작업자가 시스템비계 위에서 작업을 하고 있다.

문제 **시스템비계 설치기준에 관한 사항을 보기에서 골라 쓰시오.**

〈보기〉

수평재, 수직재, 가새, 벽연결재

제조사가 정한 기준, 10도, 20도

(1) 시스템비계에서 건축물 벽에 연결 구조물과 가설된 파이프 사이에 있는 것의 명칭을 보기에서 골라 쓰시오.

(2) 그 명칭에 해당하는 설치간격 기준을 보기에서 골라 쓰시오.

정답 (1) 벽연결재
(2) 제조사가 정한 기준
[근거]
시스템비계의 구조: 산업안전보건법 산업안전보건기준에 관한 규칙 제69조

17 사다리식통로 설치작업 및 가설계단

01

▶ 영상설명

작업자가 사다리를 전주에 걸치고 불안정하게 작업을 하다가 떨어지는 장면이다.

문제 영상과 같은 작업시 사다리식통로의 설치기준을 3가지 쓰시오.

정답
① 견고한 구조로 할 것
② 심한 손상·부식 등이 없는 재료를 사용할 것
③ 발판의 간격은 일정하게 할 것
④ 발판과 벽과의 사이는 15cm 이상의 간격을 유지할 것
⑤ 폭은 30cm 이상으로 할 것
⑥ 사다리가 넘어지거나 미끄러지는 것을 방지하기 위한 조치를 할 것
⑦ 사다리의 상단은 걸쳐 놓은 지점으로부터 60cm 이상 올라가도록 할 것
⑧ 사다리식통로의 길이가 10m 이상인 경우에는 5m 이내마다 계단참을 설치할 것
⑨ 사다리식통로의 기울기는 75° 이하로 할 것(다만, 고정식 사다리식통로의 기울기는 90° 이하로 하고, 그 높이가 7m 이상인 경우에는
　•등받이울이 있어도 근로자 이동에 지장이 없는 경우: 바닥으로부터 높이가 2.5m 되는 지점부터 등받이울을 설치할 것　•등받이울
　이 있으면 근로자가 이동이 곤란한 경우: 한국산업표준에서 정하는 기준에 적합한 개인용 추락방지시스템을 설치하고, 근로자로 하
　여금 한국산업표준에서 정하는 기준에 적합한 전신안전대를 사용하도록 할 것)
⑩ 접이식 사다리기둥은 사용시 접혀지거나 펼쳐지지 않도록 철물 등을 사용하여 견고하게 조치할 것

[근거]
사다리식통로 등의 구조: 산업안전보건법 산업안전보건기준에 관한 규칙 제24조

02

▶️ 영상설명

건설공사현장의 가설계단을 보여주고 있는 장면이다.

문제 다음은 산업안전보건법령상 가설계단에 대한 사항이다. (　　) 안에 적합한 내용을 쓰시오.

(1) 계단 및 계단참을 설치하는 경우 (①)kg/m² 이상의 하중에 견딜 수 있는 강도를 가진 구조로 설치하여야 한다.

(2) 안전율(재료의 파괴응력도와 허용응력도의 비율)은 (②) 이상으로 하여야 한다.

(3) 계단을 설치하는 경우 그 폭을 (③) 이상으로 하여야 한다.

(4) 높이 (④) 이상인 계단의 개방된 측면에 안전난간을 설치하여야 한다.

(5) 높이가 (⑤)를 초과하는 계단에 높이 3m 이내마다 진행방향으로 길이 (⑥) 이상의 계단참을 설치하여야 한다.

정답
① 500
② 4
③ 1m
④ 1m
⑤ 3m
⑥ 1.2m

[근거]
계단의 강도, 폭, 계단참의 높이, 난간 등: 산업안전보건법 산업안전보건기준에 관한 규칙 제26조, 제27조, 제28조, 제30조
→ 2023.11.14 개정

03

▶️ 영상설명

작업자가 이동식 사다리에서 작업을 하다가 바닥으로 떨어지는 장면이다.

문제 영상에 나타난 재해에서 (1) 기인물과 (2) 가해물을 쓰시오.

정답
(1) 기인물
　　이동식 사다리
(2) 가해물
　　바닥

18 터널굴착작업

01

▶◀ **영상설명**

작업자가 터널지보공 설치작업을 하고 있는 장면이다.

문제 **영상과 같이 터널지보공을 설치하는 경우 수시로 점검하여야 할 사항을 3가지 쓰시오.**

정답 ① 부재의 손상 · 변형 · 부식 · 변위 · 탈락의 유무 및 상태
② 부재의 긴압정도
③ 부재의 접속부 및 교차부의 상태
④ 기둥침하의 유무 및 상태
[근거]
붕괴 등의 방지: 산업안전보건법 산업안전보건기준에 관한 규칙 제366조

02

▶◀ **영상설명**

작업자가 터널지보공 설치작업을 하고 있는 장면이다.

문제 **터널 등의 건설작업을 하는 경우에 낙반 등에 의하여 근로자가 위험해질 우려가 있는 경우에 위험을 방지하기 위하여 필요한 조치사항을 2가지 쓰시오.**

정답 ① 터널지보공 및 록볼트의 설치
② 부석의 제거
[근거]
낙반 등에 의한 위험의 방지: 산업안전보건법 산업안전보건기준에 관한 규칙 제351조

03

12년 2회, 13년 3회, 20년 2회, 23년 2회, 25년 3회

▶️ 영상설명

작업자가 터널 내 발파작업을 하고 있는 장면이다.

문제 영상과 같이 터널 내 발파작업을 할 때 발파공의 충전재료로 사용이 가능한 재료에 관하여 서술하시오.

정답 점토 · 모래 등 발화성 또는 인화성의 위험이 없는 재료를 사용하여야 한다.
[근거]
발파의 작업기준: 산업안전보건법 산업안전보건기준에 관한 규칙 제348조
※ 장전구가 갖추어야 할 조건
  마찰 · 충격 · 정전기 등에 의한 폭발의 위험이 없는 안전한 것을 사용할 것

04

19년 3회

▶️ 영상설명

작업자가 터널 내 발파작업을 위해 길고 얇은 철물을 사용하여 화약을 장전구 안으로 3개 정도 넣은 후, 전선을 꼬아서 주변선에 올려놓고, 폭파스위치가 있는 위치로 가고 있는 장면이다.

문제 영상과 같은 작업시 작업자의 화약장전과 관련한 위험요인을 1가지 쓰시오.

정답 화약을 장전하는 경우 마찰 · 충격 · 정전기 등에 의한 폭발의 위험이 없는 안전한 재료를 사용해야 되는데 작업자가 길고 얇은 철물을 사용하여 위험하다.
[근거]
발파의 작업기준: 산업안전보건법 산업안전보건기준에 관한 규칙 제348조

05

▶️ 영상설명

작업자가 터널지보공 설치작업을 하고 있는 장면이다.

문제 터널굴착작업을 할 때 이용되는 계측방법의 종류를 3가지만 쓰시오.

정답
① 내공변위측정   ② 천단침하측정   ③ 지표면침하측정
④ 록볼트축력측정   ⑤ 록볼트인발시험   ⑥ 지중침하측정
⑦ 지중변위측정   ⑧ 지중수평변위측정   ⑨ 지하수위측정
⑩ 뿜어붙이기콘크리트응력측정   ⑪ 터널 내 육안조사
[근거]
계측의 목적: 터널공사표준안전작업지침 고용노동부고시 제25조

06

▶️ 영상설명

작업자가 터널지보공 설치작업을 하고 있는 장면이다.

문제 터널 내 발파작업시 점화 후 장전된 화약류가 폭발하지 아니한 경우 또는 장전된 화약류의 폭발 여부를 확인하기 곤란한 경우와 관련하여 다음 (   ) 안에 적합한 내용을 쓰시오.

> (1) 전기뇌관에 의한 발파인 경우: (①) 분 이상 경과한 후 접근
>
> (2) 전기뇌관 외의 것에 의한 발파인 경우: (②) 분 이상 경과한 후 접근

정답 ① 5   ② 15

[근거]

발파의 작업기준: 산업안전보건법 산업안전보건기준에 관한 규칙 제348조

🔲 콘크리트 타설작업

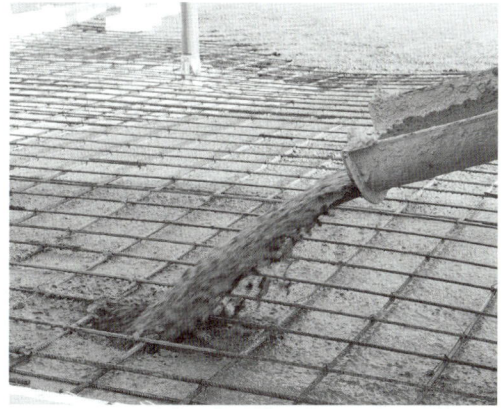

01

▶️ 영상설명

작업자들이 콘크리트 타설작업을 하고 있는 장면이다.

문제 콘크리트 타설작업을 하는 경우 준수사항을 2가지 쓰시오.

① 당일의 작업을 시작하기 전에 해당 작업에 관한 거푸집 및 동바리의 변형·변위 및 지반의 침하 유무 등을 점검하고 이상이 있으면 보수할 것
② 작업 중에는 감시인을 배치하는 등의 방법으로 거푸집 및 동바리의 변형·변위 및 침하 유무 등을 확인해야 하며, 이상이 있으면 작업을 중지하고 근로자를 대피시킬 것
③ 콘크리트 타설작업시 거푸집 붕괴의 위험이 발생할 우려가 있으면 충분한 보강조치를 할 것
④ 설계도서상의 콘크리트 양생기간을 준수하여 거푸집 및 동바리를 해체할 것
⑤ 콘크리트를 타설하는 경우에는 편심이 발생하지 않도록 골고루 분산하여 타설할 것
[근거]
콘크리트 타설작업: 산업안전보건법 산업안전보건기준에 관한 규칙 제334조 → 2023.11.14 개정

02

영상설명
작업자들이 콘크리트 타설작업을 하고 있는 장면이다.

문제 **콘크리트 양생시 열풍기를 사용하여 작업을 할 때 주의사항을 3가지 쓰시오.**

정답 ① 열풍기 주위의 인화성물질을 제거하여야 한다.
② 열풍기의 작동상황을 감시할 수 있는 감시인을 배치하여야 한다.
③ 열풍기의 정격용량 및 피복 등의 절연상태를 점검하여야 한다.
④ 열풍기 사용에 대한 안전교육을 실시하여야 한다.

03

영상설명
작업자가 철근을 가공하고 있는 장면이다.

문제 **철근가공시 안전준수사항을 2가지 쓰시오.**

정답 ① 가공작업자는 안전모 등 보호구를 착용하여야 한다.
② 철근가공작업장 주위는 작업책임자가 상주하여야 하고 정리정돈이 되어 있어야 하며, 작업원 이외에는 출입을 금지시켜야 한다.
③ 철근을 가공할 때에는 가공작업 고정틀에 정확한 접합을 확인하여야 하며, 탄성에 의한 스프링작용으로 발생되는 재해를 막아야 한다.
[근거]
가공: 콘크리트공사 표준안전작업지침 고용노동부고시 제11조

04

▶◀ 영상설명

거푸집을 잘못 설치하여 무너짐(붕괴)재해가 발생하는 장면이다.

문제　영상의 재해사례와 관련하여 거푸집 및 동바리 조립 · 해체작업시 준수사항을 3가지 쓰시오.

정답　① 해당 작업을 하는 구역에는 관계근로자가 아닌 사람의 출입을 금지할 것

② 비, 눈 그 밖의 기상상태의 불안정으로 날씨가 몹시 나쁜 경우에는 그 작업을 중지할 것

③ 재료, 기구 또는 공구 등을 올리거나 내리는 경우에는 근로자에게 달줄 · 달포대 등을 사용하도록 할 것

④ 낙하 · 충격에 의한 돌발적 재해를 방지하기 위하여 버팀목을 설치하고 거푸집 및 동바리를 인양장비에 매단 후에 작업을 하도록 하는 등 필요한 조치를 할 것

[근거]

조립 등 작업시의 준수사항: 산업안전보건법 산업안전보건기준에 관한 규칙 제336조

05

▶◀ 영상설명

규격화 · 부품화된 수직재, 수평재 및 가새재 등의 부재를 현장에서 조립하여 거푸집을 지지하는 동바리를 보여주고 있는 장면이다.

문제　영상에 나타난 (1) 동바리의 이름을 쓰고 (2) (　　) 안에 적합한 내용을 쓰시오.

> 동바리 최상단과 최하단의 수직재와 받침철물은 서로 밀착되도록 설치하고 수직재와 받침철물의 연결부의 겹침길이는 받침철물 전체길이의 (　　) 이상 되도록 할 것

정답　(1) 동바리의 이름　　　　　　　　　　　　　　　　　(2) 3분의 1

　　　시스템 동바리

[근거]

동바리 유형에 따른 동바리 조립 시의 안전조치: 산업안전보건법 산업안전보건기준에 관한 규칙 제332조의2

20 철골작업

01

12년 1회, 14년 3회, 15년 2회, 16년 3회, 17년 1회, 20년 2회 · 3회, 22년 1회, 23년 2회, 25년 1회 · 3회

▶️ **영상설명**

철골구조물에서 작업자가 안전대를 착용하지 않고, 볼트체결작업을 하다가 떨어지는 장면이다.

문제 영상의 재해사례와 관련하여 (1) 재해를 방지하기 위하여 설치하여야 할 방호조치를 쓰고 (2) 철골작업을 중지하여야 하는 경우를 3가지 쓰시오.

정답 (1) 방호조치

　　　 추락방호망 설치

　　 (2) 철골작업을 중지하여야 하는 경우

　　　　① 풍속이 초당 10m 이상인 경우

　　　　② 강우량이 시간당 1mm 이상인 경우

　　　　③ 강설량이 시간당 1cm 이상인 경우

　　[근거]

　　작업의 제한: 산업안전보건법 산업안전보건기준에 관한 규칙 제383조

02

23년 3회

▶️ **영상설명**

철골 위에 설치된 작업발판(나무발판) 위에서 작업자가 물건을 운반하다가 작업발판이 뒤집히면서 떨어지는 장면이다.

문제 영상에서 발생한 (1) 재해발생형태를 쓰고 (2) 기인물을 쓰시오.

정답 (1) 재해발생형태

　　　 떨어짐(추락)

　　 (2) 기인물

　　　 작업발판(나무발판)

21 건물해체작업

01

19년 2회, 20년 3회

▶️ 영상설명

작업자가 해체용 기계를 사용하여 건물을 해체하고 있는 장면이다.

문제 **건물 등의 해체작업시 작업계획서에 포함되어야 할 사항을 5가지 쓰시오.**

정답
① 해체의 방법 및 해체순서 도면
② 가설설비 · 방호설비 · 환기설비 및 살수 · 방화설비 등의 방법
③ 사업장 내 연락방법
④ 해체물의 처분계획
⑤ 해체작업용 기계 · 기구 등의 작업계획서
⑥ 해체작업용 화약류 등의 사용계획서
⑦ 그 밖에 안전보건에 관한 사항
[근거]
사전조사 및 작업계획서 내용 : 산업안전보건법 산업안전보건기준에 관한 규칙 [별표 4]

02

▶️ 영상설명

작업자가 해체용 기계를 사용하여 건물을 해체하고 있는 장면이다.

문제 **건물해체작업에 대한 다음 물음에 답하시오.**

(1) 해체용장비의 명칭을 쓰시오.

(2) 해체작업시 안전준수사항을 2가지 쓰시오.

(3) 작업자는 해체장비로부터 최소 얼마 이상 떨어져 있어야 안전한지 쓰시오.

정답 (1) 해체용장비의 명칭

  압쇄기(셔블에 부착)

(2) 해체작업시 안전준수사항

  ① 작업반경 내 근로자의 출입을 금지시킨다.

  ② 해체구조물 바로 아래층에 낙하물방지망을 설치하여 해체구조물이 비산, 낙하되지 않도록 한다.

  ③ 해체용기계의 안전성을 확인하고, 지반다짐을 확인하여야 한다.

  ④ 작업지휘자를 배치하고, 사고발생위험이 있으면 근로자를 대피시킨다.

  ⑤ 높은 곳에서 해체작업을 할 때는 안전대를 착용하여야 한다.

(3) 해체장비로부터의 이격거리

  4m 이상

03

▶️ 영상설명

작업자가 해체용 기계를 사용하여 건물을 해체하고 있는 장면이다.

문제 **압쇄기를 사용하여 해체작업시 재해예방대책을 3가지 쓰시오.**

정답 ① 압쇄기 부착과 해체에는 경험이 많은 사람으로서 선임된 자에 한하여 실시한다.

② 압쇄기의 연결구조부는 보수점검을 수시로 하여야 한다.

③ 배관접속부의 핀, 볼트 등 연결구조의 안전여부를 점검하여야 한다.

④ 압쇄기의 중량, 작업충격을 사전에 고려하고, 차체지지력을 초과하는 중량의 압쇄기 부착을 금지하여야 한다.

⑤ 절단날은 마모가 심하기 때문에 적절히 교환하여야 하며 교환대체품목을 항상 비치하여야 한다.

[근거]

압쇄기: 해체공사 표준안전작업지침 고용노동부고시 제3조

04

▶️ 영상설명

작업자가 해체용 기계를 사용하여 건물을 해체하고 있는 장면이다.

문제 **산업안전보건법상 중량물의 취급 작업시 작업계획서에 포함될 사항을 3가지 쓰시오.**

정답 ① 추락위험을 예방할 수 있는 대책

② 낙하위험을 예방할 수 있는 대책

③ 전도위험을 예방할 수 있는 대책

④ 협착위험을 예방할 수 있는 대책

⑤ 붕괴위험을 예방할 수 있는 대책

[근거]

사전조사 및 작업계획서 내용: 산업안전보건법 산업안전보건기준에 관한 규칙 [별표 4]

22 고소작업대 작업

01

▶️ 영상설명

작업자가 고소작업대 위에서 작업을 하고 있는 장면이다.

문제 **고소작업대 작업시 작업시작 전 점검사항을 3가지 쓰시오.**

정답 ① 비상정지장치 및 비상하강방지장치 기능의 이상 유무

② 과부하방지장치의 작동 유무(와이어로프 또는 체인구동방식일 경우)

③ 아웃트리거 또는 바퀴의 이상 유무

④ 작업면의 기울기 또는 요철 유무

⑤ 활선작업용 장치의 경우 홈 · 균열 · 파손 등 그 밖의 손상 유무

[근거]

작업시작 전 점검사항: 산업안전보건법 산업안전보건기준에 관한 규칙 [별표 3]

▶️ **영상설명**

작업자가 해체용 기계를 사용하여 건물을 해체하고 있는 장면이다.

문제

(1) 고소작업대 이동시 준수사항을 3가지 쓰시오..

(2) 고소작업대를 사용하는 경우 준수사항을 5가지 쓰시오.

(3) 다음 (   ) 안에 알맞은 내용을 쓰시오

고소작업대에 정격하중[안전율 (   ) 이상]을 표시할 것

(4) 다음 (   ) 안에 알맞은 내용을 쓰시오

고소작업대에 끼임·충돌 등 재해를 예방하기 위한 가드 또는 (   )를 설치할 것

정답

(1) 고소작업대 이동시 준수사항

① 작업대를 가장 낮게 내릴 것

② 작업자를 태우고 이동하지 말 것

③ 이동통로의 요철상태 또는 장애물의 유무 등을 확인할 것

(2) 고소작업대를 사용하는 경우 준수사항

① 작업자가 안전모, 안전대 등 보호구를 착용하도록 할 것

② 관계자가 아닌 사람이 작업구역에 들어오는 것을 방지하기 위하여 필요한 조치를 할 것

③ 안전한 작업을 위하여 적정수준의 조도를 유지할 것

④ 전로에 근접하여 작업을 하는 경우에는 작업감시자를 배치하는 등 감전사고를 방지하기 위한 조치를 할 것

⑤ 작업대를 정기적으로 점검하고 붐, 작업대 등 각 부위의 이상 유무를 확인할 것

⑥ 전환스위치는 다른 물체를 이용하여 고정하지 말 것

⑦ 작업대는 정격하중을 초과하여 물건을 싣거나 탑승하지 말 것

⑧ 작업대의 붐대를 상승시킨 상태에서 탑승자는 작업대를 벗어나지 말 것

(3) 5

(4) 과상승방지장치

[근거]

고소작업대 설치 등의 조치: 산업안전보건법 산업안전보건기준에 관한 규칙 제186조 → 2023.11.14 개정

05 | 산업안전 보호장비관리

1 안전모

01

▶️ 영상설명

안전모의 그림이 나타나고 있는 장면이다.

문제 | **영상에 나타난 안전인증 대상 안전모의 명칭을 (   ) 안에 쓰시오.**

안전모의 구조	NO.	명칭	
	①	(㉠)	
	②	착장체	머리받침끈
	③		(㉡)
	④		(㉢)
	⑤	(㉣)	
	⑥	(㉤)	
	⑦	(㉥)	

정답 | ㉠ 모체   ㉡ 머리고정대   ㉢ 머리받침고리
       ㉣ 충격흡수재   ㉤ 턱끈   ㉥ 챙(차양)

[근거]
정의: 보호구 안전인증 고용노동부고시 제3조

02

📹 영상설명

안전모의 그림이 나타나고 있는 장면이다.

문제 영상에 나타난 안전인증 대상 안전모의 종류(기호)와 사용구분에 대하여 쓰시오.

종류(기호)	사용구분
(①)	(②)
(③)	(④)
(⑤)	(⑥)

정답
① AB

② 물체의 낙하 또는 비래 및 추락에 의한 위험을 방지 또는 경감시키기 위한 것

③ AE

④ 물체의 낙하 또는 비래에 의한 위험을 방지 또는 경감하고, 머리부위 감전에 의한 위험을 방지하기 위한 것

⑤ ABE

⑥ 물체의 낙하 또는 비래 및 추락에 의한 위험을 방지 또는 경감하고, 머리부위 감전에 의한 위험을 방지하기 위한 것

[근거]
안전모의 성능기준: 보호구 안전인증 고용노동부고시 [별표 1]

03

📹 영상설명

안전모의 그림이 나타나고 있는 장면이다.

문제 영상에 나타난 안전인증 대상 안전모와 관련하여 다음 (   ) 안에 적합한 내용을 쓰시오.

(1) 물체의 낙하 또는 비래에 의한 위험을 방지 또는 경감하고 머리부위 감전에 의한 위험을 방지하기 위한 안전모의 종류(기호)는 (①)이다.

(2) 내전압성이란 (②)V 이하의 전압에 견디는 것을 말한다.

(3) 내관통성시험에서는 AE, ABE종 안전모는 관통거리가 (③)mm 이하이고, AB종 안전모는 관통거리가 (④)mm 이하이어야 한다.

(4) 충격흡수성시험에서는 최고전달충격력이 (⑤)N을 초과해서는 안 되며, 모체와 착장체의 기능이 상실되지 않아야 한다.

(5) 내수성시험에서는 AE, ABE종 안전모는 질량증가율이 (⑥)% 미만이어야 한다.

(6) 난연성시험에서는 모체가 불꽃을 내며 (⑦)초 이상 연소되지 않아야 한다.

정답
① AE   ② 7,000   ③ 9.5   ④ 11.1

⑤ 4,450   ⑥ 1   ⑦ 5

[근거]
안전모의 시험방법: 보호구 안전인증 고용노동부고시 [별표 1의2]

2 안전화

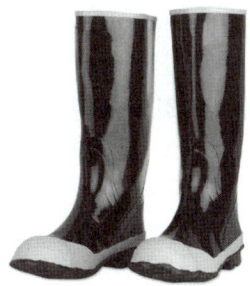

01

11년 2회

▶️ **영상설명**

안전화의 사진이 나타나 있는 장면이다.

문제 **안전인증 대상 안전화의 종류를 5가지 쓰시오.**

정답
① 가죽제 안전화　② 고무제 안전화　③ 정전기안전화　④ 발등안전화
⑤ 절연화　⑥ 절연장화　⑦ 화학물질용 안전화
[근거]
안전화의 명칭·종류·등급(총괄) 및 가죽제 안전화의 성능기준: 보호구 안전인증 고용노동부고시 [별표 2]

02

12년 1회, 13년 2회, 14년 3회, 16년 2회, 18년 1회

▶️ **영상설명**

가죽제 안전화의 사진이 나타나 있는 장면이다.

문제 **가죽제 안전화의 시험방법(성능기준)을 5가지 쓰시오.**

정답
① 은면결렬시험　　　　　　　　② 인열강도시험
③ 내부식성시험　　　　　　　　④ 인장강도시험 및 신장율시행
⑤ 내유성시험　　　　　　　　　⑥ 내압박성시험
⑦ 내충격성시험　　　　　　　　⑧ 박리저항시험
⑨ 내답발성시험
[근거]
가죽제 안전화의 시험방법: 보호구 안전인증 고용노동부고시 [별표 2의9]

03

가죽제 안전화의 사진이 나타나 있는 장면이다.

문제 영상에 나타난 가죽제 안전화의 몸통 높이(뒷굽높이는 제외)를 각각 쓰시오.

정답
① 단화: 113mm 미만
② 중단화: 113mm 이상
③ 장화: 178mm 이상
[근거]
안전화의 명칭 · 종류 · 등급(총괄) 및 가죽제 안전화의 성능기준: 보호구 안전인증 고용노동부고시 [별표 2]

04

▶️ 영상설명

안전화가 나타나 있는 장면이다.

문제 안전화의 종류 중 (1) 물체의 낙하, 충격 또는 날카로운 물체에 의한 찔림 위험으로부터 발을 보호하고 내수성을 겸한 것과 (2) 고압에 의한 감전을 방지 및 방수를 겸한 것을 각각 쓰시오.

정답
① 고무제 안전화
② 절연장화
[근거]
안전화의 명칭 · 종류 · 등급(총괄) 및 가죽제 안전화의 성능기준: 보호구 안전인증 고용노동부고시 [별표 2]

05

12년 3회, 14년 3회, 19년 2회

▶️ 영상설명

작업자가 크롬도금작업장에서 ① 고무장갑 ② 방독마스크 ③ 고무제 안전화를 착용하고 작업을 하는 장면인데 적색 동그라미가 ③ 고무제 안전화에 표시된다.

문제 영상에 나타난 보호구 ③의 사용장소에 따른 구분(분류) 2가지를 쓰시오.

정답
① 일반용: 일반작업장
② 내유용: 탄화수소류의 윤활유 등을 취급하는 작업장
[근거]
고무제 안전화의 성능기준: 보호구 안전인증 고용노동부고시 [별표 2]

3 안전대

01

12년 2회, 13년 1회, 14년 2회, 15년 3회, 16년 1회, 17년 1회

▶️ 영상설명

안전대의 어느 부품이 나타나 있는 장면이다.

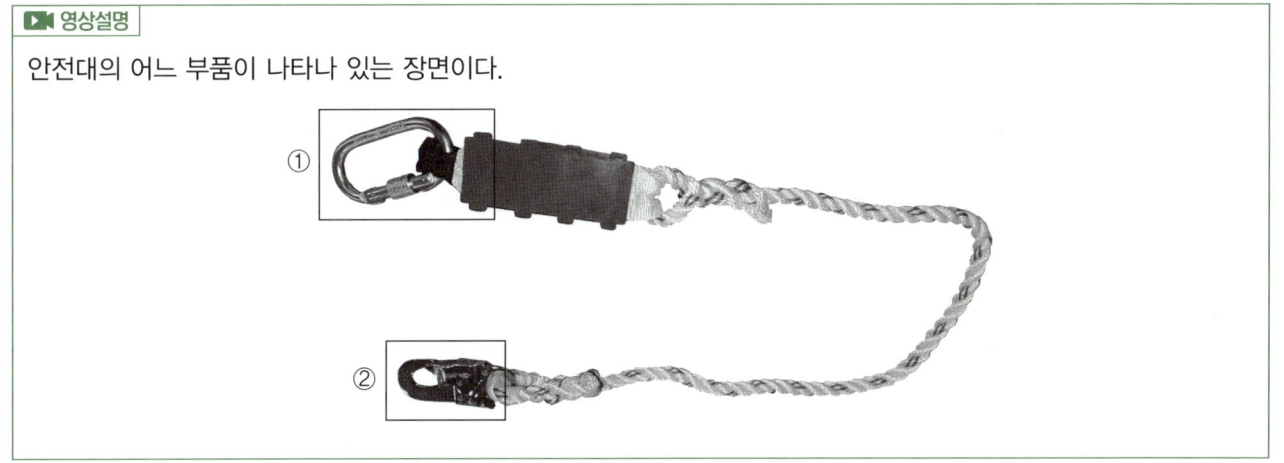

문제 | 영상은 안전대에 관한 사항이다. (1) 안전대 각부의 명칭을 쓰고 (2) ①, ②의 명칭을 쓰시오.

정답 | (1) 안전대 각부의 명칭
　죔줄
(2) ①, ②의 명칭
　① 카라비너(carabiner)
　② 훅(hook)

▶️ 영상설명

영상에 안전대가 나타나고 있는 장면이다.

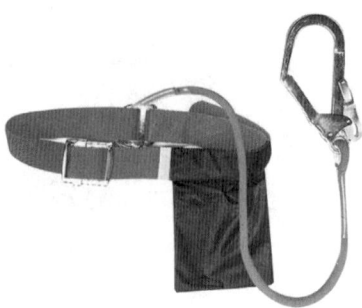

문제 영상은 안전대에 관한 사항이다. 영상에 나타난 (1) 안전대의 종류를 쓰고 (2) 벨트의 구조 및 치수를 2가지 쓰시오.

정답 (1) 안전대의 종류

　　　벨트식

(2) 벨트의 구조 및 치수

　　① 강인한 실로 짠 직물로 비틀어짐, 흠, 기타 결함이 없을 것

　　② 벨트의 너비는 50mm 이상, 길이는 버클 포함 1,100mm 이상, 두께는 2mm 이상일 것

[근거]

안전대의 성능기준: 보호구 안전인증 고용노동부고시 [별표 9]

> **[관련이론]** 안전대 충격흡수장치의 시험하중
>
> 15kN 이상일 것
>
> [근거]
>
> 안전대의 성능기준: 보호구안전인증 고용노동부고시 [별표 9]

▶️ 영상설명

작업자가 전주에서 전기형강교체작업을 하면서 안전대를 착용하고 있는 장면이다.

문제 영상에 나타나 있는 작업자가 있는 전주에서 전기형강교체작업을 할 때 착용할 수 있는 (1) 안전대의 종류 2가지를 쓰고 (2) 전주에서 작업시 안전대의 종류에 따른 용도(사용구분)를 쓰시오.

정답 (1) 안전대의 종류

　　① 벨트식

　　② 안전그네식

(2) 안전대의 종류에 따른 용도(사용구분)

　　U자걸이용

04

▶️ 영상설명

영상에 안전대가 나타나고 있는 장면이다.

문제 영상에 나타나 있는 (1) 안전대의 명칭 (2) 정의 (3) 부품의 구조 및 치수 (4) 안전대의 구조 3가지를 쓰시오.

정답 (1) 명칭

　　안전블록

(2) 정의

　　안전그네와 연결하여 추락발생시 추락을 억제할 수 있는 자동잠김장치가 갖추어져 있고 죔줄이 자동적으로 수축되는 장치

(3) 부품의 구조 및 치수

　　① 자동잠김장치를 갖출 것

　　② 안전블록의 부품은 부식방지처리를 할 것

(4) 안전대의 구조

　　① 안전블록을 부착하여 사용하는 안전대는 신체지지의 방법으로 안전그네만을 사용할 것

　　② 안전블록은 정격사용길이가 명시될 것

　　③ 안전블록의 줄은 합성섬유로프, 웨빙, 와이어로프이어야 하며, 와이어로프인 경우 최소 지름이 4mm 이상일 것

[근거]

정의, 안전대의 성능기준 : 보호구 안전인증 고용노동부고시 제25조, [별표 9]

4 방진마스크

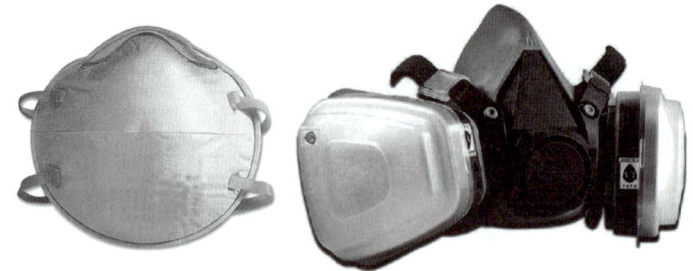

01

▶️ 영상설명

영상에 방진마스크가 나타나고 있는 장면이다.

문제 영상에 나타나 있는 보호구의 (1) 명칭 (2) 등급과 (3) 산소농도가 몇 % 이상인 장소에서 사용하여야 하는지를 각각 쓰시오.

정답
① 명칭: 방진마스크
② 등급: 특급, 1급, 2급
③ 산소농도: 18% 이상
[근거]
방진마스크의 성능기준: 보호구 안전인증 고용노동부고시 [별표 4]

02

▶️ 영상설명

영상에 방진마스크가 나타나고 있는 장면이다.

문제 영상은 방진마스크에 관한 사항이다. 안전인증 대상 방진마스크의 일반구조를 4가지만 쓰시오.

정답
① 착용시 이상한 압박감이나 고통을 주지 않을 것
② 전면형은 호흡시에 투시부가 흐려지지 않을 것
③ 분리식 마스크에 있어서는 여과재, 흡기밸브, 배기밸브 및 머리끈을 쉽게 교환할 수 있고, 착용자 자신이 안면과 분리식 마스크의 안면부와의 밀착성 여부를 수시로 확인할 수 있어야 할 것
④ 안면부여과식 마스크는 여과재로 된 안면부가 사용기간 중 심하게 변형되지 않을 것
⑤ 안면부여과식 마스크는 여과재를 안면에 밀착시킬 수 있어야 할 것
[근거]
방진마스크의 성능기준: 보호구 안전인증 고용노동부고시 [별표 4]

03

▶️ 영상설명

영상에 방진마스크가 나타나고 있는 장면이다.

문제 영상에 나타나 있는 분리식 방진마스크의 여과재분진 등 포집효율에 대하여 (   ) 안에 적합한 숫자를 쓰시오.

형태 및 등급		염화나트륨(NaCl) 및 파라핀 오일(Paraffin Oil) 시험(%)
분리식	특급	(①) 이상
	1급	(②) 이상
	2급	(③) 이상

정답 ① 99.95

② 94.0

③ 80.0

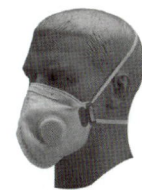

[근거]

방진마스크의 성능기준: 보호구 안전인증 고용노동부고시 [별표 4]

[관련이론] 안면부여과식 방진마스크의 포집효율		
형태 및 등급		염화나트륨(NaCl) 및 파라핀 오일(Paraffin Oil) 시험(%)
안면부여과식	특급	99.0 이상
	1급	94.0 이상
	2급	80.0 이상

[근거]
방진마스크의 성능기준: 보호구 안전인증 고용노동부고시 [별표 4]

5 방독마스크

01

12년 2회, 13년 3회, 15년 1회·2회, 16년 2회, 17년 3회, 18년 1회·3회, 19년 2회, 20년 3회, 23년 3회, 24년 1회

▶ 영상설명

작업자가 도료 및 용제를 취급하면서 스프레이건을 사용하여 페인트로 철재도장작업을 하고 있는 장면이다.

문제 영상과 같은 작업을 할 때 (1) 착용하여야 할 보호구의 종류를 쓰고 (2) 정화통의 흡수제(정화통의 주성분)로 사용되는 물질을 2가지 쓰시오.

정답 (1) 보호구의 종류

　　　방독마스크

　　(2) 정화통의 흡수제(정화통의 주성분)

　　　　① 활성탄

　　　　② 소다라임

　　　　③ 실리카겔

　　　　④ 큐프라마이트

　　　　⑤ 호프카라이트

02

12년 2회

▶ 영상설명

작업자가 방독마스크를 착용하고 도료 및 용제를 취급하면서 스프레이건을 사용하여 페인트로 철재도장작업을 하고 있는 장면이다.

문제 영상과 같이 방독마스크를 착용할 때의 안전수칙을 4가지 쓰시오.

정답 ① 유해가스에 알맞은 흡수관을 사용할 것

　　② 파과된 흡수관은 사용하지 않을 것

　　③ 산소가 결핍된 곳에서는 사용하지 않을 것

　　④ 과도한 의존은 위험하므로 기초지식을 갖추고 사용할 것(방독마스크를 과신하지 말 것)

03

▶ 영상설명

작업자가 방독마스크를 착용하고 스프레이건을 사용하여 페인트로 철재도장작업을 하고 있는 장면이다.

문제 영상에 나타난 안전인증 방독마스크에 안전인증의 표시 외에 추가로 표시해야 할 사항을 4가지 쓰시오.

정답 ① 파과곡선도
② 사용시간 기록카드
③ 정화통의 외부측면의 표시색
④ 사용상의 주의사항
[근거]
방독마스크의 성능기준: 보호구 안전인증 고용노동부고시 [별표 5]

04

11년 1회, 14년 1회

▶ 영상설명

방독마스크 정화통 외부측면의 표시색이 녹색으로 나타나고 있는 장면이다.

문제 영상에 나타난 (1) 방독마스크의 종류 (2) 방독마스크의 시험가스 종류 (3) 방독마스크의 형태 및 구조와 (4) 방독마스크의 정화통 주성분(흡수제)을 각각 쓰시오.

정답 ① 방독마스크의 종류: 암모니아용
② 방독마스크의 시험가스 종류: 암모니아가스(NH_3)
③ 방독마스크의 형태 및 구조: 격리식 전면형
④ 방독마스크의 정화통 주성분(흡수제): 큐프라마이트
[근거]
방독마스크의 성능기준: 보호구 안전인증 고용노동부고시 [별표 5]

[관련이론] 방독마스크의 종류 및 정화통 외부측면의 표시색

종류	시험가스	정화통 외부측면의 표시색
유기화합물용	시클로헥산(C_6H_{12}) 디메틸에테르(CH_3OCH_3) 이소부탄(C_4H_{10})	갈색
할로겐용	염소가스 또는 증기(Cl_2)	회색
황화수소용	황화수소가스(H_2S)	
시안화수소용	시안화수소가스(HCN)	
아황산용	아황산가스(SO_2)	노란색
암모니아용	암모니아가스(NH_3)	녹색

[근거]
방독마스크의 성능기준: 보호구 안전인증 고용노동부고시 [별표 5]

05

방독마스크 정화통 외부측면의 표시색이 녹색으로 나타나고 있는 장면이다.

문제 **영상에 나타난 방독마스크를 보고 다음 물음에 답하시오.**

(1) 방독마스크 분리식으로서 직결식 전면형일 경우 누설율은 몇 %이어야 하는지 쓰시오.

(2) 시험가스농도가 0.5%이고 파과농도가 25ppm±20%일 때 파과시간의 성능기준을 쓰시오.

정답 (1) 방독마스크 분리식으로서 직결식 전면형일 경우 누설률: 0.05% 이하

(2) 시험가스 농도가 0.5%이고, 파과농도가 25ppm±20%일 때 파과시간: 40분 이상

[근거]
방독마스크의 성능기준: 보호구 안전인증 고용노동부고시 [별표 5]

[관련이론] 방독마스크의 성능기준

1. 방독마스크 안면부 누설율

형태		누설율(%)
분리식 (격리식 및 직결식)	전면형	0.05 이하
	반면형	5 이하

2. 방독마스크 시험가스의 조건 및 파과농도, 파과시간 등

종류 및 등급		시험가스의 조건		파과농도 (ppm±20%)	파과시간(분)
		시험가스	농도(%)±10%		
암모니아용	고농도	암모니아가스	1.0	25.0	60 이상
	중농도	암모니아가스	0.5		40 이상
	저농도	암모니아가스	0.1		50 이상

[근거]
방독마스크의 성능기준: 보호구 안전인증 고용노동부고시 [별표 5]

06

▶️ 영상설명

방독마스크 정화통 외부측면의 표시색이 녹색으로 나타나고 있는 장면이다.

문제 **영상에 나타난 방독마스크의 시험방법(성능기준 항목)을 4가지만 쓰시오.**

정답
① 안면부흡기저항시험
② 정화통의 제독능력시험
③ 안면부배기저항시험
④ 안면부누설율시험
⑤ 배기밸브작동시험
⑥ 시야시험
⑦ 불연성시험
⑧ 음성전달판시험
⑨ 투시부의 내충격성시험
⑩ 정화통질량시험
⑪ 정화통호흡저항시험
⑫ 안면부 내부의 이산화탄소농도시험
[근거]
방독마스크의 시험방법: 보호구 안전인증 고용노동부고시 [별표 5의2]

07

▶️ 영상설명

방독마스크 정화통 외부측면의 표시색이 회색으로 나타나고 있는 장면이다.

문제 **영상에 나타난 (1) 방독마스크의 종류 (2) 방독마스크의 시험가스 종류 (3) 정화통의 주요 성분을 각각 쓰시오.**

정답
① 방독마스크의 종류: 할로겐용
② 방독마스크의 시험가스 종류: 염소가스 또는 증기(Cl_2)
③ 정화통의 주요 성분(흡수제): 활성탄, 소다라임
[근거]
방독마스크의 성능기준: 보호구 안전인증 고용노동부고시 [별표 5]

6 송기마스크

01

15년 3회, 19년 1회 · 2회, 20년 2회 · 3회, 22년 1회, 24년 3회

> ▶️ **영상설명**
>
> 작업자가 선박 밸러스트 탱크(ballast tank) 내부의 슬러지(sludge) 제거작업을 하다가 질식하여 쓰러지는 장면이다.

문제 영상의 재해사례와 같은 질식사고의 위험을 방지하기 위하여 착용하여야 할 호흡용 보호구를 2가지 쓰시오.

정답 ① 송기마스크

② 공기호흡기

> **[관련이론] 송기마스크의 종류**
>
> ① 호스 마스크
> ② 에어라인 마스크
> ③ 복합식 에어라인 마스크
> [근거]
> 송기마스크의 성능기준: 보호구 안전인증 고용노동부고시 [별표 6]

02

14년 1회

> ▶️ **영상설명**
>
> 작업자가 선박 밸러스트 탱크(ballast tank) 내부의 슬러지(sludge) 제거작업을 하다가 질식하여 쓰러지는 장면이다.

문제 영상의 재해사례와 같은 질식사고에 대비하여 갖추어야 할 비상시 피난용구를 3가지만 쓰시오.

정답 ① 안전대   ② 구명밧줄   ③ 공기호흡기 또는 송기마스크(호흡용 보호구)

④ 사다리   ⑤ 섬유로프

[근거]
안전대 등, 대피용 기구의 비치: 산업안전보건법 산업안전보건기준에 관한 규칙 제624조, 제625조

7 보안경

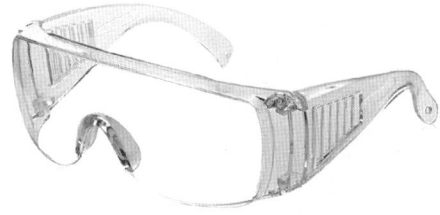

01
12년 2회, 15년 2회, 16년 3회

▶️ 영상설명

영상에 차광보안경이 나타나고 있는 장면이다.

문제 **영상에 나타난 안전인증 대상 차광보안경의 종류를 4가지 쓰시오.**

정답 ① 자외선용
② 적외선용
③ 복합용
④ 용접용
[근거]
차광보안경의 성능기준: 보호구 안전인증 고용노동부고시 [별표 10]

02
13년 3회

▶️ 영상설명

영상에 보안경이 나타나고 있는 장면이다.

문제 **영상에 나타난 자율안전확인 대상 보안경의 종류를 3가지 쓰시오.**

정답 ① 유리보안경
② 플라스틱보안경
③ 도수렌즈보안경
[근거]
보안경(자율안전확인)의 성능기준: 보호구 안전인증 고용노동부고시 [별표 3]

8 보안면

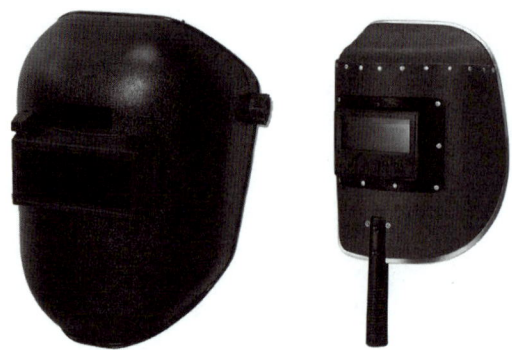

01
16년 2회, 18년 1회, 19년 2회

▶️ **영상설명**

영상에 용접용 보안면이 나타나고 있는 장면이다.

문제 영상에 나타난 용접용 보안면의 시험방법(성능기준 항목)을 5가지만 쓰시오.

정답
① 절연시험
② 내식성시험
③ 내충격성시험
④ 내노후성시험
⑤ 내발화, 관통성시험
⑥ 굴절력시험
⑦ 투과율시험
⑧ 시감투과율차이시험
⑨ 낙하시험
⑩ 차광속도시험
⑪ 차광능력시험
⑫ 표면검사

[근거]
용접용 보안면의 시험방법: 보호구 안전인증 고용노동부고시 [별표 11의2]

02

영상에 용접용 보안면이 나타나고 있는 장면이다.

문제 **영상에 나타난 용접용 보안면의 (1) 등급을 표시하는 기준을 쓰고 (2) 투과율의 종류를 3가지 쓰시오.**

정답 (1) 등급을 표시하는 기준: 차광도 번호
(2) 투과율의 종류
　　① 자외선 최대분광투과율
　　② 시감투과율
　　③ 적외선투과율
[근거]
용접용 보안면의 성능기준: 보호구 안전인증 고용노동부고시 [별표 11]

03

11년 3회, 12년 3회, 15년 1회, 17년 3회

영상에 일반보안면이 나타나고 있는 장면이다.

문제 **영상에 나타난 보안면을 보고 (1) 보안면의 등급을 쓰고 (2) 채색 투시부를 구분하여 해당하는 투과율을 쓰시오.**

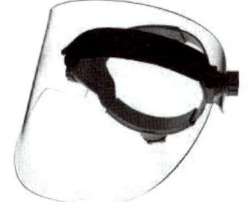

정답 (1) 보안면의 등급
　　① 4A
　　② 4B
　　③ 4C
(2) 투과율

채색투시부 구분	투과율
밝음	50 ± 7
중간 밝기	23 ± 4
어두움	14 ± 4

[근거]
보안면(자율안전확인)의 성능기준: 보호구 자율안전확인 고용노동부고시 [별표 3]

[관련이론] 일반보안면

작업시 발생하는 각종 비산물과 유해한 액체로부터 얼굴(머리의 전면, 이마, 턱, 목 앞부분, 코, 입)을 보호하기 위해 착용하는 것을 말한다.

9 안전장갑

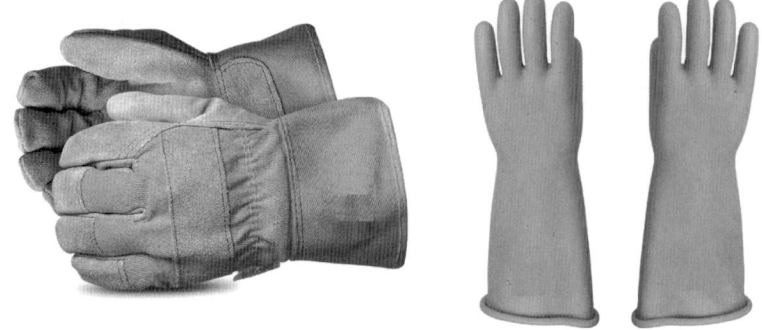

13년 3회, 15년 3회, 19년 1회

▶◀ 영상설명

영상에 내전압용 절연장갑이 나타나고 있는 장면이다.

문제 **영상에 나타난 내전압용 절연장갑의 최대사용전압에 따른 각 등급을 쓰시오.**

정답 ① 00
      ② 0
      ③ 1
      ④ 2
      ⑤ 3
      ⑥ 4
      [근거]
      내전압용 절연장갑의 성능기준: 보호구 안전인증 고용노동부고시 [별표 3]

10 방음보호구

01

16년 1회 · 3회, 17년 3회, 18년 2회, 19년 1회

▶◀ 영상설명

영상에 귀마개가 나타나고 있는 장면이다.

문제 **영상에 나타난 귀마개의 등급에 따른 기호와 성능을 (   ) 안에 쓰시오.**

등급	기호	성능
1종	(①)	(②)
2종	(③)	(④)

정답 ① EP-1
② 저음부터 고음까지 차음하는 것
③ EP-2
④ 주로 고음을 차음하고 저음(회화음영역)은 차음하지 않는 것
[근거]
방음용 귀마개 또는 귀덮개의 성능기준: 보호구 안전인증 고용노동부고시 [별표 12]

02

14년 1회, 15년 2회

▶◀ 영상설명

영상에 귀덮개가 나타나 있는 장면이다.

문제 **영상에 나타난 (1) 보호구의 명칭과 (2) 기호를 쓰시오.**

정답 ① 명칭: 귀덮개
② 기호: EM
[근거]
방음용 귀마개 또는 귀덮개의 성능기준: 보호구 안전인증 고용노동부고시 [별표 12]

03

영상에 귀마개와 귀덮개가 나타나고 있는 장면이다.

문제 **영상은 방음보호구에 관한 사항이다. 다음 표의 (　　) 안에 적합한 숫자를 쓰시오.**

구분	중심주파수(Hz)	차음치(dB)		
		EP-1	Ep-2	EM
차음성능	125	10 이상	10 미만	5 이상
	250	15 이상	10 미만	(①) 이상
	500	15 이상	10 미만	(②) 이상
	1,000	20 이상	20 미만	25 이상
	2,000	25 이상	20 이상	(③) 이상
	4,000	25 이상	25 이상	(④) 이상
	8,000	20 이상	20 이상	20 이상

정답 ① 10
② 20
③ 30
④ 35
[근거]
방음용 귀마개 또는 귀덮개의 성능기준: 보호구 안전인증 고용노동부고시 [별표 12]

11 보호복

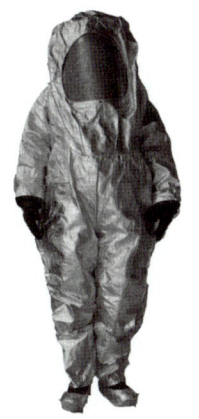

01

📹 영상설명

영상에 방열복이 나타나고 있는 장면이다.

문제 **영상에 나타난 방열복의 종류에 따른 질량을 (　) 안에 쓰시오.**

종류	착용부위	질량(단위: kg)
방열상의	상체	(①)
방열하의	하체	(②)
방열장갑	손	(③)
방열두건	머리	(④)
방열일체복	몸체	(⑤)

정답.　① 3.0
　② 2.0
　③ 0.5
　④ 2.0
　⑤ 4.3
　[근거]
　방열복의 성능기준: 보호구 안전인증 고용노동부고시 [별표 8]

02

▶️ 영상설명

영상에 방열복이 나타나고 있는 장면이다.

문제 **영상에 나타난 방열복과 관련하여 방열장갑, 방열두건, 방열복 등 내열원단의 시험성능기준 항목을 3가지 쓰시오.**

정답 ① 난연성시험

② 절연저항시험

③ 인장강도시험

④ 내열성시험

⑤ 내한성시험

[근거]

방열복의 성능기준: 보호구 안전인증 고용노동부고시 [별표 8]

03

▶️ 영상설명

영상에 방열복이 나타나고 있는 장면이다.

문제 **영상에 나타난 방열복 내열원단의 시험성능기준과 관련하여 다음 (   ) 안에 적합한 숫자를 쓰시오.**

(1) 내열원단의 난연성은 잔염 및 잔진시간이 (①)초 미만이고 녹거나 떨어지지 말아야 하며, 탄화길이가 (②)mm 이내일 것

(2) 내열원단의 절연저항은 표면과 이면의 절연저항이 (③)MΩ 이상일 것

(3) 내열원단의 인장강도는 가로, 세로방향으로 각각 (④)kgf 이상일 것

정답 ① 2

② 102

③ 1

④ 25

[근거]

방열복의 성능기준: 보호구 안전인증 고용노동부고시 [별표 8]

04

▶◀ 영상설명

작업자가 용광로에서 펄펄 끓고 있는 금속물질을 휘젓고 있는 장면이다.

문제   산업안전보건법상 (1) 고열의 정의를 쓰고 (2) 이와 같은 작업시 사업주가 작업자에게 지급하고 착용하도록 해야 하는 보호구를 1가지 쓰시오.

정답   (1) 고열의 정의
　　　　 열에 의하여 근로자에게 열경련 · 열탈진 또는 열사병 등의 건강장해를 유발할 수 있는 더운 온도
　　　 (2) 보호구: 방열복과 방열장갑
　　　 [근거]
　　　 • 정의: 산업안전보건법 산업안전보건기준에 관한 규칙 제558조
　　　 • 보호구의 지급 등: 산업안전보건법 산업안전보건기준에 관한 규칙 제572조

05

▶◀ 영상설명

영상에 방열복이 나타나고 있는 장면이다.

문제   산업안전보건법상 용융한 고열의 광물을 취급하는 피트(고열의 금속찌꺼기를 물로 처리하는 것은 제외)에 대하여 수증기 폭발을 방지하기 위하여 사업주가 해야 하는 안전조치를 1가지 쓰시오.

정답   ① 지하수가 내부로 새어드는 것을 방지할 수 있는 구조로 할 것
　　　 ② 작업용수 또는 빗물 등이 내부로 새어드는 것을 방지할 수 있는 격벽 등의 설비를 주위에 설치할 것
　　　 [근거]
　　　 용융 고열물 취급 피트의 수증기 폭발방지: 산업안전보건법 산업안전보건기준에 관한 규칙 제248조

12 자동차 브레이크 라이닝 세척작업

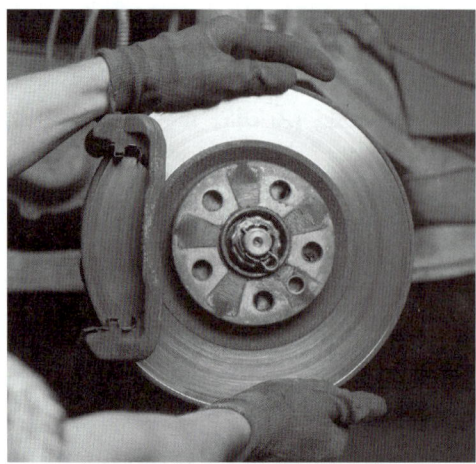

18년 3회, 19년 3회, 20년 1회

▶️ 영상설명

작업자가 화학물질을 사용하여 브레이크 라이닝을 세척하고 있는 장면이다.

문제 | 영상에 나타난 것과 같은 작업을 할 때 작업자가 착용하여야 할 보호구를 3가지 쓰시오.

정답 | ① 불침투성 보호복
② 방독마스크
③ 고무장화
④ 고무장갑(안전장갑)
⑤ 보안경

13 변압기의 건조작업

13년 1회, 18년 3회, 20년 2회, 25년 3회

▶️ 영상설명

작업자가 변압기를 화학물질에 담그고 절연처리한 뒤 건조작업을 하고 있는 장면이다.

문제 **영상에 나타난 것과 같은 작업을 할 때 작업자가 착용할 보호구를 나열된 순서대로 각각 쓰시오.**

(1) 눈
(2) 손
(3) 피부

정답 ① 눈: 보안경
② 손: 불침투성 보호장갑
③ 피부: 불침투성 보호복

14 변압기의 전압측정

15년 2회, 19년 1회, 20년 3회

▶◀ 영상설명

작업자가 맨손으로 변압기의 전압을 측정하다가 감전되어 쓰러지는 장면이다.

문제 영상의 감전재해사례와 같은 작업을 할 때 작업자가 착용하여야 할 보호구를 2가지 쓰시오.

정답 ① 절연장화
② 내전압용 절연장갑

15 크롬(Cr)도금작업

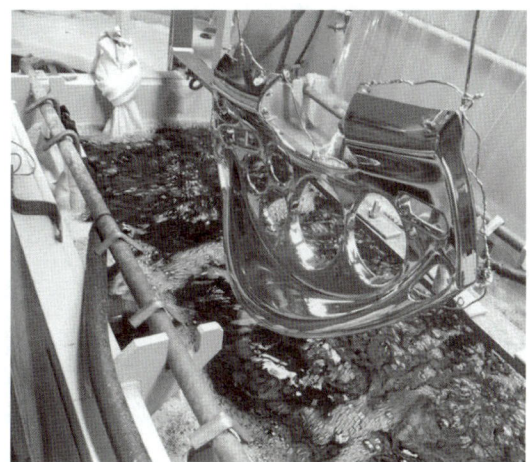

16년 2회, 20년 3회, 24년 3회

▶️ 영상설명

작업자가 크롬(Cr)도금작업을 하다가 도금상태를 확인하기 위하여 냄새를 맡고 있는 장면이다.

문제 **영상에 나타난 것과 같은 작업을 할 때 작업자가 착용하여야 할 보호구를 2가지 쓰시오.**

정답 ① 방독마스크
② 불침투성 보호복

16 DMF작업

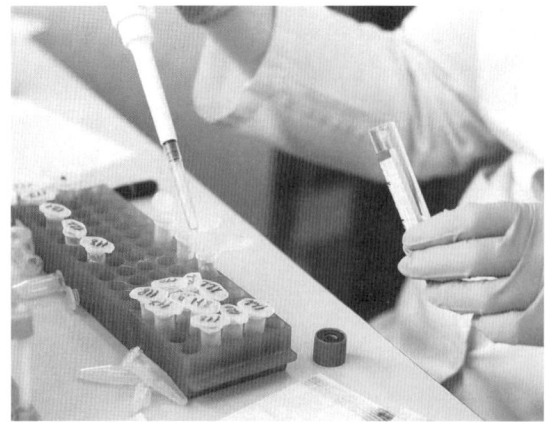

24년 1회

▶◀ 영상설명

작업자가 보호복, 안전장갑, 방독마스크 등 보호구를 착용하지 않고 DMF작업을 하고 있다.

문제 영상에서와 같이 관리대상 유해물질 취급시 작업자가 착용하여야 할 보호구를 3가지 쓰시오.

정답 ① 화학물질용 보호복(불침투성 보호복)
② 화학물질용 안전화(불침투성 보호장화)
③ 화학물질용 안전장갑(불침투성 보호장갑)
④ 방독마스크

17 금속절단기 및 연삭기작업 등

01

20년 2회, 24년 1회

▶ 영상설명

작업자가 보호구를 착용하지 않고 금속절단기를 사용하여 금속을 절단하고 있다.

문제 영상에서와 같이 (1) 금속절단기 사용 작업시 착용하여야 할 보호구를 3가지 쓰고 (2) 연삭작업시 착용하여야 할 보호구를 3가지 쓰시오.

정답 (1) 금속절단기작업시 착용하여야 할 보호구
① 보안경
② 안전장갑
③ 안전화
④ 안전모
⑤ 귀마개
(2) 연삭작업시 착용하여야 할 보호구
① 보안경
② 방진마스크
③ 안전화
④ 귀마개
⑤ 안전모

02

▶ 영상설명

작업자가 드릴로 바닥의 콘크리트를 뚫는 작업을 하고 있다.

문제 해당 작업을 하고 있는 작업자가 착용해야 할 보호구를 4가지 쓰시오.

정답 ① 안전모
② 안전화
③ 방진마스크
④ 보안경
⑤ 귀마개 또는 귀덮개
⑥ 방진장갑

해커스 **산업안전산업기사 실기** 한권합격 이론 + 최신기출 + 핵심노트

실전모의고사

제1회 실전모의고사

필답형

01

비, 눈 그 밖의 기상상태의 악화로 작업을 중지시킨 후 또는 비계를 조립·해체하거나 변경한 후에 그 비계에서 작업을 하는 경우 작업을 시작하기 전 점검하여야 할 사항을 3가지만 쓰시오. [3점]

02

산업안전보건법상 사출성형기, 주형조형기, 형단조기 등에 적합한 방호장치를 2가지 쓰시오. [2점]

03

산업안전보건법상 곤돌라형 달비계에 사용되는 와이어로프의 사용금지 기준을 6가지 쓰시오. [6점]

04

산업안전보건법상 가연성 물질이 있는 장소에서 화재위험작업을 하는 경우 화재예방에 필요한 준수사항을 4가지 쓰시오. [4점]

05

다음은 전기의 저압, 고압, 특별고압의 분류에 관한 사항이다. (　) 안에 적합한 내용을 쓰시오. [6점]

압력	직류(DC)	교류(AC)
저압	(①)kV 이하	(②)kV 이하
고압	(③)kV 초과 (④)kV 이하	1kV 초과 7kV 이하
특고압	(⑤)kV 초과	(⑥)kV 초과

06

다음은 타워크레인 작업시 비, 눈, 바람 또는 그 밖의 기상상태의 불안정으로 인한 작업 중지 및 이탈방지를 위한 조치사항에 대한 것이다. (　) 안에 적합한 내용을 쓰시오. [3점]

(1) 순간풍속이 초당 (①)를 초과하는 경우 타워크레인의 설치, 수리, 점검 또는 해체작업을 중지하여야 한다.

(2) 순간풍속이 초당 (②)를 초과하는 경우에는 타워크레인의 운전작업을 중지하여야 한다.

(3) 순간풍속이 초당 (③)를 초과하는 바람이 불어올 우려가 있는 경우 옥외에 설치되어 있는 주행크레인에 대하여 이탈방지장치를 작동시키는 등 이탈방지를 위한 조치를 하여야 한다.

07

산업안전보건법상 과압에 따른 폭발을 방지하기 위하여 폭발방지성능과 규격을 갖춘 안전밸브 또는 파열판을 설치하여야 하는 설비를 3가지만 쓰시오. [3점]

08

다음은 산업안전보건법상 낙하물방지망 또는 방호선반을 설치하는 경우에 대한 사항이다. (　) 안에 적합한 숫자를 쓰시오. [4점]

(1) 높이 (①)m 이내마다 설치하고, 내민 길이는 벽면으로부터 (②)m 이상으로 할 것

(2) 수평면과의 각도는 (③)도 이상 (④)도 이하를 유지할 것

09

근로자수가 300명인 어떤 사업장에서 1일 근무시간은 8시간, 연간근로일수는 280일일 때 연간 재해건수가 16건이 발생하여 근로손실일수가 220일 발생하였다. 이 사업장의 도수율을 구하시오. [3점]

10

산업안전보건법상 지게차를 사용하여 작업을 할 때 작업시작 전 점검사항을 쓰시오. [4점]

11

다음은 산업안전보건법상 안전보건표지에 관한 사항이다. (   ) 안에 적합한 내용을 쓰시오. [5점]

색채	색도 기준	용도
빨간색	(①)	금지
		경고
(②)	5Y 8.5/12	경고
파란색	2.5PB 4/10	(④)
녹색	2.5G 4/10	(⑤)
(③)	N9.5	
검은색	NO.5	

12

산업안전보건법상 철골작업을 중지하여야 하는 기상조건을 3가지 쓰시오. [3점]

13

급정지기구가 부착되어 있지 않아도 유효한 프레스기의 방호장치(확동식클러치)를 4가지 쓰시오. [4점]

14

산업안전보건법상 안전보건진단을 받아 안전보건개선계획을 수립하여야 할 사업장을 3가지 쓰시오. [3점]

15

화물의 낙하로 지게차의 운전자에게 위험을 미칠 우려가 있는 사업장에서 사용되는 지게차의 헤드가드(Head Guard)가 갖추어야 하는 조건을 2가지 쓰시오. [2점]

01

📹 영상설명

LPG 저장소라고 표시되어 있는 문을 작업자가 열고 들어가는데 너무 어두워서 스위치를 올려서 불을 켜는 순간, 누출된 LPG에 전기 스파크(spark)로 인하여 폭발이 발생하는 장면이다.

영상의 폭발재해사례에서 (1) 재해발생형태를 쓰고 (2) 기인물을 쓰시오. [4점]

02

📹 영상설명

작업자가 건설용 리프트의 안전 여부를 점검하다가 신체가 끼이는 장면이다.

영상의 재해사례와 관련하여 리프트에 설치하여야 할 방호장치를 3가지만 쓰시오. [6점]

03

📹 영상설명

영상에 방열복이 나타나 있는 장면이다.

영상에 나타난 방열복과 관련하여 방열장갑, 방열두건 등 방열복의 내열원단 시험성능기준 항목을 3가지 쓰시오.
[6점]

04

작업자가 스피커를 통해 흘러나오는 지시사항을 명확하게 듣지 못한 상태에서 차단기 전원을 투입하여 감전되는 장면이다.

영상은 MCCB 패널차단기에 전원을 투입하여 발생하는 재해사례이다. 재해방지대책을 3가지 쓰시오. [6점]

05

▶️ 영상설명

작업자가 면장갑을 끼고 선반에서 작업을 하다가 돌기 부위에 면장갑과 작업복이 말려 들어가는 장면이다.

영상의 재해사례에서 나타나는 위험점을 기계의 위험요인에 따라 분류할 때 이에 해당하는 (1) 위험점의 명칭과 (2) 그 정의를 쓰시오. [4점]

06

▶️ 영상설명

작업자가 이동식 크레인에서 전주를 옮기는 작업을 하다가 전주에 맞아서 쓰러지는 장면이다.

영상의 재해사례에서 (1) 재해발생형태 (2) 가해물 (3) 전기작업을 할 때 착용할 수 있는 안전모의 종류를 쓰시오.
[6점]

07

영상에 화학설비가 나타나고 있는 장면이다.

화학설비 중 특수화학설비를 설치하는 경우 내부의 이상상태를 조기에 파악하고 폭발·화재 또는 위험물의 누출을 방지하기 위하여 설치하여야 할 장치를 3가지만 쓰시오. [6점]

08

작업자가 항타기를 사용하여 콘크리트파일을 설치하고 있는 장면이다.

영상의 항타기 작업과 관련하여 (   ) 안에 적합한 내용을 쓰시오. [3점]

(1) 항타기 또는 항발기의 권상장치의 드럼축과 권상장치로부터 첫 번째 도르래의 축간의 거리를 권상장치 드럼폭의
(①) 이상으로 하여야 한다.

(2) 도르래는 권상장치의 드럼 (②)을 지나야 하며 축과 (③)상에 있어야 한다.

09

작업자가 일반 복장을 하고, 고무장화와 고무장갑을 착용한 채 담배를 피우면서 자동차부품을 세척하고 있는 장면이다.

영상은 자동차부품을 도금하고 난 후 세척을 하고 있다. 이 사례를 활용하여 위험예지훈련을 할 때 연관된 행동목표를 2가지만 쓰시오. [4점]

제2회 실전모의고사

필답형

01
산업안전보건법상 공정안전보고서에 포함되어야 할 내용을 3가지 쓰시오. [3점]

02
산업안전보건법상 차량계 하역운반기계의 운전자가 운전위치를 이탈할 때 조치사항을 3가지 쓰시오. [6점]

03
누전에 의한 감전위험을 방지하기 위해 해당 전로의 정격에 적합하고 감도가 양호하며 확실하게 작동하는 감전방지용 누전차단기를 설치하여야 하는 전기기계·기구에 관한 사항이다. (   ) 안에 적합한 내용을 쓰시오. [3점]

> (1) 대지전압이 (①)볼트를 초과하는 이동형 또는 휴대형 전기기계·기구
> (2) 물 등 도전성이 높은 액체가 있는 습윤장소에서 사용하는 (②) 전기기계·기구
> (3) 철판·철골 위 등 도전성이 높은 장소에서 사용하는 이동형 또는 휴대형 전기기계·기구
> (4) (③)의 전로가 설치되는 장소에서 사용하는 이동형 또는 휴대형 전기기계·기구

04
산업안전보건법상 작업발판 일체형 거푸집의 종류를 3가지만 쓰시오. [3점]

05

다음에서 설명하는 특수화학설비를 4가지 쓰시오. [4점]

> 산업안전보건법상 위험물질을 기준량 이상으로 제조하거나 취급하는 특수화학설비를 설치하는 경우에는 내부의 이상상태를 조기에 파악하기 위하여 필요한 온도계, 압력계, 유량계 등의 계측장치를 설치하여야 한다.

06

다음은 프레스기의 광전자식 방호장치에 대한 사항이다. (   ) 안에 적합한 내용을 쓰시오. [4점]

> (1) 정상동작표시램프는 (①), 위험표시램프는 (②)으로 하며, 쉽게 근로자가 볼 수 있는 곳에 설치해야 한다.
> (2) 프레스 또는 전단기에서 일반적으로 많이 활용하고 있는 형태로서 투광부, 수광부, 컨트롤 부분으로 구성된 것으로서 신체의 일부가 광선을 차단하면 기계를 급정지시키는 방호장치는 (③) 분류에 해당한다.
> (3) 방호장치는 릴레이, 리밋스위치 등 전기부품의 고장, 전원 · 전압의 변동 및 정전에 의해 슬라이드가 불시에 동작하지 않아야 하며, 사용전원 · 전압의 (④)의 변동에 대하여 정상적으로 작동되어야 한다.

07

차량계 건설기계를 사용하는 작업시 작업계획서 내용을 3가지 쓰시오. [3점]

08

산업안전보건법상 프레스 등을 사용하여 작업을 할 때 작업시작 전 점검사항을 3가지만 쓰시오. [6점]

09

어느 사업장에서 400명이 하루 8시간, 280일 작업을 하였을 때, 연간 재해건수가 80건이 발생하여 800일의 근로손실일수가 발생하였다. 이 사업장의 종합재해지수를 계산하시오. [3점]

10

산업안전보건기준에 관한 규칙상 건물 등의 해체작업시 작업계획서 내용을 4가지만 쓰시오. [4점]

11

동력으로 작동되는 기계·기구로서 유해위험방지를 위한 방호조치를 하지 아니하고는 양도·대여·설치 또는 사용에 제공하거나 양도·대여의 목적으로 진열해서는 아니되는 기계·기구를 4가지만 쓰시오. [4점]

12

다음은 산업안전보건법상 압력용기 등에 설치하는 안전밸브 등의 작동요건에 대한 사항이다. (   ) 안에 적합한 내용을 쓰시오. [3점]

(1) 고압에 따른 폭발을 방지하기 위해 설치한 안전밸브 등을 통하여 보호하려는 설비의 (①)에서 작동되도록 하여야 한다.
(2) 다만, 안전밸브 등이 2개 이상 설치된 경우에 1개는 최고사용압력의 (②)(외부화재를 대비한 경우에는 (③) 이하에서 작동되도록 설치할 수 있다.

13

산업안전보건법상 중대재해의 범위를 3가지 쓰시오. [6점]

14

다음은 산업안전보건법상 아세틸렌 용접장치에 관한 사항이다. (   ) 안에 적합한 내용을 쓰시오. [3점]

(1) 사업주는 아세틸렌 용접장치의 (①)마다 안전기를 설치하여야 한다. 다만, (②) 및 취관에 가장 가까운 분기관마다 안전기를 부착한 경우에는 그러하지 아니하다.
(2) 사업주는 가스용기가 발생기와 분리되어 있는 아세틸렌 용접장치에 대하여 (③)에 안전기를 설치하여야 한다.

01

▶◀ 영상설명

LPG 저장소라고 표시되어 있는 문을 작업자가 열고 들어가는데 너무 어두워서 스위치를 올려서 불을 켜는 순간 누출된 LPG에 전기 스파크(spark)로 인하여 폭발이 발생하는 장면이다.

영상의 폭발재해사례와 같이 LPG가 누출, 순간적으로 기화가 되면서 점화원에 의하여 발생하는 (1) 폭발의 종류 (2) 폭발의 종류에 따른 정의 (3) 폭발의 원인에 대하여 각각 쓰시오. [6점]

02

▶◀ 영상설명

한명의 작업자는 승강기 배전반 뒤쪽에서 점검을 하고 있다. 또 다른 작업자가 절연저항측정장비를 들고 장비의 스위치를 켜는 순간 승강기 배전반 뒤쪽에서 점검하고 있는 작업자가 쓰러지는 장면이다.

영상의 재해사례에서 (1) 재해발생형태 (2) 가해물 (3) 안전대책 2가지를 각각 쓰시오. [4점]

03

▶◀ 영상설명

타워크레인을 사용하여 자재를 운반하는 작업을 하다가 신호수와 운전자간에 신호방법이 맞지 않아 배관이 흔들리면서 철골에 부딪쳐 아래에 있는 작업자 위로 자재가 떨어지는 장면이다.

영상의 재해사례와 관련하여 타워크레인작업시 (1) 안전준수가 되지 않은 사항과 (2) 안전대책을 각각 3가지씩 쓰시오. [6점]

04

▶️ 영상설명

탁상용연삭기로 봉강 연마작업을 하다가 봉강이 튕기면서 작업자를 타격하는 장면이다.

영상의 재해사례에 있어서 (1) 기인물, (2) 연삭작업시 숫돌파편이나 칩이 튀는 위험을 예방하기 위하여 설치해야 하는 방호장치 (3) 위험요인을 2가지만 쓰시오. [4점]

05

▶️ 영상설명

영상에 가죽제 안전화가 나타나고 있는 장면이다.

영상에 나타난 안전화의 각 몸통 높이(뒷굽높이는 제외)를 쓰시오. [3점]

06

▶️ 영상설명

작업자가 피트(pit) 내부에서 청소작업을 하다가 승강기의 개구부로 떨어지고 있는 장면이다.

영상에 나타난 이 재해사례의 위험요인을 3가지만 쓰시오. [6점]

07

한 명의 작업자는 경사진 컨베이어 위에서 벨트의 끝 부분 모서리에 양발을 걸치고 작업을 하고 있다. 다른 한 명의 작업자가 포대를 올려주는데 양발을 걸치고 작업을 하고 있는 작업자의 발에 포대가 부딪치며 중심을 잃고 쓰러지며 다치는 장면이다.

영상은 컨베이어에서 작업을 하다가 발생하는 재해사례이다. 작업자 측면에서 (1) 잘못된 작업방법을 2가지 쓰고 (2) 조치사항을 쓰시오. [6점]

08

작업자가 맨손으로 변압기의 전압을 측정하다가 감전되어 쓰러지는 장면이다.

영상의 감전재해사례와 같은 작업을 할 때 작업자가 착용하여야 할 보호구를 2가지만 쓰시오. [4점]

09

작업자가 V벨트교환작업을 하다가 다치는 장면이다.

영상과 같은 V벨트교환작업시 안전수칙을 3가지만 쓰시오. [6점]

필답형

01

다음 연삭기의 덮개에 해당하는 각도를 쓰시오. [4점]

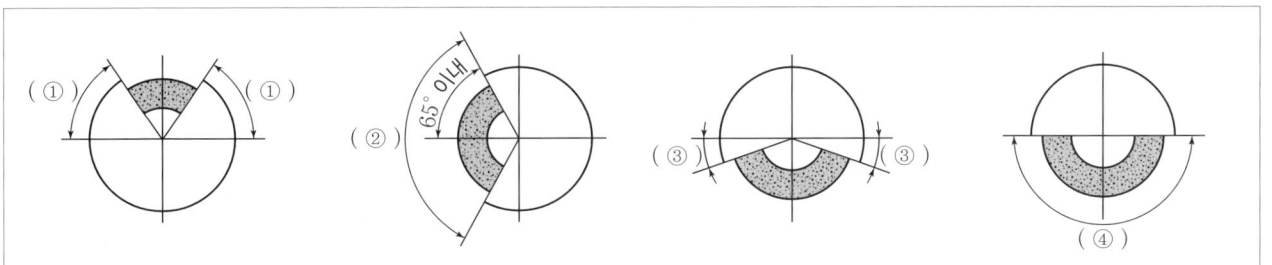

02

이황화탄소(CS_2)의 폭발하한계가 1.2vol%, 폭발상한계가 44vol%일 때, 위험도를 계산하시오. [2점]

03

안전인증 파열판에 안전인증의 표시 외에 추가로 표시하여야 할 사항을 4가지만 쓰시오. [4점]

04

산업안전보건법령상 안전보건표지에서 관계자 외 출입금지표지의 종류를 3가지 쓰시오. [3점]

05

보일러의 폭발사고를 예방하기 위하여 정상적으로 작동될 수 있도록 설치하고, 유지·관리하여야 하는 방호장치를 3가지 쓰시오. [3점]

06

산업안전보건법상 건설업 중 유해·위험방지계획서 제출 대상 공사를 4가지 쓰시오. [4점]

07

안전인증 대상 가죽제 안전화의 성능시험의 종류를 5가지만 쓰시오. [5점]

08

기계설비에 형성되는 위험점의 종류를 4가지 쓰시오. [4점]

09

산업안전보건법상 안전보건총괄책임자의 업무를 3가지만 쓰시오. [6점]

10

산업안전보건법상 다음 안전보건표지판의 명칭을 각각 쓰시오. [4점]

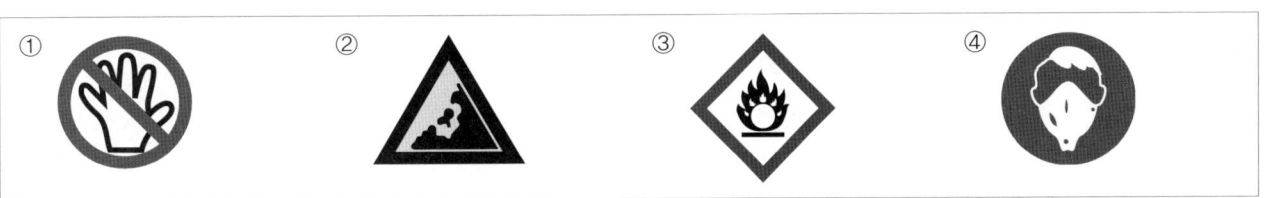

11

사업장의 안전 및 보건을 유지하기 위하여 안전보건관리규정에 포함되어야 할 사항을 4가지 쓰시오. [4점]

12

지반굴착작업시 지반의 종류에 따른 기울기 기준에 대하여 (   ) 안에 알맞은 기울기 기준을 쓰시오. [4점]

지반의 종류	기울기
모래	(①)
그밖의 흙	1 : 1.2
풍화암	(②)
연암	(③)
경암	(④)

13

다음은 내전압용 절연장갑의 등급에 따른 최대사용전압 기준에 관한 사항이다. (   ) 안에 적합한 숫자를 쓰시오. [4점]

등급	최대사용전압		색상
	교류(V, 실효값)	직류(V)	갈색
00	500	(①)	빨간색
0	(②)	1,500	흰색
1	7,500	11,250	노란색
2	17,000	25,500	녹색
3	26,500	39,750	등색
4	(③)	(④)	

14

산업안전보건법상 사업장에서 사업주가 물질안전보건자료 대상물질을 취급하는 작업공정별로 물질안전보건자료 대상물질의 관리요령을 게시할 때 포함되어야 할 사항을 4가지 쓰시오. [4점]

01

지게차 운전자가 시야를 가릴 정도의 화물을 과적하고 빠른 속도로 운전을 하다가 다른 일을 하고 있는 작업자와 지게차가 충돌하는 장면이다.

영상에서 나타난 재해사례의 위험요인(잘못된 내용)을 2가지만 쓰시오. [4점]

02

영상에 안전블록이 나타나 있는 장면이다.

영상에 나타나 있는 (1) 안전대의 명칭 (2) 정의 (3) 부품의 구조 및 치수 2가지 (4) 안전대의 구조를 2가지만 쓰시오. [6점]

03

작업자가 덤프트럭의 적재함을 올리고 실린더 유압장치의 밸브를 수리하는 작업을 하다가 적재함 사이에 끼이는 장면이다.

영상에서 나타난 재해사례와 같이 차량계 하역운반기계 등의 수리 또는 부속장치의 장착 및 해체작업을 하는 경우 작업지휘자를 지정하여 준수하여야 할 사항을 2가지만 쓰시오. [4점]

04

> ▶️ **영상설명**
>
> 작업자가 급정지기구가 부착되어 있지 않은 프레스기를 사용하여 금속판에 구멍을 뚫고 있는 장면이다.

영상에 나타난 작업의 위험요인(위험예지포인트)을 3가지만 쓰시오. [6점]

05

> ▶️ **영상설명**
>
> 작업자가 측정기로 변압기의 전압을 측정하다 감전되는 장면이다.

변압기의 활선 유무를 확인할 수 있는 방법을 2가지만 쓰시오. [4점]

06

> ▶️ **영상설명**
>
> 인화성물질이 들어 있는 드럼통이 창고에 들어 있고, 작업자가 운반작업을 하다가 휴식을 하려고 드럼통 앞에서 옷을 벗으려고 하는 순간, 폭발하는 장면이다.

영상을 보고 다음 물음에 답하시오. [4점]

(1) 점화원의 유형을 쓰시오.

(2) 점화원의 종류를 쓰시오.

(3) 인화성가스, 증기, 분진으로 인한 화재 · 폭발재해예방대책을 2가지만 쓰시오.

07

▶️ 영상설명

작업자가 흙막이지보공을 설치하는 작업을 하고 있는 장면이다.

흙막이지보공의 정기점검 사항을 3가지만 쓰시오. [6점]

08

▶️ 영상설명

지하에 있는 폐수처리조에서 작업자가 슬러지(sludge)를 처리하는 작업을 하다가 산소결핍으로 쓰러지는 장면이다.

영상의 재해사례와 관련하여 다음 (   ) 안에 적합한 내용을 쓰시오. [5점]

산업안전보건법상 적정공기란 산소농도의 범위가 (①)% 이상 (②)% 미만, 탄산가스의 농도가 (③)% 미만, 일산화탄소의 농도가 (④)ppm 미만, 황화수소의 농도가 (⑤)ppm 미만인 수준의 공기를 말한다.

09

▶️ 영상설명

영상은 퓨즈교체작업을 하다가 감전을 당하는 장면이다.

영상의 재해사례와 관련하여 다음의 물음에 답하시오. [6점]

(1) 각 신체부위에 대한 보호구를 쓰시오.

　① 손 :

　② 발 :

　③ 머리 :

(2) 산업안전보건법상 누전차단기의 설치장소를 3가지만 쓰시오.

필답형

01

산업안전보건법상 컨베이어를 사용하여 작업을 할 때 작업시작 전 점검사항을 4가지 쓰시오. [4점]

02

관할 지방고용노동관서의 장이 안전관리자를 정수 이상으로 증원하게 하거나 교체하여 임명할 것을 명할 수 있는 경우를 3가지만 쓰시오. [3점]

03

다음은 연삭작업에 관한 사항이다. (   ) 안에 적합한 내용을 쓰시오. [2점]

사업주는 연삭숫돌을 사용하는 작업의 경우 작업을 시작하기 전에는 (①)분 이상, 연삭숫돌을 교체한 후에는 (②)분 이상 시험운전을 하고 해당 기계에 이상이 있는지를 확인하여야 한다.

04

산업안전보건법상 교류아크 용접기에 자동전격방지기를 설치하여야 하는 장소를 3가지 쓰시오. [3점]

05

다음은 산업안전보건법상 계단에 관한 사항이다. (   ) 안에 적합한 내용을 쓰시오. [3점]

(1) 사업주는 계단 및 계단참을 설치하는 경우 매 m²당 (①) 이상의 하중에 견딜 수 있는 강도를 가진 구조로 설치하여야 하며, 안전율은 (②) 이상으로 하여야 한다.

(2) 사업주는 높이가 3m를 초과하는 계단에 높이 3m 이내마다 진행방향으로 길이 (③) 이상의 계단참을 설치하여야 한다.

06

어떤 사업장에서 근로자 400명이 1일 8시간, 연간 300일 작업(잔업은 1인당 연간 50시간)하고 있다. 연간 20건의 재해가 발생하여 휴업일수 73일과 근로손실일수 150일이 발생하였다. 이 사업장의 강도율과 도수율을 계산하시오. [4점]

07

굴착면의 높이가 2m 이상이 되는 지반의 굴착작업을 할 때 근로자의 위험을 방지하기 위하여 해당 작업, 작업장의 지형, 지반 및 지층상태 등에 대한 사전조사를 하여야 할 사항을 4가지 쓰시오. [4점]

08

허가대상 유해물질을 제조하거나 사용하는 작업장에 게시하여야 할 사항을 4가지 쓰시오. [4점]

09

산업안전보건기준에 관한 규칙상 사다리식 통로를 설치하는 경우 준수하여야 할 사항을 4가지 쓰시오. [4점]

10

다음의 기계 · 기구에 해당하는 방호장치를 1개씩만 쓰시오. [5점]

(1) 예초기
(2) 원심기
(3) 공기압축기
(4) 금속절단기
(5) 지게차

11

산업안전보건법상 크레인을 사용하여 작업을 할 때 작업시작 전 점검사항을 3가지 쓰시오. [3점]

12

산업안전보건법상 근로자가 반복하여 계속적으로 중량물을 취급하는 작업을 할 때 작업시작 전 점검사항을 3가지 쓰시오. [3점]

13

MSDS(물질안전보건자료)를 작성할 때 포함하여야 할 사항 16가지 중 다음 사항을 뺀 나머지 사항을 4가지만 쓰시오. [4점]

> ① 구성성분의 명칭 및 함유량
>
> ② 화학제품과 회사에 관한 정보
>
> ③ 물리화학적 특성
>
> ④ 취급 및 저장방법
>
> ⑤ 법적규제현황
>
> ⑥ 폐기시 주의사항
>
> ⑦ 그 밖의 참고사항

14

다음은 산업안전보건법상 크레인, 리프트 및 곤돌라, 이동식 크레인, 이삿짐운반용 리프트 및 고소작업대의 안전검사의 주기에 대한 사항이다. (   ) 안에 적합한 숫자를 쓰시오. [5점]

> (1) 크레인(이동식 크레인은 제외), 리프트(이삿짐운반용 리프트는 제외) 및 곤돌라: 사업장에 설치가 끝난 날부터 (①)년 이내에 최초 안전검사를 실시하되, 그 이후부터 (②)년마다(건설현장에서 사용하는 것은 최초로 설치한 날부터 (③)개월마다)
>
> (2) 이동식 크레인, 이삿짐운반용 리프트 및 고소작업대: 자동차관리법 제8조에 따른 신규등록 이후 (④)년 이내에 최초 안전검사를 실시하되, 그 이후부터 (⑤)년마다

15

산업안전보건법상 누전차단기에 대한 사항이다. (   ) 안에 적합한 내용을 쓰시오. [4점]

> 전기기계 · 기구에 설치되어 있는 누전차단기는 정격감도전류가 (①) 이하이고, 작동시간은 (②) 이내일 것. 다만, 정격부하전류가 50A 이상인 전기기계 · 기구에 접속되는 누전차단기는 오작동을 방지하기 위하여 정격감도전류는 (③) 이하로, 작동시간은 (④) 이내로 할 수 있다.

작업형

01

> 📹 **영상설명**
> 한 명의 작업자가 맨손으로 변압기의 전압을 측정하기 위하여 또 다른 작업자에게 전원을 투입시키라는 신호를 한다. 전압측정이 끝난 후 측정기를 제거하다가 감전되는 장면이다.

영상에 나타난 재해사례의 재해발생원인을 3가지만 쓰시오. [6점]

02

> 📹 **영상설명**
> 영상은 분리식 방진마스크가 나타나 있는 장면이다.

영상에 나타난 분리식 방진마스크의 여과재분진 등 포집효율에 대하여 (　　　) 안에 적합한 내용을 쓰시오. [3점]

형태 및 등급		염화나트륨(NaCl) 및 파라핀 오일(Paraffin oil) 시험(%)
분리식	특급	(①) 이상
	1급	(②) 이상
	2급	(③) 이상

03

> 📹 **영상설명**
> 작업자가 DMF 등 유해화학물질을 취급하는 작업을 하고 있는 장면이다.

유해화학물질(물질안전보건자료 대상 물질)을 취급시 근로자가 쉽게 볼 수 있는 장소에 게시 또는 갖추어 두어야 하는 사항을 3가지만 쓰시오. [6점]

04

▶ 영상설명

작업자가 밀폐공간작업 시작 전에 퍼지(purge)를 하고 있는 장면이다.

퍼지(purge)의 종류를 4가지 쓰시오. [4점]

05

▶ 영상설명

인쇄용 롤러기를 전원을 차단하지 않고, 작업자가 걸레를 사용하여 롤러를 닦고 있다. 이 때 작업자가 체중을 실어서 롤러의 맞물리는 지점까지 힘차게 청소하다가 손이 롤러 사이에 끼이는 장면이다.

영상에 나타난 재해사례의 (1) 위험요인과 (2) 안전대책을 각각 2가지만 쓰시오. [4점]

06

▶ 영상설명

한 작업자가 아파트 창틀에서 다른 작업자에게 작업발판을 건네주고 옆으로 이동하다가 발을 헛디디면서 작업장 바닥으로 떨어지고 있는 장면이다.

영상의 재해사례에서 (1) 재해발생형태 (2) 재해발생원인 2가지 (3) 기인물 (4) 가해물을 각각 쓰시오. [5점]

07

▶ 영상설명

철골구조물에서 작업자가 안전대를 착용하지 않고 볼트해체작업을 하다가 떨어지는 장면이다.

영상의 재해사례와 관련하여 철골작업을 중지하여야 하는 경우를 3가지 쓰시오. [6점]

08

▶◀ 영상설명

작업자가 무채를 썰어내는 기계(슬라이스 기계)가 갑작스럽게 작동을 멈추어 버리자 긴급점검을 하다가 다치는 장면이다.

영상에 나타나는 상황의 위험예지포인트를 2가지만 쓰시오. [4점]

09

▶◀ 영상설명

작업자가 폭발성 물질 작업장소에 들어가기 전에 신발에 물을 묻히고 있는 장면이다.

영상에서 작업자가 폭발성 물질 작업장소에 들어가기 전에 (1) 신발에 물을 묻히는 이유와 (2) 화재시 적합한 소화방법은 무엇인지 쓰시오. [4점]

10

▶◀ 영상설명

작업자가 유리로 된 병을 황산(H_2SO_4)을 사용하여 세척하고 있는 장면이다.

영상과 같은 작업을 장기간 할 경우 황산 등 유해화학물질이 인체에 유입될 수 있다. 이 때 인체의 침입경로를 3가지 쓰시오. [3점]

제5회 실전모의고사

필답형

01

산업안전보건법상 크레인 등 양중기의 방호장치를 2가지 쓰시오. [4점]

02

산업안전보건법상 근로자안전보건교육에 있어 사업장에 30명을 채용할 때, 채용시 및 작업내용변경시 교육내용을 3가지만 쓰시오. [6점]

03

타워크레인을 설치 · 조립 · 해체하는 작업을 할 때 작업계획서 내용을 4가지만 쓰시오. [4점]

04

근로자 400명이 일하는 어느 사업장에서 연간 재해자가 20명이 발생하여 근로손실일수가 100일일 때 강도율을 계산하시오. (단, 하루 8시간, 연간 250일 근무하였다.) [4점]

05

산업안전보건기준에 관한 규칙상 정전기로 인한 화재폭발 등 방지대책을 3가지만 쓰시오. [3점]

06

산업안전보건법에 따라 화학설비 및 그 부속설비에 과압에 따른 폭발을 방지하기 위하여 폭발방지성능과 규격을 갖춘 안전밸브 또는 파열판을 설치하여야 한다. 이 때 파열판을 설치하여야 하는 경우를 2가지만 쓰시오. [4점]

07

산업안전보건법상 로봇의 작동범위에서 그 로봇에 관하여 교시 등의 작업을 할 때 작업시작 전 점검사항을 3가지 쓰시오. [3점]

08

산업안전보건법상 잠함 또는 우물통의 내부에서 근로자가 굴착작업을 하는 경우에 잠함 또는 우물통의 급격한 침하에 의한 위험을 방지하기 위해 준수하여야 할 사항을 2가지 쓰시오. [2점]

09

산업안전보건법상 사업주가 관리대상 유해물질을 취급하는 작업장의 보기 쉬운 장소에 게시하여야 할 사항을 5가지 쓰시오. [5점]

10

정전기의 발생에 영향을 미치는 요인을 4가지 쓰시오. [4점]

11

산업안전보건법상 승강기의 종류를 4가지만 쓰시오. [4점]

12

1,000rpm으로 회전하는 롤러기 앞면 롤러의 지름이 40cm인 경우 앞면 롤러의 표면속도에 따른 급정지거리는 몇 cm 이내이어야 하는지 계산하시오. [4점]

13

다음 각 경우에 산업안전보건법상 양중기의 와이어로프 등 달기구의 안전계수 기준을 쓰시오. [4점]

(1) 근로자가 탑승하는 운반구를 지지하는 달기와이어로프 또는 달기체인의 경우: (①)

(2) 화물의 하중을 직접 지지하는 달기와이어로프 또는 달기체인의 경우: (②)

(3) 훅, 샤크, 클램프, 리프팅 빔의 경우: (③)

(4) 그 밖의 경우: (④)

14

공기압축기를 가동할 때 작업시작 전 점검사항을 4가지 쓰시오. [4점]

01

▶◀ 영상설명

이동식크레인(또는 항타기 · 항발기)을 사용하여 고압선 아래에서 작업을 하다가 붐대가 고압선에 닿으면서 감전되는 장면이다.

영상의 재해사례에서 (1) 재해발생의 직접적 원인을 2가지 쓰고 (2) 사업주의 감전예방조치 사항을 3가지만 쓰시오. [5점]

02

▶◀ 영상설명

작업자가 의자에 앉아 컴퓨터로 작업을 하고 있는데 의자가 작업자의 신체에 맞지 않아서 다리를 구부리고 있고, 키보드가 손으로부터 떨어져 있으며, 모니터 위치가 너무 높은 장면이다.

영상에 나타난 내용을 보고 옳지 못한 상황을 3가지만 쓰시오. [6점]

03

▶◀ 영상설명

작업자가 사출성형기가 개방된 상태에서 이물질을 손으로 제거하다가 손이 눌리면서 다치는 장면이다.

이 영상에서 발생한 (1) 재해발생형태를 쓰고 (2) 산업안전보건법에 규정된 방호장치를 2가지 쓰시오. [5점]

04

작업자가 유리로 된 병을 황산(H_2SO_4)을 사용하여 세척을 하고 있는 장면이다.

영상과 같은 작업을 할 때 발생할 수 있는 (1) 재해발생형태와 (2) 재해의 정의를 쓰시오. [4점]

05

▶️ 영상설명

방독마스크 정화통 외부측면의 표시 색이 녹색으로 나타나고 있는 장면이다.

영상에 나타난 (1) 방독마스크의 종류 (2) 방독마스크의 시험가스 종류 (3) 방독 마스크의 형태 및 구조 (4) 방독 마스크의 정화통의 주요성분(흡수제)을 각각 쓰시오. [4점]

06

▶️ 영상설명

한 명의 작업자가 전주 위에서 활선작업 중 다른 작업자로부터 절연용 방호구를 받아 설치작업을 하다가 감전되는 장면이다.

영상의 활선작업시 발생할 수 있는 위험요인을 3가지만 쓰시오. [6점]

07

📹 영상설명

영상은 귀마개가 나타나 있는 장면이다.

영상에 나타난 귀마개의 등급에 따른 기호와 성능을 (　　) 안에 쓰시오. [4점]

등급	기호	성능
1종	(①)	(③)
2종	(②)	(④)

08

📹 영상설명

여러 명의 작업자가 공장지붕의 철골상에 패널을 설치하는 작업을 하다가 한 명의 작업자가 바닥으로 떨어지는 장면이다.

영상에 나타난 (1) 재해발생원인과 (2) 안전대책을 각각 2가지씩 쓰시오. [6점]

09

📹 영상설명

터널에서 작업자가 길고 얇은 철물을 사용하여 화약을 장전구 안으로 3개 정도 넣은 후, 전선을 꼬아서 주변선에 올려놓고, 폭파스위치가 있는 위치로 가고 있는 장면이다.

터널굴착작업을 할 때 이용되는 계측방법의 종류를 5가지만 쓰시오. [5점]

해커스 **산업안전산업기사 실기** 한권합격 이론 + 최신기출 + 핵심노트

실전모의고사 정답

제1회 실전모의고사
제2회 실전모의고사
제3회 실전모의고사
제4회 실전모의고사
제5회 실전모의고사

제1회 실전모의고사

필답형

01 ① 발판재료의 손상 여부 및 부착 또는 걸림상태
② 해당 비계의 연결부 또는 접속부의 풀림상태
③ 연결재료 및 연결철물의 손상 또는 부식상태
④ 손잡이의 탈락 여부
⑤ 기둥의 침하, 변형, 변위 또는 흔들림상태
⑥ 로프의 부착상태 및 매단 장치의 흔들림상태

02 ① 게이트가드
② 양수조작식

03 ① 이음매가 있는 것
② 꼬인 것
③ 심하게 변형되거나 부식된 것
④ 와이어로프의 한 꼬임에서 끊어진 소선의 수가 10% 이상인 것
⑤ 지름의 감소가 공칭지름의 7%를 초과하는 것
⑥ 열과 전기충격에 의해 손상된 것

04 ① 작업준비 및 작업절차 수립
② 작업장 내 위험물의 사용·보관 현황 파악
③ 화기작업에 따른 인근 가연성 물질에 대한 방호조치 및 소화기구 비치
④ 용접불티 비상방지덮개, 용접방화포 등 불꽃, 불티 등 비산방지조치
⑤ 인화성 액체의 증기 및 인화성 가스가 남아 있지 않도록 환기 등의 조치
⑥ 작업근로자에 대한 화재예방 및 피난교육 등 비상조치

05 ① 1.5   ② 1
③ 1.5   ④ 7
⑤ 7   ⑥ 7

06 ① 10m
② 15m
③ 30m

07 ① 압력용기(안지름이 150mm 이하인 압력용기는 제외)
② 정변위 압축기
③ 정변위 펌프(토출측에 차단밸브가 설치된 것만 해당)
④ 배관(2개 이상의 밸브에 의하여 차단되어 대기온도에서 액체의 열팽창에 의하여 파열될 우려가 있는 것으로 한정)
⑤ 그 밖의 화학설비 및 그 부속설비로서 해당 설비의 최고 사용압력을 초과할 우려가 있는 것

08 ① 10
② 2
③ 20
④ 30

09 $도수율 = \dfrac{재해발생건수}{연근로시간수} \times 1,000,000$

$= \dfrac{16}{300 \times 8 \times 280} \times 1,000,000$

$= 23.8095 ≒ 23.81$

10 ① 제동장치 및 조종장치 기능의 이상 유무
② 하역장치 및 유압장치 기능의 이상 유무
③ 바퀴의 이상 유무
④ 전조등, 후미등, 방향지시기 및 경보장치 기능의 이상 유무

11 ① 7.5R 4/14
② 노란색
③ 흰색
④ 지시
⑤ 안내

12
① 풍속이 초당 10m 이상인 경우
② 강우량이 시간당 1mm 이상인 경우
③ 강설량이 시간당 1cm 이상인 경우

13
① 게이트가드식 방호장치
② 수인식 방호장치
③ 손쳐내기식 방호장치
④ 양수기동식 방호장치

14
① 산업재해율이 같은 업종 평균 산업재해율의 2배 이상인 사업장
② 사업주가 필요한 안전조치 또는 보건조치를 이행하지 아니하여 중대재해가 발생한 사업장
③ 직업성 질병자가 연간 2명 이상(상시근로자 1,000명 이상 사업장의 경우 3명 이상) 발생한 사업장
④ 그 밖에 작업환경 불량, 화재·폭발 또는 누출 사고 등으로 사업장 주변까지 피해가 확산된 사업장으로서 고용노동부령으로 정하는 사업장

15
① 강도는 지게차의 최대하중의 2배값(4t을 넘는 값에 대해서는 4t)의 등분포정하중에 견딜 수 있을 것
② 상부틀의 각 개구의 폭 또는 길이가 16cm 미만일 것
③ 운전자가 앉아서 조작하거나 서서 조작하는 지게차의 헤드가드는 한국산업표준에서 정하는 높이 기준 이상일 것

작업형

01
① 재해발생형태: 폭발
② 기인물: LPG(액화석유가스)

02
① 과부하방지장치
② 권과방지장치
③ 비상정지장치
④ 제동장치

03
① 난연성시험
② 절연저항시험
③ 인장강도시험
④ 내열성시험
⑤ 내한성시험

04
① 시건장치(잠금장치) 및 표지판(tag)을 부착하여 관계근로자 이외의 사람의 오작동을 방지한다.
② 각 차단기별로 회로명을 표기하여 오작동을 방지한다.
③ 작업자간 정확성을 기하기 위하여 무전기 등 연락장비를 이용하여 철저히 확인한다.
④ 절연용 장갑 등 보호구를 착용하고 작업한다.
⑤ 해당 작업시 작업자에게 전기안전교육을 실시한다.

05
① 위험점의 명칭: 회전말림점
② 정의: 회전하는 물체에 작업복 등이 말려 들어갈 위험이 형성되는 점이다.(또는 회전하는 물체의 불규칙 부위와 돌기회전 부위에 의해 말려들어갈 위험이 형성되는 점이다.)

06
① 재해발생형태: 낙하(맞음)
② 가해물: 전주(전봇대)
③ 전기작업용 안전모: AE형, ABE형

07
① 온도계·유량계·압력계 등의 계측장치
② 자동경보장치
③ 긴급차단장치

08
① 15배
② 중심
③ 수직면

09
① 세척작업을 할 때는 불침투성 보호의를 착용하자.
② 세척작업 중에는 담배를 피우지 말자.(흡연을 하지 말자)

제2회 실전모의고사

필답형

01
① 공정안전자료
② 공정위험성평가서
③ 안전운전계획
④ 비상조치계획
⑤ 그 밖에 공정상의 안전과 관련하여 고용노동부장관이 필요하다고 인정하여 고시하는 사항

02
① 포크, 버킷, 디퍼 등의 장치를 가장 낮은 위치 또는 지면에 내려둘 것
② 원동기를 정지시키고 브레이크를 확실히 거는 등 차량계 하역운반기계의 갑작스러운 이동을 방지하기 위한 조치를 할 것
③ 운전석을 이탈하는 경우에는 시동키를 운전대에서 분리시킬 것

03
① 150　　　② 저압용　　　③ 임시배선

04
① 갱폼(gang form)
② 슬립폼(slip form)
③ 클라이밍폼(climbing form)
④ 터널라이닝폼(tunnel lining form)
⑤ 그 밖에 거푸집과 작업발판이 일체로 제작된 거푸집 등

05
① 발열반응이 일어나는 반응장치
② 증류, 정류, 증발, 추출 등 분리를 하는 장치
③ 가열로 또는 가열기
④ 반응폭주 등 이상화학반응에 의하여 위험물질이 발생할 우려가 있는 설비
⑤ 온도가 350℃ 이상이거나 게이지 압력이 980kPa 이상인 상태에서 운전되는 설비
⑥ 가열시켜주는 물질의 온도가 가열되는 위험물질의 분해온도 또는 발화점보다 높은 상태에서 운전되는 설비

06
① 녹색　　　③ A-1
② 붉은색　　　④ ±100분의 20

07
① 사용하는 차량계 건설기계의 종류 및 성능
② 차량계 건설기계의 운행경로
③ 차량계 건설기계에 의한 작업방법

08
① 클러치 및 브레이크의 기능
② 크랭크축 · 플라이휠 · 슬라이드 · 연결봉 및 연결나사의 풀림 여부
③ 1행정1정지기구 · 급정지장치 및 비상정지장치의 기능
④ 슬라이드 또는 칼날에 의한 위험방지기구의 기능
⑤ 프레스의 금형 및 고정볼트 상태
⑥ 방호장치의 기능
⑦ 전단기의 칼날 및 테이블의 상태

09
① $도수율 = \dfrac{재해발생건수}{연근로시간수} \times 1{,}000{,}000$

$= \dfrac{80}{400 \times 8 \times 280} \times 1{,}000{,}000 = 89.2857 ≒ 89.29$

② $강도율 = \dfrac{근로손실일수}{연근로시간수} \times 1{,}000$

$= \dfrac{800}{400 \times 8 \times 280} \times 1{,}000 = 0.8928 ≒ 0.89$

③ $종합재해지수(FSI) = \sqrt{도수율 \times 강도율}$

$= \sqrt{89.29 \times 0.89} = 8.9144 ≒ 8.91$

10
① 해체의 방법 및 해체순서 도면
② 가설설비 · 방호설비 · 환기설비 및 살수 · 방화설비 등의 방법
③ 사업장 내 연락방법
④ 해체물의 처분계획
⑤ 해체작업용 기계 · 기구 등의 작업계획서
⑥ 해체작업용 화약류 등의 사용계획서
⑦ 그 밖에 안전보건에 관련된 사항

11
① 예초기
② 원심기
③ 공기압축기
④ 금속절단기
⑤ 지게차
⑥ 포장기계(진공포장기, 래핑기로 한정)

12 ① 최고사용압력 이하　② 1.05배　③ 1.1배

13 ① 사망자가 1명 이상 발생한 재해
② 3개월 이상의 요양이 필요한 부상자가 동시에 2명 이상 발생한 재해
③ 부상자 또는 직업성 질병자가 동시에 10명 이상 발생한 재해

14 ① 취관　② 주관　③ 발생기와 가스용기 사이

작업형

01 (1) 폭발의 종류 : 증기운폭발
(UVCE : Unconfined Vapor Cloud Explosion)
(2) 증기운폭발의 정의 : 대기 중에 대량의 가연성 액체가 유출되거나 대량의 가연성 가스가 유출되면 대기 중에 구름형태로 모여 있다가 그것으로부터 발생하는 증기가 공기와 혼합하여 가연성 혼합기체를 형성하고, 점화원에 의하여 순간적으로 폭발을 일으키는 현상이다.
(3) 폭발의 원인 : 고압의 액화석유가스용기에서 대량의 인화성 증기가 대기 중으로 급격히 방출되어 확산된 상태에서 점화원(전기 스파크)으로 폭발이 발생하였다.

02 (1) 재해발생형태 : 감전
(2) 가해물 : 전기(또는 전류)
(3) 안전대책
① 작업지휘자를 지정하여 작업을 지휘한다.
② 충전부에 절연용 방호구를 설치한다.
③ 작업자는 절연용 보호구를 착용한다.

03 (1) 안전준수가 되지 않은 사항
① 유도로프(보조로프)를 설치하지 않고 작업을 하고 있다.
② 일정한 신호방법을 정하지 않았고, 무전기 등을 사용하여 신호하지 않았다.
③ 슬링와이어의 체결상태를 확인하지 않았다.
④ 작업자 위로 권상하중을 통과시키고 있어 위험하다.
(2) 안전대책
① 유도로프(보조로프)를 설치하여 하물(배관)의 흔들림을 방지한다.
② 일정한 신호방법을 미리 정하고, 무전기 등을 사용하여 신호한다.
③ 슬링와이어의 체결상태를 철저히 확인한다.
④ 작업자 위로 권상하중을 통과시키지 않는다.

04 (1) 기인물 : 탁상용연삭기
(2) 방호장치명 : 칩비산방지투명판
(3) 위험요인
① 보안경을 착용하지 않아 눈을 다칠 위험이 있다.
② 덮개를 설치하지 않아 숫돌 파편에 다칠 위험이 있다.

05 ① 단화 : 113mm 미만
② 중단화 : 113mm 이상
③ 장화 : 178mm 이상

06 ① 안전난간이 설치되어 있지 않아서 위험하다.
② 작업자가 안전대를 착용하지 않고 작업을 하여 위험하다.
③ 작업발판이 고정되어 있지 않아서 위험하다.
④ 추락방호망이 설치되어 있지 않아서 위험하다.

07 (1) 잘못된 작업방법
① 컨베이어 벨트 끝부분 모서리에 양발을 걸치고 불안전한 자세로 작업을 하고 있다.
② 작업자의 발에 포대가 부딪치는 불안전한 작업으로 작업자가 넘어져 다칠 수 있다.
(2) 조치사항 : 피재기계의 정지

08 ① 절연장화
② 내전압용 절연장갑

09 ① 작업시작 전에 전원을 차단한다.
② 정비보수 중이라는 안내표지를 부착하거나 시건장치를 설치한다.
③ 천대장치를 사용하여 V벨트교환작업을 한다.

제3회 실전모의고사

필답형

01
① 60° 이상
② 125° 이내
③ 15° 이상
④ 180° 이내

02
$$H = \frac{U-L}{L}$$
여기서, H: 위험도
　　　　L : 폭발하한계 (vol%)
　　　　U : 폭발상한계 (vol%)
$$= \frac{44.0-1.2}{1.2} = 35.666 = 35.67$$

03
① 호칭지름
② 용도(요구성능)
③ 설정파열압력(MPa) 및 설정온도(℃)
④ 분출용량(kg/h) 또는 공칭분출계수
⑤ 파열판의 재질
⑥ 유체의 흐름방향 지시

04
① 허가대상물질작업장
② 석면취급/해체작업장
③ 금지대상물질의 취급 실험실 등

05
① 압력방출장치
② 압력제한스위치
③ 고저수위 조절장치
④ 화염 검출기

06
① 지상높이가 31m 이상인 건축물 또는 인공구조물
② 연면적 30,000m² 이상인 건축물
③ 연면적 5,000m² 이상인 시설로서 다음의 어느 하나에 해당하는 시설
　• 문화 및 집회시설(전시장 및 동물원·식물원은 제외)
　• 판매시설, 운수시설(고속철도의 역사 및 집배송시설은 제외)
　• 종교시설
　• 의료시설 중 종합병원
　• 숙박시설 중 관광숙박시설
　• 지하도상가
　• 냉동·냉장창고시설
④ 연면적 5,000m² 이상인 냉동·냉장창고시설의 설비공사 및 단열공사
⑤ 최대지간길이가 50m 이상인 다리의 건설 등 공사
⑥ 터널의 건설 등 공사
⑦ 다목적댐, 발전용댐, 저수용량 2,000만톤 이상의 용수전용댐 및 지방상수도전용댐의 건설 등 공사
⑧ 깊이 10m 이상인 굴착공사

07
① 내압박성시험
② 내충격성시험
③ 박리저항시험
④ 내답발성시험
⑤ 내부식성시험
⑥ 내유성시험
⑦ 은면결렬시험
⑧ 인열강도시험
⑨ 인장강도시험 및 신장율시험

08
① 끼임점
② 협착점
③ 절단점
④ 회전말림점
⑤ 물림점
⑥ 접선물림점

09 ① 위험성평가의 실시에 대한 사항
② 도급시 산업재해 예방조치
③ 산업재해가 발생할 급박한 위험이 있을 때 및 중대재해가 발생하였을 때 작업의 중지
④ 안전인증 대상 기계 등과 자율안전확인 대상 기계 등의 사용 여부 확인
⑤ 산업안전보건관리비의 관계수급인간의 사용에 관한 협의 · 조정 및 그 집행의 감독

10 ① 사용금지
② 낙하물 경고
③ 산화성물질 경고
④ 방진마스크 착용

11 ① 안전 및 보건에 관한 관리조직과 그 직무에 관한 사항
② 안전보건교육에 관한 사항
③ 작업장의 안전 및 보건관리에 관한 사항
④ 사고조사 및 대책수립에 관한 사항
⑤ 그 밖에 안전 및 보건에 관한 사항

12 ① 1 : 1.8
② 1 : 1.0
③ 1 : 1.0
④ 1 : 0.5

13 ① 750
② 1,000
③ 36,000
④ 54,000

14 ① 제품명
② 건강 및 환경에 대한 유해성, 물리적 위험성
③ 안전 및 보건상의 취급주의 사항
④ 적절한 보호구
⑤ 응급조치요령 및 사고시 대처방법

작업형

01 ① 화물을 과적하여 운전자의 시야를 가려서 다른 작업자가 다칠 위험이 있다.
② 화물을 불안정하게 적재하여 화물이 떨어져 다른 작업자가 다칠 위험이 있다.
③ 전방의 시야 불충분으로 인하여 지게차에 의해 다른 작업자가 다칠 위험이 있다.
④ 과속과 난폭한 운전으로 운전자 및 다른 작업자가 다칠 위험이 있다.
⑤ 작업통로에 나와서 다른 작업자가 작업을 하고 있어 지게차에 의해 다칠 위험이 있다.

02 (1) 명칭
안전블록
(2) 정의
안전그네를 연결하여 추락발생시 추락을 억제할 수 있는 자동잠김장치가 갖추어져 있고 죔줄이 자동적으로 수축되는 장치
(3) 부품의 구조 및 치수
① 자동잠김장치를 갖출 것
② 안전블록의 부품은 부식방지처리를 할 것
(4) 안전대의 구조
① 안전블록을 부착하여 사용하는 안전대는 신체지지의 방법으로 안전그네만을 사용할 것
② 안전블록은 정격사용길이가 명시될 것
③ 안전블록의 줄은 합성섬유로프, 웨빙, 와이어로프이어야 하며, 와이어로프인 경우 최소 지름이 4mm 이상일 것

03 ① 작업순서를 결정하고 작업을 지휘할 것
② 안전지지대 또는 안전블록 등의 사용상황을 점검할 것

04 ① 슬라이드가 작업자의 실수로 하강하여 신체가 끼일 위험이 있다.
② 작업자가 페달을 잘못 밟아 슬라이드가 작동하여 손을 다칠 위험이 있다.
③ 작업자가 주위의 물품에 발이 걸려 넘어질 위험이 있다.
④ 금형에 부착된 이물질을 맨손으로 제거하다가 손을 다칠 위험이 있다.
⑤ 금형에 부착된 이물질을 제거하다가 이물질이 눈에 들어가 다칠 위험이 있다.

05 ① 검전기를 사용하여 확인을 한다.
② 테스터기(회로시험기)의 지시치를 확인한다.
③ 접지봉으로 접촉 여부를 확인한다.

06 (1) 점화원의 유형: 작업복에 의한 정전기
(2) 점화원의 종류: 정전기(또는 전기 스파크)
(3) 화재 · 폭발재해예방대책
  ① 가스나 증기로 인한 화재 · 폭발을 감지하기 위한 가스누설검지경보장치를 설치한다.
  ② 통풍 · 환기 및 분진제거 등의 조치를 한다.
  ③ 인화성 물질 용기의 밀폐를 확실히 하고, 인화성 물질에 대한 안전교육을 실시한다.
  ④ 화기나 불꽃이 발생할 수 있는 기계 · 기구를 사용하지 않는다.

07 ① 부재의 손상 · 변형 · 부식 · 변위 및 탈락의 유무와 상태
② 버팀대의 긴압의 정도
③ 부재의 접속부 · 부착부 및 교차부의 상태
④ 침하의 정도

08 ① 18
② 23.5
③ 1.5
④ 30
⑤ 10

09 (1) 각 신체부위 보호구
  ① 손: 내전압용 절연장갑
  ② 발: 절연화
  ③ 머리: 절연안전모
(2) 산업안전보건법상 누전차단기의 설치장소
  ① 대지전압이 150V를 초과하는 이동형 또는 휴대형 전기기계 · 기구
  ② 물 등 도전성이 높은 액체가 있는 습윤장소에서 사용하는 저압용 전기기계 · 기구
  ③ 철판 · 철골 위 등 도전성이 높은 장소에서 사용하는 이동형 또는 휴대형 전기기계 · 기구
  ④ 임시배선의 전로가 설치되는 장소에서 사용하는 이동형 또는 휴대형 전기기계 · 기구

필답형

01
① 원동기 및 풀리 기능의 이상 유무
② 이탈 등의 방지장치 기능의 이상 유무
③ 비상정지장치 기능의 이상 유무
④ 원동기, 회전축, 기어 및 풀리 등의 덮개 또는 울 등의 이상 유무

02
① 해당 사업장의 연간재해율이 같은 업종의 평균재해율의 2배 이상인 경우
② 중대재해가 연간 2건 이상 발생한 경우
③ 관리자가 질병이나 그 밖의 사유로 3개월 이상 직무를 수행할 수 없게 된 경우
④ 화학적 인자로 인한 직업성 질병자가 연간 3명 이상 발생한 경우

03 ① 1   ② 3

04
① 선박의 이중선체 내부, 밸러스트 탱크, 보일러 내부 등 도전체에 둘러 싸인 장소
② 추락할 위험이 있는 높이 2m 이상의 장소로 철골 등 도전성이 높은 물체에 근로자가 접촉할 우려가 있는 장소
③ 근로자가 물 · 땀 등으로 인하여 도전성이 높은 습윤상태에서 작업하는 장소

05 ① 500kg   ② 4   ③ 1.2m

06
① 강도율 $= \dfrac{\text{근로손실일수}}{\text{연근로시간수}} \times 1,000$

$= \dfrac{150 + \left(73 \times \dfrac{300}{365}\right)}{(400 \times 8 \times 300) + (400 \times 50)} \times 1,000$

$= 0.2142 ≒ 0.21$

② 도수율 $= \dfrac{\text{재해발생건수}}{\text{연근로시간수}} \times 1,000,000$

$= \dfrac{20}{(400 \times 8 \times 300) + (400 \times 50)} \times 1,000,000$

$= 20.408 ≒ 20.41$

07
① 형상, 지질 및 지층의 상태
② 매설물 등의 유무 또는 상태
③ 지반의 지하수위 상태
④ 균열 · 함수 · 용수 및 동결의 유무 또는 상태

08
① 허가대상 유해물질의 명칭
② 인체에 미치는 영향
③ 취급상의 주의사항
④ 착용하여야 할 보호구
⑤ 응급처치와 긴급방재요령

09
① 견고한 구조로 할 것
② 심한 손상 · 부식 등이 없는 재료를 사용할 것
③ 발판의 간격은 일정하게 할 것
④ 발판과 벽과의 사이는 15cm 이상의 간격을 유지할 것
⑤ 폭은 30cm 이상으로 할 것
⑥ 사다리가 넘어지거나 미끄러지는 것을 방지하기 위한 조치를 할 것
⑦ 사다리의 상단은 걸쳐 놓은 지점으로부터 60cm 이상 올라가도록 할 것
⑧ 사다리식 통로의 길이가 10m 이상인 경우에는 5m 이내마다 계단참을 설치할 것
⑨ 사다리식 통로의 기울기는 75° 이하로 할 것
⑩ 접이식 사다리 기둥은 사용시 접혀지거나 펼쳐지지 않도록 철물 등을 사용하여 견고하게 조치할 것

10
① 날접촉예방장치
② 회전체접촉예방장치
③ 압력방출장치
④ 날접촉예방장치
⑤ 헤드가드, 백레스트, 후미등, 전조등, 안전벨트

11
① 권과방지장치 · 브레이크 · 클러치 및 운전장치의 기능
② 주행로의 상측 및 트롤리가 횡행하는 레일의 상태
③ 와이어로프가 통하고 있는 곳의 상태

12　① 중량물 취급의 올바른 자세 및 복장
　　② 위험물이 날아 흩어짐에 따른 보호구의 착용
　　③ 카바이드 · 생석회(산화칼슘) 등과 같이 온도상승이나
　　　습기에 의하여 위험성이 존재하는 중량물의 취급방법
　　④ 그 밖에 하역운반기계 등의 적절한 사용방법

13　① 유해성 · 위험성
　　② 응급조치요령
　　③ 폭발 · 화재시 대처방법
　　④ 누출사고시 대처방법
　　⑤ 노출방지 및 개인보호구
　　⑥ 안정성 및 반응성
　　⑦ 독성에 관한 정보
　　⑧ 환경에 미치는 영향
　　⑨ 운송에 필요한 정보

14　① 3　　② 2　　③ 6　　④ 3　　⑤ 2

15　① 30mA　　② 0.03초　　③ 200mA　　④ 0.1초

작업형

01　① 작업자가 안전확인을 소홀히 하였다.
　　② 작업자가 절연장갑 등 보호구를 착용하지 않았다.
　　③ 작업자 사이에 신호전달이 잘 이루어지지 않았다.
　　④ 대화창이 설치되어 있지 않아 의사소통이 원활하지 못하
　　　였다.

02　① 99.95
　　② 94.0
　　③ 80.0

03　① 제품명
　　② 건강 및 환경에 대한 유해성, 물리적 위험성
　　③ 안전 및 보건상의 취급주의사항
　　④ 적절한 보호구
　　⑤ 응급조치요령 및 사고시 대처방법

04　① 압력퍼지(pressure purge)
　　② 진공퍼지(vacuum purge)
　　③ 사이펀퍼지(siphon purge)
　　④ 스위프퍼지(sweep purge)

05　(1) 위험요인
　　① 작업자가 체중을 실어 닦고 있다가 손이 말려들 위험
　　　이 있다.
　　② 직접 손으로 롤러의 맞물려 들어가는 부위에서 닦고
　　　있어서 손이 말려들 위험이 있다.
　　③ 급정지장치 등 방호장치가 없어서 롤러의 맞물리는
　　　곳에 걸레를 넣었을 때 롤러가 멈추지 않아 손이 말려
　　　들 위험이 있다.
　　④ 작업시작 전에 전원을 차단하지 않고, 롤러기의 작동
　　　중에 청소를 하다가 손이 말려들 위험이 있다.
　　(2) 안전대책
　　① 청소작업시작 전에 전원을 차단하고, 기계를 정지시
　　　킨 상태에서 청소작업을 한다.
　　② 맞물리는 곳에 걸레를 넣었을 때 롤러가 멈출 수 있도
　　　록 급정지장치 등 방호장치(안전장치)를 설치한다.
　　③ 체중을 실어 작업을 하다가 손이 말려들어가게 되므
　　　로 바른 자세를 유지하고, 면장갑을 착용하지 않는다.

06　(1) 재해발생형태: 추락(떨어짐)
　　(2) 재해발생원인
　　① 안전난간을 설치하지 않았다.
　　② 추락방호망을 설치하지 않았다.
　　③ 작업자가 안전대를 착용하지 않았다.
　　(3) 기인물: 작업발판
　　(4) 가해물: 바닥

07　① 풍속이 초당 10m 이상인 경우
　　② 강우량이 시간당 1mm 이상인 경우
　　③ 강설량이 시간당 1cm 이상인 경우

08　① 인터록장치(연동장치)가 설치되어 있지 않아서 손을 다칠
　　　위험이 있다.
　　② 기계를 완전히 정지시키지 않고 점검을 하여 손을 다칠
　　　위험이 있다.

09　(1) 신발에 물을 묻히는 이유: 정전기로 인하여 폭발의 위험
　　　이 있으므로 신발과 바닥면의 접촉으로 인한 정전기의
　　　발생을 감소시키기 위해서이다.
　　(2) 소화방법: 다량의 주수에 의한 냉각소화

10　① 소화기　　② 호흡기　　③ 피부점막

제5회 실전모의고사

필답형

01
① 권과방지장치   ③ 비상정지장치
② 과부하방지장치   ④ 제동장치

02
① 기계 · 기구의 위험성과 작업의 순서 및 동선에 관한 사항
② 작업개시 전 점검에 관한 사항
③ 정리정돈 및 청소에 관한 사항
④ 사고발생시 긴급조치에 관한 사항
⑤ 산업보건 및 건강장해 예방에 관한 사항(폭염 · 한파작업으로 인한 건강장해 발생시 응급조치에 관한 사항 포함)
⑥ 물질안전보건자료에 관한 사항
⑦ 직무스트레스예방 및 관리에 관한 사항
⑧ 산업안전보건법령 및 산업재해보상보험제도에 관한 사항
⑨ 산업안전 및 산업재해 예방에 관한 사항(화재 · 폭발사고 발생시 대피에 관한 사항 포함)
⑩ 직장 내 괴롭힘, 고객의 폭언 등으로 인한 건강장해예방 및 관리에 관한 사항
⑪ 위험성평가에 관한 사항

03
① 타워크레인의 종류 및 형식
② 설치 · 조립 및 해체순서
③ 작업도구 · 장비 · 가설설비 및 방호설비
④ 작업인원의 구성 및 작업근로자의 역할범위
⑤ 타워크레인의 지지방법

04
$$강도율 = \frac{근로손실일수}{연근로시간수} \times 1,000$$
$$= \frac{100}{400 \times 8 \times 250} \times 1,000$$
$$= 0.125 ≒ 0.13$$

05
① 접지   ③ 가습
② 노선성 재료의 사용   ④ 제전기의 사용

06
① 반응폭주 등 급격한 압력상승 우려가 있는 경우
② 급성독성 물질의 누출로 인하여 주위의 작업환경을 오염시킬 우려가 있는 경우
③ 운전 중 안전밸브에 이상물질이 누적되어 안전밸브가 작동되지 아니할 우려가 있는 경우

07
① 외부전선의 피복 또는 외장의 손상 유무
② 매니퓰레이터(Manipulator) 작동의 이상 유무
③ 제동장치 및 비상정지장치의 기능

08
① 침하관계도에 따라 굴착방법 및 재하량 등을 정할 것
② 바닥으로부터 천장 또는 보까지의 높이는 1.8m 이상으로 할 것

09
① 관리대상 유해물질의 명칭
② 인체에 미치는 영향
③ 취급상 주의사항
④ 착용하여야 할 보호구
⑤ 응급조치와 긴급방재요령

10
① 물체의 특성
② 물체의 분리력
③ 물체의 표면상태
④ 분리속도
⑤ 접촉면적 및 압력

11
① 승객용 엘리베이터
② 화물용 엘리베이터
③ 승객화물용 엘리베이터
④ 소형화물용 엘리베이터
⑤ 에스컬레이터

12
① V(표면속도)$=\dfrac{\pi DN}{1,000}$

$$=\dfrac{3.14\times400\times1,000}{1,000}$$

$$=1,256\,m/min$$

여기서, D: 롤러 원통의 직경[mm], N: 회전수[rpm]

② 급정지거리 기준: 표면속도가 30m/min 이상일 경우 앞면 롤러 원주의 $\dfrac{1}{2.5}$ 이내

③ 원주길이 $=\pi D=3.14\times400=1,256mm=125.6cm$

④ 급정지거리 $=125.6\times\dfrac{1}{2.5}=50.24cm$ 이내

13
① 10 이상
② 5 이상
③ 3 이상
④ 4 이상

14
① 공기저장 압력용기의 외관상태
② 압력방출장치의 기능
③ 언로드밸브의 기능
④ 윤활유의 상태
⑤ 드레인밸브의 조작 및 배수
⑥ 회전부의 덮개 또는 울
⑦ 그 밖의 연결부위의 이상 유무

작업형

01
(1) 재해발생의 직접적 원인
① 충전전로에 대한 접근한계거리를 유지하지 않았다.
② 충전전로에 절연용 방호구를 설치하지 않았다.

(2) 사업주의 감전예방조치사항
① 차량 등을 충전전로의 충전부로부터 300cm 이상 이격시켜 유지시키되, 대지 전압이 50kV를 넘는 경우 이격시켜 유지하여야 하는 거리는 10kV 증가할 때마다 10cm씩 증가시켜야 한다.
② 근로자가 차량 등의 그 어느 부분과도 접촉하지 않도록 울타리를 설치하거나 감시인 배치 등의 조치를 하여야 한다.
③ 충전전로 인근에서 접지된 차량 등이 충전 전로와 접촉할 우려가 있을 경우에는 지상의 근로자가 접지점에 접촉하지 않도록 조치하여야 한다.
④ 충전전로에 적합한 절연용 방호구를 설치한다. 이 경우 이격거리는 절연용 방호구 앞면까지로 할 수 있다.

02
① 손으로 조작하기 편한 위치에 키보드가 놓여있지 않다.
② 작업자가 의자의 등받이에 충분히 지탱(지지)되어 있지 않다.
③ 작업자가 보기 편한 위치에 모니터가 조정되어 있지 않다.

03
(1) 재해발생형태: 협착(끼임)
(2) 방호장치
① 양수조작식
② 게이트가드

04
(1) 재해발생형태: 화학물질 누출·접촉
(2) 재해(화학물질 누출·접촉)의 정의: 유해·위험물질에 노출·접촉 또는 흡입한 경우를 말한다.

05
(1) 방독마스크의 종류: 암모니아용
(2) 방독마스크의 시험가스 종류: 암모니아가스(NH_3)
(3) 방독마스크의 형식: 격리식 전면형
(4) 방독마스크의 정화통의 주요성분(흡수제): 큐프라마이트

06
① 작업자가 활선 또는 사선에 대한 안전확인을 소홀히 하였다.
② 절연복 등 작업자의 복장이 제대로 갖추어져 있지 않았다.
③ 작업자 사이에 신호전달이 잘이루어지지 않았다.

07
① EP-1
② EP-2
③ 저음부터 고음까지 차음하는 것
④ 주로 고음을 차음하고 저음(회화음 영역)은 차음하지 않는 것

08
(1) 재해발생원인
① 추락방호망을 설치하지 않았다.
② 안전대 부착설비를 설치하지 않았고, 작업자가 안전대를 착용하지 않았다.
(2) 안전대책
① 추락방호망을 설치한다.
② 안전대 부착설비를 설치하고, 작업자는 안전대를 착용한다.

09
① 내공변위측정
② 천단침하측정
③ 지표면침하측정
④ 록볼트축력측정
⑤ 록볼트인발시험
⑥ 지중침하측정
⑦ 지중변위측정
⑧ 지중수평변위측정
⑨ 지하수위측정
⑩ 뿜어붙이기콘크리트응력측정
⑪ 터널 내 육안조사

해커스 자격증

이번 산업안전(산업)기사, 합격일까? 불합격일까?

1분 만에 알아보는
해커스 자가진단 테스트

응시 분야와
시험 종류 선택

내 수준을 알아보는
테스트 응시

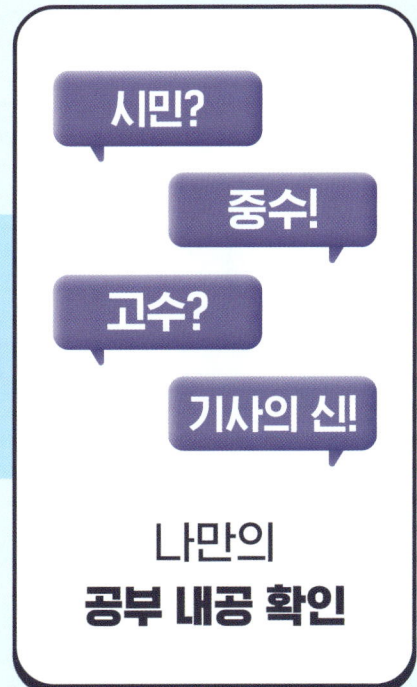

시민?
중수!
고수?
기사의 신!

나만의
공부 내공 확인

쉽고 빠른 합격의 비결,
해커스자격증
국가기술 · 가산자격 시리즈

해커스 산업안전기사 · 산업기사 시리즈

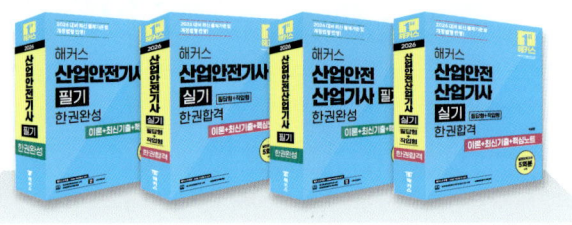

해커스 위험물산업기사

해커스 전기기사 · 산업기사 시리즈

해커스 전기기능사

해커스 소방설비기사 · 산업기사 시리즈

2026 대비 최신개정판

해커스
산업안전
산업기사
실기 필답형+작업형
한권합격

시험장에 꼭 가져가야 할

핵심노트

해커스자격증

해커스

산업안전
산업기사
실기 필답형+작업형
한권합격

시험장에 꼭 가져가야 할

핵심노트

해커스

PART 01 산업재해예방 및 안전보건교육

Chapter 01 산업안전계획 수립하기

1 안전보건관리체계 및 직무

1. 안전관리자 등의 증원·교체임명 명령(산업안전보건법 시행규칙) ★★★

① 해당 사업장의 연간재해율이 같은 업종의 평균재해율의 2배 이상인 경우
② 중대재해가 연간 2건 이상 발생한 경우
③ 관리자가 질병이나 그 밖의 사유로 3개월 이상 직무를 수행할 수 없게 된 경우
④ 화학적 인자로 인한 직업성 질병자가 연간 3명 이상 발생한 경우

2. 안전보건관리담당자의 업무(산업안전보건법 시행령) ★★

① 안전보건교육 실시에 관한 보좌 및 지도·조언
② 위험성 평가에 관한 보좌 및 지도·조언
③ 작업환경측정 및 개선에 관한 보좌 및 지도·조언
④ 건강진단에 관한 보좌 및 지도·조언
⑤ 산업재해발생의 원인 조사, 산업재해통계의 기록 및 유지를 위한 보좌 및 지도·조언
⑥ 산업안전보건과 관련된 안전장치 및 보호구 구입 시 적격품 선정에 관한 보좌 및 지도·조언

3. 안전보건총괄책임자의 업무(산업안전보건법 시행령) ★★★

① 산업재해가 발생할 급박한 위험이 있을 때 또는 중대재해가 발생하였을 때 작업의 중지
② 도급시 산업재해예방조치
③ 산업안전보건관리비의 관계수급인간의 사용에 관한 협의·조정 및 그 집행의 감독
④ 안전인증 대상 기계 등과 자율안전확인 대상 기계 등의 사용 여부 확인
⑤ 위험성 평가의 실시에 관한 사항

2 안전 및 보건에 관한 협의체(노사협의체)

1. 노사협의체의 설치 대상(산업안전보건법 시행령) ★★

공사금액이 120억 원(토목공사업은 150억 원) 이상인 건설공사

2. 노사협의체의 구성(산업안전보건법 시행령) ★★

(1) 근로자 위원

① 도급 또는 하도급사업을 포함한 전체 사업의 근로자대표
② 근로자대표가 지명하는 명예산업안전감독관 1명

③ 공사금액이 20억 원 이상인 공사의 관계수급인의 각 근로자대표

(2) 사용자 위원

① 도급 또는 하도급사업을 포함한 전체 사업의 대표자
② 안전관리자 1명
③ 보건관리자 1명
④ 공사금액이 20억 원 이상인 공사의 관계수급인의 각 대표자

3. 노사협의체의 운영 ★

① 정기회의: 2개월마다 노사협의체의 위원장이 소집
② 임시회의: 위원장이 필요하다고 인정할 때 소집

3 산업안전보건위원회의 구성과 역할(산업안전보건법)

1. 산업안전보건위원회의 구성(산업안전보건법 시행령) ★★★

(1) 근로자 위원

① 근로자대표
② 명예산업안전감독관이 위촉되어 있는 사업장의 경우 근로자대표가 지명하는 1명 이상의 명예산업안전감독관
③ 근로자대표가 지명하는 9명(근로자인 명예산업안전감독관 위원이 있는 경우에는 9명에서 그 위원의 수를 제외한 수를 말한다) 이내의 해당 사업장의 근로자

(2) 사용자 위원

① 해당 사업의 대표자
② 안전관리자(안전관리자의 업무를 안전관리전문기관에 위탁한 사업장의 경우에는 그 안전관리전문기관의 해당 사업장 담당자) 1명
③ 보건관리자(보건관리자의 업무를 보건관리전문기관에 위탁한 경우에는 그 보건관리전문기관의 해당 사업장 담당자) 1명
④ 산업보건의(해당 사업장에 선임되어 있는 경우로 한정한다)
⑤ 해당 사업의 대표자가 지명하는 9명 이내의 해당 사업장 부서의 장(다만, ⑤의 경우 상시근로자 50명 이상 100명 미만을 사용하는 사업장에서는 제외하고 구성할 수 있다)

2. 산업안전보건위원회 심의 · 의결사항(산업안전보건법) ★

① 안전보건관리규정의 작성 및 변경에 관한 사항
② 사업장의 산업재해예방계획의 수립에 관한 사항
③ 안전보건교육에 관한 사항
④ 근로자의 건강진단 등 건강관리에 관한 사항
⑤ 작업환경측정 등 작업환경의 점검 및 개선에 관한 사항
⑥ 산업재해의 원인조사 및 재발방지대책수립에 관한 사항 중 중대재해에 관한 사항
⑦ 산업재해에 관한 통계의 기록 및 유지에 관한 사항
⑧ 유해하거나 위험한 기계 · 기구 · 설비를 도입한 경우 안전 및 보건 관련 조치에 관한 사항
⑨ 그 밖에 해당 사업장 근로자의 안전 및 보건을 유지 · 증진시키기 위하여 필요한 사항

3. 산업안전보건위원회 회의(산업안전보건법 시행령) ★★

(1) 회의개최 주기

① 정기회의: 분기마다 산업안전보건위원회의 위원장이 소집

② 임시회의: 위원장이 필요하다고 인정할 때에 소집

(2) 회의록에 기록하여야 할 사항

① 개최일시 및 장소   ③ 심의내용 및 의결 · 결정사항

② 출석위원   ④ 그 밖의 토의사항

4 사업장에서 선임하여야 할 안전관리자의 최소 인원수

(1) 고무 및 플라스틱제품제조업 상시근로자 200명: 1명 이상

(2) 펄프, 종이제품제조업 상시근로자 700명: 2명 이상

(3) 운수 및 창고업 상시근로자 300명: 1명 이상

(4) 공사금액 50억 원 이상 120억 미만의 건설업: 1명 이상

Chapter 02 안전보건관리규정 작성하기

1 안전보건관리규정

1. 안전보건관리규정 작성 시 포함되어야 할 사항(산업안전보건법) ★★★

① 안전 및 보건에 관한 관리조직과 그 직무에 관한 사항

② 작업장 안전 및 보건관리에 관한 사항

③ 안전보건교육에 관한 사항

④ 사고조사 및 대책수립에 관한 사항

⑤ 그 밖에 안전 및 보건에 관한 사항

2. 안전보건관리규정의 작성 · 변경절차(산업안전보건법)

사업주는 안전보건관리규정을 작성하거나 변경할 때에는 산업안전보건위원회의 심의 · 의결을 거쳐야 한다.

3. 안전보건관리규정의 작성 · 변경시기(산업안전보건법 시행규칙) ★★

사유가 발생한 날부터 30일 이내에 작성 · 변경하여야 한다.

2 안전보건개선계획

1. 안전보건개선계획 수립 대상 사업장(산업안전보건법) ★★

① 사업주가 필요한 안전조치 또는 보건조치를 이행하지 아니하여 중대재해가 발생한 사업장

② 산업재해율이 같은 업종의 규모별 평균 산업재해율보다 높은 사업장

③ 유해인자의 노출기준을 초과한 사업장

④ 대통령령으로 정하는 수(직업성 질병자가 연간 2명 이상 발생한 사업장) 이상의 직업성 질병자가 발생한 사업장

2. 안전보건개선계획서 작성 시기(산업안전보건법 시행규칙) ★★

안전보건개선계획의 수립 · 시행명령을 받은 사업주는 그 명령을 받은 날부터 60일 이내에 작성하여 관할 지방고

용노동관서의 장에게 제출해야 한다.

3. 안전보건개선계획서에 포함되어야 할 사항(산업안전보건법) ★★★

① 시설　　　　　　　　　　③ 안전보건교육
② 안전보건관리체제　　　　④ 산업재해예방 및 작업환경의 개선을 위하여 필요한 사항

4. 고용노동부장관이 안전보건진단을 받아 안전보건개선계획을 수립하여 시행할 것을 명할 수 있는 사업장 ★★

① 산업재해율이 같은 업종 평균 산업재해율의 2배 이상인 사업장
② 사업주가 필요한 안전조치 또는 보건조치를 이행하지 아니하여 중대재해가 발생한 사업장
③ 직업성 질병자가 연간 2명 이상(상시근로자 1,000명 이상 사업장의 경우 3명 이상) 발생한 사업장
④ 그 밖에 작업환경 불량, 화재·폭발 또는 누출사고 등으로 사업장 주변까지 피해가 확산된 사업장으로서 고용노동부령으로 정하는 사업장

Chapter 03 산업재해 대응

1 산업안전보건법상 재해 관련 사항

1. 산업재해 발생보고 및 기록 · 보존 ★★

(1) 산업재해 발생보고(산업안전보건법 시행규칙)

① 보고대상: 산업재해로 사망자가 발생하거나 3일 이상의 휴업이 필요한 부상을 입거나 질병에 걸린 사람이 발생한 경우
② 보고시기: 해당 산업재해가 발생한 날부터 1개월 이내에 산업재해조사표를 작성하여 관할 지방고용노동관서의 장에게 제출

(2) 산업재해 발생 시 기록 · 보존해야 될 사항(산업안전보건법 시행규칙)

① 사업장의 개요 및 근로자의 인적사항　　② 재해발생의 일시 및 장소
③ 재해발생의 원인 및 과정　　　　　　　　④ 재해재발방지계획

2. 중대재해(산업안전보건법 시행규칙) ★★★

① 사망자가 1명 이상 발생한 재해
② 3개월 이상의 요양이 필요한 부상자가 동시에 2명 이상 발생한 재해
③ 부상자 또는 직업성 질병자가 동시에 10명 이상 발생한 재해

3. 사업주가 중대재해 발생 시 지체없이 관할 지방고용노동관서의 장에게 보고할 사항 ★★

① 발생개요 및 피해상황　　② 조치 및 전망　　③ 그 밖의 중요한 사항

2 재해예방의 4원칙 ★★★

① 원인계기(연계)의 원칙　　③ 손실우연의 원칙
② 예방가능의 원칙　　　　　④ 대책선정의 원칙

3 재해발생의 연쇄이론

1. 하인리히, 버드의 사고연쇄성(도미노) 5단계 ★★★

하인리히(Heinrich)의 사고연쇄성 5단계	버드(Frank Bird)의 사고연쇄성 5단계
① 제1단계: 사회적 환경과 유전적 요소 ② 제2단계: 개인적 결함 ③ 제3단계: 불안전한 행동과 불안전한 상태 ④ 제4단계: 사고 ⑤ 제5단계: 상해(재해)	① 제1단계: 통제의 부족(관리) ② 제2단계: 기본적인 원인(기원) ③ 제3단계: 직접적인 원인(징후) ④ 제4단계: 사고(접촉) ⑤ 제5단계: 상해(손실, 손해)

4 재해관련 통계의 정의, 종류 및 계산

1. 연천인율 ★★

(1) 근로자 1,000명당 1년간 발생하는 사상자수(재해자수)를 나타내는 것이다.

$$연천인율 = \frac{사상자(재해자)수}{연평균근로자수} \times 1,000$$

(2) 연천인율 = 도수율(빈도율)×2.4

2. 도수율(빈도율, FR: Frequency Rate of Injury) ★★★

(1) 연근로시간 100만시간당 재해발생건수를 나타내는 것이다.

$$도수율 = \frac{재해발생건수}{연근로시간수} \times 1,000,000$$

(2) 연근로시간 = 실근로자수 × 근로자 1인당 연근로시간수

(1년: 300일, 2,400시간, 1월: 25일, 200시간, 1일: 8시간)

※ 연근로시간수의 정확한 산출이 곤란할 때는 2,400시간(1일 8시간, 1월 25일, 1년 300일)을 기준으로 한다.

3. 강도율(SR: Severity Rate of Injury) ★★★

(1) 연근로시간 1,000시간당 재해로 인하여 발생한 근로손실일수를 나타내는 것이다.

$$강도율 = \frac{근로손실일수}{연근로시간수} \times 1,000$$

(2) 근로손실일수의 산정 기준(ILO, 국제노동기구 기준)

① 사망 및 영구전노동불능(신체장해등급 1 ~ 3급): 7,500일

② 영구일부노동불능(신체장해등급 4 ~ 14등급)

신체장해등급	4	5	6	7	8	9	10	11	12	13	14
근로손실일수	5,500	4,000	3,000	2,200	1,500	1,000	600	400	200	100	50

③ 일시전노동불능(의사의 진단에 따라 노동에 일정기간 종사할 수 없는 상해)

$$근로손실일수 = 휴업일수 \times \frac{300}{365}$$

4. 환산도수율과 환산강도율 ★★

(1) 환산도수율: 평생근로시간 10만시간당 발생할 수 있는 재해건수를 나타낸다.

$$환산도수율 = \frac{도수율}{10}$$

(2) **환산강도율:** 평생근로시간 10만시간당 잃을 수 있는 근로손실일수를 나타낸다.

환산강도율 = 강도율×100

5. 종합재해지수(도수강도치, FSI: Frequency Severity Indicator) ★★★

① 재해의 빈도와 재해의 강도를 종합한 것이다.

② 종합재해지수(FSI) = $\sqrt{도수율(FR) \times 강도율(SR)}$

5 재해사례연구 순서

① 전제조건: 재해상황의 파악   ④ 제3단계: 근본적 문제점의 결정

② 제1단계: 사실의 확인   ⑤ 제4단계: 대책의 수립

③ 제2단계: 문제점의 발견

Chapter 04 사업장 안전점검

1 안전검사

1. 안전검사 대상 기계(산업안전보건법 시행령 → 2024.6.25 개정) ★★★

① 프레스

② 전단기

③ 리프트

④ 압력용기

⑤ 곤돌라

⑥ 국소배기장치(이동식은 제외)

⑦ 원심기(산업용만 해당)

⑧ 롤러기(밀폐형구조는 제외)

⑨ 사출성형기(형 체결력 294kN 미만은 제외)

⑩ 크레인(정격하중 2t 미만인 것은 제외)

⑪ 고소작업대(화물자동차 또는 특수자동차에 탑재한 고소작업대로 한정)

⑫ 컨베이어

⑬ 산업용 로봇

⑭ 혼합기

⑮ 파쇄기 또는 분쇄기

2. 안전검사의 주기(산업안전보건법 시행규칙 → 2024.6.28 개정) ★★★

(1) 크레인, 리프트 및 곤돌라

사업장에 설치가 끝난 날부터 3년 이내에 최초 안전검사를 실시하되, 그 이후부터 2년마다(건설현장에서 사용하는 것은 최초로 설치한 날 부터 6개월마다)

(2) 이동식 크레인, 이삿짐운반용 리프트 및 고소작업대

자동차관리법에 따른 신규등록 이후 3년 이내에 최초 안전검사를 실시하되, 그 이후부터 2년마다

(3) 프레스, 전단기, 압력용기, 국소배기장치, 원심기, 롤러기, 사출성형기, 컨베이어, 산업용 로봇, 혼합기, 파쇄기 또는 분쇄기

사업장에 설치가 끝난 날부터 3년 이내에 최초 안전검사를 실시하되, 그 이후부터 2년마다(공정안전보고서를 제출하여 확인을 받은 압력용기는 4년마다)

2 안전인증

1. 안전인증 대상 기계 등(산업안전보건법 시행령)

(1) 안전인증 대상 기계 또는 설비 ★★★

① 프레스　④ 리프트　⑦ 사출성형기
② 전단기 및 절곡기　⑤ 압력용기　⑧ 고소작업대
③ 크레인　⑥ 롤러기　⑨ 곤돌라

(2) 안전인증 대상 방호장치 ★★★

① 프레스 및 전단기 방호장치
② 양중기용 과부하방지장치
③ 보일러 압력방출용 안전밸브
④ 압력용기 압력방출용 안전밸브
⑤ 압력용기 압력방출용 파열판
⑥ 절연용 방호구 및 활선작업용 기구
⑦ 방폭구조 전기기계·기구 및 부품
⑧ 추락, 낙하 및 붕괴 등의 위험방지 및 보호에 필요한 가설기자재로서 고용노동부장관이 정하여 고시하는 것
⑨ 충돌, 협착 등의 위험방지에 필요한 산업용 로봇 방호장치로서 고용노동부장관이 정하여 고시하는 것

(3) 안전인증 대상 보호구 ★★★

① 추락 및 감전위험방지용 안전모　⑤ 방독마스크　⑨ 안전대
② 안전화　⑥ 송기마스크　⑩ 차광 및 비산물위험방지용 보안경
③ 안전장갑　⑦ 전동식 호흡보호구　⑪ 용접용 보안면
④ 방진마스크　⑧ 보호복　⑫ 방음용 귀마개 또는 귀덮개

(4) 안전인증의 표시(보호구 안전인증 고용노동부고시) ★★

① 형식 또는 모델명　③ 제조자명　⑤ 안전인증번호
② 규격 또는 등급 등　④ 제조번호 및 제조연월

2. 안전인증 심사의 종류 및 심사기간(산업안전보건법 시행규칙) ★★★

(1) 예비심사: 7일

(2) 서면심사: 15일(외국에서 제조한 경우 30일)

(3) 기술능력 및 생산체계심사: 30일(외국에서 제조한 경우 45일)

(4) 제품심사

① 개별 제품심사: 15일　② 형식별 제품심사: 30일

3. 안전인증을 받아야 하는 기계 및 설비(산업안전보건법 시행규칙)

(1) 설치·이전하는 경우 안전인증을 받아야 하는 기계 ★★

① 크레인　② 리프트　③ 곤돌라

(2) 주요 구조부분을 변경하는 경우 안전인증을 받아야 하는 기계 및 설비 ★★

① 프레스　④ 리프트　⑥ 롤러기
② 전단기 및 절곡기(切曲機)　⑤ 압력용기　⑦ 사출성형기(射出成形機)
③ 크레인　⑧ 고소(高所)작업대　⑨ 곤돌라

4. 고용노동부장관이 고용노동부령으로 정하는 바에 따라 안전인증의 전부 또는 일부를 면제할 수 있는 경우(산업안전보건법) ★★
   ① 연구 · 개발을 목적으로 제조 · 수입하거나 수출을 목적으로 제조하는 경우
   ② 고용노동부장관이 정하여 고시하는 외국의 안전인증기관에서 인증을 받은 경우
   ③ 다른 법령에 따라 안전성에 관한 검사나 인증을 받은 경우로서 고용노동부령으로 정하는 경우

5. 자율안전확인 대상 기계기구 등(산업안전보건법 시행령)

(1) 자율안전확인 대상 기계 또는 설비 ★★
   ① 연삭기 또는 연마기
   ② 산업용 로봇
   ③ 혼합기
   ④ 파쇄기 또는 분쇄기
   ⑤ 식품가공용기계(파쇄, 절단, 혼합, 제면기만 해당)
   ⑥ 컨베이어
   ⑦ 자동차정비용 리프트
   ⑧ 공작기계(선반, 드릴기, 평삭 · 형삭기, 밀링만 해당)
   ⑨ 고정형 목재가공용기계(둥근톱, 대패, 루타기, 띠톱, 모떼기 기계만 해당)
   ⑩ 인쇄기

(2) 자율안전확인 대상 방호장치 ★★
   ① 아세틸렌 용접장치용 또는 가스집합 용접장치용 안전기
   ② 교류아크 용접기용 자동전격방지기
   ③ 롤러기 급정지장치
   ④ 연삭기 덮개
   ⑤ 목재가공용 둥근톱 반발예방장치와 날접촉예방장치
   ⑥ 동력식 수동대패용 칼날접촉방지장치
   ⑦ 추락, 낙하 및 붕괴 등의 위험방지 및 보호에 필요한 가설기자재로서 고용노동부장관이 정하여 고시하는 것

Chapter 05 안전보건교육

1 안전보건교육 개요

1. 기술(기능)교육의 진행방법 – 하버드학파의 5단계 교수법 ★
   ① 준비시킨다(Preparation).
   ④ 총괄시킨다(Generalization).
   ② 교시한다(Presentation).
   ⑤ 응용시킨다(Application).
   ③ 연합한다(Association).

2. 학습이론

(1) 조건반사설(파블로브: Pavlov) ★★
   ① 시간의 원리
   ③ 일관성의 원리
   ② 강도의 원리
   ④ 계속성의 원리

3. 관리감독자 교육훈련(TWI: Training Within Industry)

(1) 관리감독자 교육훈련(TWI)의 내용 ★★

① Job Safety Training(작업안전훈련: JST)　　　③ Job Instruction Training(작업지도훈련: JIT)

② Job Method Training(작업방법훈련: JMT)　　　④ Job Relation Training[(작업에서의)인간관계훈련: JRT]

2 산업안전보건법상 교육의 종류와 교육시간 및 교육내용

1. 근로자 안전보건교육의 종류 및 시간(산업안전보건법 시행규칙 → 2023.9.27 개정) ★★

교육과정	교육대상		교육시간
정기교육	사무직 종사 근로자		매반기 6시간 이상
	사무직 종사 근로자 외의 근로자	판매업무에 직접 종사하는 근로자	매반기 6시간 이상
		판매업무에 직접 종사하는 근로자 외의 근로자	매반기 12시간 이상
채용시 교육	일용근로자 및 근로계약기간이 1주일 이하인 기간제근로자		1시간 이상
	근로계약기간이 1주일 초과 1개월 이하인 기간제근로자		4시간 이상
	그밖의 근로자		8시간 이상
작업내용변경시 교육	일용근로자 및 근로계약기간이 1주일 이하인 기간제근로자		1시간 이상
	그밖의 근로자		2시간 이상
특별안전보건교육	특별교육 대상 작업별 교육의 어느 하나에 해당하는 작업에 종사하는 일용근로자 및 근로계약기간이 1주일 이하인 기간제근로자		2시간 이상
	타워크레인 신호작업에 종사하는 일용근로자 및 근로계약기간이 1주일 이하인 기간제근로자		8시간 이상
	특별교육 대상 작업별 교육의 어느 하나에 해당하는 작업에 종사하는 일용근로자 및 근로계약기간이 1주일 이하인 기간제근로자를 제외한 근로자		• 16시간 이상(최초 작업에 종사하기 전 4시간 이상 실시하고, 12시간은 3개월 이내에서 분할하여 실시가능) • 단기간 작업 또는 간헐적 작업인 경우에는 2시간 이상
건설업 기초안전보건교육	건설 일용근로자		4시간 이상
특수형태근로자에 대한 안전보건교육	최초 노무제공시 교육		2시간 이상(단기간 작업 또는 간헐적 작업에 노무를 제공하는 경우에는 1시간 이상)
	특별교육		일용근로자를 제외한 근로자의 특별안전보건교육시간과 동일

2. 관리감독자 안전보건교육

교육과정	교육시간
정기교육	연간 16시간 이상
채용시 교육	8시간 이상
작업내용변경시 교육	2시간 이상
특별교육	16시간 이상(최초 작업에 종사하기 전 4시간 이상 실시하고, 12시간은 3개월 이내에서 분할하여 실시 가능)
	단기간 작업 또는 간헐적 작업인 경우에는 2시간 이상

3. 안전보건관리책임자 등에 대한 교육

교육대상	교육시간	
	신규교육	보수교육
안전보건관리책임자	6시간 이상	6시간 이상
안전관리자, 안전관리전문기관의 종사자	34시간 이상	24시간 이상
보건관리자, 보건관리전문기관의 종사자	34시간 이상	24시간 이상
건설재해예방전문지도기관, 석면조사기관, 안전검사기관의 종사자	34시간 이상	24시간 이상
안전보건관리담당자	–	8시간 이상

4. 안전보건교육 교육대상별 교육내용 ★★

(1) 근로자 안전보건교육(산업안전보건법 시행규칙 → 2023.9.27 개정)

① 근로자 정기안전보건교육
  ㉠ 산업안전 및 사고예방에 관한 사항
  ㉡ 산업보건 및 직업병예방에 관한 사항
  ㉢ 건강증진 및 질병예방에 관한 사항
  ㉣ 유해위험작업환경관리에 관한 사항
  ㉤ 산업안전보건법령 및 산업재해보상보험제도에 관한 사항
  ㉥ 직장 내 괴롭힘, 고객의 폭언 등으로 인한 건강장해예방 및 관리에 관한 사항
  ㉦ 직무스트레스예방 및 관리에 관한 사항
  ㉧ 위험성 평가에 관한 사항

② 채용시 교육 및 작업내용변경시 교육
  ㉠ 기계기구의 위험성과 작업의 순서 및 동선에 관한 사항
  ㉡ 작업개시 전 점검에 관한 사항
  ㉢ 정리정돈 및 청소에 관한 사항
  ㉣ 사고발생시 긴급조치에 관한 사항
  ㉤ 산업보건 및 직업병예방에 관한 사항
  ㉥ 물질안전보건자료에 관한 사항
  ㉦ 산업안전보건법령 및 산업재해보상보험제도에 관한 사항
  ㉧ 직무스트레스예방 및 관리에 관한 사항
  ㉨ 산업안전 및 시고예방에 관한 사항
  ㉩ 직장 내 괴롭힘, 고객의 폭언 등으로 인한 건강장해예방 및 관리에 관한 사항

ⓒ 위험성 평가에 관한 사항

③ 특별안전보건교육 대상 작업별 교육내용

작업명	교육내용
건설용 리프트·곤돌라를 이용한 작업 ★	• 방호장치의 기능 및 사용에 관한 사항 • 기계, 기구, 달기체인 및 와이어 등의 점검에 관한 사항 • 화물의 권상·권하작업방법 및 안전작업지도에 관한 사항 • 기계·기구의 특성 및 동작원리에 관한 사항 • 신호방법 및 공동작업에 관한 사항 • 그 밖에 안전보건관리에 필요한 사항
타워크레인을 설치(상승작업을 포함한다)·해체하는 작업 ★	• 붕괴·추락 및 재해방지에 관한 사항 • 설치·해체순서 및 안전작업방법에 관한 사항 • 부재의 구조·재질 및 특성에 관한 사항 • 신호방법 및 요령에 관한 사항 • 이상발생시 응급조치에 관한 사항 • 그 밖에 안전보건관리에 필요한 사항
방사선 업무에 관계되는 작업(의료 및 실험용은 제외한다) ★	• 방사선의 유해·위험 및 인체에 미치는 영향 • 방사선의 측정기기 기능의 점검에 관한 사항 • 방호거리·방호벽 및 방사선물질의 취급요령에 관한 사항 • 응급처치 및 보호구 착용에 관한 사항 • 그 밖에 안전보건관리에 필요한 사항
밀폐공간에서의 작업 ★★ ※ 산업안전보건법 시행규칙 → 2021. 11. 19. 개정	• 산소농도 측정 및 작업환경에 관한 사항 • 사고시의 응급처치 및 비상시 구출에 관한 사항 • 보호구 착용 및 보호장비 사용에 관한 사항 • 작업내용, 작업방법 및 절차에 관한 사항 • 장비·설비 및 시설 등의 안전점검에 관한 사항 • 그 밖에 안전보건관리에 필요한 사항
로봇작업 ★	• 로봇의 기본원리·구조 및 작업방법에 관한 사항 • 이상발생시 응급조치에 관한 사항 • 안전시설 및 안전기준에 관한 사항 • 조작방법 및 작업순서에 관한 사항

(2) 물질안전보건자료(MSDS)에 관한 교육내용 ★★★

① 대상화학물질의 명칭(또는 제품명)
② 물리적 위험성 및 건강유해성
③ 취급상의 주의사항
④ 적절한 보호구
⑤ 응급조치요령 및 사고시 대처방법
⑥ 물질안전보건자료 및 경고표지를 이해하는 방법

Chapter 01 안전시설관리 계획하기

1 기계의 위험 및 안전조건

1. 기계의 위험점 ★★★

① 끼임점(Sheer Point): 기계의 고정부와 회전운동 또는 직선운동 부분이 함께 형성하는 위험점이다.

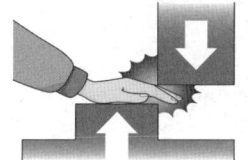 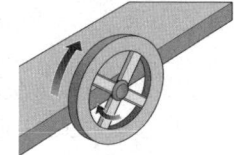

② 협착점(Squeeze Point): 왕복운동을 하는 운동부와 고정부 사이에 형성되는 위험점이다.

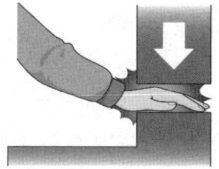 

③ 절단점(Cutting Point): 운동하는 기계 자체와 회전하는 운동부분 자체와의 위험이 형성되는 점이다.

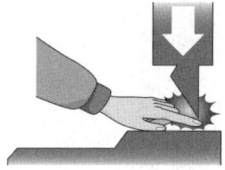 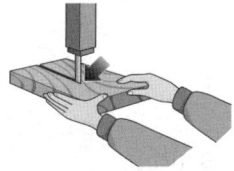

④ 물림점(Nip Point): 서로 반대방향으로 맞물려 회전하는 두 개의 회전체에 물려 들어갈 위험이 형성되는 점이다.

⑤ 접선물림점(Tangential Nip Point): 회전하는 부분의 접선방향으로 물려 들어갈 위험이 형성되는 점이다.

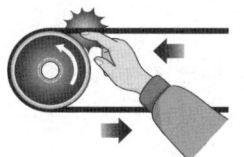 

⑥ 회전말림점(Trapping Point): 회전하는 물체의 불규칙 부위와 돌기회전 부위에 의해 말려 들어갈 위험이 형성되는 점이다.

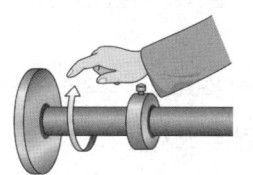 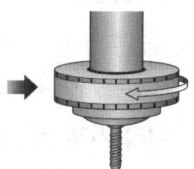

2. 페일세이프(Fail Safe) ★★★

(1) 페일세이프(Fail Safe)의 정의
① 인간이나 기계 등에 과오나 동작상의 실수가 있더라도 사고를 발생시키지 않도록 철저하게 2중, 3중으로 통제를 가하는 것이다.
② 기계 등에 고장이 발생하였을 경우 그대로 사고나 재해로 연결되지 아니하고 안전을 확보하는 기능을 말한다.

(2) 페일세이프구조의 기능면에서의 분류
① Fail Passive: 일반적인 산업기계방식의 구조이며 부품의 고장시 기계장치는 정지상태로 옮겨간다.
② Fail Active: 부품의 고장시 기계장치는 경보를 나타내며 단시간에 역전이 된다(잠시 계속운전이 가능하다.).
③ Fail Operational: 병렬여분계의 부품을 구성한 경우이며 부품 고장이 있어도 추후 보수까지는 운전이 가능하다.

3. 풀 프루프(Fool Proof) ★★

(1) 풀 프루프(Fool Proof)의 정의
근로자(미숙련자)가 기계 등의 취급을 잘못해도 그것이 바로 사고나 재해와 연결되는 일이 없도록 하는 확고한 안전기구를 말한다.

(2) 풀 프루프(Fool Proof)의 기구 종류
① 가드   ③ 록(Lock)기구   ⑤ 오버런(Over-run)기구
② 트립(Trip)기구   ④ 밀어내기기구   ⑥ 기동방지기구

(3) 풀 프루프(Fool Proof) 중 인터록가드와 고정가드의 차이
① 인터록가드(Interlock Guard): 공압 등의 방법으로 연동시켜 놓은 것으로 가드가 열리면 기계가 정지되는 구조로 된 가드를 말한다.
② 고정가드(Fixed Guard): 기계의 구동부에 고정되어 설치된 것으로 가드가 열려도 기계가 정지되지 않는 구조로 된 가드를 말한다.

2 기계의 방호

1. 기계설비에 있어서 방호의 기본원리 ★★
① 위험의 제거   ② 위험의 차단   ③ 덮어씌움   ④ 위험에의 적응

2. 기계·기구의 방호조치에 대한 준수사항(산업안전보건법 시행규칙) ★★★

(1) 근로자의 준수사항
① 방호조치를 해체하려는 경우: 사업주의 허가를 받아 해체할 것
② 방호조치 해체사유가 소멸된 경우: 지체없이 원상으로 회복시킬 것
③ 방호조치의 기능이 상실된 것을 발견한 경우: 지체없이 사업주에게 신고할 것

(2) 사업주의 준수사항
방호조치의 기능상실에 따른 신고가 있으면 즉시 수리, 보수 및 작업금지 등 적절한 조치를 할 것

3. 기타 기계안전 관련 주요사항

(1) 원동기, 회전축, 기어, 풀리, 플라이휠, 벨트, 체인 등 근로자가 위험에 처할 우려가 있는 부위에 설치하여야 하는 장치 ★★★
① 덮개   ② 울   ③ 건널다리   ④ 슬리브

(2) 사출성형기, 주형조형기, 형단조기 등에 적합한 방호장치: 게이트가드 또는 양수조작식 ★★

1 공작기계

1. 연삭기(Grinder)

(1) 연삭기 숫돌의 파괴원인 ★★

① 숫돌의 회전속도가 적정속도를 초과할 때
② 숫돌에 과대한 충격을 가할 때
③ 작업에 부적당한 숫돌을 사용할 때
④ 숫돌의 치수가 부적당할 때
⑤ 숫돌 자체에 균열이 있을 때
⑥ 숫돌반경방향의 온도변화가 심할 때
⑦ 숫돌의 측면을 사용하여 작업할 때
⑧ 숫돌의 불균형이나 베어링 마모에 의한 진동이 있을 때
⑨ 플랜지(Flange)가 현저히 작을 때

(2) 연삭기 덮개의 설치각도(방호장치 자율안전기준 고용노동부고시) ★★★

① 탁상용 연삭기의 덮개

　㉠ 숫돌의 상부를 사용하는 것을 목적으로 하는 경우: 60° 이내
　㉡ 일반 연삭작업 등에 사용하는 것을 목적으로 하는 경우: 125° 이내
　㉢ ㉠ 및 ㉡ 이외의 탁상용 연삭기 그 밖에 이와 유사한 연삭기의 경우: 80° 이내

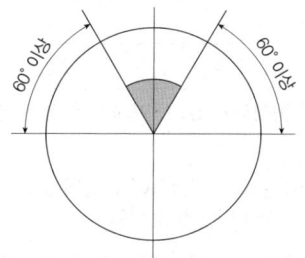 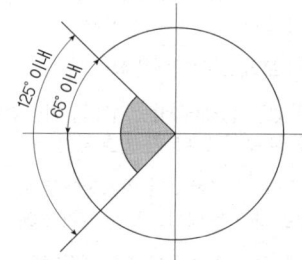 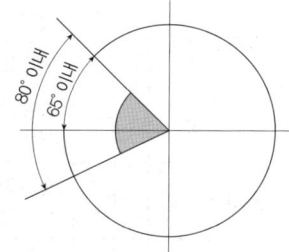

▲ 탁상용 연삭기의 덮개 노출각도

② 휴대용 연삭기, 스윙연삭기, 스라브연삭기, 그 밖에 이와 비슷한 연삭기의 덮개: 180° 이내
③ 원통연삭기, 센터리스연삭기, 공구연삭기, 만능연삭기, 그 밖에 이와 비슷한 연삭기의 덮개: 180° 이내
④ 평면연삭기, 절단연삭기, 그 밖에 이와 비슷한 연삭기의 덮개: 150° 이내

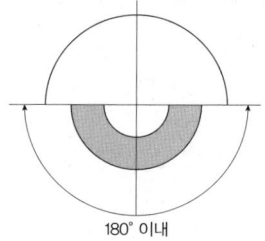 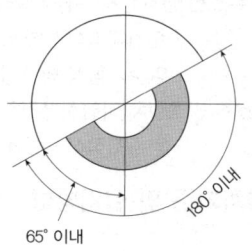 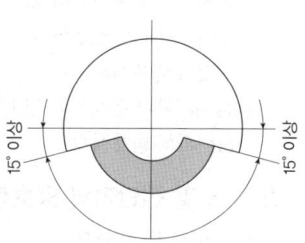

▲ 연삭기 종류에 따른 덮개의 노출각도

(4) 연삭기 작업면에 있어서의 안전대책 ★★

작업시작 전에 1분 이상 시운전을 하고, 숫돌교체시는 3분 이상 시운전을 할 것

(5) 연삭기 덮개의 성능기준(방호장치 자율안전기준 고용노동부고시) ★

① 탁상용 연삭기의 덮개에는 워크레스트(Workrest: 작업받침대) 및 조정편을 구비하여야 한다.

② 워크레스트는 연삭숫돌과의 간격을 3mm 이하로 조정할 수 있는 구조이어야 한다.

(6) 연삭기 덮개의 시험방법 중 연삭기 작동시험의 확인사항(방호장치 자율안전기준 고용노동부고시) ★

① 연삭숫돌과 덮개의 접촉 여부

② 탁상용 연삭기는 덮개, 워크레스트 및 조정편 부착상태의 적합성 여부

(7) 연삭기 덮개에 자율안전확인에 따른 표시 외에 추가로 표시하여야 할 사항 ★

① 숫돌사용 주속도   ② 숫돌회전방향

2 프레스 및 전단기

1. 프레스 및 전단기의 방호장치

(1) 프레스 · 전단기 방호장치의 종류(방호장치 안전인증 고용노동부고시) ★★

종류	분류	용도
광전자식	A-1	프레스 또는 전단기에서 일반적으로 많이 활용하고 있는 형태로서 투광부, 수광부, 컨트롤 부분으로 구성되며, 신체의 일부가 광선을 차단하면 기계를 급정지시키는 방호장치
	A-2	급정지기능이 없는 프레스의 클러치 개조를 통해 광선차단시 급정지시킬 수 있도록 한 방호장치
양수조작식	B-1	1행정1정지식 프레스(유 · 공압밸브식)
	B-2	1행정1정지식 프레스(전기버튼식)
가드식	C	가드가 열려 있는 상태에서는 기계의 위험부분이 동작되지 않고, 기계가 위험한 상태일 때는 가드를 열 수 없도록 한 방호장치
손처내기식	D	슬라이드의 작동에 연동시켜 위험상태로 되기 전에 손을 위험영역에서 밀어내거나 쳐내는 방호장치로서 확동식클러치형 프레스에 한해서 사용되는 방호장치
수인식	E	슬라이드와 작업자의 손을 끈으로 연결하여 슬라이드 하강시 작업자 손을 당겨 위험영역에서 빼낼 수 있도록 한 방호장치로서 확동식클러치형 프레스에 한해서 사용되는 방호장치

(2) 급정지기구에 따른 유효한 방호장치 ★★★

① 급정지기구가 부착되어 있지 않아도 유효한 방호장치(확동식클러치 부착 프레스)

• 게이트가드식 방호장치   • 손처내기식 방호장치

• 수인식 방호장치   • 양수기동식 방호장치

② 급정지기구가 부착되어 있어야만 유효한 방호장치(마찰식클러치 부착 프레스)

• 광전자식 방호장치   • 양수조작식 방호장치

2. 프레스 및 전단기의 방호장치 설치기준 및 설치방법

(1) 양수조작식 방호장치

① 안전거리 ★★

프레스기 작동 직후 손이 위험구역에 들어가지 못하도록 위험구역(슬라이드 작동부)으로부터 다음에 정하는

거리(안전거리) 이상에 설치해야 한다.

㉠ 안전거리[cm] = 160×프레스 작동 후 작업점까지의 도달시간[s]

㉡ $D = 1.6(T_c + T_s)$

- D: 안전거리[mm]
- T_c(방호장치의 작동시간): 누름버튼으로부터 한 손이 떨어졌을 때부터(손이 광선을 차단했을 때부터) 급정지기구가 작동을 개시할 때까지의 시간[ms]
- T_s(급정지시간): 급정지기구가 작동을 개시했을 때부터 슬라이드가 정지할 때까지의 시간[ms]

※ ㉠과 ㉡의 계산식은 광전자식 방호장치에도 같이 적용된다.

② 양수기동식 방호장치

㉠ 급정지기구가 부착되어 있지 않은 크랭크(확동식클러치)프레스기에 적합한 전자식 또는 스프링식 당김형 방호장치이다.

㉡ 양수기동식 방호장치의 안전거리 ★★

$$D_m = 1.6\,T_m$$

- D_m: 안전거리[mm]
- T_m: 양손으로 누름단추를 누르기 시작할 때부터 슬라이드가 하사점에 도달하기까지 소요시간[ms]

$$T_m = \left(\frac{1}{\text{클러치 물림(봉합)개소수}} + \frac{1}{2}\right) \times \frac{60{,}000}{\text{매분 행정수}}$$

(2) 손쳐내기식(제수형) 방호장치(Sweep Guard)

① 방호장치의 일반구조 ★★

㉠ 방호판의 폭은 금형 폭의 1/2 이상으로 하여야 한다. 단, 행정길이가 300mm 이상의 프레스에는 방호판의 폭을 300mm로 하여야 한다.

㉡ 손쳐내기봉의 행정길이를 금형의 높이에 따라 조정할 수 있고, 진동 폭은 금형 폭 이상이어야 한다.

㉢ 슬라이드 하행정거리의 3/4 위치에서 손을 완전히 밀어 내어야 한다.

㉣ 손쳐내기봉은 손접촉시 충격을 완화할 수 있는 완충재를 부착하여야 한다.

(3) 수인식 방호장치(Pull Out)

① 방호장치의 일반구조 ★★

㉠ 수인끈의 재료는 합성섬유로 직경이 4mm 이상이어야 한다.

㉡ 수인끈은 작업자와 작업공정에 따라 그 길이를 조정할 수 있어야 한다.

㉢ 수인끈의 안내통은 끈의 마모와 손상을 방지할 수 있는 조치를 하여야 한다.

㉣ 손목밴드(Wrist Band)의 재료는 유연한 내유성 피혁 또는 이와 동등한 재료를 사용해야 한다.

㉤ 손목밴드는 착용감이 좋으며 쉽게 착용할 수 있는 구조이어야 한다.

(5) 광전자식 방호장치

① 방호장치의 일반구조 ★★

㉠ 정상동작표시램프는 녹색, 위험표시램프는 붉은 색으로 하며, 쉽게 근로자가 볼 수 있는 곳에 설치해야 한다.

㉡ 슬라이드 하강 중 정전 또는 방호장치의 이상시에 정지할 수 있는 구조이어야 한다.

㉢ 방호장치는 릴레이, 리밋스위치 등의 전기부품의 고장, 전원전압의 변동 및 정전에 의해 슬라이드가 불시에 동작하지 않아야 하며, 사용전원전압의 ±(100분의 20)의 변동에 대하여 정상으로 작동되어야 한다.

② 광전자식 방호장치의 형식구분 ★★

형식 구분	광축의 범위
Ⓐ	12광축 이하
Ⓑ	13 ～ 56광축 미만
Ⓒ	56광축 이상

3. 기타 프레스 및 전단기 관련 주요사항

(1) 프레스 등의 금형의 부착, 해체 또는 조정작업을 하는 때 슬라이드가 불시에 하강하는 것을 방지하는 조치: 안전블록 설치 ★★

(2) 프레스ㆍ전단기 작업시작 전 점검사항(산업안전보건법 안전보건기준) ★★★
① 클러치 및 브레이크의 기능
② 크랭크축, 플라이휠, 슬라이드, 연결봉 및 연결나사의 풀림 여부
③ 1행정 1정지기구, 급정지장치 및 비상정지장치의 기능
④ 슬라이드 또는 칼날에 의한 위험방지기구의 기능
⑤ 프레스의 금형 및 고정볼트 상태
⑥ 방호장치의 기능
⑦ 전단기의 칼날 및 테이블의 상태

3 롤러기(Roller)

1. 롤러기 가드의 개구부 간격 ★★★

$Y=6+0.15X$	• Y: 개구부의 간격(안전간격)[mm] • X: 개구부에서 위험점까지의 거리(안전거리)[mm]

2. 롤러기의 급정지장치(방호장치 자율안전기준 고용노동부고시) ★★★

① 롤러기에는 조작부의 이상 움직임으로 인한 브레이크 계통의 작동으로 롤러가 급정지되도록 하는 급정지장치를 설치하여야 한다.
② 급정지장치 조작부의 종류와 설치위치는 다음 표와 같다.

급정지장치 조작부의 종류	설치위치	비고
손조작식	밑면에서 1.8m 이내	설치위치는 급정지장치의 조작부의 중심점을 기준으로 한다.
복부조작식	밑면에서 0.8m 이상 1.1m 이내	
무릎조작식	밑면에서 0.6m 이내(또는 0.4m 이상 0.6m 이내)	

3. 무부하동작에서의 급정지거리(방호장치 자율안전기준 고용노동부고시) ★★

앞면 롤러의 표면속도(m/min)	급정지거리
30 미만	앞면 롤러 원주의 1/3 이내
30 이상	앞면 롤러 원주의 1/2.5 이내

4 아세틸렌 용접장치 및 가스집합 용접장치

1. 아세틸렌 용접장치의 구조(산업안전보건법 안전보건기준)

(1) 아세틸렌 발생기실의 설치장소 ★

① 아세틸렌 용접장치의 발생기를 설치하는 경우에는 전용의 발생기실에 설치할 것

② 발생기실을 옥외에 설치한 경우에는 그 개구부를 다른 건축물로부터 1.5m 이상 떨어지도록 할 것

③ 발생기실은 건물의 최상층에 위치하여야 하며, 화기를 사용하는 설비로부터 3m를 초과하는 장소에 설치할 것

2. 가스집합 용접장치의 구조(산업안전보건법 안전보건기준)

(1) 가스장치실의 구조 ★★

① 벽에는 불연성 재료를 사용할 것

② 지붕 및 천장에는 가벼운 불연성 재료를 사용할 것

③ 가스가 누출된 경우에는 그 가스가 정체되지 않도록 할 것

3. 아세틸렌 용접장치 및 가스집합 용접장치의 방호장치 설치방법 및 성능조건

(1) 안전기의 설치 ★★★

① 아세틸렌 용접장치의 취관마다 안전기를 설치하여야 한다. 다만, 주관 및 취관에 가장 가까운 분기관마다 안전기를 부착한 경우에는 그러하지 아니하다.

② 가스용기가 발생기와 분리되어 있는 아세틸렌 용접장치에 대하여 발생기와 가스용기 사이에 안전기를 설치하여야 한다.

③ 가스집합 용접장치는 주관 및 분기관에 안전기를 설치하여야 한다. 이 경우 하나의 취관에 2개 이상의 안전기를 설치하여야 한다.

(2) 역화방지기의 성능시험방법(역화방지기의 성능기준: 방호장치 자율안전기준 고용노동부고시) ★★★

① 내압시험 ③ 역류방지시험 ⑤ 가스압력손실시험

② 기밀시험 ④ 역화방지시험 ⑥ 방출장치동작시험

(3) 자율안전확인 역화방지기의 추가 표시사항(역화방지기의 성능기준: 방호장치 자율안전기준 고용노동부고시)

자율안전확인 역화방지기에는 자율안전확인의 표시에 따른 표시 외에 다음의 사항을 추가로 표시하여야 한다.

① 가스의 흐름 방향 ② 가스의 종류

4. 가스용접작업의 안전

(1) 아세틸렌 용접장치의 관리(산업안전보건법 안전보건기준) ★★

① 발생기의 종류, 형식, 제작업체명, 매시 평균가스발생량 및 1회 카바이드 공급량을 발생기실 내의 보기 쉬운 장소에 게시할 것

② 발생기실에는 관계근로자가 아닌 사람이 출입하는 것을 금지할 것

③ 발생기에서 5m 이내 또는 발생기실에서 3m 이내의 장소에서는 흡연, 화기의 사용 또는 불꽃이 발생할 위험한 행위를 금지시킬 것

④ 이동식 아세틸렌 용접장치의 발생기는 고온의 장소, 통풍이나 환기가 불충분한 장소 또는 진동이 많은 장소 등에 설치하지 않도록 할 것

(2) 압력의 제한(산업안전보건법 안전보건기준) ★

아세틸렌 용접장치를 사용하여 금속의 용접, 용단 또는 가열작업을 하는 경우에는 게이지압력이 127kpa를 초과하는 압력의 아세틸렌을 발생시켜 사용해서는 아니 된다.

(3) 아세틸렌 용접장치의 역화원인 ★★

① 산소공급이 과다할 때
② 압력조정기가 고장났을 때
③ 토치가 과열되었을 때
④ 토치 팁에 이물질이 묻었을 때
⑤ 토치의 성능이 좋지 않을 때
⑥ 토치(취관)가 작업소재에 너무 가까이 있을 때

(4) 아세틸렌 용접장치 도관의 점검항목 ★

① 가스누출의 유무
② 밸브의 작동상태
③ 역화방지기 접속부 및 밸브코크의 작동상태 이상 유무

5 보일러

1. 보일러 취급시 이상현상

(1) 캐리오버(Carryover: 기수공발) ★★

보일러수 중에 용해되어 부유하고 있는 고형물이나 물방울이 증기에 혼입되어서 보일러 외부로 운반되는 현상이다.

① 포밍(Foaming: 거품의 발생): 보일러 관수 중의 유지분, 용존고형물에 의하여 수면 위에 거품이 발생하고 심하면 보일러 밖으로 흘러넘치는 현상이다.

② 프라이밍(Priming: 비수현상): 보일러의 급격한 압력강하, 급격한 부하, 고수위 등에 의해 물방울 또는 물거품이 수면위로 튀어 올라 관 밖으로 운반되는 현상이다.

③ 포밍 및 프라이밍 발생원인

- 증기부하가 과대한 경우
- 증기부가 작고 수부가 큰 경우
- 고수위인 경우
- 기수분리장치가 불완전한 경우
- 주증기 밸브를 급격히 개방한 경우
- 보일러수가 농축된 경우
- 부유물, 유지분이 많이 함유되었을 경우

2. 보일러의 안전장치 ★★

(1) 압력방출장치

① 압력방출장치의 설치기준(산업안전보건법 안전보건기준) ★★★

㉠ 보일러의 안전한 가동을 위하여 보일러 규격에 맞는 압력방출장치를 1개 또는 2개 이상 설치하고, 최고사용 압력(설계압력 또는 최고허용압력) 이하에서 작동되도록 하여야 한다.

㉡ 압력방출장치가 2개 이상 설치된 경우에는 최고사용압력 이하에서 1개가 작동되고, 다른 압력방출장치는 최고사용압력 1.05배 이하에서 작동되도록 부착하여야 한다.

㉢ 압력방출장치는 매년 1회 이상 국가교정기관에서 교정을 받은 압력계를 이용하여 설정압력에서 적정하게 작동하는지를 검사한 후 납으로 봉인하여 사용하여야 한다.

㉣ 공정안전보고서 제출 대상으로서 고용노동부장관이 실시하는 공정안전보고서 이행상태 평가 결과가 우수한 사업장은 압력방출방치에 대하여 4년마다 1회 이상 설정압력에서 적정하게 작동하는지를 검사할 수 있다.

(2) 압력제한스위치

(3) 고저수위 조절장치

(4) 화염검출기

6 압력용기

1. 압력용기의 방호장치

(1) 안전밸브 등의 작동요건 ★

① 고압에 따른 폭발을 방지하기 위해 설치한 안전밸브 등을 통하여 보호하려는 설비의 최고사용압력 이하에서 작동되도록 하여야 한다.

② 안전밸브 등이 2개 이상 설치된 경우에 1개는 최고사용압력의 1.05배(외부화재를 대비한 경우에는 1.1배) 이하에서 작동되도록 설치할 수 있다.

(2) 안전밸브 등에 대하여 배출용량은 그 작동원인에 따라 각각의 소요분출량을 계산하여 가장 큰 수치를 해당 안전밸브 등의 배출용량으로 하여야 한다.

2. 최고사용압력의 표시(산업안전보건법 안전보건기준) ★★

① 최고사용압력   ② 제조연월일   ③ 제조회사명

3. 공기압축기의 작업시작 전 점검사항(산업안전보건법 안전보건기준) ★★★

① 압력방출장치의 기능   ⑤ 회전부의 덮개 또는 울
② 언로드밸브의 기능   ⑥ 윤활유의 상태
③ 드레인밸브의 조작 및 배수   ⑦ 그 밖의 연결부위의 이상 유무
④ 공기저장 압력용기의 외관상태

4. 안전밸브(Safety Valve)의 형식 표시(안전밸브의 성능기준: 방호장치 안전인증 고용노동부고시)

SFⅡ1-B   ① S: 요구성능(증기의 분출압력을 요구)
                    G: 가스의 분출압력을 요구
                 ② F: 유량제한기구(전량식)
                    L: 유량제한기구(양정식)
                 ③ Ⅱ: 호칭입구크기 구분(25mm 초과 50mm 이하)
                    Ⅰ: 호칭입구크기 구분(25mm 이하)
                    Ⅲ: 호칭입구크기 구분(50mm 초과 80mm 이하)
                 ④ 1: 호칭압력 구분(1Mpa 이하)
                    3: 호칭압력 구분(1Mpa 초과 3Mpa 이하)
                    5: 호칭압력 구분(3Mpa 초과 5Mpa 이하)
                 ⑤ B: 안전밸브의 형식(평형형)
                    C: 안전밸브의 형식(비평형형)

5. 안전인증 안전밸브 추가 표시(방호장치 안전인증 고용노동부고시) ★

① 호칭지름   ④ 분출차(%)
② 용도(증기: 포화/가열, 가스명)   ⑤ 공칭분출량(kg/h)
③ 설정압력(MPa, 냉각차설정압력 포함) ⑥ 정격양정

6. 안전인증 파열판 추가 표시(파열판의 성능기준: 방호장치 안전인증 고용노동부고시) ★

① 호칭지름   ④ 분출용량(kg/h) 또는 공칭분출계수
② 용도(요구성능)   ⑤ 파열판의 재질
③ 실성파열압력(Mpa) 및 설정온도(℃) ⑥ 유체의 흐름방향 지시

7 산업용 로봇

1. 산업용 로봇작업 안전수칙(산업안전보건법 안전보건기준)

(1) 다음 사항에 관한 지침을 정하고 그 지침에 따라 작업을 시킬 것 ★★★

① 로봇의 조작방법 및 순서

② 작업 중의 매니퓰레이터의 속도

③ 2명 이상의 근로자에게 작업을 시킬 경우의 신호방법

④ 이상을 발견한 경우의 조치

⑤ 이상을 발견하여 로봇의 운전을 정지시킨 후 이를 재가동시킬 경우의 조치

⑥ 그 밖에 로봇의 예기치 못한 작동 또는 오조작에 의한 위험을 방지하기 위하여 필요한 조치

(2) 운전 중의 위험방지 ★★

① 로봇의 운전으로 인하여 근로자에게 발생할 수 있는 부상 등의 위험을 방지하기 위하여 안전매트 및 높이 1.8m 이상의 울타리를 설치하는 등 필요한 조치를 하여야 한다.

② 컨베이어 시스템의 설치 등으로 울타리를 설치할 수 없는 일부 구간에 대해서는 안전매트, 광전자식 방호장치 등 감응형 방호장치를 설치하여야 한다.

(5) 수리 등 작업시의 조치

로봇의 운전을 정지함과 동시에 작업을 하고 있는 동안 로봇의 기동스위치를 열쇠로 잠근 후 열쇠를 별도 관리하거나 해당 로봇의 기동스위치에 작업 중이라는 표지판을 부착하는 등 해당 작업에 종사하고 있는 근로자가 아닌 사람이 해당 기동스위치 등을 조작할 수 없도록 필요한 조치를 하여야 한다.

2. 로봇의 작동범위에서 그 로봇에 관하여 교시 등의 작업을 할 때 작업시작 전 점검사항(산업안전보건법 안전보건기준) ★★

① 외부전선의 피복 또는 외장의 손상 유무

② 매니퓰레이터(Manipulator)작동의 이상 유무

③ 제동장치 및 비상정지장치의 기능

3. 안전매트

(1) 안전매트의 종류: 안전매트의 종류는 연결사용 가능 여부에 따라 다음 표와 같이 분류한다. ★

종류	형태	용도
단일감지기	A	감지기를 단독으로 사용
복합감지기	B	여러 개의 감지기를 연결하여 사용

(2) 안전매트의 추가 표시: 자율안전확인 안전매트에는 자율안전확인의 표시에 따른 표시 외에 추가로 표시하여야 할 사항 ★★

① 작동하중   ② 감응시간   ③ 복귀신호의 자동 또는 수동 여부   ④ 대소인 공용 여부

8 목재가공용기계

1. 목재가공용 둥근톱

(1) 방호장치 ★★★

① 목재가공용 둥근톱은 날접촉예방장치와 반발예방장치를 설치해야 된다.

② 날접촉예방장치는 보호덮개를 말한다.

③ 반발예방장치로는 반발방지기구(Finger), 분할날, 반발방지롤러가 있다.

(2) 방호장치의 설치방법 ★★

① 반발방지기구(Finger)는 목재송급쪽에 설치하되 목재의 반발을 충분히 방지할 수 있도록 설치되어야 한다.

② 분할날은 톱날로부터 12mm 이상 떨어지지 않게 설치해야 하며, 그 두께는 톱날두께의 1.1배 이상 되어야 한다.

③ 날접촉예방장치는 분할날에 대면하고 있는 부분과 가공재를 절단하는 부분 이외의 톱날은 전부 덮을 수 있는 구조이어야 한다.

(3) 휴대용 둥근톱 가공덮개에 대한 구조조건(목재가공용 덮개 및 분할날 성능기준: 방호장치 자율안전기준 고용노동부고시) ★★

① 절단작업이 완료되었을 때 자동적으로 원위치에 되돌아오는 구조일 것

② 이동범위를 임의의 위치로 고정할 수 없을 것

③ 휴대용 둥근톱 덮개의 지지부는 덮개를 지지하기 위한 충분한 강도를 가질 것

④ 휴대용 둥근톱 덮개의 지지부의 볼트 및 이동덮개가 자동적으로 되돌아오는 기계의 스프링 고정볼트는 이완방지장치가 설치되어 있는 것일 것

⑤ 휴대용 둥근톱 가공덮개와 톱날 노출각이 45° 이내이어야 한다.

(4) 자율안전확인 덮개와 분할날에 자율안전확인 표시 외에 추가로 표시하여야 할 사항(목재가공용 덮개 및 분할날 성능기준: 방호장치 자율안전기준 고용노동부고시) ★★

① 덮개의 종류   ② 둥근톱의 사용가능 치수

2. 동력식 수동대패기

(1) 방호장치 ★★

① 동력식 수동대패기는 칼날접촉방지장치를 설치하여야 한다.

② 칼날접촉방지장치인 덮개와 송급테이블면과의 간격이 8mm 이내이어야 한다.

9 고속회전체 및 사출성형기 등

1. 고속회전체

(1) 비파괴검사의 실시(산업안전보건법 안전보건기준) ★★

고속회전체(회전축의 중량이 1t을 초과하고 원주속도가 120m/s 이상인 것으로 한정한다)의 회전시험을 하는 경우, 미리 회전축의 재질 및 형상 등에 상응하는 종류의 비파괴검사를 해서 결함 유무를 확인하여야 한다.

2. 유해하거나 위험한 기계 · 기구

(1) 산업안전보건법상 방호조치를 하여야 할 유해하거나 위험한 기계 · 기구(양도, 대여, 설치 또는 사용에 제공하거나 양도 · 대여의 목적으로 진열하는 것이 제한되는 유해하거나 위험한 기계 · 기구) ★★★

유해하거나 위험한 기계 · 기구	방호장치
예초기	날접촉예방장치
원심기	회전체접촉예방장치
공기압축기	압력방출장치
금속절단기	날접촉예방장치
지게차	헤드가드, 백레스트, 전조등, 후미등, 안전벨트
포장기계(진공포장기, 래핑기로 한정)	구동부방호연동장치

1 지게차 및 컨베이어

1. 지게차(Fork Lift)

(1) 지게차의 안전유지 관계식 ★

$W \cdot a < G \cdot b$	• W: 화물의 중량[kg] • a: 앞바퀴에서 하물의 중심까지의 최단거리[m] • G: 차량의 중량[kg] • b: 앞바퀴에서 차량의 중심까지의 최단거리[m]

(2) 지게차의 안정도

안정도	부하상태에서 주행시의 전후안정도: 18%	부하상태에서 하역작업시 전후안정도: 4%
지게차의 상태		
안정도	무부하상태에서 주행시의 좌우안정도: (15+1.1V)% ※ V : 최고속도[km/h]	부하상태에서 하역작업시 좌우안정도: 6%
지게차의 상태		

(3) 지게차의 헤드가드(Head Guard)(산업안전보건법 안전보건기준) ★★★

① 상부틀의 각 개구의 폭 또는 길이가 16cm 미만일 것
② 강도는 지게차의 최대하중의 2배 값(4t을 넘는 값에 대해서는 4t으로 한다)의 등분포정하중에 견딜 수 있을 것
③ 운전자가 앉아서 조작하거나 서서 조작하는 지게차의 헤드가드는 한국산업표준에서 정하는 높이 기준 이상일 것

(4) 지게차 작업시작 전 점검사항(산업안전보건법 안전보건기준) ★★★

① 하역장치 및 유압장치 기능의 이상 유무
② 제동장치 및 조종장치 기능의 이상 유무
③ 전조등, 후미등, 방향지시기 및 경보장치 기능의 이상 유무
④ 바퀴의 이상 유무

2. 컨베이어(Conveyer)

(1) 컨베이어의 방호장치(산업안전보건법 안전보건기준) ★★

① 비상정지장치   ③ 역주행방지장치

② 이탈방지장치　　　　　　　　　　　④ 덮개 또는 울

(2) 컨베이어 작업시작 전 점검사항(산업안전보건법 안전보건기준) ★★
　① 원동기 및 풀리 기능의 이상 유무
　② 이탈 등의 방지장치 기능의 이상 유무
　③ 비상정지장치 기능의 이상 유무
　④ 원동기, 회전축, 기어 및 풀리 등의 덮개 또는 울 등의 이상 유무

2 양중기

1. 양중기의 종류 및 방호장치의 조정

(1) 양중기의 종류(산업안전보건법 안전보건기준) ★★★
　① 크레인[호이스트(Hoist)를 포함]　　　　④ 곤돌라
　② 이동식 크레인　　　　　　　　　　　　⑤ 승강기
　③ 리프트(이삿짐운반용 리프트의 경우에는 적재하중이 0.1톤 이상인 것으로 한정)

(2) 방호장치의 조정(산업안전보건법 안전보건기준) ★★★
　다음의 양중기에 과부하방지장치, 권과방지장치(捲過防止藏置), 비상정지장치 및 제동장치, 그 밖의 방호장치[승강기의 파이널리미트스위치(Final Limit Switch), 속도조절기, 출입문 인터록(InterLock) 등]가 정상적으로 작동할 수 있도록 미리 조정해 두어야 한다.
　① 크레인　　　　　　　　③ 리프트　　　　　　　　⑤ 승강기
　② 이동식 크레인　　　　　④ 곤돌라

2. 리프트

(1) 리프트의 종류(산업안전보건법 안전보건기준) ★
　① 건설용 리프트　　　　　　　　③ 자동차정비용 리프트
　② 산업용 리프트　　　　　　　　④ 이삿짐운반용 리프트

(2) 리프트의 방호장치(산업안전보건법 안전보건기준) ★★
　① 권과방지장치　　　　　　　　　③ 비상정지장치
　② 과부하방지장치　　　　　　　　④ 제동장치

(3) 리프트의 안전기준(산업안전보건법 안전보건기준)
　① 붕괴 등의 방지 ★★
　　순간풍속이 초당 35m를 초과하는 바람이 불어올 우려가 있는 경우 건설용 리프트에 대하여 받침의 수를 증가시키는 등 그 붕괴 등을 방지하기 위한 조치를 하여야 한다.

(4) 리프트(자동차정비용 리프트 포함) 작업시작 전 점검사항(산업안전보건법 안전보건기준) ★
　① 방호장치, 브레이크 및 클러치의 기능　　　　　　② 와이어로프가 통하고 있는 곳의 상태

3. 승강기

(1) 승강기의 종류(산업안전보건법 안전보건기준) ★★
　① 승객용 엘리베이터　　　　　　④ 소형화물용 엘리베이터
　② 승객화물용 엘리베이터　　　　⑤ 에스컬레이터
　③ 화물용 엘리베이터

4. 크레인

(1) 정의
① 크레인은 동력을 사용하여 중량물을 매달아 상하 및 좌우(수평 또는 선회)로 운반하는 것을 목적으로 하는 기계 또는 기계장치를 말한다.
② 호이스트(Hoist)는 훅이나 그 밖의 달기구 등을 사용하여 화물을 권상 및 횡행 또는 권상동작만을 하여 양중하는 것을 말한다.

(2) 크레인에 관련된 용어의 정의 ★★
① 정격하중(Safe Working Load): 크레인의 권상하중에서 훅, 그래브 또는 버켓 등 달기구의 중량에 상당하는 하중을 뺀 하중
② 정격속도: 정격하중에 상당하는 하중을 크레인에 매달고 주행, 횡행, 선회할 수 있는 최고속도
③ 권상하중(Hoisting Load): 크레인이 들어올릴 수 있는 하중
④ 적재하중: 크레인이 짐을 싣고 상승할 수 있는 최대하중

(3) 크레인의 방호장치(산업안전보건법 안전보건기준) ★★
① 과부하방지장치   ② 권과방지장치   ③ 비상정지장치   ④ 제동장치

(4) 크레인의 안전기준(산업안전보건법 안전보건기준)
① 폭풍에 의한 이탈방지 ★★
순간풍속이 초당 30m를 초과하는 바람이 불어올 우려가 있는 경우 옥외에 설치되어 있는 주행 크레인에 대하여 이탈방지장치를 작동시키는 등 그 이탈을 방지하기 위한 조치를 하여야 한다.
② 폭풍 등으로 인한 이상 유무 점검 ★★
순간풍속이 초당 30m를 초과하는 바람이 불거나 중진(中震) 이상 진도의 지진이 있는 후에 옥외에 설치되어 있는 양중기를 사용하여 작업을 하는 경우에는 미리 기계 각 부위에 이상이 있는지를 점검하여야 한다.
③ 강풍시 타워크레인의 작업제한 ★★
㉠ 순간풍속이 10m/s를 초과하는 경우에는 타워크레인의 설치, 수리, 점검 또는 해체작업을 중지하여야 한다.
㉡ 순간풍속이 15m/s를 초과하는 경우에는 타워크레인의 운전작업을 중지하여야 한다.
④ 크레인의 수리 등의 작업 ★
갠트리 크레인(Gantry Crane) 등과 같이 작업장 바닥에 고정된 레일을 따라 주행하는 크레인의 새들(Saddle) 돌출부와 주변 구조물 사이의 안전공간이 40cm 이상 되도록 바닥에 표시를 하는 등 안전공간을 확보하여야 한다.

(5) 크레인 작업시의 준수사항(산업안전보건법 안전보건기준) ★★★
① 인양할 하물(荷物)을 바닥에서 끌어당기거나 밀어내는 작업을 하지 아니할 것
② 유류드럼이나 가스통 등 운반 도중에 떨어져 폭발하거나 누출될 가능성이 있는 위험물 용기는 보관함(또는 보관고)에 담아 안전하게 매달아 운반할 것
③ 고정된 물체를 직접 분리 · 제거하는 작업을 하지 아니할 것
④ 미리 근로자의 출입을 통제하여 인양 중인 하물이 작업자의 머리 위로 통과하지 않도록 할 것
⑤ 인양할 하물이 보이지 아니하는 경우에는 어떠한 동작도 하지 아니할 것

(6) 크레인 작업시작 전 점검사항(산업안전보건법 안전보건기준) ★★★
① 권과방지장치, 브레이크, 클러치 및 운전장치의 기능
② 주행로의 상측 및 트롤리가 횡행(橫行)하는 레일의 상태
③ 와이어로프가 통하고 있는 곳의 상태

6. 이동식 크레인

(1) 이동식 크레인의 작업시작 전 점검사항(산업안전보건법 안전보건기준) ★★

① 권과방지장치 그 밖의 경보장치의 기능
② 브레이크, 클러치 및 조정장치의 기능
③ 와이어로프가 통하고 있는 곳 및 작업장소의 지반상태

7. 와이어로프(Wire Rope)

(1) 와이어로프에 걸리는 하중

① 와이어로프에 걸리는 하중의 변화: 하물을 달아 올릴 때 로프에 걸리는 힘은 슬링 와이어의 각도가 작을수록 작게 걸린다.
② 와이어로프에 걸리는 하중을 구하는 식

$$W_1 = \frac{\dfrac{W}{2}}{\cos\dfrac{\theta}{2}}$$

- W_1: 로프에 걸리는 하중[kg]
- W: 화물의 무게[kg]
- θ: 로프의 각도

(2) 와이어로프 등 달기구의 안전계수 ★★★

① 근로자가 탑승하는 운반구를 지지하는 달기와이어로프 또는 달기체인의 경우: 10 이상
② 화물의 하중을 직접 지지하는 달기와이어로프 또는 달기체인의 경우: 5 이상
③ 훅, 샤클, 클램프, 리프팅 빔의 경우: 3 이상
④ 그 밖의 경우: 4 이상

(3) 곤돌라형 달비계의 와이어로프 사용금지 기준(산업안전보건법 안전보건기준) ★★★

① 이음매가 있는 것
② 와이어로프 한꼬임(스트랜드)에서 끊어진 소선(필러선 제외)의 수가 10% 이상인 것
③ 지름의 감소가 공칭지름의 7%를 초과하는 것
④ 꼬인 것
⑤ 심하게 변형되거나 부식된 것
⑥ 열과 전기충격에 의해 손상된 것
※ 산업안전보건법 안전보건기준 → 2021.11.19. 개정

(4) 곤돌라형 달비계의 늘어난 달기체인의 사용금지 기준(산업안전보건법 안전보건기준) ★★

① 달기체인의 길이가 달기체인이 제조된 때의 길이의 5%를 초과한 것
② 링의 단면지름이 달기체인이 제조된 때의 해당 링의 지름의 10%를 초과하여 감소한 것
③ 균열이 있거나 심하게 변형된 것
※ 산업안전보건법 안전보건기준 → 2021.11.19. 개정

8. 기타 크레인 등 양중기 관련 주요사항

(1) 와이어로프 '6 × Fi 19' 표시사항이 의미하는 것 ★★

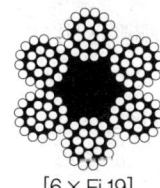
[6 × Fi 19]

① 6 → 꼬임의 수(Strand의 수)
② Fi → 필러형
③ 19 → 소선의 수

(2) 와이어로프의 꼬임 ★★★

① 랭꼬임: 로프의 꼬임방향과 가닥(Strand)의 꼬임방향이 같은 것이다.

② 보통꼬임: 로프의 꼬임방향과 가닥의 꼬임방향이 반대로 된 것이다.

랭꼬임(Lang's Lay)		보통꼬임(Regular Lay)	
▲ 랭 Z꼬임	▲ 랭 S꼬임	▲ 보통 Z꼬임	▲ 보통 S꼬임

PART 03 전기설비 안전관리

Chapter 01 전기작업 위험성 파악하기(Ⅰ)

1 전기의 위험성

1. 감전의 위험요소

(1) 1차적 감전의 위험요소(전격의 위험을 결정하는 1차적 요인) ★★★

① 통전전류의 크기　　　② 통전시간　　　③ 통전경로　　　④ 전원의 종류

2. 통전전류의 세기 및 그에 따르는 영향(감전시 응급조치에 관한 기술지침: 한국산업안전보건공단)

(1) 심실세동전류(치사전류) ★

① 인체에 흐르는 전류가 더욱 증가하게 되면 심장은 정상적인 맥동을 하지 못하고 불규칙적인 세동(細動)을 일으키며 혈액의 순환이 곤란하게 되고, 심장의 기능을 잃게 되어 전원으로부터 떨어져도 수분 이내에 사망하는 전류이다.

② 통전시간과 심실세동전류값의 관계식은 다음과 같다. ★

$$I = \frac{165}{\sqrt{T}} \text{ (Dalziel 주장 관계식)} \qquad \cdot I: \text{심실세동전류[mA]} \qquad \cdot T: \text{통전시간[초]}$$

③ 인체의 전기저항을 500Ω이라 할 때, 심실세동을 일으키는 위험한계에너지는 다음과 같이 계산된다. ★★★

$$W = I^2RT = \left(\frac{165}{\sqrt{T}} \times 10^{-3}\right)^2 \times 500 \times T = 13.61 \doteqdot 13.6 \text{ J}$$
$$= 13.61 \times 0.24$$
$$= 3.266 \doteqdot 3.3 \text{cal}$$

· W: 위험한계에너지[J]

· R: 인체의 전기저항[Ω]

· T: 통전시간[초]

3. 인체의 통전경로별 위험도 ★★

통전경로	위험도 (심장전류계수)	통전경로	위험도 (심장전류계수)	통전경로	위험도 (심장전류계수)
오른손 – 등	0.3	한손 또는 양손 – 앉아 있는 자리	0.7	왼손 – 한발 또는 양발	1.0
왼손 – 오른손	0.4	오른손 – 한발 또는 양발	0.8	오른손 – 가슴	1.3
왼손 – 등	0.7	양손 – 양발	1.0	왼손 – 가슴	1.5

※ 통전경로가 '왼손 – 가슴'인 경우, 전류가 심장을 통과하게 되므로 가장 위험도가 크다.

2 전기작업안전

1. 정전전로에서의 전기작업

(1) 정전전로에서의 전기작업 전로차단 절차(산업안전보건법 안전보건기준) ★★★

① 전기기기 등에 공급되는 모든 전원을 관련 도면, 배선도 등으로 확인할 것
② 전원을 차단한 후 각 단로기 등을 개방하고 확인할 것
③ 차단장치나 단로기 등에 잠금장치 및 꼬리표를 부착할 것
④ 개로된 전로에서 유도전압 또는 전기에너지가 축적되어 근로자에게 전기위험을 끼칠 수 있는 전기기기 등은 접촉하기 전에 잔류전하를 완전히 방전시킬 것
⑤ 검전기를 이용하여 작업대상 기기가 충전되었는지를 확인할 것
⑥ 전기기기 등이 다른 노출 충전부와의 접촉, 유도 또는 예비동력원의 역송전 등으로 전압이 발생할 우려가 있는 경우에는 충분한 용량을 가진 단락접지기구를 이용하여 접지할 것

(2) 정전전로에서의 전기작업 중 또는 작업을 마친 후 전원을 공급하는 경우 준수사항(산업안전보건법 안전보건기준) ★★

① 작업기구, 단락접지기구 등을 제거하고 전기기기 등이 안전하게 통전될 수 있는지를 확인할 것
② 모든 작업자가 작업이 완료된 전기기기 등에서 떨어져 있는지를 확인할 것
③ 잠금장치와 꼬리표는 설치한 근로자가 직접 철거할 것
④ 모든 이상 유무를 확인한 후 전기기기 등의 전원을 투입할 것

(3) 정전전로에서의 전기작업시 전로차단을 하지 않아도 되는 경우(산업안전보건법 안전보건기준) ★★

① 생명유지장치, 비상경보설비, 폭발위험장소의 환기설비, 비상조명설비 등의 장치·설비의 가동이 중지되어 사고의 위험이 증가되는 경우
② 기기의 설계상 또는 작동상 제한으로 전로차단이 불가능한 경우
③ 감전, 아크 등으로 인한 화상, 화재·폭발의 위험이 없는 것으로 확인된 경우

3. 충전전로에서의 전기작업(활선작업)시 조치사항

(1) 충전전로에서의 전기작업시 안전조치사항(산업안전보건법 안전보건기준) ★

① 충전전로를 취급하는 근로자에게 그 작업에 적합한 절연용 보호구를 착용시킬 것
② 충전전로에 근접한 장소에서 전기작업을 하는 경우에는 해당 전압에 적합한 절연용 방호구를 설치할 것
③ 고압 및 특별고압의 전로에서 전기작업을 하는 근로자에게 활선작업용 기구 및 장치를 사용하도록 할 것
④ 근로자가 절연용 방호구의 설치·해체작업을 하는 경우에는 절연용 보호구를 착용하거나 활선작업용 기구 및 장치를 사용하도록 할 것

⑤ 유자격자가 아닌 근로자가 충전전로 인근의 높은 곳에서 작업할 때에 근로자의 몸 또는 긴 도전성 물체가 방호되지 않은 충전전로에서 대지전압이 50kV 이하인 경우에는 300cm 이내로, 대지전압이 50KV를 넘는 경우에는 10kV당 10cm씩 더한 거리 이내로 각각 접근할 수 없도록 할 것
⑥ 유자격자가 충전전로 인근에서 작업하는 경우에는 다음의 경우를 제외하고는 노출 충전부에 다음 표에 제시된 접근한계거리 이내로 접근하거나 절연손잡이가 없는 도전체에 접근할 수 없도록 할 것 ★★★
　　㉠ 근로자가 노출 충전부로부터 절연된 경우 또는 해당 전압에 적합한 절연장갑을 착용한 경우
　　㉡ 노출 충전부가 다른 전위를 갖는 도전체 또는 근로자와 절연된 경우
　　㉢ 근로자가 다른 전위를 갖는 모든 도전체로부터 절연된 경우

충전전로의 선간전압 [kV]	충전전로에 대한 접근한계거리 [cm]	충전전로의 선간전압 [kV]	충전전로에 대한 접근한계거리 [cm]
0.3 이하	접촉금지	121 초과 145 이하	150
0.3 초과 0.75 이하	30	145 초과 169 이하	170
0.75 초과 2 이하	45	169 초과 242 이하	230
2 초과 15 이하	60	242 초과 362 이하	380
15 초과 37 이하	90	362 초과 550 이하	550
37 초과 88 이하	110	550 초과 800 이하	790
88 초과 121 이하	130		

(2) **충전전로 인근에서의 차량·기계장치작업시 안전조치 사항(산업안전보건법 안전보건기준)** ★

충전전로 인근에서 차량·기계장치 등의 작업이 있는 경우에는 차량 등을 충전전로의 충전부로부터 300cm 이상 이격시켜 유지시키되, 대지전압이 50kV를 넘는 경우 이격시켜 유지하여야 하는 거리는 10kV증가할 때마다 10cm씩 증가시켜야 한다.

4. 전기기계·기구의 적정 설치(산업안전보건법 안전보건기준) ★★

① 전기적, 기계적 방호수단의 적정성
② 습기, 분진 등 사용장소의 주위 환경
③ 전기기계·기구의 충분한 전기적 용량 및 기계적 강도

5. 꽂음접속기의 설치·사용시 준수사항(산업안전보건법 안전보건기준) ★

① 서로 다른 전압의 꽂음접속기는 서로 접속되지 아니한 구조의 것을 사용할 것
② 습윤한 장소에 사용되는 꽂음접속기는 방수형 등 그 장소에 적합한 것을 사용할 것
③ 근로자가 해당 꽂음접속기를 접속시킬 경우에는 땀 등으로 젖은 손으로 취급하지 않도록 할 것
④ 해당 꽂음접속기에 잠금장치가 있는 경우에는 접속 후 잠그고 사용할 것

4 감전재해예방 및 조치

1. 안전전압

우리나라에서는 일반 사업장의 안전전압을 30V로 정하고 있으며, 안전전압은 주위의 작업환경에 따라 달라질 수도 있다.

2. 위험전압

(1) 위험전압이란 전원과 인체의 접촉으로 인하여 인체에 인가될 수 있는 전압으로 접촉전압과 보폭전압으

로 구분된다.

(2) **접촉전압**: 사람의 손과 다른 인체의 일부 사이에 인가되는 전압이다.

① 허용접촉전압: 인체의 접촉상태에 따른 허용접촉전압은 다음 표와 같다. ★★

종별	접촉상태	허용접촉전압(V)
제1종	인체의 대부분이 수중에 있는 상태	2.5 이하
제2종	① 인체가 현저하게 젖어 있는 상태 ② 금속성의 전기기계장치나 구조물에 인체의 일부가 상시 접촉되어 있는 상태	25 이하
제3종	통상의 인체상태에 있어서 접촉전압이 가해지면 위험성이 높은 상태	50 이하
제4종	① 통상의 인체상태에 있어서 접촉전압이 가해지더라도 위험성이 낮은 상태 ② 접촉전압이 가해질 우려가 없는 상태	제한없음

② 허용접촉전압 계산: 변전소 등에 고장전류가 유입되었을 때 그 부근 지표상과 도전성 구조물의 두 점(보통 1m) 간 변위차의 허용값은 다음과 같이 계산한다.

$$E = \left(R_b + \frac{3R_s}{2}\right){}_v I_k$$

- E: 허용접촉전압[V]
- R_s: 지표상층 저항률[Ωm]
- R_b: 인체의 저항[Ω]
- I_k: 심실세동전류[A]

3. 인체의 전기저항 ★

① 피부의 전기저항: 2,500Ω
② 피부가 물에 젖어 있을 경우: 1/25 정도로 감소
③ 피부에 땀이 나 있을 경우: 1/12 정도로 감소

4. 전압의 구분 ★★

압력	직류(DC)	교류(AC)	비고
저압	1.5kV 이하	1kV 이하	근거: 한국전기설비규정 KEC
고압	1.5kV 초과 7kV 이하	1kV 초과 7kV 이하	→ 한국전기설비규정 KEC: 2018.3.9. 제정,
특별고압	7kV 초과	7kV 초과	2021.1.1. 시행

5. 전기기계·기구 감전재해 방지대책

(1) **전기기계·기구 등의 충전부 방호(산업안전보건법 안전보건기준)** ★★★

① 충전부가 노출되지 않도록 폐쇄형 외함이 있는 구조로 할 것
② 충전부에 충분한 절연효과가 있는 방호망 또는 절연덮개를 설치할 것
③ 충전부는 내구성이 있는 절연물로 완전히 덮어 감쌀 것
④ 발전소, 변전소 및 개폐소 등 구획되어 있는 장소로서 관계근로자가 아닌 사람의 출입이 금지되는 장소에 충전부를 설치하고, 위험표시 등의 방법으로 방호를 강화할 것
⑤ 전주 위 및 철탑 위 등 격리되어 있는 장소로서 관계근로자가 아닌 사람이 접근할 우려가 없는 장소에 충전부를 설치할 것

6. 배선 및 배선기기류 감전재해 방지대책

(1) **배선**

전기사용 장소의 사용전압이 저압인 진로의 전선 상호간 및 전로와 대지 사이의 절연저항은 개폐기 또는 과전류차단기로 구분할 수 있는 전로마다 다음 표에서 정한 값 이상이어야 한다.

[저압전로의 절연성능]

전로의 사용전압	절연저항	DC시험전압
SELV 및 PELV	$0.5M\Omega$	250V
FELV, 500V 이하	$1.0M\Omega$	500V
500V 초과	$1.0M\Omega$	1,000V

※ 전기설비기술기준 산업통상자원부고시(2019년 3월 25일 개정, 2021년 1월 1일부터 시행)

5 누전차단기

1. 누전차단기 개요

(1) 누전차단기의 구성요소 ★★

① 트립(Trip)장치
③ 개폐기구
⑤ 소호장치
② 지락검출장치
④ 영상변류기

2. 누전차단기 설치

(1) 누전차단기를 설치해야 하는 전기기계 · 기구(산업안전보건법 안전보건기준) ★★

① 물 등 도전성이 높은 액체가 있는 습윤장소에서 사용하는 저압용 전기기계 · 기구
② 대지전압이 150V를 초과하는 이동형 또는 휴대형 전기기계 · 기구
③ 임시배선의 전로가 설치되는 장소에서 사용하는 이동형 또는 휴대형 전기기계 · 기구
④ 철판, 철골 위 등 도전성이 높은 장소에서 사용하는 이동형 또는 휴대형 전기기계 · 기구

(2) 누전차단기를 설치하지 않아도 되는 경우(산업안전보건법 안전보건기준) ★★

① 전기용품 및 생활용품안전관리법이 적용되는 이중절연 또는 이와 같은 수준 이상으로 보호되는 전기기계 · 기구
② 비접지방식의 전로
③ 절연대 위 등과 같이 감전위험이 없는 장소에서 사용하는 전기기계 · 기구
※ 산업안전보건법 안전보건기준 → 2021.11.19. 개정

3. 누전차단기 관련 기타

(1) 누전에 의한 감전위험을 방지하기 위하여 설치한 누전차단기를 접속하는 경우 준수사항(산업안전보건법 안전보건기준)

전기기계 · 기구에 설치되어 있는 누전차단기는 정격감도전류가 30mA 이하이고, 작동시간은 0.03초 이내일 것. 다만, 정격전부하전류가 50A 이상인 전기기계 · 기구에 접속되는 누전차단기는 오작동을 방지하기 위하여 정격감도전류는 200mA 이하로, 작동시간은 0.1초 이내로 할 수 있다.

6 교류아크용접기 방호장치

1. 자동전격방지장치의 작동원리

① 교류아크용접기는 무부하전압이 높아 전격위험성이 크기 때문에 방호장치로 자동전격방지장치를 부착시켜야 한다.
② 자동전격방지장치란 아크발생이 중단된 후 1초 이내에 교류아크용접기의 출력측 무부하전압을 자동적으로 25V 이하로 강하시키는 방호장치이다. ★★★

(2) **자동전격방지장치의 종류 ★**

　① 외장형, 내장형　　　　　　　　② 저저항시동형(L형), 고저항시동형(H형)

2. 자동전격방지장치의 설치

(1) **자동전격방지장치를 설치해야 되는 장소(산업안전보건법 안전보건기준) ★★**

　① 선박의 이중 선체 내부, 밸러스트(Ballast) 탱크, 보일러 내부 등 도전체에 둘러싸인 장소
　② 추락할 위험이 있는 높이 2m 이상의 장소로 철골 등 도전성이 높은 물체에 근로자가 접촉할 우려가 있는 장소
　③ 근로자가 물 · 땀 등으로 인하여 도전성이 높은 습윤상태에서 작업하는 장소

3. 아크용접장치에서 특히 감전되기 쉬운 부분 ★★

　① 용접용 케이블　　　　　　③ 용접봉 홀더　　　　　　⑤ 용접기의 리드 단자
　② 용접봉 와이어　　　　　　④ 용접기 케이스
　※ 가장 위험성이 큰 부분: 용접봉 홀더 노출부

4. 교류아크용접기용 자동전격방지기(방호장치 자율안전기준 고용노동부고시)

(1) **용어의 정의 ★★**

　① 교류아크용접기용 자동전격방지기: 대상으로 하는 용접기의 주회로(변압기의 경우는 1차회로 또는 2차회로)를
　　제어하는 장치를 가지고 있어, 용접봉의 조작에 따라 용접할 때에만 용접기의 주회로를 형성하고 그 외에는 용
　　접기의 출력측의 무부하전압을 25V 이하로 저하시키도록 동작하는 장치를 말한다.
　② 무부하전압: 전격방지기가 동작하고 있는 경우에 출력측(용접봉 홀더와 피용접물 사이)에 발생하는 정상상태의
　　무부하전압을 말한다.
　③ 시동시간: 용접봉을 피용접물에 접촉시켜서 전격방지기의 주접점이 폐로될(닫힐) 때까지의 시간을 말한다.
　④ 지동시간: 용접봉 홀더에 용접기 출력측의 무부하전압이 발생한 후 주접점이 개방될 때까지의 시간을 말한다.

(2) **교류아크용접기 자동전격방지기의 표시사항 ★★**

SP — 3A	• SP: 외장형　　　　　• 3: 300A • A: 용접기에 내장되어 있는 콘덴서의 유무에 관계없이 사용할 수 있는 것

7　절연용 안전장구

1. 절연용 안전보호구

(1) **산업안전보건법상 절연용 방호구, 절연용 보호구, 활선작업용 장치, 활선작업용 기구에 대하여 각각의
　사용목적에 적합한 종별 · 재질 및 치수의 것을 사용하여야 하나 적용을 제외하는 기준 ★**

　대지전압이 30V 이하인 전기기계기구, 배선 또는 이동전선이다.

(2) **내전압용 절연장갑 ★★**

　절연장갑의 등급은 최대사용전압에 따라 다음 표와 같이 한다.

등급	등급별 색상	최대사용전압	
		교류(V, 실효값)	직류(V)
00	갈색	500	750
0	빨간색	1,000	1,500
1	흰색	7,500	11,250

2	노란색	17,000	25,500
3	녹색	26,500	39,750
4	등색	36,000	54,000

Chapter 02 전기작업 위험성 파악하기(Ⅱ)

1 전기화재의 원인

1. 전기화재의 원인

(1) 누전

① 전류가 전로 이외의 곳으로 흐르는 현상이다.

② 전기설비기술기준에서 저압전로의 경우, 누전전류는 최대공급전류의 1/2,000을 넘지 아니하도록 유지되어야 한다고 규정되어 있다. ★

2 접지(接地)공사

1. 전기기계·기구에 대하여 접지를 해야 하는 경우(산업안전보건법 안전보건기준)

(1) 전기기계·기구의 금속제 외함, 금속제 외피 및 철대

(2) 고정 설치되거나 고정배선에 접속된 전기기계·기구의 노출된 비충전금속체 중 충전될 우려가 있는 다음의 어느 하나에 해당하는 비충전금속체 ★★

① 지면이나 접지된 금속체로부터 수직거리 2.4m, 수평거리 1.5m 이내인 것

② 물기 또는 습기가 있는 장소에 설치되어 있는 것

③ 금속으로 되어 있는 기기접지용 전선의 피복, 외장 또는 배선관 등

④ 사용전압이 대지전압 150V를 넘는 것

(3) 전기를 사용하지 아니하는 설비 중 다음의 어느 하나에 해당하는 금속체 ★★★

① 전동식 양중기의 프레임과 궤도

② 전선이 붙어 있는 비전동식 양중기의 프레임

③ 고압 이상의 전기를 사용하는 전기기계·기구 주변의 금속제 칸막이, 망 및 이와 유사한 장치

(4) 코드와 플러그를 접속하여 사용하는 전기기계·기구 중 다음의 어느 하나에 해당하는 노출된 비충전금속체 ★★★

① 사용전압이 대지전압 150V를 넘는 것

② 냉장고, 세탁기, 컴퓨터 및 주변기기 등과 같은 고정형 전기기계·기구

③ 고정형, 이동형 또는 휴대형 전동기계·기구

④ 휴대형 손전등

⑤ 물 또는 도전성이 높은 곳에서 사용하는 전기기계·기구, 비접지형 콘센트

(5) 수중펌프를 금속제 물탱크 등의 내부에 설치하여 사용하는 경우 그 탱크

2. 전기기계·기구에 대하여 접지를 할 필요가 없는 경우(산업안전보건법 안전보건기준) ★★

① 전기용품 및 생활용품안전관리법이 적용되는 이중절연 또는 이와 같은 수준 이상으로 보호되는 전기기계·기구
② 절연대 위 등과 같이 감전위험이 없는 장소에서 사용하는 전기기계·기구
③ 비접지방식의 전로(그 전기기계·기구의 전원측의 전로에 설치한 절연변압기의 2차전압이 300V 이하, 정격용량이 3kVA 이하이고 그 절연변압기의 부하측의 전로가 접지되어 있지 아니한 것으로 한정한다.)에 접속하여 사용되는 전기기계·기구

※ 산업안전보건법 안전보건기준 → 2021.11.19. 개정

3 피뢰설비

1. 피뢰설비의 종류

(1) 피뢰기의 설치장소(전기설비기술기준 산업통상자원부고시) ★★
① 가공전선로에 접속하는 배전용 변압기의 고압측 및 특고압측
② 발전소, 변전소 또는 이에 준하는 장소의 가공전선 인입구 및 인출구
③ 고압 또는 특고압의 가공전선로로부터 공급을 받는 수용장소의 인입구
④ 가공전선로와 지중전선로가 접속되는 곳

(2) 피뢰기의 성능 구비조건 ★
① 구조가 견고하며 특성이 변화하지 않을 것
② 충격방전개시전압이 낮을 것
③ 뇌전류의 방전능력이 크고, 속류의 차단능력이 충분할 것
④ 반복동작이 가능할 것
⑤ 점검, 보수가 간단할 것
⑥ 상용주파방전개시전압이 높을 것
⑦ 제한전압이 낮을 것

4 전기화재(C급 화재)시 사용가능한 소화기 ★★

(1) 탄산가스(이산화탄소)소화기
(2) 분말소화기
(3) 할론소화기(할로겐화합물소화기)
(4) 무상강화액소화기
(5) 무상수소화기

Chapter 03 정전기 위험요소 파악·제거하기

1 정전기의 발생 및 영향

1. 정전기의 발생요인

(1) 정전기의 발생요인 ★★★
① 물체의 특성
② 물체의 분리력
③ 물체의 표면상태
④ 분리속도
⑤ 접촉면적 및 압력

(2) 정전기의 유발 대전(帶電)의 종류 ★★
① 마찰대전　　　　　　　④ 충돌대전　　　　　　　⑦ 기타 대전
② 유동대전　　　　　　　⑤ 박리대전
③ 분출대전　　　　　　　⑥ 비말대전

2 정전기재해 방지대책

1. 정전기재해의 방지대책

(1) 정전기의 발생을 억제하거나 제거하기 위한 조치를 해야 할 설비(산업안전보건법 안전보건기준) ★★★
① 정전기에 의한 화재 또는 폭발 등의 위험이 발생할 우려가 있는 경우에는 해당 설비에 대하여 필요한 안전 조치
★★
　㉠ 접지　　　　　　　　　　　㉢ 가습
　㉡ 도전성 재료를 사용　　　　㉣ 제전(除電)장치
② 인체에 대전된 정전기로 인하여 화재 또는 폭발위험이 있는 경우 필요한 안전조치
　㉠ 정전기대전방지용 안전화의 착용　　　㉢ 정전기 제전용구의 사용
　㉡ 제전복(除電服)의 착용　　　　　　　㉣ 작업장 바닥 등에 도전성을 갖추도록 함

(2) 정전기재해의 방지대책 ★★★
① 접지　　　　　　　　　　　　　　⑤ 도전성재료의 사용
② 대전방지제 사용(도전성 향상)　　　⑥ 배관 내 액체의 유속제한, 정치시간의 확보
③ 가습　　　　　　　　　　　　　　⑦ 제전복 등 보호구의 착용
④ 제전기의 사용

(3) 배관 내 액체의 유속제한, 정치시간의 확보 ★★
탱크, 탱커, 탱크로리, 드럼통 등에 위험물을 주입하는 배관 내 유속제한
① 물이나 기체를 포함한 비수용성 위험물의 배관유속: 1m/s 이하
② 유동성이 심하고 폭발위험성이 높은 물질(이황화탄소, 가솔린, 에텔, 등유, 경유, 벤젠 등)의 배관유속: 1m/s 이하
③ 저항률이 $10^{10}\Omega cm$ 미만인 전도성 위험물의 배관유속: 7m/s 이하

Chapter 04 전기방폭 위험요소 파악·제거하기

1 가스, 증기 대상 방폭전기기기

1. 가스, 증기 대상 방폭전기기기의 선정기준 ★★　　　　　　　　* KSC, IEC

폭발위험장소의 분류		방폭구조 전기기계·기구의 선정기준	
가스, 증기 폭발 위험장소	0종 장소	본질안전방폭구조(ia)	0종장소에서 사용하도록 특별히 고안된 방폭 구조

1종 장소	• 내압방폭구조(d) • 압력방폭구조(p) • 유입방폭구조(o) • 안전증방폭구조(e) • 본질안전방폭구조(ia, ib) • 충전방폭구조(q) • 몰드방폭구조(m)	• 0종장소에 적합한 방폭구조 • 기타 1종장소에서 사용하도록 특별히 고안된 방폭구조
2종 장소	• 0종, 1종장소에 적합한 방폭구조 • 비점화방폭구조(n)	• 0종장소 또는 1종장소에 적합한 방폭구조 • 기타 2종장소에서 사용하도록 특별히 고안된 방폭구조

2. 방폭구조의 기호 ★★★

방폭구조의 종류	기호의 의미
d	내압방폭구조
o	유입방폭구조
p	압력방폭구조
e	안전증방폭구조
ia, ib	본질안전방폭구조
s	특수방폭구조
m	몰드방폭구조
n	비점화방폭구조
q	충전방폭구조
tD	분진내압방폭구조
pD	분진압력방폭구조
iD	분진본질안전방폭구조
mD	분진몰드방폭구조

온도등급(발화도)	최고표면온도(고용노동부고시)
T1	450℃
T2	300℃
T3	200℃
T4	135℃
T5	100℃
T6	85℃

그룹명칭	그룹의 의미(고용노동부고시)
I	폭발성 메탄가스 위험분위기에서 사용되는 광산용 전기기기(광산용)
II	잠재적 폭발성 위험분위기에서 사용되는 전기기기(산업용)

폭발등급	최대안전틈새(KEC, IEC)
IIA	0.9mm 이상
IIB	0.5mm 초과 0.9mm 미만
IIC	0.5mm 이하

※ 표기(1): 가스, 증기의 경우 ★★★

Exd IIA T2 IP54	• Exd: 방폭구조의 종류(내압방폭구조) • IIA: 그룹을 나타내는 기호(산업용, 최대안전틈새 0.9mm 이상) • T2: 온도등급(최고표면온도, 300℃) • IP54: 보호등급

2 가스, 증기 위험장소 선정

1. 폭발위험장소(고용노동부고시) ★★

(1) **0종장소**: 위험분위기가 지속적으로 또는 장기간 존재하는 장소(폭발성 가스 분위기가 연속적, 장기간 또는 빈번하게 존재하는 장소: KSC, IEC)

(2) **1종장소**: 정상(상시사용)상태에서 위험분위기가 존재하기 쉬운 장소(폭발성 가스 분위기가 정상작동 중 주기적 또는 빈번하게 생성되는 장소: KSC, IEC)

(3) **2종장소**: 이상상태(일부기기의 고장, 오작동, 기능상실 등)하에서 위험분위기가 단기간 동안 존재할 수 있는 장소(폭발성 가스 분위기가 정상작동 중 조성되지 않거나 조성된다 하더라도 짧은 기간에만 존재할 수 있는 장소: KSC, IEC)

3 방폭기기의 표시

1. 방폭부품에 대한 표시사항(고용노동부고시) ★

① 제조자의 이름 또는 등록상표   ⑤ 방폭부품의 그룹 기호
② 형식   ⑥ 인증서 발급기관의 이름 또는 마크와 인증번호
③ 기호 Ex   ⑦ 합격번호 및 U기호(X기호는 사용될 수 없음)
④ 해당 방폭구조의 기호   ⑧ 해당 방폭구조에서 정한 추가 표시

2. 소형 전기기기와 방폭부품의 표시사항(고용노동부고시) ★★

① 제조자의 이름 또는 등록상표   ④ 인증서 발급기관의 이름 또는 마크, 합격번호
② 형식   ⑤ X 또는 U 기호(다만, 기호 X와 U를 함께 사용하지 않음)
③ 기호 Ex 및 방폭구조의 기호

PART 04 화학설비안전관리

Chapter 01 유해 · 위험성 확인하기 및 MSDS 활용하기

1 위험물의 정의 및 종류

1. 위험물의 종류

(1) **위험물질의 종류(산업안전보건법 안전보건기준)** ★★★

① 폭발성 물질 및 유기과산화물
- 질산에스테르류
- 니트로화합물
- 니트로소화합물
- 아조화합물
- 디아조화합물
- 하이드라진 유도체
- 유기과산화물

② 물반응성 물질 및 인화성 고체

- 리튬
- 칼륨, 나트륨
- 황, 황린
- 황화인, 적린
- 셀룰로이드류
- 알킬알루미늄, 알킬리튬
- 마그네슘 분말
- 금속 분말(마그네슘 분말은 제외)
- 알칼리금속(리튬, 칼륨 및 나트륨은 제외)
- 유기금속화합물(알킬알루미늄 및 알킬리튬은 제외)
- 금속의 수소화물
- 금속의 인화물
- 칼슘탄화물, 알루미늄탄화물

③ 산화성 액체 및 산화성 고체

- 차아염소산 및 그 염류
- 아염소산 및 그 염류
- 염소산 및 그 염류
- 과염소산 및 그 염류
- 브롬산 및 그 염류
- 요오드산 및 그 염류
- 과산화수소 및 무기과산화물
- 질산 및 그 염류
- 과망간산 및 그 염류
- 중크롬산 및 그 염류

④ 인화성 액체

- 에틸에테르, 가솔린, 아세트알데히드, 산화프로필렌 그 밖에 인화점이 23℃ 미만이고 초기 끓는점이 35℃ 이하인 물질
- 노르말헥산, 아세톤, 메틸에틸케톤, 메틸알코올, 이황화탄소 그 밖에 인화점이 23℃ 미만이고 초기 끓는점이 35℃를 초과하는 물질
- 크실렌, 아세트산아밀, 등유, 경유, 테레핀유, 이소아밀알코올, 아세트산, 하이드라진 그 밖에 인화점이 23℃ 이상 60℃ 이하인 물질

⑤ 인화성 가스

- 수소
- 아세틸렌
- 에틸렌
- 메탄
- 에탄
- 프로판
- 부탄

⑥ 부식성 물질

- 부식성 산류 – 농도가 20% 이상인 염산, 황산, 질산 그 밖에 이와 같은 정도 이상의 부식성을 가지는 물질
             – 농도가 60% 이상인 인산, 아세트산, 불산 그 밖에 이와 같은 정도 이상의 부식성을 가지는 물질
- 부식성 염기류 – 농도가 40% 이상인 수산화나트륨, 수산화칼륨 그 밖에 이와 같은 정도 이상의 부식성을 가지는 염기류

⑦ 급성 독성물질

- 쥐에 대한 경구투입실험에 의하여 실험동물의 50%를 사망시킬 수 있는 물질의 양 즉, LD_{50}(경구, 쥐)이 kg당 300 mg–(체중) 이하인 화학물질
- 쥐 또는 토끼에 대한 경피흡수실험에 의하여 실험동물의 50%를 사망시킬 수 있는 물질의 양 즉, LD_{50}(경피, 토끼 또는 쥐)이 kg당 1,000 mg–(체중) 이하인 화학물질
- 쥐에 대한 4시간 동안의 흡입실험에 의하여 실험동물의 50%를 사망시킬 수 있는 물질의 농도 즉, 가스 LC_{50}(쥐, 4시간 흡입)이 2,500 ppm 이하인 화학물질, 증기 LC_{50}(쥐, 4시간 흡입)이 10 mg/ℓ 이하인 화학물질, 분진 또는 미스트 1 mg/ℓ 이하인 화학물질

(2) 혼재가 가능한 위험물 ★★

※ 유별을 달리 하는 위험물의 혼재기준: 위험물안전관리법 시행규칙 [별표 19] 관련 [부표 2]

위험물의 구분	1류 위험물	2류 위험물	3류 위험물	4류 위험물	5류 위험물	6류 위험물
1류위험물(산화성 고체)	–	×	×	×	×	○
2류위험물(가연성 고체)	×	–	×	○	○	×
3류위험물(자연발화성 및 금수성 물질)	×	×	–	○	×	×
4류위험물(인화성 액체)	×	○	○	–	○	×
5류위험물(자기반응성 물질)	×	○	×	○	–	×
6류위험물(산화성 액체)	○	×	×	×	×	–

2 노출기준

1. 유해물질의 측정단위 ★

(1) 분진, 흄(Fume), 미스트(Mist): mg/m^3[단, 석면은 (개수/cm^3)]

(2) 증기 및 가스: ppm 또는 mg/m^3

2. 노출기준의 구분

(1) 시간가중평균노출기준(TWA: Time Weighted Average) ★★★

① 1일 8시간 작업을 기준으로 하여 유해인자의 측정농도에 발생시간을 곱하여 8시간으로 나눈 값을 말한다.

② 거의 모든 작업자가 일상작업에서 반복하여 노출되더라도 건강장해를 일으키지 않는 공기 중 유해물질의 농도를 말한다.

(2) 단시간노출기준(STEL: Short Term Exposure Limit)

① 작업자가 1회에 15분간 유해요인에 노출되는 경우의 시간가중평균값이다.

② 노출농도가 시간가중평균값을 초과하고 단시간노출값 이하인 경우

㉠ 1회 노출 지속시간이 15분 미만이어야 하고, ㉡ 이러한 상태가 1일 4회 이하로 발생해야 하며, ㉢ 각 회의 간격은 60분 이상이어야 한다.

(3) 최고노출기준(C: Celing)

작업자가 1일 작업시간 동안 잠시라도 노출되어서는 아니 되는 기준이다.

3 인화성 가스 및 유해물질의 취급시 주의사항

1. 인화성 가스 취급시 주의사항

(1) 고압가스 용기의 색상 ★★

가스종류	공업용	가스종류	공업용
암모니아	백색	헬륨	회색
아세틸렌	황색	에틸렌	회색
액화석유가스	회색	수소	주황색

산소	녹색	이산화탄소	청색
질소	회색	기타 가스	회색
액화염소	갈색		

(2) 밀폐된 공간에서 작업시 안전조치사항 등 ★★

① 밀폐된 공간에서 스프레이건(Spray Gun)을 사용하여 인화성 액체로 세척, 도장 등의 작업을 하는 경우 조치사항(산업안전보건법 안전보건기준)

인화성 액체, 인화성 가스 등으로 폭발위험 분위기가 조성되지 않도록 해당 물질의 공기 중 농도가 인화하한계값의 25%를 넘지 않도록 충분히 환기를 유지할 것

② 압력의 제한(산업안전보건법 안전보건기준)

금속의 용접, 용단 또는 가열작업을 하는 경우에는 게이지압력 127kPa를 초과하는 압력의 아세틸렌가스를 발생시켜 사용해서는 안 된다.

2. 유해물질의 취급시 주의사항

(1) 안전거리(산업안전보건법 안전보건기준) ★★

구분	안전거리
① 단위공정시설 및 설비로부터 다른 단위공정시설 및 설비의 사이	설비의 바깥면으로부터 10m 이상
② 플레어스텍으로부터 단위공정시설 및 설비, 위험물질 하역설비의 사이	플레어스텍으로부터 반경 20m 이상 다만, 단위공정시설 등이 불연재로 시공된 지붕아래에 설치된 경우에는 그러하지 아니하다.
③ 위험물질 저장탱크로부터 단위공정시설 및 설비, 보일러 또는 가열로의 사이	저장탱크의 바깥면으로부터 20m 이상 다만, 저장탱크의 방호벽, 원격조정 소화설비 또는 살수설비를 설치한 경우에는 그러하지 아니하다.
④ 사무실, 연구실, 실험실, 정비실 또는 식당으로부터 단위공정시설 및 설비, 위험물질 저장탱크, 위험물질 하역설비, 보일러 또는 가열로의 사이	사무실 등의 바깥 면으로부터 20m 이상 다만, 난방용 보일러인 경우 또는 사무실 등의 벽을 방호구조로 설치한 경우에는 그러하지 아니하다.

3. 밀폐공간에서의 작업

(1) 산소결핍의 정의 ★

공기 중의 산소농도가 18% 미만인 상태를 말한다.

(2) 밀폐공간작업시 적정공기 기준(산업안전보건법 안전보건기준) ★★

① 산소(O_2): 18% 이상 23.5% 미만 　③ 일산화탄소(CO): 30ppm 미만

② 탄산가스(CO_2): 1.5% 미만 　④ 황화수소(H_2S): 10ppm 미만

(3) 밀폐공간에 작업자가 작업을 시작하기 전에 사업주가 확인하여야 할 사항 ★

① 작업일시, 기간, 장소 및 내용 등 작업정보

② 관리감독자, 근로자, 감시인 등 작업자정보

③ 산소 및 유해가스농도의 측정결과 및 후속조치 사항

④ 작업 중 불활성가스 또는 유해가스의 누출 · 유입 · 발생 가능성 검토 및 후속조치 사항

⑤ 작업시 착용하여야 할 보호구의 종류

⑥ 비상연락체계

(4) 밀폐공간작업 프로그램에 포함되어야 할 사항(산업안전보건법 안전보건기준) ★
① 사업장 내 밀폐공간의 위치 파악 및 관리방안
② 밀폐공간 내 질식 · 중독 등을 일으킬 수 있는 유해 · 위험요인의 파악 및 관리방안
③ 밀폐공간작업시 사전확인이 필요한 사항에 대한 확인 절차
④ 안전보건교육 및 훈련
⑤ 그 밖에 밀폐공간작업 근로자의 건강장해예방에 관한 사항

(5) 밀폐공간 내 작업시 안전조치사항(산업안전보건법 안전보건기준) ★
① 해당 작업장을 적정공기상태가 유지되도록 환기하여야 한다.
② 해당 작업장소에 작업자를 입장시킬 때와 퇴장시킬 때에 각각 인원을 점검하여야 한다.
③ 해당 작업장과 외부의 감시인 사이에 상시 연락을 취할 수 있는 설비를 설치하여야 한다.
④ 산소결핍이 우려되거나 유해가스 등의 농도가 높아서 폭발할 우려가 있는 경우에는 작업을 즉시 중단하고 근로자를 대피시켜야 한다.

4 물질안전보건자료(MSDS: Material Safety Data Sheets)

1. 물질안전보건자료(MSDS: Material Safety Data Sheets)의 작성

(1) 물질안전보건자료의 작성항목(화학물질의 분류 · 표시 및 물질안전보건자료에 관한 기준: 고용노동부고시) ★★
① 화학제품과 회사에 관한 정보
② 유해성 · 위험성
③ 구성성분의 명칭 및 함유량
④ 취급 및 저장방법
⑤ 물리화학적 특성
⑥ 독성에 관한 정보
⑦ 폭발 · 화재시 대처방법
⑧ 응급조치요령
⑨ 누출사고시 대처방법
⑩ 노출방지 및 개인보호구
⑪ 안정성 및 반응성
⑫ 폐기시 주의사항
⑬ 운송에 필요한 정보
⑭ 환경에 미치는 영향
⑮ 법적 규제 현황
⑯ 그 밖의 참고사항

2. 물질안전보건자료의 작성 · 제출 제외 대상(산업안전보건법) ★★★
① 「원자력안전법」에 따른 방사성 물질
② 「약사법」에 따른 의약품, 의약외품
③ 「화장품법」에 따른 화장품
④ 「마약류 관리에 관한 법률」에 따른 마약 및 향정신성 의약품
⑤ 「농약관리법」에 따른 농약
⑥ 「사료관리법」에 따른 사료
⑦ 「비료관리법」에 따른 비료
⑧ 「식품위생법」에 따른 식품 및 식품첨가물
⑨ 「총포 · 도검 · 화약류 등의 안전관리에 관한 법률」에 따른 화약류
⑩ 「폐기물관리법」에 따른 폐기물
⑪ 「건강기능식품에 관한 법률」에 따른 건강기능식품
⑫ 「생활주변방사선안전관리법」에 따른 원료물질
⑬ 「위생용품관리법」에 따른 위생용품
⑭ 「의료기기법」에 따른 의료기기
⑮ 「생활화학제품 및 살생물제의 안전관리에 관한 법률」에 따른 안전확인대상 생활화학제품 및 살생물제품 중 일반

소비자의 생활용으로 제공되는 제품

⑯ 「첨단재생의료 및 첨단바이오의약품 안전 및 지원에 관한 법률」에 따른 첨단바이오의약품

⑰ ①부터 ⑯까지의 규정 외의 화학물질 또는 혼합물로서 일반소비자의 생활용으로 제공되는 것

⑱ 고용노동부장관이 정하여 고시하는 연구 · 개발용 화학물질 또는 화학제품

⑲ 그 밖에 고용노동부장관이 독성 · 폭발성 등으로 인한 위해의 정도가 적다고 인정하여 고시하는 화학물질

3. 물질안전보건자료 대상 물질의 관리요령 게시(산업안전보건법 시행규칙) ★★★

① 사업주는 물질안전보건자료대상물질을 취급하는 작업공정별로 고용노동부령으로 정하는 바에 따라 물질안전보건자료대상물질의 관리요령을 게시하여야 한다.

② 작업공정별 관리요령에 포함되어야 할 사항은 다음과 같다.
- 제품명
- 건강 및 환경에 대한 유해성, 물리적 위험성
- 안전 및 보건상의 취급주의 사항
- 적절한 보호구
- 응급조치 요령 및 사고시 대처방법

4. 물질안전보건자료의 작성 및 제출(산업안전보건법) ★★

화학물질 또는 이를 함유한 혼합물로서 분류기준에 해당하는 물질안전보건자료 대상 물질을 제조하거나 수입하려는 자는 다음의 사항을 작성하여 고용노동부장관에게 제출하여야 한다.

① 제품명

② 물질안전보건자료 대상 물질을 구성하는 화학물질 중 분류기준에 해당하는 화학물질의 명칭 및 함유량

③ 안전 및 보건상의 취급주의 사항

④ 건강 및 환경에 대한 유해성, 물리적 위험성

⑤ 물리 · 화학적 특성 등 고용노동부령으로 정하는 사항
- 물리 · 화학적 특성
- 독성에 관한 정보
- 폭발 · 화재시의 대처방법
- 응급조치요령

5. 관리대상(허가대상) 유해물질을 취급하는 경우 작업장에 게시하여야 할 사항(산업안전보건법 안전보건기준) ★★

① 관리대상 유해물질의 명칭(허가대상 유해물질의 경우 : 허가대상 유해물질의 명칭)

② 인체에 미치는 영향

③ 취급상 주의사항

④ 착용하여야 할 보호구

⑤ 응급조치와 긴급방재요령

Chapter 02 화재·폭발·누출요소 파악 및 사고예방계획 수립하기

1 공정안전관리(PSM: Process Safety Management)

1. 공정안전보고서의 작성 · 제출(산업안전보건법) ★★

① 사업주가 공정안전보고서를 작성할 때에는 산업안전보건위원회의 심의를 거쳐야 한다. 다만, 산업안전보건위원회가 설치되어 있지 아니한 사업작의 경우에는 근로자 대표의 의견을 들어야 한다.

② 공정안전보고서를 제출한 사업주는 고용노동부장관의 확인을 받아야 한다.

③ 고용노동부장관은 공정안전보고서를 심사한 후 필요하다고 인정하는 경우에는 그 공정안전보고서의 변경을 명할 수 있다.

④ 유해 · 위험설비의 설치 · 이전 또는 구조부분의 변경공사시 공정안전보고서의 제출(산업안전보건법 시행규칙) ★ 공정안전보고서를 2부 작성하여 유해 · 위험설비의 설치 · 이전 또는 주요 구조부분의 변경공사의 착공일 30일 전까지 산업안전보건공단에 제출하여야 한다.

2. 공정안전보고서의 제출

(1) 공정안전보고서 제출 대상(산업안전보건법 시행령) ★★★

① 원유 정제처리업

② 기타 석유정제물 재처리업

③ 석유화학계 기초화학물질제조업 또는 합성수지 및 기타 플라스틱물질제조업

④ 질소화합물, 질소 · 인산 및 칼리질화학비료제조업 중 질소질 비료제조

⑤ 복합비료 및 기타 화학비료제조업 중 복합비료제조(단순 혼합 또는 배합의 경우는 제외)

⑥ 화학살균 · 살충제 및 농업용 약제제조업(농약원제제조만 해당)

⑦ 화약 및 불꽃제품제조업

(2) 공정안전보고서 제출 제외 설비(산업안전보건법 시행령) ★★

① 원자력설비

② 군사시설

③ 사업주가 해당 사업장 내에서 직접 사용하기 위한 난방용 연료의 저장설비 및 사용설비

④ 도매 · 소매시설

⑤ 차량 등의 운송설비

⑥ 「액화석유가스의 안전관리 및 사업법」에 따른 액화석유가스의 충전 · 저장시설

⑦ 「도시가스사업법」에 따른 가스공급시설

⑧ 그 밖에 고용노동부장관이 누출, 화재, 폭발 등의 사고가 있더라도 그에 따른 피해의 정도가 크지 않다고 인정하여 고시하는 설비

2 공정안전보고서 작성 심사 · 확인

1. 공정안전보고서의 내용 ★★★

① 공정안전자료

② 공정위험성평가서

③ 안전운전계획

④ 비상조치계획

⑤ 그 밖에 공정상의 안전과 관련하여 고용노동부장관이 필요하다고 인정하여 고시하는 사항

2. 공정안전보고서의 세부 내용

(1) 공정안전자료 ★★

① 취급 · 저장하고 있거나 취급 · 저장하려는 유해 · 위험물질의 종류 및 수량

② 유해 · 위험물질에 대한 물질안전보건자료

③ 유해 · 위험설비의 목록 및 사양

④ 유해하거나 위험한 설비의 운전방법을 알 수 있는 공정도면

⑤ 각종 건물 · 설비의 배치도

⑥ 폭발위험장소 구분도 및 전기단선도

⑦ 위험설비의 안전설계 · 제작 및 설치관련 지침서

(2) 공정위험성평가

① 위험성평가기법의 선정(공정안전보고서의 제출 · 심사 · 확인 및 이행상태 등에 관한 규정 고용노동부고시) ★★★

㉮ 제조공정 중 반응, 분리(증류, 추출 등), 이송시스템 및 전기 · 계장시스템 등의 단위공정

- ㉠ 위험과 운전분석기법(HAZOP)
- ㉡ 공정위험분석기법(PHR)
- ㉢ 이상위험도분석기법(FMECA)
- ㉣ 공정안전성분석기법(K-PSR)
- ㉤ 원인결과분석기법(CCA)
- ㉥ 결함수분석기법(FTA)
- ㉦ 사건수분석기법(ETA)
- ㉧ 방호계층분석기법(LOPA)

㉯ 저장탱크설비, 유틸리티설비 및 제조공정 중 고체건조 · 분쇄설비 등 간단한 단위공정

- ㉠ 체크리스트기법(Check List)
- ㉡ 사고예상질문분석기법(What-If)
- ㉢ 상대위험순위결정기법(Dow and Mond Indices)
- ㉣ 공정위험분석기법(PHR)
- ㉤ 작업자실수분석기법(HEA)
- ㉥ 위험과 운전분석기법(HAZOP)
- ㉦ 공정안전성분석기법(K-PSR)

(3) 공정안전보고서 이행상태의 평가(산업안전보건법 시행규칙) ★★

① 고용노동부장관은 공정안전보고서 확인 후 1년이 지난 날부터 2년 이내에 공정안전보고서 이행상태의 평가를 해야 한다.

② 고용노동부장관은 ①에 따른 이행상태 평가 후 4년마다 이행상태 평가를 해야 한다. 다만, 다음의 어느 하나에 해당하는 경우에는 1년 또는 2년마다 이행상태 평가를 할 수 있다.

㉠ 이행상태 평가 후 사업주가 이행상태 평가를 요청하는 경우

㉡ 사업장에 출입하여 검사 및 안전 · 보건점검 등을 실시한 결과 변경요소관리계획 미준수로 공정안전보고서 이행상태가 불량한 것으로 인정되는 경우 등 고용노동부장관이 정하여 고시하는 경우

(4) 공정안전보고서의 변경요소관리에 관한 지침에서 반드시 관리절차가 마련되어야 하는 변경의 종류(변경요소관리에 관한 지침: 한국산업안전보건공단) ★★

① 정상변경   ② 비상변경   ③ 임시변경

3 폭발

1. 폭굉파

(1) 폭굉유도거리(DID: Detonation Inducement Distance) ★★

① 완만한 연소가 폭굉으로 발전할 때까지의 거리를 말한다.

② 폭굉유도거리(DID)가 짧아지는 조건

- 점화원의 에너지가 강할수록
- 정상 연소속도가 큰 혼합가스일 경우
- 압력이 높을수록
- 관속에 방해물이 있거나 관지름이 작을수록

2. 폭발

(1) 폭발의 성립조건 ★★

① 가연성가스, 증기 또는 분진이 폭발범위 내에 있어야 한다.

② 점화원이 있어야 한다.

③ 공기와 혼합된 가스가 밀폐된 공간에 충만되어 있어야 한다.

3. 폭발의 분류

(1) 물리적 폭발(응상폭발)

(2) 화학적 폭발(기상폭발)

(3) 분진폭발

① 분진폭발의 영향인자 ★★★

ㄱ 분진의 화학적 성질과 조성   ㅁ 수분함량

ㄴ 입도 및 입도분포   ㅂ 산소농도

ㄷ 입자의 형상과 표면상태   ㅅ 온도 및 압력

ㄹ 분진의 부유성

② 분진이 폭발하기 위한 조건 ★★

ㄱ 미분상태   ㄷ 공기 중에서의 교반과 유동

ㄴ 점화원의 존재   ㄹ 가연성

③ 분진의 폭발위험성을 증대시키는 조건 ★★

ㄱ 분진의 발열량이 클수록   ㅁ 분진의 초기온도가 높을수록

ㄴ 분위기 중 산소농도가 클수록   ㅂ 입자의 지름이 작을수록

ㄷ 분진내의 수분농도가 작을수록   ㅅ 입자의 형상이 복잡할수록

ㄹ 표면적이 입자체적과 비교하여 클수록(미세할수록)

4. 대량으로 유출된 가연성 가스의 폭발

(1) 비등액체팽창 증기폭발(BLEVE: Boilling Liquid Expanding Vapor Explosion) ★★

① 비점이나 인화점이 낮은 액체가 들어 있는 용기주위에 화재 등으로 인하여 가열되면 내부의 비등현상으로 인한 압력상승으로 용기의 벽면이 파열되면서 그 내용물이 폭발적으로 증발, 팽창하면서 폭발을 일으키는 현상이다.

② 비등액체팽창 증기폭발(BLEVE)에 영향을 주는 인자

ㄱ 저장용기의 재질   ㄹ 내용물의 물질적 역학상태

ㄴ 주위온도와 압력상태   ㅁ 내용물의 인화성 및 독성 여부

ㄷ 저장된 물질의 종류와 형태

③ BLEVE방지대책

ㄱ 탱크의 과열방지   ㄴ 열의 침투억제

(2) 증기운폭발(UVCE: Unconfined Vapor Cloud Explosion) ★★

① 대기 중에 대량의 가연성 액체가 유출되거나 대량의 가연성 가스가 유출되면 대기 중에 구름형태로 모여 있다가 그것으로부터 발생하는 증기가 공기와 혼합하여 가연성 혼합기체를 형성하고, 점화원에 의하여 순간적으로 폭발을 일으키는 현상이다.

② UVCE방지대책: 긴급차단용 안전장치의 설치

4 폭발방지대책

1. 폭발방호(Explosion Protection)

(1) 폭발억제(Explosion Suppression)

(2) 폭발봉쇄(Explosion Containment)

(3) 폭발방산(Explosion Venting)

2. 불활성화 및 퍼지

(1) 불활성화

가연성 가스에 불활성 가스(질소, 탄산가스, 헬륨, 아르곤 등)를 주입하여 산소의 농도를 최소산소농도 이하로 유지하여 폭발을 방지한다.

(2) 퍼지(Purge) ★★

① 잔류가스가 탱크 등 설비에 있으면 점화시 폭발가능성이 있기 때문에 이 잔류가스를 대기로 배출시킴으로써 폭발을 방지한다.

② 퍼지(Purge)의 종류
- ㉠ 압력(Pressure)퍼지
- ㉢ 스위프(Sweep)퍼지
- ㉡ 진공(Vacuum)퍼지
- ㉣ 사이펀(Siphon)퍼지

3. 폭발하한계의 계산 – 혼합가스의 폭발한계[르 – 샤틀리에(Le Chatelier)법칙] ★★★

① 순수한 혼합가스인 경우

$$L = \cfrac{100}{\cfrac{V_1}{L_1} + \cfrac{V_2}{L_2} + \cdots + \cfrac{V_n}{L_n}}$$

- L: 혼합가스의 폭발한계[%]
- $L_1, L_2, \cdots L_n$: 각 성분가스의 폭발한계[%]
- $V_1, V_2, \cdots V_n$: 각 성분가스의 부피비[%]

② 공기와 혼합가스가 섞여 있는 경우

$$L = \cfrac{V_1 + V_2 + \cdots + V_n}{\cfrac{V_1}{L_1} + \cfrac{V_2}{L_2} + \cdots + \cfrac{V_n}{L_n}}$$

- L: 혼합가스의 폭발한계[%]
- $L_1, L_2, \cdots L_n$: 각 성분가스의 폭발한계[%]
- $V_1, V_2, \cdots V_n$: 각 성분가스의 부피비[%]

5 내화기준 등

(1) 내화기준(산업안전보건법 안전보건기준) ★

가스폭발 위험장소 또는 분진폭발 위험장소에 설치되는 건축물 등에 대해서는 다음에 해당하는 부분을 내화구조로 하여야 한다. 다만, 건축물 등의 주변에 화재에 대비하여 물분무시설 또는 폼 헤드(Form Head)설비 등의 자동소화설비를 설치하여 건축물 등이 화재시에 2시간 이상 그 안전성을 유지할 수 있도록 한 경우에는 내화구조로 하지 아니할 수 있다.

① 건축물의 기둥 및 보: 지상 1층(지상 1층의 높이가 6m를 초과하는 경우에는 6m까지)

② 위험물 저장 · 취급용기의 지지대(높이가 30cm 이하인 것은 제외한다.): 지상으로부터 지지대의 끝부분

③ 배관 · 전선관 등의 지지대: 지상으로부터 1단(1단 높이가 6m를 초과하는 경우에는 6m까지)

(2) 폭발 또는 화재 등의 예방대책(산업안전보건법 안전보건기준) ★★

① 인화성 액체의 증기, 인화성 가스 또는 인화성 고체가 존재하여 폭발이나 화재가 발생할 우려가 있는 장소에서 해당 증기, 가스 또는 분진에 의한 폭발 또는 화재를 예방하기 위하여 환풍기, 배풍기 등 환기장치를 적절하게 설치할 것

② 증기나 가스에 의한 폭발이나 화재를 미리 감지하기 위하여 가스검지 및 경보성능을 갖춘 가스검지 및 경보장치를 설치할 것

※ 산업안전보건법 안전보건기준 → 2021.5.28. 개정

Chapter 03 화공안전점검

1 화학설비의 종류 (산업안전보건법 안전보건기준)

1. 특수화학설비(산업안전보건법 안전보건기준) ★★

(1) 위험물을 기준량 이상으로 제조하거나 취급하는 설비이다.

(2) 내부의 이상상태를 조기에 파악하기 위하여 필요한 온도계, 유량계, 압력계 등의 계측장치를 설치하여야 한다.

(3) 특수화학설비의 종류
  ① 발열반응이 일어나는 반응장치
  ② 증류, 정류, 증발, 추출 등 분리를 하는 장치
  ③ 가열시켜 주는 물질의 온도가 가열되는 위험물질의 분해온도 또는 발화점보다 높은 상태에서 운전되는 설비
  ④ 반응폭주 등 이상화학반응에 의하여 위험물질이 발생할 우려가 있는 설비
  ⑤ 온도가 350℃ 이상이거나 게이지압력이 980kPa 이상인 상태에서 운전되는 설비
  ⑥ 가열로 또는 가열기

2 건조설비

1. 건조설비

(1) 수분이 포함된 물질로 열작용에 의하여 물질의 수분을 증발시키는 장치이다.

(2) 위험물 건조설비 중 '건조실을 설치하는 건축물의 구조'를 독립된 단층건물로 하여야 하는 건조설비(산업안전보건법 안전보건기준) ★★
  ① 위험물 또는 위험물이 발생하는 물질을 가열, 건조하는 경우 내용적이 1m3 이상인 건조설비
  ② 위험물이 아닌 물질을 가열 · 건조하는 경우로서 다음 중 어느 하나의 용량에 해당하는 건조설비
    • 고체 또는 액체연료의 최대사용량이 10kg/h 이상
    • 기체연료의 최대사용량이 1m3/h 이상
    • 전기사용 정격용량이 10kW 이상

3 화학설비의 안전장치

1. 안전밸브

(1) 안전밸브 등의 설치(산업안전보건법 안전보건기준) ★
  ① 다음의 어느 하나에 해당하는 설비에 대해서는 과압에 따른 폭발을 방지하기 위하여 폭발방지 성능과 규격을 갖춘 안전밸브 또는 파열판을 설치하여야 한다.
    • 압력용기(안지름이 150mm 이하인 압력용기는 제외)
    • 정변위 압축기
    • 정변위 펌프(토출축에 차단밸브가 설치된 것만 해당)
    • 배관(2개 이상의 밸브에 의하여 차단되어 대기온도에서 액체의 열팽창에 의하여 파열될 우려가 있는 것으로 한정)

• 그 밖의 화학설비 및 그 부속설비로서 해당 설비의 최고사용압력을 초과할 우려가 있는 것

② 안전밸브 등을 설치하는 경우에는 다단형 압축기 또는 직렬로 접속된 공기압축기에 대해서는 각 단 또는 각 공기압축기별로 안전밸브 등을 설치하여야 한다.

③ 납으로 봉인된 안전밸브를 해체하거나 조정할 수 없도록 조치하여야 한다.

(2) 안전밸브의 검사주기(산업안전보건법 안전보건기준 → 2024.6.28 개정) ★★

① 화학공정 유체와 안전밸브의 디스크 또는 시트가 직접 접촉될 수 있도록 설치된 경우: 2년마다 1회 이상

② 안전밸브 전단에 파열판이 설치된 경우: 3년마다 1회 이상

③ 고용노동부장관이 실시하는 공정안전보고서 이행상태 평가결과가 우수한 사업장의 안전밸브의 경우: 4년마다 1회 이상

(3) 안전밸브 중 파열판을 설치하여야 하는 경우(산업안전보건법 안전보건기준) ★★★

① 반응폭주 등 급격한 압력상승 우려가 있는 경우

② 급성 독성물질의 누출로 인하여 주위의 작업환경을 오염시킬 우려가 있는 경우

③ 운전 중 안전밸브에 이상물질이 누적되어 안전밸브가 작동되지 아니할 우려가 있는 경우

(4) 파열판 및 안전밸브의 직렬 설치(산업안전보건법 안전보건기준) ★★

급성 독성물질이 지속적으로 외부에 유출될 수 있는 화학설비 및 그 부속설비에 파열판과 안전밸브를 직렬로 설치하고, 그 사이에는 압력지시계 또는 자동경보장치를 설치하여야 한다.

(5) 안전밸브의 작동요건(산업안전보건법 안전보건기준) ★★

① 고압에 따른 폭발을 방지하기 위해 설치한 안전밸브 등을 통하여 보호하려는 설비의 최고사용압력 이하에서 작동되도록 하여야 한다.

② 다만, 안전밸브 등이 2개 이상 설치된 경우에 1개는 최고사용압력의 1.05배(외부화재를 대비한 경우에는 1.1배) 이하에서 작동되도록 설치할 수 있다.

4 기타 화학설비 등 관련 사항

(1) 화학설비 및 그 부속설비 사용전의 점검(사업안전보건법 안전보건기준) ★★

① 다음의 어느 하나에 해당하는 경우에는 화학설비 및 그 부속설비의 안전검사내용을 점검한 후 해당 설비를 사용하여야 한다.

㉠ 처음으로 사용하는 경우

㉡ 분해하거나 개조 또는 수리를 한 경우

㉢ 계속하여 1개월 이상 사용하지 아니한 후 다시 사용하는 경우

② ①의 경우 외에 해당 화학설비 또는 그 부속설비의 용도를 변경하는 경우(사용하는 원재료의 종류를 변경하는 경우를 포함한다)에도 해당 설비의 다음의 사항을 점검한 후 사용하여야 한다.

㉠ 그 설비 내부에 폭발이나 화재의 우려가 있는 물질이 있는지 여부

㉡ 안전밸브 · 긴급차단장치 및 그 밖의 방호장치 기능의 이상 유무

㉢ 냉각장치 · 가열장치 · 교반장치 · 압축장치 · 계측장치 및 제어장치 기능의 이상 유무

(2) 밸브 등의 재질(산업안전보건법 안전보건기준) ★

화학설비 또는 그 배관의 밸브나 콕에는 개폐의 빈도, 위험물질등의 종류 · 온도 · 농도 등에 따라 내구성이 있는 재료를 사용하여야 한다.

(3) 국소배기장치 후드(Hood)의 설치기준(산업안전보건법 안전보건기준) ★

① 유해물질이 발생하는 곳마다 설치힐 것

② 외부식 또는 리시버식 후드는 해당 분진 등의 발산원에 가장 가까운 위치에 설치할 것

③ 후드형식은 가능하면 포위식 또는 부스식 후드를 설치할 것

④ 유해인자의 발생형태와 비중, 작업방법 등을 고려하여 해당 분진 등의 발산원을 제어할 수 있는 구조로 설치할 것

(4) **국소배기장치 덕트(Duct)의 설치기준(산업안전보건법 안전보건기준)** ★★★

① 가능하면 길이는 짧게 하고 굴곡부의 수는 적게 할 것

② 접속부의 안쪽은 돌출된 부분이 없도록 할 것

③ 청소구를 설치하는 등 청소하기 쉬운 구조로 할 것

④ 덕트 내부에 오염물질이 쌓이지 않도록 이송속도를 유지할 것

⑤ 연결 부위 등은 외부 공기가 들어오지 않도록 할 것

(5) **특수화학설비의 안전조치 사항(산업안전보건법 안전보건기준)** ★★★

① 긴급차단장치의 설치　　　② 자동경보장치의 설치　　　③ 계측장치의 설치

Chapter 04 화재 · 폭발 · 누출사고예방 활동하기

1 연소

1. 연소의 3요소와 각 요소에 대한 소화방법 ★★

① 가연물: 제거소화　　　　　② 산소공급원: 질식소화　　　　　③ 점화원: 냉각소화

2. 연소의 분류 ★★★

형태	액체의 연소	기체의 연소	고체의 연소
종류	증발연소	확산연소, 예혼합연소	표면연소, 분해연소, 자기연소, 증발연소

3. 위험도

(1) 폭발하한계값과 폭발상한계값의 차이를 폭발하한계값으로 나눈 것으로 기체의 폭발 위험수준을 나타내는 것이다.

(2) **위험도 계산** ★★

$$H = \frac{U-L}{L}$$

　　・H: 위험도　　・L: 폭발하한계값　　・U: 폭발상한계값

4. 완전연소조성농도(화학양론농도) ★★

(1) 가연성 물질 1몰(mol)이 완전연소할 수 있는 공기와의 혼합기체 중 가연성 물질의 부피(%)이다.

$$C_{st}(\%) = \frac{100}{1+4.773\left(n+\dfrac{m-f-2\lambda}{4}\right)}$$

　　・n: 탄소　　　・m: 수소

　　・f: 할로겐원소　　・λ: 산소

※ 폭발하한계값 L의 계산(Jones식) → $L[\%] = C_{st} \times 0.55$

5. 최소산소농도(MOC: Minimum Oxygen Concentration) ★

$$\text{MOC}(\%) = \text{폭발하한계값} \times \frac{\text{산소몰(mol) 수}}{\text{연료몰(mol) 수}}$$

2 화재의 종류 및 예방대책

1. 화재의 종류 ★★

구분	A급 화재	B급 화재	C급 화재	D급 화재
명칭 (주요 가연물)	일반화재 (종이, 목재, 섬유 등)	유류 · 가스화재 (유류, 가스 등)	전기화재 (전기, 정전기 등)	금속화재 (Al분말, Mg분말 등)
표시 색	백색	황색	청색	무색

3 소화

1. 소화기의 종류

(1) 할로겐화합물소화기(증발성액체소화기)

① 할로겐화합물소화약제의 특성
- 화학적 부촉매효과에 의한 연소억제작용이 뛰어나서 소화능력이 크다.
- 가연성 액체 화재에 대하여 소화속도가 매우 빠르다.
- 금속에 대한 부식성이 작다.
- 전기의 불량도체이다(전기절연성이 크다.)

② 할로겐화합물소화약제의 표기 ★★★

Halon 1 3 0 1	• 1: 탄소(C)원자수	• 3: 불소(F)원자수
	• 0: 염소(Cl)원자수	• 1: 브롬(Br)원자수

2. 소화설비의 기준(위험물안전관리법 시행규칙) – 위험물안전관리법상 소화기 등의 적응성 ★★

1. 전기설비	① 이산화탄소소화기 ② 할로겐화합물소화기 ③ 분말소화기	④ 무상수소화기 ⑤ 무상강화액소화기
2. 인화성 액체 　　(제4류위험물)	① 포소화기 ② 이산화탄소소화기 ③ 할로겐화합물소화기	④ 분말소화기 ⑤ 무상강화액소화기 ⑥ 건조사, 팽창질석 또는 팽창진주암
3. 자기반응성 물질 　　(제5류위험물)	① 포소화기 ② 봉상수소화기 ③ 봉상강화액소화기	④ 무상수소화기 ⑤ 무상강화액소화기 ⑥ 물통 또는 수조, 건조사, 팽창질석 또는 팽창진주암

4. 산화성 액체 (제6류위험물)	① 포소화기 ② 봉상수소화기 ③ 봉상강화액소화기 ④ 무상수소화기	⑤ 무상강화액소화기 ⑥ 분말소화기 ⑦ 이산화탄소소화기(폭발의 위험이 없는 장소에 한정) ⑧ 물통 또는 수조, 건조사, 팽창질석 또는 팽창진주암
5. 자연발화성 및 금수성 물질 (제3류위험물)	(가) 금수성 물질 　① 분말소화기 (나) 그 밖의 것 　① 포소화기 　② 봉상수소화기 　③ 봉상강화액소화기	 　② 건조사, 팽창질석 또는 팽창진주암 　④ 무상수소화기 　⑤ 무상강화액소화기 　⑥ 물통 또는 수조, 건조사, 팽창질석 또는 팽창진주암
6. 가연성 고체 (제2류위험물)	(가) 철분, 금속분, 마그네슘 등 　① 분말소화기 (나) 인화성고체 　① 포소화기 　② 이산화탄소소화기 　③ 봉상수소화기 　④ 봉상강화액소화기 (다) 그 밖의 것 　① 포소화기 　② 봉상수소화기 　③ 봉상수강화액소화기 　④ 무상수소화기	 　② 건조사, 팽창질석 또는 팽창진주암 　⑥ 무상강화액소화기 　⑦ 할로겐화합물소화기 　⑧ 분말소화기 　⑨ 물통 또는 수조, 건조사, 팽창질석 또는 팽창진주암 　⑤ 무상강화액소화기 　⑥ 분말소화기 　⑦ 물통 또는 수조, 건조사, 팽창질석 또는 팽창진주암
7. 산화성 고체 (제1류위험물)	(가) 알칼리금속과산화물 등 　① 분말소화기 (나) 그 밖의 것 　① 포소화기 　② 봉상수소화기 　③ 봉상강화액소화기 　④ 무상수소화기	 　② 건조사, 팽창질석 또는 팽창진주암 　⑤ 무상강화액소화기 　⑥ 분말소화기 　⑦ 물통 또는 수조, 건조사, 팽창질석 또는 팽창진주암
8. 건축물, 　그 밖의 공작물	① 포소화기 ② 봉상수소화기 ③ 봉상강화액 화기 ④ 무상수소화기	⑤ 무상강화액소화기 ⑥ 분말소화기 ⑦ 물통 또는 수조

2. 화재위험작업시의 준수사항

산업안전보건법상 가연성 물질이 있는 장소에 화재위험작업을 하는 경우 화재예방에 필요한 다음의 사항을 준수하여야 한다(산업안전보건법 안전보건기준). ★★

① 작업준비 및 작업절차 수립
② 작업장 내 위험물 사용·보관 현황 파악
③ 화기작업에 따른 인근 가연성 물질 방호조치 및 소화기구 비치
④ 용접불티비산방지덮개, 용접방화포 등 불꽃, 불티 등 비산방지조치
⑤ 인화성 액체의 증기 및 인화성 가스가 남아 있지 않도록 환기 등의 조치
⑥ 작업근로자에 대한 화재예방 및 피난교육 등 비상조치

3. 화재감시자를 지정하여 배치하여야 하는 경우 ★★

용접·용단작업을 하도록 하는 경우에는 화재감시자를 지정하여 배치하여야 한다(산업안전보건법 안전보건기준).
★★
① 작업반경 11m 이내에 건물구조 자체나 내부(개구부 등으로 개방된 부분을 포함한다)에 가연성 물질이 있는 장소
② 작업반경 11m 이내의 바닥 하부에 가연성 물질이 11m 이상 떨어져 있지만 불꽃에 의해 쉽게 발화될 우려가 있는 장소
③ 가연성 물질이 금속으로 된 칸막이·벽·천장 또는 지붕의 반대쪽 면에 인접해 있어 열전도나 열복사에 의해 발화될 우려가 있는 장소

※ 산업안전보건법 안전보건기준 → 2021.5.28. 개정

PART 05 건설공사 안전관리

Chapter 01 안전시설관리 계획하기

1 건설공사의 안전관리 및 지반의 안정성

1. 건설공사의 안전관리

(1) 건설업체 산업재해발생률 및 산업재해 발생 보고의무 위반건수의 산정기준과 방법(산업안전보건법 시행규칙)

① 사고사망만인율 $=\dfrac{\text{사고사망자수}}{\text{상시근로자수}} \times 10{,}000$

② 상시근로자수 $=\dfrac{\text{연간국내공사실적액} \times \text{노무비율}}{\text{건설업 월평균임금} \times 12}$

2. 지반의 안정성

(1) 굴착작업 전 지하매설물에 대한 사전조사 사항(굴착공사표준안전작업지침 고용노동부고시) ★

① 가스관   ② 상수도관   ③ 지하케이블   ④ 건축물의 기초

(3) 토질시험(Soil Test)방법

① 베인시험(Vane Test): 연약한 점토질지반의 시험에 주로 쓰이는 방법으로 4개의 날개가 달린 '＋자'날개형 베인 테스터를 지반에 때려 박고 회전시켜 저항모멘트를 측정, 진흙의 점착력을 판별한다.
② 표준관입시험(Standard penetration Test): 보링을 할 때 스플릿 스푼 샘플러를 쇠막대 끝에 붙여서 63.5kg의 추를 76cm 정도의 높이에서 떨어뜨려 30cm 관입시킬 때의 타격횟수(N)를 측정하여 흙의 경·연 정도를 판정하는 것으로 사질토지반의 시험에 주로 쓰인다. ★★
③ 평판재하시험(Plate Bearing Test): 지반의 지지력을 알아보기 위한 방법으로 기초저면의 위치까지 굴착하고, 지반면에 평판을 놓고 직접 하중을 가하여 허용지내력을 구한다.

(3) 지반의 이상현상 및 안전대책 ★★★

① 보일링(Boiling)현상: 사질토지반을 굴착시 굴착부와 지하수위차가 있을 경우, 수두차(水頭差)에 의하여 삼투압

이 생겨 흙막이벽 근입부분을 침식하는 동시에 모래가 액상화(液狀化)되어 솟아오르는 현상이다.

지반조건	지하수위가 높은 사질토지반
발생원인	• 흙막이 배면 지하수위와 굴착저면의 수위차가 클 때 • 굴착부 하부지반에 투수성이 큰 모래층이 있을 때 • 흙막이벽 근입장(근입깊이: 파일이 지반에 들어간 깊이)이 부족할 때 • 굴착저면 하부의 피압수(被壓水: 지반 중의 대수층(帶水層)에 존재하는 지하수가 상위토층 보다 높은 수두(水頭)를 갖는 경우를 말한다.)
발생현상	• 흙막이벽 파괴 • 흙막이 주변의 지반침하 • 굴착저면의 지지력 감소 • 굴착저면의 액상화(Quick Sand)현상
방지대책	• 흙막이벽 근입도를 증가하여 동수구배(動水句配: 두 지점의 지하수위의 차이를 두 지점 간 의 거리로 나눈 비)를 저하시킨다. • 흙막이벽 상단부에 버팀대를 보강한다. • 약액주입에 의해 지수벽 또는 지수층을 설치하여 침투류 발생을 방지한다. • 흙막이벽 주위에서 배수시설을 통해 수두차(水頭差)를 작게 한다. • 흙막이벽 선단에 코어(core) 및 필터(filter)층을 설치한다. • 차수성(遮水性)이 높은 흙막이벽을 설치한다.

② 히빙(Heaving)현상: 굴착이 진행됨에 따라 흙막이벽 뒤쪽 흙의 중량이 굴착부 바닥의 지지력 이상이 되면 흙막이벽 근입(根入)부분의 지반이동이 발생하여 굴착부 저면이 솟아오르는 현상이다. ★★★

지반조건	연약한 점토지반
발생원인	• 흙막이벽 뒤쪽 흙의 중량이 굴착부 바닥의 지지력 이상일 때(흙막이벽 내외부의 중량차이) • 흙막이벽의 근입장 부족 • 지표면의 하중 증가(지표 재하중) • 연약지반 및 하부지반의 강성부족
발생현상	• 배면 토사붕괴 • 지보공 파괴 • 굴착저면의 솟아오름
방지대책	• 흙막이벽의 근입심도를 확보한다. • 굴착주변의 상재하중(上載荷重: 지반 위나 바닥위에 적재되는 하중)을 제거한다. • 어스앵커(Earth Anchor)를 설치한다. • 양질의 재료로 지반개량을 실시한다(흙의 전단강도를 높인다). • 굴착주변을 웰포인트(Well Point)공법과 병행한다. • 굴착저면에 토사 등의 인공중력을 가중시킨다. • 소단(小段)을 두면서 굴착한다.

2 건설업 산업안전보건관리비

(1) 산업안전보건관리비의 계상 및 사용(고용노동부고시 → 2024.9.19 개정)

① 용어의 정의

산업안전보건관리비 대상액(이하 '대상액'이라 한다)이란 예정가격 작성기준(기획재정부 계약예규)과 지방자치단체 입찰 및 계약집행기준(행정안전부 예규)

▶ 관련 규정에서 정하는 공사원가계산서 구성항목 중 직접재료비, 간접재료비와 직접노무비를 합한 금액(발주자가 재료를 제공할 경우에는 해당 재료비를 포함한다)을 말한다.

② 이 고시는 법 제2조제11호의 건설공사 중 총공사금액 2,000만원 이상인 공사에 적용한다. 다만, 단가계약에 의하여 행하는 공사에 대하여는 총계약금액을 기준으로 적용한다.

③ 계상의무 및 기준

　㉠ 발주자가 도급계약 체결을 위한 원가계산에 의한 예정가격을 작성하거나 자기공사자가 건설공사 사업계획을 수립할 때에는 다음과 같이 산업안전보건관리비를 계상하여야 한다. 다만, 발주자가 재료를 제공하거나 일부 물품이 완제품의 형태로 제작 · 납품되는 경우에는 해당 재료비 또는 완제품 가액을 대상액에 포함하여 산출한 산업안전보건관리비와 해당 재료비 또는 완제품 가액을 대상액에서 제외하고 산출한 산업안전보건관리비의 1.2배에 해당하는 값을 비교하여 그 중 작은 값 이상의 금액으로 계상한다.

　　ⓐ 대상액이 5억 원 미만 또는 50억 원 이상인 경우: 대상액에 표[공사종류 및 규모별 산업안전보건관리비 계상기준표]에서 정한 비율을 곱한 금액

　　ⓑ 대상액이 5억 원 이상 50억 원 미만인 경우: 대상액에 표[공사종류 및 규모별 산업안전보건관리비 계상기준표]에서 정한 비율을 곱한 금액에 기초액을 합한 금액

　　ⓒ 대상액이 명확하지 않은 경우: 도급계약 또는 자체사업계획상 책정된 총공사금액의 10분의 7에 해당하는 금액을 대상액으로 하고 ⓐ, ⓑ호에서 정한 기준에 따라 계상

[공사종류 및 규모별 산업안전보건관리비 계상기준표 고용노동부고시 → 2024.9.19 개정]

대상액 공사종류	5억원 미만 적용비율	5억원 이상 50억원 미만		50억원 이상 적용비율	보건관리자 선임 대상 건설공사 적용비율
		적용비율	기초액		
건축공사	3.11%	2.28%	4,325,000원	2.37%	2.64%
토목공사	3.15%	2.53%	3,300,000원	2.60%	2.73%
중건설공사	3.64%	3.05%	2,975,000원	3.11%	3.39%
특수건설공사	2.07%	1.59%	2,450,000원	1.64%	1.78%

(2) 산업안전보건관리비의 사용기준(고용노동부고시 → 2024.9.19 개정)

① 사용기준

　㉮ 사용가능내역

　　㉠ 안전관리자 · 보건관리자의 임금 등

　　㉡ 안전시설비 등

　　㉢ 보호구 등

　　㉣ 안전보건진단비 등

　　㉤ 안전보건교육비 등

　　㉥ 근로자 건강장해예방비 등

　　㉦ 건설재해예방전문지도기관의 지도에 대한 대가로 지급하는 비용

　　㉧ 「중대재해처벌 등에 관한 법률 시행령」에 해당하는 건설사업자가 아닌 자가 운영하는 사업에서 안전보건업무를 총괄 · 관리하는 3명 이상으로 구성된 본사 전담조직에 소속된 근로자의 임금 및 업무수행 출장비 전액. 다만, 계상된 산업안전보건관리비 총액의 20분의 1을 초과할 수 없다.

　　㉨ 산업안전보건법에 따른 위험성 평가 또는 「중대재해처벌 등에 관한 법률 시행령」에 따라 유해 · 위험요인 개선을 위해 필요하다고 판단하여 산업안전보건위원회 또는 노사협의체에서 사용하기로 결정한 사항을 이행하기 위한 비용. 다만, 계상된 산업안전보건관리비 총액의 10분의 1을 초과할 수 없다.

(3) 공사진척에 따른 산업안전보건관리비 사용기준(고용노동부고시)

공정율	50% 이상 70% 미만	70% 이상 90% 미만	90% 이상
사용기준	50% 이상	70% 이상	90% 이상

3 사전안전성 검토(유해위험방지계획서)

1. 유해위험방지계획서 제출 대상 건설공사 ★★★

(1) 다음의 어느 하나에 해당하는 건축물 또는 시설 등의 건설. 개조 또는 해체공사
  ① 지상높이가 31m 이상인 건축물 또는 인공구조물
  ② 연면적 30,000m² 이상인 건축물
  ③ 연면적 5,000m² 이상의 시설로서 다음의 어느 하나에 해당하는 시설
    ㉠ 문화 및 집회시설(전시장 및 동물원 · 식물원은 제외한다)
    ㉡ 판매시설, 운수시설(고속철도의 역사 및 집배송시설은 제외한다)
    ㉢ 종교시설
    ㉣ 의료시설 중 종합병원
    ㉤ 숙박시설 중 관광숙박시설
    ㉥ 지하도상가
    ㉦ 냉동 · 냉장창고시설

(2) 최대지간길이가 50m 이상인 다리의 건설 등 공사

(3) 터널의 건설 등 공사

(4) 연면적 5,000m² 이상의 냉동 · 냉장창고시설의 설비공사 및 단열공사

(5) 다목적댐, 발전용댐, 저수용량 2,000만톤 이상의 용수전용댐 및 지방상수도전용댐의 건설 등 공사

(6) 깊이 10m 이상인 굴착공사

2. 첨부서류

(1) 공사개요 및 안전보건관리계획 ★★
  ① 공사개요서
  ② 공사현장의 주변현황 및 주변과의 관계를 나타내는 도면(매설물 현황 포함)
  ③ 건설물, 사용 기계설비 등의 배치를 나타내는 도면
  ④ 전체 공정표
  ⑤ 산업안전보건관리비 사용계획
  ⑥ 안전관리조직표
  ⑦ 재해발생위험시 연락 및 대피방법

(2) 작업공사 종류별 유해위험방지계획 ★★

대상공사	작업공사 종류	
건축물 또는 시설 등의 건설. 개조 또는 해체공사	• 가설공사 • 구조물공사 • 마감공사	• 기계설비공사 • 해체공사
굴착공사	• 가설공사 • 굴착 및 발파공사 • 흙막이지보공(支保工) 공사	

1 셔블계 굴착기계, 운반기계

1. 셔블계 굴착기계의 종류 ★

(1) 파워셔블(Power Shovel)

(2) 백호(드래그셔블)

(3) 드래그라인(Drag Line)

(4) 클램셸(Clam Shell)

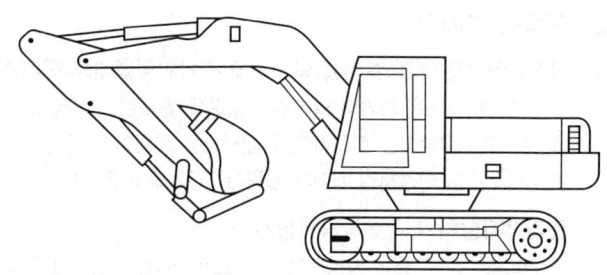

▲ 백호(드래그셔블)

2. 운반기계의 종류

(1) 지게차(Fork Lift)

① 지게차 작업시작 전 점검사항(산업안전보건법 안전보건기준) ★★★
  ㉠ 하역장치 및 유압장치 기능의 이상 유무
  ㉡ 제동장치 및 조종장치 기능의 이상 유무
  ㉢ 바퀴의 이상 유무
  ㉣ 전조등, 후미등, 방향지시기 및 경보장치 기능의 이상 유무

② 구내운반차를 사용하여 작업을 할 때 작업시작 전 점검사항(산업안전보건법 안전보건기준) ★★
  ㉠ 제동장치 및 조종장치 기능의 이상 유무
  ㉡ 하역장치 및 유압장치 기능의 이상 유무
  ㉢ 바퀴의 이상 유무
  ㉣ 전조등, 후미등, 방향지시기 및 경보장치 기능의 이상 유무
  ㉤ 충전장치를 포함한 홀더 등의 결합상태의 이상 유무

(2) 로더(Loader)

(3) 덤프트럭(Dump Truck)

2 양중기의 안전

1. 크레인(Crane)

(1) 크레인의 방호장치 ★★

① 크레인 등 양중기에 과부하방지장치, 권과방지장치, 비상정지장치 및 제동장치 등 방호장치를 부착하고 유효하게 작동될 수 있도록 미리 조정하여 두어야 한다.

② 와이어로프 등이 훅으로부터 벗겨지는 것을 방지하기 위한 장치(해지장치)를 구비한 크레인을 사용하여야 한다.

(2) 악천후 및 강풍시 타워크레인의 작업 중지(산업안전보건법 안전보건기준) ★★

① 순간풍속이 초당 10m를 초과하는 경우 타워크레인의 설치, 수리, 점검 또는 해체작업 중지

② 순간풍속이 초당 15m를 초과하는 경우에는 타워크레인의 운전작업 중지

(3) 타워크레인을 설치 · 조립 · 해체하는 작업시 작업계획서에 포함될 내용(산업안전보건법 안전보건기준) ★★★

① 설치 · 조립 및 해체순서
② 타워크레인의 종류 및 형식
③ 타워크레인의 지지방법
④ 작업도구, 장비, 가설설비 및 방호설비
⑤ 작업인원의 구성 및 작업근로자의 역할범위

2. 이동식 크레인

(1) 크레인에 전용 탑승설비를 설치하고 추락위험을 방지하기 위한 조치사항(산업안전보건법 안전보건기준) ★

① 탑승설비가 뒤집히거나 떨어지지 않도록 필요한 조치를 할 것
② 안전대나 구명줄을 설치하고, 안전난간을 설치할 수 있는 구조인 경우에는 안전난간을 설치할 것
③ 탑승설비를 하강시킬 때에는 동력하강방법으로 할 것

(2) 권과방지장치와 과부하방지장치 ★

① 권과방지장치: 훅이 일정높이 이상 또는 권상기 레일 하면까지 감기지 않도록 통제하는 장치
② 과부하방지장치: 규정된 중량을 초과한 중량이 실렸을 때 경보를 발하며, 작동을 정지시키는 장치

3. 리프트

(1) 리프트의 조립, 해체작업시 안전조치

① 작업을 지휘하는 사람을 선임하여 그 사람의 지휘하에 작업을 실시할 것
② 비, 눈 그 밖의 기상상태의 불안정으로 날씨가 몹시 나쁜 경우에는 그 작업을 중지시킬 것
③ 작업을 할 구역에 관계근로자가 아닌 사람의 출입을 금지하고 그 취지를 보기 쉬운 장소에 표시할 것

5. 승강기

(1) 승강기의 종류 ★★

① 승객용 엘리베이터
② 승객화물용 엘리베이터
③ 화물용 엘리베이터
④ 소형화물용 엘리베이터
⑤ 에스컬레이터

3 해체용 기구

1. 해체용 기구의 종류 ★

(1) 압쇄기
(2) 대형브레이커
(3) 철제해머
(4) 핸드브레이커
(5) 절단톱
(6) 잭(Jack)
(7) 쐐기타입기(Rock Jack)
(8) 화염방사기

2. 해체작업계획서에 포함하여야 할 사항(산업안전보건법 안전보건기준) ★★

① 해체의 방법 및 해체순서 도면
② 해체작업용 화약류 등의 사용계획서
③ 해체물의 처분계획
④ 해체작업용 기계 · 기구 등의 작업계획서
⑤ 사업장 내 연락방법
⑥ 가설설비, 방호설비, 환기설비 및 살수 · 방화설비 등의 방법
⑦ 그 밖에 안전보건에 관련된 사항

3. 해체작업시 직접적인 공해방지대책 수립 대상 ★★

① 소음 및 분진   ③ 폐기물
② 진동   ④ 지반침하

4 항타기 및 항발기

1. 항타기 및 항발기의 안전대책

(1) 무너짐의 방지 ★★

① 시설 또는 가설물 등에 설치하는 경우에는 그 내력을 확인하고 내력이 부족하면 그 내력을 보강할 것
② 연약한 지반에 설치하는 경우에는 아웃트리거 · 받침 등 지지구조물의 침하를 방지하기 위하여 깔판, 받침목 등을 사용할 것
③ 궤도 또는 차로 이동하는 항타기 또는 항발기에 대해서는 불시에 이동하는 것을 방지하기 위하여 레일클램프 및 쐐기 등으로 고정시킬 것
④ 아웃트리거 · 받침 등 지지구조물이 미끄러질 우려가 있는 경우에는 말뚝, 쐐기 등을 사용하여 해당 지지구조물을 고정시킬 것
⑤ 상단부분은 버팀대 · 버팀줄로 고정하여 안정시키고, 그 하단부분은 견고한 버팀, 말뚝 또는 철골 등으로 고정시킬 것
※ 산업안전보건법 안전보건기준 → 2022.10.18. 개정

(2) 권상용 와이어로프의 안전계수 ★

항타기 및 항발기 권상용 와이어로프의 안전계수가 5 이상이 아니면 이를 사용해서는 안 된다.

(3) 권상용 와이어로프의 길이 ★

① 권상용 와이어로프는 권상장치의 드럼에 클램프, 클립 등을 사용하여 견고하게 고정할 것
② 권상용 와이어로프는 추 또는 해머가 최저의 위치에 있을 때 또는 널말뚝을 빼내기 시작할 때를 기준으로 권상장치의 드럼에 적어도 2회 감기고 남을 수 있는 충분한 길이일 것

(4) 도르래의 부착 ★★

① 항타기 또는 항발기 권상장치의 드럼축과 권상장치로부터 도르래의 축간의 거리를 권상장치 드럼폭의 15배 이상으로 하여야 한다.
② 도르래는 권상장치 드럼의 중심을 지나야 하며 축과 수직면상에 있어야 한다.

4. 항타기 또는 항발기의 조립 · 해체시 점검사항(산업안전보건법 안전보건기준) ★★

① 본체 연결부의 풀림 또는 손상의 유무
② 권상장치의 브레이크 및 쐐기장치 기능의 이상 유무
③ 권상용 와이어로프, 드럼 및 도르래의 부착상태의 이상 유무
④ 리더(leader)의 버팀의 방법 및 고정상태의 이상 유무
⑤ 권상기의 설치상태의 이상 유무
⑥ 본체 · 부속장치 및 부속품의 강도가 적합한지 여부
⑦ 본체 · 부속장치 및 부속품에 심한 손상 · 마모 · 변형 또는 부식이 있는지 여부
※ 산업안전보건법 안전보건기준 → 2022.10.18. 개정

5 차량계 건설기계(산업안전보건법 안전보건기준)

1. 차량계 건설기계 운행시 안전조치(산업안전보건법 안전보건기준 → 2024.6.28 개정)

(1) 낙하물 보호구조의 설치 대상 ★★★

① 불도저   ⑤ 스크레이퍼   ⑨ 항타기 및 항발기
② 트랙터   ⑥ 모터그레이더   ⑩ 덤프트럭
③ 굴착기   ⑦ 롤러
④ 로더   ⑧ 천공기

(2) 차량계 건설기계의 사용에 의한 위험의 방지

① 작업계획의 작성 ★★
　㉠ 차량계 건설기계를 사용하여 작업할 경우에는 작업계획을 작성하고 그 작업계획에 따라 작업을 실시하도록 해야 한다.
　㉡ 작업계획서에는 다음 사항이 포함되어야 한다.
　　㉠ 사용하는 차량계 건설기계의 종류 및 성능
　　㉡ 차량계 건설기계의 운행경로
　　㉢ 차량계 건설기계에 의한 작업방법

② 운전위치 이탈시의 조치 ★★
　㉠ 원동기를 정지시키고 브레이크를 확실히 거는 등 차량계 건설기계의 갑작스러운 이동을 방지하기 위한 조치를 할 것
　㉡ 포크, 버킷, 디퍼 등의 장치를 가장 낮은 위치 또는 지면에 내려 둘 것
　㉢ 운전석을 이탈하는 경우에는 시동키를 운전대에서 분리시킬 것

③ 붐 등의 강하에 의한 위험의 방지 ★
　차량계 건설기계의 붐, 암 등을 올리고 그 밑에서 수리 · 점검작업 등을 하는 때에는 붐, 암 등이 갑자기 하강함으로써 발생하는 위험을 방지하기 위해 근로자로 하여금 안전지지대 또는 안전블록 등을 사용하도록 하여야 한다.

(3) 수리 등의 작업시 조치 ★
차량계 건설기계의 수리나 부속장치의 장착 및 제거작업을 하는 경우 그 작업을 지휘하는 사람을 지정하여 다음의 사항을 준수하도록 하여야 한다.
㉠ 작업순서를 결정하고 작업을 지휘하는 일
㉡ 안전지지대 또는 안전블록 등의 사용상황 등을 점검할 것

5 운반작업

1. 중량물 취급시 작업계획서 작성(산업안전보건법 안전보건기준) ★★

중량물을 취급하는 작업을 하는 때에는 다음 내용이 포함된 작업계획서를 작성하고 이를 준수하여야 한다.
① 추락위험을 예방할 수 있는 안전대책   ④ 협착위험을 예방할 수 있는 안전대책
② 낙하위험을 예방할 수 있는 안전대책   ⑤ 붕괴위험을 예방할 수 있는 안전대책
③ 전도위험을 예방할 수 있는 안전대책

2. 근로자가 반복하여 계속적으로 중량물을 취급하는 작업을 할 때 작업시작 전 점검 사항(산업안전보건법 안전보건기준) ★

① 중량물 취급의 올바른 자세 및 복장

② 위험물이 날아 흩어짐에 따른 보호구의 착용

③ 카바이드 · 생석회(산화칼슘) 등과 같이 온도상승이나 습기에 의하여 위험성이 존재하는 중량물의 취급방법

④ 그 밖에 하역운반기계 등의 적절한 사용방법

6 하역작업

1. 화물취급작업 안전수칙(산업안전보건법 안전보건기준)

(1) 화물의 적재시 준수사항 ★★

① 하중이 한쪽으로 치우치지 않도록 쌓을 것

② 불안정할 정도로 높이 쌓아 올리지 말 것

③ 침하 우려가 없는 튼튼한 기반 위에 적재할 것

④ 건물의 칸막이나 벽 등이 화물의 압력에 견딜 만큼의 강도를 지니지 아니한 경우에는 칸막이나 벽에 기대어 적재하지 않도록 할 것

(2) 부두 등의 하역작업장 안전수칙 ★★★

① 부두 또는 안벽의 선을 따라 통로를 설치하는 때에는 폭을 90cm 이상으로 할 것

② 작업장 및 통로의 위험한 부분에는 안전하게 작업할 수 있는 조명을 유지할 것

③ 육상에서의 통로 및 작업장소로서 다리 또는 갑문을 넘는 보도 등의 위험한 부분에는 안전난간 또는 울타리 등을 설치할 것

2. 차량계 하역운반기계(산업안전보건법 안전보건기준 → 2024.6.28 개정)

(1) 차량계하역운반기계 작업계획서 내용 ★★★

① 해당 작업에 따른 추락, 낙하, 전도, 협착 및 붕괴 등의 위험예방대책

② 차량계하역운반기계 등의 운행경로 및 작업방법

(2) 화물적재시의 조치 ★

① 화물을 적재하는 경우에는 최대적재량을 초과해서는 아니 된다.

② 화물을 적재하는 경우에는 다음 사항을 준수하여야 한다.

   ㉠ 하중이 한쪽으로 치우지지 않도록 적재할 것

   ㉡ 운전자의 시야를 가리지 않도록 화물을 적재할 것

   ㉢ 구내운반차 또는 화물자동차의 경우 화물의 붕괴 또는 낙하에 의한 위험을 방지하기 위하여 화물에 로프를 거는 등 필요한 조치를 할 것

3. 고소(高所)작업

(1) 고소작업대를 설치하는 경우 준수사항(산업안전보건법 안전보건기준) ★★

① 바닥과 고소작업대는 가능하면 수평을 유지하도록 할 것

② 갑작스러운 이동을 방지하기 위하여 아웃트리거(Outrigger) 또는 브레이크 등을 확실히 사용할 것

(2) 고소작업대 이동시 준수사항(산업안전보건법 안전보건기준 → 2023.11.14 개정) ★★

① 작업대를 가장 낮게 내릴 것

② 작업자를 태우고 이동하지 말 것

③ 이동통로의 요철상태 또는 장애물의 유무 등을 확인할 것

1 추락재해 및 안전대책

1. 추락재해 방지조치(산업안전보건법 안전보건기준)

(1) 추락의 방지 ★★

① 추락방호망 설치 기준

㉠ 추락방호망의 설치위치는 가능하면 작업면으로부터 가까운 지점에 설치하여야 하며, 작업면으로부터 망의 설치지점까지의 수직거리는 10m를 초과하지 아니할 것

㉡ 추락방호망은 수평으로 설치하고 망의 처짐은 짧은 변 길이의 12% 이상이 되도록 할 것

㉢ 건축물 등의 바깥쪽으로 설치하는 경우 추락방호망의 내민 길이는 벽면으로부터 3m 이상 되도록 할 것(다만, 그물코가 20mm 이하인 추락방호망을 사용한 경우에는 낙하물방지망을 설치한 것으로 본다)

(2) 개구부 등의 방호조치 ★★

① 작업발판 및 통로의 끝이나 개구부로서 근로자가 추락할 위험이 있는 장소

㉠ 안전난간　　　　　　　　　　　㉢ 수직형 추락방망

㉡ 울타리　　　　　　　　　　　　㉣ 덮개

(3) 지붕위에서의 위험방지 ★

슬레이트, 선라이트(Sunlight) 등 강도가 약한 재료로 덮은 지붕위에서 작업을 할 때에 발이 빠지는 등 근로자가 위험해질 우려가 있는 경우 폭 30cm 이상의 발판을 설치하거나 추락방호망을 치는 등 위험을 방지하기 위하여 필요한 조치를 하여야 한다.

2. 안전대(추락재해방지 표준안전작업지침 고용노동부고시) ★★

(1) 안전대의 종류에 따른 사용구분

종류	사용구분
벨트식 안전그네식	1개걸이용
	U자걸이용
	추락방지대
	안전블록

※ 단, 추락방지대와 안전블록은 안전그네식에만 적용한다.

3. 안전난간

(1) 안전난간의 구조 및 설치요건(산업안전보건법 안전보건기준) ★★★

① 상부난간대, 중간난간대, 발끝막이판 및 난간기둥으로 구성할 것

② 상부난간대는 바닥면, 발판 또는 경사로의 표면으로부터 90cm 이상 지점에 설치하고, 상부난간대를 120cm 이하에 설치하는 경우에는 중간난간대는 상부난간대와 바닥면 등의 중간에 설치하여야 하며, 120cm 이상 지점에 설치하는 경우에는 중간난간대를 2단 이상으로 균등하게 설치하고 난간의 상하 간격은 60cm 이하가 되도록 할 것

※ 다만, 계단의 개방된 측면에 설치된 난간기둥 사이가 25cm 이하인 경우에는 중간난간대를 설치하지 아니할 수 있다.

③ 발끝막이판은 바닥면 등으로부터 10cm 이상의 높이를 유지할 것

④ 난간기둥은 상부난간대와 중간난간대를 견고하게 떠받칠 수 있도록 적정한 간격을 유지할 것

⑤ 상부난간대와 중간난간대는 난간길이 전체에 걸쳐 바닥면 등과 평행을 유지할 것

⑥ 난간대는 지름 2.7cm 이상의 금속제 파이프나 그 이상의 강도가 있는 재료일 것

⑦ 안전난간은 구조적으로 가장 취약한 지점에서 가장 취약한 방향으로 작용하는 100kg 이상의 하중에 견딜 수 있는 튼튼한 구조일 것

2 붕괴재해 및 안전대책

1. 토사붕괴의 위험성

(1) 굴착작업시 위험방지(산업안전보건법 안전보건기준 → 2023.11.14 개정) ★★

토사등의 붕괴 또는 낙하에 의하여 근로자에게 위험을 미칠 우려가 있는 경우에는 미리

① 흙막이지보공의 설치

② 방호망의 설치

③ 근로자의 출입금지 등 그 위험을 방지하기 위하여 필요한 조치를 해야 한다.

(2) 토사등의 붕괴 또는 낙하에 의한 위험방지(산업안전보건법 안전보건기준 → 2023.11.14 개정)

굴착작업을 하는 경우 토사등의 붕괴 또는 낙하에 의한 근로자의 위험을 미리 방지하기 위하여 다음의 사항을 점검하여야 한다.

① 작업장소 및 그 주변의 부석 · 균열의 유무

② 함수 · 용수 및 동결의 유무 또는 상태의 변화

(3) 굴착작업시 사전조사 내용(산업안전보건법 안전보건기준) ★★★

① 형상, 지질 및 지층의 상태

② 매설물 등의 유무 또는 상태

③ 지반의 지하수위 상태

④ 균열, 함수 · 용수 및 동결의 유무 또는 상태

(4) 굴착작업시 작업계획서 내용(산업안전보건법 안전보건기준) ★★

① 매설물 등에 대한 이설 · 보호대책

② 굴착방법 및 순서, 토사 반출방법

③ 필요한 인원 및 장비 사용계획

④ 흙막이지보공 설치방법 및 계측계획

⑤ 작업지휘자의 배치계획

⑥ 사업장 내 연락방법 및 신호방법

⑦ 그 밖에 안전보건에 관련된 사항

(5) 지반 등의 굴착시 위험방지 ★★★

① 지반 등을 굴착하는 경우에는 굴착면의 기울기를 다음 기준에 맞도록 하여야 한다(산업안전보건법 안전보건기준).

지반의 종류	굴착면의 기울기	지반의 종류	굴착면의 기울기
모래	1:1.8	경암	1:0.5
연암 및 풍화암	1:1.0	그밖의 흙	1:1.2

※ 산업안전보건법 안전보건기준 → 2023.11.14 개정

(6) 흙막이지보공(산업안전보건법 안전보건기준) ★

① 흙막이지보공을 조립하는 경우 미리 조립도를 작성하여 그 조립도에 따라 조립하도록 하여야 한다.

② 조립도는 흙막이판, 말뚝, 버팀대 및 띠장 등 부재의 배치 · 치수 · 재질 및 설치방법과 순서가 명시되어야 한다.

▶ 깊이 10.5m 이상의 굴착의 경우 **수위계, 경사계, 하중 및 침하계, 응력계**와 같은 계측기기의 설치에 의하여 흙막이 구조의 안전을 예측하여야 하며, 설치가 불가능할 경우 트랜싯 및 레벨측량기에 의해 수직 · 수평변위 측정을 실시하여야 한다. ★★

(7) 붕괴 등의 위험방지(산업안전보건법 안전보건기준) ★★★

흙막이지보공을 설치하였을 때에는 정기적으로 다음의 사항을 점검하고 이상을 발견하면 즉시 보수하여야 한다.

① 버팀대의 긴압의 정도   ③ 부재의 손상, 변형, 부식, 변위 및 탈락의 유무와 상태
② 부재의 접속부, 부착부 및 교차부의 상태   ④ 침하의 정도

2. 구축물 등의 안전

(1) 구축물 등의 안전성 평가(산업안전보건법 안전보건기준 → 2023.11.14 개정) ★

구축물 등이 다음의 어느 하나에 해당하는 경우 구축물 등에 대한 구조검토, 안전진단 등의 안전성 평가를 하여 근로자에게 미칠 위험성을 제거해야 한다.

① 구축물 등에 지진, 동해, 부동침하 등으로 균열 · 비틀림 등이 발생하였을 경우
② 구축물 등의 인근에서 굴착 · 항타작업 등으로 침하 · 균열 등이 발생하여 붕괴의 위험이 예상될 경우
③ 오랜 기간 사용하지 아니하던 구축물 등을 재사용하게 되어 안전성을 검토하는 경우
④ 구축물 등이 그 자체의 무게 · 적설 · 풍압 또는 그 밖에 부가되는 하중 등으로 붕괴 등의 위험이 있을 경우
⑤ 화재 등으로 구축물 등의 내력이 심하게 저하되었을 경우
⑥ 구축물 등의 주요구조부에 대한 설계 및 시공방법의 전부 또는 일부를 변경한 경우
⑦ 그 밖의 잠재위험이 예상될 경우

3. 붕괴의 예측과 점검

(1) 토석붕괴의 원인 ★★★

① 외적원인(굴착공사 표준안전작업지침 고용노동부고시)
    ㉠ 사면, 법면의 경사 및 기울기의 증가   ㉣ 지표수나 지하수의 침투에 의한 토사중량의 증가
    ㉡ 절토 및 성토높이의 증가   ㉤ 토사 및 암석의 혼합층 두께
    ㉢ 지진, 차량, 구조물의 하중작용   ㉥ 공사에 의한 진동 및 반복하중의 증가
② 내적원인
    ㉠ 절토사면의 토질 · 암질   ㉢ 토석의 강도저하
    ㉡ 성토사면의 토질구성 및 분포

4. 콘크리트 옹벽의 안정조건 검토사항 ★

① 활동(Sliding)에 대한 안정   ② 전도(Over Turning)에 대한 안정   ③ 침하에 대한 안정

5. 터널굴착시 안전대책

(1) 사전조사 내용(산업안전보건법 안전보건기준) ★★

터널굴착작업시 보링(Boring) 등 적절한 방법으로 '낙반 · 출수(出水) 및 가스폭발' 등으로 인한 근로자의 위험을 방지하기 위하여 미리 지형 · 지질 및 지층상태를 조사하여야 한다.

(2) 작업계획서의 내용(산업안전보건법 안전보건기준) ★★

① 굴착의 방법
② 터널지보공 및 복공의 시공방법과 용수의 처리방법
③ 환기 또는 조명시설을 설치할 때에는 그 방법

(3) 낙반 등에 의한 위험의 방지(산업안전보건법 안전보건기준) ★★

터널 등의 건설작업을 하는 경우에 낙반 등에 의하여 근로자가 위험해질 우려가 있는 경우에
① 터널지보공
② 록볼트의 설치
③ 부석의 제거 등 위험을 방지하기 위하여 필요한 조치를 하여야 한다.

(4) 지반조사시 확인사항 등

① 지형(지반)조사 시 확인해야 할 사항(터널공사 표준안전작업지침 고용노동부고시) ★
  ㉠ 시추(보링)위치　　　　　　　 ㉢ 투수계수　　　　　㉤ 지반의 지지력
  ㉡ 토층분포상태　　　　　　　　 ㉣ 지하수위

② 터널조명시설의 작업면에 대한 조도(터널공사 표준안전작업지침 고용노동부고시 → 2023.7.1 개정)
  ㉠ 막장 구간: 70lux 이상　　　　　　　 ㉢ 터널 입·출구, 수직구 구간: 30lux 이상
  ㉡ 터널중간 구간: 50lux 이상

③ 터널지보공 설치시 점검사항(산업안전보건법 안전보건기준) ★
  ㉠ 부재의 손상, 변형, 부식, 변위, 탈락의 유무 및 상태
  ㉡ 부재의 긴압정도
  ㉢ 부재의 접속부 및 교차부의 상태
  ㉣ 기둥침하의 유무 및 상태

6. 발파작업의 안전대책

(1) 발파작업시 준수하여야 할 사항(굴착공사 표준안전작업지침 고용노동부고시 → 2023.7.1 개정)

① 발파작업은 설계 및 시방에서 정한 발파기준을 준수하여 실시하여야 한다.

② 암질변화 구간 및 이상 암질의 출현시 반드시 암질판별을 실시하여야 한다.

③ 터널의 경우(NATM: New Austrian Tunneling Method 기준) 계측관리시 다음의 사항을 측정하고 그 결과에 따른 보강대책을 강구하여야 한다. ★★★
  ㉠ 지중, 지표침하　　　　　 ㉢ 천단침하　　　　　　　㉤ 록볼트 축력
  ㉡ 내공변위　　　　　　　　 ㉣ 숏크리트응력

(2) 발파작업시 작업기준(산업안전보건법 안전보건기준) ★

발파작업에 종사하는 근로자에게 다음의 사항을 준수하도록 하여 한다.

① 화약이나 폭약을 장전하는 경우에는 그 부근에서 화기를 사용하거나 흡연을 하지 않도록 할 것

② 얼어붙은 다이너마이트는 화기에 접근시키거나 그 밖의 고열물에 직접 접촉시키는 등 위험한 방법으로 융해되지 않도록 할 것

③ 발파공의 충진재료는 점토, 모래 등 발화성 또는 인화성의 위험이 없는 재료를 사용할 것

④ 장전구(裝塡具)는 마찰, 충격, 정전기 등에 의한 폭발의 위험이 없는 안전한 것을 사용할 것

⑤ 점화 후 장전된 화약류가 폭발하지 아니한 경우 또는 장전된 화약류의 폭발 여부를 확인하기 곤란한 경우에는 다음의 사항을 따를 것
  ㉠ 전기뇌관에 의한 경우에는 발파모선을 점화기에서 떼어 그 끝을 단락시켜 놓는 등 재점화되지 않도록 조치하고 그 때부터 5분 이상 경과한 후가 아니면 화약류의 장전장소에 접근시키지 않도록 할 것
  ㉡ 전기뇌관 외의 것에 의한 경우에는 점화한 때부터 15분 이상 경과한 후가 아니면 화약류의 장전장소에 접근시키지 않도록 할 것

⑥ 전기뇌관에 의한 발파의 경우 점화하기 전에 화약류를 장전한 장소로부터 30m 이상 떨어진 장소에서 전선에 대하여 저항측정 및 도통(道通)시험을 할 것

(3) 발파작업시 관리감독자의 유해위험방지 업무(산업안전보건법 안전보건관리기준) ★

① 점화작업에 종사하는 근로자에게 대피장소 및 경로를 지시하는 일

② 점화 전에 점화작업에 종사하는 근로자가 아닌 사람에게 대피를 지시하는 일

③ 점화순서 및 방법에 대하여 지시하는 일

④ 점화 전에 위험구역 내에서 근로자가 대피한 것을 확인하는 일

⑤ 점화작업에 종사하는 근로자에게 대피신호를 하는 일

⑥ 점화신호를 하는 일

⑦ 점화하는 사람을 정하는 일

⑧ 발파 후 터지지 않은 장약이나 남은 장약의 유무, 용수의 유무 및 암석ㆍ토사의 낙하여부 등을 점검하는 일

⑨ 안전모 등 보호구 착용상황을 감시하는 일

⑩ 공기압축기의 안전밸브 작동 유무를 점검하는 일

7. 채석작업의 안전대책

(1) 채석작업계획의 작성 ★

① 채석작업을 할 때는 조사결과에 따라 채석작업계획을 작성하고 그 계획에 의해 작업을 실시하도록 해야 한다.

② 채석작업시 작업계획서에 포함되어야 할 내용(산업안전보건법 안전보건기준)

　　㉠ 굴착면의 높이와 기울기

　　㉡ 노천굴착과 갱내굴착의 구별 및 채석방법

　　㉢ 갱내에서의 낙반 및 붕괴방지방법

　　㉣ 굴착면 소단(小段)의 위치와 넓이

　　㉤ 암석의 분할방법

　　㉥ 발파방법

　　㉦ 표토 또는 용수의 처리방법

　　㉧ 토석 또는 암석의 적재 및 운반방법과 운반경로

　　㉨ 암석의 가공장소

　　㉩ 사용하는 굴착기계, 분할기계, 적재기계 또는 운반기계의 종류 및 성능

9. 잠함(潛函: Caisson)내 작업시 안전대책

(1) 급격한 침하로 인한 위험방지(산업안전보건법 안전보건기준) ★★★

잠함 또는 우물통의 내부에서 근로자가 굴착작업을 하는 경우에는 잠함 또는 우물통의 급격한 침하에 의한 위험을 방지하기 위하여 다음의 사항을 준수하여야 한다.

① 침하관계도에 따라 굴착방법 및 재하량(載荷量) 등을 정할 것

② 바닥으로부터 천장 또는 보까지의 높이는 1.8m 이상으로 할 것

(2) 잠함 등 내부에서의 작업(산업안전보건법 안전보건기준) ★★

① 잠함, 우물통, 수직갱 그 밖에 이와 유사한 건설물 또는 설비(이하 '잠함 등'이라 한다)의 내부에서 굴착작업을 하는 경우에 다음의 사항을 수하여야 한다.

　　㉠ 산소결핍 우려가 있는 경우에는 산소의 농도를 측정하는 사람을 지명하여 측정하도록 할 것

　　㉡ 근로자가 안전하게 오르내리기 위한 설비를 설치할 것

　　㉢ 굴착깊이가 20m를 초과하는 경우에는 해당 작업장소와 외부와의 연락을 위한 통신설비 등을 설치할 것

② 측정결과, 산소결핍이 인정되거나 굴착깊이가 20m를 초과하는 경우에는 송기를 위한 설비를 설치하여 필요한 양의 공기를 공급해야 한다.

③ 낙하비래재해 및 안전대책

1. 낙하비래의 위험성

(1) 낙하물에 의한 위험방지(산업안전보건법 안전보건기준) ★★★

① 작업으로 인하여 물체가 떨어지거나 날아올 위험이 있는 경우

　　㉠ 낙하물방지망

　　㉡ 수직보호망

　　㉢ 방호선반의 설치

　　　　　ⓔ 출입금지구역의 설정
　　　　　ⓜ 보호구의 착용 등 위험을 방지하기 위하여 필요한 조치를 하여야 한다.
　　② 낙하물방지망 또는 방호선반을 설치하는 경우에는 다음의 사항을 준수하여야 한다.
　　　　　㉠ 높이 10m 이내마다 설치하고 내민 길이는 벽면으로부터 2m 이상으로 할 것
　　　　　㉡ 수평면과의 각도는 20° 이상 30° 이하를 유지할 것

(2) 투하설비의 설치(산업안전보건법 안전보건기준) ★
　　높이가 3m 이상인 장소로부터 물체를 투하하는 경우 적당한 투하설비를 설치하거나 감시인을 배치하는 등 위험을 방지하기 위하여 필요한 조치를 하여야 한다.

Chapter 04 안전시설 적용하기

1 건설가시설물 및 비계 설치기준

1. 비계(Scaffolding) 설치기준

(1) 비계의 조립 · 해체 및 변경(산업안전보건법 안전보건기준) ★★
　　① 달비계 또는 높이 5m 이상의 비계를 조립 · 해체하거나 변경하는 작업을 하는 경우 다음의 사항을 준수하여야 한다.
　　　　　㉠ 근로자가 관리감독자의 지휘에 따라 작업하도록 할 것
　　　　　㉡ 비계재료의 연결 · 해체작업을 하는 경우에는 폭 20cm 이상의 발판을 설치하고 근로자로 하여금 안전대를 사용하도록 하는 등 추락을 방지하기 위한 조치를 할 것
　　　　　㉢ 조립 · 해체 또는 변경의 시기 · 범위 및 절차를 그 작업에 종사하는 근로자에게 주지시킬 것
　　　　　㉣ 조립 · 해체 또는 변경작업구역에는 해당 작업에 종사하는 근로자가 아닌 사람의 출입을 금지하고 그 내용을 보기 쉬운 장소에 게시할 것
　　　　　㉤ 재료 · 기구 또는 공구 등을 올리거나 내리는 경우에는 근로자가 달줄 또는 달포대 등을 사용하게 할 것
　　　　　㉥ 비, 눈 그 밖의 기상상태의 불안정으로 날씨가 몹시 나쁜 경우에는 그 작업을 중지시킬 것

(2) 비계의 점검 및 보수(산업안전보건법 안전보건기준) ★★★
　　비, 눈 그 밖의 기상상태의 악화로 작업을 중지시킨 후 또는 비계를 조립, 해체하거나 변경한 후에 그 비계에서 작업을 하는 경우에는 해당 작업을 시작하기 전에 다음의 사항을 점검하고 이상을 발견하면 즉시 보수하여야 한다.
　　① 발판재료의 손상 여부 및 부착 또는 걸림상태　　④ 기둥의 침하, 변형, 변위 또는 흔들림상태
　　② 연결재료 및 연결철물의 손상 또는 부식상태　　⑤ 손잡이의 탈락 여부
　　③ 해당 비계의 연결부 또는 접속부의 풀림상태　　⑥ 로프의 부착상태 및 매단 장치의 흔들림상태

2 비계조립시 준수사항

1. 강관비계

(1) 강관비계 조립시의 준수사항(산업안전보건법 안전보건기준) ★
　　① 외줄비계, 쌍줄비계 또는 돌출비계는 다음에서 정하는 바에 따라 벽이음 및 버팀을 설치할 것
　　　　　㉠ 인장재와 압축재로 구성된 경우에는 인장재와 압축재의 간격을 1m 이내로 할 것
　　　　　㉡ 강관, 통나무 등의 재료를 사용하여 견고한 것으로 할 것

ⓒ 강관비계의 조립간격은 다음 표의 기준에 적합하도록 할 것 ★★★

강관비계의 종류	조립간격	
	수직방향	수평방향
단관비계	5m	5m
틀비계(높이가 5m 미만의 것을 제외한다)	6m	8m

(2) 강관비계의 구조(산업안전보건법 안전보건기준) ★★

① 띠장간격은 2.0m 이하로 할 것

② 비계기둥의 간격은 띠장방향에서는 1.85m 이하, 장선방향에서는 1.5m 이하로 할 것

③ 비계기둥간의 적재하중은 400kg을 초과하지 않도록 할 것

④ 비계기둥의 제일 윗부분으로부터 31m되는 지점 밑부분의 비계기둥은 2개의 강관으로 묶어 세울 것(단, 브라켓 등으로 보강하여 2개의 강관으로 묶을 경우 이상의 강도가 유지되는 경우에는 그러하지 아니하다.)

2. 말비계(안장비계, 각주비계), 이동식 비계

(1) 말비계 조립시의 준수사항(산업안전보건법 안전보건기준) ★★

① 말비계의 높이가 2m를 초과하는 경우에는 작업발판의 폭을 40cm 이상으로 할 것

② 지주부재의 하단에는 미끄럼방지장치를 하고, 근로자가 양측 끝부분에 올라서서 작업하지 않도록 할 것

③ 지주부재와 수평면과의 기울기를 75° 이하로 하고, 지주부재와 지주부재 사이를 고정시키는 보조부재를 설치할 것

(2) 이동식 비계 조립시의 준수사항(산업안전보건법 안전보건기준) ★★

① 비계의 최상부에서 작업을 하는 경우에는 안전난간을 설치할 것

② 작업발판은 항상 수평을 유지하고 작업발판 위에서 안전난간을 딛고 작업을 하거나 받침대 또는 사다리를 사용하여 작업하지 않도록 할 것

③ 승강용 사다리는 견고하게 설치할 것

④ 이동식 비계의 바퀴에는 뜻밖의 갑작스러운 이동을 방지하기 위하여 브레이크, 쐐기 등으로 바퀴를 고정시킨 다음 비계의 일부를 견고한 시설물에 고정하거나 아웃트리거(Outrigger)를 설치하는 등 필요한 조치를 할 것

⑤ 작업발판의 최대적재하중은 250kg을 초과하지 않도록 할 것

3. 시스템(System) 비계 및 비계 관련 주요사항

(1) 시스템 비계의 구조(산업안전보건법 안전보건기준) ★

① 수평재는 수직재와 직각으로 설치하여야 하며, 체결 후 흔들림이 없도록 견고하게 설치할 것

② 수직재, 수평재, 가새재를 견고하게 연결하는 구조가 되도록 할 것

③ 비계 밑단의 수직재와 받침철물은 밀착되도록 설치하고, 수직재와 받침철물의 연결부의 겹침길이는 받침철물 전체길이의 3분의 1 이상이 되도록 할 것

④ 벽연결재의 설치간격은 제조사가 정한 기준에 따라 설치할 것

⑤ 수직재와 수직재의 연결철물은 이탈되지 않도록 견고한 구조로 할 것

(2) 시스템(System)비계

수직재, 수평재, 가새재 등 각각의 부재를 공장에서 제작하고 현장에서 조립하여 사용하는 조립형 비계를 말한다.

3 가설통로 설치기준, 작업발판 설치기준, 방망

1. 가설통로 설치기준

(1) 가설통로의 구조(산업안전보건법 안전보건기준) ★★★

① 견고한 구조로 할 것

② 경사가 15°를 초과하는 경우에는 미끄러지지 아니하는 구조로 할 것

③ 경사는 30° 이하로 할 것(다만, 계단을 설치하거나 높이 2m 미만의 가설통로로서 튼튼한 손잡이를 설치한 경우에는 그러하지 아니하다)

④ 추락할 위험이 있는 장소에는 안전난간을 설치할 것(다만, 작업상 부득이 한 경우에는 필요한 부분만 임시로 해체할 수 있다)

⑤ 건설공사에 사용하는 높이 8m 이상인 비계다리에는 7m 이내마다 계단참을 설치할 것

⑥ 수직갱에 가설된 통로의 길이가 15m 이상인 경우에는 10m 이내마다 계단참을 설치할 것

(2) 사다리식 통로의 구조(산업안전보건법 안전보건기준 → 2024.6.28 개정) ★★★

① 견고한 구조로 할 것

② 발판의 간격은 일정하게 할 것

③ 심한 손상, 부식 등이 없는 재료를 사용할 것

④ 폭은 30cm 이상으로 할 것

⑤ 발판과 벽과의 사이는 15cm 이상의 간격을 유지할 것

⑥ 사다리의 상단은 걸쳐 놓은 지점으로부터 60cm 이상 올라가도록 할 것

⑦ 사다리가 넘어지거나 미끄러지는 것을 방지하기 위한 조치를 할 것

⑧ 사다리식 통로의 길이가 10m 이상인 경우에는 5m 이내마다 계단참을 설치할 것

⑨ 사다리식 통로의 기울기는 75° 이하로 할 것. 다만, 고정식 사다리식 통로의 기울기는 90° 이하로 하고 그 높이가 7m 이상인 경우에는 다음의 구분에 따른 조치를 할 것

　㉠ 등받이울이 있어도 근로자 이동에 지장이 없는 경우: 바닥으로부터 높이가 2.5m 되는 지점부터 등받이울을 설치할 것

　㉡ 등받이울이 있으면 근로자가 이동이 곤란한 경우: 한국산업표준에서 정하는 기준에 적합한 개인용 추락방지시스템을 설치하고 근로자로 하여금 한국산업표준에서 정하는 기준에 적합한 전신안전대를 사용하도록 할 것

⑩ 접이식 사다리 기둥은 사용시 접혀지거나 펼쳐지지 않도록 철물 등을 사용하여 견고하게 조치할 것

(3) 계단의 구조(산업안전보건법 안전보건기준) ★★

① 안전율(재료의 파괴응력도와 허용응력도의 비율)은 4 이상으로 하여야 한다.

② 계단을 설치하는 경우 그 폭을 1m 이상으로 하여야 한다.(다만, 급유용, 보수용, 비상용계단 및 나선형계단인 경우에는 그러하지 아니하다.)

③ 계단에 손잡이 외의 다른 물건 등을 설치하거나 쌓아 두어서는 아니 된다.

④ 계단 및 승강구 바닥을 구멍이 있는 재료로 만드는 경우 렌치나 그 밖의 공구 등이 낙하할 위험이 없는 구조로 하여야 한다.

⑤ 계단 및 계단참을 설치하는 경우 500kg/m2 이상의 하중에 견딜 수 있는 강도를 가진 구조로 설치하여야 한다.

⑥ 높이 1m 이상인 계단의 개방된 측면에 안전난간을 설치하여야 한다.

⑦ 높이가 3m를 초과하는 계단에 높이 3m 이내마다 진행방향으로 길이 1.2m 이상의 계단참을 설치하여야 한다.

⑧ 계단을 설치하는 경우 바닥면으로부터 높이 2m 이내의 공간에 장애물이 없도록 하여야 한다.(다만, 급유용, 보수용, 비상용계단 및 나선형계단인 경우에는 그러하지 아니하다.)

(4) 가설도로(산업안전보건법 안전보건기준) ★

사업주는 공사용 가설도로를 설치하여 사용함에 있어서 다음의 사항을 준수하여야 한다.

① 도로는 배수를 위하여 경사지게 설치하거나 배수시설을 설치할 것

② 차량의 속도제한표지를 부착할 것

③ 도로와 작업장이 접하여 있을 경우에는 울타리 등을 설치할 것

④ 도로는 장비와 차량이 안전하게 운행할 수 있도록 견고하게 설치할 것

2. 작업발판의 설치기준

(1) 작업발판의 구조(산업안전보건법 안전보건기준) ★★

비계(달비계, 달대비계 및 말비계는 제외한다)의 높이가 2m 이상인 작업장소에 다음의 기준에 맞는 작업발판을 설치하여야 한다.

① 작업발판의 폭은 40cm 이상으로 하고 발판재료간의 틈은 3cm 이하로 할 것

② 선박 및 보트작업의 경우 작업발판의 폭을 30cm 이상으로 할 수 있고, 걸침비계의 경우 발판재료간의 틈을 5cm 이하로 할 수 있다.

③ 추락의 위험이 있는 장소에는 안전난간을 설치할 것

④ 발판재료는 작업할 때의 하중을 견딜 수 있도록 견고한 것으로 할 것

⑤ 작업발판 재료는 뒤집히거나 떨어지지 않도록 둘 이상의 지지물에 연결하거나 고정시킬 것

⑥ 작업발판의 지지물은 하중에 의하여 파괴될 우려가 없는 것을 사용할 것

⑦ 작업발판을 작업에 따라 이동시킬 경우에는 위험방지에 필요한 조치를 할 것

3. 방망의 구조 등 안전기준(추락재해방지 표준안전작업지침 고용노동부고시)

(1) 방망사의 강도(추락재해방지 표준안전작업지침 고용노동부고시) ★★

방망사는 시험용사로부터 채취한 시험편의 양단을 인장시험기로 시험하거나 이와 유사한 방법으로 등속인장시험을 한 경우 그 강도는 다음 표에서 정하는 값 이상이어야 한다.

① 방망사의 신품에 대한 인장강도

그물코의 크기[cm]	인장강도[kg]	
	매듭없는 방망	매듭방망
10	240	200
5	–	110

② 방망사의 폐기시 인장강도

그물코의 크기[cm]	인장강도[kg]	
	매듭없는 방망	매듭방망
10	150	135
5	–	60

4 거푸집 및 동바리

1. 거푸집의 안전에 대한 검토

(1) 거푸집 및 동바리(지보공)설계시 고려하여야 할 하중(콘크리트공사 표준안전작업지침 고용노동부고시) ★★

① 연직방향하중   ④ 특수하중

② 횡방향하중   ⑤ ① ~ ④의 하중에 안전율을 고려한 하중

③ 콘크리트의 측압

(2) 거푸집의 연직하중(수직하중) ★★

① 고정하중   ② 충격하중   ③ 작업하중   ④ 적재하중

2. 거푸집 및 동바리(지보공)의 안전조치

(1) 거푸집 및 동바리의 조립도(산업안전보건법 안전보건기준 → 2023.11.14 개정)

① 거푸집 및 동바리의 조립도에 명시하여야 할 사항 ★
  ㉠ 거푸집 및 동바리를 구성하는 부재의 재질
  ㉡ 단면규격　　　　　　　　　　　　　㉢ 설치간격 및 이음방법

(2) 동바리(지보공) 조립시 안전조치 사항(산업안전보건법 안전보건기준 → 2023.11.14 개정)

① 공통적 준수사항 ★★
  ㉠ 개구부 상부에 동바리를 설치하는 경우에는 상부하중을 견딜 수 있는 견고한 받침대를 설치할 것
  ㉡ 받침목이나 깔판의 사용, 콘크리트 타설(打設), 말뚝박기 등 동바리의 침하를 방지하기 위한 조치를 할 것
  ㉢ 동바리의 이음은 같은 품질의 재료를 사용할 것
  ㉣ 동바리의 상하고정 및 미끄러짐방지조치를 할 것
  ㉤ 상부, 하부의 동바리가 동일 수직선상에 위치하도록 하여 깔판, 받침목에 고정시킬 것
  ㉥ 강재의 접속부 및 교차부는 볼트, 클램프 등 전용철물을 사용하여 단단히 연결할 것
  ㉦ 거푸집의 형상에 따른 부득이한 경우를 제외하고는 깔판이나 받침목은 2단 이상 끼우지 않도록 할 것
  ㉧ 깔판이나 받침목을 이어서 사용하는 경우에는 그 깔판, 받침목을 단단히 연결할 것
  ㉨ U헤드 등의 단판이 없는 동바리의 상단에 멍에 등을 올릴 경우에는 해당 상단에 U헤드 등의 단판을 설치하고, 멍에에 등이 전도되거나 이탈되지 않도록 고정시킬 것
② 동바리로 사용하는 파이프서포트에 대한 준수사항 ★★
  ㉠ 파이프서포트를 3개 이상 이어서 사용하지 않도록 할 것
  ㉡ 파이프서포트를 이어서 사용하는 경우에는 4개 이상의 볼트 또는 전용철물을 사용하여 이을 것
  ㉢ 높이가 3.5m를 초과하는 경우에는 높이 2m 이내마다 수평연결재를 2개 방향으로 만들고 수평연결재의 변위를 방지할 것

(3) 작업발판 일체형 거푸집의 종류(산업안전보건법 안전보건기준) ★★★

① 슬립폼(Slip Form)　　　　　　　　④ 클라이밍폼(Climbing Form)
② 갱폼(Gang Form)　　　　　　　　　⑤ 그 밖에 거푸집과 작업발판이 일체로 제작된 거푸집
③ 터널라이닝폼(Tunnel Lining Form)

5 콘크리트 구조물공사안전, 철골공사안전

1. 콘크리트 구조물공사안전

(1) 콘크리트 타설작업시 준수사항(산업안전보건법 안전보건기준 → 2023.11.14 개정) ★★★

① 당일의 작업을 시작하기 전에 해당 작업에 관한 거푸집 및 동바리의 변형·변위 및 지반의 침하유무 등을 점검하고 이상이 있으면 보수할 것
② 작업 중에는 감시자를 배치하는 등 방법으로 거푸집 및 동바리의 변형·변위 및 지반의 침하유무 등을 확인해야 하며, 이상이 있으면 작업을 중지하고 근로자를 대피시킬 것
③ 콘크리트 타설작업시 거푸집 붕괴의 위험이 발생할 우려가 있으면 충분한 보강조치를 할 것
④ 설계도서상의 콘크리트 양생기간을 준수하여 거푸집 및 동바리를 해체할 것
⑤ 콘크리트를 타설하는 경우에는 편심이 발생하지 않도록 골고루 분산하여 타설할 것

(2) 콘크리트 타설장비 사용시 준수사항(산업안전보건법 안전보건기준 → 2023.11.14 개정) ★

① 작업을 시작하기 전에 콘크리트를 점검하고 이상을 발견하였으면 즉시 보수할 것
② 건축물의 난간 등에서 작업하는 근로자가 호스의 요동·선회로 인하여 추락하는 위험을 방지하기 위하여 안전

난간 설치 등 필요한 조치를 할 것

③ 콘크리트 타설장비의 붐을 조정하는 경우에는 주변의 전선 등에 의한 위험을 예방하기 위한 적절한 조치를 할 것

④ 작업 중에 지반의 침하나 아웃트리거 등 콘크리트 타설장비 지지구조물의 손상 등에 의하여 콘크리트 타설장비가 넘어질 우려가 있는 경우에는 이를 방지하기 위한 적절한 조치를 할 것

(3) 콘크리트 측압 ★★★

① 측압: 콘크리트를 타설하게 되면 거푸집의 수직부재는 콘크리트의 유동성 때문에 수평 방향의 압력을 받게 되는데 이것을 측압이라고 한다.

② 측압이 커지는 조건
- 콘크리트의 다지기가 강할수록 크다.
- 이어붓기 속도가 클수록 크다.
- 콘크리트의 비중이 클수록 크다.
- 거푸집의 수밀성이 높을수록 크다.
- 거푸집의 강성이 클수록 크다.
- 거푸집의 표면이 매끄러울수록 크다.
- 거푸집의 수평단면이 클수록(벽두께가 클수록) 크다.
- 응결이 빠른 시멘트를 사용할수록 크다.
- 기온이 낮을수록(대기 중의 습도가 높을수록) 크다.
- 묽은 콘크리트일수록(슬럼프값이 클수록, 물·시멘트비가 클수록) 크다.
- 콘크리트의 타설높이가 높을수록 크다.
- 철골 또는 철근량이 적을수록 크다.
- 시멘트가 부배합일수록 크다.

2. 철골공사안전

(1) 구조안전의 위험이 큰 다음의 철골구조물은 건립 중 강풍에 의한 풍압 등 외압에 대한 내력이 설계에 고려되었는지 확인하여야 한다(철골공사 표준안전작업지침 고용노동부고시). ★★

① 기둥이 타이플레이트(Tie Plate)형인 구조물 ④ 이음부가 현장용접인 구조물

② 연면적당 철골량이 50kg/m2 이하인 구조물 ⑤ 단면구조에 현저한 차이가 있는 구조물

③ 높이 20m 이상의 구조물 ⑥ 구조물의 폭과 높이의 비가 1 : 4 이상인 구조물

(2) 철골작업의 제한(산업안전보건법 안전보건기준) ★★★

강풍, 폭우 등과 같은 악천후시에는 작업을 중지토록 하여야 한다.

① 풍속: 10m/sec 이상   ② 강우량: 1mm/h 이상   ③ 강설량: 1cm/h 이상

Chapter 05 건설공사 위험성 평가

1. 위험성 평가 용어의 정의(사업장 위험성 평가에 관한 지침 고용노동부고시)

(1) 위험성

유해·위험요인이 사망, 부상 또는 질병으로 이어질 수 있는 가능성과 중대성 등을 고려한 위험의 정도를 말한다.

(2) 위험성 평가

사업주가 스스로 유해·위험요인을 파악하고 해당 유해·위험요인의 위험성 수준을 결정하여, 위험성을 낮추기 위

한 적절한 조치를 마련하고 실행하는 과정을 말한다.

2. 위험성 평가의 방법(사업장 위험성 평가에 관한 지침 고용노동부고시) ★★

사업주는 사업장의 규모와 특성 등을 고려하여 다음의 위험성 평가 방법 중 한 가지 이상을 선정하여 위험성 평가를 실시할 수 있다.

(1) 위험가능성과 중대성을 조합한 빈도 · 강도법

(2) 체크리스트(Checklist)법

(3) 위험성 수준 3단계(저 · 중 · 고)판단법

(4) 핵심요인 기술(One Point Sheet)법

(5) 그 외 산업안전보건법 시행규칙 제50조제1항제2호의 방법

① 상대위험순위 결정(Dow and Mond Indices)
② 작업자실수분석(HEA)
③ 사고예상질문분석(What-if)
④ 위험과 운전분석(HAZOP)
⑤ 이상위험도분석(FMECA)
⑥ 결함수분석(FTA)
⑦ 사건수분석(ETA)
⑧ 원인결과분석(CCA)
⑨ ①부터 ⑧까지의 규정과 같은 수준 이상의 기술적 평가기법

3. 위험성 평가의 절차(사업장 위험성 평가에 관한 지침 고용노동부고시) ★★★

(1) 사전준비

(2) 유해 · 위험요인 파악

(3) 위험성 결정

(4) 위험성 감소대책 수립 및 실행

(5) 위험성 평가 실시내용 및 결과에 관한 기록 및 보존

4. 위험성 감소대책 수립 및 실행(사업장 위험성 평가에 관한 지침 고용노동부고시) ★★

사업주는 허용가능한 위험성이 아니라고 판단한 경우에는 위험성의 수준, 영향을 받는 근로자 수 및 다음의 순서를 고려하여 위험성 감소를 위한 대책을 수립하여 실행하여야 한다.

(1) 위험한 작업의 폐지 · 변경, 유해 · 위험물질 대체 등의 조치 또는 설계나 계획단계에서 위험성을 제거 또는 저감하는 조치

(2) 연동장치, 환기장치 설치 등의 공학적 대책

(3) 사업장 작업절차서 정비 등의 관리적 대책

(4) 개인용 보호구의 사용

5. 위험성 평가 실시 내용 및 결과에 관한 기록 및 보존(산업안전보건법 시행규칙 제37조) ★★

(1) 사업주가 위험성 평가의 결과와 조치사항을 기록 · 보존할 때에는 다음의 사항이 포함되어야 한다.

① 위험성 평가 대상의 유해 · 위험요인
② 위험성 결정의 내용
③ 위험성 결정에 따른 조치의 내용
④ 그 밖에 위험성 평가의 실시내용을 확인하기 위하여 필요한 사항으로서 고용노동부장관이 정하여 고시하는 사항
　㉠ 위험성 평가를 위해 사전조사 한 정보
　㉡ 그 밖에 사업장에서 필요하다고 정한 사항

(2) 사업주는 제1항에 따른 자료를 3년간 보존해야 한다.

Chapter 01 보호구 관리하기

1 보호구의 종류별 특성, 성능기준 및 시험방법

1. 안전모

(1) 안전모의 종류 ★★   [보호구 안전인증 고용노동부고시]

종류(기호)	사용구분	내전압성
AB	물체의 낙하 또는 비래 및 추락에 의한 위험을 방지 또는 경감시키기 위한 것	–
AE	물체의 낙하 또는 비래에 의한 위험을 방지 또는 경감하고, 머리부위 감전에 의한 위험을 방지하기 위한 것	내전압성
ABE	물체의 낙하 또는 비래 및 추락에 의한 위험을 방지 또는 경감하고, 머리부위 감전에 의한 위험을 방지하기 위한 것	내전압성

※ 내전압성: 7,000V 이하의 전압에 견디는 것

(2) 안전모의 구조 및 명칭 ★

안전모의 구조	NO.	명칭	
	①	모체	
	②	착장체	머리받침끈
	③		머리고정대
	④		머리받침 고리
	⑤	충격흡수재	
	⑥	턱끈	
	⑦	챙(차양)	

(3) 안전모의 시험성능 ★★★

[안전인증 대상 안전모의 시험성능 방법 및 기준]

방법	내용
내관통성시험 ★★	AE, ABE종 안전모는 관통거리가 9.5mm 이하이고, AB종 안전모는 관통거리가 11.1mm 이하이어야 한다.
충격흡수성시험	최고전달충격력이 4,450N을 초과해서는 안 되며, 모체와 착장체의 기능이 상실되지 않아야 한다.
내전압성시험	AE, ABE종 안전모는 교류 20kV에서 1분간 절연파괴 없이 견뎌야 하고, 이때 누설되는 충전전류는 10mA 이하이어야 한다.

내수성시험	AE, ABE종 안전모는 질량증가율이 1% 미만이어야 한다. ★★ $\text{질량증가율} = \dfrac{\text{담근 후의 질량} - \text{담그기 전의 질량}}{\text{담그기 전의 질량}} \times 100\%$
난연성시험	모체가 불꽃을 내며 5초 이상 연소되지 않아야 한다.
턱끈풀림시험	150N 이상 250N 이하에서 턱끈이 풀려야 한다.

※ 내전압성시험, 내수성시험은 자율안전확인 대상 안전모의 시험성능 기준에서는 제외된다.

2. 안전화

(1) 안전인증 대상 안전화의 종류 ★★
① 가죽제 안전화　　④ 발등 안전화　　⑦ 화학물질용 안전화
② 고무제 안전화　　⑤ 절연화
③ 정전기 안전화　　⑥ 절연장화

(2) 시험성능방법 – 안전인증 대상 안전화의 시험성능방법

구분	시험성능방법
가죽제안전화	은면결렬시험, 인열강도시험, 내부식성시험, 박리저항시험, 내답발성시험, 내유성시험, 내압박성시험, 내충격성시험, 인장강도시험 및 신장율 ★★★
고무제안전화	인장강도시험, 내유성시험, 파열강도시험, 선심 및 내답판의 내부식성시험, 누출방지시험

(3) 안전화의 정의 ★★
① 중작업용 안전화란 1,000mm의 낙하높이에서 시험했을 때 충격과 15.0±0.1kN의 압축하중에서 시험했을 때 압박에 대하여 보호해 줄 수 있는 선심을 부착하여, 착용자를 보호하기 위한 안전화를 말한다.
② 보통작업용 안전화란 500mm의 낙하높이에서 시험했을 때 충격과 10.0±0.1kN의 압축하중에서 시험했을 때 압박에 대하여 보호해 줄 수 있는 선심을 부착하여, 착용자를 보호하기 위한 안전화를 말한다.
③ 경작업용 안전화란 250mm의 낙하높이에서 시험했을 때 충격과 4.4 ±0.1kN의 압축하중에서 시험했을 때 압박에 대하여 보호해 줄 수 있는 선심을 부착하여, 착용자를 보호하기 위한 안전화를 말한다.

3. 안전대

(1) 안전대의 종류 ★

종류	벨트식	안전그네식
사용구분	1개걸이용	1개걸이용
		U자걸이용
	U자걸이용	추락방지대
		안전블록

(2) 용어의 정의 ★★
① 추락방지대: 신체의 추락을 방지하기 위해 자동잠김장치를 갖추고 죔줄과 수직구명줄에 연결된 금속장치를 말한다.
② 안전블록: 안전그네와 연결하여 추락발생시 추락을 억제할 수 있는 자동잠김장치가 갖추어져 있고 죔줄이 자동적으로 수축되는 장치를 말한다.
③ 죔줄: 벨트 또는 안전그네를 구명줄 또는 구조물 등 그 밖의 걸이설비와 연결하기 위한 줄모양의 부품을 말한다.

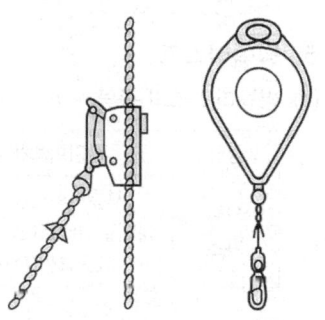

▲ 추락방지대 및 안전블록

④ 수직구명줄: 로프 또는 레일 등과 같은 유연하거나 단단한 고정줄로서 추락발생시 추락을 저지시키는 추락방지 대를 지탱해주는 줄모양의 부품을 말한다.

(4) 안전대의 구조 ★

① 안전블록이 부착된 안전대의 구조

    ⊙ 안전블록을 부착하여 사용하는 안전대는 신체지지의 방법으로 안전그네만을 사용할 것

    ⓒ 안전블록은 정격 사용 길이가 명시될 것

    ⓒ 안전블록의 줄은 합성섬유로프, 웨빙(webbing), 와이어로프이어야 하며, 와이어로프인 경우 최소지름이 4mm 이상일 것

4. 방진마스크

(1) 방진마스크의 등급 ★★★

등 급	특급	1급	2급
사용 장소	① 베릴륨 등과 같이 독성이 강한 물질들을 함유한 분진 등 발생 장소 ② 석면 취급장소	① 특급마스크 착용장소를 제외한 분진 등 발생장소 ② 금속흄 등과 같이 열적으로 생기는 분진 등 발생장소 ③ 기계적으로 생기는 분진 등 발생장소(규소 등과 같이 2급 방진마스크를 착용하여도 무방한 경우는 제외한다)	특급 및 1급마스크 착용장소를 제외한 분진 등 발생장소
	배기밸브가 없는 안면부 여과식 마스크는 특급 및 1급장소에 사용해서는 안 된다.		

(3) 방진마스크 시험성능 기준

① 여과재 분진 등 포집효율 ★★

형태 및 등급	분리식			안면부 여과식		
	특급	1급	2급	특급	1급	2급
염화나트륨(NaCl) 및 파라핀 오일(Paraffin Oil) 시험(%)	99.95 이상	94.0 이상	80.0 이상	99.0 이상	94.0 이상	80.0 이상

※ 안면부 내부의 이산화탄소 농도가 부피분율 1% 이하일 것 ★

② 분진포집효율 ★★

$$\text{분진포집효율(P)} = \frac{C_1 - C_2}{C_1} \times 100$$

• C_1: 여과재 통과 전의 분진농도
• C_2: 여과재 통과 후의 분진농도

5. 방독마스크

(1) 방독마스크의 종류 ★★

종류	유기화합물용	할로겐용	황화수소용	시안화수소용	아황산용	암모니아용
시험 가스	시클로헥산(C_6H_{12}) 디메틸에테르(CH_3OCH_3) 이소부탄(C_4H_{10})	염소가스 또는 증기(C_{12})	황화수소가스 (H_2S)	시안화수소가스 (HCN)	아황산가스 (SO_2)	암모니아가스 (NH_3)

(2) 방독마스크의 등급 ★★

등 급	사 용 장 소
고농도	가스 또는 증기의 농도가 100분의 2(암모니아에 있어서는 100분의 3) 이하의 대기 중에서 사용하는 것
중농도	가스 또는 증기의 농도가 100분의 1(암모니아에 있어서는 100분의 1.5) 이하의 대기 중에서 사용하는 것
저농도 및 최저농도	가스 또는 증기의 농도가 100분의 0.1 이하의 대기 중에서 사용하는 것으로서 긴급용이 아닌 것

※ 방독마스크는 산소농도가 18% 이상인 장소에서 사용하여야 하고, 고농도와 중농도에서 사용하는 방독마스크는 전면형(격리식, 직결식)을 사용해야 한다.

(3) 방독마스크 정화통 외부측면의 표시 색 ★★★

종류	표시 색
유기화합물용 정화통	갈색
할로겐용 정화통	회색
황화수소용 정화통	
시안화수소용 정화통	
아황산용 정화통	노란색
암모니아용 정화통	녹색
복합용 및 겸용의 정화통	• 복합용의 경우: 해당 가스 모두 표시(2층 분리) • 겸용의 경우: 백색과 해당 가스 모두 표시(2층 분리)

※ 방독마스크는 안면부 내부의 이산화탄소(CO_2) 농도가 부피분율 1% 이하이어야 한다. ★★

(4) 안전인증 방독마스크 추가 표시사항(고용노동부고시) ★

안전인증 방독마스크에는 안전인증의 표시 외에 다음의 내용을 추가로 표시해야 한다.
① 정화통의 외부측면의 표시 색   ③ 사용시간 기록카드
② 파과곡선도   ④ 사용상의 주의사항

6. 송기마스크, 보안경, 보안면

(1) 송기마스크

① 송기마스크의 종류 ★★
  ㉠ 호스마스크   ㉡ 에어라인마스크   ㉢ 복합식 에어라인마스크
② 송기마스크의 시험성능 기준 – 송풍기형 호스마스크의 분진포집효율 시험성능 기준 ★★

등급	효율(%)
수동	95.0 이상
전동	99.8 이상

③ 산소결핍의 우려가 있는 밀폐공간에서 근로자가 작업을 할 경우 착용하여야 할 보호구 ★★
  ㉠ 송기마스크   ㉡ 공기호흡기

(2) 보안경

① 보안경의 종류 – 사용구분에 따른 보안경의 종류 ★★

고용노동부고 시	종류
자율안전확인 대상 보안경	유리보안경
	플라스틱보안경
	도수렌즈보안경
안전인증 대상 보안경	차광보안경

② 차광보안경의 종류 ★★★

종류	
자외선용	자외선이 발생하는 장소
적외선용	적외선이 발생하는 장소
복합용	자외선 및 적외선이 발생하는 장소
용접용	산소용접작업 등과 같이 자외선, 적외선 및 강렬한 가시광선이 발생하는 장소

7. 귀마개, 귀덮개, 보호복, 보호구

(1) 귀마개, 귀덮개

① 방음용 귀마개, 귀덮개의 종류와 등급 ★★

종류	등급	기호	성능
귀마개	1종	EP – 1	저음부터 고음까지 차음하는 것
	2종	EP – 2	주로 고음을 차음하고 저음(회화음 영역)은 차음하지 않는 것
귀덮개	–	EM	

(2) 보호복(고용노동부고시)

① 방열복의 종류 ★★

종류	착용부위
방열상의	상체
방열하의	하체
방열일체복	몸체(상 · 하체)
방열장갑	손
방열두건	머리

(3) 보호구의 지급(산업안전보건법 안전보건기준) ★★

① 안전대: 높이 또는 깊이 2m 이상의 추락할 위험이 있는 장소에서 하는 작업

② 안전모: 물체가 떨어지거나 날아올 위험 또는 근로자가 추락할 위험이 있는 작업

③ 안전화: 물체의 낙하 · 충격 물체에의 끼임, 감전 또는 정전기의 대전에 의한 위험이 있는 작업

④ 절연용보호구: 감전의 위험이 있는 작업

⑤ 보안경: 물체가 흩날릴 위험이 있는 작업

⑥ 보안면: 용접시 불꽃이나 물체가 흩날릴 위험이 있는 작업

⑦ 방진마스크: 선창 등에서 분진이 심하게 발생하는 하역작업
⑧ 방열복: 고열에 의한 화상 등의 위험이 있는 작업
⑨ 승차용 안전모: 물건을 운반하거나 수거 · 배달하기 위하여 이륜자동차를 운행하는 작업
⑩ 방한모, 방한복, 방한화, 방한장갑: 영하 18℃ 이하인 급속냉동어창에서 하는 하역작업

Chapter 02 안전보건표지

1 안전보건표지의 분류, 용도 및 적용

1. 안전보건표지의 분류(산업안전보건법 시행규칙) ★★

분류	색채
① 금지표지(8종)	바탕은 흰색, 기본모형은 빨간색, 관련부호 및 그림은 검은색
② 경고표지(15종)	바탕은 노란색, 기본모형, 관련부호 및 그림은 검은색 다만, 인화성물질 경고, 산화성물질 경고, 폭발성물질 경고, 급성독성물질 경고, 부식성물질 경고, 발암성 · 변이원성 · 생식독성 · 전신독성 · 호흡기과민성물질 경고의 경우 바탕은 무색, 기본모형은 빨간색(검은색도 가능)
③ 지시표지(9종)	바탕은 파란색, 관련 그림은 흰색
④ 안내표지(8종)	바탕은 흰색, 기본모형 및 관련부호는 녹색 바탕은 녹색, 관련부호 및 그림은 흰색
⑤ 출입금지표지(3종)	글자는 흰색 바탕에 흑색, 다음 글자는 적색(OOO제조/사용/보관중, 석면취급/해체중, 발암물질/취급중)

2. 안전보건표지의 적용(산업안전보건법 시행규칙) ★★★

(1) 안전보건표지의 색채, 색도기준 및 용도

색채	색도	용도	사용 예
빨간색	7.5R 4/14	금지	정지신호, 소화설비 및 그 장소, 유해행위의 금지
		경고	화학물질 취급장소에서의 유해위험 경고
노란색	5Y 8.5/12	경고	화학물질 취급장소에서의 유해위험 경고 이외의 위험경고, 주의표지 또는 기계방호물
파란색	2.5PB 4/10	지시	특정행위의 지시 및 사실의 고지
녹색	2.5G 4/10	안내	비상구 및 피난소, 사람 또는 차량의 통행표지
흰색	N9.5		파란색 또는 녹색에 대한 보조색
검은색	NO.5		문자 및 빨간색 또는 노란색에 대한 보조색

※ 산업안전보건법 시행규칙

1. 금지표지	101 출입금지	102 보행금지	103 차량통행금지	104 사용금지	105 탑승금지	106 금연
107 화기금지	108 물체이동금지	2. 경고표지	201 인화성물질 경고	202 산화성물질 경고	203 폭발성물질 경고	204 급성독성물질 경고
205 부식성물질 경고	206 방사성물질 경고	207 고압전기 경고	208 매달린 물체 경고	209 낙하물 경고	210 고온 경고	211 저온 경고
212 몸균형 상실 경고	213 레이저광선 경고	214 발암성 · 변이원성 · 생식 독성 · 전신독성 · 호흡기 과민성 물질 경고	215 위험장소 경고	3. 지시표지	301 보안경 착용	302 방독마스크 착용
303 방진마스크 착용	304 보안면 착용	305 안전모 착용	306 귀마개 착용	307 안전화 착용	308 안전장갑 착용	309 안전복 착용
4. 안내표지	401 녹십자표지	402 응급구호표지	403 들것	404 세안장치	405 비상용기구	406 비상구
407 좌측비상구	408 우측비상구	5. 관계자외 출입금지	501 허가대상물질 작업장 **관계자외 출입금지** (허가물질 명칭) 제조/사용/보관 중 보호구/보호복 착용 흡연 및 음식물 섭취 금지	502 석면취급/해체 작업장 **관계자외 출입금지** 석면 취급/해체 중 보호구/보호복 착용 흡연 및 음식물 섭취 금지	503 금지대상물질의 취급 실험실 등 **관계자외 출입금지** 발암물질 취급 중 보호구/보호복 착용 흡연 및 음식물 섭취 금지	

PART 07 산업안전보건법

1 산업안전보건법, 산업안전보건법 시행령, 산업안전보건법 시행규칙에 관한 사항

1. 위험성 평가(산업안전보건법)

(1) 위험성 평가 절차(고용노동부고시) ★★★

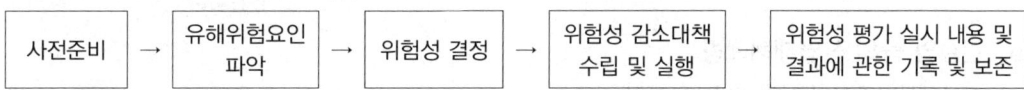

사전준비 → 유해위험요인 파악 → 위험성 결정 → 위험성 감소대책 수립 및 실행 → 위험성 평가 실시 내용 및 결과에 관한 기록 및 보존

2. 신규화학물질의 유해성 · 위험성 조사보고서의 제출(산업안전보건법 시행규칙) ★★

신규화학물질을 제조하거나 수입하려는 자는 제조하거나 수입하려는 날 30일(연간 제조하거나 수입하려는 양이 100kg 이상 1t 미만인 경우에는 14일) 전까지 신규화학물질 유해성 · 위험성 조사보고서에 물질안전보건자료, 제조 또는 사용공정도 등 관련서류를 첨부하여 고용노동부장관에게 제출하여야 한다. 다만, 그 신규화학물질을 「화학물질의 등록 및 평가 등에 관한 법률」에 따라 환경부장관에게 등록한 경우에는 고용노동부장관에게 유해성 · 위험성 조사보고서를 제출한 것으로 본다.

3. 사업주와 근로자의 의무 ★★

(1) 사업주의 의무(산업안전보건법)
① 산업안전보건법과 산업안전보건법에 따른 명령으로 정하는 산업재해예방을 위한 기준 이행
② 근로자의 신체적 피로와 정신적 스트레스 등을 줄일 수 있는 쾌적한 작업환경의 조성 및 근로조건개선 이행
③ 해당 사업장의 안전 및 보건에 관한 정보를 근로자에게 제공

(2) 근로자의 의무(산업안전보건법)
① 산업안전보건법과 산업안전보건법에 따른 명령으로 정하는 산업재해예방을 위한 기준을 지켜야 한다.
② 사업주 또는 「근로기준법」에 따른 근로감독관, 공단 등 관계인이 실시하는 산업재해예방에 관한 조치에 따라야 한다.

4. 산업안전보건법상 건강진단의 종류(산업안전보건법 시행규칙) ★★★

① 일반건강진단
    ㉠ 사무직에 종사하는 근로자: 2년에 1회 이상   ㉡ 그 밖의 근로자: 1년에 1회 이상
② 특수건강진단   ③ 배치전건강진단   ④ 수시건강진단   ⑤ 임시건강진단

5. 특수건강진단의 시기 및 주기(산업안전보건법 시행규칙) ★★

대상 유해인자	시기(배치 후 첫 번째 특수 건강진단)	주기
N.N − 디메틸아세트아미드 디메틸포름아미드	1개월 이내	6개월
벤젠	2개월 이내	6개월

1,1,2,2 – 테트라클로로에탄 사염화탄소 아크릴로니트릴 염화비닐	3개월 이내	6개월
석면, 면 분진	12개월 이내	12개월
광물성 분진 목재 분진 소음 및 충격소음	12개월 이내	24개월
위 대상 유해인자를 제외한 모든 대상 유해인자	6개월 이내	12개월

6. 건설업 등의 산업재해예방

(1) 건설공사발주자의 산업재해예방조치 ★

① 대통령령으로 정하는 건설공사(총공사금액이 50억 원 이상인 공사)의 건설공사발주자는 산업재해예방을 위하여 건설공사의 계획, 설계 및 시공단계에서 다음의 구분에 따른 조치를 하여야 한다.

  ㉠ 건설공사 계획단계: 해당 건설공사에서 중점적으로 관리하여야 할 유해 · 위험요인과 이의 감소방안을 포함한 기본안전보건대장을 작성할 것

  ㉡ 건설공사 설계단계: 기본안전보건대장을 설계자에게 제공하고, 설계자로 하여금 유해 · 위험요인의 감소방안을 포함한 설계안전보건대장을 작성하게 하고 이를 확인할 것

  ㉢ 건설공사 시공단계: 건설공사발주자로부터 건설공사를 최초로 도급받은 수급인에게 설계안전보건대장을 제공하고, 그 수급인에게 이를 반영하여 안전한 작업을 위한 공사안전보건대장을 작성하게 하고 그 이행 여부를 확인할 것

② 대장에 포함되어야 할 구체적인 내용은 고용노동부령으로 정한다.

2 산업안전보건기준에 관한 규칙에 관한 사항

1. 작업시작 전 점검사항(산업안전보건법 산업안전보건기준에 관한 규칙)

(1) 고소작업대를 사용하여 작업을 할 때 ★

① 비상정지장치 및 비상하강 방지장치 기능의 이상 유무

② 과부하 방지장치의 작동 유무(와이어로프 또는 체인구동 방식의 경우)

③ 아웃트리거 또는 바퀴의 이상 유무

④ 작업면의 기울기 또는 요철 유무

⑤ 활선작업용 장치의 경우 홈 · 균열 · 파손 등 그 밖의 손상 유무

(2) 용접 · 용단 작업 등의 화재위험작업을 할 때 ★

① 작업 준비 및 작업 절차 수립 여부

② 화기작업에 따른 인근 가연성 물질에 대한 방호조치 및 소화기구 비치 여부

③ 용접불티 비산방지덮개 또는 용접방화포 등 불꽃 · 불티 등의 비산을 방지하기 위한 조치 여부

④ 인화성 액체의 증기 또는 인화성 가스가 남아 있지 않도록 하는 환기 조치 여부

⑤ 작업근로자에 대한 화재예방 및 피난교육 등 비상조치 여부

2. 관리감독자의 유해위험방지업무(산업안전보건법 안전보건기준)

(1) 프레스 등을 사용하는 작업 ★★

① 프레스 등 및 그 방호장치를 점검하는 일

② 프레스 등 및 그 방호장치에 이상이 발견되면 즉시 필요한 조치를 하는 일

③ 프레스 등 및 그 방호장치에 전환스위치를 설치했을 때 그 전환스위치의 열쇠를 관리하는 일

④ 금형의 부착·해체 또는 조정작업을 직접 지휘하는 일

(2) 밀폐공간작업 ★★

① 산소가 결핍된 공기나 유해가스에 노출되지 않도록 작업시작 전에 해당 근로자의 작업을 지휘하는 업무

② 작업을 하는 장소의 공기가 적절한지를 작업시작 전에 측정하는 업무

③ 측정장비·환기장치 또는 공기호흡기 또는 송기마스크를 작업시작 전에 점검하는 업무

④ 근로자에게 공기호흡기 또는 송기마스크의 착용을 지도하고 착용 상황을 점검하는 업무

3. 사전조사 및 작업계획서 내용

(1) 교량작업 ★

① 작업 방법 및 순서

② 부재(部材)의 낙하·전도 또는 붕괴를 방지하기 위한 방법

③ 작업에 종사하는 근로자의 추락 위험을 방지하기 위한 안전조치 방법

④ 공사에 사용되는 가설 철구조물 등의 설치·사용·해체 시 안전성 검토 방법

⑤ 사용하는 기계 등의 종류 및 성능, 작업방법

⑥ 작업지휘자 배치계획   ⑦ 그 밖에 안전·보건에 관련된 사항

4. 비상구의 설치(산업안전보건법 안전보건기준) ★★★

위험물질을 제조·취급하는 작업장과 그 작업장이 있는 건축물에 출입구 외에 안전한 장소로 대피할 수 있는 비상구 1개 이상을 다음의 기준을 충족하는 구조로 설치하여야 한다. 다만, 작업장 바닥면의 가로 및 세로가 각 3m 미만인 경우에는 그렇지 않다.

① 출입구와 같은 방향에 있지 아니하고, 출입구로부터 3m 이상 떨어져 있을 것

② 작업장의 각 부분으로부터 하나의 비상구 또는 출입구까지의 수평거리가 50m 이하가 되도록 할 것

③ 비상구의 너비는 0.75m 이상으로 하고, 높이는 1.5m 이상으로 할 것

④ 비상구의 문은 피난방향으로 열리도록 하고, 실내에서 항상 열 수 있는 구조로 할 것

PART 01 기계 · 기구 및 설비 안전관리

1. 위험점의 명칭 및 정의 (1) ★★★

① 위험점의 명칭: 회전말림점
② 정의: 회전하는 물체에 작업복 등이 말려 들어갈 위험이 형성되는 점이다.
또는 회전하는 물체의 불규칙 부위와 돌기회전 부위에 의해 말려 들어갈 위험이 형성되는 점이다.

2. 금속절단기의 날접촉예방장치가 갖추어야 할 조건 ★★

① 작업부분을 제외한 톱날 전체를 덮을 수 있을 것
② 톱날, 가공물 등의 비산을 방지할 수 있는 충분한 강도를 가질 것
③ 가드와 함께 움직이며 가공물을 절단하는 톱날에는 조정식 가이드를 설치할 것
④ 둥근톱날의 경우 회전날의 뒤, 옆, 밑 등을 통한 신체 일부의 접근을 차단할 수 있을 것

3. 산업안전보건법상 근로자가 상시 작업하는 작업면 조도의 기준 ★

(1) **초정밀작업**: 750럭스(lux) 이상
(2) **정밀작업**: 300럭스(lux) 이상
(3) **보통작업**: 150럭스(lux) 이상
(4) **그밖의 작업**: 75럭스(lux) 이상

4. 위험점의 명칭 및 정의 (2) ★★

① 위험점의 명칭: 절단점
② 정의: 운동하는 기계 자체와 회전하는 운동부분 자체와의 위험이 형성되는 점이다.

5. 프레스기 방호장치의 분류 ★★★

급정지기구가 부착되어 있지 않아도 유효한 방호장치	급정지기구가 부착되어 있어야만 유효한 방호장치
① 수인식 ③ 양수기동식 ② 손쳐내기식 ④ 게이트가드식	① 양수조작식 ② 광전자식(감응식)

6. 광전자식 방호장치의 분류 ★★

종류	분류	기능
광전자식	A-1	프레스 또는 전단기에서 일반적으로 많이 활용하고 있는 형태로서 투광부, 수광부, 컨트롤 부분으로 구성된 것으로 신체의 일부가 광선을 차단하면 기계를 급정지시키는 방호장치
	A-2	급정지기능이 없는 프레스의 클러치 개조를 통해 광선차단시 급정지시킬 수 있도록 한 방호장치

7. 프레스작업 시작 전 점검하여야 할 사항 ★★

① 클러치 및 브레이크의 기능

② 슬라이드 또는 칼날에 의한 위험방지기구의 기능

③ 프레스의 금형 및 고정볼트 상태

④ 방호장치의 기능

⑤ 1행정1정지기구 · 급정지장치 및 비상정지장치의 기능

⑥ 크랭크축 · 플라이휠 · 슬라이드 · 연결봉 및 연결나사의 풀림여부

8. 위험점의 명칭, 정의, 위험점의 조건 ★★★

① 위험점의 명칭: 물림점(nip point)

② 물림점의 정의: 회전하는 두 개의 회전체에 물려 들어갈 위험이 형성되는 점이다.

③ 조건: 서로 반대방향으로 회전하는 두 개의 회전체

9. 롤러기 방호장치 조작부의 종류 3가지 및 각각의 설치위치 ★★★

(1) 방호장치 조작부의 종류

① 손조작식   ② 복부조작시   ③ 무릎조작식

(2) 설치위치

① 손조작식: 밑면(바닥)에서 1.8m 이내

② 복부조작시: 밑면(바닥)에서 0.8m 이상 1.1m 이내

③ 무릎조작식: 밑면(바닥)에서 0.6m 이내(또는 0.4m 이상 0.6m 이내)

10. 목재가공용 둥근톱의 (1) 방호장치, (2) 자율안전확인 대상 목재가공용 둥근톱의 덮개 및 분할날에 자율안전확인 표시 외에 추가로 표시하여야 할 사항 ★★

(1) 방호장치

① 날(톱날)접촉예방장치   ② 반발예방장치

(2) 덮개 및 분할날에 추가로 표시하여야 할 사항

① 덮개의 종류   ② 둥근톱의 사용가능 치수

11. 목재가공용 둥근톱에 고정식 날접촉예방장치(고정식 덮개)를 설치할 때 하단과 테이블 사이의 높이, 하단과 가공물 사이의 간격 ★

① 하단과 테이블 사이의 높이: 최대 25mm(또는 25mm 이내)

② 하단과 가공물 사이의 간격: 최대 8mm(또는 8mm 이내)

12 목재가공용 둥근톱기계에 필요한 안전 및 보조장치의 종류 ★★

① 분할날   ③ 직각정규   ⑤ 밀대

② 덮개   ④ 평행조정기

13. 컨베이어의 방호조치, 컨베이어의 작업 시작 전 점검사항 ★★★

(1) 컨베이어의 방호조치

① 덮개   ② 울   ③ 비상정지장치   ④ 이탈 및 역주행방지장치

(2) 컨베이어의 작업시작 전 점검사항

① 원동기 및 풀리기능의 이상 유무

② 이탈 등의 방지장치기능의 이상 유무

③ 비상정지장치기능의 이상 유무

④ 원동기, 회전축, 기어 및 풀리 등의 덮개 또는 울 등의 이상 유무

14. 크레인의 안전검사 주기 ★★

안전검사주기에 관한 사항에서 크레인은 사업장에 설치가 끝난 날부터 3년 이내에 최초 안전검사를 실시하되, 그 이후부터 2년마다[건설현장에서 사용하는 것은 최초로 설치한 날부터 6개월마다 안전검사를 실시한다.

15. 지게차의 작업시작 전 점검사항

① 제동장치 및 조종장치기능의 이상 유무
② 하역장치 및 유압장치기능의 이상 유무
③ 바퀴의 이상 유무
④ 전조등, 후미등, 방향지시기 및 경보장치기능의 이상 유무

16. 지게차의 안정도 ★★★

(1) 하역작업시 전후안정도: 4% 이내

(2) 하역작업시 좌우안정도: 6% 이내

(3) 주행시 전후안정도: 18% 이내

(4) 5km의 최고속도로 주행시 좌우안정도: 20.5% 이내

17. 지게차에 설치하여야 하는 방호장치

① 헤드가드   ③ 후미등   ⑤ 안전벨트
② 전조등   ④ 백레스트

18. 지게차의 헤드가드(head guard)가 갖추어야 하는 안전기준

① 강도는 지게차의 최대하중의 2배 값(4t을 넘는 값에 대해서는 4t)의 등분포정하중에 견딜 수 있을 것
② 상부틀의 각 개구의 폭 또는 길이가 16cm 미만일 것
③ 운전자가 앉아서 조작하거나 서서 조작하는 지게차의 헤드가드는 한국산업표준에서 정하는 높이 기준 이상일 것

19. 작업자가 용해쇳물작업시 착용하여야 할 보호구

① 방열일체복   ② 방열두건   ③ 방열장갑

20. 보일러 상단에 설치된 A, B 안전밸브의 작동 압력

① A안전밸브: 설비의 최고사용압력 이하
② B안전밸브: 설비의 최고사용압력 1.05배 이하

PART 02 전기설비 안전관리

1. 전기기계 · 기구를 취급할 때 충전부에 대한 방호대책 ★★

① 충전부가 노출되지 않도록 폐쇄형 외함이 있는 구조로 할 것
② 충전부에 충분한 절연효과가 있는 방호망이나 절연덮개를 설치할 것
③ 충전부는 내구성이 있는 절연물로 완전히 덮어 감쌀 것
④ 발전소 · 변전소 및 개폐소 등 구획되어 있는 장소로서 관계근로자가 아닌 사람의 출입이 금지되는 장소에 충전

부를 설치하고, 위험표시 등의 방법으로 방호를 강화할 것

⑤ 전주 위 및 철탑 위 등 격리되어 있는 장소로서 관계근로자가 아닌 사람이 접근할 우려가 없는 장소에 충전부를 설치할 것

2. 산업안전보건법상 누전차단기의 설치장소 ★★★

① 대지전압이 150V를 초과하는 이동형 또는 휴대형 전기기계·기구
② 물 등 도전성이 높은 액체가 있는 습윤장소에서 사용하는 저압용 전기기계·기구
③ 철판·철골 위 등 도전성이 높은 장소에서 사용하는 이동형 또는 휴대형 전기기계·기구
④ 임시배선로의 전로가 설치되는 장소에서 사용하는 이동형 또는 휴대형 전기기계·기구

3. 정전작업을 마친 후 준수사항 ★★

① 작업기구, 단락접지기구 등을 제거하고 전기기기 등이 안전하게 통전될 수 있는지를 확인할 것
② 모든 작업자가 작업이 완료된 전기기기 등에서 떨어져 있는지를 확인할 것
③ 잠금장치와 꼬리표는 설치한 근로자가 직접 철거할 것
④ 모든 이상 유무를 확인한 후 전기기기 등의 전원을 투입할 것

4. 습윤한 장소에서 사용하는 이동전선에 대하여 사전에 조치하여야 할 사항 ★★

① 절연저항을 측정한다.
② 전선의 피복 또는 외장의 손상 유무를 점검한다.
③ 접속부위의 절연상태를 점검한다.

5. 피뢰기가 구비하여야 할 조건 ★

① 구조가 견고하며 특성이 변화하지 않을 것
② 반복동작이 가능할 것
③ 충격방전개시전압이 낮을 것
④ 점검, 보수가 간단할 것
⑤ 상용주파방전개시전압이 높을 것
⑥ 제한전압이 낮을 것
⑦ 뇌전류의 방전능력이 크고, 속류의 차단능력이 충분할 것

6. 충전전로 인근에서 차량 · 기계장치 등의 작업이 있는 경우 재해발생의 직접적 원인과 사업주의 감전예방조치사항 ★★★

(1) 재해발생의 직접적 원인

① 충전전로에 대한 접근한계거리를 준수하지 않았다.
② 충전전로에 절연용 방호구를 설치하지 않았다.

(2) 사업주의 감전예방조치사항

① 차량 등을 충전전로의 충전부로부터 300cm 이상 이격시켜 유지시키되, 대지전압이 50kV를 넘는 경우 이격시켜 유지하여야 하는 거리는 10kV 증가할 때마다 10cm씩 증가시켜야 한다.
② 근로자가 차량 등의 그 어느 부분과도 접촉하지 않도록 울타리를 설치하거나 감시인 배치 등의 조치를 하여야 한다.
③ 충전전로 인근에서 접지된 차량 등이 충전전로와 접촉할 우려가 있을 경우에는 지상의 근로자가 접지점에 접촉하지 않도록 조치하여야 한다.
④ 충전전로에 적합한 절연용 방호구를 설치한다. 이 경우 이격거리는 절연용 방호구 앞면까지로 할 수 있다.

7. 작업자가 충전전로를 취급하거나 그 인근에서 작업하는 경우 사업주의 조치사항 ★★

① 충전전로를 정전시키는 경우에는 해당 전로를 차단하는 조치를 할 것
② 충전전로를 취급하는 근로자에게 그 작업에 적합한 절연용 보호구를 착용시킬 것
③ 충전전로에 근접한 장소에서 전기작업을 하는 경우 해당 전압에 적합한 절연용 방호구를 설치할 것
④ 고압 및 특별고압의 전로에서 전기작업을 하는 근로자에게 활선작업용 기구 및 장치를 사용하도록 할 것
⑤ 근로자가 절연용 방호구의 설치 · 해체작업을 하는 경우에는 절연용 보호구를 착용하거나 활선작업용 기구 및 장치를 사용하도록 할 것
⑥ 충전전로를 방호, 차폐하거나 절연 등의 조치를 하는 경우에는 근로자의 신체가 전로와 직접 접촉하거나 도전재료, 공구 또는 기기를 통하여 간접 접촉되지 않도록 할 것
⑦ 유자격자가 아닌 근로자가 충전전로 인근이 높은 곳에서 작업할 때에 근로자의 몸 또는 긴 도전성 물체가 방호되지 않은 충전전로에서 대지전압이 50kV 이하인 경우에는 300cm 이내로, 대지전압이 50kV를 넘는 경우에는 10kV당 10cm씩 더한 거리 이내로 각각 접근할 수 없도록 할 것

8. 정전전로에서의 전기작업시 전로차단을 하지 않아도 되는 경우 ★

① 생명유지장치, 비상경보설비, 폭발위험장소의 환기설비, 비상조명설비 등의 장치 · 설비의 가동이 중지되어 사고의 위험이 증가되는 경우
② 기계의 설계상 또는 작동상 제한으로 전로차단이 불가능한 경우
③ 감전, 아크 등으로 인한 화상, 화재 · 폭발의 위험이 없는 것으로 확인된 경우

9. (1) 교류아크용접기에 부착시켜야 할 안전장치, (2) 작업자가 교류아크용접 중 감전되기 쉬운 장비의 명칭, (3) 용접용 홀더의 구비조건 ★★★

(1) 교류아크용접기의 안전장치
자동전격방지기

(2) 감전되기 쉬운 장비의 명칭
① 용접기케이스(본체)   ② 용접용케이블   ③ 용접봉홀더   ④ 용접기의 리드단자

(3) 용접봉 홀더의 구비조건
① 절연내력 및 내열성을 갖출 것   ② 산업표준화법에 따른 한국산업표준에 적합할 것

10. 자동전격방지기 사용 전 점검사항 ★★

① 전격방지기 외함의 뚜껑상태
② 전격방지기 외함의 접지상태
③ 전자접촉기의 작동상태
④ 이상소음, 이상냄새의 발생 유무
⑤ 전격방지기와 용접기와의 배선 및 이에 부속된 접속기구의 피복 또는 외장의 손상 유무

11. 자동전격방지기의 종류 ★

① 내장형   ② 외장형   ③ 고저항시동형(H형)   ④ 저저항시동형(L형)

12. 산업안전보건법상 사업주가 교류아크용접기에 자동전격방지기를 설치해야 하는 장소 ★★

① 선박의 이중선체 내부, 밸러스트탱크, 보일러 내부 등 도전체에 둘러싸인 장소
② 추락할 위험이 있는 높이 2m 이상의 장소로 철골 등 도전성이 높은 물체에 근로자가 접촉할 우려가 있는 장소
③ 근로자가 물, 땀 등으로 인하여 도전성이 높은 습윤상태에서 작업하는 장소

13. 산업안전보건법상 (1) 부적절한 작업자세, 반복적인 동작, 날카로운 면과의 신체접촉, 무리한 힘의 사용, 진동 및 온도 등의 요인에 의하여 발생하는 건강장해로서 목, 어깨, 허리, 팔 등 신체조직에 나타나는 질환의 명칭, (2) 근로자가 컴퓨터 단말기의 조작업무를 하는 경우에 사업주의 조치사항 ★★

(1) 질환의 명칭

근골격계질환

(2) 사업주의 조치사항

① 실내는 명암의 차이가 심하지 않도록 하고 직사광선이 들어오지 않는 구조로 할 것
② 저휘도형의 조명기구를 사용하고 창·벽면 등은 반사되지 않는 재질을 사용할 것
③ 컴퓨터 단말기와 키보드를 설치하는 책상과 의자는 작업에 종사하는 근로자에 따라 그 높낮이를 조절할 수 있는 구조로 할 것
④ 연속적으로 컴퓨터 단말기 작업에 종사하는 근로자에 대하여 작업시간 중에 적절한 휴식시간을 부여할 것

14. 근골격계부담작업을 하는 경우 (1) 사업주의 유해요인조사 사항, (2) 신설되는 사업장의 경우 신설일로부터 최초의 유해요인조사를 하여야 하는 기간(이내) ★

(1) 유해요인 조사 항목

① 설비, 작업공정, 작업량, 작업속도 등 작업장 상황
② 작업시간, 작업자세, 작업방법 등 작업조건
③ 작업과 관련된 근골격계질환 징후의 증상 유무 등

(2) 1년 이내

15. (1) 컴퓨터 작업을 하루에 8시간 동안 하는 경우 산업안전보건법상 작업의 명칭, (2) 컴퓨터 작업을 하루에 8시간 동안 하는 경우 사업주는 유해요인조사를 몇 년마다 실시해야 하는가?

(1) 작업의 명칭: 근골격계부담작업

(2) 유해요인조사: 3년

PART 03 화학설비 안전관리

1. LPG가 누출, 순간적으로 기화가 되면서 점화원에 의하여 발생하는 (1) 폭발의 종류, (2) 폭발의 종류에 따른 정의, (3) 폭발의 원인 ★★★

(1) 폭발의 종류

증기운폭발(UVCE : Unconfined Vapor Cloud Explosion)

(2) 증기운폭발의 정의

대량의 가연성 액체가 유출되거나 대량의 가연성 가스가 유출되면 대기 공에 구름형태로 모여 있다가 그것으로부터 발생하는 증기가 공기와 혼합하여 가연성 혼합기체를 형성하고, 점화원에 의하여 순간적으로 폭발을 일으키는

현상이다.

(3) 폭발의 원인

고압의 액화석유가스 용기에서 대량의 인화성 증기가 대기 중으로 급격히 방출되어 확산된 상태에서 점화원(전기 스파크)으로 인해 폭발이 발생하였다.

2. LPG 등 고압가스용기의 저장소로 부적합한 장소 ★★

① 통풍이나 환기가 불충분한 장소
② 화기를 사용하는 장소 및 그 부근
③ 위험물 또는 인화성 액체를 취급하는 장소 및 그 부근

3. LPG 저장소에 가스누설검지경보기를 설치할 때 (1) 적절한 설치위치, (2) 적합한 경보설정치 ★★

① 설치위치: 바닥에 인접한 낮은 곳에 설치(LPG는 공기보다 무겁기 때문에)
② 경보설정치: 폭발하한계의 25% 이하

4. 위험물을 취급하는 경우 바닥이 갖추어야 할 구조의 조건 ★★★

① 불침투성의 재료를 사용할 것   ② 청소하기 쉬운 구조로 할 것

5. 산업안전보건법상 적정공기

산소농도의 범위가 18% 이상 23.5% 미만, 탄산가스의 농도가 1.5% 미만,
일산화탄소의 농도가 30ppm 미만, 황화수소의 농도가 10ppm 미만인 수준의 공기

6. (1) 산소결핍의 기준, (2) 밀폐공간작업시 산소결핍방지대책 ★★

(1) 산소결핍의 기준

공기 중의 산소농도가 18% 미만인 상태

(2) 밀폐공간작업시 산소결핍방지대책

① 산소결핍 우려가 있는 경우에는 산소의 농도를 측정하는 사람을 지명하여 측정하도록 할 것
② 근로자가 안전하게 오르내리기 위한 설비를 설치할 것
③ 굴착깊이가 20m를 초과하는 경우에는 해당 작업장소와 외부와의 연락을 위한 통신설비 등을 설치할 것

7. 산업안전보건법상 밀폐공간작업프로그램의 내용 ★★

① 사업장 내 밀폐공간의 위치파악 및 관리방안
② 밀폐공간 내 질식 · 중독 등을 일으킬 수 있는 유해 · 위험요인의 파악 및 관리방안
③ 밀폐공간작업시 사전확인이 필요한 사항에 대한 확인절차
④ 안전보건교육 및 훈련
⑤ 그 밖에 밀폐공간작업 근로자의 건강장해예방에 관한 사항

8. 밀폐공간에서 작업을 할 때 관리감독자의 업무 ★★

① 산소가 결핍된 공기나 유해가스에 노출되지 않도록 작업시작 전에 해당 근로자의 작업을 지휘하는 업무
② 작업을 하는 장소의 공기가 적절한지를 작업시작 전에 측정하는 업무
③ 측정장비 · 환기장치 또는 공기호흡기 또는 송기마스크를 작업시작 전에 점검하는 업무
④ 근로자에게 공기호흡기 또는 송기마스크의 착용을 지도하고 착용상황을 점검하는 업무

9. 퍼지(purge)의 종류

① 압력퍼지(pressure purge)   ③ 사이펀퍼지(siphon purge)
② 진공퍼지(vacuum purge)   ④ 스위프퍼지(sweep purge)

10. 보일러실의 방호장치 ★

(1) 판 입구측의 압력이 설정압력에 도달하게 되면 유체가 분출할 수 있도록 배관 등에 설치된 얇은 판의 명칭

(2) 해당 장치가 설치되어야 하는 경우

(1) 얇은 판의 명칭

파열판

(2) 해당 장치가 설치되어야 하는 경우

① 반응폭주 등 급격한 압력상승 우려가 있는 경우
② 급성독성물질의 누출로 인하여 주위의 작업환경을 오염시킬 우려가 있는 경우
③ 운전 중 안전밸브에 이상물질이 누적되어 안전밸브가 작동되지 아니할 우려가 있는 경우

11. 황산세척 작업을 장기간 할 경우 황산 등 유해화학물질이 인체에 유입될 수 있는데, 이 때 인체의 침입 경로 ★★★

① 소화기　　　　　② 호흡기　　　　　③ 피부점막

12. 석면취급작업시 석면분진에 장기간 폭로될 때 발생할 수 있는 직업병의 종류 ★★★

① 석면폐증　　　　　② 악성중피종　　　　　③ 폐암

13. 크롬(cr)도금작업과 관련하여 크롬 또는 크롬화합물의 분진, 미스트를 작업자가 장기간 흡입하여 발생할 수 있는 (1) 직업병의 명칭과 (2) 그 증상에 대한 설명 ★★

① 직업병의 명칭: 비중격천공증
② 증상: 코 내부의 물렁뼈에 구멍이 뚫리는 증상

14. DMF 등 유해화학물질을 사용하는 작업장 내에 물질안전보건자료(MSDS)를 게시하거나 갖추어 두어야 하는 장소 ★

① 물질안전보건자료대상물질을 취급하는 작업공정이 있는 장소
② 작업장 내 근로자가 가장 보기 쉬운 장소
③ 근로자가 작업 중 쉽게 접근할 수 있는 장소에 설치된 전산장비

PART 04 건설공사 안전관리

1. 리프트에 설치하여야 할 방호장치 ★★★

① 과부하방지장치　　② 권과방지장치　　③ 비상정지장치　　④ 제동장치

2. 리프트의 작업시작 전 점검사항 ★★

① 방호장치, 브레이크 및 클러치의 기능　　② 와이어로프가 통하고 있는 곳의 상태

3. 리프트의 설치 · 조립 · 수리 · 점검 또는 해체작업을 하는 경우 작업을 지휘하는 사람의 직무 ★

① 작업방법과 근로자의 배치를 결정하고 해당 작업을 지휘하는 일
② 재료의 결함 유무 또는 기구 및 공구의 기능을 점검하고 불량품을 제거하는 일
③ 작업 중 안전대 등 보호구의 착용상황을 감시하는 일

4. 이동식크레인작업시 작업시작 전 점검사항 ★★

① 권과방지장치나 그 밖의 경보장치의 기능
② 브레이크, 클러치 및 조정장치의 기능
③ 와이어로프가 통하고 있는 곳 및 작업장소의 지반상태

5. 항타기 또는 항발기의 조립 · 해체시 점검사항 ★★★

① 본체 연결부의 풀림 또는 손상의 유무
② 권상용 와이어로프 · 드럼 및 도르래의 부착상태의 이상 유무
③ 권상장치의 브레이크 및 쐐기장치 기능의 이상 유무
④ 권상기의 설치상태의 이상 유무
⑤ 리더(leader)의 버팀의 방법 및 고정상태의 이상 유무
⑥ 본체 · 부속장치 및 부속품의 강도가 적합한지 여부
⑦ 본체 · 부속장치 및 부속품에 심한 손상 · 마모 · 변형 또는 부식이 있는지 여부

6. 항타기 또는 항발기 작업과 관련된 사항 ★★

(1) 항타기 또는 항발기의 권상장치 드럼축과 권상장치로부터 첫 번째 도르래의 축간 거리를 권상장치 드럼폭의 15배 이상으로 하여야 한다.

(2) 도르래는 권상장치의 드럼 중심을 지나야 하며 축과 수직면상에 있어야 한다.

7. 차량계 하역운반기계 등의 수리 또는 부속장치의 장착 및 해체작업을 하는 경우 작업지휘자를 지정하여 준수하여야 할 사항 ★★★

① 작업순서를 결정하고 작업을 지휘할 것
② 안전지지대 또는 안전블록 등의 사용상황을 점검할 것

8. 흙막이지보공의 정기점검사항 ★★★

① 부재의 손상 · 변형 · 부식 · 변위 및 탈락의 유무와 상태
② 버팀대의 긴압의 정도
③ 부재의 접속부 · 부착부 및 교차부의 상태
④ 침하의 정도

9. 산업안전보건법상 낙하물방지망을 설치하는 경우에 사업주의 준수사항 ★★

(1) 높이 10m 이내마다 설치하고, 내민길이는 벽면으로부터 2m 이상으로 할 것

(2) 수평견과의 각도는 20도 이상 30도 이하를 유지할 것

10. 산업안전보건법상 추락방호망의 설치기준 ★

① 추락방호망은 수평으로 설치하고, 망의 처짐은 짧은 변 길이의 12% 이상이 되도록 할 것
② 건축물 등의 바깥쪽으로 설치하는 경우 추락방호망의 내민 길이는 벽면으로부터 3m 이상이 되도록 할 것
③ 추락방호망의 설치위치는 가능하면 작업면으로부터 가까운 지점에 설치하여야 하며, 작업면으로부터 망의 설치지점까지의 수직거리는 10m를 초과하지 아니할 것

11. 산업안전보건법상 작업발판의 설치기준 ★★★

① 발판재료는 작업할 때의 하중을 견딜 수 있도록 견고한 것으로 할 것
② 작업발판의 폭은 40cm 이상으로 하고, 발판재료간의 틈은 3cm 이하로 할 것
③ 추락의 위험이 있는 장소에는 안전난간을 설치할 것
④ 작업발판의 지지물은 하중에 의하여 파괴될 우려가 없는 것을 사용할 것
⑤ 작업발판재료는 뒤집히거나 떨어지지 않도록 둘 이상의 지지물에 연결하거나 고정시킬 것
⑥ 작업발판을 작업에 따라 이동시킬 경우에는 위험방지에 필요한 조치를 할 것

12. 산업안전보건법상 이동식비계를 조립하여 작업을 하는 경우의 준수사항

① 승강용사다리는 견고하게 설치할 것
② 비계의 최상부에서 작업을 하는 경우에는 안전난간을 설치할 것
③ 작업발판은 항상 수평을 유지하고 작업발판 위에서 안전난간을 딛고 작업을 하거나 받침대 또는 사다리를 사용하여 작업을 않도록 할 것
④ 작업발판의 최대적재하중은 250kg을 초과하지 않도록 할 것
⑤ 이동식비계의 바퀴에는 뜻밖의 갑작스러운 이동 또는 전도를 방지하기 위하여 브레이크·쐐기 등으로 바퀴를 고정시킨 다음 비계의 일부를 견고한 시설물에 고정하거나 아웃트리거를 설치하는 등 필요한 조치를 할 것

13. 터널 등의 건설작업을 하는 경우에 낙반 등에 의하여 근로자가 위험해질 우려가 있는 경우에 위험을 방지하기 위하여 필요한 조치사항 ★★★

① 터널지보공 및 록볼트의 설치   ② 부석의 제거

14. 터널굴착작업을 할 때 이용되는 계측방법의 종류 ★★

① 내공변위측정   ⑤ 록볼트인발시험   ⑨ 지하수위측정
② 천단침하측정   ⑥ 지중침하측정   ⑩ 뿜어붙이기콘크리트응력측정
③ 지표면침하측정   ⑦ 지중변위측정   ⑪ 터널 내 육안조사
④ 록볼트축력측정   ⑧ 지중수평변위측정

15. 터널 내 발파작업시 점화 후 장전된 화약류가 폭발하지 아니한 경우 또는 장전된 화약류의 폭발 여부를 확인하기 곤란한 경우와 관련하여 준수사항 ★★

(1) 전기뇌관에 의한 발파인 경우: 5분 이상 경과한 후 접근
(2) 전기뇌관 외의 것에 의한 발파인 경우: 15분 이상 경과한 후 접근

16. 거푸집 및 동바리 조립·해체작업시 준수사항 ★

① 해당 작업을 하는 구역에는 관계근로자가 아닌 사람의 출입을 금지할 것
② 비, 눈 그 밖의 기상상태의 불안정으로 날씨가 몹시 나쁜 경우에는 그 작업을 중지할 것
③ 재료, 기구 또는 공구 등을 올리거나 내리는 경우에는 근로자에게 달줄·달포대 등을 사용하도록 할 것
④ 낙하·충격에 의한 돌발적 재해를 방지하기 위하여 버팀목을 설치하고 거푸집 및 동바리를 인양장비에 매단 후에 작업을 하도록 하는 등 필요한 조치를 할 것

17. 산업안전보건법상 철골작업을 중지하여야 하는 경우 ★★

① 풍속이 초당 10m 이상인 경우
② 강우량이 시간당 1mm 이상인 경우
③ 강설량이 시간당 1cm 이상인 경우

18. 해체작업시 작업계획서에 포함되어야 할 사항 ★★★

① 해체의 방법 및 해체순서 도면
② 가설설비 · 방호설비 · 환기설비 및 살수 · 방화설비 등의 방법
③ 사업장 내 연락방법
④ 해체물의 처분계획
⑤ 해체작업용 기계 · 기구 등의 작업계획서
⑥ 해체작업용 화약류 등의 사용계획서
⑦ 그 밖에 안전보건에 관한 사항

19. 압쇄기를 사용하여 해체작업시 재해예방대책 ★

① 압쇄기 부착과 해체에는 경험이 많응 사람으로서 선임된 자에 한하여 실시한다.
② 압쇄기의 연결구조부는 보수점검을 수시로 하여야 한다.
③ 배관접속부의 핀, 볼트 등 연결구조의 안전여부를 점검하여야 한다.
④ 압쇄기의 중량, 작업충격을 사전에 고려하고, 차체지지력을 초과하는 중량의 압쇄기 부착을 금지하여야 한다.
⑤ 절단날은 마모가 심하기 때문에 적절히 교환하여야 하며 교환대체품목을 항상 비치하여야 한다.

20. (1) 산업안전보건법상 고소작업대 이동시 준수사항, (2) 고소작업대를 사용하는 경우 준수사항 ★★

(1) 고소작업대 이동시 준수사항

① 작업대를 가장 낮게 내릴 것
② 작업자를 태우고 이동하지 말 것
③ 이동통로의 요철상태 또는 장애물의 유무 등을 확인할 것

(2) 고소작업대를 사용하는 경우 준수사항

① 작업자가 안전모, 안전대 등 보호구를 착용하도록 할 것
② 관계자가 아닌 사람이 작업구역에 들어오는 것을 방지하기 위하여 필요한 조치를 할 것
③ 안전한 작업을 위하여 적정수준의 조도를 유지할 것
④ 전로에 근접하여 작업을 하는 경우에는 작업감시자를 배치하는 등 감전사고를 방지하기 위한 조치를 할 것
⑤ 작업대를 정기적으로 점검하고 붐, 작업대 등 각 부위의 이상 유무를 확인할 것
⑥ 전환스위치는 다른 물체를 이용하여 고정하지 말 것
⑦ 작업대는 정격하중을 초과하여 물건을 싣거나 탑승하지 말 것
⑧ 작업대의 붐대를 상승시킨 상태에서 탑승자는 작업대를 벗어나지 말 것

PART 05 산업안전 보호장비관리

1. 안전인증 대상 안전모의 명칭 ★★

안전모의 구조	NO.	명칭	
	①	모체	
	②	착장체	머리받침끈
	③		머리고정대
	④		머리받침 고리
	⑤	충격흡수재	
	⑥	턱끈	
	⑦	챙(차양)	

2. 가죽제 안전화의 시험방법(성능기준) ★★

① 은면결렬시험
② 인열강도시험
③ 내부식성시험
④ 인장강도시험 및 신장율시행
⑤ 내유성시험
⑥ 내압박성시험
⑦ 내충격성시험
⑧ 박리저항성시험
⑨ 내답발성시험

3. 영상에 나타난 (1) 안전블록의 정의, (2) 부품의 구조 및 치수, (3) 안전대의 구조 ★★

(1) 정의

안전그네와 연결하여 추락발생시 추락을 억제할 수 있는 자동잠김장치가 갖추어져 있고 죔줄
이 자동적으로 수축되는 장치

(2) 부품의 구조 및 치수

① 자동잠김장치를 갖출 것
② 안전블록의 부품은 부식방지처리를 할 것

(3) 안전대의 구조

① 안전블록을 부착하여 사용하는 안전대는 신체지지의 방법으로 안전그네만을 사용할 것
② 안전블록은 정격사용길이가 명시될 것
③ 안전블록의 줄은 합성섬유로프, 웨빙, 와이어로프이어야 하며, 와이어로프인 경우 최소 지름
이 4mm 이상일 것

4. 분리식 방진마스크의 여과재분진 등 포집효율 ★★★

형태 및 등급		염화나트륨(NaCl) 및 파라핀 오일(Paraffin Oil) 시험(%)
분리식	특급	99.95 이상
	1급	94.0 이상
	2급	80.0 이상

5. 안전인증 방독마스크에 안전인증의 표시 외에 추가로 표시해야 할 사항 ★★

① 파과곡선도　　　　　　　　　③ 정화통의 외부측면의 표시색
② 사용시간 기록카드　　　　　　④ 사용상의 주의사항

6. 질식사고의 위험을 방지하기 위하여 착용하여야 할 호흡용 보호구 ★★★

① 송기마스크　　　　　　　　　② 공기호흡기

7. 질식사고에 대비하여 갖추어야 할 비상시 피난용구 ★★

① 안전대　　　　　　　　　　　④ 사다리
② 구명밧줄　　　　　　　　　　⑤ 섬유로프
③ 공기호흡기 또는 송기마스크(호흡용 보호구)

8. 안전인증 대상 차광보안경의 종류 ★★

① 자외선용　　　　　　　　　　③ 복합용
② 적외선용　　　　　　　　　　④ 용접용

9. 귀마개의 등급에 따른 기호와 성능 ★★

등급	기호	성능
1종	EP-1	저음부터 고음까지 차음하는 것
2종	EP-2	주로 고음을 차음하고 저음(회화음영역)은 차음하지 않는 것

10. 방열복 내열원단의 시험성능기준

(1) 내열원단의 난연성은 잔염 및 잔진시간이 2초 미만이고 녹거나 떨어지지 말아야 하며, 탄화길이가 102mm 이내일 것

(2) 내열원단의 절연저항은 표면과 이면의 절연저항이 1MΩ 이상일 것

(3) 내열원단의 인장강도는 가로, 세로방향으로 각각 25kgf 이상일 것